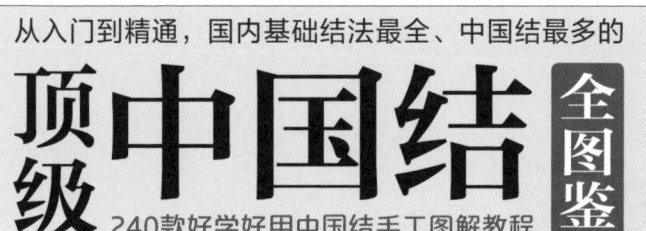

从入门到精通，国内基础结法最全、中国结最多的

顶级**中国结** 全图鉴

240款好学好用中国结手工图解教程

陈阳 主编

江苏科学技术出版社 凤凰含章

前　言

　　中国结，是中国悠久历史文化的一种沉积，它将中国传统民俗与审美观念充分地交融在一起，更有着丰富多彩的造型和美好的寓意。

　　多少年来，中国人手口相传的中国结制作由简单的结绳技法，发展到今天的结、绕、穿、挑、压、缠、编、抽等多种工艺技法，中国结也成为人们家居装饰、随身携带的心爱之物，成为老百姓喜闻乐见、国际友人大加赞赏的民间绝活，甚至成为一张具有代表性的、透着民族风的、传遍世界各个角落的名片。

　　当一个别致、大方的中国结呈现在人们眼前时，人们总是惊羡它精巧的设计与细密的纹路，却不知它的制作过程其实非常简单。一些简单的材料，如几根线绳、几颗讨人喜欢的坠珠，将它们集合在一起，就足以做出一个漂亮的中国结。

　　为了将这门技艺更好地传承和发扬广大，让每一个对中国结怀有深深迷恋和浓厚兴趣的人获得最丰富、最全面、最真切、最完整的培训指导，我们满怀热情与敬意，用心制作了这本《顶级中国结全图鉴》。在这本书中，我们对大量不同样式、不同功能的中国结进行了细致分类、甄选，并通过图文对照的形式将中国结的制作全过程一一呈现。相信每一个人都能通过认真阅读，自己动手，独立完成这些精美饰品的制作。当读者将自己亲手制作的中国结或随身携带，或馈赠亲友，或传达爱意时，这就是对我们认真编写工作的最大褒奖。

　　当然，由于本书的制作工程浩大，时间仓促，编者水平有限，在本书的编写过程中，疏漏之处实属难免，还请广大读者海涵、斧正。

一根根小小的绳子里藏着人们宽广如天、幽深似海的心思，每种结都显现出人们内心热烈而浓郁的祝福和祈愿。现如今，中国结与人们的生活结合得非常紧密，人们已经将中国结发展成为具有中国民族特色的产品，使之走向了世界。

目　录

第三章　手链篇

第四章　项链篇

第五章　发饰篇

第六章　古典盘扣篇

第七章　耳环篇

第八章　戒指篇

第九章　手机吊饰篇

第十章　挂饰篇

第一章

材料与工具

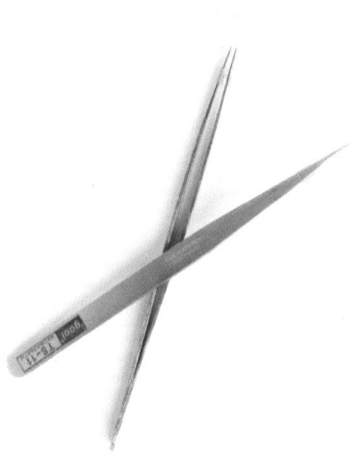

常用线材

3号线	4号线	5号线	6号线
4号夹金线	5号夹金线	7号线	A玉线
B玉线	七彩线	璎珞线	银线
如意扁线		皮绳	蜡绳

流苏线

股线(6股、9股、12股)

索线

弹力线

常用工具

热熔枪

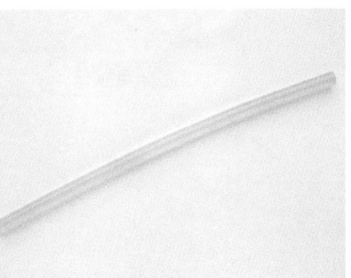
胶棒

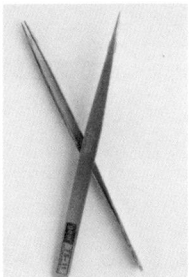
镊子

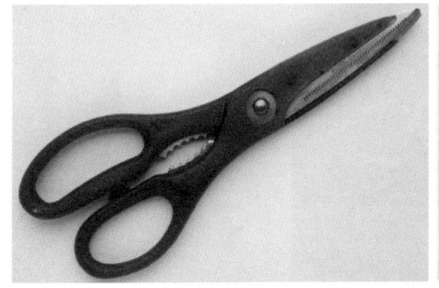
剪刀

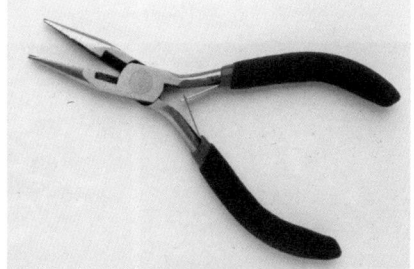
夹嘴钳

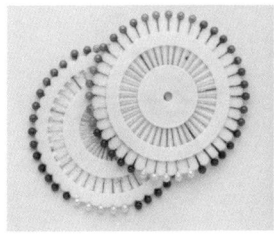
珠针

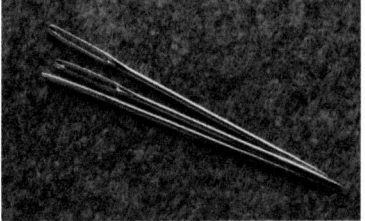
套色针

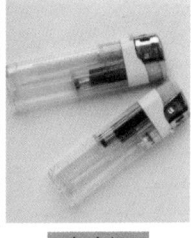
打火机

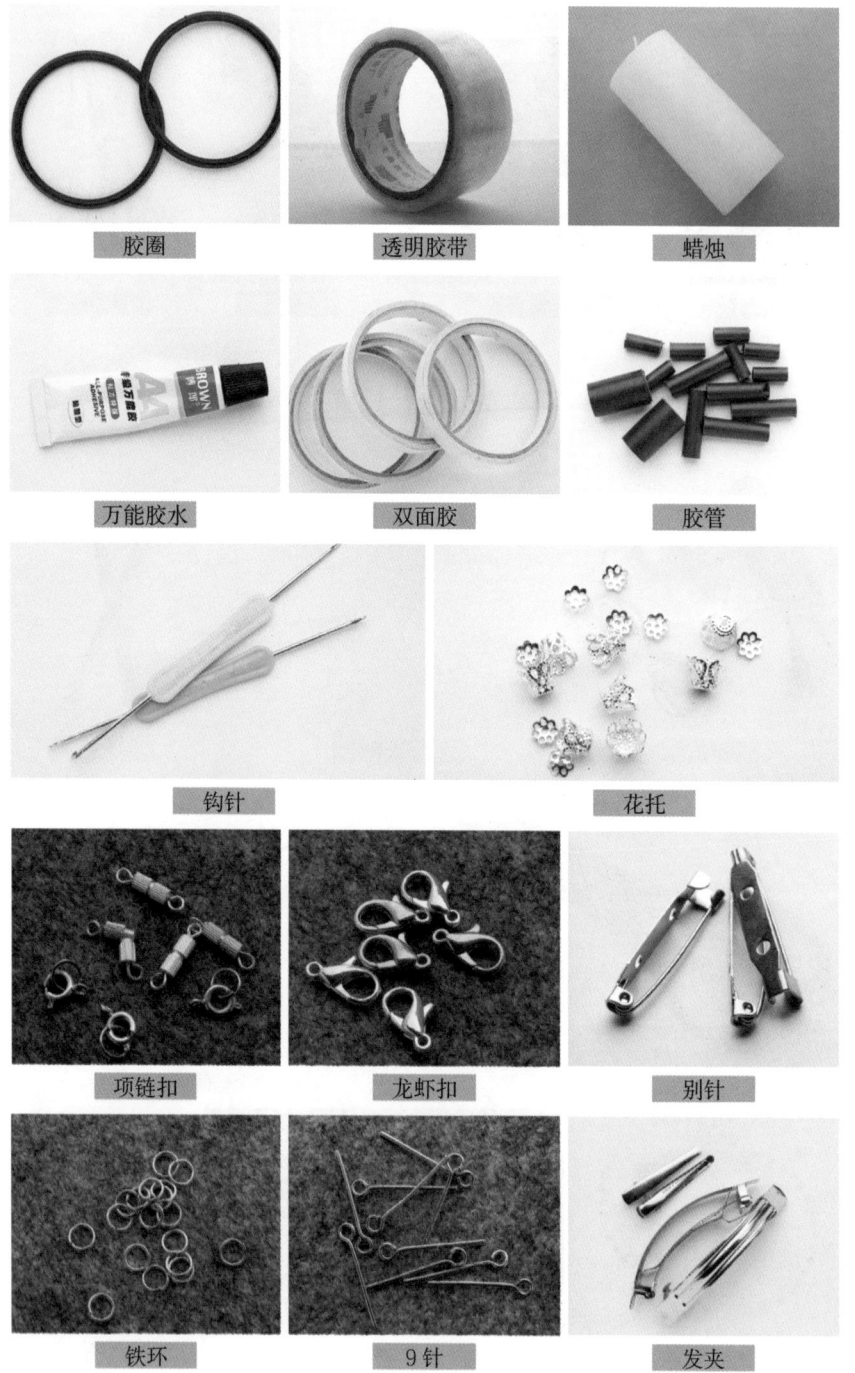

胶圈　　　　透明胶带　　　　蜡烛

万能胶水　　　双面胶　　　　胶管

钩针　　　　　　　花托

项链扣　　　　龙虾扣　　　　别针

铁环　　　　　9针　　　　　发夹

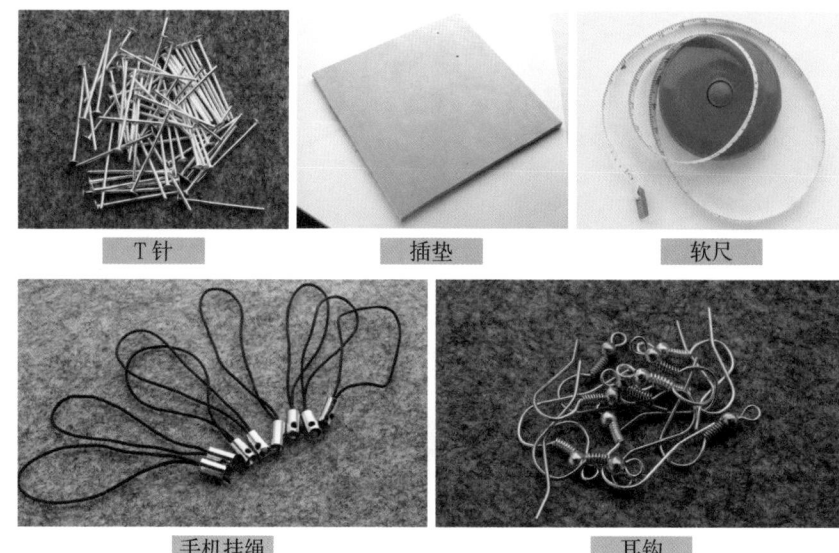

T针　　插垫　　软尺

手机挂绳　　耳钩

常用配件

瓷珠（粉彩珠、青花瓷珠、
青花长形珠、四方瓷珠）

藏银管

木珠

景泰蓝珠

珍珠串珠

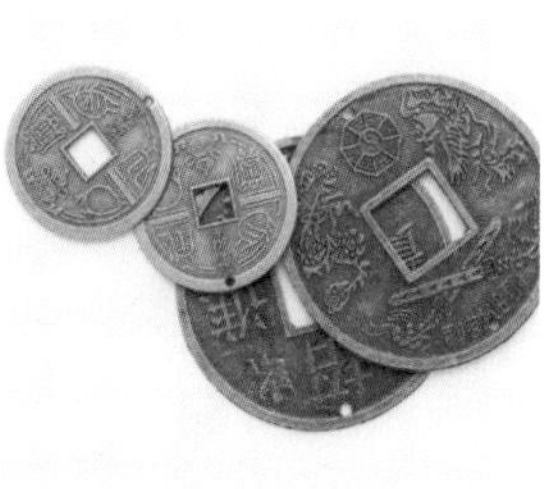

铜钱

13

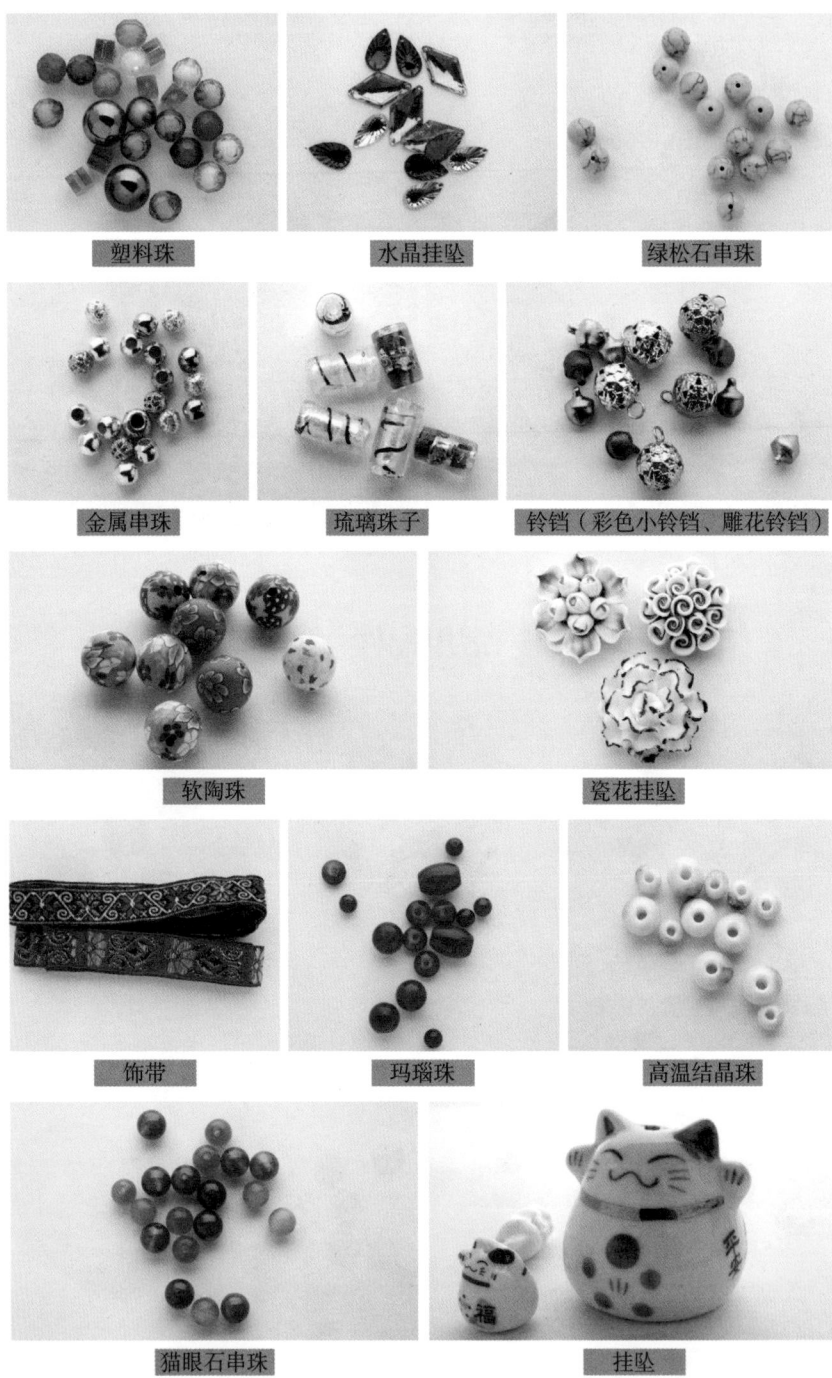

塑料珠

水晶挂坠

绿松石串珠

金属串珠

琉璃珠子

铃铛（彩色小铃铛、雕花铃铛）

软陶珠

瓷花挂坠

饰带

玛瑙珠

高温结晶珠

猫眼石串珠

挂坠

第二章

基础编法

单向平结

　　平结是中国结的一种基础结，也是最古老、最实用的基础结。平结给人的感觉是四平八稳，所以它在中国结中寓含着富贵平安之意。平结分为单向平结和双向平结两种。

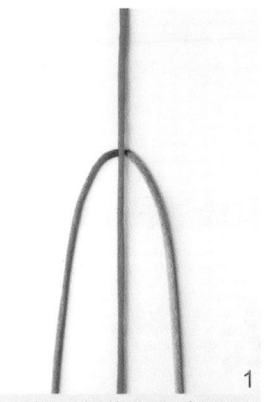

1

1. 将两根线如图中所示的样子摆放。

2

2. 蓝线从红线下方穿过右圈；黄线压红线，穿过左圈。

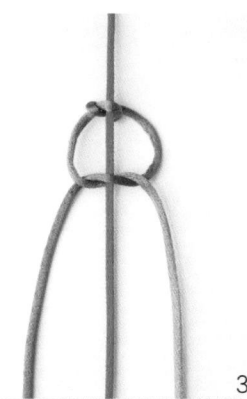

3

3. 拉紧后，蓝线压红线，穿过左圈；黄线从红线下方过，穿过右圈。

4

4. 再次拉紧，重复2、3两个步骤。

5

5. 按照2、3步骤重复编结，重复多次后，会发现结体变成螺旋状。

双向平结

双向平结与单向平结相比，结体更加平整，且颜色丰富，显得十分好看。

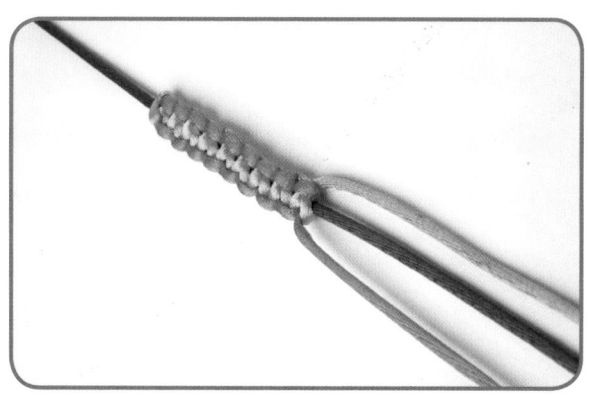

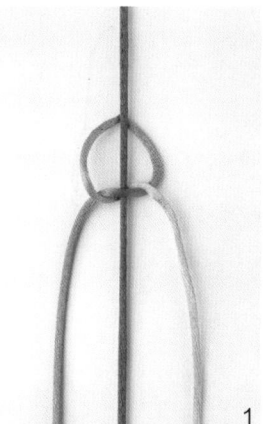

1. 以蓝线为中垂线，粉线压过蓝线，穿过左圈；黄线从蓝线下方过，穿过右圈，拉紧。

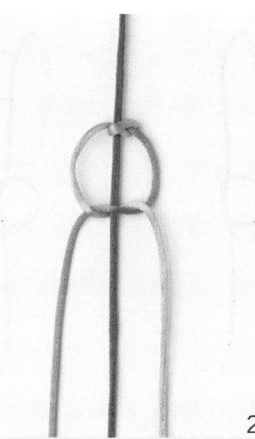

2. 粉线压过蓝线，穿过左圈；黄线从蓝线下方过，穿过右圈。

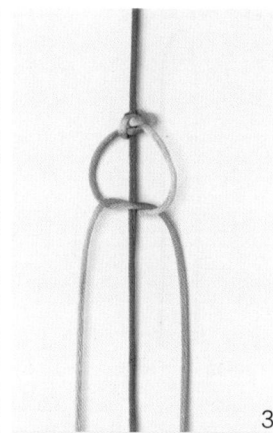

3. 粉线压过蓝线，穿过右圈；黄线从蓝线下方过，穿过左圈。

4. 重复2、3两个步骤，连续编结，即可完成双向平结。

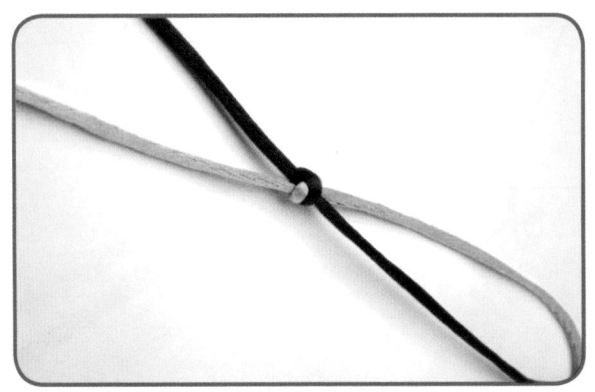

横向双联结

　　"联"，有连、合之意。本结以两个单结相套连而成，故名"双联"。这是一种较实用的结，结形小巧，不易松散，分为横向双联结、竖向双联结两种，常用于结饰的开端或结尾。

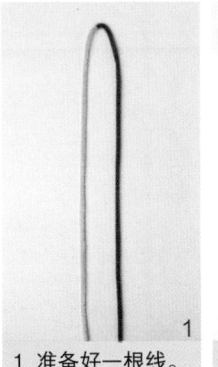

1. 准备好一根线。

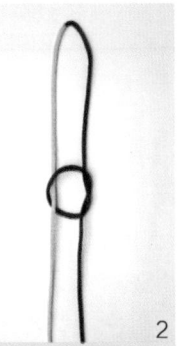

2. 如图中所示，棕线从绿线下方绕过，再压绿线回到右侧，并以挑一压的方式从线圈中穿出。

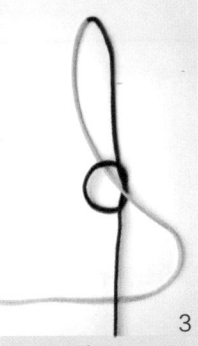

3. 如图中所示，绿线压过棕线，再从棕线后方绕过来。

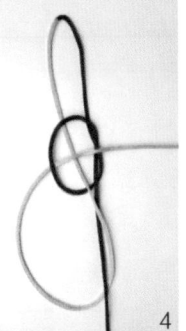

4. 绿线以挑棕线、压绿线的方式穿过棕线形成的圈中。

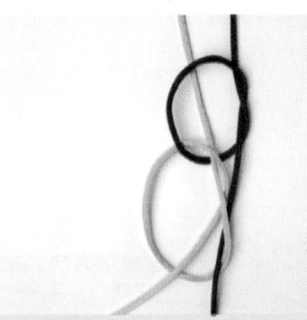

5. 如图中所示，绿线从下方穿过其绕出的线圈。

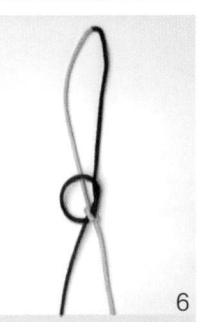

6. 将绿线拉紧。

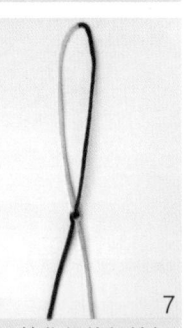

7. 按住绿线绳结部分，将棕线向左下方拉，最终形成一个"X"形的双联结。

竖向双联结

竖向双联结常用于手链、项链的编制。此结的特点是两结之间的连结线是圆圈，可以串珠来作为装饰。

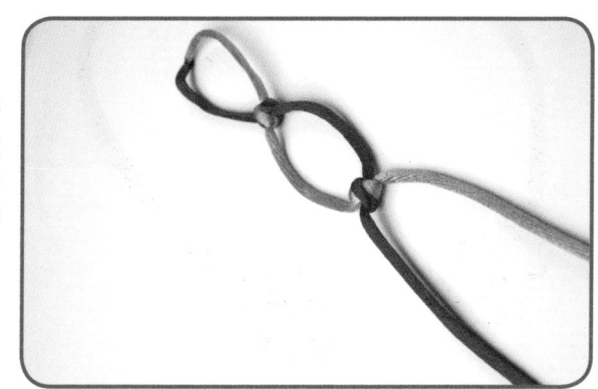

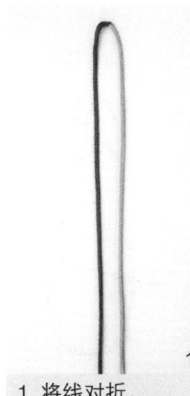

1. 将线对折。

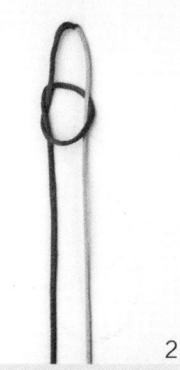

2. 红线从上方绕过黄线后，自行绕出一个圈。

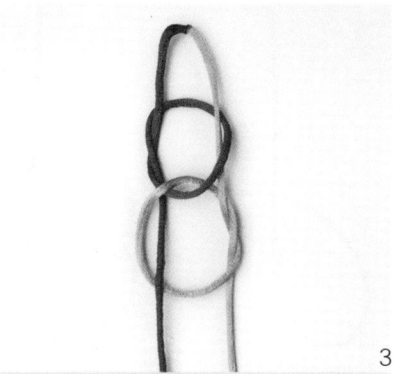

3. 黄线从下方绕过红线，再穿过红线圈（即将两个线圈连在一起）。

4. 将黄线圈拉至左侧。

5. 将黄线拉紧。

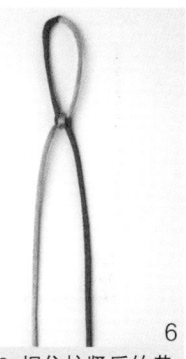

6. 捏住拉紧后的黄线，再将红线拉紧，最终形成一个"X"形的结。

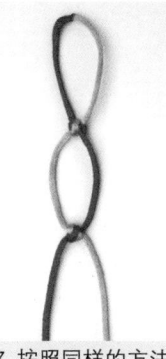

7. 按照同样的方法再编一个结。

凤尾结

凤尾结是中国结中十分常用的基础结之一，又名发财结，还有人称其为八字结。它一般被用在中国结的结尾，具有一定的装饰作用，象征着龙凤呈祥、财源滚滚、事业有成。

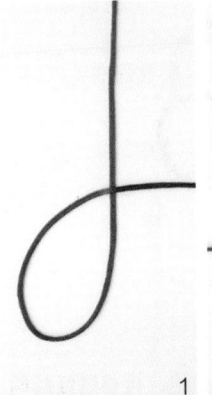

1

1. 左线如图中所示压过右线。

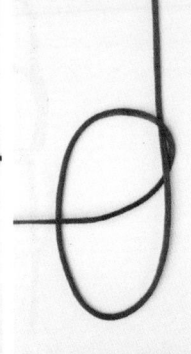

2

2. 左线以压—挑的方式，从左至右穿过线圈。

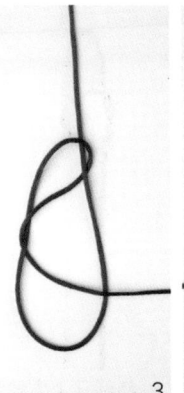

3

3. 左线再次以压—挑的方式，从右至左穿过线圈。

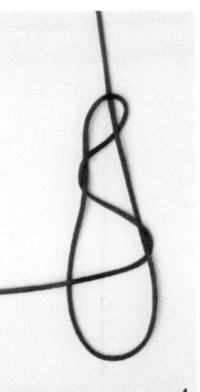

4

4. 重复步骤2。

5

5. 重复步骤2、3两个步骤。

6

6. 整理左线，不让结体松散，最后拉紧右线。

7

7. 将多余的线头剪去，烧黏，凤尾结就完成了。

单8字结

单8字结，结如其名，打好后会呈现出"8"的形状。单8字结较为小巧、灵活，常用于编结挂饰或链饰的结尾。

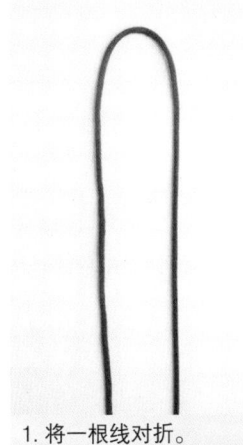

1. 将一根线对折。

2. 左线向右，压过右线。

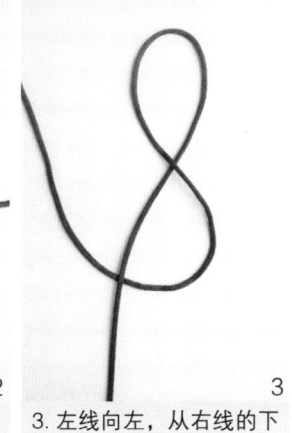

3. 左线向左，从右线的下方穿过。

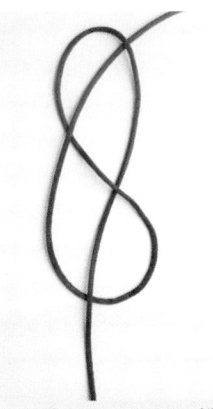

4. 左线向上，以压一挑的方式，从上方的环中穿过。

5. 将两根线上下拉紧即成。

线圈结

　　线圈结是中国结中基础结的一种，是绕线后形成的圆形结，结形紧致、圆实，故象征着团团圆圆、和和美美。

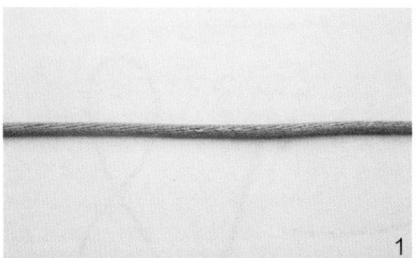

1

1. 准备好一根线。

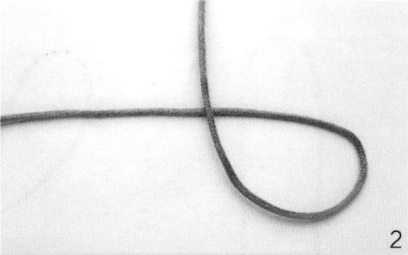

2

2. 线的右端向左上，压住左端的线。

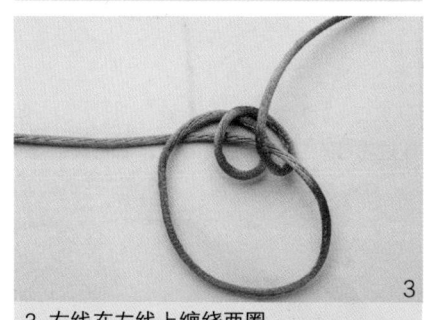

3

3. 右线在左线上缠绕两圈。

4

4. 缠绕后，右线从上步形成的圈中穿出。

5

5. 将左右两线拉紧即可。

搭扣结

搭扣结由两个单结互相以对方的线为轴心组成，当拉起两根轴线时，两个单结会结合得非常紧密。由于此结中两个单结既可以拉开，又可以合并，所以常被用在项链、手链的结尾。

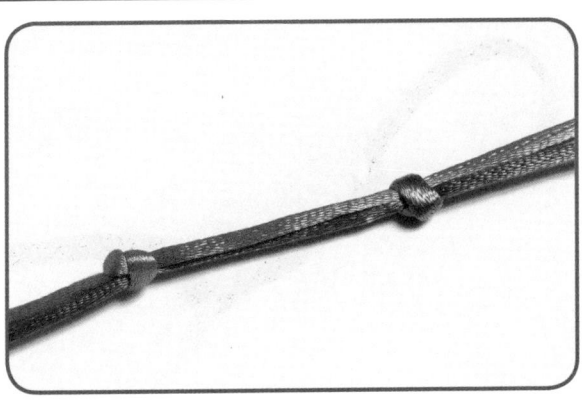

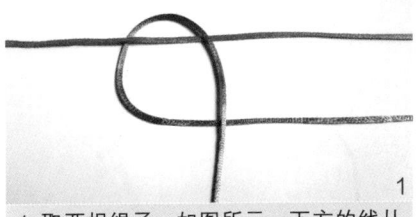

1

1. 取两根绳子，如图所示，下方的线从上方的线之下穿过，再压过上方的线向下，形成一个线圈。

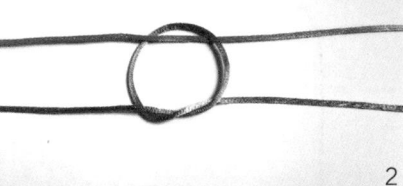

2

2. 如图，下方的线从下面穿过线圈，打一个单结。

3

3. 将下方的线拉紧，形成的形状如图。

4

4. 如图，上方的线从下方的线下面穿过，再压过下方的线向上，形成一个线圈。

5

5. 同步骤2，上方的线从下面穿过线圈，打一个单结。

6

6. 最后，将上方的线拉紧，搭扣结完成。

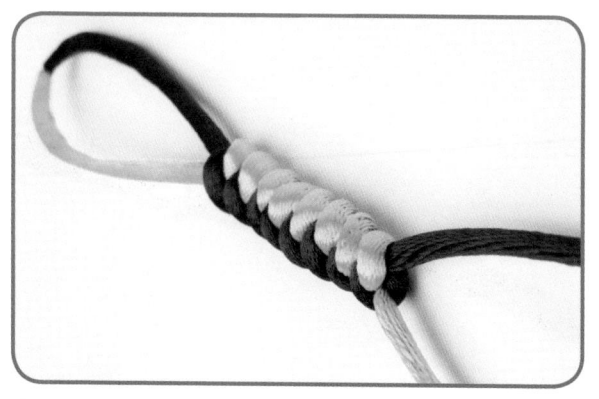

蛇 结

　　蛇结是中国结中基础结的一种，结体有微微的弹性，可以拉伸，状似蛇体，故得名。因结形简单大方，所以深受大众喜爱，常被用来编制手链、项链等。

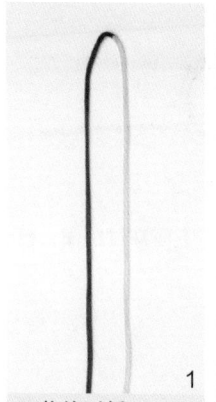

1. 将线对折。

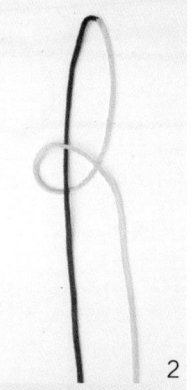

2. 绿线由后往前，以顺时针方向在棕线上绕一个圈。

3. 棕线从前往后，以逆时针方向绕一个圈，然后从绿圈中穿出。

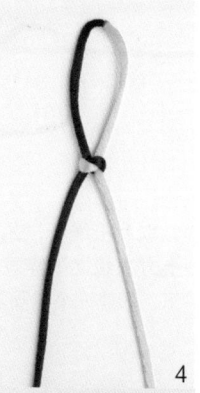

4. 将两条线拉紧。

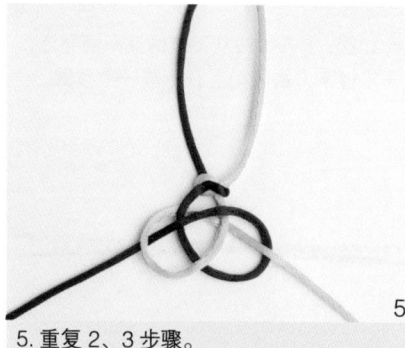

5. 重复2、3步骤。

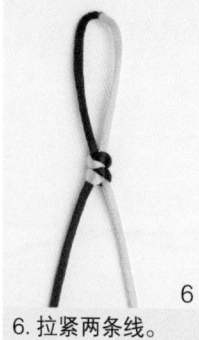

6. 拉紧两条线。

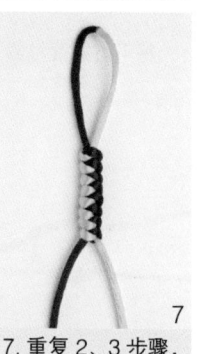

7. 重复2、3步骤，由此可编出连续的蛇结。

金刚结

金刚结在佛教中是一种具有加持力的护身符，它代表着平安吉祥。金刚结的外形与蛇结相似，但结体更加紧密、牢固。

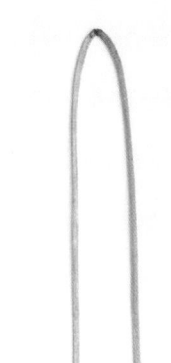

1

1. 将线对折。

2

2. 如图所示，将粉线在蓝线下方连续绕两个圈。

3

3. 蓝线如图中所示，从左至右绕过粉线，再从粉线形成的两个线圈中穿出来。

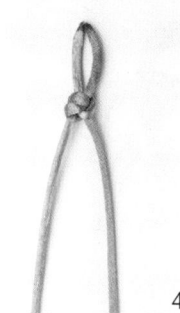

4

4. 将所有的线稍稍拉紧、收拢。

5

5. 将编好的结翻转过来，并将位于下方的粉线抽出一个线圈来。

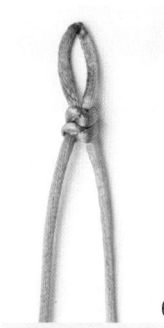

6

6. 将蓝线从粉线下方绕过，再穿入粉线抽出的圈中，再将线拉紧。

7

7. 重复5、6步骤，编至合适的长度即可。

双钱结

　　双钱结又被称为金钱结，因其形似两个古铜钱相连而得名，象征着"好事成双"。它常被用于编制项链、腰带等饰物，数个双钱结组合可构成美丽的图案。

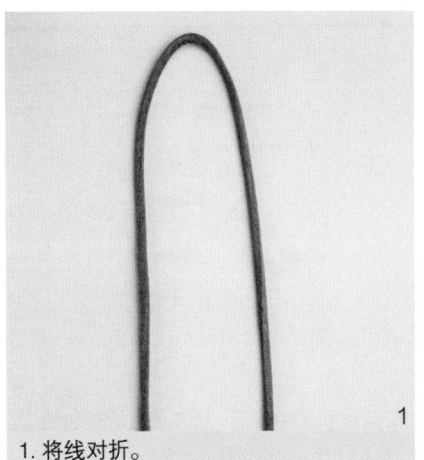

1. 将线对折。

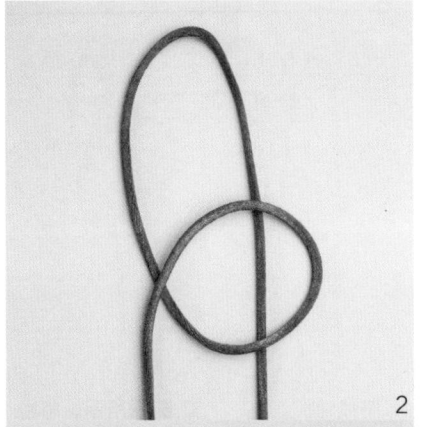

2. 左线压右线，以逆时针方向绕圈。

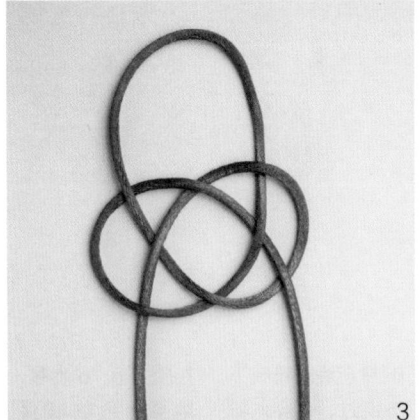

3. 如图，右线按顺时针方向，以挑一压一挑一压一挑一压的顺序绕圈。

4. 最后，将编好的结体调整好。

双线双钱结

双钱结不但寓意深刻，而且变化多端，将双绳接头相连接，即可成双线双钱结。

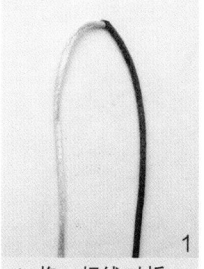

1. 将一根线对折。

2. 编一个双钱结。

3. 如图，深蓝色线向上，以压一挑的顺序沿着浅蓝色线走。

4. 如图，深蓝色线沿着浅蓝色线走。

5. 如图，浅蓝色线向右沿着深蓝色线走。

6. 如图，浅蓝色线继续沿着深蓝色线走。

7. 最后，将两根线相对接即成。

菠萝结

　　菠萝结是由双钱结延伸变化而来的，因其形似菠萝，故得此名。菠萝结常用在手链、项链和挂饰上作装饰用，分为四边菠萝结、六边菠萝结两种，这里为大家介绍的，是最常用的四边菠萝结。

1

1. 准备好两根线。

3-1　　　　　　　3-2

2

2. 将两根线用打火机烧连在一起，然后编一个双钱结。

3. 蓝线跟着结中黄线的走势穿，形成一个双线双钱结。

4

5

4. 将编好的双线双钱结轻轻拉紧，一个四边菠萝结就出来了。

5. 最后将多余的线头剪去，并用打火机烧黏，整理一下形状即可。

双环结

双环结因其两个耳翼如双环而得名。因编法与酢浆草结相同,故又被称为双叶酢浆草结;而环又与圈相似,因此也被称为双圈结。

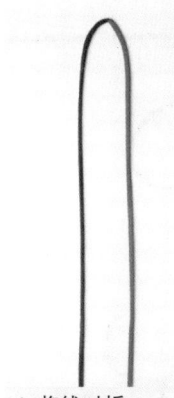

1. 将线对折。

2. 红线向左,绕圈交叉后穿过棕线,再向右绕圈。

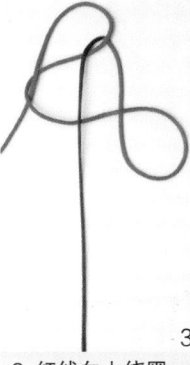

3. 红线向上绕圈,然后向下穿过其绕出的第二个圈。

4. 红线向右移动,压过棕线。

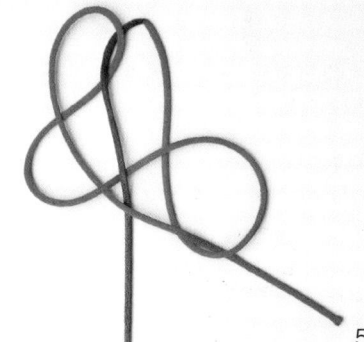

5. 红线如图中所示,再穿过其绕出的第一个圈。

6. 红线向左,穿过棕线,再向上穿过其绕出的第二个圈。

7. 将两条线拉紧,并调整好两个耳翼的大小。

酢浆草结

　　酢浆草结是一种应用很广的基本结，因其形似酢浆草而得名。其结形美观，易于搭配，可以衍生出许多变化结。因酢浆草又名幸运草，所以酢浆草结寓含幸运吉祥之意。

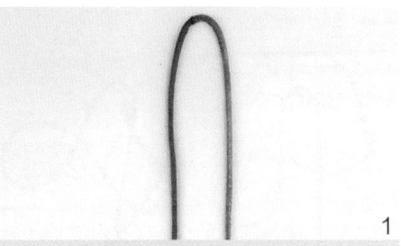

1

1. 将线对折。

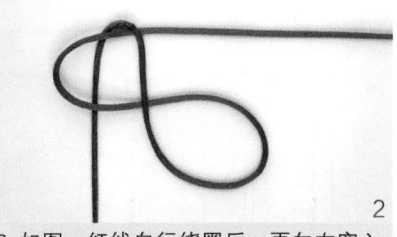

2

2. 如图，红线自行绕圈后，再向左穿入顶部的圈。

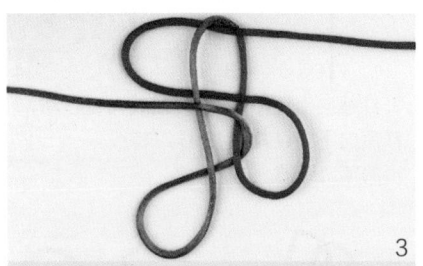

3

3. 蓝线自行绕圈后，向上穿过红圈，再向下穿出。

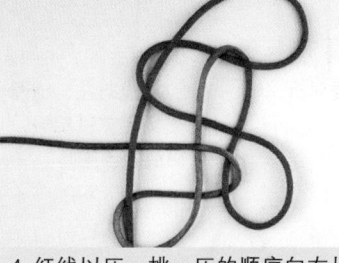

4

4. 红线以压一挑一压的顺序向右从蓝线圈中穿出。

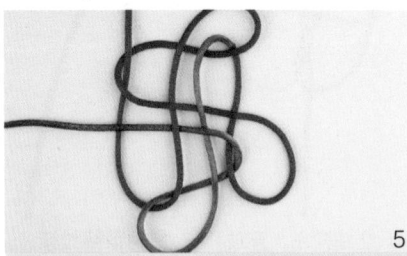

5

5. 红线向左，以挑一压的顺序，从红圈中穿出。

6

6. 将两根线拉紧，同时注意调整好三个耳翼的大小。

万字结

万字结的结心似梵文的"卍"字,故得此名。万字结常用来作结饰的点缀,在编制吉祥饰物时会大量使用,以寓"万事如意"、"福寿安康"。

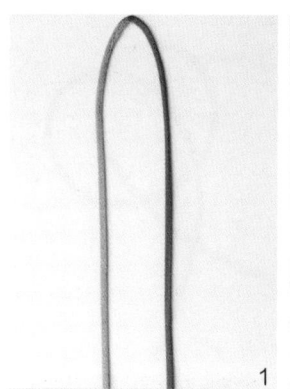

1. 将线对折。

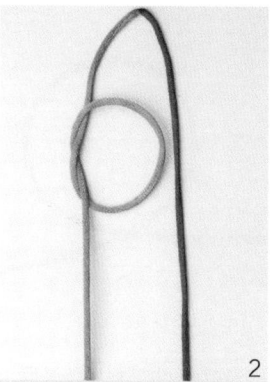

2. 粉线自行绕圈打结。

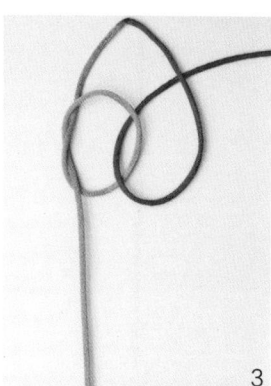

3. 如图,红线压过粉线,从粉线圈中穿过。

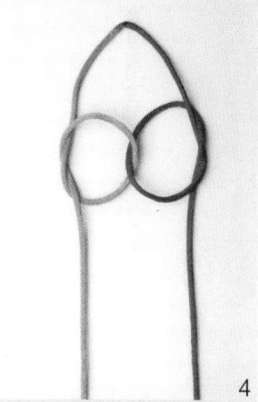

4. 红线自下而上绕圈打结。

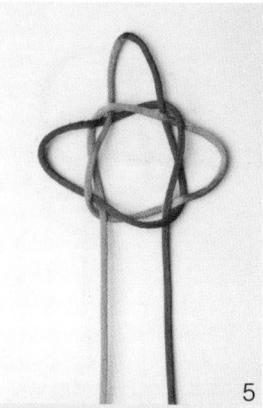

5. 红圈向左从粉线的交叉点穿出,粉圈向右从红线的交叉点穿出。

6: 将线拉紧,拉紧时注意三个耳翼的位置。

单线纽扣结

　　纽扣结，学名疙瘩扣。它的结形如钻石状，又称钻石结，可当纽扣使用，也可作为装饰结。纽扣结有很多变化结，如单线纽扣结、双线纽扣结、长纽扣结等。

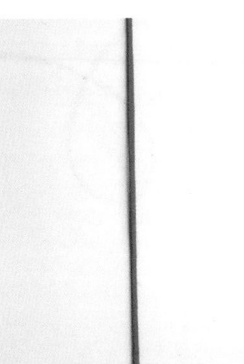

1. 准备好一根线。

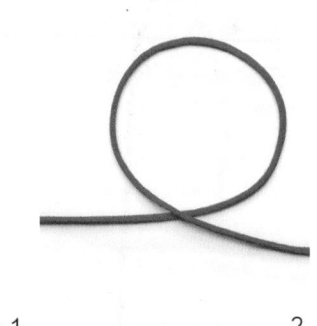

2. 在线的中间如图绕一圈。

3. 绳头右端再逆时针绕一圈，如图中所示，两个圈不要重叠。

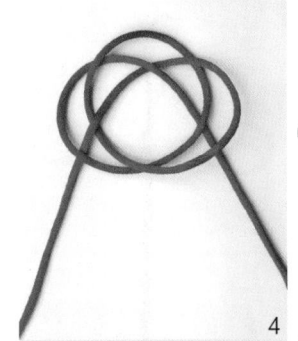

4. 绳头左端逆时针向上，以压一挑一压一挑的方式，从两个圈中穿过，注意所有绳圈都不要重叠。

5. 绳头左端继续逆时针向上，以压一根一挑三根一压两根的方式从三个圈中穿出。

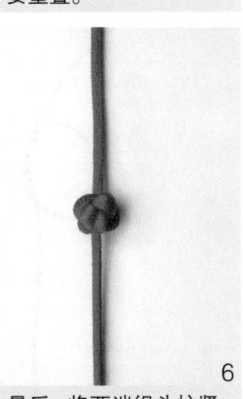

6. 最后，将两端绳头拉紧，稍作调整即可。

双线纽扣结

双线纽扣结，是纽扣结中的一种。其结形饱满、美观，多作为装饰使用。

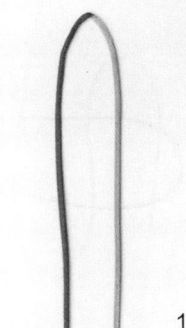

1. 将线对折。

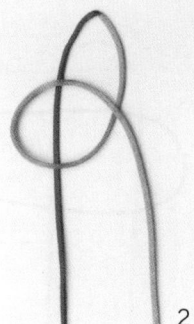

2. 粉线如图绕一个圈，压在红线上。

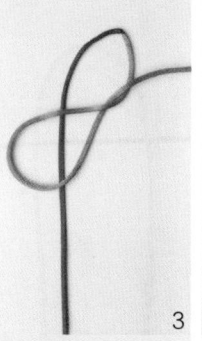

3. 将粉圈扭转一次，再压在红线上。

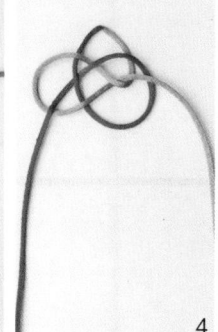

4. 红线如图从粉线下方绕过，再以压两根一挑一根一压一根的顺序穿出。

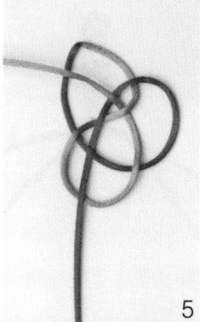

5. 将粉线下端的线向上。

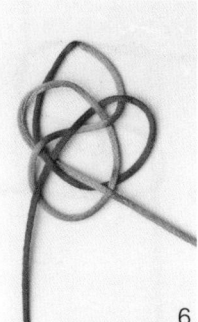

6. 粉线绕到线的下方，再从中间的圈中穿出。

7. 红线从粉线下方由左到右绕到顶部，也从中间的圈中穿出。

8. 将顶部的圈和下端的两条线拉紧即可。

33

圆形玉米结

玉米结是基础结的一种，分为圆形玉米结和方形玉米结两种，都由十字结组成。

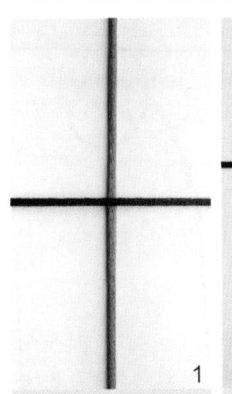

1. 将两条线呈十字形交叉摆放。

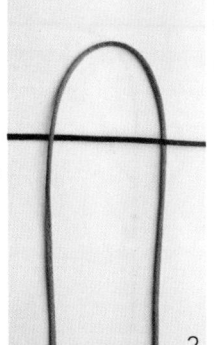

2. 蓝线向下移动，压过棕线。

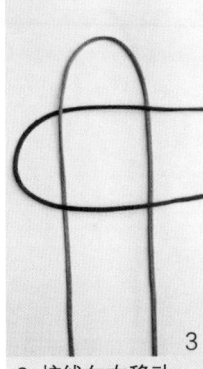

3. 棕线向右移动，压过蓝线。

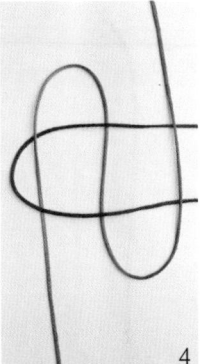

4. 右侧的蓝线向上压过棕线。

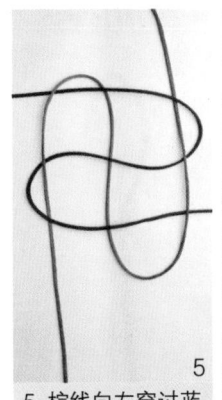

5. 棕线向左穿过蓝线的圈中。

6. 将四根线向四个方向拉紧。

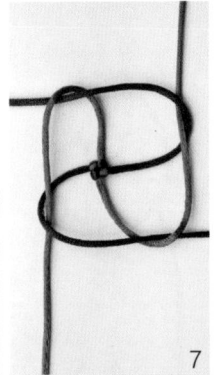

7. 继续按照上述步骤挑压四根线，注意挑压的方向要始终一致。

8. 重复编至一定次数，即可编出圆形玉米结。

方形玉米结

学会了圆形玉米结,方形玉米结就易学多了。

1

1. 将两条线呈十字形交叉摆放。

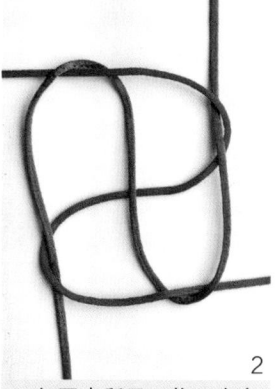

2

2. 如图中所示,将四个方向的线按照逆时针方向相互挑压。

3

3. 挑压完成后,将四条线拉紧。

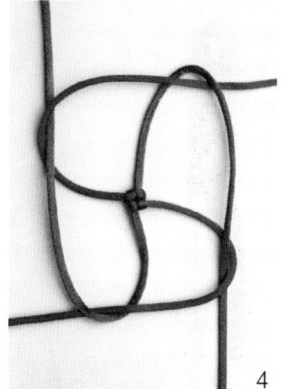

4

4. 如步骤2将四个方向的线按照顺时针方向相互挑压。

5

5. 将线拉紧后,重复步骤2～步骤4,即可编出方形玉米结。

玉米结流苏

流苏在中国结挂饰中常常用到，编制流苏的方法有很多种，玉米结流苏正是其中常用的一种，也被称为"吉祥穗"。

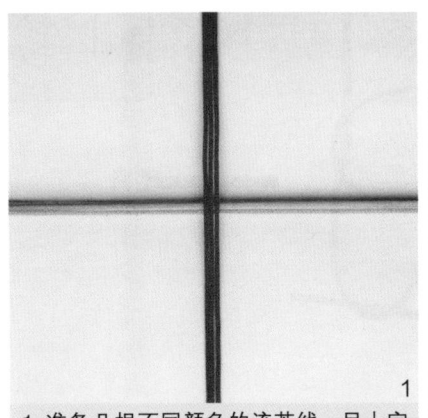

1

1. 准备几根不同颜色的流苏线，呈十字形交叉摆放。

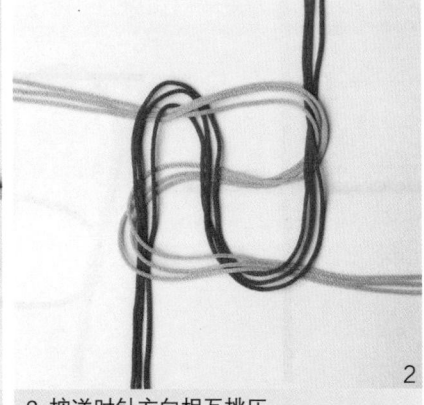

2

2. 按逆时针方向相互挑压。

3

3. 拉紧四组线。

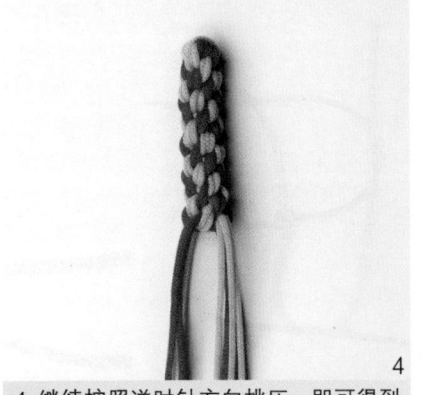

4

4. 继续按照逆时针方向挑压，即可得到圆形玉米结流苏。也可以按照编方形玉米结的方法，编出方形玉米结流苏。

雀头结

雀头结是基础结的一种。在编结时，常以环状物或长条物为轴，覆于轴面，用来代替攀缘结。

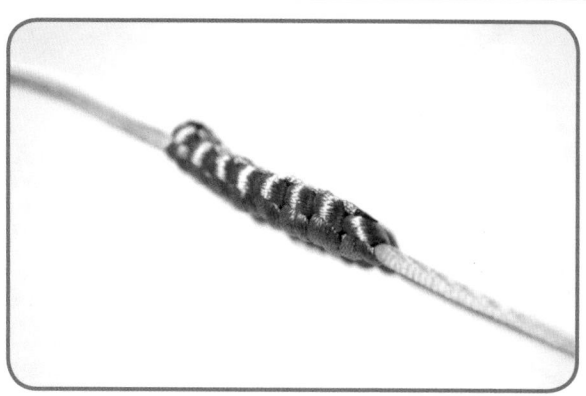

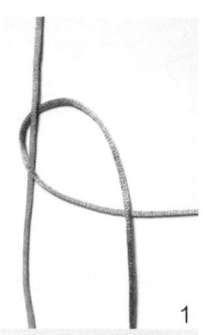

1

1. 准备好两条线，右线从左线下方穿过，再压过左线向右，从右线另一端下方穿过。

2

2. 如图，右线另一端向左从左线下方穿过，再向上压过左线，从右线下方向右穿过。

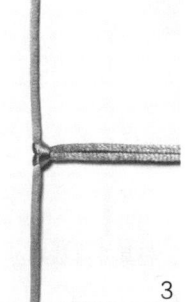

3

3. 将右线拉紧，一个雀头结完成。

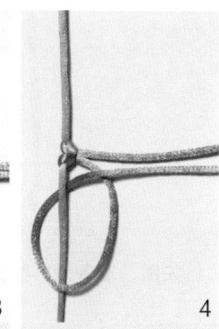

4

4. 如图，位于下方的右线向左压过左线，再向上从左线下方穿过，并压过右线向右穿出。

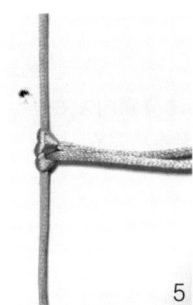

5

5. 将线拉紧。

6

6. 位于下方的右线向左从左线下方穿过，再向上向右压过左线，从右线下方穿过。

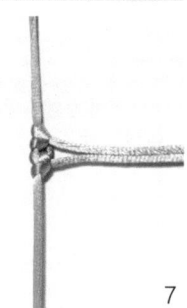

7

7. 将线拉紧，又完成一个雀头结。

8

8. 重复步骤5～步骤8，编至想要的长度即可。

右斜卷结

斜卷结因其结体倾斜而得名，因为此结源自国外，故又名为西洋结。它常用在立体结中，分为右斜卷结和左斜卷结。

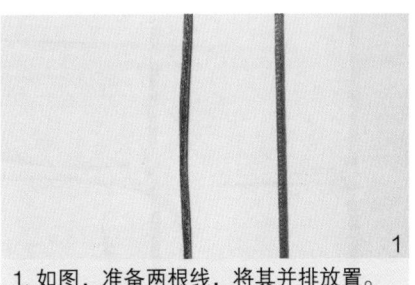

1. 如图，准备两根线，将其并排放置。

2. 如图，右线向左压过左线，再从左线下方向右穿过，压过右线的另一端。

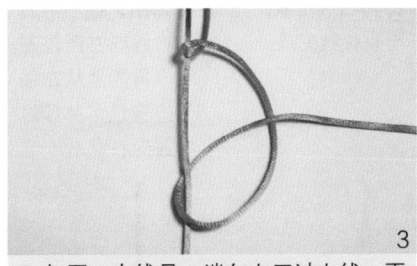

3. 如图，右线另一端向左压过左线，再从左线下方向右压右线穿过。

4. 如图，将右线的两端分别向左右两个不同方向拉紧，一个斜卷结完成。

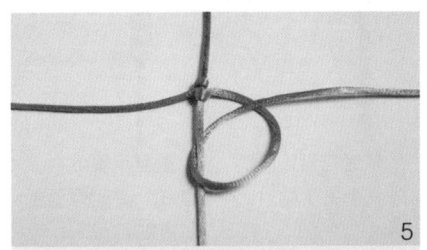

5. 如图，右线向左压过左线，再从左线下方向右压右线穿过。

6. 同步骤4，将右线的两端分别向左右两个方向拉紧即成。

左斜卷结

左斜卷结结式简单易懂、变化灵活，是一种用途广泛、老少咸宜的结艺编法。

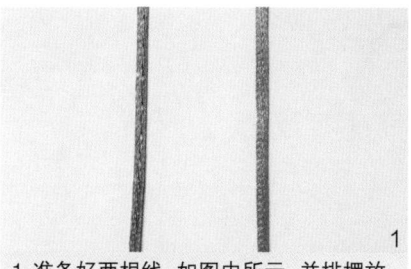

1. 准备好两根线，如图中所示，并排摆放。

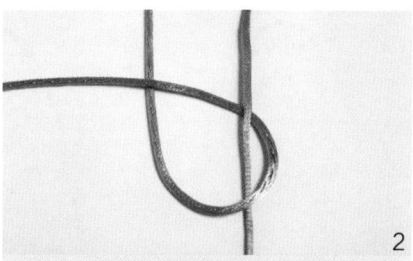

2. 如图，左线向右压过右线，再向左从右线下方穿过。

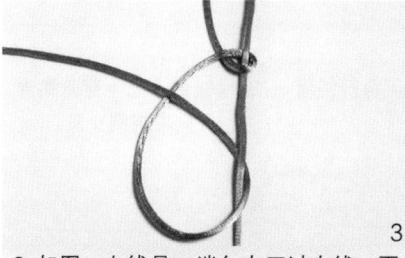

3. 如图，左线另一端向右压过右线，再从右线下方向左压左线穿过。

4. 如图，将左线的两端分别向左右两个方向拉紧，一个左斜卷结完成。

5. 如图，左线向右压过右线，再从右线下方向左穿过，压过左线。

6. 同步骤4，将左线的两端分别向左右两个方向拉紧即成。

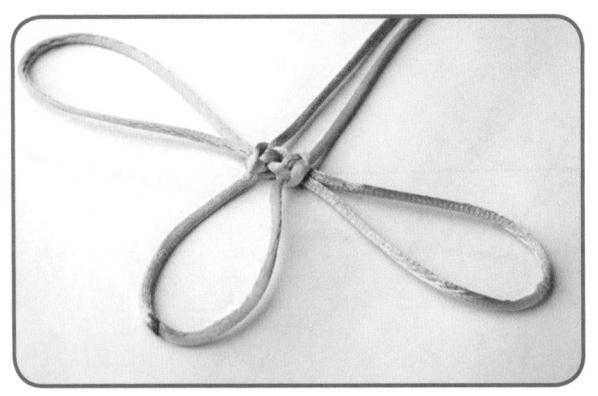

横藻井结

在中国宫殿式建筑中，涂画文彩的天花板，谓之"藻井"，而"藻井结"的结形，其中央似井字，周边为对称的斜纹。藻井结是装饰结，分为横藻井结和竖藻井结两种。

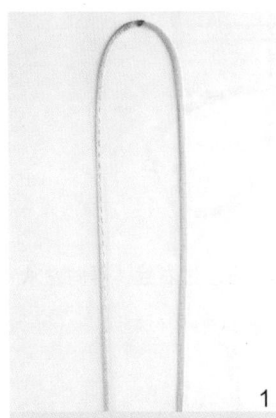

1. 将线对折。

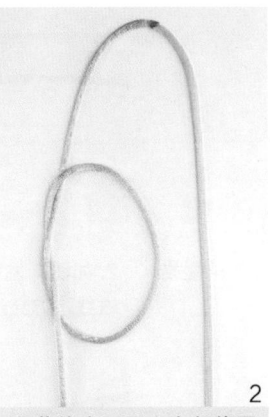

2. 黄线由下而上自行绕圈打结。

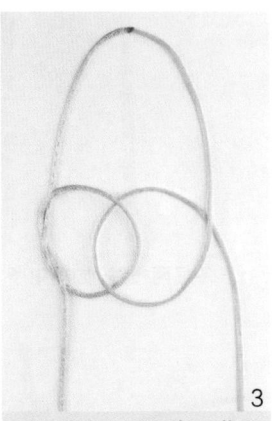

3. 绿线自上而下穿入黄圈中，并向右绕圈交叉。

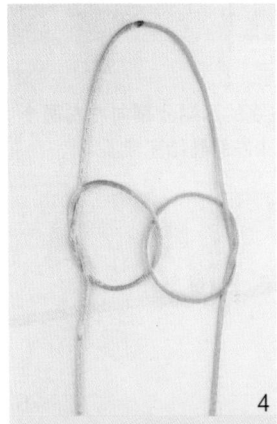

4. 绿线从上至下穿入其形成的圈中。

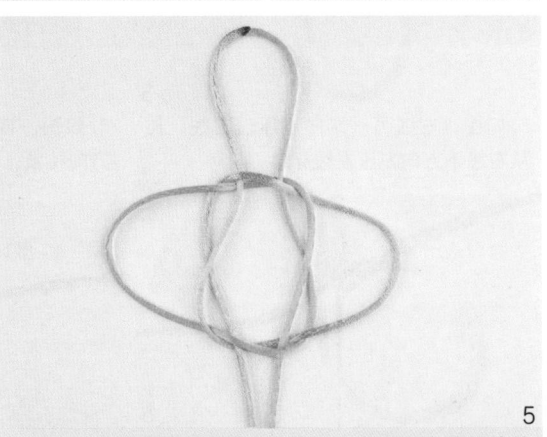

5. 绿圈向左从黄线的交叉点处穿出，黄圈向右从绿线的交叉点处穿出。

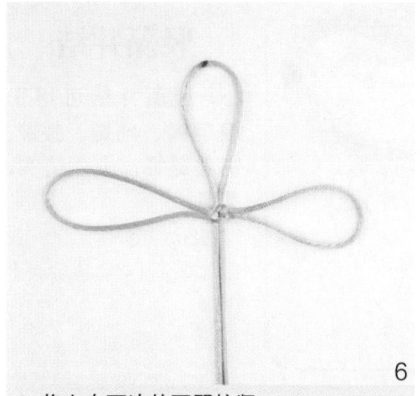

6

6. 将左右两边的耳翼拉紧。

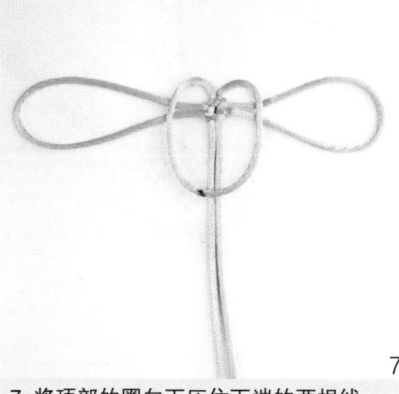

7

7. 将顶部的圈向下压住下端的两根线。

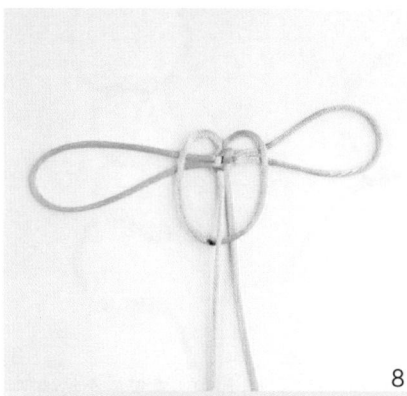

8

8. 将黄线从压着它的圈中穿出。

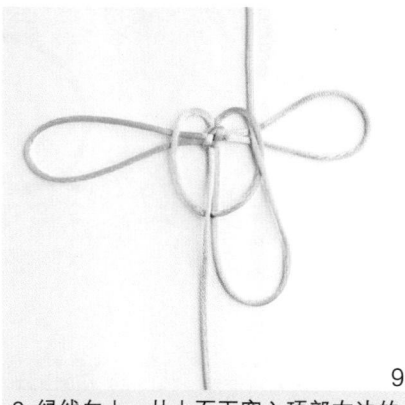

9

9. 绿线向上,从上而下穿入顶部右边的绿圈中。

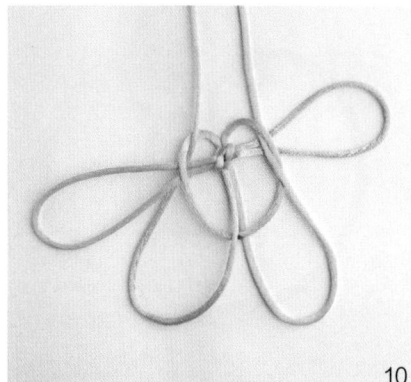

10

10. 黄线向上,由下而上穿入顶部左边的黄圈中。

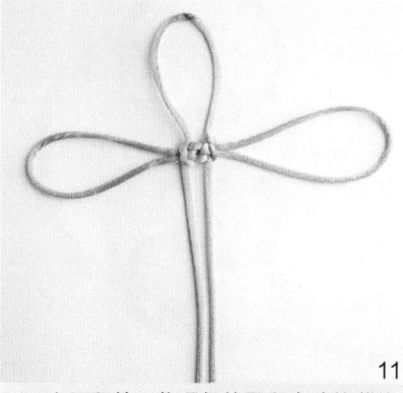

11

11. 上下翻转,将顶部的圈和底端的黄线绿线同时拉紧,横藻井结就完成了。

竖藻井结

竖藻井结可用于编手镯、项链、腰带、钥匙链等,十分结实、美观。

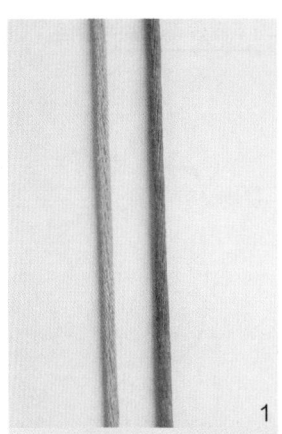

1. 将一根线对折摆放。

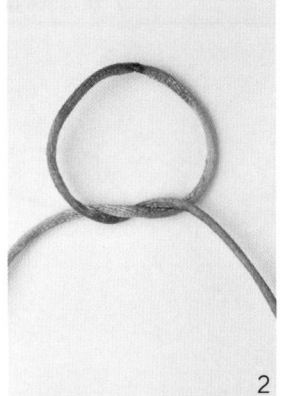

2. 如图,打一个松松的结。

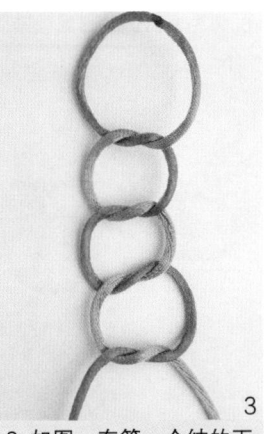

3. 如图,在第一个结的下方接连打三个松松的结。

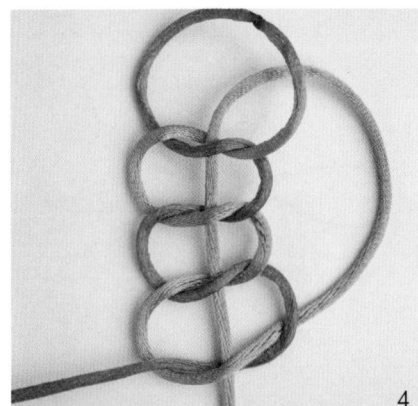

4. 如图,粉线向右上,再向下从四个结的中心穿过。

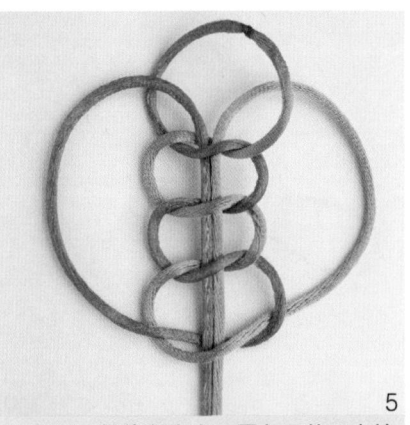

5. 如图,绿线向左上,再向下从四个结的中心穿过。

6. 如图，左下方的圈从前往上翻，右下方的圈从后往上翻。

7. 如图，将上方的线拉紧，仅留出最下方的两个圈不拉紧。

8. 如图，同步步骤6，左下方的圈从前往上翻，右下方的圈从后往上翻。

9. 将结体拉紧即可。

线 圈

　　线圈是基础结的一种，常用于结与饰物的连接，也可作装饰，象征着和美、团圆。

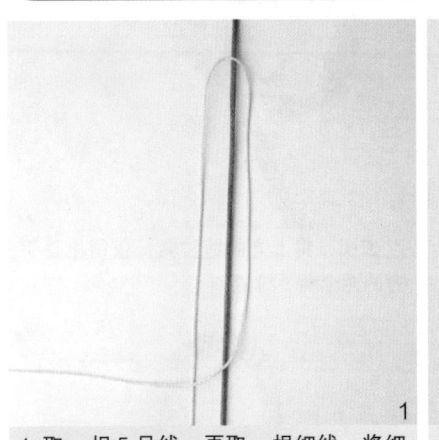

1. 取一根 5 号线，再取一根细线，将细线对折后，放在 5 号线上。

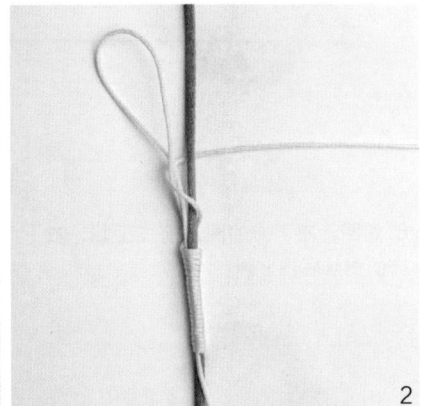

2. 右边的细线在 5 号线上缠绕数圈。

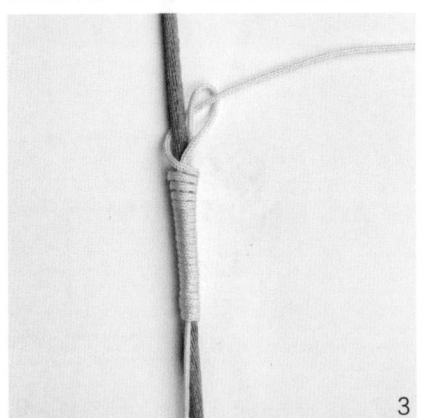

3. 缠到一定长度后，将线穿过对折后留出的圈中。然后将下端的细线向下拉。

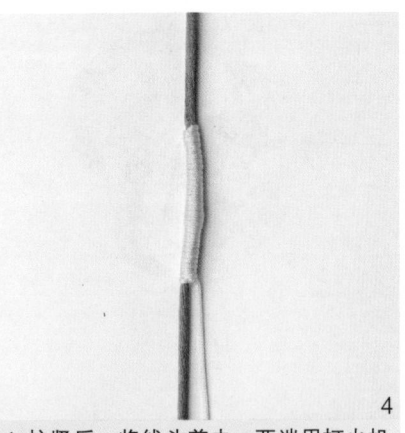

4. 拉紧后，将线头剪去，两端用打火机烧热，对接起来即可。

绕 线

绕线和缠股线是中国结中常用的基础结，它们会使得线材更加有质感，从而使整个结体更加典雅、大方。

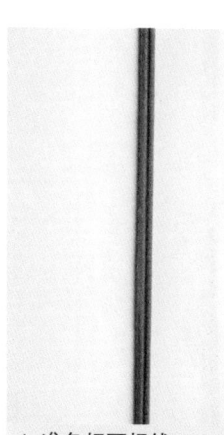

1

1. 准备好两根线。

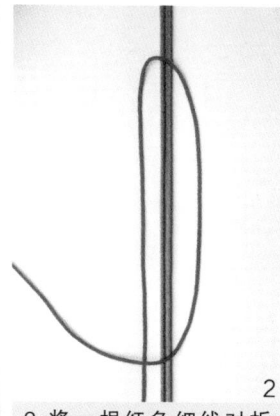

2

2. 将一根红色细线对折后，放在两条蓝线上。

3

3. 蓝线保持不动，红线开始在蓝线上绕圈。

4

4. 绕到一定长度后，将红线的线尾穿入红线对折后留出的圈中。

5

5. 将红线的两端拉紧。

6

6. 最后，将红线的线头剪掉，烧黏即可。

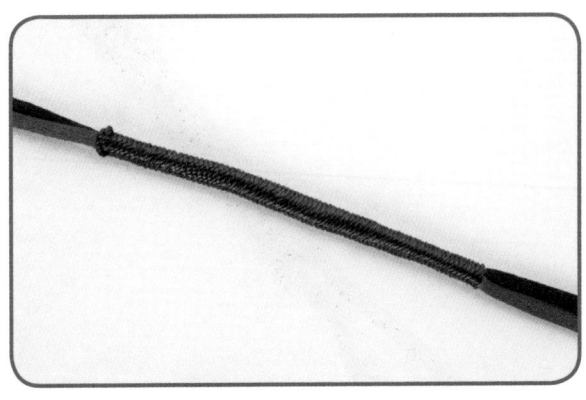

缠股线

缠股线需要用到双面胶，打结前应预先准备好。

1

1. 准备好两根线，将其合并在一起。

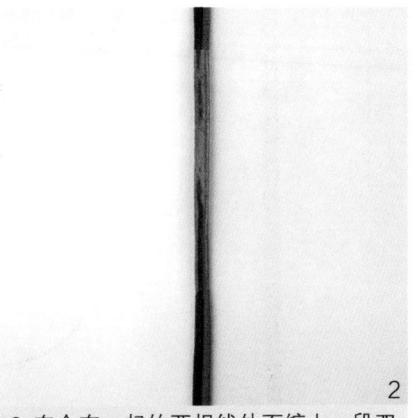

2

2. 在合在一起的两根线外面缠上一段双面胶。

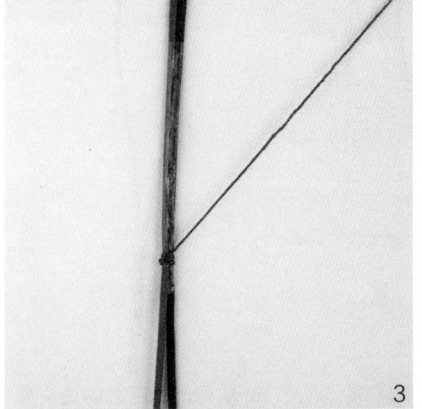

3

3. 取一段股线，缠在双面胶的外面，以两条线为中心反复缠绕。

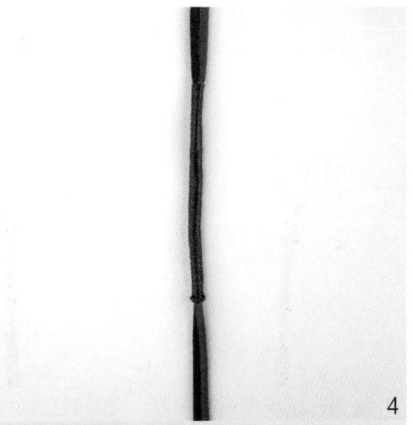

4

4. 缠到所需的长度，将线头烧黏即可。

两股辫

两股辫是中国结基础结的一种，常用于编手链、项链、耳环等饰物。

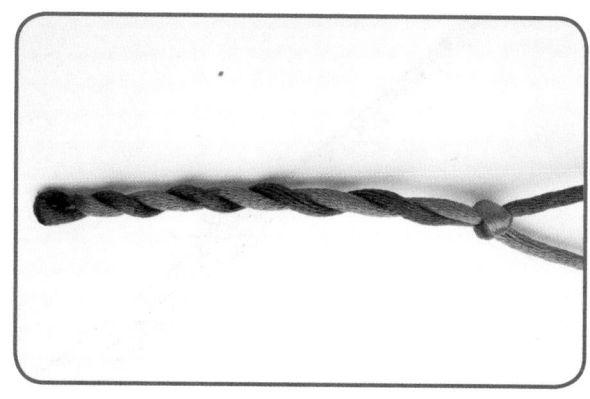

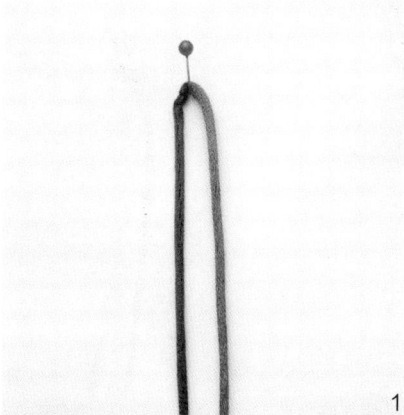

1. 在插垫上插入一根珠针，将准备好的线挂在珠针上。

2. 将两根线一根向外拧，一根向内拧。

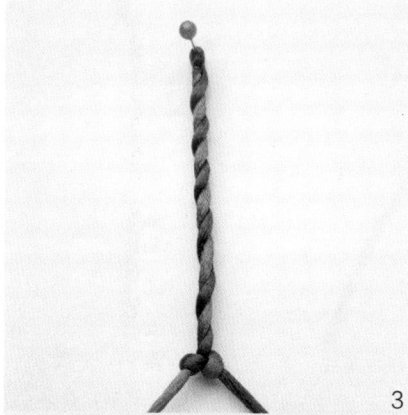

3. 拧到一定距离后，打一个蛇结固定。

4. 将编好的两股辫从珠针上取下即可。

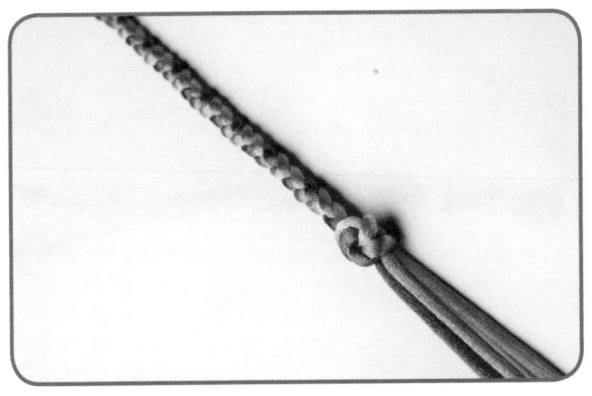

三股辫

三股辫也很常见，常用于编手链、项链、耳环等饰物。

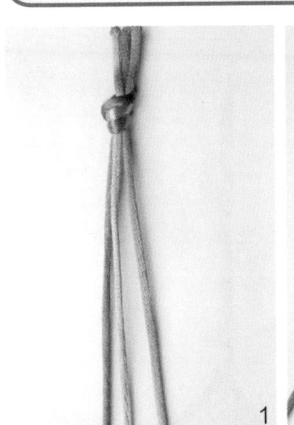

1

1. 取三根线，并在一端处打一个结。

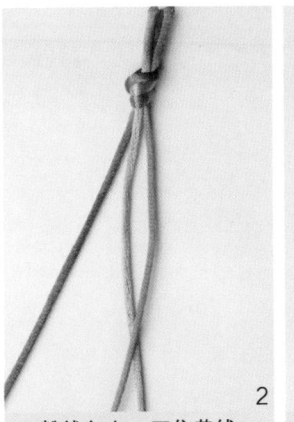

2

2. 粉线向左，压住黄线。

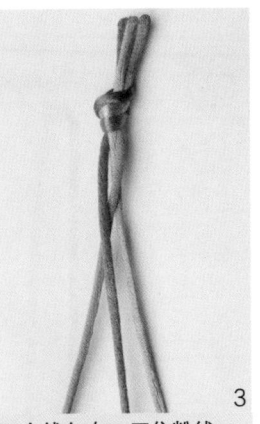

3

3. 金线向右，压住粉线。

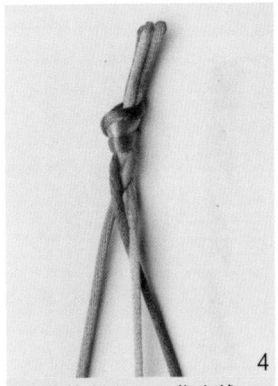

4

4. 黄线向左，压住金线。

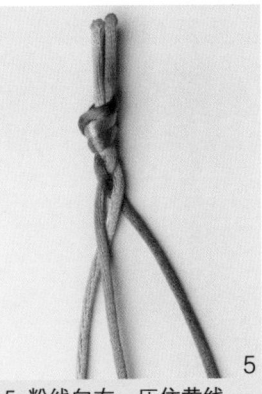

5

5. 粉线向右，压住黄线。

6

6. 重复步骤2～步骤5，编到一定程度后，在末尾打一个结即可。

四股辫

四股辫由四股线相互交叉缠绕而成，通常用于编制中国结手链和项链的绳子。

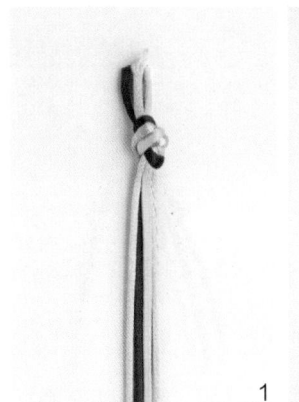

1. 取四根线，在上方打一个结固定。

2. 如图，绿线压棕线，右边的黄线压绿线。

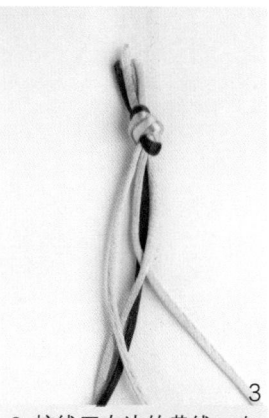

3. 棕线压右边的黄线，左边的黄线压棕线。

4. 绿线压左边的黄线。

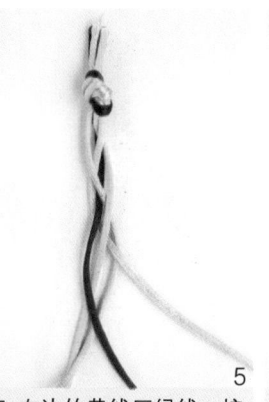

5. 左边的黄线压绿线，棕线压左边的黄线。

6. 重复步骤 2～步骤 5，编至足够的长度，在末尾打一个单结固定即可。

八股辫

八股辫的编法与四股辫是同样的原理，而且八股辫和四股辫一样，常用于做手链和项链的绳子。

1

1. 准备好八根线。

2

2. 将顶部打一个单结固定，再将八根线分成两份，四根红线放在右边。

3

3. 如图，绿线从后面绕到四根红线中间，压住两根红线。

4

4. 右边最外侧的红线从后面绕到左边四根线的中间，压住粉线和绿线。

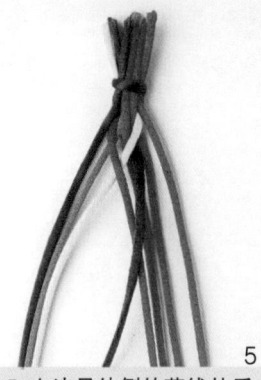

5

5. 左边最外侧的蓝线从后面绕到四根红线的中间，压住两根红线。

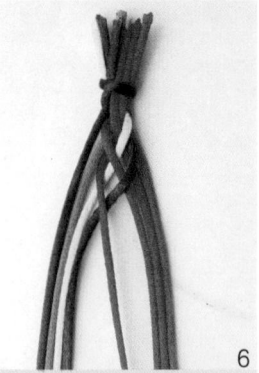

6

6. 右边最外侧的红线从后面绕到左边四根线的中间，压住绿线和蓝线。

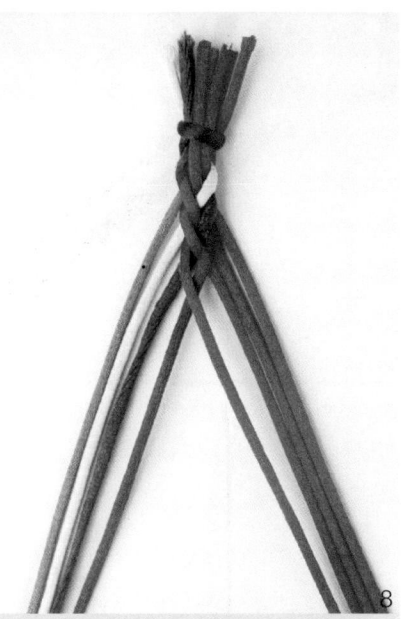

7. 左边最外侧的棕线从后面绕到四根红线的中间，压住两根红线。

8. 右边最外侧的红线从后面绕到左边四根线的中间，压住蓝线和棕线。

9. 重复步骤 3 ～步骤 8，连续编结。

10. 编至一定长度后，取其中一根线将其余七根线缠住，打结固定即可。

锁　结

锁结，顾名思义，两根线缠绕时相互紧锁，其外形紧致牢固，适宜做项链或手链。

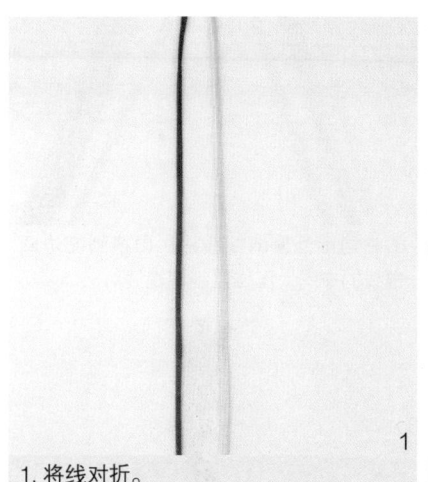

1

1. 将线对折。

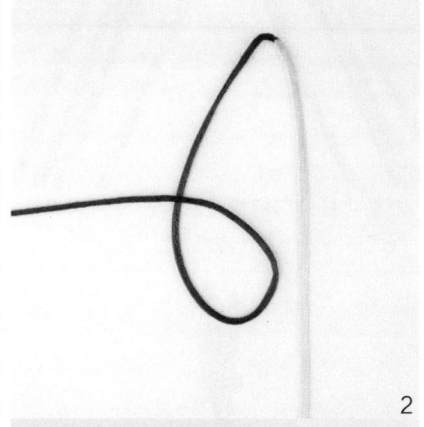

2

2. 棕线交叉绕圈。

3

3. 如图，绿线向右穿入棕线圈中。

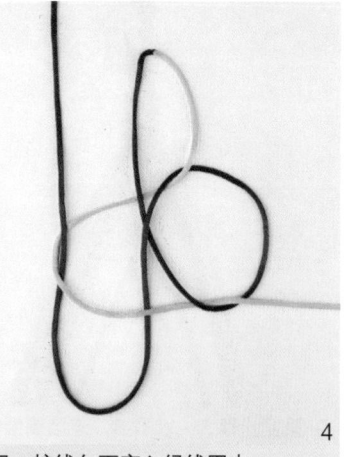

4

4. 如图，棕线向下穿入绿线圈中。

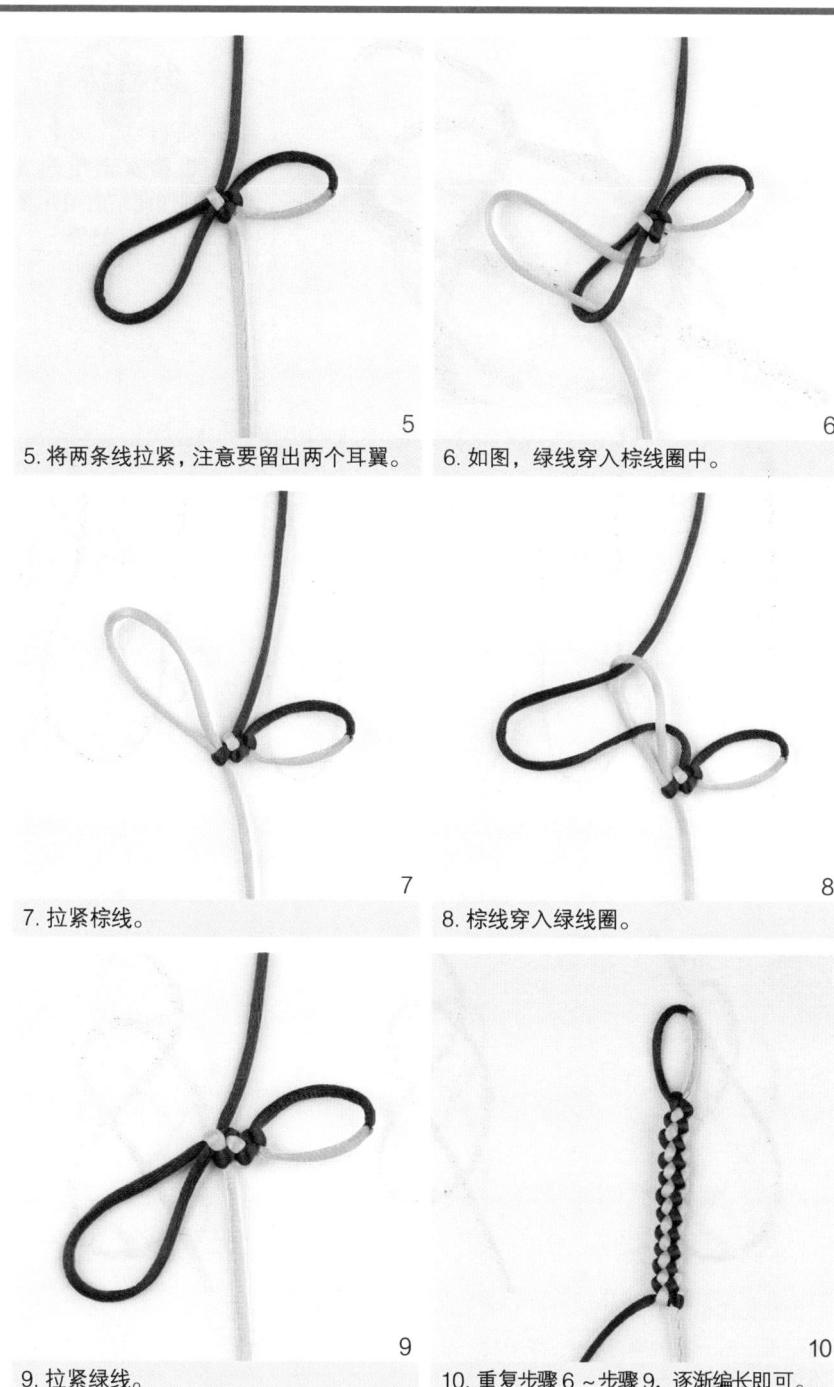

5

5. 将两条线拉紧, 注意要留出两个耳翼。

6

6. 如图, 绿线穿入棕线圈中。

7

7. 拉紧棕线。

8

8. 棕线穿入绿线圈。

9

9. 拉紧绿线。

10

10. 重复步骤6～步骤9, 逐渐编长即可。

发簪结

发簪结，顾名思义，极像女士用的发簪。制作此结时可用多线，适宜做手链等。

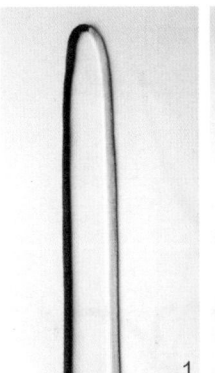

1. 将线对折摆放。

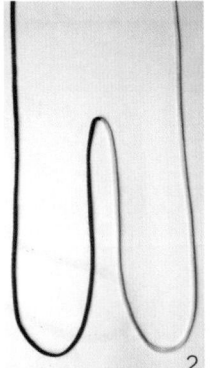

2. 将对折后的线两端向上折，最终成"W"型。

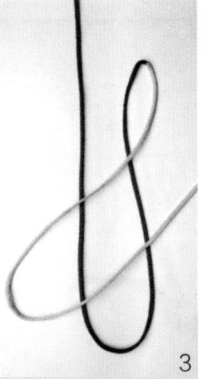

3. 将右侧的环如图中所示压在左侧环的上面。

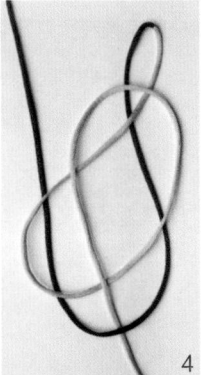

4. 右线如图中所示逆时针向上，穿过右侧的环。

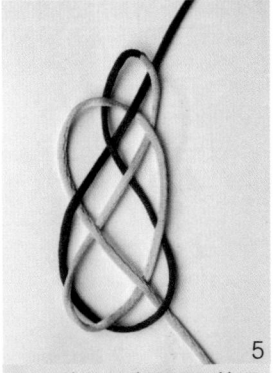

5. 左线如图中所示，按照压一挑一压一挑的顺序分别穿过。

6. 如图中所示，左线按照压一挑一压一挑一压的顺序穿回去。

7. 最后，仔细整理一下形状即可。

十字结

　　十字结结形小巧简单，一般作配饰和饰坠用。其正面为"十"字，故称十字结，其背面为方形，故又称方结、四方结。此结常用于立体结体中，如鞭炮、十字架等。

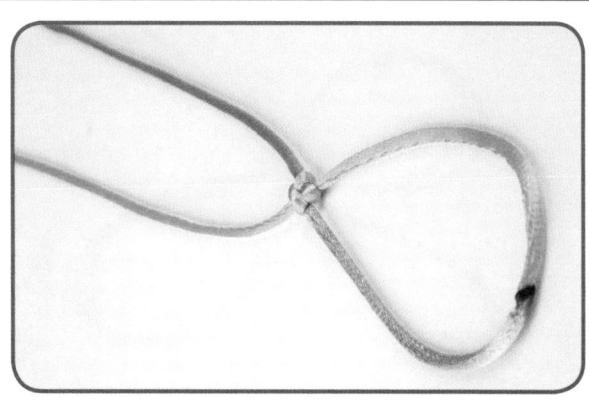

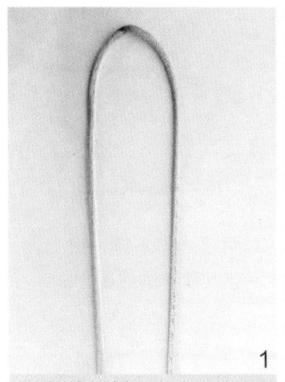

1.将线对折。

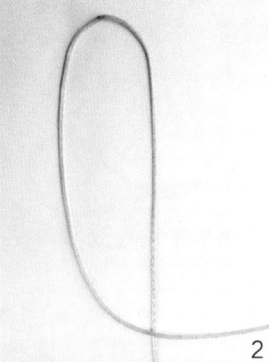

2.绿线向右压过黄线。

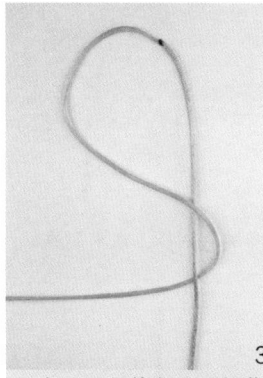

3.如图，绿线向左，从黄线下方绕过。

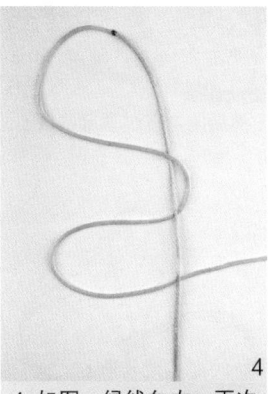

4.如图，绿线向右，再次从黄线下方穿过。

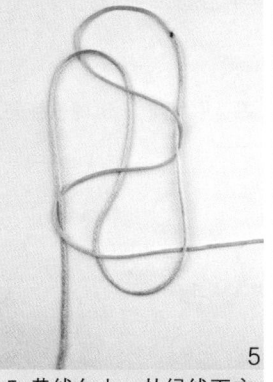

5.黄线向上，从绿线下方穿过，最后从顶部的圈中穿出，再向下，以压一挑的方式从绿圈中穿出。

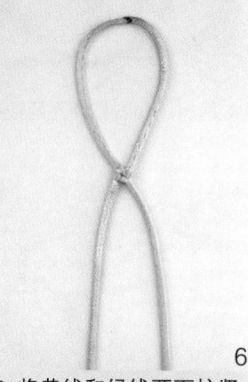

6.将黄线和绿线两面拉紧即可。

绶带结

绶带结的编结方法与十字结相类似，但寓意更深刻，意味着福禄寿三星高照、官运亨通、连绵久长、代代相续。

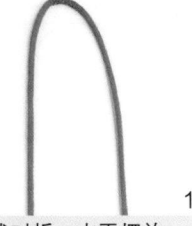

1

1. 将线对折，水平摆放。

2

2. 两根线合并，如图向右绕圈交叉。

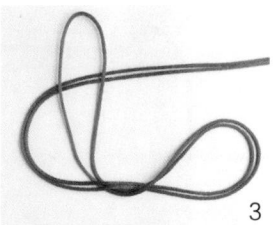

3

3. 两根线向左绕，自上而下穿入顶部的线圈中。

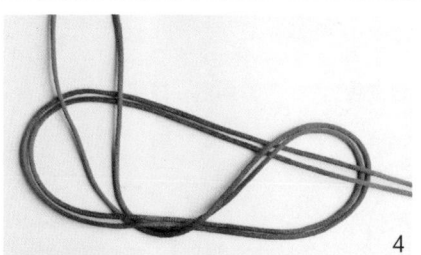

4

4. 两根线向右，穿入两线在步骤2中形成的圈中。

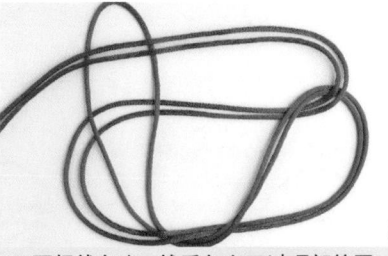

5

5. 两根线向上，然后向左压过顶部的圈。

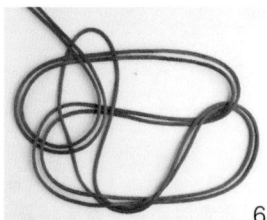

6

6. 两根线向下，自下而上穿入步骤5形成的圈中。

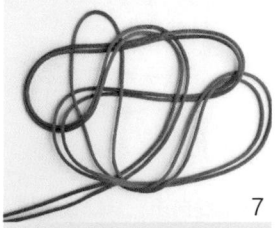

7

7. 两根线向上穿入顶部的圈中，接着向下穿入图中的圈中。

8

8. 将两根线拉紧，并调整三个耳翼的大小即可。

套环结

套环结外形工整、简单，而且不易松散，所以十分受欢迎。

1

1.取一个钥匙环，一根线。将线对折穿入钥匙环，将顶端的线穿入顶部的圈中。

2

2.将线拉紧。左线从下方穿过钥匙环，再向左穿入左侧线圈中。

3

3.将线拉紧。

4

4.重复上述步骤，直到绕完整个钥匙环。

5

5.最后将线头剪去，并用打火机烧黏。

菠萝头

　　菠萝头是中国结的一种，常用作流苏前方的帽子，从而起到固定流苏和装饰的作用。

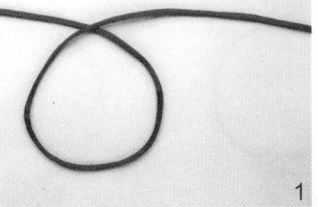

1

1. 将一根线对折后，交叉。

2

2. 右线从下至上穿入步骤 1 中形成的圈中，再从上而下从圈中穿出。

3

3. 右线从上而下穿入步骤 1 形成的圈中，再向右绕圈交叉。

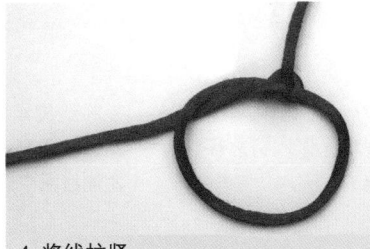

4

4. 将线拉紧。

5

5. 重复步骤 2、步骤 3。编出足够长度时，拉紧左右两条线，形成一个圈。

6

6. 继续重复步骤 1～步骤 3，直到结成一个更大的圈，将左右两根线拉紧，用打火机将线头烧黏，菠萝头就做好了。

秘鲁结

秘鲁结是中国结的基本结之一。它简单易学，单手即可完成，且用法灵活，多用于项链、耳环及小挂饰的结尾部分。

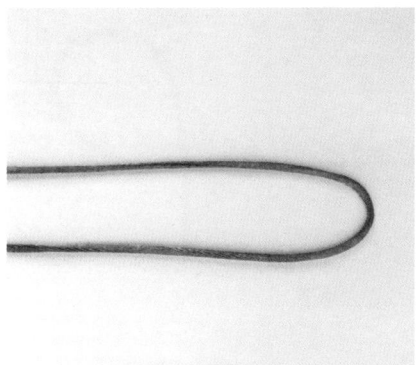

1

1. 将线对折。

2

2. 下方的线向上压过上方的线，在上方的线上绕两圈。

3

3. 将下方的线穿入两线围成的圈内。

4

4. 将两端拉紧即可。

十角笼目结

笼目结是中国结基本结的一种，因其结的外形如同竹笼的网目而得名。此结分为十角笼目结和十五角笼目结两种。

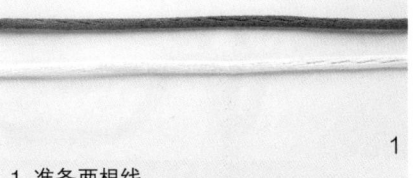

1

1. 准备两根线。

2

2. 先用深蓝色线编结，右线逆时针绕圈，放在左线下。

3

3. 如图，右线顺时针向下放在左线下。

4

4. 如图，右线以压一挑一压的顺序向左上穿过。

5

5. 如图，右线再向右下，以挑一压一挑一压的顺序穿过，一个单线笼目结就编好了。

6

6. 如图，将浅蓝色线从深蓝色线右侧绳头处穿入。

7-1

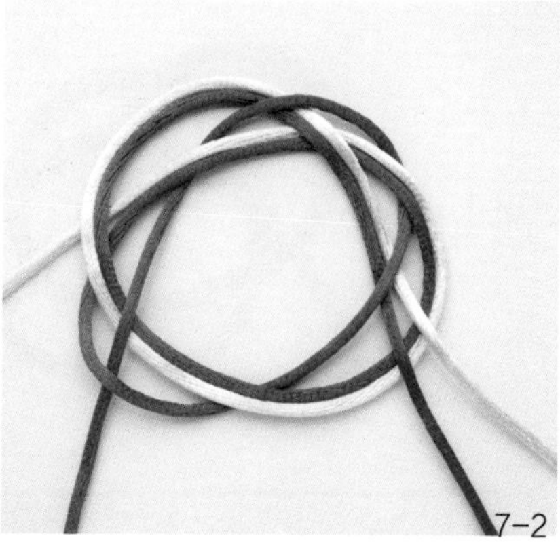

7-2

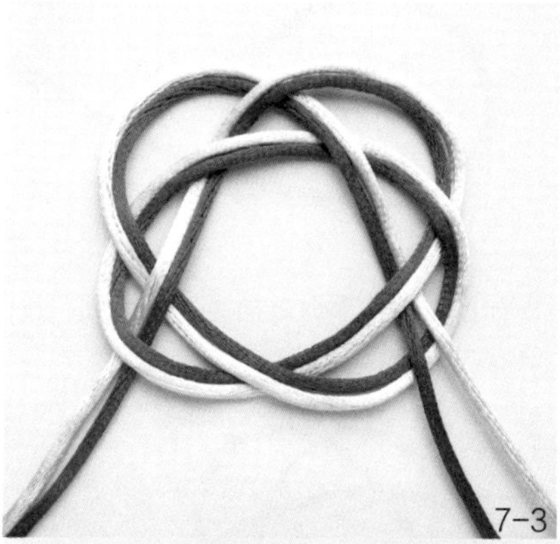

7-3

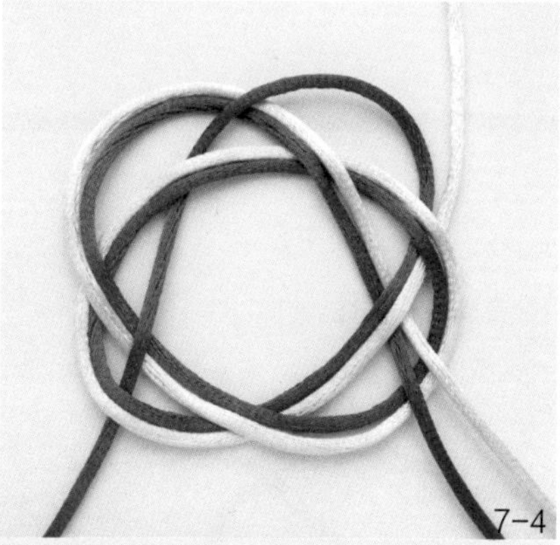

7-4

7. 如图，浅蓝色线随深蓝色线绕一圈，注意不要使两线重叠或交叉。

8

8. 最后，整理结形，十角笼目结就完成了。

十五角笼目结

　　十五角笼目结常用于辟邪，可用来编成胸花、发夹、杯垫等饰物，用途也较为广泛。

1

1. 准备好一根线。

2

2. 如图，左线顺时针向上绕一个圈，放在右线下。

3

3. 右线逆时针绕一个圈，以挑一压的顺序穿过左线的圈。

4

4. 如图，左线向左，以压两根一挑两根的顺序从右线圈中穿出。

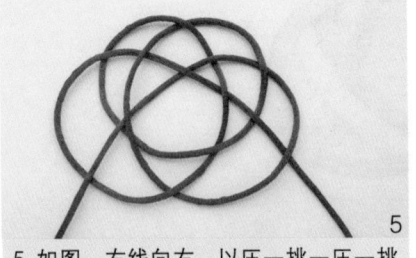

5

5. 如图，右线向右，以压一挑一压一挑两根一压两根的顺序穿出。

6

6. 最后整理结形即可。

琵琶结

琵琶结因其形状酷似古乐器琵琶而得名。此结常与纽扣结组合成盘扣，也可作挂坠的结尾，还可作耳环。

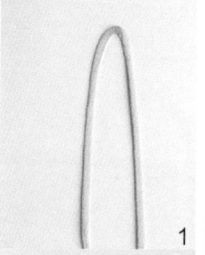

1

1. 将线对折，注意图中线的摆放，左线长，右线短。

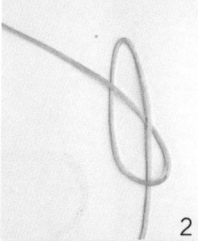

2

2. 将左线压过右线，再从右线下方绕过，最后从两线交叉形成的圈中穿出。

3

3. 左线由左至右再从顶部线圈的下方穿出。

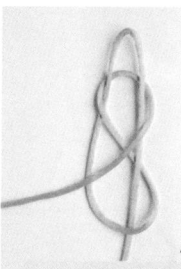

4

4. 左线向左下方压过所有的线。

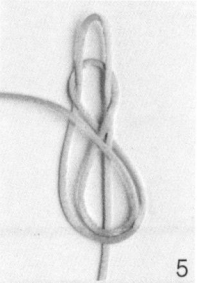

5

5. 如图，左线以逆时针绕圈。

6

6. 左线向右从顶部线圈的下方穿出，向左下方压过所有线。

7

7. 重复步骤3～步骤6。注意，在重复绕圈的过程中，每个圈都是从下往上排列的。最后，左线从上至下穿入中心的圈中。

8

8. 将结体轻轻收紧，剪掉多余的线头即可。

攀缘结

攀缘结因其常套于一段绳或其他结上而得名。在编结时，要注意将结中能抽动的环固定或套牢。

1

1. 将线对折后，黄线向下交叉绕圈，再向上绕回，如图中所示，将棕线压住。

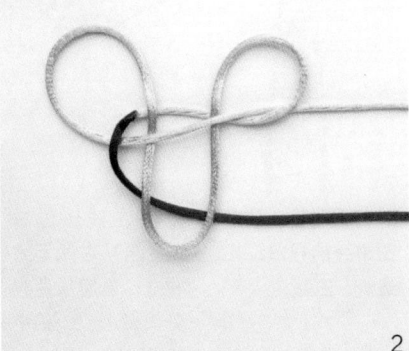

2

2. 如图，黄线从右向左以挑棕线—压黄线的顺序从黄线圈中穿出。

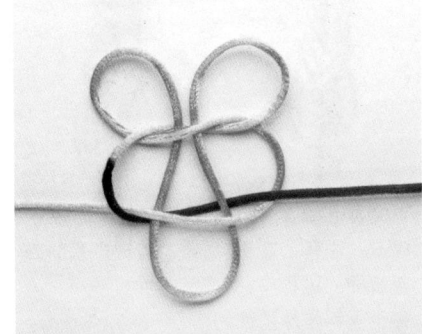

3

3. 如图，黄线向下，由右向左压过所有线，从左侧的圈中穿出。

4

4. 将黄线、棕线拉紧。

太阳结

太阳结，又称品结，寓意着光明、灿烂。此结常被人们用来绕边，也可以单独用来作手链、项链等饰品。

1.取一根黄线，绕圈打结，注意不要拉紧。

2.黄线在第一个圈下方继续打结，注意两个结交叉方向。

3.取一根红线，压住第一个圈。

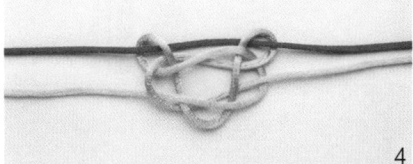

4.如图，黄线第一个圈向下穿过下方第二个圈的交叉处。

5.将黄线向左右同时拉紧，并调整耳翼的大小。

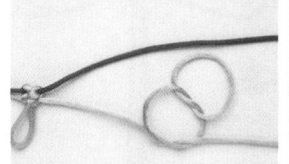

6.右边的黄线再次绕圈打结，要特别注意两个结的交叉方向。

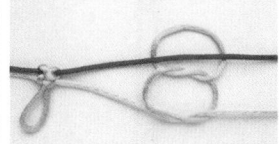

7.红线再次压住黄线上方的第一个圈。

8.同步骤4，黄线第一个圈向下穿过下方第二个圈的交叉处。最后，拉紧黄线。按照前面步骤，编成一个圈即可。

蜻蜓结

蜻蜓结是中国结的一种，可用做发饰、胸针。编结的方法有很多种，最重要的在于身躯部分，应该注意前大尾小，以显生动。

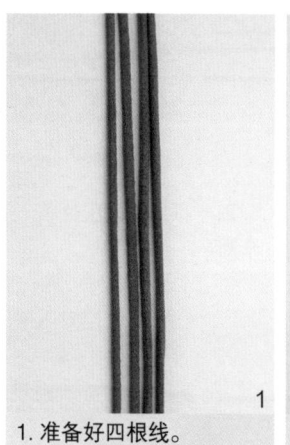

1. 准备好四根线。

2. 在四根线的顶端打一个纽扣结。

3. 在纽扣结下方打一个十字结。

4. 取一根蓝线、一根红线为中心线，其余两根线编双向平结。

5. 编至合适的位置即可。

6. 将底端的线头剪掉，用打火机烧黏。

幸运珠结

幸运珠结，是中国结的一种，结体成圆环状，象征着幸运，故而得名。

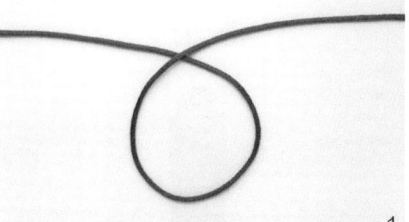

1. 取一根线，交叉绕圈。

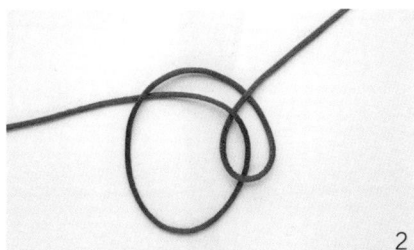

2. 如图，右线自下而上穿入第一个圈中，再向右穿进右边的圈中。

3. 如图，右线从上至下穿过第一个圈，再从下方穿过右边的圈中。

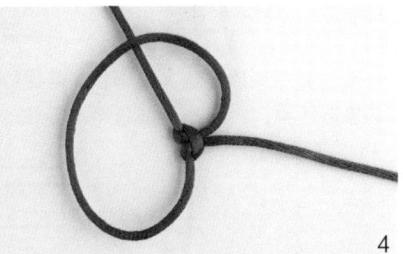

4. 将线拉紧。

5. 重复步骤2～步骤4，直到编出环形。

6. 将多余的线头剪掉，用打火机烧黏。

流 苏

流苏是一种下垂的、以五彩羽毛或丝线等制成的穗子，常用于服装、首饰及挂饰的装饰。它也是中国结中常见的一种编结方法。

1

1. 准备好一束流苏线。取一根 5 号线放进流苏线里，再用一根细线将流苏线的中间部位捆住。

2

2. 提起 5 号线上端，让流苏自然垂下。

3

3. 再取一根细线，用打秘鲁结的方法将流苏固定住。

4

4. 将流苏下方的线头剪齐即可。

实心六耳团锦结

团锦结结体虽小，但结形圆满美丽，类似花形，且不易松散。团锦结可编成五耳、六耳、八耳，又可编成实心的、空心的。这里介绍的是实心六耳团锦结。

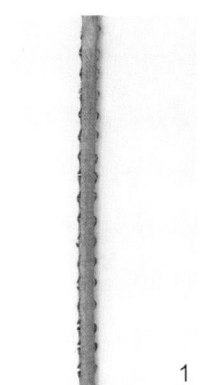

1
1. 准备好一根线。

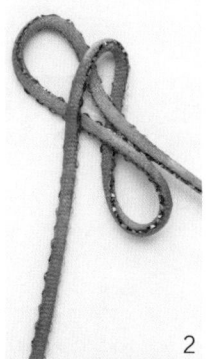

2
2. 将线对折。如图，右线自行绕出一个圈，再向上穿入顶部的圈中。

3
3. 如图，右线再绕出一个圈，并穿入顶部的圈和步骤2中形成的圈。

4
4. 如图，将右线对折后再穿过顶部的圈和步骤3形成的圈。

5
5. 如图，右线穿过步骤4形成的圈，并让最后一个圈和第一个圈相连。

6
6. 最后，整理好6个耳翼的形状，将线拉紧即可。

空心八耳团锦结

　　人们习惯在空心八耳团锦结中镶嵌珠石等饰物，使其流露出花团锦簇的喜气，是一个寓意吉庆祥瑞的结饰。

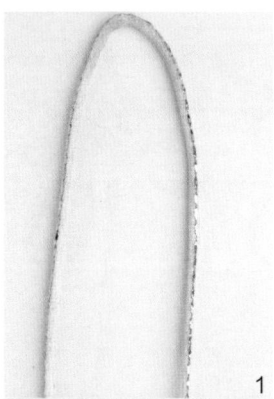

1

1. 将准备好的一根线，两端对折。

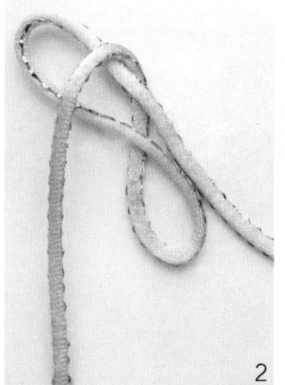

2

2. 如图，将右线自行绕出一个圈后，向上穿入顶部的圈。

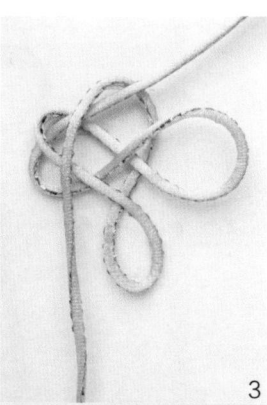

3

3. 如图，右线再绕出一个圈，穿入步骤 2 中右线绕出的第二个圈内。

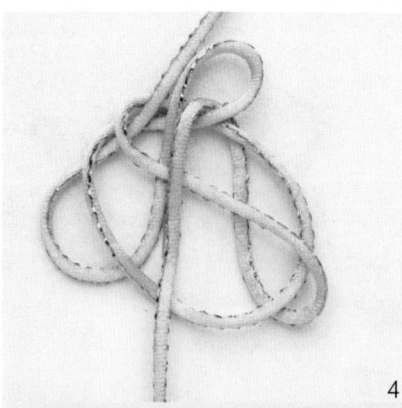

4

4. 如图，右线再绕出一个圈，穿入步骤 3 中右线绕出的第三个圈内。

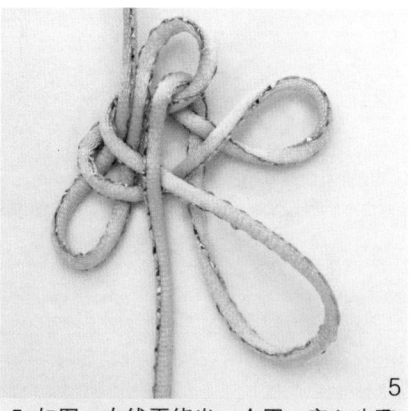

5

5. 如图，右线再绕出一个圈，穿入步骤 4 中右线绕出的第四个圈内。

6

6. 如图，右线再绕出一个圈，穿入步骤5 中右线绕出的第五个圈内。

7

7. 如图，右线再绕出一个圈，穿入步骤6 中右线绕出的第六个圈内后，再穿过第一个圈。

8

8. 将结形调整一下，将8个耳翼拉出。

9

9. 最后将线拉紧即可，并注意8个耳翼的位置。

龟 结

龟结是中国结基础结的一种，因其外形似龟的背壳而得名，常用于编制辟邪铃、坠饰、杯垫等物。

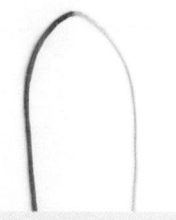

1. 如图，将线对折摆放。

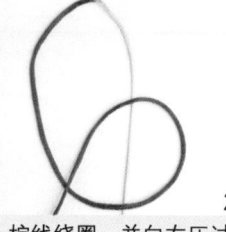

2. 棕线绕圈，并向右压过粉线。

3. 如图，粉线向左，从后方以挑一压一挑的顺序穿出。

4. 如图，棕线向右压过粉线，以压一挑一压的顺序穿出。

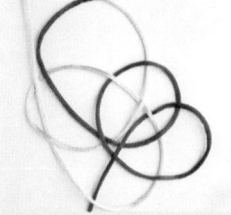

5. 如图，粉线向左上，从粉圈中穿出。

6. 如图，粉线再向下，以压一挑一压一挑一压的顺序穿出。

7. 将结形收紧、整理一下。

8. 在结的下方打一个双联结，一个龟结就完成了。

十全结

十全结由5个双钱结组成，5个双钱结相当于10个铜钱，即"十泉"，因"泉"与"全"同音，故得名为"十全结"，寓意十全富贵、十全十美。

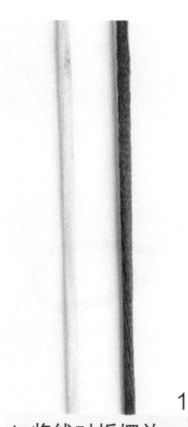

1. 将线对折摆放。

2. 如图，先编一个双钱结。

3. 如图，棕线向右压过黄线，再编一个双钱结，注意外耳相钩连。

4. 如图，黄线绕过棕线，在左侧编一个双钱结，外耳也相钩连。

5. 接下来，黄线和棕线如图中相互挑压，使所有结相连。

6. 最后，黄线和棕线的两线头烧黏在一起即成。

73

吉祥结

　　吉祥结是中国结中很受欢迎的一种结饰。它是十字结的延伸，因其耳翼有7个，故又名为"七圈结"。吉祥结是一种古老的装饰结，有吉利祥瑞之意。

1. 准备两根颜色不一的5号线。

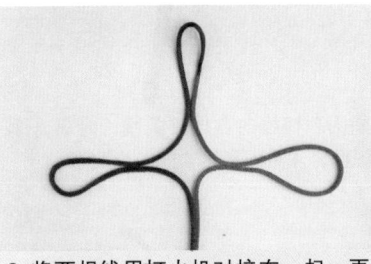

2. 将两根线用打火机对接在一起，再将线如图中的样子摆放好。

3. 将4个耳翼按照编十字结的方法，逆时针相互挑压。

4. 将4个耳翼拉紧。4个耳翼按照顺时针的方向相互挑压。

5. 将线拉紧，再将7个耳翼拉出即可。

如意结

如意结由 4 个酢浆草结组合而成，是一种古老的中国结饰。它的应用很广，几乎各种结饰都可与之搭配。如意结状似灵芝，灵芝乃吉祥瑞草。如意结正寓意吉祥、平安、如意。

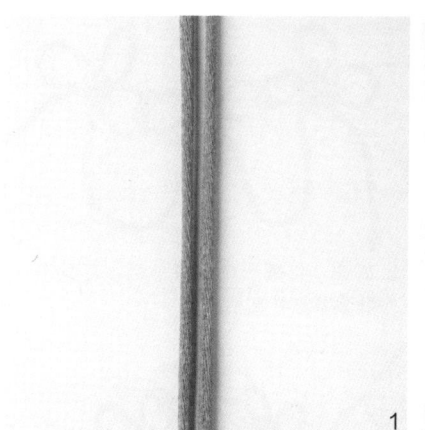

1. 将准备好的一根线对折摆放。

2. 先打一个酢浆草结。

3. 在打好的酢浆草结左右两侧再分别打一个酢浆草结，如图中摆放。

4. 以打好的三个酢浆草结为耳翼，打一个大的酢浆草结即成。

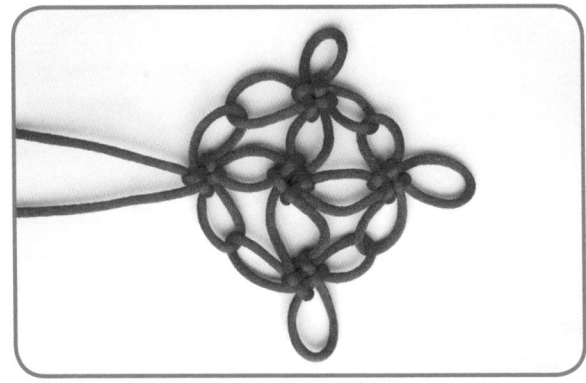

绣球结

相传，雌雄二狮相戏时，其绒毛会结成球，称之为绣球，被视为吉祥之物。绣球结以5个酢浆草结组合而成，编制时耳翼大小须一致，相连方向也要相同，结形方圆美。

1. 如图，先编两个酢浆草结，注意其外耳须相连。

2. 如图，再编一个酢浆草结，与其中一个酢浆草结外耳相连。

4. 如图，将左右两根线穿入最下方的两个耳翼中。

3. 如图，以编好的三个酢浆草结为耳翼编一个大的酢浆草结。

5. 如图，最后编一个酢浆草结，使得所有结的耳翼都相连即成。

四耳三戒箍结

戒箍结是中国结基础结的一种，又叫梅花结，通常与其他中国结一起用于服饰或装饰品上。戒箍结有很多种编法，这里介绍的是四耳三戒箍结。

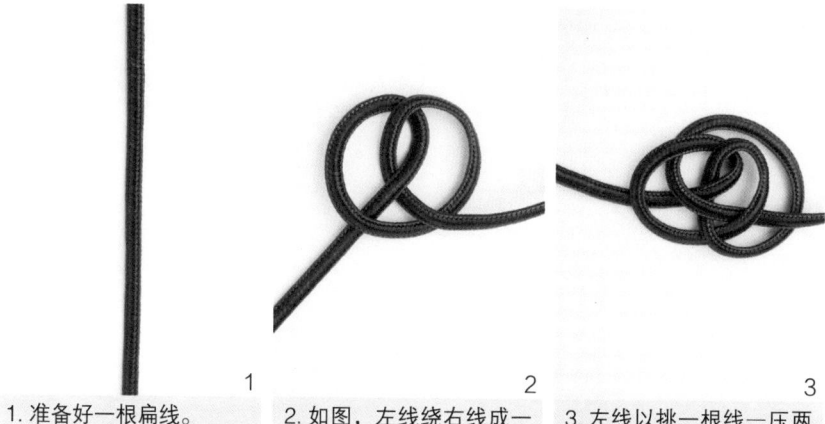

1. 准备好一根扁线。

2. 如图，左线绕右线成一个圈，再穿出。

3. 左线以挑一根线—压两根线，挑一根线—压一根线的顺序穿出。

4. 左线继续以压—挑—压—挑—压—挑—压的顺序从右向左穿出。

5. 整理结形，将线拉紧，最后将两个绳头烧黏在一起即可。

五耳双戒箍结

　　五耳双戒箍结是戒
箍结中较为常见的编结
方法，多用于装饰，下
面将具体介绍它的编法。

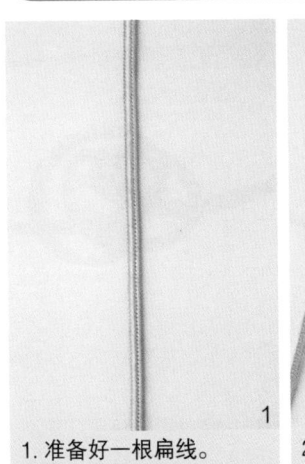

1. 准备好一根扁线。

2
2. 如图，左线绕右线成一
个圈。

3
3. 如图，右线以压一挑的
顺序从左线后端穿出。

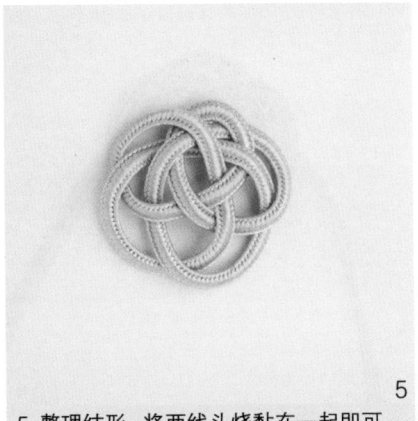

4
4. 如图，左线以挑—压—挑—压—挑—
压的顺序从右线上方穿过。

5
5. 整理结形，将两线头烧黏在一起即可。

五耳三戒箍结

五耳三戒箍结相对于其他戒箍结来说，编织的方法要更复杂些，但结形更紧致、稳定，可用于制作杯垫。

1. 准备好一根扁线。

2. 如图，左线绕右线形成一个圈。

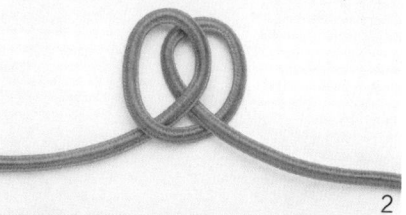

3. 如图，左线以逆时针的方向，按照压一挑一压一挑一压的顺序穿出。

4. 如图，左线继续以逆时针的方向，按照挑一压一挑两根线一压一挑一压的顺序穿出。

5. 如图，左线继续以逆时针的方向，按照压一挑一压一挑一压一挑一压一挑一压的顺序穿出。

6. 最后，整理结形，将两线头烧黏即可。

八耳单戒箍结

　　八耳单戒箍结的编结方法简单、快捷,其外形呈环状,多用于装饰,下面将介绍它的具体编法。

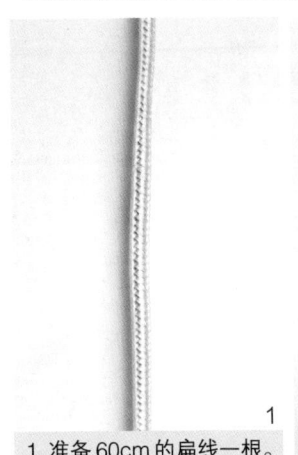

1

1.准备60cm的扁线一根。

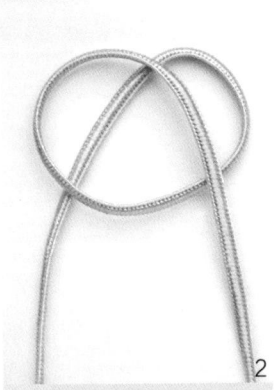

2

2.右线绕左线一圈半。

3

3.右线以压—挑—压的顺序从步骤2绕出的圈中穿出。

4

4.右线如图,继续以挑—压—挑—压的顺序穿出。

5

5.右线向右下方继续以挑—压—挑—压的顺序穿出。

6

6.最后,调整结形,将线头剪短烧黏,藏于结内即可。

一字盘长结

盘长结是中国结中非常重要的基本结之一。盘长结是许多变化结的主结，在视觉上具有紧密对称的特性，分为一字盘长结、复翼盘长结、二回盘长结、三回盘长结、四回盘长结等。

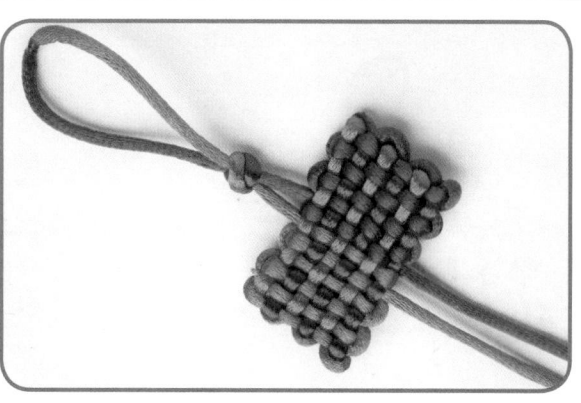

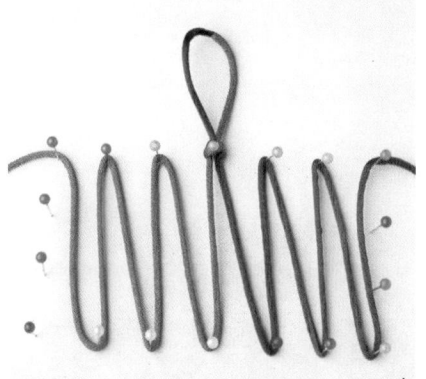

1. 将对接成一根的线打一个双联结，将线如图中所示缠绕在珠针上。

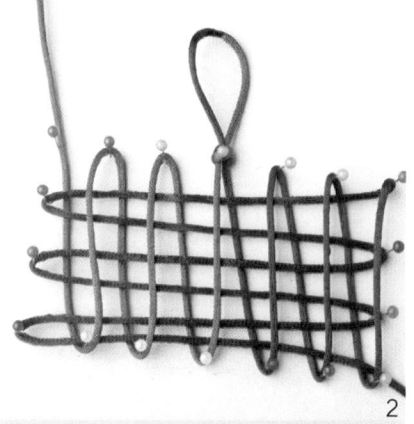

2. 如图，蓝线横向从右向左压、挑各线。

3. 如图，粉线横向从左向右压、挑各线。

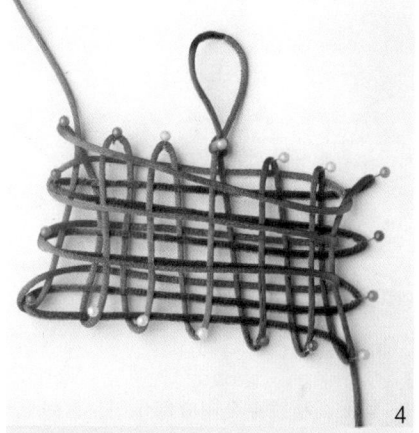

4. 粉线压、挑完毕后的形状。

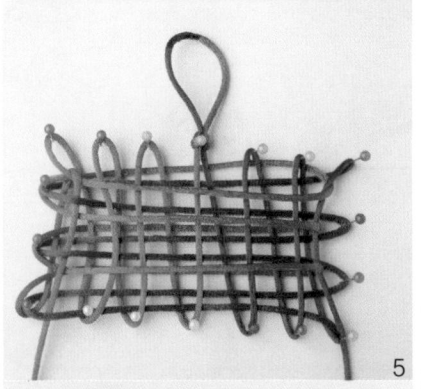

5

5. 如图，粉线竖向自下而上压、挑各线。

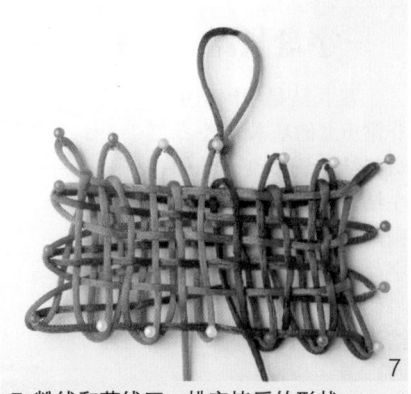

7

7. 粉线和蓝线压、挑完毕后的形状。

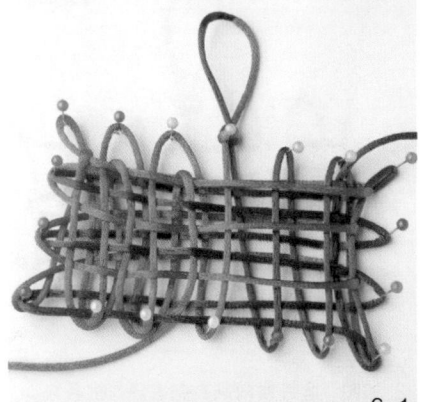

6-1

6-1

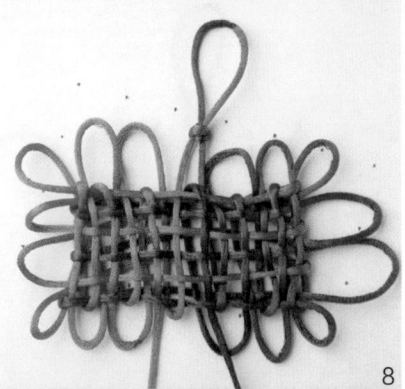

8

8. 将珠针取下，将结体收紧。

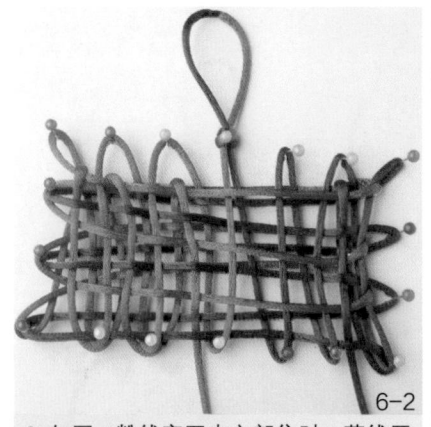

6-2

6. 如图，粉线穿至中心部位时，蓝线开始自下而上压、挑各线。

9

9. 在将结体收紧后即成，注意将所有耳翼全部收紧。

二回盘长结

掌握了一字盘长结的编法，二回盘长结就比较易学了。

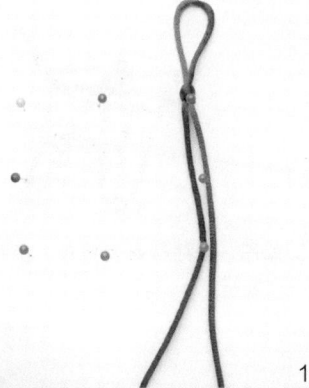

1

1. 将一根线对折，打一个双联结后挂在插在插垫上的珠针上。

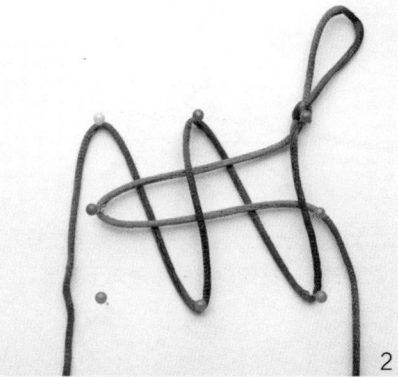

2

2. 如图，将蓝线挂在珠针上，接着粉线以挑一压一挑一压的顺序从右向左穿过蓝线。

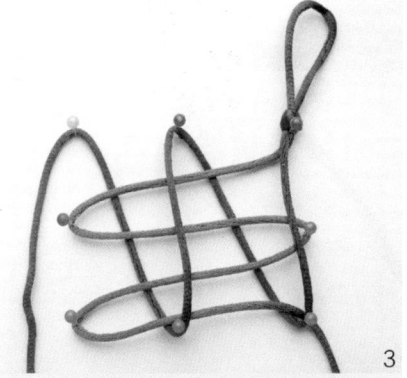

3

3. 如图，粉线按照步骤2，再走两行横线。

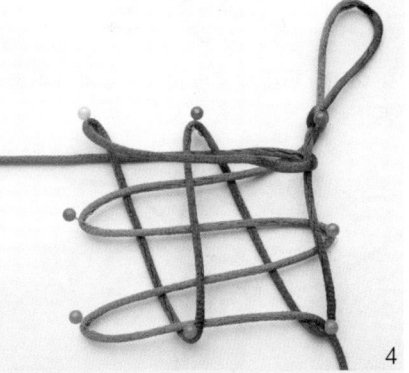

4

4. 如图，蓝线从左向右，再从最下方向左穿出。

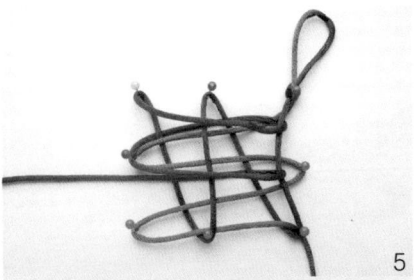

5

5. 如图，按照步骤 4，蓝线再走两行横线。

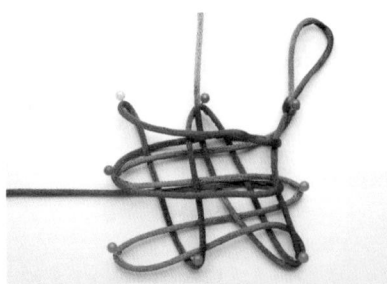

6

6. 如图，粉线按挑一根线—压一根线— 挑三根线—压一根线的顺序向上穿出。

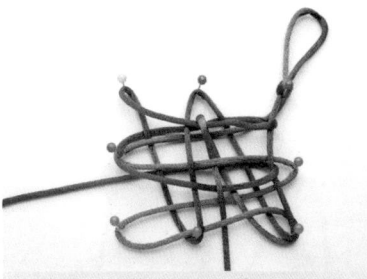

7

7. 如图，粉线以压第一行—挑第二行— 压第三行—挑第四行的顺序向下穿出。

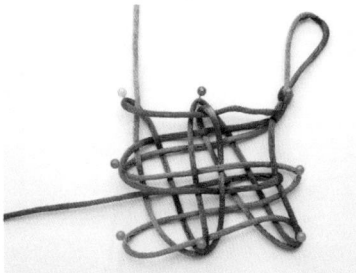

8

8. 如图，粉线按照步骤 6 ~ 步骤 7 再走 一个竖行。

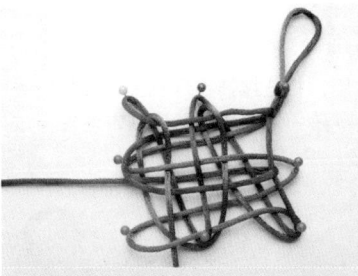

9

9. 如图，粉线按照步骤 6 ~ 步骤 8 再走 两个竖行。

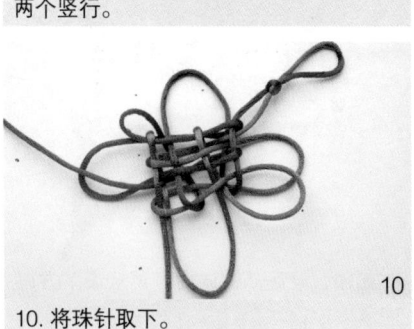

10

10. 将珠针取下。

11

11. 整理结体即可。

三回盘长结

盘长结的结法多样，但只要掌握其中一种编法，其他的便可轻松学会。

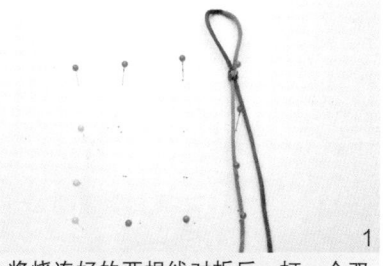

1. 将烧连好的两根线对折后，打一个双联结，然后如图中所示，挂在珠针上。

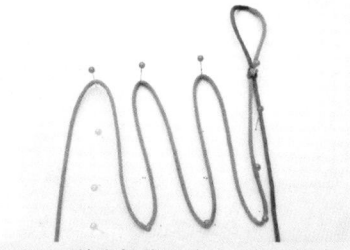

2. 如图，首先粉线开始从上向下绕线。

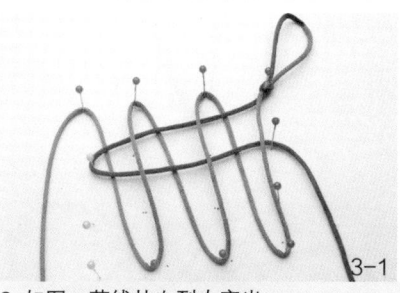

3. 如图，蓝线从左到右穿出。

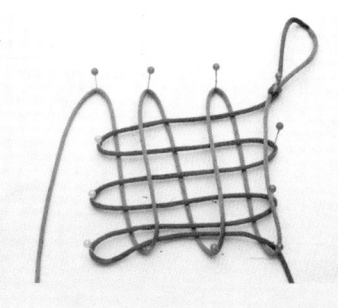

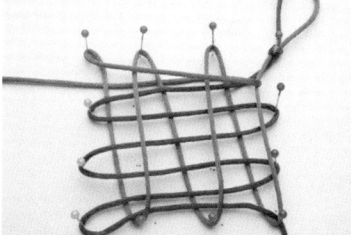

4. 如图，粉线从右到左穿出。

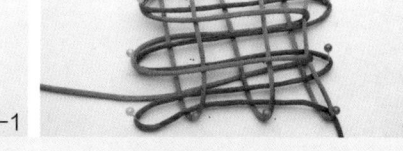

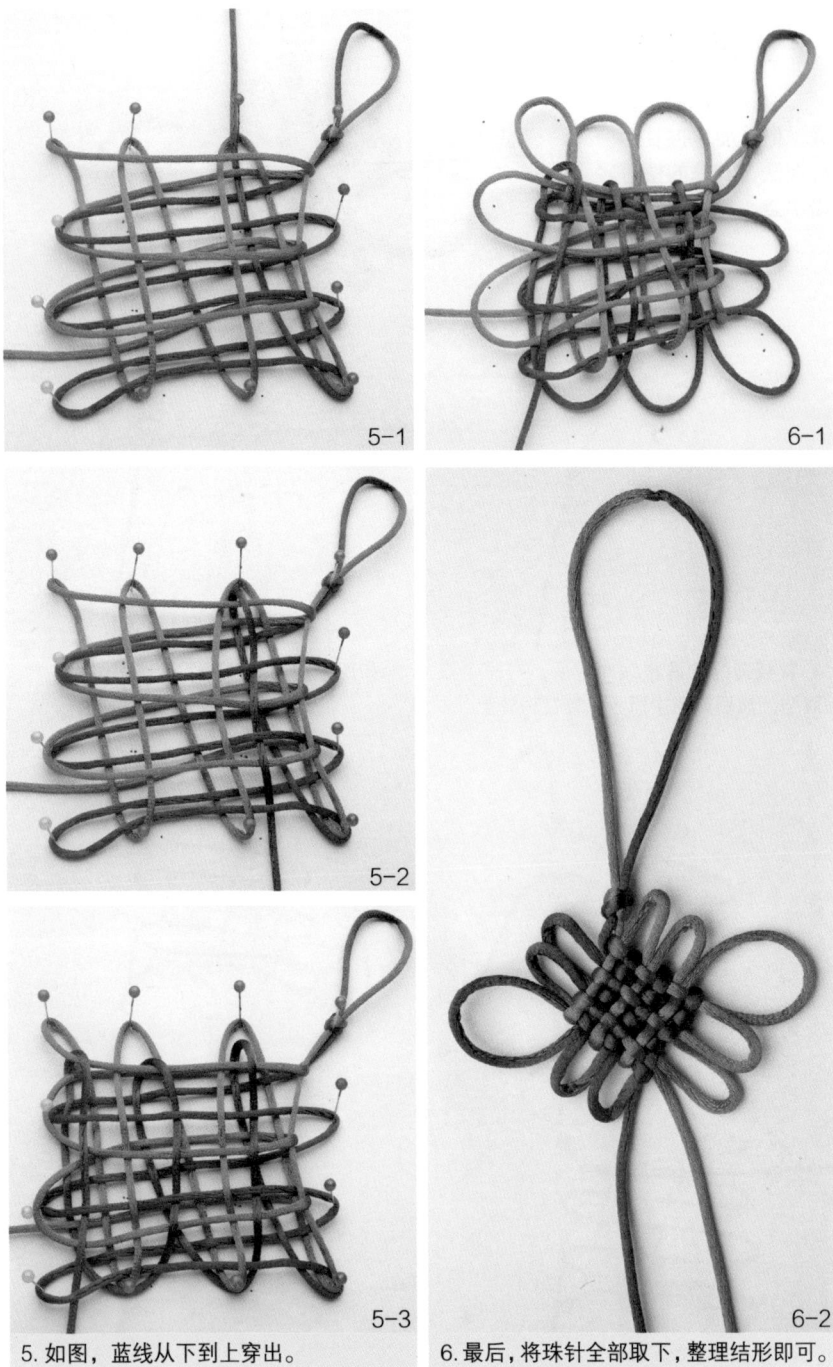

5-1

6-1

5-2

5-3

6-2

5. 如图，蓝线从下到上穿出。

6. 最后，将珠针全部取下，整理结形即可。

四回盘长结

接下来学习四回盘长结的编法。

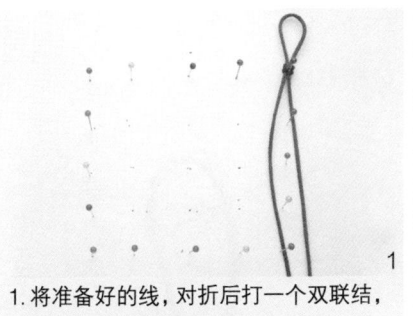

1.将准备好的线,对折后打一个双联结,如图中所示挂在珠针上。

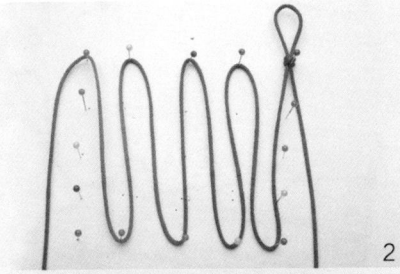

2.如图,左线开始从下往上绕线。

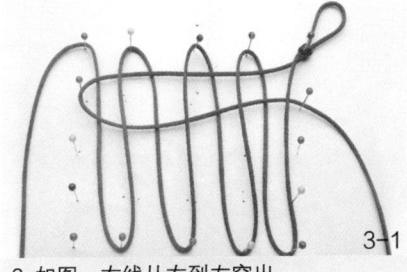

3.如图,右线从右到左穿出。

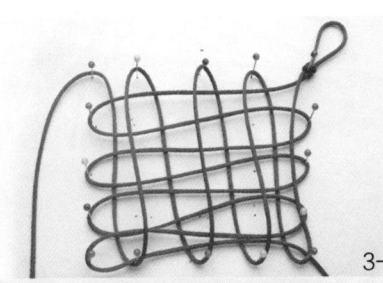

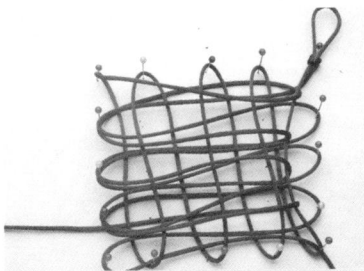

4.如图,左线从左到右穿出。

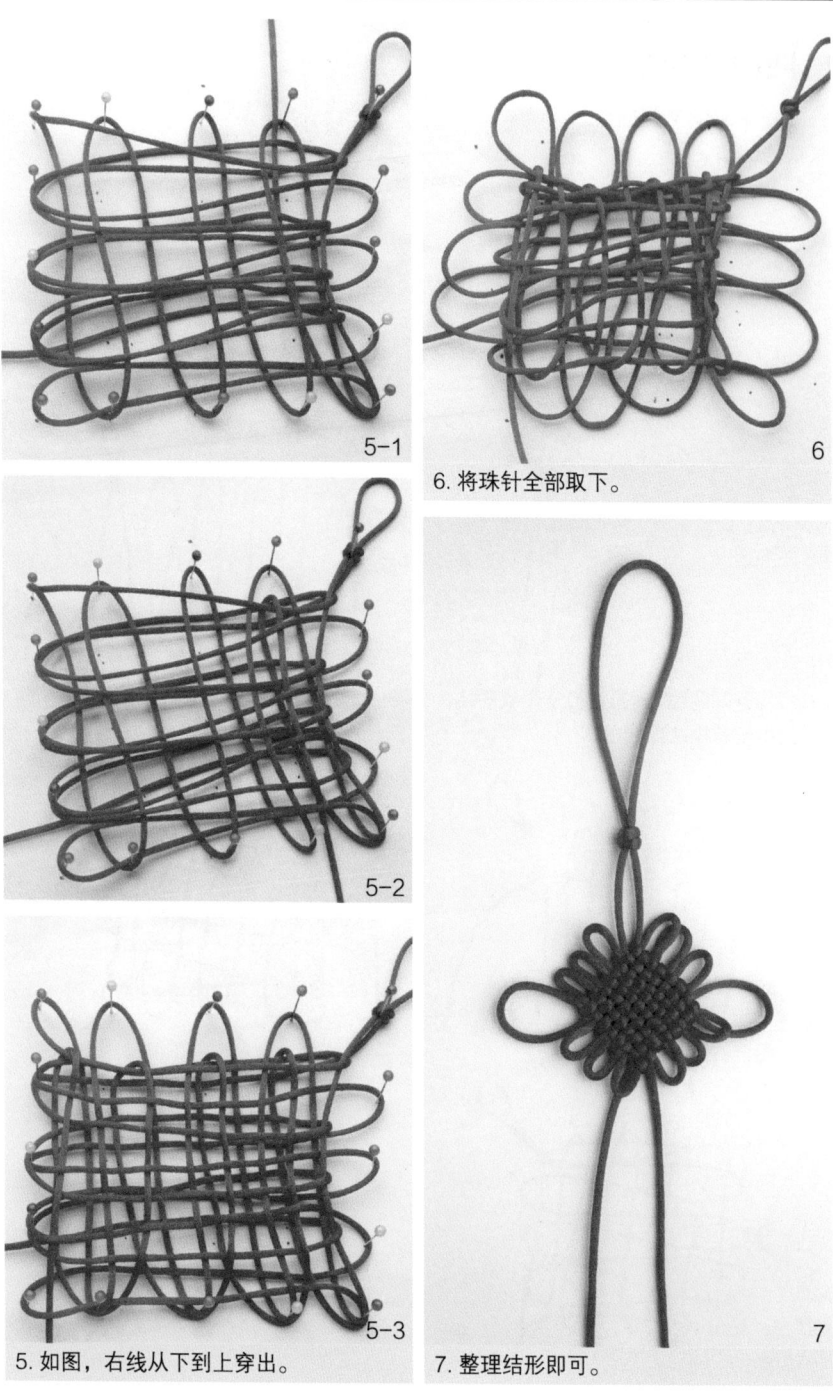

5-1

6

6. 将珠针全部取下。

5-2

5-3

5. 如图，右线从下到上穿出。

7

7. 整理结形即可。

88

复翼盘长结

最后学习的盘长结叫作复翼盘长结。

1

1. 需准备好一根长 200cm 的 5 号线，将其对折。

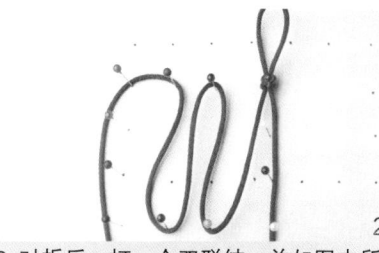

2

2. 对折后，打一个双联结，并如图中所示绕在珠针上。

3

3. 如图，左线从左到右穿出，再从右到左穿回来。

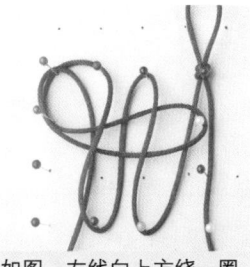

4

4. 如图，左线向上方绕一圈。

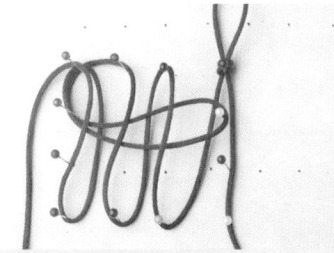

5

5. 如图，左线再绕一圈。

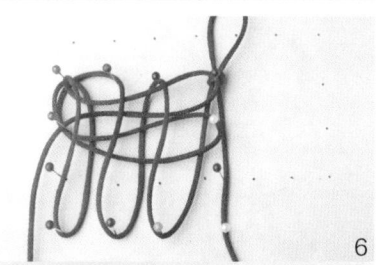

6

6. 如图，左线在上方从左到右穿出，再从右到左穿回来。

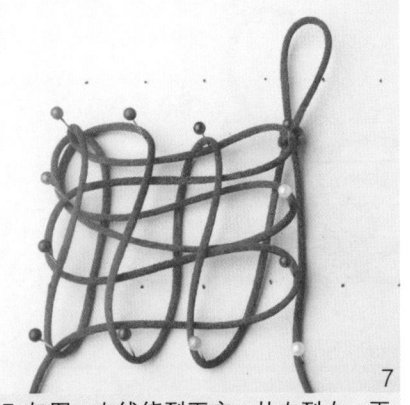

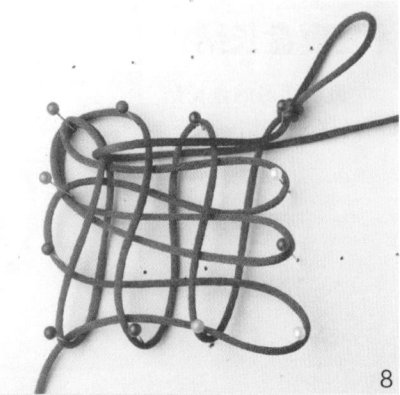

7. 如图，左线绕到下方，从左到右，再从右到左穿回来。

8. 如图，右线开始绕线。

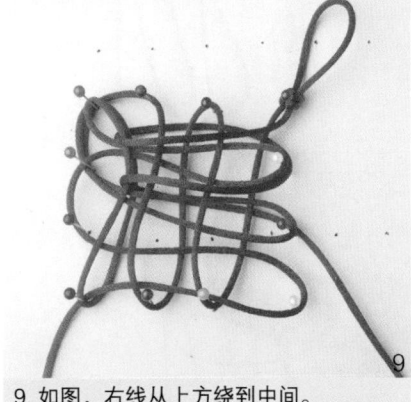

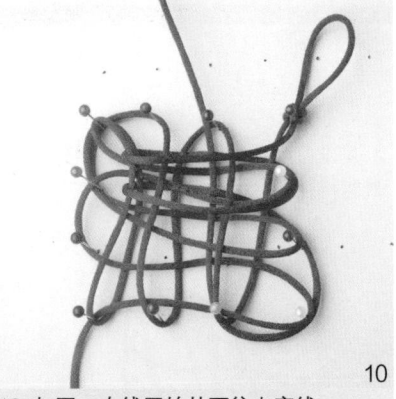

9. 如图，右线从上方绕到中间。

10. 如图，右线开始从下往上穿线。

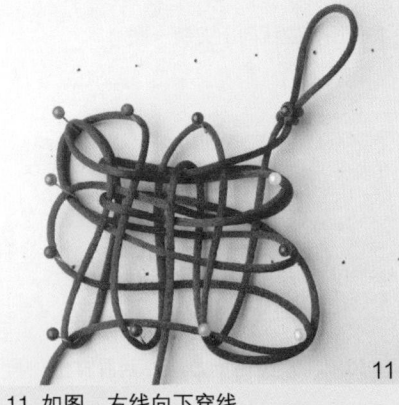

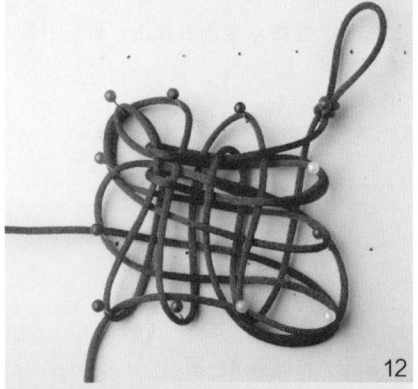

11. 如图，右线向下穿线。

12. 如图，右线向左穿出。

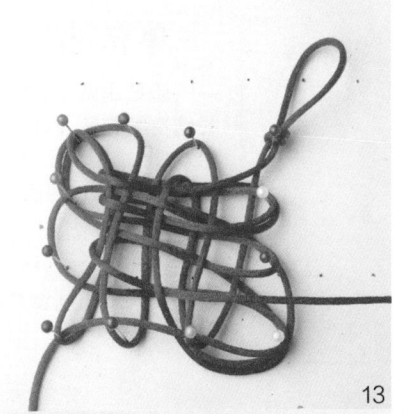

13. 如图，右线向右穿出。

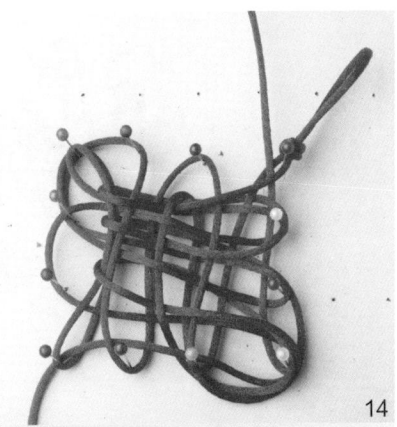

14. 如图，右线向右上方穿出。

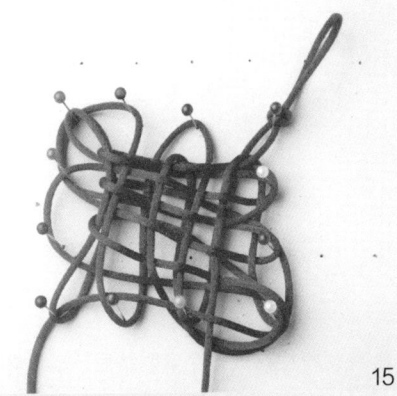

15. 如图，右线向右下穿出。

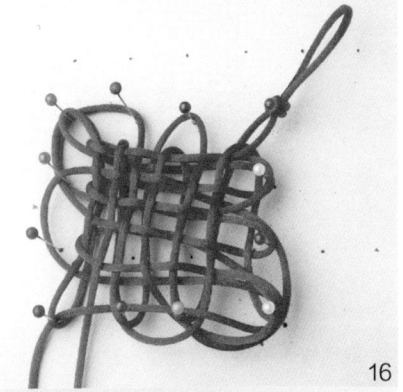

16. 如图，右线绕到左线的一边。

17. 将珠针全部取下。

18. 整理结形即可。

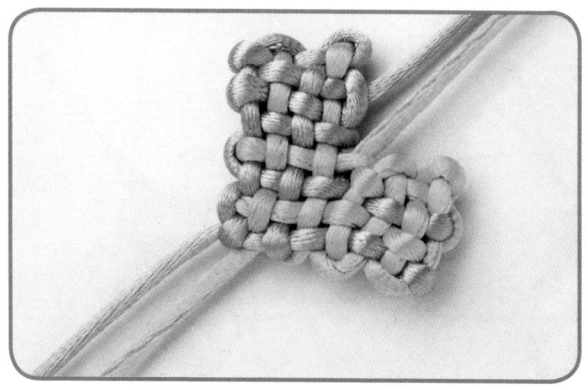

单翼磬结

磬结由两个长形盘长结交叉编结而成，因形似磬而得名。因为"磬"与"庆"同音，所以其象征着平安吉庆、吉庆有余。磬结分为单翼磬结和复翼磬结两种。

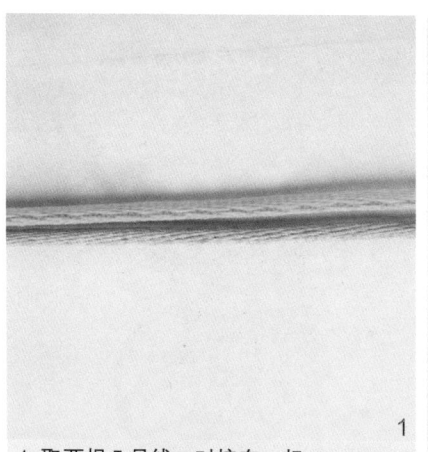

1. 取两根 5 号线，对接在一起。

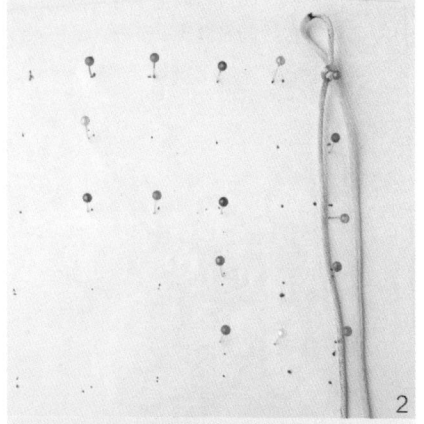

2. 将两根线打成一个双联结后，挂在珠针上。

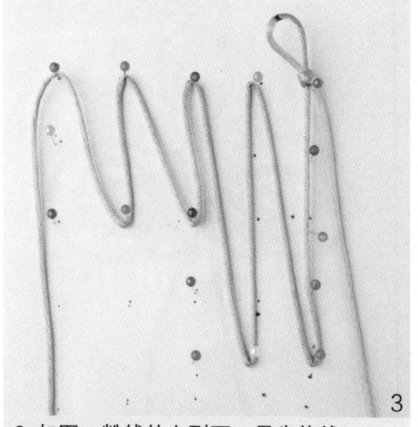

3. 如图，粉线从上到下，最先绕线。

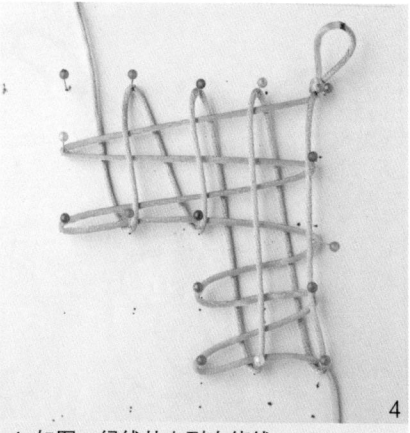

4. 如图，绿线从左到右绕线。

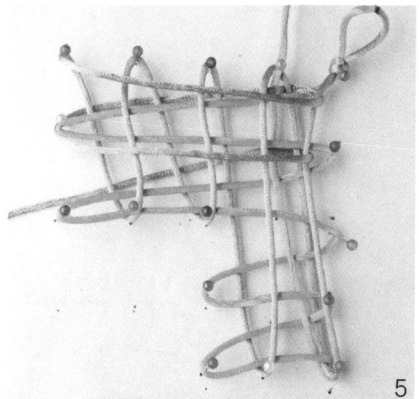

5. 如图，粉线从左到右绕线。

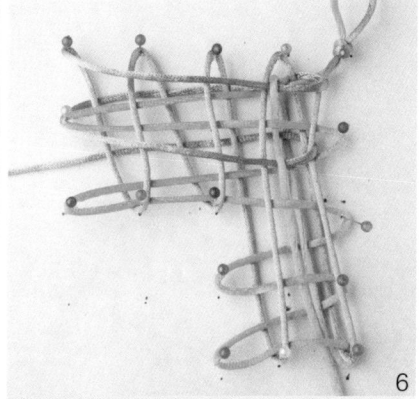

6. 如图，绿线从上到下绕线。

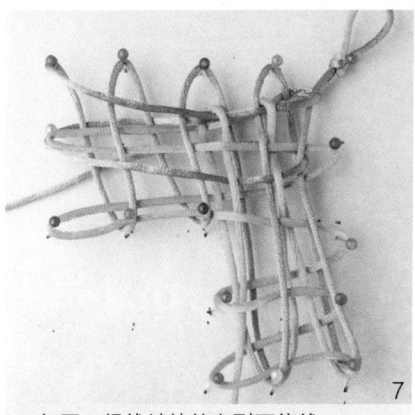

7. 如图，绿线继续从上到下绕线。

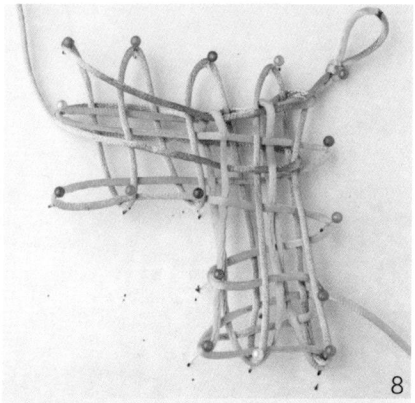

8. 如图，绿线从右下方开始，从左到右绕线。

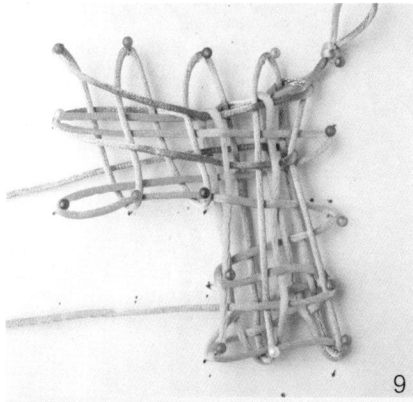

9. 如图，绿线继续向上绕线。

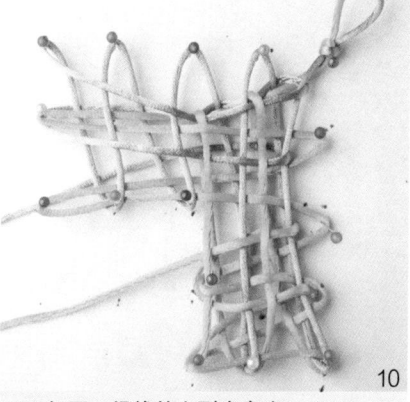

10. 如图，绿线从左到右穿出。

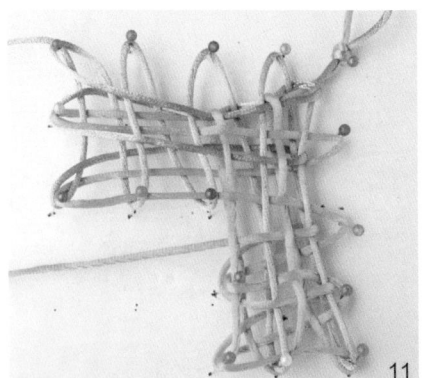

11. 如图，粉线从上到下穿出。

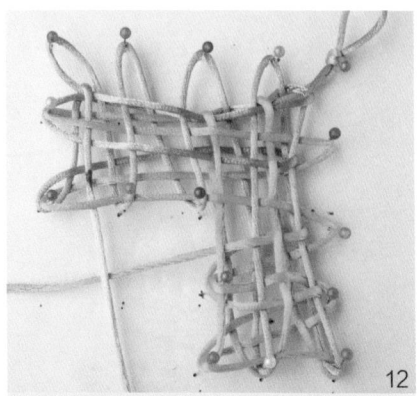

12. 如图，粉线接着从上到下穿出。

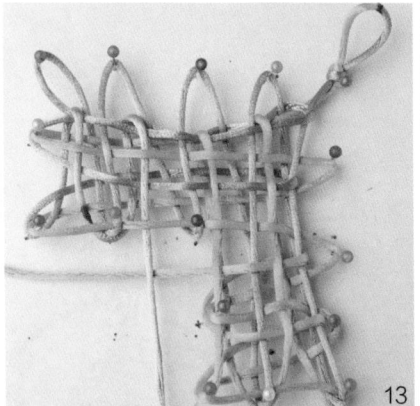

13. 如图，粉线继续向下穿出。

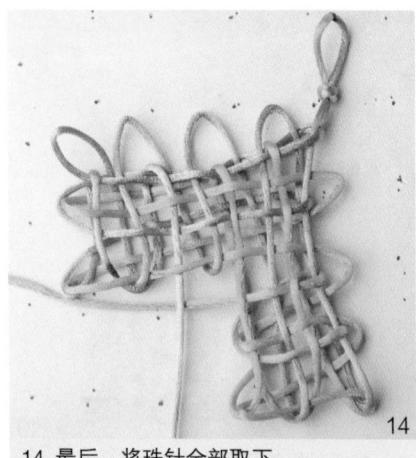

14. 最后，将珠针全部取下。

15. 整理结形即可。

复翼磬结

磬结有两种，接下来介绍复翼磬结的编结方法。

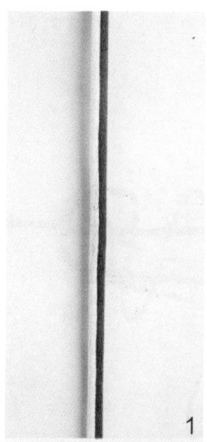

1. 将两根不同颜色的线烧连在一起。

2. 打一个双联结。

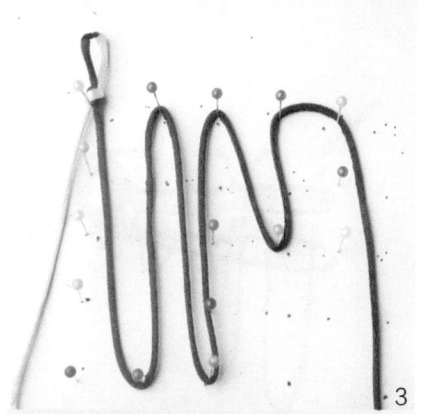

3. 如图，将线绕到珠针上。

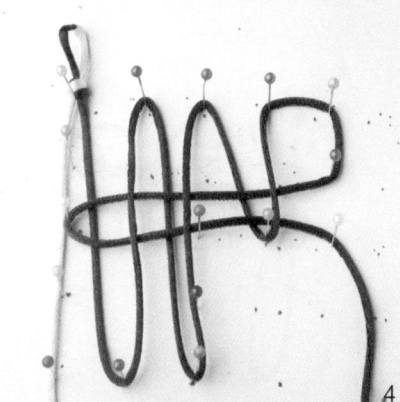

4. 如图，棕线开始最先穿线。

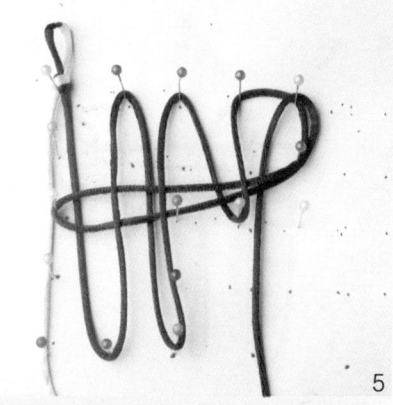

5. 如图，棕线在右上方绕一个圈。

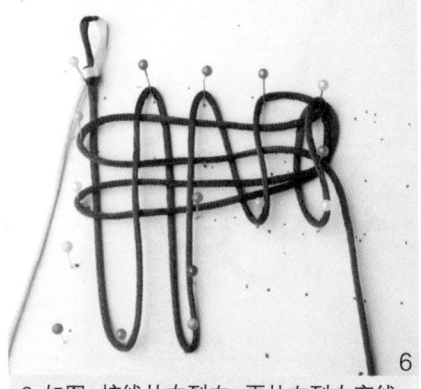

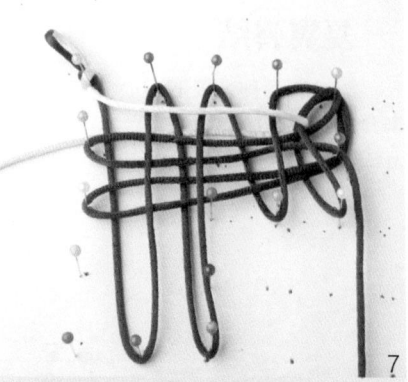

6. 如图，棕线从右到左，再从左到右穿线。

7. 如图，绿线开始从左到右，再从右到左穿线。

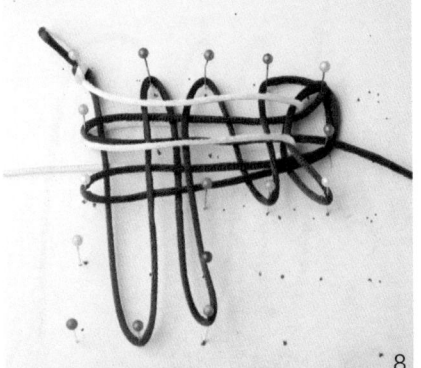

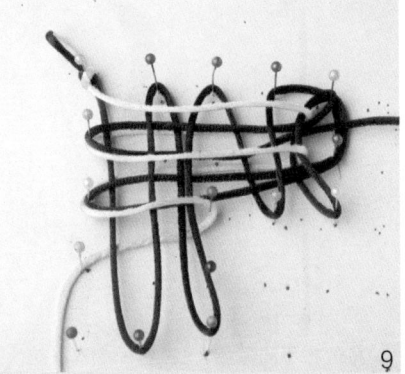

8. 如图，绿线继续从左到右，再从右到左穿线。

9. 如图，绿线在左下方，从左到右，再从右到左穿线。

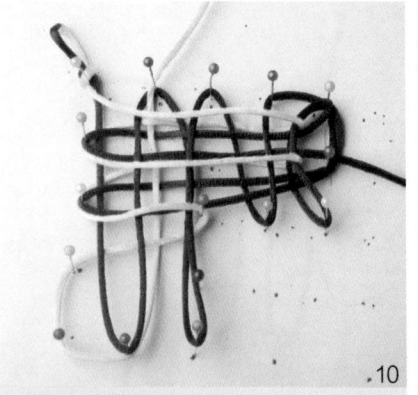

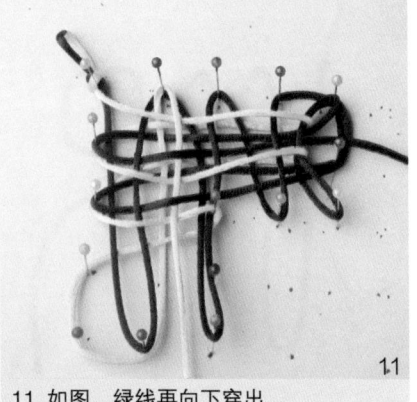

10. 如图，绿线在左下方绕一圈，向上穿出。

11. 如图，绿线再向下穿出。

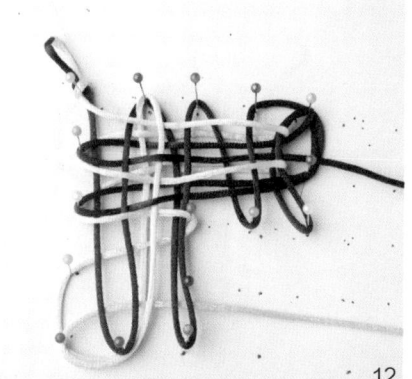

12. 如图，绿线从左到右穿出。

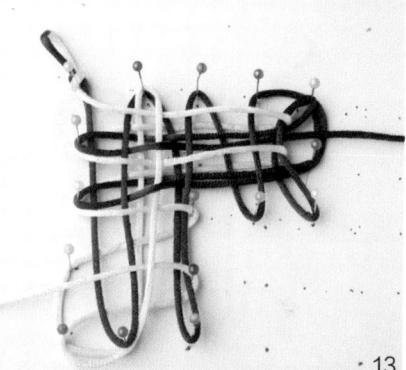

13. 如图，绿线从右到左穿出。

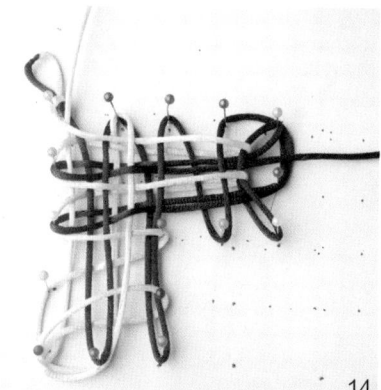

14. 如图，绿线向上穿出。

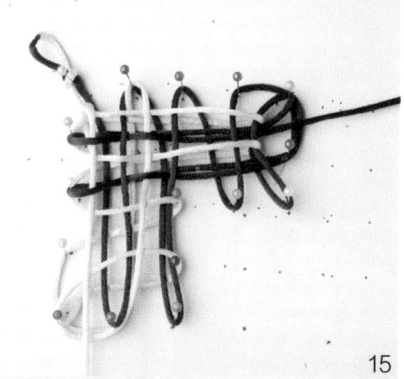

15. 如图，绿线再向下穿出。

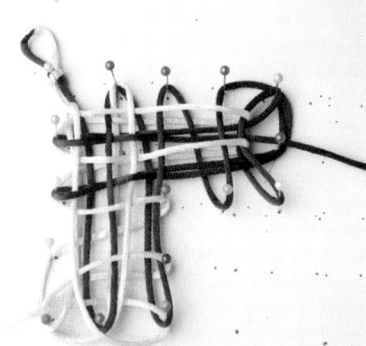

16. 如图，绿线在左下方绕一圈，并向左穿出。

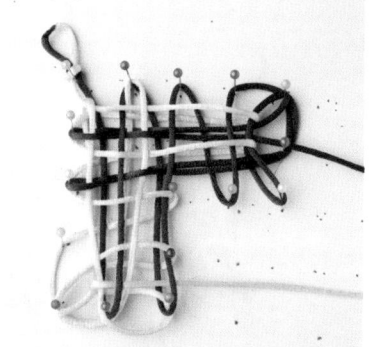

17. 如图，绿线向右穿出。

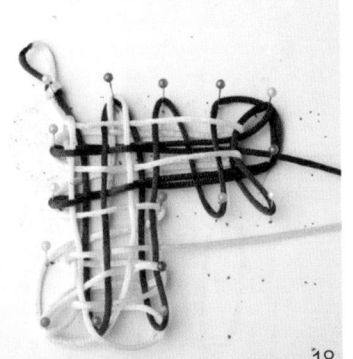

18

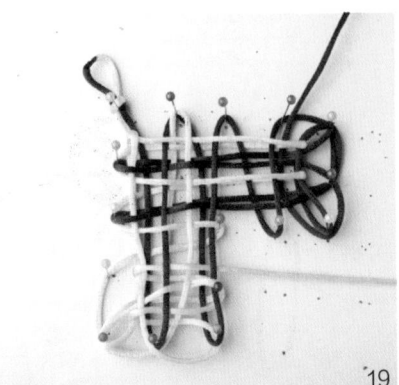

19

18. 如图，绿线先从左到右，再从右到左穿出。

19. 如图，棕线先从上到下，再从下到上穿出。

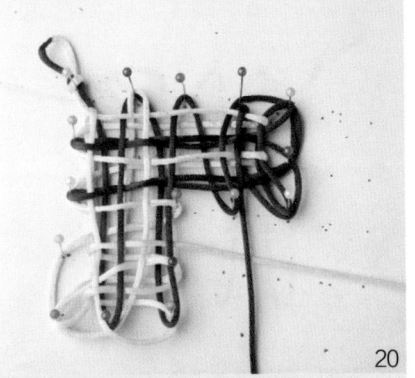

20

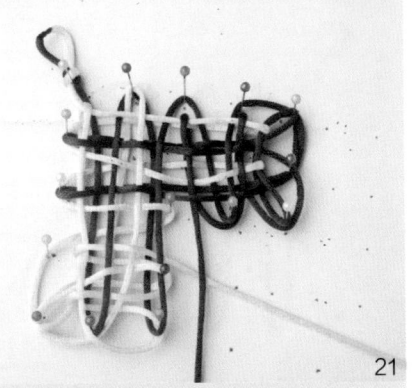

21

20. 如图，棕线向下穿出。

21. 如图，棕线先从上到下，再从下到上穿出。

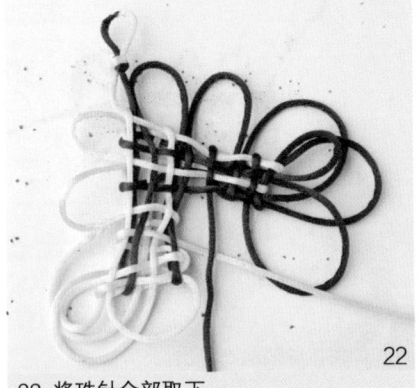

22

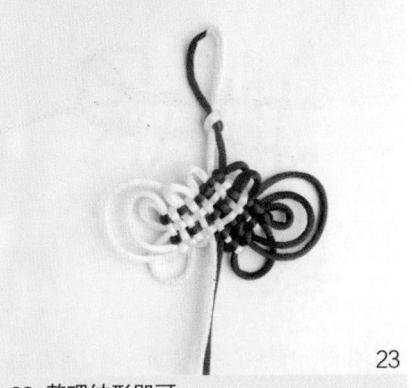

23

22. 将珠针全部取下。

23. 整理结形即可。

鱼 结

自古以来，鱼被视为祥瑞之物，寓意为"年年有余"，因此鱼结也很受人们欢迎。

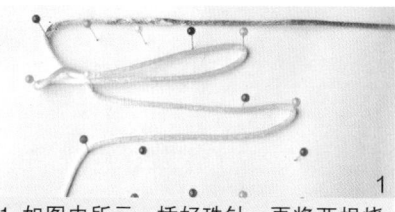

1. 如图中所示，插好珠针。再将两根烧连在一起的 5 号线绕在珠针上，如图所示。

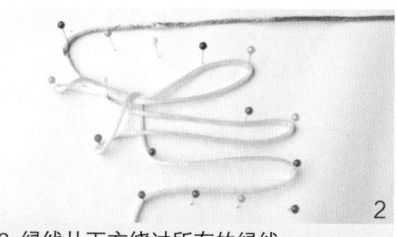

2. 绿线从下方绕过所有的绿线。

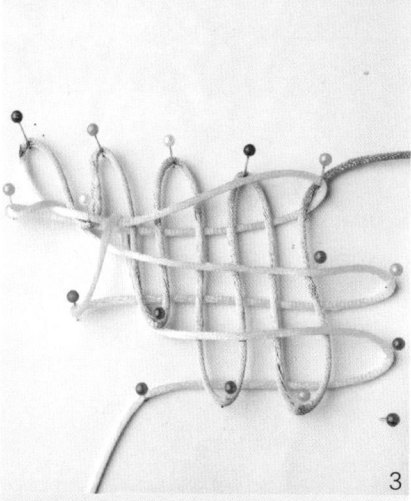

3. 如图，粉线从上至下绕线。

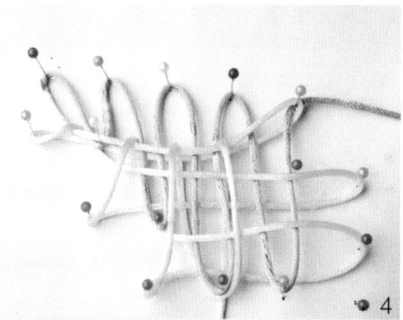

4. 如图，绿线以同样的方法在粉线上方绕线。

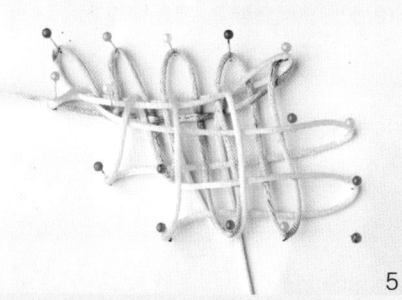

5. 如图，粉线从右到左横向穿过。

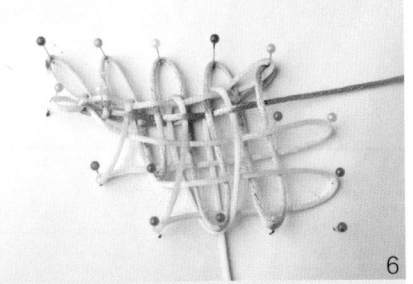

6

6. 如图，粉线再从左到右穿过。

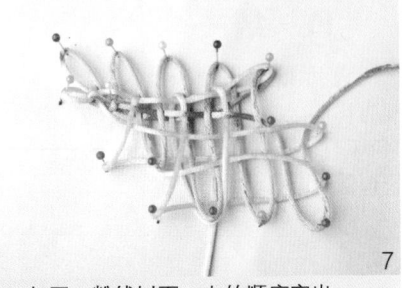

7

7. 如图，粉线以下—上的顺序穿出。

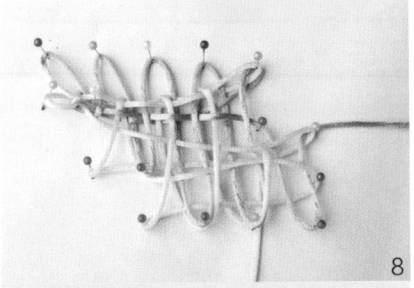

8

8. 如图，绿线以上—下的顺序穿出。

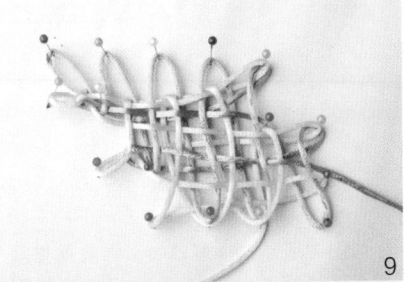

9

9. 如图，粉线先从右到左，再从左到右穿出。

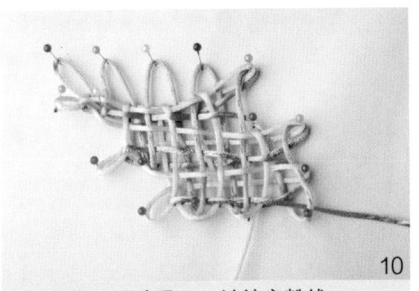

10

10. 如图，同步骤9，继续穿粉线。

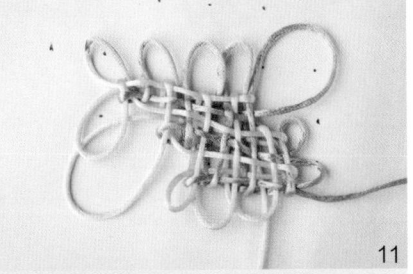

11

11. 将珠针全部取下。

12

12. 小心将结体拉紧，一条"小鱼"就成了。

网 结

网结因外观形似一张网而得名，此结非常实用，因此比较常见。

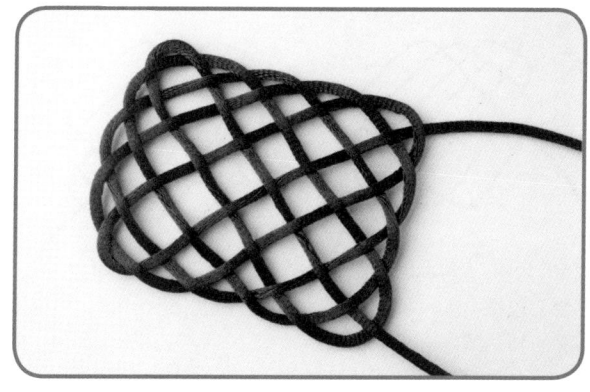

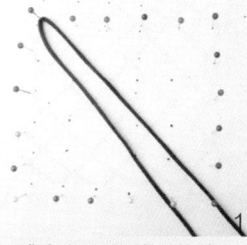

1. 准备好一根线，将线如图中所示对折挂在珠针上。

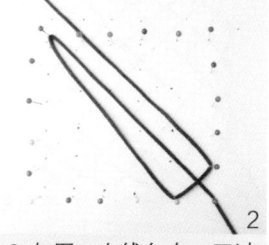

2. 如图，左线向右，压过右线向上绕。

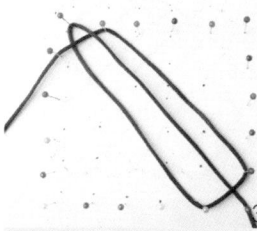

3. 如图，左线向右绕。

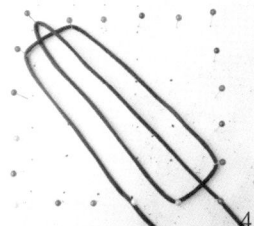

4. 如图，左线向左下方绕。

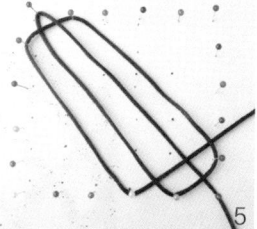

5. 如图，左线以挑一压一挑的顺序向右穿过。

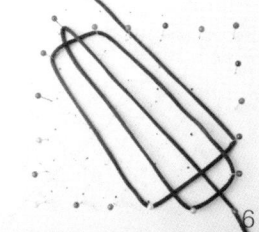

6. 如图，左线向右上方绕。

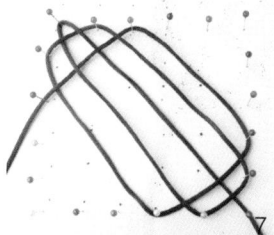

7. 如图，左线以挑一压一挑一压的顺序向左穿过。

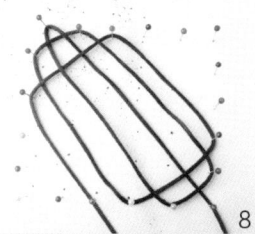

8. 如图，左线向左下方绕。

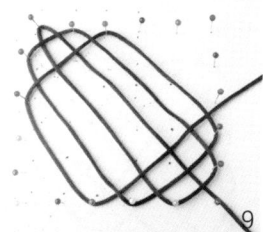

9. 如图，左线以挑一压一挑一压一挑的顺序向右穿过。

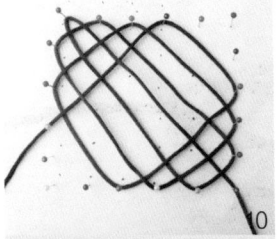

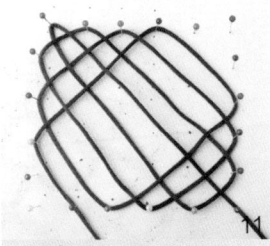

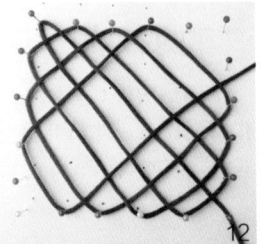

10. 如图,左线向右上方绕,然后以挑—压—挑—压—挑—压的顺序向左穿过。

11. 如图,将左线向左下方绕。

12. 如图,左线以挑—压—挑—压—挑—压—挑的顺序向左穿过。

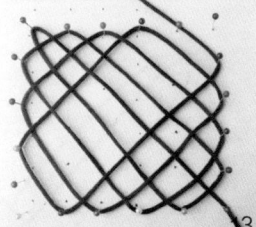

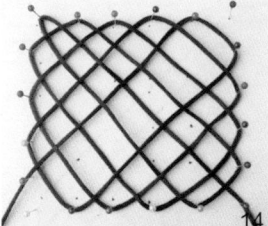

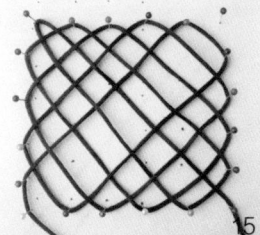

13. 如图,将左线向右上方绕。

14. 如图,左线以挑—压—挑—压—挑—压—挑—压的顺序向右穿过。

15. 如图,将左线向右下方绕。

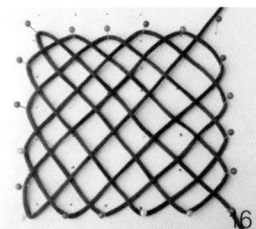

16. 如图,左线以挑—压—挑—压—挑—压—挑—压—挑的顺序向右穿过。

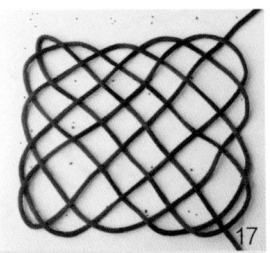

17. 将珠针全部摘下。

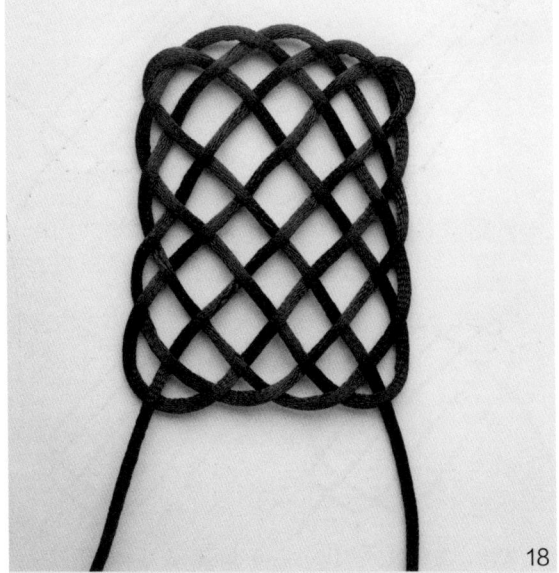

18. 整理结形即成。

第三章

手链篇

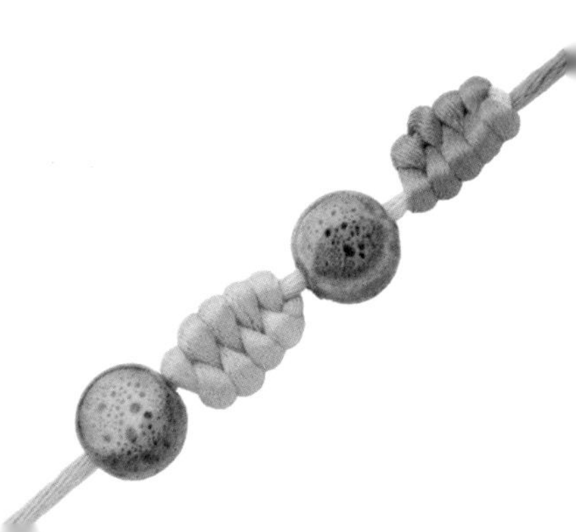

梦绕青丝

自别后，思念同竹瘦，却又刚烈得从不肯向什么而低头。唯有那年青丝，用尽余生来量度。

材料：两根6号线，一颗瓷珠。

1

1. 准备好两根6号线。

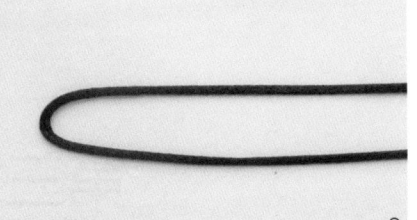

2

2. 将一根线对折，作为中心线。

3

3. 留一小段距离，另一根线在其上打单向平结。

4

4. 编到合适的长度之后，穿入一颗瓷珠。

5

5. 将多余的线剪去。

6

6. 两端烧黏即成。

缤纷的爱

　　我问，爱的主色是什么？而你说，爱是一种难以言说的缤纷。

　　材料：一根20cm长的细铁丝，一根100cm五彩5号线，一颗塑料坠珠。

1

1. 准备好一根细铁丝。

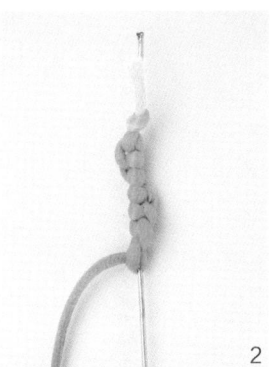

2

2. 取一根五彩5号线，在铁丝上编雀头结。

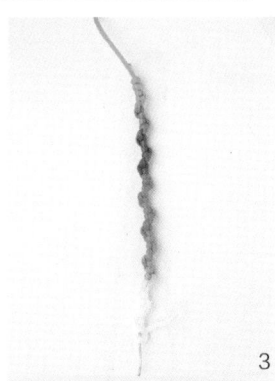

3

3. 编至与铁丝相等的长度，注意在铁丝的两端留出空余。

4

4. 用尖嘴钳将铁丝的两端拧在一起。

5

5. 最后，调整好铁丝的形状，在剩余的五彩线底部串珠、打结即可。

未完的歌

我似乎听见安静的天空里，吹过没有节拍的风，仿若一曲未完的歌。

材料：一根70cm长的五彩线，一段股线，一个黑色串珠，双面胶。

1. 将五彩线对折，留出一小段距离，开始编蛇结。

2. 编出一小段蛇结即可。

3. 在余下的线上仔细贴上双面胶。

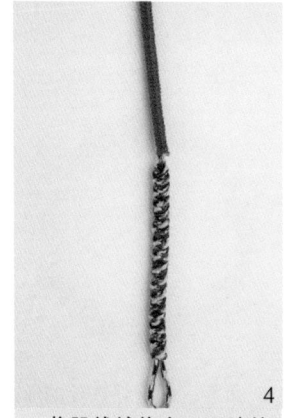

4. 将股线缠绕在双面胶的外面。

5. 最后，将黑珠穿入作为结尾即可。

随 空

风来疏竹，风过而竹不留声；雁照寒潭，雁去而潭不留影。事来而心始现，事去心随空。

材料：一根 70cm 的红色五号线，一个藏银管。

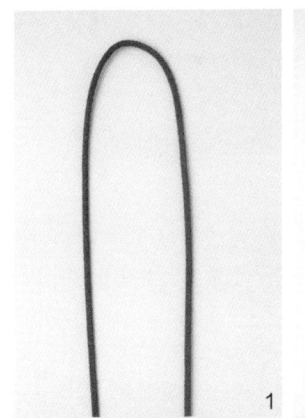

1. 将 5 号线对折。

2. 将对折的线留出一小段距离，开始编金刚结。

3. 编好一段金刚结后，穿入一个藏银管。

4. 穿好后，接着编金刚结。

5. 编至合适长度的金刚结后，打一个纽扣结作为结尾。

6. 将多余的线头剪去，用打火机烧黏即可。

宿 命

遥望是我的宿命，正如我腕上的铃声，洒下一地清冷。

材料：五个彩色铃铛，五个小铁环，一根170cm的5号线。

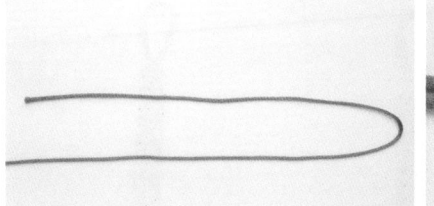

1

1. 将线对折，注意要一边长一边短。

2

2. 在对折处打一个单结，并留出一小段距离。

3

3. 长线在短线上打单向雀头结。编一段后，将铃铛穿入。

4

4. 重复步骤3，将手链主体部分完成。

5-1

5-2

5. 最后打一个纽扣结作为收尾。

憾　事

青春将逝去，我却等不来你流盼的目光。

材料： 两根不同颜色的 5 号线，两个不同颜色的小铃铛。

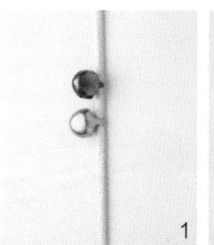

1. 在一根线上穿入两颗小铃铛，将铃铛穿至线的中间处。

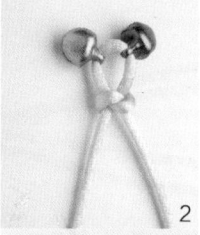

2. 在穿铃铛的位置下方打一个蛇结。

3. 将另一根线从蛇结下方插入。

4. 开始编四股辫。

5. 编至足够长度后，将粉线打结，剪去多余线头，用打火机烧黏。

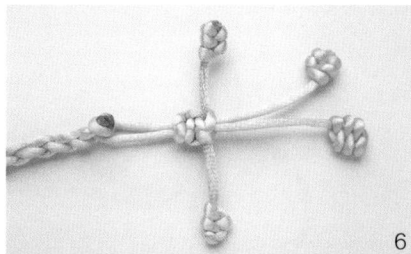

6. 用粉线在绿线的尾部打一段平结，注意不要将线头剪去。

7. 在绿线和粉线的尾端各打一个凤尾结作为结尾。

红香绿玉

我要将有你的那段记忆串起，并刻上你的名字。

材料：五个大高温结晶珠，四个小高温结晶珠，四根100cm的玉线。

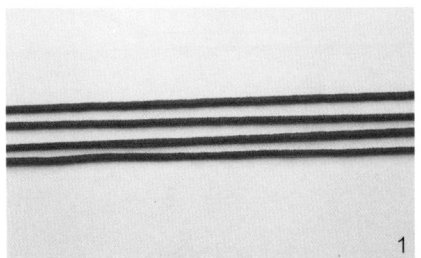

1. 准备好四根玉线。

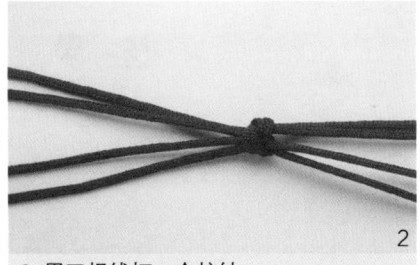

2. 用四根线打一个蛇结。

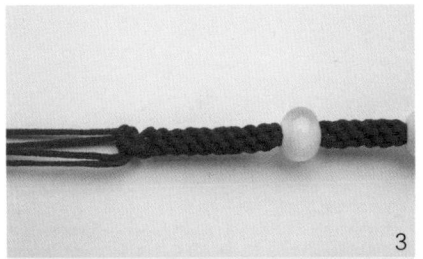

3. 然后开始编玉米结。编一段玉米结后，穿入一颗高温结晶珠，再编玉米结。

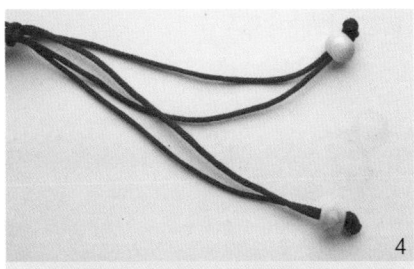

4. 按照步骤3完成手链主体部分，共穿入五颗珠子。然后，每两根线结尾穿一个小高温结晶珠。

5. 最后，用一段线打个平结，将手链的首尾两端连结。

浮 世

留人间多少爱，迎浮世千重变。和有情人，做快乐事，别问是劫是缘。

材料：一根五彩线，一根玉线，一颗圆珠子。

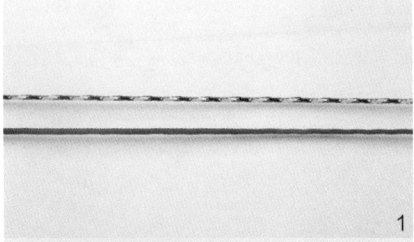

1

1. 将两根线同时取出。

2

2. 在两根线的中央编一段金刚结。

3

3. 编好后，如图，将其弯成一个圈，然后用外侧的两根红线以五彩线为中心线编金刚结。

4

4. 编好一段后，再以红线为中心线，用五彩线编金刚结。

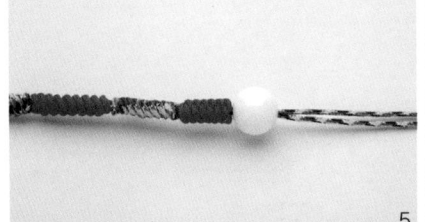

5

5. 重复步骤3、步骤4，编到合适的长度后，穿入一颗珠子。

6

6. 尾端烧黏即可。

将 离

四月暮春，芍药花开，别名将离。这盛世仅仅一瞬，却仿佛无际涯。

材料：一个胶圈，五颗绿松石，两根120cm的玉线。

1

1. 拿出准备好的玉线，将绿松石放入胶圈之内。

2

2. 如图，一根玉线穿起绿松石，并绑在胶圈之上。

3

3. 两根玉线分别从两个方向在胶圈上打雀头结。

4

4. 将胶圈完全包住后，用胶圈左右两边的线开始打蛇结。

5

5. 将蛇结打到合适的长度后，取一段线打平结，使手链的首尾相连。

6-1

6-2

6. 最后，在每根线的尾端分别穿入一颗绿松石，烧黏固定即成。

我的梦

我要的不过是一个做在天上的梦，和一盏亮在地上的灯。

材料：七颗黑珠，一根 100cm 的五彩线。

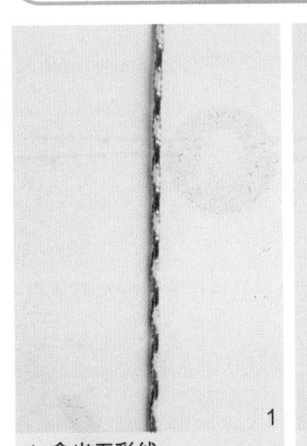

1

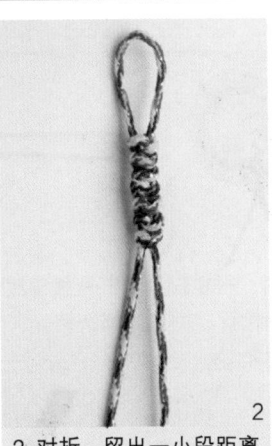

2

3

1. 拿出五彩线。

2. 对折，留出一小段距离开始编金刚结。

3. 编好一段金刚结后，穿入一颗黑珠。

4-1

4-2

4. 重复步骤 2、步骤 3，编到合适的长度。

5

5. 最后以一颗黑珠作为结尾，烧黏即可。

万水千山

素手执一杯,与君醉千日。将此杯饮尽,在这千日的温暖中,你与我携手,缓缓地,经历这感情的万水千山。

材料: 一根80cm的玉线,三颗木珠。

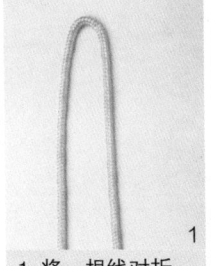

1. 将一根线对折。

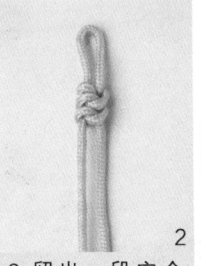

2. 留出一段空余后,开始编金刚结。

3. 编完一段金刚结后,穿入一颗木珠。

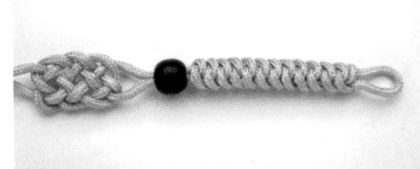

4. 编一个发簪结,注意将结抽紧。

5. 编完发簪结,再穿入一颗木珠,然后开始编金刚结。

6-1

6. 编完金刚结后,最后穿入一颗木珠,烧黏即可。

6-2

峥 嵘

和时间角力，与宿命徒手肉搏，算来注定是伤痕累累的，但谁也不会放弃生命这场光荣的出征。

材料：一根 110cm 的 4 号线。

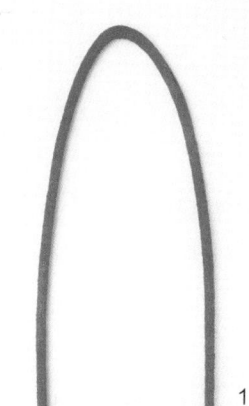

1

1. 将准备好的线对折。

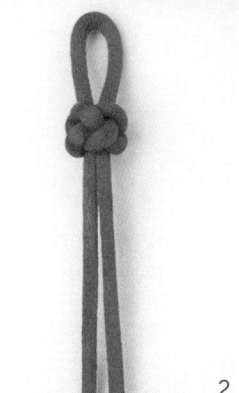

2

2. 在对折处，留出一段空余，然后打一个纽扣结。

3

3. 在纽扣结下方 5cm 处开始打金刚结。

4-1

4-2

4. 打一段金刚结后，最后以纽扣结作结尾，注意中间要留出 5cm 的间隙。

缱 绻

"书被催成墨未浓"，辗转难眠，内心情多，缱绻成墨，只肯为君写淡淡。

材料：三根粉色玉线，四根蓝色玉线，各150cm，两颗白珠。

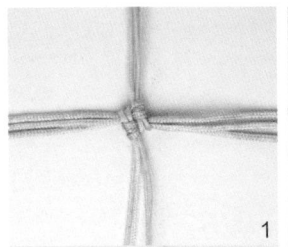

1

1. 取三根粉色玉线，四根蓝色玉线，开始编方形玉米结。

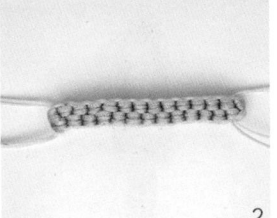

2

2. 编到适宜的长度。

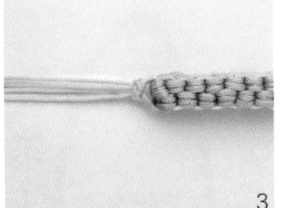

3

3. 用蓝线打一个蛇结。

4

4. 在两边链绳上缠上双面胶。

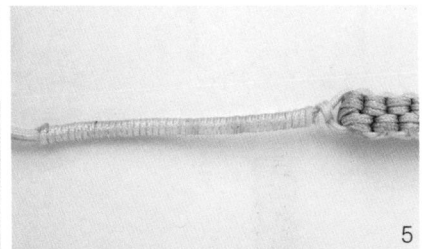

5

5. 用同色的蓝线将两边的链绳缠上。

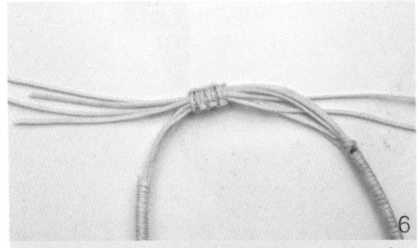

6

6. 缠好后，取一根线，包住链绳的尾部打一段平结。

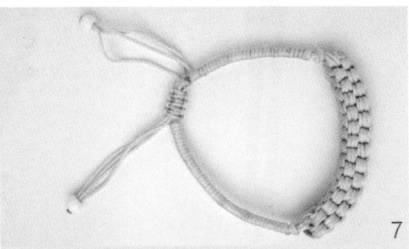

7

7. 最后，在尾线的末端分别穿入两颗白珠，烧黏即可。

女儿红

那日，你启一坛封存十八载的女儿红。你可知，我心如酒色之澄澈，情却日渐浓烈。

材料：四根五号线，一根80cm，三根160cm。

1

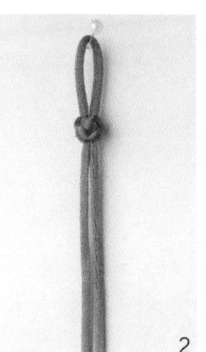

2

3

4

1. 将四根线预先准备好。

2. 将 80cm 的线在中心处对折，留一小段距离，然后打一个双联结。

3. 间隔 2cm 再打一个双联结，如图中所示。

4. 将 三 根 160cm 的 5 号线穿入两个双联结之间的空隙中，如图中所示。

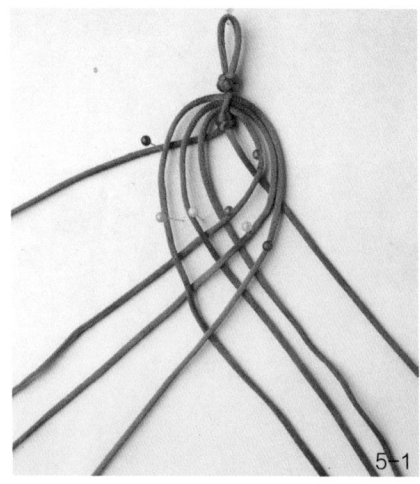

5-1

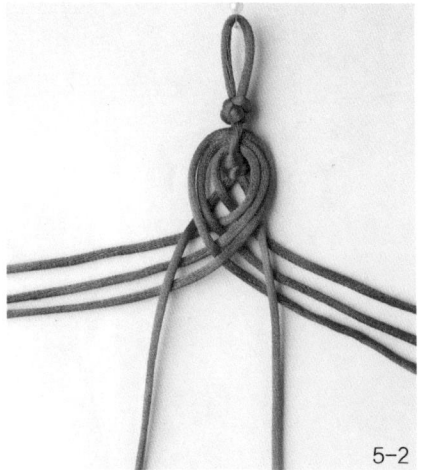

5-2

5-3　　　　　　　　　　　　　　　　5-4

5. 如图，在珠针的帮助下，八根线相互交叉。

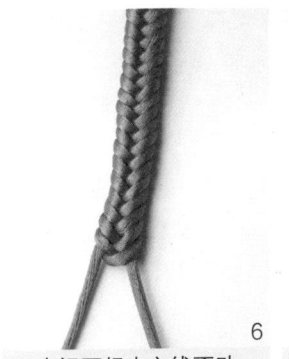

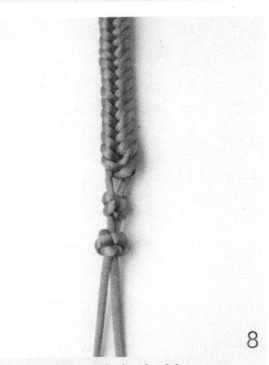

6　　　　　　　　　　7　　　　　　　　8

6. 中间两根中心线不动，其余六根线如图中所示交叉。注意将结体抽紧。

7. 打一个双联结，将结体固定住。

8. 再打一个纽扣结。

9-1　　　　　　　　　　　　　　　　9-2

9. 将纽扣结下方多余的线剪去，烧黏即可。

一往情深

　　所谓一往情深，究竟能深到几许呢？耗尽一生情丝，舍却一身性命，算不算？

　　材料：不同颜色的玉线两根，方形玉石三颗，小铃铛四个。

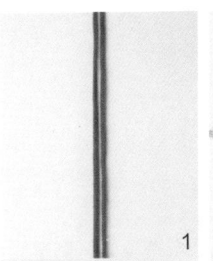

1. 先拿出两根玉线作为底线。

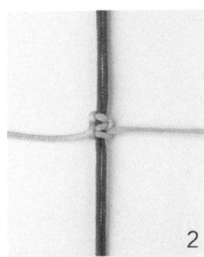

2. 如图，用一根玉线在另一根玉线上打双向平结。

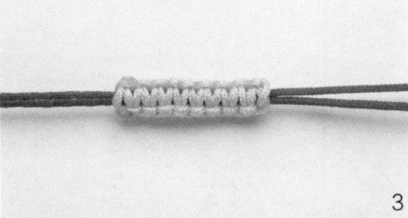

3. 打好一段双向平结后，剪去多余的线。

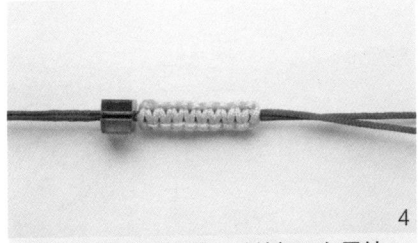

4. 穿入一颗方形玉石，继续打双向平结，隔合适长度穿一颗方形玉石。

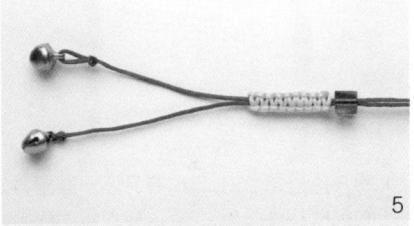

5. 在每条线的末端穿入铃铛。

6-1

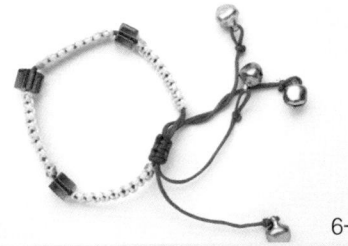

6-2

6. 最后用多余的线打双向平结，将手链连结。

123

君不见

君不见，白云生谷，经书日月；君不见，思念如弹指顷，朱颜成皓首。

材料：颜色不同的玉线各两根，一根30cm，三根60cm，七颗塑料串珠。

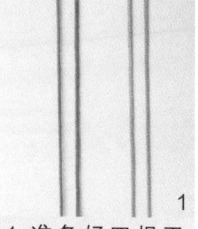

1. 准备好四根玉线，共两种颜色。

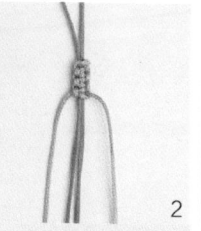

2. 以30cm的玉线作为中心线，用另一种颜色的玉线在其上打平结。

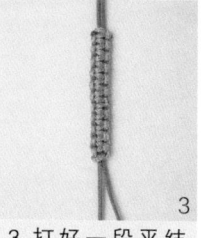

3. 打好一段平结后，将线头剪去，烧黏。

4. 先穿入一颗塑料珠子。

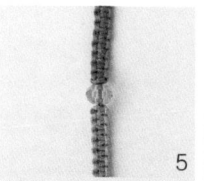

5. 再用不同颜色的玉线继续打一段相同长度的平结，将线头剪去，烧黏。

6. 再穿入一颗塑料珠。接着打一段平结，穿入一颗塑料珠，再打一段平结。注意，线的颜色要相间。

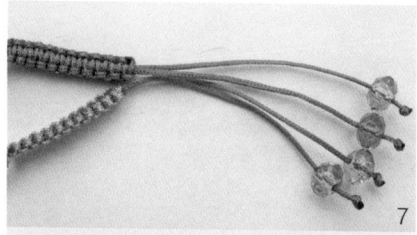

7. 将每根线的尾端穿入一颗塑料珠，并打单结固定。

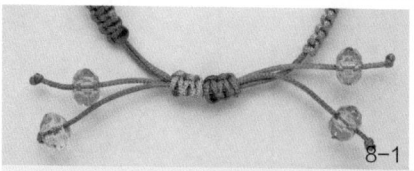

8. 最后，用四根玉线打两段平结，将手链的首尾两端相连。

随 风

随着风，徒步于原野，望云卷云舒，看日出日落，待明月如客，击缶而歌……

材料：颜色不同的玉线各两根，白色串珠十颗。

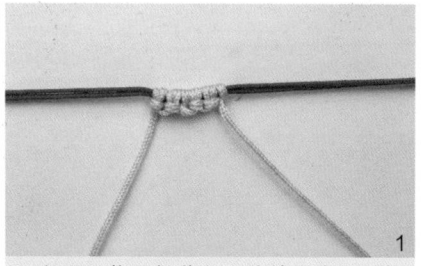

1. 如图，将两根蓝色玉线放在中间，其余两根淡紫色玉线分别从两个方向在其上打一段雀头结。

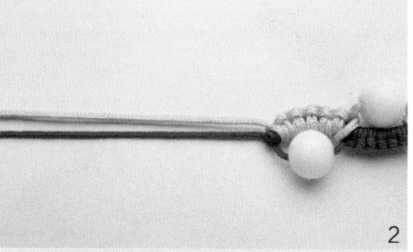

2. 将一颗白色串珠穿入蓝线内，然后如图将蓝线绕过浅紫色的线，并打雀头结固定。

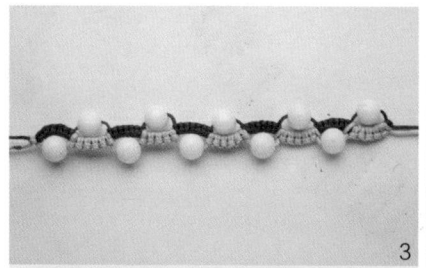

3. 重复以上的步骤，完成手链的主体部分。

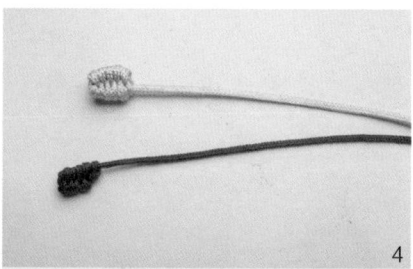

4. 在线尾处打凤尾结作为收尾。

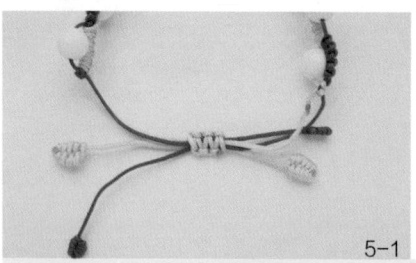

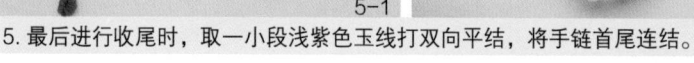

5. 最后进行收尾时，取一小段浅紫色玉线打双向平结，将手链首尾连结。

清如许

何处清如许，我身独如月。不问尘世险恶，只愿白首不相离。

材料： 四个透明塑料珠，一根 100cm 的玉线，两根 50cm 的玉线，两个琉璃珠。

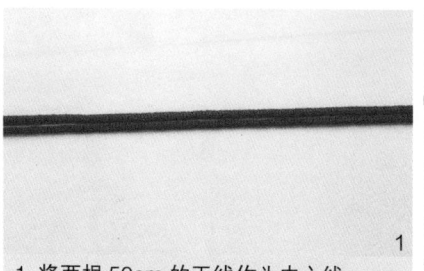

1. 将两根 50cm 的玉线作为中心线。

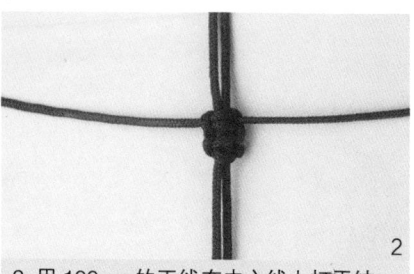

2. 用 100cm 的玉线在中心线上打平结。

3. 打到一定程度后，穿入一颗琉璃珠，再接着打平结。

4. 直到将三个琉璃珠穿完，将线头剪去，烧黏。并在中心线的尾端各穿入一个透明塑料珠。

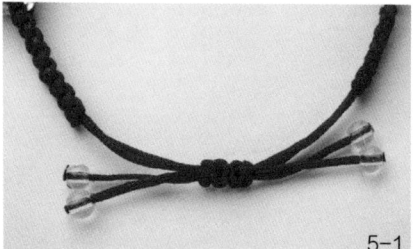

5-1

5-2

5. 最后，用一段线打平结，包住手链的首尾两端，使其相连。

许　愿

一愿世清平，二愿
身强健，三愿临老头，
数与君相见。

材　料：150cm 的
玉线一根。

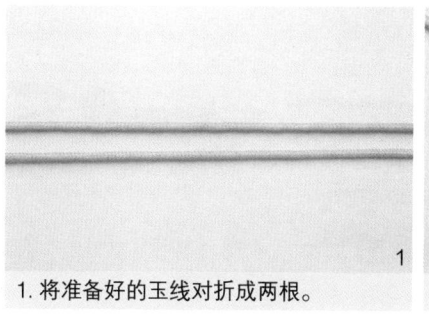

1. 将准备好的玉线对折成两根。

2. 留出一小段距离，开始编锁结。

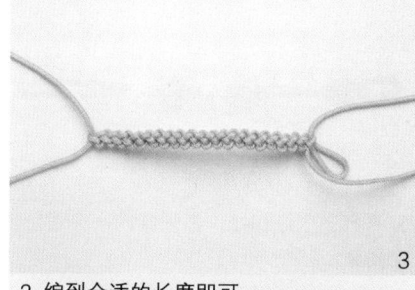

3. 编到合适的长度即可。

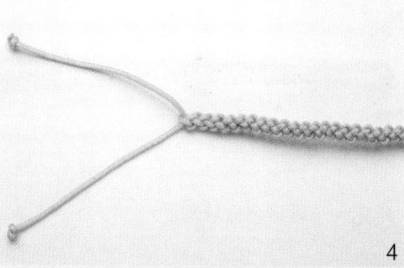

4. 将余下的线尾部分打单结。

5-1

5-2

5. 最后，用一段线打平结将手链的首尾相连。

似 水

剪微风，忆旧梦，沧海桑田，唯有静静看年华似水，将思念轻轻拂过……

材料：六个银色金属珠，一根 70cm 的 5 号线，一个藏银管。

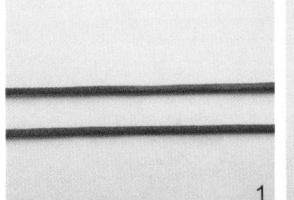

1. 将 5 号线对折。

2. 留出一小段距离，打一个双联结。

3. 隔 3cm 处，再打一个纽扣结。

4. 穿入一颗银色金属珠。

5. 再打一个纽扣结，然后穿入一个银色金属珠。

6. 再打一个纽扣结后，穿入藏银管，并打一个纽扣结固定。

7. 重复步骤 3 ~ 步骤 5，直到完成手链的主体部分。最后打一个纽扣结作为结尾。

朝 暮

若离别，此生无缘，不求衣锦荣，但求朝朝暮暮生死同。

材料：一段股线，一颗瓷珠，一根60cm的5号线，三个铃铛。

1

1. 准备好三个铃铛和一根5号线。

2

2. 将线对折后，在对折处留一小段距离，打一个双联结。

3

3. 在双联结下方开始缠绕股线。

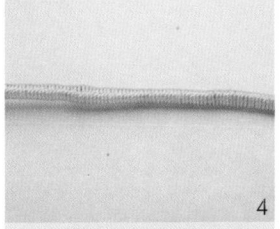

4

4. 将手链的主体部分全部缠绕上股线。

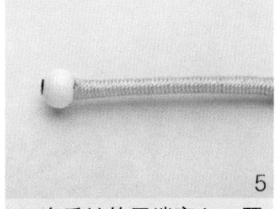

5

5. 在手链的尾端穿入一颗瓷珠，烧黏。

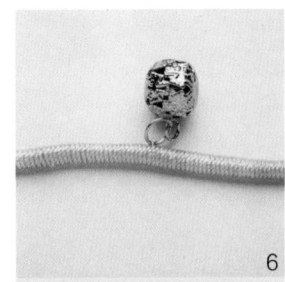

6

6. 将铃铛挂在手链上。

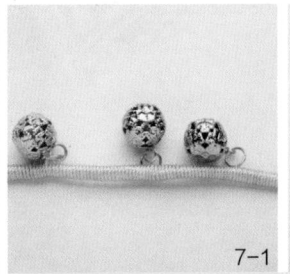

7-1

7-2

7. 挂完三个等间距的铃铛后，手链即成。

我怀念的

你躲到了世风之外，远远地离开了故事，而我已经开始怀念你，像怀念一个故人。

材料：颜色不同的5号线各两根，七颗大珠子，八颗小珠子。

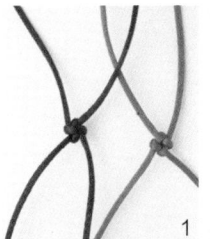

1

1. 每两根同色线各编一个十字结。

2

2. 如图，将一颗大珠子分别穿入两个结上的一根线，之后继续编十字结。

3

3. 重复步骤2，编至合适的长度。

4

4. 以两个十字结作为手链主体的结尾，并留出大约15cm的线。

5

5. 另取一段线，打平结将手链的首尾包住，使其相连。

6-1

6-2

6. 最后，在每根线上各穿入一颗小珠子，烧黏即可。

缄 默

我们度尽的年岁，好像一声叹息，所有无法化解和不被懂得的情愫都不知与何人说，唯有缄口不言。

材料：两种不同颜色的玉线各四根，两颗塑料珠。

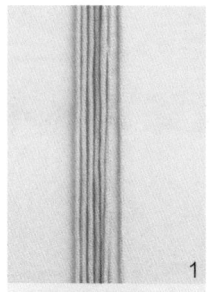

1

1. 准备好玉线。

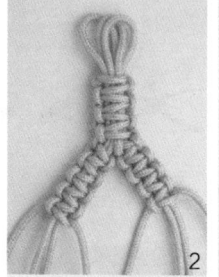

2

2. 将三根同色玉线对折，取出第四根玉线在其上打平结。打一段平结后，将玉线分成两边分别打平结，如图中所示。

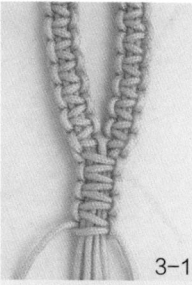

3-1

3-2

3. 打到合适的长度后，再把两股线合并起来打平结。

4

4. 取出另一种颜色的四根玉线，三根对折做中心线，第四根在其上打平结。打平结的方法与前面相同。

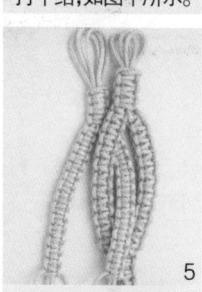

5

5. 打好结后，如图，将其穿入之前不同颜色的结体中。

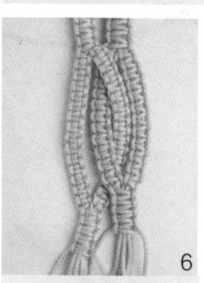

6

6. 后边的线继续打平结。

7-1

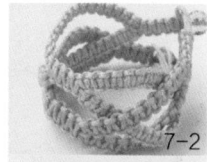

7-2

7. 重复上述步骤，编至合适的长度。最后在每种颜色的线尾各穿入一颗塑料珠即可。

青 春

此刻的青春，像极了一首仓促的诗。没有节拍，没有韵脚，没有起承转合，瞬间挥就，也不需要传颂。

材料： 三颗大孔瓷珠，两根 100cm 的皮绳。

1

1. 先拿出一根皮绳。

2

2. 将一根皮绳对折，留一小段距离后打一个蛇结。

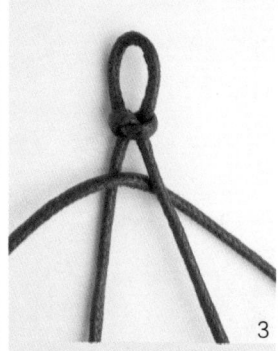

3

3. 将另一根皮绳横置、插入其中。

4

4. 开始编四股辫。

5

5. 编到一定长度后，穿入一颗瓷珠。

6. 开始编圆形玉米结。

7. 编到一定长度后，再穿入一颗瓷珠。

8. 继续编圆形玉米结。

9. 穿入第三颗瓷珠。

10. 然后，编四股辫。

11. 最后，打一个单扣作为结尾。

娇 羞

最是那一低头的温柔，像一朵水莲花不胜凉风的娇羞。

材料：五颗扁形瓷珠，一根 120cm 的七彩 5 号线。

1. 将七彩线和瓷珠都准备好。

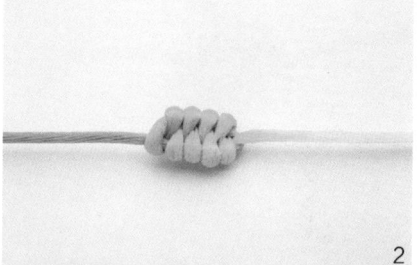

2. 在七彩线一端20cm处打一个凤尾结。

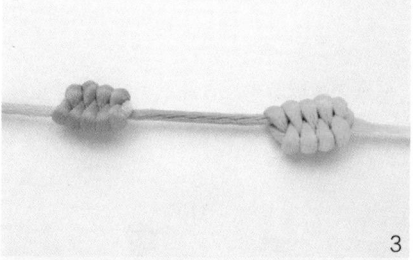

3. 相隔 3cm 处再打一个凤尾结。

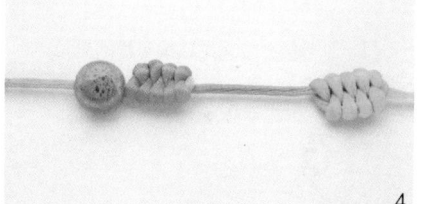

4. 如图，穿入一颗瓷珠。

5. 打一个凤尾结。

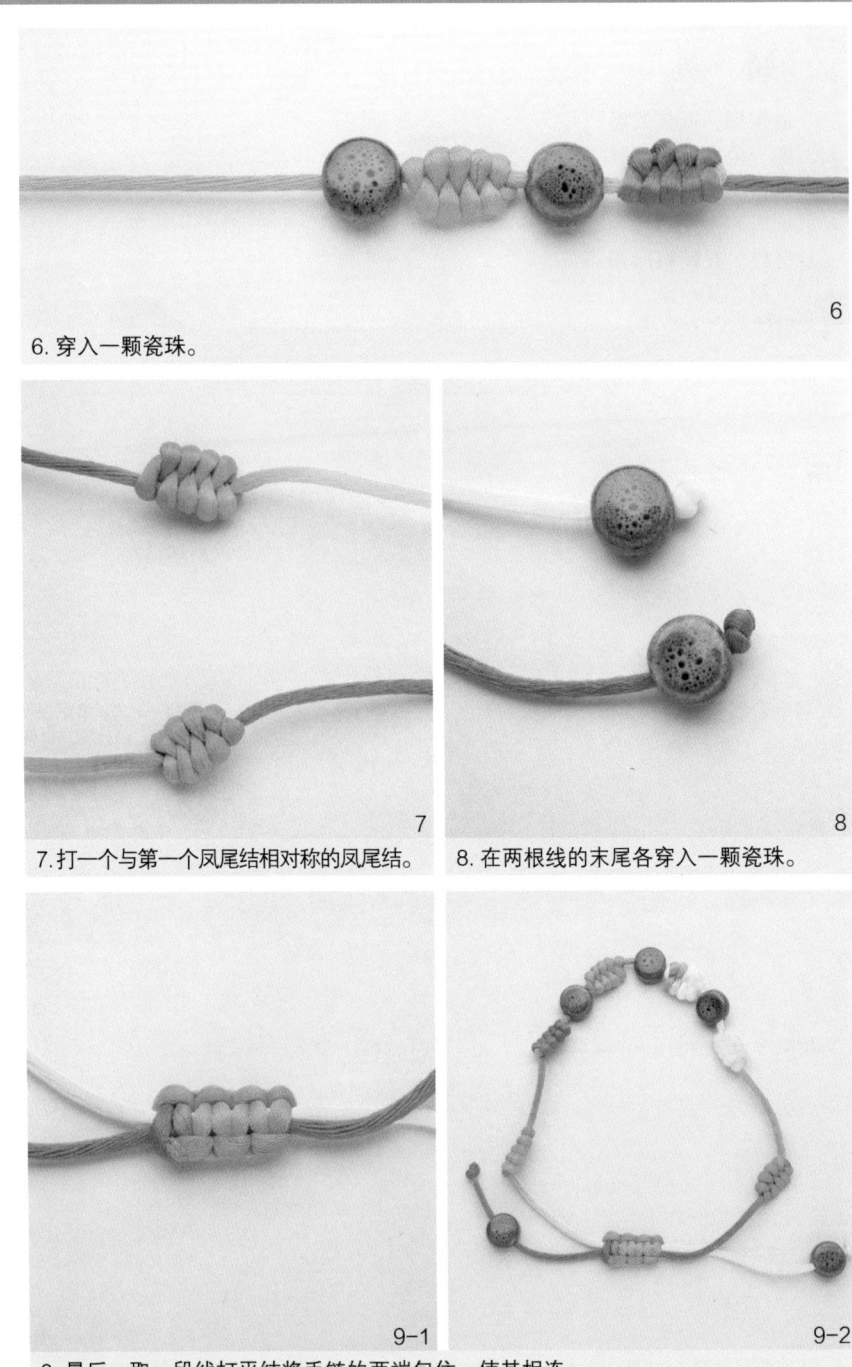

6

6. 穿入一颗瓷珠。

7

7.打一个与第一个凤尾结相对称的凤尾结。

8

8. 在两根线的末尾各穿入一颗瓷珠。

9-1

9-2

9. 最后，取一段线打平结将手链的两端包住，使其相连。

思 念

在思念的情绪里，纵有一早的晴光潋滟，被思念一搅和，也如行在黄昏，忘了时间。

材料：四根玉线，10 颗大白珠，42 颗塑料珠。

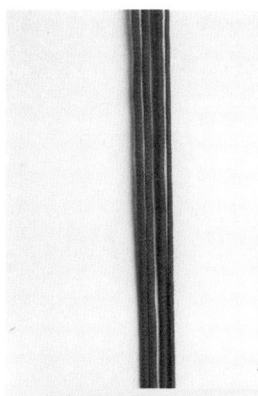

1. 准备好四根玉线。

2. 如图中所示，其中三根对折后作为中心线，最后一根玉线在其上打平结。

3. 如图，用八根线编斜卷结，形成一个"八"字形。

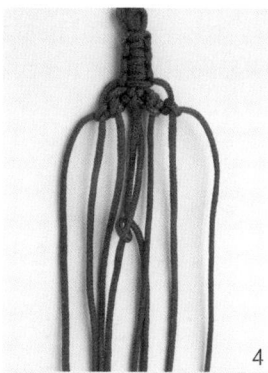

4. 如图，中间的两根线编一个斜卷结。

5. 继续步骤 4，连续编斜卷结，再次形成一个"八"字形。

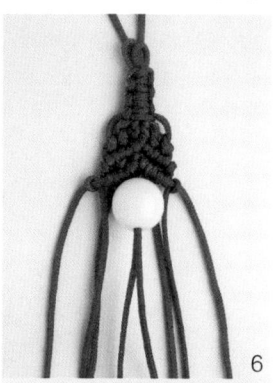

6. 在中间的两根线上穿入一颗白珠。

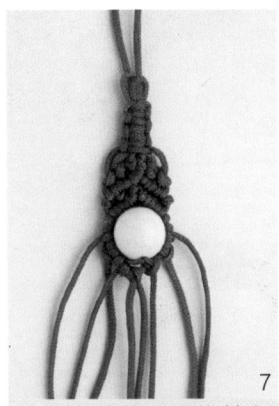

7

7. 在白珠的周围编斜卷结，将其固定。

8

8. 如图，在右侧第二根线上穿入一颗塑料珠。

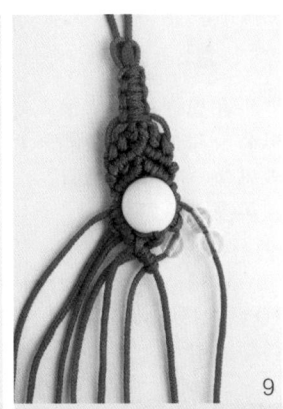

9

9. 如图，用右侧第二根线编斜卷结，并在右侧第一根线上穿入两颗塑料珠。

10

10. 同样将两侧的塑料珠都穿好，继续编"八"字斜卷结。

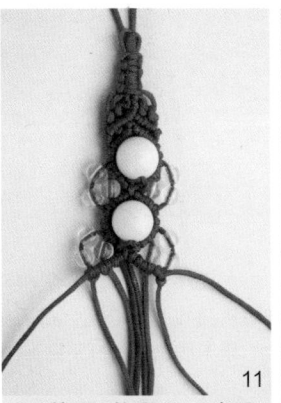

11

11. 按照步骤6～步骤10，继续编结。

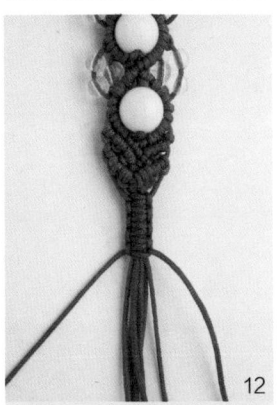

12

12. 编至合适的长度后，用最外侧的两根线在其余六根线上打平结，并将多余的线剪去，用打火机烧黏。

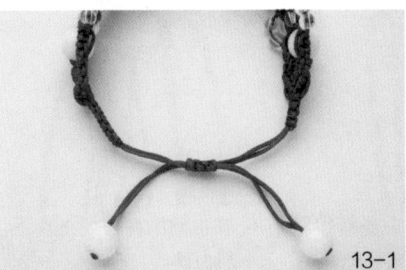

13-1

13-2

13. 另取一段线，打平结，将手链的两端包住，使其相连，并在线的末尾穿入白珠。

尘 梦

如遁入一场前尘的梦，子然行迹，最是暮雨峭春寒。

材料：八颗瓷珠，两根 90cm 的 5 号线。

1. 用两根线编一个十字结。

2. 编好后，如图所示穿入一颗瓷珠。

3. 再编一个十字结后，继续穿入一颗瓷珠。

4. 按照步骤 2、步骤 3，编四个十字结，穿入四颗瓷珠。

5. 用一段线打平结，将手链的首尾两端包住。

6. 最后，在每根线的尾端都穿入一颗瓷珠即成。

随 缘

让所有痛彻心扉的苦楚沦为回忆，此时天晴，且随缘吧。

材料：一根70cm的4号线。

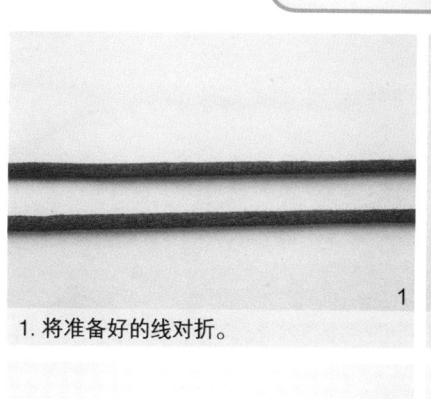

1. 将准备好的线对折。

2. 在中心处留一小段距离，打一个纽扣结。

3. 隔7cm处再打一个纽扣结。

4. 相隔1cm，再打两个纽扣结。

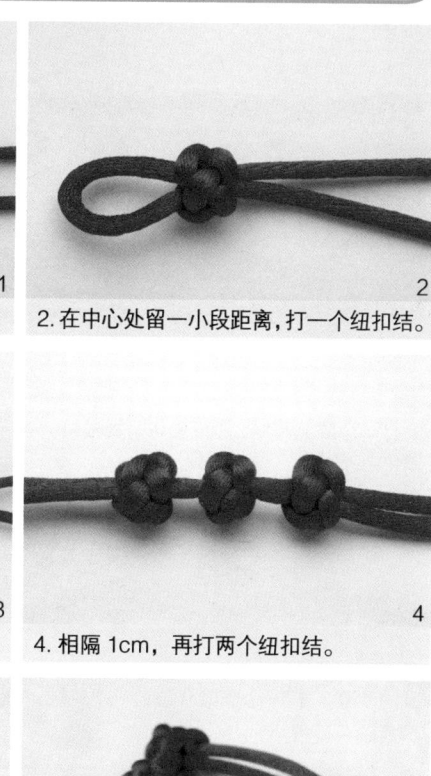

5. 最后，隔7cm打一个纽扣结作为结尾。

花非花

花非花，梦非梦，
花如梦，梦似花，梦里
有花，花开如梦。

材料：一根150cm
的5号线。

1

1. 用准备好的线编一段两股辫。

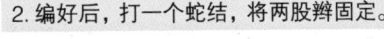

2

2. 编好后，打一个蛇结，将两股辫固定。

3

3. 打一个酢浆草结，注意要将耳翼抽紧。
再打一个蛇结，以示对称。

4

4. 编一个二回盘长结，注意不要将耳翼
拉出，再打一个蛇结固定。

5

5. 同步骤3，打一个酢浆草结和一个蛇结，
然后编两股辫。

6-1

6-2

6. 最后，编好两股辫，打一个纽扣结作为结尾。

无 言

一路红尘，有太多春花秋月，太多逝水沉香，青春散场，我们将等待下一场开幕。

材料：三根5号线，一根60cm，两根150cm。

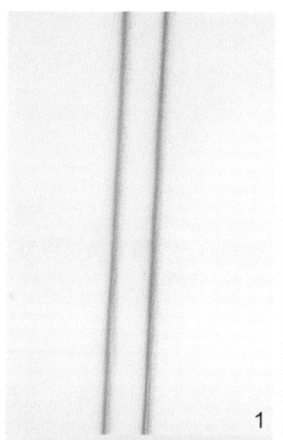

1. 将60cm的5号线对折。

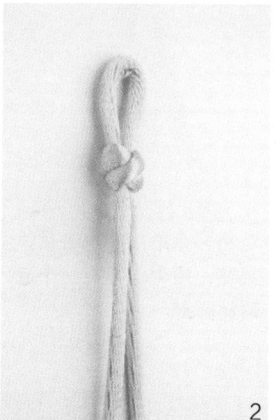

2. 在其对折处留一小段距离，打一个双联结。

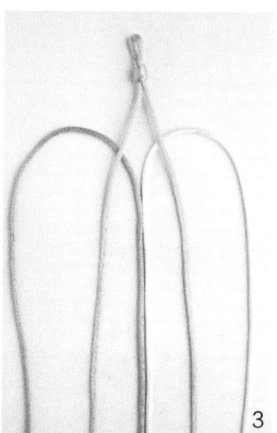

3. 将另外两根150cm的线如图中所示摆放。

4. 如图，另外两根线分别在中心线上打双向平结。

5. 注意图中关于线的走势。

147

6

6. 编到合适的长度。

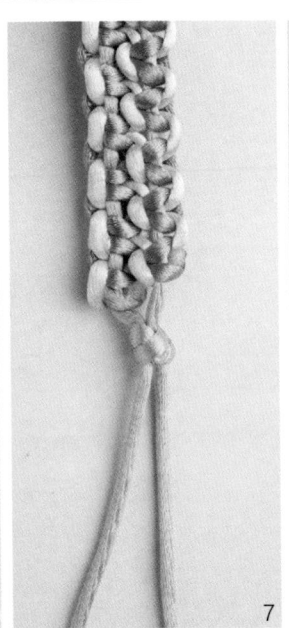

7

7. 将多余的线头剪去后，烧黏，用中心线打一个双联结固定。

8

8. 再打一个纽扣结，作为手链的结尾。

9-1

9-2

9-3

9. 将线头剪去，烧黏即可。

梦 影

心生万物，世间林林总总，一念成梦幻泡影，一念恍如隔世。

材料：一颗瓷珠，一根 150cm 的玉线，四根 100cm 的玉线。

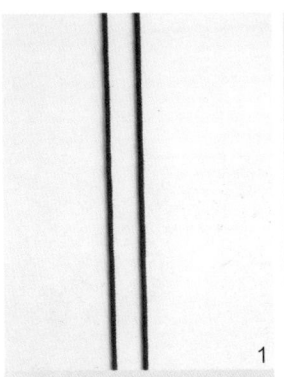

1. 将 150cm 玉线对折成两根。

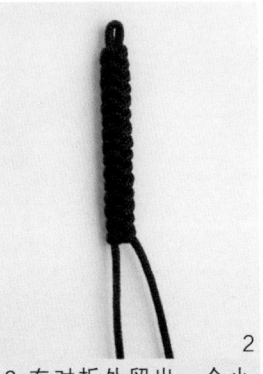

2. 在对折处留出一个小圈，开始编金刚结。

3. 编到合适长度后，如图，将金刚结下方的两根线穿入顶端留出的小圈内。

4. 如图，继续编金刚结。

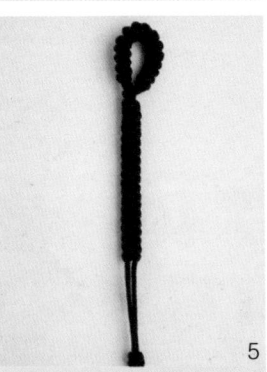

5. 编好一段金刚结后，在其下方 3cm 处打一个双联结。

6. 将四根 100cm 的玉线拿出，如图中所示，并排穿入金刚结和双联结之间的空隙中。

7

8

9

7. 相隔 3cm 继续打双联结。接着，将四根玉线如图中所示交叉穿过双联结之间的空隙中。

8. 共做出五个"铜钱"状花纹。

9. 在"铜钱"下方继续编金刚结。

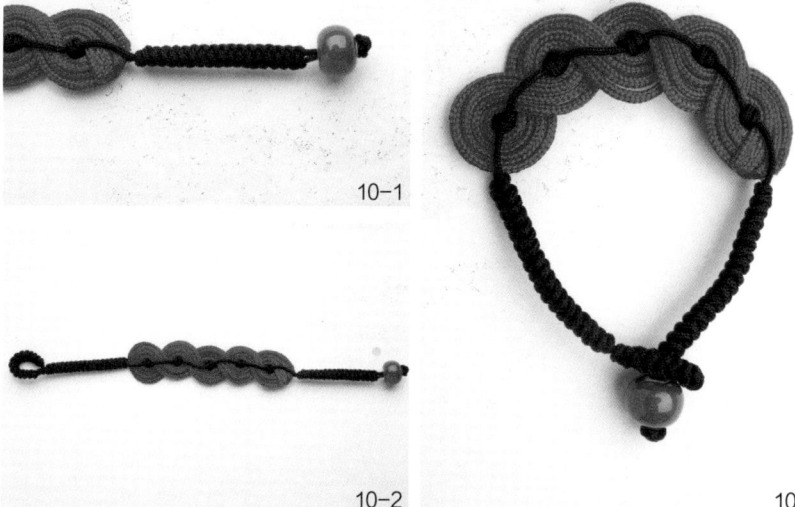

10-1

10-2

10-3

10. 编到合适长度后，将瓷珠穿入，并打单结将其固定，烧黏即可。

花 思

这样的季节，这样的夜，常常听到林间的花枝在悄悄低语："思君，又怕花落……"

材料：两根 60cm 的 5 号线，一颗瓷珠，两种颜色股线。

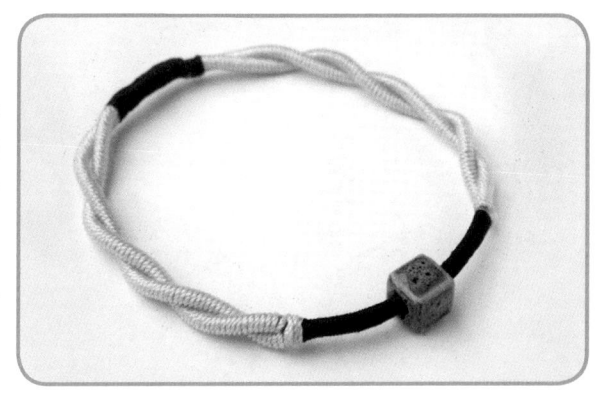

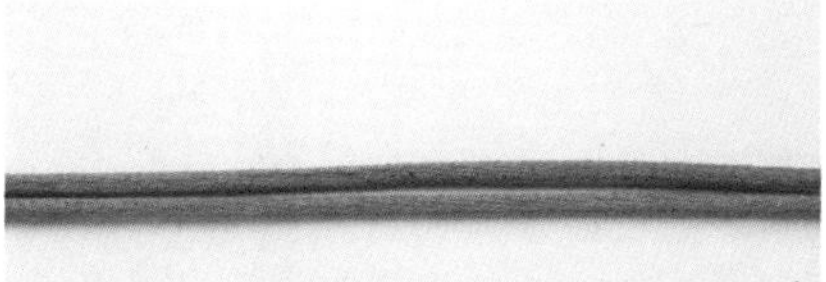

1

1. 将两根 5 号线并在一起。

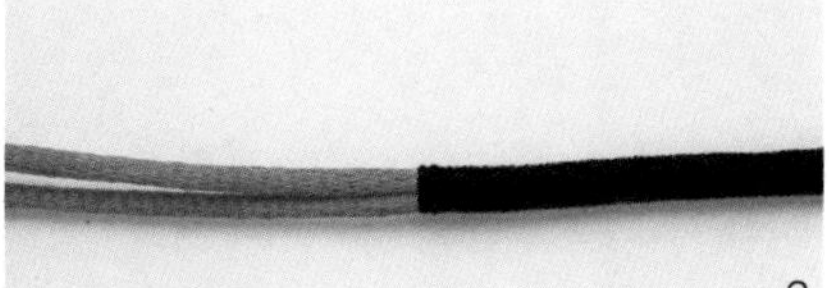

2

2. 在两根线的中央缠绕上一段股线。

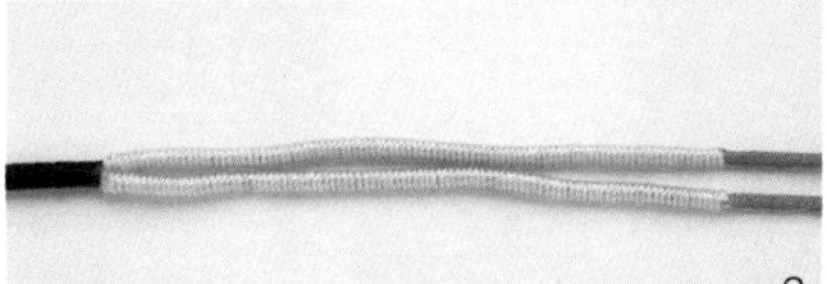

3

3. 如图，分别在两根线上缠上另一种颜色的股线。

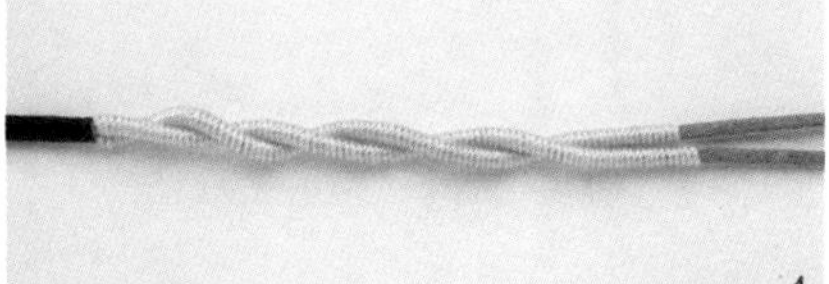

4

4. 如图，用缠好股线的两根线编两股辫。

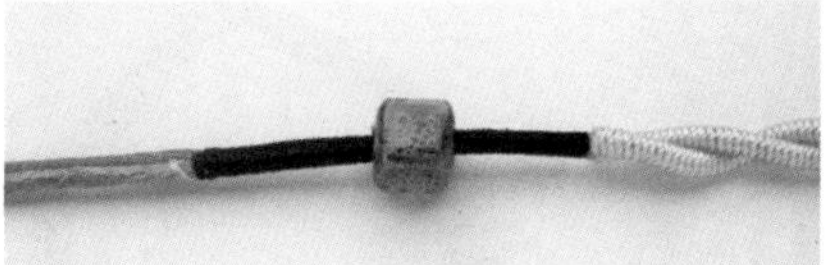

5

5. 将瓷珠穿至线的中心处。

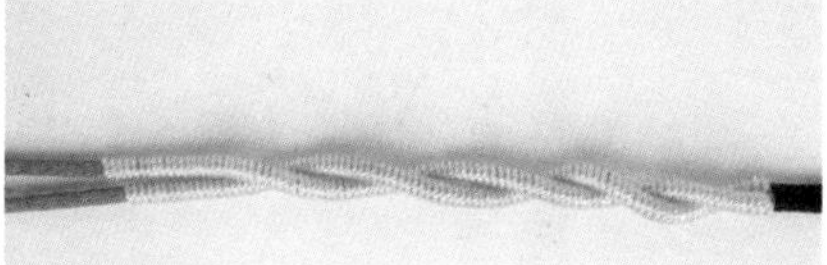

6

6. 将手链另一边也同样编好。

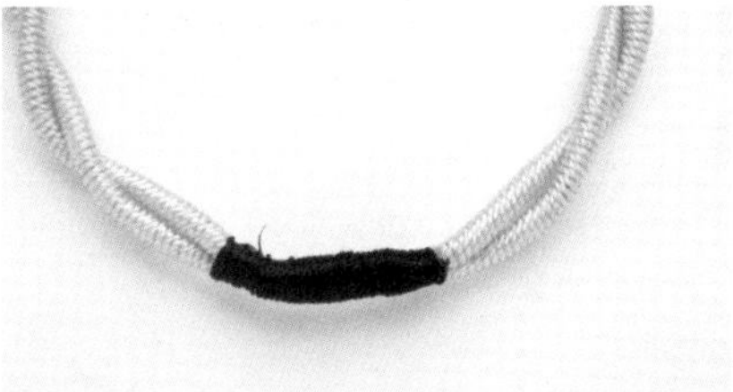

7-1

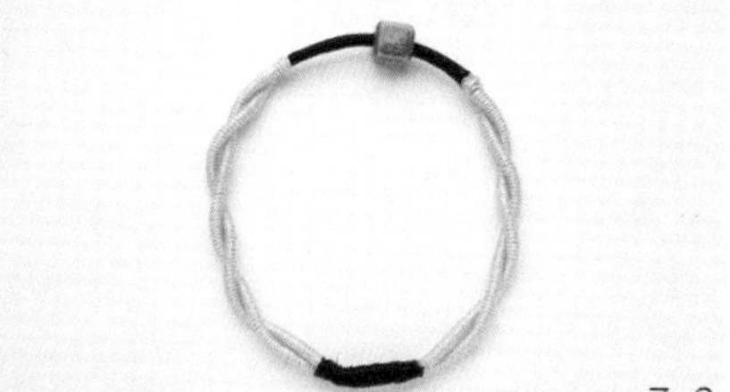

7-2

7. 最后用一段股线将手链的两端缠绕在一起，手链就完成了。

天雨流芳

有一个所在，十万亿土地之外，那里，天雨流芳，宝相严庄。

材料：三颗串珠，一根 150cm 的玉线。

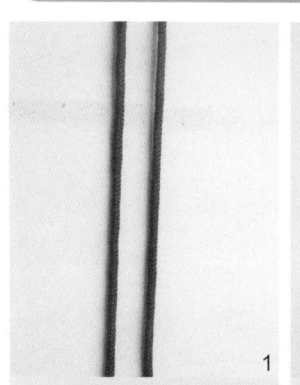

1

2

3

1. 将玉线在中心处对折。

2. 将对折处预留出一个圈，然后开始编金刚结。

3. 编好一段金刚结后，穿入一颗珠子。

4

5

6

4. 穿入珠子后，打一个纽扣结。

5. 再穿入一颗珠子，再打一个纽扣结。三颗珠子穿完后，打一段金刚结，与步骤2的金刚结对称。然后，打一个纽扣结作为结尾。

6. 将多余的线头剪去，烧黏即可。

至 情

途经人世，在踟蹰步履间，看脚下蒿草结根并蒂。叹服草木竟如此深谙人间的情致。

材料：一根80cm的4号线，一根150cm的五彩线。

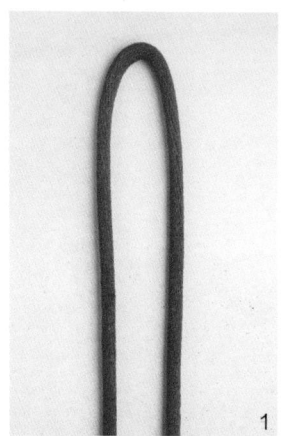

1

1. 将4号线对折。

2

2. 在对折处留一小段距离，打一个双联结。

3

3. 在双联结下方5cm处，用五彩线在两根线上打平结。

4-1

4-2

4-3

4. 打到合适的长度后，在4号线的结尾处打一个纽扣结作为结尾，烧黏即可。

晴 川

晴川是阳光照耀的河，也是风儿对心情的嘱托，牵挂着远方，别让心在风中散落。

材料：两根 5 号线，两颗瓷珠，三种不同颜色股线。

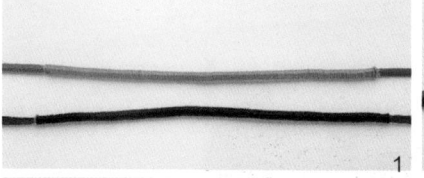

1. 将两根 5 号线分别缠绕上不同颜色的股线。

2. 再用另一种颜色的股线将两根线缠绕到一起。

3. 如图，用两根缠绕好股线的 5 号线编两股辫。

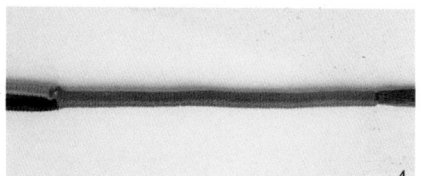

4. 编到合适的长度后，同样用一段股线将两根线缠绕到一起。

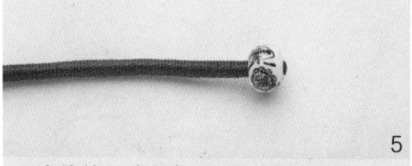

5. 在线的两端各穿入一颗瓷珠。

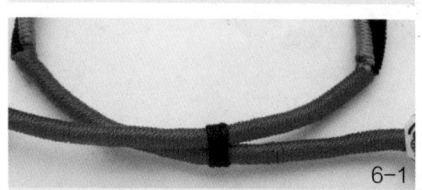

6. 最后，如图，用一段线将手链的两端绑住，使其相连即成。

凤　月

泪朦胧，人倥偬。
闭月闲庭，凤鸣重霄
九天宫苑，四壁楚钟
声，目落目已空。

材料：股线，彩
色饰带，双面胶，一根
60cm 的 5 号线。

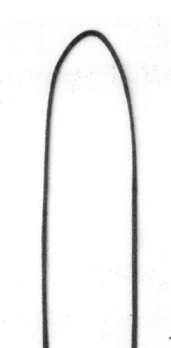

1. 将准备好的 5 号线对折。

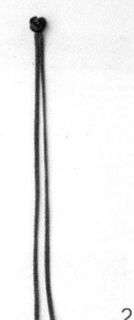

2. 在对折处打一个纽扣结。注意，线的另一端是长短不齐的。

3. 将另一端的线用打火机烧连，形成一个圈。

4. 将双面胶粘在线的外面，注意底端留出套纽扣结的圈。然后在双面胶外面缠上股线。

5. 股线缠好后，将线头都剪去，烧黏。

6. 剪下两段饰带，粘在手链的两端。镯式手链就完成了。

韶 红

问风，风不语，风随花动。问花，花亦不语，独自韶红。

材料：一颗瓷珠，六根 150cm 的玉线。

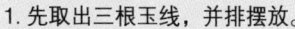

1

1. 先取出三根玉线，并排摆放。

2

2. 再取一根玉线，如图，在三根玉线的中心处系结。

3

3. 系好结后，下端的线与右边的三根线合并，编四股辫。

4

4. 编好四股辫后，打一个蛇结，将其固定。

5

5. 如图，左边的三根线编一段三股辫，编到合适长度后，再取出另一根线，在左侧系结。

6

6. 同步骤 3，下端的线跟左边的三根线合并，开始编四股辫。

7

7. 编好后，同样打一个蛇结固定。

8

8. 编到合适的长度后，将上端的两根线系在一起。

9. 如图，再插入一根线，四根线继续编四股辫。

10. 编好后，打一个蛇结固定。

11. 用一根线打秘鲁结，将编好的三个四股辫缠绕在一起。

12. 将多余线头剪去并烧黏，手链的主体部分就完成了。

13. 在手链的末端穿入一颗瓷珠。

14-1

14-2

14. 将多余的线头剪去并烧黏即可。

倾 城

何日黄粱一朝君子梦，素颜明媚，泪落倾城。

材料：四颗藏银珠，一根60cm的5号线，一根120cm的蜡绳。

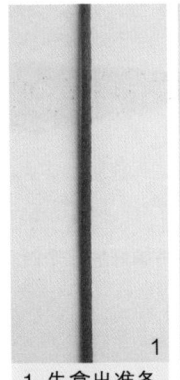

1. 先拿出准备好的5号线。

2. 将线在中心处对折，留出一小段距离后打一个双联结。

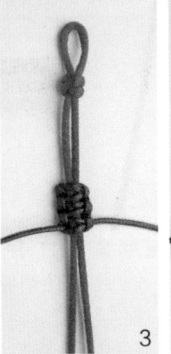

3. 取出蜡绳，在双联结下方间隔5cm处打平结。

4. 如图，打好一段平结后，再穿入一颗藏银珠。

5. 重复步骤4，直到完成手链主体部分。

6. 将多余的蜡绳剪去，用打火机烧黏。

7. 在相隔5cm处再打一个双联结。

8. 在双联结下方1cm处打一个纽扣结。将多余的线头剪去即可。

鸢 尾

行路中，丛丛鸢尾，染蓝了孤客的心。

材料：一根 30cm 的玉线，一根 60cm 的玉线，四个蓝水晶串珠，两个塑料串珠。

1. 将 30cm 的玉线作为中心线。

2. 用另一根玉线在上面打一段平结，将线头剪去，烧黏。

3. 穿入一个蓝水晶串珠。

4. 再打一段平结，将线头剪去，烧黏。

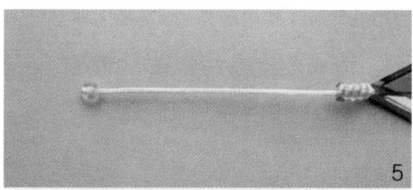

5. 重复步骤 2～步骤 4，完成手链主体部分，共穿入四个蓝水晶串珠，然后在绳子的两个末端各穿入一个塑料珠。

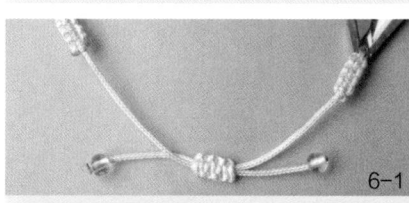

6. 用同色线打一段平结，包住手链首尾两端的线即可。

江 南

心儿悠游，却是梦中，眼见粉蕊娇红禾间草，纵是天堂亦不换。

材料：13 个黄水晶串珠，一根 120cm 的玉线。

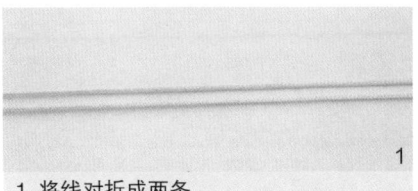

1. 将线对折成两条。

2. 在距线的一端 20cm 处开始打蛇结。

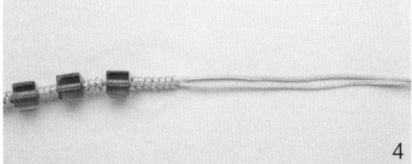

3. 打 7 个蛇结后，穿入一颗黄水晶，继续打蛇结。

4. 而后，打 3 个蛇结就穿入一颗黄水晶，直到穿入 11 颗黄水晶后，手链主体完成。

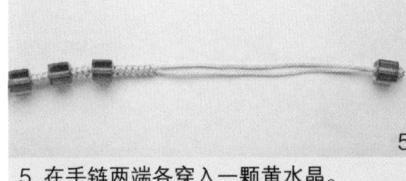

5. 在手链两端各穿入一颗黄水晶。

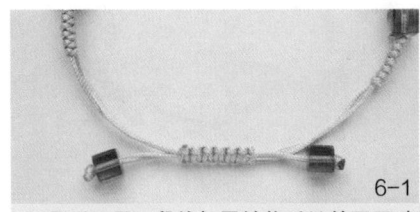

6. 最后，用一段线打平结将手链首尾两端连结。

星 月

待笙歌吹彻，偷偷听一听星月絮语，它们正悄悄地说着不离不弃的情话……

材料：两根 50cm 的玉线，一根 120cm 的玉线，六颗白珠。

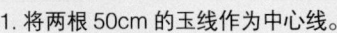

1

1. 将两根 50cm 的玉线作为中心线。

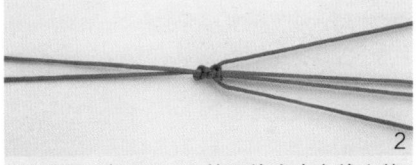

2

2. 用另一根 120cm 的玉线在中心线上编单向平结。

3

3. 编到一定长度后，穿入一颗白珠，继续编单向平结。

4

4. 共穿入四颗白珠后，完成手链主体部分，将线头剪去，烧黏。

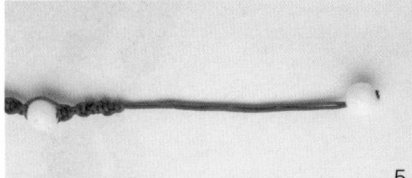

5

5. 在手链两端各穿入一颗白珠。

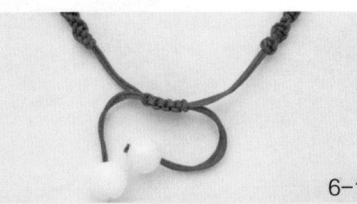

6-1

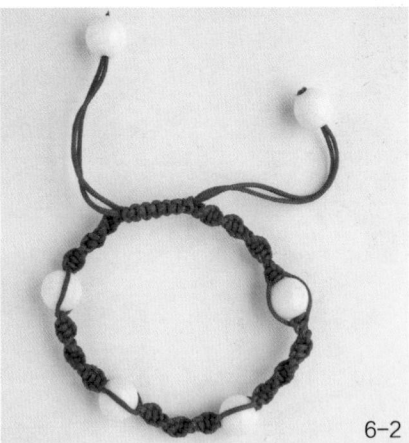

6-2

6. 最后，用一段线打平结，将手链的首尾两端连结。

成 碧

四合暮色，几多钟鸣，去年人去，今日楼空，叹枯草成碧，碧又成青。

材料： 两种不同颜色的玉线各两根，八颗方形塑料珠。

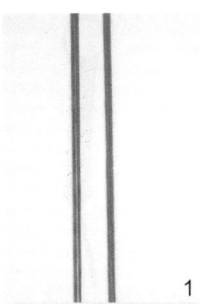

1. 将不同颜色的四根线准备好。

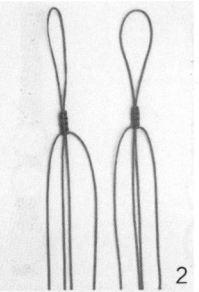

2. 如图，相同颜色的玉线，一根对折为中心线，一根在其上打双向平结。

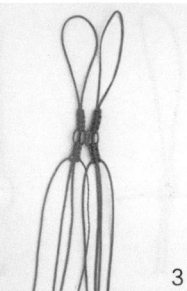

3. 打一段平结后，如图，用一颗方形塑料珠将两段平结相串联。

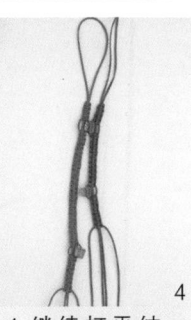

4. 继续打平结，先在蓝线最外侧的线上穿入一颗塑料珠。再在橙线的最外侧线上穿入一颗塑料珠。

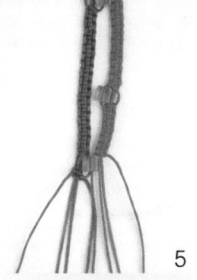

5. 继续打平结，然后再穿入一颗塑料珠将蓝线和橙线连在一起。

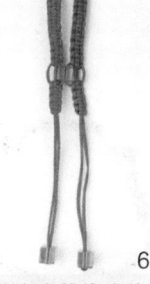

6. 将多余的线头剪去，烧黏。将作为中心线的蓝线和橙线尾端各穿入一颗塑料珠。

7. 用一段线打平结使手链的首尾相连。

芙蓉

芙蓉香透，胭脂红；韶华无限，风情几万种；醉色沉沉，青丝撩拨媚颜生！

材料：一颗大瓷珠，六颗小瓷珠，一根100cm的玉线，一根220cm的玉线。

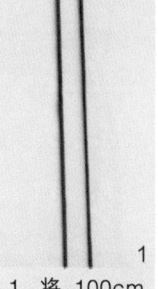
1

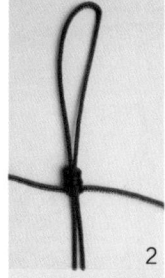
2

3

4

5

1. 将100cm的玉线对折，作为中心线。

2. 用另一根玉线在中心线上打平结。

3. 编到一定长度后，穿入一颗小瓷珠，再打两个平结，再穿入一颗小瓷珠。

4. 继续打平结，当打到线的中心位置时，将大瓷珠穿入。

5. 按照步骤2～步骤4，编好手链的另一部分，完成主体后将多余线头剪去，用打火机烧黏。

6

7-1

7-2

6. 在中心线的两端分别穿入一颗小瓷珠，并打单结固定。

7. 最后，用一小段线打平结，将手链的首尾两端连结。

断 章

瑟瑟风中，笛声呜咽，徒生白发。挥一挥长管，作别咫尺的离伤、地老与天荒。

材料： 两根不同颜色5号线，各约150cm。

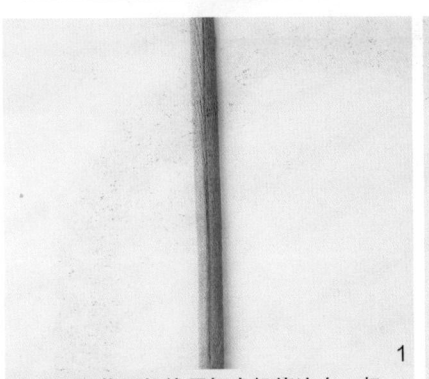

1. 如图，将两根线用打火机烧连在一起。

2. 打一个双联结，然后开始编金刚结。

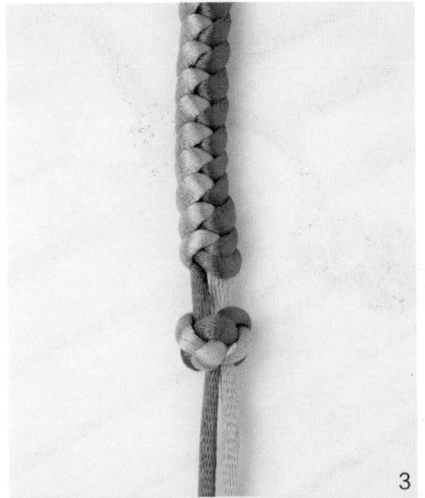

3. 编至足够长度后，打一个纽扣结作为结尾。

4. 将编完纽扣结后剩下的线剪去，烧黏即可。

年　华

回首年华，摇扇扶柳已成梦，王孙手绢奴家容。

材料：一根 40cm 的五号线，一个挂坠。

1

1. 用 5 号线编一段两股辫。

2

2. 编好一半长度后，穿入挂坠，继续编两股辫。

3-1

3-2

3. 最后，打一个单结固定即成。

落花意

秋风浓，吹落柔情一地。心是渡口，捻半瓣落花，摇曳成舟。

材料： 一段股线，两根 60cm 的 5 号线，一根 180cm 的璎珞线。

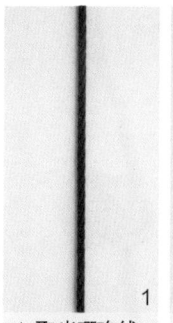

1.取出璎珞线。

2.将璎珞线对折，在对折处留一小段距离，打一个双联结。

3.在下方相隔5cm处连续打三个蛇结。

4.然后，缠绕一段股线，编一个酢浆草结，再缠绕一段股线。

5.然后编三个连续的蛇结。

6.如图，在与蛇结相隔5cm处，编一个纽扣结。

7.将编好的纽扣结多余的线头剪去，再用打火机烧黏。

8.用两根 5 号线编两个菠萝结，将编好的菠萝结套在中心处的股线上，手链即成。

初 秋

这个初秋，斑驳了时光的倩影，徒留月下只影寥寥，散落天涯……

材料：股线，两根150cm的5号线。

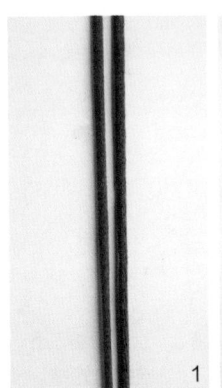

1. 首先将两根线准备好。

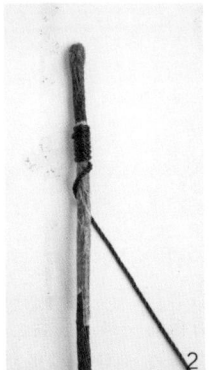

2. 在线的一端粘上双面胶，再将股线缠在双面胶外面。

3. 缠完一段股线后，将两条线分开，再分别缠上股线。

4. 在线上缠完股线后，开始编双钱结。

5. 将手链主体部分编完后，余线尾端打单结相连。

6. 最后，用一段线打平结将手链首尾相连。

7. 用一段线打平结，将手链的首尾相连。

暮 雨

总是期待着会有那么一场雨，在暮色中任性飘洒，浇冷了脂玉般的心。

材料：两根150cm的玉线。

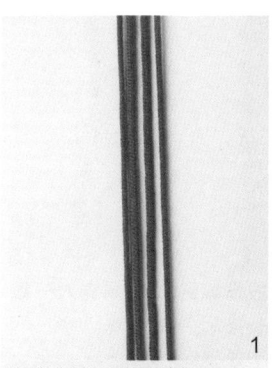

1. 将两根玉线对折。

2. 对折后，留一小段距离打两个双线蛇结。

3. 将对折后的四条线分成两股，每股再编金刚结。

4-1

4-2

4. 编到足够长度后，将两股线合在一起，打一个纽扣结作为结尾。

温 暖

如果阳光不能温暖你的忧伤，还有什么能交换你心爱的玩具，孤独的孩子？

材料：一根80cm的5号线，两颗瓷珠，一颗藏银珠。

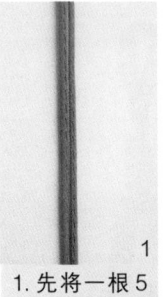

1

1. 先将一根5号线对折成两根。

2

2. 在对折处留一小段距离，再打一个双联结。

3

3. 然后开始编两股辫。

4

4. 两股辫编到合适长度后，打一个双联结将其固定。

5

5. 再穿入一颗瓷珠。

6

6. 在瓷珠下方打一个纽扣结，将其固定。

7

7. 穿入一颗藏银珠。手链的主体部分完成了一半。重复步骤3～步骤6，完成手链主体的余下部分。

8-1

8-2

8. 最后，打一个纽扣结，并将多余的线头剪去，烧黏即成。

风 舞

那缕青烟甩着水袖，踩着碎步，俨然闺阁丽人，迎风而舞。

材料：10 个印花木珠，一根60cm的玉线以及一根100cm的玉线。

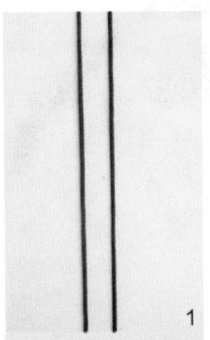

1. 将60cm的玉线作为中心线，对折。

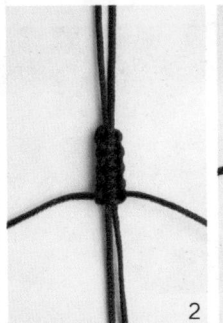

2. 另一根玉线在其上打平结。

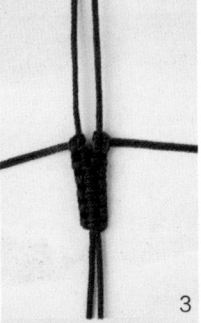

3. 打一段平结后，如图，将中心线分成两部分，分别打雀头结。

4. 如图，在两条中心线上分别穿入一个印花木珠，然后继续分别打雀头结，打三个雀头结后，再继续打平结。

5. 重复步骤3、步骤4，完成手链的主体部分。

6. 将多余的线头剪掉，用打火机烧黏。

7. 将中心线的两端分别穿入一颗木珠，并打单结固定。

8. 最后，用一小段线打平结，包住手链的首尾两端即可。

零　落

一片枯黄的叶零落得没有声响，却见证了从枝丫到根蔓的萧然，沉淀了哲人般的内涵。

材料：一根160cm的扁线。

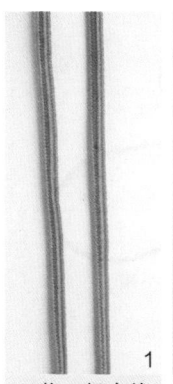

1

1. 将一根扁线对折。

2

2. 在其中心处，留一段空余，并打一个蛇结。

3

3. 打出一个双钱结。

4

4. 再打出一个蛇结。

5

5. 再打出一个双钱结。

6

6. 按照步骤3~步骤5，继续编结。

7

7. 完成手链的主体部分。

8

8. 最后，打一个双联结作为结束。

9

9. 剪掉多余线头，烧黏即成。

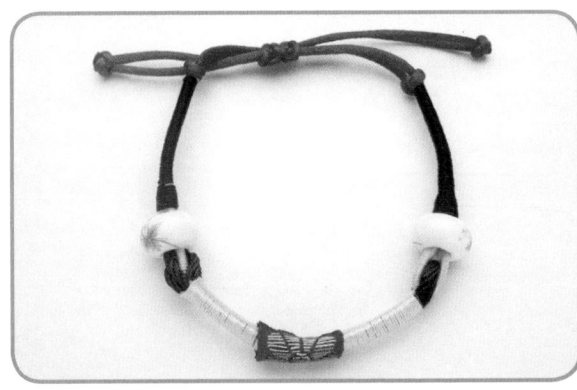

斑 驳

秋风乍起，见落叶萧萧，斑驳了一地的色彩，汇成一声叹息。

材料：三根璎珞线，两根 6 号线，一块饰带，两颗瓷珠，一段股线。

1

1. 先拿出三根璎珞线。

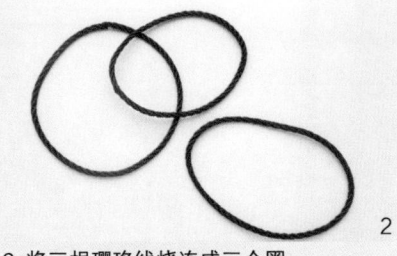

2

2. 将三根璎珞线烧连成三个圈。

3

3. 如图，将三个璎珞线圈相套，并在其上粘一段双面胶。

4

4. 如图，在线圈上缠绕股线。

5

5. 将饰带粘在中间。

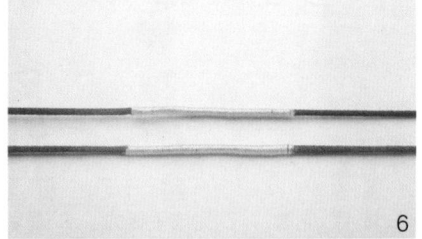

6

6. 取出两根 6 号线，在其上分别缠上一段股线。

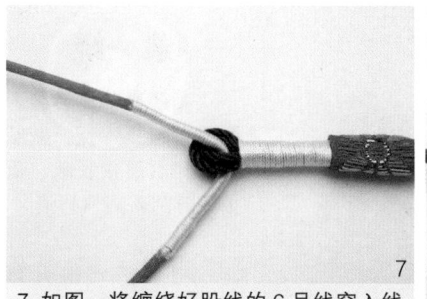

7

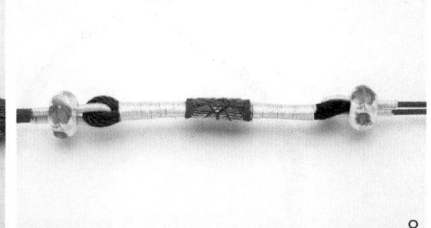

8

7. 如图，将缠绕好股线的6号线穿入线圈中。

8. 穿好后，分别在两端套入一颗瓷珠，如图中所示。

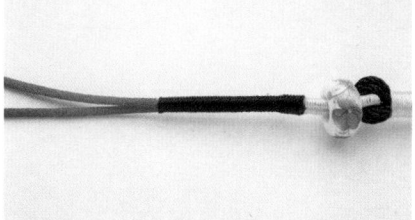

9

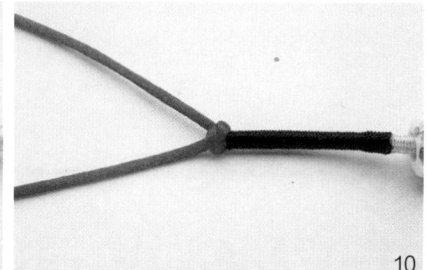

10

9. 再用一段股线将两根线缠绕在一起。

10. 缠好后，打一个蛇结将其固定。

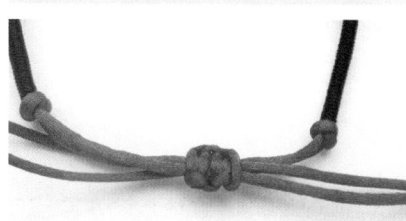

11

11. 取一段线打平结，将首尾两端的线包住，使其相连。

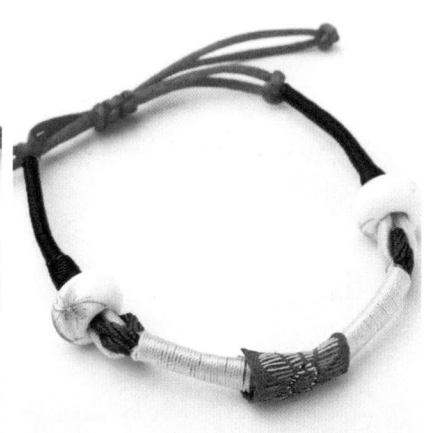

12-1

12-2

12. 最后，在两根线的末尾打蛇结即可。

萦 绕

萧疏季节，袅袅香烟绕着疏篱青瓦，戚戚鸟鸣和着晨景长歌，萧萧梧叶荡着清气碧痕。

材料：一根五彩线，一段股线，一颗黑珠。

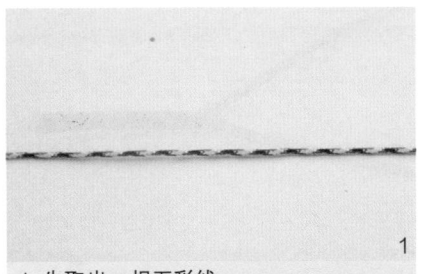

1. 先取出一根五彩线。

2. 将线对折，留出一小段距离后，编一段金刚结。

3. 在金刚结下方缠上一段股线。

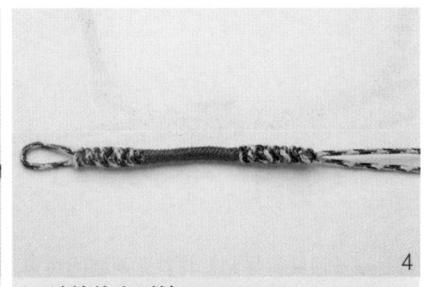

4. 继续编金刚结。

5. 重复步骤2、步骤3，编到合适的长度后，穿入一颗黑珠，烧黏即可。

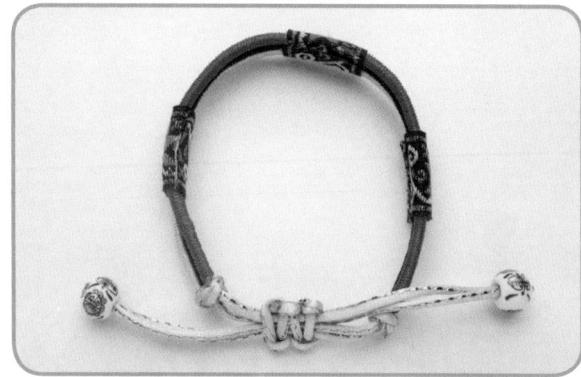

秋之舞

一派盛景，攒促了舞动的风，而风儿的舞姿温润了秋的容颜。

材料：三根80cm的5号夹金线，两颗瓷珠，三块饰带，三种不同颜色股线。

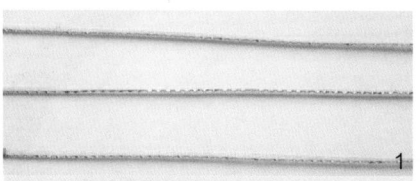

1. 准备好三根股线。

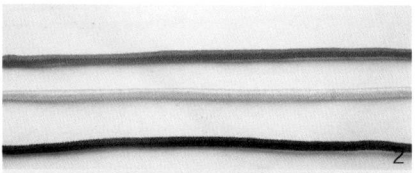

2. 分别在三根线上缠绕不同颜色的股线。

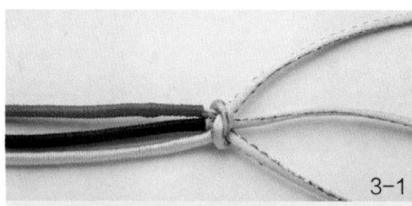

3. 打蛇结将三根线两端相连。

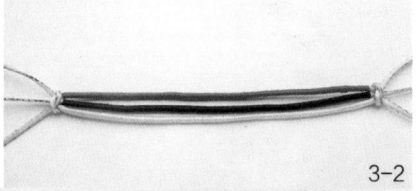

4. 如图，将三块饰带粘在三根线上。

5. 将中心的线剪去烧黏，在余下两根线的末尾穿入一颗瓷珠。

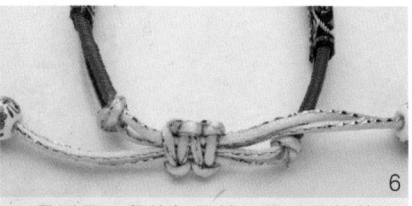

6. 最后用一段线打平结，将手链的首尾相连。

花想容

烟花易冷，韶华易逝，娇嫩的花终于不那么妩媚，在风中凋萎。

材料：十个彩色小铃铛，十个小铁环，两根 150cm 的 5 号线。

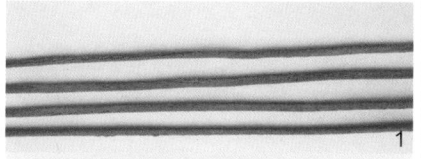

1. 将两条线对折成四条线。

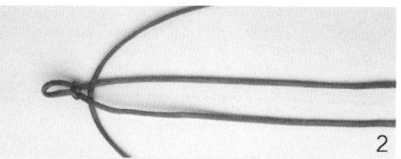

2. 其中一根线对折，留出一小段距离后打一个蛇结，另一根线从下方插入。

3. 开始编四股辫。

4. 编到一定长度后，结尾打一个纽扣结。

5. 将小铃铛用小铁环穿好，一个个挂在手链上。

6. 挂完 10 个等间距的铃铛后，手链即成。

红 药

寂寂花时，百俗争艳。有情芍药，无力诉说凄凉。

材料：八颗瓷珠，两根 150cm 的玉线。

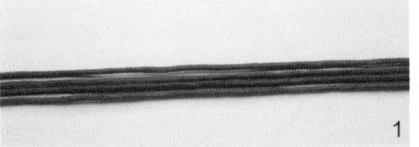

1. 将两根线对折成四根。

2. 预留出 20cm 的距离，打一个秘鲁结。

3. 将多余线头剪去，烧黏后，开始编四股辫。

4. 编到一定长度后，在中间的两根线上穿入一颗瓷珠。

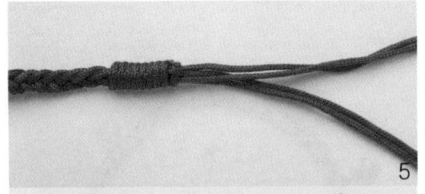

5. 重复步骤4，直到完成手链的主体部分。然后再打一个秘鲁结作为结尾。

6. 将尾端每两根线上穿入一颗瓷珠。

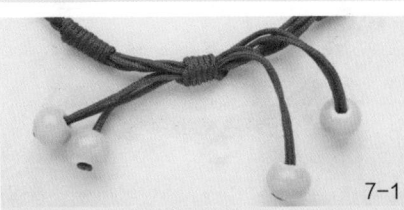

7. 最后，用秘鲁结将手链的首尾相连结。

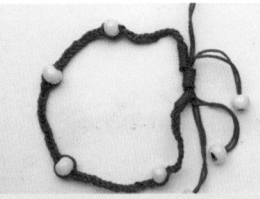

回　眸

流年暗度，不知哪次不经意的侧身，抑或回眸，便能发现一片光景萧疏。

材料：五颗瓷珠，一根 120cm 的玉线。

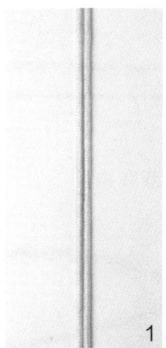

1. 将准备好的一根线对折。

2. 在线的一头留出一小段距离，然后连打三个竖双联结。

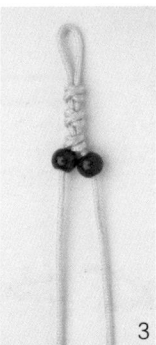

3. 在两条线上分别穿入一颗珠子。

4. 打一个横向双联结固定。

5. 留一段距离再打一个竖向双联结。

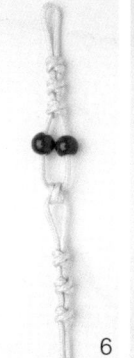

6. 再连打两个竖向双联结。

7. 再打一个横向双联结。

8. 在两条线上各穿入一颗珠子。

9-1

9-2

9. 连打三个双联结，再穿入一颗珠子作为结尾。

光 阴

把每天都过得真实，真实到仿佛一伸手就能触到光阴的纹路。

材料：三个青花瓷珠，一根 120cm 的 6 号线。

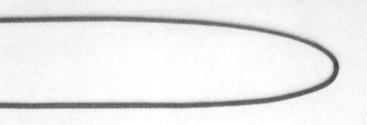

1. 将准备好的线对折。

2. 在中间部位编一个竖向双联结。

3. 在结的右侧编一个横向双联结，穿入一颗瓷珠，再编一个横向双联结固定。

4. 在横向双联结的左侧，编一个竖向双联结。

5. 再编横向双联结，穿珠，重复步骤 3，完成手链主体部分。

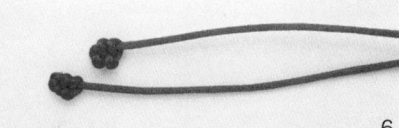

6. 在线的尾端打凤尾结作为结尾。

7. 最后，用一段线打平结将手链的首尾相连。

秋 波

碧云天，秋色连波，波上寒烟翠。

材料：两根颜色各异的5号线各80cm，两颗瓷珠，四个小藏银管，一个大藏银管，两颗金色珠，四颗银色珠。

1. 准备好两根线。

2. 先打一个十字结。

3. 在一根线上穿入一个小藏银管，再打一个十字结。

4. 再穿入一个小藏银管。

5. 再打一个十字结，穿入一颗瓷珠。

6. 打一个双联结，将瓷珠固定。

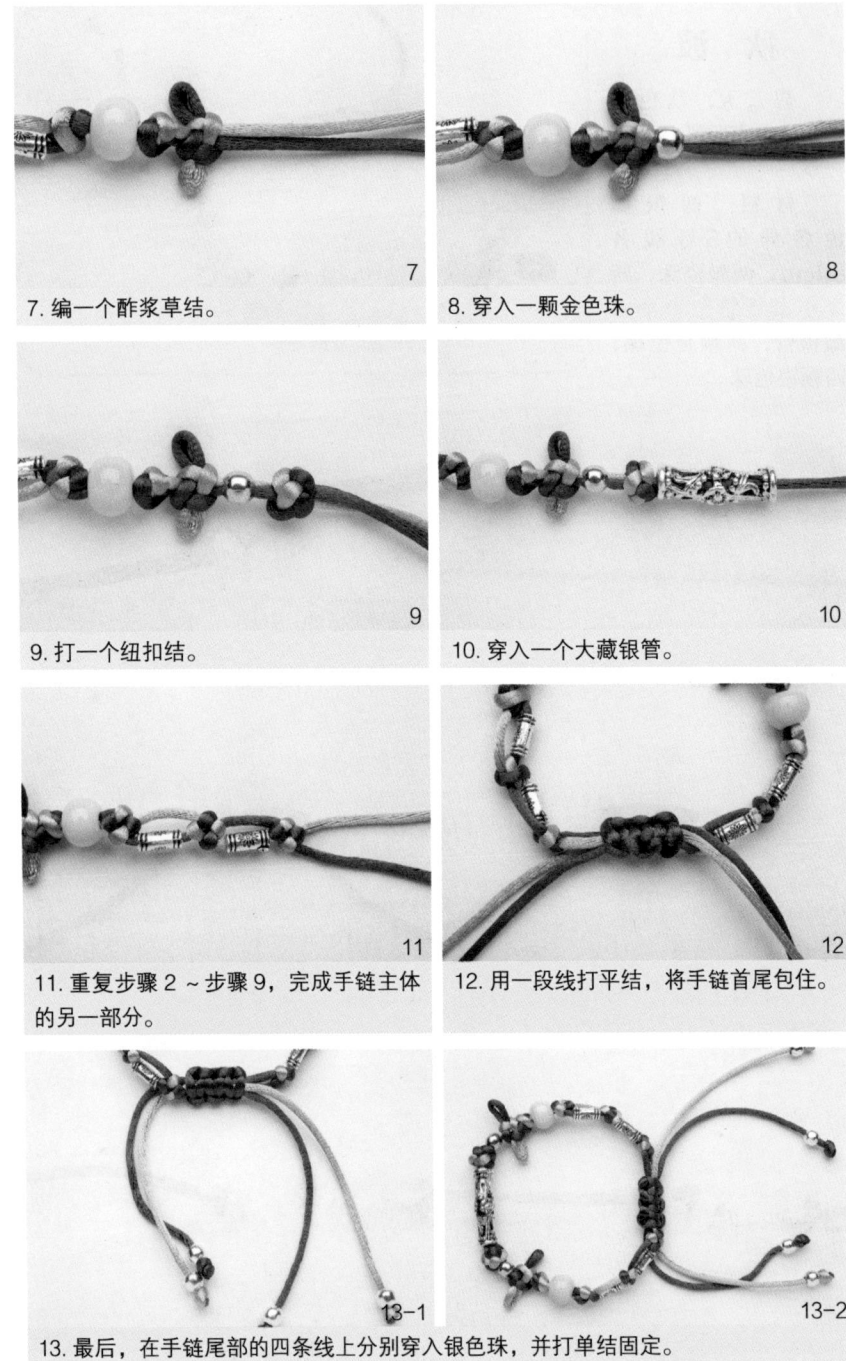

7. 编一个酢浆草结。

8. 穿入一颗金色珠。

9. 打一个纽扣结。

10. 穿入一个大藏银管。

11. 重复步骤 2～步骤 9，完成手链主体的另一部分。

12. 用一段线打平结，将手链首尾包住。

13. 最后，在手链尾部的四条线上分别穿入银色珠，并打单结固定。

三生缘

三生缘起，前生的擦身，今生的眷恋，来生的承诺，长风中飘不散的缘尽缘续……

材料： 三根玉线，一个串珠，六种不同颜色股线。

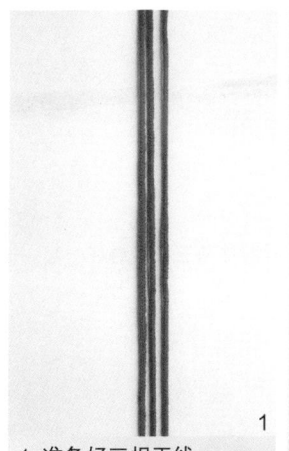

1. 准备好三根玉线。

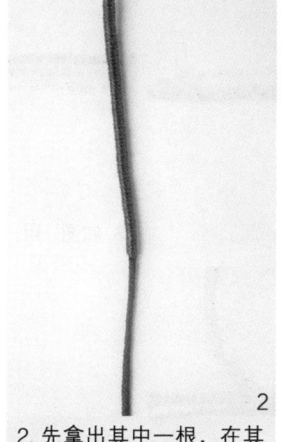

2. 先拿出其中一根，在其上缠绕一段股线。

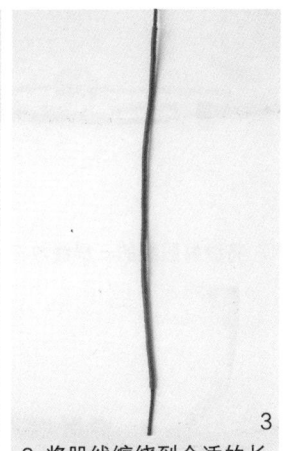

3. 将股线缠绕到合适的长度即可。

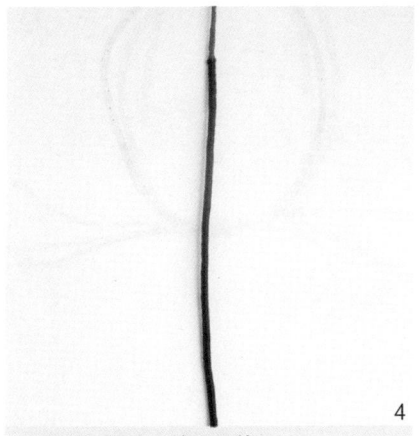

4. 再取一根线，缠上股线。

5. 取出第三根线，在其上穿入一颗串珠。

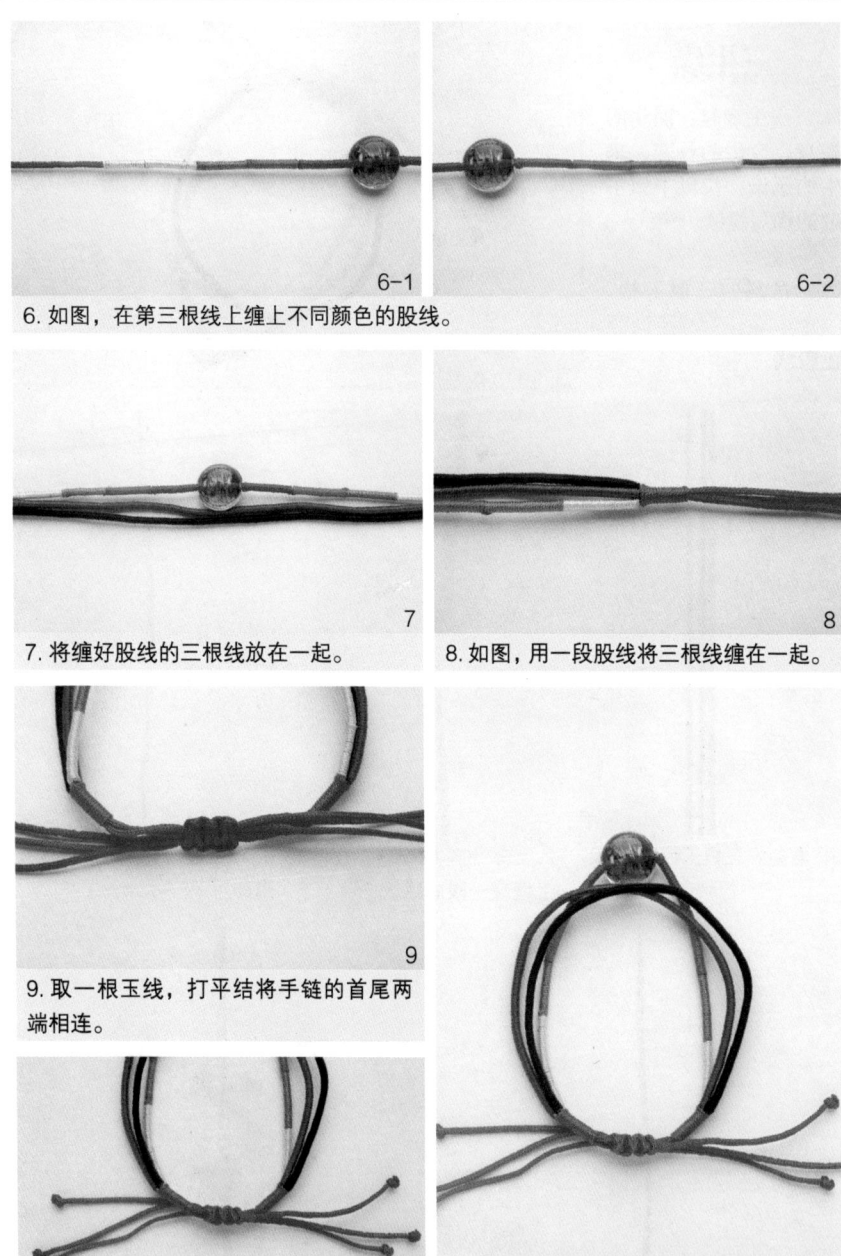

6-1

6-2

6. 如图，在第三根线上缠上不同颜色的股线。

7

7. 将缠好股线的三根线放在一起。

8

8. 如图，用一段股线将三根线缠在一起。

9

9. 取一根玉线，打平结将手链的首尾两端相连。

10-1

10-2

10. 最后，在每根线的尾端打单结即可。

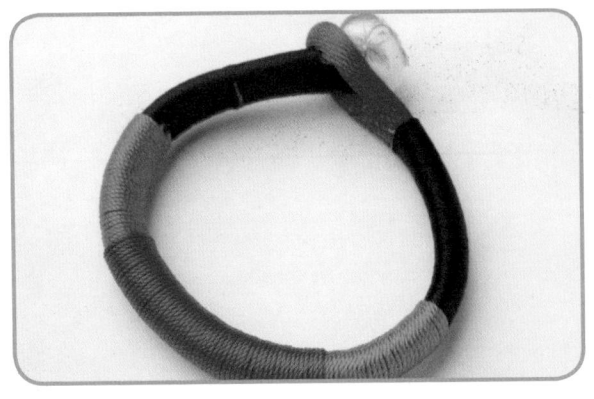

静 候

驿动的心默守在天
涯，相约的日子在静候
中沉淀成梦。

材料：一根60cm
的3号线，三种不同颜
色股线，一颗瓷珠，双
面胶。

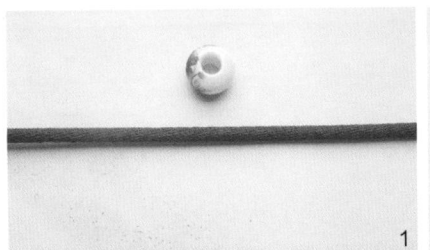

1．准备好线材和珠子。

2．将线对折，如图，用双面胶将两根线
粘住。

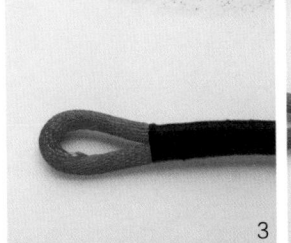

3．先缠上一层黑色股线。

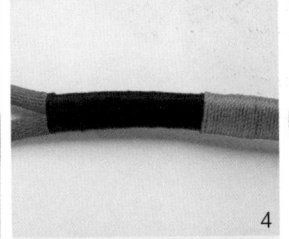

4．再在黑色股线中间缠上
一段蓝色股线。

5．再在蓝色股线中间缠上
一段红色股线。

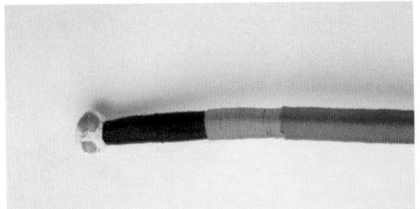

6．最后，将瓷珠穿在手链的末尾，烧黏即可。

古朴爱恋

我们的爱就是朴素、自然、纯净到底。

材料: 两根 120cm 的 5 号线 (不同颜色为佳), 一个大藏银管, 四个小藏银管。

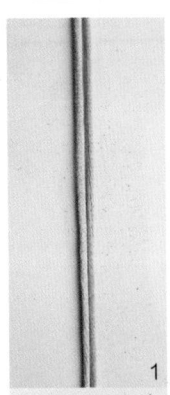

1. 将两根线并排摆放。

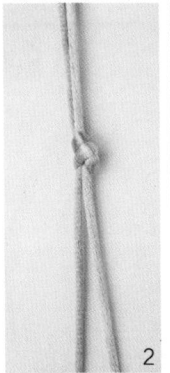

2. 在距线头一段长度的位置打一个单结。

3. 两根线交叉编雀头结。

4. 编到一半后穿入一个大藏银管。

5. 继续编织雀头结。

6. 编到最后,打一个单结作为结尾。

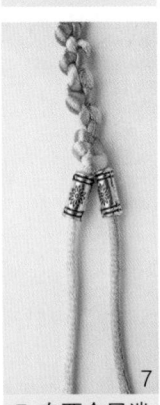

7. 在两个尾端的线上各穿入一个小藏银管。

8. 最后, 用一段线打平结, 将手链的首尾相连。

第四章

项链篇

君 影

你微微地笑着，不同我说什么话。而我觉得，为了这个，我已等待很久。

材料：两根玉线，五颗高温结晶珠，一个挂坠。

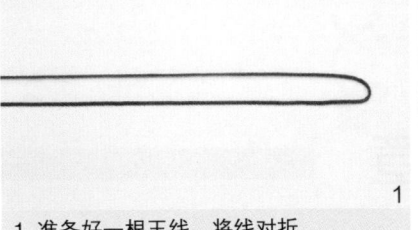

1

1. 准备好一根玉线，将线对折。

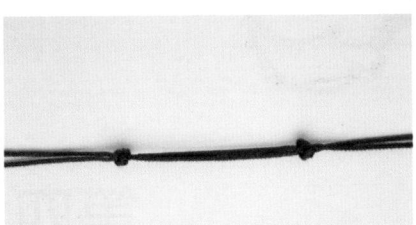

2

2. 在线的中心位置留出一段距离，分别打两个单结。

3

3. 打好单结后，在单结的外侧开始编金刚结，注意对称。

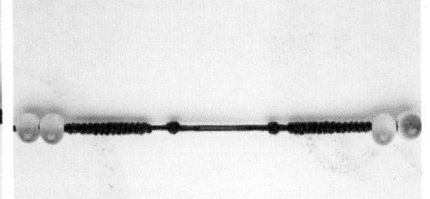

4

4. 编好金刚结后，分别在两侧穿入两个高温结晶珠。

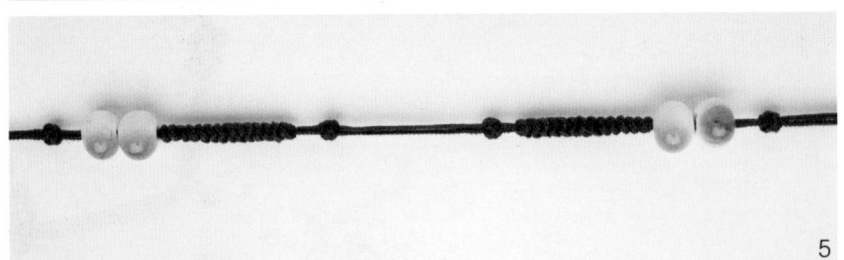

5

5. 穿好珠子后，分别在两侧打单结固定。

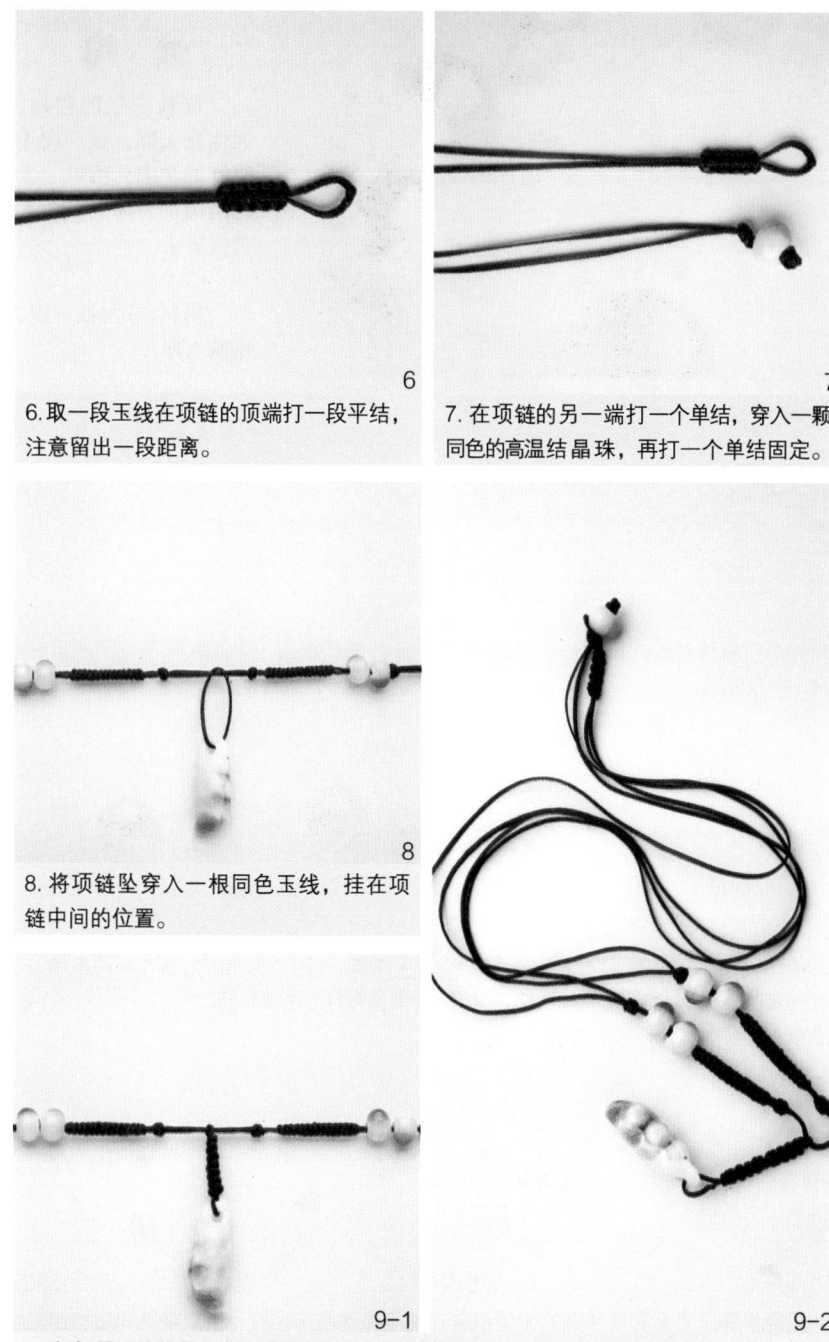

6. 取一段玉线在项链的顶端打一段平结，注意留出一段距离。

7. 在项链的另一端打一个单结，穿入一颗同色的高温结晶珠，再打一个单结固定。

8. 将项链坠穿入一根同色玉线，挂在项链中间的位置。

9. 在穿项链坠的线上打一段平结，用以固定即可。

缠 绵

以我一生的碧血，
为你在天际，染一次无
限好的夕阳；再以一生
的清泪，为你下一场大
雪白茫茫。

材料：5号线一根，
串珠六颗。

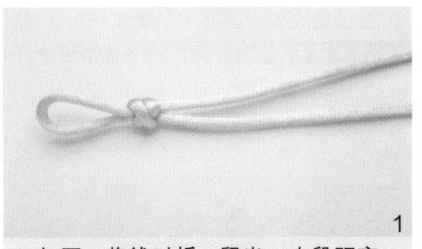

1

1. 如图，将线对折，留出一小段距离，打一个双联结。

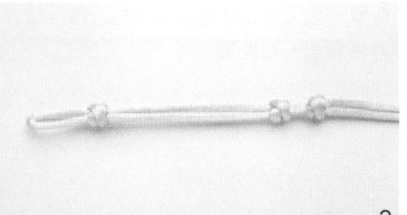

2

2. 如图，在第一个双联结下方预留出一定的空余，之后连续打两个双联结。

3

3. 如图，在第二、第三个双联结下方留出一定的空余，再打一个双联结，并单线穿入一颗串珠，打双联结固定。

4

4. 如图，打一个纽扣结，穿入一颗串珠，接着再打一个纽扣结。

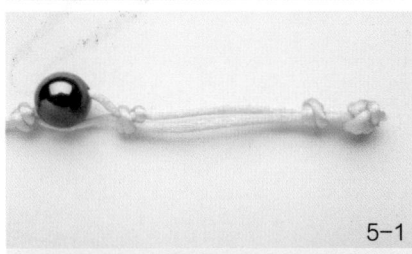

5-1

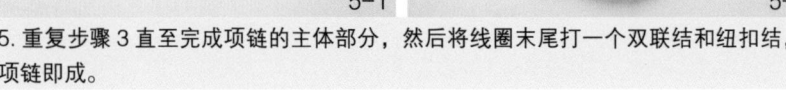

5-2

5. 重复步骤3直至完成项链的主体部分，然后将线圈末尾打一个双联结和纽扣结，项链即成。

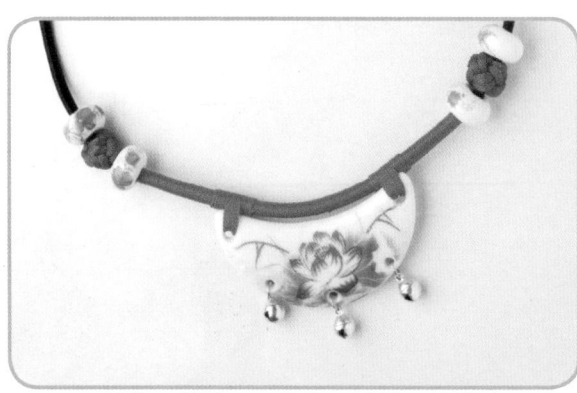

在水一方

绿草苍苍，白雾茫茫，有位佳人，在水一方。

材料：三根6号线，两种不同颜色股线，五颗瓷珠，一个瓷片挂坠，三个铃铛。

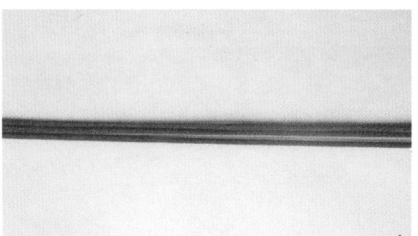

1. 拿出准备好的三根6号线。

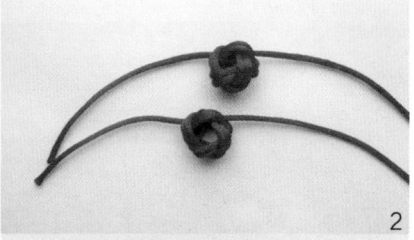

2. 用两根线编两个菠萝结。

3. 取出另一根线，在中心处对折，留出一小段距离，并在其上缠绕一段股线，将两根线完全包裹。

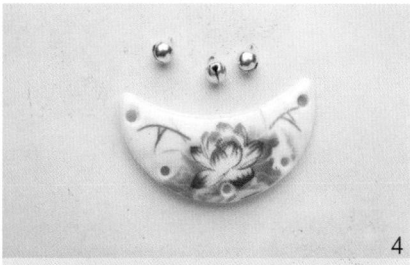

4. 拿出瓷片和铃铛。

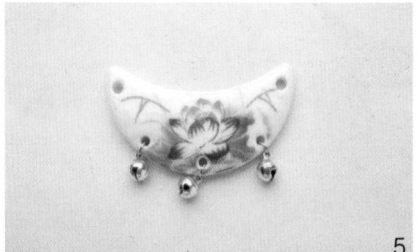

5. 将铃铛穿入瓷片下方的三个孔内。

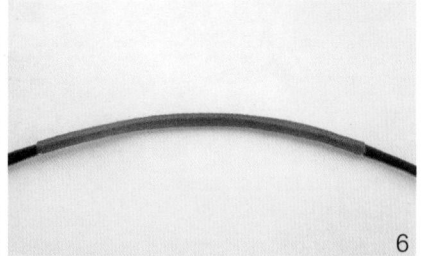

6. 在项链的中心处缠绕另一种颜色的股线。

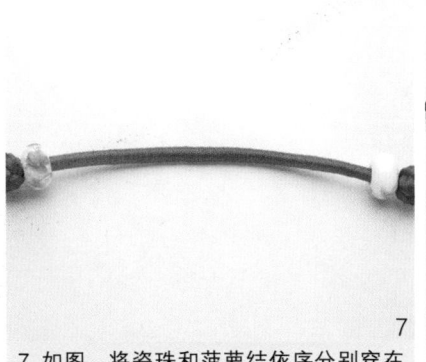

7

8

7. 如图，将瓷珠和菠萝结依序分别穿在项链上。

8. 用同色的股线将穿好铃铛的瓷片缠绕到项链的中央。

9

9. 如图，在两端分别再穿入一颗瓷珠。

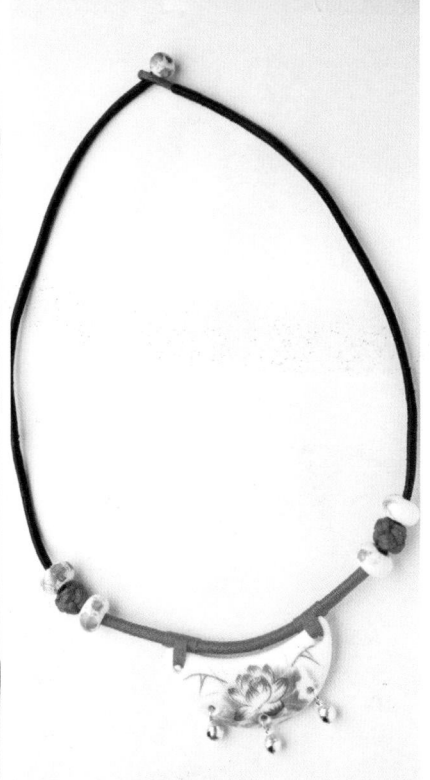

10-1

10-2

10. 最后，在项链的一端穿入一颗瓷珠即成。

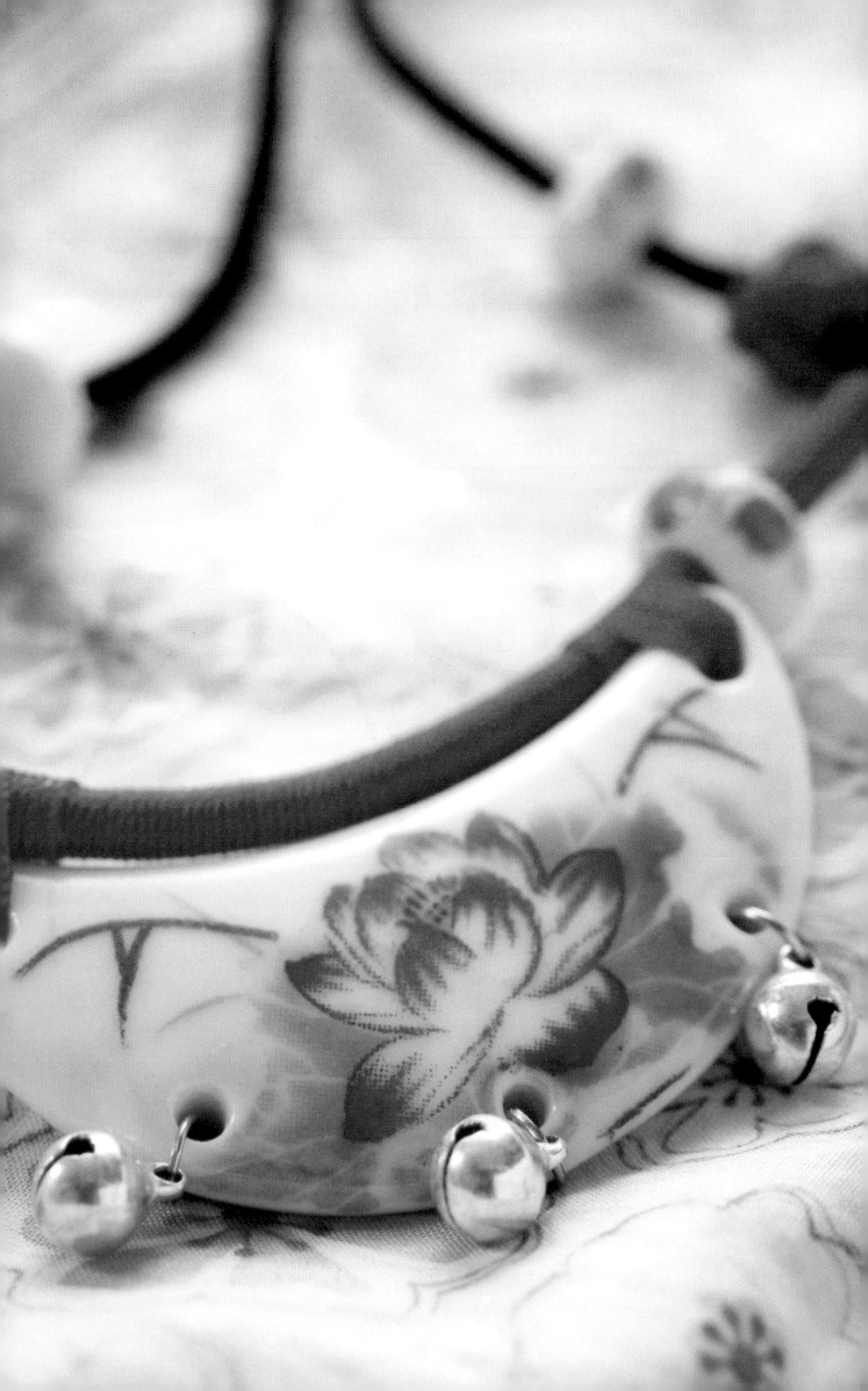

飘 落

翠水东流江川泛波，怎敌西风卷帘的世界里，落叶飘飞。

材料：两根5号线，一根50cm，一根220cm，四颗大珠子，四颗小珠子。

1. 准备好两根5号线。

2. 如图，先用其中一根线对折后打一个蛇结。

3. 穿入一颗大珠，接着打金刚结。

4. 打一段金刚结后，再穿入一颗大珠，继续打金刚结。

5. 用另一根线打一个吉祥结。

6

7

6. 将吉祥结下方多余的线头剪去，用打火机烧连成一个圈。

7. 如图，将吉祥结的一端穿入项链中。

8

9

8. 另取一段线，如图中所示，在吉祥结上端的耳翼上打一段平结，将其固定。这时项链主体部分的一半就完成了。

9. 接下来，继续打一段金刚结，穿珠，再打一段金刚结，穿珠，并打蛇结作为结尾。

10

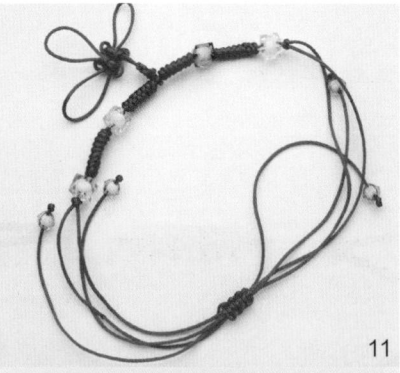

11

10. 另取一段线，打平结，将项链的首尾包住。

11. 最后，在线的尾端各穿入一颗小珠，烧黏即成。

绽 放

　许多时候，一朵矜持的花，总是注定无法开上一杆沉默的枝桠。

　材料：一个牡丹花瓷片，两颗瓷珠，双面胶，两根 150cm 的蜡绳，一段玉线。

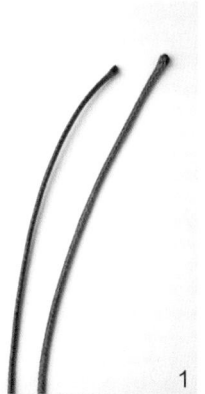

1

1. 准备好两根线。

2

2. 如图，将两根线分别穿入瓷片上端的两个孔内。

3

3. 如图，用双面胶将两个线头粘合在一起。

4

4. 在双面胶上缠上咖啡色玉线。

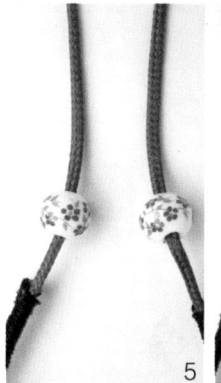

5

5. 在两根线上分别穿入一颗瓷珠。

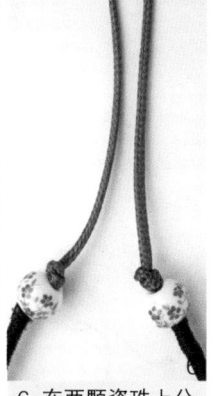

6

6. 在两颗瓷珠上分别打一个单结。

7-1

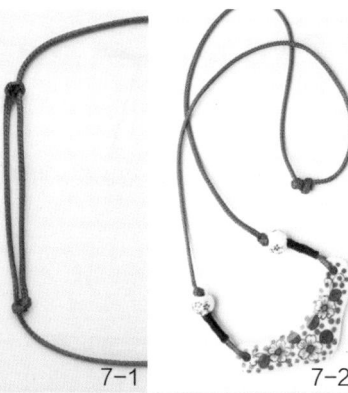

7-2

7. 两根线的末端互相打搭扣结即成。

山 水

心如止水，不动如山，而山水却偿世人一处处巍峨、清喜。

材料：一个山水瓷片，两颗扁形瓷珠，一根150cm的蜡绳，一根50cm的玉线。

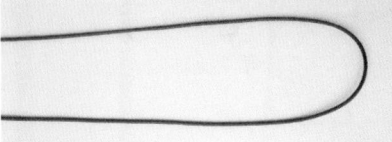

1. 将蜡绳对折。

2. 如图，在对折处，间隔5cm打两个单结。

3. 如图，在单结两侧分别穿入一颗扁形瓷珠。

4. 如图，在珠子两侧分别打一个单结，将瓷珠固定。

5. 在蜡绳中心处缠上双面胶，并用玉线缠绕。

6. 缠至2cm处，将山水瓷片穿入，继续缠绕。

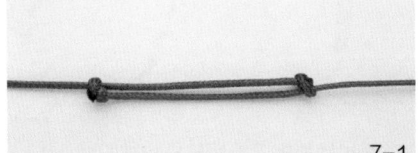

7. 最后，蜡绳两端互相打搭扣结，使其相连即可。

宽 心

春有百花秋有月，夏有凉风冬有雪。若无闲事挂心头，便是人间好时节。

材料： 一个小铁环，一个玉佛挂坠，两根 120cm 的玉线。

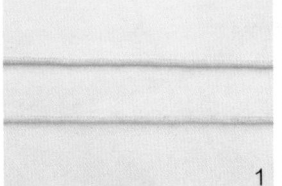

1. 将两根线准备好。

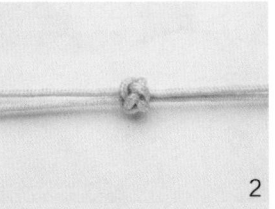

2. 先在中间部位打一个纽扣结。

3. 间隔 3cm 处，再打一个纽扣结。

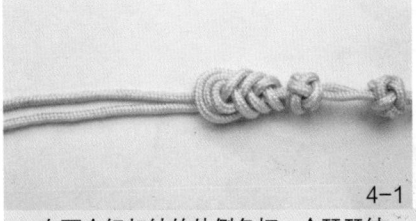

4-1

4-2

4. 在两个纽扣结的外侧各打一个琵琶结。

5

5. 将用铁环穿好的玉佛挂坠挂在两个纽扣结中间。

6

6. 最后，两个尾端的线互相打单结，使得项链两端连结即可。

春光复苏

今年的花开了，复苏了春光，却苍老了岁月，只留下匆匆的痕迹。

材料：四个青花瓷珠，一个瓷花，两根170cm的7号线。

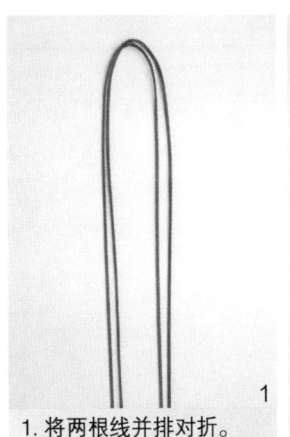

1.将两根线并排对折。

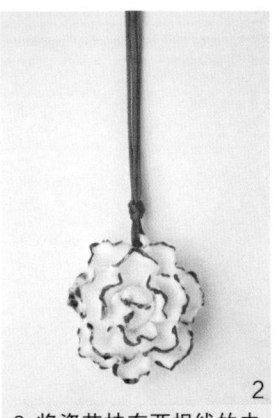

2.将瓷花挂在两根线的中央，并打双联结固定。

3.再打一个双联结后，如图，每两根线上穿入一颗瓷珠。

4.分别打单结，将瓷珠固定好。

5.每组线对称各打一个竖向双联结。

6.再对称各打一个竖向双联结。

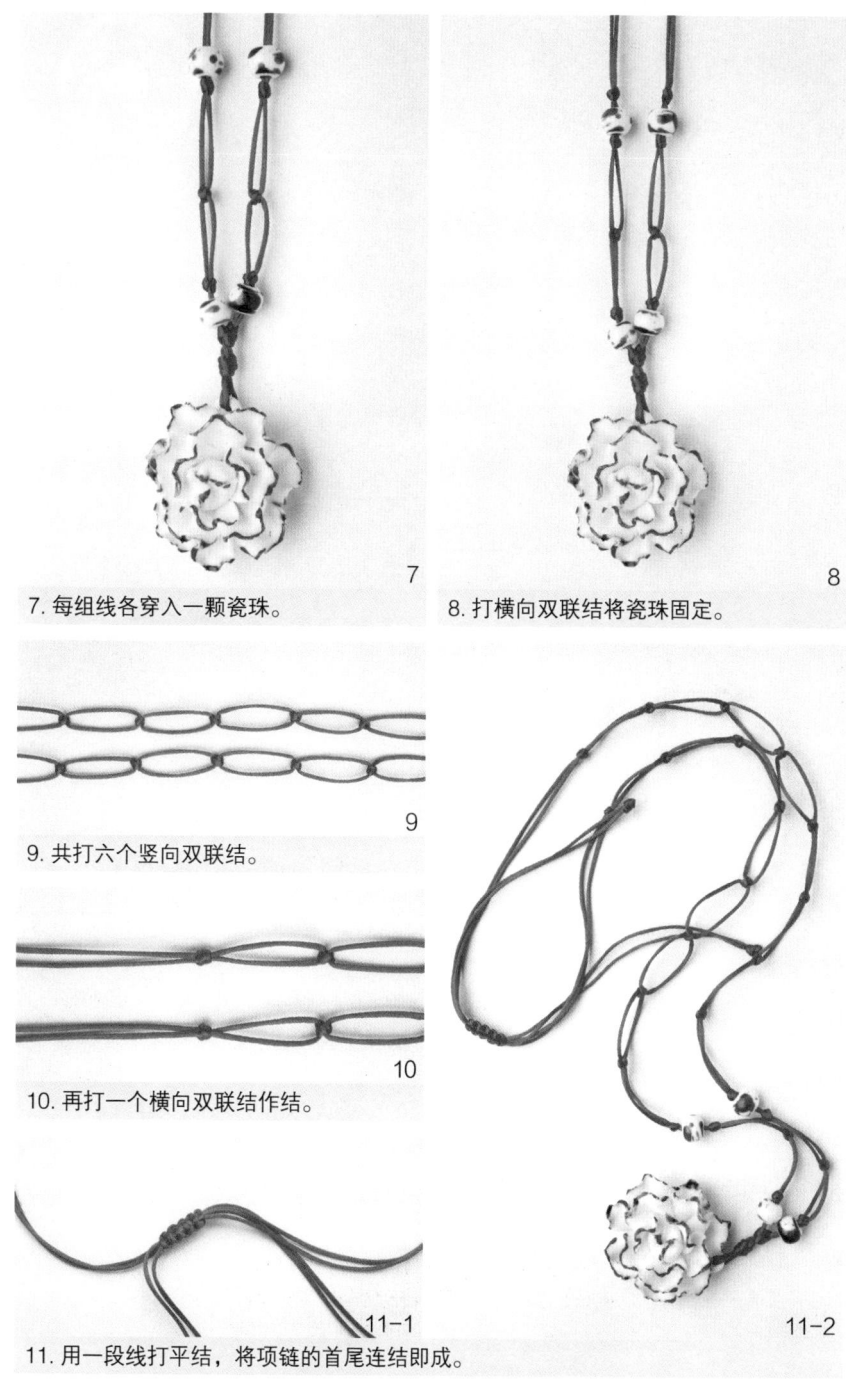

7. 每组线各穿入一颗瓷珠。

8. 打横向双联结将瓷珠固定。

9. 共打六个竖向双联结。

10. 再打一个横向双联结作结。

11. 用一段线打平结，将项链的首尾连结即成。

7

8

9

10

11-1

11-2

沙 漏

时光的沙漏，漏得了光阴，却漏不掉过往。

材料：一根60cm的皮绳，一个瓷片挂坠，一个龙虾扣，一条铁环链子，两个金属头。

1. 准备好一根皮绳。

2. 将瓷片挂坠穿入皮绳的中央。

3. 将铁链和龙虾扣分别穿入金属头内，再用钳子将两个金属头扣入皮绳的两端。

4. 最后，将龙虾扣扣入铁环中即成。

平 安

别离的渡口有一艘温暖的航船，默默地念着：祝你平安。

材料：一根5号线，一根玉线，一段股线，一颗瓷珠，一颗木珠。

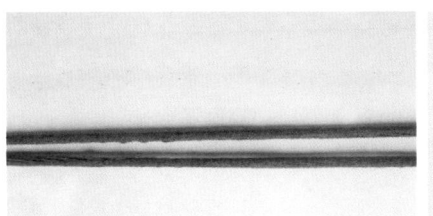

1. 将5号线对折。

2. 对折后，留出一小段距离，在其上缠绕一段股线。

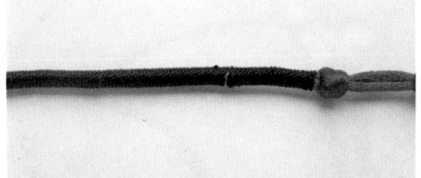

3. 然后打一个双联结。

4. 再用玉线在5号线上打一段单向平结。

5. 再打一个双联结，并穿入一颗木珠。至此，项链主体部分的一半就完成了。

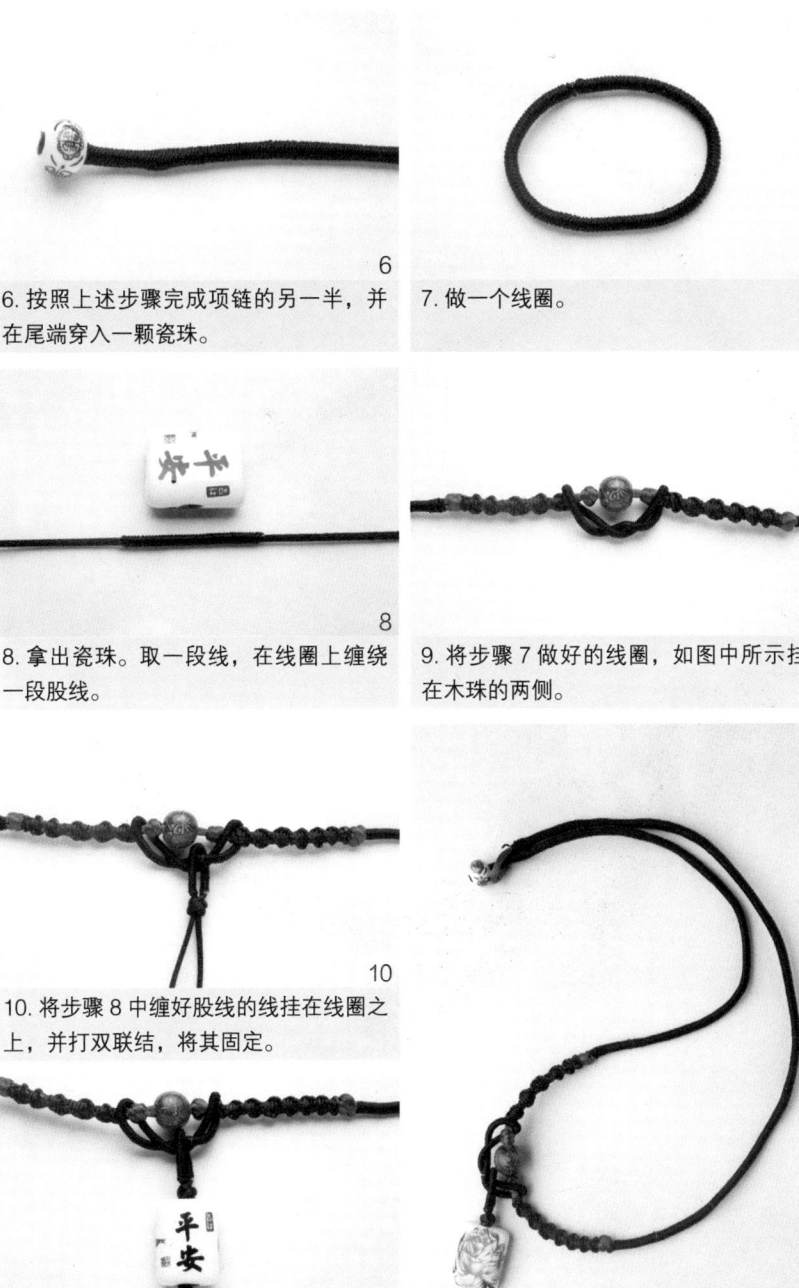

6

6. 按照上述步骤完成项链的另一半，并在尾端穿入一颗瓷珠。

7

7. 做一个线圈。

8

8. 拿出瓷珠。取一段线，在线圈上缠绕一段股线。

9

9. 将步骤 7 做好的线圈，如图中所示挂在木珠的两侧。

10

10. 将步骤 8 中缠好股线的线挂在线圈之上，并打双联结，将其固定。

11-1

11-2

11. 最后，将瓷珠穿入线的下方即可。

渡 口

　　遥忆渡口处的幽诉琴音，低转缠绵，情绪里不自觉地染上了几分低沉的愁思。

　　材料：九颗高温结晶珠，一根 250cm 的璎珞线。

1. 将准备好的璎珞线取出。

2. 对折后，留出一小段距离，连续打两个蛇结。

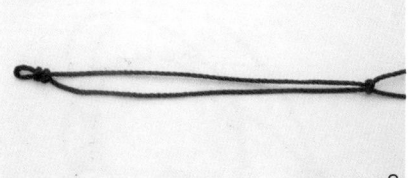

3. 在相隔 30cm 处再打一个蛇结。

4. 如图，在蛇结下方穿入一颗瓷珠。

5. 再打两个连续的蛇结。

6. 再打一个双钱结。

7

7. 继续打双钱结，共打四个双钱结，并在下方的一根线上穿入一颗高温结晶珠。

8

8. 打一个双钱结，再在同一根线上穿入一颗高温结晶珠。重复此步骤，共穿入六颗结晶珠。

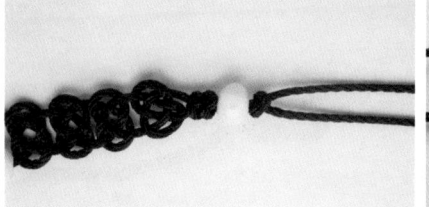

9

9. 右边同样连打四个双钱结，打一个蛇结，穿入一颗结晶珠，再打一个蛇结，项链的主体部分就完成了。

10

10. 在相隔30cm处，打两个蛇结。

11

11. 穿入一颗结晶珠。

12-2

12-1

12. 再打一个蛇结。最后将多余的线头剪去，烧黏即可。

天 真

我喜欢你如同孩子般的天真，却心痛永远得不到你。

材料：一根 60cm 的 3 号线，一颗瓷珠，三种不同颜色股线。

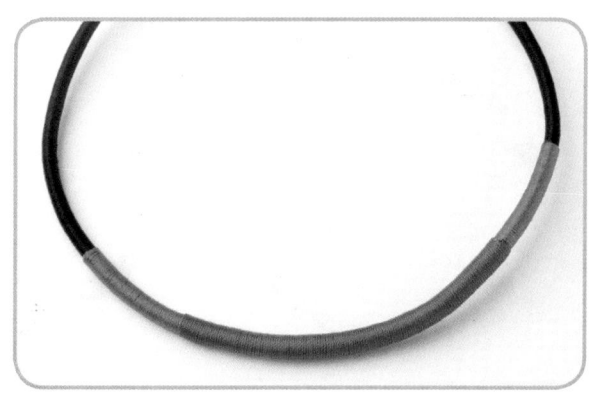

1. 将材料准备好。

2. 在线的一端穿入瓷珠，并将其烧黏固定。

3. 先在线上缠绕一层黑色股线。

4. 缠绕到另一端时，记得弯成一个圈。

5. 再缠上一段蓝色股线。

6. 最后再缠上一层红色股线即成。

望 舒

苍穹之上有月初露，名曰望舒，普降月华于四野，母仪众星，彰显大爱。

材料：四颗瓷珠，一根 160cm 的玉线。

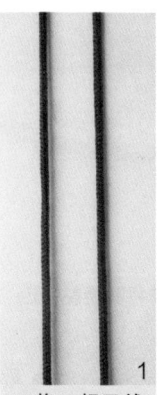

1. 将一根玉线对折成两根。

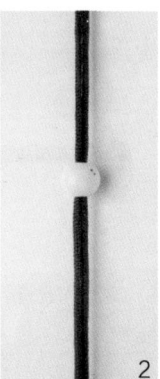

2. 将一颗瓷珠穿入两根线的中央。

3. 在瓷珠的左右两侧分别打蛇结。

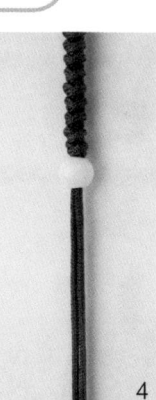

4. 结打到合适的长度后，再穿入一颗瓷珠。

5. 再继续打蛇结。

6. 在另一边也穿入一颗瓷珠，再打蛇结。

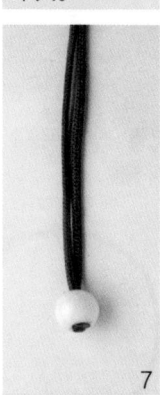

7. 项链主体编好后，在一端穿入一颗瓷珠。

8. 如图，在另一端打一个蛇结，相隔 1cm 再打一个蛇结即可。

清　欢

温一盏清茶，看着那被风干的青叶片在水里一片片展露开来，仿佛温暖的手掌。

材料：五根玉线，一段股线，一个胶圈，四颗绿松石。

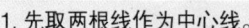

1

1. 先取两根线作为中心线。

2

2. 再取一根线，穿入绿松石，并穿入胶圈内，然后在其上打雀头结。

3

3. 打雀头结直到将胶圈完全包住，注意多余的线头不要剪去，项链坠就做好了。

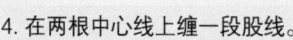

4

4. 在两根中心线上缠一段股线。

5

5. 在缠好的股线两端分别穿入一颗小绿松石。

6

7

6. 另取两根线分别在绿松石的外侧打单向平结。

7. 打完一段单向平结后，继续在中心线上缠股线。

8

9

8. 缠到中心线一端的末尾，穿入一颗绿松石，并烧黏固定。

9. 在中心线的另一端，缠完股线后，打一个双联结，相隔3cm处再打一个双联结。

10-1

10-2

10. 最后，将编好的项链坠挂在中间的股线之上，如图，另取一段玉线，在项链坠的上方打平结，将其固定即可。

铭 心

有一种情，淡如一盏茶，亦足以付此一生，铭刻于心。

材料：一颗大瓷珠，四颗小瓷珠，一根200cm的璎珞线。

1. 拿出准备好的璎珞线。

2. 将其对折后，在对折处打一个吉祥结。

3. 在吉祥结上方打一个蛇结。

4. 如图，将一颗瓷珠穿入，注意两根线要交叉穿入大瓷珠。

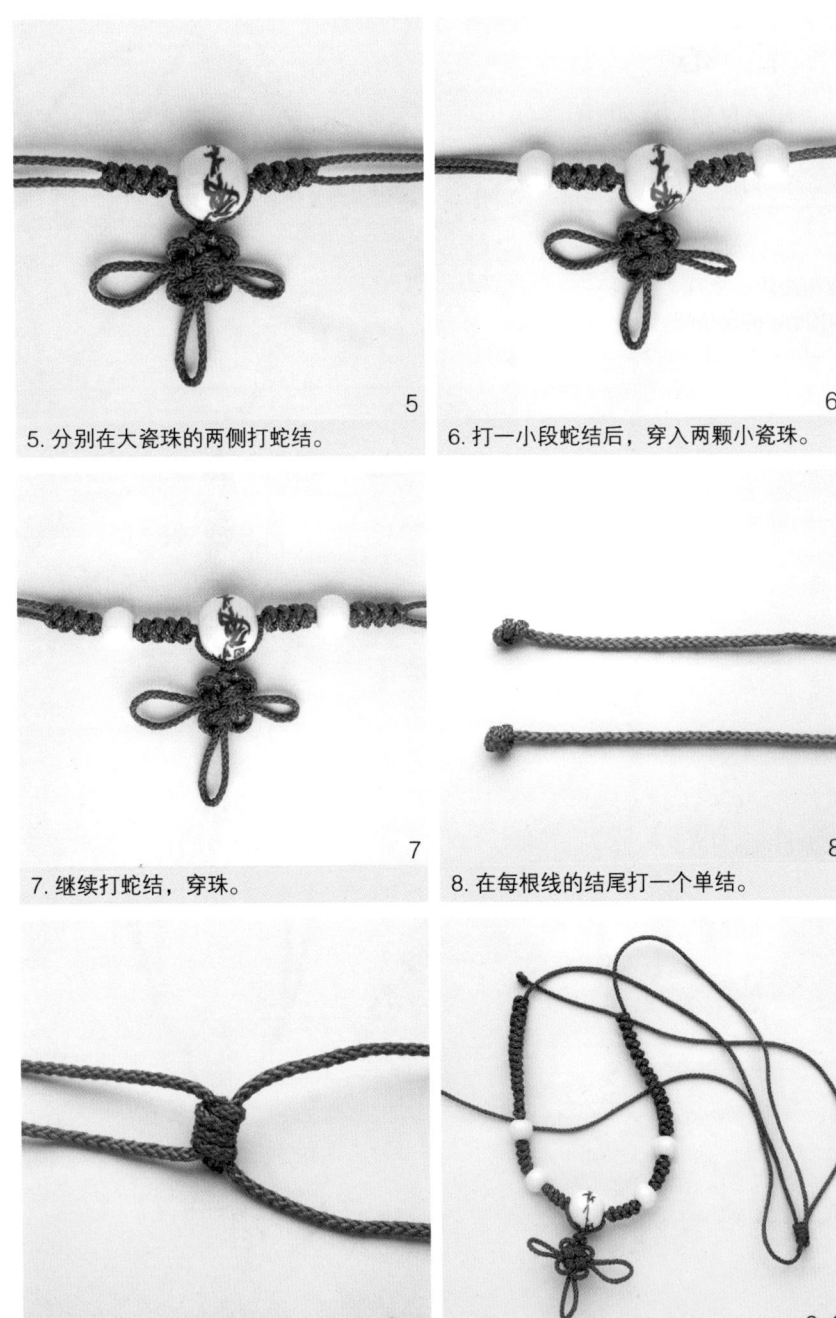

5. 分别在大瓷珠的两侧打蛇结。

6. 打一小段蛇结后，穿入两颗小瓷珠。

7. 继续打蛇结，穿珠。

8. 在每根线的结尾打一个单结。

9. 另取一段线，打一段秘鲁结将两根线包住，使项链的首尾相连即成。

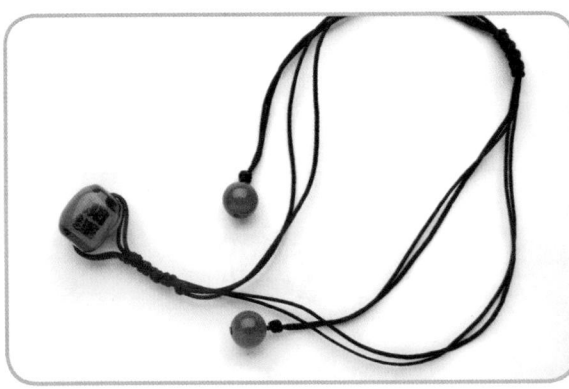

好运来

好运来，好运来，
祝你天天好运来。

材料：一颗瓷珠挂
坠，两颗小瓷珠，两根
120cm 的玉线。

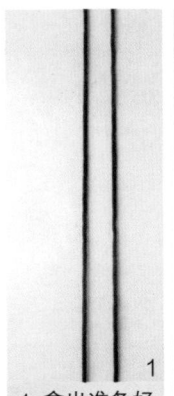

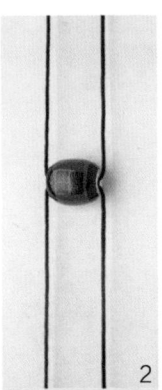

1. 拿出准备好的两根玉线。

2. 如图，交叉穿过瓷珠挂坠。

3. 分别在瓷珠的两侧打一个双联结。

4. 两端分别打三个结即可。

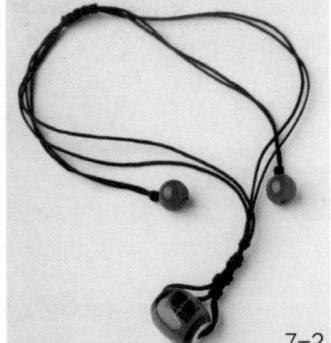

5. 如图，在结尾处打一个双联结。

6. 穿入一颗瓷珠，剪去线头，烧黏。

7. 最后，取一段玉线打平结，将两根线包住，使其首尾相连即可。

当 归

南飞的秋雁，寻着往时伊定的秋痕，一去不返。

材料：四颗瓷珠，两根 200cm 的玉线。

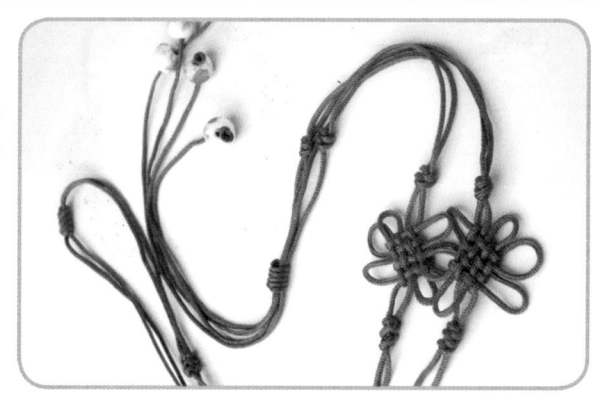

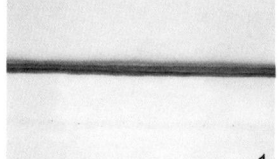

1. 将两根玉线并排摆放。

2. 在两根玉线的中心处打一段蛇结。在中心处的蛇结左右两边 10cm 处各打一段相同长度的蛇结。

3. 再次相隔 10cm 打蛇结。

4. 在蛇结下方编一个二回盘长结，再打蛇结固定。注意左右两边都要打结，使之相互对称。

5. 在四根线的尾端各穿入一颗瓷珠，并打单结固定。

6-1

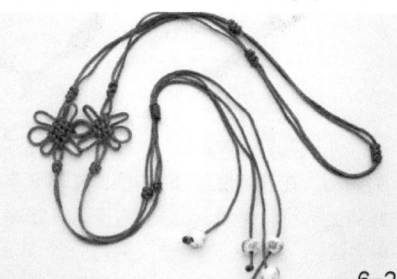
6-2

6. 最后，打一个秘鲁结，将项链的首尾两端相连即可。

惜 花

花若怜，落在谁的指尖；花若惜，断那三千痴缠。

材料：一个瓷片，两颗瓷珠，三个铃铛，一段股线，一根150cm的璎珞线。

1. 先拿出瓷片。

2. 将三个铃铛挂在瓷片的下方，并将璎珞线对折。

3. 在对折后的璎珞线中央粘上双面胶，并缠绕上一段股线。

4. 如图，将瓷片缠绕到线的中央。

5. 如图，在缠绕股线的上方打一个单8字结。

6. 如图，在单8字结上方穿入一颗瓷珠，再打一个单8字结。股线的另一边也作同样处理。

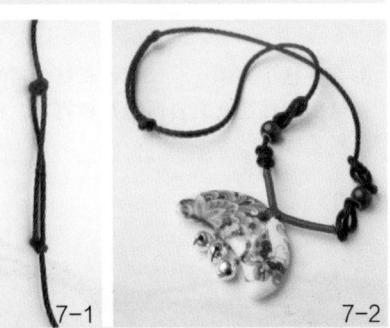

7. 最后，两根线分别在对方上打搭扣结，使两者相连即成。

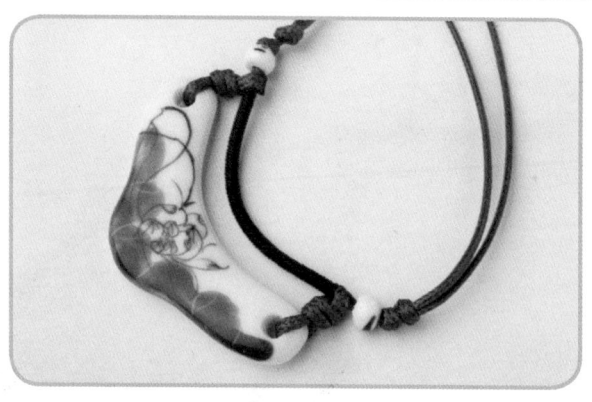

清 荷

滴绿的清荷荡曳在浅秋的风中，褪却了莲蕊的妖冶，面泛红霞。

材料：一段股线，两颗瓷珠，一个瓷片，一根 150cm 的蜡绳。

1. 将准备好的蜡绳在中心处对折。

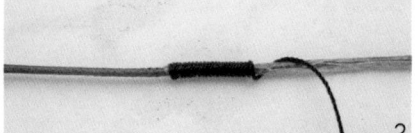

2. 在中心处粘上双面胶，并缠绕上一段股线。

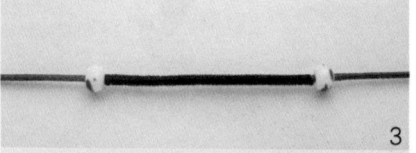

3. 在股线的两端各穿入一颗珠子。

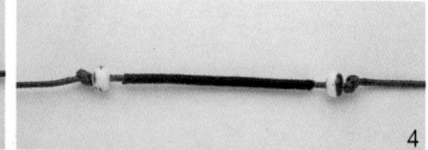

4. 打单结将珠子固定。

5. 将瓷片取出，如图中所示，取两段蜡绳穿入瓷片上方的两个孔中。

6. 如图，将腊绳系在缠绕好的股线上。

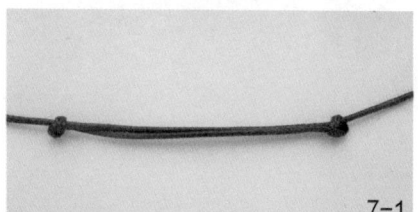

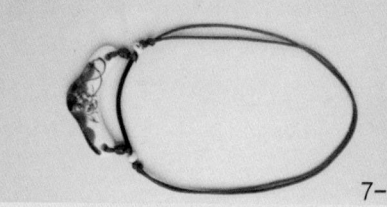

7. 最后，两根线分别在对方上打搭扣结，使项链两端相连即可。

墨　莲

水墨莲香，不求朝夕相伴，唯愿缱绻三生。

材料：两颗瓷珠，一个瓷片挂坠，一根100cm的蜡绳，一根15cm的玉线，一段股线。

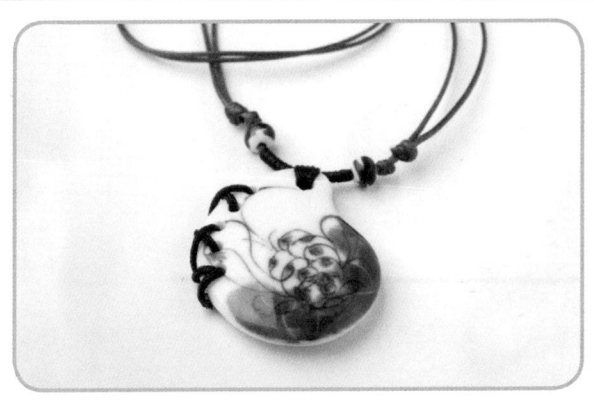

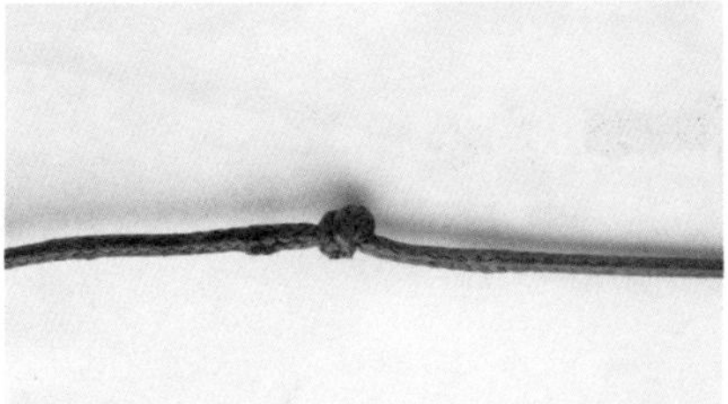

1

1. 先拿出准备好的蜡绳。在蜡绳的中间偏右方打一个单结。

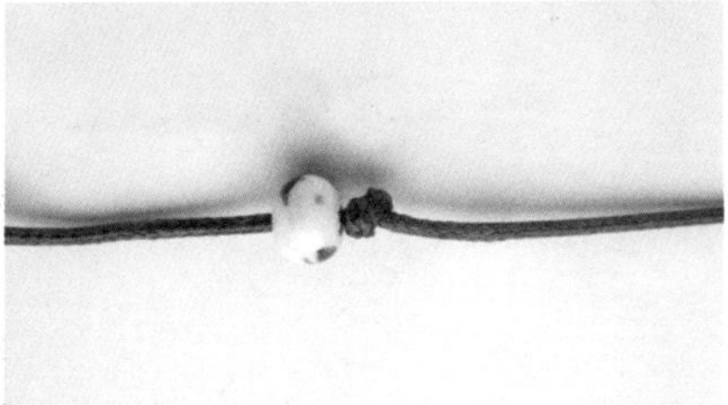

2

2. 穿入一颗瓷珠。

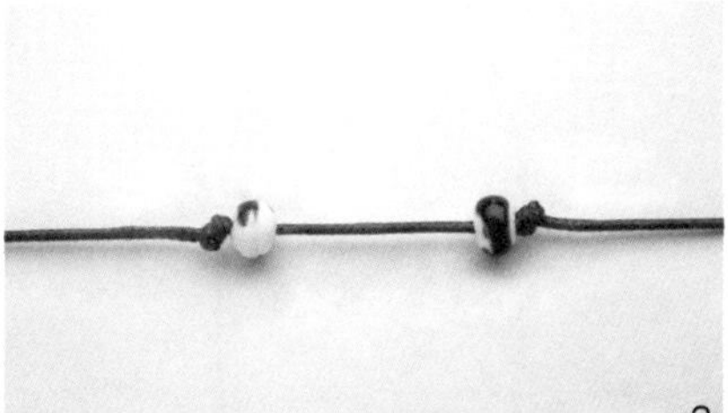

3

3. 留出4cm的位置，在另一侧同样穿入一颗瓷珠，打一个单结。

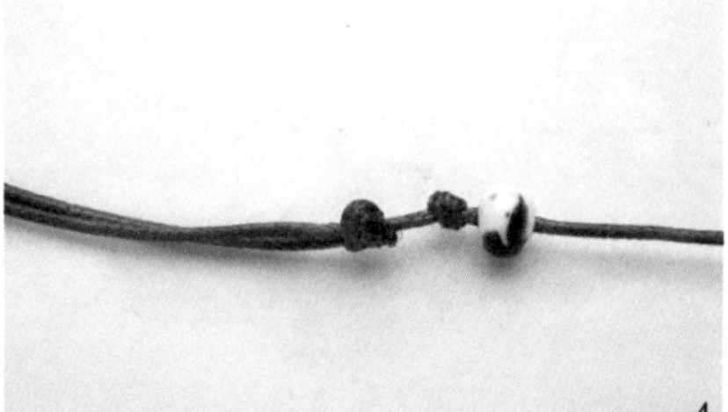

4

4. 蜡绳的一端在另一端上打一个搭扣结。

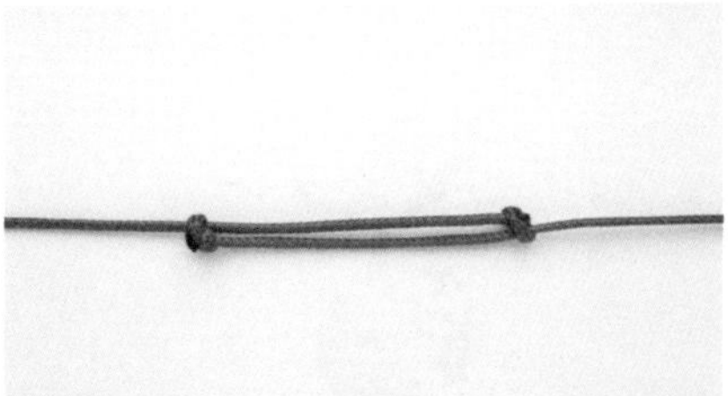

5-1

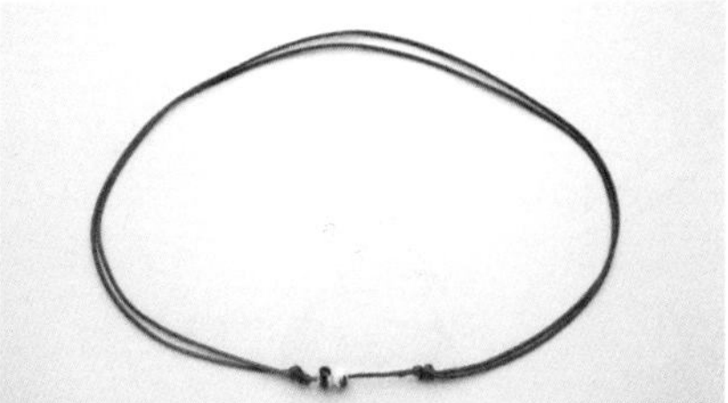

5-2

5. 蜡绳的两端分别在对方上打搭扣结，使得两端相连成圈。

6

6. 拿出准备好的瓷片和玉线。

7

7. 如图，将玉线缠绕在瓷片上。

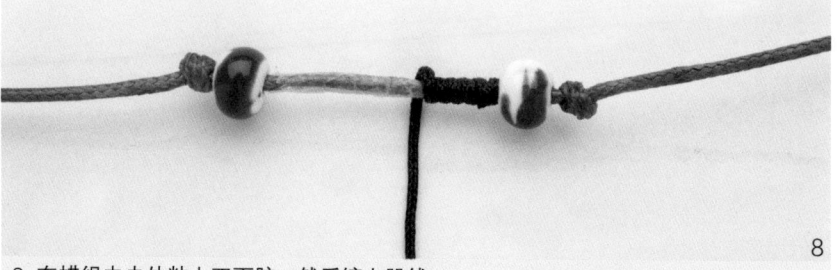

8

8. 在蜡绳中央处粘上双面胶，然后缠上股线。

9

9. 股线缠到三分之一处时将瓷片穿入，继续缠绕股线。

10-1

10. 将股线全部缠完即可。

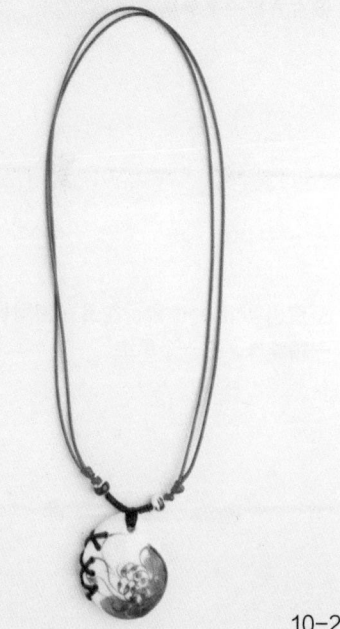

10-2

繁　华

佛曰：三千繁华，弹指刹那，百年过后，不过一抔黄沙。

材料：一段股线，一块饰带，一颗瓷珠，一根100cm的5号线。

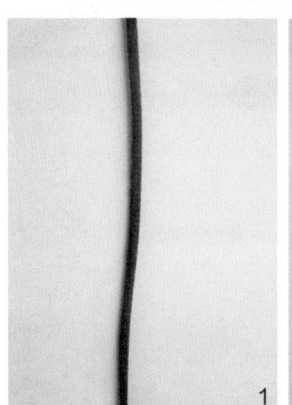

1

1. 准备好一根5号线。

2

2. 将线对折，留出一小段距离，在对折处打一个双联结。

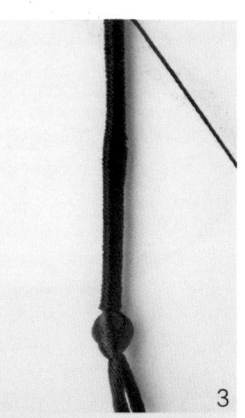

3

3. 如图，在对折后的两根线上缠股线。

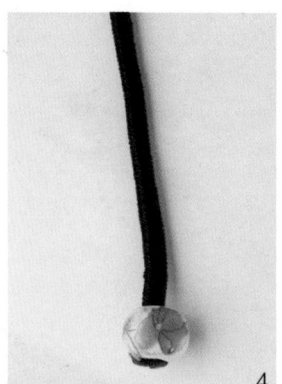

4

4. 缠到末尾时，穿入一颗瓷珠。

5-1

5-2

5. 最后，如图中所示，在项链的中间粘上一块饰带即可。

无 眠

夜凉如水，孤月独映，人无眠。

材料：一段股线，一个瓷花，一根160cm的玉线。

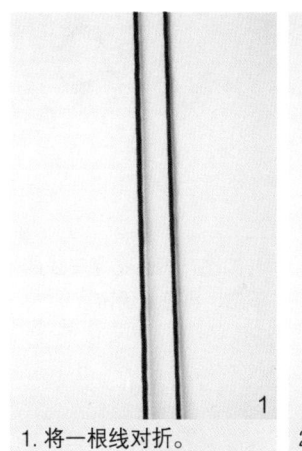

1. 将一根线对折。

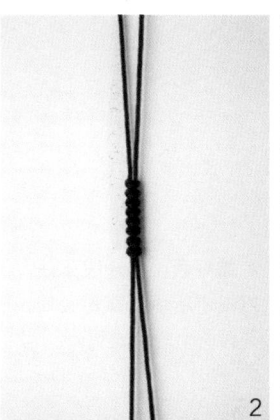

2. 对折后，在中心处开始编蛇结。

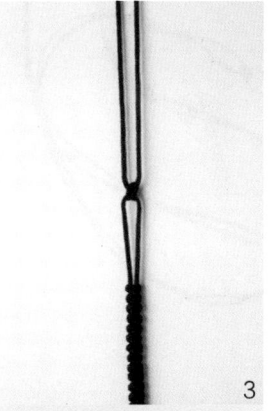

3. 编好一段蛇结后，打一个竖向双联结。

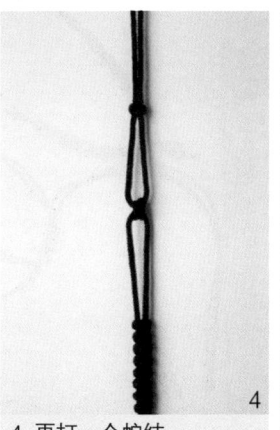

4. 再打一个蛇结。

5. 缠上一段股线。

6

7

8

6. 再打一个蛇结。此时项链的一半已经完成，按照相同步骤编制项链的另一半。

7. 编好后，取一段玉线，如图中所示挂在中心处，并打两个蛇结固定。

8. 如图，将瓷花穿在线的下方，再打结固定。

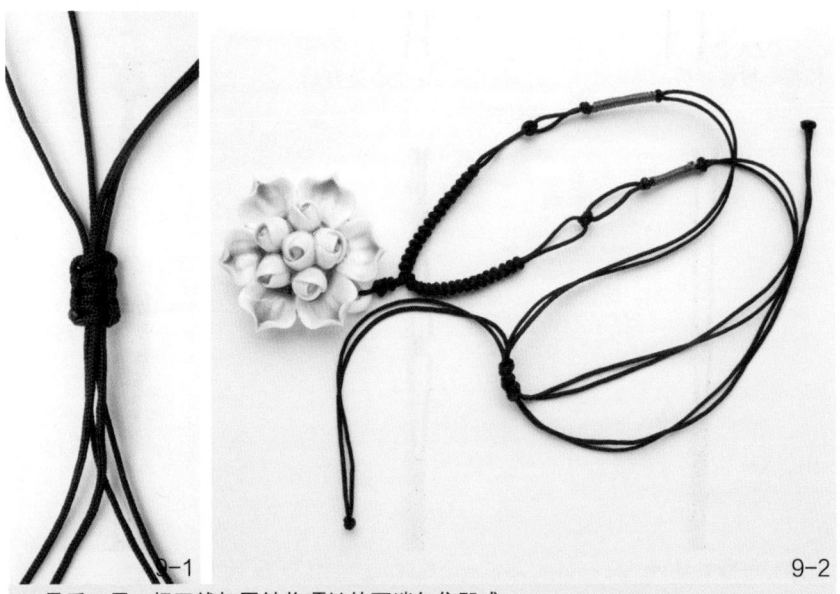

9-1

9-2

9. 最后，用一根玉线打平结将项链的两端包住即成。

琴声如诉

琴声中，任一颗心慢慢沉静下来，何惧浮躁世界滚滚红尘。

材料：一根60cm的璎珞线，四根30cm的玉线，一段股线，一个招福猫挂坠。

1

2

3

4

5

1. 先将一根璎珞线作为中心线。

2. 取两根玉线，将其粘在璎珞线的一端，在其连接处缠上一段股线。在璎珞线的另一端也作同样处理。

3. 接着用玉线打一个单结。

4. 在璎珞线的中心处偏上方，如图中所示缠上两段股线。在璎珞线的另一端，与其对称处同样缠上两段股线。

5. 取一根玉线，挂在璎珞线的中心处。

6

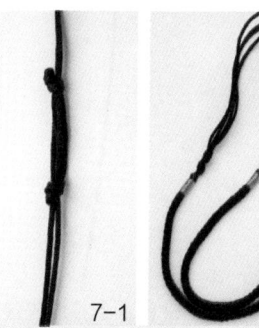

7-1

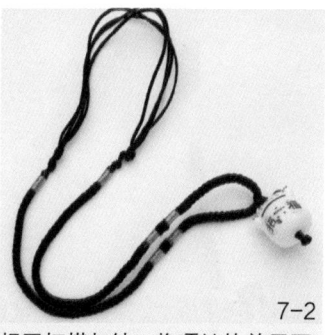

7-2

6. 将准备好的招福猫挂坠穿入挂在璎珞线中心处的玉线上。

7. 用结尾的玉线相互打搭扣结，将项链的首尾两端相连即成。

花如许

阅尽天涯离别苦，不道归来，零落花如许，不胜唏嘘。

材料： 两颗黑珠，一颗藏珠，两种颜色的股线，一根120cm的璎珞线，一根玉线。

1. 先拿出璎珞线。

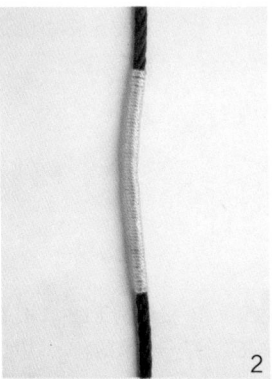

2. 在璎珞线的中心处缠绕一段股线。

3. 在缠好的股线左右两边相隔6cm处，缠上一段双面胶，分别缠绕股线。

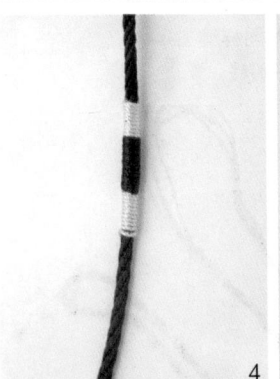

4. 按照图中所示，缠绕两小股股线。

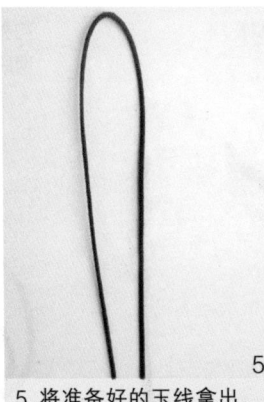

5. 将准备好的玉线拿出，并在中心处对折，开始做项链的坠子部分。

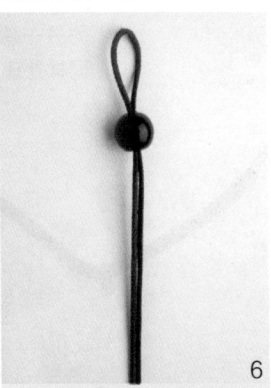

6. 如图，将一颗黑珠穿入。注意，要在对折处留出一个圈。

7

7. 再穿入藏珠。

8

8. 再穿入一颗黑珠。

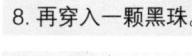

10-1

9

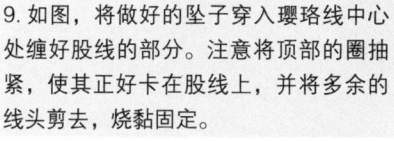

9. 如图，将做好的坠子穿入璎珞线中心处缠好股线的部分。注意将顶部的圈抽紧，使其正好卡在股线上，并将多余的线头剪去，烧黏固定。

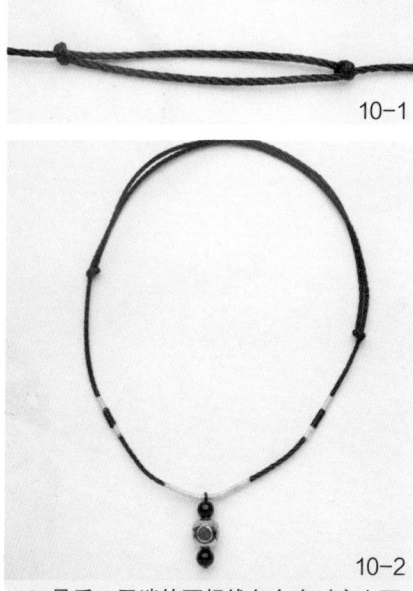

10-2

10. 最后，尾端的两根线各自在对方上面打搭扣结，使项链两端相连。

人之初

没有人能够一直单纯到底，但要记得，无论何时都不要忘了最初的自己。

材料：七颗方形瓷珠，一根300cm的璎珞线。

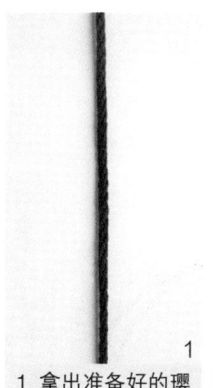

1

1.拿出准备好的璎珞线。

2

2.在中心处对折，然后在顶端打一个纽扣结。

3

3.在纽扣结上方穿入一颗方形瓷珠。

4

4.然后，再打一个纽扣结。

5

5.穿入一颗瓷珠，再打一个纽扣结，然后如图中所示将两根线交叉穿入一颗瓷珠中。

6

6.将两条线拉紧，项链的坠子部分就完成了。

7

7.如图，瓷珠左右两根线分别打一个单线纽扣结。

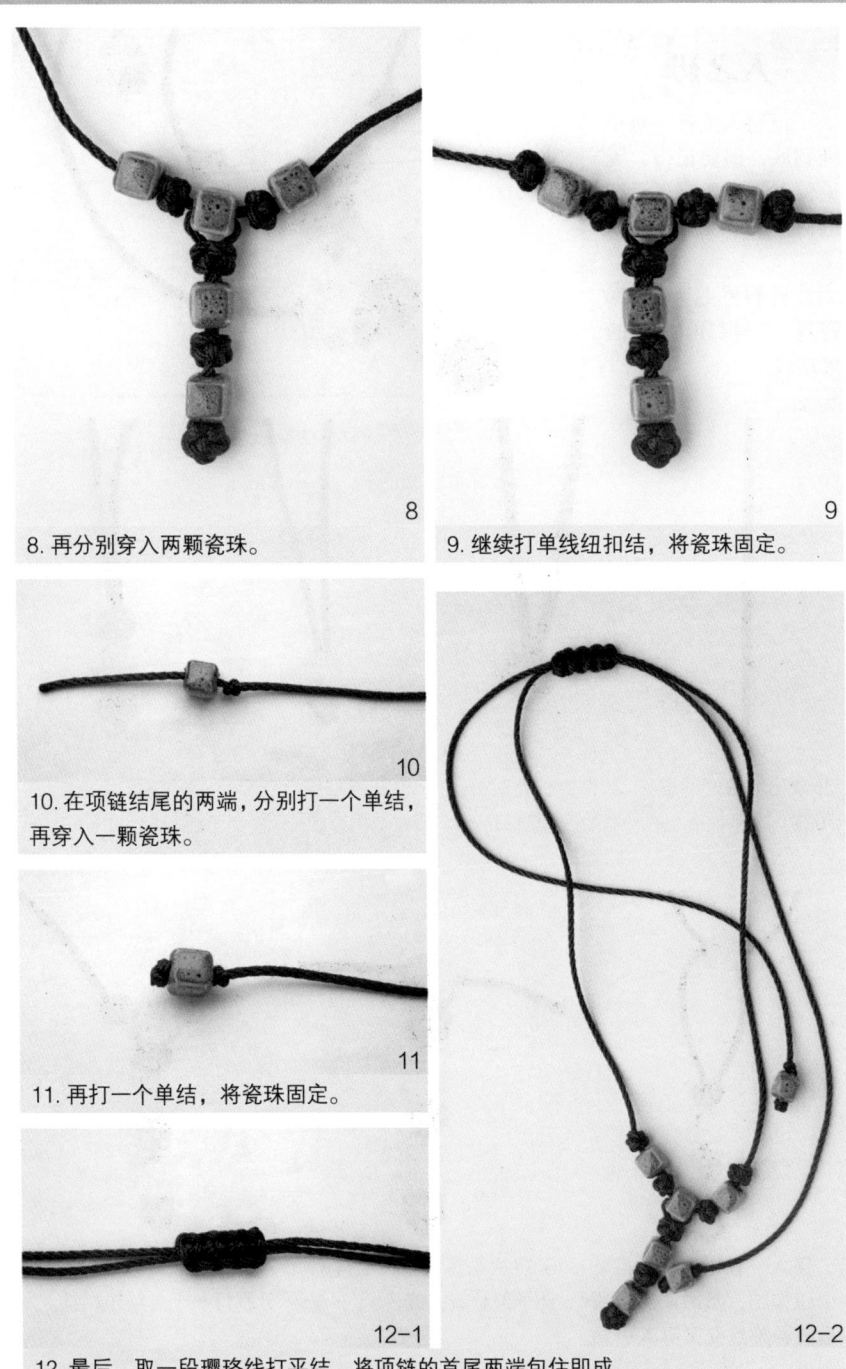

8

9

8. 再分别穿入两颗瓷珠。

9. 继续打单线纽扣结，将瓷珠固定。

10

10. 在项链结尾的两端，分别打一个单结，再穿入一颗瓷珠。

11

11. 再打一个单结，将瓷珠固定。

12-1

12-2

12. 最后，取一段璎珞线打平结，将项链的首尾两端包住即成。

温 柔

　　给你倾城的温柔，
祭我半世的流离。

　　材料：一个玫瑰弯
管，一根160cm的
玉线。

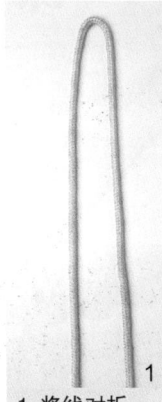

1. 将线对折。

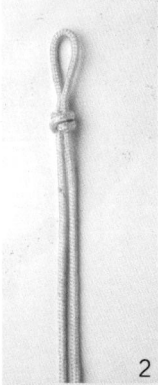

2. 留出一小段
距离，然后打
一个双联结。

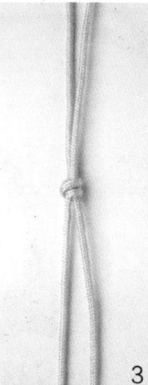

3. 在线的中心
处打双联结。

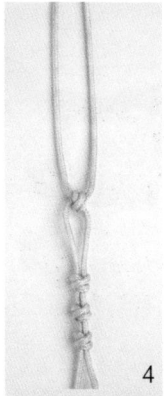

4. 连打三个双
联结，再打一个
竖向双联结。

5. 穿入一个玫
瑰弯管，再连
打三个双联结。

6. 再打一个竖
向双联结。

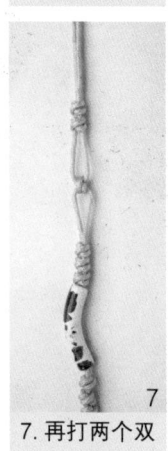

7. 再打两个双
联结。

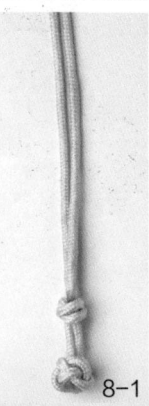

8. 打一个双联结，再打一个纽扣结即可。

四月天

你是爱，是暖，是希望，你是人间的四月天。

材料：一个瓷花，两颗瓷珠，一段股线，一根150cm的5号线，一根玉线。

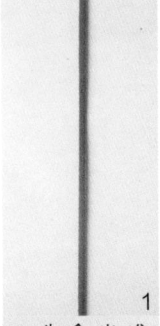

1

1. 先拿出准备好的一根5号线。

2

2. 在其中心处缠绕上一段股线。

3-1

3-2

3. 在股线的两端分别打一个凤尾结。

4

4. 将瓷花穿入玉线中，并如图中所示，打一个双联结，将瓷花固定。

5

5. 然后，如图中所示，将瓷花挂在缠好的股线中间，并打单结将其固定。

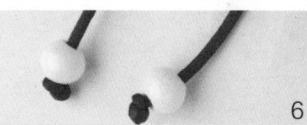

6

6. 在线的尾端各穿入一颗瓷珠。

7-1

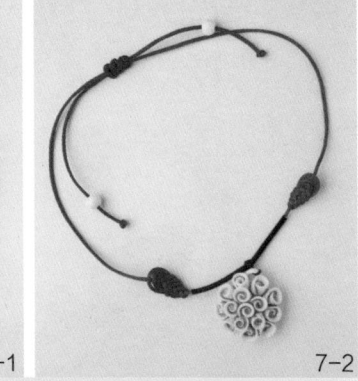

7-2

7. 最后，取一段5号线打平结，将项链尾端的两条线包住，使其相连。

水 滴

以一滴水的平静，
面对波澜不惊的人生。

材料：四颗瓷珠，
一颗挂坠，一段股线，
两根 100cm 的璎珞线。

1. 将两根线并排放置。

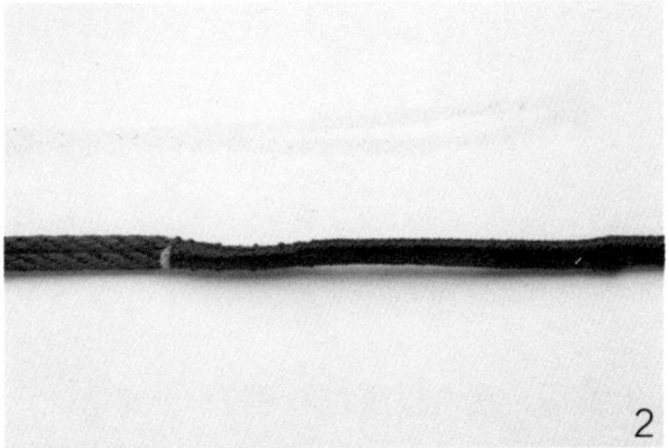

2. 在两根线的中央缠上股线。

3. 然后分别在两根线上缠股线。

4. 缠好一段后，在分岔处打一个蛇结。

5. 穿入一颗瓷珠。

6. 继续在两根线上缠股线。

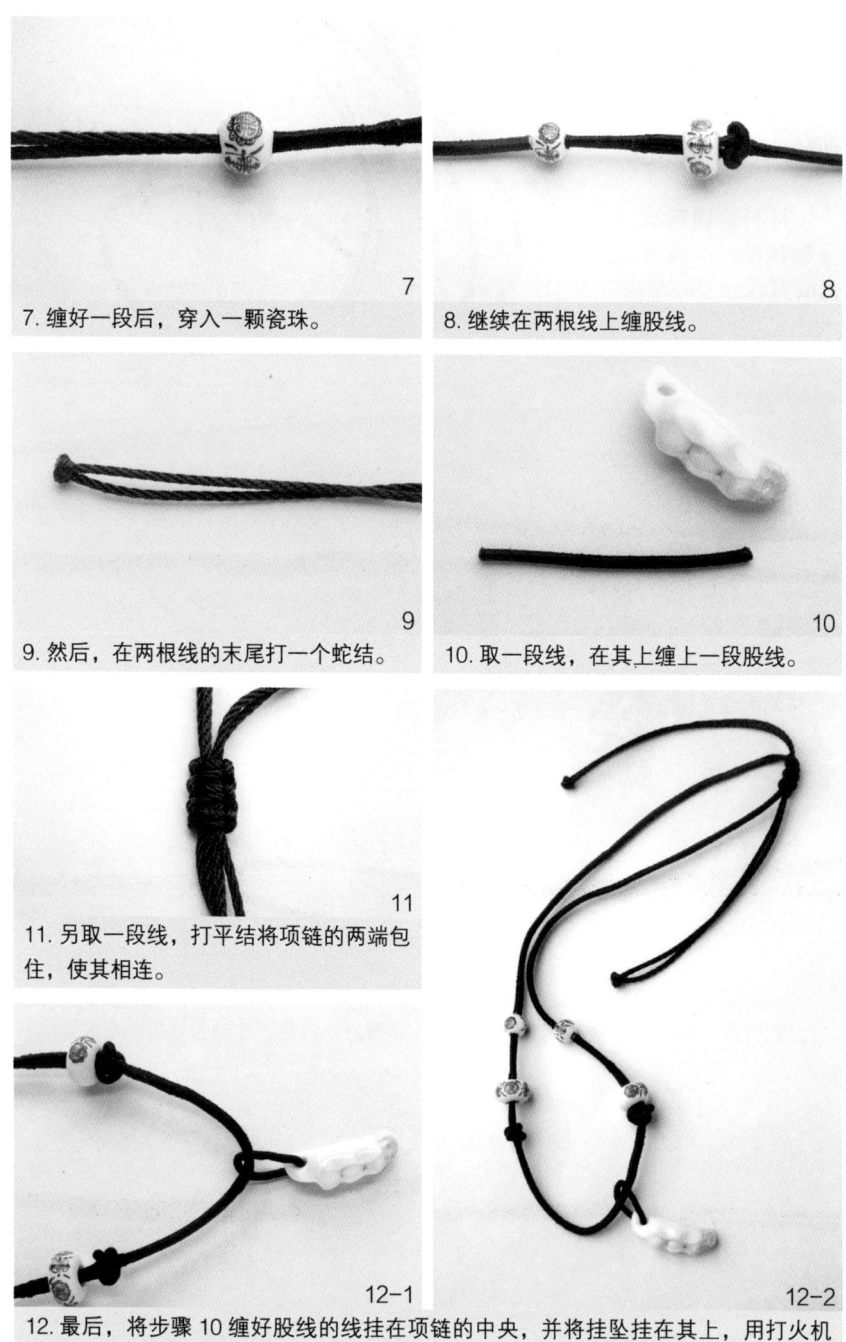

7. 缠好一段后，穿入一颗瓷珠。

8. 继续在两根线上缠股线。

9. 然后，在两根线的末尾打一个蛇结。

10. 取一段线，在其上缠上一段股线。

11. 另取一段线，打平结将项链的两端包住，使其相连。

12. 最后，将步骤 10 缠好股线的线挂在项链的中央，并将挂坠挂在其上，用打火机烧黏即可。

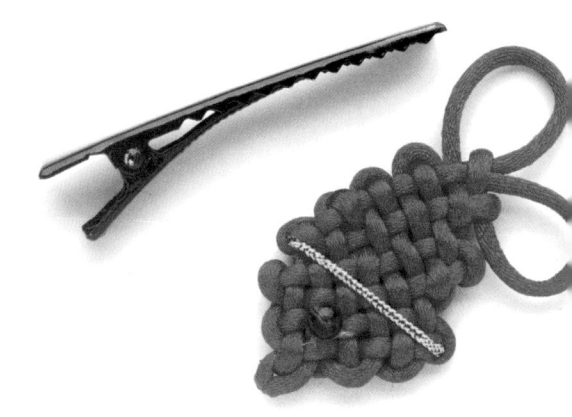

第五章

发饰篇

锦 心

手写瑶笺被雨淋，模糊点画费探寻，纵然灭却书中字，难灭情人一片心。

材料：一颗珠子，一个别针，一根40cm的5号夹金线。

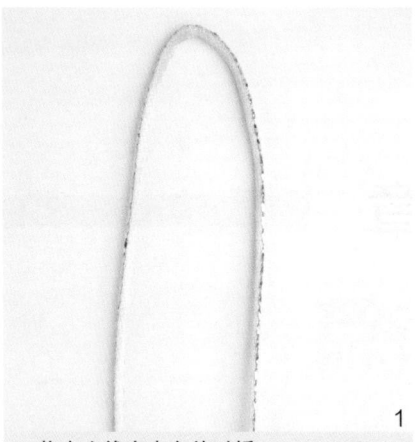

1. 将夹金线在中心处对折。

2. 编一个空心八耳团锦结。

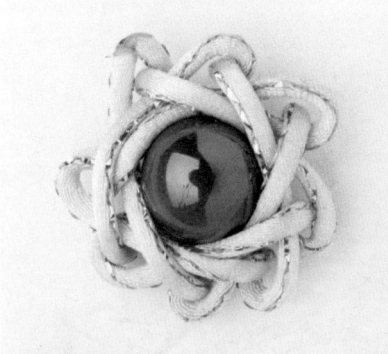

3. 编好后，将线头剪去，烧黏，将珠子嵌入结体的中央。

4. 最后，将结粘在别针上即成。

永 恒

予独爱世间三物。昼之日，夜之月，汝之永恒。

材料：一根60cm的扁线，一个别针，热熔胶。

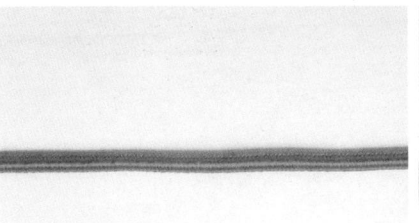

1

1. 准备一根扁线。

2

2. 在其中心部位编一个双钱结。

3

3. 如图，再编一个双钱结。

4

4. 调整结形，使两个双钱结互相贴近，以便适合别针的长度。

5-1

5-2

5. 最后用热熔胶将结体与别针粘连。

春 意

花开正艳，无端弄得花香沾满衣；情如花期，自有锁不住的浓浓春意。

材料：一颗珍珠串珠，一个别针，一根80cm的5号夹金线。

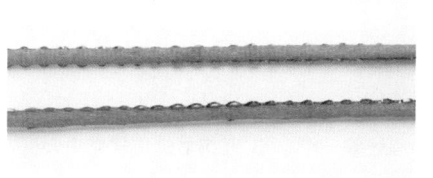

1

1. 将夹金线对折成两根线。

2

2. 编一个双线双钱结，注意将中间的空隙留出。

3

3. 将珍珠嵌入结体中间的空隙中。

4

4. 最后，将整个结体粘在别针上面即成。

忘 川

楼山之外人未还。人未还，雁字回首，早过忘川。抚琴之人泪满衫，扬花萧萧落满肩。

材料：一颗白色珠子，一个别针，一根80cm的扁线。

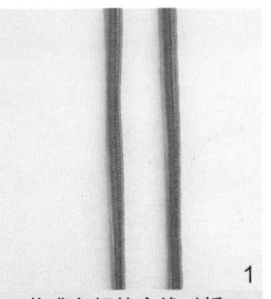

1

1. 将准备好的扁线对折。

2

2. 用对折后的扁线编一个吉祥结。

3

3. 在编好的吉祥结中心嵌入一颗白色珠子。

4

4. 将下方的线剪至合适的长度，用打火机将其烧连在一起。胸针的主体部分就完成了。

5

5. 将别针准备好。

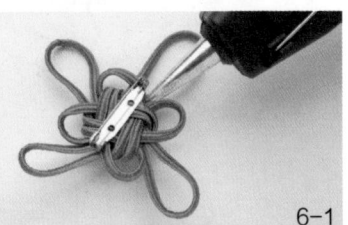

6-1

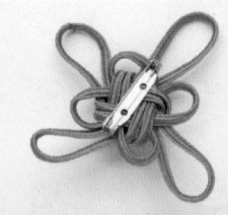

6-2

6. 用热熔胶将编好的吉祥结粘在别针上即成。

唯 一

一叶绽放一追寻，
一花盛开一世界，一生
相思为一人。

材料：一个发夹，
热熔胶，一根50cm
的4号夹金线。

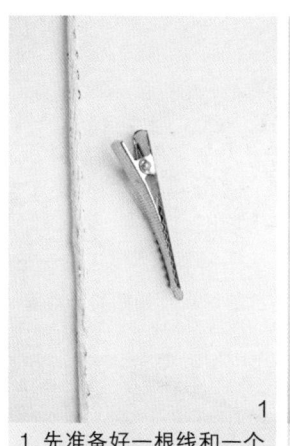

1

1. 先准备好一根线和一个
发夹。

2

2. 用4号夹金线编好一个
发簪结。

3

3. 将结收紧到合适的大
小，剪去线头，用打火机
烧黏。

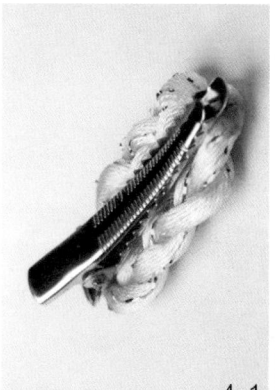

4-1

4-2

4. 用热熔胶将编好的发簪结粘在发夹上即可。

259

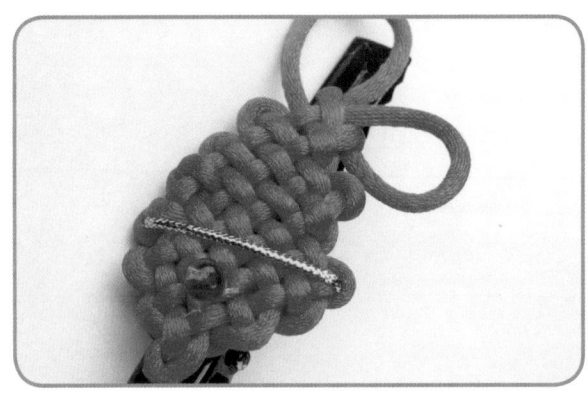

春 晓

天若有情天亦老，
此情说不了。说不了，
一声唤起，又惊春晓。

材料：一颗塑料珠，一段金线，一个发卡，一根 100cm 的 5 号线，热熔胶。

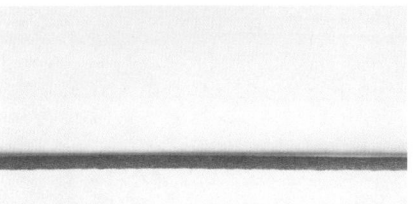

1

1. 拿出准备好的 5 号线。

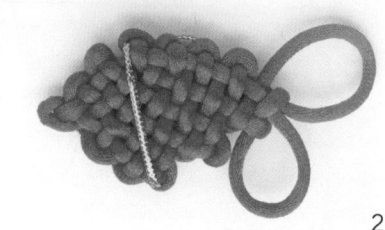

2

2. 编一个鱼结，编好后，如图将金线穿入其中。

3

3. 将一颗塑料珠粘在小鱼的头部当作眼睛。

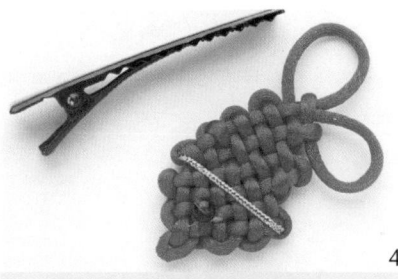

4

4. 拿出发夹。

5-1

5-2

5. 用热熔胶将编好的结和发夹粘在一起即成。

朝 云

殷勤借问家何处，
不在红尘。若是朝云，
宜作今宵梦里人。

材料：一个发夹，
热熔胶，一根50cm
的5号夹金线。

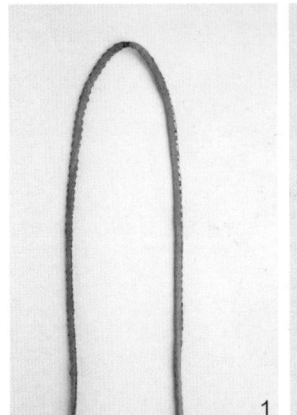

1

1. 先将夹金线对折成两根线。

2

2. 对折后，注意一根线短，一根线长，开始编琵琶结。

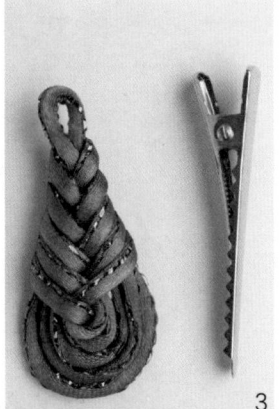

3

3. 编好琵琶结后，将线头剪去，烧黏，准备好发夹。

4-1

4-2

4. 用热熔胶将编好的琵琶结粘在发夹上即成。

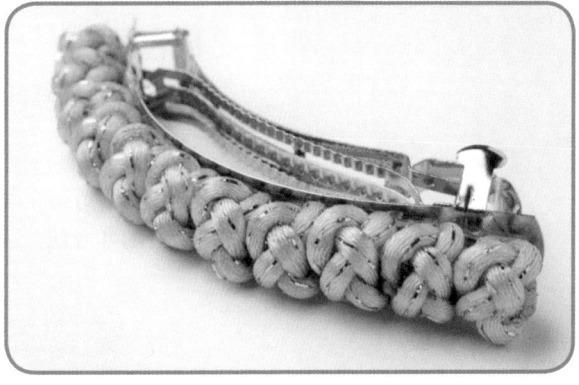

小 桥

犹记得小桥上你我初见面，柳丝正长，桃花正艳，笑声荡过小河弯，落日流连……

材料：一根80cm的4号夹金线，一个发卡，热熔胶。

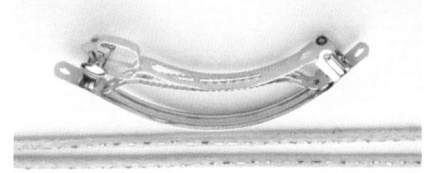

1

1.准备好一个发卡，一根4号夹金线。

2

2.将准备的线对折，开始打纽扣结。

3

3.根据发卡的长度打一段纽扣结。

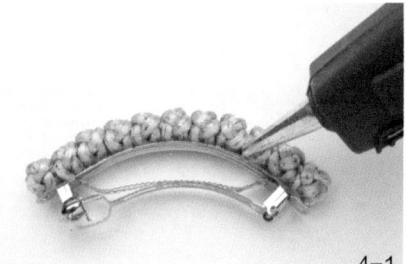

4-1

4-2

4-3

4.用热熔胶将打好的纽扣结粘在发卡上即成。

琵琶曲

情如风，意如烟，
琵琶一曲过千年。

材料：一个发卡，
两根 110cm 的 4 号线，
热熔胶。

1

2

3

4

1. 先用一根线编好一个琵琶结。

2. 再用另一根线打好一个纽扣结。

3. 接着，在下面编一个琵琶结。

4. 将编好的两个琵琶结整理好结形，剪去线头，烧黏，再扣在一起，一组琵琶结盘扣就做好了。

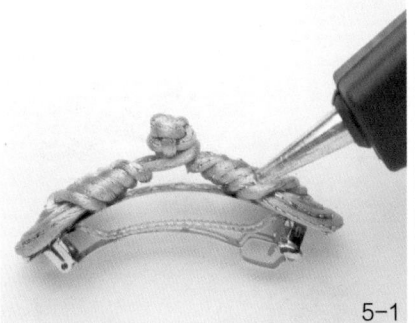

5-1

5-2

5. 用热熔胶将盘扣和发卡粘在一起即可。

第六章

古典盘扣篇

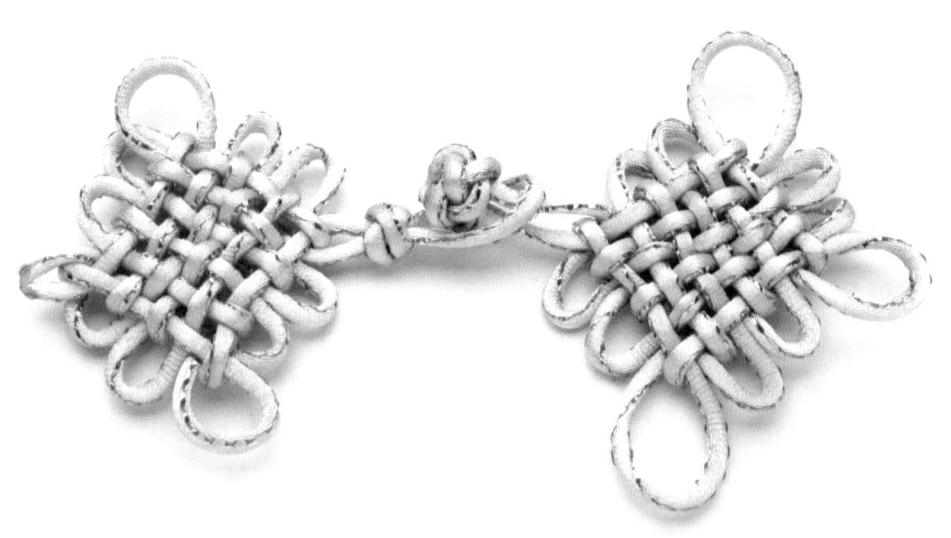

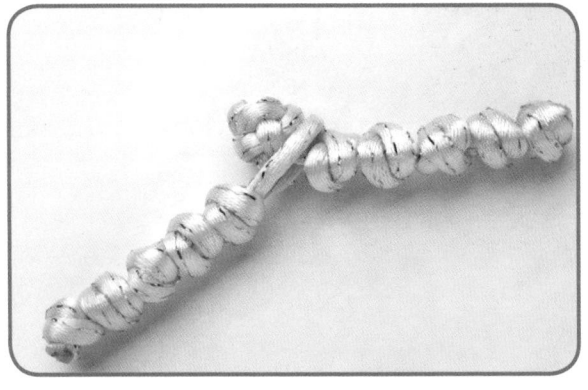

无尽相思

无情不似多情苦，一寸还成千万缕。天涯地角有穷时，只有相思无尽处。

材料：两根 80cm 的 5 号夹金线。

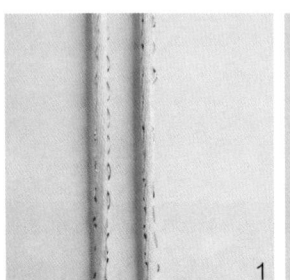

1

1. 将一根夹金线对折。

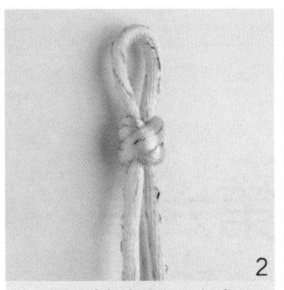

2

2. 在对折处留一小段距离，打一个双联结。

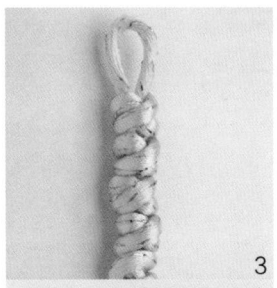

3

3. 然后，连续打四个双联结，并将末尾的线剪去，烧黏。

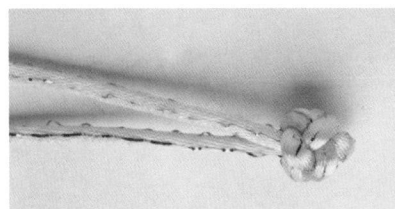

4

4. 取出另一根线，对折，然后打一个纽扣结作为开头。

5

5. 在纽扣结下方打一个双联结。

6

6. 继续打四个双联结，剪去线头，烧黏。

7

7. 最后，将两个结体相扣即成。

如梦人生

人生如梦，聚散分离，朝如春花暮凋零，几许相聚，几许分离，缘来缘去岂随心。

材料：两根 100cm 的 5 号夹金线。

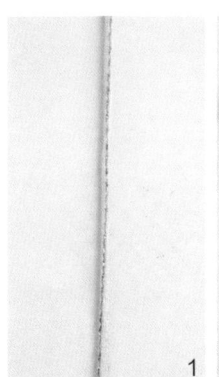

1

1. 取出一根 5 号夹金线。

2

2. 将其对折，然后编成一个简式团锦结。

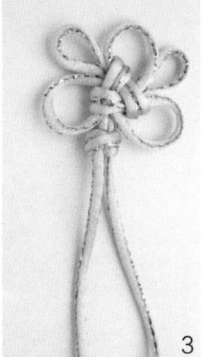

3

3. 编好后，如图，打一个双联结。

4

4. 剪去多余的线头，用打火机将其烧连成一个圈。

5

5. 再取出另一根线。同步骤 2，编一个简式团锦结。

6

6. 编好后，打一个纽扣结。

7

7. 将多余的线头剪去，烧黏后，再将两个结体相扣即成。

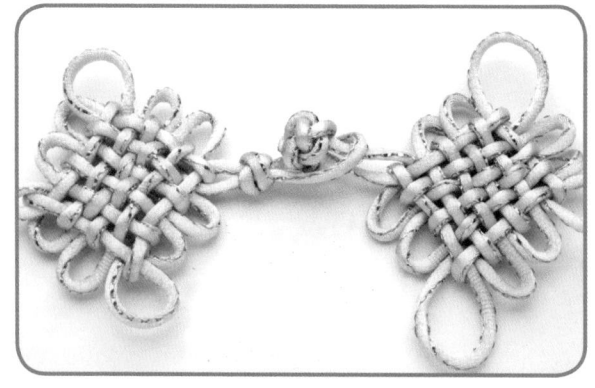

时光如水

　　时光如水，总是无言。虽沐斜风细雨中，若你安好，便是晴天。

　　材料：两根 5 号夹金线。

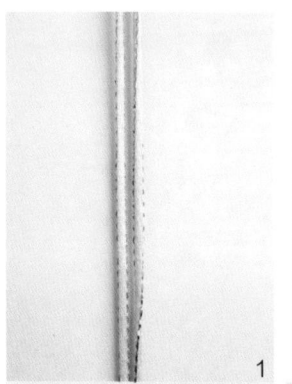

1

2

3

1. 取出一根线，对折。

2. 在对折处留一小段距离，先打一个双联结，然后在其下编一个三回盘长结。

3. 将多余的线剪去，用打火机将其烧连成一个圈。

4

5

6

4. 再取出另一根线，编一个三回盘长结，然后在其上方打一个纽扣结。

5. 将编好的纽扣结上多余的线头剪去，用打火机烧黏固定。

6. 最后，将编好的两个结体相扣即成。

痴 情

你一直在我的伤口中幽居，我放下过天地，却从未放下过你，我生命中的千山万水，任你一一告别。

材料：两根100cm的索线。

1. 取出一根索线。

2. 将其对折后，打一个纽扣结。

3. 在纽扣结下方编一个发簪结。将多余的线头剪去，烧黏固定。

4. 再取出另一根索线。对折后，留出一小段距离，打一个双联结。

5. 在双联结下方编一个发簪结。

6. 将多余的线头剪去，烧黏。

7. 最后，如图，将两个结体相扣即成。

心有千千结

　　天不老，情难绝。心似双丝网，中有千千结。付与君相忆，勿弃约。

　　材料：两根100cm的5号夹金线。

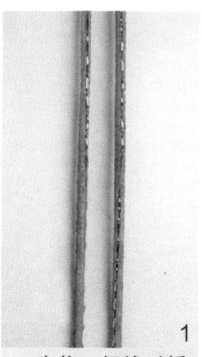

1

1. 先将一根线对折放置。

2

2. 留出一小段距离，打一个双联结，并在双联结的下方打一个二回盘长结。

3

3. 将多余的线头剪去，用打火机烧连成一个圈。

4

4. 再取出另一根线，先编一个二回盘长结。

5

5. 在盘长结下方打一个纽扣结。

6

6. 将纽扣结下方多余的线头剪去，并用打火机烧黏。

7

7. 最后，将两个编好的结相扣即成。

回 忆

我们总是离回忆太近，离自由太远，倒不如挣脱一切，任它烟消云散。

材料：两根60cm的璎珞线。

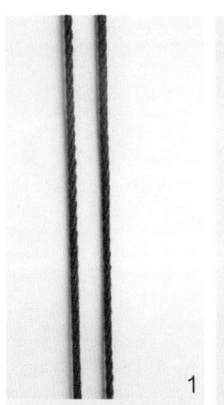

1

1. 先将一根线对折放置。

2

2. 留出一小段距离，打一个双联结。

3

3. 在双联结下方编一个双线双钱结。

4

4. 再拿出另一根线，对折后打一个纽扣结。

5

5. 在纽扣结下方打一个双线双钱结。

6

6. 将两个编好的结扣在一起即可。

云 烟

我以为已经将你藏好了，藏得那样深，却在某一个时刻，我发现，种种前尘往事早已经散若云烟。

材料: 两根 100cm 的 5 号夹金线。

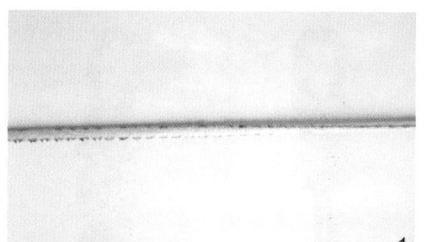

1. 先取出一根夹金线。

2. 对折后，编一个吉祥结。

3. 如图，再编一个纽扣结。

4. 将纽扣结上多余线头剪去，烧黏。

5. 再取出另一根夹金线，编一个吉祥结。

6. 编好后，将多余线头剪去，用打火机烧连成一个圈。最后，将两结相扣即可。

往事流芳

思往事,惜流芳。易成伤。拟歌先敛,欲笑还颦,最断人肠!

材料:两根100cm的5号夹金线。

1

1. 将一根线对折。

2

2. 对折后打一个纽扣结。注意将顶端留出一个线圈。

3

3. 接着打纽扣结。

4

4. 连续打五个纽扣结后,将多余的线剪去,烧黏。

5

5. 再取出另外一条线。对折后,直接打一个纽扣结。

6

6. 空出一点距离后,接着打纽扣结。

7

7. 连续打完五个纽扣结后,收尾。将线头剪去,烧黏。

8

8. 最后,再将两个编好的结体相扣即成。

来生缘

泪滴千千万万行，更使人愁肠断。要见无因见，拚了终难拚。若是前生未有缘，待重结，来生缘。

材料：两根 100cm 的 5 号夹金线。

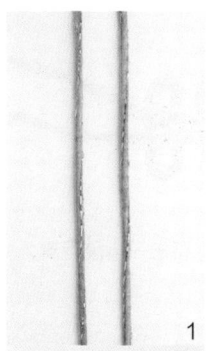

1. 先将一根线对折放置。

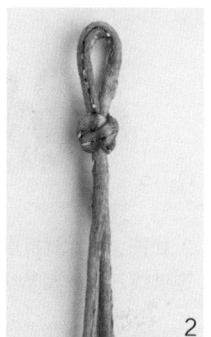

2. 留出一小段距离，打一个双联结。

3. 在双联结下方打双钱结。

4. 继续打双钱结，共打五个连续的双钱结，剪去线头，烧黏。

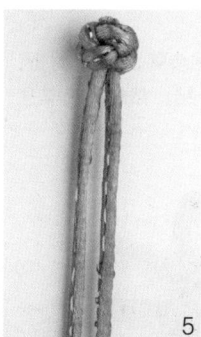

5. 再取另一根线，对折后，打一个纽扣结。

6. 在纽扣结下方打双钱结。

7. 继续打双钱结，同样打五个双钱结，将线头剪去，烧黏。

8. 最后，再将两个编好的结体相扣即成。

一诺天涯

　　一壶清酒，一树桃花。不知，谁在说着谁的情话，谁又想去谁的天涯。

　　材料：两根 80cm 的 5 号线。

1. 先取出一根 5 号线。

2. 如图，将其对折后，留出一小段距离，连续编三个酢浆草结。

3. 编好后，将末尾的线头剪至合适的长度，并用打火机将其烧连成一个圈。

4. 再取出第二根线。同步骤 3，将其对折，编三个连续的酢浆草结。然后，在其尾部打一个纽扣结。

5. 将步骤 4 编好的纽扣结剪去多余线头，然后用打火机烧黏。最后，如图中所示，将编好的两个结体相扣即成。

第七章

耳环篇

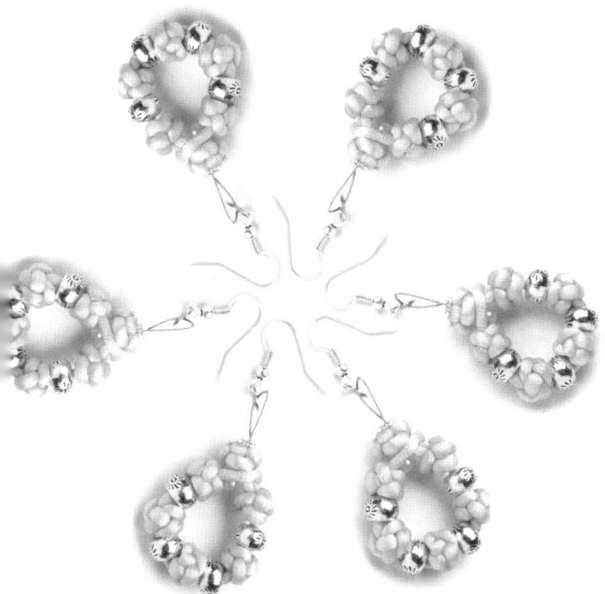

知 秋

那经春历夏的苦苦相守，内里的缱绻流连，终熬不过秋的萧瑟，任自己悄然而落。

材料：耳钩一对，约30cm的5号线两根，20cm的玉线两根。

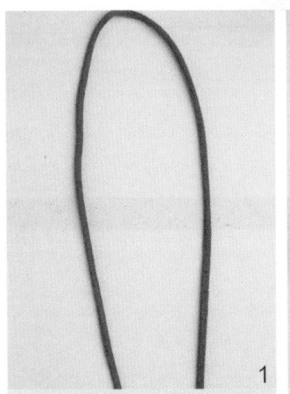

1

1.先准备好一条线，将线对折。

2

2.在线的两端各打一个凤尾结，并拉紧成结。将两个结的线头剪去，并用打火机烧黏捏紧。

3

3.如图，拿出准备好的玉线打一个双向平结，将两个凤尾结捆绑。

4

4.平结打好，将多余线头剪去，用打火机烧黏固定。

5-1

5-2

5.将耳钩穿入，一只凤尾结耳环完成。依同样方法完成另一只即可。

结 缘

　　我别无他想，只愿与你在云林深处，结一段尘缘。

　　材料：玉线两根，串珠两个，耳钩一对。

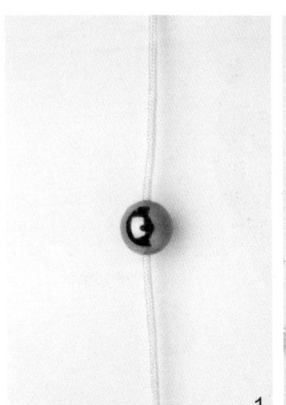

1

1. 将串珠穿入线绳内。

2

2. 然后打一个双钱结。

3

3. 将打好的双钱结抽紧，再打一个双联结固定。

4

4. 将多余线头剪去，并用打火机烧连。

5-1

5. 将耳钩穿入线绳，一只双钱结耳环完成。另一只制作方法同上。

5-2

流 年

梧叶落遍，北燕南翔，赏不尽的风月，怀不尽的离人，望不尽的归路。

材料：耳钩一对，约30cm夹金线两根。

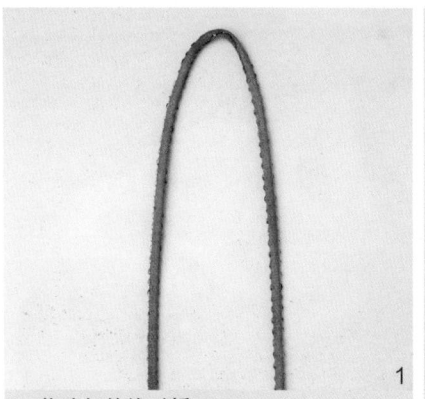

1. 将选好的线对折。

2. 编一个酢浆草结。小心将结抽紧、固定（如需要，可涂上胶水固定）。

3. 将结尾未连接的部分用打火机烧黏在一起。

4. 将耳钩挂在酢浆草结其中一个耳翼上，一只酢浆草结耳环即成。另一只做法与此相同。

流 逝

宿命中的游离、破碎的激情、精致的美丽，却易碎且易逝。

材料：两根80cm的6号线，两颗青花瓷珠，一对耳钩。

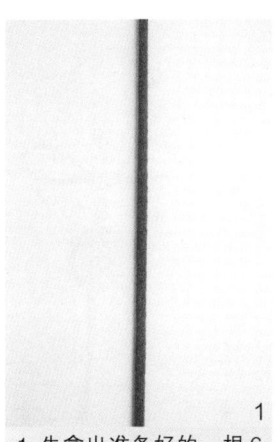

1

1. 先拿出准备好的一根6号线。

2

2. 编一个简式团锦结。

3

3. 编好后，在结的下方穿入一颗青花瓷珠。

4-1

4-2

4. 将整个结体倒置，将线的尾部剪至合适的位置，用打火机烧连成一个圈，最后穿入一个耳钩，一只耳环就做好了。另一只耳环的做法同上。

锦 时

你要相信：你如此
优秀，未来一定有别人
在某地等着你，会对
你好。

材料：两根 30cm
的 7 号线，两颗大塑料
珠，四颗黑色小珠，一
对耳钩。

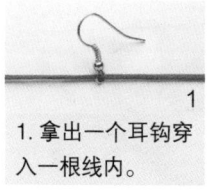

1

1. 拿出一个耳钩穿
入一根线内。

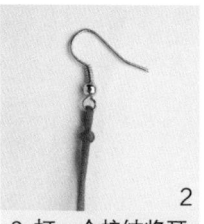

2

2. 打一个蛇结将耳
钩固定。

3

3. 在蛇结下方打一
个万字结。

4

4. 再打一个蛇结。

5

5. 再穿入一颗大塑
料珠。

6

6. 打一个双联结将
珠子固定。

7-1

7-2

7-3

7. 最后，在每根线上分别穿入一颗小黑珠，一只耳坠就做好了。
另一只耳坠的做法同上。

泪珠儿

送你苹果会腐烂，送你玫瑰会枯萎，送你葡萄会压坏，只好给你我的眼泪。

材料：一对耳钩，两根30cm的玉线，两个白色小瓷珠。

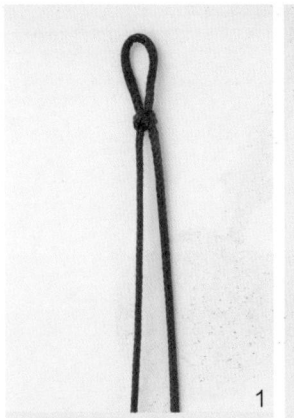

1. 先将玉线对折，打一个蛇结。

2. 打三个蛇结后，穿入白色小瓷珠。

3. 继续打蛇结。

4. 打完足够长度的蛇结后，留出一段线，系在第一个蛇结下方。

5. 将耳钩穿入顶部的圈内即成一只。另一只做法相同。

夏 言

有谁知道，夏日的南方在树叶的黑绿中，绵绵的潮湿里，无言地思念着冬日的北方……

材料：两根 40cm 的扁线，一对耳钩，两个小铁环。

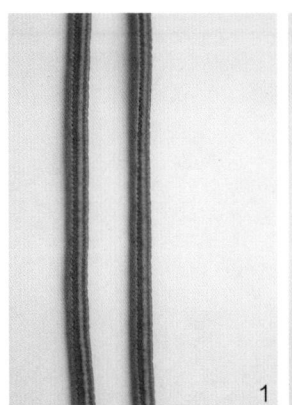

1. 准备好两根扁线。

2. 先取出一根扁线，对折后留出一小段距离，打一个双联结。

3. 在双联结下方，开始编笼目结。

4. 编好后，将多余的线剪去，然后用打火机烧黏。

5. 最后，将挂上小铁环的耳钩穿入双联结的上方，一只耳环就完成了。同法做出另一只耳环即可。

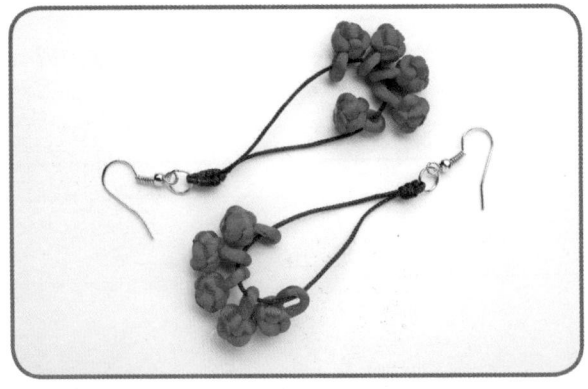

绿 荫

　　一点幽凉的雨，滴进我憔悴的梦里，是不是会长成一树绿荫？

　　材料：一根30cm的黑色玉线，五根30cm的5号线，一对耳钩，两个小铁环。

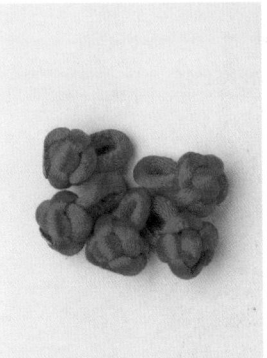

1

1. 用红色5号线编5个纽扣结，注意每个纽扣结上端要留出一个圈。

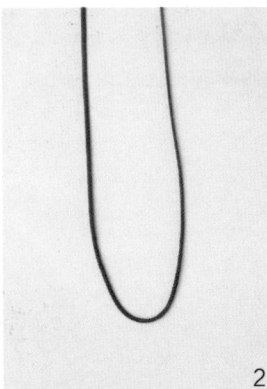

2

2. 将黑色玉线对折。

3

3. 将编好的纽扣结穿入黑色玉线中。

4

4. 在黑色玉线上端打凤尾结，烧黏。

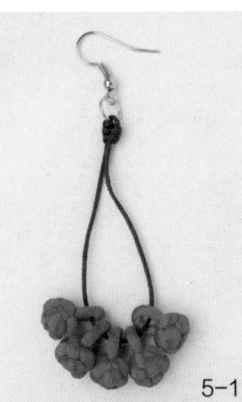

5-1

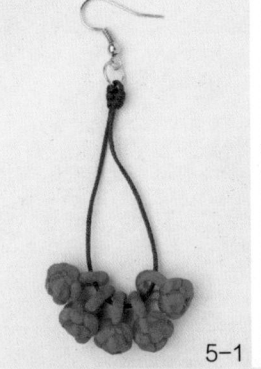

5-2

5. 在打好的凤尾结前端穿入耳钩即可。按照同样的步骤再做一个。

岁 月

　　他们说，岁月会抚平各种各样的伤痛，他们却不知，岁月也会蚕食掉这样那样的真情。

　　材 料：50cm 的 6 号线两根，耳钩一对，热熔胶。

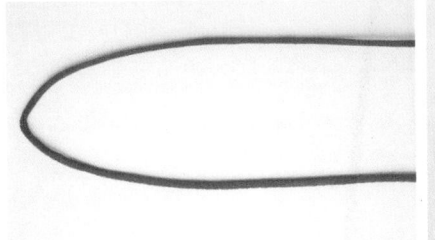

1

1. 拿出准备好的一根线。

2

2. 用这根线的一半编两股辫。

3

3. 再用另一半打一个纽扣结。

4

4. 用热熔胶将两股辫和纽扣相粘连。

5-1

5-2

5. 最后在两股辫的顶端穿入耳钩。另一只做法同上。

蓝色雨

开始或结局已不重要，纵使我还在原地，那场蓝色雨已经远离。

材料：50cm 的 6 号线两根，银色串珠八个，珠针两个，花托两个，耳钩一对。

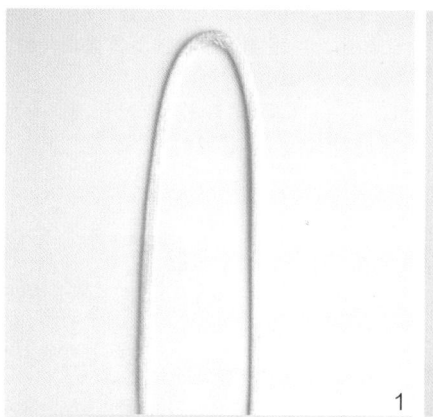

1. 将准备好的线对折。

2. 如图，留出一小段距离，打一个纽扣结。

3. 在纽扣结下方穿入一颗珠子。

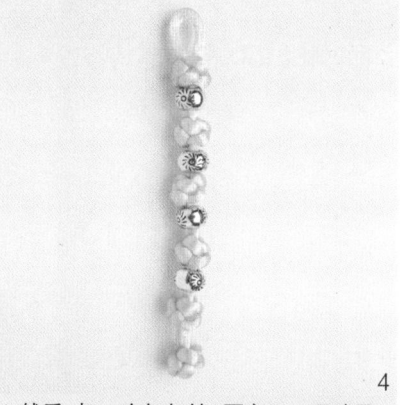

4. 然后，打一个纽扣结，再穿入一颗珠子，共打5个纽扣结，穿入4颗珠子。最后，稍稍留出空余后，再打一个纽扣结。

5

5. 将最后的纽扣结穿入顶端的圈内，使得主体部位相连。

6

6. 如图，从相连的纽扣结下方插入一根珠针。

7

7. 在珠针上套入一个花托。

8

8. 将珠针的尾部弯成一个圈。

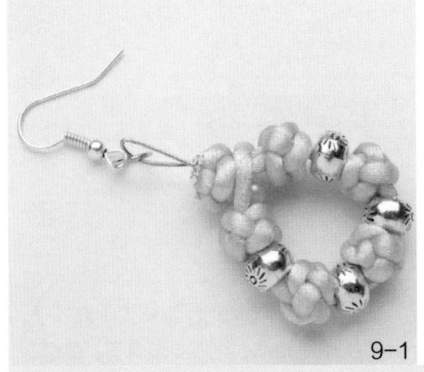

9-1

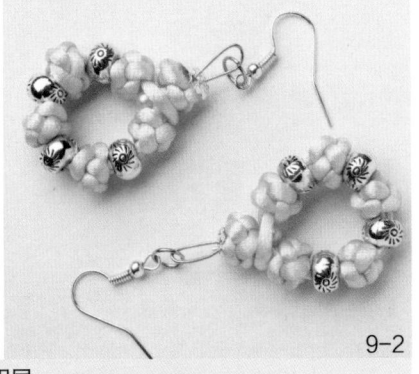

9-2

9. 将耳钩穿入即可，另一只制作步骤与此相同。

刹那芳华

轻吟一句情话，执笔一幅情画。绽放一地情花，覆盖一片青瓦。

材料：两根 5cm 的 3 号线，两个 9 针，一对耳钩，三种不同颜色股线。

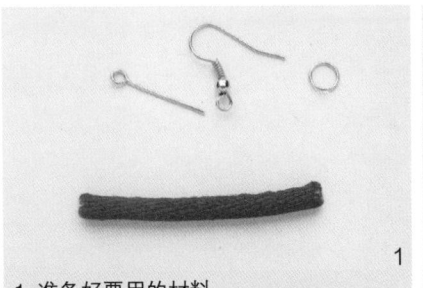

1

1. 准备好要用的材料。

2

2. 将 9 针穿入线的一端。

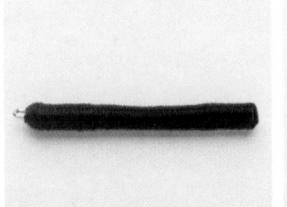

3

3. 在线上缠绕上一层黑色股线。

4

4. 在黑线中间缠绕一段蓝色股线。

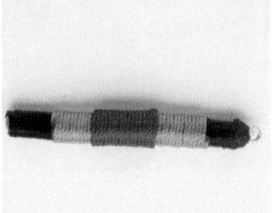

5

5. 然后，再在蓝线中间缠绕一段红色股线。

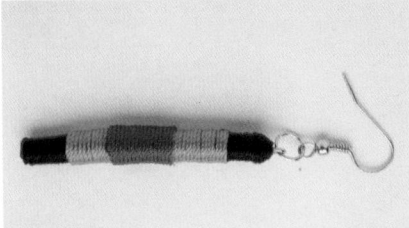

6-1

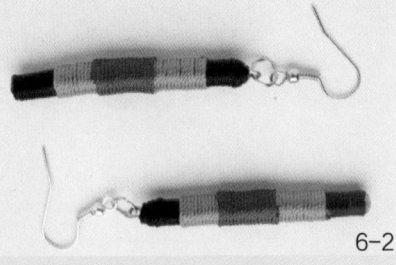

6-2

6. 将耳钩穿到 9 针上，一只耳坠就完成了，另一只做法同上。

荼 蘼

天色尚早，清风不
燥，繁花未开至荼蘼，
我还有时间，可以记住
你的脸、你的眉眼……

材 料:120cm 的
5 号线两根，白珠两
颗，耳钩一对。

1

2

1. 取一根线编一个琵琶结，将多余的线
头剪去，烧黏。

2. 将一颗白珠粘在琵琶结的下部的中央。

3-1

3-2

3. 将耳钩挂在结的顶端，一只耳环就完成了。另一只做法同上。

山桃犯

　　山桃的红，泼辣地一路红下去，犯了青山绿水，搅了如镜心湖。

　　材料：两根80cm的玉线，四颗玛瑙串珠，两颗木珠，四颗黑珠，一对耳钩。

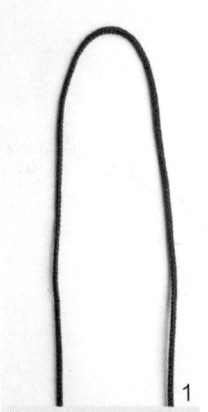

1. 将一根玉线在中心处对折。

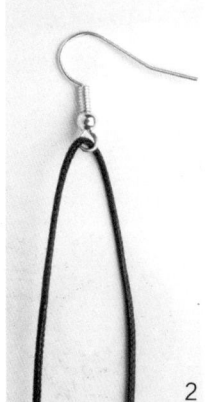

2. 将一个耳钩穿入线内。

3. 打一个双联结，将耳钩固定。

4. 再穿入一颗玛瑙串珠。

5. 打一个纽扣结，将串珠固定。

6. 另取一根线打一个菠萝结，穿入纽扣结下方。

7. 再打一个纽扣结，将菠萝结固定。

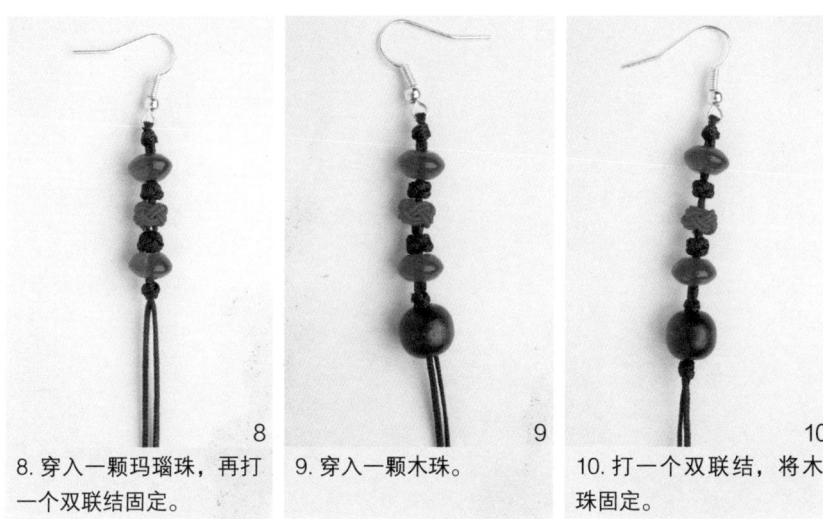

8. 穿入一颗玛瑙珠，再打一个双联结固定。

9. 穿入一颗木珠。

10. 打一个双联结，将木珠固定。

11

11. 在结尾的两根线上分别穿入一颗黑珠。

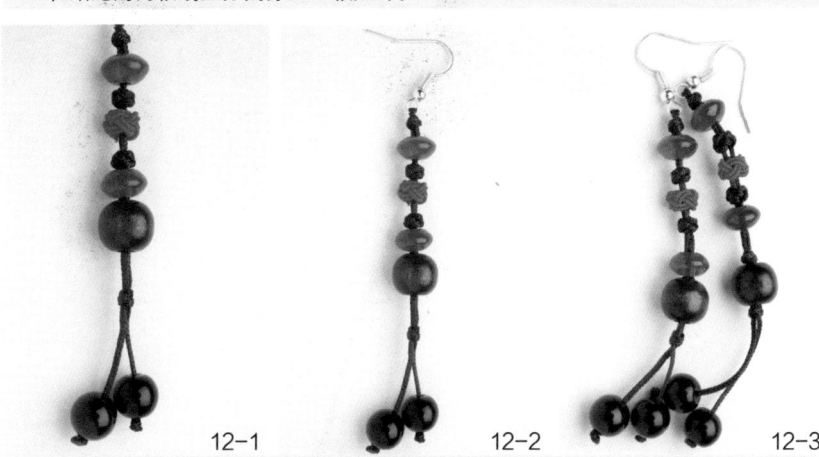

12-1

12-2

12-3

12. 最后，打单结将黑珠固定即成。另一只耳环的做法同上。

独　白

走到途中才发现，我只剩下一副模糊的面目，和一条不归路。

材料：两根 30cm 的 5 号线，两个金属珠，两个高温结晶珠，一对耳钩。

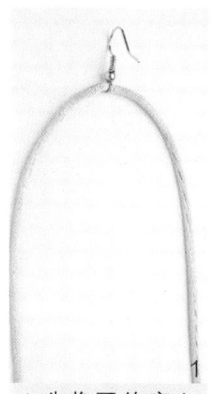

1. 先将耳钩穿入线内。

2. 打一个单结将耳钩固定住，在下方 3cm 处打一个十字结。

3. 在下方的两条线上分别穿入一个金属珠。

4. 再打一个十字结将金属珠固定。

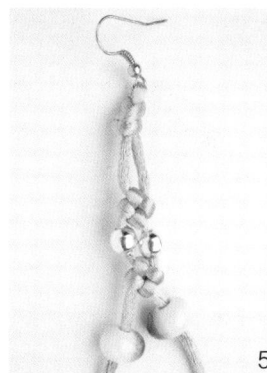

5. 在下方的两条线上分别穿入一个高温结晶珠。

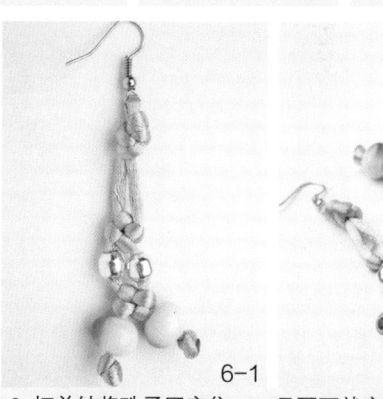

6. 打单结将珠子固定住，一只耳环就完成了。另一只耳环的做法同上。

解语花

一串挂在窗前的解语花风铃，无论什么样的风，都能发出一样清脆的声音……

材料：两束流苏线，两个青花瓷珠，两个小铁环，一对耳钩。

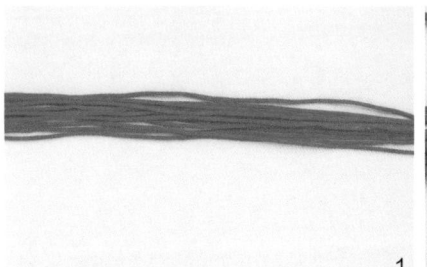

1

1. 准备好一束流苏线。

2

2. 取一条线将流苏线的中央系紧。

3

3. 将系流苏的线拎起，穿入一颗青花瓷珠，作为流苏头套在流苏上。再将系流苏的线剪到合适的长度，用打火机烧连成一个圈。

4

4. 将耳钩穿入顶部的圈内，再将流苏底部的线剪齐即可。

香雪海

　　繁花落尽，但我心中仍然听见花落的声音，一朵一朵，一树一树，落成一片香雪海。

　　材料：一对耳钩，两根30cm的4号线，两个大孔瓷珠。

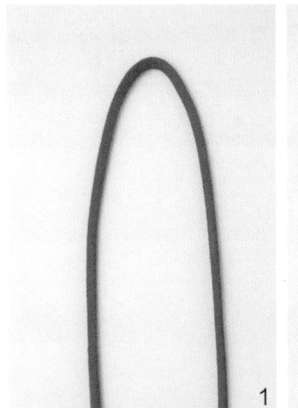

1

1. 取一根4号线，对折。

2

2. 留出一小段距离，打一个纽扣结。

3

3. 穿入一颗瓷珠。

4

4. 将多余线头剪去，烧黏，将瓷珠固定住。

5-1

5. 在顶部穿入耳钩后，一只耳环就完成了。另一只制作方法同上。

5-2

不羁的风

我回来寻找那时的梦，却看到，不羁的风终于变成被囚禁的鸟。

材料：两根 80cm 的 5 号夹金线，两颗瓷珠，一对耳钩。

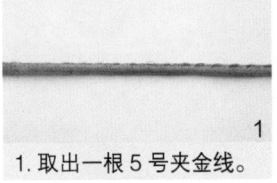

1. 取出一根 5 号夹金线。

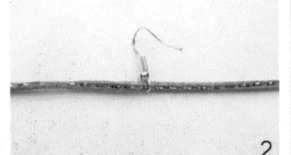

2. 将耳钩穿入线内。

3. 如图，打一个双联结将耳钩固定。

4. 在双联结下方编一个二回盘长结。

5-1

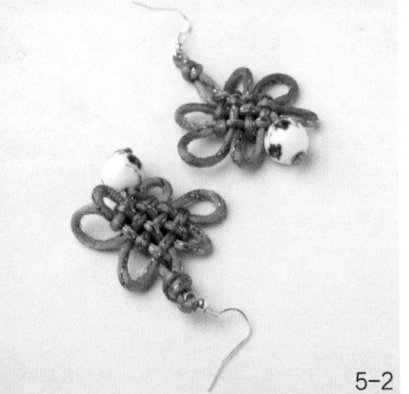

5-2

5. 在盘长结的下方穿入一颗瓷珠，并剪去多余的线头，烧黏，将瓷珠固定，一只耳环就完成了。另一只耳环做法同上。

乐未央

初春的风，送来一阵胡琴声，这厢听得耳热，那厢唱得悲凉。

材料：两根细铁丝，两根30cm的5号线，两块饰带，一对耳钩，两个小铁环。

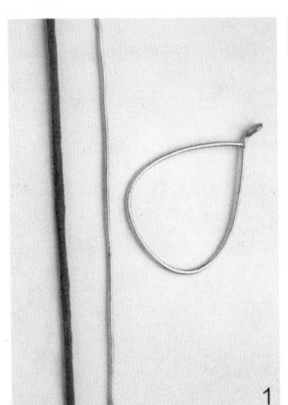

1

1. 先将线材和铁丝取出，用钳子将铁丝弯成图中的形状。

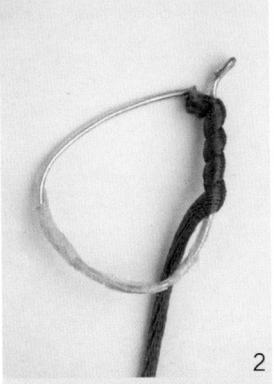

2

2. 如图，在铁丝上粘上双面胶，然后将5号线缠绕在铁丝上。

3

3. 缠绕完之后的形状，如图所示。

4

4. 将耳钩穿上小铁环，然后挂在铁丝顶端的圈里。

5-1

5-2

5. 最后，如图，将饰带粘在耳环的下方，一只耳环就完成了。另一只耳环的做法同上。

迷迭香

留住所有的回忆，封印一整个夏天，献祭一株迷迭香。

材料：四根不同颜色的玉线，一对耳钩，八个小藏银管。

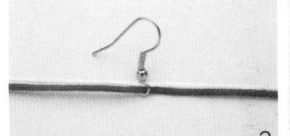

1. 将两根不同颜色的玉线并排放置。

2. 先将耳钩穿入两根线的中央。

3. 如图，打一个蛇结，将耳钩固定。

4. 在蛇结下方，编一个吉祥结。

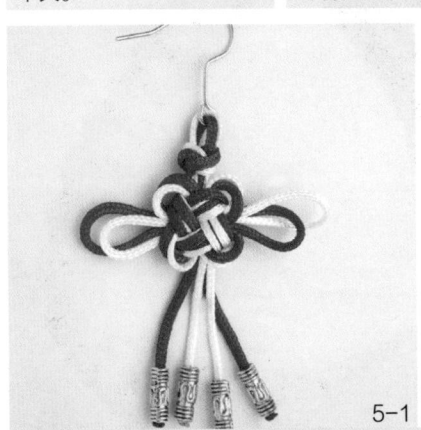

5-1

5-2

5. 将吉祥结下方的四根线剪短，然后在每根线上分别穿入一个藏银管，一只耳坠就完成了。另一只耳环做法同上。

流 云

　　如一抹流云，说走就走，不为谁而停留，这是我的故事。

　　材料：两根80cm的玉线，两颗瓷珠，四颗玛瑙珠，一对耳钩，两个小铁环。

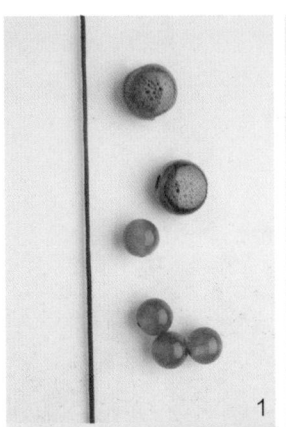

1. 拿出准备好的一根玉线及其他材料。

2. 将玉线对折，留出一小段距离，然后打一个藻井结。

3. 在藻井结下方穿入一颗瓷珠。

4. 在瓷珠下方打一个双联结，然后在两根线上各穿入一颗玛瑙珠。

5. 最后，打单结将玛瑙珠固定，烧黏即成。另一只做法同上。

圆　舞

有一种舞蹈叫作圆舞，只要不停，无论转到哪里，终会与他相遇。

材料：一对耳钩，两个胶圈，两个小铁环，两根100cm的玉线，两颗绿松石。

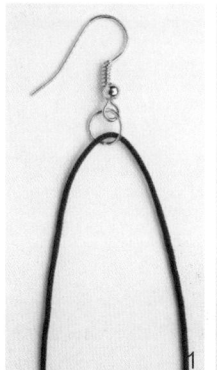

1. 先取一个耳钩和一个小铁环，将其穿入一根玉线内。

2. 打一个蛇结，将耳钩固定。

3. 如图，先在一根线上穿入一颗绿松石。

4. 如图，将一个胶圈穿入线内，并套住穿好的绿松石。

5. 用两根玉线分别在胶圈上打雀头结，将胶圈包住。

6. 将多余的线头剪去，烧黏即可。另一个耳环的做法同上。

第八章

戒指篇

相思成灰

独自一个人，盛极，相思至灰败。

材料：一根30cm的5号线。

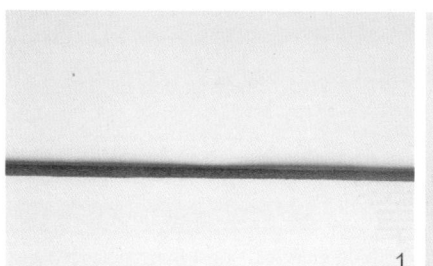

1

1. 准备好一根 5 号线。

2

2. 将线对折，编一段两股辫。

3

3. 编到合适长度后，打一个蛇结将两股辫固定。

4

4. 再打一个双联结作为结尾。

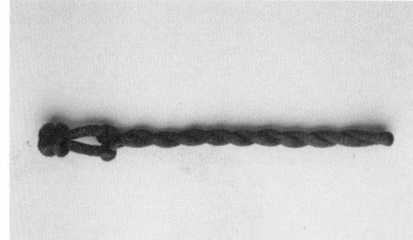

5-1

5. 最后，将线头剪去，烧黏即可。

5-2

蓝色舞者

她们，踮着脚尖，怀揣着一个斑斓的世界，孑然独行着……

材料：一根80cm的玉线，四颗塑料珠。

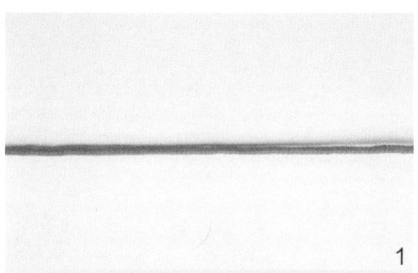

1. 拿出准备好的一根玉线。

2. 开始编锁结，注意开头留出一段距离。

3. 编到合适长度后，将线抽紧。

4. 如图，用两端的线打一个蛇结，使其相连。

5. 最后，在每根线的末尾穿入一颗塑料珠，烧黏即成。

刹那无声

回首一刹那，岁月无声，安静得让人害怕，原来时光早已翩然，与我擦身而过。

材料：一根30cm的玉线，一个小藏银管。

1. 将玉线对折后，剪断，成两条线。

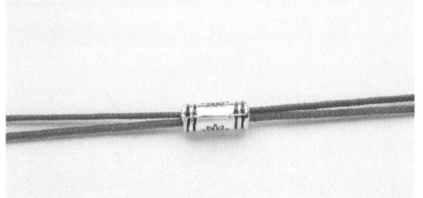

2. 将小藏银管穿入两条线内。

3. 从藏银管两侧分别打蛇结。

4. 编到一定长度后，用一段线编秘鲁结将戒指的两端相连。

5. 将多余的线头剪掉，烧黏即可。

花 事

愿成为一朵小花，轻轻浅浅地开在你必经的路旁，为你撒一路芬芳……

材料：一颗水晶串珠，一根60cm的7号线。

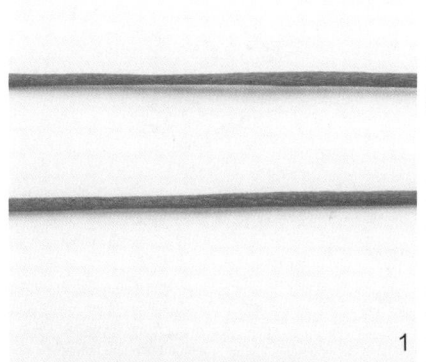

1

1. 将线对折成两根。

2

2. 开始编锁结。

3

3. 编至合适的长度后，将锁结收紧。

4

4. 将水晶串珠穿入锁结末端的线内，再将线穿入锁结前端的圈内，将多余的线头剪去，烧黏将其固定即可。

宿 债

我以为宿债已偿，想要忘记你的眉眼，谁知，一转头，你的笑兀自显现。

材料：两根 4 号夹金线。

1

1. 先拿出一根夹金线。

2

2. 编一个双线双钱结，将多余的线剪去，烧黏。

3-1

3-2

3. 取出另一根夹金线，穿过编好的结的下方。

4

4. 如图，将第二根线烧连成一个圈即可。

如 酒

寂寞浓到如酒，令人微醺，却又有别样的温暖落在人心。

材料：一根 20cm 的 5 号线，一根 10cm 的玉线，以及一根 40cm 的玉线。

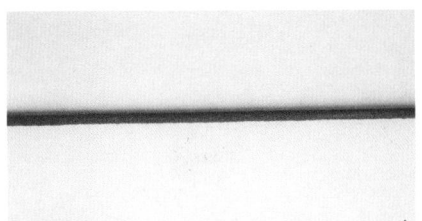

1

1. 拿出准备好的 5 号线。

2

2. 编一个纽扣结，将结抽紧，剪去线头，烧黏。

4

4. 玉线穿入纽扣结后，用打火机将两头烧连。

3

3. 将 10cm 的玉线对折，穿入编好的纽扣结的下方。

5

5. 用另一根玉线在烧连成圈的玉线上打平结，最后，将线头剪去，烧黏即成。

321

远 游

大地上有青草，像阳光般蔓延，远游的人啊，你要走到底，直到和另一个自己相遇。

材料：一根 10cm 的玉线，一根 30cm 的玉线，一个串珠。

1. 将短线拿出。

2. 将串珠穿入短线内。

3. 将短线用打火机烧黏，成一个圈。

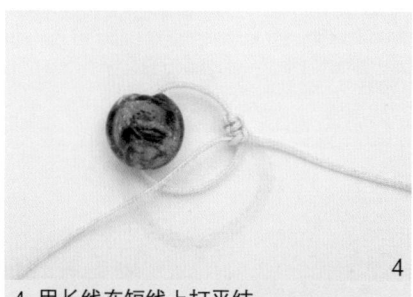

4. 用长线在短线上打平结。

5. 打到最后，将线头剪去，用打火机烧黏即可。

倾　听

　　像这样静静地听，像河流凝神倾听自己的源头；像这样深深地嗅，直到有一天知觉化为乌有。

　　材料：一根60cm的5号夹金线。

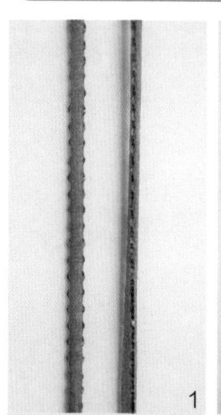

1

1. 将一根线对折。

2

2. 在对折处编一个双钱结。

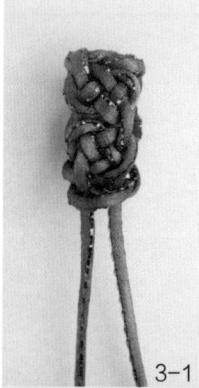

3-1

3-2

3. 接着编双钱结，编到合适的长度后，将结尾的两条线穿入开头的圈内，让其形成一个指环。

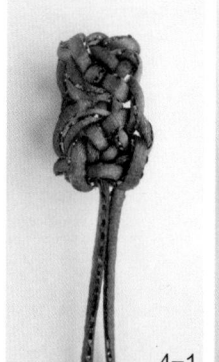

4-1

4-2

4. 为将指环固定，穿入圈中的两根线再次穿过开头的圈内，并将线拉紧。

5

5. 最后，将多余的线头剪去，用打火机烧黏即可。

七 月

七月，喜欢白茉莉花的清香，七月的孩子背着沉重的梦，跳着生命的轮舞。

材料：一个玛瑙串珠，一根10cm的玉线，一根30cm的玉线。

1. 将短线穿入玛瑙串珠中。

2. 将短线用打火机烧连成一个圈。

3. 用长线在短线上打单向平结。

4. 最后，将多余的线头剪去，用打火机烧黏即可。

经 年

往事浓淡，经年悲喜，清如风，明如镜。

材料：四颗方形水晶串珠，两根玉线，一根10cm，一根40cm。

1

1. 将10cm玉线准备好。

2. 将四颗水晶串珠如图中所示穿入线内。

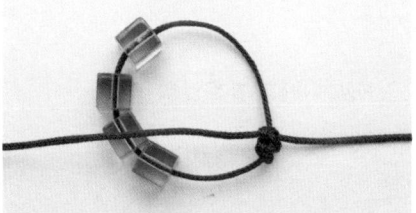

3

3. 将短线用打火机烧黏，形成一个大小合适的圈。接着用长线绕圈打平结。

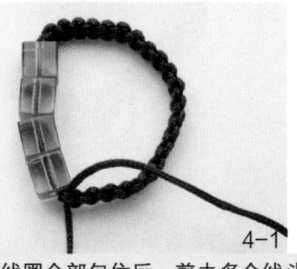

4-1

4-2

4. 当平结将线圈全部包住后，剪去多余线头，用打火机烧黏即成。

婉 约

我的温柔，我的体贴，都不如你想象的那样婉约。

材料：一根10cm的3号线，黑、蓝、红三种颜色的股线。

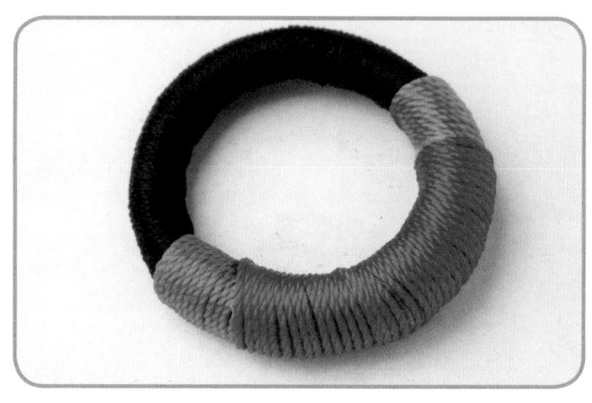

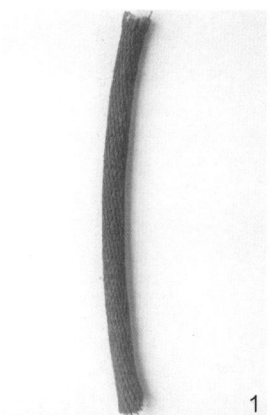

1. 准备好一根3号线。

2. 用打火机将线烧连成一个圈。

3. 在其上面缠绕一层黑色股线。

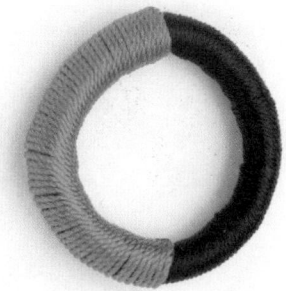

4. 如图，继续缠绕一段蓝色股线。

5. 最后再在蓝线中间缠绕一段红色股线即成。

梅花烙

问世间情为何物，看人间多少故事，我只愿在你的指间烙下一朵盛放的梅……

材料：一颗塑料珠，一根40cm的玉线。

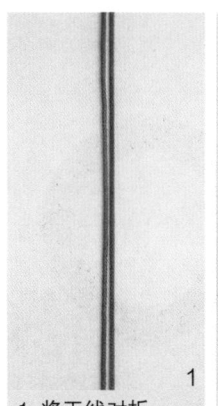

1. 将玉线对折。

2. 用对折好的玉线编金刚结，注意，开头留下一个小圈的距离。

3. 将金刚结编到合适的长度。

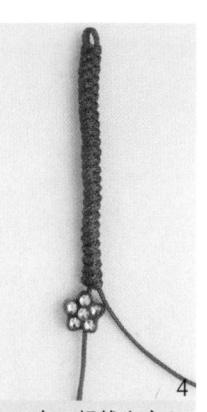

4. 在一根线上穿入塑料珠。

5. 将穿好珠的线穿入开头留下的小圈中。

6. 最后，将多余的线头剪去，用打火机烧黏固定即成。

第九章

手机吊饰篇

盛 世

江山如画，美人如诗，岁月静好，现世安稳，与你携手天涯。

材料：一颗扁形瓷珠，两颗小瓷珠，一根120cm的5号线。

1

1. 先编一个绣球结。

2

2. 编好后，在下方打一个双联结。

3

3. 穿入一颗扁形瓷珠。

4

4. 再打一个双联结固定。

5-1

5. 最后，在线的尾端各穿入一颗小瓷珠即成。

5-2

若 素

　　繁华尽处，寻一处无人山谷，铺一条青石小路，与你晨钟暮鼓，安之若素。

　　材料：两根不同颜色、长 70cm 的 5 号线，一个钥匙圈。

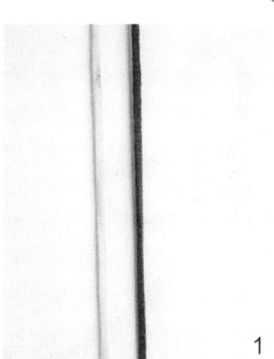

1

1. 将两根线平行排列，并用打火机将其烧连在一起。

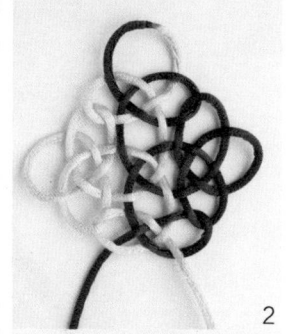

2

2. 编一个十全结。

3

3. 编好后，在下方打一个双联结。

4

4. 将下方的线头剪至合适的长度，用打火机将其烧连成一个圈。

5

5. 将编好的结倒置，在上端的圈上穿入一个钥匙圈即成。

如 意

见你所见，爱你所爱，顺心，如意，如此了却一生，当是至幸。

材料：一颗粉彩瓷珠，一个钥匙圈，一根150cm的5号线。

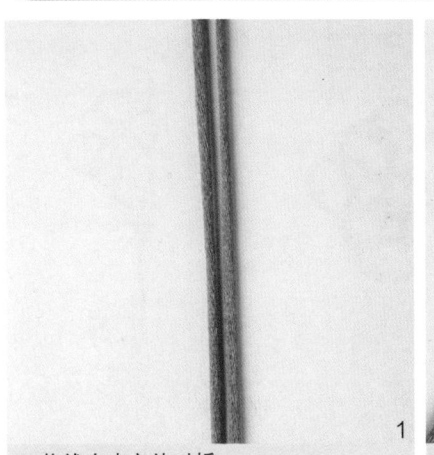

1. 将线在中心处对折。

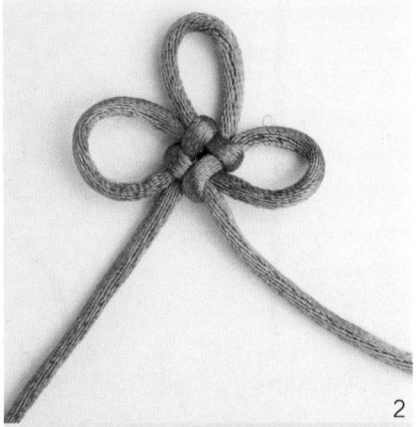

2. 在对折处编一个酢浆草结。

3. 如图，在编好的一个酢浆草结的左右两侧各编一个酢浆草结。

4. 以编好的三个酢浆草结作为耳翼，编一个大的酢浆草结。

5

5.编好后，打一个双联结，再穿入一颗
瓷珠。

6

6.接着，用左右两边的线分别编一个酢
浆草结。

7

7.如图，再以编好的两个酢浆草结为耳
翼，编一个酢浆草结。

8

8.最后，将编好的结倒置，剪去多余线头，
用打火机烧连成一个圈，最后穿入钥匙
圈即可。

望

人世几多沧桑，迷途上只身徘徊，不忍回头望，唯见落花散水旁。

材料： 三颗大孔瓷珠，一根50cm的4号线。

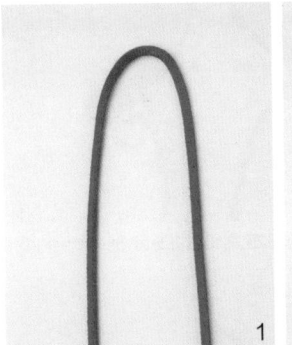

1. 将线对折。

2. 先编一个万字结。

3. 穿入一颗瓷珠。

4. 再编一个万字结。

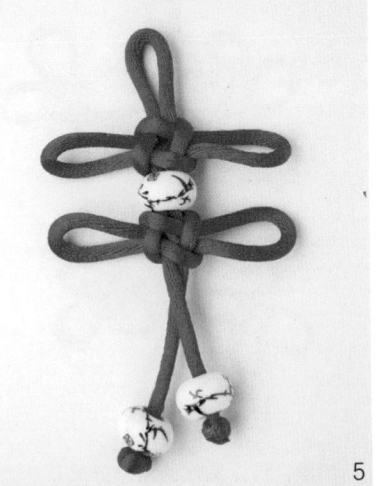

5. 在尾端的两根线上分别穿入一颗瓷珠，打单结固定即可。

风沙

如果说风沙是我们栖息的家园，那么粗犷就是我们唯一的语言。

材料：四根蜡绳，一个钥匙圈。

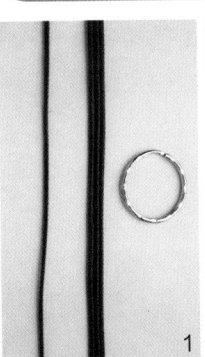

1

1. 准备好要用的材料。其中三根蜡绳要并排放置。

2

2. 将三根蜡绳对折，穿过钥匙圈。另一根线在其上打平结。

3-1   3-2

3. 打好一段平结后，将中心的蜡绳分成两组，外侧的蜡绳如图中所示在其上打平结。

4

4. 将打好的结理顺、抽紧。

5

5. 编到合适的长度后，外侧的线在所有中心线上打平结，作为收尾。

6-1   6-2

6. 最后，将剩余的线修整剪齐。

开运符

平安好运，抬头见喜，福彩满堂。

材料：一颗大扁瓷珠，两颗小圆瓷珠，一根 200cm 的 5 号夹金线。

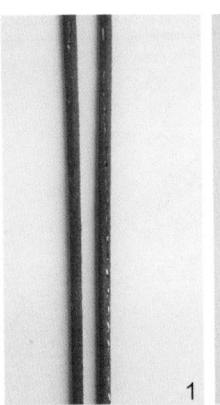

1

1. 先将线对折成两条。

2

2. 在线的对折处留出一小段距离，打一个双联结。

3

3. 在双联结下方编一个三回盘长结，注意将结体抽紧。

4

4. 在盘长结下方，打一个双联结。

5

5. 接着，穿入一颗大瓷珠。

6

6. 打一个双联结，将瓷珠固定。

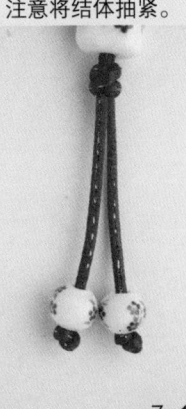

7-1

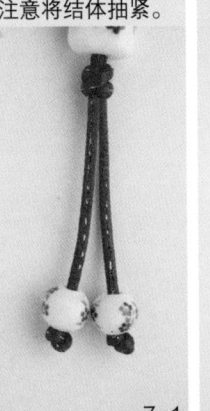

7-2

7. 最后，在两根线上分别穿入一颗小瓷珠，并在末尾打单结将其固定。

晚 霞

　　撒一片晚霞，网一段时光，留待你归时细细地赏。

　　材料： 三颗瓷珠，一根80cm的5号线。

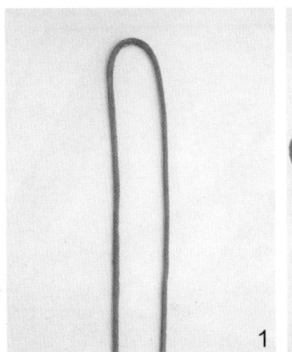

1

1. 将准备好的线对折，开始编结。

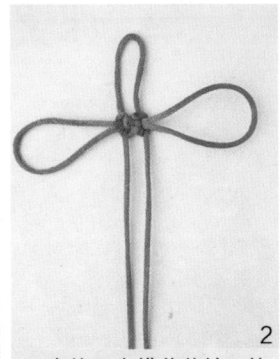

2

2. 先编一个横藻井结，拉出耳翼。

3

3. 然后穿入一颗瓷珠，并打一个双联结固定。

4-1

4-2

4. 在线的尾端分别穿入一颗瓷珠，并打一个单结作为结尾固定。

如　歌

青春将逝，让我们唱一首祭奠青春的歌。

材料：两根 80cm 的玉线，两对不同颜色的塑料串珠，八颗方形塑料串珠，一个手机挂绳，一个小铁环。

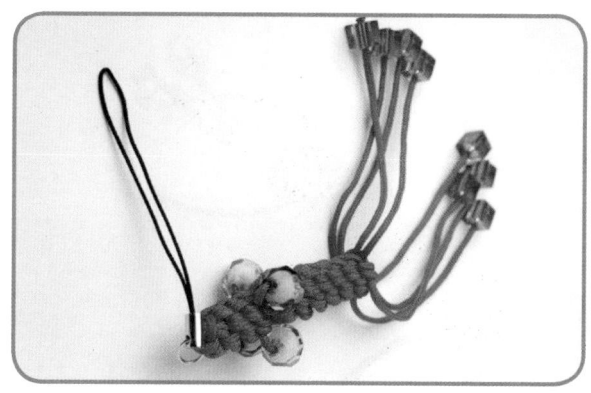

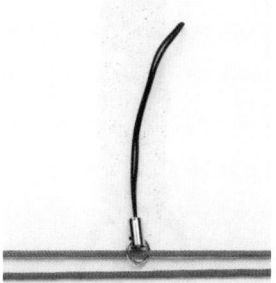

1

1. 将手机挂绳穿入其中一根玉线。

2

2. 开始编圆形玉米结。

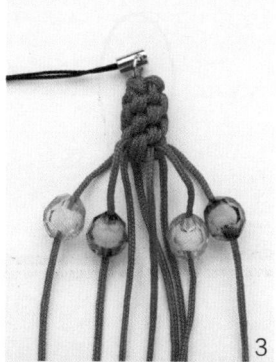

3

3. 编好一段玉米结后，将四颗串珠分别穿入四根线内。

4

4. 继续编玉米结，注意要将结体收紧。

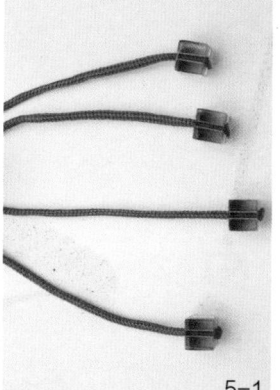

5-1

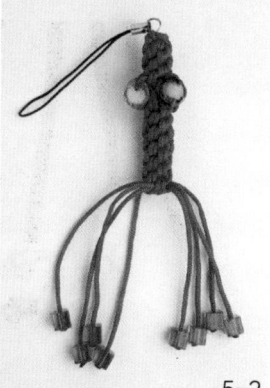

5-2

5. 最后，将八颗方形串珠穿入八根线内即成。

香草山

既然一切都在流逝，就求你快来，我们在香草山上牧群羊。

材料：两根 60cm 的玉线，一个金色花托，四颗金属珠，一个手机挂绳，一个小铁环。

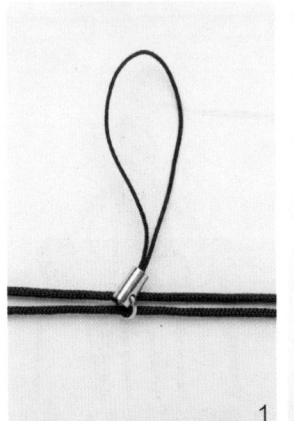

1

2

3

1. 将手机挂绳穿入两根玉线中。

2. 再用两根线编圆形玉米结。

3. 编完后，将花托穿入四根线，扣在结体的末端。

4-1

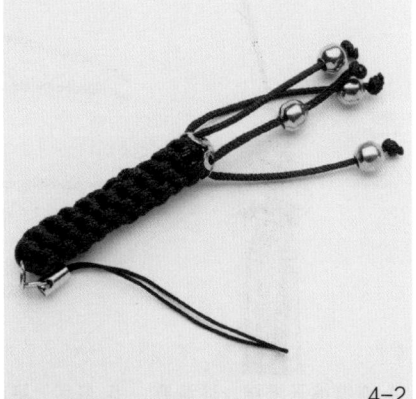

4-2

4. 在四根线的尾端各穿入一颗金属珠，并打单结固定即成。

今 天

我们只需过好每一个今天，不必怀着丰沛的心去期待明天。

材料：一个手机挂绳，一个小铁环，一根100cm的5号线，一颗瓷珠。

1

1. 拿出准备好的5号线。

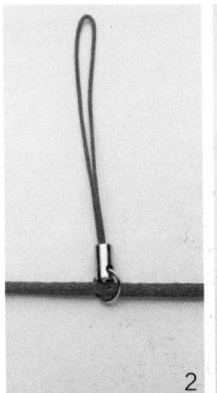

2

2. 在线上穿入手机挂绳。

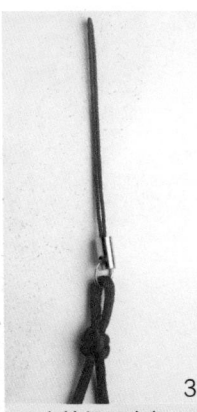

3

3. 在挂绳下方打一个双联结。

4

4. 在双联结下方编一个二回盘长结。

5

5. 穿入一颗瓷珠。

6

6. 在瓷珠下方打一个双联结，将瓷珠固定。

7-1

7-2

7. 最后，在两根线的尾端各打一个凤尾结即可。

自 在

仰首是春,俯首是秋,一念花开,一念花落。无欲方能自在。

材料:一个手机挂绳,一个小铁环,两根不同颜色的玉线,十二个透明塑料珠。

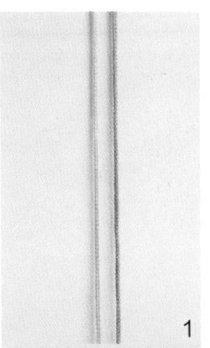

1

1. 先准备好两根玉线。

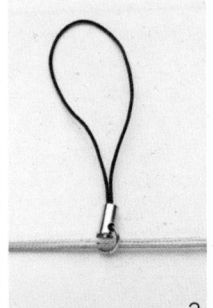

2

2. 将手机挂绳通过铁环,穿入两根玉线中。

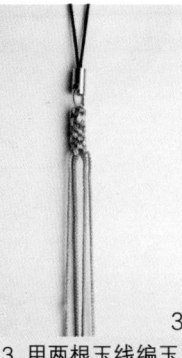

3

3. 用两根玉线编玉米结。

4

4. 编一段玉米结后,将四个透明塑料珠分别穿入四根线中。

5

5. 继续编玉米结。

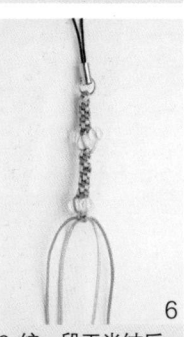

6

6. 编一段玉米结后,再将四个透明塑料珠分别穿入四根线中。再编一小段玉米结作为结尾。

7-1   7-2

7. 最后在四根线的尾端穿入四个透明塑料珠。

圆　满

　　要如何，我的一生才算圆满？唯愿那一日，我的墓前碑上刻着我的名字，你的姓氏。

　　材料：一颗软陶珠，一根80cm的玉线。

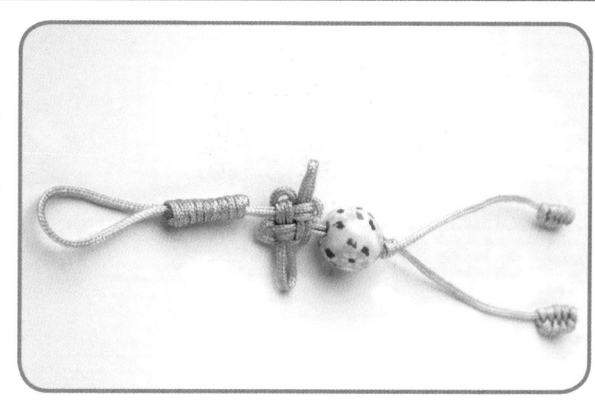

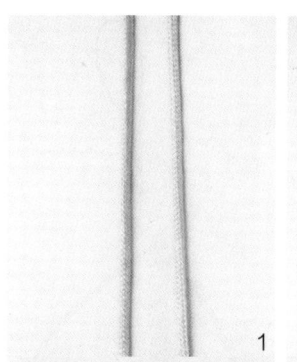

1

1.先将一根玉线对折成两根。

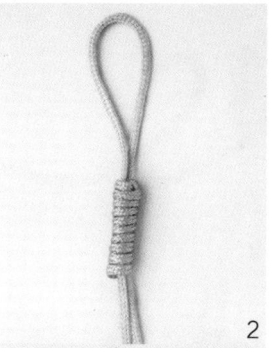

2

2.另取一根玉线，如图中所示，在第一根玉线的对折处留出一小段距离，打一段秘鲁结。

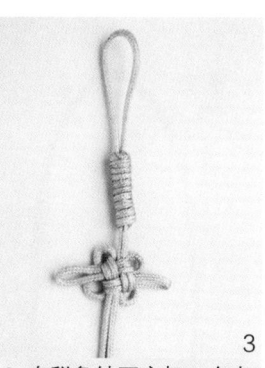

3

3.在秘鲁结下方打一个吉祥结。

4

4.在吉祥结下方穿入一颗软陶珠，并打一个双联结将珠子固定。

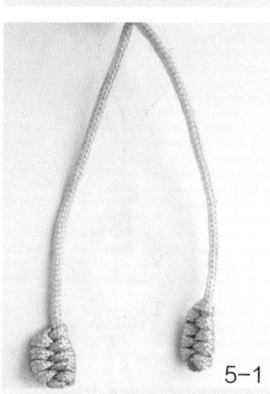

5-1

5-2

5.最后，在两根线的末尾各打一个凤尾结即成。

叮 当

每个人都幻想有一个小叮当，帮自己实现各种奇妙的愿望。

材料：一个手机挂绳，一个龙虾扣，一根80cm的6号线，一个小铃铛。

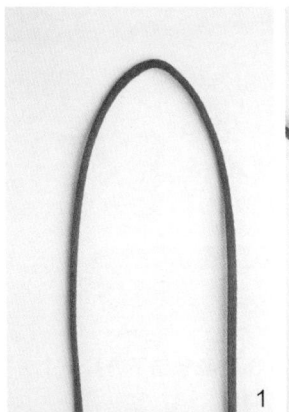

1. 取出一根6号线，将其对折。

2. 开始编锁结。

3. 编到一半时，将手机挂绳的龙虾扣扣在结上。

4. 如图，将铃铛穿入右侧的线内。继续编锁结。

5. 编完另一半后，将结体首尾相连。

6. 最后，将多余的线头剪去，烧黏即可。

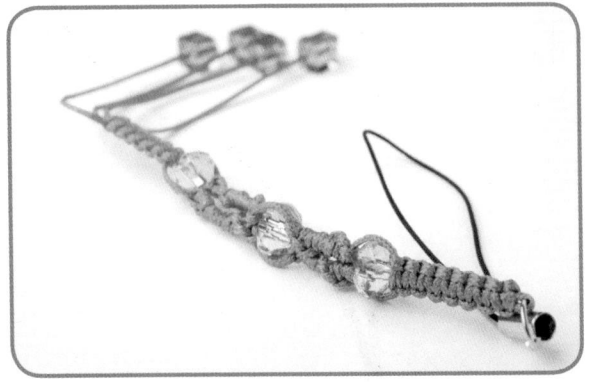

两离分

微雨轻燕双飞去，
难舍难分驿桥边。

材料： 三颗圆形塑料串珠，四颗方形串珠，一个手机挂绳，两根玉线，一根60cm，一根120cm。

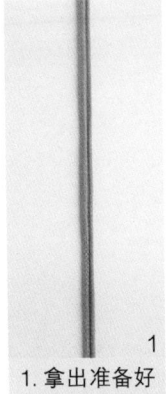

1
1. 拿出准备好的两根玉线。

2
2. 将60cm的玉线对折，在其上穿入手机挂绳。

3
3. 用另一根玉线在60cm玉线上打平结。

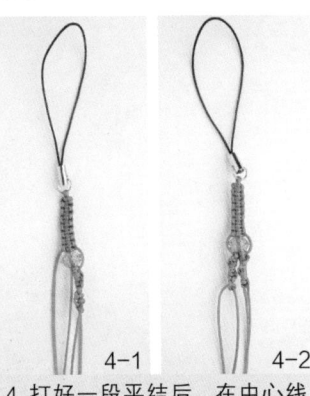

4-1
4-2
4. 打好一段平结后，在中心线上穿入一颗圆形串珠，将下面的四根线分成两组，分别打雀头结。

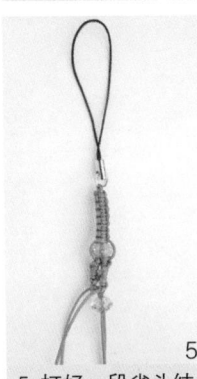

5
5. 打好一段雀头结后，在中心线上穿入一颗圆形串珠。

6
6. 继续分两组分别打雀头结。

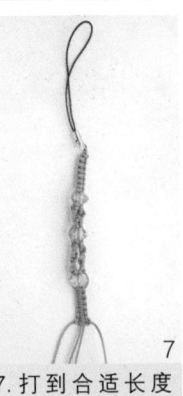

7
7. 打到合适长度后，穿入一颗串珠，然后继续打平结。

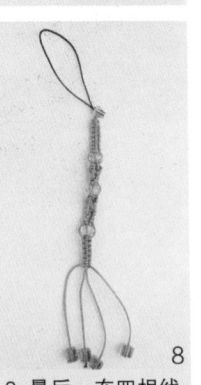

8
8. 最后，在四根线的尾部穿入四颗方形串珠即成。

涟 漪

不经意的笑如同春风戏过水塘，漾起的波纹盈向我的心口。

材料：四根不同颜色的5号线各40cm，一颗瓷珠，一个龙虾扣，一个手机挂绳。

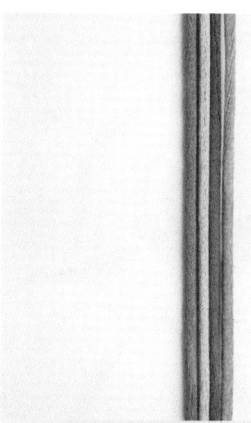

1. 将四根线并排摆放。

2. 选取其中一根作为中心线，对折后，取一根线在其上打斜卷结。

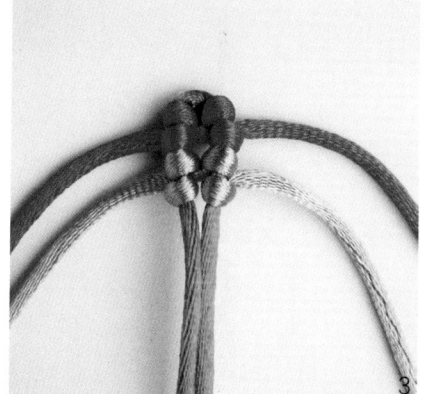

3. 另取一根线，以同样的方法在中心线上打斜卷结。

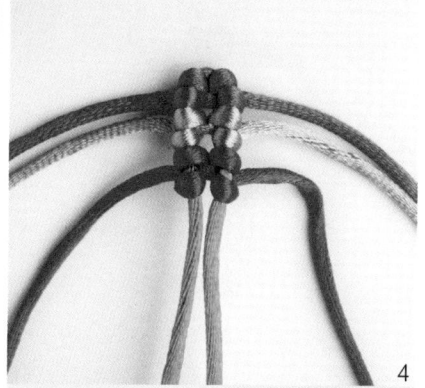

4. 取第三根线在中心线上打斜卷结。

5

5. 在中心线上穿入一颗瓷珠。

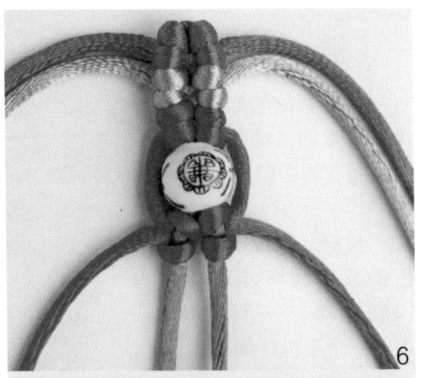

6

6. 如图，第三根线包住瓷珠，在中心线的两根线上各打一个雀头结。

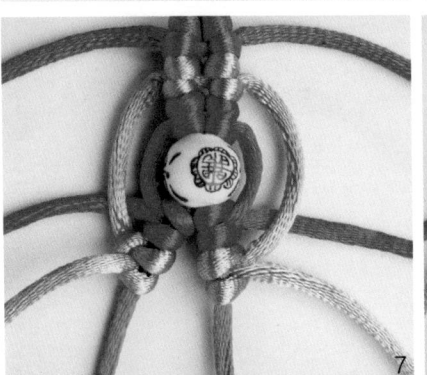

7

7. 如图，第二根线向下在中心线的两根线上各打一个雀头结。

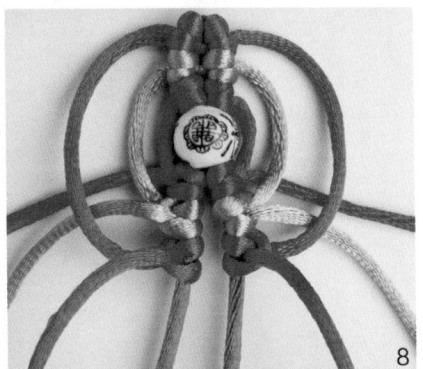

8

8. 如图，第一根线向下在中心线的两根线上各打一个雀头结。

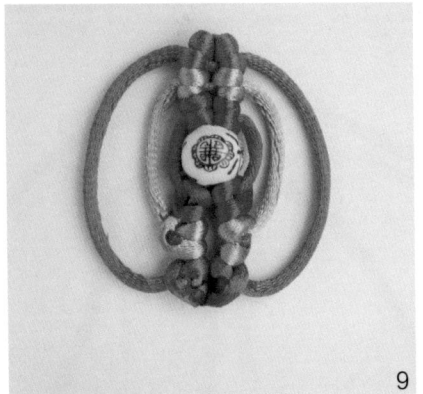

9

9. 将结体收紧，剪去多余线头，用打火机烧黏。

10

10. 将穿入龙虾扣的手机挂绳挂在结的上端即可。

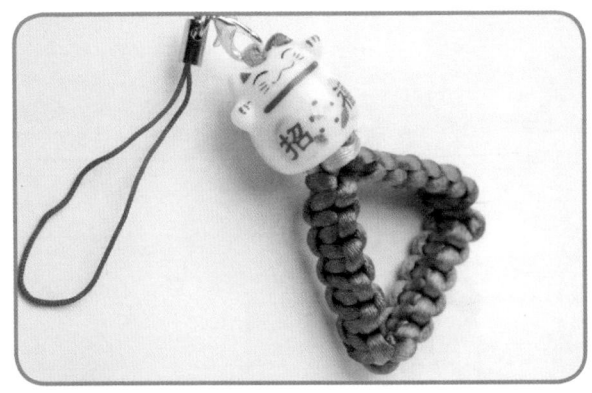

错 爱

也许是前世的姻，也许是来生的缘，却错在今生与你相见。

材料：四根不同颜色的5号线各60cm，一个招福猫挂坠，一个手机挂绳，一个小铁环。

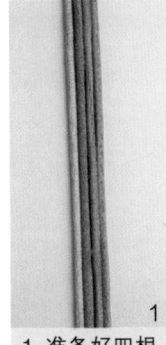

1

2

3

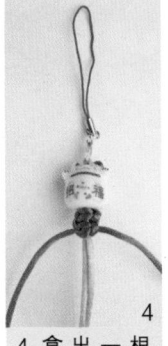

4

5

1. 准备好四根5号线。

2. 选取其中一根线作为中心线，对折后，将招福猫挂坠穿入其中。

3. 再将手机挂绳穿入线的顶端。

4. 拿出一根线，在中心线上打平结。

5. 打好一段平结后，剪去线头，烧黏。

6

7

8-1

8-2

6. 接着拿出另一根线继续打同样长度的平结。

7. 将第二个平结的线头剪去，烧黏。用第三根线继续打平结，长度相同。

8. 三段平结打好后，将中心线尾端的线缠在招福猫下方的线上，让三个平结形成一个三角形。最后，将线烧连，固定即可。

情人扣

　　环环相扣，意意相浓，一生难离弃，不忍相背离。

　　材料：六根不同长度的玉线，两个玛瑙珠，一个手机挂绳，一个小铁环，一个龙虾扣。

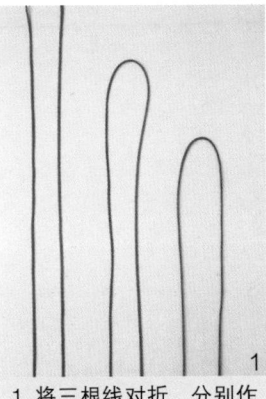

1. 将三根线对折，分别作为中心线。

2. 另外三根线分别在三根中心线上打平结。

3. 将编好的平结首尾连接，形成一个圈。

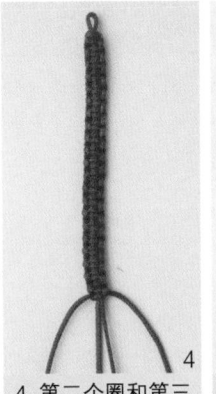

4. 第二个圈和第三个圈编法相同。

5. 在第一个圈下穿入一颗珠子，再将第二个圈连上。

6. 在第二个圈下方穿入一颗珠子，接着将第三个圈串联在一起。

7. 最后将龙虾扣扣入第一个圈的上方即可。

如莲的心

在尘世，守一颗如莲的心，清净，素雅，淡看一切浮华。

材料：一根100cm的玉线，两颗金色珠子，一个玉坠。

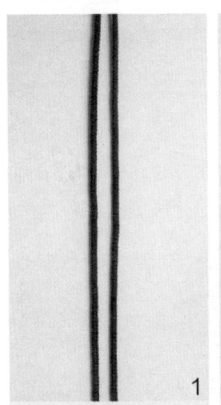

1

1. 将玉线对折。

2

2. 对折后，在中心处打一个双联结。

3

3. 接着，编一个二回盘长结。

4

4. 然后，再打一个双联结。

5

5. 在每根线上各穿入一颗金珠，并打一个双联结将珠子固定。

6-1

6-2

6. 将玉坠穿入下方的线内即成。

绿　珠

青山绿水间一路通幽，细雨霏霏处情意深浓。

材料：四颗玛瑙珠，两颗塑料珠，一根100cm的玉线。

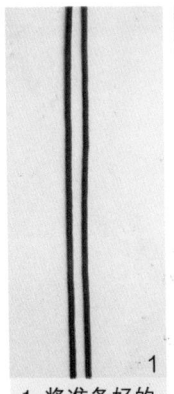

1
1. 将准备好的玉线对折。

2
2. 在对折处打一个双联结。

3
3. 在双联结下方编一个二回盘长结。

4
4. 再打一个双联结。

5
5. 穿入一颗玛瑙珠。

6
6. 打两个蛇结将珠子固定。

7
7. 再穿入一颗玛瑙珠。

8
8. 重复步骤5～步骤7，将四颗珠子穿完。

9-1

9-2

9. 最后，在两根线的末尾各穿入一颗塑料珠即成。

苦尽甘来

人生就像一杯茶，要相信，苦后自有甘来，苦后自有福报。

材料：一根 70cm 的璎珞线，一个招福猫挂坠，一根手机挂绳，一个小铁环。

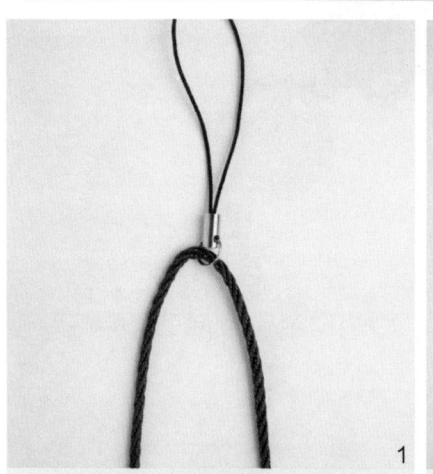

1. 将手机挂绳穿入璎珞线内。

2. 开始编锁结。

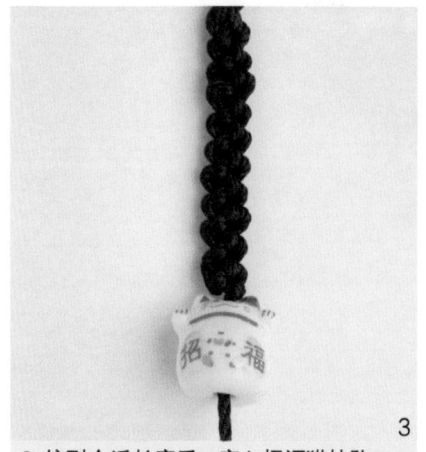

3. 编到合适长度后，穿入招福猫挂坠。

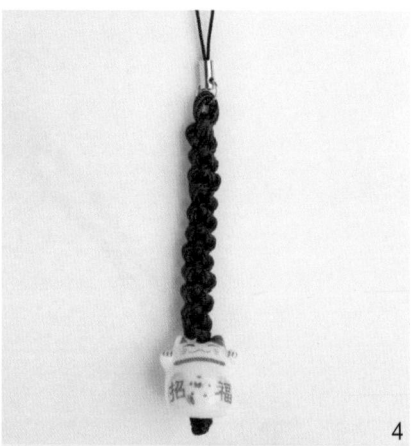

4. 最后，打一个单结将挂坠固定即成。

初 衷

光阴偷走初衷，什么也没留下，我只好在一段时光里，怀念另一段时光。

材料：一根80cm的玉线，一根五彩线，一个小兔挂坠，两颗瓷珠。

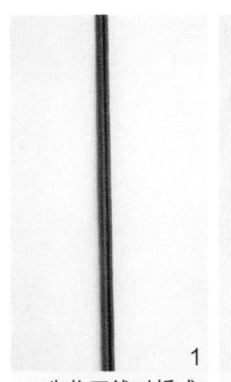

1

1. 先将玉线对折成两根。

2

2. 留出一段距离，打一个双联结。

3

3. 在双联结下方编一个团锦结，然后将五彩线绕在团锦结的耳翼上。

4

4. 在团锦结下方打一个双联结。

5

5. 穿入小兔挂坠，并打一个单结将挂坠固定。

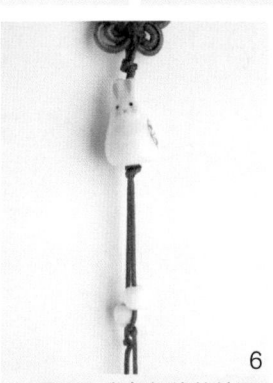

6

6. 最后，在每根线的结尾各穿入一颗瓷珠，并打单结固定。

7

7. 将多余的线剪去，用打火机烧黏即可。

一心一意

一心一意，是世界上最温柔的力量。

材料： 两根 50cm 的玉线，七颗黑珠，一颗软陶珠，一个手机挂绳，一个小铁环。

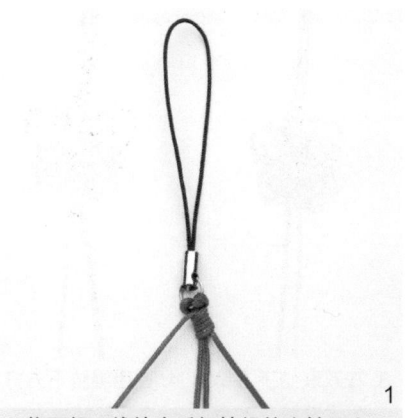

1. 将两根玉线拴在手机挂绳的小铁环上。

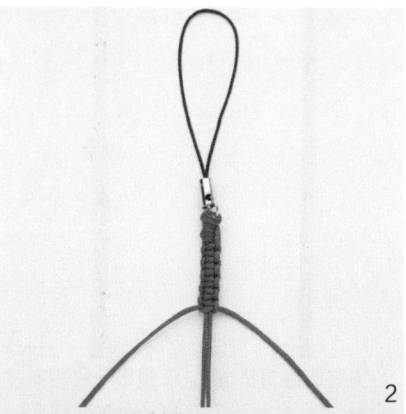

2. 以其中两根为中心线，另外两根在其上编平结。

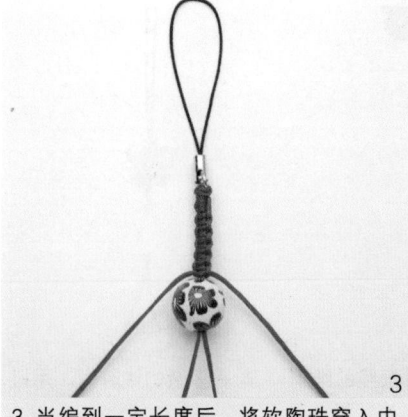

3. 当编到一定长度后，将软陶珠穿入中心线。

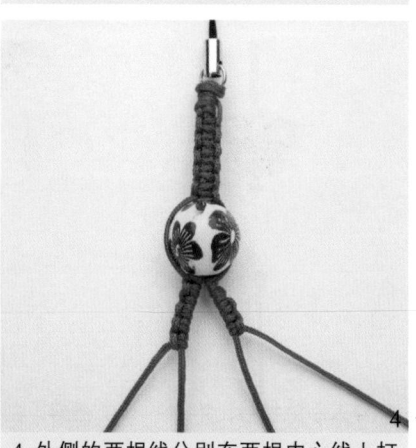

4. 外侧的两根线分别在两根中心线上打雀头结。

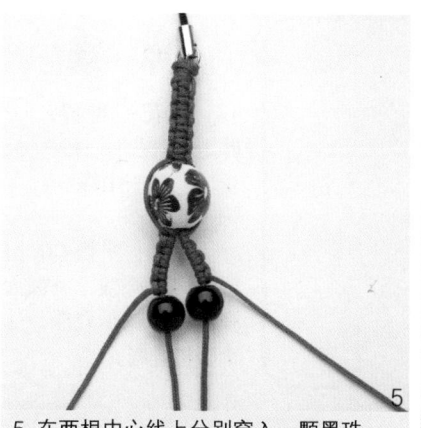

5. 在两根中心线上分别穿入一颗黑珠。

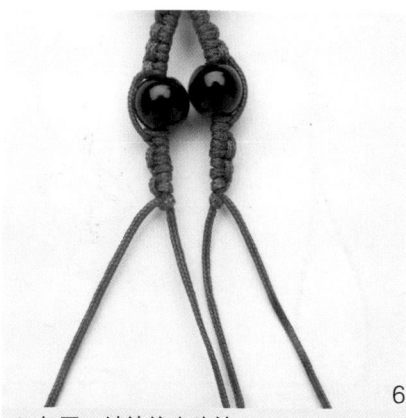

6. 如图，继续编雀头结。

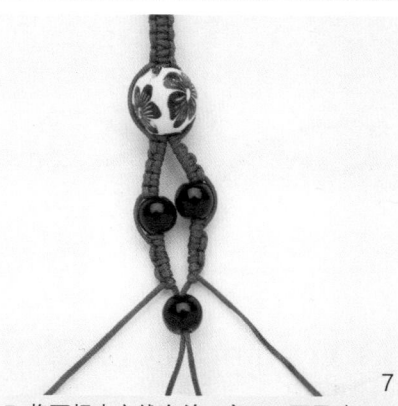

7. 将两根中心线合并，穿入一颗黑珠。

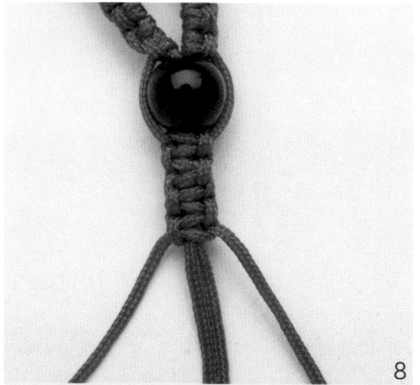

8. 如图，用外侧的两根线在中心线上打平结。

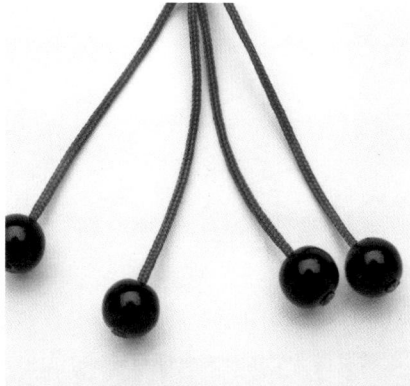

9. 注意要将结体收紧。最后在四根线上分别穿入一颗黑珠即可。

禅 意

一花一世界，一叶一菩提，一砂一极乐，一笑一尘缘。

材料：一根60cm的5号夹金线，一颗大瓷珠，两颗小瓷珠，一个手机挂绳。

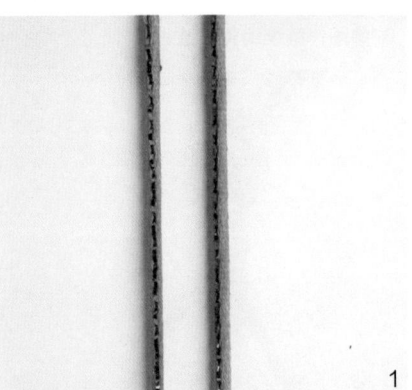

1. 将线对折。

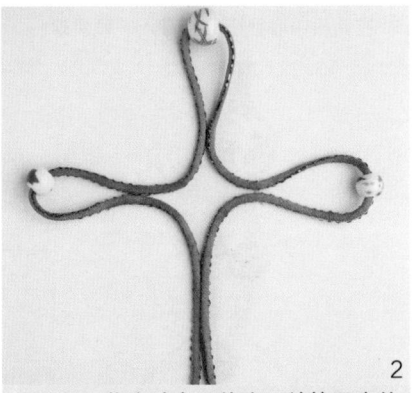

2. 如图，将瓷珠穿入线内，并按图中的位置摆放好。

3. 编一个吉祥结，注意，穿好的瓷珠分别在三个耳翼上，大珠在中间，小珠在两边。

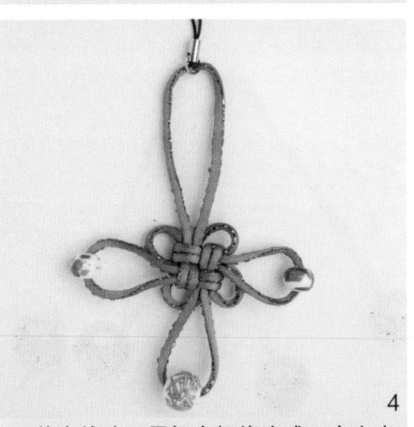

4. 剪去线头，用打火机烧连成一个大小合适的圈，并挂上手机挂绳即可。

祈 喜

以一生心，发一生愿，为你祈一生欢喜。

材料：一个招福猫挂饰，两个白色小瓷珠，一个手机挂绳，一个小铁环，30cm 和 100cm 的玉线各一根。

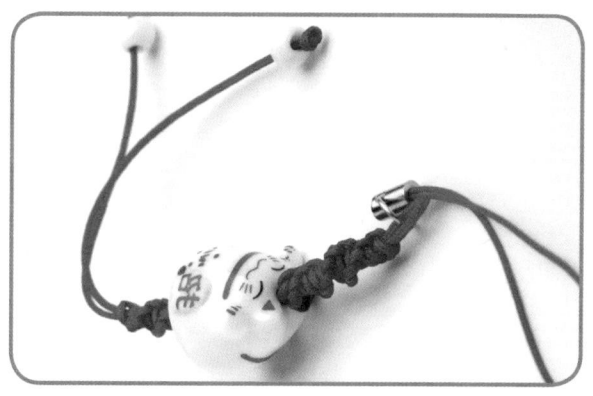

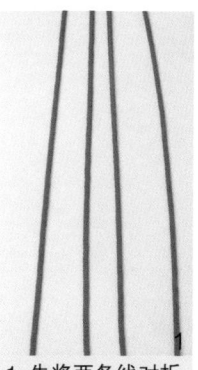

1. 先将两条线对折摆放。

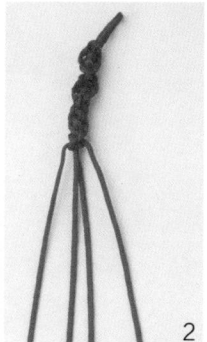

2. 以中间两条线为中心线，左右两边的线在其上打单向平结。

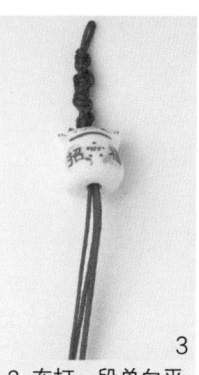

3. 在打一段单向平结后，穿入招福猫挂饰。

4. 然后，继续打单向平结。

5. 当结打到与上面相同长度时，将多余线头剪掉，用打火机烧黏。

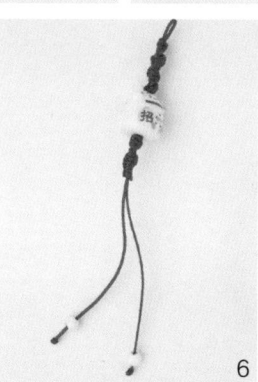

6. 将中心线的尾端分别穿入两个白色小瓷珠。

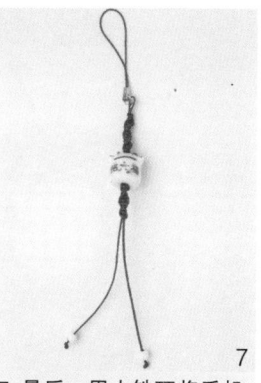

7. 最后，用小铁环将手机挂绳穿入顶部的圈内即可。

招福进宝

一只胖胖的小猫，左手招福，右手进宝，为您祈愿、纳财。

材料：三根不同颜色的玉线，长度分别为120cm、100cm、80cm，一个招福猫挂坠。

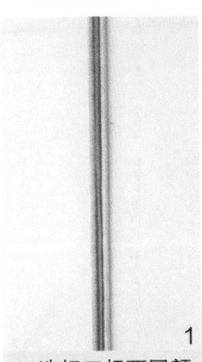

1

1. 选好三根不同颜色玉线。

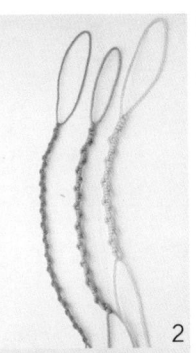

2

2. 如图，每根线对折后留出一个圈，开始编雀头结，注意编结方向一致，这样可以编出螺旋的效果。

3

3. 如图，将编好的三根线的尾线穿入开头留出的圈中，使其形成一个圈，并让三个圈按照大小相套。

4

4. 将招福猫挂坠穿入最小的圈内，并使三圈相连，仅留下两根尾线。

5

5. 最后，将两根尾线用打火机烧连成一个圈即成。

君子如玉

　　君子之道，淡而不厌，简而文，温而理。知远之近，知风之自，知微之显。

　　材料：一颗瓷珠，一根 150cm 的五彩线。

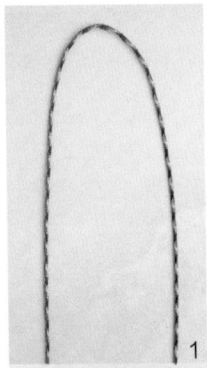

1

2

3

4

1. 将五彩线在中心处对折。

2. 如图，先将瓷珠穿入。

3. 在瓷珠下方开始编金刚结。

4. 编到合适的长度后，如图中所示，将尾线从瓷珠的孔内穿过。

5

6-1

6-2

5. 步骤 4 中从瓷珠孔中穿出的两根线在之前的两根线上打单向平结。

6. 打到一定长度后，剪去线头，烧黏即可。

第十章

挂饰篇

彼岸花

彼岸花开，花开彼岸，花开无叶，叶生无花，花叶生生相惜，永世不见。

材料：一根80cm的5号线，一个铜钱，两颗景泰蓝珠。

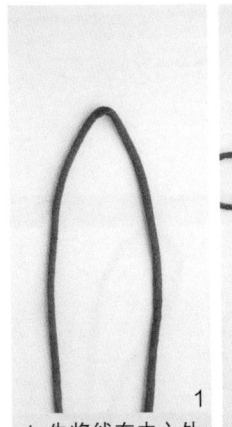

1. 先将线在中心处对折。

2. 编一个吉祥结。

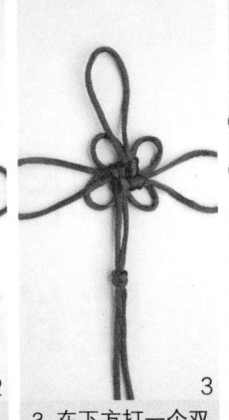

3. 在下方打一个双联结。

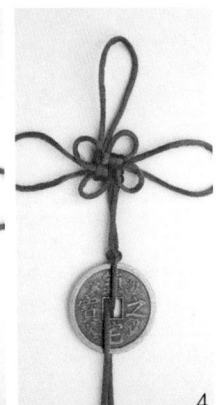

4. 将铜钱穿入双联结的下方。

5. 再打一个双联结将铜钱固定。

6. 然后编一个万字结。

7. 最后，在两根线的尾端各穿入一颗景泰蓝珠即成。

云淡风轻

待我划倦舟归来，忘记许下的誓言，忘记曾经携手的人，自此相安无事，云淡风轻。

材料：四颗瓷珠，一根 120cm 的 5 号夹金线。

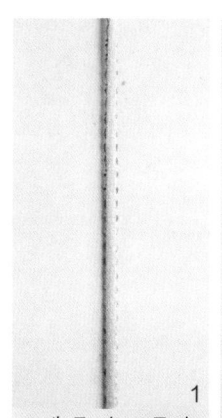

1. 先取出 5 号夹金线。

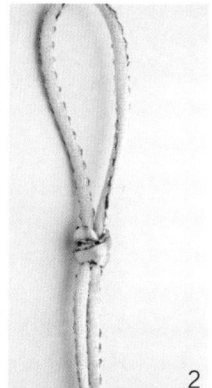

2. 将其对折，在对折处留出一段距离，打一个双联结。

3. 在双联结下方打一个藻井结。

4. 穿入一颗瓷珠。

5. 打一个团锦结，再穿入一颗瓷珠。

6. 然后，再打一个藻井结。

7-1

7-2

7. 最后，在两根线的结尾各穿入一颗瓷珠即成。

鞭 炮

爆竹声中一岁除，千门万户瞳瞳日，总把新桃换旧符。

材料：数根100cm的彩色5号线、金线，一根150cm的5号线。

1

2

3

4

1. 取两根红色5号线，编圆形玉米结。

2. 编好后，取一小段黄色5号线作为鞭炮芯编入结内，如有必要，可用胶水粘牢固定。

3. 在编好的鞭炮结体上下两端缠上金线。一个鞭炮就做成了。可根据相同步骤，做出多个不同颜色的鞭炮。

4. 编一个五回盘长结，作为串挂鞭炮的装饰。

5

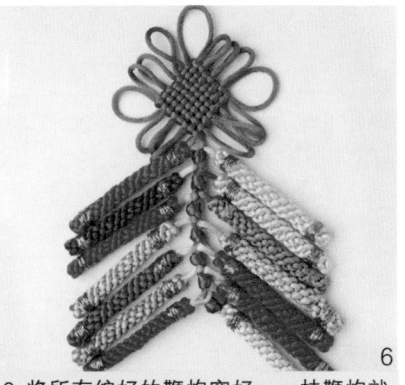

6

5. 将编好的鞭炮穿入盘长结下方的线内。穿好一对后，在下方打一个双联结固定。

6. 将所有编好的鞭炮穿好，一挂鞭炮就做成了！

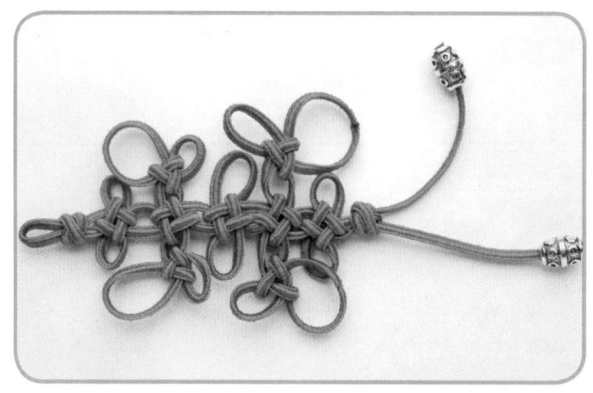

寿比南山

福如东海长流水,
寿比南山不老松。

材料: 两颗藏银珠, 一根 350cm 的扁线。

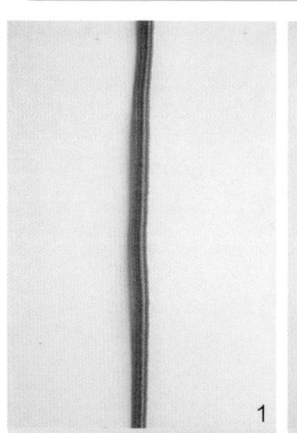

1

1. 拿出准备好的扁线。

2

2. 将扁线对折, 留出一段距离, 打一个双联结。

3

3. 在双联结下方打一个酢浆草结。

4

4. 用左右两根线各编一个双环结。

5

5. 根据如意结的编法, 在中间编一个大的酢浆草结。

6

7

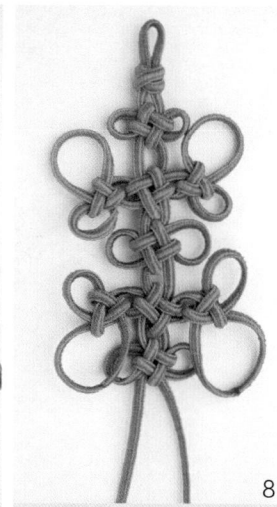

8

6. 在下方继续编一个酢浆草结。

7. 再用左右两根线各编一个双环结。

8. 再编一个大的酢浆草结，将左右两边的双环结连在一起，然后在下方编一个酢浆草结。

9

10

9. 再编一个双联结，将这个结体固定。

10. 最后，在每根线的末尾都穿上一颗藏银珠即成。

红尘一梦

红尘一梦弹指间，
回首看旧缘，始方觉，
尘缘浅，相思弦易断。

材料：两颗粉彩瓷
珠，一根150cm的5
号线。

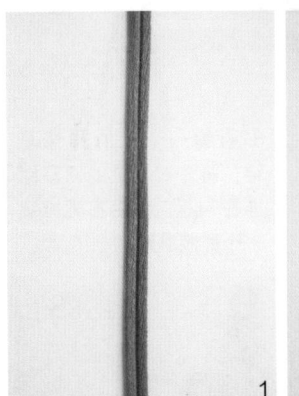

1

1. 先在线的中心处将其
对折。

2

2. 留出一段距离，打一个
双联结。

3

3. 再在双联结下方编一个
磬结。

4

4. 将结体抽紧，倒置，在
其上方打一个双联结，并将
两条线烧连成一个新的圈。

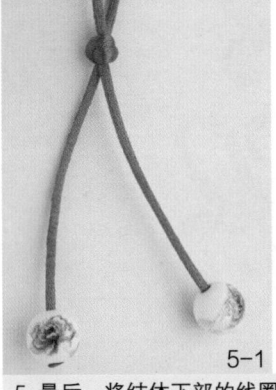

5-1

5-2

5. 最后，将结体下部的线圈剪开，分别穿入一颗粉彩瓷
珠，烧黏固定即可。

目 录

目 录

第一编 鸡的孵化与雏鸡雌雄鉴别

第二编　蛋鸡高效益饲养技术

第三编　肉鸡高效益饲养技术

第四编　鸡病防治

附　录

第一编　鸡的孵化与
雏鸡雌雄鉴别

第一章　鸡的人工孵化

鸡的人工孵化，是高效率生产鸡的肉、蛋产品的重要环节。本书将系统介绍鸡的孵化的有关知识，供同行们参考。

第一节　孵化场的场址选择与建筑设计

一、孵化场场址的选择

孵化场是最容易被污染，又最怕污染的地方。孵化场一经建立，就很难更动，尤其是大型孵化场。选址不慎，会给以后生产带来无穷无尽的麻烦。所以，选址需要慎重，以免造成不必要的经济损失。

第一，勿与农争地。尽量利用荒地、山区岗地，少用农田，不占良田，确实解决好勿与农争地问题。

第二，地形地势。孵化场应尽可能建在地势高燥，向阳背风，水源、电力充足，交通便利，排水、排污方便的地方。

第三，远离工厂、饲养场和居民点。孵化场周围3千米无大型化工厂、矿场等有害气体污染源；离铁路、公路主干线至少1千米以上（图1-1-1）；离其他孵化场、饲养场、屠宰场、垃圾和污水处理场至少2千米以上，距离居民点不少于1千米；周围3千米以内无木材加工厂，以免霉菌等污染孵化场；有可能的话，应与周围村庄签订在孵化场周围2千米范围内不准建设孵化场、畜禽饲养场、屠宰厂、动物医院和集贸市场的协议书，避免以后在防疫问题上发生争议（图1-1-1）。

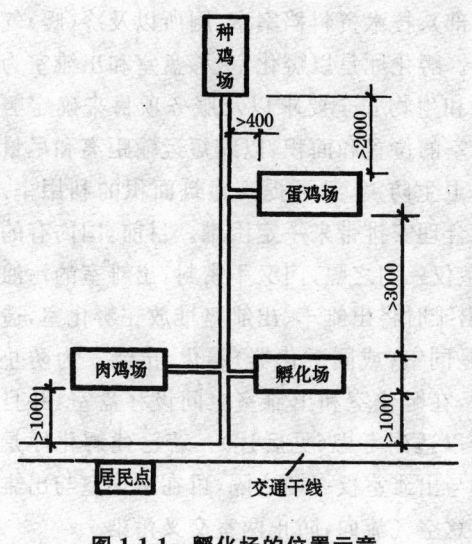

图 1-1-1　孵化场的位置示意
（单位：米）

二、孵化场总平面布局及工艺流程

（一）**孵化场的场地面积与规模**　孵化场的规模，一般根据种鸡场的生产规模而定。如果按种鸡每 7 天所产的合格种蛋数为每批的孵化量（若每周孵化两批，则按 3 天、4 天合格种蛋量），据此确定孵化器的型号和数量，最后确定孵化厅各室面积（表 1-1-1）。还应考虑场内道路、停车场、绿化等占地面积以及污水的处理设备等的占地，最后确定孵化场生产区的占地面积和规模。此外，行政管理和职工生活用房以及废弃物处理厂等的占地面积及位置，由种鸡场统一规划。

表 1-1-1　辅助房面积　（每周出雏两批，单位：平方米）

计算基数	收蛋室	贮蛋室	雏鸡存放室	洗涤室	贮藏室
孵化器出雏器（每千个种蛋需）	0.19	0.03	0.37	0.07	0.07
每入孵 360 个种蛋	0.40	0.06	0.80	0.16	0.14
每次出雏量（每千只混合雏需）	1.39	0.23	2.79	0.55	0.49

注：贮蛋室面积以蛋箱叠放 4 层计算［也可按孵化蛋盘（车）贮蛋方式计算面积］

（二）**孵化场总平面布局**　大型孵化厅包括种蛋接收室、种蛋处置室、种蛋贮存室、种蛋消毒室、孵化室、移盘室、出雏室、雏鸡处置室（兼雏鸡待运室）、接雏室、洗涤室、雏盒室、仓库、消毒通道、更衣室、淋浴室、办公室(内部)、技术资料档案室、厕所以及冷(暖)气房、发电机房等功能房间。孵化厅是以孵化室、移盘室和出雏室为中心,根据生产工艺流程和生物安全要求以及服务项目来确定孵化厅的布局,安排其他各室的位置和面积,以缩短运输距离和尽量防止人员串岗,既有利于卫生防疫,又可提高建筑面积的利用率。当然,这会给通风换气的合理安排带来一定困难。目前,国内有的孵化场的孵化室与出雏室仅一门之隔,门又不密封,出雏室的污浊空气污染孵化室。尤其出雏时将出雏车、出雏盘堆放在孵化室,造成严重污染。有的甚至是同室(或同孵化器)孵化、出雏。为防止污染,建议新建的孵化厅,在孵化室和出雏室之间设移盘室,并且在调控气流、气压方面予以适当考虑(见后述)。若已建孵化厅是同室孵化、出雏或孵化室与出雏室仅一墙之隔,可在孵化室与出雏室之间增设移盘室,并注意空气流向,防止两室交叉污染。

(三)**孵化厅生产工艺流程**　孵化厅的生产工艺流程,必须严格遵循"种蛋→雏鸡"的单向流程,不得逆转或交叉的原则(图1-1-2)。

1. 种蛋进孵化厅至雏鸡运离的孵化生产工艺流程

孵化场入口处消毒通道　　　　　种蛋接收室　　　　　　种蛋处置室
种蛋 ─────────────→ 消毒运蛋车 ─────────→ 接收种蛋

　　　　　　　　　种蛋消毒室　　　　　　　　种蛋贮存室
验收、选蛋、码盘、装车 ─────→ 消毒种蛋(贮存前) ─────→

种蛋消毒室　　　　　　　孵化室　入孵器　　移盘室
贮存种蛋 ─────→ 入孵前消毒种蛋 ──→ 入孵 ──→ 移盘

出雏室　　　　　　　　　　出雏室　　　雏鸡处置室
─→ 出雏器中继续孵化 ──→ 出雏 ──→ 雌雄鉴别、免疫及其

待运室　　　　接雏室
他技术处置 ──→ 雏鸡存放 ──→ 雏鸡运送

　　第一,种蛋从种鸡场运到孵化场入口处的消毒通道进行消毒,主要是消毒车辆,尤其是车轮,然后经种蛋专用通道运至孵化厅的种蛋接收室,经接收窗口递入种蛋处置室。注意司机或押送人员

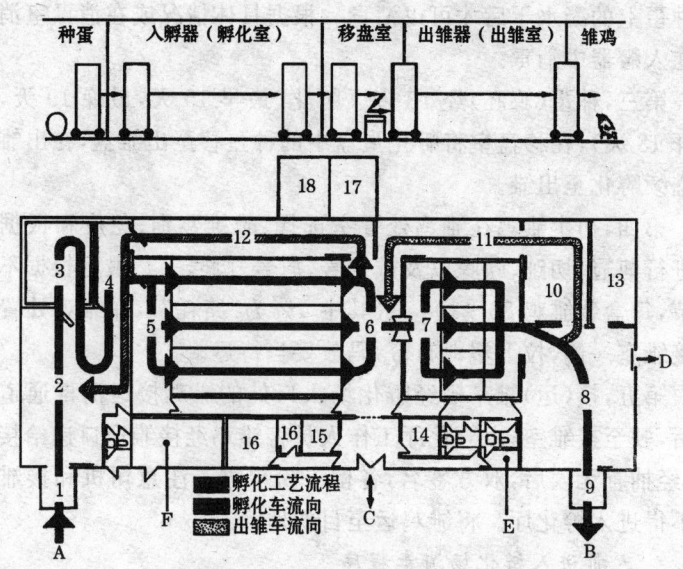

种蛋　入孵器（孵化室）　移盘室　出雏器（出雏室）　雏鸡

图1-1-2　孵化厅布局和工艺流程

A. 种蛋入口　B. 雏鸡出口　C. 人员入口　D. 废弃物出口

E. 更衣(淋浴)室及厕所　F. 餐厅及会议室

1. 种蛋接收室兼"净区"用品消毒　2. 种蛋处置室　3. 种蛋贮存室　4. 种蛋消毒室　5. 孵化室　6. 移盘室　7. 出雏室　8. 雏鸡处置室(兼雏鸡待运室)

9. 接雏室兼"污区"用品消毒　10. 洗涤室　11. 清洁出雏盘(车)通道

12. 清洁孵化蛋盘(车)通道　13. 雏盒室　14. 门卫值班室　15. 办公室(内部)

16. 技术资料档案室　17. 冷(暖)气房　18. 发电机房

不得进入孵化厅,由孵化厅工作人员接收,经验收(包括抽测约10％种蛋,统计裂纹蛋、锐端向上和不合格蛋的数量、比例)无误后,双方签名,各留一份单据。运输车原路返回。

　　第二,种蛋在种蛋处置室,经过选择、码盘,装入孵化蛋盘车后,推入种蛋消毒室消毒,再推入种蛋贮存室保存。若种蛋无须保存,可直接推至孵化室预热,也不必在种蛋消毒室消毒,待预热后在入孵器中消毒。种蛋从贮存室拉出后不可立刻消毒,应经预热待种蛋上的凝水干后才可以消毒。根据具体情况或在消毒室消毒或在入孵器中消毒。

第三,种蛋(鸡胚)经 10 多天孵化(最早 15 天,最晚 19 天,但避开 18 天),在移盘室将孵化蛋盘中的种蛋移至出雏盘,在出雏器中继续孵化至出雏。

第四,初生雏鸡在雏鸡处置室选择、雌雄鉴别、免疫和根据需要进行剪冠、切趾、断喙以及戴翅号、肩号、脚号等。最后根据不同季节,每盒装雏鸡 83~104 只(其中 4% 为"路耗"),在雏鸡处置室近接雏室一侧,拉上塑料布帘,码放妥当待运。

第五,接(运)雏车辆经孵化场入口处的雏鸡接运消毒通道消毒后,驶至接雏室,由孵化厅工作人员将雏鸡经接雏窗口递给接雏人,经抽查无误后,双方签名,各留一份单据。注意司机和接雏人员不得进入孵化厅。将雏鸡运至目的地。

2. 人员进入孵化场消毒程序

人员 ——孵化场入口处更衣室——→ 脱外衣、鞋,换外衣、鞋及洗手

——孵化厅入口处消毒通道——→消毒 ——前更衣室——→脱衣、鞋 ——沐浴室——→淋浴 ——后更衣室——→

孵化厅的衣物 ——消毒通道——→ 消毒后进入孵化厅

孵化人员先在孵化场入口处的消毒通道,接受上面的紫外线灯和下面的脚踏消毒池(通道)的消毒,然后在更衣室脱去外衣、鞋,换上孵化场的衣物,并用消毒液洗手,通过脚踏消毒池。经人员通道步至孵化厅入口处的消毒通道接受上面的紫外线灯和下面的脚踏消毒池的第二次消毒,然后在"前更衣室",脱去孵化场入口处的外衣、鞋以及内衣裤,淋浴后,换上孵化厅的衣物(不淋浴的话,不必脱内衣裤,但要用消毒液洗手),经"后更衣室"的消毒池(通道),进入孵化厅。由此可见,工作人员需经 3 道(如果淋浴,则为 4 道)消毒程序,方可进、出孵化厅。

3. 孵化蛋盘(车)流向

　　　　　　　　　　　清洁孵化蛋盘（车）通道
孵化蛋盘（车）━━━━━━━━━━━━━━→经种蛋消毒室至种蛋处置

　选蛋、码盘、装车　　　　消毒　　　　　贮存　　　　预热
室━━━━━→种蛋消毒室━━━→种蛋贮存室━━━→种蛋处置室━━━→

　　　　　消毒　　　　入孵器中孵化　　　移盘　　　　冲洗
种蛋消毒室━━━→孵化室━━━━━━→移盘室━━━→移盘室━━━→清洁孵化

　　　　　存放
种蛋（车）通道━━━→经种蛋消毒室至种蛋处置室

　　移盘后的孵化蛋盘(车)在移盘室内或"清洁孵化蛋盘(车)通道"冲洗消毒,也可在种蛋消毒室中消毒、存放。入孵前种蛋也可在孵化室内预热,在入孵器中消毒。

4. 出雏蛋盘(车)流向

　　　　　　　清洁出雏盘（车）通道, 存放　　　　消毒、预热、装盘
出雏盘（车）━━━━━━━━━━━━━━━→移盘室━━━━━━━→出雏

　　继续孵化　　　　出雏　　　　冲洗、消毒　　　　　　存放
器━━━━→出雏室━━━→洗涤室━━━━→清洁出雏（车）通道━━━→

移盘室

　　若没有清洁出雏盘(车)通道,则出雏盘(车)在出雏器中消毒、存放、预热。注意出雏盘(车)要清洁、干燥,绝不可使用潮湿的出雏盘(车)。使用前最好经过预热。

三、孵化厅的建筑结构

　　(一)地面　要求地面平整光滑、无积水、防潮和有一定的承载力。可采用现浇水磨石地面。为加强承载力,可加钢筋。

　　1. **地面结构**　从下至上:①素土夯实;②3:7灰土一步夯实厚150毫米;③油毡和沥青隔潮,再填20毫米厚的炉渣,夯实;④80毫米厚的凝固混凝土沙浆抹面;⑤用厚3～5毫米的玻璃条(或铝条)打格,800毫米/格;⑥1:1～1.5水泥石屑,厚15～20毫米,经3～5天硬化后打磨。

2. 地面坡度和承载力

(1)地面坡度 地面平整不积水,其坡度为 0.5%～1.0%。入孵器、出雏器所占地面范围内的平面度≤5 毫米,允许向孵化器前、后方向略微倾斜,以利于排水。

(2)地面的承载力 地面的承载力为每平方米 750 千克。

3. 地面排水系统 要求排水畅通、便于冲洗和防止堵塞,地面或沟内无积水。

(1)孵化厅内的排水系统 分明沟和暗沟(管),而且净区(种蛋处置室、孵化室、移盘室)、污区(出雏室、雏鸡处置室)和污区的洗涤室,分别独立设置,绝不要将三者的排水系统贯通,以免污区的污浊空气通过排水沟进入净区,造成交叉污染。明沟(盖板沟)优点是排水、冲洗和维修方便,但孵化蛋盘车或出雏盘车通过时会引起振动,易震破胚蛋。而暗沟(管)却相反。一般明沟(盖板沟)宜敷设在孵化器背面以及洗涤室。暗沟(管)敷设孵化器前面以及种蛋处置室、移盘室等种蛋通行频繁的地方。雏鸡处置室的排水,既可采用明沟也可采用暗沟(管)。通过若干横向的暗沟(管)与上述排水沟连接,将孵化厅内的污水排至厅外的渗水井(污水沉淀井)中。

①排水明沟(盖板沟)。入孵器和出雏器的背后,均分别设有纵向贯穿孵化室或出雏室的排水明沟,上盖菱形孔眼的铸铁盖板,盖板与地面平齐,沟底向沉淀池方向倾斜(坡度为 3%),要求沟内无积水。沉淀池池底比排水沟底低 200～300 毫米,以截留固体污物,内设不锈钢纱筐,并定期清除筐中及池中的固体沉淀物,以免堵塞管道。盖板沟与横向的暗沟(管)相连,将沟内污水经暗沟(管)排至孵化厅外的污水沉淀井中。洗涤室的盖板沟规格与孵化室相仿,坡度可大些(4%)。它与雏鸡处置室连接处要设沉淀池,池中放置不锈钢纱筐,以便定期清除筐中及池中的固体沉淀物。

②排水暗沟(管)。入孵器和出雏器的前面 30～50 厘米,各设

纵向的暗沟(管)。种蛋处置室和移盘室的暗沟(管)与孵化室的暗沟(管)贯通,雏鸡处置室的暗沟(管)与出雏室的暗沟(管)贯通。排水暗沟(管)应采用防腐蚀材料。建议采用双面带釉陶土管。铺设时,地漏铁箅处比室内地面低5～10毫米,管道应向地漏(或沉淀池)方向呈一定坡度(一般为3%～5%。距离长,用3%,距离短,用5%),以利于排水通畅。若地漏改为沉淀池,则长600毫米×宽400～500毫米,深度根据排污方向及坡度而定,沉淀池池底应比该处暗管管底低200～300毫米,以截留固体污物。

③淋浴室和消毒池(通道)的地面及排水。设地漏,污水排至厅外渗水井。

(2)孵化厅外的排水系统

①渗水井。接纳孵化厅内的污水。渗水井大多设在孵化厅外南侧,亦可设在孵化厅外北侧。

②粪污井。接纳孵化厅内厕所的粪尿污水。因厕所位置多在孵化厅的南侧,故设在孵化厅外南侧。

③排水明沟。孵化厅外墙四周设宽700～900毫米的散水,其外侧设排水明沟,以接纳雨水;或不设排水明沟,雨水直接排至散水外的土地里。

(二)墙壁 要求保温隔热性能良好和坚固耐用,光滑,耐高压冲洗(表1-1-2)。

表1-1-2 围护结构热阻参数值

气候类型	炎 热	温 和	寒 冷
屋顶热阻值	4	8	12～14
墙壁热阻值	2	2.5	8～10

1. 外围墙 整个孵化厅的外围墙应有两道圈梁。外墙厚37厘米。外围墙也可采用彩涂钢板为外层的聚苯乙烯泡沫塑料夹芯板(或芯材为聚氨酯或立丝状纤维的岩棉或超细玻璃棉)的轻钢板

材的新型材料组装件,搭建在砖砌的墙裙上。

2. 内 墙

(1)内墙厚 大部分内墙厚 24 厘米,更衣室等跨度为 1.5～3.3 米的小跨度房间,非承重墙的厚度为 12 厘米。

(2)防潮处理 凡与淋浴室、洗涤室相邻的仓库、雏盒室,其墙壁均应做防潮处理。

(3)内墙材料 除砖木结构之外,也可采用外围墙相同的新型材料。内墙面不宜铺贴瓷砖,以免瓷砖缝隙藏污纳垢,不利于防疫。

国内先后使用过防锈漆覆醇酸漆、有机胶泥子外覆塑酯漆、单组分聚氨酯涂料、双组分聚氨酯涂料等内墙涂料,但效果不好,遇水脱落。后来,天津华牧生物工程公司研制的 SPEW 实验室内墙涂料,具有防水、黏结性强、抗酸、抗碱、抗氧化剂等特点。经试用证明,该涂料是一种优秀的孵化内墙涂料。

(三)门、窗

1. 门 分金属卷帘门、推拉门、对开门、折叠门、单扇门等。除金属卷帘门、推拉门之外,门应向外开启,以利于防火。除办公室、雏盒室、更衣室、仓库和洗涤室等设门坎外,其他门均不设门坎,洗涤室和雏盒室应为活动门坎且要密封,以便于车辆通行无阻又能防止污水渗漏。除办公室和门卫值班室门镶玻璃外,其他门均不镶玻璃。门上固定式玻璃观察窗的规格为直径 20～25 厘米圆形或 20～25 厘米×20～25 厘米正方形。

(1)与外界相通的大门 与外界相通的种蛋接收室、接雏室和废弃物出口大门,要密封,防雨淋,可选择金属卷帘门。有自动上锁功能。门的规格为高 2.6 米×宽 2.0 米。废弃物出口大门规格为高 2.4 米×宽 1.6 米。

(2)厅内门 除办公室、门卫值班室的门镶嵌玻璃之外,其他内门为平面,无玻璃,外包铝板(或铝合金材料),可在门上设镶嵌透明有机玻璃的观察窗。

①种蛋接收室与种蛋处置室相隔的门。门的规格为高 2.6 米×宽 2.0 米，门上另设一个离地高 0.8～1.0 米的净高 50～60 厘米×净宽 80～100 厘米的种蛋接收窗口。仅孵化设备搬运时才打开大门或接收种蛋时才打开接收窗口，平时均上锁。

②种蛋贮存室门和种蛋消毒室门。前者有保温层，后者为单层门；均要密封。

③种蛋处置室与孵化室相隔的门。可为推拉门，无玻璃（设观察窗）。净高 2.4 米×净宽 2 米。

④孵化室与移盘室相隔的门。要求密封，有观察窗的无玻璃平板式门。亦可为推拉门。净高 2.4 米×净宽 2 米。

⑤移盘室与出雏室相隔的门。要求密封，以免出雏室污浊空气污染移盘室，继而污染孵化室。有观察窗的无玻璃平板式对开门或推拉门。净高 2.4 米×净宽 2 米。

⑥出雏室与雏鸡处置室相隔的门。要求密封，可为推拉门，无玻璃（设观察窗）。净高 2.4 米×净宽 2 米。

⑦雏鸡处置室与接雏室相隔的门。如果该门要走大件设备，则门的规格为高 2.6 米×宽 2.0 米，门上另设一个离地高为 0.8～1.0 米的净高 50～60 厘米×净宽 80～100 厘米的雏鸡接收窗口。

仅孵化设备搬运时才打开大门或接雏时才打开接收窗口，平时均上锁。若该门不走大件设备，则规格为高 2.0 米×宽 0.9～1.2 米，或不设门，仅设雏鸡接收窗口，窗口的下沿设暂放台。

⑧洗涤室门。为有观察窗的无玻璃平板式门，要防潮。规格为高 2.3 米×宽 1.6 米。为了运输方便，可设活动门坎，但要注意密封，以免洗涤室的污水流入雏鸡处置室。

⑨雏盒室和仓库门。为无玻璃平板式门。要设门坎，以免冲洗时污水流入室内，泡坏雏盒或用品。为了运盒方便，可做成活动门坎，但要注意密封。

⑩消毒更衣室门。内、外门为铝合金平板式门,门上设毛玻璃的小窗,规格为20厘米×20厘米或直径20厘米。设弹簧以便能自动关闭。

⑪门卫值班室的门。镶玻璃的平板式门,设门坎。

2. 窗户 要求既开关自如又要密封,必要时加装密封条。与孵化厅外相邻的窗户,应设双层玻璃,以利于隔热保温。

(1)孵化室和出雏室窗户 采光窗的高度以超过孵化器高度为宜,采光窗高0.6米×宽1.2米,间距6米左右为宜,用双层玻璃窗,其传热系数约为单层玻璃窗的50%,有利于降低孵化厅的冷负荷。采光窗因在高处,要设拉绳和自动弹簧锁销,以便开关自如。该窗合页安在下方,开启时,窗扇向上倾斜,这样外界的冷空气先吹向天花板再折返下来,以免外界冷空气直吹孵化器。若采用窗户通风方式,则窗的规格为宽1.5米×高1.8米。均设纱窗以防野鸟、蝇虫侵入。

(2)门卫值班室的观察窗 离室内地面高80~90厘米,宽1.2~1.5米×高1米,为固定式观察窗,以便于管理。

(3)更衣室窗 凡与外墙相隔的更衣室,为了采光,可设离地高2.0~2.2米的宽1米×高0.5米的固定式窗户(一般设在上圈梁下方),镶上毛玻璃。

(4)外围墙的其他窗户 办公室、技术资料档案室、餐厅(休息室)、门卫值班室和洗涤室等,可设玻璃窗作采光通风之用。但窗框要安栅栏,以防违章者爬窗进入孵化厅。

(四)屋顶与天花板 屋顶的冷负荷仅次于玻璃窗。因此,其保温、隔热性能很重要。屋顶除要求防水、保温、承重外,还应不透气、光滑、耐火和结构轻便。设计时应高度重视。孵化厅的屋顶主要分"人"字形(两面坡)及平顶型。"人"字形(两面坡)应有吊顶。特别要避免冬季出现天花板结露、滴水。否则,既造成工作环境恶劣,又缩短孵化设备的寿命。

1. "人"字形(两面坡)屋顶 可采用具有防寒、保温、隔热、体轻、防水、装饰和承力等性能的金属绝热材料夹芯板,它是彩涂钢板为表层的聚苯乙烯泡沫塑料夹芯板(或芯材为聚氨酯或立丝状纤维的岩棉或超细玻璃棉)的轻钢屋顶。彩色钢板涂层处理,从上至下分为:面漆→底漆→化学前处理→锌层→冷轧板→锌层→化学前处理→底漆,面漆应刷成白色,以降低屋顶的辐射热。也可采用梭形轻钢屋架,屋面材料为钢筋混凝土槽形板,屋架为 90 毫米×6 毫米单角钢和圆钢焊接而成,屋顶出檐 60 厘米。孵化厅应吊顶,可冬保温夏隔热。吊顶以铝合金、塑料为佳,可用 PVC 扣板,其上现场浇注聚氨酯,再覆盖一层水泥。这样,既增加了吊顶的强度,又加强了保温效果,还起到防火作用。吊顶材料不宜用石膏板、纤维板、木板、胶合板和铁板。因长时间在潮湿的孵化厅内,石膏板、纤维板、胶合板会因吸潮塌陷、脱落,木板易腐朽也不利于消毒,而铁板容易锈蚀。

2. 平顶型屋顶 可用加气板、预制板或现浇。

(五)上下水道

第一,上水管在进孵化厅之前应在孵化厅外设水管总阀门检查井(要注意保温、防冻)。

第二,孵化器冷却用的水管不要裸露或接近暖气,以防水温度升高而影响制冷效果。

第三,孵化厅冲洗用的水管管径要大一些(干管采用 DN25 即 2.54 厘米,用三通变径为 DN20,接高压清洗机),一般装在孵化器之间的横向通道的对面墙壁约 1 米高处,并配备水龙头。其他各室在适当地方配备水龙头及洗手池。

(六)电线铺设 总的要求是防水、安全。应有电线位置及规格等详细图纸和说明,以方便维修。

第一,电源线通过架设电线杆或筑电缆沟(电缆沟美观但投资大)引入孵化厅内。

第二,孵化厅内的电线应套在塑料管内后埋入墙内和敷设于天花板上或吊顶的顶棚内侧面,以免受潮发生短路。

第三,电源开关和插座必须设防水罩,以免冲洗时进水造成短路或发生安全隐患。

第四,电缆、电线的截面积应符合要求,且为三相四线制,动力与照明应独立布线。

第五,照明设备应并联接线,每台孵化器应单独与电源连接,并安装保险及过载自动跳闸装置。要保障三相平衡,避免某相电流过大。

四、孵化厅各室建筑设计的基本要求

孵化厅内公共设施与"净区"和"污区"之间的通道应分开,两通道与公共设施连接处应设鞋底消毒设施,"净区"和"污区"之间的连接处也应有鞋底消毒设施,以便截断厅内通过鞋底传播病原微生物的途径。该消毒设施是能存贮消毒液的浅凹的地面,以免影响厅内车辆移动。

(一)种蛋接收室 面积要能驶入运蛋车和留有适当的操作空间。应有取暖、通风和照明设施,以免接收种蛋时种蛋受冻,还可改善工作环境。室温保持 20℃~25℃,相对湿度无特殊要求,等压通风。大门关闭,仅开种蛋接收窗,以防止厅外送蛋人员进入厅内。该室兼用作进入"净区"用品、工具消毒处。

(二)种蛋处置室 接收种蛋、验收、选蛋、码盘、装车。设洗手消毒盆,有上、下水设施,排水暗管连接孵化室。室温保持 22℃~25℃,相对湿度为 50%~60%,等压通风。

(三)种蛋贮存室 要求密封、保温、隔热。室温保持 18℃以下,相对湿度为 75%~80%,等压通风。

1. 墙壁 种蛋贮存室内四周墙壁要用保温材料做隔热层。一般先砌空心砖再用水泥沙浆抹平,最后用白水泥罩面。也可选

用新型材料做保温层。

2. 顶棚　天花板用聚苯乙烯板材做隔热层(厚约 80 毫米),地面至顶棚高 2.4 米,以保持良好的保温效果,也减小了制冷空间。

3. 门、窗　种蛋贮存室可为折叠双层门,中间填以保温材料(如厚 50～60 毫米的聚苯乙烯)。不设门坎,但要密封。不设窗户。

4. 体积　根据种蛋贮存方式和每次入孵量以及制冷设备位置来确定种蛋贮存室的长、宽、高。应尽量缩小种蛋贮存室的体积,以降低空调(或制冷设备)运行时间,这样既节电又延长空调(或制冷设备)的使用寿命。

(四)种蛋消毒室　要求密封,配备排风扇。室温 26℃～28℃,相对湿度为 75%～80%,等压通风。

1. 体积　根据孵化蛋盘车规格和一次入孵量所需的车辆数量及留有操作空间,来确定种蛋消毒室的长、宽、高。按一次最大消毒量设计,一般以每次入孵量一次消毒为准。

2. 门、窗　门不设夹层,厚度根据材质而定,但不超过 40 毫米。门要密封,以免消毒气体外泄。不设窗户。

3. 顶棚　用 PVC 扣板吊顶,地面离顶棚高 2.4 米。尽量缩小种蛋消毒室的体积,以节约消毒药的用量。

4. 通风　有强力排风设备,以便将消毒后的废气通过排风扇和管道排放至室外。

另外,为了孵化蛋盘车进出自如,不产生碰撞,应设孵化蛋盘车滑道及定位卡块。

(五)孵化室　室温 24℃～26℃,相对湿度为 55%～65%,正压通风。该室应为无柱结构,以免影响入孵器的布局及操作管理。多采用双列连体方式排列,可较好利用空间,一般 3～5 个入孵器连体后留有 90～120 厘米的横向通道,以便于管理。入孵器离墙约 1 米,中间工作通道约 3 米。一般双列式孵化室内径宽度＝孵化器离墙 1 米×2＋孵化器厚度×2＋中间工作通道 3 米。长度根据入孵器型号、台数以及适当的横向通道而定(孵化室内径长度＝入孵器宽度×台数/列＋横向通道的总宽度)。从地面到天花板的高度为 4～5 米。巷道式孵化器,则应达 4.6 米。

(六)移盘室 室温保持 26℃～28℃,相对湿度为 55%～65%。兼用作移盘前出雏盘车的预热、消毒处和移盘后孵化蛋盘车冲洗消毒处。为此,可通过吊顶,将其高度降至 3 米左右,宽度与孵化室相同。因该室要放置移盘设备、孵化蛋盘车、出雏盘车以及留有足够的操作空间,所以面积不宜太小。该室最好采用正压通风或等压通风,以防止出雏室空气污染移盘室和孵化室。

(七)出雏室 室温 24℃～26℃,相对湿度为 55%～65%,负压通风。该室主要是处理好通风换气,尤其是出雏期间雏鸡绒毛的收集、排放以及排水问题。避免出雏室的浊气、污水流向移盘室、孵化室。面积根据出雏量和出雏器型号、数量而定。一般出雏器台数为孵化器的 1/4。多采用双列连体方式排列,可较好地利用空间,连体的左、右侧各留 80～100 厘米宽的通道,以便到出雏器背后进行操作管理和维修。一般出雏器离墙约 1 米,中间工作通道约 3 米。出雏室宽度和高度与孵化室相同,长度根据出雏器型号、台数以及留适当横向通道而定。

有人认为,出雏室应堵隔成几个独立的小间,一般以 2 个为宜。大多数孵化厂采用每周入孵出雏两批制,每次出雏和移盘之间的时间间隙很短,若只有 1 个出雏室,清洗消毒工作只能边出雏边冲洗,这样既不便清洗,效果又不好;如果等出雏完毕后再冲洗,则没有足够时间使出雏器内干燥,这样匆匆忙忙地移盘,则出雏器不能尽快升至设定的温度,影响胚胎发育,且影响机内消毒效果,导致细菌数量增加。

(八)雏鸡处理室(兼"雏鸡待运室") 室温 22℃～26℃,相对湿度为 55%～60%,负压通风。该室进行雏鸡雌雄鉴别、免疫接种及其他技术处理,三组工作既要有放置设备、雏鸡和相应的操作空间,又要相隔一定距离,以免互相干扰甚至错拿雏鸡。因此,面积不宜太小。如果该室兼用作雏鸡待运室,为创造雏鸡暂存的良好环境条件,此时可改为正压通风。

(九)接雏室 室温 22℃～25℃,相对湿度为 55%～65%,正压通风。应有取暖、照明和通风设施,以免接雏时雏鸡受冻,并改善工作环境。该室一般兼用作进入"污区"用品、工具消毒处。面积要能驶入运雏车和留有适当的操作空间。

(十)洗涤室 室温 22℃～25℃,相对湿度无特殊要求,负压通风。洗涤室面积根据入孵量或出雏量而定。该室应配备高压清洗机,还可配备蛋雏盘清洗机。

(十一)雏盒室 根据雏盒规格和出雏量决定该室面积。该室要求保持干燥,如果与洗涤室相邻,其隔墙要做防潮处理,以免雏盒受潮。要注意防鼠害。

(十二)办公室(内部) 孵化厅负责人办公地方,仅处理内部事务,不对外办公。

(十三)技术资料档案室 孵化厅技术人员办公场所,存放各种记录表格及统计资料。若孵化厅有群控系统,该室兼做监控室,通过群控主机监视和控制孵化厅内孵化设备的正常运行。

(十四)门卫值班室 做好人员进出孵化厅的管理,接听电话,传递信息。

(十五)淋浴更衣室 应安装取暖、照明和通风设备,室温保持25℃以上。注意私密性,不设透明玻璃门、窗,仅设固定式采光高窗(上圈梁下方)并镶毛玻璃。应配备更衣柜(前、后更衣室各1套),分别放置孵化场入口处的衣物和孵化厅衣物。

(十六)仓库 存放工具及易耗品。要求干燥清洁,有照明设备。

(十七)餐厅(兼会议室) 工作人员中午就餐,以及工作前布置任务、交接班和有必要时的通报会。

(十八)暖气、冷气房(及锅炉房)与发电机房、配电室 负责孵化场供电,调节温、湿度,通风换气以及安装水加热二次控温系统设备。该房间一般建在孵化厅背面中部,亦有建在出雏端的山墙外。

五、孵化场设计实例

笔者 2000 年应河北省某单位要求设计了年孵化 600 万个种蛋的孵化厅。现将一些有关设计参数以及若干设计图介绍如下。

(一)孵化场总平面布局 根据该单位拟建孵化厅的周围道路及建筑物具体情况,确定孵化场的总平面布局(图 1-1-3)。

孵化场四周筑围墙,墙外挖防疫沟渠,孵化厅四周用铸铁工艺栅栏(高约 1.2 米)围护。南边设花圃,以美化环境。

(二)孵化厅总平面布局 首先,根据拟建场位置具体情况,确定孵化厅的种蛋入口、雏鸡出口、人员入口和废弃物出口的位置。

其次,依据该单位的具体条件,选择孵化厅的建筑结构。再按照"种蛋→雏鸡"的单流程生产工艺、孵化量及孵化器选型、数量,决定孵化厅各室的位置和面积。

1. 孵化器的选择和每批入孵量

(1)孵化器的选择 选用依爱电子有限责任公司的"EI-19200型"孵化器。容蛋量为 19 200 个/台的入孵器和出雏器。

(2)每批入孵量 每批入孵 2~3 台,按 3 台设计,每批入孵 5.76 万个种蛋,每周孵化 2 批,共孵化 11.52 万个。1 年孵化量为 600 万个种蛋。

2. 孵化场规模

(1)孵化厅规模 入孵器 24 台和出雏器 6 台。总建筑面积为 1 001.4 平方米。各室面积分别为:①种蛋处置室,10.5 米×9.8 米=102.9 平方米;②种蛋贮存室,6 米×4.2 米=25.2 平方米;③种蛋消毒室,4.5 米×4.2 米=18.9 平方米;④孵化室,45 米×9.8 米=441平方米;⑤移盘室,6 米×9.8 米=58.8 平方米;⑥出雏

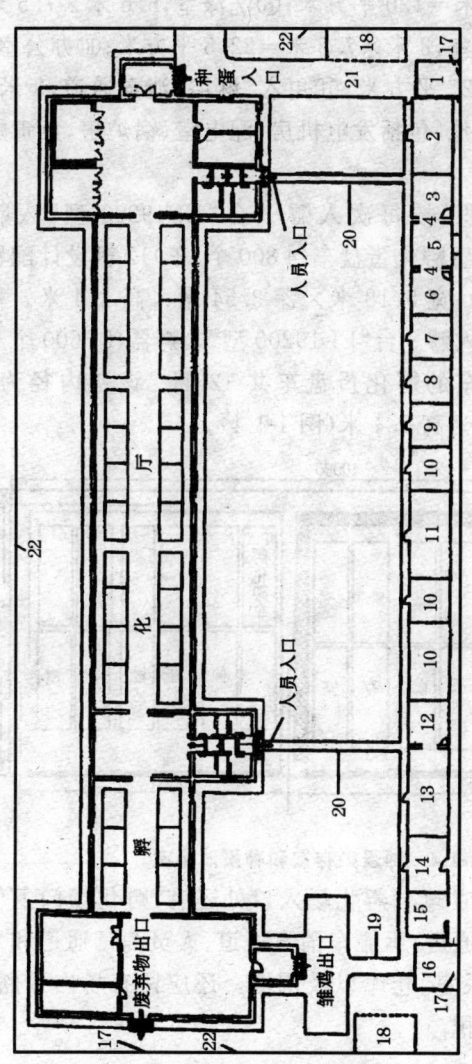

图1-1-3 孵化场总平面布局示意

1. 种蛋车消毒通道 2. 种蛋暂存室 3. 女更衣室 4. 人员消毒通道 5. 门卫值班室 6. 男更衣室 7. 洗衣房 8. 办公室 9. 餐厅及会议室 10. 仓库 11. 技术资料室 12. 更衣室 13. 雏盒室 14. 兽医室 15. 外部接雏人员接待室 16. 运雏车消毒通道 17. 大门 18. 车库 19. 运雏车通道 20. 人员通道 21. 种蛋车通道 22. 围墙

室,12米×9.8米=117.6平方米;⑦雏鸡处置室(兼"雏鸡待运室"),9.6米×12.5米=120平方米;⑧洗涤室,6.6米×7.5米=49.5平方米;⑨雏盒室,3米×7.5米=22.5平方米;⑩办公室(内部),4.5米×6米=27平方米;⑪更衣、淋浴、消毒通道,3米×6米=18平方米;⑫其他,包括发电机房、配电室、锅炉房,负责孵化场供电、供暖。

种蛋贮存室面积,按每次入孵3台"EI-19200型"入孵器(57 600个/批),共放置孵化蛋盘车(4 800个/车)12辆设计配置柜式空调。该室内径为:宽5.18米×深3.54米×高2.4米。种蛋消毒室面积,按每次入孵3台"EI-19200型"入孵器(57 600个/批)设计。需4 800个/车的孵化蛋盘车共12辆。该室内径为:宽4.26米×深4.16米×高2.4米(图1-1-4)。

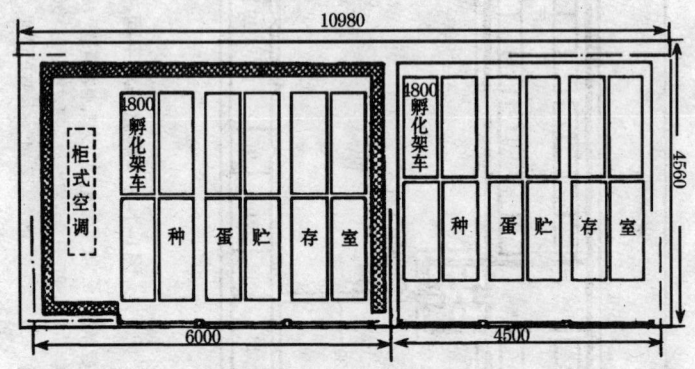

图1-1-4　种蛋贮存室和种蛋消毒室

(2)孵化场其他占地　孵化场入口处还有:孵化场门卫值班室、种蛋运输车消毒通道、运雏车消毒通道、人员消毒通道和更衣室、种蛋暂存室、兽医室、仓库以及围墙。还应留有场内道路、绿化、内部停车场等面积。

(三)通风与采暖

1. 通风换气 采用窗户进风,屋顶轴流风机排风的负压通风方式。各室空气流量,见表 1-1-3。

表 1-1-3 孵化厅各室需要的空气流量 (米³/分)

室外温度	孵化室	移盘室	出雏室	种蛋处置室	种蛋消毒室	雏鸡处置室	洗涤室
21℃	0.28	0.06	0.57	0.06	1.50	1.42	1.50
37.8℃	0.34	0.073	0.71	0.073	1.80	1.70	1.80

注:上述为每 1 000 个种蛋或 1 000 只雏鸡需要量

最好选用无级调速的轴流风机,以便根据需要调节;出雏器的污浊空气不要直接排至出雏室内,应通过管道排至洗涤室外。方法是:在离出雏器排气口 100 毫米的上方设排气支管接总管,总管两端不要封闭而应设可调节开度的活页,用于对出雏器风量的调节,并加装排风扇(1 500 米³/小时·3 台出雏器),经弯管将浊气分别排入洗涤室或雏鸡处置室西墙上方的消毒液水槽中(冬季),其他不结冰季节,出雏器的污浊空气排至厅外消毒液水池的水面上(排气管离水面约 50 厘米)。淋浴、更衣、厕所等,共设 1 台轴流风机排气。

2. 采暖 供暖方式有暖气或中央空调,本设计采用暖气供热。

①设施与位置。由室内窗户下方的暖气供热。锅炉房位置根据运煤路线,可设在北侧移盘室外,也可设在雏盒室外山墙处。

②供暖要求。确保孵化室和出雏室温度在 24℃～26℃,以简化孵化给温。

(四)孵化厅建筑结构

1. 屋顶形式 建议采用彩涂钢板为表层的聚苯乙烯泡沫塑料夹芯板(也可以用芯材为聚氨酯或岩棉或玻璃棉的)的轻钢屋顶。也可采用梭形轻钢屋架。本设计采用预制板加保温层的平顶屋顶。其外表面铺设防水保温层,从里到外分为:隔气层(水泥沙浆)→保温层(炉渣＋水泥,边缘处最薄 8 厘米,坡度为 6%)→加固层(2 厘米厚的水泥沙浆)→防水层("二毡三油",即先浇第一遍沥青→铺第一层油毡→再浇第二遍沥青→铺第二层油毡→最后浇第三遍沥青)。屋顶出檐 60 厘米(图 1-1-5)。

2. 土建的若干要求

(1)墙壁 ①整个建筑外围两道圈梁,外围墙厚 37 厘米,内墙厚绝大部分 24 厘米,更衣室等的隔墙为 12 厘米。②孵化厅的内、外墙,均为混水砖墙,20 毫米厚的水泥沙浆抹光,5 毫米厚的白水泥罩面。从地面至 1 米高的墙壁,用 30 毫米厚的 1：2.5 水泥沙浆抹光,5 毫米厚白水泥罩面。孵化厅外表层不采用清水墙,内层不要铺贴瓷砖,以免砖缝或瓷砖缝隙藏污纳垢。建议孵化厅的外表面墙体表面光滑并刷成白色,以降低其对太阳辐射的吸收系数。③与淋浴室或洗涤室相邻的隔墙要做防潮处理(1：2 水泥沙浆加入水泥重量 3%～5%防水剂,厚 20 毫米)。④所有屋顶的排风孔洞均要砌防风罩。⑤按 EI-19200 型孵化器高 2.375 米,孵化器顶离天花板 1.6 米左右,总共 3.975 米,所以顶棚离地为 4 米左右。孵化室、移盘室和出雏室的净高为 4 米,其他各室净高为 3 米。其中种蛋贮存室和种蛋消毒室在内部再设隔层,将它们的高度降为 2.4 米,以降低制冷或消毒空间,节电省药。前者用 8 厘米厚的聚苯乙烯塑料板,后者用 PVC 扣板做隔层。⑥种蛋贮存室四周墙壁用空心砖砌保温层,以缩短制冷设备的运行时间,既节电又延长制冷设备的使用寿命(图 1-1-6)。

(2)地面 采用现浇水磨石地面,其结构见前述。但注意：①地面承载力为 750 千克/米^2;②孵化器所在地面范围内的平面度≤5 毫米;③允许向孵化器前、后略微倾斜,以利于排水;④淋浴室和消毒池(通道)的地面比更衣室地面低 10～15 厘米。消毒池(通道)地面及墙裙(约高 30 厘米),采用防腐蚀水泥;⑤种蛋贮存室和种蛋消毒室的孵化蛋盘车之间间隔很小,为使孵化蛋盘车走

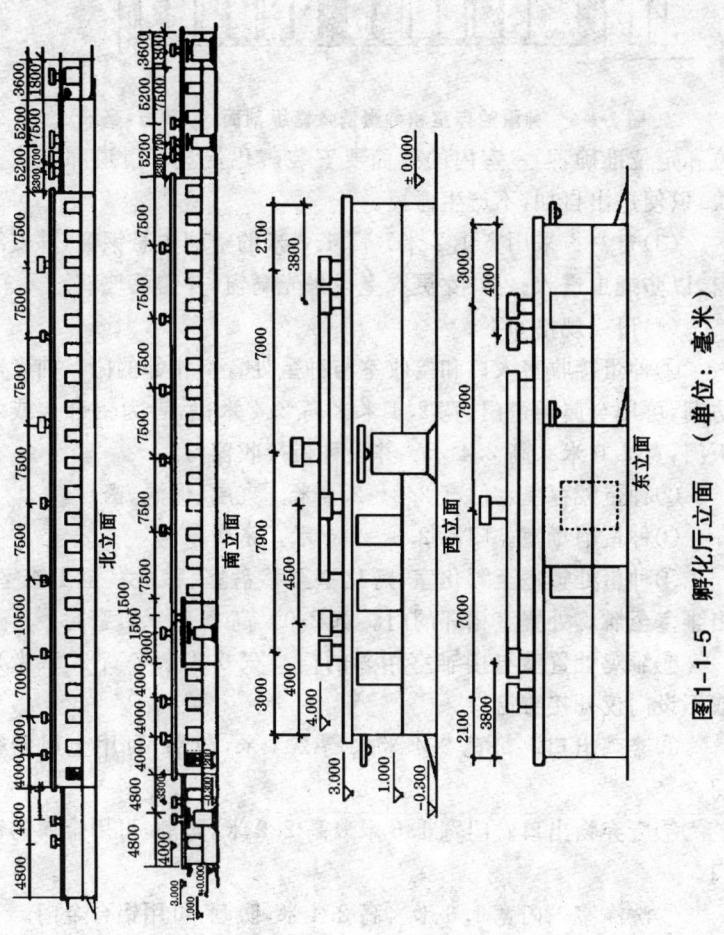

图1-1-5 孵化厅立面 （单位：毫米）

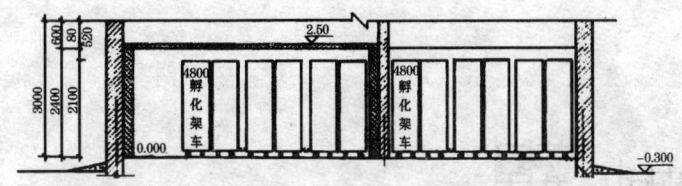

图 1-1-6 种蛋贮存室和种蛋消毒室纵剖面 （单位：毫米）

位和定位准确，两室室内的地面要安装孵化蛋盘车滑道和定位卡块，以便进出自如，不产生碰撞。

（3）窗户 采用宽1.2米×高1.8米的空腹中悬钢窗，并安纱窗，以防蝇虫进入。男、女更衣室设采光高窗，并镶毛玻璃。

（4）门 规格如下。

①种蛋接收室入口和接收室与种蛋处置室相邻的门。前者需防潮，可用金属卷帘门，宽2.4米×高2.4米；后者为铝合金或木板门，宽2.0米×高2.4米。并设种蛋接收窗口。

②种蛋贮存室。门高2.3～2.4米。夹层、保温、密封。

③种蛋消毒室。门高2.3～2.4米。密封。

④种蛋处置室至孵化室、孵化室至移盘室、移盘室至出雏室、出雏室至雏鸡处置室相邻的门。宽2.0×高2.4（米），密封。

⑤雏鸡处置室与接雏室相邻的门。宽0.9米×高2.0（米），或不设门仅开接雏窗口。

⑥雏鸡出口。门宽2.4米×高2.4米，防潮，可用金属卷帘门。

⑦废弃物出口。门宽1.6米×高2.2米，防潮，可用金属卷帘门。

⑧洗涤室。门宽1.6米×高2.4米，防潮，可用铝合金门。

⑨办公室。门宽0.8米×高2.0米，有玻璃。

⑩消毒、更衣、淋浴室。门宽1.2米×高2.0米，门上有20厘米×20厘米或直径20厘米的毛玻璃固定式小窗。

　　(5)上下水和电缆、电线铺设　污水经管道排至孵化厅外南侧的渗水井(污水沉淀井)中。盖板规格为长 630 毫米×宽 350 毫米×厚 20 毫米。建议采用双面带釉陶土管,该管规格为长 500～1 000 毫米(因有接头,连接后的实际长度为 400～800 毫米),直径为 150～500 毫米(以 50 毫米为单位,有多种规格),并有三通,上接地漏(或不用三通、地漏,采用沉淀池)。室内污水通过地漏或沉淀池排至管中。一般"净区"各室可采用直径 200 毫米管道,长度根据地漏(或沉淀池)位置选购和截取。地漏(或沉淀池)应设在孵化器中线处,因为此处宽为 600 毫米,孵化蛋盘车或出雏盘车不通行。出雏室和雏鸡处置室,可选用直径 250～400 毫米管道。另外,铺设时,地漏铁箅处较室内地面低 5～10 毫米,管道应向地漏(或沉淀池)方向呈一定坡度,坡度一般为 1%～3%(距离长,用 1%;距离短,用 3%)以利于排水通畅。若地漏改为沉淀池,则池长 600 毫米×宽 400～500 毫米,深度根据排污方向及坡度而定,沉淀池池底应比该处暗管管底低 200～300 毫米,以截留固体污物。

第二节　孵化场的设备

一、孵化器的选择

　　孵化场为完成从种蛋运入、处置、孵化、出雏及雏鸡一系列技术处置(分级、雌雄鉴别、预防接种、断喙、剪冠、切趾、戴翅号等)等项工作,需要孵化器及其配套设备。由于孵化场的规模、孵化器类型及服务项目各异,设备的种类、型号和数量也不尽相同。孵化器类型繁多,规格各异,自动化程度也不同。应根据需要选择。

　　(一)孵化器选择须知　从孵化器生产厂家信誉、孵化效果、可靠性、使用成本、价格和寿命以及电路设计合理性,有无完善的调试检测手段,以及售后服务等诸多方面考虑。

1. 选择孵化器厂家 购买经省级以上(含省级)联合鉴定合格,并有"生产许可证"、售后服务好、信誉好的孵化器厂家的产品。尤其是了解其他用户使用情况。

2. 选择规格型号 通过阅读产品说明书和向孵化器生产厂家了解机型、结构特性、容蛋量、技术指标等信息,根据孵化场规模及发展,确定孵化器类型、数量及入孵器与出雏器数量(一般为4:1)。

以下是"依爱"孵化器的主要技术指标,可供选择孵化器时参考。①控温范围,36℃~39℃。②控温精度,±0.10℃。③温度场均方差,<0.10℃。④控湿范围,40%~80%RH。⑤控湿精度,±2%RH。⑥转蛋角度,45°±2°。⑦转蛋定时器精度,2小时±30秒。⑧二氧化碳含量,<0.15%(环境二氧化碳含量<0.08%)。⑨供电,380伏/220伏AC+10%(三相四线)。

依爱电子有限责任公司系列孵化器的电控系统有J型和D型,J型由集成温度传感器和集成电路组成。其中测温、测湿、控温、控湿为模块结构,调试维修更换方便。温度、湿度、转蛋计数为数字显示。可自动控温、控湿、转蛋,高低温、湿报警,风门、转蛋、均温风扇故障报警和高温应急保护等自动或手动功能。D型为带A/D转换的8098单片机,可实现变温程序孵化。还配有自动打印接口、多机联网通讯和群控接口,以实现多机联网群控,远程查询或修改孵化器的实时参数,监控孵化器运行。配上打印机可将查询的数据打印记录在案,以便分析原因找出解决方法。

3. 检查控温、控湿系统 要求反应灵敏、控制准确,显示清晰。

(1)检查控温系统 设有预热电源(600~800瓦),最好有主加热和副加热。有条件的可测温差。

(2)检查控湿系统 控湿范围40%~80%RH,并检查控制线路及水箱(槽)是否漏水。

　　4. 检查机械传动系统　包括转蛋系统、均温装置、控湿系统和通风换气系统。

　　(1)检查转蛋角度和定时　要求转蛋角度为 $45°\pm2°$。转蛋动作应缓慢平稳,无震动或颤动现象。有无自动和手动转蛋,转蛋间隔时间。

　　(2)检查均温装置　先用手转动均温风扇的皮带,听是否有碰擦声,再开启电源检查。了解有无正反转功能,有条件的可测风扇转速。

　　(3)检查通风换气系统　了解进、出气孔位置。现在大多数孵化器的进、出气孔设在机顶,以便孵化器能连机布置以及有利于孵化厅的通风排气系统的设计,也提高了孵化室和出雏室的利用率。询问有无应急的水冷和风冷装置。有条件的可测定通风量。

　　5. 检查应急报警系统　通过人为分别制造停电、缺相、变相序、高温、低温、高湿、低湿、风扇停转等故障,检查孵化器能否发出声、光报警。检查是否良好接地。观察超温时,能否在关闭电源、发出声、光报警的同时开启水冷和风冷降温系统。

　　6. 了解节能情况　询问孵化器耗电量(折算为每孵 1 个种蛋或 1 只雏鸡的用电量)。了解有无进孵化器的空气降温(加温)系统,有无水加热二次控温系统或其他第二能源。

　　7. 其他　询问售价、交款方式、交货日期、运输方式(自提还是免费送货)、售后服务(尤其是能否代安装、调试,代设计孵化厅)和产品"三包"。认真审阅订货合同。

　　(二)国内与国外孵化器的选择　目前,国内依爱电子有限责任公司的"依爱"孵化器、北京"云峰"孵化器和北京海江"海孵"孵化器,与国外著名的美国霍尔萨鸡王孵化器公司、加拿大詹姆斯威(Jamesway)公司和比利时彼得逊(Petersine)公司的孵化器,在孵化效果上很接近。但国内孵化器在价格上占有明显的优势,而国外产品价格高,配件价格高且更换不及时,采购运输不便。建议用户应优先选购国内生产的产品。

二、发电、供暖、降温及水处理设备

（一）发电设备 现代孵化场离不开电源，为了保障孵化正常进行，孵化场应有两路供电，并且还应自备发电机组，以备停电之需。发电机的功率要根据孵化器的总负荷和照明及通风换气、供暖、降温、高压冲洗等用电量，并有一定余量来确定。

（二）供暖、降温设备 根据供暖、降温方式选择相应的设备。有中央空调、热风炉、热水锅炉与暖气片、湿帘降温系统等。

（三）水处理设备 孵化用水较多，而且有的设备对水质要求较高，必须对水质进行处理。经常间断性停电或水中杂质（主要是泥沙）较多的地区应有水过滤装置。在北方很多地区，水中含无机盐较多。如果使用自动喷湿和自动冷却系统的孵化器，必须配备水软化设备，以免供湿喷嘴堵塞或冷却管道堵塞或供水阀门关闭不严而漏水。

1. 两种水处理系统 周历群（2005）介绍了巷道式孵化设备水处理设施。通过对各种液态水气化方法综合、对比、分析，根据现代养鸡集约化大规模生产的防疫要求，建议巷道式孵化设备采用高压喷射雾化的加湿方法。一定压力的水经特制喷头雾化加湿，喷头的结构复杂，是设计的关键。为防止喷头的磨损、腐蚀、堵塞、结垢，必须在水路中加入水处理系统。常用方法有：自动软化水系统与逆渗透纯水系统。

（1）自动软化水系统 它只能防垢但不能防腐，导致管路、阀门、接头等开裂腐蚀。并且让食盐渗入地下水，造成地下水污染，地下水水质变坏，不符合饮用水要求，污染环境，应慎用（图1-1-7）。

（2）逆渗透纯水系统 通过四级过滤，可以有效地去除水中的溶解盐、悬浮物、胶体、泥沙、有机物、细菌、病毒、重金属等有害杂

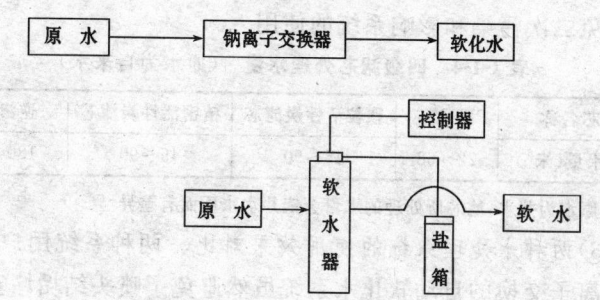

图 1-1-7　自动软化水工艺流程

质。且耗能低、符合防疫卫生要求、无污染、操作维护简便,是一种安全、健康的水处理系统,可广泛采用(图 1-1-8)。

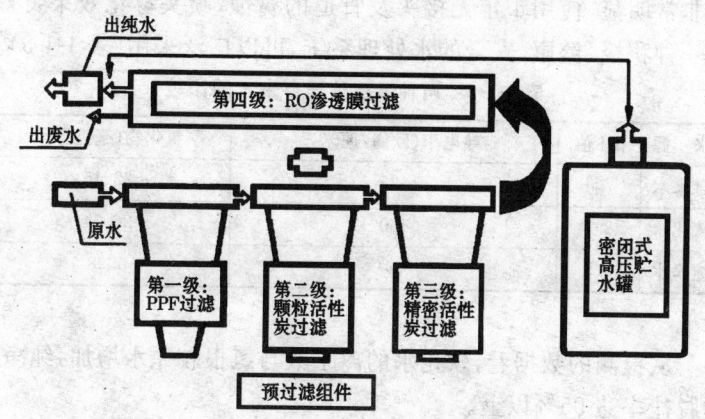

图 1-1-8　逆渗透纯水系统工艺流程

该系统通过四级过滤,除掉有害杂质:①第一级 PPF 滤芯,去除水中大于 5 微米的悬浮物、胶体、微粒、泥沙等;②第二级颗粒活性炭,滤除水中的异色、异味、余氯、卤化烃等有害物质;③第三级精密活性炭,深层次吸附水中各种异味、余氯及其他有害物质;④第四级逆渗透膜,彻底除去水中细菌、病毒、重金属、有机物等杂质。四级滤芯处理水量见表 1-1-4。要注意定期消毒、更换过滤芯,以免二次污染和影响系统的使用。

表 1-1-4　四级滤芯处理水量　（原水为自来水）

滤芯名称	PPF 滤芯	颗粒活性炭滤芯	精密活性炭滤芯	逆渗透膜
处理水量（米³）	22～68	45～90	45～90	180～360

注:原水为井水,滤芯所处理的水量会依井水水质而有差异

（3）两种水处理系统的使用效果对比　两种系统用户均有选用,钠离子交换的自动软化水系统虽然避免了喷头结垢堵塞现象,但因 Cl^- 的存在,造成接头、器件及喷头等的腐蚀,并会因喷雾液体相变而造成钠离子等在孵化机箱体内部的白色结晶,6 个月就出现了管道、接头等腐蚀、损坏现象。采用逆渗透水处理系统,效果非常明显,使用 1 年无接头及管道的腐蚀,喷头雾化效果良好,是一种积极、健康、安全的水处理系统,可以广泛采用（表 1-1-5）。

表 1-1-5　两种系统处理自来水的比较

水　源	pH 值	导电率（欧姆/厘米）	氯化物（毫克/升）
自来水	7.4	425	22.15
软化水	8.1	460	26.74
纯净水	6.5	34	0.98

从检测的数据看,软化水的离子数与氯根较原水增加,纯净水的脱盐率达 95% 以上。

2. 巷道式孵化器的水处理加湿系统　依爱电子有限责任公司研制出“巷道水处理加湿系统”。该系统可以为巷道式孵化器提供合格水质和合适水压的加湿水源。其特点是贮水罐自备增压气囊,无须人工充气贮压。自动提供稳定、高压的水源。北京“云峰”孵化器厂和北京海江公司（“海孵”）等厂家,也有水处理加湿系统。

巷道水处理加湿系统由过滤器、软化装置和加压装置等三部分组成。三部分可独立使用,也可配套使用,以满足不同地区的需要。

(1)过滤器 超细的过滤等级,精度达 10 微米的滤芯。

(2)软化装置 由自动控制器、高强度玻璃钢树脂罐、盐罐及连接水管等组成。

(3)加压装置 由 80 米扬程的水泵、气压式钢贮压罐、韩国产 3S 系列压力开关和压力表、3TB41 交流接触器、水箱和 U-PVC 材质的管道等组成。

(4)水处理系统配套巷道式孵化器的台数 根据不同的巷道式孵化器的台数,选择不同容量的气囊式钢贮压罐,以满足巷道式孵化器的加湿的需要。①1～6 台:配 11 加仑(50 升)的气囊式钢贮压罐;②7～10 台:配 20 加仑(90 升)的气囊式钢贮压罐;③11～16 台:配 1 个 11 加仑(50 升)+1 个 20 加仑(90 升)的气囊式钢贮压罐;④17～20 台:配 2 个 20 加仑(180 升)的气囊式钢贮压罐。

三、运输设备

孵化场应配备一些平板四轮或两轮手推车用于运送蛋箱、雏鸡盒、蛋盘及种蛋。还可用滚轴式或皮带轮式的输送机,用于卸下种蛋或雏鸡装车。孵化场应自备运蛋车辆和带冷、暖空调和通风换气装置的运雏车,并且专车专用,不得挪用。

四、冲洗、消毒设备

(一)高压清洗机 用高压水枪清洗地面、墙壁等的清洗设备。目前有多种型号的国产冲洗设备,如喷射式清洗机很适于孵化厅的冲洗作业(图 1-1-9)。它可转换成 3 种不同压力的水柱:"硬雾"用于冲洗地面、墙壁、出雏盘和架车式蛋盘车、出雏车及其他车辆;"中雾"用于冲洗孵化器外壁、孵化蛋盘和出雏盘;"软雾"可冲洗入孵器和出雏器内部。

目前,国内大多数孵化厅采用可移动式的高压冲洗机,进行清洗消毒。根据工作需要,把冲洗机从一个功能房间移到另一个功

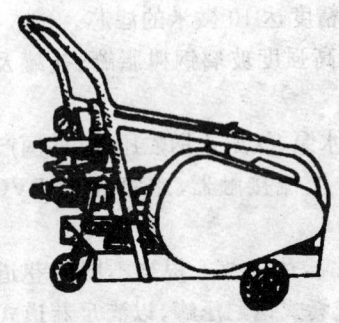

图 1-1-9　喷射式清洗机

能房间,而一些操作人员认为,冲洗机是清洁的,无须清洗,这就使冲洗机成了一个严重的污染源。解决方法:一是"净区"和"污区"各配备一套清洗设备;二是安装高压清洗水中央供应系统。该系统包括水泵、贮水池和管路等。

(二)灭菌消毒系统　孵化厅各室的消毒,可选用依爱电子有限责任公司的 EIMX-J25 型灭菌消毒系统。该系统采用现代电子技术,集次氯酸钠消毒原液的生产、稀释和喷洒(雾)等多功能于一体。它由次氯酸钠发生装置、稀释桶喷洒(雾)装置、增压泵、管道系统和小推车等部分组成。次氯酸钠消毒液用食盐和水为原料,现配现用,操作简便,成本低廉。最大喷洒射程达 6 米。外形规格为:890 毫米×700 毫米×674 毫米。

(三)蛋、雏盘自动清洗机　PX-100 型蛋雏盘自动清洗机是依爱电子有限责任公司研制的家禽孵化生产中的配套设备。该机根据孵化蛋盘和出雏盘的外形特点和清洗需要而设计的。尤其是适用于"依爱"入孵器、出雏器和巷道式孵化器的各种规格孵化蛋盘、出雏盘的清洗。该机由水泵增压装置、喷水装置、盘架驱动装置、水箱和控制系统等组成。主要功能是利用不同角度的 100 多个喷嘴、出口压力达 0.7 兆帕。设备去污力强、洗净度高、清洗效率高,可大大减轻工作人员的劳动强度及改善工作环境和卫生状况。接通电源后,一人放置孵化蛋盘(或出雏盘),由传送带驱动,经高压水冲洗后,另一人在另一端接收干净的孵化蛋盘(或出雏盘)。

该产品分两个型号:A 型冲洗水源单独提供,洗后污水全部排放,水温不得超过 50℃;B 型则配有水箱和双层过滤网,冲洗后的污水经过滤后循环使用,最后用自来水全方位清洗一遍。其主要技术指标:①清洗速度:4 个/分(巷道式孵化器的孵化蛋盘或出雏盘)或 5 个/分(19200 型、16800 型孵化器的孵化蛋盘或出雏盘);②出水压力:0.7 兆帕;③总功率:6 千瓦;④耗水量:<12 米³/小时;⑤冲洗范围:可清洗孵化蛋盘和出雏盘,高 30～120 毫米×宽 250～520 毫米,长度不限;⑥外形尺寸:主机,长 3 000 毫米×宽 960 毫米×高 1 580 毫米;水箱,长 1 500 毫米×宽 750 毫米×高 1 200毫米。另外,该机采用不锈钢外壳,美观且耐腐蚀。

(四)臭氧消毒器　臭氧(O_3)是广谱、高效杀菌剂。臭氧杀菌后还原成氧气,没有任何残留和二次污染。臭氧用于空气消毒无消毒死角。依爱电子有限责任公司研制出臭氧消毒器,它利用陶瓷镀银高压电极板和控制电路,能产生高浓度的臭氧,可用于蛋库、孵化厅、孵化器等空间的消毒。其特点是,可遥控消毒器的开关,工作时间风门摆动,且长时间工作稳定可靠。

1. **主要技术指标**　①电源,AC 220 伏±10(单相)50 赫兹;②功率,35 瓦;③臭氧发生量,3 克/小时或 1.5 克/小时。

2. **基本参数**　①臭氧发生量(符号:B),3 克/小时＝3 000 毫克/小时;②浓度当量(符号:D),2 毫克/米³;③实际消毒臭氧量,最大为 10 毫克/米³。

(五)杀灭沙门氏菌的空气清洁设备　美国农业研究署的科学家宣布,一种全新的空气静电清洁系统在美国佐治亚州一商业孵化场使用后,将该场由空气引起的沙门氏菌病发病率减少了94%。这一系统能够捕获含有有机体如沙门氏菌的灰尘。这些灰尘被静电吸附在能按设定时间自动清洗的特制的金属盘上。这一系统已在两家大型集约化养鸡场的孵化厅和笼养蛋鸡鸡舍进行了试验。最近的试验结果表明,使用该系统的孵化厅的灰尘含量和肠杆菌科细菌(常见病菌如沙门氏菌、埃希氏大肠杆菌等)含量比使用过氧化氢作为消毒剂的孵化厅要分别低 77%和 94%。这一系统也使得笼养蛋鸡舍空气中肠炎沙门氏菌的含量下降了 95%。

该系统的商业性产品已开发出并已上市销售。

（六）立式自动洗蛋机　水禽种蛋消毒一直是一个没有很好解决的难题。以往采用熏蒸、紫外线、消毒液喷洒等消毒法，无法去除蛋壳表面的污染物。而采用消毒药液浸泡消毒法，又因水温、消毒液浓度和交叉感染等操作问题难以掌控，再加上人工清洗不仅劳动强度大，还造成破蛋率增高，对孵化效果也产生不同程度的影响。为此，依爱电子有限责任公司研制了"立式自动洗蛋机"（图1-1-10），该机由箱体、药液池、洗蛋车、动力室和控制柜组成。可同时对两辆装满蛋的蛋车自动清洗消毒，方便、快捷清除蛋壳表面的污物和细菌，减轻劳动强度，提高孵化场效率。目前已经广泛应用于鸭的孵化。

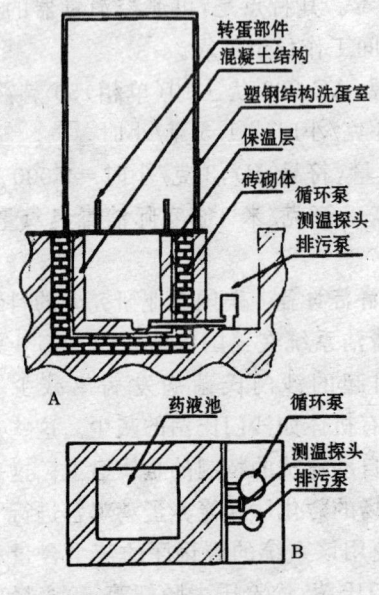

图 1-1-10　立式自动洗蛋机

A. 立剖图　B. 俯视图

1. 主要技术指标　①控温精度，±1℃。②温度显示精度，0.1℃。③温度控制范围，0℃～90℃。④清洗运行时间设定范围，7 200秒。⑤清洗间歇时间设定范围，7 200秒。⑥电源，AC 380伏±10%（三相）50赫兹；AC 220伏±10%（单相）50赫兹。⑦功率，5千瓦。

2. 工作原理　采用多层喷头、高压冲洗的清洗方式，将一定浓度的消毒液喷洒到种蛋上，快速冲击蛋壳，清洗表面污物，以达到清洗消毒目的。该机分自动与手动方式清洗。

（1）自动清洗　通过设定程序确定清洗方式和时间，清洗过程可转蛋，对蛋壳表面进行全方位清洗消毒。清洗结束后铃声提醒。

（2）手动清洗　根据需要由工作人员控制开关进行清洗。

3. 工作程序　向水池中注水→将水加热至所需温度→加入洗涤消毒剂（达到一定浓度，一般采用 0.1％次氯酸钠）→混合消毒液→推入装有蛋的蛋车→开机洗蛋→经过一定时间（根据种蛋清洁度确定，如 20 分钟）→停机。

种蛋在孵化厅的洗蛋机中，先用 43℃～49℃含氯 60 毫克/升的次氯酸钠（不超过 75 毫克/升）的温水洗蛋。洗蛋用软水，整个洗蛋时间不允许超过 3 分钟，洗蛋机中的水经过 1～1.5 小时需更换 1 次。洗完后装盘晾干，必要时分级放入蛋库。洗蛋室的温度维持 21℃～27℃，经过这样处理的种蛋才适宜于贮存。

五、码盘和移盘设备

孵化操作中的入孵前码盘、孵化后期的移盘等工作，费工费时。为了提高工效、减少种蛋破损、减轻繁重体力劳动，国内外孵化器制造厂家，研制了码盘和移盘设备。

（一）码盘设备　为了提高码盘速度，减轻繁重的体力劳动，依爱电子有限责任公司研制生产了便携式真空吸蛋器。它可将蛋托中的种蛋全部吸放到孵化盘中，较大地提高了码盘效率，避免了手工码盘手接触种蛋造成污染和增加破蛋率。该吸蛋器轻便灵活，吸蛋、放蛋安全可靠，有多种型号供选用。EI-30 型用于箱式孵化器的容量 150 个孵化蛋盘（吸蛋 5 次可装满 1 个孵化蛋盘）。EI-36 型、EJ-42 型，用于巷道式孵化器，一次可分别吸蛋 36 个或 42 个。必须提醒的是，因没有人工码盘的选蛋和将锐端向上种蛋倒转等功能，所以凡使用吸蛋器的孵化厅，要特别强调种蛋钝端向上放置和剔除破蛋。

（二）移盘设备　以往将孵化后期的胚蛋从孵化盘移至出雏

盘,均采用手工操作,不仅费时费力、污染胚蛋,而且容易碰破蛋壳,造成出雏困难。为此,"依爱"设计了固定式的真空吸蛋器,利用真空泵的动力,可一次将150个胚蛋从孵化蛋盘中吸起移至出雏盘中,完成移盘工作。该吸蛋器吸、放胚蛋动作平稳、轻捷、安全可靠。两人操作,每小时可移蛋4万~4.5万个,大大提高了工作效率,适用于大、中型孵化场移盘时使用。目前,大多采用扣盘移盘法,将胚蛋从孵化盘移至出雏盘。分机械扣盘移盘法(图1-1-11)和手工扣盘移盘法。

扣盘移盘的步骤为:将装有胚蛋的孵化蛋盘放在移盘器的"下活动架"上→扣上出雏盘→扣上"上活动架"锁住后→1人推动活动架(或不锁住,左右两人捏住活动架把手),迅速翻转180°,孵化蛋盘中的胚蛋全部落入出雏盘。

图1-1-11　扣盘移盘器

六、其他设备

(一)免疫接种设备

1. **传统免疫接种方式**　采用连续注射器,给初生雏鸡皮下接种马立克氏病疫苗(图1-1-12)。

2. **胚胎内免疫接种方式**　从1992年世界第一部自动化蛋内注射系统在美国问世以来,超过85%的美国肉鸡企业以蛋内注射的方式取代了皮下注射的传统免疫接种方式来预防马立克氏病。

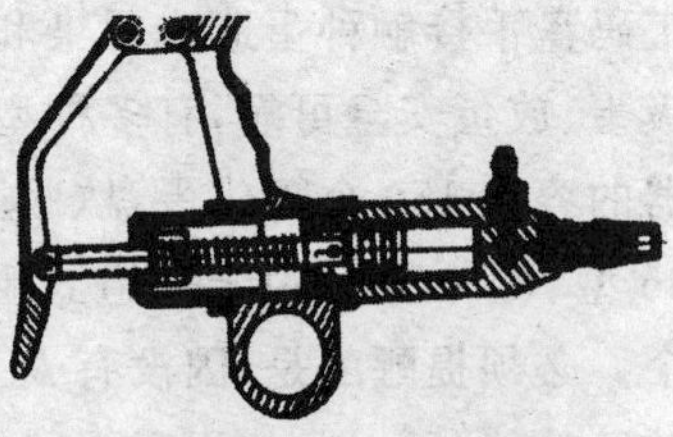

其优点是,免疫早、应激低、剂

图1-1-12　连续注射器

量准、成本廉、用途广、污染少等。蛋内注射技术将成为鸡只防疫的新趋势。蛋内注射系统包括注射设备和真空传输设备和 7 个主要的系统(蛋盘输送、消毒、注射头、疫苗输送、针头和打孔器的清洗消毒、真空输送、电力系统)。

(二)照蛋设备　照蛋灯用于孵化时照蛋。图 1-1-13A 采用镀锌铁板做外罩(分固定和活动两部分,以便安装灯座或换灯泡),尾部安灯座、电灯泡,前端为照蛋孔,孔的边缘套塑料小管。还可缩小尺寸,并配上反光罩(用手电筒的反光罩)和 12～36 伏的电源变压器,使用更方便、安全。图 1-1-13B 图可用硬纸板(最好也用镀锌铁板)做成下大上小的喇叭状,壁上挖 2～3 个照蛋孔,里面放煤油灯(或电灯泡)。

此外,依爱电子有限责任公司有巷道式孵化器专用的照蛋车。其主要技术指标为:①电压 220 伏±10%,50 赫兹;②功率 160瓦;③外形尺寸,照蛋区1 470 毫米×450 毫米×800毫米,工作台 600 毫米×500 毫米×800 毫米。

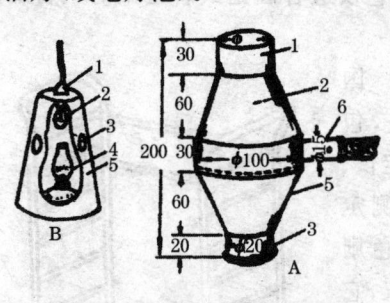

图 1-1-13　照蛋灯 (单位:毫米)

1. 灯座　2. 电灯泡　3. 照蛋孔
4. 煤油灯　5. 灯罩　6. 手柄

(三)雏鸡盒　用瓦楞纸板打孔(直径≤1.5 厘米)做成上小下大的梯形,内分 4 格,每格可放雏鸡 25～26 只。规格为:53～60 厘米×38～45 厘米×16.3厘米。盒底的四角各有 1 个直径约 2 厘米的小通风孔而且与上端四个各伸出 1 个高 2.7 厘米的 3.5 厘米×3.5 厘米的三角形孔相通(其底边也有小通风气孔),以便透气、通风和散热(图 1-1-14)。

(四)雏鸡分级及雌雄鉴别工作台　国外有的孵化器生产厂家研制了雏鸡出雏后进分级和雌雄鉴别工作台。出雏室的电动传送带将雏鸡传送到雏鸡处置室的工作台外周的可旋转贮雏槽中,槽

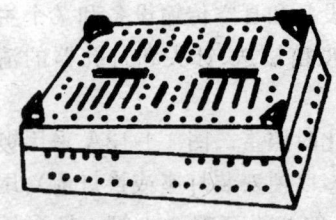

图 1-1-14 雏鸡盒

边分坐 6 名初生雏鸡雌雄鉴别员，对雏鸡进行鉴别。然后分别将公雏、母雏抛送至工作台内周的相应漏斗状盛雏盆，并由盆底部的相应电动传送带送至离地面高约 80 厘米的捡雏平台，捡雏人员将雏鸡捡至出雏盒中。

（五）孵化蛋盘活动架车 用于运送码盘后的种蛋入孵。它用圆铁管做架，其两侧焊有若干角铁滑道，四脚安有活络轮。其优点是占地面积小，劳动效率高。它仅适合固定式转蛋架的入孵器使用（图 1-1-15）。

（六）鸡蛋品质测定设备 国外有整套鸡蛋品质测定设备，包括：蛋重测量器、蛋形指数测定仪、蛋壳强度测定仪、蛋白高度测定仪、蛋壳厚度测定器、罗氏比色扇等。现有多功能蛋品质测定仪，它可自动测定蛋重、蛋白高度、哈氏单位、蛋黄颜色和蛋品质等级等项目。国内也生产折叠式蛋白高度测定仪、蛋壳厚度测定器、液体比重计、蛋白蛋黄分离器。该设备一般用于鸡的育种，亦用于商品鸡生产中的蛋品质量测定。

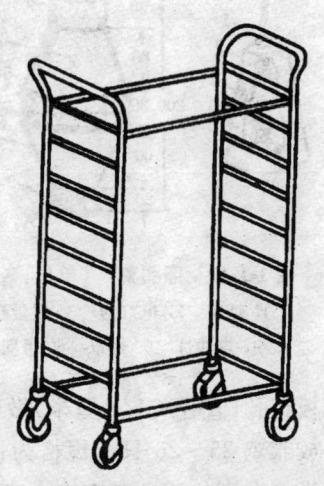

图 1-1-15 孵化蛋盘活动架车

1. **蛋重测量器** 可快速称蛋重。可用电子秤或普通天平称量。蛋重既记载品种的蛋重，又是计算哈氏单位的指标。

2. **蛋形指数测定仪** 测量蛋形指数值，在该仪器上可以读出种蛋的长、短径值和指数值。也可用游标卡尺分别测量种蛋的长、短径值，然后计算指数值（图 1-1-16）。

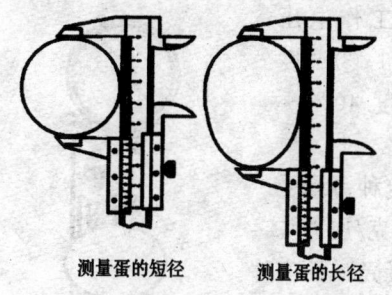

测量蛋的短径　　测量蛋的长径

图 1-1-16　蛋形指数测量　（卡尺法）

3. 蛋的比重　蛋的比重与蛋壳的致密度和蛋的新、陈有关，因蛋品质测定一般用当天产的种蛋，所以主要是测定蛋壳的致密度。蛋的比重与蛋壳重呈正相关，它是衡量蛋壳质量的重要指标之一。测定方法：先将蛋浸入清水中，然后依次从低比重向高比重盐液通过，当蛋悬浮于溶液中，说明该盐液的比重值即该蛋的比重，比重越高表明蛋壳越厚。最好在 18.3℃（或 19℃）下测定比重（图 1-1-17 之 1）。盐液的配制见表 1-1-6。并用液体比重计校正盐水比重。

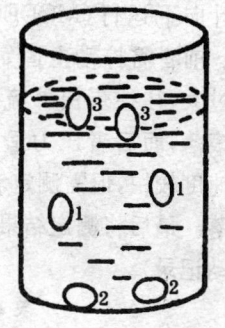

图 1-1-17　蛋比重测定示意

测量蛋的比重主要用于快速、定期测定蛋壳质量。有人提出，将比重作为鸡群孵化潜力的最重要指标。育种的蛋品质测定因为有蛋壳强度和蛋壳厚度两项测定衡量蛋壳质量，所以免去测定蛋的比重项目。

表 1-1-6　不同比重的盐溶液的配制

溶液比重	1.060	1.065	1.070	1.075	1.080	1.085	1.090	1.095	1.100
加入食盐（克）	276	300	324	348	372	396	420	444	468

注：3 000 毫升水中加入食盐量（克）或各减半；用液体比重计校正溶液比重，使其依次相差 0.005

4. 蛋壳颜色测定仪

(1)测定方法　将测定仪探头分别放在种蛋的钝端、中间、锐端,测定蛋壳颜色反射值,求其平均数。

（2）主要技术指标　①工作电压
220伏;②颜色反射值精度0.1;③温度
范围15℃～35℃;④相对湿度40%～
70%。

5. 蛋壳强度测定仪　测定种蛋承受
碰撞、挤压的能力,单位为千克/厘米^2。
测定方法分破坏性测定法和蛋壳弹性变
形法(图1-1-18)。破坏性测定法,是将种
蛋钝端向上垂直轻轻固定在测定仪上,启
动开关,下托蛋盘向上运动("FHK")或强
度计向下运行(MODEL-Ⅱ),直至蛋壳破
裂。前者需拧动上固定杆固定种蛋且压
力过大,往往蛋白外流,但托盘能保证蛋
不滚落,而后者压力适中蛋白不外流,测
定速度较快,但需测定者扶住种蛋以免蛋

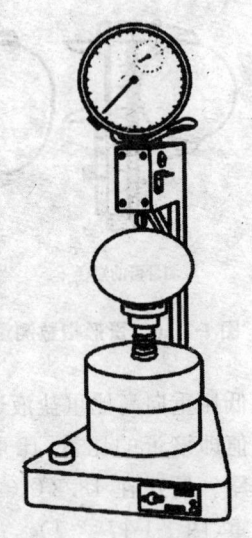

图1-1-18　蛋壳强度测定仪
（弹性变形）

滚落。最后将测定结果填入表1-1-7蛋品质测定记录表中(后者可
自动记录)。

表1-1-7　蛋的品质测定记录表

测定人：＿＿＿＿＿＿＿＿＿＿

蛋号	蛋重（克）	蛋壳颜色				蛋形指数			气室直径（厘米）	比重	蛋壳强度（千克/厘米^2）	蛋白高度（毫米）		
		大	中	小	均值	短径	长径	比值				1	2	均值

测定日期：＿＿＿年＿＿＿月＿＿＿日

续表 1-1-7

哈氏单位	等级	血斑	肉斑	蛋黄比色	蛋壳厚度(微米)				蛋白		蛋黄		蛋壳		备注
					大	中	小	均值	克	%	克	%	克	%	

注:此表紧接上表右侧　　　　　　　测定单位:_____

6.**蛋白高度测定仪与罗氏比色扇**　衡量种蛋的新鲜度及蛋黄颜色。测定方法:将蛋打在蛋白高度测定仪的玻璃板平面上,用测定仪(避开蛋黄系带),测定浓蛋白高度。一般测定2～3点,求其平均值。依据该值和蛋重,或通过公式或通过查表,得出种蛋新鲜度指标——哈氏单位。同时,还可观察有无肉斑、血斑。然后用罗氏比色扇测定蛋黄颜色。计算公式:

$$Hu = 100 \log(H - 1.7W^{0.37} + 7.6)$$

式中:Hu,哈氏单位;H,蛋白高度(毫米);W,蛋重(克)。

7.**蛋白、蛋黄分离器**　分离蛋白、蛋黄,为计算蛋内容物各部分占全蛋的比例。

8.**蛋壳厚度测定器**　测定蛋壳厚度。

(1)测定步骤　①首先选取种蛋钝端、中间和锐端各1小块蛋壳,然后用吸水性能好的卫生纸擦去蛋白;②剥离内、外壳膜;③用蛋壳厚度测定器测量蛋壳厚度。

(2)BMB-DM蛋壳厚度测定器的主要技术指标　①最小读取数:0.001毫米;②量化误差:±1个点数;③显示:LCD(6个数位和1个负数);④温度:5℃～40℃(测定时),-10℃～60℃(存放时);⑤电池:氧化银电池(SR44)1个。该仪器可将测得的数据输入电脑并通过打印机打印。

9.**禽蛋品质测定程序**

(1)较早期的禽蛋品质测定程序　较早期的禽蛋品质测定设

备,一种仪器仅测定 1 项蛋品指标,如"FHK"系列。其测定程序
是:

　　　　蛋重测量器　　　　蛋形指数测定仪　　　　　　（比重盐液）
　鸡蛋━━━━━━━━→蛋重━━━━━━━━→蛋形指数━━━━━→比重

蛋壳强度测定仪　　　　蛋白高度测定仪　　　　罗氏比色扇
━━━━━→蛋壳强度━━━━━━━→蛋白高度━━━━━→蛋黄颜色

（蛋白蛋黄分离器）　　　　　　蛋壳厚度测定器
━━━━━━→分离蛋白蛋黄━━━━━━━→蛋壳厚度

　　其中比重盐液和蛋白、蛋黄分离器为国内配制、配备,该两项
为国内增加测定的项目。较早期的"FHK"系列禽蛋品质测定设
备存在如下不足:①仅单项,一种仪器仅测定一项蛋品指标;②缺
项目,缺蛋壳颜色测定仪器;③需手写,测得数据需人工填入表格
中,哈氏单位、蛋品质等级,需人工公式计算或查表;④速度慢,测
定蛋壳强度或蛋白高度时,都必须拧动上活动杆,以固定种蛋或接
触浓蛋白,再加上需人工填表、计算,故测定耗时较多;⑤易出错,
因不能自动将测得的数据直接输入电脑,所以容易出现填写错误。
测定蛋白高度因需人工将测定仪的活动测定杆接触浓蛋白,故容
易出现测定误差。

　　(2)配有"多功能蛋品质测定仪"的蛋品质测定程序

　　　　蛋形指数测定仪　　　　蛋壳颜色测定仪　　　　蛋壳强度测定仪
　鸡蛋━━━━━━━→蛋形指数━━━━━━→蛋壳颜色━━━━━━→

　　　　　多功能蛋品质测定仪
蛋壳强度━━━━━━━━→蛋重、蛋白高度、哈氏单位、蛋黄颜色

　　　　　　蛋白蛋黄分离器　　　　　　蛋壳厚度测定器
和蛋品质的等级━━━━━━→分离蛋白蛋黄━━━━━━→蛋壳厚度

　　从上面可见,有"EMT-5200 型多功能蛋品质测定仪",可一次
自动测定 5 项蛋品指标(包括:蛋重、蛋白高度、哈氏单位、蛋黄颜
色和蛋品质等级)。另外,上述各种测定仪器,均可与电脑和打印
机连接,测定速度快、不出错,还可以打印。

　　美国农业部的鸡蛋品质分级标准,将食用蛋按哈氏单位分为 3

级:哈氏单位>72为特级(AA级);72～60为甲级(A级);<60≥30
为乙级(B级)。

此外,国外几家公司还有其他孵化的配套设备。①Prinzen公
司的:分级机、紫外线消毒机、蛋托堆积机,2005年推出
PrinzenElgra3电子蛋品分级机、UV-C消毒机。②KL公司的:出
雏盘清洗机、出雏清洗机、蛋托清洗机、蛋架/蛋车的清洗机、手推
车的清洗机。雏鸡计数和装箱的自动化装置,各种型号的搬运机
和用于雌雄鉴别、注射疫苗、断趾、断喙和分级等;废物处理装置包
括:螺旋式传送机、粉碎机和抽真空装置。③Innovatec的:自动化
照蛋和传送设备、自动化分离雏鸡系统、雏鸡计数和装箱系统。

第三节　我国传统孵化法的孵化室和孵化设备

我国传统的鸡人工孵化法主要有:炕孵法、缸孵法、桶孵法(炒
谷孵化法)等。炕孵法主要分布在华北、东北、西北等北方地区,缸
孵法主要分布在长江流域,桶孵法主要分布在华南、西南诸省。这
3种孵化法极为相似,都大致分为两个孵化阶段:第一阶段为孵化
的前半期(1～12胚龄),鸡胚依靠火炕、孵缸、孵桶等供温孵化;
第二阶段为孵化的后半期(13胚龄至出雏),均将胚蛋移至摊床上
继续孵化至出雏。上摊床时间的掌握:鸡蛋孵化期÷2+1天。如
鸡为11～13胚龄。

这些孵化法,全凭经验掌握孵化温度,人工转蛋劳动强度大,
费时、费力、破蛋多,在高温环境下操作,孵化设备及场所的消毒难
以彻底。但是,因有设备简单、就地取材、成本低、不受电力限制、
投资少、见效快等优点,迄今仍在广大农村应用。

一、炕　孵　法

此法设备简单,仅需火炕、摊床和棉被、被单等物。

（一）**孵化室的选择和改造** 孵化室多用坐北朝南、背风向阳、干燥的旧房改造而成。为利于保温和消毒，窗户用土坯砌起1/3～1/2，门挂棉帘，墙刷白灰。有条件时加糊顶棚、地面铺砖。孵化室最好有里外间，里间设火炕，外间做调温和孵化操作人员住宿（图1-1-19）。

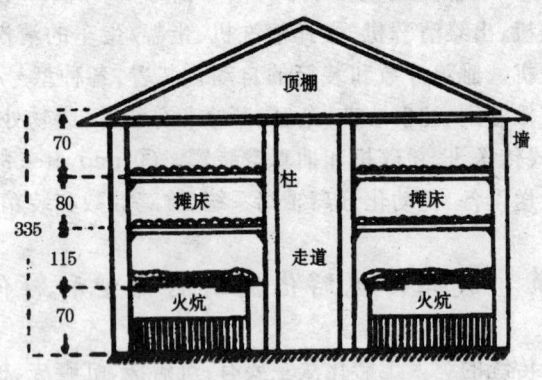

图 1-1-19 炕孵法孵化室剖面 （单位：厘米）

（二）**火炕的建造**

1. 旧炕改造 用原来的旧炕改造。首先，补破洞和裂缝，以免烧炕时冒烟。其次，抹平炕面。炕上铺麦秸或稻草，再盖苇席。炕的大小视房间大小及孵化量而定。一般炕高约70厘米，宽约200厘米。孵化量大时，可分热炕和温炕，前者放刚入孵的种蛋，后者放已入孵5天以上的种蛋。

2. 新火炕的建造

（1）炕基 选好孵化室，在室内砌一面墙，在墙高43厘米处挖一烟洞口，宽17厘米×高20厘米，然后沿烟洞口正前方约267厘米处的地面砌一与烟洞口一样大小的灶洞口。在灶洞口两侧92厘米处，再分别砌一垂直于后墙的前高37厘米、后高47厘米的砖墙或土坯墙建成的炕基。

（2）风道 在距离后墙23～27厘米的炕基内，砌一高47厘米的风道,以利于排烟和保温。

(3)灶洞 在灶洞口向内用砖砌灶洞。上宽 13 厘米,下宽 37 厘米,高 37 厘米。

(4)保温层 除灶洞外整个炕基内铺上干细沙,厚度与炕基平。

风道处铺 23 厘米厚的细沙,以调节炕温。烧火时沙吸热,使炕面温度不至于突然上升;停火后沙缓慢散发热量,使炕面温度不至于骤然下降。

(5)烟道 填沙后,再将炕基墙加高至前高 50 厘米、后高 60 厘米。

在炕内的沙上纵向等距离码 5 排砖脚(横向梅花排列),将炕面分成 6 条烟道(图 1-1-20 之 A)。

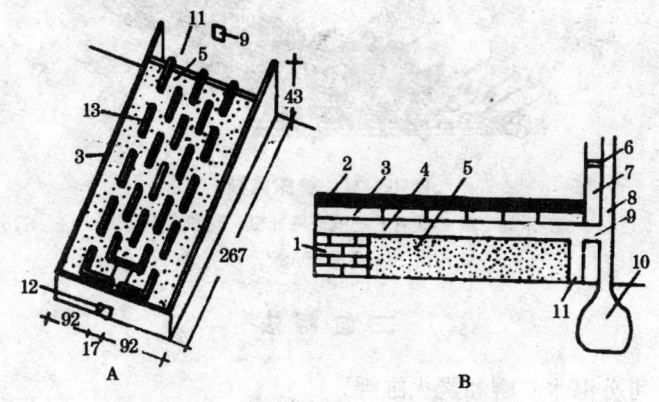

图 1-1-20 火炕的构造 (单位:厘米)

A. 砖脚排列 B. 炕的纵剖面

1. 灶洞 2. 炕面 3. 炕面墙 4. 烟道 5. 沙 6. 炕温调节板
7. 壁墙 8. 烟囱 9. 烟洞口 10.“狗窝” 11. 风道 12. 灶洞口 13. 砖脚

(6)炕面 将砖或土坯平铺在砖脚上,上面用麦秸和泥抹平。为使温度均匀,前边抹泥厚于后边,使炕面形成一个斜平面。在炕周围砌一层砖,作为炕沿。炕面铺干黄土,再铺麦秸或稻草,最上面铺苇席。

(7)烟囱与"狗窝" 在烟洞口室外墙角下挖一个下大、上小的100厘米深坑(俗称"狗窝"),以利于抽烟。坑上砌烟囱,烟囱高度应超过屋顶。在烟囱上留一窄缝,插上薄铁板(炕温调节板),通过抽插该板来调节炕温(图1-1-20B)。

(三)摊床的构造 摊床可用木材或竹竿,搭在火炕上方或建在孵化室内空地上。一般1~2层,上、下层间距为60~80厘米,下层离炕约115厘米,上层离顶棚约70厘米。摊床宽170厘米,以利于操作。床面用高粱秆扎把横放。上面铺纸和3~5厘米厚的麦秸,再铺上苇席,要求床面平整。在床边缘用高粱秆扎把,挡起约10厘米高,以防胚蛋或雏鸡掉下(图1-1-21)。

图1-1-21 摊床结构

1. 木架 2. 高粱秆扎把或高粱秆帘 3. 纸 4. 麦秸
5. 苇席 6. 高粱秆扎把 7. 种蛋

二、缸孵法

可分温水缸孵和炭火缸孵。

(一)缸孵法孵化室 缸孵法孵化室与炕孵法相似。从图1-1-22可看到孵化室地上的孵缸,孵缸上方有两层摊床。

(二)缸孵设备 温水缸孵法,备有水缸、盛蛋盆(铝盆、铁盆等);炭火缸孵法,孵缸用稻草编成,并糊泥保温,高约100厘米,内径约85厘米。另有铁锅、盛蛋盆、炭盆等。两种缸孵的设备见图1-1-23及图1-1-24。摊床与炕孵法相似。

三、桶孵法

桶孵法也称炒谷孵化法,以炒热的稻谷供温。设备简单,仅有孵桶、盛蛋网、摊床、稻谷及炒稻谷的用具等。

(一)孵化室及孵桶
孵化室(孵房)与缸孵法相似。孵桶用竹片编织成圆筒形,外边糊泥;或用木桶,外包稻草、草席等保温材料。桶高70~90厘米,直径60~70厘米,可孵种鸡

图1-1-22 缸孵法孵化室
(内 景)

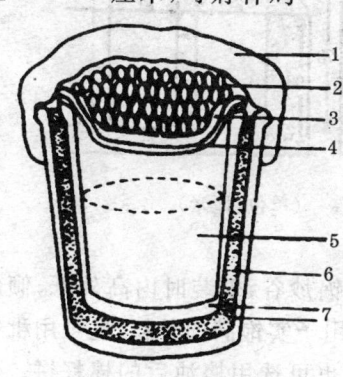

图1-1-23 温水缸孵设备
1.棉被 2.种蛋 3.棉垫 4.盛蛋盆
5.温水 6.锯末 7.水缸(双层)

蛋1 200~1 500个(图1-1-25)。孵桶并排放在孵化室四周,离墙6~10厘米,桶与桶距离6~10厘米,其空隙用稻壳或锯末填实,以利于保温。如果多行排列,行间应有120厘米宽的走道,以便操作。盛蛋网袋用麻绳(或尼龙绳)编织而成,网孔约为2厘米×2厘米,一般每袋可装蛋50~60个。

(二)摊床 摊床可用木材或竹竿搭架,一般为两层,两层间距约70厘米,下层离地约60厘米,上层床宽为150厘米,下层比上层宽20厘米,以供踏脚,以便于上层操作。每平方米可入孵

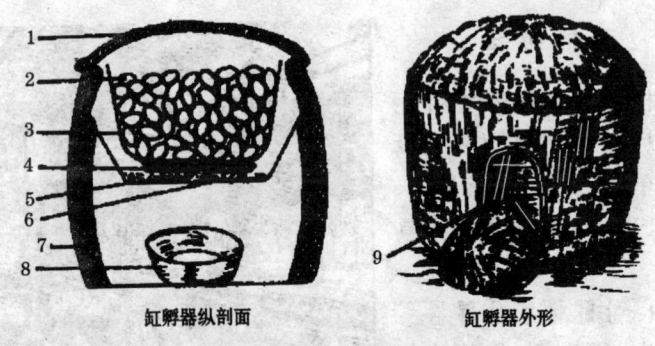

图 1-1-24　炭火缸孵设备

1.缸盖　2.种蛋　3.盛蛋箩　4.木板　5.缸或锅　6.沙子

7.孵缸　8.炭盆　9.灶门

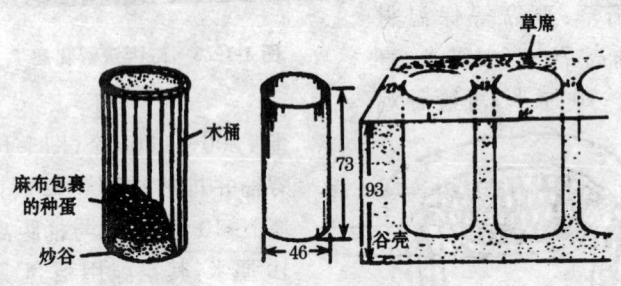

图 1-1-25　桶孵设备　（单位:厘米）

300～400 个种蛋。

（三）炒谷设备　一般用大铁锅炒谷,安装时内高外低,倾斜60°左右,做成炒谷灶。炒谷一般用子实饱满的谷粒,也可用秕谷或稻壳代替(但炒的时间长些)。也可选用榨油后的棉籽饼。例如,田宇(1994)介绍利用榨油后的棉籽饼做热源:用 40℃～45℃温水将棉籽饼拌匀。若气温高用凉水,以控制杂菌孳生。湿度以手用力抓握不滴水为宜,一般 6～7 天即可产热入孵;也可在水中加入 0.5%～1% 的食盐,4～5 天可产热入孵,若加入 5% 酒精和1% 酵母粉,则 3 天可产热入孵。一次拌料可用 2～3 个月。中途降温,可补给水分。但用了一段时间后,不产热了,是料中营养物质已耗尽,微生物得不到营养,无法繁殖,故不产热,要续料。

四、平箱孵化法的设备

（一）平箱的制作　平箱外形像一只长方形的大箱子,故称为"平箱"。有隔热保温夹层。箱的规格为:高 156 厘米×宽 96 厘米×深 96 厘米。一般可入孵鸡蛋 1 200 个。由上部孵化与下部供热两部分组成。孵化部分内部设有 7 层可一起转动的蛋筛架,上 6 层放蛋筛,最下 1 层做成圆形隔热板。供热部分用土坯砌成（底部为 3 层砖）,内部四角用泥抹圆,呈锅灶形炉膛。在孵化与供热交接处,放一厚 1.5 毫米左右的铁皮,上抹稻草泥做隔热层（图1-1-26）。

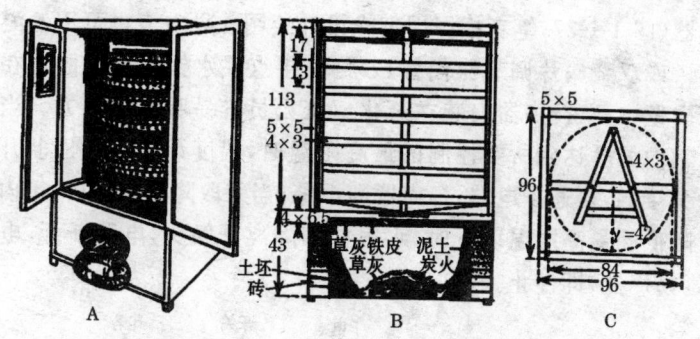

图 1-1-26　平箱孵化器构造　（单位:厘米）

A.结构图　B.纵剖面图　C.横剖面图

（二）蛋筛　蛋筛用竹篾编成高 8 厘米、直径 76 厘米的筛状筐,种蛋放筛中孵化。

（三）摊床及其他设备　摊床建在平箱上方,一般 2~3 层。其构造与缸孵法相仿。其他设备与缸孵法相同。

（四）平箱孵化法的改进　周炯光（1995）提出平箱孵化的改进

措施。

1. **增设箱底隔热水箱**　改变箱底用薄铁板铺一层细沙(或抹稻草泥)的隔热方法。采用在平箱底部制作一个与平箱大小相当的铁皮水箱,水箱高 20~40 厘米,水箱四角接直径 2 厘米的镀锌铁皮水管,水管经过平箱四角并伸出箱顶(或平箱底部置一大铁锅,锅上再盖铁皮)。水箱(或铁锅)装满水,煤炉置于水箱(或铁锅)底部加热,通过水箱(或铁锅)再将热传到平箱内。这样,水箱(或铁锅)起到了很好的缓冲隔热作用,以保持箱内温度的稳定。同时,采取减少开门次数和时间等措施来进一步减小箱内的温差变化。改装后,一般 2~4 小时检查温度 1 次。

2. **自制超温报警器**　采用电接点式水银温度计(导电表),直流电喇叭(直流扬声器),两节五号干电池等电器原件,制作超温报警器(图 1-1-27,笔者根据周炯光设计绘图。导电表也可用乙醚胀缩饼或双金属片调节器代替)。将电接点式水银温度计固定在平箱内壁中部,扬声器安装在孵化值班人员容易听到的地方。当孵化箱内温度达到所要控制的最高限温时,温度计中水银柱上升与触头接触,接通了电路,扬声器即报警;当采取降温措施后,箱内温度降低到最高限温以下时,水银柱下降离开触头,电路断开,电喇叭(扬声器)即停止报警。

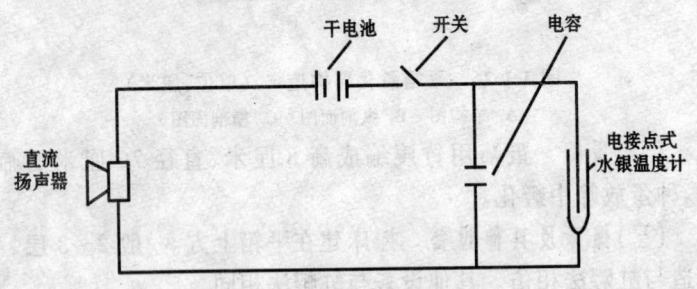

图 1-1-27　简易超温报警器

3. 缩短箱内孵化时间,提早上摊床　一般鸡蛋孵化至 12 胚龄,进行第二次验蛋后上摊床孵化。

五、温室架孵法

各种传统孵化法或经改进的平箱孵化法,整个孵化期均分为两个孵化阶段,前期供温孵化,后期上摊床继续孵化至出雏。这样,一次入孵量、出雏量受到限制。为此,原北京农业大学改进和推广了温室架孵法。其特点是在温室内设有多层孵化架,整个孵化期均在孵化架上孵化,直至出雏。室内四周设有火道供温。整个温室即为 1 个孵化器。这样,一次入孵、出雏量大,也免去移蛋上摊的操作,可减轻劳动强度和减少破蛋。

(一)温室的建造　架孵法的温室相当于孵化器的外壳。要求保温性能好,坐北朝南,高 270～300 厘米。可用旧房改建,将窗户用砖或土坯砌堵 2/3～1/2,仅留上部,墙壁刷白,加糊顶棚,水泥地面或砖地(图 1-1-28)。

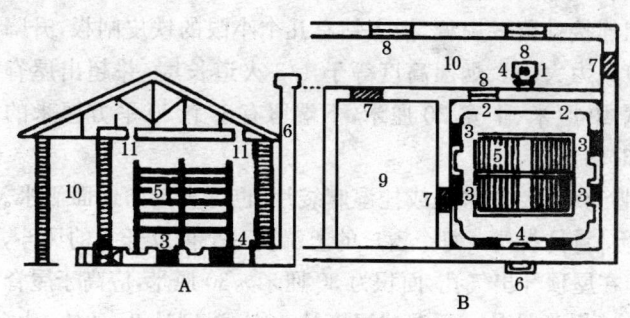

图 1-1-28　温室架孵法孵化室

A. 侧剖图　B. 平面图

1. 灶　2. 火道　3. 散热铁板　4. 火道插板　5. 蛋架
6. 烟囱　7. 门　8. 窗　9. 值班室　10. 走道　11. 出气口

温室大小根据孵化量而定,如孵化量在 1 万个蛋以内,应有一间半房,2万～3万个蛋应有3间房。

(二)孵化架和蛋盘架的安装　孵化架相当于孵化器的孵化蛋盘、出雏盘。要求牢固,操作方便,尤其要防止架面不平整。

孵化架材料简单,有4根立柱、8根横杆及一些高粱秆扎把、苇席即可。其长度视温室长度而定。四周或三面有走道。孵化架宽度不超过170厘米,以便于面对面操作。层次根据房间高度而定,一般3～4层,最下层离地50～60厘米,最上层离顶棚不少于60厘米。每层架面尽量平整,高粱秆扎把平放其中,再加4～5厘米厚的麦秸,上铺苇席,周围用稻草或高粱秆扎把挡起8～10厘米高,既能防掉蛋、掉雏,又有利于边蛋保温。每平方米可放500～800个种蛋。为了减少破蛋和降低劳动强度,有的将固定孵化架改为活动蛋盘架,仅推动"联动杆"即可完成整架的转蛋工作。

(三)供温　由炉灶、火道、烟囱等组成。炉灶至烟囱要有一定的坡度(爬火),转弯处抹成弧形。火道与墙壁有10～13厘米的距离,以利于散热,火道近炉灶处应加厚,有利于温度均匀。在火道与烟囱连接处留一扁缝,插入钻有几个小眼的铁皮闸板,升降闸板可调节火力大小。烟囱高度等于1/3火道长度,并超出屋脊。烟囱下宽40厘米、上宽20厘米,下端留有1个20平方厘米的清洁口,平时堵严。

(四)供湿　放水盆或挂湿麻袋片,也可直接向地面洒水。

(五)通风换气　每个窗户的上端设一个可以开关的风斗,用于换气。在屋顶开出气孔,面积为30厘米×30厘米,应高于屋脊。

(六)孵化用具　干湿球温度计1支,温度计2～4支,水盆、照蛋灯、消毒药品和登记表格。

六、传统孵化法孵化设备的改革

近10年来,许多人对传统孵化法的孵化设备进行了诸多很好的改革,也采用不同能源供热,这对国内无电地区鸡的孵化起到了不小的促进作用。现简单介绍如下。

（一）**煤供热自动控温孵化装置**　汪木胜（安徽省合肥市环湖东路孵化厅）介绍用蜂窝煤球供热的自动控温孵化装置。该孵化自动控温热气流煤炉，由暖气管道、方形煤炉和炉门开关及煤炉控温电路等组成。

1. **暖气管道**　由 3 根长 160 厘米×直径约 10 厘米（周长 30 厘米）镀锌铁皮管与拐脖（弯头）连接成旋回管道。一头连接煤炉，另一头连接排气管，将废气排出室外。

2. **方形煤炉**　用镀锌铁皮制成，长 50 厘米×宽 25 厘米×高 50 厘米的长形盒子，内装两个炉芯，每个炉芯放 3 块蜂窝煤，炉上部有保温盖和暖气管接口；在炉下部，两炉芯之间与炉门开关相接。

3. **炉门开关与煤炉控温器**　炉门开关由镀锌铁皮制成长 10 厘米×宽 10 厘米×高 10 厘米的方形盒子。控温器由测温探头及控温电路，通过直流电机（6 节电池）带动炉门开或关，以达到控温目的。

该装置可代替电孵化器的电热管或传统孵化的温水、火炕等供热方式。

（二）**孵化厅的热水循环加温技术**

1. **小型孵化场水温孵化技术**　外壳用泡沫板、木料、五合板喷漆，内部用角铁钢管焊制。加温用自控温无盖煤炉，其炉热气流于铁管内循环后，排到室外，管道通过箱内的水箱，热量被水吸收，有效保持箱内温度稳定性，湿度也好控制。由于有大量的水作缓冲，孵箱内温度达到要求后锁定进火口，温度升高极慢；若煤炉灭火了，箱内温度也下降很慢。可分批入孵，容蛋量 10 000 个以上（鸡蛋），较适宜小型孵化厂使用。

2. **中大型孵化厂水温孵化技术**　热水循环加温技术，大水箱（可容水 1 立方米）置于自动控温煤炉上，水通过自来水管或铜管循环到各孵箱内。管道首先循环于箱内中间底部的水箱内，更稳定箱温;当箱内温度稳定后,锁定进水孔,箱内就可保温。大水箱可容水 1 立方米,可供容蛋量 20 000 个孵化箱 4～6 台同时使用。水温供热的最大好处是温度柔和,污染很小。

3. 无盖煤炉技术　该炉上面是全封闭,防止了煤气从炉上面散出,其炉热量通过火门自动开关和手动插板调节。该炉一次加煤球 50 千克,可烧 2～5 天。该炉可用砖砌,成本更低。

(三)温室自动转蛋架孵化法　韩义龙介绍温室自动转蛋架孵化法,利用旧房屋改造成温室。它由供暖保温设施、孵化设施两部分组成(图 1-1-29)。

1. **供暖保温设施**　由炉灶和炉坑、地下火(烟)道、隔断与保温设施等组成(图 1-1-29A)。

(1)炉灶和炉坑　在东山墙外中间靠墙处,挖一个长 2 米×宽 1 米×深 1 米的土坑。土坑的靠墙 1 头砌建长 1 米×宽 1 米的炉灶,生火供热(可用秸秆、树枝或煤炭做燃料),内接地下火(烟)道;余下的是长 1 米×宽 1 米×深 1 米为炉坑,作为烧火和掏炉灰处(图 1-1-29A)。

(2)地下火(烟)道　挖一条离地面 0.5 米、离墙 0.5 米的宽 0.6 米×深 0.5 米绕屋一周及两条设有挡板的横向地下火道,一端接炉灶,另一端经东山墙至屋外的烟囱,烟囱上端设防雨罩。

(3)隔断与保温　砌隔断将屋内分隔成 3 室(1～14 胚龄在第一室,15～18 胚龄在第二室,19～21 胚龄在第三室)。为了保温,外围护墙用草泥抹墙并吊顶棚和设双层门、双层玻璃窗。

2. **孵化设施**　包括转蛋架、孵化盘和出雏盘(图 1-1-29B)。

(1)转蛋架　由固定支架、孵化盘转蛋架和转蛋轴承等组成。

①固定支架和转蛋轴承。用于安装孵化盘转蛋架。采用两根固定在地面上的间距 60 厘米的宽 4 厘米×厚 5 厘米的木板条做固定支架,离地面高 160 厘米。在离地 120 厘米处各安装 1 个转蛋轴承,以便插入孵化盘转蛋架的转轴,用于转蛋。

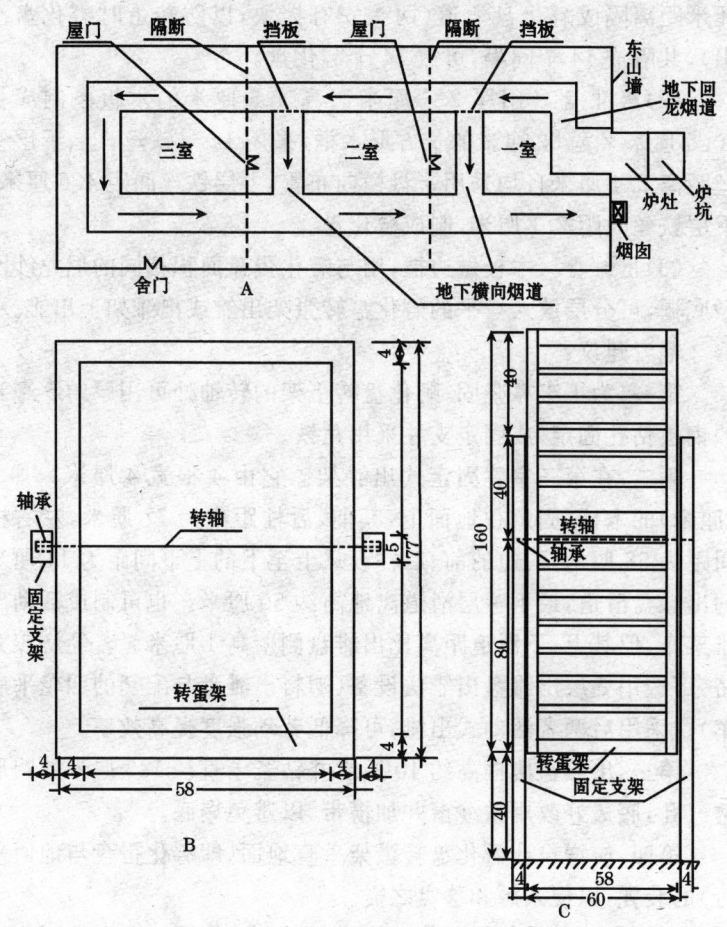

图 1-1-29　温室自动转蛋架孵化法示意图　（单位：厘米）
A. 炉灶和地下火道平面图　B. 转蛋结构俯视图　C. 转蛋结构立面图

②孵化盘转蛋架。用 4 厘米×5 厘米木板条制成长 77 厘米×宽 58 厘米×高 160 厘米的框架。其内径，长 70.5 厘米×宽 52 厘米×高 152 厘米，中间安装转轴。再用木条从上至下每 9.8

厘米距离隔成孵化盘滑道（两头安有挡块，以防转蛋时孵化盘滑出），共隔成 14 个间隔，可放 14 个孵化盘。

（2）孵化盘 用厚 2.5 厘米×高 4.5 厘米的木板条制成长70.5 厘米×宽 52 厘米的长方形木框，采用 14 号铁丝，上、下层铁丝距离 2.4 厘米且均采用蛋盘横向布置，上层铁丝间距 4.6 厘米，下层铁丝间距 2.1 厘米，制成孵化盘。

（3）出雏盘 木板做边框，用与孵化蛋盘面积相同的尼龙纱网做底栅，可分层放入摆平的孵化盘转蛋架出雏或出雏架上出雏。

笔者建议：

第一，为了牢靠坚固，孵化盘转蛋架的转轴处可用厚约 5 毫米的钢板钻孔固定，或固定支柱采用角铁。

第二，在第三室建固定式出雏架。它由 4 根宽 4 厘米×厚 5（厘米）的木柱，固定在地面上，其前、后柱距离为 77 厘米，左右柱间距为 58 厘米，两边的前、后柱设从上至下的上下间距为 11 厘米的出雏盘滑道，最下一层滑道离地高约 50 厘米。也可制成活动出雏架车，但其上、下滑道距离比出雏盘侧壁高 1 厘米。若经济较充裕，可选用叠层出雏盘出雏法设备（塑料出雏盘与配套的四轮平底车）。采用后两者活动式出雏，可降低劳动强度提高效率。

第三，出雏盘侧框高约 10 厘米并钻若干直径 1.5 厘米的圆形透气孔，底最好改用铁纱窗并加横带，以避免塌底。

第四，应增设让孵化盘转蛋架垂直地面（即孵化蛋盘与地面平行）的装置，以便入孵和移盘之需。

（四）圆柱形温箱孵化法 张兵（2001）介绍圆柱形温箱孵化设备：圆形温箱又称等距离热辐射温箱，它由于应用圆周与圆心等距离、等热量辐射原理，使箱内多层鸡蛋都能均匀受热，既防止了突发性超温，又避免了骤然降温，还解除了"烧底"的后顾之忧。

1. 圆柱形温箱的制作 选不锈钢材和强压焊接材料制成的箱内直径 55～60 厘米、高 120～135 厘米，内底与外底相距 6～8

厘米,箱体底部安装有直径 2 厘米、长 5 厘米通入水温中和层的进排水管,在箱上缘安有直径 0.5 厘米并可延伸的溢水管。在箱的底部和中部安有直径 2 厘米、长 5 厘米的通气管,箱内壁有贮热层、热辐射层、内壁与外壁之间有水温中和层,箱外壁有保温层和防护层。

2. 蛋盘的制作 蛋盘呈圆筛形,蛋盘直径根据箱体大小选取,盘高 8～10 厘米,由木卡或木垫支撑 6 层蛋盘,圆形箱盖底部有棉被保温层,盖边缘高 10 厘米。箱盖中心钻 3 个呈三角形的小圆孔,既可测箱内蛋温还可调温,箱盖可兼作出雏盘使用。

张兵(1998)、张雪松(2004),都曾经采用由立式圆形箱和卧式平箱配套组成的仿生孵化箱,分别孵肉鸭和肉鹅种蛋。孵至 17 天后,将鸭蛋(或鹅蛋)由立式箱移至卧式箱孵化,通过向卧式箱注冷水或热水可准确调节蛋温在所需范围内。

(五)传统孵化技术的几项改进措施

喻学伟等(2001)介绍江苏省滨海县对传统孵化技术的几项改进措施如下。

1. 建温室,实现小环境管理 可建一个长 5 米×宽 5 米×高 3 米的炕孵室,沿墙设计 4 个长 2.3 米×宽 1.4 米×高 2.2 米的小温室,中间留宽 2 米的过道,作为操作间,用来照蛋、入孵、注射疫苗。每个小温室内安装 2 个蛋架,沿墙设置烟道。实现小环境管理既能节约能源,又易于控制室内环境,以提高出雏率。

2. 设计蛋架,实现机械转蛋 在墙上,距室顶 40 厘米处、距里墙 60 厘米处左右两侧各装 1 个直径 5 厘米、长 15 厘米的钢管,其中 10 厘米装于墙内,每侧挂两根宽 3 厘米×0.5 厘米厚的铁条,在铁条上每隔 11 厘米打一直径 1 厘米的圆眼。用角铁焊成 72 厘米×140 厘米的铁框,在两侧边框中间各焊两根直径 1 厘米的钢筋,间距 8 厘米,一端略长,这样便于安装到墙两边的铁条上。在钢筋末端装上螺丝以防铁框滑落,在铁框中间焊一铁条,以增加稳固性。这种铁框可上下安装多层,如 16 层。用绳子将顶层铁框前后两侧挂在室顶上,使一侧下斜时最低可下斜到 45°角。应用这种装置既可上下多层连动,旋转 90°角,起自动转蛋作用,以节约人工,降低破蛋率,又容易拆装,便于消毒。如用作出雏室,只要将铁框固定于水平位置,不再加温即可。

3. 设置木框蛋盘,增加透气性 可用宽 3.3 厘米、厚 1 厘米的木条制成长 72 厘米×宽 66 厘米的蛋盘,上穿两层钢丝,下层间距 1.5 厘米,上放种蛋,上层依种蛋大小定距离,起隔蛋作用。如间距 6 厘米,就可立放两排本地品种鸡蛋,或横放两排鸭蛋,或纵放一排鹅蛋。应用这种蛋盘,放于蛋架上,可解决蛋架层数多,上下通风透气性差的难题。应用这种装置,1 个小温室 1 次可入孵种鸡蛋 32 000 个。

4. 安装通风、控温设备,有效调节温、湿度 在温室顶部开天窗,在中间装风扇,这样既能通风,又能使室内上、下温度保持一致。在室内装自动温度导电仪,当室内温度超过或低于适宜温度时,自动报警,提醒适时调节温度。在地上放水盘,在墙上挂湿度计,根据湿度计显示数据,增减水盘数,以调节湿度。人工孵化的炕坊可根据自己的具体情况,合理设计温室大小。

第四节 影响孵化成绩的各种因素

经常地、定期地(如每批孵化完毕、每月、每季及全年)检查分析孵化效果,总结经验或教训,是孵化场经营管理的一项必不可少的工作。当遇到孵化效果不理想时,往往仅从孵化技术、操作管理上找原因,而很少或不去追究孵化技术以外的因素。为了使读者对影响孵化成绩的各种因素有一个较全面的了解,在介绍孵化的有关知识之前,先介绍影响孵化成绩的因素及其相互关系(图 1-1-30)。

从图 1-1-30 中可以看出,影响孵化成绩的因素有以下 3 个方面：一是种鸡质量（品种、种鸡的饲养管理）；二是种蛋管理；三是孵化条件。第一、第二个因素合并决定入孵前的种蛋质量，是提高孵化率的前提。

只有入孵来自优良种鸡、喂给营养全面的饲料、精心管理的健康种鸡的种蛋，并且种蛋管理得当，孵化技术才有用武之地。例如，某农场虽有从事孵化工作达 20 多年的老师傅，但是由于鸡种、饲料和管理条件较差，使历年来入孵蛋孵化率仅达 64%～72%。又如某种鸡场，一段时间多种维生素缺乏，致使受精蛋孵化率从原来的 90% 下降至

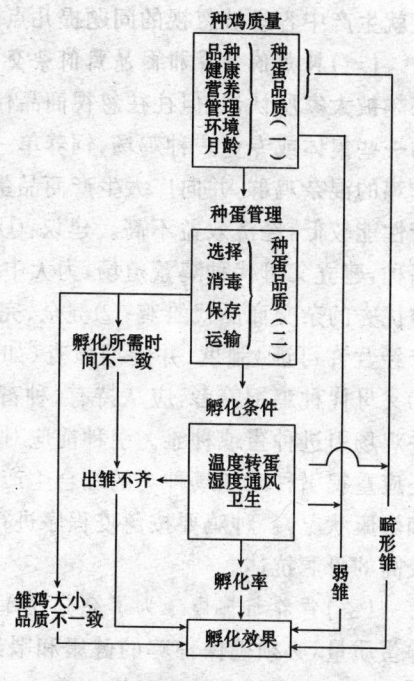

图 1-1-30　影响孵化效果的各种
因素及其关系

79.5%，多种维生素得到补充后，孵化率又回升到 92%。又由于育种的需要，有些种蛋于 6～7 月份在室温条件下保存达 18 天，结果受精蛋孵化率仅 66%～78%。而在相同室温条件下保存 3 天的另一批种蛋，受精蛋孵化率达 90%～92%。上述 3 例说明，种蛋品质的优劣与孵化率高低有着密切的关系。

一、种鸡的质量

影响种鸡质量的因素有以下 6 个方面：鸡的品种、健康、营养、管理水平、环境和种鸡利用年限。它们共同影响种蛋的品质。现

仅就生产中容易被忽视的问题提几点建议。

（一）**种鸡的选择和商品鸡的杂交** 饲养优良品种的重要性越来越被大家所认识，但往往忽视商品代杂交问题。目前，农村乡镇的一些集体或专业户种鸡场，饲养单一品系的优良种鸡或仅有公、母鸡的混杂鸡群，并向广大生产商品蛋的专业户提供雏鸡，致使生产性能较低，经济效益不高。建议：①有计划、有目的地引进优良品种，建立父母代种鸡繁殖场，为大中型商品鸡场及养鸡专业户提供优秀的杂交商品代雏鸡；②健全、完善对种鸡场发放《种畜禽生产经营许可证》制度，并定期检查（如 1～2 年 1 次）各级种鸡场；③父母代种鸡饲养者，应从持有《种畜禽生产经营许可证》的祖代种鸡场引进种蛋或种雏。引种前应对该场的资质、信誉进行了解，还应重视引种时该场种鸡的综合生产情况（种鸡的产蛋率、受精率和健康状况）。种鸡要按免疫程序进行免疫接种，以保证其后代有较高的母源抗体。

（二）**营养与健康** 为了充分发挥优良种鸡的生产性能和保证种蛋质量，必须确保种鸡的健康和喂给营养全面的饲料。特别要满足对孵化率影响较大的维生素 A、维生素 D_3、维生素 B_2、维生素 B_{12}、维生素 E、泛酸和钙、磷、锌、锰的供给。在生产中，可用蛋鸡 1 号料（即产蛋率 80% 以上料号）补加复合添加剂，效果理想。对不能提供营养全面的配合饲料的地区，种鸡场应按饲养标准自行配料。防疫方面要按免疫程序进行免疫接种，以保证其后代有较高的母源抗体。除了要预防新城疫外，还应注意预防经种蛋传播的疾病，如沙门氏菌病（主要是雏鸡白痢和鸡沙门氏菌病）、支原体（鸡毒支原体和滑膜囊支原体）病、鸡传染性贫血病、鸡脑脊髓炎、产蛋下降综合征、呼肠孤病毒和白血病等。

（三）**管理与环境** 种鸡开产时公、母比例按 1：10～11，老龄鸡按 13～15：100；及时淘汰病、残、弱、无精和不能正常配种的公鸡。管理上要特别注意勤捡蛋和勤换产蛋箱垫草，以减少破蛋和保持种蛋的清洁卫生。每天捡蛋 4 次,夏季及冬季 5～6 次,以降低种蛋破损造成的污染。尤其要注意不让种蛋在鸡舍过夜。春季孵化(一般指 2 月底至 6 月中旬)为主的种鸡场,应确定育雏时间并加强光照管理和饲养管理,使种鸡在这段时间处于产蛋旺季。避免鸡舍环境温、湿度过高,注意空气质量。种鸡所需最佳温度为 13℃～21℃,在此温度范围内种鸡产蛋量高,种蛋品质也佳。要避免在冬季为了保持鸡舍温度,紧闭门窗,鸡舍里氨气等有害气体含量剧增,既危及种鸡的健康,也降低种蛋的品质。可将鸡舍温度控制在 5℃以上的情况下,加强通风换气。防止饮水设备跑水。

(四)利用年限　蛋用种鸡一般从 25～26 周龄开始选留种蛋,至 72 周龄淘汰(利用 10～12 个月)。经强制换羽,最多总共可利用 18 个月。否则,往往经济效益差。目前较普遍存在"提前服役"、"超期服役"现象。提前或超期选留种蛋的孵化效果均不理想。如黄健文等报道:一些孵化者不按标准而过早给母鸡输精,收集种蛋或推迟淘汰种鸡继续采集种蛋,结果出现孵化率和雏鸡质量下降。如某专业户给 150 日龄罗曼父母代种鸡输精并 1 周后收集种蛋入孵。结果受精率仅 72%,孵化率仅 6 4%,且雏鸡体重偏小。另一孵化户孵化 76 周龄种鸡所产的种蛋。结果受精率仅 80%,孵化率仅 72%,雏鸡大小不一,残次品增多。而该批鸡产蛋高峰时的受精率 92%,孵化率 85%以上。如若需要,可采用强制换羽方法,可延长利用 6 个月。

二、种蛋的管理

种蛋管理应包括鸡舍中的管理、入库前的管理(种蛋选择和消毒)、种蛋库的管理(即种蛋保存)、种蛋运输和定期监测种蛋质量等 5 个方面。

(一)种蛋的鸡舍中的管理　见本节后面的(五)有关种鸡场鸡群的种蛋质量监测。

(二)种蛋的入库前管理

1. **种蛋的选择** 优良种鸡所产的蛋并不全部是合格种蛋，必须严格选择。选择时首先注意种蛋来源，其次是注意选择方法。必须强调的是：下述的蛋重、蛋形、壳厚与比重等指标，不一定符合特定品种的要求。随着选育和孵化设备及孵化技术的发展，适宜孵化的蛋重范围有扩大的趋势，蛋形、壳厚与比重等指标，不同品种也存在差异。为此，笔者建议鸡的育种单位要测定并提供本品种的"适宜孵化的蛋重、蛋形、壳厚与比重等指标"的范围。

(1)**种蛋的来源** 种蛋应来自正确制种、生产性能高且稳定、无经蛋传播的疾病、受精率高、饲喂营养全面的饲料、管理良好、实施系统免疫程序的健康种鸡群。受精率在80%以下、患有严重传染病或患病初愈和有慢性病的种鸡群所产的蛋，均不宜作种蛋。

如果需要外购，应先调查种蛋来源的种鸡场是否有经营许可证，信誉及管理水平；引种时该种鸡群健康状况、产蛋、受精率，有无疫情、免疫情况；并签订供应种蛋的合同。

(2)**种蛋的选择方法**

①清洁度。合格种蛋的蛋壳上，不应该有粪便或破蛋液污染。否则，影响胚蛋气体交换。用脏蛋入孵，不仅本身孵化率很低，而且污染了正常种蛋和孵化器，增加腐败蛋和死胚蛋，导致孵化率降低，雏鸡质量下降。轻度污染的种蛋可以入孵，但要认真擦拭或用消毒液洗去污物。

②蛋重。蛋重与雏鸡重量成正相关，如雏鸡重占蛋重65%～70%。蛋重应符合该品种要求。蛋重过大或太小都影响孵化率、雏鸡质量和雏鸡重量，尤其肉仔鸡更重要。因为雏鸡的初生重与早期增重呈正相关，所以对商品代肉鸡种蛋蛋重的选择更为重要。一般要求蛋用鸡种蛋蛋重为50～65克，65克以上或49克以下的，孵化率均低。肉用鸡种蛋蛋重为55～68克。

③蛋形。合格种蛋应为卵圆形，蛋形指数为0.72～0.75，以

0.74 最好。细长、短圆、橄榄形(两头尖)、腰凸的种蛋,不宜入孵。

④壳厚与比重。一般鸡蛋蛋壳厚为 0.27～0.37 毫米,比重在 1.080 孵化率最好,与低于 1.080 和高于 1.080 的比较,孵化率分别提高 2.0% 和 0.36%。蛋壳过厚(壳厚在 0.34 毫米以上)的钢皮蛋、过薄(壳厚在 0.22 毫米以下)的砂皮蛋和蛋壳厚薄不均的皱纹蛋,都不宜用来孵化。

⑤壳色。应符合本品种的要求。如北京白鸡蛋壳应为白色,星杂 579 鸡、伊莎褐鸡的蛋壳为褐色。但若孵化商品杂交鸡,对蛋壳颜色不需苛求。

⑥听声。目的是剔除破蛋。方法是两手各拿 3 个蛋,转动五指,使蛋互相轻轻碰撞,听其声响。完整无损的蛋其声清脆,破蛋可听到破裂声。破蛋在孵化过程中,蛋内水分蒸发过快和细菌容易乘隙而入,危及胚胎的正常发育。因此,孵化率很低。

⑦照蛋透视。目的是挑出裂纹蛋和气室破裂、气室不正和气室过大的陈蛋以及大血斑蛋。方法是用照蛋灯或专门的整盘照蛋设备,在灯光下观察。蛋黄上浮,多系运输过程中受震动引起系带断裂或种蛋保存时间过长;蛋黄沉散,多系运输中剧烈震动或细菌侵入,引起蛋黄膜破裂;裂纹蛋可见树枝状亮纹;砂皮蛋,可见很多亮点;血斑、肉斑蛋,可见白点或黑点,转动蛋时随之移动。

⑧剖视抽验。多用于外购种蛋。可选择裂纹蛋或无蛋内容物流出的破蛋,将蛋打开倒入衬有黑纸(或黑绒)的玻璃板上,观察新鲜程度及有无血斑、肉斑。新鲜蛋,蛋白浓厚,蛋黄高突;陈蛋,蛋白稀薄呈水样,蛋黄扁平甚至散黄。一般只用肉眼观察即可,对育种蛋则需要用蛋白高度测定仪等专用仪器测量。

(3)种蛋选择的场所　一般种蛋选择多在孵化场里进行。也有主张在鸡舍里选择的,即在捡蛋过程和捡蛋完毕后,将明显不符合孵化用的蛋(如破蛋、脏蛋、各种畸形蛋)从蛋托上挑出。这样既减少污染,又提高了工效。在国外已逐步用这种方法取代孵化场的种蛋分级工序。蛋破损率不高时，入孵前不再进行选择。若破损较多，可在种蛋送至孵化场贮存之前，再进行 1 次选择。

(4)种蛋选择的意义　提高种蛋的孵化率(表 1-1-8)。

表 1-1-8　鸡不合格蛋与合格种蛋的孵化率　（%）

合格种蛋	气室破裂	薄壳	畸形	破损	气室不正	过大（>65 克）	有大的血斑	过小（<45 克）
80.0	87.2	32.4	47.3	48.9	53.2	68.1	70.8	71.5

(5)异形蛋和裂纹蛋的利用　1993 年 5 月，笔者从蛋库选蛋剔除的不合格蛋中(裂纹、畸形、大蛋和小蛋)与合格种蛋各取出 150 个，进行孵化试验，其结果见表 1-1-9。

从表 1-1-9 可见，大蛋和裂纹蛋的孵化率显著低下。裂纹蛋胚胎的前期死胚率和后期的死胎率都明显增加，健雏率也较低。其原因是本试验的裂纹蛋是在入孵之前才采取乳胶涂缝处理，在涂缝前细菌可能已经侵入蛋内。如果在产蛋后立即进行涂缝处置，将会大大降低细菌侵入蛋内的可能性，孵化效果可望得到改善。而大蛋的孵化率和健雏率低下，主要是出雏遇到困难，造成不少胚胎死于壳内，即使勉强破壳出雏的雏鸡，也有很多是弱雏。研究还发现，本试验的畸形蛋孵化率远比类似试验要高得多。主要原因是本试验所入孵的畸形蛋是从蛋库剔除的不合格蛋中选取并不十分典型的畸形蛋，而以往试验的畸形蛋则是很典型的不合格蛋。由此可见，在生产中蛋形的选择可以适当放宽些，尤其是入孵本场的种蛋。此外，从经济效益看，每入孵 1 个大蛋仅增值纯利 5.7 分钱，而裂纹蛋、小蛋和畸形蛋则可达到 0.24～0.29 元，虽然比合格种蛋获利较低，但除大蛋外均获得了较好的经济效益。

第四节 影响孵化成绩的各种因素

表1-1-9 不合格蛋与合格种蛋的孵化效果比较 （"农大褐"蛋鸡）

项 目	裂纹蛋	大 蛋	小 蛋	畸形蛋	合格种蛋
受精蛋孵化率(%)	65.83	69.84	76.86	81.06	89.31
早期死胚率(%)	8.33	4.76	8.26	37.9	0.76
健雏率(%)	94.94	87.50	97.85	97.20	100.00
后期死胚率(%)	25.00	25.40	14.88	15.15	9.92
纯盈利(元/个)	0.24	0.06	0.27	0.29	0.37

注：①死胚率为10胚龄时；②种蛋保存1～7天；③裂纹蛋在入孵前用乳胶涂缝；
④大蛋的平均蛋重为74.3克，小蛋的平均蛋重为48克；⑤盈利已扣除孵化费
（0.15元/个）和鲜蛋价（按4.8元/千克计）

2. 种蛋的消毒 蛋产出母体时会被泄殖腔排泄物污染，接触到产蛋箱垫料和粪便及环境的粉尘等时，蛋进一步被污染。因此，蛋壳上附着很多细菌，随着时间的推移，细菌数量迅速增加，如蛋刚产出时，细菌数为100～300个，15分钟后为500～600个，1小时后达到4 000～5 000个，并且有些细菌通过蛋壳上的气孔进入蛋内。其繁殖速度随蛋的清洁程度、气温高低和湿度大小而异。虽然种蛋有胶质层、蛋壳和内外壳膜等几道天然屏障，但细菌仍可进入蛋内，这对孵化率与雏鸡质量都构成严重威胁。因此，必须对种蛋进行认真消毒。

（1）种蛋消毒时间 从理论上讲，最好在蛋产出后立刻消毒。这样可以消灭附在蛋壳上的绝大部分细菌，防止其侵入蛋内，但在生产实践中无法做到。比较切实可行的办法是每次捡蛋（每天4～6次）完毕，立刻在鸡舍里的消毒柜中消毒或送到孵化场消毒。种蛋入孵后，应在孵化器里进行第二次消毒（表1-1-10）。

（2）种蛋消毒方法

①甲醛熏蒸消毒法

Ⅰ.用药量。40%甲醛溶液通称"福尔马林"，用它与高锰酸钾混合（配比为2∶1）消毒种蛋效果好，操作简便。对清洁度较差

的本场种蛋或外购的种蛋,每立方米用 42 毫升福尔马林加 21 克高锰酸钾(或 7 克多聚甲醛/米³),在温度 24℃ 以上、相对湿度 60%～80% 的条件下,密闭熏蒸 20～25 分钟,可杀死蛋壳上 95%～98.5% 的病原体。为了节省用药量,可在蛋盘上罩塑料薄膜,以缩小空间。在孵化器里进行第二次消毒时,每立方米用福尔马林 28 毫升、高锰酸钾 14 克,熏蒸 20 分钟。

表 1-1-10 种蛋消毒地点和方法

次数	地点	注释	每立方米体积用药量			消毒环境条件		
			16%过氧乙酸(毫升)	高锰酸钾(克)	福尔马林(毫升)	时间(分)	温度(℃)	相对湿度(%)
1	鸡舍内每次捡蛋后在消毒柜中	A	40～60	4～6	—	15～30	20～26	75
		B	—	14	28	20～30	20～26	75
2	入种蛋贮存室前在消毒柜中	A	40～60	4～6	—	15～30	25～26	75
		B	—	14	28	20～30	20～26	75
3	入孵前在入孵器中	C		14	28	20～30	37～38	60～65
		D		21	42	20～30	37～38	60～65
4	移盘后在出雏器中	A		7	14	20	37～37.5	65～75
		B	—	—	20～30	连续	37～37.5	65～75

注:A 或 B 任选一种,C 为本场种蛋,D 为外购种蛋;若捡蛋完毕能立刻送蛋库,则可省去第一次消毒;若用福尔马林消毒法,可加与福尔马林等量的水;种蛋消毒注意避开 24～96 小时胚龄的胚蛋

Ⅱ. 注意事项

第一,种蛋在孵化器里消毒时,应避开 24～96 小时胚龄的胚蛋。

第二,福尔马林与高锰酸钾的化学反应很剧烈,又具有很大的腐蚀性。所以,要用容积较大的陶瓷盆。注意不要伤及人的皮肤和眼睛。

第三,种蛋从贮存室取出或从鸡舍送孵化场消毒室后,在蛋壳

第四节　影响孵化成绩的各种因素

上会凝有水珠（俗称"冒汗"，见表 1-1-11），应让水珠蒸发后再消毒。否则，对胚胎不利。种蛋壳表面有凝水（或潮湿）时，也禁用臭氧灯、紫外线灯或甲醛粉消毒。

表 1-1-11　种蛋蛋壳表面凝有水珠（冒汗）的湿度条件　（%）

种蛋处置室温度		种蛋贮存室（或种蛋）温度		
℃	℉	15.6℃（60℉）	18.3℃（65℉）	20.0℃（68℉）
15.6	60	—	—	—
18.3	65	85	—	—
21.1	70	71	83	91
23.9	75	60	71	79
26.7	80	51	60	68
29.4	85	44	51	57
32.2	90	37	43	48
35.0	95	32	38	42
37.8	100	28	32	35

注：当种蛋处置室内的相对湿度高于表内的指标时，蛋壳表面就会出现水珠（冒汗）

第四，熏蒸消毒后打开通气孔约 40 分钟，将废气排出室外，最好用氢氧化钠中和。

第五，福尔马林溶液挥发性很强，要随用随取。如果发现福尔马林与高锰酸钾混合后，只冒泡产生少量烟雾，说明福尔马林失效。

第六，若采用多聚甲醛加热消毒，应注意只有多聚甲醛全部分解后，才能达到有效浓度。用福尔马林和高锰酸钾熏蒸消毒时，为了使两种药能够充分混合，要先加入与福尔马林药液等量的清水，再放入高锰酸钾，最后加入福尔马林。注意高锰酸钾应没入福尔马林水溶液中。

第七，喷洒消毒的药物不用福尔马林，用季胺的浓度要低。美国爱拔益加育种公司建议,喷洒消毒采用1％过氧化氢、0.5％过氧乙酸和浓度为175毫克/升的季胺溶液。

②新洁尔灭浸泡消毒法。用含5％的新洁尔灭原液加50倍水,即配成1:1 000的水溶液,将种蛋浸泡3分钟(水温43℃～50℃)。还可用喷雾器将药液喷洒于种蛋表面,约5分钟,蛋壳表面干燥后才可入孵。

③碘液浸泡消毒法。将种蛋浸入1:1 000的碘溶液中(10克碘片＋15克碘化钾＋1 000毫升水,溶解后倒入9 000毫升清水)0.5～1分钟。浸泡10次后,溶液浓度下降,可延长消毒时间至1.5分钟或更换新碘液。溶液温度43℃～50℃。

种蛋保存前不能用溶液浸泡法消毒,因破坏胶质层,加快蛋内水分蒸发,细菌也容易进入蛋内。故仅用于入孵前消毒。

④过氧乙酸消毒法。过氧乙酸是一种高效、快速、广谱消毒剂。消毒种蛋时,每立方米用含16％的过氧乙酸溶液40～60毫升,加高锰酸钾4～6克,熏蒸15分钟。但须注意以下几点。

第一,它遇热不稳定,如40％以上的浓度,加热至50℃易引起爆炸,应在低温下保存。

第二,它是无色透明液体,腐蚀性很强,不要接触衣服、皮肤,消毒时用陶瓷盆或搪瓷盆。

第三,现配现用,稀释液保存不超过3天。

⑤二氧化氯或季铵盐消毒法。有些国家禁止使用甲醛熏蒸消毒法,多采用二氧化氯或新洁尔灭等药物消毒。可用20毫克/升的新洁尔灭或80毫克/升的二氧化氯微温溶液,对种蛋进行喷雾消毒。另外,也有用二氧化氯泡沫消毒种蛋的。一般采用10毫克/升的二氧化氯泡沫消毒种蛋5分钟,是可行的替代方法,尤其是可以提高胚蛋的孵化率。但必须指出,用二氧化氯消毒种蛋,必须严格掌握好消毒的时间。否则,消毒时间过长,会增加胚胎的死亡率。

种蛋消毒方法很多,但迄今为止,在国内仍以甲醛熏蒸法和过氧乙酸熏蒸法较为普遍。

我国传统孵化法采用热水浸洗种蛋。如果水中不放消毒液,则其作用仅仅在于起到入孵前"预热"作用,切勿以此代替种蛋消毒。

(3)种蛋疾病的控制 通过对种蛋进行特殊的消毒处理程序,可有效地控制某些疾病(如支原体)的发生及蔓延。目前采用温差浸蛋法或压差浸蛋法进行控制。

①温差浸蛋消毒法。作为支原体控制程序的一部分。入孵前将温热的种蛋浸泡在冷凉的抗微生物药液中,既消毒蛋壳上的微生物,又利用温差使一些药液进入蛋内。

Ⅰ.操作程序。将种蛋置于37.8℃温度下预热3～6小时,使种蛋温度达32.2℃左右。将种蛋浸泡于4.4℃抗生素和消毒剂的混合药液中(用压缩机冷却药液)10～15分钟,取出种蛋晾干后入孵。每天浸蛋结束后,应过滤药液中的污物,清洗浸蛋机,然后倒回药液,以备再用。

Ⅱ.药液的配制。泰乐菌素酒石酸盐3 000毫克/升加碘50毫克/升加表面活性剂50～200毫克/升;泰乐菌素酒石酸盐3 300毫克/升加碘60毫克/升加表面活性剂50毫克/升;泰乐菌素酒石酸盐3 000毫克/升加硫酸新霉素1 000～3 000毫克/升加表面活性剂200毫克/升;硫酸庆大霉素500毫克/升。

Ⅲ.注意事项

第一,本法仅能消灭细菌,而不能杀死病毒和真菌。

第二,选择压缩机功率要求经预热的种蛋在药液中浸5分钟后,药液升温不超过1.2℃。

第三,药物用量不可超标。

第四,不能用铁质容器盛药液,否则削弱泰乐菌素的效力。孵化率降低1%～10%。

②压差浸蛋消毒法。作为支原体控制程序的一部分。入孵前将种蛋浸泡在低压的消毒药液中，当恢复常压后使部分药液进入蛋内。采用此法需配备专用的真空浸蛋机。

消毒程序：往真空浸蛋机（一只带有橡胶密封圈密封盖的大容器）注入抗菌药液，并冷却至 12.8℃～15.6℃。然后将种蛋浸泡于药液中，盖严密封盖，用真空泵将容器内压力抽至 34.26～50.80 千帕，并在保持 5 分钟后解除真空，恢复常压，种蛋继续浸泡 10 分钟。取出种蛋晾 5～6 小时，干后入孵。

③种蛋孵化前加热法。作为杀灭支原体的方法之一。首先将种蛋置于 22℃的室内，直至种蛋达到 22℃，然后将种蛋移入温度 46℃、相对湿度 70%的入孵器内，放置 10～14 小时，使种蛋的中心温度达到 46℃（不得高于 46℃）后 2 小时，最后按常规孵化。注意既不能使种蛋的温度超过 46℃，又不能短于 10 小时。否则，对胚胎存活不利或达不到杀灭支原体的目的。但是，此法可使孵化率下降 2%～5%。

（4）种蛋消毒场所　国内的种鸡饲养场均设有种蛋消毒设施。但不少鸡场在种蛋消毒上存在两个问题：一是用药量不准，多由消毒人员随意添加；二是消毒设备设计不合理，不能根据种蛋的多寡调节消毒空间，往往造成消毒药的浪费。笔者看到有的甚至用卡车的车厢罩作为种蛋消毒室。为此，笔者设计了可以调节消毒空间的种蛋消毒柜（图 1-1-31）。它是由箱体、平板小推车（焊有定向滑轮及蛋盘卡边）、透气蛋盘（分 72 个/盘和 55 个/盘两种规格）、活动隔板（用以调节消毒空间）和排气管等组成。其箱内规格为宽74 厘米、深 114 厘米、高 104 厘米。本消毒柜设定为：每层并列 3 个蛋盘，可每次消毒种蛋 3 层、4 层、6 层、8 层、10 层、12 层和 14层，当第一层按 72 个/盘、55 个/盘、72 个/盘放置时，则可分别消毒 597 个、762 个、1 143 个、1 524 个、1 905 个、2 286 个和 2 667 个种蛋，以适应每天捡 4～6 次种蛋。根据每次种蛋的多少调节活动

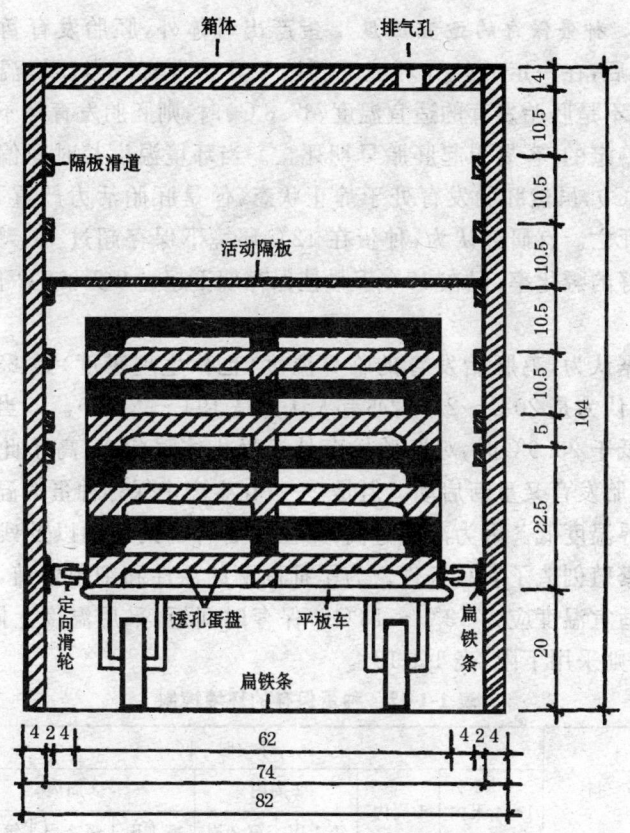

图 1-1-31　可调节消毒空间的种蛋消毒柜

(单位:厘米)

隔板的位置,以改变有效的消毒空间,可节省大量消毒药。

(三)种蛋库的管理(即种蛋保存)　即使来自优良种鸡、又经过严格挑选的种蛋,如果保存不当,也会导致孵化率下降,甚至造成无法孵化的后果。因为受精蛋中的胚胎在蛋的形成过程中(输卵管里)已开始发育。因此,种蛋产出至入孵前,要注意适宜的保存环境(温度、湿度、时间和卫生)。

1. **种蛋保存的适宜温度**　蛋产出母体外,胚胎发育暂时停止,随后,在一定的外界环境下胚胎又开始发育。当环境温度偏高,但不是胚胎发育的适宜温度(37.8℃)时,则胚胎发育是不完全和不稳定的,容易引起胚胎早期死亡。当环境温度长时间偏低时(如0℃),虽然胚胎发育处于静止状态,但是胚胎活力严重下降,甚至死亡。有研究认为,种蛋在12℃环境下保存超过14天仍可获得好的孵化率,但在15℃下最佳保存期不超过8天,18℃下仅2天。

据认为,鸡胚胎发育的临界温度(也称生理零度)是23.9℃(有人认为是20℃~21℃,亦有人认为是19℃~27℃)。即当环境温度低于23.9℃时,鸡胚胎发育处于静止休眠状态;高于此温度时,胚胎发育又重新启动。但是,一般在生产中保存种蛋的温度要比临界温度低。因为温度过高,给蛋中各种酶的活动以及残余细菌的繁殖创造了有利条件。为了抑制酶的活性和细菌繁殖,种蛋保存适宜温度应为13℃~18℃。保存时间短,采用温度上限;时间长,则采用下限(表1-1-12)。

表1-1-12　种蛋保存的环境控制

项　目	保存时间					
	1~4天内	1周内	2周内		3周内		
			第1周	第2周	第1周	第2周	第3周
温　度(℃)	15~18	13~15	13	10	13	10	7.5
相对湿度(%)	75~80	75~80	80	80	80	80	80
蛋的位置	1周内钝端向上,2~3周内锐端向上						
卫　生	全过程应清洁,防鼠害、防苍蝇						

注:①需配备加湿器,如超声波加湿器;②如果逐渐降温有困难,种蛋保存2~3周内,保存温度为10℃

此外,刚产出的种蛋,应逐渐降到保存温度,以免骤然降温危及胚胎的活力。一般降温过程以6~12小时为宜。将种蛋保存在透气性好的瓦楞纸箱里,对降温是合适的。但如果多层堆放,则应在纸箱的侧壁上开一些直径约 1.5 厘米的孔眼,以利于空气流通。切勿将种蛋存放在敞开的蛋托上,因空气流通过大,种蛋降温过快,会造成孵化率下降。如种蛋不能装箱保存,可在蛋托上覆盖无毒塑料薄膜,以防止空气过分流通。

加拿大雪佛家禽育种公司提出的种蛋贮存要求见表 1-1-13。

表 1-1-13　种蛋贮存条件

保存期(天)	保存温度(℃)	保存湿度(%)	装箱	锐端向上	装塑料袋	充氮气*
4	17~18	80	否	否	否	否
7	16~17	85	是	是	否	否
14	14~16	85	是	是	是	否
21(≤26天)	12~13	85	是	是	是	是

注:蛋的锐端向上,氮气为137.2千帕/厘米^2。以后每隔7天充氮1次

2. 种蛋保存的适宜相对湿度　种蛋保存期间,蛋内水分通过气孔不断蒸发,其速度与贮存室里的湿度成反比。为了尽量减少蛋内水分蒸发,必须提高贮存室里的湿度,一般相对湿度保持在75%~80%。这样既能明显降低蛋内水分的蒸发,又可防止霉菌孳生。

干燥地区夏天雨季或高温地区的梅雨季节,若种蛋保存时间比较短(如 4 天内),保存温度控制在 17℃~18℃,以控制湿度,但如果保存温度已超过 18℃~19℃,仍发生霉菌孳生,则不可再升高保存温度,而是用药物防霉菌,甚至除湿(空调)。

种鸡产蛋后期的种蛋,应不保存直接入孵。若需保存,应低温、高湿保存(温度<15℃,相对湿度>75%),且保存时间不宜超过 3~5 天。青年种鸡所产的蛋则相反,可较高温度、较低湿度保存,而且不要马上入孵,至少保存 1~2 天(表 1-1-14)。

表 1-1-14　不同周龄种鸡的种蛋最佳保存环境和保存时间

种鸡周龄(周)	种蛋的保存环境和保存时间		
	温度(℃)	相对湿度(%)	时间(天)
35 以前	20	50~60	7~8
36~50	18.3	75	2~5
51 以后	13.0	80	1~2

3. 种蛋贮存室(种蛋库)的建筑和设备　环境温、湿度是多变的,为保证种蛋保存的适宜温、湿度,需建种蛋库。其要求是:隔热性能好(防冻、防热),清洁卫生,防尘沙,杜绝蚊、蝇和老鼠。不让阳光直射和穿堂风(间隙风)直接吹到种蛋上。

(1)简易种蛋室　小型孵化场或孵化专业户,孵化量小,一般将种蛋保存在改建的旧菜窖、地窖中。将地面夯实、铺砖,四壁用麦秸泥或稻草泥抹平、填缝,墙壁用石灰水刷白,堵塞鼠洞(用灭鼠药和玻璃碴填鼠洞,外面用泥糊平)。门要严实,门外挂棉帘或稻草帘,顶上有 1~2 个出气孔,孔上设防雨(雪)罩,孔口罩上纱网,以防鼠、蝇和飞鸟。此外,种蛋库不要存放农药和其他杂物。在地下水位高的地方,要防止湿度过大造成"霉蛋"。

(2)专用种蛋库　资金比较雄厚、全年孵化的孵化场或专业户,需建专用种蛋库。

①保温与均温。蛋库一般无窗,四壁用保温砖砌成。顶棚高度尽量低一些,离地面 2~2.6 米,顶棚铺保温材料(如珍珠岩粉或聚苯板),热阻值≥16。门厚约 5 厘米,夹层填满玻璃纤维,或用矿渣棉、棉花、岩棉做隔热层,热阻值≥12。为了使蛋库内温度均匀,每 30 平方米的蛋库要配备 1 个直径 1 米的吊扇。

②加湿装置。蛋库内要配备自动加湿器,小型种蛋库可选用亚都加湿器,大型种蛋库需配备加湿设备并能自动调节库内湿度,但都要避免雾滴直接落在种蛋上。

　　③通风换气。为了使蛋库内空气新鲜,抑制微生物的孳生,蛋库需要每分钟、每千个种蛋 0.06 立方米的通风量。

　　④制冷设备。侧壁安装窗式空调机,以调节库内温度。种蛋库面积大时,需安装制冷设备。可根据下列公式计算种蛋库所需制冷总量来选择相匹配的制冷设备。

　　种蛋库所需制冷总量(瓦)=[地面面积(平方米)×34.2+墙、顶棚面积(平方米)×43.2+最大种蛋库存量×0.46+附加室内表面积(平方米)×37.8(英热单位)]÷16

　　⑤转蛋装置。若用孵化蛋车保存种蛋,可设转蛋装置。

　　4. 种蛋保存时间　种蛋即使保存在适宜的环境下,孵化率也会随着保存时间的延长而降低(图 1-1-32)。因为随着保存时间的延长,蛋白杀菌的特性下降。蛋内水分蒸发多,改变了蛋内的氢离子浓度(pH 值),引起系带和蛋黄膜变脆。由于蛋内各种酶的活动,引起胚胎衰弱及营养物质变性,降低了胚胎生活力。残余细菌的繁殖危及胚胎。

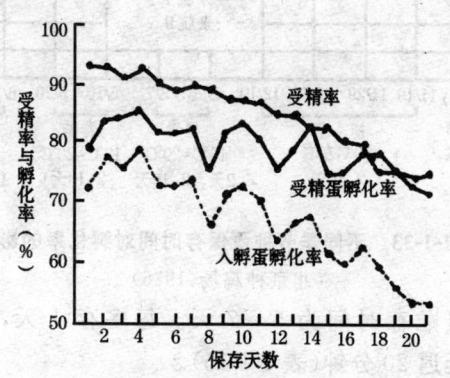

图 1-1-32　种蛋保存时间对孵化率和受精率的影响

保存温度 10℃(8.9℃～12.2℃)

相对湿度 77%(73%～85%)

　　有空调设备的种蛋贮存室,种蛋保存 2 周以内,孵化率下降幅

度小;保存2周以上,孵化率下降较明显;3周以上,孵化率急剧降
低。一般种蛋保存5～7天为宜,不要超过2周。如果没有适宜的
保存条件,应缩短保存时间。温度在25℃以上时,种蛋保存最多
不超过5天。温度超过30℃时,种蛋应在3天内入孵。原则上天
气凉爽时(早春、春季、初秋),种蛋保存时间可以长些。严冬酷暑,
保存时间应短些。总之,在可能的情况下,种蛋应尽早入孵为好。

据试验,来航Ⅰ鸡群和来航Ⅱ鸡群,在初冬、早春、春季,种蛋
平均保存5天(2～10天),受精蛋孵化率为86.2%～96.1%。夏
季,来航Ⅱ鸡群种蛋保存1～3天,受精蛋孵化率为90.0%～
92.2%,而来航Ⅰ鸡群种蛋保存1～18天,受精蛋孵化率仅为
66.2%～78.4%(图1-1-33)。

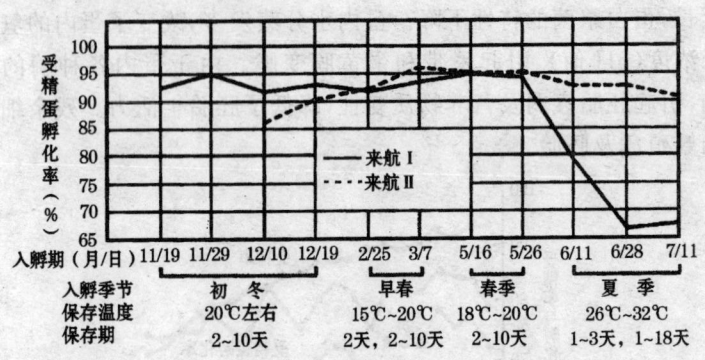

图1-1-33　不同季节种蛋保存时间对孵化率的影响

(北京种鸡场,1976)

一般种蛋贮存时间为5～7天。每多存1天,孵化率降低
4%,出雏期延迟20分钟(表1-1-15)。

总的来说,较高的保存温度和较低的保存湿度,适宜短时间保
存,而较低温度和较高湿度,适合保存较长时间;青年鸡的种蛋保
存时间可适当长些,而老龄鸡最好不保存,尽早入孵。

表1-1-15 种蛋保存时间对孵化率、孵化期的影响

贮存天数(天)	1	4	7	10	13	16	19
孵化率(%)	88	87	79	68	56	44	30
孵化期延迟(小时)	0	0.7	1.8	3.2	4.6	6.3	8.0

5. 种蛋保存期的转蛋和摆放位置

(1)种蛋保存期的转蛋 保存期间转蛋的目的是防止胚胎与壳膜粘连,以免胚胎早期死亡。一般认为,种蛋保存1周以内不必转蛋。超过1周,每天转蛋1~2次。尤其超过2周以上,更要注意转蛋。转蛋有利于提高孵化率。转蛋方法:用1块厚20~25厘米的木板,垫在种蛋箱的一头,转蛋时,将木块垫在另一头。有的孵化厅种蛋采用孵化蛋车贮存并设有转蛋装置,可实现种蛋保存期间的自动转蛋。

(2)种蛋保存期的摆放位置 ①种蛋保存,一般钝端向上存放,据说可防止系带松弛、蛋黄贴壳。后来试验发现,种蛋锐端向上存放能提高孵化率。所以,种蛋保存超过1周,采用种蛋锐端向上不转蛋的存放方法,可以节省劳力。②不要直接放在冰冷的地面上,应放在木板条上,并且每排之间留有10厘米缝隙,离墙20厘米码放。③可能的话,将种蛋码入孵化盘中,然后装入孵化蛋车,直接推入蛋库中保存,以便保存时转蛋,也减少破蛋。④按鸡场、鸡舍号存放,并标记场名、鸡舍号、品种(品系)、周龄、数量和入库时间,既便于追溯种蛋来源,又防止种蛋长期压库,造成不必要的损失。

6. 种蛋的气控保存

(1)种蛋充氮保存方法 把种蛋保存在充满氮气的不透气塑料袋(0.3毫米厚)里,可提高孵化率,对雏鸡质量及以后产蛋没有不良影响。种蛋在充氮密封环境里存放几小时后,蛋内水分蒸发,增加了袋中的湿度,从而降低蛋内水分蒸发。具体步骤:首先种蛋按常规选择、消毒,然后降至贮存温度,再将种蛋放入蛋箱里充满氮气的无毒塑料袋中密封保存,这样可以防止霉菌繁殖。

(2)种蛋二氧化碳保存法 Walsh等(1995)报道,将种蛋保存在二氧化碳中,7天时胚胎早期存活率下降,而保存14天时,胚胎存活率提高。

7. 种蛋库的管理 ①入库前要换鞋。②每3小时记录1次蛋库的温、湿度。③每天打扫2次蛋库,早晚各1次,并用消毒药消毒地面。④孵化厅中的种蛋贮存室每次种蛋腾空后要彻底消毒,先清洗地面、墙壁、顶棚,再用甲醛烟熏消毒(福尔马林42毫升+21克高锰酸钾/米^3),20分钟后排除废气。

(四)种蛋的运输 种蛋装箱运输前,必须先选择,剔除不合格蛋,尤其是破蛋、裂纹蛋。

种蛋包装可用纸箱,蛋托(种蛋盘)最好用纸质蛋托,而不用塑料蛋托。每个蛋托放蛋30个,每箱10托,最上层还应放一层(左右各1个)不装蛋的蛋托。蛋托也可用瓦楞纸板条和隔板代替。瓦楞纸条做成小方格,每格放1个种蛋,层与层之间用瓦楞纸板隔开。为防止种蛋晃动,每层撒一些垫料(如干燥不发霉的锯末、谷糠或切碎的麦秸等)。种蛋箱外面应注明"种蛋"、"防震"、"勿倒置"、"易碎"、"防雨淋"等字样或图标,印上种鸡场场名及许可证编号,并开具检疫合格证明。如果种蛋经火车等交通工具运输,箱外还应捆上塑料带。若自己运输,可在箱盖接缝处贴牛皮纸胶带。

运输时,要求快速平稳。最好用火车或空运、水运。如果用汽车或马车运输,要尽量减少颠簸。夏天防日晒雨淋,冬天防冻。严寒或酷暑,中途不住宿,尽快到达目的地。有条件的单位可用空调车,使温度保持在18℃左右、相对湿度约70%则更理想。种蛋到达目的地后,应放在孵化室预热、码盘,剔除破蛋,并进行消毒。

（五）定期监测种蛋质量

1. 种鸡场鸡群的种蛋质量监测

（1）抽查种蛋收集状况　每周 1 次，从每个鸡群所产种蛋中随机抽测 5 盘（30 个×5 盘＝150 个）。按种鸡群统计下列项目：种蛋锐端朝上、脏蛋、被蛋液或垫料污染蛋、破裂蛋、薄壳蛋、其他不合格蛋、砂纸擦净蛋以及蛋托状况（脏或净），以此来量化种蛋收集和选择中的问题，并对每个鸡群进行评估。

（2）抽测蛋壳质量　通过测定种蛋的平均比重，快速地评估蛋壳质量。测定步骤，每 1 周、每一种鸡群抽测 50～100 个种蛋，用比重为 1.075，1.080 和 1.085 的盐溶液来测定蛋的比重。例如，100 个种蛋中分别有 20 个比重为 1.075，30 个为 1.080，50 个为 1.085。则：

平均比重＝（20×1.075＋30×1.080＋50×1.085）÷100≈1.083

2. 照蛋日的种蛋质量监测　入孵后第一次照蛋（"头照"）的主要目的不是剔除无精蛋供食用，而是监测种蛋质量。其主要项目包括：受精蛋、死胚蛋、破裂蛋、锐端向上蛋和不合格蛋等的数量以及各项占入孵蛋的比例（百分率）。

3. 出雏日的种蛋质量监测　出雏日"打蛋检查"，既为了收集孵化信息，又是进一步监测种蛋质量。

（1）出雏日胚蛋解剖　每 2 周 1 次，按每鸡群 4 盘胚蛋做出雏日胚蛋解剖，以便了解孵化管理和种鸡管理问题。

（2）出雏日残弱雏、死雏的外表观察和病理解剖　每 2 周 1 次，按每鸡群 4 盘做出雏日残弱雏、死雏的解剖。

第五节 鸡蛋的形成、构造和胚胎发育

一、鸡蛋的形成过程和构造

（一）鸡蛋的形成 鸡蛋是在母鸡的卵巢和输卵管中形成的。卵巢产生成熟的卵细胞（蛋黄），输卵管则在卵细胞外面依次形成蛋白、壳膜、蛋壳。

1. 成熟卵细胞的形成 鸡的卵巢形似一串葡萄，位于腰椎腹面、肾脏前叶处。卵巢有许多发育大小不同的卵细胞。肉眼可见到2 000个左右，这说明母鸡的产蛋潜力很大。有人统计发现，母鸡一生能产1 500个蛋，但从经济观点看是不合算的。卵细胞外面为卵泡，有一小柄与卵巢相连。卵泡上布满血管，以供卵细胞发育所需的营养物质。卵的发育前期缓慢，后期迅速，卵细胞成熟需7～10天。卵泡中部有一白色卵带（此处无血管），成熟的卵细胞从此处破裂，掉入输卵管的漏斗部（输卵管伞），称为排卵。

2. 输卵管形态及功能 鸡的输卵管右侧退化，仅留残迹，左侧发达，是一条弯曲、直径不同、富有弹性的长管。由输卵管系膜悬挂于腹腔左侧顶壁。输卵管包括漏斗部（又称输卵管伞、喇叭口）、膨大部（也称蛋白分泌部）、峡部、子宫、阴道和泄殖腔等几部分（图1-1-34）。

（1）漏斗部 漏斗部位于输卵管的最前端，在输卵管的入口处，形状像喇叭，其边缘薄而不整齐，长约9厘米。在排卵前后做波浪式蠕动，活动异常活跃。成熟的卵细胞排出时，被漏斗部张开的边缘包裹。根据漏斗部的结构与功能可分漏斗部本身和漏斗颈部。母鸡与公鸡交配，卵细胞在漏斗部与精子结合成受精卵。漏斗颈部的管状腺分泌内稀蛋白和系带蛋白层。卵细胞在此处停留20～28分钟。由于输卵管的蠕动，卵细胞顺输卵管旋转下行，进

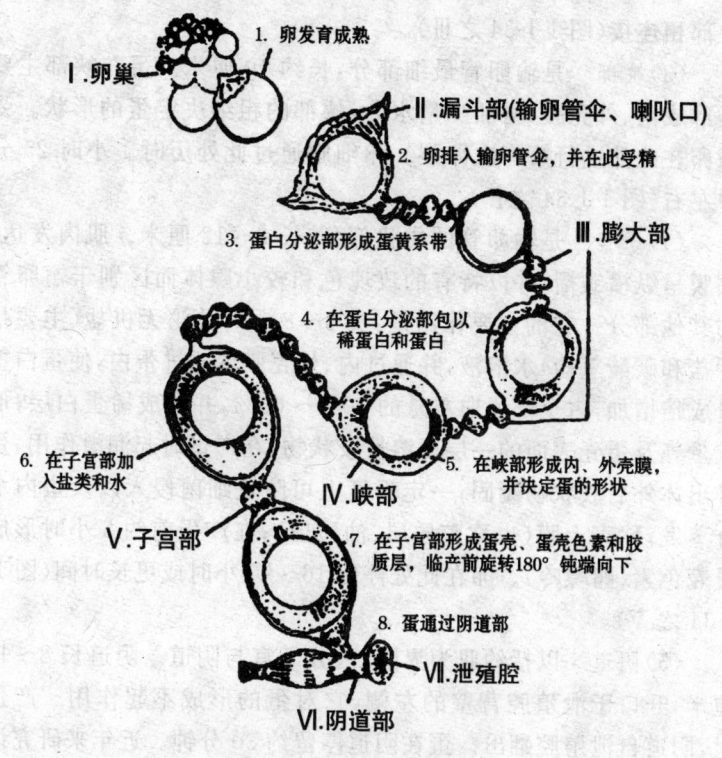

1. 卵发育成熟

Ⅰ.卵巢

Ⅱ.漏斗部(输卵管伞、喇叭口)

2. 卵排入输卵管伞，并在此受精

3. 蛋白分泌部形成蛋黄系带

Ⅲ.膨大部

4. 在蛋白分泌部包以稀蛋白和蛋白

6. 在子宫部加入盐类和水

Ⅳ.峡部

5. 在峡部形成内、外壳膜，并决定蛋的形状

Ⅴ.子宫部

7. 在子宫部形成蛋壳、蛋壳色素和胶质层，临产前旋转180°钝端向下

8. 蛋通过阴道部

Ⅶ.泄殖腔

Ⅵ.阴道部

图 1-1-34　鸡蛋形成示意图

入膨大部。漏斗部与膨大部无明显界限(图 1-1-34 之Ⅱ)。

　　(2)膨大部　长 30～50 厘米,壁厚,黏膜有纵褶,并布满管状腺和单胞腺,前者分泌稀蛋白,后者分泌浓蛋白。膨大部主要是分泌蛋白,所以又称蛋白分泌部。其蛋白分泌量占全部蛋白重量的 40%。卵下移时,由于旋转和运动,引起黏稠的蛋白发生变化,而形成蛋白的浓稀层次。由于蛋白内层的黏蛋白纤维受到机械的扭转和分离,形成螺旋形的蛋黄系带(钝端顺时针方向旋转,锐端逆时针方向旋转)。其作用是使悬浮在蛋白中的蛋黄保持一定位置。卵在此处停留时间 3～5 小时。在解剖学上以无腺体圈为界限与峡部相连接(图 1-1-34 之Ⅲ)。

(3)峡部　是输卵管最细部分,长约 10 厘米。蛋在峡部主要是形成内、外壳膜,增加少量水分,峡部的粗细决定蛋的形状。受精卵在此处进行第一次卵裂。卵细胞通过此处历时 1 小时 25 分钟左右(图 1-1-34 之Ⅳ)。

(4)子宫　是输卵管的袋状部分,长 8～12 厘米。肌肉发达,黏膜呈纵横皱褶,并以特有的玫瑰色和较小腺体而区别于输卵管的其他部分。它的主要作用是:头 6～8 小时分泌无机盐(主要是钾盐和碳酸氢盐)水溶液,并通过内、外壳膜渗透进蛋白,使蛋白重量成倍增加,占全部蛋白重量的 40%～60%,并形成稀蛋白层;形成蛋壳及蛋壳表面的一层可溶性胶状物,在产蛋时起润滑作用,蛋排出体外后胶状物凝固,一定程度上可防止细菌侵入以及蛋内水分蒸发,称壳上膜(也称胶质层、油质层);在产蛋前约 5 小时形成蛋壳色素(卵嘌呤)。卵在此处停留 16～20 小时或更长时间(图 1-1-34 之Ⅴ)。

(5)阴道　以括约肌为界限,区分子宫与阴道。阴道长 8～12 厘米,开口于泄殖腔背壁的左侧,它对蛋的形成不起作用。产蛋时,阴道自泄殖腔翻出。蛋在阴道停留约 30 分钟。近年来研究认为,子宫与阴道结合部的黏膜皱襞,是精子贮存场所(图 1-1-34 Ⅵ)。

这样,从卵巢排出成熟卵子到蛋产出体外,大约需要 25 小时。一般说来,产蛋后约 30 分钟卵巢开始排卵。所以,鸡在连续产蛋时,产蛋时间总要往后延迟。下午 2 时后产蛋,第二天要休产 1 天。但在产蛋盛期,连产数 10 天不休产者并不少见。

3. 蛋形成过程的激素调节作用　鸡蛋形成的整个过程是受神经、激素调节的:①卵泡的生长至成熟受脑垂体前叶释放的促滤泡素(FSH)影响;②卵泡成熟后从白色卵带(卵泡缝痕)破裂排至漏斗部的排卵现象,是受排卵诱导素(OIH)作用的结果;③卵子在输卵管被膨大部分泌的蛋白所包裹,而这种分泌作用也是受雌激素、孕酮和助孕素等激素作用的;④激素中的孕酮及垂体后叶分泌的催产素和加压素,共同控制蛋排出体外(产蛋)。

4.畸形蛋及其形成的原因　畸形蛋有:双黄蛋和多黄蛋、特小蛋、蛋中蛋、血斑蛋和肉斑蛋、软壳蛋、变形蛋等。它们都是由于母鸡生理异常或受惊吓所致。

(1)双黄蛋和多黄蛋　有时发现1个蛋中有2个或2个以上的蛋黄。这是由于2个或2个以上的卵细胞成熟的时间很接近或同时成熟,排卵后在输卵管内相遇,被蛋白包围在一起所形成的。这种现象多出现在刚开始产蛋不久的母鸡。因为此时母鸡生活力旺盛,或因此时母鸡尚未达到完全性成熟,不能完全控制正常排卵。亦有遗传因素,如我国的高邮鸭,双黄蛋产生率约为0.5%。

(2)特小蛋　指蛋重在10克以下的蛋。种鸡各种日龄都可能产生,但主要出现在后期。多为输卵管脱落的黏膜上皮或血块刺激输卵管分泌蛋白和蛋壳而引起的。一般没有蛋黄,少数有不完整的蛋黄,是卵细胞破裂碎片进入输卵管,被蛋白、蛋壳包裹形成的。

(3)蛋中蛋　当蛋在子宫中形成硬壳后,母鸡受惊吓或生理反常,输卵管发生逆蠕动,将蛋推至输卵管上部,当恢复正常后,蛋又下移,被蛋白、蛋壳重新包围,而形成蛋中蛋。此现象较为少见。

(4)血斑蛋和肉斑蛋　血斑蛋是在排卵时,卵泡血管破裂,血滴附着在卵上形成的。此外,饲料中缺乏维生素K时,也会出现血斑蛋。肉斑蛋是卵细胞进入输卵管后,输卵管上皮脱落,而后被蛋白、蛋壳一起包裹而成。一般青年母鸡或低产期生殖功能差时,会出现这种情况,高产期亦有出现,但比较少见。产肉斑蛋、血斑蛋的另一个不可忽视的原因是遗传因素。有些品种或品系血斑蛋的发生率较高。

(5)软壳蛋　产软壳蛋原因很多。如饲料缺钙和维生素 D_3,

酷暑季节或盛产期,接种新城疫疫苗,体脂过多,输卵管炎症等。另外,母鸡受惊吓,卵细胞下移过快,还未分泌硬壳就产出体外。

(6)变形蛋 输卵管蛋壳分泌不正常,或输卵管的峡部、子宫收缩反常,子宫扩张力变异,都可能产出过长、过圆、扁形、葫芦形、砂壳和皱纹等变形蛋。

(二)鸡蛋的构造 从鸡蛋的形成过程中,可知道蛋由壳上膜(胶质层)、蛋壳、内外蛋壳膜、蛋白、蛋黄系带、蛋黄、胚珠或胚盘和气室等部分组成(图1-1-35)。

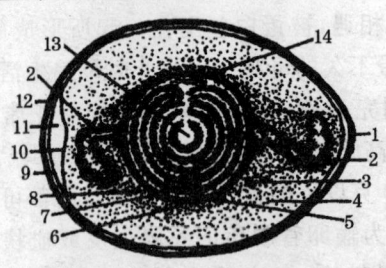

图 1-1-35 鸡蛋的结构

1. 胶质层 2. 蛋黄系带 3. 内浓蛋白

4. 外稀蛋白 5. 内稀蛋白 6. 卵黄膜

7. 黄蛋黄 8. 白蛋黄 9. 外壳膜

10. 内壳膜 11. 气室 12. 蛋壳

13. 卵黄心 14. 胚盘或胚珠

1. 蛋壳及壳上膜(胶质层) 蛋壳是由 1.6% 水分、3.3% 蛋白质和 95.1% 的无机盐(主要是碳酸钙)组成的多孔结构。蛋壳的抗压强度,长轴大于短轴,所以运输时,以大头朝上竖直码盘为好。

蛋壳厚度受鸡种、气温、营养、周龄、遗传和健康等因素的影响,鸡蛋壳厚度一般为 0.2~0.4 毫米。锐端略厚于钝端。

蛋壳上约有 7 500 个直径为 4~40 微米的气孔(钝端比锐端多)。蛋壳这种多孔结构使空气可自由出入,对胚胎发育中的气体交换(供氧和排二氧化碳)是极为重要的,但同时也给微生物进入壳内提供了通道。蛋壳外表有一层薄而透明的油质保护膜称壳上膜(亦称胶护膜、胶质层),产蛋时起润滑作用,蛋产出后很快干燥封闭蛋壳上的气孔,形成一道屏障,对阻止细菌侵入蛋内和防止水分过分蒸发起到一定的作用。但是,在蛋刚产出、膜尚未干燥之前或以后又被重新被弄湿时,有些微生物仍可穿透胶护膜。随着蛋的存放或孵化,会使壳上膜逐渐脱落,气孔敞开。因此,在生产中种蛋应及时消毒和尽早入孵,而且在种蛋保存前不能采用溶液消毒法(如新洁尔灭或高锰酸钾溶液)。

此外,蛋壳具有一定的透明度,白壳蛋的透明度最好。所以,可通过照蛋来判断种蛋新鲜程度或了解胚胎发育情况。蛋壳的比重为 1.741~2.134,蛋壳重量约占蛋重的 11%。

2. 蛋壳膜　蛋壳膜分内壳膜和外壳膜两层。这两层壳膜紧贴一起,仅在钝端分开形成气室。内壳膜包围蛋白,厚约 0.015 毫米,外壳膜在蛋壳内表面,厚约 0.05 毫米。蛋壳膜是由角蛋白形成的网状结构,具有很强的韧性和较好的透气性,内、外壳膜上有许多气孔(直径约 0.028 毫米),壳膜一定程度上可保持蛋白液体形态、防止微生物侵入。孵化较差的畸形蛋具有较薄的壳膜。

3. 气室　蛋在鸡体输卵管内并无气室,产出后由于温度下降,引起蛋白收缩,钝端内壳膜下陷,在内、外壳膜中间形成一个直径 1~1.5 厘米的气室。新鲜蛋气室很小,随存放时间和孵化时间的推移,蛋内水分蒸发,气室逐渐扩大。因此,可以根据气室大小来判断种蛋的新陈程度或胚胎发育情况。

4. 蛋白及蛋黄系带　蛋白是带黏性的半流动透明胶体,呈碱性,比重为 1.038 6~1.054 4,约占蛋重的 56%。蛋白分浓蛋白和稀蛋白。从蛋黄往外依次为卵黄系带、内稀蛋白、内浓蛋白及外稀蛋白 4 层。蛋白中含有胚胎发育所需的氨基酸和钾、镁、钙、氯等盐类以及维生素 B_2、维生素 C、烟酸等。另外,还具有对胚胎发育不可缺少的蛋白酶、淀粉酶、氧化酶和溶菌酶等。蛋刚产出时蛋白的 pH 值为 7.6 左右,经贮存由于二氧化碳从蛋中逸出,pH 值提高到 9.0 左右,从而抑制蛋白中的蛋白质的抗菌作用。Walsh(1993)认为,孵化开始前最佳蛋白 pH 值和最佳蛋白质量对孵化率很重要。

蛋黄系带是两条扭转的蛋白带状物,它与蛋的纵轴平行,一端粘住蛋黄膜,另一端位于蛋白中。其作用是使蛋黄悬浮在蛋白中并保持一定位置,使蛋黄上的胚盘不致粘壳造成胚胎发育畸形或中途死亡。随鸡蛋保存时间的延长,蛋白变稀,蛋黄系带与蛋黄脱离并逐渐溶解而消失。此外,若在运输过程中受到剧烈震动,也会引起系带断裂。在种蛋保存和运输中应尽量避免出现上述情况,否则孵化率极低。

5. 蛋黄与胚盘(或胚珠)　蛋黄是一团黏稠的不透明黄色半流体物质,含水分比蛋白少约 50%,比重 1.029 3,约占蛋重的33%。蛋黄的 pH 值为 6.0 左右。蛋黄外面包裹一层极薄而富有弹性的蛋黄膜,使蛋黄呈球形。蛋黄膜含有某些具有抗菌特性的蛋清质,也是防御细菌侵入的一道物理屏障。随种蛋长期保存,蛋黄膜强度会降低直至破裂、消溶。

蛋黄内集中了蛋的几乎全部脂肪、53%的蛋白质和含 8 种必需氨基酸的全价蛋白质。所含的卵磷脂、脑磷脂和神经磷脂,对胚胎的神经系统发育具有重要作用。蛋黄中含有多种维生素,据测定每 100 克蛋黄中含有维生素 A 2 000～3 000 单位、维生素 $B_1$0.3～0.6 毫克、维生素 B_2 0.5～0.6 毫克、维生素 B_6 3 毫克、维生素 C 0.2 毫克、维生素 D_3 20 毫克、泛酸 125 微克、叶黄素 7.3 毫克、胡萝卜素 4 毫克。如果蛋黄颜色淡白(含维生素 A 和胡萝卜素少),其胚胎往往中途停止发育并死亡。蛋黄中还含有胚胎发育所需的糖类和磷酸、氧化钙、氯化钾以及多种微量元素。由于种鸡昼夜摄入和吸收叶黄素量的差异,蛋黄交替形成同心圆的黄蛋黄层和白蛋黄层。

胚盘是位于蛋黄中央的一个里亮外暗的圆点(无精蛋则无明暗之分,称胚珠),直径 3～4 毫米。因为胚盘比重较蛋黄小并有系带的固定作用,故不管蛋的放置如何变化,胚盘始终在卵黄的上方。这是生物的适应性,可使胚盘优先获得母体的热量,以利于胚胎发育。

二、鸡的胚胎发育

鸡胚胎发育有两个特点：一是胚胎发育所需营养物质来自蛋，而不是母体；二是整个胚胎发育分母体内（蛋形成过程）和外界环境中（孵化过程）两个阶段。

（一）胚胎在蛋形成过程中的发育　成熟的卵细胞，在输卵管的喇叭口受精至产出体外，在输卵管中约停留 25 小时（24～26 小时）。由于鸡只体温高（41.5℃），适合受精卵发育，第一次卵分裂是受精后 3～5 小时在峡部进行的，分裂至 8～16 个细胞。到子宫后 4 小时内增至 256 个细胞。鸡蛋产出体外时，鸡胚发育已达 3 万～6 万个细胞的具有内外胚层的原肠期，胚的发育暂时停止。剖视受精蛋，肉眼可见形似圆盘状的胚盘。

（二）胚胎在孵化过程中的发育　受精蛋若获得孵化条件（从孵化器或抱窝鸡获得温度），胚胎继续发育，很快形成中胚层。以后就从内、中、外 3 个胚层形成新个体的所有组织和器官。

中胚层形成肌肉、骨骼、生殖泌尿系统、血液循环系统、消化系统的外层、结缔组织。

外胚层形成羽毛、皮肤、喙、趾、感觉器官、神经系统。

内胚层形成呼吸系统上皮、消化器官（黏膜部分）、内分泌器官。

1. 鸡的孵化期和影响孵化期的因素

（1）孵化期　鸡的孵化期为 21 天。

（2）影响孵化期的因素

①类型。蛋用型的孵化期比兼用型、肉用型短。

②蛋重。小蛋孵化期比大蛋短。

③保存时间。种蛋保存越久，孵化期越长，且出雏持续时间也长。

④孵化温度。温度高孵化期短，温度低孵化期长。

⑤气候。炎热地区比寒冷地区孵化时间短,因为胚蛋在捡蛋前受热发育。但夏季(7~9月份)孵化率下降4%~6%。

⑥近亲繁殖。近亲繁殖能使孵化期延长。

胚胎发育是需要一定时间的,孵化期过于缩短或延长,对孵化率及雏鸡的质量都不利。

2.鸡胚胎发育的主要特征

(1)第一天　胚盘直径0.7厘米,胚重0.2毫克。在胚盘明区形成原条,其前方为原结,原结前端为头突,头突发育形成脊索、神经管。中胚层的细胞沿着神经管的两侧,形成左右对称的呈正方形薄片的体节4~5对。中胚层进入暗区,在胚盘的边缘血管斑点区出现许多红点,称"血岛",在灯光透视下,蛋黄隐约可见有一微红的圆点,并随蛋黄移动,俗称"白珠子"。

(2)第二天　胚盘直径1.0厘米,胚重3毫克。卵黄囊、羊膜、绒毛膜开始形成。胚胎头部开始从胚盘分离出来。"血岛"合并形成血管。入孵25小时心脏开始形成,30~42小时后,心脏开始跳动。可见到20~27对体节。照蛋时,可见卵黄囊血管区,形似樱桃,俗称"樱桃珠",胚盘增大,形似鱼的眼珠,俗称"鱼眼珠"。

(3)第三天　胚长0.55厘米,胚重20毫克。尿囊开始长出。胚胎开始转身,胚的位置与蛋的长轴垂直。开始形成前后肢芽。

出现5个脑泡的原基,眼的色素开始沉着。可见听窝。有35对体节。照蛋时,可见胚和伸展的卵黄囊血管形似蚊子,俗称"蚊虫珠"。

(4)第四天　胚长0.77厘米,胚重50毫克。卵黄囊血管包围蛋黄达1/3,肉眼可明显看到尿囊。羊膜腔形成。由于体褶发展,胚和蛋黄囊分离,由于中脑迅速生长,胚胎头部明显增大。腿芽大于翅芽,舌开始形成。照蛋时,蛋黄不容易转动,胚与卵黄囊血管形似蜘蛛,俗称"小蜘蛛"。

(5)第五天　胚长1.0厘米,胚重0.13克。生殖腺已性分化,组织学上可确定胚的公、母。胚极度弯曲，整个胚体呈"C"形。可见指（趾）原基。眼的黑色素大量沉着。照蛋时，可明显看到黑色的眼点，俗称"单珠"或"黑眼"。

（6）第六天　胚长 1.38 厘米，胚重 0.29 克。尿囊绒毛膜到达蛋壳膜内表面，卵黄囊分布在蛋黄表面的 1/2 以上。由于羊膜壁上的平滑肌的收缩，胚胎有规律运动。蛋黄由于蛋白水分的渗入而达到最大的重量，由约占蛋重的 30.01% 增至 65.48%。喙原基出现，心脏房间隔与室间隔互相汇合，躯干部增长，翅、脚已可区分，主轴骨骼和四肢骨骼形成软骨。照蛋时，可见头部和增大的躯干部两个小圆团，俗称"双珠"。

（7）第七天　胚长 1.42 厘米，胚重 0.57 克。尿囊液急剧增加，上喙前端出现小白点形的"破壳器"——卵齿，口腔、鼻孔、肌胃形成。胚胎已显示鸟类特征。胚胎自身有体温。照蛋时，胚在羊水中不容易看清，俗称"沉"。半个蛋表面布满血管。

（8）第八天　胚长 1.5 厘米，胚重 1.15 克。肋骨、肝、肺、胃明显可辨，颈、背、四肢出现羽毛乳头突起，右侧卵巢开始退化。胸、腹腔尚未封闭，心、肝、胃裸露在外。照蛋时，胚在羊水中浮沉，时隐时现，俗称"浮"。背面两边蛋黄不易晃动，俗称"边口发硬"。

（9）第九天　胚长 2 厘米，胚重 1.53 克。喙开始角质化，软骨开始骨化，眼睑已达虹膜，嘴开口。解剖时，心、肝、胃、肾、肠已发育良好。胸腹腔封闭，心、肝、胃等脏器均包入体腔中，但脐部仍有卵黄柄与卵黄囊相通。尿囊绒毛膜几乎包围整个胚胎。照蛋时，可见卵黄两边易晃动，尿囊血管伸展越过卵黄囊，俗称"窜筋"。

（10）第十天　胚长 2.1 厘米，胚重 2.26 克。尿囊绒毛膜血管到达蛋的小头，整个背、颈、大腿部都覆盖有羽毛乳头突起。龙骨突形成。各脚趾完全分离，长出爪。照蛋时，可见尿囊绒毛膜血管在蛋的小头合拢，除气室外，整个蛋布满血管，俗称"合拢"（图1-1-36）。

（11）第十一天　胚长 2.54 厘米，胚重 3.68 克。背部出现绒

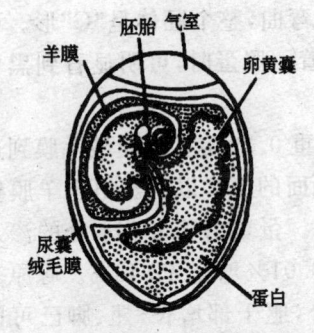

图中标注：羊膜 胚胎 气室 卵黄囊 尿囊 绒毛膜 蛋白

图 1-1-36 第十胚龄鸡胚解剖图

毛,腺胃明显可辨,冠锯齿状。尿囊液达最大量。羊水略带茶色,蛋白呈淡黄褐色、黏稠、难溶于水,煮熟很硬实。浆羊膜道已形成,但未打通。它是由很薄的浆膜形成的二道深沟伸向羊膜腔,长4～4.5厘米,直径约0.3厘米。照蛋时,血管加粗,色加深。

(12)第十二天　胚长3.57厘米,胚重5.07克。身躯覆盖绒毛,俗称"黑背青山子"。肾、肠开始有功能,开始用喙吞食蛋白。眼睑几乎封闭并呈椭圆形。

(13)第十三天　胚长4.34厘米,胚重7.37克。头部和身体大部分覆盖绒毛,喙、跖、趾出现角质鳞片原基,蛋白通过浆羊膜道迅速进入羊膜腔。眼睑达瞳孔。照蛋时,蛋小头发亮部分随胚龄增加而逐渐减少,俗称"小白果"。

(14)第十四天　胚长4.7厘米,胚重9.74克。胚胎全身覆盖绒毛,头向气室,胚胎开始改变横着的位置,逐渐与蛋长轴平行。俗称"大白果"。

(15)第十五天　胚长5.83厘米,胚重12克。翅已完全成形。喙、跖、趾的鳞片开始形成,眼睑闭合。此时,体内外的器官大体上都形成了。照蛋时,气室扩大,形成偏斜,俗称"偏口"。

(16)第十六天　胚长6.2厘米,胚重15.98克,冠和肉髯明显,绝大部分蛋白已进入羊膜腔。蛋白呈茶褐色,集中于胚蛋的锐端,上部液化,下部黏稠。照蛋时,气室偏斜更大,俗称"大偏口"。

(17)第十七天　胚长6.5厘米,胚重18.59克。羊水、尿囊液开始减少。躯干增大,脚、翅、颈变大,眼、头日益显小,两腿紧抱头部,喙向气室。蛋白全部输入羊膜腔。但浆羊膜道仍存在,羊膜腔中有蛋白羊水。照蛋时,蛋锐端看不到发亮的部分,俗称"封门"、

"净清"。气室边缘呈红色,俗称"红口"(图1-1-37)。

(18)第十八天 胚长7厘米,胚重21.83克。羊水、尿囊液明显减少,但仍有少量蛋白羊水。头弯曲在右翼下,眼开始睁开。17～18胚龄肺脏血管几乎完全形成,但未开始呼吸。胚胎转身,喙朝气室。照蛋

图1-1-37 第十七胚龄鸡胚胎解剖图

时,可见气室显著增大,且倾斜,俗称"斜口",气室边缘呈青色,俗称"青口"。

(19)第十九天 胚长7.3厘米,胚重25.62克。尿囊绒毛膜的动、静脉开始枯萎。卵黄囊收缩,与绝大部分剩余的蛋黄一起缩入腹腔。喙进气室,开始肺呼吸,颈、翅突入气室,头埋右翼下,两腿弯曲朝头部,呈抱头姿势,以便于破壳时蹬挣。雏胚开始啄壳,俗称"见嚎"、"啄壳"、"起嘴"。可闻鸡鸣叫。照蛋时,可见气室有翅膀、喙、颈部的黑影闪动,俗称"闪毛"、"扇毛"。鸡胚胎逐日发育解剖图见图1-1-38。

(20)第二十天 胚长8厘米,胚重30.21克。尿囊完全枯萎,血液循环停止,剩余蛋黄与卵黄囊全部进入腹腔。胎儿喙进入气室后3～4小时开始啄壳。第二十天前半天(19天又18小时)大批啄壳,开始破壳出雏。雏鸡啄壳时,首先用"破壳器"在近气室处敲一小裂缝,而后沿着蛋的横径(近最大横径处)逆(或顺)时针方向间断地敲打至约占横径2/3周长的裂缝,此时雏用头颈顶撑,主要是以两脚用力蹬挣,破壳而出。20.5天大量出壳。

(21)第二十一天 胚重35～37克。雏鸡孵出。从啄壳至出雏的整个过程需时4～10小时。

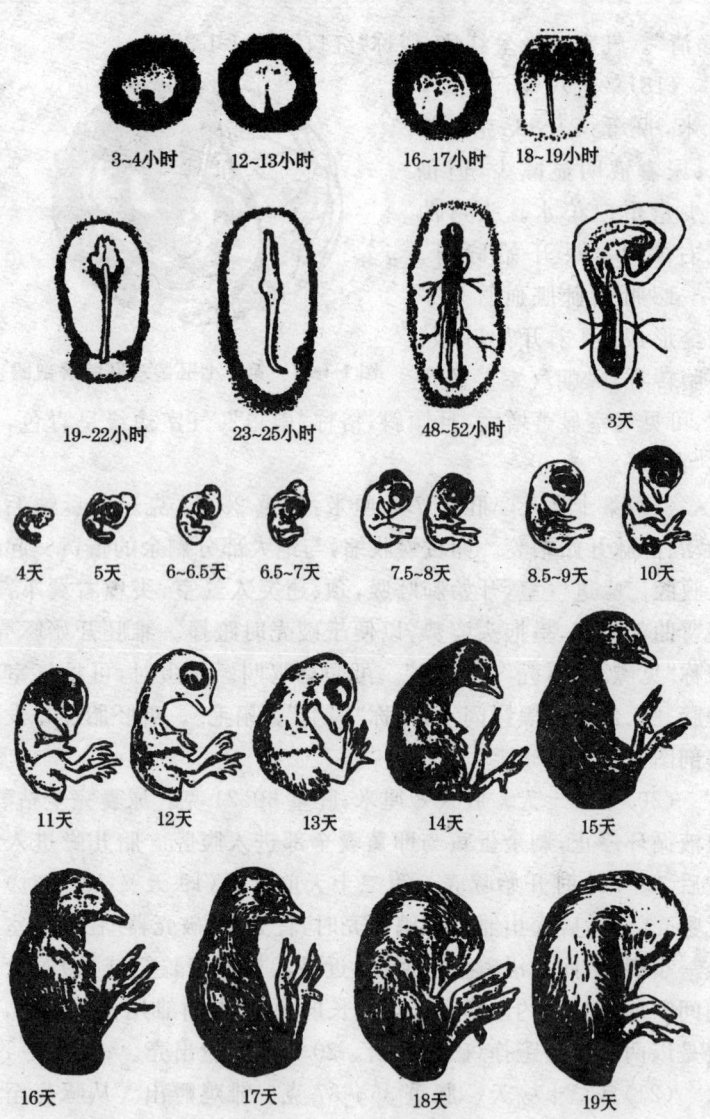

3~4小时　　12~13小时　　16~17小时　　18~19小时

19~22小时　　23~25小时　　48~52小时　　3天

4天　　5天　　6~6.5天　　6.5~7天　　7.5~8天　　8.5~9天　　10天

11天　　12天　　13天　　14天　　15天

16天　　17天　　18天　　19天

图 1-1-38　鸡胚胎逐日发育解剖图

鸡胚胎发育的主要特征(歌诀)。为了便于记忆,现将鸡胚胎发育的主要特征编成歌诀一首。

入孵第一天,"血岛"胚盘边。　　二出卵、羊、绒,心脏开始动。

三天尿囊现,胚、血"蚊子"见。　　四天头尾出,像只"小蜘蛛"。

五天公母辨,明显黑眼点。　　　六天喙基出,头躯像"双珠"。

七天生卵齿,胚沉羊水里。　　　八显肋、肝、肺,羊水胚浮游。

九天软骨硬,尿囊已"窜筋"。　　十天龙骨突,尿囊已"合拢"。

十一背毛生,血管粗又深。　　　十二身毛齐,肾、肠作用起。

十三筋骨全,蛋白进羊腔。　　　十四全毛见,胚胎位置变。

十五翅成形,跖趾生硬鳞。　　　十六显髯冠,蛋白快输完。

十七蛋白空,小头门已封。　　　十八气室斜,头弯右翅下。

十九"闪毛"起,雏叫肺呼吸。　　二十破壳多,蛋黄腹腔缩。

廿一雏满箱,雌雄要分辨。　　　廿二已过半,扫盘照"毛蛋"。

牢记辩证法,规律掌握好。　　　孵化好与坏,温、气最依赖。

3. 胚胎的发育生理

(1)胎膜的形成及其功能　　胚胎发育早期形成的4种胚外膜[即卵黄囊、羊膜、浆膜(亦称绒毛膜)、尿囊],虽然都不形成鸡体的组织或器官,但是它们对胚胎为适应外界环境发育所需进行的生理活动、利用营养物质,进行各项代谢活动是必不可少的(图1-1-39)。

①卵黄囊。在孵化的第二胚龄,由于体褶出现而开始形成卵黄囊。孵化第三胚龄,卵黄囊血管包围蛋黄1/3。孵化第六胚龄,卵黄囊血管分布于蛋黄表面1/2。孵化第九胚龄,卵黄囊几乎覆盖整个蛋黄表面。卵黄囊表面分布很多血管,构成卵黄囊循环系统,经卵黄囊柄通入胚体。蛋黄吸收是由卵黄囊内胚层细胞的消化酶,将蛋黄变成液状,然后被卵黄囊的内壁所吸收,并通过卵黄囊血管到达循环的血液,经心脏带到生长的胚胎各部分。卵黄囊的内壁有很多皱褶,以增加吸收面积。卵黄囊内壁在孵化初期,形

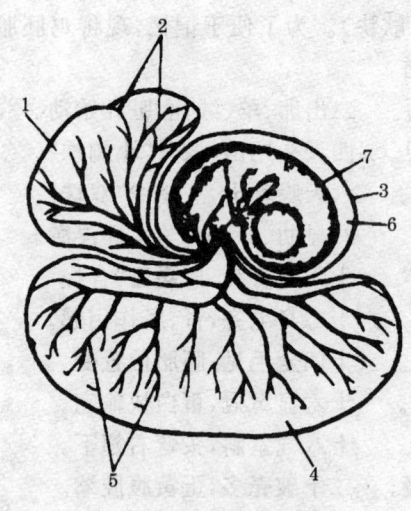

图 1-1-39 鸡胚胎模式图
1. 尿囊 2. 尿囊血管 3. 羊膜 4. 卵黄囊
5. 卵黄囊血管 6. 羊水 7. 胚胎

成血管内皮层和原始血细胞。该囊在孵化第六胚龄前还给胚供氧，可见卵黄囊是胚胎的营养器官、造血器官和呼吸器官。孵化第十九胚龄，卵黄囊及剩余蛋黄开始进入腹腔，第二十胚龄完全进入腹腔。雏鸡出壳时，约剩余 5 克蛋黄。一般在孵出后 6～7 天被雏鸡小肠吸收完毕，仅在肠壁外残留一个小突起，称卵黄蒂。

②羊膜与绒毛膜。羊膜在孵化 30～33 小时开始生出，首先形成头褶，随后头褶向两侧伸展而形成侧褶，40 小时覆盖胚头部，第三胚龄尾褶出现。第四至第五胚龄，由于头褶、侧褶、尾褶继续生长的结果，在胚胎背上方相遇合并，称羊膜嵴（或称浆羊膜嵴），形成了羊膜腔，包围胚胎。而后，羊膜腔充满液体（羊水），起着缓冲震动、平衡压力，保护胚胎免受震伤的作用，也保持早期胚胎的湿度。羊膜表面没有血管，但有平滑肌纤维，孵化第六胚龄开始有规律地收缩，波动羊水，使胚胎不致因粘连而畸形。孵化第五至第六胚龄羊水增多，第十七胚龄羊水开始减少，第十八至第二十胚龄大幅度减少以至枯萎。羊膜褶包括两层胎膜。内层靠胚体，称羊膜，外层称浆膜。它紧贴在内壳膜上，当尿囊发育到达壳膜时，绒毛膜又与尿囊结合形成结合膜，称尿囊绒毛膜，并随尿囊发育，最后包围胚胎本身及其他胚外膜和蛋的内容物（图 1-1-40）。

③尿囊。孵化第二胚龄末至第三胚龄初开始生出，从后肠的

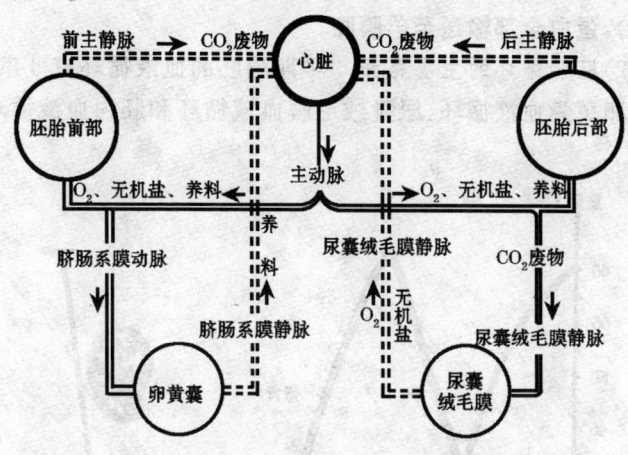

图 1-1-40　胚胎血液循环路线模式图

后端腹壁形成一个突起。孵化第四至第十胚龄迅速生长,第六胚龄到达壳膜内表面,第十至第十一胚龄包围整个胚胎内容物,并在蛋的小头合拢,以尿囊柄与肠连接。尿囊在接触壳膜内表面继续发育的同时,与绒毛膜结合成尿囊绒毛膜。这种高度血管化的结合膜由尿囊动、静脉与胚胎循环相连接,其位置紧贴在多孔的壳膜下面,起到排出二氧化碳吸入外界氧气的呼吸作用,并吸收壳壁的无机盐供给胚胎。尿囊绒毛膜还是胚胎蛋白质代谢产生的尿素、尿酸等废物的贮存场所。因此,尿囊绒毛膜既是胚胎的营养器官,又是胚胎的呼吸器官和排泄器官。孵化第十七胚龄尿囊液开始减少,第十九胚龄动、静脉萎缩,第二十胚龄尿囊绒毛膜血液循环停止。当雏鸡破壳而出时,尿囊柄断裂,黄白色的排泄物和尿囊绒毛膜弃留在蛋壳内壁上。

蛋白由尿囊绒毛膜和卵黄囊包围着,有人称卵白囊,但该囊并不能吸收蛋白。蛋白的吸收是从孵化第十胚龄后水分进入浓缩的蛋白里,使蛋白变稀,通过浆羊膜缝形成的浆羊膜道进入羊膜腔。孵化第十二胚龄后,雏用喙吞食蛋白,在肠内被消化吸收,至第十七胚龄,蛋白全部输送至羊膜腔。

　　(2)胚胎循环的主要路线　早期鸡胚的血液循环有3条主要路线:卵黄囊血液循环、尿囊绒毛膜血液循环和胚内血液循环(图1-1-41)。

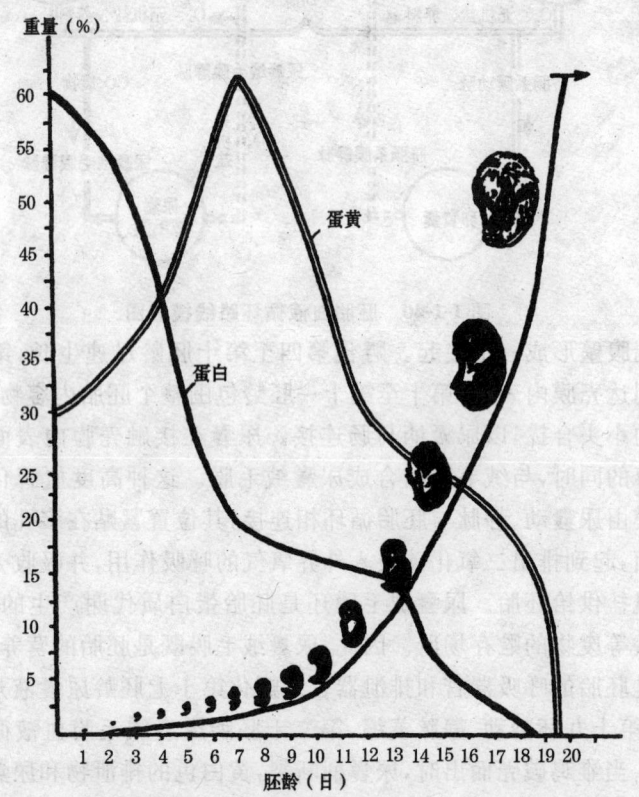

　　图1-1-41　鸡胚蛋白和蛋黄重量变化与胚胎不同发育阶段相关示意图

　　①卵黄囊血液循环。它携带血液到达卵黄囊,吸收养分后回到心脏,再送到胚胎各部。

　　②尿囊绒毛膜血液循环。它从心脏携带含有二氧化碳及含氮

废物的血液到达尿囊绒毛膜,排出二氧化碳及含氮废物,然后吸收养分及氧气回到心脏,再分配到胚胎各部。

③胚内血液循环。从心脏通过血液带着养料和氧气,到达胚胎各部;而后带着含氮废物和二氧化碳离开胚胎各部回到心脏。

4. 胚胎发育过程中的物质代谢

(1)水的变化 孵化期间,蛋黄和蛋白水分含量是相互变化的,这与胚胎发育的营养物质代谢吸收是相一致的。蛋内的水分随孵化期的递增而逐渐减少。大部分被蒸发,其余部分进入蛋黄和形成羊水、尿囊液及胚胎体内水分。蛋黄内的水分,孵化第二胚龄开始增加,第六、第七胚龄时达最大量,第十胚龄后开始减少,约第十二胚龄以后又恢复原量。入孵前蛋黄的水分含量与最后剩余蛋黄的水分含量无明显变化,胚胎开始含水达94%,以后逐渐减少,初生雏含水约80%。但在胚胎发育期间,胚胎的水分绝对含量是增加的。

(2)糖的代谢 蛋内含糖仅0.5克左右,75%在蛋白里,25%在蛋黄中。它是胚胎发育初期的热量来源。在孵化的前7天,胚外的葡萄糖增加,胚内有许多糖类积存。孵化第七至第十一胚龄,胚胎将脂肪变成糖加以利用。第十胚龄胰脏分泌胰岛素,从第十一胚龄起,肝内开始贮存肝糖。

(3)脂肪的代谢 蛋内含脂肪约6.1克,99.5%存在于蛋黄中。胚胎从孵化第七胚龄开始利用脂肪,第十一胚龄后(尤其第十七胚龄后)大量被利用,第十胚龄开始在胚内贮存。总的说来,蛋中脂肪的1/3在胚胎发育过程中耗掉,2/3贮于雏鸡体内。

(4)蛋白质的代谢 蛋内约含6.6克蛋白质。3.1克(47%)存于蛋白,3.5克(53%)存于蛋黄。它是形成胚胎组织和器官的主要营养物质。在胚胎发育过程中,蛋白及蛋黄中的蛋白质锐减(图1-1-41),而胚胎体内的色氨酸、组氨酸、蛋氨酸、酪氨酸、赖氨酸等渐增。在蛋白质代谢中,分解出含氮废物(氨1%、尿素

7.6%、尿酸 91.4%），由胚内循环带到心脏,经尿囊绒毛膜血液循环排泄在尿囊腔中。第一周胚胎主要排泄氨和尿素,从第二周开始排泄尿酸。

(5)无机盐的代谢 蛋壳含无机盐约 6.4 克(碳酸钙占93.7%、磷酸钙占 6.3%),蛋黄、蛋白含无机盐约 0.4 克,蛋黄含磷、镁、钙、铁,蛋白含有硫、钾、钠、氮。胚胎发育过程中,前 7 天主要利用蛋黄、蛋白中的无机盐,到第十至第十五胚龄,主要摄取蛋壳中的钙和磷,以形成骨骼。

(6)气体交换 胚胎发育过程中,不断进行气体交换。孵化最初 6 天,主要通过卵黄囊血液循环供氧(有人说在入孵至 33～36小时内,胚胎不需氧)。而后尿囊绒毛膜血液循环达到蛋壳内表面,通过它由蛋壳上的气孔与外界进行气体交换。到第十胚龄后,气体交换才趋完善。第十九胚龄以后,胚雏开始肺呼吸,直接与外界进行气体交换。鸡胚在整个孵化期需氧气 4～4.5 升,排出二氧化碳 3～5 升(图 1-1-42)。

(7)维生素 维生素是胚胎发育不可缺少的营养物质,主要是维生素 A、维生素 B_2、维生素 B_{12}、维生素 D_3 和泛酸等。如果蛋内含量不足,极容易引起胚胎早期死亡或破壳难而闷死于壳内。也是造成残、弱雏的主要原因。

总之,在整个孵化期内,上述各种物质的代谢是很有规律的。是由简单到复杂、从低级到高级。初期以糖的代谢为主,其后以脂肪和蛋白质为主(孵化第七至第九胚龄和第十五至第十七胚龄以蛋白质代谢为主,其他时期以脂肪代谢为主)。

了解孵化过程中物质的代谢特点,有利于创造适合的孵化条件,也可作为检查分析孵化效果的凭据。

5.胚胎发育的阶段划分 笔者根据鸡胚发育的代谢活动形式,将鸡胚发育划分为 6 个阶段。

(1)卵黄心营养阶段 从母体至孵化 30～36 小时,胚胎处于

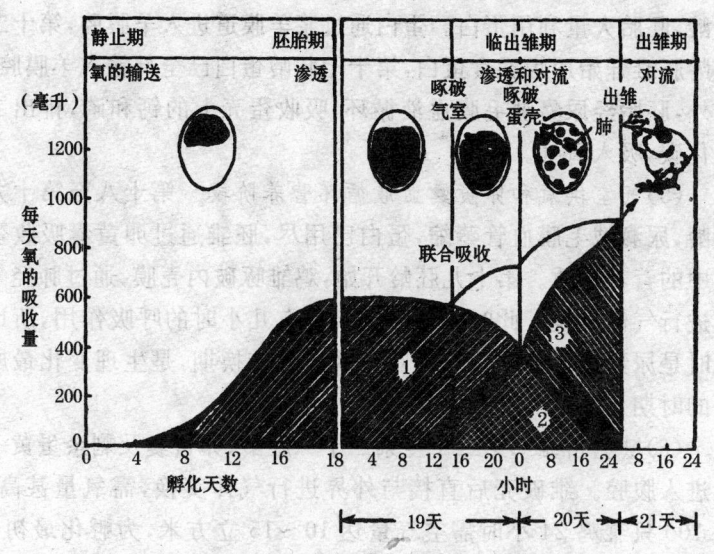

图 1-42 孵化期鸡胚氧的消耗量及输送途径
1. 尿囊膜 2. 尿囊绒毛膜和肺 3. 肺

高度分化阶段。此期尚无血液循环系统,物质代谢极简单,主要是通过渗透方式,直接利用卵黄心的糖原和碳水化合物分解的内源氧。

(2)卵黄囊血液循环系统的建立和依靠蛋黄营养阶段 孵化30~36小时至第五胚龄,胚胎很多器官已分化,如出现脑、眼、性腺和后肢芽等。此期卵黄心糖原已消耗殆尽,胚胎主要通过卵黄囊血液循环,吸收蛋黄营养和氧气。

(3)尿囊绒毛膜呼吸和卵黄囊供给营养阶段 第六至第十一胚龄,胚胎主要通过卵黄囊吸收蛋黄营养以及尿囊绒毛膜经蛋壳气孔与外界进行气体交换。第十至第十一胚龄,尿囊绒毛膜发育完善,在蛋的锐端"合拢"。此时胚胎代谢旺盛,大量利用脂肪,蛋内温度升高,排出二氧化碳及吸入氧气增多。

(4)利用蛋白营养和尿囊绒毛膜呼吸阶段 第十二至第十七

胚龄,胚胎大量利用蛋白。蛋白通过浆羊膜道进入羊膜腔,第十二胚龄胚雏开始用喙吞食蛋白,第十七胚龄蛋白已全部输入羊膜腔。另外,胚胎经尿囊绒毛膜血液循环,吸收蛋壳上的钙和磷,排出二氧化碳,吸入氧气。

(5)气室供氧和卵黄囊血液循环营养阶段 第十八至第十九胚龄,尿囊绒毛膜血管萎缩,蛋白已用尽,胚雏通过卵黄囊吸收蛋黄中的营养物质。第十九胚龄开始,鸡雏啄破内壳膜,通过肺经气室进行气体交换。此时尿囊绒毛膜仍有几小时的呼吸作用,所以此时是尿囊绒毛膜呼吸和肺呼吸并存和转换期,是生理变化最剧烈的时期。

(6)破壳出雏 第二十至第二十一胚龄,卵黄囊及剩余蛋黄一起进入腹腔。雏破壳后直接与外界进行气体交换,需氧量甚高。每 100 只雏鸡 24 小时需空气量达 10～15 立方米,为孵化最初 2 天的 110 倍。

第六节 孵化条件

鸡胚胎母体外的发育,主要依靠外界条件,即温度、湿度、通风、转蛋等。

一、温 度

温度是孵化最重要的条件,保证胚胎正常发育所需的适宜温度,才能获得高孵化率和优质雏鸡。

(一)胚胎发育的适温范围和孵化最适温度 鸡胚胎发育对环境温度有一定的适应能力,温度在 $35℃～40.5℃$,都有一些种蛋能出雏。但若使用电力孵化器孵化,上述温度不是胚胎发育最适温度。在环境温度得到控制的前提下(如 $24℃～26℃$),就立体孵化器而言,最适孵化温度为 $37.8℃$(图 1-1-43)。出雏期间为 $36.9℃～$

37.5℃。现代孵化器的适宜孵化温度范围在 37℃～37.9℃。

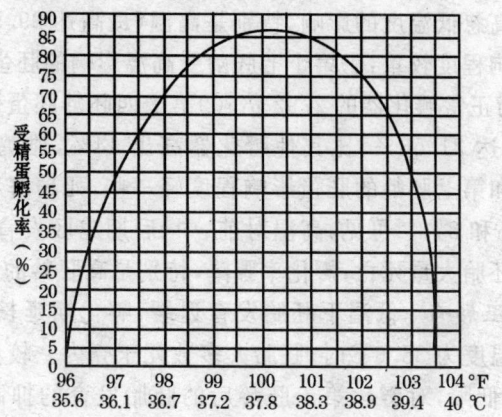

图 1-1-43　孵化温度对孵化率的影响

(相对湿度 60%)

(二)高温、低温对胚胎发育的影响　Tullett(1990),Deeming (1991),Decvper 等(1992)认为:相对而言,胚胎更能耐受低温而不能耐受高温,且随胚龄的增加耐受性降低。Decuypere 等 (1992)认为:肉用品系胚胎的耐受性比蛋用品系小。较高的温度胚胎发育不齐,其结果孵化期拖延,出雏不集中,畸形率和死亡率明显升高。

1. **高温影响**　高温能引起神经和心血管系统、肾脏与胎膜畸形和出雏鸡"胶毛"等多种症状。高温下胚胎发育迅速,孵化期缩短,胚胎死亡率增加,雏鸡质量下降。死亡率的高低,随温度增加的幅度及持续时间的长短而异。孵化温度超过 42℃,胚胎 2～3小时死亡。孵化第五胚龄的胚蛋,孵化温度达 47℃时,2 小时内全部死亡。孵化第十六胚龄的胚蛋,在 40.6℃温度下经 24 小时,孵化率稍有下降;在 43.3℃经 9 小时,孵化率严重下降;在 46.1℃经 3 小时或 48.9℃经 1 小时,则所有胚胎全部死亡。

梁锦新等(2002)报道:该厂孵化器出现不加热、不加湿、不转蛋等严重故障,所有控制失灵,孵化器出现故障整整 2 天时间。种蛋受到忽高忽低温度的影响,特别是高温(最高达 39.5℃)对胚胎发育的影响程度较重:①第十七胚龄受高温影响的胚蛋,死胎率高达 21%,为正常孵化器的 2.92 倍;②第十四胚龄胚蛋受影响也很大,死胎率达 21.56%,比其他孵化器高出 14%,雏鸡品质极差。第十胚龄和第七胚龄的胚蛋影响程度轻一些,死精率和死胎率分别高出 2%和 3%。可见,高温对前、中、后期鸡胚发育影响很大,都会造成胚胎大量死亡,孵化率骤降,特别是高胚龄的胚蛋。

2. 低温影响　低温下胚胎发育迟缓,孵化期延长,死亡率增加。孵化温度为 35.6℃时,胚胎大多数死于壳内。较小偏离最适温度的高、低限,对孵化第十胚龄后的胚胎发育的抑制作用要小些,因为此时胚蛋自温可起适当调节作用。

(三)变温孵化与恒温孵化制度　目前,在我国关于鸡的孵化给温有两种主张:一种提倡变温孵化,另一种则采用恒温孵化。这两种孵化给温制度,都可获得很高的孵化率。

1. 变温孵化法(阶段降温法)　变温孵化法主张根据不同的孵化器、不同的环境温度(主要是孵化室温度)和鸡胚的不同胚龄,给予不同孵化温度。其理由是:①自然孵化(抱窝鸡孵化)和我国传统孵化法,孵化率都很高,而它们都是变温孵化;②不同胚龄的胚胎,需要不同的发育温度。其施温方案见表 1-1-16。

表 1-1-16　变温孵化施温方案之一

鸡胚龄(天)	孵化温度(℃)	
	室温 15~20	室温 22~28
1~6	38.5	38.0
7~12	38.2	37.8
13~18	37.8	37.3
19~21	37.5	36.9

从表 1-1-16 中看出:鸡的整个孵化期分 4 个阶段逐渐降温进行孵化,故称变温孵化,也称降温孵化。注意鸡胚第一至第六胚龄的定温较高,要预防头照死胚过高。

变温孵化法操作要点。入孵第一批时,先参照表 1-1-16 的施温方案定温。然后根据看胎施温技术,调整孵化温度(约每隔 3 天抽验 20 个胚蛋,检查胚胎发育情况,调整孵化温度)。经过 1～2 批试孵,确定适合本机型的孵化温度。

2. 恒温孵化法 将鸡的 21 天孵化期的孵化温度分为:1～19 胚龄,37.8℃;19～21 胚龄,37℃～37.5℃(或根据孵化器制造厂推荐的孵化温度,如 36.9℃)。理想的孵化温度是 37.5℃～37.9℃和 36.5℃～37.2℃。在一般情况下,两个阶段均采用恒温孵化,必须将孵化室温度保持在 24℃～26℃。低于此温度,应当用暖气、热风或火炉等供暖;如果无条件提高室温,则应提高孵化温度 0.5℃～0.7℃;高于此温度则开窗或机械排风(乃至采用送入冷风的办法)降温,如果降温效果不理想,应考虑适当降低孵化温度(降 0.2℃～0.6℃)。

3. 两种孵化制度的应用与比较

(1)孵化效果 根据我国众多的孵化生产者长期的实践,充分证明两种孵化制度都可以获得高的孵化率和品质优良的雏鸡。

(2)两种孵化制度的应用

第一,变温孵化制一般适用于中小型孵化器、我国传统孵化法(炕孵、缸孵、桶孵、平箱孵化、温室架孵以及机—摊相结合等),整批入孵。变温孵化制也适用于能根据胚龄(胚胎温度)、室温智能化自动调节孵化温度的孵化器。

第二,恒温孵化制一般适用于中、大型孵化器,尤其是巷道式孵化器,多采用分批入孵。

(3)整批入孵与分批入孵的耗能比较 见表 1-1-17。

第一章　鸡的人工孵化

表 1-1-17　分批入孵与整批入孵的耗能比较

孵化方式	整批入孵	分批入孵	后者耗能减少（%）
最大加热器能力（千瓦/千蛋）	0.12	0.07	42
冷却负荷（千瓦/千蛋）	0.09	0.036	60
增湿能力（千克/千蛋·瓦）	0.055	0.014	74
通风量（米³/千蛋·时）	3.83	1.43	63

引自 Spencet. P. G

从表 1-1-17 可见分批入孵法节能明显，因为可用后期胚蛋代谢热加热早、中期的胚蛋。

（4）电脑自动控制的变温孵化　按胚龄施温的变温孵化，更符合胚胎代谢规律，也可更有效避免孵化后期超温。广泛应用于鸭蛋、鹅蛋、火鸡蛋的孵化以及整批入孵法。根据不同鸡类、不同蛋重、不同胚龄及胚胎发育和产热等因素，给予不同的温度、湿度和通风，并设计程序，由电脑自动控制变温孵化。这样可以大大降低避免人工频繁调节的劳动强度以及可能出现的差错。

二、相对湿度

（一）胚胎发育的相对湿度范围和孵化的最适湿度　一定要防止同时高温高湿，但当孵化温度控制在理想范围内时，湿度的变化可以大一些。适当的湿度使孵化初期胚胎受热良好，孵化后期有益于胚胎散热。适当的湿度也有利于破壳出雏。出雏时湿度与空气中的二氧化碳作用，使蛋壳的碳酸钙变成碳酸氢钙，壳变脆。所以，在雏啄壳以前提高湿度是很重要的。此外，正确的失重还可使蛋内形成适当的空间，有利于肺和气囊的发育。

鸡胚胎发育对环境相对湿度的适应范围比温度要宽些，一般为 40%～70%。大多数孵化机制造商所建议的立体孵化器的孵化相对湿度范围是：入孵器 55%～60%，移盘后出雏器中 65%左右，孵化最后 1 天，相对湿度提高至 75%左右。孵化室、出雏室相

· 104 ·

对湿度为 75%（图 1-1-44）。

有人提出，为了促进蛋白的吸收（"封门"），第十至第十八胚龄将相对湿度从原来的 53%～57% 下调为 50%～55%，直到第十九至第二十一胚龄才升到 65%～70%。

Ar（1991），Rann 等（1991）和 Vissch 等（1991）强调孵化期间种蛋水分丧

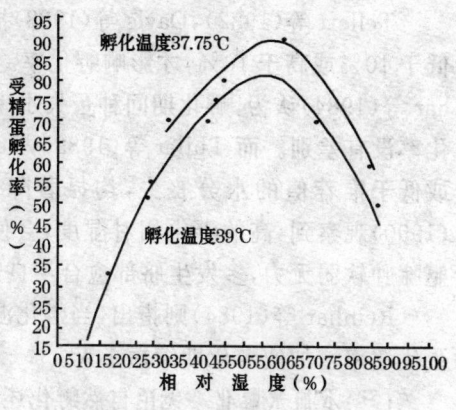

图 1-1-44　相对湿度与孵化率的关系

失的必要性：①至少 10% 的失水率，气室才能增大足够的容积，以便胚雏啄破气室后能得到足够的氧气；②啄壳时胚蛋的失水率应达到 12%～14%，才能获得理想的孵化率；③适当的失水，可保证蛋壳膜足够干，使胚雏呼吸顺畅。而湿的蛋壳膜使呼吸受到限制（Ar,1991）。但是，也要防止水分丧失太多，导致胚胎脱水和出雏困难。Mauldin(1985)认为：每日适宜失重范围为 0.60%～0.65%。如果种蛋孵化 20 胚龄内的失重率小于 12% 或大于 14%，均无法获得最佳孵化率。

加拿大雪佛家禽育种公司（Shaver poultry breeding farm Ltd. Canada）提出根据蛋壳厚度确定孵化的相对湿度（表 1-1-18）。

表 1-1-18　根据种蛋蛋壳厚度采用相对湿度

蛋壳厚度(毫米)	0.34	0.33	0.32	0.31	0.30	0.29	0.28	0.27
相对湿度(%)	56	58	60	62	64	66	68	70

（二）高湿、低湿对胚胎发育的影响　湿度过低，蛋内水分蒸发过多，容易引起胚胎和壳膜粘连，引起雏鸡脱水。湿度过高，影响蛋内水分正常蒸发，雏腹大，脐部愈合不良。两者都会影响胚胎发

育中的正常代谢,均对孵化率、雏的健壮有不利的影响。

Tellett 等(1982),Davis 等(1988)报道,孵化期间种蛋失水率低于 10% 或高于 16%,才影响孵化率。Gildersleeve(1984),Reinhar 等(1984)认为,孵化期间种蛋失水率为 11.5%~12.8% 时,孵化率没有差别。而 Tullet 等(1982),Reinhar 等(1984)发现,高于或低于推荐值的水分丧失,均显著降低了雏鸡体重。North 等(1990)观察到,高的孵化相对湿度,会使种蛋失水率小,而导致体躯臃肿软弱无力,多发生脐部愈合不良雏鸡。

Reinhar 等(1984)则指出,当孵化湿度由 57% 降为 45% 时,胚蛋代谢率增加使孵化期缩短 1 天。

(三)不加水孵化　无论自然孵化还是我国传统的人工孵化,不需加水,而且近年来国外对孵化时的供湿也提出各种不同的主张,这些都说明胚蛋对湿度的适应范围是很大的,这是长期自然选择的结果。据此,江苏省家禽研究所提出,机器孵蛋只要温度符合鸡胚发育的自然规律,孵化器内加不加水都能获得正常孵化效果的新见解。他们在 1979 年 3 月 7 日至 1981 年 5 月,分别在无锡(代表湿润地区)和齐齐哈尔(代表较干燥地区),做了一系列的对比试验,取得了一致的孵化效果。并提出不加水孵化,孵化温度稍微降低些以及防止"自温超温"和提早加大通风量等技术要点。近些年来已在江浙一带推广。朱新飞等(1993)试验结果表明:在孵化器中加水与否,虽然孵化器内湿度分别为 54% 与 35%,种蛋失水率分别为 10.44% 与 14.41%,但对种蛋孵化率、健雏率均无影响(受精蛋孵化率分别为 95.36% 与 95.33%;健雏率分别为 98.28% 与 97.55%,差异都不显著)。但不加水孵化节能显著(每天节电 57 千瓦小时),且能延长孵化器使用寿命,经济效益十分明显。

不加水孵化的优越性是显而易见的,它既可节省能源,省去加湿设备,又可延长孵化器的使用年限。但大型孵化器及采用喷雾加湿的孵化器,不要采用不加水孵化的方法。

王端云(1998)报道:为了观察加水与不加水孵化的孵化效果,分别于 1995 年 2 月和 5 月在黑龙江省用 32 周和 33 周的"雅发"蛋鸡种蛋(蛋重 52～62 克,保存 5 天内)做对比试验,结果第一次,不加水不控湿孵化的受精蛋孵化率为 80.6%,健雏率为 74%,助产数为 173 只;加水控湿孵化的受精蛋孵化率为 92.4%,健雏率为 97%,助产数为 34 只,两者差异极显著;第二次,不加水不控湿孵化的受精蛋孵化率为 85.3%,健雏率为 84%,助产数为 82 只;加水控湿孵化的受精蛋孵化率为 91.8%,健雏率为 96%,助产数为 21 只,两者差异也极显著。由此可见,慎用不加水不控湿孵化。

三、通风换气

（一）通风与胚胎的气体交换 胚胎在发育过程中除最初几天外,都必须不断地与外界进行气体交换,而且随着胚龄增加而加强。

尤其是孵化第十九胚龄以后,胚胎开始用肺呼吸,其耗氧量更多。

有人测定每一个胚蛋的耗氧,孵化初期为 0.51 毫升/小时,第十七胚龄达 17.34 毫升/小时,第二十、第二十一胚龄达到 0.1～0.15 升/天。整个孵化期总耗氧 4～4.5 升,排出二氧化碳 3～5 升。

孵化期间种蛋的气体交换数据见表 1-1-19。

表 1-1-19 孵化期间种蛋的气体交换 （1000 个鸡胚）

孵化胚龄	1	5	10	15	18	21
吸氧量(立方米)	0.014	0.033	0.107	0.642	0.849	1.285
二氧化碳排出量(立方米)	0.008	0.016	0.054	0.325	0.436	0.651

资料来源:Romanoff(1930)

（二）孵化器中氧气和二氧化碳含量对孵化率的影响 氧气含量为 21%时,孵化率最高,每减少 1%,孵化率下降 5%。氧气含量过高孵化率也降低,在 30%～50%范围内,每增加 1%,孵化率下降 1%左右(图 1-1-45)。大气的含氧量一般为 21%。孵化过程

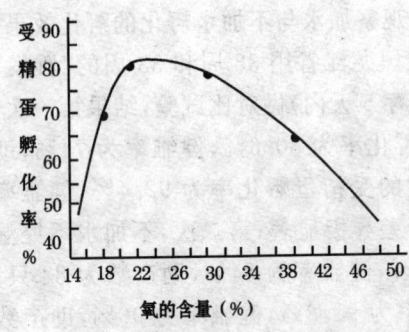

中胚胎耗氧,排出二氧化碳,不会产生氧气过剩问题,倒是容易产生氧气不足。测量二氧化碳的最佳部位是在入孵器或出雏器的排气管处,勿在孵化器内测量,因为开门时将改变孵化器内的环境,故测算的数值不准确。通风不良造成孵化器内严重缺氧,其结果使酸性物质蓄积,胚胎体内组织中二氧化碳分压增高,而发生代谢性呼吸性酸中毒,从而导致心脏搏出量下降,发生心肌缺氧、坏死、心跳紊乱和跳动骤停。二氧化碳超过 1% 时,胚胎发育迟缓,死亡率升高,畸形增多。

图 1-1-45　空气中氧含量与孵化率的关系

一般小胚龄胚胎对二氧化碳的耐受性低于大龄胚胎。在孵化器中的头几天里,对二氧化碳的耐受水平约为 0.3%。孵化器中的二氧化碳水平超过 0.5% 时会使孵化率下降,含量达到 1.0% 时则显著降低孵化率,达到 5.0% 时则完全致死;孵出的雏鸡比胚蛋释放出更多的二氧化碳,出雏器中的胚蛋二氧化碳耐受水平约为 0.75%。

新鲜空气含氧气 21%、二氧化碳 0.03%～0.04%,这对于孵化是合适的。一般要求氧气含量不低于 20%,二氧化碳含量 0.4%～0.5%,不能超过 1%。二氧化碳超过 0.5%,孵化率下降,超过 1.5%～2%,孵化率大幅度下降。只要孵化器通风系统设计合理,运转、操作正常,孵化室空气新鲜,一般二氧化碳不会过高。同时,也应注意不要通风过度。

(三)通风与温、湿度的关系　通风换气、温度、湿度三者之间有密切的关系。通风良好,温度低,湿度就小;通风不良,空气不流畅,湿度就大;通风过度,则温度和湿度都难以保证。

(四)通风换气与胚胎散热的关系　孵化过程中,胚胎不断与外界进行热能交换。胚胎产热随胚龄的递增成正比例增加。尤其是孵化后期,胚胎代谢更加旺盛,产热更多(表1-1-20)。如果热量散不出去,温度过高,将严重阻碍胚胎的正常发育,甚至"烧死"。所以,孵化器的通风换气,不仅可提供胚胎发育所需的氧气,排出二氧化碳,而且还有一个重要作用,即可使孵化器内温度均匀,驱散余热。

表 1-1-20　孵化中胚蛋热能交换

项　目	孵化胚龄(天)					壳打孔
	5	8	11	14	19	
产　热	12.55	37.66	96.23	255.22	707.10	723.83
损失热	62.76	75.31	62.76	62.76	129.70	150.62
胚蛋温度(℃)	37.9	37.9	38.0	38.8	40.1	40.1

注:孵化温度为38℃,单位为每个胚蛋焦/时

此外,孵化室的通风换气也是一个不可忽视的问题。除了保持孵化器与天花板有适当距离外,还应备有排风设备,以保证室内空气新鲜。J. M. Mauldin 等(1991)指出:孵化从业者应树立"新鲜且清洁的空气就是一种消毒剂"的观念。用新鲜空气更换有霉味的污浊空气对消除污染的效果和消毒剂一样好,甚至更好。

四、转　蛋

(一)转蛋的作用　Olsen(1930)观察发现,抱窝鸡24小时用爪、喙翻动胚蛋达96次之多,平均每15分钟翻动1次。这是生物本能。从生理上讲,蛋黄含脂肪多,比重较轻,胚胎浮于上面,如果长时间不转蛋,胚胎容易与蛋壳膜粘连。转蛋的主要目的在于改变胚胎方位,防止粘连;使胚胎受热均匀,发育正常;促进羊膜运动,保障胚胎水平衡,以免引起胚胎脱水和雏啄壳、出雏困难;使卵

黄囊、尿囊绒毛膜发育正常,有利"合拢"和"封门",使胚胎获得营养、氧气和排出二氧化碳,帮助胚胎运动。Tullett 等(1987)和 Deeming(1989)等研究表明:在胚胎发育的重要阶段(第三胚龄和第七胚龄),不转蛋,将妨碍局部小脉管的扩张和胚胎液的形成,使羊水、尿囊液量和孵化后期胚胎利用蛋白的能力降低,从而导致胚胎发育缓慢。转蛋不当或不转蛋,对胚胎的营养吸收、呼吸和胚胎液的平衡有很大的影响,结果导致胚胎死亡率的增加。并且认为,后期胚胎死亡的增加是由于孵化前期缺少转动或尿囊膜的延时发育而导致胚胎发育受阻,这种影响最易发生于孵化第三至第十一胚龄。

孵化器中的转蛋装置是模仿抱窝鸡翻蛋而设计的。但转蛋次数比抱窝鸡大大减少,因抱窝鸡的"转蛋"目的还在于调节内外胚蛋的温度。

(二)转蛋次数 孵化1~14胚龄,必须对种蛋进行定期转动,一般每天转蛋6~8次即可。实践中常结合记录温、湿度,每2小时转蛋1次。也有人主张每天不少于10次,24次更好。North (1990)试验的结果见表1-1-21。

表1-1-21 转蛋频率对孵化率的影响

转蛋次数(次/天)	2	4	6	8	10
受精蛋孵化率(%)	78.1	85.3	92.0	92.2	92.1

资料来源:North(1990)

表1-1-21中列出了每天转蛋2~10次时的孵化率。虽然其他试验表明,每隔15分钟转蛋1次对孵化率没有不良影响,但种蛋每天沿着其长轴来回转动6次以上的转蛋,并不能获得更好的成绩。大多数商业孵化机推荐每隔1~2小时自动转蛋1次。20世纪80年代,国产孵化器一般将转蛋定在2小时1次;而90年代生产的孵化器的转蛋频率一般为0.5~2.5小时可调整,但出厂时基本都设定在2小时,多数孵化生产者也以此为标准,不做调整。

（三）停止转蛋时间　转蛋应什么时候停止，各持己见，有人认为在 16 天停止，又有人认为在 14 天停止为宜，机器孵化一般到 18 胚龄停止转蛋和进行移盘。是否可以提前停止转蛋并移盘，原北京农业大学鸡场在 1982 年曾做过在孵化第十六胚龄与第十九胚龄停止转蛋并移盘的对比试验，结果前者受精蛋孵化率为84.77%，后者为 82.77%，两者孵化率差异不显著。说明在孵化第十六胚龄停止转蛋并移盘是可行的。这是因为孵化第十二胚龄以后，鸡胚自温调节能力已很强。同时，孵化第十四胚龄以后，胚胎全身已覆盖绒毛，不转蛋也不至于引起胚胎贴壳粘连。Proundfoot 等（1982）和 Mirosh 等（1990）的研究认为，第十三胚龄后停止转蛋对胚胎的生活力和孵化率，没有严重影响。提前停止转蛋，可以节省电力和减少孵化机具的磨损，还可充分利用孵化器。

丁永军（1995）报道：在詹姆斯威孵化器做孵化第十八天和第十四天停止转蛋的对比试验，结果表明，第十四天停止转蛋对孵化率和健雏率均没有不利影响（第十四天停止转蛋，种蛋孵化率为89.69%～92.11%，健雏率为 99.14%～99.49%；第十八天停止转蛋，分别为 90.62%～91.44% 和 99.26%～99.41%），说明生产上可以在孵化第十四天后停止转蛋。这样可以减少蛋车磨损，减少压缩机工作时间及损耗，节电 20%。

孟定等（2001）报道：为了减少孵化器具的磨损，提高孵化场经济效益，做第十四胚龄停止转蛋试验。

1. 试验方案

（1）试验一　罗曼父母代蛋鸡种蛋，采用恒温孵化制度，每 2 小时自动转蛋 1 次，从 15 天起每天有 150 个种蛋停止转蛋，19 天落盘并停止转蛋。

（2）试验二　罗曼父母代蛋鸡种蛋、AA 父母代肉鸡种蛋，采用变温孵化制度，每 2 小时自动转蛋 1 次，分 14 天停止转蛋和 19 天移盘并停止转蛋。

2. 试验结果

(1)试验一结果 罗曼父母代蛋鸡,分别于 14 天、15 天、16 天、17 天、18 天、19 天停止转蛋,受精蛋孵化率和出雏率均较高,各组间差异不显著(P≥0.05)。

(2)试验二结果 14 胚龄停止转蛋:①罗曼父母代蛋鸡,受精蛋孵化率为 95.5%,健雏率为 99.6%;②AA 父母代肉鸡,受精蛋孵化率为 95.6%,健雏率为 99.6%。由此可见,无论是蛋种鸡还是肉种鸡 14 胚龄停止转蛋,受精蛋孵化率和健雏率均较高。

(四)转蛋角度 鸡蛋转蛋角度以水平位置前俯后仰(或左倾、右斜)各 45°为宜。转蛋时动作要轻、稳、慢,特别是扳闸式转蛋(滚筒式孵化器)。笔者曾见过因孵化器机械转蛋结构装配问题,转蛋时出现颤动现象,这是极其有害的。其作用类似种蛋运输的剧烈颠簸,很容易使蛋黄系带断裂、卵黄沉散,最终导致胚胎死亡。

五、晾 蛋

(一)晾蛋的目的 晾蛋是指种蛋孵化到一定时间,将孵化器门打开,或将装有胚蛋的孵化盘抽出(图 1-1-46)晾凉,甚至喷水(水温 38℃左右)降温,让胚蛋温度下降的一种孵化操作程序。其目的是驱散孵化器内余热、解除胚胎的热应激和让胚胎得到更多的新鲜空气;有人则认为冷刺激有利于胚胎发育。晾蛋降低了胚胎的代谢率,减缓了代谢热过量的热应激。

(二)晾蛋方法 ①头照后至尿囊绒毛膜"合拢"前,每天晾蛋 1~2 次。②"合拢"后至"封门",每天晾蛋 2~3 次。③"封门"后至大批出雏前,每天晾蛋 3~4 次。鸡胚至"封门"前采用不开门,关闭电热,风扇鼓风措施;"封门"后采用开门,关闭电热,风扇鼓风乃至孵化蛋盘抽出、喷冷水等措施。一般将胚蛋温度降至 30℃~33℃。

(三)晾蛋时机的掌控

1. 灵活掌握 晾蛋并非必做的孵化工序,应根据胚胎发育情

况、孵化天数、气温及孵化
器性能和出雏状况等具体
情况灵活掌握。

（1）不同孵化器　如孵
化器供温和通风换气系统
设计合理，尤其是有冷却设
备，可不晾蛋，但也不排除
在炎热的夏天、孵化后期胚
蛋自温超温时，进行适当晾
蛋。

图 1-1-46　家禽孵化后期的
抽盘晾蛋

（2）胚胎发育状况　胚胎发育偏慢，不要晾蛋，以免胚胎发育
受阻。Lancaster 等（1988）试验发现，孵化至第十六胚龄时在
22℃下晾蛋 48 小时，对孵化率没有显著影响，但超过 30 小时会降
低雏鸡质量。也有人认为第十四至第十八胚龄可晾蛋至 22℃，但
低于 21℃会降低孵化率。Sarpony 等（1985）报道，将第十六胚龄
肉用种鸡晾蛋到 22℃达 24 小时，能提高孵化率。

（3）大批出雏后　不仅不能晾蛋，还应将胚蛋集中放在出雏器
顶层。

（4）通风换气不良　孵化器通风换气系统设计不合理、通风不
良时，晾蛋措施是必不可少的。

2. 调整出雏时间　有的孵化场将晾蛋作为调控出雏时间的
应急措施，以满足用户的需求。晾蛋延长出雏时间约等于将胚蛋
置于 22℃的时间。因此，晾蛋可以作为调节出雏时间的孵化措
施。Tullett（1990）考虑到晾蛋可延长孵化期，如为了延迟 1 天出
雏，可将第十六胚龄的胚蛋在 22℃下保持 24 小时。

3. 晾蛋温度　必须将胚蛋从适宜的孵化温度降到胚胎发育
的"生理零度"以下。否则，胚胎将处于不正常发育状态。Kauf-
man 认为如果晾蛋温度不能使胚胎发育完全停止，将比造成胚胎

发育完全停止的低温更加有害。Decuypere 等(1992)指出,更长的晾蛋时间也许不会损害胚胎。但即使孵化不受影响,孵化后的性能,如生长率、体重、饲料转化率等也可能有变化,所以需慎重。

六、孵化场的卫生

经常保持孵化场地面、墙壁、孵化设备和空气的清洁卫生是很重要的。有些新孵化场在一段时间内,孵化效果良好。但经过一年半载,在摸清孵化器性能和提高孵化技术之后,孵化效果反而降低。究其原因,主要是对孵化场及孵化设备没有进行定期认真冲洗消毒。胚胎长期在污染严重的环境下发育,导致孵化率和雏鸡质量降低。

J. M. Mauldin 等(1991)提出了做好孵化场卫生的十二要素:①垫料与产蛋箱的管理;②鸡蛋的收集和选择;③种蛋的消毒;④种蛋的处理与贮存;⑤隔离;⑥消毒;⑦设计与流程;⑧清扫;⑨废弃物的处理;⑩质量控制;⑪微生物学检查;⑫信息交流。

(一)工作人员的卫生要求　孵化场工作人员进场前,必须经过淋浴更衣,每人 1 个更衣柜,并定期消毒。国外孵化场以孵化室和出雏室为界,前为"净区",后为"污区"(国内一些孵化场也采用分区设计),并穿不同颜色工作服,以便管理人员监督。另外,运种蛋和接雏人员不得进入孵化厅内。孵化场仅设内部办公室,供本场工作人员使用,对外办公室和供销部门,应设在隔离区之外。

(二)两批出雏间隔期间的消毒　孵化场易成为疾病的传播场所,所以应进行彻底消毒,特别是两批出雏间隔期间的消毒。洗涤室和出雏室是孵化场污染最严重的地方,清洗消毒丝毫不能放松。每天用吸尘器吸去孵化器外表面的灰尘,清除孵化器内和地面的破蛋、蛋壳碎片等杂物。定期用消毒药(季铵盐、过氧化氢、过氧乙酸、次氯酸钠)消毒地面。

在每批孵化结束之后,立刻对设备、用具和房间进行冲洗消毒。

注意消毒不能代替冲洗，只有彻底冲洗后，消毒才有效。类似纤维状的绒毛进入人肺引起纤维性疾病，导致肺部硬化而丧失呼吸功能。尤其是小于 10 微米的，进入人肺后相当一部分难以排出而危及健康。使用绒毛收集器可以减少空气过滤器的压力，降低出雏室、出雏器污染程度，国外已配置绒毛收集装置并将出雏器绒毛的检测列为孵化工艺。但是我国目前尚无孵化场专用产品，解决办法是保持废弃物湿润（洒水），采用"湿扫"法，以免废弃物飞扬。

1. 入孵器及孵化室的清洁消毒步骤

第一，取出孵化盘（及增湿水盘）并冲洗消毒。

第二，先用水冲洗，再用新洁尔灭溶液擦洗孵化器内、外表面，尤其注意机顶的清洁。

第三，用高压水冲刷孵化室地面，然后用次氯酸钠溶液消毒地面。

第四，用熏蒸法消毒入孵器。每立方米用福尔马林 42 毫升、高锰酸钾 21 克，在温度 24℃、相对湿度 75％以上的条件下，密闭熏蒸 1 小时，然后开机门和进出气孔通风 1 小时左右，驱除甲醛蒸气。

第五，孵化室用福尔马林 14 毫升、高锰酸钾 7 克，熏蒸消毒 1 小时，或两者用量增加 1 倍熏蒸消毒 30 分钟。建议采用臭氧消毒器。

2. 出雏器及出雏室的清洁消毒步骤　出雏后，应对出雏器做全面、彻底的清洗（包括机器内、外，进排气口以及排风管道、出雏盘等），除去机内积水，用 3 倍浓度福尔马林熏蒸消毒。最后，开动机器，烘干机器内部（包括出雏盘）。

第一，取出出雏盘，将死胚蛋（"毛蛋"）、残弱死雏及蛋壳装入塑料袋中密封。

第二，将出雏盘送洗涤室浸泡在消毒液中（用泡沫、液体或固体状态的碱性或中性清洗剂浸洗）或用高压水清洗机或送至蛋雏盘清洗机中冲洗消毒。

第三，清除出雏室地面、墙壁、天花板上和进排气口、排风管道中的废弃物,并用高压清洗机清洗。要达到无灰尘、无雏鸡绒毛、无蛋壳碎块。

第四,冲刷出雏器内、外表面后,用新洁尔灭水擦洗,然后每立方米用 42 毫升福尔马林和 21 克高锰酸钾,熏蒸消毒出雏器和出雏盘。并开机烘干出雏盘、出雏器,最后关闭进、出气孔。

第五,用 0.3% 的过氧乙酸(每立方米用量 30 毫升)喷洒出雏室的地面、墙壁和天花板或用次氯酸钠溶液消毒。常用的消毒药有季铵盐、次氯酸钠、甲醛、过氧乙酸、碱液等。

3. 洗涤室和雏鸡存放室的清洁消毒 洗涤室是最大的污染源,应特别注意清洗消毒:①将废弃物(绒毛、蛋壳等)装入塑料袋;②冲刷地面、墙壁和天花板;③洗涤室每立方米用 42 毫升福尔马林和 21 克高锰酸钾熏蒸消毒 30 分钟;④雏鸡存放室经冲洗后用过氧乙酸溶液喷洒消毒(或次氯酸钠溶液消毒或甲醛熏蒸消毒)。

孵化厅的上述各室,也可以用次氯酸钠溶液喷洒消毒或用臭氧消毒器消毒。臭氧的灭菌效果取决于单位体积内的臭氧浓度。实际使用通过调整消毒时间来改变消毒空间的消毒浓度。

$$\text{臭氧消毒器的工作时间(分)} = \text{消毒空间的容积(立方米)} \times 0.8$$

当消毒空间大于 100 立方米时,可多个消毒器同时工作。

实例 1。雏鸡处置室的体积为:长 12.5 米×宽 9.6 米×高 3 米=360 立方米;则:

消毒时间=360×0.8=288(分)≈5 小时。

所以,该室消毒时间为 5 小时左右。

实例 2。种蛋贮存室的体积为:长 6 米×宽 4 米×高 3 米=72 立方米;则:

消毒时间=72×0.8=57.6(分)≈1 小时。

所以,该室消毒时间为 1 小时左右。

（三）定期做微生物学检测　定期对残雏、死雏等进行微生物检查，以此指导种鸡场防疫工作。在每批出雏完毕后，从孵化场的各部分及所有设备采样检查，包括表面和空气。几个比较重要的检测点包括洗涤室、空气入口及出口、过滤冷却器、孵化室、出雏室和出雏器内的雏鸡绒毛、雏鸡存放室和种蛋贮存室内的空气、雏鸡传送带、孵化场的用水和包括混合疫苗与稀释剂在内的预防接种设备。

检查这些样品携带的细菌和真菌的数量。在 12.9 平方厘米的表面或平皿擦拭，以确定致病微生物的污染程度及其种类，尤其重视曲霉菌污染。经测定细菌数少于 10 个菌落且霉菌数少于 5 个菌落，说明其表面清洁。菌落数 10～30 个，属中度污染；菌落数超出 30 个，属重度污染。在冲洗消毒后，还应取空气及附着物进行微生物学检查，以了解冲洗消毒效果。

（四）废弃物处理　收集的废弃物装入密封的容器内才可以通过各室，并按"种蛋→雏鸡"流程不可逆转原则运送，然后及时经"废弃物出口"用卡车送至远离孵化场的垃圾场做无害化处理。孵化场附近不设垃圾场。国外处理废弃物采用焚烧或脱水制粉方法。另外，孵化废弃物中含有蛋白质 22%～32%，钙 17%～24%，脂肪 10%～18%，需高温消毒才适合做饲料。最好不要做家禽饲料，以防消毒不彻底，导致传播疾病。

（五）孵化场场区的卫生防疫　每天打扫孵化场周围的卫生，每周用 0.3% 百毒杀或生石灰液消毒孵化场周围环境。经常进行灭鼠灭蝇。

第七节　机械电力箱式孵化的管理技术

一、孵化前的准备

（一）制订计划　在孵化前，根据孵化与出雏能力、种蛋数量以及雏鸡销售等具体情况,制定孵化计划,填入《孵化工作日程计划表》中,非特殊情况不要随便变更计划,以便孵化工作顺利进行。

　　制订计划时,如果孵化室工作人员不分组作业,应尽量把费力、费时的工作(如入孵、照蛋、移盘、出雏等)错开。一般每周入孵2批(表1-1-22),工作效率较高,并且避开周六、周日进行费力、费时的工作(如入孵、移盘和出雏)。也可采用3天入孵1批(表1-1-23),孵化效果很好,工作效率更高,但会在周六、周日碰到费力、费时的工作。现将孵化计划分别叙述如下。

　　从表1-1-22中可见:①每周(7天)中,隔3天和隔4天各入孵(出雏)1批;②1周中固定周1、周4各入孵1批,周5、周1各移盘1批,周1、周4各出雏(出售)1批;③本周转计划每6批为1个周期,即第二周期第一批(总批次第七批)的种蛋入孵至第一周期第一批的入孵器中(1)~(2)台,第二周期第二批(总批次第八批)的种蛋入孵至第一周期第二批的入孵器中(3)~(4)台。依此类推。

表1-1-22　每周入孵两批的孵化周转计划

周期	批次	入孵时间（日/月〈周〉）	入孵器台号	移盘时间（日/月〈周〉）	在出雏器时间（日/月）	出雏结束时间（日/月〈周〉）	出雏器台号
第一周期	1	1/1〈1〉	(1)~(2)	19/1〈5〉	19~21/1	22/1〈1〉	①~②
	2	4/1〈4〉	(3)~(4)	22/1〈1〉	22~25/1	25/1〈4〉	①~②
	3	8/1〈1〉	(5)~(6)	26/1〈5〉	26~29/1	29/1〈1〉	①~②
	4	11/1〈4〉	(7)~(8)	29/1〈1〉	29/1~1/2	1/2〈4〉	①~②
	5	15/1〈1〉	(9)~(10)	2/2〈5〉	2~5/2	5/2〈1〉	①~②
	6	18/1〈4〉	(11)~(12)	5/2〈1〉	5~8/2	8/2〈4〉	①~②

续表 1-1-22

周期	批次	入孵时间（日/月〈周〉）	入孵器台号	移盘时间（日/月〈周〉）	在出雏器时间(日/月)	出雏结束时间（日/月〈周〉）	出雏器台号
第二周期	7	22/1〈1〉	(1)～(2)	9/2〈5〉	9～12/2	12/2〈1〉	①～②
	8	25/1〈4〉	(3)～(4)	12/2〈1〉	12～15/2	15/2〈4〉	①～②
	9	29/1〈1〉	(5)～(6)	16/2〈5〉	16～19/2	19/2〈1〉	①～②
	10	1/2〈4〉	(7)～(8)	19/2〈1〉	19～23/2	23/2〈4〉	①～②
	11	5/2〈4〉	(9)～(10)	23/3〈5〉	23～26/2	26/2〈1〉	①～②
	12	8/2〈4〉	(11)～(12)	26/2〈1〉	—	—	①～②

注：①"入孵时间"、"移盘时间"和"出雏结束时间"中的"〈〉"内数字为星期几

②"入孵器台号"的"()"内数字为入孵器编码；"出雏器台号"的"○"内数字为出雏器编码

③每批入孵（出雏）数量可根据需要确定,本例为每批入孵两台入孵器的容蛋量（巷道式孵化器为 2 辆蛋车容蛋量）

④移盘时间为 19 胚龄,出雏结束时间一般在 22 胚龄的上半天,以便下半天移入下批胚蛋

从表 1-1-23 看出：①恒定每隔 3 天入孵（出雏）1 批；②每 6 批为 1 个周期,每周期比 1 周入孵两批的少 2 天。

上述两种孵化周转计划（每周入孵 2 批或 3 天入孵 1 批）,都可能出现上午出雏后,接着进行出雏器和出雏盘的冲洗、消毒、烘干,下午又紧接着移盘的不利于卫生防疫要求的现象。有的建议建 2 个出雏室,以彻底解决上述问题。

表 1-1-23　每 3 天入孵一批的孵化周转计划

周期	批次	入孵时间（日/月）	入孵器台号	移盘时间（日/月）	在出雏器时间(日/月)	出雏结束时间（日/月）	出雏器台号
第一周期	1	1/1	(1)～(2)	19/1	19～22/1	22/1	①～②
	2	4/1	(3)～(4)	22/1	22～25/1	25/1	①～②
	3	7/1	(5)～(6)	25/1	25～28/1	28/1	①～②
	4	10/1	(7)～(8)	28/1	28～31/1	31/1	①～②
	5	13/1	(9)～(10)	31/1	31/1～3/2	3/2	①～②
	6	16/1	(11)～(12)	3/2	3～6/2	6/2	①～②
第二周期	7	19/1	(1)～(2)	6/2	6～9/2	9/2	①～②
	8	—	(3)～(4)	—	—	—	①～②
	9	—	(5)～(6)	—	—	—	①～②
	10	—	(7)～(8)	—	—	—	①～②
	11	—	(9)～(10)	—	—	—	①～②
	12	—	(11)～(12)	—	—	—	①～②

注：①移盘时间为 19 胚龄，出雏结束时间一般在 22 胚龄上半天

②每批入孵（出雏）数量，可根据需求确定，本例为每批入孵两台入孵器的容蛋量（巷道式孵化器为 2 辆蛋车容蛋量）

（二）用品准备　入孵前 1 周一切用品应准备齐全，包括照蛋灯、温度计、消毒药品、防疫注射器材、记录表格和易损电器原件、电动机等。

（三）验表试机　孵化设备在出厂前，数显温度计已经精确调试；经运输后的设备由安装人员再次校准。机器使用一段时间后，一般是每月要对温度计、湿度感应器校准 1 次；其测温范围是 30℃～40℃，局部测温偏差为 ±0.1℃。孵化器安装后或停用一段时间后，在投入使用前要认真校正、检验各机件的性能，尽量将隐患消灭在入孵前。

1. 验表　孵化用的温度计和水银导电温度计要用标准温度计校正。方法是将上述温度计与标准温度计一起插入 38℃ 温水中，观察温差，并贴上温差标记。如孵化用温度计比标准温度计低 0.5℃，则贴上"+0.5℃"的标志。记录孵化温度时，将所观察到的温度加上 0.5℃。也可以利用孵化器比对温度计。校正（比对）温度计时，应注意以下几个问题。

第一，目前，很多孵化场采用体温计测温、验表，我们认为不妥，因为体温计显示的是温度平衡过程中的最高温度值，而不是温度平衡后的即时温度值。所以，建议用标准温度计测温、验表。

第二，干湿温度计要检查其标尺是否位移，且灌水前，要先检验干温度计和湿温度计比对的读数，是否在误差范围内。湿球的纱布最好用 120 号气象纱布 10 厘米，包裹湿球两层，然后加蒸馏水，水面距湿球底部约 1 厘米。

第三，将所有"门表"全部放置在孵化设备的观察窗处比对示值，可从观察窗直接读数，不可从孵化器内取出后再读数，因温度会骤降，产生误差。因其测量偏差为 0.1℃，所有"门表"的示值应该相对集中在 0.1± 之间，示值超出范围的门表不得使用。由于"门表"的测量范围在 30℃～40℃，比对温度计需要的温度也应在 30℃～40℃。

第四，若需进入孵化器内测温，则要注意安全并应在温度达到热平衡后才读数。

2. 试机运转　在孵化前 1 周，进行孵化器试机和运转。先用手扳动皮带轮，听风扇叶是否碰擦侧壁或孵化架，叶片螺丝是否松动。有蜗轮蜗杆转蛋装置的孵化器，要检查蜗轮上的限位螺栓的螺丝是否拧紧。手动转蛋系统的孵化器，应手摇转蛋杆，观察蛋盘架前俯后仰角度是否为 45°。上述检查，未发现异常后，即可接通电源，扳动电热开关，供温、供湿，然后分别接通或断开控温（控湿）、警铃等系统的触点，看接触是否严紧。接着调节控温（控湿）

的水银导电表至所需度数(如控温表37.8℃,控湿表32℃)。待达到所需温度、湿度,看是否能自动切断电源或水源,然后开机门、关闭电热开关,使孵化器降温。如此反复测试数次。最后开警铃开关,将控温水银导电温度计调至39℃,报警导电表调至38.5℃,观察孵化器内温度超过38.5℃时,报警器是否能自动报警。

经过上述检查均无异常,即可试机运转1~2天,一切正常方可正式入孵。

(四)入孵前种蛋预热

1. 预热的目的和作用 ①入孵前预热种蛋,能使胚胎发育从静止状态中逐渐"苏醒"过来,减小胚胎应激。②减少孵化器里温度下降的幅度,避免入孵时入孵器中温度不均匀。③除去蛋壳表面的凝水,既不会因种蛋表面凝水(或重新被弄湿),使残留的微生物渗入蛋内,又便于入孵后能立刻消毒种蛋。

有研究认为,种蛋保存时间较长(2~4周),入孵前在21℃~24℃下预热,可以提高孵化率。而种蛋保存时间在2周内,预热对提高孵化率无效。许胜利等(2005)却认为:试验表明,用巷道式孵化器孵化,种蛋预热与否对孵化效果无大的相关。他们用保存0~4天、48~51周龄的艾维茵父母代种蛋,分别做不预热直接入孵和24℃~26℃下预热4小时后入孵的对比试验,结果入孵蛋孵化率分别为88.8%和88.3%,入孵蛋健雏率分别为81.8%和81.2%,不预热直接入孵比24℃~26℃下预热4小时后入孵的孵化效果稍好,但差异不显著。其原因可能是巷道式孵化器种蛋较多,升温较快,对整体影响较小的缘故。

2. 预热方法 入孵前,将种蛋在22℃~25℃环境中,放置4~9小时或12~18小时。有试验认为:种蛋入孵前置于25℃室温下预热10小时,是防止疾病和提高孵化率的有效措施。但也发现这种预热法,使处于蛋车的中部和下部的种蛋温度仅20℃左右,这些蛋比蛋车上部的种蛋达到孵化的37.8℃要晚2小时,出雏时间也晚 2 小时。结果雏鸡会出现过湿或脱水现象，达不到出售标准，出雏也不一致，整个出雏时间也拖延了。如果将种蛋放在有均温风扇和加热器的预热柜中预热，可在约 2.5 小时使种蛋温度达到 25℃±0.5℃，与在室温下预热 10 小时相比，雏鸡提前 2 小时出雏。预热可使达"AA"级出售的雏鸡量增加 1.5％以上。我们认为，在不影响入孵器使用的整批入孵情况下，可将种蛋提前2.5～3小时放入 37.8℃的入孵器中预热（孵化盘呈水平位置，以便气流畅通，种蛋受热均匀）。当蛋壳表面凝水干后可以进行种蛋消毒。

另外，也可在"种蛋消毒室"中预热，但需增加功率较强的搅拌风扇和加热器及控温设备。还必须指出的是，若种蛋要采用加热法预热的话，则在建孵化厅时，应考虑是否设计种蛋预热柜或改造种蛋消毒室为种蛋消毒、预热室，并且考虑经济上是否划算，计算种蛋加热法预热种蛋可能提高孵化率的经济效益能否抵消因此而增加的设备费用和设备运行费。

（五）码盘入孵　将种蛋摆放在孵化蛋盘上称码盘。

1. 手工码盘　在国内，因孵化器（孵化盘）类型颇多，规格不一，所以大多数采用人工码盘。种蛋，码盘后装在有活动轮子的孵化盘车上，挂上明显标记（注明码盘时间、品种、数量、入孵时间、批次和入孵台号等），然后推入贮存室保存。

2. 机械码盘　国外多采用真空吸蛋器码盘。目前，国内依爱电子有限责任公司已生产了与"依爱"孵化器配套的便携式真空吸蛋器，大大提高了码盘速度，实现了码盘机械化。

3. 码盘应注意的问题及对策　码盘时要避免种蛋锐端向上放置和剔除破蛋、裂纹蛋。尤其必须提醒的是，因为真空吸蛋器没有人工码盘的选蛋和将锐端向上的种蛋倒转等功能，所以凡使用吸蛋器码盘的孵化厅，要特别强调种蛋锐端向下摆放和剔除破蛋、裂纹蛋。总之，检查锐端向上和破蛋、裂纹蛋，将意味着提高孵化率1％～2％。故码盘应重视两个问题：一是尽量避免种蛋锐端向上放置;二是尽量剔除破蛋、裂纹蛋。

(1)尽量避免种蛋锐端向上放置问题 一般来说,种蛋锐端向上的平均概率为 2.3%(范围在 0.7%～7.2%),影响孵化率约为 0.3%～3.4%。种蛋锐端向上,很难孵出鸡。试验表明,其孵化率仅为 16%～27%,且雏鸡多为弱、残、死雏。当种蛋锐端向上摆孵化时,大约 60%的胚胎头部靠近蛋的锐端发育,在孵化后期胚胎的喙无法啄破气室用肺呼吸。但要绝对杜绝蛋的锐端向上摆放是不可能的,因为除由于工作粗心大意之外,还存在较难区分蛋的钝、锐端,尤其是老龄种鸡所产的蛋,两头几乎一样圆的比例较高,很难区分钝、锐端,这种现象也存在于肉种鸡。

(2)剔除破蛋、裂纹蛋问题 裂纹蛋的发生率为 1.5%(范围在 0.1%～5.3%)。它受种鸡的品种、营养、健康、周龄、环境条件乃至集蛋、运蛋操作等因素的影响。

(3)解决办法 ①在鸡舍捡蛋完毕后,检查 4～5 盘蛋,统计锐端向上和破蛋、裂纹蛋的百分率。②种蛋送至孵化厅经验收(品种、数量并抽查 4 盘种蛋,统计锐端向上和破蛋、裂纹蛋的百分率)。③在孵化厅码盘后,目测和照蛋检查,统计锐端向上和裂纹蛋的发生率。④将"①②"两项质量标准作为种鸡场饲养员承包责任制的指标之一,将"③"项质量标准作为孵化厅的承包责任制的指标之一。

4. 入孵时间的确定 一般整批孵化,每周入孵 2 批。鸡蛋的孵化期一般为 21 天。但是不同品种(品系)、周龄、保存时间、种蛋品质以及孵化条件等因素的影响,出雏时间不可能完全一致,少数在第十九胚龄前半天开始啄壳,个别甚至满 19 胚龄就破壳出雏,大部分在第二十胚龄又 18～20 小时出雏。故入孵时间在 16～17 时(视升至孵化温度的时间长短而定),这样一般可望白天大量出雏。入孵时间还应与用户协商确定,一般要留有几小时(6～8小时)完成出雏、鉴别、免疫和雏鸡静养、恢复等操作程序。以免用户催促为了赶时间而影响工作的质量。

5. **分批入孵的种蛋放置**　整批孵化时,将装有种蛋的孵化盘插入孵化架车推入孵化器(无底架车式孵化器)中。若分批入孵,装有"新蛋"孵化盘与装有"老蛋"孵化盘应交错插放。这样"新蛋"、"老蛋"可相互调温,使孵化器里的温度较均匀。插花放置还能使孵化架重量平衡。为了避免差错,同批种蛋用相同的颜色标记,或在孵化盘上注明。

二、孵化的操作技术

(一)温度和湿度的控制

1. **温度的调节**　孵化器控温系统,在入孵前已经校正、检验并试机运转正常,一般不要随意更动。刚入孵时,开门入蛋引起热量散失以及种蛋和孵化盘吸热,孵化器里的温度暂时降低是正常的现象。待蛋温、盘温与孵化器里的温度相同时,孵化器温度就会恢复正常。这个过程大约历时数小时(少则3～4小时,多则6～8小时)。即使暂时性停电或修理,引起机温下降,一般也不必调整孵化给温。只有在正常情况下,机温偏低或偏高0.5℃～1℃时,才予调整,并随后密切注视温度变化情况,尤其是变温孵化人工调节温度时更要注意。

每隔30分钟通过观察窗里面的温度计观察1次温度,每2小时记录1次温度。有经验的孵化人员,还应经常用手触摸胚蛋或将胚蛋放在眼皮上测温。必要时,还可照蛋,以了解胚胎发育情况和孵化给温是否合适。

孵化温度是指孵化给温,在生产上又大多以"门表"所示温度为准。在生产实践中,存在着3种温度要加以区别。即孵化给温、胚胎发育温度和"门表"温度。

(1)**孵化给温**　指固定在孵化器里的感温器件(如水银导电表、双金属片温度调节器等)所控制的温度,它是人为调整确定的。

当孵化器里温度超过设定的温度时,它能自动切断电源停止供温。当温度低时,又接通电源,恢复供温。

(2)胚胎温度 指胚胎发育过程中,自身所产生的热量。它随着胚龄的增长而递增,实际操作上难以测定,故实践中以紧贴胚蛋表面的温度计所示温度代替。

(3)"门表"温度 指挂在视察窗里的温度计所示温度,也是记录在表格中的温度。

上述 3 种温度是有差别的,只要孵化器设计合理,温差不大,且孵化室内温度不过低,则"门表"所示温度可视为孵化给温,并定期测定胚蛋温度,以确定孵化时温度掌握得是否正确。如果孵化器各处温差太大,孵化室温度过低,观察窗仅一层玻璃,尤其是停电时则"门表"温度绝不能代表孵化温度,此时要以测定胚蛋温度为主。

2. 湿度调节 孵化器观察窗内挂有干湿球温度计,每 2 小时观察记录 1 次,并换算出孵化器内或孵化厅内各室的相对湿度。要注意棉纱的清洁和水盂加蒸馏水。笔者制作了"家禽孵化专用尺(相对湿度换算表之一、之二)"(表 1-1-24),依据湿球温度与干、湿球温差,干球与湿球的温度,可以分别快速地查出孵化厅内与孵化器内的相对湿度。

例如,某孵化室内干球温度为 25℃,湿球温度为 19℃,求出孵化室的相对湿度。求孵化室的相对湿度可查表 1-1-24 之一。从表 1-1-24 之一中查湿球温度 19℃与干、湿球温差(25℃－19℃)6℃的交叉点数值,为 56%。

又如,某孵化器内干球温度为 38℃,湿球温度 31℃,求孵化器内相对湿度。求孵化器内的相对湿度可查表 1-1-24 之二。从表1-1-24 之二中查干球温度 38℃与湿球温度 31℃的交叉点数值,为60%。

表 1-1-24 家禽孵化专用尺（相对湿度换算表之一）

孵化厅内各室相对湿度（%）

干湿球温差（℃）＼湿球温度（℃）	8	9	10	11	12	13	14	15	16	17	18	19	20	21	22	23	24	25	26	27	28
3.0	66	67	68	69	70	71	72	73	73	74	75	75	76	76	77	77	78	78	79	79	80
3.5	62	63	64	65	66	67	68	69	70	70	71	72	73	73	74	74	75	75	76	76	77
4.0	57	59	60	61	62	63	64	65	66	67	68	68	69	70	70	71	72	72	73	73	74
4.5	53	55	56	57	59	60	61	62	63	64	64	65	66	67	67	68	69	69	70	70	71
5.0	49	51	52	54	55	56	57	58	59	60	61	62	63	64	65	65	66	67	67	68	68
5.5	45	47	49	50	51	53	54	55	56	57	58	59	60	61	62	62	63	64	65	65	66
6.0	42	44	45	47	48	50	51	52	53	54	55	56	57	58	59	60	61	61	62	63	63
6.5	38	40	42	44	45	47	48	49	50	51	53	54	55	56	56	57	58	59	60	60	61
7.0	35	37	39	41	42	44	45	46	48	49	50	51	52	53	54	55	56	56	57	58	59
7.5	33	34	36	36	39	41	42	44	45	46	48	49	50	51	52	53	53	54	55	56	56
8.0	29	31	33	35	37	38	40	41	43	44	45	46	47	48	49	50	51	52	53	54	54
8.5	27	27	31	33	34	36	37	37	40	42	43	44	45	46	47	48	49	50	51	52	52

表 1-1-24　家禽孵化专用尺（相对湿度换算表之二）

干球温度(℃)	(℉)	孵化器内相对湿度(%)																		
湿球温度 ℃	℉	26 / 78.8	26.5 / 79.7	27 / 80.6	27.5 / 81.5	28 / 82.4	28.5 / 83.3	29 / 84.2	29.5 / 85.1	30 / 86	30.5 / 86.9	31 / 87.8	31.5 / 88.7	32 / 89.6	32.5 / 90.5	33 / 91.4	33.5 / 92.3	34 / 93.2	34.5 / 94.1	35 / 95
40.0	104.0	32	34	36	38	40	42	44	46	48	50	52	55	57	59	62	64	66	69	72
39.5	103.1	34	36	38	40	42	44	46	48	50	52	54	56	59	61	64	66	69	71	74
39.0	102.2	35	37	39	41	43	45	47	50	52	54	56	59	61	64	66	69	71	74	76
38.5	101.3	37	39	41	43	45	47	49	51	54	56	58	61	63	66	68	71	74	76	79
38.0	100.4	38	40	42	44	47	49	51	53	56	58	60	63	65	68	71	73	76	79	82
37.5	99.5	40	42	44	46	48	51	53	55	58	60	63	65	68	70	73	76	79	82	84
37.0	98.6	41	44	46	48	50	53	55	57	60	62	65	68	70	73	76	79	81	84	87
36.5	97.7	43	45	48	50	52	55	57	60	62	65	68	70	72	75	78	81	84	—	96
36.0	96.8	45	47	50	52	54	57	59	62	64	67	70	72	75	78	81	84	87	—	—
35.5	95.9	47	49	51	54	56	59	61	64	67	69	72	75	78	81	84	—	96	—	—

注：将上表从中间对折，两面用透明有机玻璃固定。相对湿度换算表之一，是依据湿球温度与干、湿球温差查相对湿度；相对湿度换算表之二，是依据干球温度与湿球温度的交叉点查找孵化室内相对湿度，也依据孵化室内相对湿度与湿球温度的交叉点查找孵化器内相对湿度

第七节 机械电力箱式孵化的管理技术

较老式孵化器的相对湿度调节，是通过孵化器底部放置水盘多少、控制水温和水位高低来实现的。湿度偏低时，可增加水盘扩大蒸发面积，提高水温和降低水位（水分蒸发快）加速蒸发速度。还可在孵化室地面洒水，改善环境湿度，必要时可用温水直接喷洒胚蛋。出雏时，要及时捞去水盘表面的绒毛。采用喷雾供湿的孵化器，要注意水质，水应经过滤或软化后使用，以免堵塞喷头。目前，箱式孵化器多采用叶片轮式自动供湿装置。高湿季节通过调节风门来控制湿度，风门小则湿度高，相反风门大则湿度低，所以雨季不要关闭风门，且第五胚龄后风门全开。高湿季节也可以在保证温度的前提下，通过延长负压通风，以降低湿度。在干燥季节最好使用加湿器增湿效果较好，这样可以保持通风。另外，冬季加冷水增湿，往往造成孵化器内温度下降 $1{℃}\sim2{℃}$，导致孵化率降低和出雏拖延。因此，可设恒温箱，以保证增湿水温达到 $37{℃}\sim39{℃}$。

有人提出"孵化期湿度监控模式"如下。

(1)种蛋每天平均失重

$$I=(W_0-W_{16})\div16$$

式中：I 为每天种蛋的平均失重，W_0 为入孵前种蛋重量，W_{16} 为孵化至第十六胚龄时胚蛋重量。

(2)第二十胚龄的总失重率

$$L=I\times20$$

式中：L 为孵化至第二十胚龄时胚蛋总的失重。若 L 值为入孵前种蛋重量的 14% 左右时，则孵化期间供湿较合适。

(3)孵化全程的控湿模式

$$W_{雏}=W_{蛋}\times66\%\sim67\%$$

式中：$W_{雏}$ 为 100 只雏鸡重量，$W_{蛋}$ 为入孵前 100 个种蛋重量。若雏鸡重量占蛋重的 66%～67%，说明孵化全程的供湿较合适。

• 129 •

(二)转蛋、照蛋和移盘

1. 转蛋 1～2 小时转蛋 1 次。手动转蛋要稳、轻、慢，自动转蛋应先按动转蛋开关的按钮，待转到一侧 45°自动停止后，再将转蛋开关扳至"自动"位置，以后每小时自动转蛋 1 次。但遇切断电源时，要重复上述操作，这样自动转蛋才能起作用。

2. 照蛋 照蛋要稳、准、快，尽量缩短时间，有条件时可提高室温。照完一盘，用外侧蛋填满空隙，这样不易漏照。照蛋时发现胚蛋锐端向上时，应倒过来。抽放盘时，有意识地对角倒盘（即左上角与右下角孵化盘对调，右上角与左下角孵化盘对调）。放盘时，孵化盘要固定牢，照蛋完毕再全部检查 1 遍，以免转蛋时孵化盘滑出。最后统计无精蛋、死胚蛋及破蛋数，填入家系孵化统计表（表 1-1-25），计算受精率、死胚率。

表 1-1-25 家系孵化统计表

家系号：_____ 公鸡号：_____   年_____月_____日

入孵时间	与配母鸡号	入孵蛋数	照蛋			移盘		出雏				受精率(%)	孵化率(%)	健雏率(%)	雏鸡翅号	送育雏舍数
			无精	死胚	破蛋	应移	实移	健雏总	母	弱雏	死胎					
	群出合计															
	群出合计															
总　计																

种鸡场：_____

3. **移盘**　鸡胚孵至第十六至第十九胚龄后,将胚蛋从入孵器的孵化盘移到出雏器的出雏盘,称移盘(或称落盘)。

(1)**移盘时机**　过去多在孵化第十八胚龄移盘。我们认为鸡蛋孵满十九胚龄再移盘较为合适。具体掌握在约 1‰鸡胚啄壳(俗称"打嘴")时进行移盘。孵化第十八至第十九胚龄,正是鸡胚从尿囊绒毛膜呼吸转换为肺呼吸的生理变化最剧烈时期,且胚蛋的失水量也较多。此时,鸡胚气体代谢旺盛,是死亡高峰期。推迟移盘,鸡胚在入孵器的孵化盘中比在出雏器的出雏盘中能得到较多的新鲜空气,且散热较好,有利于鸡胚度过危险期,提高孵化效果。也可以提前在孵化第十六胚龄甚至第十四胚龄移盘。潘琦等试验表明:孵化至 14 天移盘与 18 天移盘,受精蛋孵化率差异不显著(分别为 88% 与 88.47%)。但刘玉弟等却认为第十九胚龄移盘,啄壳的胚蛋污染孵化器也影响出雏质量,所以建议适当提前到第十七至第十八胚龄移盘为宜。

Forster 等(1994)认为,最理想的移盘时间是大约 1% 的胚蛋(鸡)开始啄壳,一般这时是孵化的第十九胚龄末。国外许多孵化场的做法是:如果入孵在周四或周五,则在第十九胚龄时移盘;如周一或周二入孵,则在第十八胚龄后移盘。但是,第十八胚龄移盘经常降低孵化率。

(2)**移盘地点**　以前孵化场规模较小、孵化器数量少,多在孵化室的入孵器前进行移盘,然后将装满胚蛋的出雏盘运抵出雏室的出雏器中继续孵化出雏。现在孵化场规模较大、孵化器数量多达几十台,若沿袭"入孵器前移盘",将意味着装满胚蛋的出雏盘要经一段很长的通道运抵出雏室,胚蛋之间互相碰撞概率很大,易增加胚蛋的破损。所以,正确的操作应在移盘室内移盘。如果没有移盘室,可将孵化蛋车推至孵化室邻近出雏室的一端进行移盘。但不要在出雏室内移盘,以免交叉感染。

（3）移盘操作

①移盘时应提高室温,最好室温不低于 25℃。动作要轻、稳、快,尽量减少碰破胚蛋。最上层出雏盘加铁丝网罩,以防雏鸡窜出。以前国内多采用手工捡蛋移盘(每手各拿 3 个蛋平放出雏盘里),现在多采取扣盘移盘法,依爱电子有限责任公司的"依爱"孵化器有配套的真空移盘设备,可机械移盘。

②移盘时的照蛋。移盘时照蛋以剔除死胚蛋。去除了死胚蛋,在一个出雏盘里装满活胚蛋,更有利于加速出雏及出雏的一致性。所以,笔者认为,如果死胚率高的话,移盘时付出照蛋的劳动是很值得的,但若死胚率很低的话,移盘可不必照蛋。另外,若出雏器的控制系统需根据胚胎发育及胚胎温度来自动确定出雏器内的温度或采用"蛋内注射系统"给胚蛋进行免疫或注入物质的话,则移盘时需进行照蛋,剔除死胚蛋,以便控温更准确或减少疫苗的浪费。

(三)出雏期间的管理　出雏期间管理主要重视两个问题,一是注意通风问题。若通风不良,会使出雏温度过高,导致雏鸡免疫力下降,发生气囊炎、腹水症、饲养期生长发育受阻,1 周龄成活率低下,饲料转化率下降。二是避免雏鸡脱水。

1.出雏前的准备　移盘前 0.5～1 天应对出雏器、出雏室及出雏盘(车)进行消毒,并对出雏器和出雏盘进行烘干和预热。有"清洁出雏盘(车)通道"的孵化厅,出雏盘(车)可在通道中消毒,并在移盘室预热。没有"清洁出雏盘(车)通道"的孵化厅,出雏盘(车)在出雏器中消毒,并在移盘室或出雏器中预热。

2.遮光　出雏期间,用纸遮住观察窗,使出雏器里保持黑暗,这样出壳的雏鸡安静,不致因骚动踩破未出壳的胚蛋而影响出雏效果。

3.雏鸡消毒

（1）雏鸡消毒的应用　一般不必消毒,否则严重损伤雏鸡气管且难恢复,并诱发呼吸道疾病。只有出壳期间发生脐炎时,才消毒。

(2)消毒方法　①在移盘后,胚蛋有 10％啄壳时,每立方米用福尔马林 14 毫升和高锰酸钾 7 克,熏蒸 20 分钟,但有 20％以上"打嘴"时不宜采用。②在第二十至第二十一胚龄,每立方米用福尔马林 20～30 毫升加温水 40 毫升,置于出雏器底部,使其自然挥发,直至出雏结束。③在大部分出壳的雏鸡毛未干时,每立方米用福尔马林 14 毫升和高锰酸钾 7 克,熏蒸 3 分钟(切忌超过 3 分钟)。④凡熏蒸消毒后要用浓缩液态氨对机内残留的甲醛中和(20毫升/米^3)。

4. 捡雏　雏鸡长时间待在出雏器中会导致脱水,当雏鸡已出壳并且绒毛已干时,必须尽快从出雏器中捡出。一般在成批啄壳后,每 4 小时左右捡雏 1 次。可在出雏 30％～40％时捡第一次,60％～70％时捡第二次(叠层式出雏盘出雏法,在出雏 75％～85％时,捡第一次),最后再捡 1 次并"扫盘"。捡雏时动作要轻、快,尽量避免碰破胚蛋或粗暴对待雏鸡。前后开门的出雏器,不要同时打开,以免温度大幅度下降而推延出雏。捡出绒毛已干的雏鸡的同时,捡出蛋壳,以防蛋壳套在其他胚蛋上闷死雏鸡。大部分出雏后(第二次捡雏后),将已"打嘴"的胚蛋并盘集中,放在上层,以促进弱胚出雏。除非雏鸡处置室环境条件很适宜,否则不要将绒毛未干的雏鸡捡出,以免受凉感冒。

5. 人工助产　对已啄壳但无力自行破壳的雏鸡进行人工出壳,称人工助产。鸡雏一般不进行人工助产,而鸭、鹅雏人工助产率较高。在大批出雏后,将蛋壳膜已枯黄(说明该胚蛋蛋黄已进入腹腔,脐部已愈合,尿囊绒毛膜已完全干枯萎缩)的胚蛋轻轻剥离粘连处,把头、颈和翅膀拉出壳外,令其自行挣脱出壳。蛋壳膜湿润发白的胚蛋,不能进行人工助产,因其卵黄囊未完全进入腹腔或脐部未完全愈合,尿囊绒毛膜血管也未完全萎缩干枯,若强行助产,将会导致尿囊绒毛膜血管破裂流血,造成雏鸡死亡或成为毫无价值的残、弱雏。

(四)出雏后的管理 在出雏期间,必须对初生雏进行认真的选择并根据防疫及用户要求,进行必要的技术处置(包括雌雄鉴别、注射疫苗、戴翅号、剪冠和切爪等。初生雏雌雄鉴别,详见本编第三章)。并且妥善护理待运雏鸡和及时运雏。必须指出,上述操作程序对雏鸡而言都是不可避免的应激,但是只要善待它们、严格按操作规程操作,尤其是有足够时间有条不紊地做好上述各项工作,是完全可以将应激降低到雏鸡可以接受的程度。

1. **初生雏的选择** 主要从雏鸡的活力、精神状态、体型、卵黄吸收情况、脐带部的愈合程度和喙、胫部的色泽等进行选择。孵化厅仅出售健雏,弱雏绝不降价出售或免费赠送用户,弱雏应视为废弃物,与孵化厅其他废弃物一并处理(对活胚和残、弱的活雏要施行"安乐死")。

(1)健雏 绒毛洁净有光泽。活跃好动,两脚站立稳健,叫声洪亮,对光的反应敏捷。脐带部愈合良好、干燥,而且被腹部绒毛所覆盖。蛋黄吸收良好,腹部大小适中,体型匀称,不干瘪或臃肿,显得"水灵",而且全群整齐。喙、胫部和趾湿润鲜艳,有光泽。

(2)弱雏 绒毛污乱,独居一隅或扎堆。脚站立不稳,常两腿或一腿叉开跌滑或拖地。两眼时开时闭,头下垂,有的翅也下垂。精神不振,显得疲乏不堪,叫声无力或尖叫呈痛苦状,对声光反应迟钝。脐带部愈合不良、潮湿、带血污,且有残痕(黑块或线状)。蛋黄吸收不良,腹大拖地,体型臃肿或干瘪,个体大小不一。若出现脱水现象,则喙、胫和趾干瘪无光泽。

(3)残雏和畸形雏 弯喙或交叉喙、无上喙。脐带部开口并出血,卵黄囊外露甚至拖地。脚或头麻痹,瞎眼,扭脖。雏体干瘪,绒毛稀短、有时焦黄(俗称"火烧毛")。

2. **初生雏的免疫** 对经选择后留用的雏鸡,皮下注射马立克氏病疫苗(0.2毫升/只)或马立克氏病疫苗(0.2毫升/只)＋庆大霉素(2 000单位/只)。要注意注射器械的消毒,连接药液瓶的乳胶管最好一次性使用。配制出的疫苗在20分钟内要用完。

为了避免打"飞针"(疫苗注射到雏体外),马立克氏病疫苗稀释液加色素,检查人员可通过观察注射者的手和雏鸡的注射部位,即可很容易发现问题。另外,如果要长途运雏,建议注射双倍马立克氏疫苗稀释液,对预防雏鸡脱水有一定作用。有的单位还给剪冠的切口和脐带部涂以碘酊,以防感染。

3. 初生雏的技术处置　孵化场可根据用户的育种、试验或生产的需要,对雏鸡做某种标志,以便区别(如公母间、品系间或组别间的区分)。标志有戴翅号、剪冠、切爪等。

(1)戴翅号和剪冠　详见本节"四、系谱孵化的操作技术"中的有关内容。

(2)切爪　用于初生雏的试验分组编号或肉用种公雏切爪,防止以后自然交配时踩伤母鸡背部。试验分组是在出雏时根据编号要求,用断喙器(或电烙铁)烙断相应的爪。肉种公鸡切爪一般在出雏或3～4日龄时,用专用断趾钳(亦可用断喙器、电烙铁)断去第一和第二爪(图1-1-47)。切爪应断于爪与趾的交界处,破坏其生长点,以免日后长出。创口要止血。

4. 初生雏运离前的管理　应重视雏鸡在雏鸡处置室待运期间的环境温度、湿度、通风换气以及卫生。

(1)创造良好的小环境

①清洗消毒。雏鸡经上述技术处置后,立刻对雏鸡处置室进行清洗消毒,注意防止水溅到雏盒弄湿雏盒甚至弄湿雏鸡。然后将雏盒码放在雏鸡待运室,如果没有"雏鸡待运室",可在"雏鸡处置室"一角围成临时空间,给雏鸡创造一个安静、暗光的环境,让雏鸡从上述应激中逐渐恢复过来。

②适宜的温、湿度。笔者曾测得100只雏鸡在1个出雏盒内,

每只雏鸡仅占约 27 平方厘米，密度很大，在环境温度为 26℃时，雏鸡产热使盒中温度达到 39.2℃。故雏鸡暂存处的温度保持在 22℃～25℃，相对湿度保持在 55％～65％即可。温度过高或过低，均影响卵黄吸收利用继而影响饲养效果。

③加强通风换气。保障空调（或风扇）正常工作，有条件的单位最好采用正压通风。雏鸡盒与盒之间

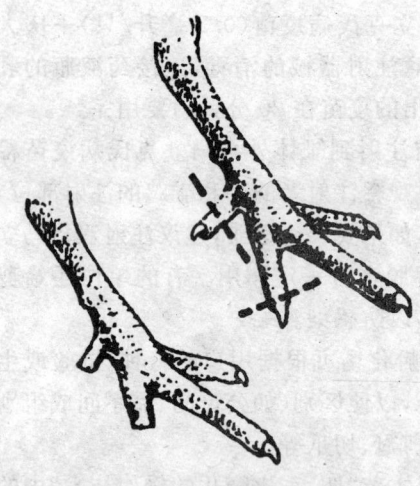

图 1-1-47 公雏的切爪

应留适当的空隙，以利于空气充分流动，最底层雏鸡盒不能直接触及地面，可用空的出雏盘垫底，以免湿冷空气危及雏鸡。刘德超（2004）提出，制造存放雏鸡专用车。该车形似出雏的平板车，但比出雏车高 60 厘米，下底铺塑料薄膜，隔冷湿气，放置不超过 10 层。要防止穿堂风（间隙风、"贼风"）。

（2）密切观察雏鸡状态 经常用温度计检查雏盒内的温度，如果发现盒内温度超过 36℃或雏鸡张嘴喘气，甚至绒毛潮湿，表明环境温度太高，要加大通风量、降低温度；倘若雏鸡发抖、扎堆"叠罗汉"，说明温度偏低，可降低通风量或提高温度。

（3）关于运输前的"静养"问题 赵公舜指出，雏鸡出雏后受到一连串的应激，若还要马上运输，其后果更难设想。如果在适宜的环境下雏鸡有 24 小时的安顿，只要能防止脱水，雏鸡就可以很快地克服以上的各种应激而恢复过来。刘德超（2004）也认为，雏鸡捡出后需在 25℃～28℃的温度下静养 8～12 小时，以利于卵黄进一步吸收，俗称"养膘"，以增强抗应激能力。笔者认为，如果出雏

集中整齐的话,让雏鸡静养几小时对雏鸡恢复体力有利,但若是出雏拖延还要 0.5～1 天的静养,则早出的雏鸡会受到脱水应激的影响,弊大于利。所以,要根据具体情况灵活掌握,其控制点是整批出雏时间的长短和是否引起雏鸡脱水。另外,待运时间超过 6 个小时,最好将雏鸡先放在出雏盘中暂存,待运雏前约 2 小时再装入雏盒中,以免逗留时间过长,胎粪污染雏盒与雏鸡。

（五）初生雏的运输　雏鸡出雏后经过上述选择及技术处置后,应尽快送至育雏舍或送交用户。以迅速及时、舒适安全、卫生清洁地顺利完成运雏工作。

1. 运雏前的准备　选择运输工具,安排司机、押运人员和准备用品。

（1）运输工具的选择　雏鸡运输可选用汽车、火车、船只或飞机等交通工具。一般超过 300 千米以上或运输时间超过 5 小时、但低于 24 小时,火车、船舶是最佳的选择。根据接雏时间,事先要与车站或码头协商运雏事宜,一般至少提前 2 小时以上到达,以便办理发货手续;空运快捷,一般陆路或水路运输超出 20～24 小时可考虑飞机运输,但运费高,且易发生“闷舱”事故。因此,建议尽量选择其他运雏方法。用汽车陆运,最好选带有空调的专用运雏车。

（2）运输工具的检修　运雏前必须对车辆(或船舶)进行检修,以避免运雏途中抛锚。

（3）车辆及用品的清洗消毒　对运雏车辆、雏鸡盒、工具、垫料以及保温用品进行清洗消毒。

（4）安排司机与押运雏鸡人员　汽车运输每车配备 2 名司机,并挑选责任心强、有运雏经验的人员负责押运工作。养鸡专业户最好亲自押运。

（5）办理运输检疫证明　雏鸡起运前要到当地雏鸡检疫机关报检,经检验合格,取得全国统一使用的有效运输检疫证明和运输工具消毒证明方可运输,以便于交通检疫站的检查,缩短停车逗留时间。

(6)运雏时间的选择 一般出雏后 36 小时,不超过 48 小时运抵目的地为宜。根据季节、天气情况确定起运时间,夏季最好选在傍晚装运,翌日早晨到达,以避开高温应激;而冬天和早春可选择中午前后气温较高时起运。

2. 装车待运

(1)验货 根据发货单标明的品种、数量认真核对,并检查雏鸡质量。

(2)适宜的运输量 依据运雏车体积、型号、装雏用品的体积和留有人行通道,确定运输量。标准的雏鸡盒(长 53~60 厘米×宽 38~45 厘米×高 19 厘米),夏季装雏鸡 80+4 只/盒,冬季装 100+4 只/盒;冬天装车量应减少 10%~20%。一般中型面包车可运 8 000~10 000 只雏鸡,长途大客车可运 20 000 只雏鸡。

(3)雏盒位置的安排 装车时一般码放不超过 10 层,雏盒离车顶 20 厘米,盒与盒之间的间隙不少于 7 厘米(专用雏盒呈上窄下宽的梯形,盒间底部紧靠着,恰好上部留有 7 厘米的间隙),以利于空气流通。留有押运人员的检查通道,以便路途中观察雏鸡状态。盒与盒之间留有空隙,以便根据雏的状态调整车内温度和调节盒的间距。夏季车厢底部铺上利于通风的板条,冬季铺上棉毯之类的保温材料。汽车尾部排气管正上方放置一层空的雏盒,盒下铺上棉毯之类的隔热材料,以免该处的雏鸡受热。为了防止雏盒倾倒或移位,可用粗股的橡皮筋固定,使每层雏盒连为一个整体,这样既牢靠又便于途中检查。

(4)做好标记 雏盒外壁应印有品种(品系)、代次、性别、数量以及孵化场名称、地址和电话号码等字样。

(5)装车时注意温度的骤升 赵公舜指出,在气温 26℃~27℃下,将 600 盒雏鸡装在运雏车内待运时,盒间每分钟温度增加

0.75℃,而盒内温度则要比盒间温度高12.5℃。这样10分钟后,雏鸡的体温会由正常的32℃上升到38℃。若达40℃时就会出汗,并开始脱水,至41.6℃就会出现气喘和伏地不起。但如果按88千米/小时速度开车,并每分钟换气10次,则雏鸡体温不会超过32℃。为此,笔者认为,装车时雏盒内、外温度骤升问题普遍存在,应引起高度重视。解决办法:装车时车上空调要始终开着,装车要快速,装车场所的温度保持在22℃～25℃,工作完毕尽快开车。

3. 运输途中的管理

(1)遮光　运雏车的门窗用布帘遮光,创造暗光环境。雏鸡看不见外边以保持安静,既避免体力消耗,又能防止雏鸡互啄、踩踏,造成意外伤亡。

(2)专用运雏车的环境要求　国内一些孵化场配备专用运雏车,车厢内设有空调器,既保证通风换气又能保持一定温度。专用运雏车的小环境要求:温度15.5℃～21℃(专用雏盒中的温度可保持32℃左右)、相对湿度55%～75%、通风量夏季0.0566米³/分·100只,冬季0.0286米³/分·100只,二氧化碳含量小于0.5%。驾驶室内安装温度、湿度、氧气、二氧化碳含量的显示器,以便检查车厢内的环境。夏季要特别注意通风换气,以防雏鸡中暑、脱水、闷死;冬季要注意保温。通风换气要均衡,避免造成局部高、低温区。

(3)匀速行驶　车速不宜过高,一般保持在80～90千米/小时为宜。车速要慢,起动、行车和停车时宜缓慢平稳;避免颠簸、急刹车、急转弯和过大倾斜,以便于雏鸡适应车速的变化;上下坡宜慢行,以利于雏鸡保持重心,以免雏鸡压堆造成死亡;路面坑洼不平时车速宜缓慢,避免因速度快而加大震动,导致雏鸡腹部与盒底碰撞,造成雏鸡腹部青紫色和内脏受伤。用汽车运输雏鸡要配备2名司机,沿途兼程不停车。

(4)注意环境　防雨淋和阳光直晒。

(5)定期检查雏鸡　途中定时检查雏鸡状态,一般每隔 0.5～1 小时观察 1 次。一是用温度计测温,二是观察雏鸡状况,如果发现雏鸡频频张嘴喘气,雏盒中雏鸡绒毛湿漉漉的,说明温度过高、通风不良,应适当加大通风量。若扎堆尖叫,表明温度太低,可适当铺盖棉毯等保温材料,但不可裹得太严,以免雏鸡窒息。尤其注意处理好底部雏鸡防受冻,中部、上部的防受热、受闷,四周和底部的防"贼风"问题。

4.卸车入舍　卸车过程速度要快,动作要轻、稳,并注意防风和防寒。如果是种鸡,应根据系别、性别分别放入各自的育雏舍,做好隔离。打开盒盖,检查雏鸡状况,核实数量,并填写验收单(到达鸡场时间、雏鸡品种、数量、死亡数以及育雏室设备和准备情况等),一式两份,一份交鸡场,一份留司机,两份验收单用户和司机分别签名。回孵化场后交场方备案。

5.注意事项

第一,处理好保温与通风的矛盾。火车运雏时,押送者应与雏鸡待在同一车厢,并定时检查雏鸡。根据具体情况,找到保温与通风的平衡点,并保持之。

第二,坚持记日志。记录离开孵化场时间,途中停靠站,到达目的地时间和交货情况。

第三,早上到用户鸡场。有可能的话,早上到达用户鸡场,以便有一整天时间让用户管理鸡群。

第四,烧掉包装材料。监督用户将一次性的雏鸡盒(及垫纸、垫料)烧毁。

(六)清扫消毒　出雏完毕(鸡一般在第二十二胚龄的上午),首先捡出死胎("毛蛋")和残雏、死雏,并分别登记入表。然后对出雏器、出雏室、雏鸡处置室和洗涤室彻底清扫消毒。

三、停电时的措施

应备有发电机,以应停电的急需。遇到停电首先拉电闸。室温提高至 27℃～30℃,不低于 25℃。每半小时转蛋 1 次。国内目前使用的孵化器类型较多,孵化室保温、取暖条件不同,种蛋胚龄、孵化器中胚蛋的多少各异,所以难以制定一个统一的停电时孵化的操作规程,应根据具体情况灵活掌握。应先对出雏器内大胚龄的胚蛋处理。根据胚龄、气温采取相应措施。一般在孵化前期要注意保温,在孵化后期要注意散热。孵化前、中期,停电 4～6 小时,问题不大。由于停电,风扇停转,致使孵化器中温差较大,此时"门表"温度不能代表孵化器里的温度。在孵化中、后期停电,必须重视用手感或眼皮测温(或用温度计测不同点温度),特别是最上几层胚蛋温度。必要时,还可采用对角线倒盘以至开门、抽盘散热等措施,使胚蛋受热均匀,发育整齐。

四、系谱孵化的操作技术

孵化场除孵化商品代雏鸡外,还孵化祖代、父母代种鸡,育种场也要更新换代。现介绍如下。

(一)父母代种蛋孵化操作　以中国农业大学的"农大 3 号节粮小型褐壳蛋鸡"的 W 系和 DC 系配套为例予以介绍。

1. 引种与配套　种蛋必须来源于可靠的祖代鸡场。即该场养有 $W_公 \times W_母$ 与 $D_公 \times C_母$ 的祖代种鸡。种蛋经过选择后包装入箱,箱外要注明"W"、"DC"的字样。以免 W 系、DC 系混杂。种蛋按 1：8 左右(即 1 个 W 系种蛋配 8 个 DC 系种蛋)配套购买。

2. 入孵前码盘　先打开 W 系种蛋包装箱进行码盘,码完统计入孵数,并在孵化盘外边标明"W"字样(用胶布贴上即可)。检查入孵与破蛋的总数是否与购买的 W 系种蛋数相符。然后,以同样的方法码 DC 系,注明"DC"字样。

3. **入孵与照蛋** 种蛋送入孵化器时,将 W 系与 DC 系分别集中放置,以便于照蛋和移盘。照蛋时,先照 W 系(因数量少),照完后开灯统计破蛋、无精蛋和死胚蛋数,以便计算受精率、死胚率。统计后将照出的 W 系的破蛋、无精蛋、死胚蛋搬走。再用同样方法照 DC 系,计算受精率、死胚率。

4. **移盘与出雏** 孵化至第十五至第十七胚龄移盘(注意不要第十九胚龄以后才移盘,以免啄壳出雏造成混杂)。先移 W 系,并在出雏盘上贴标记。然后移 DC 系。最后在 W 系的出雏盘上加盖铁丝网罩,以免出雏时,雏鸡窜出混杂。将 W 系、DC 系分别放在两个出雏器里出雏更好。

出雏时,W 系和 DC 系分别出雏,分别放在标有"W"或"DC"的雏鸡盒中。两种雏鸡盒放在出雏室(或鉴别室)的不同位置。

5. **雌雄鉴别与剪冠** 先鉴别 W 系,全部鉴别完后清理鉴别盒中的雏鸡,并标明公母,分别放置。然后鉴别 DC 系,同样公母分别放置。分别统计出雏数,计算孵化率、健雏率。千万不可混杂。

鉴别完毕,按 1:7～8 留种(即 7～8 只 DC 系母雏,留 1 只 W 系公雏)。余下的 DC 系公雏全部淘汰。然后对留种的 W 系公雏剪冠。剪冠方法:用刀刃呈弧形的手术剪,紧贴头皮将冠剪下(绝大多数不会出血,伤口不需处理)。剪前用酒精或碘酊消毒刀刃。最后注射马立克氏病疫苗。

6. **育雏与种鸡配套生产 W×DC 系杂交商品雏** 将 W 系、DC 系雏鸡转入育雏舍混养,不必担心混杂(剪冠的 W 系公鸡,冠的高度低,而且无锯齿状)。在育雏过程中,随时淘汰鉴别误差出现的 DC 系公鸡(未剪冠公鸡)。

133～140 日龄时转入产蛋鸡舍(种成鸡舍)前,去劣存优,进一步淘汰 DC 系公鸡。最后按 1:10 比例配套组群(即 1 只 W 系剪冠公鸡配 10 只 DC 系母鸡)。这样它们所产的种蛋即为 W×

DC 系的杂交种蛋,用这样的种蛋孵化,即可得到 W×DC 系的杂交商品雏。

（二）家系育种孵化操作管理　家系育种孵化操作最主要的是孵化的各环节都要保证不出现混杂现象。否则,整个育种将毁于一旦。

1. 种蛋收集　按家系号用不同颜色的蛋托分别收集种蛋并做好相应的标记,切切不可混杂。

2. 入孵前码盘　按家系号分别码在孵化蛋盘中（每码 1 个蛋均应看家系号是否有误）,家系之间应有明显的间隔,并在孵化蛋盘边框贴有该盘的家系号。如果是育种孵化场,最好在孵化盘框上钉上金属卡片夹,然后插上写有入孵家系号的卡片。每码完一个家系都要统计入孵蛋数,并填入《家系孵化统计表》（见表 1-1-25）中。

3. 照蛋　照蛋时捡出的无精蛋、死胚蛋应单独放在蛋托里,最好家系间有明显间隔,以便统计各家系的无精蛋与死胚蛋数。全部照完后统计数字,并登记入表 1-1-25 中,计算出受精率。

4. 移盘　按家系将个体出雏的胚蛋放入"系谱孵化出雏盘",根据胚蛋多少调节活动隔板距离,以提高出雏盘利用率。或用家系出雏筐,每筐放一个家系。群体出雏的胚蛋,放入一般出雏盘中。每放完一个家系号,统计数字,填入"表 1-1-25 家系孵化统计表"中"移盘"栏的"实移"格（即实际移盘数）,并与"应移"格数目核对（"应移"即应该移盘蛋数,它是入孵蛋数减去无精蛋、死胚蛋的余数）。如果数目不相符,应逐个检查胚蛋上的家系号及孵化盘该家系附近的其他家系胚蛋上的家系号,以防止误移或漏移。然后将《系谱孵化出雏卡》（表 1-1-26）,放入该格中。最后在出雏盘上盖上盖网,用橡皮筋和曲别针固定盖网,以免出雏时雏鸡窜格。生产中的原卡片为纸质,待出雏统计时发现该卡片上填写的资料（家系号、公鸡号、母鸡号和移盘数等）被雏鸡的胎粪涂鸦得模糊不清,卡片下边的"出雏数"和"翅号"也大多无法填写。为了避免《系谱孵化出雏卡》被雏鸡粪便污损,可将纸质卡片插入硬质透明塑料袋中,这样"出雏卡"便会完好如初。

表 1-1-26　系谱孵化出雏卡

	家系号	
	公鸡号	
	母鸡号	
	移盘数(个)	
出雏数	健雏(只)	
	弱残死(只)	
	死胎(个)	
翅　号		

种鸡场:＿＿＿＿＿

5. 出雏工作　出雏工作包括出雏、鉴别、戴翅号(剪冠)、注射马立克氏病疫苗等。

(1)出雏　按家系出雏,每个家系放一个雏盒。取出《系谱孵化出雏卡》登记健雏、弱雏、残死雏、死胚数。然后将该卡放入出雏盒中,进入下一项工作。

(2)鉴别　如果是翻肛鉴别,则每个家系鉴别完毕后,登记公、母雏数于"出雏卡"中,清理鉴别盒中雏鸡,再鉴别另一家系。

(3)戴翅号　翅号上打有家系号和母鸡号。如"05-532"即第五家系的 532 号母鸡。将翅号戴在雏鸡翅膀的翼膜处。

(4)剪冠　主要是区分快慢羽。如快羽剪冠、慢羽不剪冠(相反也可以),以便建立快慢羽品系,这样父母代雏鸡可通过羽速鉴别雌雄(详见第三章第二节的"一、长羽缓慢对长羽迅速")。

(5)预防接种　接种马立克氏病疫苗,最后送育雏舍。

五、孵化场的主要记录表格

为了使各项孵化工作顺利进行,以及准确统计孵化成绩、掌握

第七节　机械电力箱式孵化的管理技术

情况,应及时、准确地计算填写孵化记录表格。具体表式见表 1-1-27 至表 1-1-29,仅供参考。

表 1-1-27　孵化工作日程计划表 ＿＿年＿＿月

批　次	入孵时间	照蛋时间	出雏器消毒	移盘时间	雏鸡消毒	出雏时间	出雏结束时间	雌雄鉴别	接种疫苗	接雏时间

注:除"批次"外,表中各项填"日/月"　　　　　孵化场:＿＿＿＿＿＿＿

表 1-1-28　孵化管理记录表

第＿＿批　孵化第＿＿胚龄　　　　　　　　　＿＿年＿＿月＿＿日

时间（小时）	1 号孵化器				2 号孵化器				室　内		出雏器		值班人员
	温度（℃）	湿度（%）	转蛋	注水	温度（℃）	湿度（%）	转蛋	注水	温度（℃）	湿度（%）	温度（℃）	湿度（%）	

孵化场:＿＿＿＿＿＿＿

表 1-1-29　孵化情况一览表

批　次	品　种	种蛋贮存期（天）	入孵日期（日/月）	入孵时间（小时）	入孵蛋数（个）	照蛋		
						无精（个）	死胚（个）	破蛋（个）

说明：下表紧接在上表的右边　　　　　　　　____年__月__日

出雏情况					受精率（%）	受精蛋孵化率（%）	入孵蛋孵化率（%）	健雏率（%）	出雏结束时间（日/月）
移盘数（个）	健雏（只）	弱雏（只）	残死（只）	死胎（个）					

孵化场：_____

第八节　我国传统孵化法的管理技术

一、炕 孵 法

(一)火炕上的管理技术

1. 入孵前的准备　种蛋入孵前将火炕烧热至 40℃～42℃。入孵前 5～6 小时将种蛋移入孵化室里预热或太阳下晒热。然后在 42℃～45℃的 0.1％高锰酸钾液中浸洗 5～10 分钟，再放入垫有麦秸的笼筐中，将筐放在火炕近热源一头，并用棉被包盖。

2. 调节孵化温度　根据气温和胚龄,通过增减烧炕次数、覆盖物、转蛋、晾蛋和移蛋等操作来调节温度。如果只有 1 个炕,则刚入孵的新蛋放在近热源一端,随胚龄增大逐渐移至离热源远的一端。若有 2 个炕,可分热炕与温炕。孵化第一至第五胚龄种蛋放在热炕上,第六至第十一胚龄的胚蛋移至温炕上。炕孵法多采用变温孵化,随胚龄增大,席面温度从 41℃～43℃ 逐渐降到37.5℃(表 1-1-30)。室温在 25℃～27℃。

表 1-1-30　炕孵法的孵化温度　(炕上席面温度)

孵化天数(天)	孵化温度(℃)	孵化天数(天)	孵化温度(℃)
1～2	41～43	13～14	37.5
3～5	39.5	15～16	38
6～11	39	17～21	37.5
12	38		

炕孵法的成败关键在于孵化温度的控制,而温度控制的关键是掌握烧火技术。除入孵前烧炕可以大火旺烧外,入孵后应掌握"烧火不旺、小火不断"的原则。不要等到炕面温度剧烈下降后才烧旺火,而应在温度下降前便烧小火,这样才不至于烧火过旺使温度骤然升高造成胚胎死亡。以前都以眼皮感温(避开种蛋钝端气室处),掌握在不烫不凉,即"热"与"温"之间。现在大多改为温度计测温与眼皮感温相结合的方法,更可靠也容易掌握。总之,一般是孵化前半期(即火炕上),胚蛋尚无自温或自温不高,以保温为主;孵化后半期(在摊床上),胚蛋自温较高,则以散热为主。此时通过门帘、窗户,调节孵化室温度。一般摊床下缘温度以 27℃～30℃ 为宜。

3. 照蛋、移蛋、晾蛋与转蛋　一般每 5～6 天入孵一批。照蛋(以鸡蛋为例),第五至第六胚龄头照,第十一胚龄二照。照蛋的同时进行移蛋,头照后将胚蛋移至离热源远的一端或移至温炕上。二照后移至摊床上孵化出雏。结合照蛋和移蛋,进行转蛋,并根据胚胎发育情况,决定晾蛋时间。此外,每 4～6 小时转蛋 1 次,直至第十四胚龄,第十五胚龄可停止转蛋。转蛋时,将上下层、边缘与中间胚蛋对调,以使胚蛋受热均匀、出雏一致。

(二)摊床期的管理　在火炕上孵化至第十一至十三胚龄后的胚蛋经过照蛋后,全部移至摊床上。若是两层摊床,则第十一至第十七胚龄在上层,第十七至第二十一胚龄在下层。摊床下缘保持在 27℃～30℃。此时胚蛋主要靠自温孵化。根据胚蛋温度掀、盖被单,至大批啄壳时除去覆盖物,以利于通风换气。上层仍每 4～6 小时转蛋 1 次,至第十五胚龄停止转蛋。下层每天移蛋,将"边蛋"与"心蛋"对调,俗称"抢摊"。孵化至第二十一胚龄时,每隔2～4 小时将绒毛已干的雏鸡及蛋壳捡出。大批出雏后,应将剩下的胚蛋集中在一起,以利于保温,促进出雏。

二、缸 孵 法

(一)入孵前的准备　入孵前用热水或炭火将孵缸烘热到39℃左右。种蛋预热方法与炕孵法相同。缸中加 40℃～50℃热水或将炭火盆放在缸底部。将种蛋放在垫有棉垫的盛蛋箩或铝盆中(钝端朝上或平放),将盆放在缸上,种蛋上包盖棉被等。

(二)控温、转蛋、移蛋与照蛋　缸孵法分缸孵期(第一至第十胚龄)和摊孵期(第十一至第二十一胚龄)。缸孵期又分新缸期(第一至第五胚龄)和陈缸期(第六至第十胚龄)。缸孵期温度,第一至第二胚龄 38.5℃～39℃,第三至第十胚龄约 38℃。孵化温度的调节,主要靠调整水的温度或增减炭火,掀、盖覆盖物,上、下层的胚蛋对调(注意:靠近盛蛋盆下层温度比上层约高 2℃)和调整晾蛋次数、时间。

入孵后 3 小时开始转蛋,此后每天转蛋 4～6 次,加水后 1 小时需转蛋1次。胚蛋从新缸移至陈缸（孵化第五胚龄）时，对全部种蛋进行第一次照蛋，从陈缸移至摊床时（孵化第十胚龄）进行第二次照蛋（如果前批孵化效果好，可仅抽照少量种蛋，了解胚胎发育情况）。此外，可结合转蛋、照蛋，将盛蛋箩转180°，使胚蛋受热均匀。摊床期管理与炕孵法相同。

三、桶 孵 法

（一）入孵前准备　入孵前先用炒热的稻谷暖桶。将种蛋放在阳光下晒或放在炒谷上烘热。然后将种蛋放入尼龙袋中或用纱包包好（注意袋或包的容积要大些，每袋不要装太多种蛋，以便摊开），一层用纱包包好的炒谷（38℃～39℃）一层种蛋放入孵桶中，上盖竹匾盖或棉被。

（二）孵化期的管理　孵化过程中，根据胚胎发育情况，决定炒谷温度和数量。每8～12小时换炒谷1次，同时对调上、下层胚蛋，使孵化温度保持在37.5℃～38℃。经11～12天桶孵后，上摊床继续孵至出雏。摊床期管理与炕孵法相仿。

四、嘌　蛋

把孵化后期的胚蛋，从一地运到另一地，上摊床继续孵化至出雏的孵化技术称嘌蛋。这也是我国独创的传统孵化法，多在南方地区应用，它比直接运输初生雏鸡，既管理方便，又少受损失。

嘌蛋方法。挑选直径60～80厘米，高15～20厘米的竹匾，匾底铺一层纸，再铺2～5厘米厚的碎稻草。将胚蛋装入，覆盖上棉毯或被单。早春天气较凉爽，竹匾壁糊纸，胚蛋可装2～3层。夏季竹匾壁不必糊纸，胚蛋仅装1～1.5层，起运时间通常以临出雏时能到达目的地为准。通常为第十九胚龄，一般胚龄越大效果越佳。最早可在胚胎发育至尿囊绒毛膜"合拢"之后（即第十一胚龄之后），最好在胚胎发育至"封门"时（第十七胚龄）。起运前应照蛋剔除死胚蛋,到达目的地后也应照蛋,剔除死胚蛋,上摊床继续孵化至出雏。

为了尽量减少胚蛋在运输过程中的损失,最好用船只或火车快速运输。运输途中还应密切注意温度是否合适,可通过掀盖棉毯、被单,翻调上下里外胚蛋位置来调节温度。此外,对提前运输的胚蛋还应3~4小时转蛋1次,第十六胚龄后可停止转蛋。

五、传统孵化法管理的革新

为了克服传统孵化法种蛋破损率高、劳动强度大、长时间在高温条件下操作和眼皮感温较难掌握等缺点,各地做了许多改革,如用温度计测温代替眼皮感温以及平箱孵化法和温室孵化法等。

(一)平箱孵化法的操作技术 种蛋入孵前2~3天烧火试温,要求箱内温度达40℃以上。孵化温度的标准见表1-1-31。

表1-1-31 平箱孵化温度

室温	1~5胚龄		6~10胚龄	
	箱内温度	蛋温感觉	箱内温度	蛋温感觉
18.3℃	39.4℃~40℃	稍感烫眼	38.3℃~38.9℃	有热度

注:上述孵化温度指孵满6筛,顶筛中部温度。如果筛数少,则1~5胚龄温度降低0.5℃~1℃

平箱孵化没有均温设备,各处胚蛋受热不均匀,正确的转筛和调筛,眼皮测温(温度计测温)辅助定温,是平箱孵化成败的关键。方法是:入孵后每4~6小时转筛1次(有人要求12次/天),转动蛋筛架使活动蛋架转180°,每天调筛4~6次(筛数少可减少次数),即调换箱内6层蛋筛的上下位置(有的人提出春季调筛6次/天,夏季4次/天)。用眼皮感温或温度计测温,检查胚蛋温度。如用眼皮感温如感觉烫眼,约39.4℃。

转蛋可结合调筛进行,每天4~6次。上摊床后结合"心蛋"(摊床中心胚蛋)与"边蛋"(摊床四周胚蛋)互调并进行转蛋,至第十六胚龄左右止。晾蛋可根据具体情况确定,尤其是孵化中后期,当眼皮测温超过"有热度"(约 38.3℃)时,应将装胚蛋的蛋筛端出箱外,适当晾蛋。

孵化至第十一胚龄上摊床孵化,方法与炕孵法相同。如果筛数少,也可以继续在箱中孵至出雏。

(二)温室孵化法　在供电不正常或无电地区,用烧煤、烧柴草供热,将室温保持在 39℃～40℃。种蛋在孵化架(温室架孵法)或蛋盘、摊床(温室蛋盘孵化法,分固定和活动式两种)上孵化至出雏。

1. 孵化前的准备

(1)孵化用具　干湿球温度计(每室 1 支)、温度计(每室 2～4支)、水盘、照蛋灯、消毒药品等。蛋盘孵化法(活动式),要检查各个销钉是否牢固,转蛋是否自如。

(2)消毒　试温前 1 天,对孵化室彻底消毒(方法见前),并在地面洒 2%氢氧化钠溶液。

(3)试温　一切准备工作就绪后,即可试温。首先校正温度计,然后烧火试温 1～2 天。试温期间,主要是摸索烧火次数及时间对室温影响的规律,并测孵化架或蛋盘架上下左右各点的温度,观察温差大小。一般要求"热房"(孵化前半期)的室温保持在39℃～40℃,"温房"(孵化后半期)的室温保持在 38℃～39℃。室内各点温差以不超过 0.5℃为宜,若超过 1℃,则孵化时"新蛋"放在温度高的一端,"老蛋"放在温度低的一端。一切正常方可入孵。

(4)种蛋预热与消毒　同上述传统孵化法。

2. 孵化技术操作

(1)温度调节　根据温度高低和胚胎发育情况,决定烧火次数及时间,并通过调节火道与烟囱连接处的铁皮闸板、开闭门窗,来调节温度。为了尽量保持室温稳定,烧火时注意掌握"大火不烧,小火不断"的原则,并观察室温变化,提前烧火,不要等到温度下降后才升温。每小时记录1次温度。

（2）湿度调节　一般湿度容易偏低,可通过放置水盘、挂湿麻袋片、地面洒水、通风换气等调节。

（3）通风换气　可通过开闭门窗、风斗换气。孵化前期窗户、风斗开小些,孵化后期还可定期开门换气,但注意不要让风直吹胚蛋。

（4）晾蛋、转蛋与移蛋

①晾蛋。温室孵化法,胚蛋通风良好,可不晾蛋。孵化后期可加大通风量。

②转蛋。转蛋除结合移蛋进行外,每4～6小时转蛋1次,并将"心蛋"、"边蛋"互调,至第十六胚龄停止。

③移蛋。孵至第十一胚龄左右照蛋后,将胚蛋移至"温房"的孵化架上继续孵化至出雏。

④蛋盘孵化法（固定式）的移蛋与转蛋。蛋盘上的每行蛋各少放1个,码蛋时蛋向一侧呈大于45°倾斜。转蛋时抽出蛋盘,用手掌将蛋抹向另一侧。为了使胚蛋受热均匀,1～2天进行1次对角线倒盘。孵化至第十六至第十七胚龄,经照蛋后移至摊床上继续孵化至出雏。

⑤蛋盘孵化法（活动式）的移蛋与转蛋。转蛋时,将一角的销眼钢筋抽出,轻轻推动活动蛋盘架至另一侧,再插上销眼钢筋,使蛋盘呈45°倾斜。1～2天进行1次对角倒盘。孵至第十六至第十七胚龄,经照蛋后,移至摊床上出雏。

（5）摊床期的管理

①架孵法的摊床期管理。第十一胚龄后,胚蛋移至"温房"的孵化架上。在此期间需每4～6小时转蛋1次,至第十六胚龄左右停止转蛋。转蛋的同时将"边蛋"、"心蛋"对调,停止转蛋后,每天仍需对"边蛋"、"心蛋"对调1～2次。并定期抽照（结合眼皮感温或温度计测温）,掌握胚胎发育情况。第二十一胚龄后,每2～4小

时捡1次雏和蛋壳。架上的胚蛋少时,要集中胚蛋,以利于出雏。每次出雏后,要对"温房"及孵化架进行认真消毒。

②蛋盘孵化法的摊床期管理。移蛋时可以将胚蛋捡到摊床上,也可以将蛋盘直接放在摊床上,使蛋盘与摊床有5~8厘米的间隙,破壳后雏鸡可直接掉到摊床上。此时不必转蛋,但每天仍需进行"边蛋"、"心蛋"对调或将蛋盘里外调向。21天后,每2~4小时捡1次雏和蛋壳(蛋盘直接放在摊床上,整个出雏期分3次捡雏即可)。当摊床上(或蛋盘上)胚蛋少时,要集中胚蛋,适当增温以利于保温出雏。

第九节　提高鸡孵化率的途径

近年来我国家禽业迅速发展,尤其是养鸡生产发展更快。有了优良的鸡种,并得到了精心的饲养管理,鸡的孵化就成了关键问题。

我国有些孵化场,不论使用进口孵化器或国产孵化器,也不论使用恒温或变温给温制度,孵化成绩都达到了国际先进水平。但目前也有不少孵化场的孵化效果不理想,究其原因,虽有孵化技术方面的因素,但很大程度上是孵化技术以外因素的影响。下面介绍衡量孵化效果的指标与提高孵化率的途径。

一、衡量孵化效果的指标

在每批出雏后,根据照蛋检出的无精蛋、死胚蛋、破蛋,出雏的健雏数、残弱雏数、死雏数及死胎数等完整的记录资料,按下列各主要孵化性能指标,进行资料的统计分析。

(一)受精率

$$受精率(\%) = \frac{受精蛋数}{入孵蛋数} \times 100\%$$

受精蛋包括活胚蛋和死胚蛋。一般水平应在90%以上。

(二)早期死胚率

$$早期死胚率(\%) = \frac{1 \sim 5 \, 胚龄死胚数}{受精蛋数} \times 100\%$$

通常统计头照(5 胚龄)时的死胚数。正常在 1.0%~2.5%范围内。

(三)受精蛋孵化率

$$受精蛋孵化率(\%) = \frac{出雏的全部雏鸡数}{受精蛋数} \times 100\%$$

出雏的雏鸡数包括健雏、残弱雏和死雏。高水平应达 92%以上。此项是衡量孵化场孵化效果的主要指标。

(四)入孵蛋孵化率

$$入孵蛋孵化率(\%) = \frac{出雏的全部雏鸡数}{入孵蛋数} \times 100\%$$

高水平达到 88%以上。该项反映种鸡场和孵化场的综合水平。

(五)健雏率

$$健雏率(\%) = \frac{健康雏鸡数}{出雏的全部雏鸡数} \times 100\%$$

高水平达到 98%以上。孵化场多以售出的雏鸡数视为健雏。

(六)死胎率

$$死胎率(\%) = \frac{死胎数}{受精蛋数} \times 100\%$$

死胎蛋一般指出雏结束后扫盘时的未出雏的胚蛋(俗称"毛蛋")。一般为 3%~7%。

(七)入孵蛋健雏孵化率 指健康的混合雏(或售出的健康母雏)占入孵蛋比例。尤其是附属于种鸡场的孵化场应统计此项技术指标。它是衡量种鸡场的重要经济指标之一。对于商品代蛋鸡,因公雏没有多大的商业价值,所以该项指标是指售出的健康母雏占入孵蛋比例。

$$入孵蛋健雏孵化率(\%)=\frac{健康混合雏鸡数}{入孵蛋数}\times100\%(商品代肉鸡)$$

$$入孵蛋健康母雏孵化率(\%)=\frac{健康母雏鸡数}{入孵蛋数}\times100\%(商品$$

代蛋鸡)

　　除此以外,目前国内外种鸡还有一项生产性能指标——每只入舍的种母鸡可提供的健康雏鸡数(蛋用种,则为健康的母雏数;肉用种,则为健康的混合雏鸡数)。这一指标,一般是指平均每只入舍种母鸡在规定的产蛋期内(蛋用种鸡72周龄内,肉用种鸡68周龄内)提供的健康雏鸡数。这一生产性能指标对饲养种鸡的单位很有意义。它综合表明种鸡的生产性能(产蛋数、合格种蛋数、种蛋的受精率和种鸡的存活率)以及孵化效果(入孵蛋健雏孵化率),即种鸡的综合生产水平,从而反映种鸡场的经济效益。种鸡群不同周龄的正常孵化效果指标(按入孵蛋计)见表1-1-32。

表1-1-32　种鸡群不同周龄的正常孵化效果指标　(按入孵蛋计)

项　目	种鸡群周龄(周)				
	24～30	31～39	40～49	50～59	59以上
入孵蛋孵化率(%)	80.0	88.0	87.0	80.0	77.0
受精率(%)	95.0	98.0	96.0	92.0	90.0
早期死胚率(%)	9.0	3.5	4.0	4.5	5.0
中期死胚率(%)	0.6	0.6	0.6	0.6	0.6
晚期未啄壳死胚率(%)	1.5	3.0	3.0	3.0	3.0
已啄壳死胚率(%)	1.5	1.5	1.5	1.5	1.5
弱、残、死雏率(%)	0.5	0.5	0.5	0.5	0.5
破、裂蛋率(%)	0.5	0.5	0.5	0.5	0.5
霉菌污染率(%)	0.1	0.1	0.1	0.1	0.1

资料来源:North Carolina State universtity at Raleiglr Poultry Science

二、饲养高产健康种鸡,保证种蛋质量

种蛋产出后,其遗传特性就已经固定。从受精蛋发育成一只雏鸡,所需营养物质,只能从种蛋中获得。所以,必须科学地饲养健康、高产的种鸡,以确保种蛋品质优良。一般受精率和孵化率与遗传(鸡种)关系较大,而产蛋率、孵化率也受外界因素的制约。影响孵化率的疾病,除维生素 A、维生素 B_2、维生素 B_{12}、维生素 D_3 缺乏症外,还有新城疫、传染性支气管炎、副伤寒、曲霉菌病、黄曲霉素中毒、脐炎、大肠杆菌病和喉气管炎等。必须指出,由无白痢(或无其他疾病)种鸡场引进种蛋、种雏,如果饲养条件差,仍会重新感染疾病。同样,从国外引进无白痢等病的种鸡,也会重新感染。只有抓好卫生防疫工作,才能保证种鸡的健康。必须认真执行"全进全出"制度。种鸡营养不全面,往往导致胚胎在中后期死亡。

一般开产最初 2 周的种蛋不宜孵化,因为其孵化率低,雏的活力也差。

由于夏季种鸡采食量下降(造成季节性营养缺乏)和种蛋在保存前置于环境差的鸡舍,使种蛋质量下降,以至 7～8 月份孵化率低 4%～5%。

为了减少平养种鸡的窝外蛋(严格地讲,窝外蛋不宜孵化)及脏蛋,可在鸡舍中设栖架,产蛋箱不宜过高,而且箱前的踏板要有适当宽度,不能残缺不全。踏板用合页与产蛋箱连接,为了保持产蛋箱清洁,傍晚驱赶出产蛋箱中的种鸡,然后掀起踏板,拦住产蛋箱入口,以阻止种鸡在产蛋箱里过夜、排便,弄脏产蛋箱,夜间 9 时后或第二天亮灯前放下踏板。肉用种鸡产蛋箱应放在地面上或网面上,以利于母鸡产蛋。

三、加强种蛋管理,确保入孵前种蛋品质优良

人们较重视冬、夏季种蛋的管理,而忽视春、秋季种蛋保存,片

面认为春、秋季气温对种蛋没有多大影响。其实此期温度是多变的,而种蛋对多变的温度较敏感。所以,无论什么季节都应重视种蛋的保存。

实践证明,按蛋重对种蛋进行分级入孵,可以提高孵化率。主要是可以更好地确定孵化温度,而且胚胎发育也较一致,出雏更集中。

必须纠正重选择轻保存、重外观选择(尤其是蛋形选择)轻种蛋来源的倾向。照蛋透视选蛋法可以剔除肉眼难以发现的裂纹蛋,特别是可以剔除对孵化率影响较大的气室不正、气室破裂(或游离)以及肉斑、血斑蛋。虽然这样做增加了工作量,但从信誉和社会效益上看,无疑是可取的。

四、创造良好的孵化条件

提高孵化技术水平所涉及的问题很多。但只要抓好下面两个方面,就能够获得良好的孵化效果。概括为两句话:"掌握三个主要孵化条件,抓住两个孵化关键时期"。

(一)掌握3个主要孵化条件　掌握好孵化温度、孵化场和孵化器的通风换气及其卫生,对提高孵化率和雏鸡质量至关重要。

1. 正确掌握适宜的孵化温度

(1)确定最适宜孵化温度　温度是胚胎发育的最重要条件,而国内各地区的气候条件及使用的孵化器类型千差万别,给正确掌握孵化温度增加了难度。在"孵化条件"中所提出的"变温"或"恒温"孵化的最适温度,是所有种蛋的平均孵化温度。实际上最适孵化温度,除因孵化器类型和气温不同而异外,还受遗传(品种)、蛋壳质量、蛋重、蛋的保存时间和孵化器中入孵蛋的数量等因素影响。所以,无论本书介绍的,还是孵化器生产厂家所推荐的孵化温度,仅供孵化定温时参考。应根据孵化器类型、孵化室(出雏室)的环境温度灵活掌握,特别是新购进的孵化器,可通过几个批次的试孵,摸清孵化器的性能(保温情况、孵化器内各点温差情况等),结合本地区的气候条件、孵化室(出雏室)的环境,确定最适孵化温度。

国外孵化器制造厂家所建议的孵化温度,都属于恒温孵化制度,而且定温都比上面所提的温度低些。例如,美国霍尔萨公司的鸡王牌孵化器,1~19胚龄定温为37.5℃,20~21胚龄定温为36.9℃;比利时皮特逊孵化器,孵化温度分别为37.6℃和36.9℃。其原因是:①国外一般都不照蛋,不存在因照蛋而降低孵化器及胚蛋的温度;②采用完善的空调装置,保证孵化室温度为24℃~26℃;③孵化器里各处温差小,保温性能也更完善;④不采用分批入孵方法,不会因开机门入孵和新入孵种蛋温度低而降低孵化器里的温度;⑤孵化器容量较大,孵化器里胚胎总产热量也多。由于上述诸多因素的影响,虽然孵化定温比国内的较低些,但胚胎发育的总积温并不低。

(2)孵化操作中温度的掌握

①保持适宜、稳定的室温。尽可能使孵化室温度保持在22℃~26℃,以简化最适孵化温度的定温。

②保证孵化温度计的准确性。用标准温度计校正孵化温度计(包括"门表"温度计及水银导电温度计),并贴上温差标记。注意防止温度计移位,以免造成胚胎在高于或低于最适温度下发育。

③确定适合本地和孵化器类型的孵化温度。依本地区的气候及入孵季节、种蛋类型、胚胎发育、出雏状况(有无出雏高峰、雏鸡状况)和孵化效果(主要是孵化率和健雏率)等,因地、因时制宜,确定适合本地区和孵化器类型的最适孵化温度。

④灵活掌握。尤其是新孵化器的头3~4批或大修后的孵化器,需要校正温度计,测定孵化器里的温差,求其平均温度。然后将控温水银导电表的孵化给温调至37.8℃(或变温孵化,或按孵化器厂家推荐的温度),试孵1~2批。另外,室温多变或变化太大以及孵化效果不稳定时,都应根据胚胎发育(主要标准是5胚龄

"黑眼"、10～11胚龄"合拢"、17胚龄"封门")和孵化效果,调整孵化温度。

(3)掌握孵化温度应注意的几个问题

第一,不能生搬硬套"恒温"、"变温"孵化给温方案或孵化器厂家推荐的孵化温度。机械地照搬,其结果有时孵化效果很好,但有时却很差,不能做到稳产高产。

第二,缸孵法的"三起三落"给温法的正与误。流传在江浙一带的缸孵法,曾强调"三起三落"的给温方法,认为这是获得高孵化率及健雏的关键措施。①认为孵化第一胚龄是关键,应给予较高的孵化温度,即所谓"新缸高"(如鸡胚给温39.4℃),对以后防止"胶毛"等有利。②鸡胚3胚龄和7胚龄应2次降温(如给温37.2℃);否则,增加散黄蛋、死胚蛋。③鸡胚11～12胚龄,要提高孵化给温(39.4℃),对防止"大肚雏"(即卵黄吸收不良)有利。④鸡胚13～14胚龄,孵化温度要降低(36.9℃),以利于刺激绒毛生长,俗称"养毛摊"。⑤鸡胚15～16胚龄,需提高孵化温度(如鸡胚39.7℃),俗称"起摊",以促进骨骼、肌肉生长,使出壳雏鸡健壮结实,并强调此期的升温是关键中的关键。

目前这种"三起三落"的给温方法,在江浙一带有一定影响。笔者认为,孵化期采用这种给温方法,有的是由孵缸这一特定孵具所决定的,有的是由孵化操作所决定的。但有的缺乏科学的依据。①孵化第一胚龄温度要高,这是孵缸所决定的。因种蛋装箩,热源(木炭等)在缸底,此时箩的上面、四周和里面(俗称"面、边、心蛋")的温度不同,"面蛋"和"边蛋"高于"心蛋",为促进"心蛋"胚胎发育,就需提高温度。②而第三胚龄,"心蛋"已达到孵化温度,如果再保持第一胚龄的高温孵化,使"面蛋"、"边蛋"温度过高,当"面蛋"翻入中间位置,使蛋温更高,将导致胚胎血液循环过速,死胚蛋增加。所以,第三胚龄需降低温度。③而鸡胚第十一至第十二胚龄提高孵化温度,除了是对第三胚龄和第七胚龄降温的补偿外,主要是为孵化操作(上摊床)做准备,提高温度有利于自温孵化。④鸡胚孵化第十五至第十六胚龄提高温度,主要是对前一阶段(第十三至第十四胚龄)降温的补偿,以调整胚胎发育及有利于胚胎利用蛋白。⑤对鸡胚第七胚龄降温,只能视为调节胚胎发育,防止发育过速增加死亡。⑥至于鸡胚第十三至第十四胚龄降温能促进绒毛发育的说法,尚缺乏科学依据。

"三起三落"给温法不适合机械电孵法,因种蛋之间的距离显然比缸孵法大得多,而且有鼓风设备,温度均匀,所以不存在"面蛋"、"边蛋"与"心蛋"的温度差别,即使无鼓风设备的"平箱"孵化、温室架孵化等传统孵化法,也不例外。实际上江浙一带缸孵法也不是完全按"三起三落"给温,他们主要是结合胚胎发育的"长相",尤其是抓住第五胚龄"黑眼"、第十胚龄"合拢"和第十七胚龄"封门"3个主要发育特征给温。因此,传统孵化法,也不能生搬硬套"三起三落"的给温法。

第三,采用分批入孵方法,注意新、老胚蛋在孵化器中插花放置,不仅有助于调温和提高胚胎发育整齐度,还能使活动转蛋架重力平衡。在出雏器出雏时,应根据情况适当降低孵化温度,以利于出雏。

第四,孵化器温差大,将严重影响孵化效果,也给孵化操作带来诸多不便。如孵化器温差过大,应及时查明原因(包括检查电热管的瓦数及布局),并在入孵前解决好。如温差较大,最好采用"变温"孵化制度,并在照蛋和移盘时做对角倒盘,必要时还可以增加倒盘次数,在一定程度上可解决胚胎发育不齐问题。

2. 保持空气新鲜清洁

(1)胚胎发育的气体交换和热能产生　孵化过程中,胚胎不断与外界进行气体交换和热量交换。它们是通过孵化器的进出气孔、风扇和孵化场的进气排气系统来完成的。胚胎气体交换和热量交换,随胚龄的增长成正比例增加。胚胎的呼吸器官尿囊绒毛

膜的发育过程,是同胚胎发育的气体交换渐增相适应的。第二十
一胚龄尿囊绒毛膜停止血液循环,与此相衔接的是鸡胚在第十九
胚龄时,进入气室以后又啄破蛋壳,通过肺呼吸直接与外界进行气
体交换。

从第七胚龄开始胚胎自身才有体温,此时胚胎的产热量仍小
于损失热量,第十至第十一胚龄时,胚胎产热才超过损失热。以后
胚胎代谢加强,产热量更多。如果孵化器各处的孵化率比较一致,
说明各处温差小、通风充分。绝大部分孵化器的空气进入量都超
过需要,氧气供应充分。在孵化过程中也应避免过度的通风换气,
因为这样孵化器里的温度和相对湿度难以维持。笔者曾使用过每
分钟 1 410 转的鼓风扇的入孵器、出雏器,由于通风过度,受精蛋
孵化率仅 61.7%～85.5%,而且雏鸡体小、干瘪。天津某种鸡场
孵化厅的孵化室原来用排风机直接抽气,孵化率一直不理想。后
来拆去排风机,并提高孵化室温度,结果孵化率明显提高。

(2)通风换气的操作　种鸡蛋整个 21 天孵化期,前 5 胚龄可
以关闭进出气孔,以后随胚龄增加逐渐打开进出气孔,以至全打
开。用氧气和二氧化碳测定仪器实际测量,更直观可靠。若无仪
器,可通过观察孵化控制器的给温或停温指示灯亮灯时间的长短,
估测通风换气是否合适。在控温系统正常情况下,如给温指示灯
长时间不灭,说明孵化器里温度达不到预定值,通风换气过度,此
时可把进出气孔调小。若恒温指示灯长亮,说明通风换气不足,可
调大进出气孔。

若孵化第一至第十七胚龄鸡胚发育正常而最终孵化效果不理
想,有不少胚胎发育正常但闷死于壳内或啄壳后死亡,可能是孵化
第十九至第二十一胚龄通风换气不良造成的。可通过加强通风措
施改善孵化效果。有些孵化器设有紧急通风孔,当超温时,能自动
打开紧急气孔。

高原地区空气稀薄,氧气含量低。据测定,海拔高度超过

1 000 米,对孵化率有较大影响。如果增加氧气输入量(用氧气瓶),可以改善孵化效果。

3. **孵化场卫生** 若分批入孵,要有备用孵化器,以便对孵化器进行定期消毒。如无备用孵化器,则应定期停机对孵化器彻底消毒。

以上简单介绍了影响孵化效果的 3 个主要问题,但不是说孵化期中的转蛋及相对湿度等是不重要的。关于转蛋问题,至今没有突破性改变,仍是转蛋角度前后 45°～60°,每天转蛋 8～12 次(或 24 次/天),移盘后停止转蛋等操作规程。而关于胚胎发育不同阶段对相对湿度的要求,则众说不一。我们认为,气候干燥的北方地区,还是采取加水孵化法为好,尤其是出雏期间。晾蛋并不是鸡胚胎发育必需条件,倘若有必要的话,仅作为孵化中后期调节胚胎温度的措施。

(二)抓住孵化过程中的两个关键时期 整个孵化期,都要认真操作管理。但是根据胚胎发育的特点,有两个关键时期,即 1～7 胚龄和 8～21 胚龄。在孵化操作中,尽可能地创造适合这两个时期胚胎发育的孵化条件,即抓住了提高孵化率和雏鸡质量的主要矛盾。一般是前期注意保温,后期重视通风。

1. **1～7 胚龄** 为了提高孵化温度,尽快缩短达到适宜孵化温度的时间,有下列措施:①种蛋入孵前预热,既有利于鸡胚的"苏醒"、恢复活力,又可减少孵化器中温度下降,缩短升温时间;②鸡胚孵化第一至第五天,孵化器进出气孔全部关闭;③用福尔马林和高锰酸钾消毒孵化器里种蛋时,应在蛋壳表面凝水干燥后进行,并避开 24～96 小时胚龄的胚蛋;④5 胚龄前不照蛋,以免入孵器及蛋表温度剧烈下降,整批照蛋应在第五胚龄以后进行;⑤提高孵化室的环境温度;⑥要避免长时间停电,万一遇到停电,除提高孵化室温度外,还可在水盘中加热水。

2. **18～21 胚龄** 鸡胚 18～19 胚龄是胚胎从尿囊绒毛膜呼吸

过渡到肺呼吸时期,需氧量剧增,胚胎自温很高,而且随着啄壳和出雏,壳内病原微生物在孵化器中迅速传播。因此,此期的通风换气要充分,解决好供氧和散热问题。

(1)移盘适宜时间　应避开在 18 胚龄移盘,可提前在 17 胚龄,甚至是 15～16 胚龄,或延至 19 胚龄、在约 10% 鸡胚啄壳时移盘。

(2)啄壳、出雏时提高湿度,同时降低温度　一方面是防止啄破蛋壳,蛋内水分蒸发加快,不利于破壳出雏,另一方面可防止雏鸡脱水,特别是出雏持续时间长时,提高湿度更为重要。在提高湿度的同时应降低出雏器的孵化温度,避免同时高温高湿。第十九至第二十一胚龄时,出雏器温度一般不得超过 37℃～37.5℃,出雏期间相对湿度提高至 70%～75%。

(3)注意通风换气　必要时可加大通风量。

(4)保证正常供电　此时即使短时间停电,对孵化效果的影响也是很大的。万一停电的应急措施是:打开机门,进行上下倒盘,并测蛋温。此时,"门表"温度计所示温度绝不能代表出雏器里的温度。

(5)捡雏时间的选择　一般在 60%～70% 雏鸡出壳、绒毛已干时第一次捡雏。在此之前仅捡去空蛋壳。出雏后,将未出雏胚蛋集中移至出雏器顶部,以便出雏。最后再捡 1 次雏,并扫盘。有的人提出:适当推迟捡雏时间,让雏鸡在出雏器停留更长时间,对雏鸡以后的生长有利。而有的人认为雏鸡颈部潮湿时就应捡出。

(6)观察窗的遮光　雏鸡有趋光性,不遮光将导致已出壳的雏鸡拥挤到出雏盘前部,不利于其他胚蛋出壳。所以,观察窗应遮光,使出壳雏鸡保持安静。

(7)防止雏鸡脱水　雏鸡脱水严重影响成活率,而且是不可逆转的,所以雏鸡不要长时间待在出雏器里和放在雏鸡待运室里。雏鸡不可能同一时刻出齐,即使较整齐,最早出的和最晚出的时间也相差32～35小时,再加上出雏后的一系列工作(如分级、接种疫苗、剪冠、鉴别),时间就更长。因此,从出雏到送至饲养者手中,早出壳者,可能已超过2天。所以,应及时送至育雏舍或送交用户。

此外,如果种鸡健康、营养好,种蛋管理得当,在正常孵化情况下,则两个关键时期以外的胚胎死亡率很低。要了解胚胎发育是否正常,可在10～11胚龄和17胚龄各照蛋1次。在10～11胚龄照蛋,若尿囊绒毛膜"合拢",说明孵化前半期胚胎发育正常;在17胚龄照蛋,如胚蛋锐端"封门",说明胚胎发育正常,蛋白全部进入羊膜腔里,并被胚雏吞食。

经常对孵化效果进行分析,可及时指导孵化工作和种鸡饲养管理工作。在分析孵化效果时,应将受精率与孵化率分开研究,以便发现问题的症结。

第二章 孵化器

第一节 孵化器的类型和构造

一、孵化器的类型

孵化器可分为平面孵化器和立体孵化器两大类型。立体孵化器又分为箱式孵化器和巷道式孵化器。

（一）平面孵化器 有单层和多层之分。一般孵化出雏在同一地方，也有上部孵化，下部出雏的。热源有热水式、煤油灯式，目前多数是电力式的。并用自动启闭盖、棒状双金属片调节器或胀缩饼等进行自动控温。现在此类型都设有均温和自动转蛋设备。孵化量少，适用于教学、科研和珍禽（如丹顶鹤）、特禽（如鸵鸟）的孵化（图 1-2-1）。

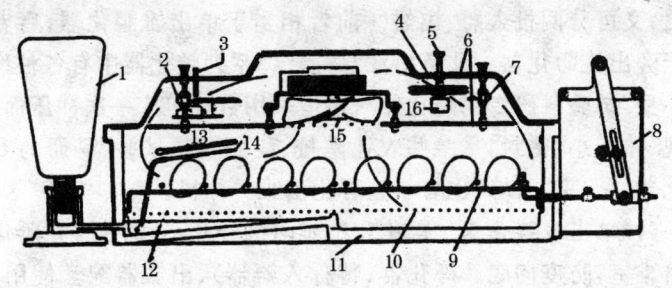

图 1-2-1 小型平面孵化器内部构造剖面

1. 贮水罐　2. 环形加热器　3. 棒状双金属片调节器　4. 通风孔　5. 乙醚胀缩饼
6. 透明塑料圆盖　7. 环形加热器　8. 自动转蛋装置　9. 转蛋格栅　10 圆眼筛
11. 塑料外壳　12. 增湿水池　13. 温度计　14. 湿度计　15. 均温风扇　16. 微动开关

(二)立体孵化器

1. **箱式孵化器** 箱式立体孵化器按出雏方式分为：下出雏、旁出雏、孵化出雏两用以及单出雏孵化器等类型。

(1)下出雏孵化器 上部孵化部分占容量的 3/4，下部出雏部分占 1/4，孵化和出雏都在同一台孵化器内，只能分批入孵。这种类型的孵化器热能利用较合理，可以充分利用"老蛋"及出雏时的余热。但因出雏时雏鸡绒毛污染整个孵化器和上部胚蛋，不利于卫生防疫。北京海江"海孵"牌系列孵化器中有各种型号的"超节能噪声小的孵化、出雏一体机"和专为生化厂生产的钢化玻璃门孵化器(可观察孵化全过程)，均属下出雏孵化器。

(2)旁出雏孵化器 出雏部分在一侧，由隔板将孵化与出雏分为两室，各有一套控温、控湿和通风系统。卫生防疫条件有了较大改善，但仍不彻底。只能分批入孵。

(3)孵化、出雏两用孵化器 该机是专为小孵化场设计的(大、中型孵化场配备 3 台以上再配上出雏器，也适用)。对仅配备 1～2 台孵化器的孵化单位，不需购买出雏器就可完成整个孵化过程。因为这种类型的孵化器具有一机兼孵化和出雏的功能，既可整入整出，又可分两批入孵、出雏。前者相当于单出雏孵化器，后者相当于旁出雏孵化器。北京海江"海孵"牌系列孵化器中有各种型号的小型"试验科研专用孵化器"，箱体采用数控机床一次冲压而成，美观、体积小、密封，是一些农业院校、科研单位试验、科研的专用孵化器。北京"云峰"也有小型孵化出雏一体机。

(4)单出雏孵化器 孵化和出雏两机分开，分别放置在孵化室和出雏室，防疫彻底。孵化器(特称入孵器)、出雏器配套使用，均采用整批入孵、整批出雏。目前，大、中型孵化场均采用这种形式。

2. **巷道式孵化器** 该机专为大孵化量设计，尤其适于孵化商品肉鸡雏。入孵器容量达 8 万～16 万个，出雏器容量 1.3 万～2.7 万个。采用分批入孵、分批出雏。入孵器和出雏器两机分开，分别置于孵化室和出雏室。入孵器用翘板蛋车式,出雏器用平底车(底座)及层叠式出雏盘或出雏车及出雏盘。国内一些孵化器生产厂也设计了此种孵化器,如"依爱"的 EIFXDZ-90720 型巷道式孵化器,北京"云峰"、北京海江的"海孵"也生产巷道式孵化器(详见附录三"部分孵化器生产厂的厂址及产品")。由于孵化量大,可在大型肉鸡(蛋鸡、肉鸭)公司使用。

目前,国内外孵化器大多采用电力做能源。但是,我国有些地区没有电或无全日电,很有必要探讨利用新能源(如太阳能和地热能)孵化研究。福建省农业科学院地热农业利用研究所于 1980 年开展地热孵化研究,并研制出容蛋量 1 000～1 600 个的 D-801 型和 D-802 型地热孵化器,孵化效果良好,为发展地热孵化提供了宝贵经验。另外,湖南省武冈市电孵鸡场设计生产了多种型号的"科发"牌电、煤油(炭火)两用孵化器。有电时,电和煤油(或炭火)同时并用,停电时用煤油灯或炭火供应热能。该系列孵化器适用于电力不足或用电不可靠地区。

二、孵化器的构造

电孵化器是利用电能做热源孵化种蛋的机器,根据种蛋胚胎发育所需条件不同,分孵化和出雏两部分,统称孵化器。孵化部分是从种蛋入孵至出雏前 3～7 天胚胎生长发育的场所,称入孵器;出雏部分是胚蛋从出雏前的 3～7 天至出雏结束期间发育的场所,称出雏器。两者最大的区别是入孵器有转蛋装置,出雏器无转蛋装置,温度也低些,但通风换气比入孵器要求更严格。

总的来说,孵化器质量优劣的首要指标是孵化器内的左右、前后、上下、边心各点的温差。如果温差在±0.28℃范围内(或最高与最低温之差小于 0.6℃),说明孵化器质量较好,现在一些厂家的孵化器温差在±0.2℃范围内。温差受孵化器外壳的保温性能、风扇的匀温性能,热源功率大小和布局、进出气孔的位置及大小等因素的影响。

（一）主体结构

1. **孵化器外壳**　绝大部分孵化设备都装在外壳里面。为了使胚胎正常发育和操作方便,总的要求是:隔热(保温)性能好,防潮能力强,坚固美观。箱壁一般厚约 50 毫米,夹层中填满玻璃纤维、聚苯乙烯泡沫塑料或硬质聚氨酯泡沫塑料直接发泡等隔热材料。箱壁要防止受潮变形。孵化器门的密封性是影响保温性能的关键,用材要求严格;绝不能变形,而且门的框边要贴密封条(如毡布条等),以确保其密封性。"依爱"系列的巷道式孵化器门周围的密封条,采用三元异丙橡胶(与汽车门的密封条一样)密封严实。门下的挡门条新设计的导引槽,使门的密封更严。两巷道之间的小门,采用专门拉制的铝型材小门,不会变形,避免漏气。外壳的里层为 0.75 毫米厚铝合金板,外层为 ABS 工程塑料板或彩涂钢板或玻璃钢。

目前,国内孵化机箱板的材料有彩涂钢板箱板与玻璃钢箱板。它是由彩涂钢板或玻璃钢与保温材料粘接而成。彩涂钢板箱板是在镀锌板表面涂漆而成,防锈性能良好,表面光洁度高。

玻璃钢箱板是以合成树脂和玻璃纤维复合而成。它具有与钢相近的强度,有耐水、耐腐蚀的优越性能,表面光洁美观,可整体成型。但它的刚度较小、耐磨性较差。

"依爱"系列孵化器的箱体(外壳),以工程塑料为面料,夹层采用整体模型发泡工艺一次发泡成型。它重量轻、热阻大、传热系数小、耐酸碱腐蚀、耐高压冲洗消毒,板面洁白光滑、美观。以 19200型为例,整机加热功率从钢木结构的 4 千瓦降为 3 千瓦,节能25％。

孵化器底部内外接触水的机会很多,容易腐烂,既影响保温又容易损坏。孵化器底部有用胶合板涂以油漆的,效果不理想;也有用厚 0.5～0.7 毫米的镀锌铁皮铺底的,但要注意接缝及钉眼要焊接好,螺丝孔垫橡胶皮垫,以防水分进入保温层。有的采用玻璃钢衬里,较好地解决了烂底问题。为了提高工作效率,解决烂底问题和便于清洗消毒,可制成无底孵化器。"依爱"系列孵化器的防腐设计:①采用玻璃钢底包板,既提高保温性能又便于清洗消毒;②箱体底部采用"U"字形型材包板,防止箱板底部锈蚀。这样很好地解决了烂底、烂板问题。

孵化控制器位置安排要合理,以便于操作、观察和维修。以前孵化器的外壳多做成一个整体,但容量大时,运输不便,移入孵化室往往要拆墙。现在容量在 1 万个蛋以上的孵化器,均设计为可拆卸式板块结构。无底、前开门箱式孵化器分两侧壁、后壁、顶壁和两扇门,共 6 大件。运抵孵化厅后,现场组装。

2. 种蛋盘　种蛋盘分孵化盘和出雏盘两种。为使胚胎充分、均匀受热和获得氧气,要求通气性能好,不变形,安全可靠,不掉盘,不跑雏。

(1)孵化盘　有木质铁丝栅式、木质栅式及塑料栅式或孔式等几种孵化盘。现多采用塑料制品。

①栅式塑料孵化盘。用厚 1.2 厘米、宽 5 厘米塑料板黏合成框。框条用厚 1 毫米塑料片折成等腰三角形(高 1.5 厘米、底宽 1 厘米)插入框内侧壁的三角形凹槽中。相邻两根栅条的上端距离 4.4 厘米,下端相距 3.4 厘米,形成上宽下窄的凹槽(图 1-2-2A)。

②孔式塑料孵化盘。孔眼为圆形(图 1-2-2C)或正六角形,排列成蜂巢状,以增加单位面积装种蛋数量,也有孔眼为正方形的孵化盘(图 1-2-2B),与出雏盘配套使用,可用于抽盘移盘法。

③木质(或木框铁丝)栅式孵化盘。框架用 5 厘米宽、1.2 厘米厚松木。蛋托隔条形状像双坡式房屋截断面,宽 1 厘米、高 2.5 厘米,上端间距 4.4 厘米,下端间距 3.4 厘米,蛋托隔条底面固定一根厚 0.5 厘米、宽 2 厘米横木,以防蛋托条变形(图 1-2-3)。

(2)出雏盘　目前有木质、钢网及塑料制品。

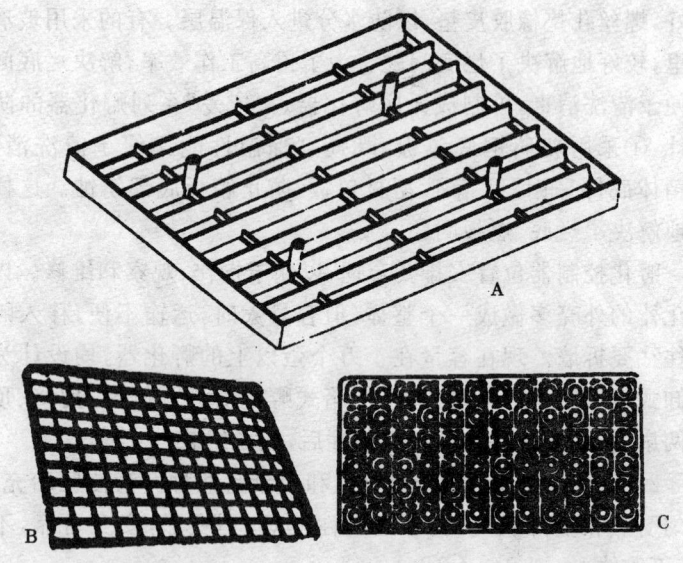

图 1-2-2　塑料孵化盘

A. 栅式塑料孵化盘　B. 方孔式塑料孵化盘　C. 圆孔式塑料孵化盘

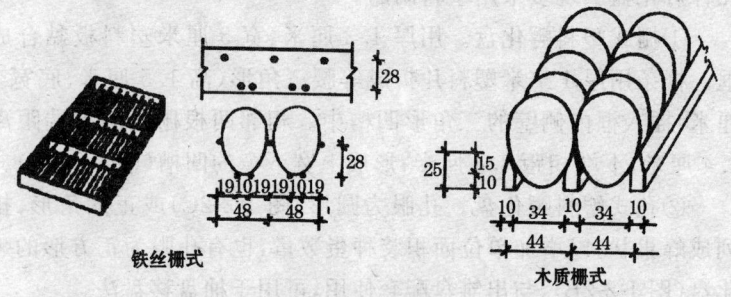

铁丝栅式

木质栅式

图 1-2-3　木质(或木框铁丝)栅式孵化盘　(单位:毫米)

①木质出雏盘。透气性差,不易清洗消毒,现已少用。

②钢网出雏盘。用 0.5~0.7 毫米的钢板做框架,框高 9.5 厘米,侧边点焊上用钢板冲压拉成的菱形网(孔眼对角线长 1.2 厘米),底网用 6 毫米×6 毫米网眼的编织网点焊在框架上,并用两

根宽 3 厘米、厚 1.2 毫米的薄钢板十字交叉点焊托住底网,最后镀锌或喷塑处理(图 1-2-4)。这种出雏盘重量轻、透气性极好,便于清洗消毒,但使用 2～3 年后须用清漆刷一遍,以延长使用寿命。

③塑料出雏盘。无毒、无味,框壁厚 8 毫米、高 10 厘米,侧边及底部开有若干宽 7 毫米的条形透气孔,底网孔眼 5 毫米×40 毫米。优点是透气性好,结实、不锈蚀,便于清洗消毒(图 1-2-5)。

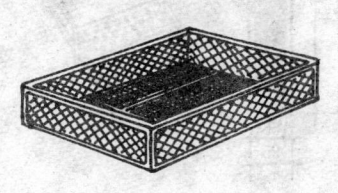 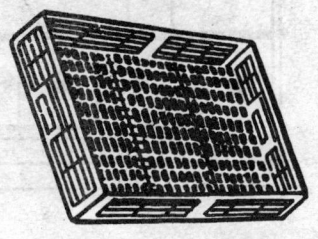

图 1-2-4 钢网出雏盘　　　　图 1-2-5 塑料出雏盘

④系谱孵化专用出雏盘。专为品系育种设计的出雏盘。入孵至移盘之前所用的孵化盘与一般孵化盘通用,而移盘至出雏器(鸡雏出雏的前 3～7 天)胚蛋需按母系或父系单独隔开,以免混群。以前多采用尼龙网袋,效果不理想。笔者设计一种可调节间隔的系谱孵化专用出雏盘。结构是:4 根活动隔板滑道,其直径约为 5 毫米的镀镍(镀铬或不锈钢)管,比出雏盘的长度约长出 1 厘米,两头套丝;3～4 片活动隔板,用厚 0.5～0.7 厘米,长与宽分别比出雏盘的宽与高小 0.5 厘米的镀锌铁皮(或不锈钢板)制成,上钻若干通气孔(直径 1 厘米左右),四角各钻一个直径约 6 毫米的滑道圆孔。然后将隔板套上 4 根滑道,并将滑道用螺母固定在出雏盘前后侧板上。如果出雏盘较宽,可在其纵向中间处隔一块有通气孔的固定板,将出雏盘纵向一分为二,此时活动隔板宽度为原来的一半,数量为 6～8 块,滑道也增至 8 根。在出雏盘上加盖一个盖网(图 1-2-6)。这样,就可以根据种蛋的多少随意调节容蛋面积。笔者曾使用一个 46.4 厘米×73 厘米的出雏盘,装 8～12 个家系,

没有出现跑雏现象。也可用孔眼 1.25 厘米×1.25 厘米的点焊网和 12# 铁丝制成带盖的出雏筐。规格为长 24 厘米×宽 16.5 厘米×高 9 厘米。可装 12 个胚蛋(规格可以根据出雏盘大小设定)。

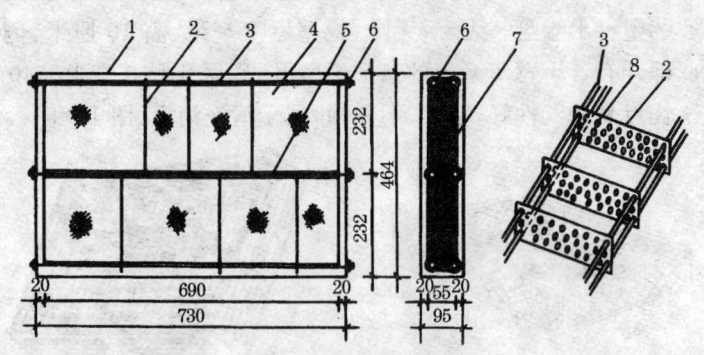

图 1-2-6　系谱孵化出雏盘　(毫米)

1. 出雏盘　2. 活动隔板　3. 隔板滑道　4. 出雏盘底网
5. 中间隔板　6. 滑道固定螺丝　7. 钢板拉网　8. 透气孔

(3)孵化盘与出雏盘配套工艺　入孵前码盘、移盘和出雏等操作,费工费时,为了提高工作效率,便于清洗消毒,国内外孵化器制造厂家采取了各种措施。

①码盘落盘机械化。如北京"云峰"制造的"云峰"DF-801 型孵化器。孵化盘容蛋量为 5×6 型种蛋托装蛋量的 2 倍(60 个),若配上真空吸蛋器,可将胚蛋从孵化盘中吸起,移至出雏盘。

②直接整盘移盘出雏。江苏 JS75-1 型出雏器,设有距离为 6 厘米的上下滑道,上滑道放孵化盘,下滑道置出雏盘。移盘(落盘)时,不需人工将胚蛋逐个捡至出雏盘,而是将孵化盘原封不动地整盘直接移至出雏器的上滑道上,下滑道放入出雏盘。

出壳的雏鸡从孵化盘的上隔条和下托隔条的缝隙掉入下面的出雏盘中,而大部分蛋壳及未出雏的胚蛋仍留在孵化盘中。这样既提高了移盘的速度,又可防止出壳的雏鸡踩踏未出雏的胚蛋,有利于后者出雏。由于将出雏盘高度从原来的 10 厘米改为 4 厘米,离上面孵化盘为2厘米,加上孵化盘高4厘米,共10厘米,即与旧式出雏盘高度一致,故出雏器总容量没有改变(图1-2-7)。

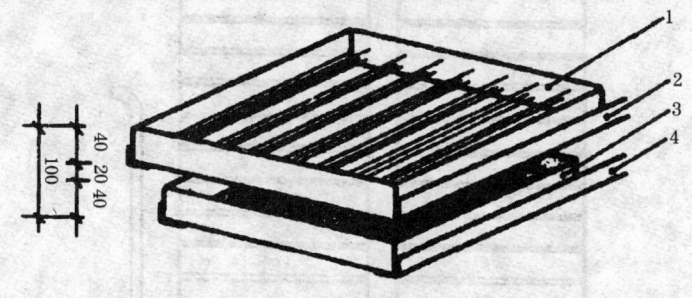

图1-2-7 直接整盘移盘至出雏器
1. 孵化盘 2. 孵化盘滑道 3. 出雏盘 4. 出雏盘滑道

③扣盘移盘法。孵化至一定胚龄,需将胚蛋从孵化盘移入出雏盘出雏。有的家禽孵化器厂设计容量80个的塑料孵化盘,盘上有4个高7厘米、直径1.5厘米的支柱(目的是使胚蛋与出雏盘底间隔为5厘米,防止挤破胚蛋)。移盘时将配套的塑料出雏盘翻扣在孵化盘上,一人左右手掌分别固定住孵化盘和出雏盘。然后迅速翻转180°,孵化盘上的胚蛋全部落入出雏盘中,大大提高了移盘工作效率。容蛋量150个以上的孵化盘,可采用左右两人配合进行人工扣盘移盘或机械扣盘移盘。

④出雏盘叠层出雏法。国内外无底出雏器,采用平底车、层叠式出雏方式。移盘时每车24个聚丙烯塑料出雏盘,分两排12层叠放在四轮平底车上,然后推入出雏器中出雏。当出雏约70%时,将车拉出捡雏,未出雏胚蛋集中送回出雏器继续孵化出雏,最后再捡1次雏并扫盘。层与层之间由上盘底部四角露出的塑料柱插入下盘顶部相应位置的4个孔中或出雏盘底的长边上,既固定了出雏盘,又使盘与盘之间保持1.5~2.0厘米通风缝。它改变了一贯使用的抽屉式出雏方式,有利于出雏器清洗消毒(图1-2-8)。

⑤抽盘移盘法。正方形孔式孵化盘置于出雏盘中的长边上

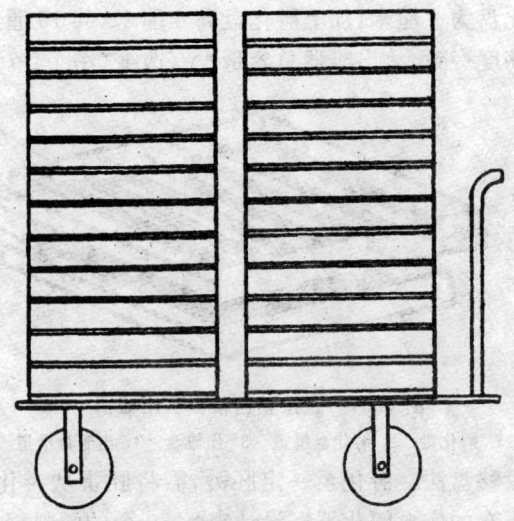

图 1-2-8　出雏盘叠层出雏法

（使孵化盘离出雏盘底网约 2 厘米高）。入孵时，种蛋小头被出雏盘底网托住，移盘时，只需将孵化盘向上抽出，胚蛋即落入出雏盘中，然后将出雏盘移至出雏器中出雏。

3. 孵化活动转蛋架和出雏架

（1）孵化活动转蛋架　按蛋架形式，可分滚筒式、八角架式和翘板式。

①滚筒式活动转蛋架。外形像一个横放的圆筒。由两端露出的圆铁管固定在孵化器侧壁。因孵化蛋盘规格很不一致，不能互相调换位置等原因和透气性差，现已不生产。

②八角架式活动转蛋架。除上下各两层孵化盘较小外，其他规格一样，可以通用。它用 4 根角铁焊成八角形框架，其上除中轴外，等距离焊上 2 厘米×2 厘米角铁成为孵化盘滑道（蛋盘托），并用角铁和螺丝连接成两个距离相等的间隙，再固定在中轴上，由两侧用角铁制成的支架将整个活动转蛋架悬空在孵化器内。其特点是整

体性能好,稳固牢靠。要求蛋盘托间隙尺寸一致,以防掉盘或卡盘。

③翘板式转蛋架。整个蛋架由很多层翘板式蛋盘托组成,靠连接杆连接,转蛋时以蛋盘托中心为支点,分别左右或前后倾斜45°～50°角。其中活动架车式是将多层蛋盘托连接在一个框架上,底配4个轮(两前轮为活络轮,以便转动灵活)做成蛋盘车,整个孵化器可装2～4个蛋盘车(或更多),可同时整入整出,也可入孵器与出雏器配套或将出雏器改为"平底车层叠式"出雏。主要优点是便于管理,以利于孵化器清洗消毒。北京海江"海孵"牌孵化器系列产品中有采用多层翘板式,用支架固定于孵化器中,提高了容蛋量。加工工艺简单,使用效果良好。

(2)出雏架　由于不需转蛋,所以结构比活动转蛋架简单得多,仅用角钢做支架,在支架上等距焊以2厘米×2厘米角铁的出雏盘滑道,使放上出雏盘后留有约1.5厘米的通风缝。目前多用平底车、层叠式出雏法(见前述),因此不需要出雏架。

(二)控温、控湿、报警和降温系统　孵化控制器是孵化器的大脑,通过它能提供胚胎发育的适宜温度、湿度和保障孵化器正常运转,一经调整,能在一定范围内准确可靠地工作。控制器总的要求是:灵敏度高、控制精确、稳定可靠、经久耐用及便于维修。

"依爱"牌巷道式孵化器采用大屏幕液晶智能汉显控制系统,易学易用,显示直观明了:①能方便地更改和查询孵化设备的工作状态,可以设定密码保护功能;②控制系统对电源进行缺相、相序错位检测,并配置停电报警功能,提高了孵化生产的保险系数,避免意外损失;③能自动记忆、查询以往的孵化参数,设置智能调温系统,无须人工干预;④能自动诊断孵化设备的故障并及时显示在液晶面板上。

1. 控温系统

(1)电热管的功率与布局　控温系统由电热管或远红外棒以及控制器中的控温电路和感温元器件等组成。热源应安放在风扇叶的侧面或下方。电热管功率以每立方米配备 200～250 瓦为宜,不超过 300 瓦,并分多组放置。但中、小型入孵器,开启机门机内温度下降较大,电热功率可增加 20%～30%。出雏器中胚蛋自温很高,密度也大,且定温较低,电热功率以每立方米 150～200 瓦,不超过 250 瓦为宜。其敷设方法与入孵器要求相同。另外,可附设 2 组预热电源(600～800 瓦),在开始入孵或外界温度低时,开启闸刀通电,待孵化器内温度达到预设温度后,马上关闭预热电源。现在比较先进的孵化器、出雏器设置两组加热元件,主加热和副加热。当孵化器内温度升至离设定温度差 0.03℃～0.1℃时,副加热停止工作,只有主加热工作。副加热的设定值可以根据环境温度加以调节。加热管连接法兰采用尼龙件,有效提高了设备寿命和使用安全。以前有些厂家采用船形瓷盒或七孔瓷片穿入电热丝做电热盘,电热丝裸露在外,既不安全,又不便于清洗消毒,也易碰坏,最好改为封闭式远红外电热管。

(2)温度调节器的控温原理及选择 温度控制器种类很多,有乙醚胀缩饼、双金属片、电子管继电器、晶体管继电器、热敏电阻、可控硅与水银导电温度计配套,还有采用集成电路进行程控的。

①乙醚胀缩饼的控温原理及线路图。乙醚胀缩饼是由薄磷铜片压模焊接成中空的圆形饼状,其中灌入乙醚和酒精(2∶1)混合液,它们能随着温度升降而使胀缩饼膨胀或收缩,从而接通或断开饼端的微动开关而达到控温目的。胀缩饼另一端焊一螺母并旋入一根套丝长螺杆,将螺杆旋入固定架的螺母中(图 1-2-9),这样旋转螺杆可调节胀缩饼与微动开关距离(顺时针旋转,距离缩小,控温低;逆时针旋转,距离增大,控温高)。乙醚胀缩饼漏气维修较麻烦,温度显示不直观。但它结构简单、价格低廉、不受电压波动影响,自制孵化器可选用。

下面介绍采用乙醚胀缩饼控温,容量 5 000 个蛋的孵化器电路图,供参考(图 1-2-10)。

控温原理是合上电源开关
K_1、电热开关 K_2，电路通电，电热
加热。当温度低于预设温度时，电
热丝通过微动开关的常闭触点接
通电源开始加热，加热指示灯
（ZD_4）亮，温度随之上升；当温度
达到预设温度时，胀缩饼顶开微动
开关的常闭触点，切断热源停止加
热，恒温指示灯（ZD_3）亮；当温度
下降胀缩饼回缩，微动开关的常闭
触点闭合，又接通电热电源，给温
指示灯（ZD_4）亮。如此反复通断，
使温度保持在一定范围。

每批种蛋出雏完毕，应对胀缩
饼进行认真检查。检查方法是将

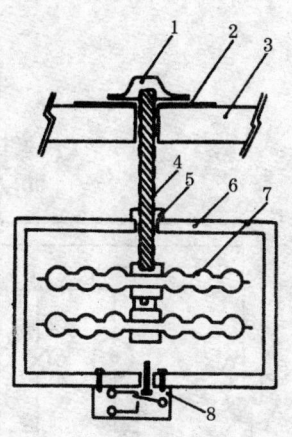

图 1-2-9　乙醚胀缩饼安装示意图
1. 旋钮　2. 刻度板　3. 孵化器壁截面
4. 调节螺杆　5. 螺母　6. 框架
7. 乙醚胀缩饼　8. 微动开关

胀缩饼放入温水中，若出现冒气泡现象（乙醚遇热气化），应及时更
换。损坏的胀缩饼，可重新灌入乙醚和酒精，并浸入冷水中（露出
焊接部分）用低功率的电烙铁迅速焊好。

②电子管温度调节器的控温原理。电子管温度调节器主要由
电子管、水银导电表和继电器等部分组成。其控温原理：孵化器内
温度上升到预设温度时，水银导电表中的水银柱与钨丝接触，使电
子管栅极负电压增大、屏流减小，则继电器磁场强度减弱而释放触
点，切断电热管电流（停止加热）；当孵化器温度下降，水银导电表断
路，电子管栅极负压减少、屏流增大，继电器吸住触点，使电热电路
接通加热。这样"通电加热—断电停温"周而复始，达到控温目的。
其电路图及工作原理，见第二章第二节图 1-2-16 及相关内容。

③晶体管温度调节器的控温原理及线路图。晶体管温度调节
器主要由晶体管、继电器和水银电接点温度计（或热敏电阻）等部

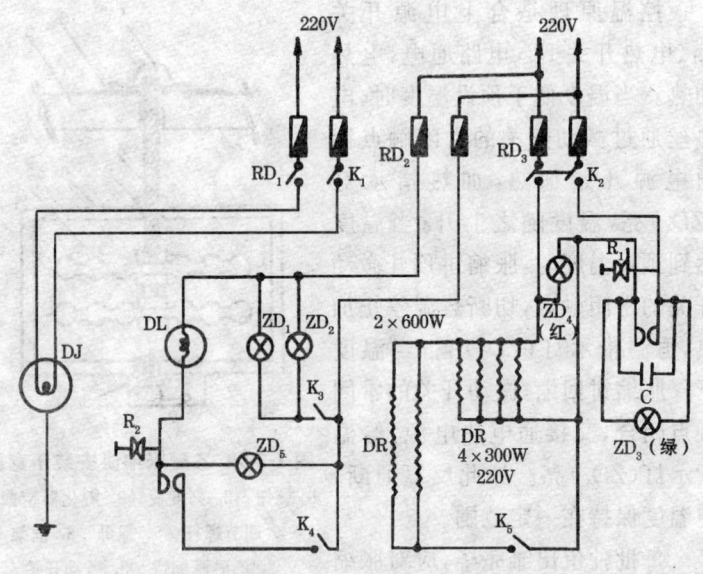

图 1-2-10　容量 5 000 个蛋的孵化器电路图

RD$_{1\sim3}$:保险丝(5A,250V)　ZD$_{1\sim5}$:指示灯(220V)

K$_1$:电机开关(10A,250V)　R$_1$:温度调节器

K$_2$:电热总开关(20A,250V)　R$_2$:警铃调节器

K$_3$:机内照明开关(3A,250V)　DL:警铃(220V)

K$_4$:警铃开关(3A,250V)　DJ:(220V,0.4~0.6kW)

K$_5$:辅助电热开关(10A,250V)　DJ:电机(220V,0.4~0.6kW)

C:电容(0.05 F,400~600V)

分组成(图 1-2-11)。

　　当孵化器中的温度低于设定值时,水银电接点温度计(T)触点断开,三极管 BG(如 3DK$_4$ 硅开关管)导通,小继电器 J$_1$ 吸合,常开触点 J$_{1-1}$ 接通,中间继电器 J$_2$ 得电,J$_2$ 的常开触点 J$_{2-1}$ 接通,加热管加热;当温度达到设定值时,水银电接点温度计触点导通,三极管的基极接地变为截止,J$_1$ 释放,常开触点 J$_{1-1}$ 断开,J$_2$ 失电,J$_2$ 的常开触点 J$_{2-1}$ 断开,使电热管失电而停止加热,孵化处于恒温状

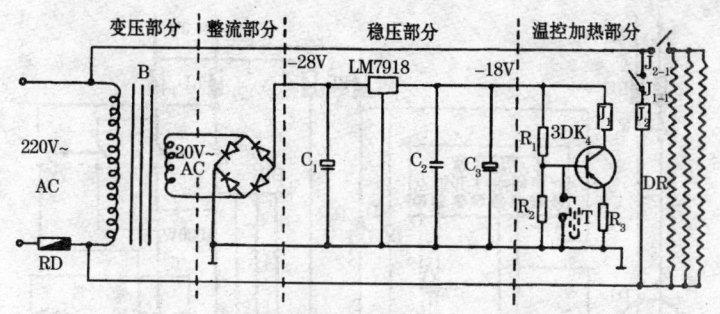

图 1-2-11　晶体管温度调节器控温原理图

态。这样周而复始达到控温目的。

　　由于晶体管工作电流需要 20～24V 直流电,所以还必须将
220V 交流电通过变压器先变为 20～24V 交流电,再由晶体二极
管整流,变交流电为直流电。此外,因电网电压经常变化,为使晶
体管能正常工作和不被烧毁,还应在控制线路中加稳压电路。目
前多采用集成三端稳压块(如 LM7918)来稳定供给晶体管的工作
电源,既节省元器件,又提高控制器的可靠性。

　　晶体管温度调节器,体积小、安全可靠和省电,所以广泛用于
孵化器的控温电路。目前市面上有多种型号的晶体管继电器出
售,其背面有 8 个接线柱,可相应接在孵化器电器线路上,使用方
便。下面介绍接线方法及电路图,以供参考(图 1-2-12)。

　　④集成电路温度控制器。该系统选用精密铂电阻作为感温元
件与 4 块运算放大器构成温度控制电路。当孵化器升温、铂电阻
所感受到的温度低于设定温度时,LM324 输出高电平,触发驱动
三极管 3DK6B 导通,集电极输出低电平,驱动可控硅触发极,使
可控硅导通,主、副加热管工作;当铂电阻感受到的温度低于设定
值 0.03℃～0.10℃ 时,副控 LM324 输出低电平,驱动三极管
3DK6B 截止,三极管集电极输出高电平,使可控硅截止切断副加
热管电源。副加热停止后,主加热供温至设定温度时,主加热也停

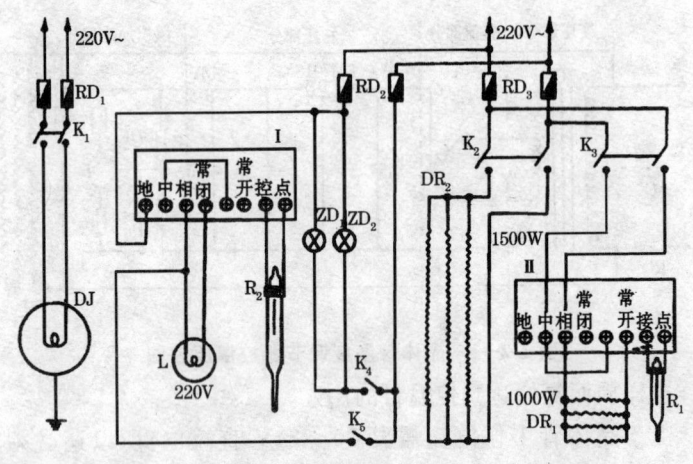

图 1-2-12　晶体管继电器电路的接线方法及电路图

止供热,使孵化器处于恒温状态。

　　⑤电脑温度控制器的控温原理。电脑温度控制器是利用现代微处理器(CPU)对孵化器的温度进行控制的。包括以下几部分:CPU,E²PROM(电擦除程序存贮器),RAM(动态存储器),A/D(模数转换器),感温元器件,固态继电器和加热管等。

　　感温元器件测得的温度信号,经 A/D 转换器转换成数字信号,CPU 把此信号与 RAM 中存贮的设定温度数据相比较,如果测得的温度数字信号低于设定温度数据,则输出 1 个高电平使固态继电器吸合,电热管加热;如果测得的温度数字信号等于或高于设定温度数据,则输出低电平,使固态继电器释放,电热管停止加热,孵化器处于恒温状态。孵化器容蛋量超过 25 200 个的机型,设有副加热,孵化器内温度低于设定值 0.5℃左右时,主、副加热同时工作,否则只有主加热工作。

　　⑥温度调节器的选择。条件较差或小型孵化器,可选用不受电压波动影响、价格低廉、管理方便的乙醚胀缩饼或双金属片控温系统。但要注意因其触点通过电流大,经常开闭会引起触点氧化

而接触不良,可以在两触点之间并联 1 个 0.05F/400～600V 的电容,予以改善。对中、大型孵化器或电压波动较大地区,最好使用电子管继电器或晶体管继电器。可控硅控温系统的最大优点是无触点开关,由于线路复杂、造价高,多用于大型孵化器。有条件的大型孵化场还可建立中心控制室,对孵化器进行遥控监视、调试,这时可选用能进行遥控监测的热敏电阻作为感温元件。

"依爱"系列孵化器,采用低热惯性加热器技术和脉宽调制控温技术。低热惯性加热器结构热阻小,热传导能力强,具有通电升温快,断电降温也快的特点,改善温度场均性和稳定性,有效提高控温精度。脉宽调制控温技术,根据机内热量需要自动调节加热电流大小。脉宽调制控温能在临近预设温度值时,只提供孵化器因散热损失的少量热量,使孵化器内温度始终保持稳定。它与低热惯性加热器配套使用,控温更精确。

2. 控湿系统

(1)水盘自然蒸发供湿　普及型孵化器采用底部放置 4～8 个高 4～5 厘米的镀锌铁盘,盘中注入清水令其自然蒸发供湿。靠置盘多寡、水位高低和水温高低来调节孵化器内的相对湿度。此法存在操作管理不便和控湿度精度差的缺点。

(2)自动供湿装置

①设备。大型孵化器均采用叶片式供湿轮或卧式圆盘片滚筒自动供湿装置。叶片式供湿轮供湿装置,位于均温风扇下部,由水槽、叶片轮、驱动电机及感湿元器件如水银电接点湿度计或湿敏电容(电阻)等组成(图 1-2-13)。卧式圆盘片滚筒自动供湿装置,由数百片刻有波纹槽的塑料圆片、水槽、浮球阀装置及传动系统(加湿电机、减速器及控湿元器件)组成。"依爱"牌孵化器的加湿支架采用尼龙件,不生锈,而且支架上的支撑点可以调节,这样可以延长加湿皮带的使用寿命。当孵化器内湿度不足时,加湿控制系统的加湿电机转动带动塑料圆片转动,经均温风扇将塑料片上的水

分带到孵化器内各处,以升高湿度。该加湿器根据湿度要求,可连续滚动或间歇滚动。

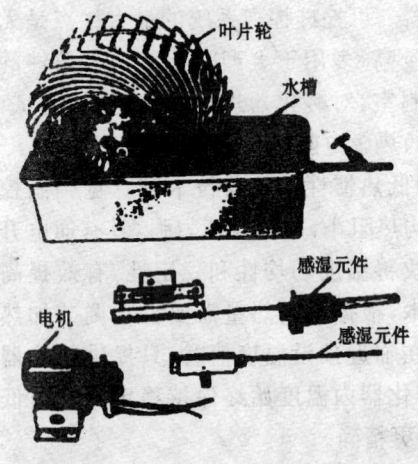

图 1-2-13　叶片轮式自动供湿装置

②控湿原理。一种形式是当孵化器内湿度不足时,水银电接点湿度计触点导通使电磁阀打开,水经过喷嘴喷到转动的叶片轮上(叶片轮由均温风扇经皮带带动),加速水分蒸发提高湿度。当湿度达到设定值时,触点断开,电磁阀关闭,停止加湿。但要注意水质,水需经过沉淀过滤,以防沙粒及其他杂质进入电磁阀。在北方最好对水进行软化,以减少喷嘴堵塞。另一种形式是孵化器底部设一浅水槽,水槽中有一横卧的圆柱供湿轮(或叶片轮)。当湿度不足时,湿度计触点导通驱动电机运转带动供湿轮转动,以增加水分蒸发;当湿度达到设定值时,湿度计触点断开、电机停转而停止供湿。

另外,孵化器内的湿度值也可以从控制器面板上显示出来。

(3)巷道式孵化设备的加湿设计　周历群(2003)指出,选择加湿方法与加湿装置的设计,是巷道式孵化器加湿设计的关键。

①加湿方法及其效果。一是表面蒸发加湿,无法精确加湿,且不利于防疫消毒;二是水蒸气加湿,热蒸汽会影响温度的均匀性;三是超声波加湿,对水质要求高,成本高;四是高压喷射雾化,由泵和特制喷嘴组成,水在高压下喷出雾化,加湿效果明显。其喷头的结构复杂,是设计的关键。

通过对以上各种液态水汽化方法综合、对比分析,根据现代养鸡集约化大规模生产的防疫要求,巷道式孵化设备加湿采用高压喷射雾化,分液压喷雾与空气喷雾。

②液压喷雾加湿。在 500～700 千帕的水压下,雾化水滴直径为 0.1 毫米。满足孵化设备的加湿要求。但因喷嘴孔易堵塞,喷头的磨损、腐蚀、阻塞及结垢均影响雾化效果。需要经常清洗喷头与过滤系统,并应加软化水(图 1-2-14)。

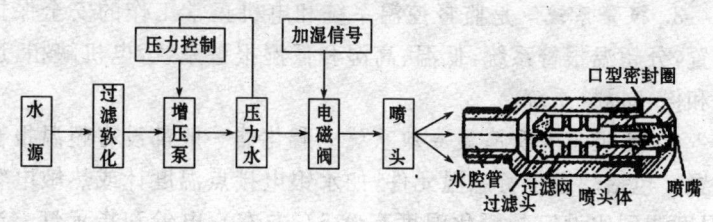

图 1-2-14　液压喷雾加湿系统构成及喷头结构

③空气雾化加湿。通过压力,液体(100～200 千帕)与气体(70～100 千帕)在喷嘴内混合,产生一个完全雾化的喷雾,其水滴直径能达到 0.01 毫米,其雾化更精细,并能实现雾化量的控制。过去采用虹吸传送液体会出现只有气体喷出的空喷现象,改用压力供给的液体系统,解决了空喷的问题。从巷道机中的气路系统引出一支路,加阀控制即可,还可在液体中加药进行杀菌消毒(图 1-2-15)。

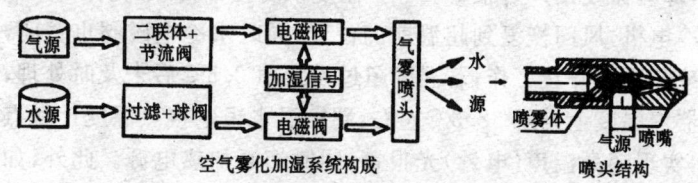

图 1-2-15　空气雾化加湿系统构成及喷头结构

④设计和加工的关键。喷头是上述两种加湿装置的关键部件,材料要选用耐腐蚀、耐磨的不锈钢,加工采用数控车床、数控线

切割精密加工等先进设备。装配上采用超声波清洗等先进工艺，并要求所有的喷头出厂前装入设备检测。

总之，在巷道孵化设备中，上述两种加湿方法均被采用，都能满足孵化设备的加湿要求。可根据气源的条件、水质要求及防疫的措施分别采用。液压喷雾加湿的方法因其节能、方便而被广泛采用。

3. 报警系统　是监督控温系统和电机正常工作的安全保护装置，分超温报警系统，低温、高湿和低湿报警系统，电机缺相、过载和停转报警系统。

(1)超温报警及降温冷却系统　孵化器一般都设有超温报警装置。包括超温报警感温元件，如水银电接点温度计或热敏电容（温度调到比设定的孵化温度高 0.5℃ 左右）、电铃和指示灯。当超温时能声光报警，同时切断电热电源。有冷却系统装置的可同时打开电磁阀通冷水降温。

"依爱"系列孵化器，具有超温自动处理、超高温报警和应急控制等功能。当温度超过设定值 0.2℃ 时，能自动启动进风电机进行"风冷"，并打开电磁阀接通冷水，经"冷排"（安装在均温风扇旁边的弯曲铜管）进行"水冷"降温。同时，风门控制电机动作，使风门处于最大位置。当温度超过设定值 0.5℃ 时，超温报警指示灯亮，蜂鸣器发出声音报警。一旦温度恢复正常，该系统将自动关闭风冷电机，风门恢复到超温前的位置，同时水冷电磁阀也关闭，降温冷却系统停止工作；若温度超过设定值 0.5℃ 后未及时处理，孵化器内温度上升至 38.5℃ 左右，超高温水银电接点温度计触点导通，实现超高温声（电铃）光报警，同时切断加热电源。此外，如果传感器控温出现故障一时难以排除时，可按下"应急按键"，该系统可自动切换为水银电接点温度计（一般设定在 37.8℃）控温工作状态。

"依爱"系列孵化器采用重力自动冷却风门技术，结构简单，工作安全可靠。该风门用两片半圆形风门叶片，构成不对称回转结构，在冷却风机启动后，因作用在回转轴两侧叶片的风力大小不同而形成一个压力差，在压力差作用下叶片能自动绕回转轴转动而打开风门；风机停转，叶片在一侧配重块重力作用下又自动回到水平位置而关闭风道。

有的孵化器在进风孔设一窗口，遇超温可打开窗口，加大通风量降温。

为了解决孵化中、后期停电超温报警问题，应增设用干电池做电源的超温报警装置，但要注意经常检查干电池是否有效。

(2)低温、高湿和低湿报警系统

①低温报警。当温度低于设定值1℃左右时，实现低温声、光报警，并自动关闭风门，主、副加热器同时工作。

②高湿报警。孵化器内相对湿度超过设定值10%左右时，实现高湿声、光报警。

③低湿报警。孵化器内相对湿度低于设定值10%时，实现低湿声、光报警(4秒钟显示1次"LO")，并在控制器面板上显示孵化器内实际的相对湿度。

(3)电机缺相、过载及停转报警系统　孵化中由于电机缺相，不能及时发现，造成电机烧毁现象，时有发生。电机缺相、过载报警装置可确保安全。电机停转如果不能及时发现(尤其是孵化中、后期)，对孵化效果的影响也是很大的。为此，也设计了电机停转报警装置(见本章第二节的有关"电机缺相、过载及停转保护"的内容及图1-2-18)。

(三)机械传动系统

1. **转蛋系统**

(1)滚筒式孵化器的转蛋系统　它由设在孵化器外侧壁的连接滚筒的扳手及扇形厚铁板支架组成。采用人工扳动扳手，使"圆筒"做前俯或后仰转动45°角。

(2)八角式活动转蛋系统 它由安装在中轴一端的 90°角的扇形蜗轮与蜗杆装置组成,可采用人工转蛋。将可卸式摇把插入蜗轮轴套,摇动把手,当固定在中轴上的八角蛋盘架向后或向前倾斜 45°～50°角时,蜗轮上的限位杆碰到限止架而停止转动。自动转蛋系统,需增加 1 台 0.4 千瓦微型电机、1 台减速箱及定时自动转蛋仪。蜗轮蜗杆自动转蛋系统,结构合理,体积小。手动转蛋时,将手摇柄插入转蛋孔,即顶开电机与转蛋轴的弹簧轴套,这样手摇转蛋时不会出现自动转蛋。手摇转蛋完毕拔出转蛋柄后,弹簧轴套复位,又可控制自动转蛋。转蛋角度靠限位开关(即微动开关)控制,当蛋架倾斜 45°～50°角时,蜗轮上的限位杆顶碰限位开关,使转蛋电机断电。为增加保险系数,每侧各有 2 个限位开关,当第一个限位开关失灵时,继续转蛋的结果,蛋架顶碰第二限位开关。

(3)翘板式活动蛋车的转蛋系统 均为自动转蛋,设在孵化器后壁上部的转蛋凹槽与蛋架车上部的长方形转蛋板相配套,由设在孵化器顶部的电机转动带动连接转蛋的凹槽移位,进行自动转蛋。现多采用空气压缩机产生的压缩空气实现转蛋。

(4)固定架翘板式的转蛋系统 可采用蜗轮蜗杆式。其自动转蛋系统电路原理,见本章第二节的有关"自动转蛋电路"的内容及图 1-2-19。有的蛋架车翘板式转蛋系统位于孵化器里侧底部,由于不易对准转蛋凹槽及不便清洗,管理不方便,而且有时损坏不易发现,所以应改变位置。

2. 均温装置

(1)滚筒式孵化器的均温设备 它由电动机带 2 个长方形木框围绕蛋盘架外周旋转(又称风摆式),均温效果差,尤其是蛋架中心部位温度偏高,孵化效果不理想。

(2)八角蛋盘架式等类型的孵化器的均温装置 多设在孵化器两侧(侧吹式)、顶部(顶吹式)或后部(后吹式)。一般电机转速为 160～240 转/分,转速不宜过高,否则孵化效果极差。如所用电机转速为 1 410 转/分,则需减速,其方法是加一个风扇皮带轮,风扇皮带轮与电机轴轮的直径比例为 5.8～8.8∶1。风扇电机的动力和运行可靠性是孵化最重要的环节之一,最好采用 SMC 电机并经过动平衡检测的扇叶。某孵化器生产厂家曾采用吊式电风扇改装为孵化器均温风扇,虽有美观、噪声小及造价低等优点,但风力不足,均温效果不太理想。孵化器里温度是否均匀,除备有均温风扇外,还与电热和进出气孔的布局、孵化器门的密封性能等有很大关系,需统一考虑。

3. 通风换气系统　孵化器的通风换气系统由进气孔、出气孔和均温电机、风扇叶等组成。顶吹式风扇叶设在机顶中央部内侧,进气孔设在机顶近中央位置左右各 1 个,出气孔设在机顶四角;侧吹式风扇叶设在侧壁,进气孔设在近风扇轴处,由风扇叶转动产生负压吸入新鲜空气,效果好,出气孔设在机顶中央位置。有的孵化器进气孔设在侧壁下部,这样不利于空气进入。进气口设有通风孔调节板(里外两片,一片固定,一片可抽动或转动),以便调节进气量。出气孔装有抽板或转板,可调节出气量。侧吹式因进气孔设在侧壁,所以孵化器两侧需留有通道,以利于进气,但因无法多机侧壁紧贴排列所以降低孵化室的利用率。不过早期"云峰牌"孵化器虽属侧吹式,但是进气孔设在前壁左右下方,可连体排列;后吹式进气孔设在孵化器后壁风扇轴处,出气孔在机顶中央。这两种孵化器均可多机紧贴排列(连体排列),提高孵化室的利用率。巷道式孵化器进气孔设在孵化器入口处机顶,出气孔在孵化器尾部机顶。这种设计很合理,因为它采用前进式分批入孵方式,胚龄小的种蛋靠近入口,而胚龄大的种蛋处于孵化器尾部(出口处),新鲜空气从进气孔进入,先经过孵化器内部孵化蛋盘架车的顶部至孵化器后部的需氧多、胚龄大的种蛋,再通过胚龄小的种蛋。形成"O"形气流,做到"老蛋孵新蛋"。

出雏器是孵化最后 3～4 天胚蛋发育成雏的场所。由于胚胎自温高且需氧量多,所以其通风换气要求更严格,要保证出雏器空气中氧气含量不低于 20%,二氧化碳含量不高于 0.6%。

此外,为使孵化器通风换气良好,需与孵化室(出雏室)的通风换气设计密切配合。实践证明,采用每台入孵器(或出雏器)用管道直接排气于室外的做法,由于抽气过分,孵化效果不理想,不应采用。若采用排气管道,一般安装在孵化器的上方,由总横管道与竖分支管道、风罩、排风扇等组成,而且风罩下缘应离孵化器排气口 10 厘米的距离。

(四)机内照明和安全系统　为了观察方便和操作安全,机内设有照明设备及启闭电机装置。一般采用手动控制,有的将开关设在机门框上,当开机门时,机内照明灯亮,电机停止转动。关门时,机内照明灯熄灭,电机转动。但应注意开门时间不应过长,以免电机停转,处于电热附近的胚蛋温度过高。如需较长时间开门(如照蛋、移盘等),则应关闭电热开关或关上一扇门让电机转动。

第二节　孵化出雏两用机的使用

一、主要特点、规格、型号及性能

(一)主要特点　在同一台孵化器中,既能孵化也能出雏,可整入整出,也可分批入孵分批出雏。孵化蛋盘架采用翘板式结构、蜗轮蜗杆转蛋结构,可自动转蛋亦可手动转蛋;聚丙烯塑料孵化盘、出雏盘,可采用人工扣盘法移盘;有较完善的超温报警(两套)、电机过载、停转或缺相报警装置;有电子管控温系统(Ⅰ型机有 2套);进气孔设窗,当超温时可打开侧窗降温;孵化器底板采用玻璃钢衬里,能防水防腐,延长使用寿命。

(二)规格、型号及性能　见表 1-2-1。

第二节　孵化出雏两用机的使用

表 1-2-1　孵化器的规格、型号及性能

型　号	Ⅰ　型	Ⅱ　型	Ⅲ　型	Ⅳ　型
规　格	9DF·C-16640	9DF·C-8320	9DF·C-4160	9DF·C-1440
容蛋量(个)	16640	8320	4160	1440
外宽(毫米)	2560	2500	1200	1000
外深(毫米)	1800	1100	1100	950
外高(毫米)	2100	2100	2100	1800
电热管(伏)	220	220	220	220
加热器(瓦)	1200×2	1400	1000	800
电机(伏,瓦)	380 550×2	380/220 550	380/220 370	380/220 250
机内温差(℃)	<0.5	<0.5	<0.5	<0.5

1. Ⅰ型（9DF·C-16640 型）　容蛋量 16 640 个,适用于大中型孵化场。如按入孵蛋健雏孵化率 81%、鉴别率 95%计,则可得健康母雏 6 400 只;若按 1～140 日龄育成率 87%计,则可获 140日龄母鸡 5 570 只。该机可与大型蛋鸡场每栋鸡舍"整入整出"配套:整机入孵 1 台,可供开放式蛋鸡场每栋饲养 5 000～6 000 只;封闭式蛋鸡场每栋饲养 16 000～17 000 只,3 台整机同时入孵也可满足需要。为了使孵化器内温度均匀、控温安全可靠,该机设有2 套控温系统及 2 套超温报警系统。

2. Ⅱ型（9DF·C-8320 型）　容蛋量 8 320 个,适用于中小型孵化场。按上述孵化及育雏水平,整机入孵,可获得 140 日龄母鸡2 700～3 000 只,能满足每栋鸡舍 2 700～3 000 只蛋鸡的鸡场"整入全出"的需要。该机为前开门,背面离墙 30～40 厘米,电源可选用 220V。

3. Ⅲ型、Ⅳ型（9DF·C-4160 型、9DF·C-1440 型）　容蛋量

分别为 4 160 个和 1 440 个。适用于农村孵化专业户。按上述孵化、育成水平,可分别获 140 日龄母鸡约 1 400 只和 482 只。适于农村蛋鸡饲养专业户需要。

该机采用 220V 电源;转蛋结构为蜗轮蜗杆,同一方向手摇转蛋;机底敷设玻璃钢层,可防水防腐,延长使用寿命。

这些孵化器要求在温度不低于 20℃和不高于 35℃,空气湿度不大于 85%的环境中使用。电压Ⅰ～Ⅳ型为交流 380 伏(Ⅱ～Ⅳ型也可用 220 伏,但只要在 187～264 伏范围内也可正常运转)。

二、安装调试

(一)摆 放

1. 孵化器在孵化室中的位置 为了既充分利用孵化室面积,又便于操作管理,孵化器在孵化室中的布局要合理。

(1)单列式布局 前后开门的孵化器(如Ⅰ型),背面离墙 1.5 米左右,前面离墙(操作通道)约 2 米。如果仅 1 台孵化器,则一侧离墙 60～80 厘米,另一侧离墙 1.2～1.5 米。若多机单列式布局,则孵化器之间距离约 60 厘米,并留有 1.5～2.0 米的横向通道。对仅前开门的Ⅱ型、Ⅲ型、Ⅳ型孵化器,则后背离墙 30～40 厘米,前面离墙约 2 米。

(2)双列式布局 孵化量较大的孵化场,孵化器布局宜采用双列式。以Ⅰ型为例,两列孵化器的背面离墙约 1.5 米,中央操作通道宽约 2 米,孵化器之间的距离约为 60 厘米(但应留 1 个 2 米左右的横向通道)。这样孵化室净宽=1.5 米×2+1.8 米×2+2 米=8.6 米。

2. 孵化器对地面的要求 放置孵化器的水泥地面要求平整,孵化器底四角和蛋盘架支架承重处用 60～80 厘米厚的木块垫高,绝不能悬空。然后用薄木板垫平孵化器,保持水平,不可倾斜、摇动。其标准是孵化器两扇门上面边缘成水平线,门的开关自如,无卡碰现象。

(二)接线方法

1. 三相电源接法(380 伏)　见图 1-2-16,图 1-2-17。

(1)电源　外线 A,B,C 三相电源,通过三相刀闸分别与控温仪插头 Cz1,Cz2,Cz6 连接。刀闸保险丝为 15～20 安[培]。Cz9 接零线。

(2)电机　插头 Cz3,Cz4,Cz5,通过三相保险丝(5 安)接三相电机(550 瓦左右)。

(3)控温和超温报警导电表　双路控温时,左侧控温导电表接 Cz7,右侧控温导电表接 Cz8,超温报警导电表接 Cz10,3 支导电表的另一端联在一起接 Cz11,电源零线接 Cz9。使用单路控温时,Cz8 应空着不用。

(4)照明灯和加热器　照明灯(15～25 瓦)接 Cz12,左、右侧加热器(2 000 瓦以下)分别通过保险丝(10～15 安)接 Cz13,Cz14,照明灯及加热器的一端联在一起接电源零线(Cz9)。使用单路控温时,Cz14 应空着不用。切不可把 Cz8 和 $C_2$14 联在一起。控温仪外壳应接地。

2. 单相电源接法(220 伏)　见图 1-2-16 及图 1-2-17。

(1)电源　将控温仪插头 Cz1,Cz2,Cz6 联在一起,通过单相刀闸(保险丝 15～20 安)与电源的火线联通,Cz9 接零线。

(2)电机　Cz3,Cz4,Cz5 并联在一起通过保险丝(5 安)接电机。

(3)控温和超温报警　Cz7 接控温导电表 Cz10。报警导电表、控温及超温报警导电表的另一端并连接 Cz11。

(4)照明及加热器　Cz12 接照明灯(15～25 瓦),Cz13 通过保险丝(10 安)接加热器(800～2 000 瓦),照明灯及加热器的另一端并连接电源零线 Cz9。Cz8 及 Cz14 空着不用。控温仪外壳应接地线。

3. 第二套应急超温报警系统　首先打开"应急超温报警器"

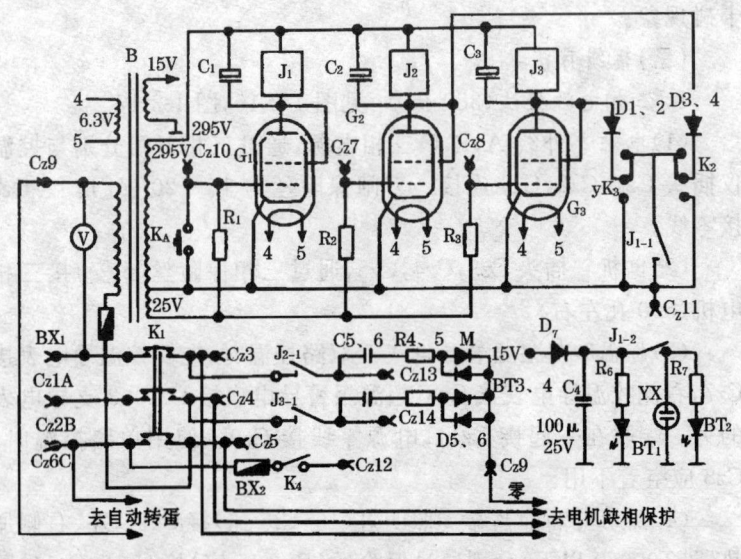

图 1-2-16　孵化控制器原理图

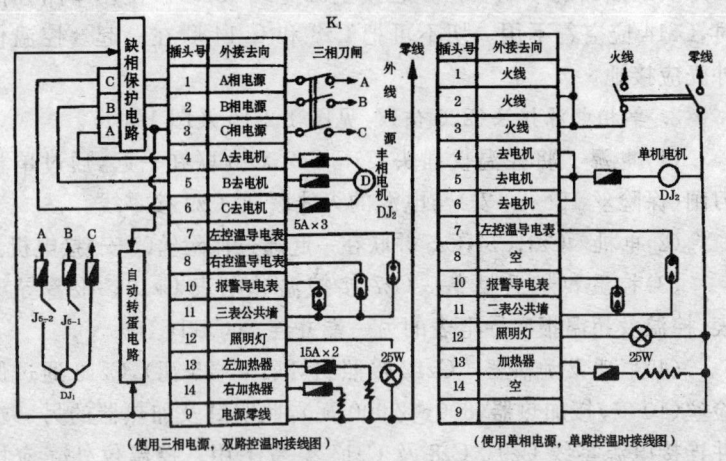

图 1-2-17　孵化控制器插头接线示意图

的后盖,装上 4 节 5 号电池(注意电池正负极不要接反),然后将两条引线分别与应急水银导电表两条引线连接(引线不分正负极)。

4. 水银导电温度计的安装、调校及注意事项

第一,导电表应垂直安装在孵化器前面内侧,约离孵化器底部 1.65 米。对两侧独立控温的Ⅰ型机,左右两侧各安装两支导电表,分别为控温导电表和超温报警导电表及控温导电表和应急超温报警导电表。对单侧控温的其他型号孵化器,则将 2～3 支导电表(控温、超温报警和应急超温报警导电表)装在同侧。装导电表的支架,上面固定导电表的胶木座,下面托住导电表的玻璃套管。注意导电表的重量应由下托板承担,以免胶木座与玻璃套管脱胶时损坏导电表。

第二,孵化用的导电表温度控制范围为 0℃～50℃,而且应与继电器配合使用。将两根导线接在继电器的接线柱上(控温导电表接在常闭触点、超温报警导电表接在常开触点)。通过导电表的电流不应超过 20 毫安,以延长使用寿命。

第三,使用前应松开调节帽上的螺丝,转动磁性调节帽调节温度。顺时针转动时,指示针上升,控温值升高;逆时针转动时温度下降。观察温度值时,眼睛应与指示针上缘平行或与钨丝末端平行,看刻度板上所示温度。一般说两者所示温度是一致的,如果出现不一致现象,则以下面钨丝末端所示温度为准。调节完毕应将调节帽上的螺丝旋紧,以免发生自转而改变定温,为了保险起见,最好取下调节帽。

第四,如需提高温度,可直接随意调节。而需降低温度时,则须先关闭加热器,使水银柱降至要调的温度以下后再调节,以免钨丝末端进入水银柱中而引起水银柱断离。

第五,每次孵化完毕,应让导电表控温值高于室温,以免水银柱升过钨丝而使水银柱断离。

第六,注意防止导电表剧烈震动(一般出现在孵化完毕清扫时)。

所有接线完毕后,细心检查一遍有无接错或接触不良的情况。

要求电源的火线、零线及加热器引线的截面直径都应该在 2 毫米以上。

(三)通电前检查及通电试验

1. **通电前检查** 首先将电源开关扳至"断"位,将加热开关、照明开关均扳至"关"位。再用手转动电机风扇叶,观察转动是否自如、有无卡碰现象。接着用手摇转蛋,观察转蛋角度是否前后各 45°角及翘板式蛋盘架是否有碰擦现象。然后把控温的水银导电表调至 37.8℃(或确定的孵化给温),超温报警的水银导电表调至 38.5℃,应急超温水银导电表调至 38.6℃~38.7℃(或比你确定的孵化给温高 0.5℃~0.7℃),并取下水银导电表的磁性调节帽,最后将进出气孔全关闭。

2. **通电试验** 首先合上电源开关的三相(或单相)刀闸,此时孵化控制器上电压表应显示电压值。正常值应在 176~264 伏,如超过上述范围过多,请不要开机,以免烧坏孵化控制器或电机。其次,把孵化控制器的电源开关扳至"通"位,电机应立即转动,电源指示灯亮。再把加热开关扳至"开"位,加热指示灯亮,同时加热器开始加热,孵化器内温度逐渐上升。接着按下报警试验按钮,报警指示灯亮,同时讯响器发出报警声音、加热指示灯灭,即说明切断了加热器电源。然后手松开按钮,报警停止(声音停响、报警指示灯灭)、加热器指示灯亮、加热器加热。按上述步骤检查 2~3 次,一切正常,则说明超温报警系统正常,并在超温报警的同时能自动切断加热器电源。然后,打开照明灯开关,孵化器内的照明灯应亮。当孵化器内温度上升至 37.8℃(或你设定的孵化给温)时,加热指示灯应自动熄灭、恒温指示灯亮,即加热器停止加热。而后孵化器内温度逐渐下降,当降至 37.8℃ 以下(或你设定的孵化给温以下)时,加热指示灯亮、恒温指示灯灭,又自动加热,这说明控温系统工作正常。最后拔下电机一相的保险,人为造成电机缺相,当通电后应出现报警,插上保险,报警应停止,说明电机缺相及报警系统工作正常。再拔下电机所有保险,人为造成电机停转,此时应报警,插上保险后,停止报警,说明电机停转报警系统工作正常。

(四)确定孵化给温及调节校正

1. 确定孵化给温 打开机门,在孵化器内各点悬挂 15 支体温计,关机门使温度上升至 37.8℃(看控温导电表旁边的标准温度计)并恒温约 30 分钟后,取出体温计,记录各点温度。若各点温差较大(超 0.6℃~0.8℃)时,应检查门是否关严、控温导电表温度值是否正确。如果温差较小(小于 0.6℃~0.8℃)时,则求其各点平均温度,确定孵化给温。最好采用多探头测温仪测温(详见第一章有关内容)。

2. 调节校对孵化给温及超温报警温度 经上述通电试验,确认控温和超温报警系统均正常后,又测定了孵化器内各点的温差情况并确定孵化给温的温度值,就可以用标准温度计来调节校对超温报警及控温(孵化给温)的温度值。方法及步骤如下。

(1)先调超温报警 将控温导电表调至 40℃ 以上,使加热器长时间加热。当孵化器内温度上升到 38.5℃ 时(看挂在超温报警的水银导电表旁边的标准温度计的温度值),仔细调整报警导电表,使其报警、加热器停止加热。然后断开 Cz10 接头,当温度达38.6℃~38.7℃ 时,仔细调整应急超温报警的水银导电表,让其报警,最后将断开的 Cz10 接好,并取下两支超温报警导电表上的磁性调节螺帽。

(2)调节孵化给温(控温) 开机门,将右侧控温水银导电表调至 37.8℃(或确定的孵化给温),当温度降至 37.5℃ 左右时关机门,孵化器内温度继续上升,当温度达 37.8℃(标准温度计的温度值)时,调整控温导电表,使其加热(或停止加热)。这样反复细心调节,看能否在温度达 37.8℃ 时停止加热,而降至 37.8℃ 以下又能加热。左右侧两支控温导电表应分别调节,调好后,取下导电表上的调节螺帽。

通过上述的仔细安装、调试,一切均正常后,试机运转 2～3 天,进一步观察运转是否正常,如没有异常,再行入孵。

三、孵化控制器

本控制器的工作原理图有 4 幅,前面介绍了图 1-2-16 和图 1-2-17,现在介绍图 1-2-18 和图 1-2-19。8601 型控制器,为两路控温(J_2,J_3)和一路超温报警(J_1);8602 型控制器为一路控温(J_2)和一路超温报警(J_1)。电原理图除没有 J_3、G_3 部分外,其余与 8601 型相同。另外,均设有第二套应急超温报警装置。

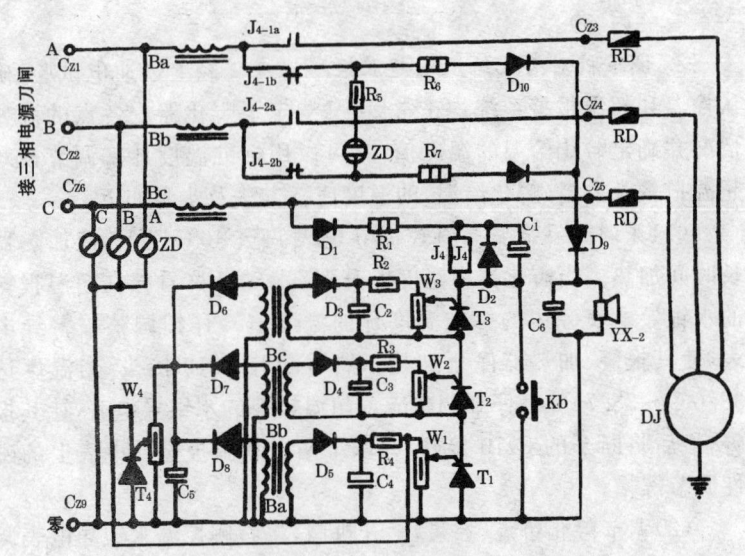

图 1-2-18　电机缺相、过载及停转保护原理图

（一）控温系统　孵化控制器中的控温系统,主要是由控温水银导电表、电子管(G_2,G_3)和继电器(J_2,J_3)组成。超温报警系统,主要由超温报警水银导电表、电子管(G_1)和继电器(J_1)组成。其工作原理是利用电子管屏流随栅极负压的升降而增减的特点控制温度。

由图 1-2-16 可见，当接通电源开关 K_1，孵化控制器通电。此时孵化器内温度若低于控温（孵化给温）温度（如 37.8℃）时，继电器 J_1，J_2 和 J_3 的常开触点不吸合，加热器通过常闭触点 J_{2-1} 和 J_{3-1} 加热，孵化器内温度逐渐上升。温度升至 37.8℃ 时，控温导电表接通，电子管 G_2 或 G_3 导通，J_2 或 J_3 常开触点吸合，而 J_{2-1} 或 J_{3-1} 断开，这时左、右加热器分别停止加热。当温度降至 37.8℃ 以下时，导电表触点又断开，电子管 G_2 或 G_3 截止，J_2 或 J_3 的常开触点释放，加热器又通过常闭触点 J_{2-1}，J_{3-1} 左右加热，温度又逐渐上升。这样周而复始，达到控温目的。

（二）超温报警系统 若由于控温系统故障或其他原因，使孵化器内温度高于预调的报警温度（如 38.5℃）时，超温报警导电表接通（或按下报警试验按钮 K_A 时），则电子管 G_1 导通、继电器 J_1 吸合，使常开触点 J_{1-1} 导通、J_2 或 J_3 的常开触点吸合，使常闭触点 J_{2-1} 或 J_{3-1} 断开，加热器断电停止加热。同时常开触点 J_{2-1} 接通报警指示灯和讯响器电路，使报警系统工作（灯亮、声响）。当温度低于报警温度（或手离开报警试验按钮）时，则停止报警，又处于控温状态。

此外，为了防止由于控制器中的控温电路出现故障或孵化中、后期电网停电，而使孵化温度过高影响孵化效果，还设计了第二套由干电池供电的独立的"应急超温报警器"。

（三）电机缺相、过载及停转保护 在孵化实践中，因为电机缺相或过载烧毁电机的现象时有发生，所以要对电机进行特别保护。图 1-2-19 是 9DFQB 型电机缺相保护的电路原理图。它对 5 千瓦以下孵化器的三相电机起保护作用。当三相电机在运转过程中，出现外线缺相、电机过载、引线端接触不实或开路及短路时，均能起到断电保护作用，并发出报警声音及亮灯示警。此外，如果电源外线的零线开路，就会使控温和自动转蛋等无法工作，故本仪器还设计了外线电源缺零保护线路。当电机因缺零线而停转时，也会发出缺零示警(仅使缺零指示灯亮,而不发出报警声),并使电机断电,以提示值班人员拉闸断电、检查外线,从而起到保护电机和正常孵化的作用。

1. 工作原理　三相电源 A,B,C 分别通过检流器 B_a,B_b,B_c 和 $J_{4\text{-}1a}$,$J_{4\text{-}2a}$ 至三相电机。

第一,$J_{4\text{-}1a}$,$J_{4\text{-}2a}$ 是靠继电器 J_4 控制的。J_4 吸合时,$J_{4\text{-}1a}$,$J_{4\text{-}2a}$ 接通三相电;J_4 释放时 $J_{4\text{-}1b}$,$J_{4\text{-}2b}$ 接通,电机断电,同时缺零(缺相)指示灯 ZD 亮和报警器 YX-2 响。

J_4 的吸合或释放,取决于 T_1,T_2,T_3 是否导通。若 T_1,T_2,T_3 同时导通,则 J_4 吸合,只要有 1 个不导通,J_4 不吸合。而 T_1,T_2,T_3 导通的条件,要求每个可控硅的控制极都能获得一定的直流电流(电压),此电流是由三相电通过 B_a,B_b,B_c 的交流电,经二极管 $D_3 \sim D_8$ 整流、$C_2 \sim C_5$ 滤波后,分别加在电位器 $W_1 \sim W_4$ 两端,$W_1 \sim W_4$ 分别调整加在 $T_1 \sim T_4$ 控制相上的直流电流(电压)。当三相电机工作时,分别调整 W_1,W_2,W_3,使 T_1,T_2,T_3 导通,调整 W_4 使 T_4 达到截止临界线,此时电路正常工作。当三相电中任意一相缺相时,如缺 A 相,则 B_a 就不能检出电流供 T_1 导通,所以 T_1 截止,J_4 释放,使电机断电停转,并使缺相指示灯 ZD 亮和报警器 YX-2 响,从而保护了电机。

第二,当电路正常工作、电机运转时,如果电机过载或短路,则通过 B_a,B_b,B_c 的电流增大,它们检出的电流(电位)也随之增大,使 T_4 导通,将 W_1 短路,T_1 也就截止,J_4 释放,使电机断电,同时亮灯、报警器响示警。

第三,当电源缺零线时,J_4 释放、报警器不能工作(不响铃),但缺零指示灯亮。

总之,出现以上缺相、过载、缺零时,都应拉闸断电,检查故障原因。排除后,让电机运转,并按下"启动按钮"K_b,电机电路就会处于正常工作状态。

2. 使用方法 首先按图 1-2-16 及图 1-2-17 连接电源及电机或按说明书接好。然后合上电源刀闸,缺相(缺零)报警器 YX-2 响和指示灯 ZD 亮,电机不转。此时按下"启动按钮"K_b,若电源正常,则报警器和指示灯不工作,而电机进入正常运转。若三相电源或零线不正常,则电机不能启动,此时应查相电压和线电压是否正常。

3. 故障的判别与检查

第一,若发现只有报警声而指示灯 ZD 不亮,则可能是缺 A 或 B 相,应检查电压是否正常及接头是否焊牢。

第二,若发现指示灯亮,有报警声,为缺 C 相、电机过载或开路等,应检查 C 相电压是否正常,电机运转时是否阻力过大,电机接线有无松动或开路。

第三,若发生指示灯亮但无报警声时,应考虑为缺零,应检查相电压及零线接头是否接牢。

第四,如果电源外线和电机线路均正常,按下"启动按钮"出现电机运转不正常时,应检查继电器 J_1 触点是否接触不良。可用砂纸磨触点,使其接触良好。

第五,若电机运转正常但松开 K_b 时,出现电机停转,说明 $W_1 \sim W_4$ 未调整好或 $T_1 \sim T_4$ 等主要元器件有损坏。应重新调整或更换元件(仪器出厂前 $W_1 \sim W_4$ 已调好,一般不要乱调)。

(四)自动转蛋电路 自动转蛋系统包括机械传动和电子控制两大部分。机械传动的主要零配件(如蜗轮蜗杆等),采用标准通用件。电子电路采用集成电路设计(图 1-2-19)。该系统 80～100 分钟转蛋 1 次(有的设 60 分钟、90 分钟和 120 分钟 3 种转蛋周期供选择),转蛋角度 45°角,并设有计数器显示转蛋次数。

1. 电路工作原理 电源、电压采用交流三相四线制 380 伏(范围 350～420 伏)或交流单相 220 伏(范围 180～235 伏)。转蛋周期 80～100 分钟。

交流 220 伏电压经变压器变为交流 17 伏电压,又经桥式整流

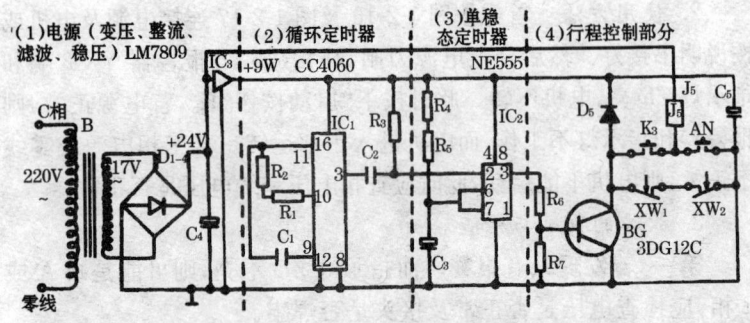

图 1-2-19　自动转蛋电路原理图

变为脉动直流电压,再经滤波电容(C_4)变为 24 伏锯齿直流电压,经集成三端稳压块(IC_3,LM7809)变为 9 伏直流稳定的电压。

IC_1 与周围电路(主要是 R_1,R_2,C_1)组成循环定时器。定时的时间 80~100 分钟 1 次。定时器的输出端(CC4060 的 3)进电容 C_2,触发单稳定时器翻转。

TC_2 的输出端(NE 555 的 3)经 R_6,R_7 分压,使三极管 BG 导通,继电器 J_5 吸合,接通电机电源,使电机转动。当蛋架接触到行程开关 XW_1 或 XW_2 后,使电机断电,从而完成 1 次转蛋。

此外,也可手动转蛋。按下手动开关 AN(此时自动转蛋键复位),继电器 J_5 接通电源而吸合,电机转动。当手离开时,转蛋停止。

2. 使用方法　先将自动转蛋电源开关扳至"开",电路通电。按下自动转蛋按键 K_3,电机转动,使蛋架转动至前(或后)45°角时电机停止运行。再将选择开关扳至试验位,转蛋系统约每 2 分钟前后转蛋 1 次,经过 2~3 次往返转动,说明转蛋系统可正常工作后,将选择开关扳至工作位,即可定时转蛋。如果在转蛋周期内需转动蛋架(如照蛋、检查胚胎发育等),可按下手动定位键(此时自动转蛋键复位),待蛋架转至与地面平行时松开手,转蛋动作即可停止。检查完毕后,应及时按下自动转蛋键,自动转蛋系统才能正常工作。当自动转蛋系统出现故障时,切断电源,可以用手摇人工转蛋。另外,如果同机出雏时,在移盘后,不要忘记切断自动转蛋系统的电源!

3.故障的判断及维修

第一,若发现蛋架运行至设计的转蛋角度(45°)仍不停机时,应检查行程开关是否移位。调整好位置后,让蛋架顶着行程开关(也称限位开关)。

第二,如果出现来回频繁转动,可能是选择开关没有扳至工作位,或在试验位上。将开关扳至工作位。

第三,若蛋架运行不到设计角度停机,应检查限位开关连接线是否断开,恢复后可正常工作。

第四,如发现在开机后,计数器、手动、自动均不工作时,应检查电源保险管是否损坏。损坏时更换同型号的保险管(0.2安)后即可正常工作。

四、常见故障的排除及维修保养

(一)常见故障排除方法　排除故障时,在拔下插头、连接接头之前,应先拉开电源刀闸,安装时,插紧插头,再合电闸!

1.合上电源刀闸,电压表无显示或电机转声不正常　刀闸保险丝熔断,要更换新的保险丝。电压表连接开路或电压表损坏,需接好连线或更换同型号电压表。电机损坏,需更换电机。

2.电源的开关扳至"通",但电源指示灯不亮　若此时加热指示灯亮,再按超温报警按钮不报警,说明孵化控制器没通电,电源保险管熔断。要更换同型号保险管。

3.加热指示灯常亮,加热器长时间加热　首先关断该路加热器开关,若加热指示灯熄灭,则说明该路的电子管损坏,要更换同型号电子管(6P1)。

其次,如果关断该路加热器开关,加热指示灯不灭,则说明继电器损坏或触点粘连,要更换新的继电器(522继电器)或修复(用零号砂纸擦磨继电器触点)。

4. **超温不报警**　按下报警试验按钮,如果能正常报警,说明报警导电表联线开路或导电表损坏,要接好连线或更换导电表。按下报警试验按钮而未能正常报警,则说明电子管 G_1(6P1)或继电器 J_1 损坏,要修复或更换电子管、继电器。加热器接线开路,要检查并重新接好。

5. **加热指示灯亮,加热器不加热**　加热器保险丝熔断,需更换新保险丝。加热器损坏,要更换新的加热器。

6. **电机转动声音不正常或不转**　电机缺相。检查保险丝及接线,换新的保险丝,接好连线。电动机负载过重,电机损坏,换电机。

7. **水银导电表的水银柱断离**　原因是导电表受到剧烈震动或水银柱超过铂丝。其修理方法:①顺时针方向转动调节帽,使指示铁旋至刻度标尺的上端;②将导电表下端的水银球浸入热水中,慢慢加热使断离的水银柱升至毛细小泡里,稍加振动,使断开的水银柱连接上;③将水银球从热水中取出,让其自然冷却,如果一次不能修复,可按上述步骤多次重复。

8. **孵化器两侧温差大**　①若两侧皮带松紧度不一致,造成均温不匀时,要调节皮带,使松紧度较一致(打开侧窗门,调节皮带轮螺丝)。②若为一侧门没关严,进入冷风,要关好机门。③若为两侧控温导电表调节不合理,要检查两侧导电表的定温,并用体温计实测两边的温差,以便决定两侧导电表的定温;若是由于加热器或风扇等故障引起的两侧温差过大,要按上述方法排除故障。

9. **风扇叶折断**　固定风扇叶的螺丝松脱,使风扇叶移位碰撞蛋盘架或孵化器内壁,是造成风扇叶折断的主要原因。要更换风扇叶并紧固螺丝。

10. **转蛋系统故障**　①若发现蛋架运行至设计的转蛋角度(如 45°)仍不停机时,应检查行程开关是否移位,调整好位置后,让蛋架顶着行程开关(也称限位开关)。②如果出现来回频繁转动,可能是选择开关没有扳至工作位,或在试验位上。③若蛋架位移不到设计角度停机,应检查限位开关连接线是否断开,恢复后可正常工作。④如发现在开机后,计数器、手动、自动均不工作时,应检查电源保险管是否损坏,损坏时更换同型号的保险管(0.2安)后即可正常工作。

(二)维修与保养

1. 孵化控制器的维修、保养　①要定期检查继电器触点,如氧化较重,可用零号砂纸轻轻打磨触点。②每隔半年或1年,应打开孵化控制器外壳用毛刷清除绒毛。③如果孵化控制器长期不用,应从孵化器上取下,放置通风干燥的地方,以防锈蚀。

2. 孵化器的维修、保养　①要每年用清漆刷翘板式蛋盘架、出雏盘等铁质部件。②电机每3个月清尘1次,清洁后在轴承部加黄油。③检查并紧固各转动部位的螺母,尤其是风扇皮带轮的螺母。④在转蛋的蜗轮蜗杆部位加黄油,在各转动部位滴机油。⑤孵化器如果较长时间空闲不用,应通电,风扇开机几小时,以保持孵化器干燥。⑥定期检查孵化器外壳内外及底部,遇有裂缝或油灰脱落应及时修补,必要时1~2年需重新修理,刷上油漆。⑦孵化器门容易出现不易拉开或关不严的现象,应及时修复,如果出现缝隙,应重新贴上毡布条。

第三节　孵化器常见故障的排除及维修保养

一、常见故障的原因及排除方法

(一)控温系统常见故障的原因及排除方法

1. 开机后无加热电流

(1)保险丝损坏　电源或加热保险丝熔断。更换新保险丝。

(2)交流接触器衔铁吸不上　①线圈接线柱螺丝松脱或线圈烧坏。修理或更换线圈。②衔铁或机械可动部分被卡。清除卡阻物。

(3)加热触头烧断　多发生在仅有一相加热触头的机型上。只需将加热接头换向另一侧常开触点上即可,而不必更换整个接触器。

(4)电流表损坏　热敏电阻或温控板或串接在加热线路的电流表损坏。更换电流表。

(5)风扇电机基座未压住行程开关　这常常引起风扇时停时转,使皮带在拌动中被扯断。只需调整基座使其压住开关,此时可听到"叭"的一声。

2. 加热电流指示不足

(1)缺相　加热交流接触器的三相加热触头中一相烧断。可用尖嘴钳取下断裂的动触头。更换触头。

(2)螺丝松动　电热丝板因螺丝松动而移位,使附近扇叶打断电热丝。让电热丝板复位后拧紧螺丝,更换新电热丝。

(3)一只可控硅断路　开机一会再关机,用手背贴散热片,更换坏了(发凉的)的可控硅。

3. 加热电流持续加热,引起超温

(1)温度导电表损坏　导电表水银相断裂或水银感温球破裂。换新导电表。

(2)门表温度计移位　移盘或照蛋时不慎碰撞了门表温度计,使温度计玻璃管与刻度尺发生错位,被误为低温,而人为调高温度设定值,引起超温。重新校正温度计与刻度尺的位置,然后用胶布粘贴玻璃管与刻度尺,固定以防再错位。

(3)加热的交流接触器线圈断电后,衔铁吸住不离开　①接触器未采用密封防尘装置,衔铁表面粘有绒毛及油污。可拆下用酒精洗去脏物。②触头间弹簧压力过小。可调整触头压力。③触头熔粘一起。找出原因并更换触头。④衔铁或机械可动部分被卡。清除卡阻物。

(4)可控硅一个或全部被击穿　可控硅损坏,使电流表在加热指示灯灭后仍有指示。开机升温一会后关机,用手背贴散热片。更换坏了的(发热的)可控硅。

(5)设定键被卡　设定键被卡而未能跳出,控温系统因此长时间处于设定状态,引起温度失控。需重新按下测定键并检查设定键,使其跳出。

4. 孵化风扇电机故障的原因及排除

(1)开机后启动开关,风扇电机不转的原因及其故障排除

①检测风扇电机是否烧毁。启动风扇开关,电机不转。Ⅰ.拆下风扇电机,直接引入三相交流电,检查电机是否已坏;Ⅱ.用万用表的电阻值检查,其电阻值应是8.3欧姆左右;Ⅲ.通过目测观察电机好坏。

②电机正常,但风扇不转。可能是风扇热继电器失灵或烧坏。原因有总电源缺相、电网电压严重不平衡、风扇接触器触点烧坏、总电源开关有一组或两组触点不通或接线端子接触不良等。风扇电机绕阻本身短路或进水,也会引起热继电器保护性动作或烧毁。可用试电笔测试法和万用表测量法检查。

③排除故障。更换同样型号的零配件。

(2)转速很慢稍后停转的原因及其故障排除

①原因。为了保护风扇电动机,其热继电器设置为自动复位方式,当接触器长时间超载工作过热时,热继电器断开接触器电源,风扇停转;片刻热继电器冷却通电,风扇又转动,这样周而复始,风扇时转时停。若不及时处理,很容易烧毁电机。

②排除故障。关机,从风扇电机一直查到电源闸刀保险丝,将可能引起缺相或接触不良的控制器件拧紧或更换。

(二)控湿系统常见故障的原因及排除方法

1. 加湿指示灯亮,而湿度始终上不去

(1)控湿控制系统问题　控湿导电表温度调得太高,或水银相断裂,或水银感湿球破裂,或水银球下蓄水盒水分蒸干,使包湿球

的纱布未能吸到水。调低导电表温度值,或更换损坏的导电表,或定期给水盒加蒸馏水。

(2)加湿电机皮带松弛　加湿电机通过皮带减速以带动圆形塑料加湿盘,在刚起动加湿时,负载大,如皮带松弛就不易带动加湿盘在水槽转动,引起停止增湿。可换皮带或缩短其尺寸("依爱"孵化器的加湿支撑点可调节,以调节松弛的皮带,调整后拧紧螺丝)。

(3)加湿电机不转　①加湿继电器损坏或保险丝熔断。用换上好的继电器判断继电器是否损坏。若保险丝熔断,可换新保险丝。②起动电容损坏。用三用表电阻挡检测,若被击穿换新电容。③圆形加湿盘冲洗后,没有在水槽中放好,被水槽卡住,负载增大造成加湿电机停转继而烧毁电机。重新放好加湿盘并更换新电机。④加湿支架锈蚀影响圆盘状加湿轮转动。建议加湿支架采用尼龙件,永不生锈。

2. 加湿水槽溢水或加湿管口不出水

(1)阀球调节不当　由于阀球调节不当,导致关不住进水口,造成加湿水槽溢水。可调节阀球位置,以增加阀杆长度,并向下弯曲,以调整蓄水槽水位。

(2)加湿管口不出水

①出水孔被水垢堵塞。可旋下阀球,向下用力压阀杆,以增加进水口径,使强水流将水垢冲走。如果因长期没有清洗,出水孔水垢无法冲走,则更换或拆下,用盐酸浸泡除垢。

②阀球调节不当。可调节阀球位置,以缩短阀球杆长度,并向上弯曲,以调整蓄水槽水位(水位一般离水槽上沿约2厘米)。

(三)转蛋系统常见故障的原因及排除方法

1. 扳动开关,转蛋系统不运行

(1)保险丝熔断　转蛋电机一相保险丝熔断。更换保险丝。

(2)转蛋热保护继电器的保护作用　认真检查,排除缺相、过载、负载卡壳的可能。之后按复位钮。

(3)转蛋电机烧坏　通电后电机不转动。更换新电机。

2. 转蛋时各蛋车孵化盘转动速度不一致

(1)孵化盘没卡在卡牙内　孵化盘码蛋后未卡在蛋车的卡牙内或上机时盲目推车,车与转蛋横梁发生碰撞,孵化盘因惯性又突出于蛋车卡牙外。一些机型因蛋盘易变形,卡牙小,经常发生此类情况。出现这种情况,要立即停机检查,将孵化盘卡入卡牙内。

(2)自锁机构插销未自动退出　蛋车推进入孵器后,自锁机构插销未脱离蛋架车前下横梁。要重新调整蛋车,使销轴完全插入动杆圆孔内,插销即可自行退出。为安全起见,要再检查一遍。

3. 转蛋角度左右不一致　连接曲柄与摇杆的连杆上左右旋的螺母松动,使连杆长度不一致。可通过旋转左右旋的螺母调节连杆长度,达到角度一致。

4. 转蛋时孵化盘抖动　转蛋减速箱内蜗杆或蜗轮的轮齿断裂。更换断裂的蜗轮或蜗杆。

5. 转蛋时八角式蛋架上下晃动　中轴管上 8 只紧固螺丝中有的螺丝松动或中轴管与蜗轮间的 2 只粗紧固螺丝松动。要定期检查并紧固。为防止转蛋时因螺丝松动而进一步向下转动而引起"翻筋斗",可用两根尼龙绳分别从顶风门拉下,并在蛋架的前后框上各打一结。

6. 孵化架不停转动　转蛋行程开关接触不好。可用手按几次或调小行程杆与蜗轮间距离。

7. 蛋车销轴不易插入动杆圆孔内　孵化厅地面不平或蛋车轮长期受压变形,可用纤维板垫在蛋架车前轮槽道内,以增加销轴高度,即可插入。

(四)风扇系统常见故障的原因及排除方法

1. 风扇时停时转　热继电器过热,手动复位按钮并调大整流值。

2. 风扇不转　常见原因有:风扇保险丝熔断;热保护继电器

跳闸;皮带折断;风扇基座未压住行程开关;电动机烧坏。造成电动机烧坏原因:①电动机某相接头连接不紧或一相保险丝熔断引起一相运转;②电线老化龟裂,使相线与中线接触引起短路,电动机机身过热,并伴有焦烟味,可能为电机烧坏。

要查明原因,更换损坏零件,排除故障。

3. 风扇换向时不延时 橡皮老化或损坏,使延时继电器空气室密封不严。这仅发生在能使风扇换向的机型上。

(五)孵化器的噪声形成原因及控制方法

1. 噪声形成原因 孵化设备的电机、风扇、各种传动和转动部件产生噪声,以及相关结构件振动也产生噪声。其中最主要的是电机和风扇噪声。

电机噪声一般随着电机功率和转速的增大而增大,在大风扇(均温风扇)、转蛋、加湿、风门、风冷等电机中,以均温风扇电机噪声最大。另外,风扇的设计与制造(如风扇叶片的角度、宽度、各叶片的重量差乃至叶片表面的光洁度等都影响大风扇运行时的动平衡,从而产生不同的噪声量)也决定噪声的大小;电机的固定件厚度(强度)以及相关结构件(如风斗、风罩)强度均影响其振动、晃动和共振,发出噪声。

2. 噪声的控制方法 ①应注重大风扇电机的选型;②精心设计与制造风扇;③要重视零配件如电机的固定件厚度(强度)以及相关结构件(如风斗、风罩)的强度的选材,以减少振动、晃动和噪声;④提高装配工艺水平,减少装配误差造成噪声。如皮带装配要松紧适合(用双指捏紧二轮中间处的皮带、压缩位移量16～24毫米为宜)。另外,两皮带轮槽中心面处于同一平面内。两皮带轮轴要互相平行。加湿减速器输出轴和双组加湿器主传动轴同轴。转蛋和加湿的皮带轮平面与垂直,皮带传动的两皮带轮的要在同一平面内。各连接件和紧固件要紧固牢靠。

总之,孵化器的噪声控制涉及箱体和设备、配件的设计、制造、安装、使用和维护等诸多因素,只有做好上述各环节,才能使噪声问题得到有效控制。

另外,当环境的噪声超过 70 分贝(dB)时,会使人心烦、意倦,工作效率下降,严重影响工作人员的健康。对胚胎亦会造成伤害。

二、孵化器的维护和保养

孵化器长期在高温、高湿、废气(CO_2,SO_2,H_2S)、废弃物(尿酸、尿素、绒毛和粪便)、霉菌等环境的使用过程中均很容易发生金属材料腐蚀,非金属材料老化、裂解、开裂。金属表面划伤、保护层脱落也会发生腐蚀。因此,除日常注意维护保养外,要定期停机检测、检修。

(一)孵化器设计、制造和孵化厅设计、建筑以及整机使用的一般要求

1. 孵化器设计和制造

(1)选材　应选择耐腐蚀材料,选择防腐等级电气元件和机电产品。

(2)保护　不同的零件采用不同金属表面保护层,如喷漆、静电喷涂、镀锌(铬、镍)。

(3)加工　尽量减少缝隙、提高零件表面的光洁度。

(4)装配与运输　在运输和装配过程中,要防止表面撞伤。

2. 孵化厅设计和建筑　有良好的通风换气系统和废水、废气的排放设施。孵化器要保持水平状态,以利于机件的正常工作。

3. 整机的保养和维护　根据孵化器说明书规定的操作规程进行使用。

(1)制订日常维护和保养规程　结合本场的具体情况,制订孵化设备的详尽的日常维护和保养程序并作为承包责任制的重要内容。

(2)保证供电正常　供电电压为 380V/220AC50Hz±10%,电压过高或过低都会对孵化器造成不良影响。并且确保孵化器良

好接地(每年做一次有效接地检查)和安装漏电保护器,以便保障人身安全及孵化器的安全使用。

(3)定期停机保养维修　孵化器使用一段时间后,停机一段时间,进行孵化器的保养和维修:①要清洗消毒烘干;②维修箱板(见后述),经常检查孵化器门的开关状况及密封状态并及时维修;③检修控温、控湿、报警、降温等控制系统和重新校正温度、湿度设定;④检修并检测机械传动系统(转蛋系统、均温系统和通风换气系统);⑤各转动部位(如轴承、减速器等)每月加机油或涂抹黄油,以防锈蚀,每半年清洗1次。通过上述定期停机保养维修,以保证孵化器的运转正常和延长使用寿命。

(二)孵化器外壳的维护和保养

1. **清除污垢**　每天用棉布或软质泡沫塑料块擦除孵化器外壳的水渍和脏物。若表面沾上油污,可用普通清洁剂清洗(切勿用腐蚀性较强的溶剂、去污粉或金属丝擦洗)。对难除去的污渍,可用酒精、丙酮等擦洗后,立即用清水冲洗。箱体清洗后,要开机升温烘干。

2. **修复裂纹**　孵化操作中避免碰撞、划伤孵化器表面。如出现涂层脱落或划伤、裂纹,应及时进行修补。

(1)彩涂钢板涂层脱落的修补　铲除脱落层→擦去水分、尘土和脏物→用细砂纸磨光并擦干净→喷上聚氨酯漆。

(2)玻璃钢箱板裂纹的修补　可涂上树脂修补受损处。

3. **箱板开胶的修复和箱板的翻新**　对孵化器进行修复、翻新,以延长孵化器的使用寿命。

(1)箱板开胶的修复　孵化器的箱板出现钢板与保温层黏接脱离时的修复:①若小面积脱胶,可灌入717胶;②大面积脱胶,应揭开箱板,重新涂上717胶,合上箱板,重物加压48小时左右,一般以胶干透为宜。

(2)箱板的翻新　箱板经过长时间使用后表面色泽陈旧、划痕较多时,可进行修复翻新:①清洗箱板→②用水磨砂纸打磨→③用环氧树脂嵌划痕→④喷聚氨酯漆予以翻新。

（三）**孵化器日常的维护和保养**　据笔者了解,国内一些孵化场,或因孵化效果尚可,麻痹大意,或因工作繁忙、人手不够,无从顾及,或因知识缺乏等因素,孵化器日常的维护和保养被不同程度地忽视了,过分依赖定期停机保养维修。这是孵化器故障率高的主要原因之一。

1. **各类电机的维护和保养**　要定期检查电机的运行状态,发现其转速减慢或噪声异常,要及时查明原因进行检修,若损坏要及时更换。清洗消毒孵化器时,要防止水或消毒液进入电机引起短路烧毁电机。

2. **转蛋（或加湿）减速器的维护和保养**　每3～6个月给减速器更换机油。发现减速器声音异常或运转阻力大,甚至卡死,要及时更换减速器齿轮或蜗杆,以免烧毁电机。

3. **均温风扇的维护和保养**　①若发现风扇转速减慢,一般可通过调整风扇电机的位置来调节皮带的松紧度解决。②若发现风扇皮带损坏(磨损造成分层、开叉)应立即更换。③固定均温风扇两端的万向轴承要定期加黄油,以降低磨损。④如发现风扇运转不平稳且噪声大,很可能是万向轴承与轴之间因磨损造成间隙大的缘故。应立即停机检查,更换万向轴承,以免造成风扇轴、皮带及电机损坏。

4. **加湿装置的维护和保养**

（1）清洗、消毒　每次移盘或出雏后,要对加湿装置的叶片轮、水槽进行清洗、消毒,以免影响正常运转或成为污染源。

（2）安装调试　按要求正确安装调节,并经常在滚轴套内加黄油,以便转动自如。

（3）保持干燥　孵化器停止使用时,要排干水槽中的积水,保持干燥。

5. **转蛋结构的维护和保养**　蜗轮、蜗杆、曲柄及滑动杆转动部分要定期检查并加注黄油。蛋车上的锁定销、活络轮也要定期加注黄油以防锈死。如发现因转蛋位置不正确而引起转蛋报警，要调整机器后板转蛋行程开关的位置，使其转蛋正常运行。

6. **风门的维护和保养**　经常检查风门位置是否正常，风门传动机构是否灵活，发现问题应及时调整。各转动及滑动机构要定期加黄油。如出现风门故障报警，一般是风门电容或风门电机的损坏。

7. **温、湿度探头的维护和保养**　在冲洗消毒时一定注意不要将消毒液或高压水柱冲到探头上，以免损坏。长期使用后的温、湿度探头表面污染较严重，要定期用软毛刷进行清理，湿度探头保护罩可以拧下后用酒精清洗晾干后再用。

8. **其　他**

(1)**使用软水**　加湿、冷却的用水必须使用清洁干净的软水，禁用铁、钙含量较高的硬水。

(2)**孵化器的维护**　①避免日光直晒。②尽量避免划伤。③及时维修和更换损坏的零部件。④每天用软质布料或泡沫塑料块擦拭孵化器。每批出雏后及时清扫冲洗消毒孵化器（尤其是孵化器顶）并开机烘干备用。

另外，孵化厅地面无积水，通风良好，以免孵化器锈蚀、电器短路。要备足必要的易损易耗零配件，以便及时更换。

第三章　初生雏鸡的雌雄鉴别

　　初生雏鸡不像刚出生的哺乳动物那样，根据外生殖器官立即辨认出雌雄，而是必须等到第二性征出现以后才能辨认。蛋用型来航鸡到 4 周龄时才能准确辨认雌雄，肉用型和兼用型鸡到 10 周龄时还难以准确辨认，这与生产需要矛盾很大。对初生雏鸡进行雌雄鉴别有很重要的经济意义。

　　第一，节约饲料。商品蛋鸡场只养母雏，公雏淘汰作蛋白质饲料利用，这样可以节约每只公雏到 4 周龄时消耗的 0.6 千克配合饲料。大型鸡场的饲养数量很大，仅此一项，节约的饲料就是非常可观的。即使公雏不马上淘汰，也应经过鉴别单独肥育上市。

　　第二，节约鸡舍、劳动力和各种饲养费用。

　　第三，可以提高母雏的成活率、整齐度。公、母混群饲养，常由于公雏发育快、抢食而影响母雏发育。有人试验，10 周龄混合群中的雌雏体重为 100，而纯雌雏群中雌雏体重则为 105.3。可见，雌雏单独饲养优于混群饲养。

　　人们对初生雏鸡的雌雄鉴别，最早是采用外形鉴别法。主要是根据初生雏鸡的外貌特征及人的感官来区分雌雄。雄雏一般头大、体躯粗壮，腰宽，趾粗长，眼大有神，叫声洪亮，活泼好动，团握在手心，可以感到腹部柔软有弹性，骨架较硬、挣扎有力。雌雏一般头小、体窄、稍轻、趾较细短、迟钝温顺，团握在手心，可以感到腹部较充实、弹性小、骨架较软、挣扎较无力，有软绵绵的感觉。外形鉴别必须在种蛋大小一致、孵化正常、出雏时间接近、同一品种的前提下，鉴定者有丰富的经验，才有一定效果。有经验的人鉴别准确率可达 80%。但因为鉴别标志不能科学地度量，准确率低，所以现代化养鸡生产上不能应用。后来有了雏鸡雌雄器械鉴别法、翻肛鉴别法以及伴性遗传鉴别法。现分别介绍如下。

第一节　雏鸡器械鉴别法

日本木泽武夫于 1950 年发明了雏鸡雌雄鉴别器(图 1-3-1A),它是根据光学原理制成的仪器。它由鉴别器(包括接目部、柄部、反射镜部、曲管部、聚光部)、配电盘和控制电路(图 1-3-2)等组成。把鉴别器的玻璃曲管插入雏鸡直肠,直接观察睾丸或卵巢图(1-3-1B)而鉴别雌雄。熟练者准确率可达 98%～100%。每小时可鉴别 500～800 只。

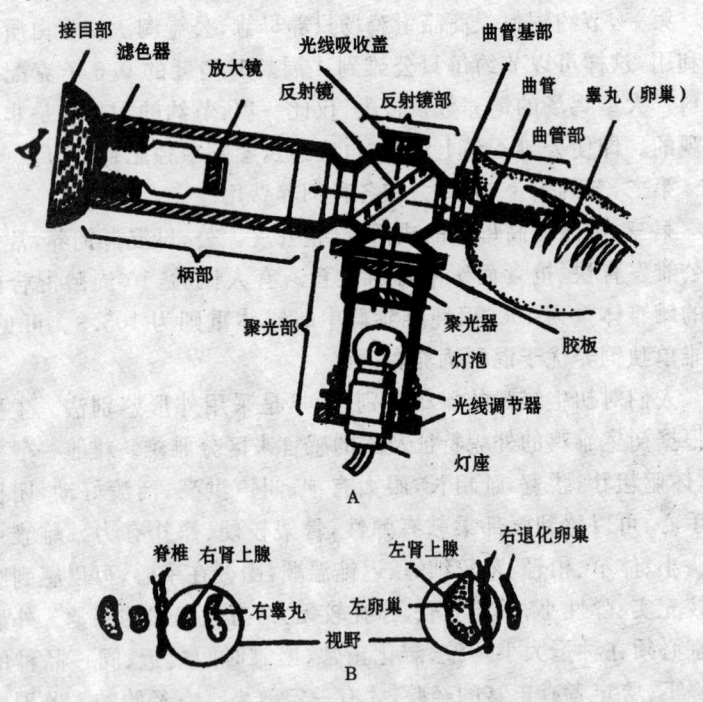

图 1-3-1　初生雏鸡雌雄器械鉴别法

A. 初生雏鸡雌雄鉴别器　B. 雌雄鉴别器视野中的睾丸或卵巢

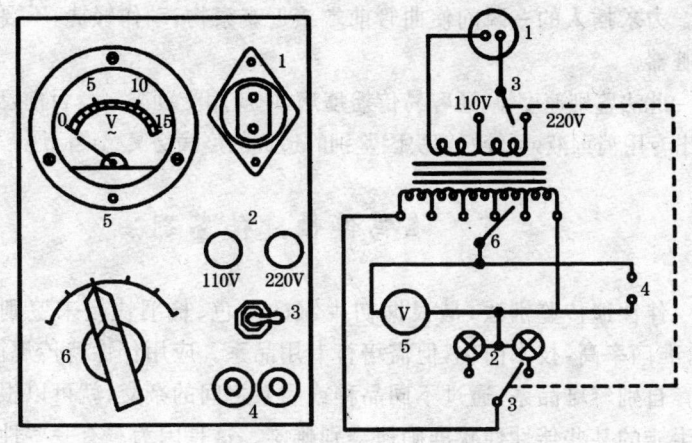

图 1-3-2 鉴别器配电盘及其电路图
1. 电源插座　2. 电压指示灯　3. 电压转换开关
4. 鉴别器插座　5. 电压计　6. 光量调节器(分线器)

一、鉴别方法

(一)抓雏、握雏　左手朝雏鸡运动的方向,掌心贴雏背将雏鸡抓起,将雏鸡团握手中。

(二)排粪　用左拇指压雏鸡的腹壁将胎粪排至广口器皿中。

(三)鉴别　雏鸡背部朝上,泄殖腔朝人体。右手握鉴别器柄部将曲管稍向上斜插入直肠稍向上贴,插入深度以曲管的根部靠近泄殖腔为准。通过鉴别器的接目部,可见到雄雏在视野中左右各有 1 个圆棒状淡黄色睾丸,雌雏只在左侧有一扁平浅灰色卵巢(图 1-3-1B)。

二、鉴别注意事项

电源电压须与鉴别器的电压一致。玻璃曲管质脆,要轻装、轻拆、轻拿、轻放。最好出雏后 24 小时鉴别完,以免肠壁增厚鉴别困难。力求插入的一瞬间使曲管前端接近观察物,动作轻捷,不要损伤脏器。

此法鉴别速度慢,还容易传播疫病,使应用受到限制。目前已研制出专用消毒液,可较好解决因鉴别时造成的疫病交叉感染问题。

第二节　雏鸡伴性遗传鉴别法

伴性遗传鉴别法,是根据初生雏的毛色、长羽快慢来鉴别雌雄,准确率高,技术简化,但需培育专用品系。应用伴性遗传规律,培育自别雌雄品系,通过不同品种或品系之间的杂交,就可以根据初生雏的某些伴性性状准确地辨别雌雄。这是因为鸡有一些性状基因,存在于性染色体上,如果母鸡具有的性状对公鸡的性状为显性,则它们所有子一代的公雏都具有母鸡的性状,而母雏均呈公鸡的性状。目前在生产中应用的伴性遗传性状有:慢羽对快羽、银色羽对金色羽、横斑(芦花)对非横斑(非芦花)。表 1-3-1 列出常用的伴性遗传亲代与子一代(F_1)的基因型和表型。

表 1-3-1　鸡的伴性遗传亲代与子一代杂种的基因型和表型

伴性遗传性状	基因型				表型			
	父	母	子	女	父	母	子	女
金色羽公×银色羽母	ss	S-	Ss	s-	金色羽(红)	银色羽(白)①	金色羽②	金色羽②
快羽公×慢羽母	kk	K-	Kk	k-	快羽	慢羽	慢羽③	快羽③
非横斑羽公×横斑羽母	bb	B-	Bb	b-	非横斑①	横斑	横斑④	非横斑④
白羽公×栗色羽母(鹌鹑)	cc	C-	Cc	c-	白羽	栗色羽	栗色羽	白羽

注:①不能用具有显性白羽基因的白来航或白考尼什鸡;②公雏为白色,母雏为红色,但因其他基因的影响,使部分公、母雏绒毛存在其他颜色(见封三彩图);

③主翼羽长于覆主翼羽为快羽,否则为慢羽;④母雏全身为黑色绒毛或背有条纹,公雏黑绒毛,头顶有不规则白斑,长大为横斑羽色(芦花羽色)

S-银色羽,s-金色羽,K-慢羽,k-快羽,B-横斑,b-非横斑,C-栗色羽,c-白羽

一、长羽缓慢对长羽迅速

根据遗传学原理,决定初生雏鸡翼羽生长快慢的慢羽基因(K)和快羽基因(k)都位于性染色体上,而且慢羽基因(K)对快羽基因(k)为显性,具有伴性遗传现象,利用此遗传原理可对初生雏进行雌雄鉴别。

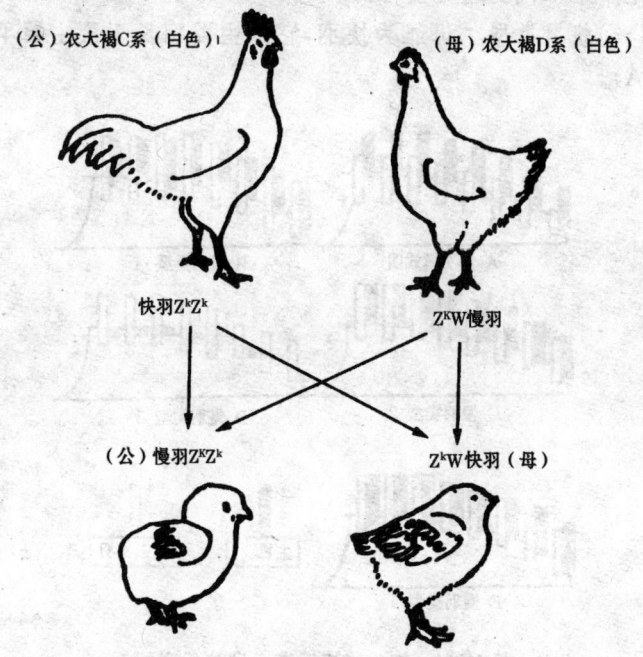

（公）农大褐C系（白色）　　　　（母）农大褐D系（白色）

快羽Z^kZ^k　　　　　　　　Z^KW慢羽

（公）慢羽Z^KZ^k　　　　　Z^kW快羽（母）

图 1-3-3　快、慢羽自别雌雄法

慢羽母鸡与快羽公鸡杂交,所产生的子一代公雏全部是慢羽,而母雏全部是快羽(图 1-3-3)。为了鉴别方便,国内外培育了在初

生雏即可根据快慢羽来区分雌雄的配套系。如中国农业科学院北京畜牧兽医研究所选育的自别雌雄新型 B-4 蛋鸡配套系,河北张家口农业专科学校在同一品种北京白鸡中分离出快慢羽品系,杂交后也产生有伴性遗传现象。中国农业大学也培育出"农大褐 3 号"的羽速羽色双自别品系(父母代羽速自别、商品代羽色自别)。

$$Z^K W \quad \times \quad Z^k Z^k \quad \rightarrow \quad F_1 \; Z^K Z^k \quad\quad Z^k W$$

京白慢羽(母)　京白快羽(公)　公雏皆慢羽　母雏皆快羽

区别快慢羽主要由初生雏翅膀上的主翼羽与覆主翼羽的长短来决定。子一代羽速类型有:

(一)快羽类型　母雏为快羽,它的主翼羽长于覆主翼羽(图 1-3-4A)。

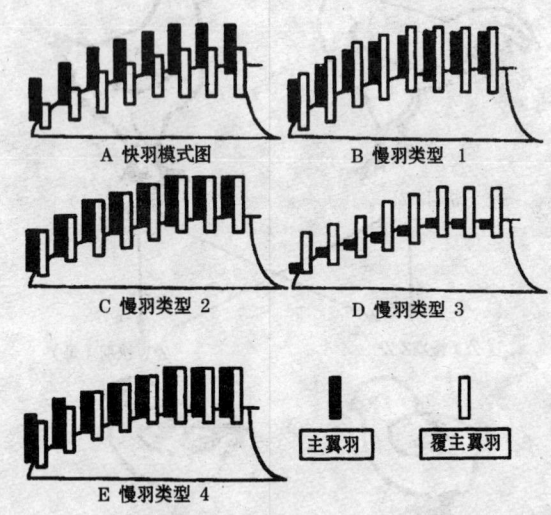

图 1-3-4　初生雏鸡羽速自别法示意图

(二)慢羽类型　公雏为慢羽,有 4 种类型。

1. 慢羽类型 1　主翼羽短于覆主翼羽(图 1-3-4B)。

2. 慢羽类型 2　主翼羽与覆主翼羽等长(图 1-3-4C)。

3. 慢羽类型 3　主翼羽未长出,仅有覆主翼羽(图 1-3-4D)。

4. 慢羽类型 4　除有 1～2 根主翼羽的翼尖处稍长于覆主翼羽之外,其他的主翼羽与覆主翼羽等长(图 1-3-4E)。

二、芦花羽对非芦花羽

芦花母鸡与非芦花公鸡(除具有显性白羽基因的白色来航鸡、白考尼什鸡外)交配,其子一代呈现伴性遗传,即公雏全部是芦花羽色,母雏全部是非芦花羽色。

$Z^B W$　×　$Z^b Z^b$　→F_1　$Z^B Z^b$　　$Z^b W$

母芦花　　公非芦花　　公雏皆芦花　母雏皆非芦花

例如,芦花母鸡与洛岛红公鸡交配,则子一代公雏皆为芦花羽色(黑色绒毛,头顶上有不规则的白色斑点),母雏全身黑色绒毛或背部有条斑(图 1-3-5)。

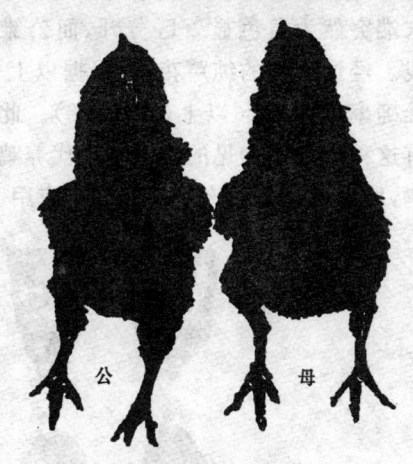

三、银色羽对金色羽

由于银色羽和金色羽基因都位于性染色体上,且银色(S)对金色(s)为显性,所以银色羽母鸡与金色羽公鸡交配时,其子一代的公雏均为银色,母雏均为金色。

图 1-3-5　芦花母×洛岛红公的
F_1 雏鸡羽色

$Z^S W$　　×　　　$Z^s Z^s$　　　→F_1　　$Z^S Z^s$　　　　　$Z^s W$

母 CD(白)　公 AB(红)　　　　公雏白色　母雏红色

羽(银色)　羽(金色)

金银色羽的伴性遗传,由于存在其他羽色基因的作用,故其子一代雏鸡绒毛颜色出现中间类型,这给鉴别增加了难度。

四、横斑洛克(芦花鸡)羽色

横斑洛克是中外闻名的品种,产蛋量较高。横斑洛克羽色由性染色体上显性基因"B"控制。公鸡2条性染色体上各有一个"B",比母鸡只在1条性染色体上有1个"B"影响大,所以纯合型芦花公鸡中白横斑比母鸡宽。"B"基因对初生雏鸡的影响是:芦花鸡的初生羽为黑色,头顶部有一白色小块(呈卵圆形),公雏大而不规则,母雏比公雏要小得多;腹部有不同程度的灰白色,体上黑色母雏比公雏深;初生母雏脚色也比公雏深,脚趾部的黑色在脚的末端突然为黄色显著区分开,而公雏跖部色浅,黄黑无明显分界线。经过选种的纯芦花鸡,根据以上3项特征区别初生雏雌雄的准确率可达96%以上(图1-3-6)。此例也属伴性遗传,同一品种有这种现象是少见的。由于现代养鸡生产广泛应用杂交生产商品鸡,所以商品化生产中不能广泛应用。

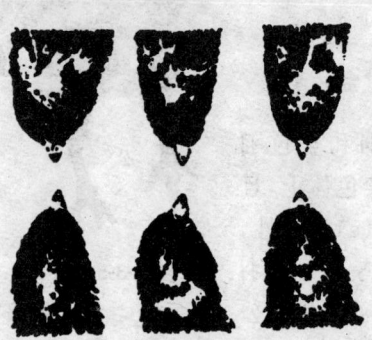

1-3-6 横斑洛克(芦花)鸡初生雏头部羽色
(上公下母)

五、肉鸡父母代自别雌雄体系(四系配套)

如果考虑在父母代肉鸡中能够自别雌雄,则要求母本父系(C系)带有快羽基因($Z^k Z^k$),母本母系(D系)带有慢羽基因($Z^K W$),这样父母代的公雏是慢羽($Z^K Z^k$),母雏是快羽($Z^k W$),就可以从初生雏的羽毛生长速度进行雌雄鉴别。而与其配套的父本父系(A系)和父本母系(B系)也都应该是快羽($Z^k Z^k$ 与 $z^k W$),这样使产生的商品代雏鸡全部是快羽,有利于羽毛生长及早期增重(图 1-3-7)。

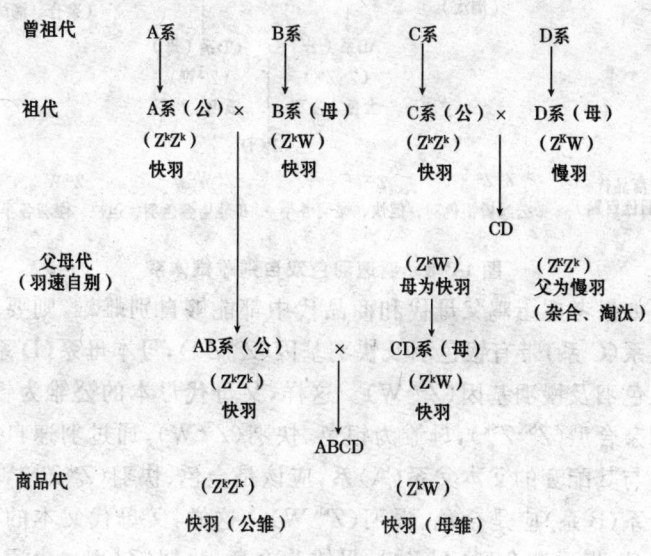

图 1-3-7　肉鸡父母代自别雌雄体系

六、羽色与羽速相结合的自别雌雄配套系(蛋鸡)

上述羽色和羽速自别雌雄的方法仅可在商品代(或父母代)雏鸡应用,而父母代和商品代不能双自别雌雄,只好采用翻肛鉴别法。如果要想父母代和商品代都能自别雌雄,则可采用羽色与羽速相结合的双自别雌雄配套方法(图 1-3-8)。

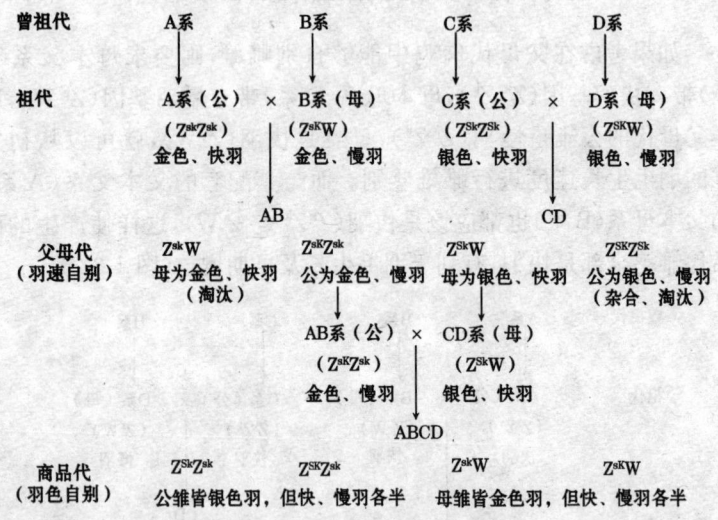

图 1-3-8 羽速羽色双自别雌雄体系

如果考虑蛋鸡父母代和商品代中都能够自别雌雄,则要求母本父系(C 系)带有银色羽及快羽基因($Z^{Sk}Z^{Sk}$),母本母系(D 系)带有银色羽及慢羽基因($Z^{SK}W$)。这样,父母代母本的公雏为银色、慢羽杂合型($Z^{SK}Z^{Sk}$),母雏为银色、快羽($Z^{Sk}W$),通过羽速自别雌雄。与其配套的父本父系(A)系,应该是金色、快羽($Z^{sk}Z^{sk}$),而父本母系(B 系)应是金色、慢羽($Z^{sK}W$)。这样,父母代父本的公雏为金色、慢羽杂合型($Z^{sK}Z^{sk}$),母雏为金色、快羽($Z^{sk}W$),也通过羽速自别雌雄。它们的商品代,可以通过羽色自别雌雄:公雏为银色、快慢羽各半($Z^{Sk}Z^{sk}$,$Z^{SK}Z^{sk}$),母雏为金色、快慢羽各半($Z^{sk}W$,$Z^{sK}W$)。如法国伊莎蛋鸡、"农大褐 3 号"蛋鸡。

第三节 初生雏鸡肛门雌雄鉴别

一、初生雏鸡生殖器官形态

（一）鸡的泄殖腔及退化的交尾器官 鸡的直肠末端与泌尿生殖道共同开口于泄殖腔，泄殖腔向外界的开口有括约肌，称为肛门。

将泄殖腔背壁纵向切开，由内向外可以看到3个主要皱襞：第一皱襞作为直肠末端和泄殖腔的交界线而存在，它是黏膜的皱襞，与直肠的绒毛状皱襞完全不同。第二皱襞约位于泄殖腔的中央，由斜行的小皱襞集合而成，在泄殖腔背壁幅度较广，至腹壁逐渐变细而终止于第三皱襞。第三皱襞是形成泄殖腔开口的皱襞。

雄性泄殖腔共有5个开口：两个输尿管开口于泄殖腔上壁第一皱襞的外侧；两个输精管开口于泄殖腔下壁第一及第二皱襞的凹处，成年鸡有小乳头突起；再一个就是直肠开口。在近肛门开口泄殖腔下壁中央第二、第三皱襞相合处，有一芝麻粒大的白色球状突起（初生雏比小米粒还小），两侧围以规则的皱襞，因呈"八"字状，故称"八字状襞"，白色球状突起称为"生殖突起"。生殖突起和八字状襞构成显著的隆起，称为"生殖隆起"。在交尾时生殖隆起因充血勃起围成管道状，精液通过该管射至母鸡的阴道口。生殖隆起因有这样的功能而又不发达，所以叫退化的交尾器官。生殖突起及"八"字状襞呈白色而稍有光泽，有弹性，在加压和摩擦时不易变形，有韧性感（图1-3-9A）。

雌鸡泄殖腔的3个皱襞及输尿管的开口部位与雄鸡完全相同，但没有交尾器官和输精管开口，而在泄殖腔左侧稍上方、第一与第二皱襞间有一输卵管开口（或称阴道开口），雄鸡存在退化交尾器官的地方，在雌鸡不但没有隆起，反而呈凹陷状。雌鸡泄殖腔

内有 2 个输尿管开口、1 个输卵管开口和 1 个直肠开口共 4 个开
口(图 1-3-9B)。

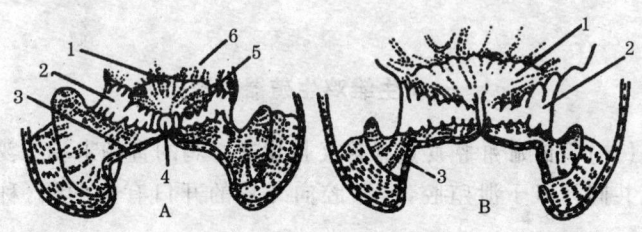

图 1-3-9　初生雏鸡泄殖腔形态

A. 雄雏　B. 雌雏

1. 第一皱襞　2. 第二皱襞　3. 第三皱襞　4. 退化交尾器
5. 输精管突起　6. 直肠末端

孵化至第十一胚龄的鸡胚,生殖隆起即能分辨,到第十二胚龄
差异较显著,雌胚的隆起变得比雄胚低而扁平。这个时期生殖隆
起中央的突起称为头部,底部称为基部。随着胚龄增加,雌胚的生
殖隆起逐渐缩小,在孵出时头部只作为不正形的皱襞而残存,基部
也逐渐退化缩小而不明显。反之,雄胚生殖隆起的头部发育显著,
成为圆形的生殖突起,基部构成生殖突起两侧的“八”字状襞。雌
雏生殖隆起残存情况因品种而异,肉用种和兼用种比蛋用种为多,
增加了鉴别难度。

初生雏泄殖腔的构造与成年鸡没有显著差异,3 个主要皱襞
已经与成年鸡同样的发达。雄雏有的可以看到输精管开口的小乳
突,但因个体不同而差异很大,有的几乎难以辨认。雌雏的输卵管
这时还很细,仅末端膨大,而其开口尚未发达。

退化交尾器官雄雏较发达,但形态及发育程度因个体有很大
的差异,雌雏的生殖隆起的退化情况也并不一致,因个体不同,有
的留痕迹,有的隆起相当发达。肛门鉴别法主要是根据生殖突起
及“八”字状襞的形态、质地来分辨雌雄,因此增加了鉴别的难度。

要想掌握好这门技术,就要在这方面下工夫。

(二)初生雏鸡生殖器官的解剖构造　雌雄鉴别准确程度的判断,只有依靠解剖以后观察睾丸和卵巢。对可疑的生殖隆起先进行判别,然后进行解剖。两相对照,必有提高。

1. 雄雏　睾丸成对存在,接近肾脏的头端,在它的腹面,为两端略尖之圆棒状,通常后端比前端大,左右对称,右侧稍斜。睾丸以其表面光滑、色白带黄、饱满有弹性感的特点而区别于其他脏器。其颜色也有因含黑色素而呈黑色或局部黑色,很少一侧为黑色而另一侧为正常色的。其大小因个体而异,通常左侧比右侧稍大。长约5毫米,宽约2毫米,也有细如线的(图1-3-10A)。

2. 雌雏　成年母鸡只有左侧卵巢,由于卵泡发育增大,卵巢的体积很大。右侧已退化无痕迹。在胚胎早期,两侧卵巢与输卵管均同样发育。其后左侧卵巢继续发育,右侧发育中止并萎缩。孵出后仅残留痕迹于右侧肾脏的头端,然而退化的程度依个体而异,极少数右侧卵巢仍存在。正常情况下,初生雏只有左侧卵巢,位于身体的左边肾脏的头端,长约5毫米,宽约3毫米。通常为椭圆形,扁平而稍向外方弯曲,颜色灰黄,表面无光泽,呈颗粒状,与睾丸的色泽形状显著不同(图1-3-10B)。

二、初生雏鸡肛门雌雄鉴别法

肛门雌雄鉴别法是根据初生雏有无生殖隆起以及生殖隆起在组织形态上的差异,以肉眼分辨雌雄的一种鉴别方法。

(一)初生雏鸡生殖隆起的形态和分类

1. 雄雏生殖隆起类型　雄雏生殖隆起分为正常型、小突起型、扁平型、肥厚型、纵型和分裂型等6种类型。

(1)正常型　生殖突起最发达,长0.5毫米以上,形状规则,充实似球状,富有弹性,外表有光泽,轮廓鲜明,位置端正,在肛门浅处。"八"字状襞发达,但少有对称者(图1-3-11,图1-3-12)。

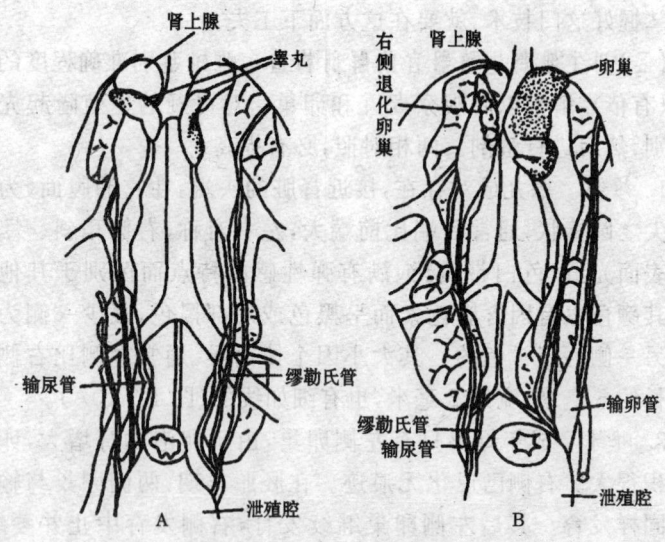

图 1-3-10 初生雏鸡生殖器官解剖

A. 雄雏 B. 雌雏

图 1-3-11 之 1 生殖突起呈正椭圆形,"八"字状襞对称而发达;之 2 生殖突起似球形,"八"字状襞对称而发达;之 3 生殖突起纵长,"八"字状襞对称而发达;之 4 右"八"字状襞分裂为二,此为常见现象;之 5 生殖突起与右端"八"字状襞相连;之 6 生殖突起与左端"八"字状襞相连;之 7 生殖突起与左右两端"八"字状襞相连;之 8 生殖突起呈纺锤形,"八"字状襞不规则;之 9 生殖突起端正而大,"八"字状襞也发达;之 10 生殖突起呈纺锤形,"八"字状襞不发达。

图 1-3-12 之 1 与之 2 两生殖突起为纺锤形中的稍小者,之 1 生殖突起为小型,突起充实、轮廓鲜明,右襞不明显;之 2"八"字状襞发达,处于生殖突起的上方;之 3、之 4 为雄雏常见的形状,生殖突起稍小,且深埋于襞间,此型中的纵长者,生殖突起的前端稍尖,"八"字状襞发达;之 5 生殖突起小而充实,"八"字状襞也发达;之

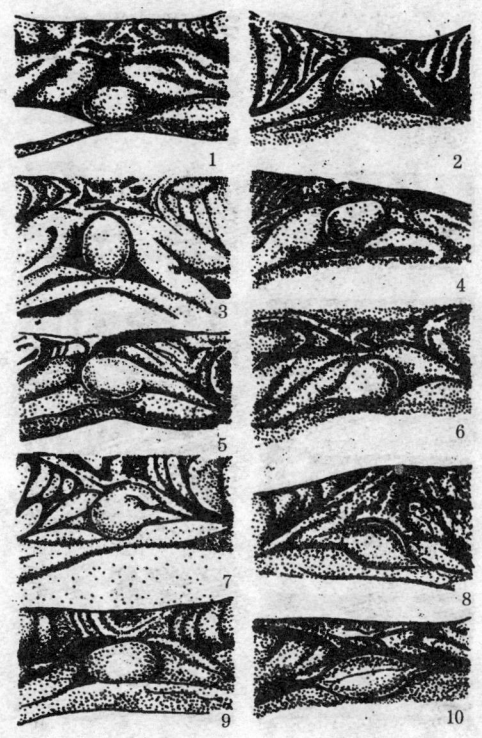

图 1-3-11　白来航鸡初生雄雏正常型
生殖隆起形态的差异（Ⅰ）

6～10 为正常型中最小者，"八"字状襞极发达。

（2）小突起型　生殖突起特别小，长径在 0.5 毫米以下；"八"字状襞不明显，且稍不规则（图 1-3-13）。

图 1-3-13 之 1 生殖突起小，"八"字状襞不规则；之 2 生殖突起小，"八"字状襞不明显；之 3 生殖突起发达，"八"字状襞明显；之 4 生殖突起不发达，"八"字状襞不规则。

（3）扁平型　生殖突起扁平横生，如舌状，"八"字状襞不规则，但很发达（图 1-3-14）。此型又分 3 种：一是生殖突起的舌状尖端

图 1-3-12　白来航鸡初生雄雏正常型
生殖隆起形态的差异（Ⅱ）

向外；二是生殖突起的尖端向内；三是生殖突起直立于襞，即舌状
尖端向上。

　　图 1-3-14 之 1、之 2 为生殖突起的舌状尖端向外方；之 3 生殖
突起的尖端向内方；之 4 生殖突起的尖端向上方。

　　（4）肥厚型　生殖突起与"八"字状襞相连，界限不明显，"八"
字状襞特别发达，将生殖突起和"八"字状襞一起观看即为肥厚型
（图 1-3-15）。

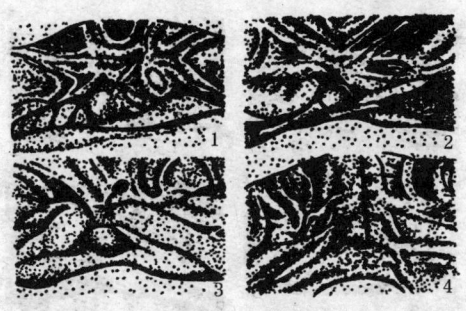

图 1-3-13　初生雄雏小突起型生殖隆起形态的差异

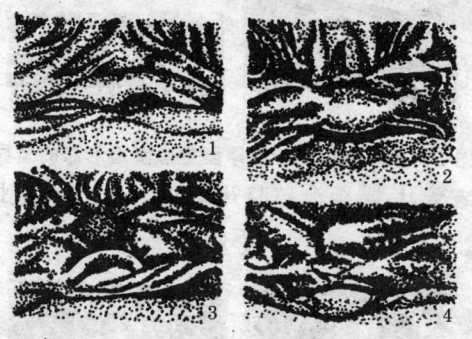

图 1-3-14　初生雄雏扁平型生殖隆起形态的差异

图 1-3-15 之 1 右"八"字状襞特别发达,它与生殖突起的界限稍可辨认;之 2 右"八"字状襞与生殖突起相连,左"八"字状襞却全与生殖突起分离,生殖突起发达可辨认;之 3、之 4、之 6 生殖突起与"八"字状襞纷杂相混,不能分辨;之 5 生殖突起与"八"字状襞均发达,且尚可分辨。

(5)纵型　生殖突起位置纵长,多呈纺锤形;"八"字状襞既不发达,又不规则(图 1-3-16)。此型又分为 2 种:图 1-3-16 之 1,生殖突起似正常型,前端伸入深部,"八"字状襞发达;图 1-3-16 之 2～4,生殖突起中央大、两头尖,为正纺锤形,位置纵长伸入深部,

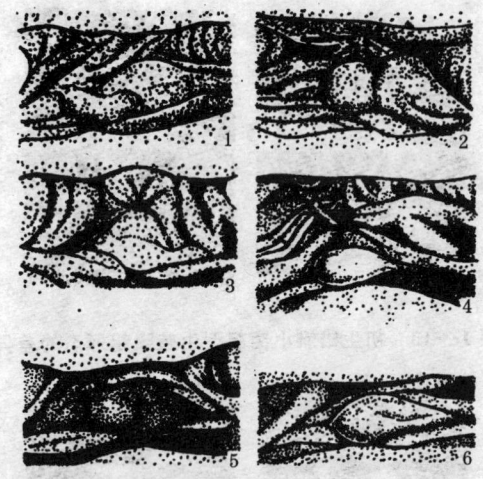

图1-3-15　初生雄雏肥厚型生殖隆起形态的差异

前端达第一皱襞,后端至泄殖腔开口处,"八"字状襞既不发达,又不规则。

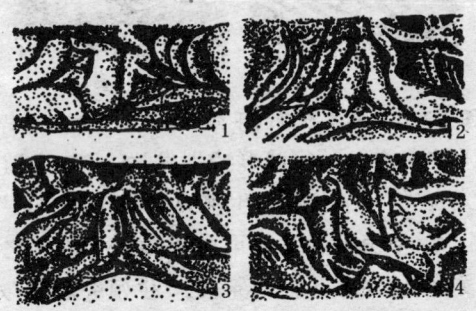

图1-3-16　初生雄雏纵型生殖隆起形态的差异

(6)分裂型　此型罕见,在生殖突起中央有一纵沟,将生殖突起分离(图1-3-17)。图1-3-17之1生殖突起完全分离为两个;之2生殖突起大部分分离,只有小部分相连。

2.雌雏生殖隆起类型　在正常情况下,初生雌雏的生殖隆起

图1-3-17 初生雄雏分裂型生殖隆起形态的差异

几乎完全退化,此类型称为正常型。但也有20%～40%的雌雏生殖隆起未完全退化,根据其形态又可分为小突起型和大突起型。

(1)正常型 生殖突起几乎完全退化,其原来位置仅残存皱襞,且多为凹陷(图1-3-18)。

图1-3-18之1生殖突起完全消失,其位置无残迹,八字皱襞也无残迹;之2、之7生殖突起完全退化,其位置以皱襞状残存;之3、之4、之8生殖突起和"八"字状襞均有残留;之5、之6生殖突起完全消失,"八"字状襞明显存在;之9生殖突起稍有存在,"八"字状襞复杂;之10生殖突起稍有存在,"八"字状襞消失。

(2)小突起型 生殖突起长0.5毫米以下,其形态为球形或近如球形;"八"字状襞明显退化。图1-3-19之1生殖突起为极小型,"八"字状襞消失,生殖突起孤立,其轮廓不明显;之2生殖突起稍大,"八"字状襞也稍发达,生殖突起的轮廓不如雄雏的明显,形状也不充实饱满,有柔软之感,此为雌雏生殖突起的特征;之3生殖突起为球形,被"八"字状襞包着,但很薄,有退化的倾向;之4生殖突起的形状不规则,"八"字状襞退化成不规则的残迹;之5生殖突起稍大,球形,较充实,似雄雏的生殖突起,但"八"字状襞消失,生殖突起孤立;之6、之7生殖突起小,轮廓不明显,"八"字状襞呈不规则的残迹。

(3)大突起型 生殖突起的长径在0.5毫米以上,"八"字状襞也发达。与雄雏的生殖突起正常型相似。图1-3-20之1生殖突起发达,似雄雏生殖突起正常型,"八"字状襞发达且复杂;之2生

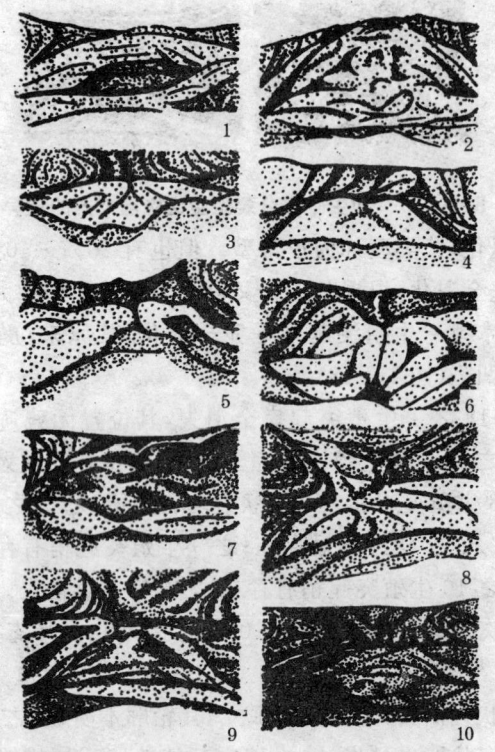

图 1-3-18　初生雌雏正常型生殖隆起形态的差异

殖突起更发达,"八"字状襞发达且规则;之 3 生殖突起大,但不如前两者充实。

3. 雌雄雏各种生殖隆起类型比例　见表 1-3-2,表 1-3-3。

表 1-3-2　白色来航鸡雌雏生殖隆起各类型的比例

类　型	正常型	小突起型	大突起型
数量(只)	562	345	33
比例(%)	59.8	36.7	3.5

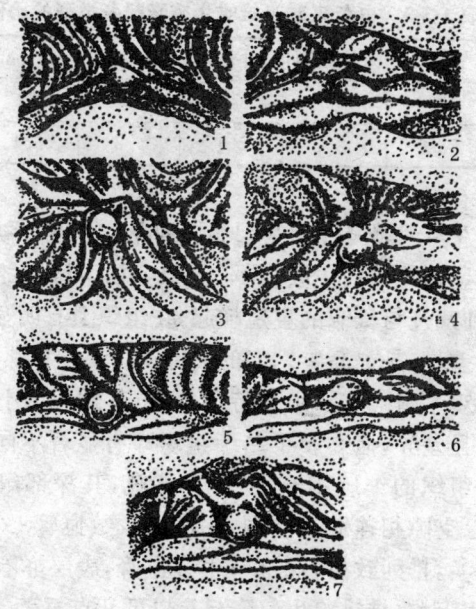

图 1-3-19　初生雌雄小突起型生殖隆起形态的差异

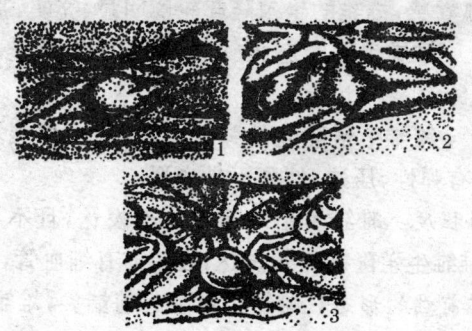

图 1-3-20　初生雌雄大突起型生殖隆起形态的差异

表 1-3-3　白色来航鸡雄雏生殖隆起各类型的比例

类　型	正常型	小突起型	扁平型	肥厚型	纵　型	分裂型
数量(只)	1039	58	72	82	72	3
比例(%)	78.4	4.4	5.4	6.2	5.4	0.2

(二)初生雏鸡雌雄生殖隆起的组织形态差异　初生雏鸡有无生殖隆起是鉴别雌雄的主要依据,但部分初生雌雏的生殖隆起仍有残迹,这种残迹与雄雏的生殖隆起,在组织上有明显的差异。正确掌握这些差异,是提高鉴别率的关键。

初生雏鸡生殖隆起从组织特征来看,其黏膜的上皮组织雌雄雏虽没有明显差异,但黏膜下结缔组织却有显著不同。雌雏生殖隆起黏膜下组织的细胞不充实,排列稀疏,其深部组织已退化萎缩,并与淋巴空隙相连而成空洞,深部有少数血管。相反,雄雏此部的细胞充实,排列致密,深部有很多血管,表层亦有血管。由里及表,在外表上雌、雄雏鸡生殖隆起有以下几点显著差异。

1. **外观感觉**　雌雏生殖隆起轮廓不明显,萎缩,周围组织衬托无力,有孤立感;雄雏的生殖隆起轮廓明显、充实,基础极稳固。

2. **光泽**　雌雏生殖隆起柔软透明;雄雏生殖隆起表面紧张,有光泽。

3. **弹性**　雌雏生殖隆起的弹性差,压迫或伸展易变形;雄雏生殖隆起富有弹性,压迫、伸展不易变形。

4. **充血程度**　雌雏生殖隆起血管不发达,且不及表层,刺激不易充血;雄雏生殖隆起血管发达,表层亦有细血管,刺激易充血。

5. **突起前端的形态**　雌雏生殖隆起前端尖,雄雏生殖隆起前端圆。

(三)肛门鉴别的手法　肛门鉴别的操作可分为:①抓雏、握雏;②排粪、翻肛;③鉴别、放雏等3个步骤。

1. **抓雏、握雏**　雏鸡的抓握法一般有夹握法和团握法两种。

（1）夹握法　右手抓握法。
右手朝着雏鸡运动的方向，掌心
贴雏背将雏抓起，然后将雏鸡头部
向左侧迅速移至放在排粪缸附近
的左手，雏背贴掌心，肛门向上，雏
颈轻夹在中指与无名指之间，双翅

夹在食指与中指之间，无名指与小
指弯曲，将两脚夹在掌面（图 1-3-21）。

图 1-3-21　握雏法之一　（夹握法）

　　技术熟练的鉴别员，往往右手一次抓两只雏鸡，当一只移至左
手鉴别时，将另一只夹在右手的无名指与小指之间。

　　（2）团握法　左手直接抓握法。左手朝雏运动的方向，掌心贴
雏背将雏抓起，雏背向掌心，肛门朝上，将雏鸡团握在手中，雏的颈
部和两脚任其自然（图 1-3-22）。

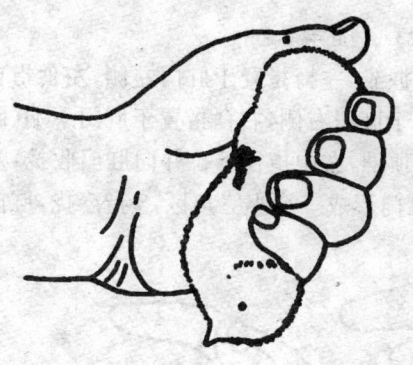

图 1-3-22　握雏法之二　（团握法）

　　（3）两种方法的比较
两种抓握法没有明显差异，
虽然右手抓雏移至左手握
雏需要时间，但因右手较左
手敏捷而得以弥补。团握
法多为熟练鉴别员采用。

　　2．排粪、翻肛

　　（1）排粪　在鉴别观察
前，必须将粪便排出，其手
法是左手拇指轻压雏鸡腹

部左侧髋骨下缘，借助雏鸡呼吸将粪便挤入排粪缸中。有人认为
这样做既费时又伤雏，最好采用紧压雏鸡肛门下缘直肠末端处（第
一、第三种翻肛法用右拇指，第二种翻肛法用右食指），以隔断直肠
与肛门的通路，粪便即不排出。但是笔者认为，由于紧压的程度难
以掌握，压轻仍排粪，压重又伤雏，效果并不理想。

(2)翻肛 翻肛手法较多,下面仅介绍常用的3种方法。

①翻肛手法之一。左手握雏,左拇指从前述排粪的位置移至肛门左侧,左食指弯曲贴于雏鸡背侧,与此同时右食指放在肛门右侧,右拇指侧放在雏鸡脐带处(图1-3-23A)。右拇指沿直线往上顶推,右食指往下拉并往肛门处收拢,左拇指也往里收拢,3指在肛门处形成一个小三角区,3指凑拢一挤,肛门即翻开(图1-3-23B)。

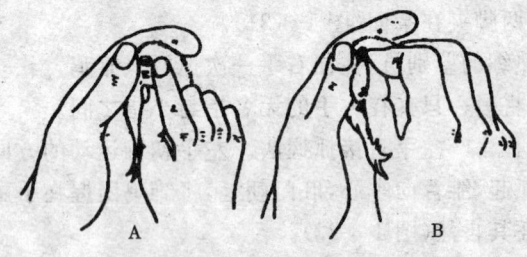

图1-3-23 翻肛手法之一

②翻肛手法之二。左手握雏,左拇指置于肛门左侧,左食指自然伸开,与此同时,右中指置于肛门右侧,右食指置于肛门下端(图1-3-24A)。然后右食指往上顶推,右中指往下拉并向肛门收拢,左拇指向肛门处收拢,3指在肛门形成一个小三角区,3指凑拢,肛门即翻开(图1-3-24B)。

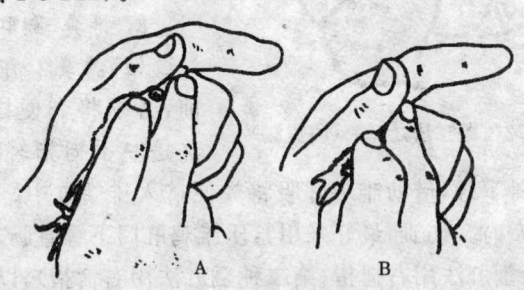

图1-3-24 翻肛手法之二

　　③翻肛手法之三。此法要求鉴别员右手的大拇指留有指甲。翻肛手法基本与翻肛手法之一相同（图1-3-25）。

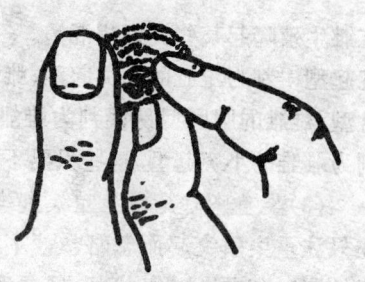

图1-3-25　翻肛手法之三

　　3.鉴别、放雏　根据生殖突起的有无和生殖隆起形态差别，便可判断雌雄。如果有粪便或渗出物排出，可用左拇指或右食指抹去，再行观察。遇生殖隆起一时难以分辨时，也可用左拇指或右食指触摸，观察其充血和弹性程度。

（四）鉴别的适宜时间与鉴别要领

　　1.鉴别的适宜时间　最适宜鉴别时间是出雏后2～12小时。在此时间内，雌、雄雏鸡生殖隆起的性状最显著，雏也好抓握、翻肛。而刚孵出的雏鸡，身体软绵，呼吸弱，蛋黄吸收差，腹部充实，不易翻肛。技术不熟练者甚至造成雏鸡死亡。

　　孵出后1天以上，肛门发紧，难以翻开，而且生殖隆起萎缩，甚至陷入泄殖腔深处，不便观察。因此，鉴别时间以不超过24小时为宜。

　　2.鉴别要领　提高鉴别的准确性和速度，关键在于正确掌握翻肛手法和熟练而准确地分辨雌、雄雏的生殖隆起。

　　（1）正确掌握翻肛手法　既要能翻开肛门，又要使位置正确。翻肛时，3指的指关节不要弯曲，三角区宜小，不要外拉、里顶，才不致人为地造成隆起变形，而发生误判。

　　（2）准确分辨雌雄生殖隆起　在正确翻肛的前提下，鉴别的关键是能否准确地分辨雌雄生殖隆起的细微差异。一般来说，鉴别准确率达到80%～85%并非难事，有几天的训练就可以做到。但要达到生产能够应用的95%～100%准确率及相当速度，却需要较长时间的实践。这是因为出雏后仍有部分雌雏生殖隆起有残留，容易与雄雏生殖隆起某些类型相混淆。一般容易发生误判的是：雌雏的小突起型误判为雄雏的小突起型；雌雏的大突起型易误判为雄雏的正常型；雄雏的肥厚型易误判为雌雏的正常型；雄雏的小突起型易误判为雌雏的小突起型，这些只要不断实践是不难分辨的。

（3）生殖隆起是由生殖突起与"八"字状襞所构成 初学者往往只注重生殖突起而忽略"八"字状襞。正确的做法是注意生殖突起的同时兼顾"八"字状襞，把两者作为一个整体来观察分辨。

（4）关于提高鉴别速度问题 北京市种鸡场孵化厅鉴别师的体会是，要做到"三快、三个一次"。"三快"是：握雏翻肛手要快，辨雌雄脑反应要快，辨别后放雏要快。"三个一次"是：胎粪一次要排净，翻肛一次要翻好，辨认一次要看准。

（五）鉴别注意事项

1. 动作要轻捷 鉴别时动作粗鲁容易损伤肛门或使卵黄囊破裂，影响以后发育，甚至引起雏鸡的死亡。鉴别时间过长，肛门容易被粪便或渗出液掩盖或过分充血，无法辨认。

2. 姿势要自然 鉴别员坐的姿势要自然，持续工作才不易疲劳。

3. 光线要适中 肛门雌雄鉴别法是一种细微结构的观察，故光线要充足而集中，从一个方向射来，光线过强过弱都容易使眼睛疲劳。自然光线一般不具备上述要求，常采用有反光罩的 40～60 瓦乳白灯泡的光线。光线过强（以前多用 200 瓦灯泡），不仅刺激眼睛，而且炽热烤人。

4. 盒位要固定 鉴别桌上的鉴别盒分 3 格，中间一格放未鉴别的混合雏，左边一格放雌雏，右边一格放雄雏。要求位置固定，不要更换，以免发生差错。不仅要求每个鉴别员个人放雏位置固定，而且要求同一孵化场的所有鉴别人员放雏位置一致。

5. 鉴别前要消毒 为了做好防疫工作，鉴别前，要求每个鉴别员穿工作服、鞋，戴帽、口罩，并用新洁尔灭消毒液洗手。

6. 眼睛要保健 肛门鉴别法是用肉眼观察分辨雌雄的一种

方法。鉴别员长年累月用眼睛观察,是技术性很强的劳动,所以必须注意保健,尤其是眼睛的保健。除做广播操、眼保健操之外,应争取多做一些室外运动,并定期进行体检。

(六)肛门鉴别法的练习和雏鸡的解剖

1. 肛门鉴别法的练习　练习时应坚持:"严肃认真,循序渐进,抓住重点,反复实践"的原则。

练习时要循序渐进。首先练习抓雏握雏技术,虽然它并不影响鉴别的准确性,但却影响鉴别速度。其次练习排粪翻肛技术,这是提高准确率和速度的基础。然后再练习分辨雌雄和放雏技术。不要只重视练习观察生殖隆起的形态差异,而忽视其他方面的练习。初学者最好先用雄雏练习,因雄雏价值低,生殖隆起类型多,而且有大量雄雏供观察。在较熟练掌握雄雏生殖隆起的形态之后,再练习鉴别雌雄混合雏,应避免初学者立即鉴别雌雄混合雏。仅掌握雄雏生殖隆起的形态不能算掌握了雌雄鉴别技术,因为部分初生雌雏仍有生殖隆起的残迹存在。有对比才有鉴别,只有正确分辨雌雄雏生殖隆起的差异,才能正确区分雌雄,此时才可以说基本掌握了雌雄鉴别技术。

鉴别法练习的重点是翻肛技术和辨别雌雄技术。肛门能否翻开,能否不产生人为变形或造成人为的生殖突起和"八"字状襞,这是初学者应当注意的问题。在正确翻肛的基础上,苦练辨别雌雄的硬功夫。

掌握雌雄鉴别技术不是一朝一夕能够学会的,应当强调反复实践、反复体会。要做到手脑并用,边实践边体会,遇到不能准确判断时,首先看清牢记生殖隆起的形状及特性,然后再进行解剖观察,这样多次反复,以后遇到同样情况,就可准确辨认雌雄了。

2. 雏鸡的解剖　解剖雏鸡的目的,在于通过直接观察生殖器官,来验证肛门鉴别的判断是否正确。这是初学者提高准确率的重要手段。其解剖步骤如下:①以右手拇指和食指将雏鸡两翼握于雏鸡胸前(图1-3-26A);②右手向外翻转,以左手拇指平行贴于鸡背,其余4指握住雏鸡头部和颈部下端(图1-3-26B);③左手固定不动,右手用力一撕(用力不宜过大),从雏鸡胸前纵向将雏鸡背部与腹部撕开(图1-3-26C);④在撕开的同时,用左手食指(或右手食指)贴雏背向上顶(图1-3-26D),一般即可观察到生殖器官(睾丸或左侧卵巢),如若生殖器官被脏器所掩盖,可用拇指拨开脏器,即露出生殖器官。

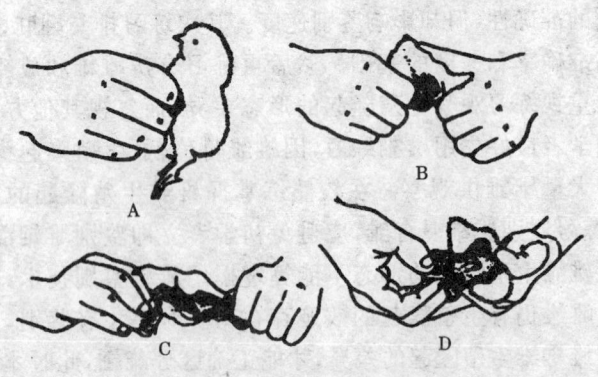

图1-3-26　初生雏鸡解剖法

　　孵化场出雏量很大。要在很短时间内把雌雄鉴别工作做完,鉴别速度必须很快。误判1只雏鸡相当于浪费500克粮食和0.5～0.6元现金,鉴别的准确率必须很高。一般技术熟练的鉴别员每小时鉴别1000～1200只雏鸡,准确率在98%～100%。1984年北京举办了鉴别竞赛,47名选手的平均成绩为100只雏鸡用时5分7秒,准确率98%～100%。获第一名的高亚莉仅用3分33秒,准确率达100%。这与鉴别员的身体条件和技术熟练程度关系很大。鉴别员两眼视力必须在1.2以上,反应快,色盲和色弱都不行。学习过程中要熟记各型生殖隆起,通过大量实践,掌握基本鉴别方法;还要经常从事鉴别工作,注意练习。

三、雌雄鉴别室的设计和设备

（一）雌雄鉴别室的设计

1. 鉴别室的位置及布局　雌雄鉴别室位于孵化厅工艺流程后端的雏鸡处置室近出雏室一端,前与出雏室相邻,后与雏鸡免疫和雏鸡待运室相通,以便于将初生雏及时送到鉴别室,鉴别后的雏鸡经过免疫及时存放在雏鸡待运室。

鉴别室内的布局,可根据具体情况而定。原则上要注意:①因为室内既有未鉴别的混合雏,又有鉴别后的雌、雄雏,所以要考虑到各种雏鸡的存放位置及面积,以防止出现错乱;②雏鸡尽量离鉴别员近些,以节省搬运雏鸡的时间。

2. 鉴别室的设计要求　鉴别室设计总的要求是:面积足,利消毒,通风好,保温强,低照度,遮光好。

（1）面积　鉴别室的总面积,应根据鉴别任务的大小而定(最大出雏量和每位鉴别员 6 000 只混合雏计算),每个鉴别员占地面积一般不少于 12 平方米(包括存放鉴别雏的地方)。

（2）地面　水泥地面,平坦无积水,有上下水道,以便每次鉴别完毕后冲洗消毒。

（3）墙壁　为了便于清扫冲洗,在离地 1 米高的墙壁上,用水泥抹平并刷上油漆或防水涂料。

（4）窗户　为了保温和遮光,在离地 1.7 米以上开一宽 90～100 厘米的条形窗。

（5）门　鉴别室只有 1 个出入口,也就是孵化厅的人员出入口,鉴别员出入鉴别室都要消毒更衣。室内还有接通出雏室、洗涤室和雏鸡待运室的门,这些门平时均上锁。

3. 鉴别室的温度、照度和通风　虽然初生雏鸡绒毛短稀,御寒能力很差,需要较高的环境温度,但在雏盒里的雏鸡密度大(每只雏仅占约 27 平方厘米,即每平方米高达 370 只,为育雏室雏鸡密度的 15 倍），当环境温度为 26℃时，由于雏鸡产热，盒中温度可达 39.2℃。故鉴别室的室温保持在 22℃～26℃即可，这样鉴别人员也不致感到不适。室内光线要暗些，这样雏鸡较安静，也不影响鉴别光线的集中，照度一般为 10 勒（3 瓦/米²）。窗户最好有黑红布遮光，设空气调节器，以便排出室内污浊空气和余热。

（二）鉴别设备

1. 鉴别桌　鉴别桌采用无屉桌。其规格为：长 130 厘米×宽 68 厘米×高 66 厘米。桌面四边中部钉直径 0.8 厘米的圆柱形小木橛，以固定鉴别盒的位置不致移动（图 1-3-27）。

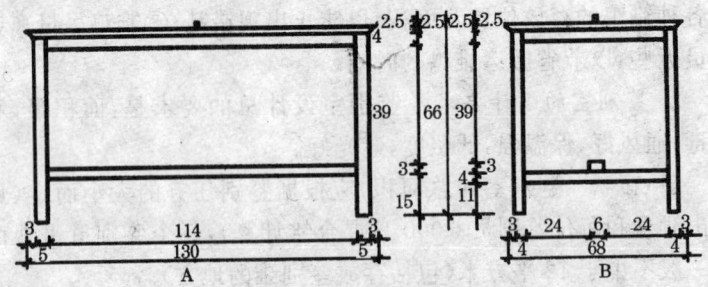

图 1-3-27　鉴别桌　（单位：厘米）

A. 正立面图　B. 侧立面图

2. 鉴别盒　鉴别盒是一个前低后高与鉴别桌面大小相同的无底长方形盒。其规格是：长 130 厘米×宽 68 厘米×前高 14 厘米、后高 20 厘米。盒内由两块厚 1.5 厘米的隔板分成 3 格。中格较大，宽 46 厘米，放未鉴别的混合雏；左右两格大小一样（均宽 38.5 厘米），分别存放雌雏和雄雏。该盒无底较易清洗消毒。盒底四边侧壁与鉴别桌的小木橛相应位置，各钻一深约 1 厘米的小孔，以固定鉴别盒。笔者观察发现，当中格混合雏少时，鉴别员经常将雏鸡从远端拨向前边以便抓雏鉴别，这样既影响鉴别速度，又影响节奏。为此，笔者设计了中格的"雏鸡调节板"，它由 1 块带有若干直径 1 厘米透气孔的活动板和 3 根直径 5 毫米的活动板滑道组成。鉴别员根据雏鸡数量及位置,拨动"雏鸡调节板",将雏鸡向前端靠拢,以便鉴别员抓雏鉴别(图1-3-28)。

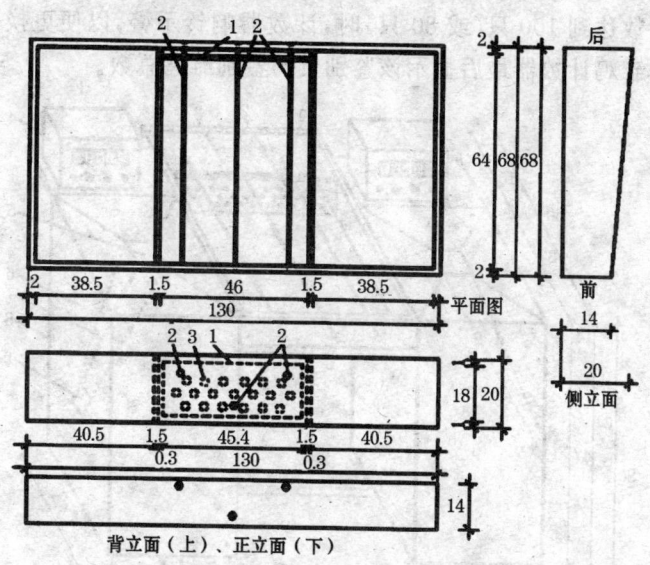

图1-3-28　鉴别盒　(单位:厘米)

1. 雏鸡调节板　2. 滑道　3. 透气孔

　3. 配有雏鸡自动计数器的鉴别桌　为了便于管理,对于出雏量较大的孵化场,最好采用雏鸡自动计数器。这样既可以准确无误地统计公、母雏数量,又可以考核鉴别员的工作量。鉴别桌规格为长125厘米×宽60厘米×高80厘米,并设有"雏鸡调节板"。其中无底雏鸡鉴别盒(放混合雏)的规格为长51厘米×宽60厘米×高14~20厘米(即前高14厘米,后高20厘米),雏鸡箱(左放母雏、右放公雏)的规格均为长37厘米×宽37厘米×高80厘米,顶盖制成斜坡状,中间留有9厘米×9厘米的雏鸡进口方孔,并通过斜管开口于外侧壁底边的口径为6厘米×6厘米的雏鸡出口(图1-3-29)。经过鉴别的公、母雏,分别滑入左边或右边的雏鸡进口并通过斜管从雏鸡出口，掉入下面的雏鸡盒中。每只雏鸡通过斜管中的光电接收器时，即被计数 1 次，并在雏鸡计数器中显示。当计数达到 100 只(或 80 只)时，计数器响铃示警，以便更换雏鸡盒。雏鸡计数器最后显示该鉴别员的鉴别雏鸡总数。

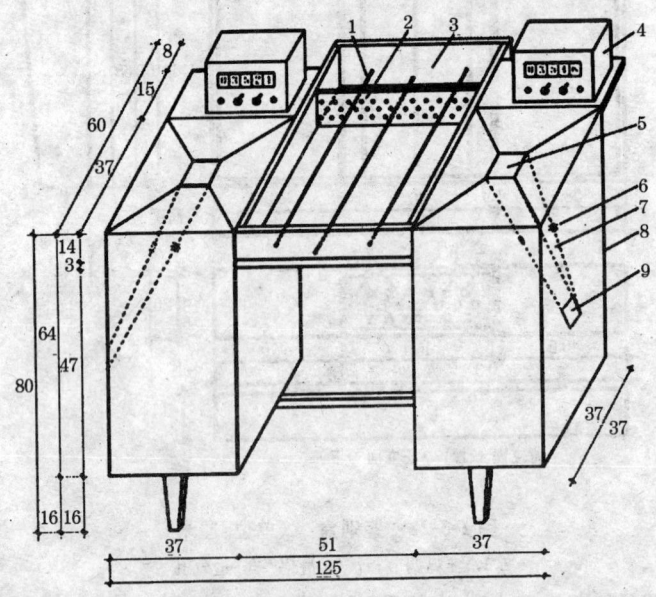

图 1-3-29　配有雏鸡自动计数器的鉴别桌轴测图　(单位：厘米)

1. 调节板滑道　2. 雏鸡调节板　3. 鉴别盒(无底)　4. 雏鸡计数器

5. 雏鸡进口　6. 光电接收器　7. 斜管　8. 箱体　9. 雏鸡出口

4. **鉴别椅**　要求椅面离地高 45 厘米左右，最好用转椅，以便根据鉴别员的身材及习惯具体调节高度。

5. **鉴别灯**　可用高脚座式反光手术灯，灯杆高不超过 80 厘米，蛇皮管长 30 厘米左右。一般用 40 瓦的乳白灯泡，如果鉴别员背靠墙坐，也可采用有伸缩架带反光罩的壁灯，鉴别时将灯拉出，鉴别完毕将灯推靠墙壁。或采用夹式带蛇皮管的有罩灯，将灯夹在鉴别盒的背立面上，调节适当角度。

6. 排粪缸 以医用油膏缸代替。缸高约 12 厘米,直径约 13 厘米。

7. 雏鸡盒 详见第一章第二节的图 1-1-14。

（王庆民）

第四章　孵化场的经营管理

经营管理的目的是使企业利润最大化。孵化场分为独立孵化场和隶属于种鸡场的孵化场。独立孵化场一般需要从外面购进种蛋，隶属种鸡场的孵化场的种蛋由种鸡场提供。无论哪种类型的孵化场都需要把雏鸡的成本降低、质量提高。雏鸡的销售价格虽然受制于市场等一些因素，但是降低生产成本可以提高孵化场的经济效益。孵化场的管理工作包括很多内容，孵化场的经营者必须熟悉这些内容，并及时对生产过程中的问题做出评价。

第一节　人员的管理

工作人员的技术水平和工作态度决定了孵化场工作效率和产品质量。必须加强人员的管理和技术培训，提高工作人员的责任心和遇到突发事件的处理能力。

一、孵化场的人员配置

孵化场的人员数量根据孵化场的规模来确定。由于孵化场是24 小时运转的车间，而且消毒要求比较严格，因此人员要做到优化配置。

（一）孵化场的规模　小型孵化场一般指年孵化种蛋 300 万个以下的孵化场，年平均出母雏 120 万只或肉鸡 250 万只左右。小型孵化场一般有 19200 型入孵器和出雏器 16 台或巷道式孵化器 3 台套以下。中型孵化场一般年孵化种蛋 300 万～1 500 万个，年平均出母雏在 120 万～600 万只或肉鸡 250 万～1 250 万只，一般拥有巷道式孵化器 15 台套。大型孵化场一般指年孵化种蛋 1 500

万个以上,但孵化量最好不要超过 5 000 万个,可以建设独立的几个孵化场来扩大孵化量。

(二)人员数量的确定　大型孵化场一般都隶属于大型种鸡场,在人员上可以减少一些后勤人员,年孵化能力 1 500 万个种蛋的孵化场需要配备孵化人员 30 名,孵化量每增加 100 万个,只需要增加 1 人。

(三)人员类型和分工

1. 正、副场长　负责整个孵化场的生产工作,同时负责人员分工和管理,场长不在时副场长负责全面工作。

2. 正、副电工　负责孵化器、发电机、电路的维护和维修。

3. 蛋库保管员　负责种蛋的出库入库。

4. 孵化室人员　负责种蛋的码盘、照蛋、孵化室的卫生消毒、入孵器的监视巡查。

5. 出雏室人员　一般不和孵化室的人员混用,负责移盘(与孵化室人协作完成)、出雏、雏鸡处理、出雏室卫生等。

6. 雏鸡保管员　负责雏鸡在运输前的保管和发雏数量的核对。

7. 鉴别员　负责雏鸡的雌雄鉴别。

8. 统计员　负责孵化场的种蛋、雏鸡以及副产品的进出,并对每批的孵化效果进行统计,结果上报场长。

9. 司机　负责运输人员、货物和运送雏鸡工作。

10. 其他　包括门卫、食堂炊事员、值班人员等。相关人员应当经过必要的技术培训,持证上岗。

二、岗位责任制

(一)制定责任制的目的　制定目标责任制的目的是提高工作人员的责任心和工作效率,降低成本增加效益。根据不同的岗位制定岗位目标责任制和相应的奖惩办法,并严格执行。

（二）岗位责任制的内容　不同的孵化场条件不同，工作的内容也不完全相同，孵化蛋鸡和孵化肉鸡也不相同，所以责任制的制定要因场制宜，但以下内容应包括进去。

1. 种蛋的保管　种蛋交接手续齐全，数量准确，消毒按要求进行，入库种蛋分类清楚，标注日期和品种等，数据及时录入电脑。

2. 值班记录　值班人员定时巡查，检查温度、湿度、风扇的转动、风门大小是否符合要求，转蛋间隔时间、角度是否正常。主要技术环节的记录、交接班记录和注意事项，保证生产的连续性。

3. 安全用电制度　规定不准乱拉乱接电线、电器，运转不正常的设备不能使用，由专业人员维修，一般工作人员只能报告不能自行处理，人员进入孵化器前或停电后要关闭电源。清洗孵化器要避免水流射到电源或机器敏感部件。

4. 防疫要求　制定卫生防疫制度，要求人员严格遵守。严格消毒程序，室内保持清洁，蛋托、孵化盘、出雏盘要及时彻底消毒，出雏废弃物要及时做无害化处理。

5. 出库销售制度　雏鸡质量要求可靠、数量准确，按提货单如实发货。

6. 投诉处理　客户反映质量、数量等问题要有处理方案和处理途径。

7. 报表要求　规定表格的记录内容，对每一批次的孵化记录和出雏结果要认真填写，字迹工整，及时上报。

8. 处罚　按照岗位责任制规定的内容对生产环节进行监督，发现问题及时处理，相关责任人要进行经济处罚或行政处分。

9. 奖励　制定相应的经济指标，超过部分对孵化人员进行奖励。确定孵化指标时不要太高也不要太低，太低无约束力，太高不容易超过，也影响积极性和收入的提高。由于孵化场无法控制种蛋的受精率，所以受精率不作为孵化场的考核指标。种蛋的保存时间和保存条件影响种蛋的死胚率，孵化场可以按活胚出雏率来制定责任指标,由于孵化人员操作失误造成的高温致胚胎死亡要追究责任。

第二节　孵化的计划管理

一、制定孵化计划的依据

优质种蛋的稳定供应是孵化场经营有效益的必要条件。专业孵化场要从专门的种鸡场购买种蛋,在雏鸡供应的旺季要确保雏鸡的数量,必须有计划地提前预购种蛋。种蛋供应数量必须充足,以保证孵出的雏鸡能够满足销售需要。孵化场要制定一个3个月以上甚至6个月以上的销售规划。对有固定用户的孵化场尽可能制定长期的供应计划,制订销售计划主要依据以下内容。

(一)历年月销售　往年各月的销售情况。

(二)对雏鸡的周期性需求　春季和秋季是买雏的高峰,夏季和冬季是淡季,本年养鸡利润的高低都影响翌年的定货量,这些都必须在制订销售计划时考虑进去。

(三)市场潜力　孵化场往年产品在市场上反馈的口碑可能影响销量。种鸡场雏鸡销售量是否与养鸡业需要量的增长同步前进?如果同步前进则市场信誉好,反之则存在问题,须提高服务质量。

(四)新增顾客　新的顾客来自新建养鸡企业,还是来自竞争对手?列出在你场经销范围内所有可能成为顾客的名单。有哪几家顾客现在已由你场供应雏鸡,有哪几家也许可能由你场供应。

(五)隶属于种鸡场的孵化场　附属于种鸡企业集团的孵化场雏鸡销售计划的依据就有所不同,在这种情况下,每周雏鸡需求量取决于自己加工数量,或取决于生产一定数量食用蛋所需的商品蛋鸡母雏数。

二、确定种鸡数量

确定每月孵化的雏鸡数量后,接下来要确定生产这种蛋所需的种鸡数。最好列表进行计算,饲养手册都提供每周每只鸡产种蛋数,从而可确定种鸡群所产种蛋的总数。每月种蛋生产量要与每月雏鸡需要数相适应。

(一)种蛋自筹　如果种蛋来源于孵化场自办的种鸡场,则饲养种鸡数量能够生产足够数量的种蛋即可。如果鸡场有好几个,要协调好各场之间的供应情况,种鸡场要做到全进全出。

(二)种蛋外购　如孵化场没有自办的种鸡场或鸡场数不够,则必须与别家禽场就种蛋供应达成协议,也可以由别的鸡场代养种鸡。代养种鸡的鸡场通常提供场舍、设备和劳力,饲料可以由饲养场提供也可以由孵化场确定饲料厂商。孵化场通常提供1日龄种雏,回收所有种蛋。孵化场和鸡场签订的合同中要明确各方的责任和义务,以及违约责任。为了促使种鸡饲养方提高种鸡质量和种蛋质量,合同中规定对高孵化率种蛋进行奖励。

三、种蛋与雏鸡数间的关系

确定孵化一定数量雏鸡所需的种蛋数是成本管理工作的一部分。不同鸡群所产种蛋孵化率的不同,一年中不同季节、种鸡年龄的不同等都会影响孵化率。因此,必须考虑到所有影响孵化效果的因素来计算确定入孵种蛋数。例如,入孵肉鸡种蛋100 000个,而孵化率为80%,则共可出雏80 000只,但若有2%残次不合格品和2%损耗,剩"可售雏数"为76 800只。另外,在孵化蛋鸡时还要考虑只有一半的雏鸡是母鸡。

第三节 雏鸡生产成本

一、雏鸡成本的构成

会计工作必须做到使孵化场负责人能够了解该孵化场的生产成本。负责人仅仅知道孵化率、发运和销售雏鸡的总成本是不够的,还必须知道经营各个业务环节的单位成本,即必须知道每只雏鸡的成本。经营过程中的成本发生主要包括种蛋采购费、种蛋费、孵化费、雏鸡处理费、包装费、运送费和管理费。

表 1-4-1 列举了几个重要业务环节的单项成本。只有经常了解这些数据,才能管理好孵化场。有一些数据,如杂项开支、总务费和销售费,每周进行核算时可以估算一下,但在月终结算时则必须准确计算。

(一)种蛋采购成本 种蛋采购成本包括人工费、运费等其他费用。

(二)种蛋成本 种蛋成本是随市场供求而波动的,而且种蛋的孵化率也不同。这两个因素共同影响雏鸡的成本,所以必须算出"孵出 1 只雏鸡的种蛋成本"。生产 1 只雏鸡的种蛋成本变动很大。因此,在分析这些成本时,种蛋成本和孵化率必须分开考虑。

如果种蛋是购入的,成本就是支付的款额。如果是来自联营的鸡场,则种蛋通常按其生产成本计入孵化场经营成本总目,不计鸡场利润。因为一个联营企业只有当最终产品出售后才计利润。

不同孵化率对肉用仔鸡每只可售混合雏种蛋成本有显著影响。会计记财务账时不可能按孵化率每批计算成本。与此相反,财务账册只记种蛋成本,然后将一定时期内的种蛋总成本除以由这些种蛋孵出的可售雏鸡数,即得出每只可售雏鸡的种蛋成本。孵出的可售雏鸡百分率越高,则每只雏鸡的种蛋成本愈低。

表1-4-1　雏鸡成本构成

项　目	蛋鸡母雏		肉鸡混合雏	
	单价(元)	比例(%)	单价(元)	比例(%)
种蛋费	2.00	66.67	2.00	74.07
种蛋采购费	0.125	4.17	0.06	2.22
孵化费	0.375	12.50	0.31	11.48
运　费	0.20	6.67	0.20	7.41
销售费	0.20	6.67	0.03	1.11
管理费	0.10	3.33	0.10	3.70
合　计	3.00	100	2.70	100

注:蛋鸡种蛋价格0.8元/个,健雏孵化率80%,50%母雏;肉鸡种蛋价格1.6元/个,健雏孵化率80%

即使种蛋成本相同而孵化率不同时,每生产一只雏鸡的成本也不同。

(三)孵化成本　除种蛋成本外,在孵化场实际生产环节中还有许多其他成本。这些成本通常由会计分成各个不同的种类。虽然各孵化场种类划分有不同,但都包括以下几项主要的会计科目。

孵化费会计科目有:①人工费;②取暖、照明和电力费;③折旧费;④雏鸡盒;⑤维修保养;⑥易耗品;⑦杂项开支;⑧服务费(断喙、雌雄鉴别、剪冠等);⑨管理费(办公费、电话费、管理费、税款和保险费等)。

(四)运输成本　雏鸡的运送一般都由孵化场来承担,因为孵化场有运输经验和专用的车辆。运费与运输距离远近有关,运输必须与别的孵化费用分开,独立的按"每只雏鸡"进行核算。运输鸡的工具可以是卡车、火车或飞机。

运输费的会计科目有:①人工,包括一切津贴在内;②车辆行驶费;③车辆折旧费;④飞机或火车费用;⑤杂项开支(通行费、停车费、司机费、制服费等);⑥管理费。

（五）**销售成本** 孵化场经营环节中最后1项费用是销售费，销售成本按1只雏鸡为单位进行计算，这项费用数额变化很大。孵化场销售蛋用型雏鸡时销售费通常很高，而肉鸡"一条龙"企业的孵化场实际上不需要销售费。

销售费的会计分类科目可分：①人工和佣金；②车辆行驶费；③车辆折旧费；④销售人员差旅费；⑤广告费；⑥杂项开支；⑦管理费。

蛋鸡孵化场的成本核算不同于商品肉鸡，蛋鸡孵化场只售母雏，公雏是副产物，通常都销毁掉，即使出售价格也很低。蛋鸡母雏的生产成本两倍于不分雌雄的肉鸡。

二、影响每只雏鸡孵化成本的因素

（一）**劳动效率** 自动化和提高劳动效率是降低人工费用的手段。度量劳动效率的指标是"孵化场平均每一职工孵出的雏鸡数"。一个孵化场可根据这项数据测定其在一段时期内各周或各月的劳动效率变化。

（二）**工资比率** 孵化场每小时的人工费用是孵化场成本的一个重要判断尺度。在多数情况下须提高工作效率以抵消工资费用的增长。

（三）**经营管理效率** 负责人要有工作能力，能领导职工很好地完成本职工作，并且有清醒的成本观念。

（四）**孵化器生产能力的利用率** 市场对雏鸡的需要量有周期性的变化，在"淡季"成本会受到影响，要提高孵化器的使用效率，利用地区和气候差异签订合同。

（五）**种蛋孵化率** 在决定雏鸡成本的诸多因素中，孵化率是重要的。孵化率低下就难以保持竞争力。

（六）**经营规模** 一般来说，孵化场规模较大则每只雏鸡的孵化成本就较低。对生产商品蛋鸡母雏的孵化场来说尤为明显。商品蛋鸡母雏需要量的季节性变动比肉用雏鸡要大得多。

（七）孵化场的新旧和条件　此两者都能影响经营效果或孵化率。老孵化场因为孵化厅设计及孵化设施落后，不易落实卫生防疫措施，雏鸡质量会受到损害。

（八）折旧费　孵化场应装备良好，清洁卫生，并且生产效率高。但建筑不宜豪华昂贵，否则只会增加折旧费用。

（九）购货折扣　要善于在市场上选择物美价廉的供应商。

（十）公用事业费价格　孵化场要耗用大量电力。电费价格是很重要的。孵化场接电线时要考察是农业用电、工业用电还是商业用电，商业用电一般较贵，农业用电比较便宜。孵化场要有独立的变压器和备用发电机。

第四节　孵化场管理记录

记录的目的是能有效地发现孵化效率差的原因并及时予以纠正。要管理好一个孵化场，把成本维持在最低水平，负责人应在每次出雏后、每周和每月末，都得到有关记录。

出雏报表须于每次出雏后立即填报。除每只出壳雏鸡的种蛋成本以外，其他所有成本数据，最好根据上月的实际成本进行估计及时得出。

到月底应将准确的经营成本报表以及包括孵化率成本在内的其他有关报表交给负责人。报表保存期不低于 3 年。

月报表一般应包括孵化率数据、成本分析、其他数据三大部分。

孵化率数据包括：①本月孵化场入孵种蛋容量；②本月内入孵种蛋数量；③本月总出雏数；④本月总出雏数孵化率；⑤本月标准孵化率；⑥残次雏（等外品）百分率；⑦备耗雏百分率；⑧可售雏总数；⑨可售雏孵化率；⑩可售雏销毁数。

　　成本分析包括：①每箱种蛋采购费；②每只可售雏的种蛋费；③孵出1只可售雏的总成本；④发运1只可售雏的总费用；⑤销售1只雏鸡总费用；⑥孵化、发运和销售1只雏鸡总成本。

　　其他数据包括：①采购人员总数；②孵化场职工总数；③销售人员总数；④孵化场每一职工平均生产雏鸡数；⑤每一运输职工平均发运雏鸡数；⑥本月出雏次数。

（宁中华）

第二编　蛋鸡高效益
饲养技术

第一章　目前国内外主要蛋用鸡种

现代化养鸡业的兴起,使种鸡场具有重要的地位。一个养鸡场的品种是否优良,已成为衡量这个企业经营水平的主要依据。

我国养鸡业历史悠久,加之幅员辽阔,人口众多,故饲养普遍。劳动人民通过长期的生产实践,选育出了不少地方优良品种。这些地方品种各具一定的优良特性或特征,耐粗饲,抗病力强,肉质优良等特点。缺点是饲养周期长,饲料转化率较低,生产效益差。

畜鸡良种的培育、引进、推广是畜牧业发展的基础工作之一,也是畜牧业技术进步的重要标志。从 20 世纪 70 年代中期推广工厂化养鸡以来,带动了良种蛋鸡的引进。在生产中,我国几乎引遍了世界的知名品种。建立了从原种、曾祖代、祖代、父母代到商品代的繁育体系。祖代种鸡自产或进口每年 40 万套左右,可提供 2 800 万套父母代种鸡。鸡种的种质水平,已经和国际接轨。良种蛋鸡的引进,不仅促进了蛋鸡生产的发展,而且促进了配合饲料工业、养鸡设备工业的发展。我国农村广大养鸡户用自己生产的粮食生产鸡饲料,实现粮食转化和增值,成为农民增收的一个重要项目。

目前,我国的蛋鸡品种分为引进与培育的蛋用鸡种和地方鸡种。工厂化养鸡多采用引进和培育的蛋用鸡种,果园林地散养鸡,多采用本地鸡种。

第一节　引进和培育的蛋用鸡种

现代鸡种是利用品系繁育技术,培育出专门的父本品系和母本品系,之后通过配合力测定所选择出的优秀杂交组合。目前,世界范围内的蛋鸡育种公司由于相互收购和兼并,向世界提供蛋鸡的商业育种公司集中为3家,即德国罗曼家禽育种公司(其产品有罗曼褐、罗曼粉、罗曼精选来航;海兰褐、海兰 W-36;尼克红、尼克白、尼克粉等)、法国伊萨家禽育种公司(其产品有伊萨褐、新红褐、伊萨巴布考克 B-380、雪弗白、雪弗褐等)和荷兰的汉德克家禽育种公司(其产品有宝万斯褐、宝万斯高兰、宝万斯粉、宝万斯尼拉、海赛克斯褐、海赛克斯白、迪卡褐、迪卡白等),3 个公司的产品占世界蛋鸡市场的 80% 以上。

由于各个育种公司不断向市场推出新的配套杂交组合,因此在蛋鸡市场上多数鸡种在经过 5~8 年的推广时期后就可能消失而为其他鸡种所替代。在引种的时候需要向当地专家请教有关品种的资料信息。

一、白壳蛋鸡

白壳蛋鸡主要是以来航鸡品种为基础育成的,是蛋用鸡的典型代表。这种鸡开产早,产蛋量高;无就巢性;体型小,耗料少,产蛋的饲料报酬高;蛋中血斑和肉斑率很低。不足之处是蛋重小;神经质,胆小怕人,抗应激性较差;好动爱飞;啄癖多,特别是开产初期啄肛造成的伤亡率较高。

(一)北京白鸡　北京白鸡是华都集团北京市种鸡公司从 1975 年开始,在引进国外白壳蛋鸡的基础上培育成功的系列型优良蛋用鸡新品种(如华都京白 939、华都京白 A98 等)。该鸡体型小而清秀,全身着白色羽毛紧贴身躯。北京白鸡的主要特点是性成熟早、产蛋率高、饲料消耗少、适应性强。北京白鸡年产蛋 260~280 个,平均蛋重 57 克,每生产 1 千克蛋耗饲料 2.3 千克左右,均达到了商品代蛋鸡的国际水平。这种鸡既可在北方饲养,也可在南方饲养,既适于工厂化高密度笼养,也适于散养。

(二)海赛克斯白　该鸡系荷兰优利布里德公司育成的四系配

套杂交鸡。以产蛋量高、蛋重大而著称,被认为是当代最高产的白壳蛋鸡之一。该鸡135~140日龄见蛋,160日龄达50%产蛋率,210~220日龄产蛋高峰产蛋率达90%以上,总产蛋重16~17千克。据英国、瑞典、德国、比利时、奥地利等国测定的资料综合:72周龄产蛋量274.1个,平均蛋重60.4克,每千克蛋耗料2.6千克;产蛋期存活率92.5%。2001年聊城金鸡种鸡有限公司从荷兰引进祖代种鸡。

(三)尼克白鸡 尼克白鸡系美国辉瑞公司育成的三系配套杂交鸡。祖代鸡1979年引入广州市黄陂鸡场。目前有些地方仍有饲养,主要是作为育种素材使用。据英国和瑞典各个家鸡测定站的资料综合:72周龄产蛋量272个,平均蛋重60.1克,每千克蛋耗料2.5千克;产蛋期末体重1.81千克;产蛋期存活率92.54%。

(四)罗曼白 罗曼白系德国罗曼公司育成的两系配套杂交鸡。据罗曼公司的资料,罗曼白商品代鸡:0~20周龄育成率96%~98%;20周龄体重1.3~1.35千克;150~155日龄达50%产蛋率,高峰产蛋率92%~94%,72周龄产蛋量290~300个,平均蛋重62.63克,总产蛋重18~19千克,每千克蛋耗料2.3~2.4千克;产蛋期末体重1.75~1.85千克;产蛋期存活率94%~96%。目前,河南省华罗家禽育种有限公司已引进罗曼白鸡的父母代。

(五)海兰W-36 该鸡系美国海兰国际公司育成的配套杂交鸡。据该公司的资料,海兰W-36商品代鸡:0~18周龄育成率97%,平均体重1.28千克;161日龄达50%产蛋率,高峰产蛋率91%~94%,32周龄平均蛋重56.7克,70周龄平均蛋重64.8克,80周龄入舍鸡产蛋量294~315个,饲养日产蛋量305~325个;产蛋期存活率90%~94%。海兰W-36雏可通过羽速自别雌雄。

(六)新杨白 新杨白壳蛋鸡配套系是由上海新杨家禽育种中心主持培育的蛋鸡配套系新品种。该配套系具有典型的单冠白来航蛋鸡特征：①全身白色，占98%；全身雪白色，占2%；②脚色黄偏红；③公、母雏喙上缘无绒毛。

新杨白商品代鸡生长发育参数与生产性能见表2-2-1。

表2-2-1 新杨白商品代鸡主要生长发育参数与生产性能

鉴别方式	羽速自别
1～18周龄成活率	95%～98%
1～18周龄耗料量	5～5.5千克
20周龄体重	1300～1400克
50%产蛋率日龄	142～147天
饲养日高峰产蛋率	92%～95%
72周龄产蛋数	295～305枚
产蛋重	18～19千克
产蛋期日耗料	108～110克
平均蛋重	61.5～63.5克
成活率	91%～94%
72周龄体重	1650～1700克
料蛋比	2.08～2.2：1

二、褐壳蛋鸡

褐壳蛋鸡是在蛋肉兼用型鸡的基础上经过现代育种技术选育出的高产配套品系。褐壳蛋鸡的蛋重大，蛋的破损率较低，适于运输和保存；鸡性情温顺，对应激因素的敏感性较低，好管理；耐寒性好，冬季产蛋率较平稳；啄癖少，因而死亡、淘汰率较低；杂交鸡可从羽色自别雌雄。但褐壳蛋鸡体重较大，采食量每天比白羽鸡多5～6克；体型大，耐热性较差；蛋中血斑和肉斑率高，感观不太好。

（一）伊莎褐 伊莎褐系法国伊莎公司育成的四系配套杂交

鸡。是目前国际上最优秀的高产褐壳蛋鸡之一。伊莎褐父本两系为红褐色,母本两系均为白色。商品代雏可从羽色自别雌雄,公雏白色,母雏褐色。据伊莎公司的资料,商品代鸡:0~20周龄育成率97%~98%;20周龄体重1.6千克;21周龄达5%产蛋率,23周龄达50%产蛋率,25周龄母鸡进入产蛋高峰期,高峰产蛋率93%,76周龄入舍母鸡产蛋量292个,饲养日产蛋量302个,平均蛋重62.5克,总产蛋重18.2千克,每千克蛋耗料2.4~2.5千克;产蛋期末体重2.25千克;存活率93%。

2002年5月荷兰汉德克家禽育种公司北京办事处提供的资料,2001~2002年荷兰来列斯特(LELYSTAD)测定中心对褐壳蛋鸡随机抽样测验结果,伊莎褐产蛋性能:入舍母鸡产蛋量320个,饲养日产蛋量334个,平均蛋重62.1克,总产蛋重19.87千克,饲料转化率2.14;日采食量113克;死亡率9.4%。目前,江苏省无锡市养鸡集团有限公司饲养该鸡。

(二)海赛克斯褐　海赛克斯褐系荷兰优利布里德公司育成的四系配套杂交鸡。是目前国际上产蛋性能最好的褐壳蛋鸡之一。父本两系均为红褐色,母本两系均为白色。商品代雏可从羽色自别雌雄:公雏为白色,母雏为褐色。据该公司介绍,商品代鸡:0~20周龄育成率97%;20周龄体重1.63千克;78周龄产蛋量302个,平均蛋重63.6克,总产蛋重19.2千克,每千克蛋耗料2.38千克;产蛋期末体重2.22千克;产蛋期存活率95%。海赛克斯褐祖代鸡于1985年10月由北京市大兴县芦城种鸡场引进,目前上海、北京、大连等地均有该鸡。2001~2002年荷兰来列斯特测定中心对褐壳蛋鸡随机抽样测验结果(518日龄):入舍母鸡产蛋量327个,饲养日产蛋量337个,平均蛋重60.9克,总产蛋重19.91千克;21~74周龄产蛋率72.5%;日采食量111克;饲料转化率2.12;死亡率8.2%。

(三)罗曼褐　罗曼褐系德国罗曼公司育成的四系配套、产褐

壳蛋的高产蛋鸡。父本两系均为褐羽,母本两系均为白羽。商品
代雏鸡可从羽色自别雌雄:公雏白羽,母雏褐羽。据该公司的资
料,罗曼褐商品鸡:0～20周龄育成率97%～98%,152～158日龄
达50%产蛋率;0～20周龄总耗料7.4～7.8千克;20周龄体重
1.5～1.6千克;产蛋高峰期的峰值90%～93%,72周龄入舍母鸡
产蛋量285～295个,12月龄平均蛋重63.5～64.5克,入舍母鸡
总产蛋重18.2～18.8千克,每千克蛋耗料2.3～2.4千克;产蛋期
末体重2.2～2.4千克;产蛋期存活率94%～96%。2001～2002
年荷兰来列斯特测定中心对褐壳蛋鸡随机抽样测验结果(518日
龄):入舍母鸡产蛋量301个,饲养日产蛋量319个,平均蛋重
62.6克,总产蛋重18.83千克;71～74周龄产蛋率70.1%;日采
食量109克;饲料转化率2.14;死亡率11.4%。中德合资河南省
华罗家禽育种有限公司于1996年、1997年、1998年、2000年、
2002年曾多次引进该鸡祖代种鸡。

　　(四)迪卡褐　迪卡褐系由美国迪卡公司育成的四系配套杂交
鸡。父本两系均为褐羽,母本两系均为白羽,商品代雏可用羽色自
别雌雄:公雏白色,母雏褐色。据该公司提供的资料,商品代蛋鸡:
20周龄体重1.65千克;0～20周龄育成率97%～98%;24～25周
龄达50%产蛋率,高峰产蛋率达90%～95%,90%以上产蛋率可
持续12周,78周龄产蛋量为285～310个,蛋重63.5～64.5克,
总产蛋重18～19.9千克,每千克蛋耗料2.58克;产蛋期存活率
90%～95%。2001～2002年荷兰来列斯特测定中心对褐壳蛋鸡
随机抽样测验结果(518日龄):入舍母鸡产蛋量324个,饲养日产
蛋量337个,平均蛋重63.6克,总产蛋重20.61千克;71～74周
龄产蛋率73.8%;采食量115克;饲料转化率2.09;死亡率
12.3%。目前,中外合资的上海大江有限公司是我国迪卡褐祖代
鸡规模最大的供种基地,父母代场遍布全国各地。

　　(五)海兰褐　海兰褐系美国海兰国际公司育成的四系配套杂

交鸡。父本鸡红褐色,母本鸡白色。商品雏鸡可用羽色自别雌雄:公雏白色,母雏褐色。据海兰国际公司的资料,海兰褐商品鸡:0～20周龄育成率97%;20周龄体重1.54千克,156日龄达50%产蛋率,29周龄达到产蛋高峰,高峰产蛋率91%～96%,18～80周龄饲养日产蛋量299～318个,32周龄平均蛋重60.4克,每千克蛋耗料2.5千克;20～74周龄母鸡存活率91%～95%。2001～2002年荷兰来列斯特测定中心对褐壳蛋鸡随机抽样测验结果(518日龄):入舍母鸡产蛋量316个,饲养日产蛋量330个,平均蛋重61.6克,总产蛋重19.35千克;71～74周龄产蛋率73.1%;日采食量111克;饲料转化率2.15;死亡率8.2%。目前上海市新杨家禽育种中心、四川省成都市种畜场、北京市南口农场、安徽省合肥市南方鸡场都有该品种。

（六）宝万斯 宝万斯系荷兰汉德克家禽育种公司选育的。据称该鸡以成活率高、抗病力强和耐粗饲为特点。2001～2002年荷兰来列斯特测定中心对褐壳蛋鸡随机抽样测验结果(518日龄):入舍母鸡产蛋量330个,饲养日产蛋量339个,71～74周龄产蛋率75%;平均蛋重62.6克,总产蛋重20.62千克;日采食量118克;饲料转化率2.19;死亡率6.8%。宝万斯有一个配套系叫宝万斯高兰,该鸡在此次测验结果(518日龄):入舍母鸡产蛋量333个,饲养日产蛋量341个,71～74周龄产蛋率74.9%;平均蛋重62.6克,总产蛋重20.83千克;日采食量115克;饲料转化率2.11;死亡率6.8%。另一个配套系叫宝万斯尼拉,据广告资料介绍,商品鸡育成率98%,产蛋高峰产蛋率可达92%～94%,72周龄产蛋量328～333个,总产蛋重20.2千克,蛋料比1:2.3,产蛋期末体重2.2千克。目前,北京华都集团有限责任公司、河北省示范种鸡场、四川省原种鸡场有该品种。

（七）巴布考克 B-380 巴布考克B-380是目前国际著名的三大家禽育种集团之一的法国哈伯德伊莎家禽育种公司经过近30

年的精心选育成功的,在全球各地都表现出较好的生产性能。河南省家禽育种中心于 2000 年 9 月和 2001 年 8 月,分两批引进我国。与其他品种相比,巴布考克 B-380 具有以下特点:

第一,有优越的产蛋性能。78 周龄产蛋量可达到 337 个,初产体重 1 650 克,成年体重 2 050 克左右;蛋重 62.8 克左右,产蛋前后期蛋重较为一致,蛋壳颜色均匀。

第二,有较强的适应性,容易饲养。

第三,有非常明显的特征——黑尾。这也是褐壳蛋鸡中唯一具有黑尾特征的品种,可以清晰地与其他品种辨别。

2001～2002 年,荷兰来列斯特测定中心对褐壳蛋鸡随机抽样测验结果(518 龄):入舍母鸡产蛋量 311 个,饲养日产蛋量 328 个,71～74 周龄产蛋率 69.2%;平均蛋重 62.3 克,总产蛋重 19.36 千克;日采食量 112 克;饲料转化率 2.13;死亡率 14.5%。

(八)尼克红蛋鸡　尼克红蛋鸡是美国辉瑞公司选育的配套系祖代鸡,近年来已先后引进河北省石家庄市祖代鸡场和山东省青岛市种鸡场。据广告资料介绍,尼克红蛋鸡商品代生产性能:0～18 周龄育成率 96%～98%,19～76 周龄成鸡存活率 94%～96%,开产体重 1.56 千克,76 周龄体重 2.2 千克,140～150 日龄达 50%产蛋率,76 周龄入舍鸡产蛋量 314～320 个,全期平均蛋重 63～65 克,总产蛋重 20～20.8 千克;蛋料比 1∶2.2～2.3,9 0%以上产蛋率可维持 17～21 周,80%以上产蛋率可维持 36～44 周,高峰产蛋率 92%～96%。

(九)新杨褐　新杨褐壳蛋鸡配套系是由上海新杨家禽育种中心主持培育的褐羽褐壳蛋鸡配套系。新杨褐外貌特征一致,主要经济性状遗传稳定。经国家家禽生产性能测定站的测定,该配套系还具有无鸡白痢、高成活率、高孵化率、饲养综合效益高等特点,已达到国际先进水平。通过了国家家禽品种审定委员会的审定。

新杨褐商品代鸡生长发育参数与生产性能见表 2-2-2。

表 2-2-2　新杨褐商品代鸡生长发育参数与生产性能

1～18 周龄存活率	96%～98%
18 周龄体重	1.48 千克
50%产蛋日龄	140～152 天
饲养日高峰产蛋率	92%～98%
入舍母鸡 72 周龄产蛋数	280～310 枚
入舍母鸡 72 周龄总蛋重	17～20 千克
全期平均蛋重	61.5～64.5 克
20 周龄至 68 周龄平均料蛋比	2.05～2.25：1
淘汰体重	2000 克

(十) 华都京红 B98　北京华都集团良种基地从荷兰汉德克家禽育种公司引进宝万斯褐纯系。并以此作为育种素材,运用汉德克公司提供的育种程序,采用个体选择与家系选择相结合的育种方法。主要选择项目有:产蛋性能——产蛋数量、开产日龄、产蛋持续性;蛋品质——蛋壳颜色、蛋壳厚度、蛋黄颜色、蛋白高度、蛋重、蛋形指数;其他项目——耗料量、体重等。于 1998 年培育出了高产的褐羽褐壳蛋鸡配套系——华都京红 B98(又名宝万斯褐)。2001 年荣获中国国际博览会名牌产品称号。

华都京红 B98 为四元杂交褐壳蛋鸡配套系。商品代雏鸡红色单冠,可根据羽色自别雌雄,褐羽为母雏(有部分雏在背部有深褐色绒羽带),白羽为公雏(有部分雏在背部有浅褐色绒羽带)。成年母鸡为红色单冠、褐羽,产褐壳蛋。其主要特点是蛋壳颜色均匀,蛋重适中,饲料报酬高。

华都京红 B98 商品代鸡的生长发育指标与产蛋性能见表 2-2-3,表 2-2-4。

表 2-2-3　华都京红 B98 商品代鸡的生长发育指标　（0～20 周龄）

4 周龄平均体重	290 克
5 周龄平均体重	370 克
6 周龄平均体重	450 克
18 周龄体重	1470～1530 克
20 周龄体重	1630～1730 克
20 周龄成活率	96％～98％
入舍鸡耗料	7.5～8 千克

表 2-2-4　华都京红 B98 商品代鸡产蛋性能　（21～80 周龄）

成活率	94％～95％
产蛋日龄(50％)	138～145 天
饲养日高峰产蛋率	94％～95％
入舍母鸡产蛋数	330～335 个
平均蛋重	61.5～62.5 克
平均日耗料	114～117 克
料蛋比	2.2～2.3∶1

(十一)农大褐 3 号　农大褐 3 号节粮小型蛋鸡,是中国农业大学的育种专家,历经多年培育的优良蛋用品种。他们成功地把位于性染色体上的矮化(dW)基因导入农大褐蛋鸡,使体型变小20％～30％,腿短,饲料转化率提高 15％～20％,节省饲料 20％左右,能大大提高蛋鸡饲养的综合经济效益。该品种 1999 年获国家科技进步二等奖。据中国农业大学动物科技学院、北农大集团——北农大种鸡有限公司 2002 年 6 月资料报道,农大褐 3 号商品代生产性能:育成率(1～120 日龄)97％,产蛋期成活率 96％,150～156 日龄达 50％产蛋率,高峰产蛋率90％以上,入舍母鸡产蛋量(72

周龄)275 个,饲养日产蛋量 286 个,平均蛋重 55～58 克,后期蛋重 60.5 克,总产蛋重 15.7～16.4 千克;母鸡 120 日龄体重 1.25 千克,成年体重 1.6 千克,育雏育成期耗料 5.7 千克;产蛋期日耗料 88 克,产蛋高峰日耗料 90 克,料蛋比 2～2.1∶1。以上生产性能来自好的饲养管理条件。

三、粉壳蛋鸡

这种类型的蛋鸡是由洛岛红品种与白来航品种的品系间正交或反交所产生的杂种鸡。从蛋壳颜色上看,介于褐壳蛋与白壳蛋之间,呈浅褐色,故称粉壳蛋。在羽色上以白色为主,有黄、黑、灰等杂色羽斑。

粉壳蛋鸡的特点是生活力强,适应性好,性情与褐壳蛋鸡一样温驯,成年鸡的体重介于褐羽鸡与白羽鸡之间,一般不超过 2 千克,产蛋量较高,蛋重比白壳蛋大。粉壳蛋鸡具有两亲本品系的优点。因此,近年来饲养者对这种鸡的需求量有增加的趋势。

（一）尼克珊瑚粉(尼克 T)蛋鸡　是德国罗曼家禽育种公司所属尼克公司最新培育的粉鸡配套系,其优点是性情温驯,容易管理,商品代母鸡白色羽毛、粉色蛋壳。产蛋率高,耗料少。成活率:0～18 周龄达 97%～99%,产蛋期达 93%～96%。饲料消耗:18 周龄累计 5.9～6.2 千克,产蛋期每天每只105～115 克。高峰产蛋率90%以上,产蛋持续期 6～7 个月,76 周龄产蛋数 329 个,平均蛋重 64～65 克,是粉壳蛋鸡中的优良品种。

（二）罗曼粉蛋鸡　是德国罗曼公司育成的四系配套、产粉壳蛋的高产蛋鸡。父母代 1～18 周龄的成活率为 96%～98%,开产日龄 147～154 天,高峰产蛋率89%～92%,72 周龄入舍母鸡产蛋数 266～276 个,合格种蛋 238～250 个,可提供母雏 95 只。

商品代鸡 20 周龄体重 1 400～1 500 克,1～20 周龄消耗饲料7.3～7.8 千克,成活率 97%。开产日龄 140～150 天,高峰产蛋率

92%～95%,72 周龄入舍母鸡产蛋数 300～310 个,蛋重 63～64 克。21～72 周龄平均每只每天耗料 110～118 克。

(三)宝万斯粉 为四元杂交粉壳蛋鸡配套系,A 系、B 系为红色单冠、褐色羽,C 系、D 系为红色单冠、白色羽。父母代父本为单冠、褐色快羽,母本为单冠、白色慢羽。商品代雏鸡单冠羽速自别,快羽为母雏,慢羽为公雏。

1. 父母代主要生产性能与生长发育指标

(1)生长阶段(0～20 周龄) 6 周龄平均体重公鸡 465 克、母鸡 420 克,18 周龄体重公鸡 1 700 克、母鸡 1 400～1 450 克;20 周龄成活率 95%～96%,入舍鸡耗料 7.1～7.6 千克。

(2)产蛋阶段(21～68 周龄) 成活率 93%～94%,平均日耗料 112～117 克,达 50%产蛋率日龄 140～150 天,高峰产蛋率 91%～93%;入舍母鸡产蛋数 255～265 个,产种蛋数 225～235 个,可提供母雏数 90～95 只。

2. 商品代主要生产性能与生长发育指标

(1)生长阶段(0～20 周龄) 6 周龄平均体重 450 克,18 周龄体重 1 290～1 340 克,20 周龄体重 1 400～1 500 克,20 周龄成活率 96%～98%,入舍母鸡耗料 6.8～7.5 千克。

(2)产蛋阶段(21～80 周龄) 成活率 93%～95%,平均日耗料 107～113 克,达 50%产蛋率日龄 140～147 天,高峰产蛋率 93%～96%,入舍母鸡产蛋数 324～336 个,平均蛋重 61.5～62.5 克,料蛋比 2.15～2.25:1。

(四)华都京白 939 京白 939 为四元杂交粉壳蛋鸡配套系。祖代 A 系、B 系,父母代 AB 系公、母鸡为褐色快羽,具有典型的单冠洛岛红鸡的体型外貌特征;C 系、CD 系母鸡为白色慢羽,D 系、CD 系公鸡为白色快羽,具有典型的单冠白来航鸡的体型外貌特征。商品代(ABCD)雏鸡为红色单冠、花羽(乳黄色、褐色相杂,两色斑块、斑形呈不规则分布),羽速自别,快羽为母雏,慢羽为公雏。

成年母鸡为白、褐色不规则相间的花鸡,有少部分纯白和纯褐色羽。体重、体型、外貌特征接近红色单冠洛岛红和红色单冠白来航鸡之间。其主要特点:适应性强,成活率高,产蛋性能好,耗料少,蛋壳颜色一致性好。

1. 父母代鸡主要生产性能与生长发育指标

(1)生长阶段(0~20周龄)　6周龄平均体重公鸡440克、母鸡400克;18周龄体重公鸡1 950克、母鸡1 250~1 280克;20周龄成活率96%~97%,入舍母鸡耗料7~7.8千克。

(2)产蛋阶段(21~68周龄)　成活率92%~93%,平均日耗料113~115克,达50%产蛋率日龄150~155天,高峰产蛋率91%~93%;入舍鸡产蛋数255~265个,产种蛋数225~235个,可提供母雏数93只。

2. 商品代主要生产性能与生长发育指标

(1)生长阶段(0~20周龄)　6周龄平均体重450克,18周龄体重1 300~1 400克,20周龄体重1 400~1 500克,20周龄成活率96%~98%,入舍鸡耗料7.4~7.6千克。

(2)产蛋阶段(21~72周龄)　成活率93%~95%,平均日耗料105~115克,达50%产蛋率日龄150~155天,高峰产蛋率92%~94%,入舍母鸡产蛋数300~306个,平均蛋重60.5~63克,料蛋比2.25~2.3:1。

(五)农大粉3号　是由中国农业大学培育的蛋鸡良种,1998年通过农业部组织的专家鉴定。在育种过程中导入了矮小型基因,因此这种鸡腿短、体格小,体重比普通蛋鸡约小25%。

商品代鸡1~120日龄成活率大于96%,产蛋期成活率大于95%,达50%产蛋率日龄145~155天,72周龄入舍母鸡产蛋数282个,平均蛋重53~58克,总蛋重15.6~16.7千克。120日龄体重1 200克,成年体重1 550克。育雏育成期耗料5.5千克,产蛋期平均日耗料89克。蛋壳颜色为粉色。

（六）华都京粉粉壳蛋鸡

1. 华都京粉 D98 父母代生产性能　0～20 周龄成活率 95～96％，18 周龄体重 1 200～1 250 克，20 周龄体重 1 350～1 400 克，入舍鸡耗料 7.1～7.6 千克。产蛋期（21～68 周）成活率 93～94％，达 50％产蛋率日龄 140～150 天，高峰产蛋率 91％～93％，入舍母鸡产蛋数 255～265 个，产种蛋数 225～235 个，平均孵化率 82％～85％，入舍鸡提供母雏数 90～95 只，平均日耗料 112～117 克，产蛋期末母鸡体重 1 700～1 800 克。

2. 华都京粉 D98 商品代生产性能　0～20 周龄成活率 96％～98％，18 周龄体重 1 290～1 340 克，20 周龄体重 1 400～1 500 克，入舍鸡耗料 6.8～7.5 千克。产蛋期（21～68 周龄）成活率 93％～95％，达 50％产蛋率日龄 140～147 天，高峰产蛋率 93％～96％，入舍母鸡产蛋数 324～336 个，平均蛋重 61.5～62.5 克，日采食量 107～113 克，料蛋比 2.15～2.25：1，产蛋期末母鸡体重 1 850～2 000 克。

（七）海兰灰鸡　为美国海兰国际公司育成的粉壳蛋鸡商业配套系鸡种。海兰灰的父本与海兰褐鸡父本为同一父本，母本为白来航，单冠，耳叶白色，全身羽毛白色，皮肤、喙和胫的颜色均为黄色，体型轻小清秀。海兰灰的商品代初生雏鸡全身绒毛为鹅黄色，有小黑点呈点状分布全身，可以通过羽速鉴别雌雄，成年鸡背部羽毛呈灰浅红色，翅间、腿部和尾部呈白色，顺皮肤、喙和胫的颜色均为黄色，体型轻小清秀。

1. 父母代生产性能　母鸡成活率，1～18 周龄 95％，18～65 周龄 96％，50％产蛋率日龄 145 天，18～65 周龄入舍鸡产蛋数 252 个，产种蛋数 219 个，可提供母雏数 96 只。母鸡体重（限饲）18 周龄 1 390 克，60 周龄 1 840 克。

2. 商品代生产性能　生长期（至 18 周龄）成活率 98％，饲料消耗 5 660 克，18 周龄体重 1 420 克。产蛋期（至 72 周龄）日耗料

110 克,50％产蛋率日龄 151 天,32 周龄蛋重 60.1 克,至 72 周龄
饲养日产蛋总重 19.1 千克,料蛋比 2.16∶1。

第二节　我国地方良种蛋鸡与绿壳蛋鸡

　　由于我国自然环境条件的多样性,使我国鸡的品种资源十分
丰富。但是,从生产性能上来划分,我国地方鸡种的大多数均为兼
用型品种,真正被列为蛋用型的品种并不多。在我国长期的养鸡
实践中,都是养鸡为产蛋,淘汰母鸡供食用。所以,在品种分类中,
大多数都是属于蛋、肉兼用型的品种,其主要性状也均与产蛋有
关。在当前土鸡蛋受到城市消费者青睐,价格长期居高、效益良好
的情况下,利用我国地方良种鸡进行散放饲养,提供具有特色的土
鸡蛋,将会在今后一段时期内成为蛋鸡生产的一个重要途径。

一、我国地方良种蛋鸡

　　（一）仙居鸡　仙居鸡又被称为梅林鸡。原产于浙江省东南部
的丘陵山地中,以仙居县及其邻近的几个县为主。据记载,该鸡种
已有 300 多年的历史。是我国优良的小型蛋用鸡种。仙居鸡分
黄、花、白等毛色,目前育种场的培育目标,主要是对黄色鸡种的选
育。该品种体型结构紧凑,尾羽高翘,单冠直立,喙短,少数个体
胫部有小羽。

　　仙居鸡历来饲养粗放,主要靠放牧在野外自由觅食,因此体格
健壮,适应性强。该鸡羽色较杂,但以黄色为主,颈羽色较深,黑
尾,翼羽半黄半黑。其生产性能:开产日龄 150～180 天,一般饲养
条件下年产蛋 160～180 个,高产的达 200 个以上,平均蛋重 42 克
左右。就巢母鸡一般占鸡群 10％～20％,成年母鸡体重 1.25 千
克,蛋壳以浅褐色为主。

　　（二）白耳黄鸡　白耳黄鸡又称银耳黄鸡。主产区为江西省的

广丰县、上饶县和玉山县,以及浙江省的江山市。该地区为丘陵山区,具有良好的自然条件和丰富的饲料资源,养鸡业有着悠久的历史。白耳黄鸡以"三黄一白"的外貌特征为标准,即黄羽、黄喙、黄脚,白耳。耳叶大,呈银白色,似白桃花瓣。虹彩(虹膜)金黄色,喙略弯,呈黄色或灰黄色,全身羽毛呈黄色,单冠直立,公、母鸡的皮肤和胫部呈黄色,无胫羽。初生重平均为37克,开产日龄平均为150天,年产蛋180个,蛋重为54克,蛋壳深褐色。

(三)狼山鸡　该鸡原产于江苏省如东县境内,通州市内也有分布。该鸡从南通港出口,因港口附近有一游览胜地——狼山而得名。该鸡种在1872年首先传入英国,继而又传入其他国家。以其独有的特征和优良的性能,博得各国好评,被列为国际标准品种。

狼山鸡体格健壮,头昂尾翘,具有典型的"U"形体型特征。按羽色可分黑、白、黄3种。狼山黑鸡单冠直立,有5~6个冠齿。耳垂和肉髯均为鲜红色。虹彩为黄色,间混有黄褐色。喙黑褐色,尖端颜色较浅。全身毛黑色,紧贴身上,并有绿色光泽。胫、趾部均呈黑色,皮肤为白色。初生雏头部黑白毛,俗称大花脸,背部为黑色绒羽,腹、翼尖部及下腭等处绒羽为浅黄色,是狼山黑鸡有别于其他黑色鸡种之处。白色狼山鸡雏鸡羽毛为灰白色,成鸡羽毛洁白。黄羽狼山鸡以嘴、脚、羽毛三黄为主要特征,大小适中,肉味鲜美,俗称如东草三黄。该鸡500日龄成年体重公鸡为2 840克,母鸡为2 283克。年产蛋135~175个,最高达252个,平均蛋重58.7克。

(四)固始鸡　固始鸡是以河南省固始县为中心的一定区域内,在特定的地理、气候等环境和传统的饲养管理方式下,长期闭锁繁衍而形成的具有突出特点的优秀鸡群,是一个优良地方品种,已录入我国的畜鸡品种志,全县年饲养量在900万只以上。固始鸡有以下突出的优良性状:①耐粗饲,抗病力强,适宜野外放牧散养;

②肉质细嫩,肉味鲜美,汤汁醇厚,营养丰富,具有较强的滋补功效;③母鸡产蛋量141个,平均蛋重51.4克,蛋清较稠,蛋黄色深,蛋壳厚,耐贮运。活鸡及鲜蛋在明、清时期为宫廷贡品,20世纪50年代开始销往香港、澳门。

固始鸡属中等体型,体躯呈三角形,外观秀丽,体态均匀,羽毛丰满。多为单冠,冠直立,6个冠齿,冠后分叉,冠和肉髯呈青黄色。跖趾呈青色,无毛。尾形分佛手状尾和扇形尾,以佛手状尾为主,羽尾卷曲飘摆。性情活泼、敏捷善飞,富神经质,不温驯。公鸡毛色多呈金红色,母鸡呈金黄色和麻黄色,故固始鸡又常被称为"固始黄"。

固始鸡的性成熟期较晚,平均开产日龄为209天,开产平均蛋重41.2克,母鸡开产时体重平均为1 299.7克,年平均产蛋量141.2个,休产期50天左右。

(五)鹿苑鸡

1. 产地与分布 鹿苑鸡产于江苏省张家港市鹿苑镇。以鹿苑、塘桥、妙桥和乘航等乡为中心产区,属肉用型品种。该地是鱼米之乡,主产区饲养量达15万余只。常熟等地制作的"叫化鸡"以它做原料,保持了香酥、鲜嫩等特点。

2. 体型外貌 鹿苑鸡身躯结实、胸部较深、背部平直,全身羽毛黄色、紧贴身体,主翼羽、尾羽和项羽有黑色斑纹。公鸡羽毛色彩较深,梳羽、蓑羽和小镰羽呈金黄色,大镰羽呈黑色并富光泽,胫、趾为黄色。成年公鸡体重3.1千克,母鸡2.4千克。

3. 产蛋与繁殖性能 母鸡开产日龄180天,开产体重2 000克,年产蛋平均144.72个,蛋重55克。公、母鸡性别比例为1:15,种蛋受精率94.3%,受精蛋孵化率87.23%。

4. 生长与产肉性能 1980年观测,90日龄公、母鸡活重分别为1 475.2克和1 201.7克。半净膛屠宰率3月龄公、母鸡分别为84.94%和82.6%。屠体美观,皮肤黄色,皮下脂肪丰富,肉味浓郁。

二、绿壳蛋鸡

绿壳蛋鸡是我国鸡业专家以土种鸡为基础进行系统选育的鸡种。其生产的绿壳鸡蛋富含硒、锌、卵磷脂、维生素 A、维生素 E，而胆固醇含量低，是极为理想的保健食品。该品种蛋鸡体型小、耗料少、易饲养。在普通鸡蛋供大于求，价格长期处于低迷状态下，绿壳蛋鸡的问世，适应了产品品质的升级和人民生活水平提高的要求，这一极具市场竞争力的新优产品，值得广大养殖户的关注，是当前养殖结构调整中的强项。

（一）东乡黑羽绿壳蛋鸡 由江西省东乡县农业科学研究所和江西省农业科学院畜牧兽医研究所培育而成。体型较小，产蛋性能较高，适应性强，羽毛全黑，乌皮、乌骨、乌肉、乌内脏、喙、趾均为黑色。母鸡羽毛紧凑，单冠直立，冠齿 5～6 个，眼大有神，大部分耳叶呈浅绿色，肉垂深而薄，羽毛片状，胫细而短，成年体重 1.1～1.4 千克。公鸡雄健，鸣叫有力，单冠直立，暗紫色，冠齿 7～8 个，耳叶紫红色，颈羽、尾羽泛绿光且上翘，体重 1.4～1.6 千克，体型呈"V"形。大群饲养的商品代，绿壳蛋比率为 80％左右。该品种经过 5 年 4 个世代的选育，体型外貌一致，纯度较高。50％产蛋率日龄 152 天，500 日龄产蛋数约 152 个，平均蛋重 50 克。其父系公鸡常用来与蛋用型母鸡杂交生产出高产的绿壳蛋鸡商品代母鸡，我国多数场家培育的绿壳蛋鸡品系中均含有该鸡的血缘。但该品种就巢性较强（15％左右），因而产蛋率较低。

（二）三凤绿壳蛋鸡 由中国农业科学院家禽研究所（原江苏省家禽研究所）选育而成。有黄羽、黑羽两个品系，其血缘均来自于我国的地方品种，单冠、黄喙、黄腿、耳叶红色。开产日龄 155～160 天，开产体重母鸡 1.25 千克，公鸡 1.5 千克；成年公鸡体重 1.85～1.9 千克，母鸡 1.5～1.6 千克。300 日龄平均蛋重 45 克，500 日龄产蛋数 180～185 个，父母代鸡群绿壳蛋比率 97％左右；

大群商品代鸡群中绿壳蛋比率 93%～95%。

（三）三益绿壳蛋鸡　由武汉市东湖区三益家禽育种有限公司杂交培育而成，其最新的配套组合为东乡黑羽绿壳蛋鸡公鸡做父本，国外引进的粉壳蛋鸡做母本，进行配套杂交。商品代鸡群中麻羽、黄羽、黑羽基本上各占 1/3，可利用快慢羽鉴别法进行雌、雄鉴别。母鸡单冠、耳叶红色、青腿、青喙、黄皮；开产日龄 150～155天，开产体重 1.25 千克，300 日龄平均蛋重 50～52 克，500 日龄产蛋数 210 个，绿壳蛋比率 85%～90%，成年母鸡体重 1.5 千克。

（四）新杨绿壳蛋鸡　由上海新杨家禽育种中心培育。父系来自于我国经过高度选育的地方品种，母系来自于国外引进的高产白壳或粉壳蛋鸡，经配合力测定后杂交培育而成，以重点突出产蛋性能为主要育种目标。商品代母鸡的羽毛白色，但多数鸡身上带有黑斑。单冠，冠、耳叶多数为红色，少数黑色。60%左右的母鸡青脚、青喙，其余为黄脚、黄喙。开产日龄 140 天（产蛋率 5%），产蛋率达 50%的日龄为 162 天；开产体重 1～1.1 千克，500 日龄入母舍鸡产蛋数达 230 个，平均蛋重 50 克，蛋壳颜色基本一致，大群饲养鸡群绿壳蛋比率70%～75%。

（五）昌系绿壳蛋鸡　原产于江西省南昌县。该鸡种体型矮小，羽毛紧凑。未经选育的鸡群毛色杂乱，大致可分为白羽型、黑羽型（全身羽毛除颈部有红色羽圈外，均为黑色）、麻羽型（麻色有大麻和小麻）和黄羽型（同时具有黄肤、黄脚）4 种类型。头细小，单冠红色；喙短稍弯，呈黄色。体重较小，成年公鸡体重 1.3～1.45 千克，成年母鸡体重 1.05～1.45 千克，部分鸡有胫毛。开产日龄较晚，大群饲养平均为 182 天，开产体重 1.25 千克，开产平均蛋重 38.8 克，500 日龄产蛋数 89.4 个，平均蛋重 51.3 克，就巢率10%左右。

（六）卢氏绿壳蛋鸡　属小型蛋肉兼用型鸡，是从卢氏鸡中经过系统选育而育成的优良种群。体型结实紧凑，后躯发育良好，羽毛紧贴,体态匀称秀丽,头小而清秀,眼大而圆,颈细长,背平直,翅紧贴,尾翘起,腿较长,性情活泼,反应灵敏,善飞。母鸡毛色以麻黄、红黄、黑麻为主,有少量纯白和纯黑,纯黄极为少见。公鸡以红黑羽色为主。冠型以单冠为多,占 81.5%,喙、胫以青色为主。卢氏绿壳蛋鸡年产蛋 180 个左右,平均蛋重 50.67 克,蛋形为椭圆形,蛋壳颜色青绿色,最早开产日龄 120 天左右,母鸡开产体重1.17 千克,开产蛋重 44 克,公鸡开啼日龄 56 天,体重 0.66 千克。

第三节　选择鸡种的原则

一、如何选养蛋鸡的品种

(一)根据生产需要选择合适品种　在引入良种之前,要进行项目论证,明确生产方向,全面了解拟引进品种的生产性能,以确保引入良种与生产方向(品种场、育种场、原种场、商品生产场)一致。如有的地区引进纯系原种,其主要目的是为了改良地方品种,培育新品种、品系或利用杂交优势进行商品蛋鸡生产;而有的鸡场直接引进种公司的配套商品系生产蛋产品;也有的厂家引进祖代或父母代种鸡繁殖制种。总之,花了大量的财力、物力引入的良种要物尽其用。

(二)选择市场需求的品种　根据市场调研结果,确定能满足市场需要的品种引入。蛋鸡的主产品是鸡蛋。我国南方地区如四川、江苏、浙江、福建、湖南、广东和香港、澳门、台湾绝大多数消费者对褐壳蛋、粉壳蛋和绿壳蛋比较青睐,这些鸡蛋的销售价格比白壳蛋高而且容易销售。因此,在这些地方饲养蛋鸡,就要饲养褐壳蛋鸡、粉壳蛋鸡或绿壳蛋鸡。在黄河流域以北各地消费者对蛋壳的颜色不过分挑剔,尤其是褐壳蛋、粉壳蛋和白壳蛋的价格和销路没有明显差别。

在一些大中型城市的消费者对土鸡蛋情有独钟，土鸡蛋的价格比笼养鸡蛋高很多，而且常常作为礼品赠送亲友。这也为一些蛋鸡养殖场（户）开拓了一个新的养殖领域。

二、引种注意事项

（一）了解供种单位的技术背景，要到知名的大型育种公司引种　养殖企业在引种之前，必须全面了解供种单位的技术背景，重点是了解其是否具备育种与制种能力。一般来说，除中介机构外，供种单位应具备较为完善的包括育种场、祖代场和父母代场在内的良种繁育体系，并拥有上级畜牧兽医主管单位验收颁发的《种鸡场验收合格证》和《种畜鸡生产许可证》。大型公司技术力量雄厚，质量可靠，信誉好，售后服务体系完善。一般能够获得较翔实的被引品种的资料，如系谱资料、生产性能鉴定结果、饲养管理条件等。一旦出现质量或技术问题，可以得到及时解决。

（二）所引品种要能适应本地的自然环境条件　有些品种对高温气候有良好的耐受能力，而有的品种对饲养管理条件的要求相当严格。这就需要考虑自身的饲养管理条件和当地的自然气候条件，决定选养什么样的品种。

（三）注意公、母鸡比例适当　不同蛋鸡品种采用自然交配或人工授精的公母比例不一样，所以应根据实际生产需要确定公、母鸡的数量搭配。

（四）引种时要加强检疫工作，应将检疫结果作为引种的决定条件　不要到疫区引种，以免引起传染病的流行和蔓延。对新引进的雏鸡，要加强卫生检疫。雏鸡应精神活泼，叫声响亮，行动灵活，羽毛干净、整洁，两眼有神。反之，精神委顿、羽毛松乱、两眼无光等则不能引入。种蛋也要进行检查，表面光滑、无黏附物、无异味、蛋形正常、个体均匀度高等可购进；如蛋壳发白、斑点较多等则暂停购买。引入的种鸡以及种蛋入孵出壳后的雏鸡，不可立即进入饲养区,以预防传染性疾病的发生。一般情况下,应隔离饲养10～14天,通过观察如确无疾病后,才能进入饲养区转入正常饲养。

(五)了解供种单位的品种结构、种质性能与服务水平　父母代种鸡生产性能的优劣,直接关系到养殖企业的饲养效益。为此,了解供种单位的品种结构与种质性能,是引种的基本出发点。养殖企业只有饲养优质、高产、稳定、节粮的鸡种,才能取得良好的经济效益。商品代蛋鸡的生产性能指标包括开产日龄与体重、产蛋量、蛋重、耗料量等。养殖企业要掌握上述生产性能指标,一方面可以通过报刊、杂志等媒体获得相关信息;另一方面则通过市场调查,去伪存真,了解当地具有市场影响的品种性能。

对于供种单位的服务水平,也应做必要的了解,其中包括售前、售中与售后服务。服务体系的良好与否,代表供种单位的综合水平与声誉。在当前市场竞争白热化之际,当几个供种单位的品种与市场价位基本接近时,凡服务态度好、服务质量高、品种质量市场认可的供种单位,理应作为引种的首选单位。

第二章 蛋鸡的选育

养鸡业由自然经济转入商品经济的生产,特别是转入集约化经营以后,对鸡种的选育工作提出了更高的要求。鸡种的优劣,产蛋的多少,与经济利益息息相关。优良品种是夺得高产的遗传基础;全价的营养则是实现遗传潜力的物质基础;而科学管理则是发挥鸡遗传潜力的手段;防疫卫生措施则是经营成败的关键。经营者对上述4条不可偏废,缺一不可。有了高产的品种,在其他3种情况正常时,可比一般鸡种要多产蛋;有了良种,管理也得当,没有全价的营养物质,良种的性能也不能发挥;其他3种条件都具备,若不按科学办事,管理不当,防疫卫生工作做得不好,同样不会有高产。一旦暴发烈性传染病,全群覆灭,一年辛苦一场空。因此,良种还需良法才行。广大农村,采用传统方法养鸡,每年春天养鸡不少,到年底剩下的鸡却不多,原因就在这里。

第一节 蛋鸡育种的现状和趋势

过去一说蛋鸡,人们就以为是白来航鸡。确实,自来航鸡是蛋用型鸡的典型代表。它原产于意大利,1835年从意大利的来航港输往美国以后,就以该港命名,以后全世界就家喻户晓了。来航鸡有羽色不同的12个变种,其中以白色来航鸡数量最多,产蛋量最高。因此,目前我们所说的来航鸡,就是以白来航鸡做代表。经过长期的选择选配,已育成许多各具特色的白来航鸡品系,产蛋量有高有低。育种家又通过品系间杂交或与不同品种鸡的品系间杂交,培育出生产性能不同的高产配套杂交组合。如海赛克斯白、罗曼白、海兰 W-36、京白 938 等,不胜枚举。总之,现代养鸡业的成就,归功于杂交鸡的育成。

最早,人们只知道用纯品种或品系的鸡作商品生产。后来使用品种间杂交生产商品鸡,使产蛋量得到明显提高。接着,品系间杂交又得到了最广泛的推广。杂交鸡特别是配套杂交鸡的选育成功,是育种工作的巨大成绩。杂交鸡的产蛋量比纯种鸡高20%以上,并能更好地适应集约化生产,更合理地利用饲料。养鸡业发达的国家,商品蛋鸡群中,90%～100%都是杂交鸡。目前,我国的大型鸡场,几乎也都养杂交鸡。

除了白来航杂交鸡以外,新汉县、洛岛红、洛岛白等品系的杂交鸡也开始推广了。当前的褐壳蛋鸡配套系就属于后者。例如,伊莎褐、罗曼褐、海赛克斯褐等。

过去30年间,由于育种工作的进展,配套杂交鸡的大量推广,鸡的产蛋量从140个提高到280个,即增加了1倍。要想突破产蛋量的稳定性,专家们指出,仅着眼于遗传上改进还不够,还应改进饲养管理,降低发病率,增强抗应激能力。为了提高蛋鸡业的经济效益,育种家正在进行下述方面的努力。

一、降低产蛋鸡的体重和提高饲料报酬

白壳蛋鸡的潜力已有限,但褐壳蛋鸡潜力还很大。认为白色杂交鸡产蛋期末的适宜体重为1.7～1.8千克,褐色杂交鸡为2.2～2.3千克。国外育种家的未来目标是把蛋用型鸡,每产1千克蛋的耗料降到2.3千克以下。

二、提高早熟性和延长生产利用期

提早开产有利于增加产蛋量,减少育成期的费用,达到有效地利用鸡舍。认为155～160日龄达到50%产蛋率较为理想。过去,蛋鸡的育成期与产蛋期之比为1∶2(育成期6个月,产蛋期12个月),未来应达到1∶3(即育成期5个月,产蛋期15个月)。

三、改善蛋品质指标

主要是提高蛋壳强度,减少破蛋带来的经济损失。对褐壳蛋鸡来说要通过选育,减少血斑蛋和肉斑蛋在蛋中的比例。

四、减少蛋重的变异程度

在降低鸡体重的同时不降低蛋重,使小蛋的比例缩小,标准蛋和大蛋的比例增加,从而增加每只鸡的总产蛋重。

五、提高抗应激能力

集约化生产条件下,鸡的行为发生了改变,只要工艺程序上出现毛病,鸡就产生应激,成活率降低,产蛋量下降。目前主要通过笼养选育,使鸡对工厂化的管理条件产生适应性,从而培育出抗应激的鸡。

第二节　蛋鸡选育的主要方法

选育的目的是使鸡的基因纯合,生产性状趋于一致,并使生产性能指标不断提高。通过选育,将不同的品系进行配合力测定,选出最佳杂交组合,生产高产的商品杂交鸡。

常规的育种方法有两种:近交法和闭锁群家系选育法。

一、近 交 法

过去许多国家在培育新品系时都曾先后使用过生产杂交玉米的方法,即近亲交配法,简称近交法。建立近交系要连续进行 4～5 代同胞兄弟与同胞姐妹的交配。近交能使基因纯合,使有利基因和有害基因都固定下来。因此,要使有害基因暴露出来并加以去除。近交的结果会引起衰退,使鸡的产蛋量、生活力、繁殖力下降,于是不得不在以后的选育中淘汰大,多数的家系和品系。而且,为了通过正反杂交测定配合力,选出最好的杂交组合,必须建立大量的近交系,因此需要很多的鸡舍和资金。例如,有 10 个近交系,要进行两品系正反交,就要做 90 个杂交组合测定;如果进行三品系杂交,就要有 720 个杂交组合测定;要进行四品系杂交,就要做 5 040 个杂交组合测定。这样多的组合测定,没有鸡舍、人力和财力是不能设想的。因此,育成一个优良品系,出售时价钱很高,也是理所当然的。我国从国外引进一些曾祖代鸡,价格十分昂贵,也就可以理解了。

近交虽然出现衰退,而且由于生活力低,大多数家系也因繁殖力低而自然被淘汰掉。幸存下来的近交系,通过近交系之间杂交,则产生明显杂种优势,这就是近交仍被育种家采用的根本原因。

为了避免近交产生的不良后果和因近交带来的经济损失,育种家研究了产生杂种优势的其他方法,这就是具有一定遗传同质性和特点的闭锁群家系选育法。

二、闭锁群家系选育法

所谓闭锁群选育,就是一种鸡群引入以后,再不引入任何外血,按某一性状进行 4~5 代以上的家系选育,而且要避免近亲交配。这样的鸡群具有一定的遗传同质性,同时又有别于其他鸡群。由于闭锁选育法比较稳妥,不会给生产带来危害,故被普遍采用。专家们认为,一个闭锁系中如有 20 个选育家系,就可进行正常的选育而避免近交系数明显上升,并取得一定的遗传进展。闭锁系的家系如果过少,经过几代的选育就必不可免地导致近亲交配。

为了防止品系闭锁选育时出现近交,每个品系中要确立 5~7 个系祖,以形成 5~7 个小系。每个世代繁殖时,一个小系的公鸡都与另一个小系的母鸡交配。每一代都选留 20%~40% 的母鸡和 2%~3% 的公鸡做种用。选留母鸡时,既考虑家系的成绩也考虑本身的性能水平;选留公鸡时,兼顾家系的成绩与同胞姐妹的成绩。家系越多,选择强度越大,遗传进展也越快。

目前还难断定哪一种方法对改进与产蛋量有关的性状最为有效。但是在选择选育方法时,不仅要考虑选育的目的,而且还要考虑原始鸡群(素材)的遗传结构和育种家所拥有的育种技术与手段。

国外的育种公司在选育配套杂交鸡时,一般做法是这样的:根据掌握的信息,购买各国的鸡种和参加随机抽样测定成绩最好的杂交鸡。在此基础上杂交,用近交法或闭锁法建立在某一性状上具有特长的新品系即合成系。每个公司一般都有40~60个这样的品系。广泛收集这些品系使公司能对市场的需求与变化很快做出反应。最普遍的选育方案如下。

被选育的品系,按随机法相互杂交即随机交配。从杂交后代中选出有益性状结合得最好的个体。这些个体就成为新品系的系祖(一般8~10个),然后进行不同公鸡与同一母鸡的交配。两系杂种至少要进行两次重复测验,再选出三系和四系杂种的亲本。多系杂交鸡先由公司自己测定,然后参加国际测定站的随机抽样测定,如获成功,就将商品杂交鸡出售给用户。

育种公司一般都储备有性能很好的品系。因此,一般不育成完全定型的杂种,而只是到一定时间就更换现有配套组合中的某一品系。

一个基本原则是,必须分出专门的父本和母本,它们可以是纯系,也可以是单交种。一般父本品系的选育性状是:产蛋量、蛋重、蛋壳质量、受精率、与母本的配合力、育成率;母本品系的选育性状是:性成熟、产蛋量、产蛋高峰与强度、产蛋曲线的平稳性、孵化率、育成率和存活率。

国外的公司认为,种鸡单笼饲养人工授精效果最好,这样能对选育性状做准确的统计和评定,既简单又能改进选种的工艺。有时1周收蛋1次,这样能确切地判断鸡的产蛋强度,同时很直观地得到有关蛋形、蛋壳质量的资料。

目前,国外的育种公司为适应市场的需求,白壳蛋鸡和褐壳蛋鸡均同时出台。因为,褐壳蛋鸡和白壳蛋鸡的地位不相上下。

在培育和改进蛋用杂交鸡时,正反反复选育法采用最多。对此至少要有两个品系,各自按不同性状进行选育。为保持A系,要根据A系×B系杂交后代的生产性能来决定组成亲本群;为保持B系,则根据B系×A系杂交后代的生产性能来组成亲本群(图2-2-1)。正反反复选育法的实质是在所测试的品系中,查明能产生杂种优势的基因,并加以固定。这种方法在选育纯系时与闭锁法相同,因此,不致引起高度近亲。与近交系杂交法相比所花的代价也不高。但正反反复选育法也有一定的难度。因等候杂交后代的性能测定结果才能决定纯系的组群繁殖继代,故要利用两年的老鸡。此外,种鸡场要测定大量的杂交后代,会减少纯系种蛋的利用率。

为缩短选育的世代间隔,加速遗传的进展,北京农业大学吴常信教授提出"先选后留"和"先留后选"相结合的家系选育法,这种创新的选育方法,已在北京白鸡的育种中应用。

立陶宛的育种家从1968年起改进了正反反复选育法,把纯系分成两部分;一部分进行纯繁,一部分正反杂交。先孵化正反杂交的杂种,然后孵化纯繁的后代,这样在同一年内就能得到同一母鸡的杂种后代和纯种后代。经过改进的选育方法使时间缩短了1年,能较快地选育配合力好的配套系。这就是国内所称的双选法。

近年来,许多人认为,培育新的杂交鸡,多元杂交法最有前途。第一步,建立多元杂交群体;第二步,杂交群体自群繁育2~3代;第三步,建立几个系,进行一般配合力和特殊配合力的测定,寻找最佳的杂交组合。如获成功,就算培育出新的高产杂交种。这就是合成系育种法。

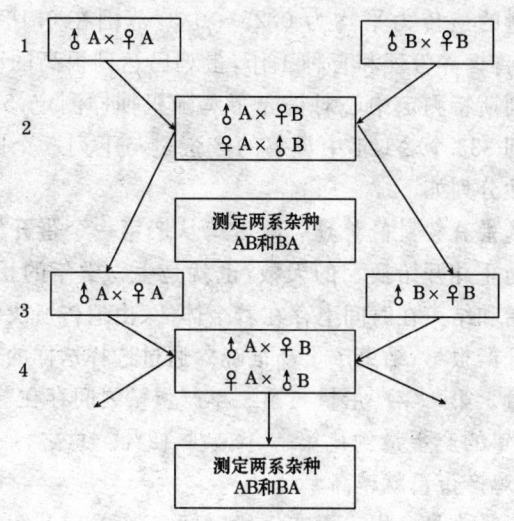

图 2-2-1 正反反复选育法示意图

第三节 蛋鸡的主要选育性状

饲养蛋鸡的经济效益,首先与蛋鸡的产蛋量、蛋重、饲料转化率密切相关,同时也是决定选育方向和目标的因素。选育工作旨在对付那些阻碍上述性状向良好方向发展的其他性状(如体重大、性成熟迟、产蛋期短、早换羽等)。但是,不可能同时向改善所有理想性状方面进行选育,只能抓住重点的性状先走一步,而且随着选育性状的增加,选育的效果会降低。下面着重讲一讲蛋鸡选育的主要性状。

一、产 蛋 量

这是十分重要的性状,也是很复杂的选育性状。因此,迄今为止还没有分出决定产蛋量的专门基因,也没有确定这些基因的数目。产蛋量的遗传力平均为 0.25～0.3,范围在 0.15～0.45 之间,通过改善饲养管理和育种工作,蛋鸡已达到很高的产蛋水平。在荷兰来列斯特测定中心对褐壳蛋鸡随机抽样测定,518 日龄产蛋量已达到 333 个。1 年中母鸡的产蛋量与下列 5 个因素有关,按其重要性分列如下。

(一)产蛋持续期的长短　即母鸡从产第一个蛋开始,到产最后一个蛋为止并开始换羽的天数,也就是生物学年的长短。生物学年的开始和结束在时间上存在着个体的、由遗传所决定的差异。有些母鸡开产很早,结束产蛋却很晚。通过选择这样的鸡,可以提高年产蛋量。第一年产蛋量与第二年产蛋量之间存在着高度相关性,但第二年的产蛋量约比第一年减少 12%。总之,产蛋持续时间越长,母鸡产蛋量就越高。

(二)产蛋强度　用 1 天或 1 段时间(1 个月或几个月)内全部母鸡与所产蛋数的百分比来表示,也叫做产蛋率。如 100 只母鸡 1 天内产蛋 80 个,或 100 只母鸡 1 个月内产蛋 2 400 个,则鸡群的产蛋强度或产蛋率为 80%。这个性状在开产初期和产蛋末期十分重要。前者表示产蛋的增长速度,后者反映产蛋的持续性。产蛋强度这个性状是可以遗传的,而且个体和品系之间是有很大差别的。母鸡头几个月的产蛋强度与全年产蛋量有关。也就是说,头几个月产蛋率越高,全年产蛋量也越高。

在考虑产蛋强度时,也应该注意最大的产蛋强度(即俗称的产蛋高峰值)及母鸡进入产蛋高峰的时间。进入产蛋高峰的时间越早,高峰值越高,在其他条件不变的情况下,产蛋量就越高。目前蛋鸡的高峰值可达 80%～95%,33 周龄进入产蛋最高峰。

母鸡保持高产蛋强度的能力也很重要,因为这涉及到产蛋率的下降速度问题。使产蛋率下降速度缓慢是提高产蛋量的主要潜力之一。优秀蛋鸡的产蛋率下降速度每月 2%～4%,到 15 月龄或 16 月龄应保持 65% 的产蛋率。

产蛋的平稳性也很重要,可以观察鸡抗不良应激因素的能力。母鸡如能抗不良应激因素,又不降低产蛋率和有很快摆脱应激状况的能力,对保持产蛋率的平稳性是十分有利的。产蛋率越平稳,产蛋量越高。与其追求产蛋最高峰,不如保持产蛋率的平稳性。有些鸡群产蛋高峰很高,但高峰过后产蛋率下降很快,结果产蛋量并不高。

产蛋周期的概念与产蛋强度的概念密切相关。周期的定义是母鸡连续产蛋的天数和下一周期开始前停产天数的总和。例如,母鸡连产 10 天蛋,接着停产 2 天才重新产蛋,产蛋周期为 12 天。周期的长短变化很大,产蛋低的母鸡为 3~4 天,高产的母鸡可达 30 天、50 天、甚至 60 天以上。产蛋周期的长短与年产蛋量呈正相关。周期之间母鸡停产的日数增加,会降低年产蛋量。选产蛋周期之间停产日数短的鸡,也可以提高产蛋量。

(三)冬歇　指母鸡并非就巢而产蛋终止 7 天以上的时间。在规模鸡场,鸡在可控小气候的鸡舍中饲养,特别是饲养现代的高产杂交鸡,冬歇的现象很少。不过,在开放式的鸡舍饲养,应激因素较多,冬歇的现象还是时有发生。冬歇时间越长,次数越多,母鸡的产蛋量自然就越低。

(四)就巢性　来航鸡群中实际上已没有就巢现象了,中型蛋鸡当鸡舍气温在 30℃ 以上,特别是夏天气温高时,有些个体会出现短期的就巢现象。就巢性是由遗传所决定的,不过遗传力不高(0.2 以下)。单纯用淘汰就巢母鸡的办法可以消除这一性状。母鸡就巢时间越长,次数越多,产蛋量就越低。

(五)性成熟　这是很重要的经济性状。母鸡初产日龄越短,育成鸡所花的开支也越低。衡量母鸡的性成熟有两种表示方法:个体记录者以产第一个蛋的日龄为准;群体记录者则以全群鸡连续两天达到 50% 产蛋率的日龄作为标志。性成熟的遗传力不高(0.25~0.27),变化范围也很大(0.12~0.52)。表明通过选择可以加快性成熟。

开产日龄与母鸡的产蛋量的相关系数很高(0.58)。因此,早熟性可作为品系内选育提高产蛋量的性状。增加光照和提高日粮中蛋白质水平能促进母鸡的性成熟。初产日龄与蛋重之间存在不理想的正相关;母鸡开产越早,所产的蛋就越小。对母鸡进行加快性成熟的选育任务,是获得在正常饲养条件下体重小而较早开始产大蛋的母鸡。

二、蛋　重

这是决定母鸡总产蛋重高低和经济意义最大的第二个性状。认为蛋鸡的蛋重应在 55～60 克。通过选育来改进蛋重是较快的。蛋重不同的品种杂交可得到蛋重中等的后代,一般都接近蛋小的亲本。体重与蛋重呈正相关。母鸡开产越早,体重就越小,蛋重也越小。通过增加体重来提高蛋重是不理想的,因为会增加耗料量。

开产后头几个月蛋重增加最快,大约每月增加 2～3 克,至 6～7 个月时蛋重最大,此后蛋重又开始变小。开产越早,达到标准蛋重所需的时间越长,蛋白和蛋壳比蛋黄的重量增加要快。因此,小蛋的蛋黄相对重量要大些。长期饲养不当和鸡舍温度高于 25℃会使蛋重降低,换羽后蛋重略有增加。

蛋重与产蛋强度之间呈负相关(-0.16),而且变化幅度很大(-0.04～-0.39)。这种相关为曲线相关,有时在产蛋率 70% 以上才表现出来。蛋重受外界因素的影响比产蛋量要小,因此不必经常测定蛋重。8 月龄的蛋重与 12 月龄的蛋重之间呈高度正相关(0.8)。因此,常常在 30 周龄和 52 周龄称蛋重。45～46 周龄蛋重能更客观地代表年平均蛋重。测平均蛋重时,每只母鸡称测 2～4 个蛋或者称全群 5～7 天内所产的全部蛋求平均数。蛋重的遗传力最高(0.36～0.8),可以顺利地通过个体选择得到提高。选育蛋重的目的,不仅为了提高蛋重,而且要使鸡尽早达到最大蛋重,并保持产蛋强度和不增加体重。

三、蛋的品质

这是最具经济价值的性状,包括蛋形、蛋壳质量和颜色、蛋的密度、蛋白浓度和血肉斑率等。

（一）蛋形　蛋的形状是在母鸡输卵管峡部形成的。蛋形对减少破损率、包装运输和孵化有意义。蛋形用蛋形指数来表示。最佳蛋形指数为 1.3～1.35。指数大于 1.35 时蛋形变长,指数小于 1.3 时蛋形变圆。过长的蛋破损率高,孵化率低。蛋形遗传力为 0.1～0.25,通过 2～3 代的选育可以改变蛋形。

（二）蛋壳颜色　来航鸡产白壳蛋,褐色鸡产深色蛋。蛋壳颜色是在子宫中沉积色素的结果,受遗传制约。产蛋初期壳色最深,然后随年龄增加而变浅。发现产蛋量高的母鸡,其蛋壳颜色较浅。壳色遗传力为 0.58～0.76,通过选育可以改变蛋壳颜色的深浅。深褐色的基因不完全是显性。白来航公鸡与深色母鸡杂交,后代壳色较浅,反交时则较深。蛋壳颜色与蛋的营养价值无关。深色蛋孵化时透光性差,不好照蛋,不易检查胚胎发育。

（三）蛋壳厚度　这对收蛋、分级、包装、运输和孵化时保护蛋的完整性起重要作用。蛋壳重量与蛋重呈正相关(0.64)。蛋壳厚薄变化很大,受环境温度、代谢过程的影响,品系之间也有差异。蛋壳厚度的遗传力从 0.15～0.3 到 0.6,通过选育可以改善蛋壳厚度,但蛋壳厚度与产蛋量呈负相关(−0.26)。蛋壳厚度应在 0.35 毫米以上。

（四）蛋的密度（比重）　代表蛋壳的质量。最佳蛋的密度在 1.08 以上,蛋的密度与产蛋量呈负相关(−0.31)。蛋壳的强度是由蛋的密度、蛋壳厚度和壳膜的质量所决定的。虽然没有蛋密度遗传力的资料,但对选育是有益的。试验表明,通过 4 代选育,蛋的密度提高了 10.8%。蛋的密度（比重）用盐水漂浮法测定。

(五)蛋白的浓度 最重要的是指浓蛋白的数量和质地。蛋白越浓,蛋的质量越好,孵化率越高。蛋白的浓度用哈氏单位来表示。最适宜的哈氏单位为75~80。哈氏单位与蛋的营养价值及孵化率呈正相关。可通过育种提高哈氏单位。该性状的遗传力为0.2~0.5。

(六)血斑和肉斑率 这是受遗传制约的性状,其遗传力为0.5。已经知道,蛋中血斑的形成主要与排卵时输卵管少量出血有关,肉斑则与输卵管黏膜损伤有关。白壳蛋的血斑、肉斑率很低;褐壳蛋血斑、肉斑率较高,在产蛋后期蛋的血斑、肉斑率增加。通过选育可以减少血斑和肉斑率。

四、体重与生活力

这是受遗传制约的数量性状。其中有1个基因与性别有关,所以公鸡体重比母鸡大。体重的遗传力相当大(0.35~0.53)。因此,家系选择和个体选择均有效。蛋鸡应对降低体重进行选育,以减少维持饲料的消耗。降低体重还可以提高鸡舍的容鸡量。体重增加,鸡的性成熟就晚,产蛋数量减少。

体重不仅对选育性状有意义,而且也是鸡健康的标志。保持鸡的最佳体重极为重要,种鸡应经常检查体重的变化情况。种鸡场应积累每一品系或杂交鸡的标准体重,制定出监督体重变化的曲线图,以便检查后备鸡和成年种鸡的体重。一般用测18~20周龄和52周龄的体重作为蛋鸡品系体重的资料。根据选育的需要还可测定其他时期的体重。

青年鸡的体重与产蛋量及性成熟之间有不理想的相关,在实际选育工作中应设法克服。当代养鸡业要求体重较小的鸡,以增加单位面积的饲养密度和降低饲料消耗。

这是鸡抵抗外界不良影响的特性。实际考察生活力时可分3个阶段:第一阶段是胚胎生活力,用孵化率和健雏率作为衡量的指标;第二阶段为0～20周龄的育成率;第三阶段为产蛋期存活率。一般在讲到鸡的生活力时,都用存活率或死亡率来表示。

鸡的生活力与体况结实性有关,可预示鸡的健康、高产和抗病能力。死亡率与入舍鸡产蛋量之间的遗传相关为0.56,与饲养日产蛋量之间的遗传相关为0.27。幼鸡死亡率的遗传力为0.01～0.03,成鸡死亡率的遗传力为0～0.08。

五、受精率和孵化率

除产蛋量以外,鸡的繁殖性能主要包括受精率、孵化率和雏鸡的成活率。自然选择和人工选择都作用于同一方向,从而保存了鸡的繁殖能力。在像产蛋量这些性状方面有关因素的作用方向是不一致的。因此,必须重视保存高产鸡的繁殖特性。如果母鸡留下很少的后代,即使繁殖高产鸡也无意义。

受精率既代表公鸡也代表母鸡;公鸡能使蛋受精,母鸡能产受精的蛋。

孵化率代表受精蛋的生物学全价性。孵化率是胚胎发育能力和孵出雏鸡生活力的指标:任何情况下孵化率都是鸡生活力的第一个特征。

影响孵化率有许多非直接的因素:蛋的大小、蛋结构的缺陷、蛋壳的厚度和多孔性和鸡的饲养等。

对孵化率影响最大的遗传因素有致死基因和半致死基因致使胚胎在不同发育阶段死亡。这些基因大多数都是隐性的,很难查出来。

受精率和孵化率的遗传力很低(0.03～0.2)。因此,个体选择是无效的,只能用家系选择的办法。

六、饲料转化率

饲料转化率又称饲料报酬。育种的方向之一是繁育出生产蛋用饲料较少的品系,其作用越来越显得重要。单位产品的饲料消耗随产蛋性能的增加而减少。改善饲料报酬的选育有两条途径:一是提高鸡的产蛋量;二是改善鸡将饲料转变成蛋的能力。目前鸡的产蛋量已达到相当高的水平,进一步提高产蛋量已慢得多。因此,今后降低生产蛋的饲料消耗的很大比重,是放在使鸡能更好地利用饲料。

鸡转化饲料的能力用饲料转化率的指标来表示,也就是生产单位产品所用的饲料数量。在饲料转化率方面,品系间存在着明显的差别,从 33.6%～40%。也发现同一品系内部,有些母鸡的饲料转化率很低(16.1%),有些则很高(44.7%)。也就是说,每产 1 千克蛋所耗的饲料从 2.2 千克到 6.2 千克。已查明,饲料转化率与产蛋量呈显著相关(0.83±0.02),与蛋重的相关较小(0.14±0.07),与体重无关(−0.04±0.07)。体重大的鸡也可以有很好的饲料报酬。采食量与饲料转化方面无明显联系,采食多和采食少的母鸡可以有相同的饲料报酬。

选采食少和饲料转化率高的母鸡与同样特征的公鸡交配,能使后代在杂交 1 代(F_1)中重复这些性状。母子之间饲料转化率的相关为系数 0.2±0.13。

虽然测定种鸡个体的饲料转化率较费劳力,但已提到育种的议事日程上来了。据报道的资料,蛋鸡某些性状的遗传力见表 2-2-1。

表 2-2-1　蛋鸡主要经济性状的遗传力

主要性状	平均值	变化范围
产蛋量	0.12	0.09～0.22
产蛋强度	0.20	0.19～0.22
性成熟	0.25	0.10～0.56
蛋　重	0.57	0.31～0.81

续表 2-2-1

主要性状	平均值	变化范围
受精率	0.12	0.11～0.13
孵化率	0.10	0.03～0.16
育成率	0.10	0.05～0.16
成年鸡存活率	0.10	0.03～0.13
10～20周龄体重	0.43	0.32～0.54
成年鸡的体重	0.41	0.32～0.60
蛋形指数	0.22	0.10～0.62
蛋壳颜色	0.58	0.35～0.80
蛋壳厚度	0.31	0.14～0.58
蛋白浓度	0.22	0.14～0.54
血斑率	0.19	0.10～0.50

第四节　蛋鸡的选择与选配

一、选　择

选育的具体任务是保持鸡群的原有生产性能或者提高其生产性能。为此,需要把鸡群中不理想的鸡淘汰掉,而选择最好的个体作为繁殖后代用。选育在字义上就意味着选择,包括自然选择(生活力低和繁殖力低的个体由于不能继代而被淘汰)和人工选择。后者的目的是多种多样的,其中主要是设法提高生活力和繁殖性能。

选择可以使理想的性状在后代中加强,选配则能把理想的性状在后代中固定下来。因此,选择、选配是选育工作中两个互相联系的措施。

　　个体评定和家系（或群体）评定是选择和选配的基础。评定时，一是根据表型，即个体的外貌、健康状况和生产性能；二是基因型，即不是评定某一个个体，而是评定祖先和后代。表型评定多用于选育工作的初期，因为此时还没有后裔的资料。随着选育工作的深入，个体的基因型资料积累起来以后，基因型的评选才作为基础的评定。

　　评选出的个体，只有当它们的后代具有很高的生产性能时，才最有种用价值。例如，有 2 只母鸡，1 号产蛋 240 个，2 号产蛋 270 个，按表型选择，肯定选 2 号母鸡而淘汰 1 号母鸡，但 1 号母鸡的 5 个女儿平均产蛋 260 个，而 2 号母鸡的 6 个女儿平均产蛋 230 个。按基因型选择，必定选 1 号母鸡而不选 2 号母鸡，因为 1 号母鸡最有种用价值。具体的选择方法有如下几种。

　　（一）顺序选择法　是一个性状一个性状地逐步选择。先按一个性状（如产蛋量）进行选择，当达到高水平以后再选第二个性状（如蛋重），以此类推。这种方法对选择一个性状是较有效的，但使所有性状达到高水平所花时间长，而且也没有保证，因为过渡到选择第二个性状时，可能会降低第一个性状的水平。例如，产蛋量达到较高水平后，开始选择蛋重，由于性状之间是有相关的，而且很多呈负相关，蛋重要增加，体重必须要增大，结果产蛋量会降低。因此，这种选择法对选育进展不快。

　　（二）独立选择法　这种选择方法在培育配套系时使用最广，其实质是按一个主要性状选择最好的个体，同时对其他性状订出最起码的要求进行选择。这样，在提高主要选育性状的同时，仍然保持其他性状的原有水平。例如，如果父系对后代的产蛋量影响较大，在保持其他性状满意的情况下，重点放在产蛋量的选择上；如果母系对后代生活力影响较大，就着重对生活力的选择，而维持其他性状有较好水平即可。这些都要以配合力测定的结果来定。

　　(三)家系选择法　这种方法可以提高所有优秀个体的可靠性,因为是考虑双亲的基因型来选择的。在家系选择时,不是考虑个体,而是考虑整个家系(全同胞和半同胞)的指标,凡主要选育性状超过群体平均数的家系的个体都选上。在这种情况下,有些个体的指标比个体选择要低些。因为是按全群平均数选家系,自然有一部分个体的指标是在平均值以下的。

　　(四)合并选择法　即按家系指标和家系内个体的指标进行选择。这种方法比上述几种选择方法取得的选育效果好。合并选择法实质是优中选优法,即选择最好家系中的最优秀的个体用来繁殖。这种方法使用最广泛。

　　(五)育种指数选择法　也叫综合指数法。这种方法是把主要选育性状根据各性状的遗传力、遗传相关和性状的经济重要性,综合成一个指数,然后按照指数的大小择优选留家系。据称,这种选择法效果最好。但运用综合指数法计算费时费力,在确定性状的经济重要性时主观随意性大,育种条件不好时难于客观评估性状的遗传参数。因此,在使用指数选择法选鸡时,要慎重考虑其利弊。

二、选　配

　　选配方法有两种:同质选配和异质选配。

　　(一)同质选配　其实质是具有同样优点的种用价值高的公鸡与母鸡定向交配。同质选配是以亲缘交配或"相似与相似"交配为基础的。表型相似的个体交配未必就能把同一性状巩固下来,特别是遗传力低的性状。只有表型和基因型相似的公鸡与母鸡选配才能较可靠地把被选育性状固定下来。

　　长期同质选配可能出现近交。用基因型相似的不同家系的个体交配可以避免近交的不良影响,并使后代的被选育性状固定在应有的水平上。

（二）**异质选配**　为了保持品系高产和品系杂交时获得的杂种优势，必须进行异质选配。性状彼此间有明显差别的公鸡与母鸡选配叫做异质选配。这样选配既可用于品系间杂交，也可用于品系内交配。后一种方式是选不同家系的公鸡与母鸡。异质选配既可以表型选择，也可以基因型选择为基础。基因型不同家系的个体选配保证品系或配套杂交组合中出现杂种优势，从而有利于把鸡的生产性能保持在较高的水平上。目前国内外的高产配套系均采用异质选配法，中型褐壳蛋鸡就更为明显。

第五节　电子计算机在育种中的运用

众所周知，育种是一项费时、费力、耗资的工作。在商业化育种中，鸡的育种目标已出现多样化。因此，要进行大量的多项目记录。如果用人工计算各个育种性状的遗传参数和各性状间的相关，不仅工作量大，而且还可能出错。没有准确的数据，很难做出正确的判断。目前，鸡的育种中，家系选育还是基本的手段，用家系早期产蛋性能的资料作为早期选择的依据。这样保证一年一个世代，从而缩短世代间隔，加快遗传进展的速度。为抓紧有利时机组建家系繁育，必须在短期内尽快进行早期资料的统计处理，以便选择选配，组建新的家系；每年育种鸡群的资料总结、配合力测定资料的整理，工作量都很大。电子计算机的应用使育种技术人员按照自己编制的程序，输入数据之后，就能迅速地进行统计处理，得到所要的数据，作出合理的决策，从而促进育种工作水平的提高。将原始资料输入计算机以后，可根据工作需要，随时查询有关数据。此外，电子计算机对饲料配方的优化选择、鸡场的经营管理等也提供了便利的条件。

第六节　种质资源的保存与利用

　　随着集约化养鸡业的发展,必须建立专门化的品系,通过品系配合力的测定,确定最佳的配套杂交组合,利用配套杂交鸡生产商品蛋。可以说,目前所有高产配套系实际上都是合成系。由于追求经济效益,许多生产性能低和配合力不好的品种、品系和种群,无法与专门化配套系相比而被取代。结果这些鸡的数量明显减少,育种工作也就无法维持而萎缩。有些品种群已濒临消失乃至绝种。许多地方品种也走向消失的边缘。特别是国外鸡种的引进,对我国地方鸡种的冲击很大。

　　鸡种数量急剧减少和消失的原因是多方面的,没有竞争能力,经济效益低是重要的原因之一,没有专门的保种场和育种场也是一个原因。如不采取有效措施对这些鸡种加以保护和保存,很快就会被高产鸡种所取代,最后从人类的经济生活中消失。这些鸡种虽然目前还不能适于集约化饲养,但它们具有适应性好,对饲养管理条件要求不严,抗病力强,蛋品质好等特点。随着育种的发展和新配套系的进一步增加,需要有新的多样化的遗传素材加入。目前,所用的高产配套系只是少数的鸡种,长期利用会使遗传多样性减少。育种家要克服生产水平难以迈上遗传的新台阶,使鸡的产蛋水平超越当今的水平,必须从别的鸡种中引入新的基因。可见,地方品种和其他目前还不能用于生产的储备种群的保存,是当代养鸡业的重要任务之一。鸡品种资源的育种作用,由它们的遗传多样性来决定。因此,繁育方法应能保证把它们在长期繁殖下固有的有价值的品质保存下来,以便进一步利用。在鸡种数量过少的情况下长期繁殖,不可避免地会改变鸡种的表型和基因型的特点。这样,确定最起码的保种数量和最适宜的公母比例,做到既不导致近交系数的过快增长和基因的飘变,又能节省保种费用,就成为保种工作的重要任务。目前的保种工作大致可分为 3 类。

第一，适于集约化饲养的专门化配套系。要保持这些品系已取得的生产性能水平，可用定向选择的方法，特别是遗传上有加性特征的性状如体重、蛋重等，应用配套系原来所用的选择和繁殖的方法。经配合力测定过的高产专门化品系，最好用家系选择法来保持其种质。每个品系至少有 25～30 个家系，每个家系要有 50 个以上的后代，并做个体生产性能的记录。

第二，未具集约化生产意义，但可在一般非专门化鸡场利用的品种和品种群。要保持这些鸡种的种质，可用大群选育的方法。

第三，数量少并濒于消失的珍稀品种群体。

保存后两类鸡种要注意它们的生产性能表现、羽色、皮色和冠形等。为保持鸡群基因型的多样化和避免近交的不良影响，必须保证群体的有效数量。国外保种工作的实践证明，要长期保存鸡种最起码的群体数量，应有母鸡 120 只，公鸡 40 只。在自由交配情况下，鸡的死亡率、淘汰率很高。最佳群体的数量，建议母鸡 250 只，公鸡 50 只。最佳留种繁殖期应放在 35～39 周龄期间，因为此段时间正值母鸡的产蛋高峰期，蛋的品质也好。这样，能保证绝大多数鸡都能有后代，从而保存基因型的多样化（但也不能担保所有的母鸡都能得到相同数量的后代）。在此情况下，最好考虑使每只鸡的入孵蛋数大致相等。当群体数量不多时，采取这种办法就特别重要。为防止近交不良影响，最好将保种鸡分成几个小群，每年顺时针方向交换公鸡，如第一组公鸡与第二组母鸡交配，第二组公鸡与第三组母鸡交配，第三组公鸡与第四组母鸡交配，等等。

保种是为了利用。要利用就必须选择。因此，在保证每只母鸡都有大致相同后代的前提下选择，只有这样才能保存整个群体的典型性。所以，保种工作不是很容易的事。目前我国还不可能把珍稀的鸡种集中到一个场去保存，主要靠行政部门抽出一定的资金支持保种工作，由科研机关与产地合作，开展保种工作的研究。

第三章 蛋鸡的良种繁育体系

第一节 良种繁育体系的作用

在养鸡业中,饲养配套杂交鸡的经济效益最高,目前已被越来越多的人所接受。杂交鸡在生产性能的许多主要指标上,都表现出明显的杂种优势。例如,产蛋量多、蛋重大、体型适中、饲料转化率高、抗病力强等,一般都比它们的双亲要高。因此,育种公司或育种场在选育过程中,以选出的高产配套系为中心,按参与配套纯系的多少,根据分代次杂交制种的程序,逐级提供曾祖代、祖代、父母代的种鸡,形成完善的繁育体系,向商品代场出售杂交鸡,用于商品生产。繁育体系就是由数量较少的纯系,通过逐级制种繁殖,最后得到大量的高产杂交鸡。

英国罗斯公司的遗传学家认为,以配套的曾祖代母本母系100 只母鸡为基数,按繁育体系杂交制种,可生产 5 000 只(每只母鸡生产 50 只母雏计算)祖代鸡、30 万只父母代鸡(每只母鸡生产60 只母雏计算)、2 550 万只商品代母雏(每只母鸡生产 85 只母雏计算)。

可见,建立良种繁育体系的目的,是尽量少用人力、物力、财力和时间,使先进的育种技术和成果应用于生产。只要集中力量办好育种场,就能充分利用纯种资源,使成功的配套纯系按杂交方案逐级杂交制种,最终为商品场提供大量的优秀商品鸡。

繁育体系所属的育种场、曾祖代场、祖代场、父母代场是现代化养鸡业的良种基地。只有建立和健全良种繁育体系后,才能有效地生产并向各类商品场提供数量充足而生产性能好的商品代鸡,满足农户乃至各类商品场对高产商品鸡的需要量。不建立良种繁育体系,良种蛋鸡难于推广和普及,要改变农村长期饲养生产性能低下的土种鸡的状况就有困难,也不可能从根本上提高全国蛋鸡的单产水平。有了良种繁育体系,各地区乃至全国就可以有计划地按需要和可能安排蛋鸡生产。当代高产配套杂交鸡在科学饲养条件下,其遗传潜力一般都能稳定地发挥出来,能正确地估测母鸡的产蛋量。

良种繁育体系不仅是某一高产配套系应用于生产必不可少的制种程序和使鸡种合理布局或有目的地推广的重要行政措施,同时也是一个国家蛋鸡育种水平及良种普及的重要标志。不按制种程序办事,鸡种质量无保证,良种不能发挥其应有的作用,也给商品场带来经济损失。可见,让养鸡者清楚这些道理是十分重要的。

第二节 与配套系有关的名词解释

一、品 系

指的是来源于同一品种或品种间的优秀种公母鸡,此品种有较高的生产性能和种用品质,并能将这些品质遗传给后代的鸡群。品系繁育的目的,在于建立基因型不同的类群,通过不同类群鸡杂交,获得高产的后代。

品系鸡都具有一定的基因组,从而决定品系的特点。不同的品系有不同的特点。品系的系祖,可以是1个品种或几个品种的种公鸡。在同一品种内育成的品系叫做单系,它同样具有品种的特点和结构。由2个以上的品种或品系育成的品系称为合成系。合成系主要是根据某几个经济有益性状进行选育,只要达到选育的目标,合成系就算育成。培育合成系的目的,是把不同品系的生产性状在高水平上融合在一起,使配套杂交的效果更好。目前许多配套系中都有合成系。

二、配套杂交组合和配套系

配套杂交组合是指对配合力进行选育的专门化品系的综合。
这些品系按照特定的杂交方案杂交,可得到高产和高生活力的后
代。配套杂交组合的第一代杂种用于商品生产。配套杂交组合中
的各个品系叫做配套系。配套杂交组合至少包括2个品系。根据
参加杂交的品系数量的多少,分为两系配套、三系配套、四系配套
等等。几系配套为好,主要由品系的配合力和育种家要使自己选
育的杂交鸡达到什么样的生产性能水平而定。一般来讲,凡是特
殊配合力突出的品系,搞两系配套;凡是一般配合力好的品系,多
用三系或四系配套。所谓品系的配合力,指的是一个品系与另一
个品系杂交时得到高产和高生活力后代的特性,即主要经济有益
性状出现杂种优势。配合力分为特殊配合力和一般配合力。前者
由某一具体杂交组合中杂种优势值来衡量,后者由全部杂交组合
中杂种优势的平均值来衡量。目前,商品蛋鸡生产中,无论国内还
是国外,多用配套杂交鸡。养鸡业发达的国家,几乎全部利用这种
杂交鸡。因为当今真正最高产的鸡,不是纯种鸡,而是配套杂交
鸡。

三、杂 交 鸡

目前所说的杂交鸡,是指由2个或2个以上的同一品种或不
同品种有配合力的品系杂交所得的杂种鸡。杂交鸡比纯系和亲本
有更高的生产性能和更好的生活力。杂交时能得到高产杂种后代
的能力,是代表品系最重要的特征。这是由杂种优势现象来决定
的。第一代杂种鸡在经济性状方面一般都超过它们的双亲。杂种
鸡在胚胎发育阶段就显示出杂种优势。表现为代谢过程加强,生
长发育加快,种蛋孵化率高,雏鸡质量好。并不是任何品系杂交都

有杂种优势,只有经过对配合力选育的品系杂交才有良好的杂种优势。杂交鸡的普及程度能反映养鸡业的水平。

四、父系和母系

2个或2个以上的配套系杂交时形成配套杂交组合,其中一个系叫做父系,另一个系叫做母系。父系的公鸡称为父本,母系的母鸡称为母本。

在A,B,C,D四系配套杂交组合中,父本(AB)和母本(CD)都是单交种,A系叫做父本父系,B系叫做父本母系,C系称为母本父系,D系称为母本母系。如果用字母和数字来表示,第一个字母或数字表示父或公鸡,第二个字母或数字为母或母鸡。例如,ABCD配套杂种,A和C都表示父系,B和D表示母系。配套杂交方案如下:

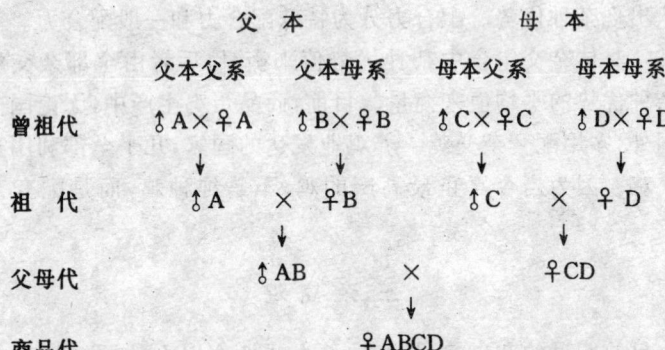

在三系配套杂交组合ABC中,有两种配套方案:父本A与母本BC杂交,或父本AB与母本C杂交。这两种情况,A系都是父系,C系为母系,B系在第一种方案中为母本父系,第二种方案中为父本母系,其配套杂交的方案如下。

方案一：

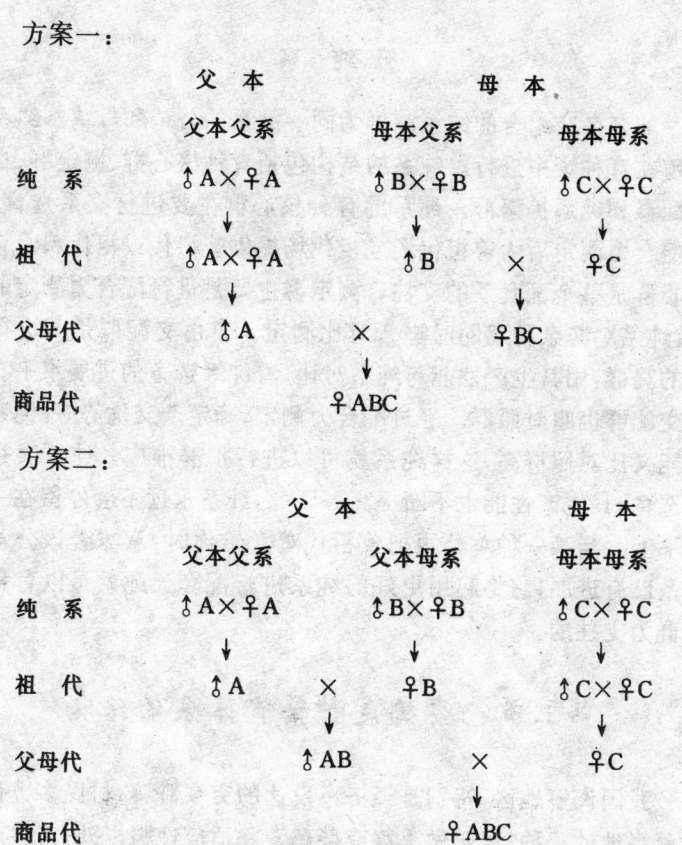

方案二：

父本和母本是纯系还是单交种，要由配合力测定的结果来确定。一般情况下，父本应尽可能是纯系。这样，杂交效果更好一些。

因此，配套杂交组合结构取决于亲本的组合方式。两系配套时，鸡群有纯系、祖代和父母代。四系配套时，鸡群有纯系、曾祖代、祖代和父母代。

五、纯　系

配套杂交组合的纯系鸡群为同一品系的公鸡和母鸡。纯系的繁殖在育种场中进行。纯系的结构包括育种核心群、测定群、自由交配群和纯系扩繁群。纯系的育种核心群主要进行家系选育，经过配合力测定后为曾祖代场或祖代场提供曾祖代或祖代鸡。育种核心群是整个配套系的支柱。测定群主要是进行配合力测定的鸡群，纯系鸡与杂种鸡同时进行对比测定。自由交配群是不进行选育的鸡群，用其生产性能与纯系对比，看纯系选育的进展水平。自由交配群也叫对照群。经过配合力测定，确定杂交优势好，纯系的性能又比对照群高，这样纯系就可以进行扩群推广。纯系通过不断选育，其生产性能也不断提高。因此，纯系永远不会停留在一个水平上。当某一种鸡公司把曾祖代鸡卖给你时，意味着该公司的纯系已有进展，它将起用更好的纯系进行配套。纯系是以育种核心群为支柱的。

第三节　蛋鸡良种繁育体系的结构

我国许多地区，特别是经济不发达的穷乡僻壤，村民多数仍饲养着当地的鸡种，也叫做土鸡或柴鸡。除适应性强以外，其生产性能低下，产蛋数少，蛋重小，体型小。由于家庭饲养数量有限，收入也微乎其微。直到20世纪70年代初，国内引进了诸多优良品种之后，人们在生产活动实践中进一步体会到了优良品种在养鸡生产中所起的作用。

当代的高产杂交鸡，是通过纯系培育、配合力测定、品系配套、品系扩繁和杂交制种等一系列的过程，才用于商品生产的。杂交鸡的培育过程，就是良种繁育体系的基本内容。这一体系包括育种和杂交制种两个部分。育种部分主要由育种单位收集育种素材,进行纯系的选育提高,通过配合力测定,筛选出优秀配套杂交组合。制种部分是根据参与配套品系的多少,逐级建立曾祖代场(原种场)、祖代场(一级场)、父母代场(二级场)和商品代场。作为四系配套的杂交鸡,没有祖代场或者缺少父母代场,就不可能有定型的高产商品鸡。因为祖代鸡和父母代鸡,无论是生产性能还是生活力都没有杂交鸡高。

整个良种繁育体系各个环节(各级场),既是一个有机的整体,在承担任务上又各有分工,在统一目标下,各司其职,中间环节总是起承上启下的作用,垂直联系。

一、育　种　场

由收集到的育种素材,进行培育纯系。为使鸡群的基因纯合化,或用近交法,或用闭锁群选育法进行家系选育。培育1个纯系,至少要有60个以上家系。国外的育种公司,纯系的家系一般有120～160个。家系越多,选择压就越大,选育的进展也就更快。经过一段时间的选育,鸡群基本纯命后,通过品系间的配合力测定,选出最佳杂交组合。然后将成功的配套组合中的父系和母系提供给曾祖代场,从而进入繁育体系。

二、曾祖代场

由育种场提供的配套纯系种蛋或种雏,在曾祖代场安家落户。曾祖代场进行配套纯系的选育、扩繁纯系,也继续进行杂交组合的测定。将优秀组合中的单性纯系提供给祖代场。例如,四系配套的曾祖代场,将A系公鸡、B系母鸡、C系公鸡和D系母鸡按一定的公母比例提供给祖代场。目前我国的曾祖代场与育种场结合在一起,叫原种场。

三、祖 代 场

祖代场不进行育种工作,主要任务是用从曾祖代场得到的单性鸡,进行品系间杂交制种,即用 A 系公鸡与 B 系母鸡杂交,C 系公鸡与 D 系母鸡杂交,然后将单交种向父母代场提供,祖代场可以向父母代场提供单性的单交种雏(AB 公和 CD 母),也可以提供种蛋。

四、父母代场

将祖代场提供的父母代鸡进行第二次杂交制种,即用 AB 公鸡与 CD 母鸡进行杂交。父母代场要把 AB 母鸡和 CD 公鸡淘汰掉。决不能用反交方式进行杂交。也不能利用祖代场提供的种蛋,继续进行 AB 鸡和 CD 鸡的自繁,这样做就会降低商品代鸡的质量,是违背繁育体系的本意的。规定祖代场每年必须由曾祖代场进鸡,父母代场每年必须由祖代场进鸡。父母代场经过杂交制种,向商品代鸡场提供双交种母雏,即商品杂交鸡。

五、商品代场

商品代鸡场的任务是接收父母代场提供的商品杂交鸡(AB-CD 母雏),按杂交鸡的饲养管理指南,进行科学饲养,生产商品蛋,向商品网提供商品蛋,为社会做贡献。

以上就是蛋鸡良种繁育体系的全部内容。一种定型的高产配套杂交鸡,不建立和健全繁育体系,就不可能推广和普及。其中某一环节失灵,就意味着繁育体系不健全。没有健全的繁育体系,再好的配套系也不能在生产中发挥其应有的作用。鸡繁育体系示意图如下:

如果是两系配套,则无需曾祖代场,因此,祖代场同时起曾祖代场的作用。

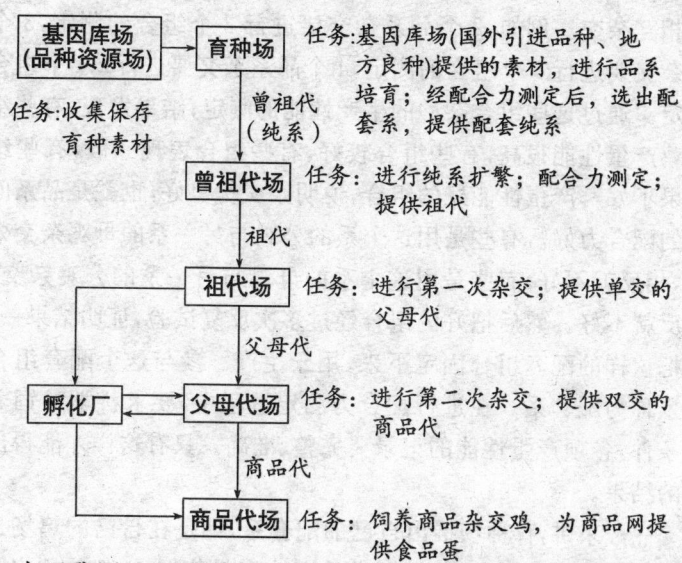

由于我国地区差别大,各地条件不同,对鸡种会出现多层次的需求。各鸡种之间不可代替,每一种鸡都有自已的优点,也有各自的不足。对鸡种的宣传要适度,不可以偏概全。要因地制宜进行引种。条件好的地区或鸡场,可以引高产的鸡,条件差的地区或鸡场,可引产蛋性能好而适应性也较好的鸡种。特别是国内选育的鸡种,由于较适应当地条件,一般鸡场饲养这种鸡可以获得满意的生产性能。从实际出发,根据本地条件选择鸡种是十分重要的。

第四节　配合力测定与测定站

育种家用近交法或闭锁群家系选育法育出纯系鸡,这只是育种工作中走出的第一步,而更重要的一步,是要进行品系间的杂交效果的测定,以决定哪个品系与哪个品系杂交的效果最好,即哪个杂交组合的杂种鸡产蛋性能最佳。这个寻找最佳杂交组合的测定工作,就叫做配合力测定。在做配合力测定时,一般要进行品系间的相互杂交。例如,2个品系杂交要进行 2 个组合的测定,3 个品系杂交要进行 6 个组合的测定,4 个品系杂交要进行 2 4 个组合的测定。通过这些组合杂种的生产性能的测定,结果发现,有些组合的鸡产蛋性能很高,有些组合较好,有些组合表现一般,有些组合效果不好。产蛋性能好的组合,说明杂交优势好,也就是品系间杂交的配合力好。有些是用这个系的公鸡与另一系的母鸡杂交效果好,相反就不好;有些是用这个系的母鸡与另一系的公鸡杂交好,相反就不好。然后把好的组合经过多次反复试验,证明结果一致,就把这样的配套组合固定下来,用于生产。参与这个配套组合的品系称为配套系。在进行配合力测定过程中,要求科学的饲养管理条件,各项产蛋性能的记录要完整、准确。只有这样才能得出真实的结果。

　　一般来讲,育种场推出自己的配套系,都是在自己的鸡场进行配合力测定后自行决定的。这肯定是有科学依据的,但是用户不一定相信。为了客观地检验鸡种的生产性能,为饲养者提供引种的信息,同时为了推动育种技术的提高,建立一个饲养环境好,管理水平高,而且具有公正性的生产性能随机抽样测定站是很必要的。测定站就像体育大赛的裁判员一样。凡参加测定的鸡种,按测定站规定的测定方案,经过随机抽样,把规定的种蛋数量送来,在同一条件下孵化,接纳规定数量的雏鸡进行育雏、育成,最后按规定数量的鸡进行生产性能测定。测定周期结束后,测定站整理资料,通过测定数据对各种商品鸡的生产性能进行公正的比较,最后公布测定结果。为了客观评定鸡种的生产性能,最好全国多设几个测定站,同时进行测定。有了公正、客观的测定结果,就有利于建立和健全良种繁育体系,有利于高产良种蛋鸡的推广。测定站的测定结果,为用户选择鸡种提供一个广告栏,也为育种场改进鸡种的生产性能提供科学依据。鸡种参加测定站的测定,实际上是一项竞赛评比活动。因此,从某种意义上说,测定站起商业广告的作用。

第四章　蛋鸡的主要生产性能指标

有关蛋鸡生产性能指标的名称及其计算方法,列述如下。

第一节　种蛋与孵化

一、种蛋合格率

指种母鸡在规定的产蛋期内所产符合本品种、品系要求的种蛋数占产蛋总数的百分比。其计算公式为:

$$种蛋合格率(\%)=\frac{合格种蛋数}{产蛋总数}\times100\%$$

这里所指的规定的产蛋期为72周龄内。在实际生产中,种鸡一般只能使用到68周龄,因为到产蛋后期蛋壳质量差,畸形蛋、沙皮蛋、薄壳蛋、特大蛋增多。同时,后期母鸡产蛋率低,受精率与孵化率也较低,所以合格种蛋数也大大减少。

符合要求的种蛋指的是由纯系、祖代、父母代种鸡所产的蛋。商品代的鸡不能直接作为种用。种蛋的标准必须符合孵化的要求,即蛋重在50~70克之间(畸形的、薄壳的、沙皮和钢皮的、蛋形过长或过圆的除外)的蛋。种蛋合格率的指标反映出种鸡的健康状况、体重、产蛋率、饲料和饲养管理水平等。

二、种蛋受精率

指的是受精蛋占入孵蛋的百分比。其计算公式为:

$$种蛋受精率(\%)=\frac{受精蛋数}{入孵蛋数}\times100\%$$

实践中通过孵化的头照（白壳蛋 5 天以上,褐壳蛋 7 天以上）来判断种蛋是否受精。血圈、血线的死胚蛋按受精蛋计算,散黄蛋按无精蛋计算。种蛋受精率反映出种鸡质量、公鸡的精液品质、管理水平、种鸡公母比例是否合理、人工授精技术水平等。死胚蛋多与种蛋保存期过长、公鸡精液品质不良、饲料营养不全、疾病、孵化温度不适等有关。种蛋受精率应在 90％以上。长途运输对种蛋受精率有一定的影响。

三、种蛋孵化率

种蛋孵化率又称出雏率。有受精蛋孵化率和入孵蛋孵化率两种计算方法。

（一）受精蛋孵化率 出雏数占受精蛋数的百分比。其计算公式为:

$$受精蛋孵化率（\%）=\frac{出雏数}{受精蛋数}×100\%$$

（二）入孵蛋孵化率 出雏数占入孵蛋数的百分比。其计算公式为:

$$入孵蛋孵化率（\%）=\frac{出雏数}{受精蛋数}×100\%$$

种蛋孵化率反映种蛋的质量和孵化技术水平。入孵蛋孵化率是一个过硬的指标,反映出种鸡的质量、饲养、种蛋保存和孵化技术等综合水平。受精蛋孵化率反映胚胎的生活力和孵化技术,但不能全面反映实际情况(尤其是受精率)。受精蛋孵化率有时很高,但入孵蛋孵化率却很低,特别是受精率很低的情况下,会出现这种现象。

四、健 雏 率

指健康的雏鸡占出雏数的百分比。其计算公式为:

$$健雏率(\%)=\frac{健雏数}{出雏数}\times100\%$$

健雏是指适时清盘时绒毛蓬松光亮；脐部愈合良好、没有血迹；腹部大小适中、蛋黄吸收好；精神活泼，叫声响亮，反应灵敏；手握时有饱满和温暖感，有挣扎力；无畸形的雏鸡。健雏率反映孵化率、孵化技术和种鸡的质量，也预示将来育雏成活率的高低。实践表明，孵化率越高，健雏率也越高。

第二节　育雏与育成

一、育雏成活率

指育雏期(0～8周龄)末成活的雏鸡数占入舍雏鸡数的百分比。其计算公式为：

$$雏鸡成活率(\%)=\frac{育雏期末成活雏鸡数}{入舍雏鸡数}\times100\%$$

雏鸡成活率反映雏鸡的健康水平、种母鸡的疾病净化水平、疾病的感染、饲养人员的责任心、育雏温度、免疫是否及时有效、管理是否科学等。育雏成活率应当在95％以上。

二、育成鸡成活率

指育成期(9～20周龄)末成活的育成鸡数占育雏期末雏鸡数的百分比。其计算公式为：

$$育成鸡成活率(\%)=\frac{育成期末成活的育成鸡数}{育雏期末的雏鸡数}\times100\%$$

该指标反映雏鸡的生活力、防疫卫生、饲养管理水平。育成鸡成活率应在95％以上。

统计成活率一般比较简单，只要接雏时点清鸡数记在记录本上，然后每天记录死亡淘汰的雏鸡数，到期汇总就能很快计算出来。

目前多用全程(0～20周龄)育成率来代替育雏成活率和育成鸡成活率。计算公式为：

$$0～20\text{ 周龄育成率}(\%)=\frac{\text{育成期末成活的育成鸡数}}{\text{入舍雏鸡数}}\times100\%$$

育成率高的鸡群,将来成年鸡的存活率和生产性能水平会更高。育成率应在92%以上。

第三节　产　蛋

一、开产日龄

从雏鸡出壳到成年产蛋时的日数。开产日龄就是母鸡性成熟的日龄。计算开产日龄有两种方法:①做个体记录的鸡群,以每只鸡产第一个蛋的天数的平均数作为群体的开产日龄;②大群饲养的鸡,从雏出壳到全群鸡日产蛋率达50%时的日龄,为鸡群的开产日龄。

一般来讲,开产日龄越早(即日龄越小),母鸡的产蛋量就越高,但达到标准蛋重所需的时间就越长。高产鸡的开产日龄应在155～165天之间。

做个体记录的多是搞育种的单位使用,需要有自闭产蛋箱(母鸡能自由进箱产蛋,但不能自由出箱,要人工放出)或个体笼,按脚号或翅号记录每只鸡产第一个蛋的日期,然后查日龄。这种计算方法准确、可靠。

群体计算方法并不代表那天全部鸡都已产蛋,实际观察表明,到产蛋率达50%这一天,至少还有30%左右的母鸡尚未开产。群体计算的开产日龄比个体记录计算的要早得多。

二、母鸡的产蛋量

指母鸡在统计期（72 周龄或更长）内的产蛋数。母鸡的产蛋量有按入舍母鸡数和按母鸡饲养日数两种统计方法。

（一）按入舍母鸡数 其计算公式为：

$$入舍母鸡产蛋量(个) = \frac{统计期内的总产蛋量}{入舍母鸡数}$$

入舍母鸡产蛋量是一个很过硬的生产指标，它反映鸡群的生活力、产蛋率、饲养管理水平等。因为只要 20 周龄母鸡上笼或入产蛋鸡舍之后，产蛋期内母鸡死亡、淘汰都算数，作为上式中的分母。因此，母鸡死亡、淘汰率越低，产蛋率越高，入舍母鸡产蛋量就越高。可以考核鸡场的饲养管理水平。国外普遍使用此指标。国内由于成年鸡死亡、淘汰率较高，一般鸡场多愿使用饲养日产蛋量的指标。

（二）按母鸡饲养日数 其计算公式为：

$$饲养日产蛋量(个) = \frac{统计期内的总产蛋量}{平均饲养的母鸡只数}$$

$$= \frac{统计期内的总产蛋量}{统计期内累加饲养只日数 \div 统计期天数}$$

饲养日产蛋量指标不考虑鸡的死亡、淘汰率，因此鸡场在死亡淘汰率很高的情况下也能得到很高的饲养日产蛋量。这种计算方法很繁琐，每天都得统计饲养日数，然后每天累加起来，再求平均饲养日，除以全期的产蛋总数。饲养日产蛋量指标能给人以错觉。为展示鸡场的实际饲养管理水平，鸡群的健康状况和产蛋水平，如用饲养日产蛋量这个指标时，要注明鸡群的死亡、淘汰率，或者列出入舍母鸡产蛋量。只有死亡、淘汰率低、入舍母鸡产蛋量较高时，饲养日产蛋量才能反映实情。

目前产蛋期多用 72 周龄表示，但国外由于鸡的产蛋性能高，高峰持续期长，许多公司的广告都用 76 周龄、78 周龄或 80 周龄的产蛋量来展示鸡种的生产性能。在看介绍材料时,要注意这一点,否则就可能怀疑资料的真实性。

三、产 蛋 率

指母鸡在统计期内的产蛋百分比。有饲养日产蛋率和入舍母鸡产蛋率两种计算方法。

(一)饲养日产蛋率　其计算公式为:

$$饲养日产蛋率(\%)=\frac{统计期内的总产蛋数}{实际饲养日母鸡只数的累加数}\times100\%$$

当天鸡群的饲养日产蛋率就表示当日鸡群的产蛋率。鸡群的日产蛋率达到80%以上时,就表示鸡群进入产蛋高峰期。高峰产蛋率就是产蛋期间日产蛋率达到最高点的数值。产蛋高峰期的长短和高峰产蛋率是决定鸡群产蛋量高低的重要指标,也是鸡种优劣的重要标志。

(二)入舍母鸡产蛋率　其计算公式为:

$$入舍母鸡产蛋率(\%)=\frac{统计期内的总产蛋数}{入舍母鸡数\times统计日数}\times100\%$$

入舍母鸡产蛋率与入舍母鸡产蛋量一样,都是反映鸡群真实情况的指标。当饲养日产蛋率与入舍母鸡产蛋率基本一致时,表明鸡群健康状况良好,两者的数值高而一致,表明这是一个高产的鸡群。

四、平均蛋重

代表母鸡蛋重大小的指标。以克为单位表示。经过对产蛋各周的平均蛋重的测定,发现43周龄的平均蛋重与全期各周平均蛋重指标最接近。因此,通常用43周龄的平均蛋重代表全期的蛋重。个体记录的鸡群,在43周龄连称3个以上蛋求平均值;大群记录时,连续称3天的总蛋重求平均值。鸡群数量很大时,可按日产蛋量的5％称测蛋重,求3天的平均值。

五、总产蛋重

即每只母鸡产蛋的总重量,以千克表示。计算公式为:

总产蛋重(千克)=(产蛋量×平均蛋重)÷1000

总产蛋重指标反映鸡群的实际生产能力,是最有经济价值的一个指标。总产蛋重取决于产蛋量的高低和蛋重的大小。

六、产蛋期存活率

指入舍(上笼)母鸡数减去死亡和淘汰后的存活数占入舍母鸡数的百分比。计算公式为:

$$产蛋期存活率(\%)=\frac{入舍母鸡数-(死亡数+淘汰数)}{入舍母鸡数}\times100\%$$

产蛋期存活率是鸡群的生活力指标,反映鸡群的健康水平和饲养管理技术水平。高水平的鸡群产蛋期存活率应在90％以上。目前国内一般鸡场的产蛋期存活率在80％～85％,原因在于死亡淘汰率较高。

七、产蛋期死亡淘汰率

指产蛋期间死亡和淘汰的总鸡数占入舍母鸡数的百分比。计算公式为:

$$死亡淘汰率(\%)=\frac{死亡鸡数+淘汰鸡数}{入舍母鸡数}\times100\%$$

产蛋期死亡淘汰率与存活率具有同一含义,都是代表鸡群生活力的指标。国外一般用死亡率这一名称。我国多用死亡淘汰率名称。为什么呢? 按理说,病弱残的鸡在笼养条件下,迟早都要死亡的,如果让这些毫无饲养价值的鸡养下去至死为止,一是传播疾病,二是浪费饲料,及早淘汰一举两得,对伤残而无希望好转的鸡及时处理,还有一定的残值。因此,将这部分鸡及早淘汰是有生产和防疫意义的。

八、产蛋期料蛋比

指的是每只母鸡在产蛋期内消耗的饲料数量与产蛋总重量之比。计算公式为:

$$产蛋期料蛋比 = \frac{产蛋期总耗料量（千克）}{总蛋重（千克）}$$

实际上就是每产 1 千克蛋要消耗多少千克的饲料。产蛋期料蛋比,有时也称为产蛋耗料比,现在又主张叫做饲料转化率。都是同一含义。

料蛋比是一个很重要的经济指标,它反映鸡对饲料的利用和转化效率,鸡的体型大小,吃料量的多少等。鸡的产蛋量高不见得利润就高。只有产蛋量高,蛋重大,同时耗料又少的鸡群才有较高的收益。选择料蛋比低的鸡种,是提高经济效益的重要途径之一。理想的料蛋比为 2.1~2.3∶1。

第四节　蛋的品质

一、蛋形指数

是指蛋的纵径与横径之比。纵径和横径的长短用游标卡尺来测量,以毫米为单位,精确度为 0.5 毫米。计算公式为:

$$蛋形指数 = \frac{蛋的纵径}{蛋的横径}$$

蛋形指数反映蛋的形状,与蛋的大小无关,但与蛋的破损率、种蛋合格率密切相关。理想的蛋形指数在 1.3~1.35 之间。指数过大就是长形蛋,指数过小就是圆形蛋。

二、蛋壳厚度

用蛋壳厚度测定仪测定，分别测量蛋的钝端（大头）、中部、锐端（小头）3个部位蛋壳的厚度，求其平均值。测量前要剔除内壳膜。以毫米为单位，精确到0.01毫米。

蛋壳厚度是蛋品质的重要指标，主要与饲料、鸡龄、温度、疾病等有关。蛋壳厚度应在0.35毫米以上。

三、蛋的比重

也是测定蛋壳厚度的方法之一。用盐水漂浮法测定。每升水加盐68克为0级，然后每增加盐4克为1级，共制成9级比重溶液（表2-4-1）。

表2-4-1　盐水漂浮9级比重溶液

级　别	0	1	2	3	4	5	6	7	8
比　重	1.068	1.072	1.076	1.080	1.084	1.088	1.092	1.096	1.100

把蛋放入溶液中，凡能在该级溶液中漂浮上来的蛋，该级别就是蛋的比重。比重越大，蛋壳就越厚。理想的蛋比重应在1.080~1.096之间。

四、蛋壳强度

指蛋的抗压力程度，取决于蛋的形状和蛋壳厚度。用蛋壳强度测定仪来测定，以千帕（千克力/厘米^2）为单位表示。把蛋放在测定仪上开动机器使蛋的两端受压力，直至蛋壳破裂为止，机器自动停止，抗压力的大小就显示出来。蛋壳厚度中等的蛋，其蛋壳强度在245.1~441.3千帕（2.5~4.5千克力/厘米^2）之间，强度越大，蛋壳越厚。蛋壳强度大，蛋的保鲜程度就高，蛋的营养特性保存期就长。

五、哈氏单位

也有叫哈夫单位的,是表示蛋的蛋白质量和蛋的新鲜度的指标。浓蛋白的高度越高,蛋就越新鲜,哈氏单位就越大。哈氏单位与孵化率密切相关。

测量哈氏单位时,先把蛋打破倒在玻璃板上,保持蛋黄和浓蛋白层完好情况下,用蛋白高度测定仪,避开系带测量蛋黄周围浓蛋白层中部,取 3 个等距离点的平均值为蛋白高度。然后按下列公式求哈氏单位。

$$哈氏单位＝100×Log(H-1.7W^{0.37}+7.57)$$

式中:H 为浓蛋白高度(毫米),W 为蛋重(克)。蛋的最佳哈氏单位指标为 75～80。

六、蛋壳和蛋黄的颜色

蛋壳的颜色是鸡种特定的特征。如白壳是白色来航鸡所具有的特征;褐壳是中型有色蛋鸡的特征。按蛋壳色泽分有白、浅褐(粉)、褐、深褐、青色等。褐壳蛋的壳色随鸡龄增大而变浅。产蛋期免疫反应,喂磺胺类药物,暴发疾病如鸡减蛋综合征等时,蛋壳颜色也会变浅,甚至变白。

蛋黄颜色按罗氏比色扇的 15 个色泽等级来对蛋黄进行比色、分级。蛋黄颜色深浅是蛋黄品质和食品蛋的等级指标之一。蛋黄颜色主要与饲料中的叶黄素有密切关系,叶黄素中对蛋黄着色最起作用的是黄体素、玉米黄素和新黄素。

七、蛋的血斑和肉斑率

蛋中含血斑和肉斑的总数占测定总蛋数的百分比。计算公式为:

$$血斑和肉斑率（\%）=\frac{蛋中含血斑和肉斑总数}{测定总蛋数}\times100\%$$

蛋的血斑和肉斑率随鸡的品种而不同，一般情况下，褐壳蛋鸡比白壳蛋鸡要高得多。血斑、肉斑对蛋的质量有影响，对种蛋的孵化率也不利。通过选种的途径可以减少和消除。

由于蛋鸡生产性能指标的名称各地叫法不同，计算的方法也不尽一致。统一名称和计算方法有利于交流技术与经验，也有利于互相比较，特别是在国际交流方面。有了统一的计算方法，也有利于国家统计我国的蛋鸡生产的发展成绩。

第五章　鸡的营养需要与常用饲料

第一节　鸡的营养需要与饲养标准

一、能量的需要量

鸡在一生中全部生理过程都离不开能源，没有能源供应就不能进行生命活动。在鸡的日粮中，能源饲料所占的比重最大。

鸡的能量营养，主要是碳水化合物和脂肪。

谷物（如玉米等）是含碳水化合物最多的饲料，是鸡能量的主要来源，占日粮的 70%～80%。

碳水化合物又分为储备性碳水化合物（糖、淀粉）和构造性碳水化合物（半纤维素、纤维素和木质素等）两大类。家禽对储备性碳水化合物的利用率可达 95%～99%。这类饲料的能量价值最大，而构造性碳水化合物仅被家禽利用 10%～20%。饲料含构造性碳水化合物越高，能量价值就越低。所以，鸡的日粮中含纤维素过高的饲料不能太多。否则，就会降低日粮中其他营养物质的利用。

脂肪含能量很高，是最理想的能源。豆类、动物性脂肪都是很好的能源。在高温气候条件下，鸡的食欲不好，或者由于其他原因造成饲料适口性差，鸡的采食量低，鸡食进的饲料不能满足能量需要时，补加含脂肪高的饲料以增加能量的浓度是很有意义的。鸡对脂肪的消化率随日龄增长而提高，但雏鸡喂脂肪高的饲料是不利的。

鸡的体型虽然比其他家畜小得多，但体温比家畜要高。例如，马的肛温为 38℃±5℃，而鸡为 40.8℃±0.5℃。因此，鸡为维持生命要消耗更多的能量。鸡摄食的饲料大部分都用于维持生命的需要。

　　维持生命的能量需要,包括基础代谢和正常活动的能量消耗。基础代谢的能量需要量,经科学家的研究证明,约等于 83(千卡)×[体重(千克)]$^{0.75}$。例如,体重 1.75 千克的母鸡每天基础代谢的能量需要将等于:$83×1.75^{0.75}=83×1.52=126$ 千卡$=527$ 千焦。这大约占代谢能的 82%。全部代谢能数量为 $126÷0.82=154$ 千卡$=644$ 千焦。此外,鸡运动也要消耗能量。在平养时要补加全部代谢能总数的 50%,笼养条件下活动量最小,要补加 37%。这样体重 1.75 千克的鸡在平养时对代谢能的总需要量为 644 千焦$+322$ 千焦(即 $644×0.5$)$=966$ 千焦/天,笼养时为 644 千焦$+238$(即 $644×0.37$)千焦$=882$ 千焦/天。除维持的能量需要外,母鸡产蛋时还有产蛋的能量需要。已知产 1 个 58 克的蛋,母鸡要消耗 360 千焦能量。因此,在温度 20℃ 的条件下,笼养母鸡每产 1 个蛋(产蛋率 100% 时),每天对代谢能的需要量为 882 千焦$+360$ 千焦$=1.24$ 兆焦。当母鸡产蛋率 70% 时,每天对代谢能的总需要量为 882 千焦$+$产蛋的能量需要 252(即 $360×0.7$)千焦$=1.13$ 兆焦。如果每千克产蛋饲料含代谢能 11.08 兆焦,则每只鸡每天约需摄食 102 克饲料($1.13÷11.08=102$ 克)。由于某种原因得不到最高产所需的能量时,母鸡还可以在一段时间内动用体内储备的能量,使产蛋率不致降低。但从饲料中再得不到足够的补充能量时,鸡的体重就会降低 10%~15%,产蛋率也开始下降。母鸡的体重在未恢复原来水平之前,产蛋率就不会上升。

　　青年母鸡生长也需要消耗能量,体重每增加 1 克,大约需要能量 6.27~12.55 千焦,实际需要量要看沉积在体内的脂肪和蛋白质的比例如何。青年母鸡在开产初期,既产蛋,又生长,故要补充能量。蛋重随日龄增加而变大,能量也要增加,然而鸡的生长也随日龄增加而停止,正好产大蛋的能量消耗因鸡停止生长而得到抵消。到产蛋后期,随产蛋率降低,母鸡对能量的需要减少。如果日粮的能量不变,这一阶段母鸡很容易变肥,也是脂肪肝综合征发生的重要原因之一。

　　饲料中能量降低时,母鸡往往有增加饲料采食量来补充能量不足的趋向。含能量低的饲料一般都是含纤维素高的大容积饲料,这种饲料会使鸡的消化道的负担加重,饲料利用率也会降低,产蛋率也不会高。

　　总的来看,鸡对能量的需要,取决于体重的大小,产蛋率的高低,蛋重的大小,羽被状况的好差以及气温的变化。研究表明:产蛋率每升降10%,鸡的采食量相应地增减4%;蛋重每增2.4克,采食量增加1.2%;体重每增45.2克,采食量提高1.3%;温度每变动1℃,采食量就变动1.6%;日粮含热量每改变460.2千焦/千克,采食量就要改变4%。

　　据文献资料报道,产蛋鸡对能量的需要与体重和产蛋率的关系,见表2-5-1。

表 2-5-1　鸡的体重和产蛋对能量的需要　(千焦)

母鸡体重(克)	产 蛋 率(%)				
	0	20	40	60	80
1500	774	878	983	1088	1192
2000	1046	1150	1255	1360	1464
2500	1297	1402	1506	1611	1715
3000	1548	1652	1757	1858	1966

二、蛋白质的需要量

　　蛋白质是构成生物体的基本物质,也是生物有机体最重要的营养物质。鸡的内脏器官、血液、肌肉、皮肤、羽毛、神经、激素、酶以及鸡蛋等,主要由蛋白质构成。

　　蛋白质主要含有碳、氢、氧、氮4种元素。蛋白质的基本单位是氨基酸。鸡对蛋白质的需要实质上是对氨基酸的需要。

　　氨基酸又分为必需氨基酸和非必需氨基酸两类。凡在鸡体内不能合成，或者合成速度慢、量又少，不能满足需要，必须由饲料中提供的氨基酸，就称为必需氨基酸。蛋氨酸、赖氨酸、组氨酸、色氨酸、精氨酸、胱氨酸、亮氨酸、异亮氨酸、苯丙氨酸、缬氨酸、苏氨酸、酪氨酸、甘氨酸等均属于鸡体的必需氨基酸。凡能在鸡体内合成，或者由其他氨基酸可以代替的氨基酸，就称为非必需氨基酸。蛋氨酸、赖氨酸和色氨酸的缺乏会影响其他氨基酸的利用率，这3种氨基酸的存在与否会限制其他氨基酸的利用。因此，这3种氨基酸又称为限制性氨基酸。在饲养实践中，在考虑氨基酸的需要量时，首先要保证这3种氨基酸的供应。

　　但在配合饲料中，如果必需氨基酸供应不足或者它们之间的比例不协调，就会影响鸡的生长发育，影响鸡的产蛋量和蛋的质量。氨基酸缺乏时，鸡生长迟缓，羽毛生长慢而蓬乱，体重轻，性成熟晚，产蛋率低，蛋重也小。氨基酸过量或不平衡，均使蛋白质和整个饲料的利用率降低，造成浪费。因此，在配制鸡的日粮时，保证饲料中氨基酸数量的供应和比例平衡就显得十分重要。

　　在鸡的管理条件和健康状况正常的情况下，日粮的蛋白质水平150～300日龄为16.5%，301～510日龄为15.5%。在舍温10℃～26℃，日摄食能量1129～1255千焦的情况下，产蛋率90%～93%时，每天每只鸡对蛋白质的日需要量为18.5克，产蛋率85%时为17.5克，产蛋率75%时为16～16.5克，而产蛋率57%时，有15克就够了。

　　因为按蛋白质来规定鸡的饲养定额是不完善的，所以研究者越来越多地计算每天氨基酸的需要量。国外在研究高产来航鸡每天饲养定额时已查明，当鸡群产蛋率在80%～83%时，不管日粮中蛋白质水平如何，母鸡每天必须得到650毫克含硫氨基酸（其中蛋氨酸 390~400 毫克),赖氨酸 660~780 毫克。

三、矿物质的需要量

矿物质又称无机盐。迄今为止,已知动物必需的矿物质元素有 16 种。矿物质在鸡体内起调节血液渗透压、维持酸碱平衡的作用,也是构成骨骼、蛋壳的重要成分。是保持鸡正常生理功能和产蛋所必需的无机营养成分。

鸡需要的矿物质种类很多,有些矿物质是金属元素,有些则是非金属元素,但多数均以化合物的形式存在。这些元素可分为常量元素(通常占体重 0.01% 以上的元素)和微量元素(占体重 0.01% 以下的元素)两类。前者使用量最多,如钙、磷、钠、氯等,后者用量极少,但其生理作用很大,如锰、锌、钴、铜、铁、碘、硒等。在配合饲料中,矿物质的含量都有一定的允许范围,过量或缺乏都可能产生不良的后果。

(一)钙 钙是构成骨骼和蛋壳的主要成分。缺钙会引起血钙降低,雏鸡发育不良,出现佝偻病,骨质疏松,龙骨弯曲,成年鸡产软壳蛋、薄壳蛋或无壳蛋,破蛋率增加,产蛋量下降,甚至出现瘫痪。

不同日龄和不同产蛋水平的鸡对钙的需要量不同。在育成阶段雏鸡对钙的需要量一般占饲料的 0.9%~1%,而在产蛋阶段则需要 3.3% 以上,在热天或后期则需 4% 左右。1 个蛋含钙 2~2.2克,但日粮中钙的利用率很低,仅为 50%~60%,因此,母鸡每产 1个蛋,需要食进 4 克左右的钙才行。青年鸡对钙的利用比老龄鸡要好。热天鸡的呼吸强度高,呼出二氧化碳多,不利于钙的吸收,故热天蛋壳薄脆,蛋的破损率高。钙与日粮代谢能之间有一定联系,日粮代谢能高(12.97 兆焦/千克),则含钙量也要高(4.1%~4.6%),如代谢能低(11.5 兆焦/千克),则含钙量也低(3.2%~3.7%)。石灰石、贝壳、蛋壳等都是很好的钙源。

（二）磷　磷存在于骨骼、血液和某些脏器中。鸡缺磷时表现生长迟缓，食欲不好，严重时关节硬化，骨质松脆。谷物饲料中含植酸磷最多，约占总磷的 70％。鸡对植酸磷的利用率很低（约30％），对无机磷的利用率达 100％。一般情况下，产蛋鸡的日粮应含有效磷 0.4％～0.45％，也就是每天应摄取 450 毫克的有效磷，才可满足蛋壳形成的需要。

产蛋鸡日粮中既要注意钙磷含量，也要注意两者的比例。雏鸡的钙磷比例为 1.2：1，产蛋鸡为 4：1。

（三）食盐　食盐有促进食欲的作用，食盐主要是提供钠和氯，以保持体内渗透压和酸碱平衡。饲料中缺盐，鸡食欲不好，生长发育慢，出现啄肛、啄羽、啄趾等癖性。食盐过多，轻者出现饮水量增加，粪便过稀，重者造成中毒死亡。雏鸡用盐量一般占饲料的0.2％～0.3％，成年鸡为 0.3％～0.5％。使用咸鱼粉时，要测其中含盐量，以防止食盐中毒，特别是雏鸡。

（四）钾　钾在细胞内形成缓冲系统。普通饲料中有足够数量的钾，能满足鸡的需要。

（五）铁　铁是构成血红蛋白的成分。产蛋鸡饲料中每吨含铁45～75 克，保证产蛋量和孵化率指标最好。雏鸡对铁的吸收率为40％～50％，成年鸡只有 5％～10％。

（六）铜　缺铜时血红蛋白的比色指标和某些酶的活性下降，蛋壳异样增多。日粮中加补 25 克/吨，可以维持鸡的健康状况正常。日粮中锌的含量增加会加剧缺铜症状。

（七）锰　日粮中锰不足会降低产蛋率和孵化率，蛋壳质量差劣。鸡胚出现软骨性营养不良症状而死亡。锰的补加量为每吨饲料 50～84 克。

（八）镁　镁是氧化磷酸化作用系统中的辅助因素，为大量水解酶机能活动所必需。对镁的需要量为每千克饲料 0.35～0.48克。日粮中有足够的镁，故不必补加。

（九）碘　碘是构成甲状腺素的成分。缺碘会影响甲状腺素的形成。过量的碘又使性成熟和甲状腺机能受抑制。产蛋鸡日粮中每吨饲料最大含碘允许量为 40 克。

（十）锌　锌是骨骼的生长发育和维持上皮组织机能活动所必需。缺锌时鸡生长受阻，羽毛发育不正常，羽梢被磨损。锌过多会引起食欲减退，羽毛脱落，停产。产蛋鸡每吨饲料含锌量为 40 克。

（十一）钴　钴是维生素 B_{12} 的成分，是形成血红蛋白和红细胞所必需的。日粮中一般不缺钴。每吨饲料中含钴 4 克是允许量，超过 5 克，鸡的生长受阻，到 50 克时鸡就会死亡。

（十二）硒　家禽对硒的需要量极微。硒是某些酶的成分。缺硒会影响维生素 E 的利用，易患渗出性素质病。过量的硒会抑制雏鸡生长，降低孵化率，胚胎畸形。硒能防止胰腺变性，胰腺变性就会导致渗出性素质病。鸡日粮中硒的需要量为每吨饲料 0.15～0.2 克。通常添加亚硒酸钠。

四、维生素的需要量

维生素是一组化学结构不同、营养作用和生理功能各异的有机化合物，是生物学上重要的活化物质，主要用于控制和调节物质代谢。因此，是鸡生存、生长发育和繁殖所必需的营养物质，鸡对维生素的需要量很少，但它的生物学作用很大。缺乏维生素就会患维生素缺乏症。维生素有 20 多种，分脂溶性和水溶性两大类。

（一）脂溶性维生素

1. 维生素 A　维生素 A 为维持上皮细胞健康所必需。能增强对传染病的抵抗力，对视觉、骨骼形成也有作用，能促进雏鸡的生长。因此，维生素 A 也叫抗传染病维生素、抗干眼病维生素等。缺乏维生素 A 时，生长缓慢或停止，精神不振，瘦弱，羽毛蓬松，脑脊髓液压升高而导致运动失调，出现夜盲，干眼病，关节僵硬、肿大等症状。胡萝卜素可以转化为维生素 A。据最新建议，每吨饲料含 1 000 万单位维生素 A 就足够鸡的需要。

2. 维生素 D　它能促进钙的吸收,与钙、磷代谢有关。缺维生素 D 时,鸡生长缓慢,喙、爪及龙骨变软,胸骨弯曲,长羽不良,成年鸡瘫痪,产蛋率低,产薄壳蛋、软壳蛋或无壳蛋,孵化率也降低。维生素 D 最重要的是维生素 D_3,对预防骨软症最有效。因为它参与钙的肠道吸收,或在血钙过低的情况下使骨骼中储备的钙释放出来,以供形成蛋壳。

据最新建议,维生素 D_3 的配合标准为每吨饲料约 200 万单位,某些情况下允许增加 2～3 倍。用量过高会引起中毒,表现为肾小管营养不良性硬化,有时有动脉硬化症。

3. 维生素 E　它起抗氧化作用,是细胞核的一种代谢调节剂,与硒和胱氨酸有协同作用。长期维生素 E 不足会引起母鸡横纹肌和肝脏发生病变,公鸡睾丸萎缩,促进白肌病、小脑软化和渗出性素质病的发展,营养性肌肉萎缩,孵化率降低。维生素 E 对种鸡是必需的。血液中红细胞的抗溶解力是维生素 E 不足的标志,正常溶解力不超过 8%。据新近的建议,每吨饲料中应有 7～16 克维生素 E。

4. 维生素 K　鸡不能合成,全靠从饲料中得到。它能形成凝血酶原,为凝血所必需,因此又叫凝血维生素。缺维生素 K 时,鸡食欲不振,皮肤、冠子、羽枝、眼睑干燥,易出血。在皮下、胸部和四肢上,肌肉和肠黏膜上出现大量出血点,出血不止,凝血时间长。实际上维生素 K 缺乏症很少见。必要时每吨饲料中可补加 2 克维生素 K 制剂。

（二）水溶性维生素

1. 维生素 B_1（硫胺素）　它是能量代谢中的一种辅酶,参与碳水化合物代谢。维生素 B_1 不足,会影响动物生长,使外周神经机能紊乱,表现为失调症,颈退缩性痉挛,死亡增加。所以,维生素 B_1 也叫抗神经炎因子。种鸡缺维生素 B_1 时受精率和孵化率降低。饲料热处理时会破坏大部分维生素 B_1。因此,饲料中需要补加维生素 B_1。种鸡饲料中,每吨饲料应加 $2\sim2.5$ 克维生素 B_1。

2. 维生素 B_2(核黄素)　它参与氧化还原过程的许多酶系统。种鸡维生素 B_2 不足会降低产蛋率、孵化率,引起肝脏肥大,孵出雏鸡趾弯曲。缺维生素 B_2 会降低碳水化合物和蛋白质的利用率,结果导致贫血发生。每吨饲料中应补加 $5\sim6$ 克维生素 B_2。

3. 泛酸(维生素 B_3)　它是辅酶 A 的成分。辅酶 A 参与碳水化合物、蛋白质和脂肪的许多代谢过程。缺泛酸时会发生皮下出血、水肿,皮炎,羽毛易脆,产蛋率低,胚胎在孵化后期 $2\sim3$ 天死亡。死亡的鸡肝、肾肿大,脾萎缩。种鸡需要较多的泛酸,每吨饲料应补加 $10\sim16$ 克。

4. 烟酸(尼克酸、维生素 PP、维生素 B_5)　它是某些辅酶的成分,参与葡萄糖、脂肪的氧化,合成胆固醇和氨基酸。烟酸不足,鸡出现腹泻,羽毛蓬乱,口腔黏膜发炎,腿弯曲,跗关节肿大,产蛋率和孵化率低。鸡体内可由色氨酸合成烟酸,肠道中微生物区系也能合成一定数量的烟酸,总计能满足体内需要 $1/6$ 左右。烟酸补加的标准为每吨饲料添加 $20\sim30$ 克。

5. 维生素 B_6(吡哆醇)　它参与氨基酸和血红蛋白的合成,转氨基作用,也是蛋白质代谢的一种辅酶。日粮中维生素 B_6 不足时,鸡食欲差,体重减轻,体内脂肪沉积,受精率和孵化率低,孵出雏鸡生长慢,羽毛蓬乱,性发育延迟。为保证最佳生长、产蛋率和孵化率,每吨饲料中应补加 $3\sim3.5$ 克维生素 B_6,有人则建议补加 $4\sim5$ 克/吨。

6. 生物素(维生素 H、促生素Ⅱ、维生素 B_7)　它是脂肪代谢和丙酮酸氧化辅酶的成分,参与氨基酸的脱氨基化作用以及神经营养的过程。生物素不足会破坏内分泌腺的分泌活动,脚上发生皮炎,头部、眼睑和嘴角发生表皮角化症,产蛋率和孵化率低。死亡胚胎发现颈部弯曲,骨骼变短,喙变形。生物素不足与肝、肾脂肪综合征之间有相互关联。鸡日粮中生物素的含量应为 $0.11 \sim 0.18$ 克/吨。

7. **叶酸（抗贫血因子、维生素 B_{11}）** 它以辅酶形式参与许多代谢反应。叶酸与维生素 B_{12} 的代谢紧密相关。叶酸不足时，骨骼组织发生病理性变化，破坏核酸的合成，分泌甲酰胺谷氨酸，结果使食欲丧失，生长减慢，羽毛脱色，血红蛋白含量降低，鸡冠发白，口腔黏膜苍白，死亡率增加。胚胎在最后几天死亡，雏鸡喙变形，胫骨弯曲，出现典型的颈部麻痹。目前认为，每吨饲料中加入 $0.5 \sim 1$ 克叶酸是适宜的。

8. **维生素 B_{12}（氰钴素）** 它是钴酰胺辅酶的成分，在许多生化反应中起重要作用。缺维生素 B_{12} 时，鸡生长迟缓，雏鸡死亡率高，贫血，孵化率低。平养和喂动物性蛋白质饲料条件下一般不缺维生素 B_{12}，但只用植物性饲料和在笼养条件下，则可能缺乏。一般认为每吨饲料中补加 $12 \sim 15$ 毫克维生素 B_{12} 是适宜的，高于此量时，肝和卵黄中维生素 B_{12} 含量并不增加。

9. **维生素 C（抗坏血酸）** 它参与形成胶原化合组织，能促进形成蛋壳。在热应激条件下，补加维生素 C 能提高存活率、产蛋率和蛋壳厚度。发生螺旋体病、沙门氏菌病和感冒时喂维生素 C（$50 \sim 100$ 克/吨饲料），能改善鸡的总体状况，对产蛋鸡笼养疲劳症也有良好作用。维生素 C 也可以作为抗应激药剂（100 毫克/千克饲料），对缓解应激影响有一定作用。正常情况下，鸡体内都能合成维生素 C。

10. **胆碱（维生素 B_4）** 它是构成磷脂和卵磷脂的成分，能帮助血液中脂肪的转移，可预防脂肪肝综合征，能促进雏鸡生长，预防滑腱症（关节变形）。雏鸡对胆碱需要量较高，每吨饲料应含 1 300 克，成年鸡有 500 克/吨饲料即够。目前多使用工业生产的氯化胆碱。

五、水的需要量

　　水是养鸡业中最易被人们忽视的营养成分。水是一种溶剂，能把营养物质运输到体内各组织，又把代谢的废弃物排出体外。初生雏鸡体内含水分约 75%，成年鸡则含 55% 以上。断水几小时特别是热天对鸡的生长和产蛋都有不良影响，断水 3 天以上就会使产蛋量明显下降，甚至停产换羽。产蛋鸡对水的需要量视环境温度而定，气温 35℃ 时，鸡的耗水量比 21℃ 多 1 倍。一般情况下产蛋鸡每吃 1 千克饲料要消耗水 1.5～2.5 升。鸡对断水比断料更敏感，也更难耐受。

　　农业部 2001 年 10 月 1 日发布实施的无公害食品畜鸡饮用水水质标准见表 2-5-2。

表 2-5-2　鸡饮用水水质标准

项　　目		标　准　值
感官性状及一般化学指标		
色(°)	≤	色度不超过 30°
浑浊度(°)	≤	不超过 20°
臭和味	≤	不得有异臭、异味
肉眼可见物	≤	不得含有
总硬度(以 $CaCO_3$ 计,毫克/升)	≤	1500
pH 值	≤	6.4～8.0
溶解性总固体(毫克/升)	≤	2000
氯化物(以 Cl^- 计,毫克/升)	≤	250
硫酸盐(以 SO_4^{2-} 计,毫克/升)	≤	250
细菌学指标		
总大肠菌群(个/100 毫升)	≤	1
毒理学指标		
氟化物(以 F^- 计,毫克/升)	≤	2
氰化物(毫克/升)	≤	0.05

续表 2-5-2

项　　目		标 准 值
总砷(毫克/升)	≤	0.2
总汞(毫克/升)	≤	0.001
铅(毫克/升)	≤	0.1
铬(六价)(毫克/升)	≤	0.05
镉(毫克/升)	≤	0.01
硝酸盐(以 N 计,毫克/升)	≤	30

六、鸡的饲养标准

在积累一定饲养经验的基础上,经过大量营养需要量的测定和研究,科学规定每天供给鸡能量和各种营养物质的数量及比例,这种规定称为鸡的饲养标准。它是制定日粮配方、科学养鸡的重要依据。由于测定时所用的鸡及饲养管理条件,不可能与各饲养场完全相同,而且随着营养科学的发展和鸡的新品种出现,饲养标准本身也要不断被修订。所以,应因时因地制宜,灵活掌握。

我国《鸡的饲养标准》(第 1 版)是 1986 年由农牧渔业部颁布的。现行的《鸡的饲养标准》是 2004 年由农业部颁布的,详见本书附录一。有关蛋鸡部分饲养标准,GB-1986《鸡的饲养标准》将生长蛋鸡划分为 0~6 周龄、7~14 周龄和 15~20 周龄 3 个阶级。GB-2004《鸡的饲养标准》也划分为 3 个阶段,但在各阶段范围作了很大调整,即 0~8 周龄、9~18 周龄和 19 周龄至开产(5%产蛋率)。19 周龄至开产也叫产蛋预备期。这个阶段的营养需要量适当提高了蛋白质和钙的需要量,以增加蛋白质和钙的储备,为产蛋做准备。

GB-1986《鸡的饲养标准》将产蛋鸡划分为 3 阶段(产蛋率65%,65%~80%,>80%)。GB-2004《鸡的饲养标准》根据生产实践和实用性,将产蛋率划分为 2 阶段,即开产至产蛋率>85％和产蛋率<85％。

七、蛋鸡的实用饲料配方

根据新的《鸡的饲养标准》(送批稿)和中国农业科学院畜牧研究所、中国饲料数据库情报网中心拟定的中国饲料成分及营养价值表(2002 年第 13 版)中的有关数据,并参考有关蛋鸡的营养和饲料配方研究资料,对生长蛋鸡和产蛋鸡所需的饲料配方进行了配比和计算。此配方基本上符合中型体重蛋鸡的需要量,如为轻型鸡可酌减 10％。蛋鸡因品种、饲料品质、饲养环境等不同,对饲料的要求也有差异。因此,该配方仅供饲养者参考。蛋鸡饲料配方见表 2-5-3,表 2-5-4。

表 2-5-3 生长蛋鸡饲料配方

项 目		0~8 周龄		9~18 周龄		19 周龄~开产	
		1	2	3	4	5	6
饲料组成	玉 米(%)	68.4	58.10	66.00	54.00	64.80	67.20
	麸 皮(%)	—	11.00	14.20	22.00	7.20	3.50
	豆 粕(%)	23.00	—	12.00	—	17.50	22.00
	豆 饼(%)	—	19.90	—	18.00	—	—
	棉 粕(%)	3.50	—	3.00	—	3.00	—
	槐叶粉(%)	—	—	—	3.50	—	—
	鱼 粉(%)	—	6.00	—	—	—	—
	骨 粉(%)	—	2.15	—	—	—	—
	贝壳粉(%)	—	0.50	—	—	—	—
	石 粉(%)	1.20	—	1.20	—	4.20	4.50
	磷酸氢钙(%)	2.00	—	1.50	1.20	1.50	1.50
	膨润土(%)	—	1.00	—	—	—	—
	植物油(%)	0.60	—	0.80	—	0.50	—
	预混料(%)	1.00	1.00	1.00	1.00	1.00	1.00
	食 盐(%)	0.30	0.35	0.30	0.30	0.30	0.30

续表 2-5-3

项 目		0～8周龄		9～18周龄		19周龄～开产	
		1	2	3	4	5	6
营养水平	代谢能(兆焦/千克)	11.92	12.10	11.50	11.13	11.29	11.39
	粗蛋白质(%)	19.09	19.05	15.59	15.20	17.01	17.40
	蛋白能量比(克/兆焦)	16.02	15.74	13.56	13.66	15.07	15.28
	钙(%)	1.12	1.06	0.95	0.78	2.02	2.15
	总 磷(%)	0.83	—	0.76	0.57	0.73	0.70
	有效磷(%)	0.59	0.46	0.49	—	0.48	0.35
	赖氨酸(%)	0.81	0.97	0.58	0.73	0.69	0.73
	蛋氨酸(%)	0.28	0.35	0.22	0.32	0.24	0.26
	蛋+胱氨酸(%)	0.57	0.59	0.46	0.63	0.50	0.52

表 2-5-4 产蛋鸡饲料配方

项 目		开产～高峰期(>85%)			高峰后(<85%)		种 鸡	
		1	2	3	4	5	1	2
饲料组成	玉 米(%)	66.1	60.00	53.70	63.00	61.00	64.20	51.00
	麸 皮(%)	—	10.00	—	—	5.00	—	—
	豆 粕(%)	20.00	—	—	—	—	21.00	18.00
	豆 饼(%)	—	10.00	28.00	23.80	18.00	—	—
	棉 粕(%)	2.00	—	—	2.00	—	—	—
	棉 饼(%)	—	—	—	—	3.00	—	—
	高 粱(%)	—	—	5.00	—	—	—	15.00
	菜籽饼(%)	—	—	1.00	—	4.00	—	—
	葵籽饼(%)	—	—	1.00	—	—	—	—
	槐叶粉(%)	—	2.00	2.00	—	—	—	—

项　　目		开产~高峰期(>85%)			高峰后(<85%)		种　鸡	
		1	2	3	4	5	1	2
饲料组成	苜蓿粉(%)	—	—	—	—	—	—	1.00
	鱼　粉(%)	—	10.00	—	—	—	4.00	5.00
	骨　粉(%)	—	—	2.50	—	1.70	—	—
	贝壳粉(%)	—	6.70	5.30	—	—	—	—
	石　粉(%)	8.30	—	—	8.40	6.00	7.20	7.00
	磷酸氢钙(%)	1.50	—	—	1.50	—	1.50	1.50
	动物油(%)	—	—	—	—	—	0.80	—
	植物油(%)	0.80	—	—	—	—	—	0.20
	预混料(%)	1.00	1.00	1.00	1.00	1.00	1.00	1.00
	食　盐(%)	0.30	0.30	0.50	0.30	0.30	0.30	0.30

第二节　鸡常用的饲料资源及其营养价值

一、鸡常用的饲料资源

（一）能量型饲料资源　在使用能量饲料时,必须按照营养和其他因素予以考虑。例如,大麦虽然比玉米便宜,可是它适口性差,而且用量过多时,会增加鸡的饮水量,造成鸡舍内过多的水汽。小麦副产品的体积较大,当需要较高营养浓度时,就不能多用,否则采食量和生产性能会受到影响。因此,在能量饲料中首推玉米,它可占饲料量的 60% 左右。

1. 玉米　含淀粉最丰富,是谷类饲料中能量较高的饲料之一。可以产生大量热能和蓄积脂肪,适口性好,是肉用仔鸡后期肥育的好饲料。黄玉米比白玉米含有更多的胡萝卜素、叶黄素,能促进鸡的蛋黄、喙、脚和皮肤的黄色素沉积。玉米中蛋白质少,赖氨酸和色氨酸也不足,钙、磷也偏低。玉米粉可作为维生素、无机盐预先混合中的扩散剂。玉米最好磨碎到中等粒度。颗粒太粗,微量成分不能均匀分布;颗粒太细,会引起粉尘和硬结,而且会影响鸡的采食量。

2. **小麦**　是较好的能量饲料。但在饲料中含有大量磨细的小麦时,容易粘喙和引起喙坏死现象。因此,小麦要磨得粗一些,而且在饲料中只能占 15%～20%。

3. **高粱**　含淀粉丰富,脂肪含量少。因含有鞣质(单宁),味发涩,适口性差。喂高粱会造成便秘以及鸡的皮肤和爪的颜色变浅。故配合量宜在 10%～20%。

4. **大麦**　适口性比小麦差,且粗纤维含量高,用于幼雏时应去除壳衣。用量在 10%～15%。

5. **碎米**　碾米厂筛出的碎米,淀粉含量很高,易于消化,可占饲料的 30%～40%。

6. **米糠**　是稻谷加工的副产品。新鲜的米糠脂肪含量高,多在 16%～20%,粗蛋白质含量为 10%～12%。雏鸡喂量在 8%,成年鸡喂量在 12% 以下为好。由于米糠含脂肪多,不利于保存,贮存时间长了,脂肪会酸败而降低饲用价值。所以,应该鲜喂、快喂,不宜作配合饲料的原料。

7. **麸皮**　含能量低,体积大而粗纤维多,但其氨基酸成分比其他谷类平衡,B 族维生素和锰、磷含量多。麸皮有轻泻作用,用量不宜超过 8%。

8. **谷子**　营养价值高,适口性好,含维生素 B_2 多,是雏鸡开食常用的饲料。可占饲料的 15%～20%。

9. **红薯、胡萝卜与南瓜**　属块根和瓜类饲料,含淀粉和糖分丰富,胡萝卜与南瓜含维生素 A 原丰富,对肉用鸡有催肥作用,可加速鸡增重。为提高其消化率,一般都煮熟喂,可占饲料的50%~60%。

（一）蛋白质型饲料资源　大多数蛋白质饲料都由于氨基酸的不平衡而在使用上受到限制。也有的由于钙、磷的含量问题在用量上受到限制。豆饼（粕）和鱼粉一般作为蛋白质饲料的主要组成部分,但某些鱼粉由于含盐量过多,用量也受到限制。

1. 植物性蛋白质饲料

（1）豆饼（粕）　是鸡常用的蛋白质饲料。一般用量在20%左右,应防过量造成腹泻。在有其他动物性蛋白质饲料时,用量可在15%左右。有些地区用生黄豆喂鸡。其实,生黄豆中含有抗胰蛋白酶等有害物质,对鸡的生长是不利的,其含油量高也难以被鸡利用。所以,生黄豆必须炒熟或蒸煮破坏其毒素,同时还可以使其脂肪更好地被鸡吸收利用。

（2）花生饼（粕）　含脂肪较多,在温暖而潮湿的空气中容易酸败变质,所以不宜久贮。用量不能超过20%,否则会引起鸡消化不良。

（3）棉籽（仁）饼　带壳榨油的称棉籽饼,脱壳榨油的称棉仁饼。因它含有的棉酚,不仅对鸡有毒,而且还能和饲料中的赖氨酸结合,影响饲料蛋白质的营养价值。使用土法榨油的棉仁饼时,应在粉碎后按饼重的2%重量加入硫酸亚铁,然后用水浸泡24小时去毒。例如,1千克棉仁饼粉碎后加20克硫酸亚铁,再加水2.5升浸泡24小时。而机榨棉仁饼不必再作处理。棉仁饼用量均应控制在5%左右。

（4）菜籽饼　含有一种叫硫葡萄糖苷的毒素,在高温条件下与碱作用,水解后可去毒。但雏鸡以不喂为好,其他鸡用量应限制在5%以下。

饼类饲料应防止发热霉变。否则,将造成的黄曲霉污染,毒性很大。同时,还要防止农药污染。饲喂去毒棉籽饼、菜籽饼的同时,应多喂青绿饲料。

2. 动物性蛋白质饲料 动物性蛋白质饲料可以平衡饲料中的限制性氨基酸,提高饲料的转化率,并影响饲料中的维生素平衡,还含有所谓的未知生长因子。

(1)鱼粉 是鸡的理想蛋白质补充饲料。限制性氨基酸含量全面,尤以蛋氨酸和赖氨酸较丰富,含有大量的 B 族维生素和钙、磷等元素的矿物质,对雏鸡生长和种鸡产蛋有良好作用。但价格高,多配会增加饲料成本,一般用量在 10% 左右。肉鸡上市前 10 天,鱼粉用量应减少到 5% 以下或不用,以免鸡肉有鱼腥味。

目前,某些土产鱼粉含盐量高、杂质多,甚至有些生产单位还用鸡不能吸收的尿素掺和成质量差的鱼粉,用来冒充含蛋白质量高的鱼粉,购买时应特别注意。

(2)血粉 含粗蛋白质 80% 以上,亦有丰富的赖氨酸和精氨酸。但不易被消化,适口性差,所以日粮中只能占 3% 左右。

(3)蚕蛹 脂肪含量高,应脱脂后饲喂。由于蚕蛹有腥臭味,多喂会影响鸡肉和蛋的味道。用量应控制在 4% 左右。

(4)鱼下脚料 人不能食用的鱼的下脚料。应新鲜运回,避免腐败变质。必须煮熟后拌料喂。

(5)羽毛粉 蛋白质含量高达 85%,但必须水解后才能用作鸡饲料。由于氨基酸极不平衡,所以用量只能在 5% 左右。除非用氨基酸添加剂进行平衡,否则不能增加用量。

(三)青绿饲料资源 青绿饲料含有丰富的胡萝卜素、维生素 B_2、维生素 K 和维生素 E 等多种维生素,还含有一种能促进雏鸡生长、保证胚胎发育的未知生长因子。它补充了谷物类、油饼类饲料所缺少的营养,是鸡日粮中维生素的主要来源。它与鸡的生长、产蛋、繁殖以及机体健康关系密切。

常用的青绿饲料有胡萝卜、白菜、苦荬菜、紫云英(红花草)等。雏鸡日粮用量可占 15%～20%,成鸡日粮用量可占 20%～30%。

没有青绿饲料时可用干草粉代替。尤其是苜蓿草粉、洋槐叶粉中的蛋白质、矿物质、维生素较丰富，苜蓿草粉里还含有一些类似激素的营养物质，可促进鸡的生长发育。1千克紫花苜蓿干叶的营养价值相当于1千克麸皮，1千克干洋槐叶粉含有可消化蛋白质高达140～150克。松针叶粉含有丰富的胡萝卜素和维生素E，对鸡的增重、抗病有显著效果。它们是鸡的廉价维生素补充饲料。肉用仔鸡用量可占日粮的2%～3%，产蛋鸡用量可占日粮的3%～5%，但饲喂时必须由少到多，逐步使其适应。

1. 使用青绿饲料的注意事项

第一，要新鲜，不能用腐烂变质的菜叶等，以防亚硝酸盐、氢氰酸中毒。

第二，使用的青绿饲料要清洗、消毒。施过未沤制鸡粪的青饲料，要水洗后用1∶5 000的高锰酸钾水漂洗，以免传染病和寄生虫病扩散传播。施用过农药的青饲料要用水漂洗，以防农药中毒。

第三，使用青绿饲料时，最好以2～3种混合饲喂，这样营养效果更好。

2. 调制干草(树叶)粉应注意事项　①及时收集落叶阴干粉碎，防止因采摘鲜叶而影响树木生长，破坏绿化成果。②调制干草粉应采用快速或阴干的方法，防止变黄和霉烂变质，风干后即可加工成干草粉。

在配合饲料中，各类饲料所占的比例见表2-5-5。

表 2-5-5　配合饲料中各类饲料应占的比例

饲　料　种　类		用　量(%)	
		雏　鸡	成　鸡
能量饲料	谷物饲料(2～3种或以上)	40～70	30～50
	糠麸类饲料(1～2种)	5～10	20～30
	根茎类饲料(以 3∶1 折算代替谷物饲料用量)	20～30	30～40
蛋白质饲料	植物性蛋白质饲料(1～2种)	10～20	10～15
	动物性蛋白质饲料(1～2种)	8～15	5～8
青绿饲料	干草粉	2～5	2～5
	青饲料(按精料总量加喂)	25～30	25～30
添加剂	矿物质、维生素	2～3	3～5

二、各种饲料的营养价值

　　饲料的营养成分及其营养价值是制定饲料配方的一个重要依据。鸡的常用饲料成分及营养价值的有关数据详见附录一。

第六章　育雏期雏鸡的饲养管理

雏鸡是指从孵出到 8 周龄的小鸡。在育雏期间(0～8 周龄),雏鸡的生长发育好差直接关系到育成鸡的整齐度和合格率,间接地影响成年母鸡的生产性能。因此,育雏是为整个蛋鸡生产周期打基础的关键阶段。

第一节　育雏的方式

从目前国内的情况来看,育雏的方式有两种:平面饲养和立体饲养。

一、平面育雏

这是传统的育雏方式。又分为地面平养、火炕平养和网上平养等。

地面平养就是在地面上铺垫 5～10 厘米厚的垫料饲养雏鸡。垫料可就地取材,诸如切碎的干净稻草、麦秸、刨花等。锯末过细,为防止雏鸡啄食,最好不用它作垫料。如果育雏舍很大,头几天雏鸡小,活动范围有限,为便于保温和管理,应当用纸板或其他隔板把雏鸡围在热源的周围。待雏鸡长大,活动能力加强时,再把隔板撤去。

火炕平养的形式与地面平养基本相同,只是用火炕做热源,使炕面加温,雏鸡可以在温度较稳定的炕面上活动。火炕育雏的方式适于北方地区;南方潮湿的地区采取这种方式可使地面保持干燥,也有利于提高雏鸡成活率。

上述两种方式的共同特点是投资少,管理方便,雏鸡有足够的自由活动空间。缺点是雏鸡与垫料和粪便经常接触，对防病特别是防白痢、球虫病等不利。

网上平养在平养方式中是最先进的一种，它是用网板代替地面。网板可用点焊网，一般网眼1.5厘米×1.5厘米。网板离地面50～80厘米，用角铁焊成支架把网板铺在上面。这样能承受饲养人员在上面走动，便于饲养操作。网养可省去垫料，最大优点是雏鸡与粪便接触机会少，发生球虫病、白痢的机会就少。但这种管理方式的投资较大。

二、多层笼育

也叫立体育雏。这是吸收网养的优点，克服地面平养的缺点而改进的现代育雏方式。最大的优点是能成倍地增加单位鸡舍面积的饲养容量。育雏笼为多层重叠式的，一般为4层，每层底下有接粪盘，笼层的四周设有食槽和水槽。前两周的雏鸡在笼内放真空饮水器和食盘。随雏鸡长大，撤去笼内的饮水器和食盘，雏鸡可自行通过周边的栅栏从外边的食槽和水槽采食、饮水。有些厂家生产的育雏器在笼层的一端设有可调温的供暖装置，供雏鸡取暖，其余部分为活动场所。采用这种电热源育雏器，雏鸡能自由选择温区，雏鸡成活率很高，饲养人员管理鸡群也很方便，只是造价很高。转群时抓鸡比较费事，必须有多人配合才行。

育雏所用的热源，可根据当地的条件选择：电热、水暖、煤炉、煤气炉、火炕等均可，只要能达到不同日龄雏鸡所需的温度，哪一种供暖设备都行。

第二节　育雏前的准备工作

首先，要决定饲养什么鸡种，对鸡种的基本性能和饲养管理要求有所了解，以便做好有关准备。在选购鸡种时，一定要从可靠的种鸡场进鸡。时下伪劣产品较多，有些人利用人们对热门鸡种求购心切的心理，以假充真。要防止这一点，切忌从私人的鸡场购买商品代自繁的鸡。为此，掌握本书介绍的蛋鸡良种繁育体系的知识十分必要，并要通过可靠的人介绍去购鸡。

其次，要选好育雏季节。鸡场规模较大，不可能一次育雏，要分批进行，做到全年均衡生产，不存在季节性的问题。作为专业户饲养，数量不多，一般选在春季育雏为好，这样秋天产蛋，冬春季正值产蛋高峰期，蛋价较高。但春季育雏，早春气温低，保温所花燃料费用多，育雏人员昼夜都得看护，消耗体力大。春季育雏的鸡病种类较多，雏鸡处于日照渐增的时期，光照不好控制。秋季育雏气温较适宜，保温所用燃料少，雏鸡处于日照渐减的时期，与雏鸡所需光照时间相一致。秋季天气渐凉，鸡病较少，但是产蛋鸡的高峰期正值夏天，难于达到较高的产蛋高峰，高峰期也较短，而且蛋价也相对较低。所以，选择育雏时间，要从实际出发。

鸡种选好了，育雏时间也定了，就要开始做好育雏的各项准备工作。

最重要的工作是对鸡舍和一切饲养用具进行彻底的清洗和消毒，检查通风、保温设备是否符合要求。育雏舍和用具最好用福尔马林进行熏蒸。每立方米体积用福尔马林液 28 毫升和高锰酸钾 14 克。先将高锰酸钾放入非金属性容器内，然后倒入福尔马林液。操作时戴上口罩，穿好防护衣服，倒入福尔马林液后迅速离开。熏蒸前一定要把窗户密封好，堵住通风孔，熏蒸操作完毕，把门关闭 24～48 小时，然后打开门窗将剩余的甲醛气体排除干净，鸡舍就可使用。熏蒸过程中产生的大量甲醛气体，有极强的杀菌能力。熏蒸是最有效的消毒方法，在养鸡场中已被普遍采用。

进雏前 1～2 天对鸡舍进行升温预热，检查供热是否有效。地面平养雏鸡，要铺上 5～10 厘米厚的清洁垫料。进雏前 1～2 小时把鸡舍的温度升至育雏所需的要求。饮水器内备好清洁的饮水或

0.1％的高锰酸钾水,最好准备 5％～8％ 的白糖水。把育雏鸡开食所用的饲料运到育雏舍。落实好育雏人员白班和夜班交接班制度。准备好必要的育雏记录本或表格。所有这一切都准备完毕,就随时可以接雏了。

第三节　雏鸡的接运

接雏前雏鸡必须接种鸡马立克氏疫苗。

如果是本场孵化雏鸡,接种完疫苗后就可接到育雏室,不要等到全部出雏完毕才接,这样可防止因孵化车间温度低而使雏鸡着凉或失水。

如果从外地外场接雏,要按孵化场的通知,提前到达接雏地点。因为有时候出雏时间可能提前或推迟 12 小时。及时把雏鸡运回,可防止雏鸡开食过迟而影响成活率。长途运输超过 1 天时间的,更要提前到达。这样也能使运输司机有休息的时间,按时出发,防止途中出现意外。如不能及时运回雏鸡,就会影响育雏成绩。

只要符合健雏标准的雏鸡就可接运,弱雏、伤残、畸形的雏不在接运范围内。长途运输要按每 80～100 只装进分成四等份的雏鸡盒中。装雏前运输工具要消毒。装雏时雏鸡盒之间要有通风的间隙,夏天更要注意此点。途中要经常注意观察雏鸡盒是否歪斜、翻倒。不要急刹车,道路不平时要开慢些、稳些,防止颠簸。每走 1～2 小时,最好停车把雏鸡盒上下层调换一下位置,以防过热把雏鸡闷死。如果雏鸡张嘴、叫声嘈杂,这是过热的表现,要注意通风。冬天,如果发现雏鸡扎堆,唧唧鸣叫,说明过冷,要适当加盖防寒物,但一定要注意通风,任何情况下都不能让风直接吹到雏鸡的身上。

第四节　接雏与雏鸡的开食

　　雏鸡进入育雏舍,如果是长途运输的,先连雏鸡盒一起放在舍内歇息 20 分钟左右,再清点雏鸡,放进育雏器或育雏伞下。清点雏鸡时同时挑选绒毛光亮、叫声清脆、握在手中有温暖感、有挣扎力、眼神好、反应灵敏、腹部收缩好、脐部愈合好、无畸形和伤残的雏鸡。

　　进雏后,先让雏鸡饮水 2～3 小时,最好供 5％～8％糖水 12 小时。实践证明,这一措施能使第一周的雏鸡死亡率大为降低。同时,要使育雏舍的相对湿度保持在 60％～70％,这样能缓解雏鸡的失水。饮水的温度以 15℃左右为宜。

　　雏鸡经过 3 小时充分饮水之后,开始投喂饲料较为理想。雏鸡第一次吃食叫做开食。头 1 周把饲料撒在纸上或平盘上,每天换纸 1 次或洗盘 1 次。头两天喂给易消化的玉米碎末或玉米面,有利于减少雏鸡的糊肛现象。饲料干喂或稍微拌湿投喂均可。开食初期,可能只有一部分雏鸡啄吃饲料。这些鸡一般是早孵出的雏。大部分雏鸡都在适宜的温度环境下卧息。睡醒后的雏鸡就会慢慢地仿效正在吃食的雏鸡学会吃料。除非是病弱的个体,从本能出发,雏鸡有饥饿感时就自然寻找食物。一般 1 天左右全部雏鸡均能学会吃料。1 周以后可用食槽装料喂雏鸡。

　　头两天要求 24 小时光照,光照强度为 40～50 勒(克斯)。较亮的灯光有利于雏鸡熟悉环境和更快地学会饮水、吃食。喂料采用少给勤添的办法,让雏鸡自由采食,这样所有的雏鸡都有机会吃到所需的饲料。要注意经常保持饮水器中有水,如果每次添水以后 1 小时内发现饮水器中已没有水,说明饮水器数量和供水不足,就得增加饮水器,或者及时添水。

　　应注意饲盘、饲槽的清洁,因为刚开食时雏鸡常边吃料边排粪。每次添料时要清除纸上、盘上的粪便。饮水器每次换水时清洗一下再加水。任何情况下不能让雏鸡缺水,否则每次加水时雏鸡蜂拥而上抢水喝,一是把绒毛弄湿,二是招致挤压、踩伤和踩死的现象发生。

第五节　育雏舍小气候及其控制

鸡舍中的小气候主要是指温度、湿度、空气、光照等环境因素。

一、育雏温度

初生雏鸡体温比成年鸡要低,稀短的绒毛保温能力较差,采食能力小,大约要 1 周以后体温才逐渐升至接近成年鸡的水平,要到 3 周以后体温才能稳定下来。在此之前,雏鸡对外界温度的变化很敏感,温度过低,或忽冷忽热,容易受凉造成腹泻。因此,根据日龄为雏鸡提供适宜的温度环境,对雏鸡特别是头几天雏鸡的正常生长和成活十分重要。

育雏温度是指育雏器下的温度。育雏舍内的温度比育雏器下的温度低一些,这样可使育雏舍地面的温度有高、中、低 3 种差别,雏鸡可以按照自身需要选择其适宜温度。

育雏温度,进雏后 1～3 天为 34℃～35℃,4～7 天降至32℃～33℃;以后每周降低 2℃～3℃;到第六周降至 18℃～20℃。

测定舍温的温度计应挂在距离育雏器较远的墙上,高出地面1 米处。

育雏的温度因雏鸡品种、气候等不同和昼夜更替而有差异,特别是要根据雏鸡的动态来调整。夜间外界温度低,雏鸡歇息不动,育雏温度应比白天高 1℃。另外,外界气温低时育雏温度通常应高些,气温高时育雏温度则应低些;弱雏的育雏温度比健雏高一些。

　　给温是否合适也可通过观察雏鸡的动态获知。温度正常时，雏鸡神态活泼，食欲良好，饮水适度，羽毛光滑整齐，白天勤于觅食，夜间均匀分散在育雏器的周围（图 2-6-1）。温度偏低时，雏鸡靠近热源，拥挤扎堆，时发尖叫，闭目无神，采食量减少，被挤压在下面的雏鸡有时发生窒息死亡。温度过低，容易引起雏鸡感冒，诱发白痢病，使死亡率增加。温度高时，雏鸡远离热源，展翅伸颈，张口喘气，频频饮水，采食量减少。长期高温，则引起雏鸡呼吸道疾病和啄癖等。

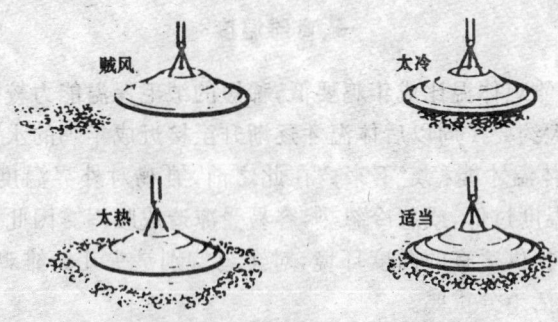

图 2-6-1　雏鸡的行动表现是温度高低的指标

二、环境湿度

　　湿度也是育雏的重要条件之一，但养鸡户不够重视。育雏舍内的湿度一般用相对湿度来表示，相对湿度愈高，说明空气愈潮湿；相对湿度愈低，则说明空气愈干燥。雏鸡出壳后进入育雏舍，如果空气的湿度过低，雏鸡体内的水分会通过呼吸而大量散发出去，就不利于雏鸡体内的剩余卵黄吸收，雏鸡羽毛生长亦会受阻。一旦给雏鸡开饮后，雏鸡往往因饮水过多而发生腹泻。

　　雏鸡 10 日龄前适宜的湿度为 60%～65%，以后降至 55%～60%。育雏初期，由于垫料干燥，舍内常呈高温低湿，易使雏鸡体内失水增多，食欲不振，饮水频繁，绒毛干燥发脆，脚趾干瘪。另外,过于干燥也易导致尘土飞扬,引发呼吸道和消化道疾病。因此,这一阶段必须注意舍内水分的补充。可在舍内过道或墙壁上面喷水增湿,或在火炉上放置1个水盆或水壶烧水产生蒸汽,以提高舍内湿度。10日龄以后,雏鸡发育很快,体重增加,采食量、饮水量、呼吸量及排泄量与日俱增,舍内温度又逐渐下降,特别是在盛夏和梅雨季节,很容易发生湿度过大的情况。雏鸡对潮湿的环境很不适应,育雏舍内低温高湿时,会加剧低温对雏鸡的不良影响,雏鸡会感到更冷,这时易患各种呼吸道疾病;当育雏舍内高温高湿时,雏鸡的水分蒸发和体热散发受阻,感到闷热不适,雏鸡易患球虫病、曲霉菌病等。因此,这时要加强通风换气,注意勤换垫料,加添饮水时要防止水溢到地面或垫料上。

三、通风换气

雏鸡虽小,生长发育却很迅速,新陈代谢旺盛,需氧气量大,排出的二氧化碳也多,单位体重排出的二氧化碳量要比大家畜高2倍以上。此外,在育雏舍内,粪便和垫料经微生物的分解,产生大量的氨气和硫化氢等不良气体。这些气体积蓄过多,就会造成空气污浊,从而影响雏鸡的生长和健康。如育雏舍内二氧化碳含量过高,雏鸡的呼吸次数显著增加,严重时雏鸡精神委靡,食欲减退,生长缓慢,体质下降。氨气的浓度过高,会引起雏鸡肺水肿、充血,刺激眼结膜引起角膜炎和结膜炎,并可诱发上呼吸道疾病的发生。硫化氢气体含量过高也会使雏鸡感到不适,食欲降低等。因此,要注意育雏舍的通风换气,及时排除有害气体,保持舍内空气新鲜,人进入育雏舍后无刺鼻、刺眼感觉。在通风换气的同时也要注意舍内温度的变化,防止贼风吹入,以免引起雏鸡感冒。

育雏舍通风换气的方法有自然通风和强制通风两种。开放式鸡舍的换气可利用自然通风来解决。其具体做法是:每天中午12时左右将朝阳的窗户适当开启,应从小到大最后呈半开状态。切不可突然将门窗大开,让冷风直吹雏鸡。开窗的时间一般为 30 分钟至 1 小时。为防止舍温降低,通风前应提高舍温 1℃～2℃,待通风完毕后再降到原来的温度。密闭式鸡舍通常通过动力机械(风机)进行强制通风。其通风量的具体要求是:冬季和早春为每分钟每只雏鸡 0.03～0.06 立方米,夏季为每分钟每只雏鸡 0.12 立方米。

四、光　照

光照包括自然光照(太阳光)和人工光照(电灯光)两种。光照对雏鸡的采食、饮水、运动和健康生长都有很重要的作用,与成年后的生产性能也有着密切的关系。不合理的光照对雏鸡是极为有害的。光照时间过长,会使雏鸡提早性成熟,小公鸡早鸣,小母鸡过早开产。过早开产的鸡,体重轻,蛋重小,产蛋率低,产蛋持续期短,全年产蛋量不高。光照过强,雏鸡显得神经质,易惊群,容易引起啄羽、啄趾、啄肛等恶癖。而光照时间过短、强度过小,不仅影响到雏鸡的活动与采食,而且会使鸡性成熟推迟。异常光色如黄光、青光等,易引起雏鸡的恶癖。

合理的光照方案包括光照时间和光照强度两个方面。对于商品蛋鸡,应在育雏期和育成期采取人工控制光照来调节性成熟期。

(一)光照时间　雏鸡出壳后头 3 天视力较弱,为保证采食和饮水,每天可采用 23～24 小时的光照。从第四天起,按鸡舍的类型和季节采取不同的光照方案。密闭式鸡舍,雏鸡从孵出后的第四天起到 20 周龄(种鸡 22 周龄),每昼夜恒定光照 8～10 小时。有条件的开放式鸡舍(有遮光设备,能控制光照时间),在制订 4 日龄以后的光照方案时,要考虑当地日照时间的变化。我国处于北半球,4 月上旬到 9 月上旬孵出的雏鸡,其育成后期正处于日照时间逐渐缩短的时期,故本批鸡 4 日龄以后至 20 周龄(种鸡 22 周龄)均可采用自然光照;9 月中旬到翌年 3 月下旬孵出的雏鸡,其大部分生长时期的日照时数不断增加,故本批鸡从 4 日龄至 20 周龄(种鸡 22 周龄)可控制光照时间。控制的方法有两种,一种是渐减法,即查出本批鸡达到 20 周龄(种鸡 22 周龄)的白天最长时间(如 15 小时),然后加上 3 小时作为出壳后第四天应采用的光照时间(18 小时)。以后每周减少光照 20 分钟,直到 21 周龄(种鸡 23 周龄)以后按产蛋鸡的光照制度给光。另一种是恒定法,即查出本批鸡达到 20 周龄(种鸡 22 周龄)时的白天最长的时间(不低于 8 小时),从出壳后第四天起就一直保持这样的光照时间不变,到 21 周龄(种鸡 23 周龄)以后,则按产蛋鸡的光照制度给光。

（二）光照强度　第一周龄内应稍亮些,每 15 平方米鸡舍用 1 盏 40 瓦的白炽灯悬挂于离地面 2 米高的位置即可,第二周龄开始换用 25 瓦的灯泡就可以了。

人工光照常用白炽灯泡,其功率以 25～45 瓦为宜,不可超过 60 瓦。为使光照度均匀,灯泡与灯泡之间的距离应为灯泡高度的 1.5 倍。舍内如安装两排以上的灯泡,应错开排列。缺电地区人工给光时,可使用煤油罩灯、蜡烛、气灯等。

第六节　雏鸡的饲养管理

育雏期间最关键的管理技术是温度的调控问题,其重要性及调控方法上面已经作了介绍。即使有自动控温装置,饲养人员也要经常进行检查和观察鸡群,注意温度是否适宜。特别是后半夜自然气温最低的时刻,也是值班人员最容易打瞌睡的时间,偶尔责任心不强,稍有疏忽,炉火熄灭,温度下降,雏鸡自然扎堆,就可能造成受凉感冒、踩伤或窒息死亡。雏鸡受凉特别是头几天的雏鸡可能出现腹泻糊肛的现象。白天温度高,夜间温度低,冷热骤变是造成雏鸡糊肛、腹泻的重要原因,许多人一见雏鸡腹泻就认为是鸡白痢,其实拉稀并不都是鸡白痢造成的。

众所周知,雏鸡在育雏阶段是一生中生长发育最快的时期,第一周末比出壳时体重增长 1 倍,2 周龄时增至 3 倍,3 周龄时增至 5 倍。雏鸡增重这么快,全靠采食饲料作为物质基础。因此,在育雏阶段采取自由采食的制度,食槽里应经常保持有一定数量的饲料,让雏鸡随意啄食。目的是让雏鸡吃得多,长得快,为以后的正常生长打下良好的基础。雏鸡采食量很小,消化能力又强,如果限制采食时间,强者抢吃,霸占地盘,弱者总吃不上食,这势必影响全群鸡的整齐度。在鸡群规模大、食槽数量又有限的情况下,不采用自由采食方法,鸡群肯定发育不均匀。所以,提供足够的食槽和水槽,让每只雏鸡都能同时有机会采食和饮水,是最理想的。

育雏期间每只雏鸡平均应有食槽位置 2.5 厘米,饮水位置 1.5 厘米。否则就会影响到雏鸡的自由采食和饮水,导致雏鸡生长发育不均匀,鸡群越大就越应保证所需的食槽和水槽。

雏鸡的合理给料量和体重标准,见表 2-6-1。

表 2-6-1 白壳蛋鸡和褐壳蛋鸡各龄给料量

周　龄	白壳蛋鸡		褐壳蛋鸡	
	每只每日给料(克)	体重范围(克)	每只每日给料(克)	体重范围(克)
1	13	50～70	13	80～100
2	16	100～140	24	130～150
3	19	160～200	29	180～220
4	29	220～280	35	250～310
5	38	290～350	40	360～440
6	41	350～430	45	470～570

表 2-6-1 中的体重范围,是指鸡群中 80% 的个体应在此范围内。

采取自由采食制度,不等于把饲料添得满满的,而是把一天喂料的数量分多次添加,让雏鸡随时都能吃到饲料。这种少喂勤添的方法,可以减少饲料的浪费,又能促进鸡的食欲和群势整齐,减少饲料浪费和降低死亡率,是降低饲养成本的重要途径。

随着雏鸡的生长发育,要及时注意调整和疏群。因为密度过大,鸡群采食拥挤,活动的空间也小,不利于鸡的生长发育。笼育雏鸡每只应占面积 100～150 平方厘米,平养雏鸡应占面积 400～450 平方厘米。笼育刚进雏时,从保温角度考虑,头 10 天可把 2 层的雏集中于 1 层,当进行新城疫疫苗免疫时再一分为二散开。平养时逐渐扩大地盘。利用疏散鸡群的机会,把强、弱雏分开,较弱的雏置于温度较高的部位,以利于它们的生长发育。及时调整鸡群,并增加采食和饮水的位置,能使雏鸡有更大的活动空间,可使雏鸡发育均匀,体格更健壮。

不管孵化条件多好,总会有一部分后出的弱雏,即使在接雏时把明显的弱雏剔除了,但由于遗传原因,育雏过程中管理不善,也总会出现一定数量发育落后的弱雏。有病征的弱雏理所当然要淘汰掉。剩余发育落后的体质较差的雏,在加强饲养管理的情况下,是可以赶上健雏的。加强对弱雏的护理,可以提高雏鸡的成活率。不合理的密度、料槽和水槽不足、温度不符合标准,这是人为造成的出现弱雏的重要原因。

初生雏换羽是有一定顺序的,第一周主翼羽和尾巴先长出来,第二周肩部和胸侧的羽毛脱换,第三周是靠尾部的背上和嗉囊的部位,第四周颈部绒毛脱换,第五周为头部和腹部,第六周胸部,第七周轻型品种鸡已有完好的羽被了,而中型品种鸡则要晚 1～2 周才有完好的羽被。

研究已经表明,凡 5 周龄后头颈部绒毛尚未脱落的雏鸡,均属发育落后的雏鸡。这种雏鸡在鸡群中占 20% 左右,绒毛脱换晚的雏鸡体温调节功能差,应加强保温。这种雏鸡体重也较轻,主翼羽和尾羽都较短,疫苗接种后抗体产生也较差些。因此,根据雏鸡绒毛脱换程度,可以判断雏鸡的大致日龄,比用体重大小来判断更为准确。同时,也可看到雏鸡的整齐度和饲养管理制度是否良好。

要加强对雏鸡的观察。通过喂料的机会,查看雏鸡对给料的反应、采食的速度、争抢程度;每天查看粪便的形状与颜色;观察雏鸡的羽毛状况、雏鸡大小是否均匀、眼神和对声音的反应;有无扎堆、遛边的现象;注意听鸡的呼吸有无异音,检查有无死鸡,统计每天死多少。一旦发现病情立即向兽医报告,及时采取紧急措施。

1~20 日龄是雏鸡死亡的高峰时期,占死亡数的 50% 以上。死亡主要原因多为育雏温度不适宜、鸡白痢、球虫病、鼠害以及人为因素等。一年当中,早春死亡主要是低温、白痢造成的,夏天死亡率最高,主要是湿热、球虫病、饲料发霉变质中毒引起的。一般来讲,5 月份雏鸡死亡率最低。

育雏期间要及时进行鸡新城疫疫苗、鸡法氏囊疫苗、鸡痘苗的免疫接种。千万不要错过免疫的时机。最好经常进行带鸡喷雾消毒。

在注意保温的同时要适当通风换气,如果人在鸡舍中感到沉闷、气味难闻,一定是通风不好,要及时通风。要注意及时清粪,每天打扫卫生,保持舍内清洁。

在预防鸡白痢、球虫病等给药时,一定按规定用药,千万不可超量,以防药物中毒。

要防止煤气引起的中毒事故。

要及时实施断喙。为防止鸡群出现啄羽、啄趾、啄肛、啄蛋和防止吃料时勾撒饲料而造成浪费,蛋用鸡必须断喙。鸡断喙一般进行 2 次。第一次断喙在 7~10 日龄;第二次断喙在 10~14 周龄之间,目的是对第一次断喙不成功或重新长出的喙进行修整。断喙时用断喙器将上喙 1/2、下喙 1/3 切掉,切口出血部位一定要烙烫到止血的程度(图 2-6-2)。断喙前、后 1 天可在饲料中添加维生素 K_4(4 毫克/千克),有利于凝血。

图 2-6-2　雏鸡断喙示意图

A. 断喙前　B. 断喙后

　　育雏期间雏鸡成活率应在 92％以上，雏鸡发育均匀，群势整齐。育雏期末应随机从鸡舍不同部位抽测 50～100 只雏鸡体重，以检查体重是否达到该鸡种的标准体重和判断鸡群是否整齐。因为这是育雏成绩优劣的主要标志之一。

　　搞好育雏期的记录工作。每育一批雏鸡，应有必要的记录，诸如进雏日期、鸡种名称、进雏数量、温度变化、死亡淘汰数量及其原因、进料量、投药与免疫日期、异常情况等等。这种必要的日常记载工作，有利于分析问题和对育雏工作的检查，也便于总结经验与教训。

第七章　育成鸡的饲养管理

　　按阶段划分,雏鸡自育雏期结束后,从 9 周龄起到 20 周龄这一阶段称为育成期,处于这个阶段的鸡叫育成鸡(也叫青年鸡、后备鸡)。进入育成期的鸡,绒毛已基本脱换完毕,全身披上焕然一新的成年羽被;随着日龄的增加,身长腿高,显得十分清秀,对外界反应很灵敏,采食量日渐增加,消化能力加强,心肺系统、肌肉和骨骼系统进入旺盛的发育阶段;这一时期的鸡对外界环境的适应能力较强,疾病也少。育成阶段的饲养管理关键是:促进育成鸡体成熟,使鸡体格健壮;控制性成熟的速度,避免出现性早熟现象;防止脂肪过早的沉积,而影响以后的生产性能。总的目标是:在鸡达到性成熟并在开始产蛋之前,有一个良好的体型。体型是骨骼与体重的总和。骨骼的发育可由胫长的测定来评估。胫短而体重大者,表示鸡只肥胖;胫长而体重相对小者,表示鸡只过瘦,二者产蛋表现均不理想。只有胫长与体重都达到标准,才会有好的产蛋性能。胫长是指鸡爪掌底至跗关节顶端的一段(跖骨长)。体重、胫长标准见表 2-7-1。

表 2-7-1　育成鸡体重、胫长参考标准

周　龄	轻型鸡		重型鸡	
	体重(克)	胫长(毫米)	体重(克)	胫长(毫米)
7	520～535	80	540	77
8	590～625	85	650	83
9	660～700	89	760	88
10	730～775	93	840	92
11	790～845	96	950	96

续表 2-7-1

周　龄	轻型鸡		重型鸡	
	体重(克)	胫长(毫米)	体重(克)	胫长(毫米)
12	850～915	99	1010	99
13	910～975	101	1120	101
14	965～1035	102	1190	103
15	1020～1095	103	1280	104
16	1070～1155	104	1360	104
17	1115～1205	104	1450	105
18	1160～1250	104	1500	105
19	1210～1305	104	1550	105
20	1260～1360	104	1600	105
成年鸡	1500～1700	104	1700～1900	105

第一节　转群前的准备工作

　　对于规模鸡场,转群前要对育成鸡舍和设备进行维修和清洗,转群前1周进行彻底的熏蒸消毒。育成期换料要有一个过渡阶段,不可以突然全换,要使鸡有一个适应过程。为此,要先准备1～2周的雏鸡料向育成鸡料的过渡。

　　管理育成鸡的饲养人员,事先要了解育雏舍雏鸡的表现,发生过什么疾病,免疫情况怎样,以便在转群后有所准备。

　　接鸡前做好运输工具的消毒。育雏舍内事先进行带鸡消毒然后转群。育雏舍的管理人员在转群前一天,最好先将病弱、伤残的鸡挑选出来,以使转群工作更顺利、快捷。

　　地面平养的鸡,转群前铺好垫料。

冬季或早春，如果育成鸡舍气温过低，应准备好取暖设备，并把温度升至所需的标准。

第二节　转群注意事项

转群前食槽和水槽备好饲料和饮水。要避开雨雪天转群。转群时不要粗暴抓鸡，以防伤鸡。装笼时不可装得过多过挤，防止压死、闷死鸡。

冷天要在晴朗暖和的中午转群。热天要在早、晚较凉爽的时间转群。

平养管理的育成鸡，转群时要清点好鸡数。要把强弱的鸡分开管理，有利于鸡的生长发育。

从育雏舍转入育成鸡舍，环境变了，鸡会感到不安。鸡群的个体关系变了，必然要发生啄斗，有些个体斗败受伤，要尽快隔离起来。笼养的鸡，因笼门坏了或未关牢，或者有些因个体太小而跑出笼，要设法把鸡捉回来。也有些鸡头、腿、翅膀被笼卡住，要检查挽救这些鸡。

注意观察鸡能否都喝得上水。笼养的鸡转群1～2天后，发现有些体型较小的鸡能采食，但精神不太好，可能是鸡体矮小喝不上水所致。要调换笼位或者降低水槽。

育成鸡比较胆小，环境变了，为减轻应激，饲喂作业时动作要轻，以防止惊群。大约经过1周，鸡对环境熟悉以后，才能安顿下来，饲养人员对鸡群也基本了解，转群后出现的临时性问题也基本得到解决，即可以按育成鸡的管理技术进行正常的操作了。

第三节　限制饲养

一、限制饲养的意义

第一，通过限饲可使性成熟延迟 5～10 天，使卵巢和输卵管得到充分的发育，从而增加整个产蛋期的产蛋量。

第二，保持鸡有良好的繁殖体况，防止母鸡过肥、体重过大或过小，提高种蛋合格率、受精率和孵化率，使产蛋高峰持续时间长。

第三，可以节省饲料（一般为 10%～15%），提高成年鸡产蛋的饲料效能。

第四，可以降低产蛋期死亡率，因为健康状况不佳的病弱鸡，由于限饲反应在开产前就已被淘汰，从而提高了产蛋期的存活率。

二、限制饲养方法

限制方法有多种，如限时法、限量法和限质法等。

（一）限时法　就是通过控制鸡的采食时间来控制采食量，从而达到控制体重和性成熟的目的。具体分为以下几种。

第一，每日限饲。每天喂给一定量的饲料和饮水，规定饲喂次数和每次采食时间。此法对鸡的应激较小。有的采用每 2～3 小时给饲 15～30 分钟的方法，能提高饲料转化率。

第二，隔日限饲。就是喂 1 天，停 1 天，把 2 天（48 小时）的饲料量集中在 1 天喂给。给料日将饲料均匀地撒在料槽内，停喂日撤去槽中的剩料，也不给其他食物，但供给充足的饮水，尤其是热天更不能断水。此法对鸡的应激较大，可用于体重超标的鸡群限饲。

第三，每周限饲。即每周停喂 1～2 天。停喂 2 天的做法是：周日、周三停喂，将 1 周中限喂料量均衡地在 5 天中喂给。此法既节省了饲料,又减少了应激。

(二)限量法 就是规定鸡群每日、每周或某阶段的饲料用量。在实行限量饲喂时,一般喂给正常量的 80%～90%。此法易操作,应用比较普遍,但饲粮营养必须全价,不限定鸡的采食时间。

(三)限质法 就是限制饲粮营养水平,使某种营养成分低于正常水平,一般采用的有低能饲粮、低蛋白质饲粮、低能低蛋白质饲粮、低赖氨酸饲粮等,从而使鸡生长速度降低,性成熟延迟。

三、限制饲养的注意事项

(一)定期称测体重,掌握好给料量 限饲开始时,要随机抽样 50 只鸡称重并编号,每周或两周称重 1 次。其平均体重与标准体重比较,10 周龄以内的误差最大允许范围为 ±10%,10 周龄以后则为 ±5%,超过这个范围说明体重不符合标准要求,就应适当减少或增加饲料喂量。每次增加或减少的饲料量以 5 克/只·日为宜,待体重恢复标准后仍按表中所列数量喂给。育成鸡的大致给料标准和体重应达到的范围见表 2-7-2。

(二)确定起限时间 目前,生产中对蛋鸡的限制饲养多从 9 周龄开始,常采用限量法。

(三)设置足够的料槽 限饲时必须备足料槽,而且要摆布合理,防止弱鸡采食太少,鸡群饥饱不均,发育不整齐。要求每只鸡都要有一定的采食位置,最好留有占鸡数 1/10 左右的空位。

表 2-7-2 育成鸡给料标准和体重范围

周 龄	白壳蛋鸡品种		褐壳蛋鸡品种	
	每日每只给料(克)	体重范围(克)	每日每只给料(克)	体重范围(克)
7	45	420~520	50	560~680
8	49	500~600	55	650~790
9	52	570~710	59	740~900
10	54	660~820	63	830~1010
11	55	770~930	67	920~1120
12	57	860~1040	70	990~1220
13	59	940~1120	73	1070~1310
14	60	1010~1190	76	1130~1390
15	62	1070~1250	79	1200~1460
16	64	1120~1300	82	1260~1540
17	67	1160~1340	85	1320~1620
18	68	1190~1370	88	1390~1690
19	74	1210~1410	91	1450~1770
20	83	1260~1480	95	1500~1840

第四节 光照的控制

实践证明,育成鸡的光照时间宜短不宜长。过长的光照会使生殖器官过早地发育,性成熟过早。由于鸡体未发育成熟,特别是骨骼和肌肉系统,过早开始产蛋,体内积累的矿物质和蛋白质不充分,饲料中的钙磷和蛋白质水平又跟不上产蛋的需要,于是母鸡出现早产早衰,甚至有部分母鸡在产蛋期间就出现过早停产换羽的现象。为防止育成鸡过早性成熟,育成期间一般采用渐减的光照制度,8～16 周龄每天 8～9 小时,到育成期末达 12 小时,17～20 周龄每周增加 1 小时。这种光照制度只适用于密闭式的鸡舍使用。

在开放式鸡舍饲养育成鸡,利用自然光照。不同季节的自然日照时数不同,无法进行控制。春季育雏正好处于日照增加的时期,与育成鸡所需的光照时间正好相反,秋季育雏处于日照缩短的时期,与育成鸡所需的光照制度基本相符。即使如此,光照的长度仍然超过 10～11 小时。因此,在光照不能控制的条件下,只能通过限制给料量或降低日粮中的蛋白质水平,以控制育成鸡的发育,从而延迟鸡的开产日龄。

育成阶段用缩短光照,与开产前和开产早期集中加强光照刺激,对褐壳蛋鸡产蛋效果最好。

白壳蛋鸡育成期光照度为 5 勒/米^2(每 18 平方米的鸡舍安装 15 瓦的灯泡),而褐壳蛋鸡光照度为 15 勒/米^2(每 18 平方米的鸡舍安装 45 瓦的灯泡),这种光照强度更有利于刺激青年母鸡性成熟,而且在这种光照下母鸡感到很安静。

密闭式鸡舍养育成鸡,由于光照长度和强度均可人工控制,因此,鸡群比较安静,啄癖也较少。在开放式鸡舍饲养育成鸡,当阳光较强时(特别是夏天);过强的阳光照射,引起鸡群活动活跃和不安,容易发生啄癖如啄羽、啄尾、啄颈等现象,伤亡率较高。在不影响通风的情况下,适当遮光和断喙,是开放式鸡舍减少啄癖的有效措施之一。

第五节　其他管理措施

除了限制饲养和控制光照以外,在日常管理上还要做许多细致的工作,才能把育成鸡养好。

饲养育成鸡一定要注意保持适宜的密度。无论笼养或平养,要想使鸡群个体发育均匀,必须遵循鸡舍的容纳标准,切忌过度拥挤。在平养条件下,7~18 周龄的青年鸡,每平方米鸡舍面积养 10 只较为适宜;笼养条件下,应保证每只鸡有 270~280 平方厘米的笼位。饲养密度过大,鸡的活动空间减少,没有活动的余地;同时,呼出的二氧化碳和排粪也多,鸡舍空气污浊,这对青年鸡的心、肺、肌肉和骨骼的发育不利。鸡多而活动空间小,也容易发生啄癖,鸡体躯羽毛残缺不全,秃头、秃尾、光背等现象较普遍。由于密度过大,每只鸡所占食槽和水槽的位置不足,鸡不能同时采食,于是出现强弱与大小的差异。在这种条件下,实行限制饲养,更加剧强弱的差别。所以,保持新鲜空气的供给,给予适当的活动空间,对锻炼和加强青年鸡的心、肺、肌肉和骨骼系统的发育十分重要。健壮、整齐度高的鸡群是高产的前提条件。

每次喂料一定要均匀,经常检查,发现有的槽段上积料较多,有的槽段已无剩料,要经常把料匀开,防止有些鸡吃得过多,有些鸡采食不足。要使鸡群发育整齐,做好匀料工作很重要。

经常注意把较小、较弱的鸡挑出单独护理,适当多喂一些饲料,以便使它们能够赶上强壮的鸡。只要在这方面下点工夫,这种弱小的鸡经过一段时间的护理,它们的增重和整个发育状况就会得到明显的改善。

育成鸡正处于发育和向性成熟方面过渡的时期,一定要注意通风换气,提供足够的新鲜空气,以促进心、肺系统的发育。由于代谢旺盛,消化能力强,排粪也多。在育成期间,育成鸡不断地更换羽毛,鸡舍内比较污浊,尘埃较多。要勤于清粪和打扫地面。

为了检查给料量是否合理,要定期抽测鸡的体重。从 5 周龄起每 1~2 周称重 1 次。为了客观反映鸡群的状况,要挑选在鸡舍中不同部位的鸡称重;笼养时最好定位称重,这样能够互相对照每周的增重情况。称测的鸡数一般不应少于 100 只,鸡群较小时可适当减少,但不应少于 50 只,而且一定要个体称重。个体称重的目的是检查鸡群发育的整齐度。影响鸡群整齐度的最普遍原因包括密度过大,发病,断喙不正确,营养摄取量不足等。如果发现鸡的体重达不到标准,就应当增加给料量,直到体重达到标准后,再按标准给料。育成期称测体重,是一项培育合格育成鸡的重要管理手段。

40~60 日龄期间是鸡的葡萄球菌病多发阶段,要做好防治工作。多雨的季节,容易暴发球虫病,平养的育成鸡更要注意及时投药预防。

夏季蚊虫多,应提前做好鸡痘苗的刺种,防止发生鸡痘,影响鸡的生长发育和造成死亡。

要严格按免疫程序,不失时机地进行鸡新城疫疫苗等的免疫。

第八章　产蛋期母鸡的饲养管理

产蛋期一般是从 21 周龄起计算到 72 周龄,也就是从育成期结束后到母鸡产蛋率降到 50% 左右淘汰母鸡这段时间,约 1 年。在国外,由于鸡种产蛋性能很高,饲养管理条件又好,产蛋期一般都延长到 76 周龄、78 周龄、80 周龄才开始淘汰。所以,当我们看广告材料时,不要先看母鸡产多少蛋,总产蛋重是多少,重要的是看产蛋期是多长。72 周龄的鸡产蛋肯定要比 76 周龄、78 周龄、80 周龄的鸡要少。注明产蛋期多长,主要是有利于互相比较。在实际生产中,产蛋期的长短,主要由母鸡的产蛋性能来决定。一般来讲,如果产蛋后期母鸡产蛋率低于 50%,饲料价格高,蛋价又低,即使不到 72 周龄,也应淘汰,否则就要亏本。如果鸡舍空闲,蛋价又高,可以把停产的母鸡先淘汰,留下产蛋的鸡。鸡数虽少了,但既省饲料,又不影响总收蛋数量,还有利可图。鸡数相同,50% 产蛋率的老鸡可相当于产蛋率 70% 的新鸡产蛋的总重量。从生产的角度考虑,蛋鸡利用期的长短,要从经济核算的观点来决定。

产蛋期的蛋鸡就像工厂开工的机器,是生产产品,获取利润,收回投资的时期。因此,产蛋期饲养管理的目标,是为母鸡创造最佳的饲养管理条件,使母鸡适时开产,较早进入产蛋高峰,并使高峰期长而产蛋率起伏不大,蛋重较大而蛋壳质量好,减少死亡和淘汰率,在保持高产前提下注意节约饲料。

由于产蛋期有 1 年之久,会遇到许多问题,同时,也是收获的季节,关系到经济效益。因此,必须抓好各环节的工作。

第一节 饲养方式的选择

目前蛋鸡的饲养方式为笼养和平养两种。平养是传统的饲养方式,笼养则是现代化的集约化管理方式。

平养方式又分地面平养和网上平养两种,后者比前者先进,饲养密度可以适当增加,鸡与粪便不接触,有利于防病,无需使用垫料,但需要网板的投资。

笼养蛋鸡有利于防病和管理,单位鸡舍面积的饲养数量可以大幅度增加,节地、省工。笼养鸡限制其活动,可以节省饲料消耗。只是一次性投资较高。

根据宁夏田玉平同志对农户笼养和平养蛋鸡的对比资料(表2-8-1),可以判断两种饲养方式的优缺点。

表 2-8-1 蛋鸡笼养与平养方式效果对比

项　　目	笼养方式	平养方式
每只鸡的投资(元)	9.70	5.35
每只鸡占地面积(平方米)	0.043	0.20
年平均产蛋率(%)	68.0	58.6
年平均产蛋量(个)	248	214
每只鸡平均日耗料(克)	110	125
每千克蛋平均耗料(千克)	2.98	3.62
全年每只鸡的平均成本(元)	26.81	28.76
每只鸡年均纯收入(元)	11.79	7.94
投资回收期(天)	242	409
笼养比平养每只鸡增收(元)	4.80	—

鸡种和饲料营养水平相同,但从表8-1中看出,笼养的蛋鸡,

除一次性投资较高外,占地少,产蛋率和产蛋量比平养高得多,耗料少,饲料报酬高。成本较低,纯收入高。这就是笼养方式能普遍推广的主要原因。除此之外,笼养鸡管理方便,1 个人可以管理 3 000～5 000 只鸡,劳动生产率大大提高。笼养鸡的死亡、淘汰率较低,蛋壳较干净,破损率也较低。

　　从各方面因素分析来看,笼养蛋鸡是最佳饲养方式的选择。虽然购买鸡笼的一次性投资较高,但收回投资的时间较短。况且这一次性投资,一般可使用 5～7 年,甚至更长时间。

　　产蛋鸡笼根据鸡舍条件适当安置,安放形式主要有以下几种:全重叠式,全阶梯式,半阶梯式,阶梯层叠综合式等(图 2-8-1,图 2-8-2)。此外,还有单层平置式的,即将所有鸡笼排列在一个水平面上,鸡粪直接落入粪槽。

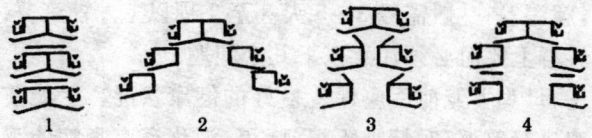

图 2-8-1　鸡笼配置形式

1. 全重叠式　2. 全阶梯式　3. 半阶梯式　4. 阶梯层叠综合式

生产鸡笼的厂家,一般都是料槽、水槽配套。水槽、料槽有金属的,也有塑料的。金属槽不易变形,但易生锈不耐腐蚀,使用寿命短。塑料槽耐腐蚀,容易洗刷,但易变形。

　　从节水节电、减轻劳动强度、防止鸡病交叉感染等方面考虑,使用乳头饮水器比用水槽科学。

第二节　　转群上笼

　　育成鸡一般 18 周龄进行转群上笼,最迟不应超过 22 周龄。早些上笼能使母鸡在开产前有足够的时间适应环境。值得注意的

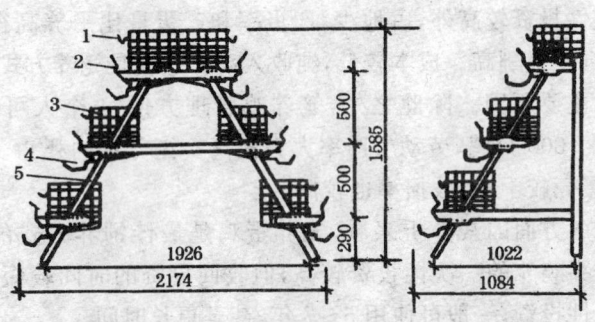

图 2-8-2　全阶梯式鸡笼　（单位：毫米）

1. 水槽　2. 料槽　3. 鸡笼　4. 蛋槽　5. 笼架

是，转群上笼会使鸡产生较大的应激反应，特别是育成期由平养转为笼养时应激反应尤为强烈，有些鸡经过转群上笼而体重下降，精神紧张，腹泻等，一般需经3～5天甚至1周以上才能恢复。因此，育成鸡转群上笼时必须注意以下几个问题。

第一，母鸡上笼前后应保持良好的健康状况。上笼前有必要对育成鸡进行整群，对精神不振、腹泻、消化道有炎症的鸡进行隔离治疗；对失去治疗价值的病鸡、弱鸡及时淘汰；对羽毛松乱、无光泽、冠髯和脸色苍白、喙和腿颜色较浅的鸡挑出来进行驱虫（也可以对整个鸡群进行驱虫）；把生长缓慢、体重较小的鸡单独饲养，给予较好的饲料，加强营养，使其尽快增重。对限制饲养的鸡群，转群上笼前2～3天可改为自由采食，上笼当天不需要添加过多的饲料，以够吃为度，让鸡将料吃干净。

第二，白壳蛋鸡转群时间应早于褐壳蛋鸡。适当提前转群有利于新母鸡逐渐适应新环境，有利于开产后产蛋率的尽快增加。

第三，转群上笼应尽量选择气候适宜的时间。夏季应利用清晨或夜间较凉爽时进行，冬季则应在中午较暖和时进行。上笼时舍内使用绿色灯泡或把光线变暗，减少惊群。捉鸡轻拿轻放，避免粗暴。

　　第四,转群抓鸡时应抓鸡的双腿。在装笼运输时严禁装得过多,以免挤伤、压伤。在运输过程中,尽量不让鸡群受惊、受热、受凉,切勿时间过长。若育成鸡舍与蛋鸡舍距离较近,可用人工提鸡双腿直接转入蛋鸡舍。

　　第五,上笼时不要同时进行预防注射或断喙,以免增加应激。

第三节　产蛋鸡各阶段的饲养

　　育成鸡转入产蛋鸡舍,无论笼养或平养,总会打乱原来的群序。头几天不可避免地要引起个体间的争斗,鸡群处于关系紧张的高度应激状态。受欺的个体总想逃走,于是出现撞笼的现象,有些鸡可能被笼卡住,吊脖、断翅的情况时有发生,身体小的可能从笼中跑出。最好在入笼时把体型大小一致的放在一起。一般情况下,鸡群需要4~5天才能安定下来。

　　转群后1周内应力求保持育成期末的饲养管理制度。注意经常巡视检查,及时调整受欺、受伤的鸡。注意调整水槽的高度,让鸡都喝上水。平养的鸡要注意食槽和水槽数量是否足够。

　　当代高产鸡的产蛋率高峰可达95％以上,有些甚至更高;产蛋率80％以上的高峰期可持续5个月以上。从开产到产蛋高峰这段时间的饲养管理,对后半期的产蛋成绩是有影响的。

　　育成鸡从18周龄开始加入1/3的蛋鸡料,19~20周龄时加入1/2的蛋鸡料,从21周龄开始,将育成鸡饲料全部改为蛋鸡饲料。在鸡群产蛋率达5％时,注意日粮中蛋白质、代谢能和钙的浓度。

　　优良的产蛋鸡,27~28周龄开始进入产蛋高峰,产蛋率高达90％。这一时期的母鸡,代谢强度大,繁殖机能旺盛,是一生中最重要的时期。而且母鸡此时还在增重和生长羽毛,所以每日每只必须供给18克以上的蛋白质。

　　产蛋高峰过去后,转入产蛋中后期的饲养管理。此时鸡群已不能维持高产,产蛋开始慢慢下降。从这时起,要根据所饲养鸡种,决定是否进行轻度限饲。有些品系能很好地种用饲料中的营养物质,采食量不大,不趋向积累过多体脂,因而不必进行限喂;有些品系此时不是根据能量需要来调节采食量,往往过多消耗饲料,因而必须进行限饲,否则易沉积体脂,死亡率也高。

　　限制饲养有质的限制和量的限制两种方法。质的限制主要是控制能量和蛋白质,一般能量摄入量可降低 9%～10%,蛋白质降至每日每只 15～16 克。日粮中钙却要增加。据研究,产蛋鸡随周龄增长,吸收钙的能力逐渐衰退。为保证蛋壳质量,要增加日粮钙量。产蛋鸡日粮含钙量,前期为 3.4%,中期为 3.51%,后期为 3.63%。

　　产蛋高峰期鸡的管理十分重要。此期间母鸡几乎每天产 1 个蛋。母鸡新陈代谢旺盛,消化能力强,采食量大,但由于产蛋勤,生理负担重,抗应激能力减弱,抵抗力较低,容易得病。

　　因此,一定要保持原有的饲料和营养水平,正常的操作规程,固定的光照制度,保证正常供水,保持安静的环境,防止出现意外的干扰。无特殊情况,产蛋高峰期的鸡不能投药和免疫。千万不要更换饲料,否则鸡在产蛋率上会作出敏感的反应。

第四节　产蛋鸡的光照管理

　　光照管理是提高产蛋鸡产蛋性能必不可少的重要管理技术之一。产蛋鸡光照的目的,在于刺激和维持产蛋平稳。光照对鸡的繁殖功能影响很大,因为光照的长短与母鸡的产蛋生理有关。增加光照能刺激性激素分泌而促进产蛋。缩短光照,抑制性激素的分泌,也就抑制排卵和产蛋。光照的另一个作用是调节青年鸡的性成熟和使母鸡开产整齐,以达到将来高产稳定。光照对产蛋鸡

第四节 产蛋鸡的光照管理

是相当敏感的。采用正确的光照,产蛋能收到良好的效果,使用光照不当,则会给产蛋带来副作用。饲养实践中出现过早开产、蛋重小,发生啄癖等现象,在很大程度上都与光照管理不当有关。

研究表明,10～12 周龄后是鸡一生中对光照最敏感的时期。此期间的光照能左右母鸡的性成熟。一般来讲,达到 50% 产蛋率的标准日龄可作为育成期光照是否合理的指标。

产蛋阶段光照宁可增加而不可缩短,保证产蛋所需的光照时间不能少于 12 小时,最长不超过 16 小时。通过研究查明,长光照会增加蛋的破损率,特别是在光照的前半天出现破蛋率较高。在近来的光照建议方案中,已把商品鸡的最长光照时间从过去的 17～18 小时缩短到 14～16 小时。

产蛋期增加光照以每周 15 分钟或每两周 30 分钟的增长速率为好,直到 14～16 小时为止。

光照长度比光照明亮度重要。光照明亮度对鸡的生长和性成熟关系不大,但对防止产生啄癖和对密闭鸡舍中饲养员工作有利。产蛋期间每平方米面积有 10 瓦的亮度即够。至于光的颜色,认为具有长波的红光对生殖腺的刺激效果最好,其次是白光,具有短波的蓝色光对鸡的刺激起副作用。一般在生产中使用白炽灯或日光灯作光源。从节能的角度出发,英国绝大多数鸡场均用日光灯,而且日光灯直射天花板,再反射到地面,光线十分柔和,鸡很安静。

当光照长度达到 14～16 小时后,开灯与关灯的时间要固定,不可随意变动,以防鸡产生应激现象。平养的鸡在关灯时,应在 15～20 分钟内逐渐部分关灯,减弱亮度,给鸡一个信号,以使鸡找到适当的栖息位置。

密闭鸡舍,可以人为控制光照,鸡能充分发挥其产蛋遗传潜力。密闭式鸡舍的鸡产蛋量较高,原因之一就在这里。

开放式鸡舍养鸡,受自然日照长短变化的影响,性成熟要么提早,要么推迟。在自然光照下春季孵育成的鸡,育成期处于光照渐减的条件下,但正遇夏季高温,也会使母鸡性早熟,19 周龄以前,用自然光照,20 周龄以后光照增至 14 小时,然后每周增加半小时,直到 16 小时为止。我国农村和开放式鸡舍养鸡的鸡场,都喜欢春季孵化育雏。因为育雏季节正好遇上春回大地、生机勃勃的温暖季节,这对育雏保温容易,可以节省供温的燃料。而且母鸡产蛋正处于凉爽的季节,蛋价也高。

秋孵的雏鸡,育成期正处于日照增长的季节,因此开产早,但蛋重小,秋季甚至有部分鸡换羽。人工光照可消除这种现象。光照安排上,10 周龄起每周减少 30 分钟,到 20 周龄时每周增加 1 小时,到 14 小时以后每周再增加 30 分钟,直到 16 小时为止。不管采用何种光照制度,夜间必须有 8 小时连续黑暗,以保证鸡体得到生理恢复过程,免得过度疲劳。

第五节　产蛋鸡的钙质补充

为使母鸡高产和降低蛋的破损率,产蛋期应检查钙的供应情况。饲料是决定蛋壳质量和蛋壳强度的主要因素。试验已证明,开产前 15 天母鸡骨骼中钙的沉积加强。因此,从 4 月龄起或达 5％产蛋率时,应给母鸡喂含钙量较高的配合料。现在普遍认为,产蛋鸡日粮中含钙量 3.2％～3.5％是最佳水平。饲料中钙不足会促进鸡吃料,结果饲料消耗过多,母鸡体重增加,肝中脂肪沉积多;饲料中钙含量超饱和状态,会使鸡的食欲减退。

母鸡骨骼中有足够形成几个蛋所需的钙储备,但是从饲料中得不到正常供给钙,时间长了,蛋壳就会变差,产软壳或无壳蛋,甚至母鸡瘫痪。科学家们发现,骨骼中的钙被动用来形成蛋壳的时间越多,蛋壳强度就越差。

夜间形成蛋壳期间母鸡感到缺钙。光照期间前半天鸡采食的钙经消化道,在小肠中被吸收进入血液,沉积在骨骼中,然后在必需时才动用以形成蛋壳。只有后半天摄食的钙，才被用于形成蛋壳。因此，最好在 12～20 时给母鸡补喂钙，让母鸡自由吃钙时，它们能自行调节吃钙量。例如，在蛋壳形成期间食钙量为正常情况下的 192％，而在非形成蛋壳期间，食钙量只有 68％。

普遍采用贝壳和石粉作钙源。发现日粮中贝壳占 2/3，石灰石占 1/3 的情况下，蛋壳强度最好。鸡对动物性钙源吸收最好，植物性钙源吸取最差。经过高温消毒的蛋壳是最好钙源。

钙、磷和维生素 D_3 的含量比例对蛋壳强度有影响。认为钙 3％～3.5％，磷 0.45％最佳，而维生素 D_3 的标准为维生素 A 标准的 10％～12％最好。钙决定蛋壳的脆性，而磷决定蛋壳的弹性。维生素 D_3 缺乏会破坏钙的体内平衡，结果形成蛋壳有缺陷的蛋。

第六节　产蛋鸡的四季管理

温度是鸡饲养管理上重要的环境因素之一，因为温度对鸡的生理有多方面的影响。保持鸡舍最适宜的温度，是保持产蛋率平稳和节省饲料所必需的。鸡对温度有一定的适应能力，认为鸡在 13℃～25℃ 范围内不致影响产蛋性能。从节省饲料的角度看，以 20℃～25℃ 为合适。20℃ 时产蛋率最佳。15℃ 以下，温度每降低 1℃，产蛋率将下降 1.5％，25℃ 以上温度对蛋重有影响。例如，如果把 21℃ 时蛋重作为 100％，26.6℃ 时就降为 99.1％，32℃ 时为 96.6％，37.7℃ 时为 86.6％。26℃ 以上蛋壳变薄，30℃ 以上破蛋率明显增加。

鸡对温度虽有适应能力，但突然升温和持续上升超过最适温度的上限，会使鸡中暑；相反，寒流突然袭击也会使产蛋率下降、休产甚至换羽。

为了提高产蛋率，维持产蛋曲线平稳，要根据四季气候的变化，采取相应的管理措施。产蛋期间，特别是产蛋高峰期，环境条件急剧变化或饲养管理上的失误,会导致产蛋率下降。实践证明,产蛋率一旦降低,要使其恢复到原有水平是较难的,至少要经过2～3周以上的时间才能接近降低前的水平。

春天,气温回升,万物更新。但早春冷暖天气交替变化,昼夜温差较大,3月中旬以后气温才较稳定。经过一个漫长的冬天,鸡的体质较弱,要加强饲养增强体质。随着自然日照时间的延长,由于生物进化上的原因,鸟类多在春季繁衍后代。因此,无论开放式鸡舍还是密闭鸡舍饲养的鸡,在春天一般都会出现产蛋率回升的现象,而且会出现一个产蛋的次高峰。这个次高峰出现的早晚与持续时间的长短,主要取决于饲养管理的优劣。如能抓好这个环节,对促进全年高产有良好的作用。受外界温度影响较大的开放式鸡舍饲养的鸡,抓好和利用春季的有利时机,对增加产蛋量效果更为明显。

在气温尚未稳定的早春,开放式鸡舍的通风换气,要根据风力的大小、天气的阴晴、气温的高低来决定开窗的次数、大小和方向。一般情况下,早春北面窗户夜间关闭,白天无大风天气,可适当打开通风换气。南面窗户白天可以打开,夜间少量窗户可以不关,以利于通风换气。昼夜温差不大时,无大风天气,北窗可以部分或全部打开。这样能保持舍内空气新鲜,创造良好的生活环境。

夏天的特点是高温高湿,常有雨天出现。鸡的生理特点是神经敏感,皮肤没有汗腺,体躯又为羽被所覆盖。因此,鸡不能耐高温。一般认为,母鸡在10℃～28℃的范围内其产蛋性能不会有明显的改变,但不能忍受30℃以上的持续高温。观察表明,舍温在28℃以上,鸡就显得热不可耐,表现为张嘴呼吸,呼吸次数增加,通过呼吸把肺内的水分排出,以促进散热。这时多见母鸡张开翅膀,借以扩大体表散热的面积,并产生空气对流来应付高温。由于体热增高,鸡本能地减少采食,所以母鸡显得食欲不好,采食量少。高温的热应激作用,使母鸡的产蛋率降低,蛋重变小,蛋壳变薄,破蛋率增加。

　　试验证明,温度由 22℃升至 30℃,母鸡的产蛋率、蛋重变化不大,但采食量约减少 20％,当继续升至 35℃时,采食量下降更为明显,产蛋率和蛋重也极显著地低于 22℃条件下饲养的鸡(表 2-8-2)。

表 2-8-2　气温对采食量、产蛋率和蛋重的影响

对　　照　　组				试　　验　　组			
环境温度(℃)	日平均耗料量(克)	产蛋率(％)	平均蛋重(克)	环境温度(℃)	日平均耗料量(克)	产蛋率(％)	平均蛋重(克)
22	100±3	79.9±2.0	58.8±0.38	22	105±4	79.7±3.1	58.9±0.45
22	104	85	58.5	30	83	89.6	58.1
22	103	80	57.8	30	73	77.5	59.7
22	106	87.5	58.6	35	48	92.5	58.1
22	100	85	57.7	35	55	69.3	55.6
22	100	87.5	58.6	35	56	61.5	52.1
22	101	80	59.4	35	59	60.5	52.2
22	103	77.5	58.1	35	59	76.5	53.4
22	83	85	57.4	35	53	60.5	54.3

　　可见,高温对产蛋鸡的影响,首先在采食量上作出迅速反应,然后产蛋率和蛋重逐渐对高温作出反应。蛋重的反应比产蛋率更为敏感。因此,夏天饲养蛋鸡的关键技术措施是解决降温的问题。

　　高温条件下,鸡的甲状腺素分泌减少。甲状腺素水平的高低直接影响新陈代谢的速率,而代谢速率是影响鸡产蛋性能的重要因素之一。所以,高温引起采食量下降,进而导致体重减轻,最终

引起产蛋率和蛋重降低,蛋壳质量恶化。

母鸡排卵是受血浆中促黄体生成激素周期性释放引起的。但高温条件下,血浆中促黄体生成激素的含量低于正常排卵的需要。因此,就影响卵巢中卵子的适时排放,引起产蛋率降低。母鸡产蛋率的降低与血浆中促黄体生成激素水平降低是相吻合的。促黄体生成激素降低的主要原因,是高温导致下丘脑中促性腺激素释放的激素对脑垂体前叶细胞合成和分泌促黄体生成激素的刺激活动减弱的缘故。

高温条件下母鸡的蛋重之所以变小,是因为母鸡的采食量减少、体脂大量消耗,致使蛋黄和蛋白重量成比例地减少。结果整个蛋重减轻。高温下母鸡对钙的吸收率差,从而出现蛋壳变薄,破蛋率增加。

发现不同基因型的鸡种对高温的反应不同,有些鸡种在高温下能保持较高的产蛋率。同一鸡种中也有耐高温而产蛋的个体。因此,在育种工作中选育抗热应激的鸡是很重要的。饲养者在选择鸡种时必须考虑地区条件,选择较适于本地饲养的鸡种。

为解决高温条件下鸡的采食量减少,摄取的营养不足,影响产蛋性能的问题,一般把日粮的蛋白质水平和能量含量适当提高,使母鸡在食量减少的情况下仍能满足营养需要。新的观点认为,蛋白质的热增耗高于碳水化合物和脂肪,因此,高温条件下给母鸡喂高蛋白质水平的日粮,是不适宜的。要想保持母鸡夏天有较高的产蛋水平,一方面在高温来临之前,加强饲养,使鸡体贮备足够的营养,这是防止高温下产蛋率急剧降低的有效手段之一;另一方面利用夏季早、晚天气较凉爽的时间给料,这时鸡的食欲较好,让鸡尽可能多采食,以保证食入所需的营养。同时,可在日粮中加入1%氯化铵和0.5%碳酸氢钠,能缓解热应激对鸡的影响,有利于保持较高的产蛋率。日粮中加入0.3%氯化胆碱有利于提高产蛋率、降低饲料消耗,因为胆碱能促进蛋氨酸的合成和防止脂肪的沉积。

密闭式鸡舍采取纵向通风(由鸡舍中央进风两端排风或一端进风另一端排风),可以消灭和克服鸡舍内通风死角和风速小、不均匀的现象,同时也能克服横向对排式或串联式通风所造成的鸡舍间交叉感染的弊端。纵向通风对夏天鸡舍降温有明显的作用,这种通风方式已在北京市的大型鸡场推广,收到了良好的效果。

开放式鸡舍在热天必要时可安装风扇,利用送风方式来降低鸡的体表温度。夏天,虽然开放式鸡舍内的温度与外界几乎一致,但如能安装风扇,给鸡的头部一定风速,就能使鸡有凉爽感,采食就较正常,有利于鸡群度过炎夏。

高温天气,鸡的饮水量明显增加,目的是通过多饮水以求得暂时的凉快。鸡的饮水量主要取决于饲料消耗量和温度。据测试,15.6℃时鸡的饮水量为饲料消耗量的 1.8 倍,21.1℃时为 2 倍,26.7℃时为 2.8 倍,32.2℃时为 4.9 倍,37.8℃时猛增到 8.4 倍。因此,在夏天任何情况下都不能缺水,如果是自动供水,一定要保持水流畅通,如用饮水器或一般的水槽供水,一定不要空槽,并且要多次换水,保证饮水的充足和洁净。但鸡饮水过多,也会使鸡粪变稀,恶化舍内的卫生环境。笼养鸡使用乳头式饮水器是减少耗水量、保证正常供水和消除鸡粪过稀的好措施。采用长流水的普通水槽供水,水的消耗量过大,因鸡吃料涮嘴,既沾污水槽,也浪费饲料,更主要的是使地面和粪便过湿,孳生蚊蝇。解决办法是每天定时供水,适当限制饮水,加强通风。定时供水能使水槽较干净,减少鸡涮嘴带来的饲料浪费。

夏天,长流水的水槽最好上、下午各洗刷 1 次,普通水槽每次添水时清刷 1 次。

产蛋率高的鸡群需水量较大,应注意充分供水。褐壳蛋鸡耗水量比白壳蛋鸡多 10%～20%。

夏天出现鸡粪较湿较稀的现象,与温度高鸡的耗水量增加有很大关系。除此之外,一般情况下出现鸡粪过稀时,可能与饲料中蛋白质含量过高、鱼粉中含盐量过高、鸡有肠道寄生虫和其他疾病、鸡舍中空气不流通等原因有关。

夏天也是鼠类和蚊蝇大量繁衍的季节,要做好经常性的灭鼠和灭蚊蝇工作,以减少疾病的传播、饲料的浪费和对鸡群的干扰。

秋季日照渐短,天气逐渐凉爽。有一部分低产鸡开始换羽停产,此时应进行选择,调整鸡群。凡到秋季就开始换羽的鸡,大都是低产鸡或病鸡,应尽早淘汰。

春天孵出的鸡,到秋天进入产蛋高峰期。由于春、秋两季是一年中气候最适宜的时期,要抓好饲养管理,促进高产稳产。但考虑到秋季气温逐渐下降,昼夜温差大,应注意调节,尽量减少外界条件的突然变化对母鸡产生的影响。

冬季,是一年中日照最短的季节,气温也最低。无论是密闭式鸡舍,还是开放式鸡舍,都要做好防寒保温工作。要尽可能使鸡舍温度保持 10℃ 以上,否则就要影响产蛋率。气温过低,光靠鸡群的体温难于维持所需的舍温时,必须注意供暖。保温性能差的鸡舍,鸡群规模又不大,就更要加温才能保持高产。"三九"天又遇寒流,要防止饮水冻结、水管冻裂。

冬季一定要补充人工光照,达到鸡龄所需的光照时数。冬天老百姓散养的鸡因气温低,又无补充光照,加之因饲料质量差,一般都不产蛋。如能解决这三个问题,农村老百姓养的鸡照样产蛋。

天冷鸡为了御寒,吃饲料增多。因此,冬天鸡的喂料量要适当增加。光有人工光照而鸡无料可吃,不会有高产的效果。冬天以关灯前让鸡把料吃完为好。

在做好保温的前提下,应注意通风换气。有窗鸡舍,白天根据阴晴、风力大小,适时适量开窗通风换气,同时要及时清粪。只重视保温而忽视通风,容易使鸡发生呼吸道疾病。

冬季鸡群易患呼吸道疾病,必须给予足够的重视,否则会给鸡场带来很大的经济损失。在冬季特别是北方冷空气不断侵袭,风雪天多,气温低,鸡体对疾病的抵抗力降低。为防寒保温起见,鸡舍的门窗关闭都较严,致使空气流通差,氧气不足,二氧化碳、氨气和硫化氢等有害气体大量积留,这些有害气体对鸡就县一种强烈的应激因素,而且长时间作用还会损伤鸡的呼吸道黏膜;冬季气候干燥,舍内尘埃增多,通过鸡的活动使鸡舍内尘土飞扬,鸡吸入这些尘埃对其呼吸道黏膜损伤很大;病原微生物在低温条件下存活时间很长,这是冬季鸡呼吸道疾病流行的重要原因之一。当饲养管理不善、天气突变的时候,鸡群就很容易发生传染性支气管炎、喉气管炎、鼻炎、慢性呼吸道疾病等。在冬季,一方面要加强饲养管理,增强鸡体的抵抗力;另一方面,要尽量减少外界因素对鸡体的不良影响。特别要处理好保温与通风换气的矛盾。密闭式鸡舍可根据舍内空气污浊情况定时定量开启风机。有窗鸡舍,要根据鸡群密度大小、温度高低、鸡的日龄大小、天气阴晴、风力大小和有害气体的刺激程度等因素,决定开窗时间的长短、开窗的多少和开窗的次数等。这些全凭饲养人员的经验和责任心。

预防鸡传染病的重要措施,是要适时接种鸡新城疫、传染性支气管炎、传染性喉气管炎、传染性鼻炎的疫苗或菌苗。同时,要定期做好鸡的饮水消毒、带鸡喷雾消毒等日常性的卫生保健工作。

第七节　克服饲养工艺带来的疾病

当代高产蛋用鸡的遗传潜力,平均每只每年产蛋 260～280个,实际排卵数可达 300 个以上。

在实际饲养中发现,在产蛋初期双黄蛋、无壳蛋、薄壳蛋、畸形蛋较多,特别在产蛋的第一个月最多,第二、第三个月逐渐减少,到第四个月才正常。主要原因是由于卵巢与输卵管机能不同步,激素方面也尚未适应于代谢的增强。因此,排出的卵不能形成正常的蛋,即无效排卵。有时卵黄落入腹腔,随后被吸收,即所谓的"内产蛋"。到产蛋期末,由于鸡龄增大,也出现类似的不同步现象,双黄蛋、无壳蛋增多。据统计,在产蛋期间,畸形蛋、双黄蛋、无壳蛋、软壳蛋、薄壳蛋,平均占总产蛋量的 4.8％左右。

目前,改善卵巢和输卵管的机能并使之同步化,对性发育进行定向控制,消除无效排卵,减少反常蛋,就可使每只母鸡年产蛋量增加 30～40 个。

蛋鸡业发展之迅速,除了育成适于笼养的鸡种之外,还与过渡到集约化或工厂化生产有关,而笼养又起着主导作用。笼养有很多优点,这是人所共知的。笼养也有其不足之处,主要是由于运动不足而降低体质,对疾病的抵抗力减弱。这些病是由于饲养工艺改变而出现的,在平养条件下就很少发生。因此,国外有人把笼养条件下出现的病称之为"工艺病",如过肥、脂肪肝综合征、笼养蛋鸡疲劳征、啄癖、神经质等。

美国生理学家研究证实,在散养条件下鸡每天行走 1.5～2 千米,而在笼养条件下,鸡养在窄小、面积有限的笼里,活动量已减少到最低限度。因此,运动不足会产生许多与新陈代谢有关的机能障碍性疾病。

一、普遍过肥和脂肪肝综合征

是笼养蛋鸡经常性运动不足的后果。为提高产蛋量,不合理地采用高能量日粮,也是造成此病的原因之一。脂肪肝综合征,其特征是肝细胞脂肪浸润,肝中脂肪含量高达 40％～50％(正常肝含脂肪 15％～20％)。摄入能量过多就会沉积脂肪,这些脂肪不能被利用,时间长了就导致肝脏机能障碍。肝的颜色呈黄色或浅褐色。肝细胞充满脂肪就压迫血管,造成血管破裂。从肝腹侧面上有许多出血点就可作出判断。得脂肪肝综合征的鸡都表现普遍过肥,体重一般超出正常的 25％～30％,产蛋率下降,贫血、腹泻突然死亡,死亡率增加。在美国,脂肪肝综合征造成鸡的死亡率平均为 1.7%,气候炎热的地区达 4.6%。

预防脂肪肝综合征和普遍过肥的有效办法是,在对每只鸡每天营养物质绝对需要量标准化的前提下实行能量限制,饲料中加胆碱,并利用高剂量 B 族维生素。国外有人认为,采用间歇性光照比连续性光照能刺激鸡的活动,防止鸡因运动不足造成过肥。

二、笼养蛋鸡瘫痪

又称笼养蛋鸡疲劳征或软腿病。笼养蛋鸡瘫痪的特点是:肌肉松弛、腿麻痹、骨质疏松脆弱。由于肌肉松弛,鸡翅膀下垂,腿麻痹,不能正常活动,出现脱水、消瘦而死亡。鸡群中有 5%～10% 的鸡表现出临床症状。产蛋鸡多出现在产蛋高峰期间。笼养蛋鸡瘫痪与产蛋鸡缺钙有关。产蛋高峰期,每只鸡每天形成蛋壳要从体内带走 2～2.2 克钙,从饲料中未必能满足这种消耗,因此只好动用鸡骨骼中的钙。如果不注意钙的及时补给,鸡体就受损,最高产的母鸡受害最大,瘫鸡最多。此病往往造成死亡。平养条件下,因有足够的运动量,未见此病。

检查钙的供应水平是预防笼养蛋鸡瘫痪的基础,每天每只鸡应保证钙总供给量为 3.3～4.2 克。最好在正常含钙日粮外,下午让鸡自由采食贝壳碎粒或石灰石碎粒,同时要保持磷钙比例平衡。每千克饲料含维生素 D_3 2 500 单位。

饲料被黄曲霉污染,鸡食后会发生继发性缺钙。也会促进的发生。

三、互　啄

是密集饲养特别是笼养条件下普遍出现的现象。雏鸡在脱换绒毛时出现啄羽囊、啄趾,青年鸡和成年鸡啄尾羽、背羽,产蛋鸡啄肛、啄蛋等。这些都是行为恶癖。据统计,因互啄造成的死亡和被迫淘汰的鸡,有时可占鸡群的 20%。

内分泌学的研究表明，公雏在 6~8 周龄以前，母雏在 11~12 周龄以前，血液中促肾上腺皮质素和肾上腺皮质素的含量变化不大，但是过了上述日龄以后就出现稳定性差异，这时起鸡群中个体之间为确定群中等级地位，发生争斗，以确立个体的地位，即个体之间的从属关系，只有这种关系建立以后，鸡群中才有良好的协调气氛。青年鸡和产蛋鸡也是一样，如果重新调整鸡群，放入新鸡就会破坏原来的安定格局，必然发生争斗，重新确立群序。这就是引起互啄的诱因之一。当群序建立之后，确定了从属关系，互啄就会停止。

现在已经查明，有恐惧感的鸡，是发生互啄的主要原因，恐惧感越重，受啄越严重。如能适当分群，则鸡的健康状况会有改观，产蛋性能会更好。

此外，外界环境因素也会促进互啄。首先，密度过大，鸡群拥挤不堪，空气污浊，最容易引起互啄，主要是啄羽。

肠炎引起鸡营养吸收差，为满足营养需要，鸡就发生啄羽，这时要检查是否有霉菌病。鸡体有羽螨、鸡舍通风不良、光照过强、鸡过肥等都是鸡群出现啄癖的原因之一。

啄肛是因母鸡产蛋时受伤，特别是蛋过大难产或过肥引起的难产，鸡体内有蛔虫或球虫，影响子宫的肌肉收缩力。当母鸡的肛门长时间努责脱出，别的鸡看到红色的肛门就上前啄，一旦啄出血来，就会群起而啄之，这就是发生啄肛的原因。被啄肛的鸡，多为开产初期产双黄蛋的或蛋过大的鸡，或者产蛋窝过少，找不到窝而在窝外产蛋的鸡，往往都是产蛋好的母鸡。笼养的鸡无处可藏，受啄最严重，损失也最重。

四、神经质(惊恐症)

笼养的蛋鸡特别是轻型蛋鸡有发生神经质倾向。这种鸡的神经有高度的兴奋性，当遇到某一因素的刺激时，鸡群中突然出现惊恐,整个鸡舍内鸡群骚乱,在笼内拼命挣扎、扑打翅膀,尖叫声此起彼伏。结果,有些鸡翅膀折断,有些内脏出血,有些早产无壳蛋,有些甚至造成死亡。惊群的结果,往往使产蛋率降低。

神经质的现象,多出现在 36～37 周龄,或者在产蛋高峰期。网上平养和地面平养的鸡较少见。

引起神经质的因素有:噪声突发,闪动的光照,断水断料,密度过大,饲养员陌生的衣着,鸟类掠过或飞机飞过等。因此,保持安静的环境,避免出现异常音响、突然的闪光、陌生人或着艳装在鸡群中出现,防止鼠、猫和鸟类进入鸡舍骚扰,对减少惊群带来的损失是值得重视的。

褐壳蛋鸡性情温顺,一般无多大的神经质的现象。经常发生惊群的鸡,每吨饲料加入 200 克烟酸,能缓解惊群的现象发生。

五、过早换羽

集约化笼养的鸡,在相对稳定的环境中生活,抗应激能力较差。打乱光照制度、气温突变、产蛋期间免疫、断水断料、日粮中含钙量过高、甲状腺功能亢进等,都可能引起鸡群发生过早换羽现象。过早换羽往往使鸡群的产蛋率降低到 30%～40%。在集约化饲养条件下,为防止鸡群出现不应发生的过早换羽现象,必须在开产前完成免疫接种,开产后力求保持稳定的饲养环境,尽量减少对鸡群的应激影响。

由此可见,饲养产蛋鸡时,饲养者如能注意与生物学有关的、在高密度条件下饲养的鸡群可能出现的上述疾病,并想方设法防止出现这些"工艺病",就能顺利地提高鸡群的生活力,延长产蛋利用期,充分挖掘每只母鸡多产蛋的生产潜力。

第九章　种鸡的饲养管理

　　种鸡指的是纯系鸡、曾祖代鸡、祖代鸡和父母代鸡,是当代商品鸡生产中的供种来源,是养鸡生产的重要生产资料。种鸡质量的优劣关系到商品蛋鸡生产性能的高低。饲养种鸡的目的,是为了提供优质的种蛋或种雏。因此,在种鸡的饲养管理方面,重点应放在始终保持种鸡具有健康良好的种用体况和旺盛的繁殖能力上,以确保生产尽可能多的合格种蛋,并保证有高的种蛋受精率、孵化率和健雏率。

　　目前,蛋鸡生产中饲养的高产杂交鸡,都是由专门化品系配套杂交得来的定型产品。因此,必须严格按照良种繁育体系的模式:曾祖代——祖代——父母代——商品代垂直逐级制种供应。严格执行制种程序,对繁殖和推广优良鸡种,发展蛋鸡生产,都具有重要的科学意义和经济意义。这点已被越来越多的人所认识。

　　种鸡的基本饲养管理技术与商品蛋鸡有许多共同点,这里不再赘述。此外,作为种鸡所担负的任务不同,在某些饲养管理环节上,也与商品鸡有所区别。

第一节　配套系种鸡分开管理

　　高产配套系的种鸡,父本与母本各系鸡的生产性能特点不同,它们在配套杂交方案中所处的位置是特定的,不能互相调换,否则将来商品鸡的杂交优势就不一样。因此,在引种饲养时,各亲本鸡出雏时都要佩戴翅号或断趾或剪冠,长大后就容易加以区分。特别是白羽蛋鸡,如果没有标记,就无法区分哪个是父本,哪个是母本。对以快慢羽自别雌雄的亲本,如果混杂了,将来后代就无法自别雌雄。例如,四系配套的祖代鸡,曾祖代场供雏时,给的 A 公雏 B 母雏,C 公雏 D 母雏,由于肛门鉴别不可能都是 100％的准确率,A,C 鸡中可能出现母鸡,B,D 鸡中可能出现公鸡。像褐壳蛋鸡,A,B 都是红羽鸡,C,D 都是白羽鸡。如不做标记加以区分,将来就会混杂。事先做好标记,在配种前把不该用的公鸡或母鸡淘汰掉,就能保证制种的可靠性。白壳蛋鸡配套系因都是白色,最容易发生父母本的混杂问题,务请做标记加以区分。种鸡场防止父母本的混杂,是保证种质的重要问题,必须加以注意。

另外,四系或三系配套的鸡,不经过父母代就用祖代鸡直接生产商品代鸡,是不合理的,不符合制种程序。这样的商品鸡也得不到应有的杂交优势。

第二节　合理的公母比例

种鸡场要想获得良好的种蛋受精率和降低饲养成本,应注意鸡群中合理的公母比例。鸡群中公鸡过多,吃料多,互相斗打和干扰配种,蛋的受精率不一定高,公鸡过少虽能省饲料,但公鸡难以负担起与每只母鸡交配的任务,公鸡少、母鸡多,蛋的受精率也低。所以,在大群自由交配的情况下,保持合理的公母比例,是值得重视的问题。现在公认,轻型蛋鸡,公母比例以 1∶12～15 为宜,即鸡群中每 120～150 只母鸡放 10 只公鸡。中型蛋鸡的公母比例为 1∶10～12 为宜,即每 100～120 只母鸡中放 10 只公鸡,可以保证有满意的种蛋受精率。种鸡笼养、人工授精条件下,每只公鸡的配种负担量为 35～40 只母鸡,保证种蛋受精率在 90％以上。上述公母比例是指大群而言,如果公鸡太少,虽然受精率可以保证,但难以保证种质。同样的鸡种,鸡场规模小,鸡群数量不大,饲养种公鸡不多,将来生产的种鸡的质量肯定比不上鸡群数量大的种鸡场。为保证鸡种的应有生产性能水平,建议小规模种鸡群,应多养一些公鸡,按合理的公母比例实行轮流配种或对圈互换公鸡。为防止啄斗,同群公鸡要一起换或一起撤走,不能互掺。

虽然每只公鸡对母鸡的交配次数,据报道每天可达 20～30次,有人观察为 0～41 次。但据我们对青岛来航鸡在家系配种群中的观察,从天亮到天黑全过程中,时间 1 周,平均每天每只交配 5.8～7.7 次,幅度为 2～12 次。其中下午 3～7 时交配的频率占全天交配次数的 73.7%,而又以下午 5～7 时最为集中,占全天的 47.4%。据观察,清晨母鸡忙于采食,然后开始陆续进窝产蛋,不爱交配,甚至对公鸡置之不理;下午 3 时以后,绝大多数母鸡都已产完蛋,开始接受公鸡交配。日落前 2 小时,母鸡都到运动场上活动,公母鸡的性活动都很强,有些母鸡甚至主动招引公鸡交配。据观察统计,1 只公鸡在下午 5～6 时这 1 小时内共配 7 次,其中在下午 5 时 50～57 分期间共配 4 只母鸡,最短间隔为 1 分钟。公鸡自然交配的这种现象,也与人工授精时输精最佳时间在下午 3 时以后的结论是一致的。在平养条件下,令公母鸡在下午 3 时以后到运动场上去,对提高鸡群种蛋的受精率是一项有效的措施。

第三节 配种方式及其优缺点

由于种鸡场采用的饲养工艺和设备不同,种鸡的饲养方式也就各异,种鸡的配种方式也就不一样。总的来说,种鸡的配种方式不外乎两种:自然交配和人工授精。

自然交配的配种方式,主要在平面饲养条件下的种鸡场使用。平面饲养可以是地上饲养、网上或板条网板上饲养。这些都是大群饲养的种鸡采用,少者几十只几百只,多者几千只。一般以 1 000 只左右一群为宜。种鸡按规定的公母配比进行饲养管理,任公母鸡彼此间自由交配,收集种蛋。平养鸡的种鸡都要设置产蛋窝(箱),并且必须及时拾捡鸡蛋,否则容易把蛋弄脏和造成破损。

第三节 配种方式及其优缺点

平养的种蛋一般较脏,蛋壳的污染程度较高,特别是地面平养的鸡。因为鸡爪直接接触地面的泥土和粪便。平养的最大好处是收留种蛋方便,只要公母比例恰当,种蛋受精率就有保证。但要格外加强清洁卫生工作,如打扫粪便,勤换鸡窝的垫料等。自然交配情况下,要注意公母鸡的适当比例备留一些公鸡,当出现公鸡伤亡时作必要的补充,否则会影响受精。一定要选留腿脚健壮的公鸡。平养的种鸡感染疾病的机会较多,特别是沙门氏杆菌病的净化工作比较困难。平养方式一般都采用网养,这样鸡不与粪便接触,染病的机会就会大大减少。平养的种鸡由于鸡群较大,发生啄肛的现象较多,特别是开产初期。因此,需要责任心很强的人员来管理鸡群。

目前,一般种鸡场都采用笼养方式饲养种鸡。笼养种鸡可以充分利用鸡舍面积,增加饲养容量,卫生条件好,管理方便,种蛋比较清洁,蛋壳受污染的机会少,种蛋破损率也较低。例如,用小群种鸡笼(俗称配种笼)饲养,一般养 24 只母鸡和 2～3 只公鸡,公母混养,自由交配。无须设置产蛋窝,母鸡产蛋直接滚到网底的集蛋槽上,定期收集种蛋。这比平养自由交配的种鸡要优越得多。当然,平养种鸡的一些缺点如蛋的破损率、鸡的伤亡率较高等仍然存在。

种鸡笼养实行人工授精,是当今最先进的繁殖方法。这种配种方式可以大大减少种公鸡的饲养量,充分利用种用价值高的优秀公鸡,大大降低公鸡的饲养成本,能够更充分地利用鸡舍面积,公母鸡的伤亡率都较低,公母比例可从平养时的 1：10～15 扩大到 1：35～40,并且可以按照供种需要随时提供受精高的种蛋。人工授精技术经过 1 周的培训就能基本掌握。与平养种鸡相比,需要将附加的劳动力组织一个专门的人工授精小组,而且要严格执行人工授精的技术,每 5～7 天输精 1 次,否则种蛋的受精率就会受影响。这是一项认真而又细致的工作。鸡的人工授精技术在国内外的普及,已证实其先进性和明显的优越性。

第四节　种公鸡的选择与合理利用

认真挑选种公鸡,无论对鸡的自然交配还是人工授精都十分重要。育种鸡群选公鸡,主要根据其系谱来源、旁系亲属和后裔品质的评定结果。因这些都有可靠的统计资料,所以选择是比较可靠的。在祖代、父母代鸡群中,因为没有记录资料可查,只能分阶段对公鸡进行挑选。第一次选择,在孵出后进行雌雄鉴别时,选留生殖突起发达而结构典型的小公雏。国外的研究证实,这种小公雏的母亲的产蛋量比一般的母鸡高 4.59/5～12.8％;而这种小公鸡将来女儿的产蛋量要高 5.2％～18.5％。第二次选公鸡则在 35～45 日龄,根据体重和冠子发育,选体重较大、冠子发育明显、鲜红的留下。据我们的试验研究,冠子发育早的小公鸡,到 120～150 日龄时剖检发现,有 80％～83.3％的个体在输精管内有精子存在,而冠子发育不明显的公鸡,此时只有 46.7％～63.3％的个体在输精管内有精子。第三次选留公鸡在 17～18 周龄。这时选体重中等、冠髯鲜红较大的公鸡,结合按摩采精,把性反射相对较难、射精量又相对较少的公鸡留作种用。国外的研究表明,这种公鸡的女儿将来的产蛋量(比射精量相对高的公鸡)要高 8％～8.5％。

冠子发育过大、胸骨弯曲、胸部有囊肿、腿部有缺陷的公鸡都应该淘汰。

除育种场为了充分利用种用价值高的优秀公鸡,延长其使用年限以外,一般种鸡场的种公鸡都与母鸡一样,采用一个生产周期的全进全出制。种鸡群必要时实行人工强制换羽,但种公鸡不能做强制换羽,否则会影响受精率。2 岁龄母鸡最好用青年的公鸡与之交配或输精,以保证有较高的受精率。

笼养人工授精的公鸡,最好单笼管理。因为 2 只以上的公鸡养在 1 个笼内,多半只有 1 只能采出精液,另 1 只采不到精液。

人工授精的公鸡的利用制度取决于公母比例、鸡群大小、精液品质和人力安排等因素。公鸡少，母鸡多，或精液品质差，公鸡采精次数就要多；人力安排不开，也必须增加公鸡的使用次数。采精频率（次数）对公鸡的射精和精子浓度有一定的影响，但不影响受精率。隔天采精1次的公鸡射精量最高，每周使用1次的公鸡精液中精子浓度最高。

第五节　种鸡公母合群与配种的适宜时机

平养条件下，公鸡比较喜欢与其一同长大的母鸡交配。每只公鸡在鸡群中都占有一定的地盘或势力范围，也控制有一定数量的母鸡。占优势的公鸡地盘大些，所交配的母鸡也多些。一般好斗、体型大的公鸡占有优势。但体型大的公鸡配种能力比小型公鸡要差。因此，体重过大的公鸡尽量不用。自然交配时，在开始收集种蛋前1个月把公鸡放入母鸡群，以便使鸡群尽快形成群序。青年公鸡放入2岁龄母鸡群中，公鸡最初是处于受欺地位，不能正常配种，要过几周后才能取得统治地位。强制换羽后的母鸡放入青年公鸡群受精率较高。

鸡群中公、母鸡既有合群性，也有争斗性，从而在鸡群中出现统治者和顺从者，形成群序或鸡群的等级地位。地位强的母鸡欺负地位弱的母鸡，后者往往采取一种下蹲：两翅张开下垂的顺从姿态，很像接受公鸡交配的样子。强公鸡与这种母鸡交配较勤，地位弱的公鸡也能乘机交配。所以，一般地位强的母鸡受精率较低。

考虑到鸡群中的这种争斗性和等级地位关系，放入的公鸡或母鸡，最好是过去同群饲养的。特别是公鸡，开始多放一些，以备早期因争斗所致的淘汰和死亡。鸡群中放入新的个体过少时，会受原鸡群的鸡啄打，不管放入多少个体，群中都会发生争斗现象，引起鸡群不安。自然交配条件下，不管是平养或小群笼养，都要避免部分地挪动或撤换公、母鸡。

平养条件下，要想得到较为满意的种蛋受精率，至少要提前3～4周放入公鸡。人工授精条件下，只要提前1周训练公鸡适应按摩采精即可进行采精和输精，收留种蛋。

第六节　种蛋的收留与管理

按种蛋标准，蛋重必须在50克以上才能用于孵化。一般要到6～7月龄的鸡才能收留种蛋。褐壳蛋鸡比白壳蛋鸡可提早1个月收种蛋。种蛋重量过小，孵出的雏鸡体重也小。根据我们对褐壳、粉壳和白壳蛋鸡的蛋品质分析结果，从蛋重、蛋壳厚度和强度以及蛋中血斑、肉斑率的变化资料来看，种蛋留种时间以28～56周龄期间为好，能保证种蛋合格率、孵化率和健雏率高。

平养的种鸡每天应捡蛋4～5次，以减少脏蛋，笼养种鸡至少2小时捡蛋1次。勤捡蛋的目的是减少蛋的破损和防止细菌污染。

捡出的种蛋，经初步挑选后即送入种蛋库进行消毒保存，最好用福尔马林熏蒸消毒，以杀灭附着在蛋壳上的病原体。方法是每立方米空间用福尔马林14毫升，高锰酸钾7克，熏蒸0.5～1小时。消毒后的种蛋保存在温度10℃～16℃、相对湿度75％的种蛋库中待孵化或外运。种蛋保存期最好不超过1周，以免降低孵化率。如果因故而延长保存期，种蛋的小头应朝上，以防水分蒸发，气室变大。种蛋保存期延长，种蛋的死胚增加，孵化率也降低。

第七节　种公母鸡的特殊管理

种用季节要注意加强种公鸡的营养。自然交配的公鸡，每天配种频率是很高的，十分辛劳。在人工授精条件下强制利用的种公鸡,营养跟不上,会影响射精量、精子浓度和活力。因此,要增加蛋白质、维生素 A 和维生素 E,以便改善精液浓度。公母鸡混养时,公鸡总是先让母鸡吃完料以后,才接近食槽吃料,好料总让母鸡先吃。为此,应设公鸡专用食槽,放置在较高的位置上,让母鸡无法吃到,以弥补营养的不足。人工授精的公鸡,最好增喂鸡蛋,每 3 只公鸡每天喂 1 个鸡蛋。

目前对种公鸡的饲养标准仍无统一的意见,一般都使用母鸡的饲料。因为在平养条件下公母混群,难于分别实施公鸡和母鸡的单独饲喂。在笼养条件下也是使用母鸡的饲料为基础,在种用期适当提高蛋白质和维生素水平。这样就能取得满意的受精率。

当代的研究和饲养实践表明,用产蛋母鸡的饲料饲喂公鸡是不合理的。一方面是饲料蛋白质水平高,二是钙、磷含量高。为此,科学家们建议后备公鸡的日粮中,蛋白质水平为 10%～13%,能量 11.3～11.72 兆焦/千克,钙 1%～1.2%,磷 0.4%～0.6%,维生素和微量元素可与母鸡相同。种用期的公鸡,日粮的蛋白质水平为 14%,能量 11.3 兆焦/千克,钙 1.5%,磷 0.8%,维生素和微量元素与母鸡相同。为防止公鸡体重过大,给料量以每天110～125 克为限度。喂含亚油酸较多的饲料能促进公鸡精子的产生。

据报道,种公鸡的饲料中采用下列维生素水平能获得良好的繁殖品质:维生素 A 2 000 万单位/吨饲料,维生素 E 30 克/吨饲料,维生素 B_1 4 克/吨饲料,维生素 B_2 8 克/吨饲料,维生素 C 150 克/吨饲料。

在此条件下,公鸡射精量 0.59 毫升,浓度 50.7 亿个/毫升,活力 9.4 分,总精子数 29.9 亿个,公鸡睾丸重 46.3 克,受精率 92.6%,入孵蛋孵化率 84.6%。

冬季在种鸡的日粮中增加需要量 15%～30%的维生素,有利于提高种蛋受精率和孵化率。种公鸡日粮中的能量部分用 30%发芽的谷物如大麦等来代替,对满足维生素的需要和提高精液品质有良好效果。

要注意种公鸡的饲养密度。笼养条件下,6 周龄前的小公鸡每只应有面积 200 平方厘米,6 周龄后提高到 450～500 平方厘米,成年种公鸡每只应有笼位 900 平方厘米。

公鸡的光照时间,从 12 周龄起应增加到 12 小时,种用季节应提高到 14 小时。光照强度为每平方米 20～35 勒(如人工光照,每 20 平方米鸡舍需 65 瓦至 115 瓦的灯泡),不应低于 10 勒。这样对睾丸的发育和精子产生有好处。

公鸡换羽比母鸡早 2～3 个月,在此期间精液品质差,种蛋受精率降低。如果种母鸡实行人工强制换羽的话,公鸡要隔离开,不要实施换羽,否则对以后受精能力有影响。

产蛋期间,免疫对产蛋有影响,有时甚至非常强烈,使产蛋率明显下降,蛋壳质量变差。有些可引起强烈反应的疫苗,最好在产蛋开始之前进行免疫。母鸡人工授精因定期抓鸡产生的应激,多多少少会影响产蛋量。

除笼养以外,平养的种鸡应设置产蛋箱(窝),每 4 只母鸡应有产蛋箱 1 个。母鸡喜欢在认定的产蛋箱里产蛋,如果被其他鸡所占,母鸡会排队等候进入产蛋。母鸡因不能及时入窝产蛋,致使产蛋时间拖延。产蛋箱不足,有些母鸡被迫在窝外产蛋,脏蛋数量增加,同时产蛋过程中,由于肛门努责外翻被其他鸡看见,就可能引起围啄,发生啄肛现象。产蛋初期啄肛严重,原因就在这里。产蛋窝应设在背光较暗的部位。这样母鸡选窝产蛋的现象可减少,窝外蛋也减少。

种用期间,通过种蛋受精率和孵化率,检查种鸡的饲料营养是否合理,公母比例是否恰当,种鸡是否有伤病等,以查明原因并采取相应的措施。

第八节　检疫与疾病净化

种鸡场向外供种,首先要保证鸡群健康、无病,否则用户引种就等于引进鸡病。因此,除了本场做好日常性的卫生防疫工作之外,种鸡场应谢绝参观,这是同行们共识的问题。如有特殊需要非参观不可,必须采取严格的消毒措施。场内非饲管人员也尽量不要进入鸡舍,以防万一。

种鸡群要对一些可以通过种蛋垂直感染的疾病进行检疫和净化工作。如鸡白痢、大肠杆菌病、白血病、支原体病、脑脊髓炎等都有可能通过种蛋把病传递给后代。通过检疫淘汰阳性反应的个体,留阴性反应的鸡做种用,就能大大提高种源的质量。目前,国内一般的大型种鸡场和科研教学单位的种鸡场都对雏鸡危害较大的白痢杆菌病做净化工作,并已获得成效。许多种鸡场在做鸡白痢净化的同时,还在饲料上下工夫,如采用无鱼粉日粮饲喂种鸡。因为监测发现鱼粉中含有沙门氏杆菌。

检疫工作年年进行才能见效。不管哪一级的种鸡场都要检疫,才能提高鸡群的健康水平。否则,引种场的卫生条件差,即使从疾病净化好的种鸡场引进的鸡,也可能再度感染疾病。我国地域辽阔,对种蛋种雏的需求量大,农村饲养雏鸡的季节性也比较集中。因此,饲养父母代鸡的种鸡场较多,但各场的条件很不相同。在农村,很多父母代种鸡场极少做疾病净化工作。这类鸡场至少应做鸡白痢的检疫。不做此项工作,雏鸡成活率低是很自然的事。为此,饲养户要从卫生防疫条件好、种鸡经过检疫的种鸡场引种才较可靠。

种鸡一定要按免疫程序做好各种疫苗的接种工作,以保证将来种雏有较高的母源抗体,提高雏鸡的抗病能力。

第十章 蛋鸡的人工授精技术

第十章 蛋鸡的人工授精技术

第一节 人工授精的优越性

种鸡人工授精繁殖方法,在养鸡业发达的国家早已有效地采用。我国从 20 世纪 70 年代开始采用,目前已在全国各地被普遍地应用。人工授精技术的优越性是该项技术推广应用的主要原因,具体表现如下。

第一,解决了笼养条件下种鸡的繁殖问题。种鸡实行公母分开笼养,彼此没有接触,失去了传宗接代的可能性。采用人工授精技术,采收公鸡的精液给母鸡输精,就能根据需要按时收集种蛋,而且获得与自然交配条件下同样的受精率。因此,人工授精是解决笼养种鸡繁殖问题的有效途径。

第二,为有计划和高效育种工作开辟了广阔的前景。公母鸡混合平养条件下,由于公鸡在群中所处的等级地位不同和公鸡对母鸡交配有选择性,不可能每只公鸡与所有母鸡交配,长此下去就会影响鸡群的质量。在人工授精条件下,可以人为地使每只公鸡都有机会与尽可能多的母鸡配种,公鸡所得的后代比自由交配时增加 5～10 倍。1 周内 1 只公鸡的精液可输 40～50 只母鸡,自由交配条件下是不可能做到的。我们曾强制利用 1 只公鸡轮流给近 200 只母鸡输精,在一个留种季节得到 1 699 只后代。可见,人工授精为有计划地育种特别是有效地充分利用优秀种公鸡,提供了可靠的方法。

第三,能如期收集种蛋和保证稳定的受精率。人工授精技术就是采取公鸡的精液强制性地给每只母鸡输精。从第一天下午输

· 392 ·

精算起,第三天就可收集种蛋,受精率约 80%,第四、第五天可达90% 以上,维持到第六、第七天后逐渐下降。达到同样的受精率的时间,人工授精比自然交配早 10 天以上。根据输精后种蛋受精率的变化规律,只要每 5～6 天给母鸡输精 1 次,就能始终保持较高而平稳的受精率。根据供种计划,从输精后第三天可以开始收集种蛋,并保证有满意的受精率。

第四,能减少鸡的伤亡。公鸡具好斗性,自然交配情况下,公鸡为争夺统治地位常常啄斗,结果会出现伤亡现象,也会影响受精率。自然交配时公鸡常啄母鸡的头颈和踩踏母鸡的背部,这些部位的羽毛残缺甚至脱落,皮肤裸露,高产母鸡更为明显。皮肤一旦被啄或踩伤出血,就会引起啄癖,结果母鸡的伤亡率较高。人工授精条件下,鸡群中出现上述情况相对要少得多。

第五,为交换种源提供更为经济有效的条件和手段。鸡精液稀释液的研制成功,使鸡精液能保存 24 小时而基本得到与鲜精输精相同的效果。如我们研制的稀释液与精液按 1：1 稀释保存 9 小时或 24 小时输精,受精率仍在 90% 以上。在交通发达的地区24 小时内能到达目的地,可以从育种场采集优良鸡种的精液运回输精,既减少引种带病的麻烦,减少运输费用,也能大大提高种鸡的质量。

第六,技术简单易学,投资少、见效快。在培训人工授精技术方面,只要花 3～4 天就能初步掌握,最多只需 1 周时间就能独立操作。当然要想比较熟练、快速,还需要在实践中提高。人工授精所需的设备和器具主要是采精杯、集精杯、输精管、蒸煮消毒和烘干的设备等。有了这些器具,就可进行人工授精。与其他家畜的人工授精相比,家禽人工授精所需的投资是最少的,而且运用起来见效最快。

当然,家禽人工授精也有一些值得考虑的问题:首先,该项技术只适用于笼养的鸡,平养条件下由于抓鸡困难,费时费力,得不偿失;其次,人工授精需要花费劳动力去输精,要组织一个专门的人工授精小组从事此项工作;第三,要想得到稳定的高受精率,必须严格执行各项技术操作规程,定期(5~6 天)重复输精 1 次。此外,如果人工授精技术操作不熟练时,既对母鸡的产蛋有一定的影响,同时也会影响受精率。

第二节　公、母鸡生殖器官的特点

一、公鸡的生殖器官

主要由睾丸、附睾、输精管和阴茎突起组成(图 2-10-1)。

(一)睾丸　位于腹腔的前顶部,左右各 1 个。左边略比右边大,形状如蚕豆,由大量长而弯曲的精细管组成。精子就由精细管内层释放出来。睾丸除产生精子外,还分泌雄性激素睾酮。

(二)附睾　附睾不发达,位于睾丸的背侧面上。精子进入附睾尚未成熟。精子也可以不经过附睾沿着小管束直接由睾丸进入输精管。

(三)输精管　为细长的曲管,精子在输精管内贮存并成熟。公鸡产生精子的年龄,随品种、品系而不同,同一品种或品系的公鸡也有个体的差异。公鸡成熟精子的产生随基因型、个体特性和管理条件不同而变化,产生精子的日龄从 67 日龄到 168 日龄之间。一般轻型品种比中型、重型品种要早。精子从产生到成熟需12~27 天。

(四)阴茎突起　公鸡没有交配器官,只有 1 个退化了的阴茎突起,位于泄殖腔的腹侧。公鸡与母鸡交配时,阴茎突起勃起而把精液射入母鸡的阴道内。由于阴茎突起在交配时不能插入母鸡阴道,因此交配动作极为短暂。

公鸡与母鸡交配后,精子很快能达到母鸡输卵管的漏斗部,如果输卵管特别是子宫中没有蛋，精子一般 30 分钟（最快为 15 分钟）可到达漏斗部。精子与卵子在漏斗部结合即受精。一般有 3～4 个精子进入卵黄表面的胚核区，但最终只能有 1 个精子与卵细胞结合形成合子，即受精卵。据报道，公母鸡交配后 20 小时就能获得受精的蛋，但我们的观察结果是，公母鸡交配后产出受精蛋的时间最早为 38 小时 36 分钟。

蛋用型鸡的精子在 2℃～5℃下保存时，精子的平均存活时间为 87.5 小时（幅度为 12～108 小时）。蛋鸡的平均受精率为 93.7％（幅度为 81％～99.6％）。

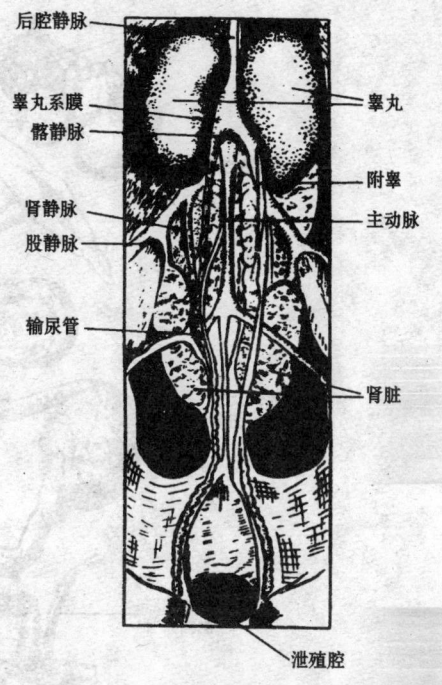

后腔静脉
睾丸系膜
髂静脉
肾静脉
股静脉
输尿管
睾丸
附睾
主动脉
肾脏
泄殖腔

图 2-10-1　公鸡的生殖泌尿器官

二、母鸡的生殖器官

母鸡的生殖器官由卵巢和输卵管组成（图 2-10-2）。

（一）卵巢　只有左侧的卵巢和输卵管发达，右侧的已经退化。性成熟的母鸡卵巢内有发育时间不同、大小不等的卵母细胞，使整个卵巢形似葡萄串。卵巢除产生卵细胞外，还产生雌性激素。

（二）输卵管　从形态上分为漏斗部、蛋白分泌部、峡部、子宫部和阴道部。

1. 漏斗部　也叫伞部。漏斗部的作用是接纳卵巢排出的卵

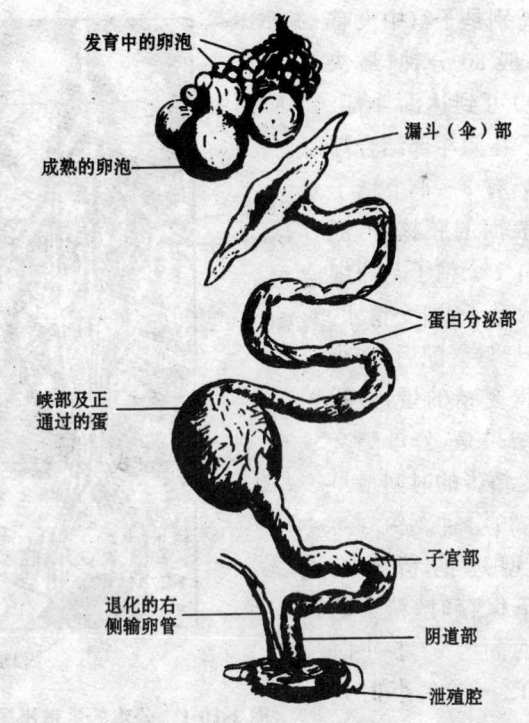

发育中的卵泡

漏斗（伞）部

成熟的卵泡

蛋白分泌部

峡部及正
通过的蛋

子宫部

退化的右
侧输卵管

阴道部

泄殖腔

图 2-10-2　母鸡的生殖器官

子（卵黄），并在此与精子结合而受精，漏斗部也是贮存精子的主要
场所之一。如果漏斗部机能失调，其活动与卵巢排卵不协调时，卵
子就会落入腹腔而不能形成正常的鸡蛋。漏斗部及其管状区的长
度为 7～9 厘米。

2. 蛋白分泌部　也叫膨大部。蛋白分泌部顾名思义是分泌蛋
白的地方，全部卵蛋白在此形成。膨大部的长度为 33～34 厘米。

3. 峡部　也叫管腰部。此处形成蛋的内壳膜和外壳膜，同时补
充蛋白的水分。软壳蛋在此初步形成。峡部长度为 8～10 厘米。

4. 子宫部　蛋白重量在此处进一步增加，蛋壳在此形成。在

整个蛋的形成过程中,蛋在子宫部停留时间最长,约需 19 个小时。因此,提高母鸡的产蛋量,关键是要缩短蛋在子宫的停留时间。蛋壳着色也是在子宫内完成的。子宫长度为 10～12 厘米。

5. 阴道部　蛋经过此处时包上一层保护性胶膜,也是公母鸡交配时接纳精液和贮存精液的地方。蛋在阴道内停留时间很短,10 分钟左右就会产出体外。阴道部长度为 8～12 厘米。

蛋在输卵管中通过的大致时间,见表 2-10-1。

表 2-10-1　蛋通过输卵管各部位的时间

输卵管部位	蛋通过的时间(小时)	占总通过时间(%)
漏斗部	20(分钟)	1.15
蛋白分泌部	8	27.6
峡　部	1.5	5.17
子　宫	19	65.5
阴　道	约 10 分钟	0.57
整个输卵管	约 29 分钟	100.0

漏斗部、膨大部的近端和子宫阴道部(子宫颈)是贮存精子的主要部位。所以,公母鸡交配 1 次或输精后,母鸡可以在 1 周以上产出受精蛋,就是因为精子在输卵管的这些部位贮存起来的缘故。现在已知,自然交配或输精停止后,母鸡能产受精蛋的时间为 12～16 天,最长可达 35 天。我们的观测结果,夏天母鸡产受精蛋最长时间为 17 天(平均为 13.4 天);秋天,最长为 21 天(平均为 14.6 天)。由此可见,如果轮换公鸡时,必须空出 15 天的时间,母鸡产出的受精蛋才属于第二只公鸡的。

第三节　人工授精技术

一、采精技术

无论用立式采精法,还是用坐式采精法,从工作效率来看最好3人1组配合。1人专门抓公鸡,1人按摩采精,1人收集精液。缺少1人,工作效率就大大降低。

坐式采精的操作技术如下。

(一)采精准备　开始之前,用剪子把公鸡肛门周围的羽毛剪光。以不影响术者的视线和妨碍收集精液为度。

(二)保定　助手从公鸡笼中把公鸡抓出来送给采精者(下称术者)。术者坐在凳子上,接过公鸡,把公鸡两腿夹持在自己的大腿间。根据习惯,一般左腿抬起交叉将鸡腿夹住。这样公鸡的胸部自然就会伏在术者的左腿上。一定不能让公鸡有挣扎的余地,以达到保定鸡的目的。

(三)固定采精杯　公鸡保定以后,术者从另一助手手中接过漏斗状的采精杯(图 2-10-3)。接杯时用右手的食指与中指或者中指与无名指将采精杯夹住,采精杯朝向手背。

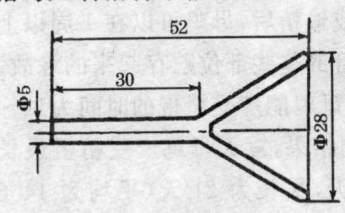

图 2-10-3　采精杯
(单位:毫米)

(四)按摩　夹持好采精杯后,术者即开始按摩采精操作。左手从背部靠翼基处向背腰部至尾根处,由轻至重来回滑动按摩几次,刺激公鸡将尾羽翘起。在左手按摩背部的同时,持采精杯的右手大拇指与其余四指分开由腹部向肛门方向贴紧鸡体,也同步按摩。当看到公鸡尾部向上翘起,肛门也向外翻出时,左手迅速转向尾下方,用拇指与食指跨捏在耻骨间肛门两侧挤压,此时右手也同步向腹部柔软部位作快捷的按压,使肛门更明显向外翻出。

（五）采精、集精 当看到肛门明显外翻,有射精动作并随着乳白色精液排出时,右手离开鸡体,将夹持的采精杯口朝上贴向外翻的肛门,接收外流的精液。公鸡排精时,左手一定要捏紧肛门两侧,不能放松,否则精液排出不完全,影响采精量。精液排完,即可放开左手,持杯的右手将杯递给收集精液的助手。抓公鸡的助手把公鸡拿走,接着轮换另一只公鸡。接精液的助手将精液倒入集精杯内(图 2-10-4)。收集到足够 30 分钟内输完的精液时,采精即告停止。

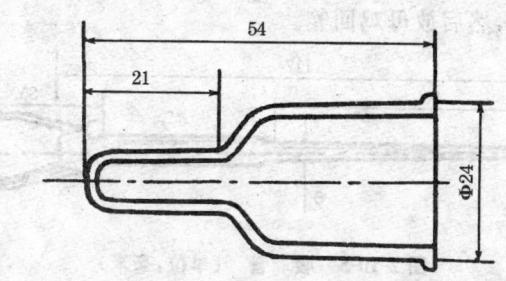

图 2-10-4 集精杯(单位:毫米)

一般情况下,如果采精技术熟练,10 分钟左右可采 20～30 只中型品种公鸡或 30～40 只轻型品种公鸡,可采得 1 杯精液(8～10 毫升),1 个 3 人的输精小组,在 30 分钟内即可采完。

立式采精的操作与坐式采精的区别,只是由抓鸡的人固定鸡。

二、输精技术

要获得高受精率,输精技术很关键。

输精时起码 2 人配合,1 人抓鸡翻肛,1 人输入精液。实践证明,2 人抓鸡翻肛,1 人输精,是最省时间而高效率的组合。2 人轮流抓鸡翻肛,输精者可以不停歇地左右输精,一点也不浪费时间。

输精的操作技术如下：负责翻肛的人员，用左（或右）手把母鸡双腿抓紧，把母鸡拉出笼门。另只手的拇指与食指分开呈"八"字紧贴母鸡肛门上下方。使劲向外张开肛门并用拇指挤压腹部，在这两种作用力下，母鸡产生腹压，肛门自然会向外翻出。抓鸡腿的手一定要把双腿并拢抓直抓紧，否则，翻肛的手再使劲也难于使肛门外翻。当母鸡的肛门向外翻出，看到粉红色的阴道口时，用力量使外翻的阴道位置固定不变。这时输精人员将吸有定量精液的吸管（图2-10-5）插入阴道子宫口，插入的深度以看不见所吸精液为度（约1.5厘米），随即把精液轻轻输入。与此同时，翻肛者把手离开肛门，阴道与肛门即向内收缩，输精者把吸管抽出，精液就留在母鸡阴道内，然后放母鸡回笼。

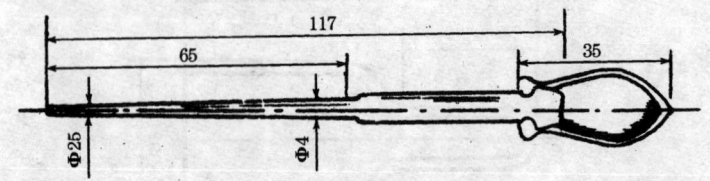

图 2-10-5　吸　管　（单位：毫米）

翻肛时，不要大力挤压腹部，以防粪尿排出，污染肛门或溅射到输精人员身上。如果轻压时发现有排粪迹象，重操几次翻肛动作，使粪便排出，然后再输精。实践证明，对产蛋的母鸡翻肛是十分容易的。只要操作熟练，掌握要领，手指轻压下腹部，母鸡也会自然翻肛。捉鸡时，凡乱叫乱撞而显得不安的母鸡，十有八九是停产的母鸡，这种母鸡很难翻肛，没有输精的必要。

每输完1只母鸡，要用消毒药棉擦拭一下输精吸管管尖，以防污染。

三、输精时间

掌握好最佳的输精时间，是获得高受精率的必要条件。家禽

第三节　人工授精技术

繁殖上的突出特点之一,是输精或交配后精子在母鸡输卵管中存活时间较长,并在相当长的时间内保持有受精能力。一般来讲,母鸡能在 12～16 天内产受精蛋,个别情况下,35 天仍见受精蛋。据报道;公鸡精子在母鸡输卵管中的运动速度平均为每小时 61 毫米。精子不均匀地遍布输卵管的各个部位。研究发现以下部位保存的精子数为:漏斗部有精子数 44 700 个,蛋白分泌部近端有 40 000 个,峡部,1 900 个,子宫阴道联合处 3 700 个,阴道部 9 700 个。精子以不同运动速度沿着输卵管向上活动,直到漏斗部与卵子相遇时才互相结合,产生受精现象。

上面已提过,蛋在子宫内停留时间有 19 小时之久。如果蛋在子宫内时输精,必然阻止精子向输卵管上部运动。漏斗部没有足够数量的精子,就会影响受精。因此,当蛋未进入子宫之前输精效果最好。这大约相当于蛋产出后 2～4 小时。从整个鸡群来讲,只有当全部母鸡产完蛋以后输精,才有可能获得最好的受精率。因此,在生产中母鸡人工输精应放到下午 3 时以后,直到晚上 7～8 时为止。这时输精,可以获得高受精率。上午输精,大部分母鸡未产蛋,输精效果只及下午输精的 25％～50％。

四、输精量及输精间隔时间

排卵是有一定规律的,一般认为是在蛋产出后 20 分钟左右才发生。卵子受精时只有 1 个精子进入,而且精子在输卵管中会逐渐随时间推移而老化,从而失去受精能力。保持输卵管内有足够的精子数,并在漏斗部保证有健壮的精子能及时与卵子相遇,就显得十分重要。现已证明,获得高受精率所需最起码的精子数量为 4 000 万～7 000 万个。为保险起见,一般要输入 8 000 万～1 亿个精子,大约相当于 0.025 毫升的精子数。如果用 1∶1 的稀释精液输精,则每次输精量为 0.05 毫升。输精间隔时间为 5～6 天。

轻型品种公鸡射精量较少,但精子浓度大;中型品种的精液量大,但精子浓度较低。因此,在掌握输精量时要考虑品种的特点。同时,随鸡龄的增加,温度的变化,要适当增加输精量,以获得稳定的高受精率。公鸡年龄增大,精液量减少,精子浓度降低,活力也下降。热天代谢加快,死精多。如不适当增加输精量,就不能保证足够的有授精能力的精子数。

五、输精的深度

有关精液输入母鸡生殖道深度的问题,人们各抒己见。有人认为输精较深,蛋受精率较高;有人又提出,虽然精液直接深输子宫部蛋受精率有所提高,但发现早期死胚增加。因此,以浅部输精为好。另外,给母鸡深部输精有一定困难,母鸡的子宫颈只有产蛋时才张开,蛋通过这一部位只有 40～80 分钟。也就是说,子宫部输精只能在下次排卵或接近排卵时期进行。其他时间输精,因输精吸管插入深部时可能碰伤子宫颈小窝。这里是贮存精子的重要地方,因而会减少精子贮存数量和降低以后的蛋受精率。

实际观察表明,公母鸡自由交配时,公鸡阴茎突起很短,是不可能插入子宫部的,母鸡在公鸡交配动作刺激下,肛门外翻至多是阴道外露接受射进的精液。在阴道子宫部进行浅部输精,基本上与公鸡自由交配时的情况相仿。在生产实际中进行人工授精,给母鸡翻肛输精时,是将阴道翻出,看到阴道口与排粪口时为度,然后将输精管插入 1.5 厘米左右就可输精了,也就是阴道与子宫的连接部位。这样保证不会有碰伤输卵管而影响受精率的现象发生。

第四节　公鸡精液品质的评定

为选择繁殖力高的公鸡,传统的方法是从公鸡的外貌着手。由于科学的发展,仅从外貌上选鸡已远远不够。外貌好、体质健壮的公鸡,一般来说繁殖力是比较好的。但是,人工授精的实践表明,外貌好的公鸡中,精液品质也有明显的差异。在人工授精条件下,公鸡很少,母鸡很多,如不选好种公鸡,必然会影响受精率。因此,除从外貌上选择外,还应进行实验室的精液品质检查。公鸡精液品质检查和评定的项目如下。

一、精液的颜色

健康公鸡的精液颜色为乳白色,质地如奶油状。如果颜色不一致,混有血、粪、尿等,或者透明,都是不正常的精液。这种精液不会有好的受精率。在这种情况下,必须检查饲养管理制度、饲料质量、有无发病和公鸡换羽等,然后采取措施加以改进。不正常的精液不能与正常的精液混合输精,宁少毋滥。

二、射　精　量

射精量的多少,依鸡的品种、品系、年龄、生理状况、光照制度、饲养与管理条件而不同。同时,也与公鸡的使用制度和采精的熟练程度有关。据研究者提供的资料,蛋用品种公鸡的平均射精量为0.34毫升,变化范围从0.05毫升到1毫升。大部分公鸡射精量在0.2~0.5毫升之间,中型品种公鸡的射精量要比轻型品种的来航公鸡高得多。在选留种公鸡时,要略多留一些公鸡,以备后用。

三、精液浓度

一般习惯上把精液浓度分为浓、中、稀3种。把精液放在显微镜下观察就会发现,浓稠的精液中精子数量很多,密密麻麻的几乎没有空间,精子运动互相阻碍。稀薄的精液中,精子数目少,观察直线运动的精子很明显,精子与精子之间距离很大。视野中精子数目及精子之间距离介于浓与稀两种精液之间的为浓度中等的精液。公鸡精液平均浓度为30.4亿个/毫升,变化范围为5亿~100亿个/毫升。选作人工授精的公鸡其精液浓度应在30亿个/毫升以上。

四、精子活力

所谓精子的活力,是指精液中直线前进运动的精子的多寡程度。精子的活力对蛋受精率的关系,较之输精量和精子浓度更为重要。因为只有活力高的精子才有运动能力通过曲折而长达70厘米左右的母鸡输卵管,到达漏斗部与卵子结合受精。浓度大而精子活力差的精液,也不能用来人工输精。死精多的精液更不能用来人工输精。精子活力一般以10分制进行评定。精子的平均活力为8分,范围从3分到10分,最普遍的为6~8分。只要精子活力高,输精量中精子浓度略低些也不影响受精率。

五、精液的 pH 值

精液中氢离子浓度平均为180纳摩/升(pH值6.75),其范围为39.81~631纳摩/升(pH值6.2~7.4)。精液中有大量的弱酸盐,如碳酸盐、柠檬酸盐、乳酸盐、磷酸盐、醋酸盐等。弱酸盐起缓冲剂的作用,可以中和代谢过程中和精子死亡后产生的大量碱性化合物。抓公鸡,按摩采精过程中,精液中落入酸性或碱性物质和公鸡泄殖腔腺的分泌物,是精液酸碱度变化的原因。精子保存过程中因微生物繁殖,可能向偏酸性变化。

第五节　影响受精率的因素

实践表明,一般情况下,只要遵守采精和输精的技术要求,可以获得蛋的80%以上受精率。有些种鸡场有时候却突然出现受精率下降的现象;有时甚至一直没有达到理想的受精率。要想获得高受精率指标,了解影响受精率的诸多因素是十分必要的。

人工授精时受精率不高的原因多种多样,有些可能是1个因素,有些可能是2~3个因素同时起作用。影响受精率的因素如下。

第五节　影响受精率的因素

一、种公鸡的精液品质不合格

精液中精子浓度低,即使有足够的输精量,也不能保证有足够的精子数量;精子活力不高,死精和畸形精子多,这是影响受精率的主要因素;采精时精液被血、粪、尿等污染,造成精子死亡,也是影响受精率的因素之一。实践证明,有些公鸡射精量虽少,但精子浓度和精子活力很高,输精量略低,仍能取得很高的受精率。因此,挑选精液品质好的公鸡和在采精时保证采到洁净的精液,对提高蛋的受精率十分重要。

二、母鸡不孕和生殖道有疾病

在进行家系选育时发现,鸡群中有些母鸡产蛋很好,但由于生理原因或疾病,输精后蛋都不受精。鸡群中这种母鸡增多,蛋的受精率必然降低。

三、输精技术不过硬

在人工授精条件下,受精率不高,问题往往出现在输精技术上。包括保证有足够精子的适宜输精量、输精的最佳时间、适当的输精间隔时间、输精的深度、精液存放时间长短(要在 30 分钟以内输完)、翻肛与输精技术的熟练程度和准确性等等。只有综合解决上述问题,才有可能获得理想的输精效果。蛋的受精率是检验公鸡精液品质优劣和输精技术高低的客观标准。

四、种鸡的年龄大

任何种鸡的繁殖力都和年龄有关,鸡也一样。一般来讲,无论公母鸡,29~58 周龄之间受精率较高。60 周龄以后,随着年龄增加,公鸡精液品质变差,母鸡产蛋率降低,蛋的受精率也逐渐下降。母鸡产蛋率越高,往往受精率也越高。因此,随鸡龄增长,输精量要适量增加,输精间隔要适当缩短,这样才能保持理想的受精率。

五、鸡的生理状况不佳

一般来讲,天气炎热,公鸡精子产生不良,母鸡产蛋率下降,蛋受精率低是普遍的现象。天气炎热,鸡食欲不好,营养不足,是公鸡精液品质下降的因素之一。公鸡换羽,精液品质明显恶化,这是影响受精率的突出原因。

六、其　他

除了上述因素之外,长途运输颠簸,卵黄膜破裂,卵黄上的系带断裂,都会人为地降低蛋的受精率,这种损失可达 5%～10%,甚至更高。种蛋保存时间越长,蛋的受精率越低。在夏季,种蛋保存时间以 5～7 天为宜,其他季节以 7～10 天为宜。经长途运输和保存期过长的种蛋,不仅受精率降低,而且孵化率也受影响。混合精液比单一公鸡的精液输精受精率要高 5% 左右。

第六节　精液的稀释保存

作为繁殖方法的人工授精确实有很多优越性,但在生产实践中发现有些需要解决的问题。例如,鸡精子在体外存活时间较短,因此不能把公鸡的精液都采完再集中去输精,输精持续时间长,精子丧失活力,受精率就会受影响;育种工作中,进行家系繁育时,使用 1 只公鸡的精液,有时公鸡精液量少,按常规输精,第二天仍得补输,花费时间太多;有些鸡种的精液量较少,精子浓度很高,适当减少输精量也能达到所需的精子数,但量减少,输精量不好控制。用原精液输精,1 只公鸡的精液量是有限的,所输的母鸡数量也因此而受限制。稀释液能延长精子在体外的存活时间,因此采精和输精时间的安排自由度就大多了。这样,种鸡场之间通过交换精液就可解决引种的问题,运输精液同引种蛋相比,费用低廉而又能避免运输途中与传染源接触。种公鸡除了传统上起配种繁殖作用以外,还可通过出售精液而赢得经济效益。

1987 年,中国农业科学院畜牧研究所研制成适合我国国情的BJJX 液(北京家禽精液稀释液),获农业部科技进步三等奖,并获国家专利证书。稀释液配方如下:葡萄糖 1.4 克,柠檬酸钠 1.4克,磷酸二氢钾 0.36 克,磷酸氢二钠 2.4 克,蒸馏水 100 毫升。经对比试验表明,BJJX 液的配方简单,价格低廉,易于推广应用。鸡精液用 BJJX 液稀释保存,使公鸡的精液利用率提高 50%,精子保持正常授精的能力延长 7～24 小时,为精液的长途运输创造了条件。在正常的生产条件下,种蛋受精率为 90%～95%,已算满意。

精液稀释保存的操作技术如下:①将稀释液的温度升到20℃～25℃;②将采得的鲜精液用带刻度的玻璃吸管吸入试管中,注意不能吸入污染物;③另用吸管吸入与精液等量或加倍的稀释液(视所需的稀释倍数而定),徐徐地进行充分混匀;④如现稀释现用,即可进行输精;如需保存一段时间,则将混匀的精液倒入称量瓶中;⑤将称量瓶放入小铁筒中,再转入 0℃～5℃的冰箱中或放入盛有 1/3 冰块的保温瓶中,盖上清洁的纱布,静止保存备用。

使用保存过的稀释精液时,只需轻微摇动几下即可输精。

第七节　精液的低温保存与解冻

低温冷冻鸡精液的保存方法如下。

用按摩方法采精,将精液放入 15℃～20℃的集精杯内。采精后 10 分钟内,在室温下吸 0.5 毫升精液注入安瓿(或青霉素瓶)内,然后加入 0.5 毫升冷冻稀释液。精液和稀释液加入的先后顺序不受限制。然后将安瓿(或青霉素瓶)盖好,在 2℃～8℃冰箱中存放 40～60 分钟。

用微吸管吸入防冻剂 N-二甲基乙酰胺 0.08 毫升,加入经过冷却的稀释精液中,盖好盖,小心摇匀,然后放在水平固定的晶体恒温室(-80℃)的圆形固定器上。

以每分钟 12～15 转的速度使安瓿旋转,精液就均匀地贴冻在瓶壁上,经 5 分钟左右温度由 -80℃升到 -35℃时将安瓿取出。

取出的安瓿立即放入盛液氮的容器中速冻,然后取出安瓿放入液氮罐中保存使用。

另一种保存方法很简单,方法如下。

将采好的精液经稀释后放入冰箱中冷却,取出后加入防冻剂。用注射器吸取安瓿中的稀释精液直接注入盛液氮的槽内,精液就速冻成颗粒。接着将颗粒捞出,装进网袋内,放入液氮罐中保存待用。

冷冻精液的解冻方法如下:从液氮罐中把冻精取出,放在 40℃～60℃的水浴锅中,经 7～8 秒即解冻。解冻后的精液用显微镜检查精子的活力,如合格即可输精。输精量为 0.2 毫升,输精深度为 1.5 厘米左右。初次要连续输精 2 天,然后每 5～6 天输精 1 次。

如远离鸡舍或给大量的母鸡输精,就需要做较长的解冻工作。这时要将防冻剂分离出去。为此,把解冻的精液放入 2℃～8℃冰箱中,每过 30～60 秒钟各取 0.1,0.3 和 0.6 毫升冷却的稀释液加入瓶中,然后把经稀释的精液转入离心管中,在 2℃下用每分钟 700 转的速度离心 10～15 分钟,再把沉淀液倒出,补加 0.3 毫升的冷却的稀释液。之后把精液摇匀,进行活力检查,把精液放入有冰的冰瓶中,盖上纱布。用这种方法处理的精液,要在 1 小时内输完精。

用上述方法冷冻和解冻,全过程均在室温下进行操作而无需冷室。这种冷冻技术能消除低温对精子细胞膜和化学键的破坏而产生的致死作用,从而保证得到稳定而满意的受精率。冷冻精液在液氮罐中保存 2 年,其受精率只下降 1%～2%。

据报道,用含 7% 甘油的葡萄糖卵黄液稀释的精液,在 −196℃下速冻,保存 9 年,精子活力为 75%,给来航鸡输精得到 46.8% 的受精率。

第十一章　蛋鸡的人工强制换羽

第一节　人工强制换羽的原理

众所周知,鸡与其他鸡类一样,在冬天来临之前,每年都要自然换羽1次。旧羽脱落,重新长出新羽,这个过程就叫做换羽。鸡的换羽既是一种自然的生理现象,也是鸡在进化过程中对大自然的适应性。自然换羽一般出现在秋季,早的在夏末秋初,迟的在初冬。

鸡的自然换羽时间很长,一般需3~4个月。换羽时需要消耗很多营养物质以形成新羽。因此,鸡在换羽期间往往停止产蛋。换羽时间的长短,对母鸡全年产蛋量有影响。鸡的全身羽毛更换的顺序一般为:头部→颈部→胸部及两侧→大腿部→背部→主翼羽和副翼羽→尾羽。一般来说,高产鸡换羽迟,羽毛脱落和新羽生长的速度都快;而低产鸡换羽早,羽毛脱落慢,新羽长出也很慢。根据母鸡换羽特别是主翼羽的更换时间和速度,可以鉴别高产鸡或低产鸡。

鸡的主翼羽有10根。主翼羽与副翼羽之间有1根较短小的轴羽。三者组成鸡的翼羽。主翼羽的更换有一定的规律,是从靠近轴羽的第一根开始更换,然后由里向外顺序更换,最后更换的是轴羽。一般把刚换第一根主翼羽的时期称为换羽初期,换第五根主翼羽时为换羽中期,换第十根主翼羽时就意味着换羽后期到来。主翼羽的更换过程有明显的个体差异。主要表现在换羽开始和结束的日龄、换羽持续时间的长短和更换的快慢,以及性别的不同上。有些鸡在13~14月龄就开始更换主翼羽,有些则在19~20月龄。换羽早与换羽迟的鸡在换羽时间上可差6个月。换羽时间最短的鸡只需 2~2.5 个月,而最长者为 6 个月。公鸡换羽开始的时间一般比母鸡早 2~3 个月。如果说在同样时间间隔内,公鸡全部换完羽的话,则母鸡只有 72%~78% 才换完羽,主要是由于一部分高产母鸡在换羽期间仍继续产蛋的缘故。

当代的高产杂交鸡产蛋量很高,绝大部分都在集约化条件下饲养,如果产蛋 1 年以后就更新鸡群,饲养后备鸡需要花大量的劳力、饲料和其他各项支出。若设法延长这些老鸡的利用时间,就能节省上述各项开支。特别是近年来我国各地从国外引进不少高产配套系的祖代和父母代鸡,这笔费用是相当高昂的,只用 1 年就更换,经济上是不合算的。因此,利用 2 年鸡十分必要。在商品鸡群中,要延长其利用期,若按自然规律,母鸡到秋季要换羽 1 次,而且鸡群换羽早晚存在着很大个体差异。一些母鸡换羽,一些母鸡仍产蛋,这就给选择合理的饲养水平、光照等方面带来很多不便,这样的鸡群产蛋率不高,蛋壳质量也差。因而鸡的人工强制换羽的技术就应运而生。

所谓人工强制换羽,就是人为地给鸡施加一些应激因素,在应激因素作用下,主要表现在暂时停止产蛋,体重下降,羽毛脱落和更换新羽。强制换羽的目的,是使鸡群在短期内停产、换羽、休息,然后恢复产蛋,提高蛋的质量,达到延长鸡的经济利用期。

第二节　人工强制换羽的方法

近 30 年来,关于鸡人工强制换羽方法的报道资料多种多样,归纳起来,不外乎化学的、激素的和畜牧学的等 3 种方法。

一、化学方法

主要是通过在鸡的饲料中添加或减少一定数量的化学制剂如锌、钙、食盐等。鸡在一定时间内摄入过量或不足量的化学物质后,使新陈代谢紊乱,内部器官的功能失调,结果使母鸡停产和换羽。去除化学制剂后,母鸡在喂给正常产蛋鸡饲料的条件下恢复产蛋,进入第二个产蛋周期。

目前,化学方法上使用最多的是喂高锌日粮。例如,在日粮中喂含锌2%的饲料,3天后鸡的产蛋率就降到50%以下,6~7天就全部停产,去掉锌以后2周,母鸡的产蛋率就能超过喂锌前的水平。或者在含钙3.5%~4%的配合料中加入2.5%氧化锌,让鸡自由采食,不限制给水。一般到第四天母鸡采食量下降75%~80%,到第七天产蛋率降到0%~2%。停喂这种饲料后25~30天,母鸡产蛋率可达50%。如用2%硫酸锌(20克/千克饲料)喂母鸡,第四天鸡的采食量下降75%,到第八天全部母鸡停产,第十四天主翼羽开始脱换,第二十一天开始恢复产蛋,第三十三天达50%产蛋率。

二、饥 饿 法

这是传统的强制换羽的方法,也是目前使用最普遍、效果最好的方法。方法大致如下:停水1天,根据鸡的肥度断料9~13天。断料时把光照时间缩短到7~8小时(密闭式鸡舍)或停止补充光照(开放式鸡舍)。断料结束后,第一天每只鸡给料25~30克,而后每天给料增加20克,光照增加1小时。到第五天恢复自由采食,光照恢复到14~16小时。

按照上述方法,断料5~7天,母鸡全部停产,30~35天恢复产蛋,65~70天达到50%以上的产蛋率。

三、综 合 法

近年来,有些人采用饥饿法与化学法相结合的方法,取得良好效果。具体方法是:断水、断料2.5天,停止补充光照,然后供水和适量的蛋鸡料;第四天开始自由采食含2.5%硫酸锌或氧化锌的蛋鸡料,连续7天。一般10天后全部停产,此时恢复正常的光照。

换羽开始后约 20 天,母鸡就重新产蛋。换羽开始后 50 天,母鸡产蛋率达 50%。

第三节　人工强制换羽的效果

纵观国内外人工强制换羽的资料,可以肯定,无论采用化学方法,还是传统的饥饿方法,都能使母鸡达到停产休息或换羽的目的。强制换羽期间,母鸡会出现下列变化。

第一,体重的变化。根据处理时间的长短,体重一般都会比处理前减轻 20%～30%。体重减轻主要是体内沉积脂肪的消耗。普遍认为,体重减轻 25%～30%,将来产蛋效果最好。体重减轻过少,达不到换羽的目的,体重减轻过多,又会使鸡的死亡率增加。处理结束,鸡转入自由采食后 2 周,体重基本上恢复到换羽前的水平。

第二,产蛋量的变化。实施换羽后第二至第三天产蛋率逐渐降低,到第五至第七天全部或几乎全部停止产蛋。若同时断水、断料、断光,则产蛋率下降更为明显,蛋壳变薄,破损率高。一般随着母鸡体重的恢复,产蛋率逐步回升,2 个月左右可达到换羽前的产蛋水平或者更高。

第三,死亡率的变化。换羽期间,通常有病的鸡耐受不住断水、断料的影响,往往发生死亡。主要取决于换羽前对鸡进行选择是否严格,断水、断料时间的长短和季节等条件,鸡的死亡率为 0.5%～15%,一般在 3%～5%,这是强制换羽是否成功的重要指标之一。死亡多出现在恢复自由采食以后,即第十五天以后。

第四,羽毛脱落的变化。多数情况下,强制换羽开始后 10 天左右体羽脱落,15～20 天脱羽最多,主翼羽脱换是逐渐的,一般到 35～45 天换羽结束。换羽越完全,将来产蛋成绩越好。

第五,生殖器官的变化。强制换羽期间由于饥饿导致母鸡卵巢和输卵管萎缩,重量减轻。据报道,喂锌的母鸡,换羽第四天卵巢重量减轻 75％,输卵管减轻 50％。直到停止喂锌后 12 天,卵巢和输卵管的重量才恢复正常。

第四节 强制换羽的经济价值

产蛋鸡强制换羽的主要目的是延长鸡的经济寿命,充分发挥鸡的遗传潜力。由于不同试验者使用换羽的方案不同,因而也得到不同的效果,但目前看来总的经济效益增长是没有疑义的。

第一,利用老鸡强制换羽,可以节省培育新鸡的一切费用。如果说培育一批新鸡到产蛋率 50％时,目前一般需要 160~165 天,而老鸡人工换羽大约 2 个月就能达 50％产蛋率,这就等于育雏时间缩短 100 天。这段时间内饲料、人工、燃料、防疫费等方面的节省是相当可观的。

第二,有利于调节市场对蛋的需求。尽管第二年的母鸡产蛋量一般比第一年的鸡产蛋量下降 15％左右,但同自然换羽的鸡相比,产蛋高峰来得早,产蛋比较整齐。还有利于为鸡创造合理的饲养管理条件。

第三,能够明显改善蛋壳和蛋内部的质量。母鸡产蛋 1 年后,由于长期产蛋,体内营养物质消耗很大,生殖生理上出现疲劳,薄壳蛋、畸形蛋增加,蛋的破损率增高。据统计,一般开产后 3 个月,蛋破损率为 2％~3％,开产后 12 个月蛋的破损率就上升到 12％~13％,强制换羽后,3 个月,蛋的破损率又降到 1％~3％,蛋壳也变厚。据我们的试验,换羽前试验组与对照组的蛋壳厚度分别为 0.268 毫米和 0.256 毫米,强制换羽恢复产蛋后,试验组和对照组的蛋壳厚度分别为 0.303 毫米和 0.257 毫米。可见换羽鸡蛋壳厚度增加了,而自然换羽鸡仍然不变。

第四,换羽后母鸡的蛋重一般都会比换羽前有所提高。例如,据我们的试验,8 组鸡换羽前平均蛋重为 56.2 克,换羽后全期平均蛋重为 60.1 克,提高 6.9%。又如,巴布考克白壳蛋鸡,换羽前蛋重 60.3 克,换羽后 8 周即提高到 62.3 克。因此,换羽后由于蛋重增加而提高大蛋的比率。

第五,强制换羽对种鸡很有意义。种鸡一般都要进行后裔测定,测定时间越长,对种鸡评定越准确可靠。第一年产蛋高的鸡,第二年产蛋量也高。而强制换羽能更有效地利用种鸡,特别是种用价值高的鸡。强制换羽,首先把病、弱的低产鸡淘汰掉,而有病又看不出病症的鸡,往往难于耐受苛刻的换羽应激因素的刺激,结果都会死掉。这实际上起了自然选择的作用。因此,国外把种鸡强制换羽,作为鸡群白血病、马立克氏病、白痢和衣原体病净化的畜牧学措施之一。种鸡强制换羽能使鸡群集中产蛋,有利于孵化供种。由于能改善蛋的品质,使种蛋合格率提高 7.1%,孵化率提高 3.1%。

蛋鸡强制换羽,可使鸡的经济寿命延长到 26～27 月龄,产蛋率可达 75% 以上,蛋重增加,破损率下降,因而能增加蛋的平均售价。但强制换羽也有缺点:①母鸡产蛋量比第一年降低 15% 左右;②由于换羽后鸡的体重增加,饲料消耗略有提高,饲养密度降低;③打乱鸡场的正常生产安排,育雏育成鸡舍不能充分利用;④母鸡产蛋 6 个月后,蛋的质量很快降低。

第五节　强制换羽应注意的事项

第一,要正确选择换羽的时间。不仅要考虑经济因素,而且要考虑鸡群的状况和季节。在秋冬之交的季节进行强制换羽的效果最好。这与自然换羽的季节相一致。如果在冬天换羽,鸡受冻挨饿,羽毛又脱落,体质大大下降,对健康不利。夏天气候炎热,断水使鸡更难以忍耐干渴。

第二,严格挑选健康的鸡。强制换羽对鸡体来说,是十分苛刻的残酷手段，必须把病弱的个体挑出，只选临床上健康的鸡进行换羽。只有健康的鸡才能耐受断水、断料的强烈应激影响，也只有健康的鸡才能在第二年获得高产。病鸡换羽，可能成为换羽期间暴发疫病的病源。

第三，注意换羽期间体重的变化。根据季节和鸡的体重大小，一般断料时间以 9～13 天为宜，断水时间不应超过 3 天。换羽期间体重比换羽前减轻 20%～30% 为度。

第四，换羽期间应注意死亡率的变化。第一周鸡群死亡率不应超过 1%，10 天内不应高于 1.5%，35 天内不应超过 2.5%，56 天内不应超过 3%。

第五，切忌连续强制母鸡换羽。已结束换羽的鸡不应再行强制换羽。强制换羽的制度不适用于公鸡。

第六，适时掌握母鸡的强制换羽时机。强制换羽的鸡，从达 50% 产蛋率起，经 6 个月就淘汰。因为母鸡产 6 个月的蛋后，产蛋率下降，蛋品质明显恶化。

第七，平养的鸡强制换羽时应注意的事项。要把全部垫料清除干净，防止因饥饿而啄食垫料，发生消化道疾病。无论平养或笼养，断料结束后，应逐渐过渡到自由采食，防止因饥饿过度而引起暴食死亡。

第八，提前进行免疫。强制换羽前对鸡群先进行免疫，接种新城疫Ⅰ系苗，待 1 周后抗体效价升到理想水平时才实施换羽措施。

第九，注意控制光照。在鸡换羽期间，有窗鸡舍尽可能遮光，打乱光照制度，使其产生应激，以利于换羽。遮光也有利于防止鸡群饥饿期间发生啄癖。

第十，掌握好开食时间。当鸡的体重降低 20%～30% 后，发现有小部分鸡因体力消耗过大，精神委靡，站立困难而又非疾病造成，这时就要开始给料，否则会因饥饿过度引起死亡。给料后可以挽救这种鸡，或者把这种鸡隔离开单独给料。

第十二章 鸡场场址选择、建筑与设备

第一节 鸡场场址的选择

建立鸡场要根据生产方向(供应种蛋、种雏或生产食品蛋)、生产规模来决定场址选在什么地方为好。卫生防疫条件是否有利于安全生产,这是选择场址所要考虑的首要因素。现代养鸡业的实践证明,鸡病的发生与传播给养鸡业带来的威胁和损失最大。即使人们尽最大努力在卫生防疫上采取一切严密措施,仍是防不胜防。养鸡是为了提供营养品,自然不能与外界隔绝往来,所以,在鸡场场址选择上,既要考虑防疫安全,又要为生产的正常运转提供方便。

从当前条件来看,办鸡场选择半径在 1～2 千米内无居民区和工厂的不宜耕作的地段,就基本上具备防疫条件。建场应尽量不占或少占农田,充分利用比较平坦的荒山荒坡,要求地势高燥,排水良好,水源供应充足,水质好,供电方便,而且要交通方便,以利于运输。但鸡场要离主干线公路 1 千米以上。

第二节 鸡舍的布局

养鸡场的场区一般分为两大部分:一为生产区,二为管理区。在布局时既要考虑卫生防疫,又要考虑便于组织生产,节约投资,有利于减轻劳动强度和提高劳动效率。

生产区是全场的主体,主要是各类鸡舍。鸡舍的布局要考虑当地的主导风向,如果以北风为主风向,则鸡舍布局由北向南逐次按孵化室、育雏舍、育成舍、成年鸡（种鸡或商品鸡）舍安排，避免成年鸡对雏鸡的可能感染。饲料供应和行政管理区应设在与风向平行的一侧。鸡场职工的生活区应设在场外。各区之间的距离根据具体情况，应该尽可能远些，特别是生活区应远离鸡舍。

鸡舍的一端应设专用粪道与粪场相通，人行和运输饲料应有专门的清洁道，两道不要交叉，更不能共用，以免感染疾病。鸡场应设围墙，防止外人及其他畜鸡进入场区。

孵化室应不让外人进入，以防带入病原。从种蛋贮存、孵化、出雏、鉴别、存放到发送，都应顺序消毒，一切人员只能单向前进，不能交叉串走或往返。

育雏舍设在鸡场的上风方向，远离成年鸡舍，以防疾病的感染。育雏舍的多少及面积大小，要根据鸡场年饲养量，鸡群的更新和生产安排来确定。鸡场一次性育雏，需要有足够的面积，真正做到全场实际上的全进全出制，有利于防疫；但育雏舍的利用率低。根据成年鸡舍的数量合理安排分批育雏，实行单栋鸡舍全进全出制，可以有效地利用育雏鸡舍。

育成鸡舍位于育雏舍和成年鸡舍之间，便于转群。育成鸡舍的多少应与育雏数量相配套。根据成年鸡舍的饲养容量，可以1栋育成舍所养的育成鸡与成年鸡舍相一致，也可以2栋育成鸡装1栋成年鸡舍。

成年鸡舍的多少，主要取决于鸡场的生产规模。

种鸡舍的规模和栋数，主要取决于鸡场商品雏的需要量、社会的需求量、种鸡的种用性能等。同一鸡场，种鸡舍应在成年鸡舍的上风方向或同侧，或者单独设区。

孵化室最好设在场外，特别是孵化向社会提供雏鸡的鸡场更应如此，这样可以防止接雏的人员和车辆接近场区。

如果鸡场的饲料加工车间担负向外供应饲料的任务，也应设在场外。

一栋成年鸡舍养多少母鸡为好呢？这要看养鸡场的饲养规模、操作的机械化程度等条件来定。北京农业大学的专家提出，1栋鸡舍养蛋鸡5 000～6 000只为宜。这样一次供雏困难不大，一般种鸡场均能解决；适合1人管理1栋鸡舍，可以实行育雏、育成、产蛋鸡的一条龙到底的管理方法，人随鸡走，了解自己的鸡群状况，责任心强；喂饲、捡蛋、清粪不用机械化，1人也能胜任，劳动生产率并不比机械化养鸡场低；实行小批量、勤周转，有利于疾病的控制，一旦发病对生产的损失也较小。因此，这种1栋养蛋鸡5 000～6 000只的规模，是目前可供选择的一种好模式。

第三节　鸡舍建筑设计

一、鸡舍长宽高的设计

（一）鸡舍宽度设计　鸡舍宽度主要取决于鸡笼的宽度和鸡笼在鸡舍内的排列方式。产蛋鸡舍如果按2列3走道排列方式，每列鸡笼的宽度为2.2米，每条走道宽度约0.8米，这样鸡舍内部的净宽度应该为6.8米；如果采用3列2走道（两侧靠墙为半架鸡笼，中间为全架鸡笼），则鸡舍内部的净宽度应该为6米。

鸡舍的宽度还受建筑结构的影响，屋顶为木质结构时宽度不宜超过7米，否则需要的材料规格太大，成本高。

（二）鸡舍长度设计　鸡舍长度主要受场地的限制，也受通风方式和鸡笼数量的影响。目前，蛋鸡舍的长度短的有20米左右，长的有70米或更长。一般房子的开间长度为3米或3.3米，鸡舍的总长度是开间长度的数倍。

采用纵向通风方式，鸡舍的长度以45～70米为宜。舍内每列鸡笼的数量确定要考虑鸡笼两端留的通道宽度，靠前端宽度在1.5～2米，末端宽度在1.5米左右。通常产蛋鸡笼的长度为1.95

米。如一个长度 51 米（17 间房）的产蛋鸡舍，舍内的净长度为50.5 米，每列放置 24 组鸡笼（长度为 46.8 米），靠前端走道宽度留 2.2 米，末端走道宽 1.5 米。

农村如果饲养蛋鸡的规模小，也可以建较短的鸡舍。

（三）鸡舍高度的设计　鸡舍高度受舍内设备高度、通风方式和屋顶结构的影响。采用"A"形屋顶时，笼具设备的顶部与横梁之间的距离为 0.7 米左右，采用平顶结构则应有 1 米以上距离。采用自然通风时鸡舍高度应较大，采用纵向负压机械通风则鸡舍高度可稍低。以产蛋鸡舍为例，采用"A"形屋顶，鸡舍内地面比舍外高 0.4 米，产蛋鸡笼高度 1.65 米，横梁距舍内地面高度 2.35米，距舍外地面高度 2.75 米。但是，当采用平屋顶时，梁下距舍内地面高度不低于 2.6 米。

二、建筑材料的选择

墙体的建筑材料多数使用机制砖或空心砖；屋顶材料多为机制瓦或双层石棉瓦，也有用预制板等材料的。目前有的鸡舍墙体和屋顶均采用彩钢板，其成本略高，但保温隔热性能、耐用性都很好。

三、鸡舍的间距与道路

对于集约化养殖的蛋鸡场，在一个场区内有多栋鸡舍，为了减少相互之间的污染，方便生产管理，需要合理布局。

（一）鸡舍之间距离　合理的鸡舍间距能够符合卫生防疫、防火、通风采光需要。一般同类型鸡舍之间的距离不少于 20 米，不同类型鸡舍一般不建在一个场内，如果有不同类型的鸡舍则间距不少于 30 米。生产中常见的问题是间距过小，这样容易造成一栋鸡舍内的污浊空气会进入另一栋鸡舍而引起疾病的传播，采用自然通风方式的时候也影响空气的流动，也不利于防火。

（二）鸡舍间的道路 场区内有主干道作为净道，连接各个鸡舍的前端，作为人员通行、饲料和设备运送的通道。在各鸡舍的末端要有污道相连，作为清理粪便、垫料的专用通道，并与贮粪场相通。在道路与生产区交汇的地方要建造消毒室和消毒池，用于人员和车辆的消毒。

（三）绿化与隔离 隔离是防疫的重要保证，绿化是鸡舍间相互隔离的重要措施。鸡舍之间的空闲地应该在距鸡舍前后墙2～3米处种植乔木，在中间地方种植灌木。绿化不仅能够净化空气（吸附粉尘、微生物和有害气体），还能够在夏季遮阳。

四、鸡舍主要结构的设计要求

（一）基础与地面 一般情况下，舍内地面比舍外高30～50厘米。舍内地面应以三合土压实，表面用混凝土硬化处理。为了便于在冲刷后减少舍内积水和排水，舍内地面要求前端略高、后端略低，坡度为0.2%～0.4%。

（二）墙壁 使用机制砖，要求墙体的厚度为0.24米，内壁要用水泥抹光，以利于清扫、冲洗。

（三）门与窗 鸡舍的门应有净门和污门之分。鸡舍门一般宽1.5～2米，高2～2.4米。净门是平时人员出入的，污门是清理鸡粪用的。

有窗鸡舍的窗户应足够大，以保证鸡舍的自然通风。靠墙设置走道的鸡舍，窗台距地面约1米，窗户上顶距屋檐约0.8米，南侧的窗户宽度约1米，高度约1.3米，北侧窗户高度和宽度均约1米。窗户扇向外开，内侧安置金属网以防鼠、雀进入。

（四）屋顶和天棚 要求保温、隔热、防水、坚固、重量小。鸡舍应尽可能设天棚，使屋顶和天棚之间形成顶室，以利于缓冲温度变化。对于采用纵向通风方式的鸡舍在设置顶棚后能够提高通风效率。

五、鸡舍的功能设计

(一)鸡舍的通风设计 鸡舍的通风设计要考虑鸡舍内单位时间的换气量和舍内的气流速度等。根据《家畜环境卫生学附牧场设计》(全国统编教材)中的资料,蛋鸡舍通风参数见表 2-12-1。

表 2-12-1　蛋鸡舍通风参数

鸡舍类型	换气量(米³/小时·千克体重)		气流速度(米/秒)
	冬 季	夏 季	
产蛋鸡舍	0.7	4.0	0.3~0.6
1~9 周龄雏鸡舍	0.8~1.0	5.0	0.2~0.5
10~22 周龄青年鸡舍	0.75	5.0	0.2~0.5

生产中从缓解热应激的角度出发,夏季的气流速度一般要求达到 1 米/秒以上。

1. 鸡舍的纵向通风设计　对于容量较大的蛋鸡舍(长度超过 40 米)多数采用纵向通风方式。通常将工作间设置在鸡舍前端的一侧,将前端山墙与屋檐平行的横梁下 2/3 的面积设计为进风口,外面用金属网罩以防鼠、雀,冬季可以用草帘遮挡一部分。风机安装在鸡舍后端山墙上,要求风机规格大小要配套,以满足不同季节不同通风量的要求。

风机总流量的计算可以使用公式:

$$Q = 3600S \times V$$

公式中 Q 为风机总流量(米³/小时),S 为气流通过截面的面积(平方米,通常是屋梁下高度与鸡舍宽度的乘积加上梁上三角形的面积),V 为夏季最大气流速度(米/秒,一般为 1~1.2 米/秒)。如果鸡舍密闭效果不很好,计算出的 Q 值需要再除以 0.8(通风效率按 80% 计算)。

2. 鸡舍的横向通风设计　对于小容量的鸡舍可以采用横向通风设计,将工业壁扇安装在鸡舍北侧的墙壁上,上层风扇底部高度应比鸡笼顶部高 30 厘米以上,下层风扇底部距舍内地面不少于 15 厘米。通风时将北侧窗户关闭,南侧窗户打开,启动风机后气流从南侧窗户进入,经过鸡舍内部后从北侧风机排出。夏季可以将风扇反转,向鸡舍内吹风。

3. 自然通风设计　自然通风主要通过门窗和屋顶的天窗进行舍内外气体的交换。窗户尽量靠墙壁的中上部,在窗户的下面另设置 1 个地窗(高度约 40 厘米,宽度约 80 厘米)。每间隔 2 间房在屋顶设置 1 个可以调节通风口的天窗。

(二)加热设计　在蛋鸡育雏时期需要使用加热设备以保持舍内适宜的温度。在加热设备中以地下火道的使用效果比较理想。其他设备可以作为辅助性加热使用。

地下火道由炉膛、火道和烟囱组成。炉膛采用深坑式设计,其顶部不高于火道顶部。火道靠炉膛一端距地面较深,靠烟囱处离地面近。根据鸡舍跨度大小,舍内设置若干条火道,火道之间距离约 1.5 米。烟囱的顶部要高于屋顶。

(三)降温设计　夏季高温对鸡的生产性能和健康影响很大,是我国大部分地区养鸡过程中发生问题最多的时期。夏季采取措施降低舍温是改善鸡群生产性能的重要途径。目前采用的湿帘降温系统和喷雾降温系统都需要与风机配套使用,因此也称为负压纵向通风—湿帘(或喷雾)降温系统。

1. 湿帘降温系统　在鸡舍的进风口安装特制的湿帘,使用时打开水管使水从湿帘淋下,风机启动后空气通过湿帘进入鸡舍。这种方式一般可以使进入鸡舍的空气温度降低 4℃～6℃。有的地方使用多孔黏土砖代替湿帘,也能够获得比较理想的降温效果。

2. 喷雾降温系统　沿鸡舍走道上方安装水管和雾化喷头,当需要降温时打开高压泵,喷头喷出水雾,吸附舍内空气中热量后通过风机排出舍外。

(四)采光设计

1. 自然采光设计　在蛋鸡生产中,有窗鸡舍和半开放式鸡舍白天可以充分利用自然光照。光线通过鸡舍的门窗进入舍内。

自然采光要求鸡舍的窗户设计要合理。每间房的前后墙均设置1个窗户,南侧窗户的高度为1.5米,宽度1.2米,窗户顶部与屋檐之间有0.5米左右的距离。北侧窗户规格和安装位置与南侧窗户相同或稍小一些。宽度大的鸡舍可以考虑在屋顶设置天窗,用透明玻璃钢瓦覆盖。

2. 人工照明设计　使用的照明工具通常为白炽灯,安装在鸡舍内走道的正中间。走道上灯泡的间距3～3.3米,悬挂在屋梁上,距地面1.7～1.9米。每条走道上的灯泡各自设置1个开关。灯泡的安装位置要考虑到鸡群生活范围内光线要均匀分布。

3. 自动控制照明装置　光照强度和定时双控设备已经应用到养鸡生产中。设定每天照明和黑暗时间后,控制系统能够根据舍内光照强度自动按时开关灯。

第四节　鸡场设备

一般较小规模的蛋鸡养殖场内使用的设备主要有环境控制设备、供水系统与饮水设备、饲喂设备、笼具和卫生防疫设备等。

一、环境控制设备

鸡是恒温动物,当周围温度在适宜范围内时能有效调节体温,保持体温恒定。极端寒冷或炎热则不适应,所以鸡舍必须给鸡提供适宜的环境使其保持热平衡。环境控制设备包括通风、采光、温度调节等设备,其使用目的是为了人为干预鸡舍内的环境,使之能够为蛋鸡的健康和生产提供更好的条件。

（一）**通风设备** 鸡舍通风方式按照通风动力可分为自然通风、机械通风和混合通风3种。机械通风可分为正压和负压通风。根据舍内气流组织方向，机械通风还可分为横向通风与纵向通风。经常使用的风机类型如下。

1. **轴流风机** 其叶片旋转方向可以逆转，方向改变，气流方向随着改变，通风量不减少，可在鸡舍的任何地方安装（图2-12-1-A）。

2. **环流风机** 安装在鸡舍横梁上，朝某个方向吹风（图2-12-1-B）。

图 2-12-1 鸡舍通风设备
A. 轴流风机 B. 环流风机

3. **吊扇** 悬于顶棚上，将空气吹向鸡体使鸡只附近增加气流速度，促进蒸发散热。一般作为自然通风鸡舍的辅助设备。安装位置和数量要视鸡舍情况而定。

4. **离心式风机** 空气进入风机时与叶片轴平行，离开时方向垂直，能适应于通风管道90°角的转弯。

（二）**温度控制设备** 家禽具有耐寒怕热的习性，高温是影响蛋鸡健康和生产的重要环境因素，因此许多鸡场都配备有夏季降温设备。

1. 通风与雾化降温系统 在舍内或笼内鸡的上方安装带有喷嘴的水管,启动加压泵后水从雾化喷嘴喷出,形成水雾吸收舍内空气中热量。此时开动风机进行通风,吸热后的水雾被送出舍外而使舍温下降。

2. 湿帘—风机系统 进入鸡舍的空气通过湿帘,由于湿帘的蒸发,使得进入鸡舍内的空气温度下降。

(三)光照设备

1. 灯的类型 常用的有 3 种。

(1)白炽灯 安装方便而价廉,发光效率较低,使用时需加灯罩以提高照明效果。

(2)荧光灯 发光效率 3～4 倍于白炽灯,电能的利用率高,寿命比白炽灯长 9 倍。

(3)汞蒸气灯 效率同于荧光灯,气温变化时的表现优于荧光灯,但需数分钟预热时间才能充分发光,高度以 4.3 米最好。在笼养鸡舍会产生许多阴影。

2. 灯泡的布置 鸡舍内灯泡的安装方式影响灯光的使用效率,必须使鸡活动处有足够的光照,使鸡只经常逗留的区域各处都有均匀的光照强度。

在平养鸡舍要求灯泡之间的距离必须是灯泡至鸡身距离的 1.5 倍。如安装两排以上,每排灯泡必须相互交叉排列。在笼养鸡舍应将灯泡安装在走道正中上方,距地面约 1.8 米高,使灯光能照到饲料和鸡身上,并有利于灯泡的维护和人员的行走。

3. 光照控制设备

(1)遮光导流板 波纹状板块,可以减少外界光线的进入,对气流的影响则很小,适于密闭鸡舍使用。

(2)可编程序控制器 设定时间后能够按时自动开关电灯,断电后需重新调整。

二、供水系统与饮水器

完备的舍内自动饮水设备应该包括过滤、减压、消毒和软化装置、饮水器及其附属的管道。软化设备投资大，可根据当地的具体情况灵活安排。

（一）过滤器 用来过滤水中的杂质，应该有较大的过水能力和一定的滤清能力。

（二）减压器 鸡场水源一般用自来水或水塔里的水，其水压适用于水槽饮水器，而乳头式、杯式、吊塔式饮水器均需较低的水压。常用的减压装置有水箱和减压阀两种，特别是水箱由于结构简单，便于投药，生产中应用更为普遍。水箱采用无毒塑料制成，其两侧分别设置进水口和溢水口，出水口位于箱底。箱内的浮子可随水位的高低而升降，同时控制浮球阀（进水阀门）的开度，当水位达到预定高度时，自动关闭浮球阀，停止进水。水箱应放在一定的高度上，使饮水器能得到所需的水压。

（三）水槽式饮水器 在农户小规模蛋鸡生产中应用广泛，结构简单。可直接用自来水龙头供水，但水量浪费大，易污染水质，应定期清洗。

（四）吊塔式饮水器 主要用于平养鸡舍，可自动保持饮水盘中有一定的水量，不妨碍鸡的自由活动，能防止鸡在饮水时踩入水盘，可以避免鸡粪落入水中。

（五）乳头式饮水器 乳头式饮水器具有较多的优点：全封闭式水路，全塑料管道确保了供水的新鲜、洁净，极大地减少了疫病的发生率；节约用水，用水量只相当于水槽用水的15%～25%；使用优质钢密封工艺及超低压供水，水量充足且无湿粪现象，改善了鸡舍的环境；乳头式饮水采用"T"形连接，安装简便、更换方便。360°角全方位触面，开阀力小，任何方向均可饮用（图2-12-2-C）。

（六）普拉松饮水器 属吊挂式饮水器，最适合于育成阶段鸡群使用(图 2-12-2-B)。它通过水盘内水的重量自动调节进水阀门，以保持水盘内适宜的水深度。

(七)钟形饮水器　与吊塔式饮水器相似，但没有输水管，一般直接放置在地面或底网上(图 2-12-2-A)。

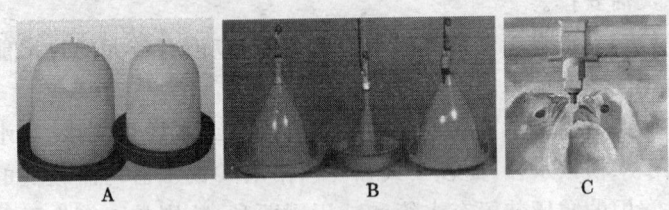

图 2-12-2　鸡用饮水设备
A. 钟形饮水器　B. 普拉松饮水器　C. 乳头式饮水器

三、饲喂设备

(一)料槽　是最常用的饲喂设备，既适用于笼养，又适宜于平养。笼养用的料槽，其矮边应紧贴鸡笼，高边朝外以防止鸡将饲料甩出。镀锌薄板制成的料槽，其槽口可用直径为 2～3 毫米的铁丝卷边，以增加其强度。平养时可在料槽上设置一条能滚动的圆棒，以防止鸡进入槽内弄脏和浪费饲料。

(二)料桶　适宜于平养方式。料桶由桶体(底呈锥形)、食盘、调节板和弹性销组成(图 2-12-3)。弹性销插入调节板孔后，桶体底边与食盘间即留有一定的流料间隙。人工将饲料加入料筒，靠饲料重力和鸡采食时触碰料桶所引起的摆

图 2-12-3　料　桶

动,使饲料从流料间隙不断流出,供鸡自由采食。当弹性销插入最上面的孔时,流料间隙小,饲料流出量小,适用于雏鸡采食。当弹性销插入最下面的孔时,流料间隙大,饲料容易流出,适用于育成鸡。料桶可放在地面上,也可以吊挂起来,根据鸡日龄的大小随时调节其高度。

四、笼　具

(一)育雏笼　由1组加热笼、1组保温笼和4组运动笼拼接而成,各部分之间呈独立结构,便于进行各部分的组合。总体结构为4层,每层高度为333毫米,外形规格为:长4 404毫米,宽1 396毫米,高1 725毫米,底网网格为14毫米×14毫米,粪盘规格为685毫米×685毫米。加热笼采用远红外集成式辐射元件,上3层每层各接1个,最下层上下各接1个乙醚膨胀饼,并自动控温,总功率为2～13千瓦,总容量为1～45日龄雏鸡700～800只。

图 2-12-4　产蛋鸡笼

(二)成年蛋鸡笼　各层组装笼之间不完全重叠配置的鸡笼,又可分为全阶梯式鸡笼和半阶梯式鸡笼2种,每种均包括全架和半架两种形式。目前,使用最多的是3层全阶梯式(图2-12-4)。养鸡场(户)可以根据自己鸡舍的宽度决定选用全架或半架鸡笼。

3层全阶梯式全架鸡笼的规格一般长度为1.9米,宽度为2.18米(下层两侧盛蛋网外缘之间距离为2.18米,两侧笼架支脚之间距离为1.9米),高度为1.65米。不同企业加工的产品规格相差无几。质量方面要求网片点焊牢固、钢丝端部齐整,其伸出量小于 1 毫米,网片的镀锌层厚度大于 0.02 毫米;笼架表面平整,焊接牢固,镀锌层厚度大于 0.03 毫米;组装时笼架垂直放于地面,笼架与鸡笼条应平直,不得扭曲变形,底网载鸡后,除去承重后的永久变形量最大不超过 4 毫米。

五、断 喙 器

有台式自动断喙器和脚踏式断喙器 2 种,使用较多的是台式自动断喙器(图 2-12-5)。用于雏鸡的断喙。

六、卫生防疫设备

(一)高压冲洗消毒器　用于房舍墙壁、地面和设备的冲洗消毒。由小车、药桶、加压泵、水管和高压喷头等组成。这种设备与普通水泵原理相似。高压喷头喷出的水压大,可将消毒部位的灰尘、粪便等冲掉,若加上消毒药物则还可起到消毒作用。

图 2-12-5　台式自动断喙器

(二)农用喷雾器　这是一种背负式的小型喷雾器,机体为高强度工程塑料,抗腐蚀能力强,一次充气可将药液喷尽,配备安全阀起超压保险作用。在小规模蛋鸡场(户)使用较多,通常在对鸡舍内外环境消毒时使用。

(三)免疫接种用具　包括一次性注射器、连续注射器、滴管等。

(四)清扫用具　包括铁锨、扫帚、推车等。

第十三章 有关提高经济效益问题

第一节 搞好经营管理

一个规模化的鸡场,不管是种鸡场还是商品代场,经营管理的好坏,直接关系到鸡场的生存与否,必须高度重视。养鸡毕竟是一项有风险的事业,有盈有亏是正常的事。年景不好,受市场影响产品滞销,少收或略有亏损可以理解。而在市场鸡蛋紧俏的情况下,仍然造成亏损,这就是经营管理不善的问题。所以,搞生产必须树立经营管理的思想,制定出切合实际的一系列经营管理制度。没有必要的规章制度,就不能规范全场人员的行动,生产就无法正常进行。

鸡场要办得好,关键是场长要懂技术,有实践经验;有组织能力和开拓进取的精神。他会全面考虑怎样去经营和管理自己的鸡场,开拓自己的事业,以便在市场竞争中立于不败之地。

一个鸡场必须搞好人、物、财、产、供、销各方面的管理,建立和健全各项规章制度,完善各种报表制度,注意成本核算,把经营管理与技术因素结合起来,争取少投入,多产出,获大利。

一个鸡场的核心部分是管好生产车间的生产和组织好销售。这是开源增收的主要来源。要想搞好生产,必须实行目标管理和岗位经济责任制。

对种鸡、商品鸡、育雏育成、孵化各车间班组,实行责任到人,确定完成任务的目标,超产奖励,完不成任务受罚。在确定任务目标时要从本场的实际情况出发去制定,目标应有一定的先进性,除不可抗拒的意外原因外,经过努力应可以达到。原则上多奖少罚,提高完成任务的积极性,而且必须兑现。

各车间班组应确定下列承包目标:①种鸡舍生产种蛋数、种蛋合格率、受精率、饲料消耗;②孵化车间入孵蛋孵化率、受精蛋孵化率、健雏率和种蛋破损率;③育雏舍雏鸡成活率、体重标准、合格率和耗料量;④育成舍鸡的育成率、体重标准、合格率和耗料量;⑤产蛋鸡舍入舍母鸡产蛋量、饲养日产蛋量和存活率、蛋的破损率、饲料消耗量。

如能确定比较先进的目标,努力达到这些目标,则有利于提高技术水平和增强责任心。目标与经济利益挂钩,能调动职工的积极性。

在确定目标管理和岗位经济责任制时,全场要制定出全年鸡群周转计划表,使全场职工知道什么时间干什么事,从而调动全场人员的生产积极性。鸡群周转计划表,应由场领导、技术人员、供销人员和车间负责人参加共同讨论制定。然后将计划表发到每个部门、每个班组、每栋鸡舍。根据计划表,由各班组制定全年的工作安排。

为使全场工作忙而不乱,各部门之间密切配合,全场要制订出各班组、各部门的一日工作日程表,严格按照规定的时间定位到岗。

办好鸡场必须制定出严格的规章制度,有章可循,便于执行和检查。每人各负其责。经营管理搞不好,生产就上不去,鸡场的经济效益也无法提高。

第二节 选用良种鸡

规模化的鸡场都实行集约化管理。集约化生产必须选择适于集约化条件下饲养的鸡种,才能获得高产。同样的设备,同样的饲料条件下,选用良种鸡可以提高经济效益 10%~15%。

高产良种蛋鸡能提供高产的遗传潜力，把潜在的优势转化为经济优势，从而获得高效益。饲养良种鸡是提高产量和经济效益最有效的途径，也是提高饲料利用率的重要环节。目前，国内引进和自己培育的配套杂交鸡，其产蛋遗传潜力一般都在 260 个以上，甚至可达 300 个以上。而且褐壳、白壳、粉壳的鸡种都很多，可以任意选购。我国鸡蛋产量连年增长，在饲料价格不断上涨的情况下，蛋价一直很平稳，良种鸡的推广与普及起了重要作用。即使如此，由于我国幅员辽阔，交通运输困难，良种鸡的推广与普及仍然有一定困难。许多鸡场饲养的鸡还不是真正的高产配套杂交鸡。特别是农村，多数饲养的是冒牌鸡和杂牌鸡。这就不能不使鸡的产蛋量打折扣。由此看来，提高我国蛋鸡的生产水平仍有很大的潜力可挖。

我国蛋鸡良种很多，各具特色，但产蛋水平都大体相当。只要做到科学饲养管理，都能获得较好的生产成绩，这是毫无疑问的。但是在引种时，必须考虑如下几个问题。

第一，要考虑当地的习惯。有些地方喜爱褐壳蛋，养白壳蛋鸡就不太受欢迎。有些地方偏爱白壳蛋，养褐壳蛋鸡未必有利可图。有些地方粉壳蛋很抢手，因为这种蛋与本地鸡产的蛋相似，饲养粉壳蛋鸡就很适宜。有些地区对蛋壳颜色没有挑剔，主要是蛋价无差别，所以养哪一种鸡都可以。这种地方性的习俗和偏爱，在选择鸡种时必须考虑。

第二，要考虑鸡种的产蛋性能和适应性。这是具有实质性的问题。虽然同是高产的鸡种，但各地反映不一。这主要与适应能力有关。适应能力除气候条件以外，还有饲料条件、管理条件。鸡种的基因型或遗传素质不同，对某地的气候、饲料、管理条件会有不同的反应，这是必然的。人工创造条件可以改变鸡的适应性。考虑鸡种的适应性，要有时间的考验，而且要有大范围的对比才能下结论。有些鸡场引进鸡种第一年养得不好，就说某种鸡不好，这是不够客观的。检验鸡的适应性,一是抗病能力,二是产蛋性能。特别是农村,老百姓看你的鸡种优劣,不管引进的蛋鸡,还是本国培育的良种,第一条就看育雏育成期死亡率的高低,只要死亡率低,他们对这种鸡就有信任感。第二条看产蛋是否满意。专业户养鸡,管理都很精心、细致,只要鸡的死亡率低,一般产蛋都是较好的。农户的条件一般都是较简陋的,饲料质量也不高,在这种条件下鸡的抗病能力好,产蛋满意,对鸡种就信得过。规模化的鸡场养鸡,同样也是这样考察鸡种的适应性的。

第三,在引种时要注意种鸡的质量。种鸡的质量是靠育种工作来保持和提高的。因此,从做育种工作的单位引种较为可靠,或者从引进良种的鸡场引种为好。地方上有些鸡场引进父母代以后,就自繁自养,不搞任何育种工作,年年照样向外供种,种鸡的质量不好是可想而知的。

当前市场上的种鸡,从国外引进的鸡种质量好,病少,这是可以肯定的。其实,国内选育的鸡种产蛋性能并不低,完全适合当前国内的饲养水平。实际上引进的鸡种,在国内的生产性能表现,远远达不到国外的应有水平。主要是国内的卫生防疫、饲料营养和管理水平达不到鸡种的要求。从这个意义上讲,无论从国外引进的还是本国选育的鸡种,都同样适于生产中利用。目前的任务是要大力推广良种,提高良种的利用率和覆盖面,这有利于提高产量和经济效益。

第三节　加强科学管理

养鸡是科学化管理很强的事业,经济效益的高低,就看科学技术的应用程度如何。

良种蛋鸡是科学技术的重要组成部分。良种必须有良法才能充分发挥其生产性能。

鸡场的管理,重点应放在对鸡群的管理上。主要抓住以下3个关键环节。

一、把好雏鸡关

这是关系到培育健康合格后备鸡群的基础工作。雏鸡必须来自高产、健康的种鸡群。雏鸡要符合健康的条件。一次性进同一鸡种的雏鸡,避免不同品种的雏鸡混养。搞好雏鸡的饲养管理,提高雏鸡成活率和均匀度。选择懂技术、责任心强的饲养人员进行管理,及时完成各种免疫接种,确保鸡群的安全。提高雏鸡成活率,减少死亡,不仅为以后充分利用笼位打下基础,也是节省饲料、防止浪费的重要环节。

二、抓好防疫关

养鸡风险大,主要在于鸡病多,防疫上稍有疏忽,引起发病,给经济上带来巨大损失。

要实行以环境控制为中心的综合防疫措施。平常严格执行各项卫生防疫制度,定期进行环境消毒和带鸡消毒,切断病原的进入。在监测基础上,根据抗体水平,适时进行预防接种。善于观察鸡群,及时剔出病弱的鸡。一旦发现有发病苗头,应实行早治,把损失减小到最低程度。只有健康的鸡群才能有高产的可能。

三、把好饲料质量关

高产鸡要求有高质量的饲料,才能满足高产的生理需要。要根据不同生长发育、产蛋的阶段,按饲养标准提供全价的配合饲料。为保证饲料的质量,应实行从原料到产品的全过程质量监测和控制。做好饲料的保存,防止发霉变质,保证每只鸡的日采食量,以满足鸡的营养需要。

在把好以上三关的基础上,努力改进饲养工艺,严格执行各项饲养管理制度,方能保证鸡的健康成长,为母鸡高产稳产创造条件。

第四节　节约饲料

养鸡场中,饲料费用的开支一般占饲养成本的 65%～75%。特别是目前饲料价格居高不下,质量又不保证,而蛋价因鸡蛋产量多难以提升,形成料蛋比价不合理的现象。因此,养鸡的效益不高。价格、产量和成本是决定经济效益高低的因素。受市场左右,指望提高蛋价来增收的可能性不大,而提高鸡的产蛋量又受许多因素的限制,绝非易事。因此,养鸡场必须在降低饲养成本上下工夫,要在内部挖潜上努力。

现在看来,在节省饲料方面,还是很有潜力的。节省饲料就是直接增收节支,提高经济效益。

实践表明,食槽结构不合理会造成饲料的浪费,特别是雏鸡浪费饲料最严重。这种浪费可达 6% 左右。

食槽添料量过满,由鸡采食时造成的抛撒可达 7%。

鼠吃鸟啄造成的浪费至少在 2% 以上。

因饲养不良和发病造成鸡在中途死亡,饲料浪费更大,经济损失也最重。

不能及时淘汰没有饲养价值的病、弱、残鸡以及寡产鸡,也是饲料的无形损失和浪费。

运输装卸过程中的抛撒、保存不当引起发霉变质,也会造成饲料的浪费。

饲养高产的良种鸡,生产性能高,饲料利用率高,实际上是对饲料的节省。

饲料成分比较单一,与全价配合饲料相比,饲料报酬要低 20% 以上。因此,根据生长阶段,按照鸡对营养的需要,选择最佳的饲料配方,实行标准化饲养,不仅能使鸡群健康,而且为高产稳产提供物质条件。

笼养鸡的活动范围减少到最低的限度,与平养的鸡相比可以省料10％左右。

鸡断喙,不仅能减少啄癖,而且能减少饲料的抛撒。

全价配合饲料,各项营养成分齐全,能最大限度满足鸡的生理需要,饲料利用率高,这是对饲料的间接节省。

鸡舍维持适宜的温度,特别是在寒冷季节,可以减少鸡的维持体温的能量需要,也是节约饲料的一环。

从当地饲料资源出发,充分利用廉价饲料,利用饼粕类代替鱼粉,按饲养标准配合全价的配合料,可以大大降低饲料的成本,而且不会影响鸡的生长发育和产蛋性能。

实践证明,按可利用氨基酸含量为基础配制平衡日粮,比按粗蛋白质水平配合饲料更为合理,饲料利用率更高。

从节省饲料开支的角度看,适时淘汰鸡有一定意义。当料蛋比与蛋料比价相等,把鸡再养下去就不合算了,特别是蛋价没有上升的可能时,更应及早淘汰。否则,饲料消耗了,本钱挣不回来,实在得不偿失。因此,根据市场行情,及时淘汰鸡,可以节省饲料,减少无谓的开支。

当市场蛋品紧缺,鸡舍周转得开,可以利用高产的鸡群进行人工强制换羽,再利用半年的生产期,既能较快获得经济收益,也能节省饲养雏鸡和育成鸡的饲料开支。

总之,通过采取有效措施,杜绝和减少饲料的浪费,利用各种营养成分平衡的全价配合料,从而提高鸡对营养物质的利用率,将能节省饲料费用的开支,降低饲养成本,提高经济效益。

第五节　产品综合利用

饲养蛋鸡主要目的是生产食品蛋,满足市场的需要。在目前料蛋比价不尽合理的情况下,光靠单一卖蛋来取得效益,最多是薄利多销。要想提高效益,必须开展综合利用。

目前,我国农村养鸡一般都属于庭院经济,考虑到资金、饲料、运输、销售等条件,大多数农户饲养量都在 500～1 000 只。在经营好的情况下是一项致富的副业。特别是粮食富余的地区,养鸡转化粮食,比单卖粮食更能增加收入。农户养鸡或是利用现有的富余房屋改成鸡舍,或是建简易适用的鸡舍,生产鸡蛋自产自销。能源短缺的地方,可利用鸡粪发酵生产沼气,再用沼肥养殖蚯蚓,解决部分饲料蛋白质的不足。经过发酵后的沼渣和蚯蚓粪可作为优质的农家肥,或者生产花肥,这样既解决环境的污染,又节省了能源,同时也能增加收入。

鸡蛋是大众化的营养品,老幼皆宜。现在有些科研单位或者养鸡场,正在开发鸡蛋的新用途,如生产高碘、高锌蛋等。为解决人们缺碘问题,在鸡的饲料中加 4%～6% 的海藻,喂一段时间后,鸡蛋中的含碘量提高 15～30 倍,这种蛋的价格比普通鸡蛋增加 1 倍左右。如果在饲料中添加 1% 的锌盐,喂一段时间(3 周以上)后,蛋中的含锌量增加 15 倍以上,儿童每天食用 1 个这种含锌的鸡蛋,就能防止缺锌。这些高碘、高锌蛋目前在市场上很受欢迎。生产这种食疗鸡蛋能明显提高经济效益。

随着科学研究的发展,人民生活水平的提高和人们对食疗产品的进一步需要,肯定会生产出更多富含某种特需营养素的鸡蛋,鸡蛋对人类来说会更富营养化。

孵化厂有些副产品和废品可以利用和增值。例如,鉴别后的小公雏,可以加工成饲料,也可以宰杀后作童子鸡出售,是一种美味的食品,现在城市里有些副食品商店有售,供人们烧烤煎炸;也可以供农村饲养,利用各种粮食下脚料饲喂,然后制作烧鸡、扒鸡。孵化后清出的死胚蛋(俗称毛蛋),是有些地区人们喜爱的滋补品,如果瞄准市场,进行适当的加工保鲜,就能变废为宝。羽毛可生产羽毛粉做配合饲料的原料。

总之,开展产品的综合利用,是进一步提高养鸡经济效益很有前途的方向,具有很大的潜力。

第三编　肉鸡高效益饲养技术

第一章　我国肉鸡业概况

第一节　肉鸡生产的概念

现代肉鸡业是集种鸡饲养、孵化、饲料、商品代肉鸡饲养、疫病防治、成鸡回收、屠宰加工、出口内销等诸多环节于一体,既有工业生产的特点,又有农业生产特点的一个新兴产业。

现代肉鸡生产与以往的肉鸡生产概念已截然不同。20 世纪 50 年代以前所称的肉鸡生产,主要是沿用标准品种或杂交种来繁殖,以淘汰多余的小公鸡和产蛋期结束后的老母鸡作为肉用。小公鸡达到市售要求的 1.2～1.5 千克体重,一般要饲养 16～17 周,每千克活重耗料 4.7 千克以上。而现代肉鸡,6 周龄的仔鸡活重已达到 1.82 千克,料肉比仅为 1.72～1.95∶1。由于肉用仔鸡早期生长速度快、饲养周期短、饲料转化率高,所以生产成本低,价格便宜,肉嫩、皮薄、味美。这些都是淘汰的老母鸡和小公鸡所无法比拟的。所以,从 20 世纪 20 年代率先发展肉用仔鸡生产的美国,至 80 年代中期,肉用仔鸡的产量已占鸡肉生产量的 92% 以上。而我国在当时肉用仔鸡仅占鸡肉产量的 3.2%,绝大部分鸡肉的来源还是淘汰的老母鸡和小公鸡。

一、肉鸡为人类提供价廉、质优的动物性蛋白质食源

(一)鸡肉是人类最廉价的动物蛋白质食品　由配套杂交而产生的商品肉鸡具有生长迅速的特点,在正常饲养管理条件下,56 日龄活重可达 2 千克左右。在合理的饲料配合下,每增重 1 千克

活重需要 2～2.3 千克配合饲料。这样高的饲料转化率,猪和牛都是达不到的(猪和兔的料肉比为 3.1∶1,肉牛的料肉比为 5∶1)。肉用仔鸡饲养周期短,一般饲养 70～80 天即可上市,饲养好的 50～60 天就可上市,使鸡舍和设备周转快,利用率高。员工劳动生产率,国际水平达人均年产 10 万只。这样高效率的生产,以及价格上的竞争优势,促使鸡肉在世界范围内成为一种大众消费品,成为人类最廉价的优质动物性食品。

(二)鸡肉是适宜人类食用的优质食品 随着人民生活水平的提高,不良的饮食习惯造成饮食结构的失衡,不少"富贵病"日益剧增。人们逐步认识到,应对高脂肪、高胆固醇含量的红肉(猪肉)的消费加以节制,而换之以消费白肉(鸡肉)。这是因为鸡肉的低脂肪、低胆固醇含量,不腻口,瘦肉多,肉细嫩,易消化,而且蛋白质含量达 24％以上,生物学价值达 83％。美国国家(鸡业)协会大力宣传鸡肉具有"一高三低"(高蛋白、低脂肪、低能量、低胆固醇)的营养特点,吃鸡肉有益健康。鸡肉是人们所喜爱的肉中佳品,已经形成了巨大的市场需求。

(三)肉鸡是 21 世纪最主要的肉食来源 随着世界人口的增加和世界性有效耕地面积的不断减少,人类受到地球可利用资源的限制。面对粮食供应比较紧张的压力,人们对动物蛋白的需求并不因此而降低。因此,具有高转化率的肉鸡生产,将成为缓解这种压力和制约因素的一个有力手段。所以,充分发挥肉鸡生产周期短、转化效率高、规模效益好的比较优势,现代肉鸡生产必将成为 21 世纪最主要的肉食来源。

二、肉鸡业是畜牧业中增长最快、市场化与规模化程度最高的行业

肉鸡生产是畜牧业中增长最快、市场化与规模化程度最高的行业,它已成为我国农村经济中最活跃的增长点和支柱产业。

第一节　肉鸡生产的概念

2005年，我国鸡类存栏数量达到53.53亿只，是1961年的8.14倍，占世界鸡类存栏数量的29.1%；出栏量达到96.75亿只，是1961年的15.9倍，占世界出栏量的18.65%，存栏数和出栏量均居于世界第一位（表3-1-1）。我国鸡肉比重略低于世界鸡肉比重。2005年我国鸡肉产量1 464万吨，占世界鸡肉总产量8 100万吨的18%，占世界肉类总产量26 510万吨的5.5%，分别比1990年上升了8个百分点和3个百分点。在各国鸡肉生产中，鸡肉一直普遍受到重视。2005年产量最大的国家是美国，年产1 602.59万吨，占世界的22.88%；第二位是我国，1 014.87万吨，占世界的14.49%。近年来，我国鸡肉占世界鸡肉的比重有上升的趋势（表3-1-2）。我国已成为世界上家禽饲养、生产和消费大国。

2000年我国鸡肉产量为1 207.5万吨，到2005年达到1 464万吨，比2000年增长了21.2%，同期肉类发展速度是18.2%，鸡肉发展速度比肉类高3个百分点。2000~2005年，鸡肉在肉类中的比重一直稳定在近20%，是仅次于猪肉的第二大肉类品种。但从人均占有量上来看，我国与世界最高水平的以色列68.7千克和美国的60.6千克相比，还有相当大的差距（表3-1-3）。

表3-1-1　世界和中国鸡类存栏数和屠宰量对比

年　份	鸡存栏数（亿只）			鸡屠宰量（亿只）		
	世　界	中　国	比重（%）	世　界	中　国	比重（%）
1975	63.92	9.13	14.20	141.16	10.42	7.38
1980	78.24	11.65	14.89	193.32	13.67	7.08
1985	93.4	15.52	16.61	228.23	16.41	7.19
1990	116.07	25.26	21.76	287.26	21.17	9.46
1995	142.62	38.95	27.06	368.51	57.47	15.59
2000	159.24	44.38	27.87	451.51	85.68	18.97
2005	183.68	53.53	29.14	518.73	96.75	18.65

表 3-1-2　世界和中国鸡肉产量对比

年　份	鸡肉产量(万吨)			鸡肉产量(万吨)		
	世　界	中　国	比重(%)	世　界	中　国	比重(%)
1975	1868	124	6.64	1639.65	84.64	5.16
1980	2597	166	6.39	2291.02	117.1	5.11
1985	3121	202	6.47	2754.86	145.45	5.28
1990	4104	374	9.11	3547.86	266.32	7.51
1995	5477	867	15.83	4661.36	605.63	12.99
2000	6919	1208	17.46	5905.07	902.52	15.28
2005	8100	1464	18.07	7002.12	1014.87	14.49

数据来源：中国统计年鉴，FAO统计数据

表 3-1-3　我国鸡肉产量、增长率和人均占有量

年　份	肉类总产量(万吨)	鸡肉总产量(万吨)	比上年增长(%)	鸡肉占肉类的比重(%)	人均占有量(千克)
2000	6125.40	1207.5	8.2	19.71	9.60
2001	6333.90	1210.3	0	19.11	9.60
2002	6586.50	1249.8	3.2	18.98	9.80
2003	6932.94	1312.1	5	18.93	10.1
2004	7244.82	1351.4	3	18.65	10.0
2005	7743.10	1464.3	8.3	18.91	10.2

　　肉鸡产业已发展成为高度专业化和高效率的工业化生产,同时促进了与肉鸡业有关的工业的发展,如鸡舍及配套设备、孵化设备、屠宰加工及包装设备、防疫药品工业以及饲料加工业等方面的发展。据称,日本的肉用仔鸡生产以及伴随其发展的有关育种、孵化、饲料加工、药品制造、鸡舍建筑、机具器械制造和屠宰加工,加上批发、零售和冷藏运输等,组成了一条龙产业,其年总交易

额超过1万亿日元。美国肉鸡工业的垂直运作系统所形成的产、供、销一体化,使其集约化饲养的平均规模,由20世纪60年代的3.7万只递升至90年代的1 000万只。肉鸡产业的产值约占整个畜牧业产值的一半。

根据测算,我国白羽肉鸡的产业规模数据见表3-1-4。

表 3-1-4　我国白羽肉鸡产业规模

项　目	产业规模	市场价值(亿元)
祖代种鸡	67万~76万套	1
父母代种鸡	258万~366万套	5
商品代苗鸡	29亿~39亿只	90
商品代肉鸡	26亿~35亿只	450
鸡　肉	527万吨(2005年)	630

三、发展肉鸡产业是增加农民收入的有效途径

2005年,我国鸡肉总产量占肉类总产量的13%,占鸡肉总产量的70%;鸡肉及产品出口额达8.19亿美元,占鸡类产品出口总额的62%,占畜鸡产品出口总额的23%,占农产品出口总额的3%。

据有关专家测算,整个肉鸡产业链为7 000万农民提供了生计,相当于农民总数的9%;为农民创造纯收入800多亿元。尽管出口额只有8亿多美元,但鲜冻鸡肉及其熟食制品出口,对农民就业和增收的贡献是巨大的。按纯出口部分计算,该类产品出口影响250万农民的生计,每出口1万美元的产品,为29个农民提供生计。如果把出口企业带动内销部分计算在内,则影响1 500万农民的生计,每出口1万美元的产品,为170个农民提供生计。共为农民创造纯收入200亿元,每出口1万美元的产品,创造23万元纯收入。

所以说，发展肉鸡产业在农牧业中具有重要的地位，在建设新农村、构建和谐社会中可发挥重要作用。

第二节　我国肉鸡业的发展方向

一、改变陈旧落后的养殖方式

我国商品肉鸡生产，以广大农村分散饲养为主体。在我国某一个特定的时间段内，即便是饲养水平不高，鸡种来源不纯，饲喂的饲料几乎处于"有啥喂啥"的水平，也能盈利。这就使不少养鸡户尝到了甜头，但也产生了不少错觉，以为养鸡也不过如此，没有什么大了不起的。

以为一家一户分散经营的家庭养殖，就是肉鸡饲养业的唯一最佳经营方式，许多人不懂得也不想知道什么是规模化、集约化的肉鸡养殖业。不少地区、村落个体分散的经营逐步发展至无序状态，形成了"近距离、小规模、大群体、高密度、多品种、多日龄"鸡群林立的格局。这种典型的小农经济的做法，使"全进全出"的防疫措施无法实施，以至饲养环境日益恶化，导致疫病复杂而严重。

设施因陋就简，饲养随意无定规，遇到鸡病抗生素似乎成了包治百病的"灵丹妙药"。根本无意去了解什么是现代肉鸡种、什么是配合饲料、什么是预防为主的防治原则，不去掌握现代技术与管理知识。由追求价格"便宜"的鸡苗和"廉价"的饲料，到盲目地依赖疫苗和过滥地用药，加之粗放式的饲养，造成许多饲养上的失误。农户分散的经营方式，增加了疫病防治的难度。它不利于资源优化配置和环境保护，新技术推广阻力较大，成效难以很快显见。

因此，提高千家万户和具有一定规模的家庭专业饲养的农民的文化技术素质，转变观念，加强学习，变传统的落后饲养为先进的科学饲养,由分散零星的粗放式饲养变为规模化、集约化饲养,由小农经济式的经营过渡到现代的商品化生产。

二、建立规范、标准的饲养格局

(一)肉鸡饲养的3块基石 即饲养环境、鸡种和饲料。

1. **饲养环境的安全是基本条件** 随着我国经济的发展,社会对肉鸡产品的安全性以及环境保护提出了强烈的要求,对肉鸡产品药残控制已成为全社会关注的热点,卫生防疫、市场全球化和绿色壁垒,已使国内肉鸡业面临巨大的压力。因此,如何使肉鸡生长在最佳的生态环境体系中,以便充分发挥其潜在的生产性能,成为必须解决的问题。一度被人们淡化的环境因素在肉鸡健康中的决定性的作用,正不断地强化和凸显在人们的视野中。

生物安全体系理论十分强调环境因素。在保护动物健康中,环境因素具有非常重要的作用,它是保证养殖效益的基础。只有通过实施生物安全技术,为肉鸡生产提供生物安全的饲养环境,才能提高肉鸡及其产品的质量,才能提高出口竞争能力。

生物安全体系包括硬件建设和软件建设两个部分。

构建鸡场生物安全的屏障系统,是实现生物安全的物质保证。鸡场的建设已非传统意义上的便于集中管理,它在肉鸡饲养中的作用备加凸显。设计标准科学、设施装备先进、饲养环境优越的鸡舍,不仅能够提高集约化程度和生产效率,更重要的是可以保障养鸡环境净化,是实现鸡群健康,生产安全健康鸡肉产品的基础。

各项生物安全管理措施的落实,是饲养环境安全的保障。它涵盖了在隔离环境条件下的交通管制措施,严格的消毒净化卫生管理,以及全进全出的饲养制度的建立。

如果说构建生物安全体系的屏障系统是生物安全体系的硬件,那么生物安全体系的管理则是生物安全体系的软件。生物安全体系的硬件一经建立后即很难改变,它是整个生物安全体系的基础;而生物安全体系的软件则比较灵活,是整个生物安全体系的保障措施。生物安全体系的硬件是根本,是生物安全实施的物质保证;而生物安全体系软件对生物安全体系的硬件,具有补充和维持作用。养鸡场要发挥生物安全体系的巨大作用,就必须通过加强管理来实现,具体如何操作,本编第二章将做详细介绍。

　　生物安全体系的建立是预防鸡病与其他人兽共患传染病的最重要的举措。这意味着今后除了不断改善鸡场状况、管理水平,严格监控饲料及饮水品质外,更重要的是对整个肉鸡产业生产中的观念上的转变。要达到完全控制整个饲养环节的唯一方法,就是运用生物安全观念组织生产。只有彻底改变观念,从管理层开始,至产业链中的每一个环节,都应树立生物安全理念,才能实现肉鸡企业经济利益与社会效率的双赢。

　　2. 充分利用和发挥种源优势是根本　鸡种的演变是肉用仔鸡业生产力发展水平的标志。初期,作为肉鸡饲养的是一些体型大的鸡种,如淡色婆罗门鸡、九斤黄鸡以及诸如芦花洛克与洛岛红、白色温多顿等兼用种。此外,还有白来航公鸡与婆罗门母鸡的杂交种。自 20 世纪 30 年代开始运用芦花洛克公鸡(♂)与洛岛红母鸡(♀)杂交一代生产肉鸡,犹如我国在 20 世纪 60 年代利用浦东鸡与新汉县鸡的杂交一代进行肉鸡生产一样,主要利用鸡品种间的杂交优势来进行肉用仔鸡的生产。运用体型大的标准品种或其杂交种进行肉鸡生产,是肉鸡生产发展初期的鸡种特点。

　　20 世纪 50 年代后,一些发达国家开始将玉米双杂交原理应用于家禽的育种工作中,特别着眼于群体的生产性能提高。采用新的育种方法育成许多纯系,然后采用系间的多元杂交生产出商品型杂交鸡,其生产性能整齐划一,且比亲本高 15%～20%。这是世界各国肉用仔鸡业快速发展的种源基础。

　　然而,对杂种优势现象要有一个清醒的认识,绝不是乱杂乱配,都能运用到生产中去。详细内容见本编第三章的剖析。正确地运用和充分利用杂种优势的规律,才能把杂种优势在高效益中的潜在能量充分发挥出来。

3. 科学的配方饲料,是肉鸡饲养的基础 由于鸡的生长、发育、繁殖和产蛋都需要一定的营养物质,因此养鸡就要有"食谱"。

多样化饲料的食谱,既能满足鸡的营养需要,又可提高饲料利用效率。各种饲料含有各种不同的养分,而单一饲料所含的养分不能满足鸡的需要。所以多种饲料混合饲喂,可以达到几种养分互补,以满足鸡的需要。例如,维生素 D 能促进鸡体对钙、磷的吸收,如果维生素 D 不足,即使饲料中钙与磷的比例是适当的,但因吸收得不多,仍会引起钙、磷缺乏的营养性疾病。在所有的饲料中,还没有哪一种饲料在钙、磷、维生素 D 三者的关系上达到平衡,所以必须由多种饲料的相互配合来实现。

饲料养分间还存在着互相补充作用,进而有效地提高饲料的利用效率。例如,玉米蛋白质的利用率是 54%,肉骨粉蛋白质的利用率为 42%。如果用两份玉米和 1 份肉骨粉混合饲喂,其利用率不是两者的平均数 50%[即 $(54\% \times 2 + 42\%) \div 3 = 50\%$],而是 61%。这是由于肉骨粉蛋白质中含量较高的精氨酸和赖氨酸,补充了玉米蛋白质中这两种氨基酸的不足。

因此,多种多样的饲料组成的"食谱",可有效地提高蛋白质的利用效率,充分发挥各种饲料蛋白质的营养价值。所以,科学养鸡必须采用营养完全的配合饲料。

在懂得了科学配合饲料的基础上,还要进一步学习和了解饲料配方的配制技巧,这也是我们需要掌握的一个重要内容。详见本编第四章内容。

(二)取得效益的关键在于规范管理 管理出效益这是人们实践活动的常识。但是这个管理,是要按照自然界生物学的客观规律来管理,就是说按照客观规律来管理,才能提高肉鸡养殖效益。否则,将事倍功半,得不偿失。究竟有哪些客观规律可循,详见本编第五章阐述。

1. 落实以防为主的综合性防疫卫生措施　只有根本转变观念，走出误区，才能做到防重于治。预防是主动的，治疗是被动的。要做到防重于治，就要从卫生环境管理、消毒、免疫、检测等诸多方面，对群发性疾病，尤其是要以各类传染性疾病为重点，采取预防措施，才能降低疫病的发病率和死亡率，使一些普遍发生、危害性大的疫病得到有效控制。

养鸡场需要依靠生物安全体系、免疫接种和投药 3 项措施，才能保证鸡群健康。在疾病防控中，三者分别通过不同的作用点起作用：生物安全体系主要是通过隔离屏障系统，切断病原体的传播途径，清洗消毒减少和消灭病原体，生物安全体系是控制疾病的基础和根本；疫苗主要针对易感动物，免疫接种主要是通过有针对性的免疫措施增加机体对某个特定的传染病的抵抗力；药物主要针对病原微生物，投药可以减少病原微生物的数量或消灭之。三者相辅相成，以达到更好地预防疾病。

免疫接种的前提条件是要根据肉鸡的来源地和本地区疫病流行情况、亲代鸡的免疫程序和母源抗体的高低，来制定本场切实可行的免疫程序。因为马立克氏病和传染性法氏囊病对免疫中枢器官的损害是终身的，所以首先要预防的是能引起免疫抑制的马立克氏病和传染性法氏囊病。这样才能保持鸡体免疫系统的功能，在此基础上预防其他疫病才能取得效果。

饮水免疫的技巧是免疫成败的关键。

要严格准确掌握用药量和用药时间，同时要避免药残对人体造成危害等。

2. 遵循生长规律，搞好肉用仔鸡的育雏和肥育　育雏期和肥育期是肉用仔鸡整个饲养过程中的两个关键阶段。只有在了解肉用仔鸡的生理特点、生活习性和营养需要的基础上，才能自如地做好接雏前的准备工作，为雏鸡创造一个良好的环境，给予周到的护理,使肉用仔鸡能按预期的目标增重,以提高经济效益。

3. **肉用种鸡的控制饲养技术是饲养肉用种鸡成败的关键** 肉用鸡的最大特点是生长快速,沉积脂肪能力很强,无论在生长阶段还是产蛋阶段,如果不执行适当的限制饲养制度,种母鸡会因体重过大、脂肪沉积过多而导致产蛋量下降,种公鸡也会因过肥、过大而导致配种能力差,精液品质不良,致使受精率低下,甚至发生腿部疾病而丧失配种能力。为了提高肉用种鸡的繁殖性能及种用价值,必须抓好以下关键技术:①限制性饲养制度;②肉用种鸡的体重和体况控制技术;③光照控制等。

鸡体达到性成熟是一个很独特的过程。对优良种鸡的培育,要求在鸡只生长的前几周使骨骼组织和肌肉、内脏等组织优先生长,而在 14 周龄后应逐步促进鸡只的睾丸、输卵管和卵泡的生长,以至达到性成熟。

为此,要采取诸如控制体重与调整喂料量、体重控制的阶段目标与开产日龄的控制、光照控制技术以及种公鸡的控制饲养技术等一系列控制技术。

(三)高效益的致富之路——产业化经营

1. **产业化经营是我国肉鸡生产的基本途径** 没有一体化生产体系的发展,就不可能有高效益的肉鸡产业。也就是说,高效益的肉鸡业与产业化是紧密相连的。

依靠广大农户发展肉鸡养殖,关键是要加快肉鸡业的产业化进程,尽快使我国肉鸡业的经营体制向以龙头企业为核心的贸、工、农一体化的经营模式转变。对龙头企业来说,与农户的联合,可大大节约公司的资金,缓解公司资金不足的矛盾,降低经营成本,增强企业发展的后劲。保证稳定的优质肉鸡的供应渠道。同时,公司通过产前提供饲料、种雏,产中的疫病防治、技术指导等为养殖户的服务中,降低了农户饲养技术改进的成本。指导农户根据市场需求的变化来组织生产,既避免了农户盲目生产的风险,又保障了公司可以获得相应品质的原料鸡,减少了加工和销售环节的风险。本编在第六章有具体的范例介绍。

2. 狠练内功、科学管理是立足之本　核心竞争力是企业的生存之本,是企业长期保持战略优势的关键。企业核心竞争力的培育和提升,必须调动企业全部人力、物力,从制订战略规划入手,通过企业管理创新,企业文化建设,核心技术的掌握,直至实施品牌战略,创建知名企业名牌,稳扎稳打,步步为营,才能最终拥有核心竞争力,使企业在未来的市场竞争中,立于不败之地。

在各种类型的商品肉鸡场中,生产中的管理作用十分突出,它直接影响到经济效益的优劣。它是对物化劳动、活劳动的运用和消耗过程的管理。应该说,管理可以使生产上水平,管理可以出效益。

为此,要强化以市场和效益为中心的经营管理,逐步形成自身的核心技术。整合优质资源,增强核心竞争力,并在生产活动中强化服务体系建设,开拓和引领市场。

在以产品质量和成本核算为核心的生产管理中,应实施品牌战略,从计划管理和标准化管理着手,来加强产品的质量管理。对生产成本加强核算分析与控制,以提高产出效益。

凝聚合力的组织管理是与经营管理和生产管理相匹配的调动企业员工积极性的有力措施,它会从整体上推进企业的生产经营,上下一起形成一股合力,使企业长盛不衰。

第二章 提供适宜的生存环境，保障鸡群的"生物安全"

饲养环境是肉鸡群最基本的生存条件。但长期以来对肉鸡饲养环境的重要性不了解，以至于出现种种的误区。

第一，不少养鸡户为了节约资金，在场址的选择和鸡舍的建造方面舍不得多投入，或是利用原有的闲旧房舍稍加改造，或是在自家院内花很少的钱搭建简易鸡舍。旧房舍结构不合理，新鸡舍又过于简陋，一般舍内阴暗潮湿，冬季保温性能差，夏季舍内空气既不流通，又无通风设备，无法防暑降温，环境恶劣。不但肉鸡的性能得不到充分发挥，还容易导致鸡群经常发病。

第二，鸡群过分密集，不同饲养条件下的独立鸡群相互间距离太近，尤其是养鸡专业村周围全是养鸡场。养鸡规模大小不等，有的养几百只，有的上千只，还有的大户养 1 万只以上。这种多批次、多品种、多日龄的鸡群，集聚在一个小的区域内。鸡舍周围又没有隔离带，人员、车辆不经消毒往来频繁，无序的生产使饲养环境日益恶化，一旦发生疫病将造成毁灭性的损失。

第三，在大群高密度的饲养中，往往不能及时发现病鸡并采取隔离措施，更有甚者将死鸡和即将死亡的病鸡随地剖杀或乱扔而不做深埋处理。这就使病原微生物通过污染的场地及其中的垫料、饲料、饮水、饲具和空气传播四处。

第四，鸡粪到处堆积，污水随便排放，这是不少养殖户鸡舍外围环境的真实写照。粪便是病原微生物附着的载体，是造成鸡舍内外交叉污染的最主要污染源。这些未经消毒或未经堆积发酵的粪便经风吹雨淋将污染更大面积的场地，极容易造成场内外、舍内外的交叉污染。

第五,不少养殖户疏于对饲料质量和饮水卫生的管理。饮水卫生很差,饲料污染霉变,直接影响了鸡群健康和免疫效果,使之成为疫病流行的通道。

与此同时,规模化、集约化的肉鸡养殖场,已逐步成为我国肉鸡业生产的主力军。集约化饲养,人为地改变了肉鸡的生存与成长的环境。由于饲管人员对在集约化的生产条件下的一些不安全的因素知之甚少,因而管理不当,也对肉鸡的健康生长造成了危害。

一是集约化饲养是一种严格限制性的高密度饲养方式,它明显地提高了单位面积上的载鸡量,由此带来大量的粪、尿,严重污染着场地,侵害着鸡群。同时,这种高密度的饲养也极易导致鸡舍内空气污浊。由粪、尿分解产生的高浓度氨、硫化氢,由呼吸排出的二氧化碳,加上悬浮在空气中高密度的尘埃,形成了鸡舍内恶劣的气态环境。它构成了对肉鸡"生物安全"的威胁,往往会引发诸如慢性呼吸道病和大肠杆菌病。

二是许多传染病的传播方式是水平横向传播,而集约化的密集饲养正好构成了水平传播的重要条件。所以,一旦缺乏有效的防范措施,就可能由于某些传染病的水平传播而造成很高的发病率和死亡率,对鸡群的安全构成极为严重的威胁。

三是饮水免疫中见到较多的是按理论饮水量配制疫苗,但常常由于供水不足而导致某些个体获得的抗原量不足。这在大群高密度饲养情况下,就容易造成群体水平的免疫抗体滴度不齐而引发免疫失败。

四是诸如肉鸡猝死综合征、腹水综合征这类"生产性疾病",是在人类强制的条件下——高密度的集约化饲养和提供优厚的条件——充足的高能量、高蛋白质饲料和较适宜生长所必需的温度等,促使肉鸡快速生长而产生的。由于肉鸡具有肺动脉高压型遗传特征,这种不适应促成了生长得越快、越容易引发上述疾病。同样,由于生长速度过快,必然会对饲料中某些维生素、微量元素的需要量增大,如果长时间得不到满足,就会引发某些营养代谢疾病。肉鸡的腿病发生率明显升高,无不与限制自由运动而导致的多卧习惯有关。

生物安全体系理论十分强调环境因素在保护动物健康中的重要作用,它是保证养殖效益的基础。只有通过实施生物安全技术,为肉鸡生产提供生物安全的饲养环境,才能提高肉鸡及其产品的质量,才能提高产品的竞争能力。

第一节 改善肉鸡的饲养环境

随着养鸡规模的不断扩大,集约化水平不断提高,生物安全的重要性越显突出,它关系到鸡群的健康和遗传潜力的发挥。在生物安全措施中,养鸡户往往更加重视的是免疫和药物防治,甚至达到了依赖的程度,迷信地认为接种疫苗就可杜绝疾病。生物安全的措施不仅包括免疫接种和药物防治,更重要的应该包括各种环境控制、营养、防疫、人员管理等一切防止病原体侵入鸡群的保护性技术措施和管理措施的总和,并实施于全部的生产过程中。

因此,消除对鸡体防御机构的侵害因素和增强鸡体的防御能力,就能保障鸡体的正常生长。而"消除"和"增强",二者的实质就是以预防为主的综合性防疫卫生措施的两大部分,前者就是在本章中涉及的阻断病原菌、病毒与鸡体接触的严格的隔离和杀灭病原菌、病毒的有效的消毒措施。而后者涉及的是鸡体的保健。其一在于减少各种应激因子引发的应激反应而减弱的免疫应答和防御能力,其二就是适时地针对相应的病原菌、病毒,人为接种疫苗,使鸡体产生免疫抗体,以保护自身抵御病原体等的侵袭。这部分将在落实以预防为主的综合性卫生防疫措施章节中叙述。

一、构建鸡场生物安全的屏障系统

优良的饲养环境是保证家禽正常生长发育的重要条件，恶劣的饲养环境是诱发疾病的重要因素。不少养殖户的鸡舍或是沿用旧房舍，或是由于设计结构不周密，导致鸡舍内部通风不良，氧气不足，氨气剧增。长期处于污浊环境下生长的肉鸡，不仅病死率升高，而且生长发育受阻。这已为人们所熟知。

随着肉鸡业集约化程度的提高，作为肉鸡饲养的基本设施——鸡舍及其设备的作用备加凸显。建造鸡舍和提供必要的饲养设备的目的，不仅是便于集中管理，更重要的是为鸡群创造一个排斥病原体于鸡场以外的隔离屏障体系，以及舒适、较为理想的生活环境。

在以往的鸡场建设中，普遍都强调疫病防治是养鸡生产中的重中之重，可很少有人问津设施与环境的问题。实践证明，设计标准科学、设施装备先进、饲养环境优越的鸡舍，不仅能够提高集约化程度和生产效率，更重要的是可以保障养鸡环境净化，是实现鸡群健康，生产安全健康鸡肉产品的基础。

同养鸡发达国家相比，我国养鸡业在环境和设施方面存在一定的差距。目前，我国北方地区商品肉用仔鸡 80% 以上饲养在塑料大棚或简易鸡舍里，冬天不能保暖，夏天不能防暑，空间小，通气性能很差。鸡舍内部环境质量也很差。在这种环境里养鸡，鸡群的健康与成活率是难以保障的。

（一）场址选择　场区的环境与防疫的好差密不可分，乃至是鸡场经营成败的重要因素之一。为此，在贯彻隔离原则的前提下，场址应选择在自然环境较好的屏障区，禁止在旅游区和污染严重的地区建场。也要远离城市，以防污染城市环境。鸡场应该远离居民点、学校 2 000 米以上，远离畜鸡生产场所 1 500 米以上，远离集贸市场和交通干线 1 000 米以上，并且要远离大型湖泊和候鸟迁徙路线。

场地应合理利用地势。一般选在地势较高的区域,其地下水位低,地面干燥,易于排水。否则,就应当采取垫高地基和在鸡舍周围开挖排水沟的办法来解决。

水、电要有保障。要有清洁、充裕的水源和优良的水质。供电要可靠,并有备用的设施。

注意通风。由于多数鸡舍采用自然通风,而当地主导风向对鸡舍的通风效果有明显的影响。因此,通常鸡舍的建筑应处于上风口位置,依次排列为育雏舍、育成鸡舍,最后才是成鸡舍,以避免成鸡对雏鸡的可能感染。

新建场址周围应具备就地无害化处理粪尿、污水的足够场地和排污条件。

(二)合理布局

1. 场址规划 应按鸡群的年龄划分成不同的分场,各自形成独立的场区,各场区之间的防疫间距在 500 米以上。各场实行全进全出,转群后实施严格的隔离消毒措施,以防止疾病的传播。例如,上海华申鸡场和山东诸城外贸祖代鸡场等,即以场全进全出进行设计的,在防疫上取得了很好的效果。

改变传统的将办公区、生活区及生产区均建在一起的布局方式。为了减少办公区外来人员及车辆的污染,应将办公区设计在远离饲养场的城镇中,把养殖场变成一个独立的生产机构。这样,既便于信息交流及商品销售,又利于养鸡场传染病的控制。

2. 场区平面布局

(1)分区明确 鸡场可分成管理区、生产区和隔离区。管理区是全场人员往来与物资交流最频繁的区域,一般布置在全场的上风向。饲养区是卫生防疫控制最严格的区域,在与管理区之间要设消毒门廊。隔离区布置在生产区的下风向和地势较低处。各区之间应有围墙或绿化带隔离,并留有 50 米以上的距离。

(2)鸡舍排列顺序 根据工艺流程及防疫要求排列。雏鸡要求清洁度高,所以排列在上风向。

(3)鸡舍朝向的选择 鸡舍朝向与鸡舍采光、保温和通风等环境效果有关,主要是对太阳光、热和主导风向的利用。从主导风向考虑,根据冷风渗透要求,鸡舍朝向应与主导风向呈45°角。如按鸡舍通风效果要求,则应用呈30°~45°角。从场区排污效果要求,鸡舍的朝向应取与常年主导风向呈30°~60°角。因此,鸡舍朝向一般与主导风向呈30°~45°角,即可满足上述要求。

(4)鸡舍的间距 鸡舍的间距应满足防疫、排污和日照要求。按排污要求,鸡舍间距为2倍于鸡舍檐高,按日照要求间距为1.5~2倍于鸡舍檐高,按防疫要求间距为3~5倍于鸡舍檐高。因此,鸡舍间距一般取3~5倍于鸡舍檐高,即可满足上述要求。表3-2-1为鸡舍间距的参考值。

表 3-2-1 鸡舍防疫间距 (单位:米)

鸡舍种类	同类鸡舍	不同类鸡舍
育雏、育成舍	15~20	30~40
商品肉鸡场	12~15	20~25

(5)场内道路 从鸡场防疫角度考虑,设计上将清洁道与污染道分开,以避免交叉污染。设计上应包含一条单向运输方案,从这条运输系统上经过的人、车辆、家禽,都应当遵循从青年鸡至老年鸡、从清洁区至污染区、从独立单元至人员共同生活区。这有助于防止污染源通过循环途径带入下一个生产环节。

(6)场区绿化 场区绿化区是养鸡场建设的重要内容,它不仅美化环境,更重要的是净化空气、降低噪声、调节小气候、改善生态平衡。建设鸡场时应有绿化规划,且必须与场区总平面布置设计同时进行。在鸡舍周围可种植绿化效果快、产生花粉少和不产生花絮的树种,尽量减少黄土裸露的面积,降低粉尘,最好不种花。原因是花粉在春、秋季节,其尘埃粒子发生量较多,每立方米约含1万至100万个颗粒,平均在几十万颗左右,很容易堵塞过滤器,影响通风效果。

(7)场区的消毒设施　场区门口的消毒池主要用于必须进入鸡场的人和车辆的消毒。场外的物品进入生产区,必须经过熏蒸箱的熏蒸消毒。饲养员在进入鸡舍前必须先将工作靴刷洗干净,并在消毒盆消毒后才能进入鸡舍。

(8)鸡场的淋浴更衣系统　鸡场有淋浴更衣设施,淋浴更衣设施包括污染更衣室、淋浴室和清洁更衣室。要求进入鸡舍的人在污染更衣室换下自己的衣服,在淋浴室洗澡后,进入清洁更衣室,换上干净的工作服,才能进入鸡舍。通过淋浴更衣措施,尽量减少人为因素造成鸡群的感染。

(9)鸡场的围护方式　鸡场的围护设施主要是防止因控制不到的人员、物品和动物偷入或误入场区。为了引起人们的注意,一般要在鸡场大门树立明显标志,标明"防疫重地,谢绝参观";场区设有值班室,甚至有专门供场内外运输或物品中转的场地,以便于隔离和消毒。

(10)无害化处理设施　为防止鸡场废弃物对外界的污染,鸡场要有无害化处理设施。肉鸡养殖所产生的粪便、死鸡等含有大量的有害物质和病原微生物,并散发恶臭,不进行有效处理则污染严重。因此,进行粪便处理和利用,使其无害化、减量化和资源化,对环境减少污染,促进肉鸡养殖业可持续发展;在养殖场死鸡处理方法中,深埋法是一种值得推广的方法。

(三)鸡舍建筑　由于众所周知的原因,我国养鸡事业的发展中,专业化的鸡舍建筑设施的标准化与规范化的研究及与之相匹配的设施研究甚少,尤其在鸡舍建筑的新材料、新工艺与新技术应用上,与发达国家差距甚远。因此,规范化的产品很少,许多大型养鸡场的设施大多从国外进口。

美国现在典型的新肉鸡舍的规格是13.5米×148米，但也只有40％的鸡舍符合此规格。虽然从设备成本观点来看，更大、更宽的鸡舍似乎更经济，每平方米供热费用将更便宜，但据说减慢建造规范鸡舍的速度，是由于增加鸡舍建筑的成本会导致资金流动出现问题。因此，从这一点上切记：在投资规模和购置大型装备时，鸡场必须从自身的投资能力出发，适度控制。

在进行鸡舍建设时，除了生产需要之外，必须从生物安全体系的需要给予充分关注。主要包括：房舍的相对密闭性，房舍的大小合适，适宜的饲养设备，利于鸡舍小环境的控制，鸡舍建筑便于消毒，鸡舍周围环境，防止生物危害等。

1. 鸡舍结构的若干要求

(1)适当的宽度和高度 目前建造的专用肉鸡舍，多数采用自然通风的开放式鸡舍，其宽度宜在9.8～12.2米。这样可以减少每只鸡占有的暴露总面积，从而减少在寒冷冬季的散热面，超过这个宽度的鸡舍，在炎热的天气通风不够。鸡舍的长度往往受安装的设备所限制。如安装自动喂料机的，就受其长度的限制。鸡舍高度一般檐高为2.4米左右，采用坡值为1/4～1/3的三角形屋顶，有利于排水。同时，应有良好的屋檐，以防止鸡舍内部遭受雨淋，亦可提供鸡舍内部遮光阴凉的环境。如能在屋顶安装天花板或隔热设施，则既有利于冬季减少散热，亦可减少夏季吸收的太阳热量。

(2)合理确定鸡舍的建筑面积 鸡舍建筑面积的大小，主要取决于饲养的数量，而饲养的数量除了资金的多少外，应考虑每个劳动力的生产效率，既要使鸡舍满员生产，又不至于造成劳动力的浪费。例如，1个劳动力的饲养量可以达到3 000只，而所建造的鸡舍容量是3 800只，那么用1个劳动力养不了，用2个劳动力又浪费。

(3)便于通风换气和调节温度 在鸡舍结构中常见的自然通风设施，主要有窗户、气楼和通风筒(图3-2-1)。

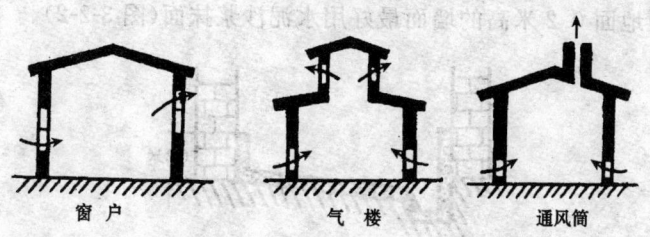

窗户　　　　　　气楼　　　　　　通风筒

图 3-2-1　鸡舍通风结构

①窗户。窗户要有高差,应注意让主导风向对着位置较低的窗口。为了调节通风量,可安成上、下两排窗户,以根据通风的要求开、关部分窗户。这样既利用了自然风力,又利用了温差。窗口的总面积,在华北地区为建筑面积的 1/3 左右,东北地区应少些,南方地区应多一些。为了使鸡舍内通风均匀,窗户应对称且均匀分布。冬季应特别注意不让冷风直接吹到鸡身上,可安装挡风板,使风速减缓后均匀进入鸡舍。

比较理想的窗户结构应有 3 层装置。内层是铁丝网,可以防止野鸟进入鸡舍和避免兽害,减少传播疾病的机会;中层是玻璃;外层是塑料薄膜,主要用于冬季保温。

②气楼。比窗户能更好地利用温差,鸡舍内采光条件也较好,但结构复杂,而且造价高。

③通风筒。通风原理与气楼相似,结构比气楼简单,但由于通风筒数量不多,所以效果不如气楼。一般要求通风筒应高出屋顶60 厘米以上。

④适宜的墙壁厚度与地面结构。北方地区冬季多刮西北风,北墙和西墙的砖结构厚度应为 0.38 米,东墙和南墙可为 0.24 米,如用坯墙,西墙和北墙的厚度应为 0.4 米。

为了使鸡舍内冲洗排水方便,地面应该有一定的坡度,一般掌握在 1:200～300,并有排水沟。为了方便清粪和防止鼠害,地面和距地面 0.2 米高的墙面最好用水泥沙浆抹面(图 3-2-2)。

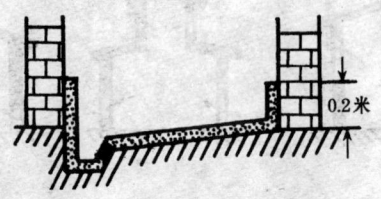

0.2 米

图 3-2-2　鸡舍地面结构图

2. 开放式鸡舍举例

(1)开放式平养肉鸡舍　这类鸡舍是当前国内较为流行的一种形式。舍内地面铺垫料,或地面的 2/3 为木条漏粪板面。按饲养需要安装供料、饮水设备。若为肉用鸡舍,安装移动式产蛋箱即可改成种鸡舍(图 3-2-3)。

(2)简易式鸡舍　简易式鸡舍跨度小,可就地取材,投资少。而且可以利用坡地,将喂料、清粪、集蛋等操作处在同一工作走道上,有利于操作(图 3-2-4)。

(3)开放式育种鸡舍　育种鸡舍具有小群隔离条件,生活、交配、产蛋场所齐全,鸡舍结构简单。该式样鸡舍檐高提高至 2.4 米左右,跨度加宽至 8 米以上,中间隔间取消就是双列式网养种鸡舍的式样(图 3-2-5)。

(4)住屋加大棚　这是资金、设备不足的初养肉鸡户乐于采用的形式,它绝不是长久饲养肉鸡的好办法。一般先腾出住屋作育雏鸡舍用,其保温好,光线比较明亮。尤其在外界气候温暖的季节,在住屋育雏 3 周左右,待雏鸡脱温后,可放到室外大棚饲养。大棚可根据地方大小,用竹竿、木棍等做骨架,外面覆盖油毡纸或塑料薄膜,地面铺厚垫草。

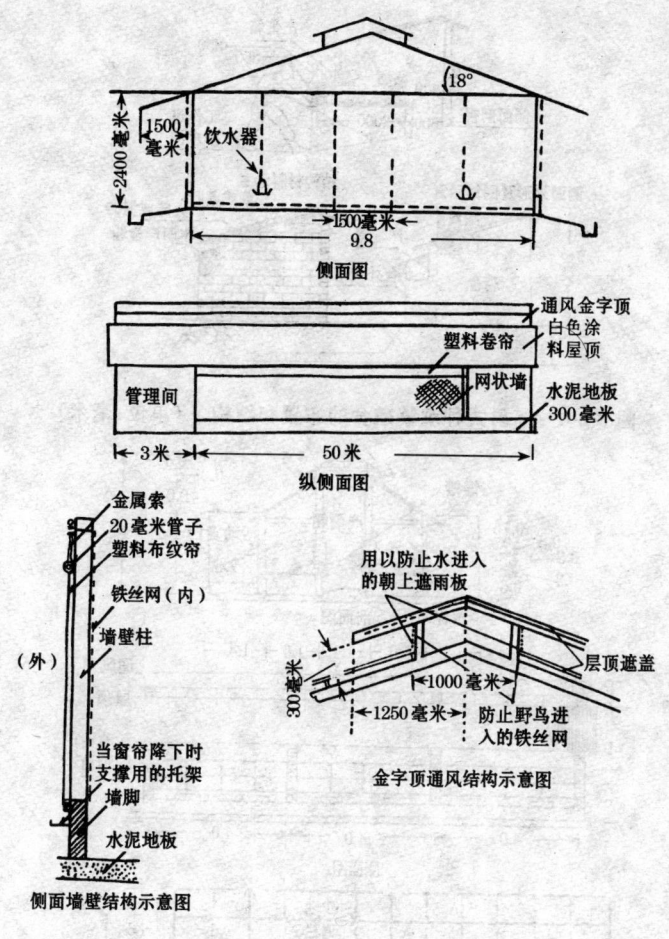

图 3-2-3 开放式平养肉鸡舍

二、养鸡设备与环境控制技术的应用

(一) 保温设备

1. 地下烟道式育雏鸡舍 烟道加温的育雏方式对中、小型鸡

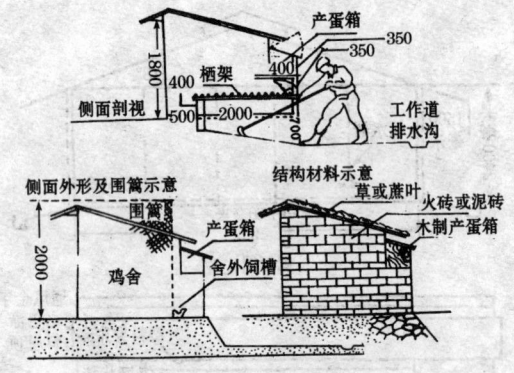

图 3-2-4 简易式种鸡繁殖舍的布置和结构 (单位:毫米)

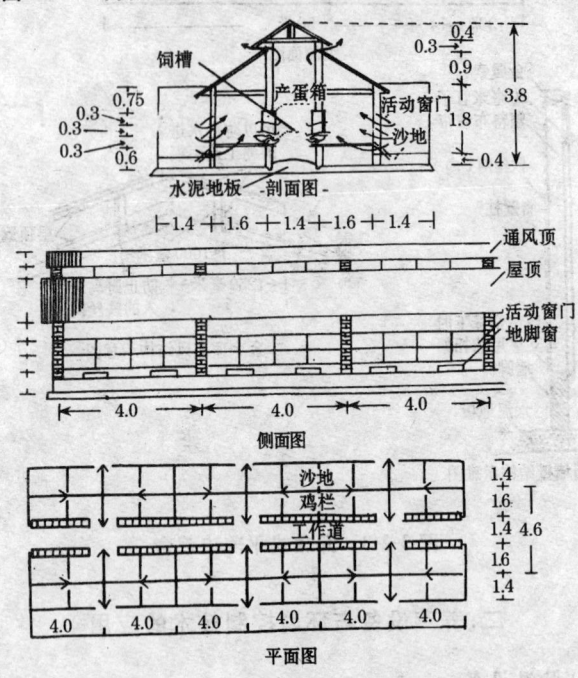

图 3-2-5 开放式育种鸡舍 (单位:米)

场和较大规模的养鸡户较为适用(图3-2-6)。它用砖或土坯砌成,结构可多样。较大的育雏舍烟道的条数可多些,采用长烟道;较小的育雏舍可采用"田"字形环绕烟道。其原理都是通过烟道对地面和育雏舍空间加温。在设计烟道时,烟道进口的口径应大些,越往出烟口处去,应逐渐变小;进口应稍低些,而出烟口应随着烟道的延伸而逐渐提高。这有利于暖气的流通和排烟,否则将引起倒烟而不能使用。

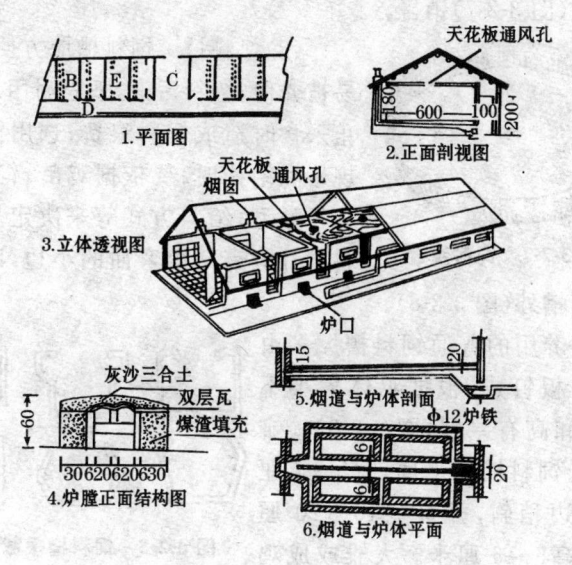

1.平面图

2.正面剖视图

3.立体透视图

4.炉膛正面结构图

5.烟道与炉体剖面

6.烟道与炉体平面

图3-2-6　地下烟道式育雏鸡舍　(单位:厘米)

2. 电热保姆伞　保姆伞可用铁皮、铝板或木板、纤维板,也可用钢筋骨架和布料制成,热源可用电热丝或电热板,也可用液化石油气燃烧供热。电热保姆伞的伞顶,应装有电子控温器。1个伞面直径2米的电热保姆伞,可育雏500只左右。在使用前应将其控温调节器与标准温度计校对,以使控温准确。

此外还有燃煤热风炉、燃气热风炉等。

其他增温设备见本编第五章"育雏方式"部分。

（二）喂料与饮水设施

1. 给料设备

（1）饲料浅盘　主要供开食及育雏早期使用。常见的饲料浅盘直径为 70～100 厘米，边缘高为 3～5 厘米，1 个浅盘可供 100～200 只雏鸡使用。目前，市场上已有高强度聚乙烯材料制成的饲料浅盘（图 3-2-7）销售。

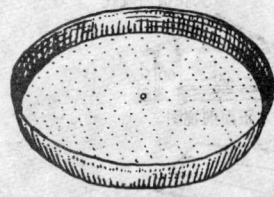

图 3-2-7　饲料浅盘

（2）饲料槽　饲料槽应方便采食，不易被粪便、垫料污染，坚固耐用。为了防止采食时造成饲料浪费，选用饲料槽的规格和结构时，要依据鸡龄、饲养方式、饲料类型、给料方式等来决定。所有饲料槽都应有向内弯曲的小边，以防饲料被钩出槽外（图 3-2-8）。

平养用的普通饲料槽大多由 5 块木板钉成，根据鸡体大小不同，宽和高有差别（图 3-2-9）。雏鸡用的饲料槽为平底，宽 5～7 厘米，两边稍斜，开口宽 10～20 厘米，槽高 5～6 厘米。大雏或成鸡

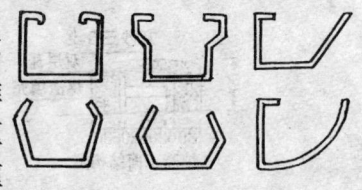

图 3-2-8　饲料槽横截面形状

用的饲料槽，平底或尖底均可，槽深 10～15 厘米，长 70～150 厘米。为了防止鸡蹲在槽上排便，可在槽上安装可转动的横梁。为了防止鸡槽踢饲料，在槽两边各加一牙条。

（3）饲料桶　饲料桶可由塑料或金属做成，圆筒内能盛较多的饲料，饲料可通过圆筒下缘与圆锥体之间的间隙，自动流进浅盘内供鸡采食。目前，其容量有 7 千克及 10 千克的两种（图 3-2-10）。

这种饲料桶适用于垫料平养和网上平养，只用于盛颗粒料和

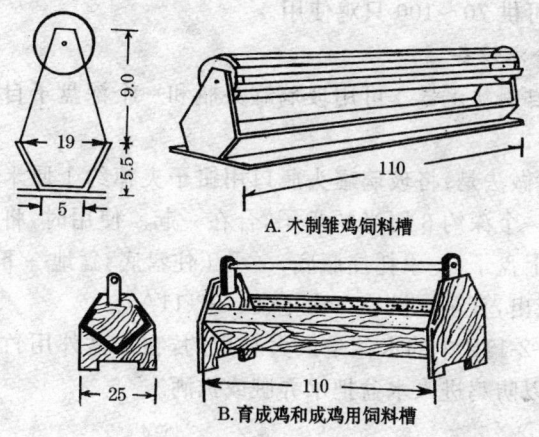

A. 木制雏鸡饲料槽

B. 育成鸡和成鸡用饲料槽

图 3-2-9　平养用的普通饲槽　（单位：厘米）

干粉料。饲料桶应随着鸡体的生长而提高悬挂的高度，以其浅盘槽面高度高出鸡背 2 厘米为佳。

（4）自动食槽　自动喂料器包括 1 个供鸡吃食用的盘式食槽及中央有自动加料斗的机械装置。目

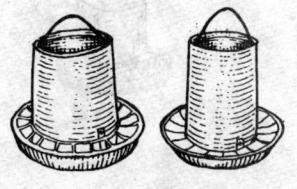

图 3-2-10 饲料桶

前，以链板式喂料机最为普遍，其工作可靠，维修方便，最大长度可达 300 米。但若用以限制饲养，则靠近料斗处的鸡先吃到饲料又吃得多，而且吃的大多是以碳水化合物为主的颗粒状饲料；而靠近末端处的鸡吃得少，吃的大部分是细粉状的蛋白质饲料。克服此弊端的办法是，在天黑后将饲料注入食槽，在第二天早上鸡一开始采食就立即开动自动送料系统，并以 12.2 米/分的运转速度加快输送饲料。链板式料槽，每只鸡需要 2～3 厘米采食空间。

为克服链板式喂料机的弊端而发展起来的螺旋式给料器，是将饲料通过导管输送落入饲喂器盘内。每个直径 40 厘米的盘状

饲料槽,可供 70～100 只鸡使用。

2. 给水设备

(1)自制饮水器 可用玻璃罐头瓶和一个深盘子自制简易自动饮水器。

具体做法是:将玻璃罐头瓶口用钳子夹掉约 1 厘米以形成缺口,再找一个深约 3 厘米的盘子,合在一起。使用时,将罐头瓶装满水,扣上盘子,一手托住瓶底,一手压住盘底,猛地一下翻转过来水自动流出,直至淹没缺口为止(图 3-2-11A)。

图 3-2-11B 中的水盆是供大鸡用的,在水盆外用竹篾编成一个罩子,以防鸡进入水盆把水弄脏或扒洒。

A.自动饮水罐

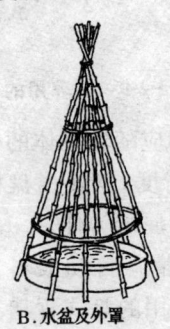

B.水盆及外罩

图 3-2-11 自制的饮水器

(2)长流水塑料水槽 这种塑料水槽由槽体、封头、中间接头、下水管接头、控水管、橡皮塞等构成(图 3-2-12)。

水槽长度可根据鸡舍或笼架长度安装。安装时,只要将一根水槽插入中间接头,然后粘接即可。水位高低通过控水管任意调节。清洗水槽时,只要拔出橡皮塞,就可放尽其中的污水。

(3)钟形真空饮水器 是利用水压密封真空的原理,使饮水盘中保持一定的水位,大部分水贮存在饮水器的空腔中。鸡饮水后水位降低,饮水器内的清水能自行流出补充。饮水器盘底下有注

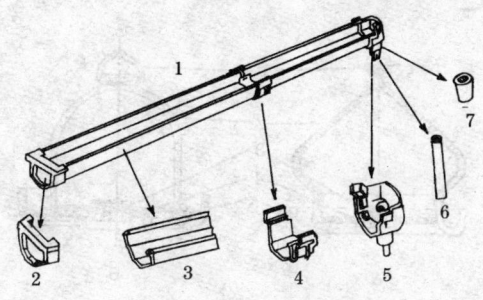

图 3-2-12 长流水水槽结构图
1. 外形 2. 封头 3. 水槽断端 4. 中间接头
5. 下水管接头 6. 控水管 7. 橡皮塞

水孔,装水时拧下盖,装水后翻转过来,水就从盘上桶边的小孔流出,直至淹没了小孔,桶里的水也就不再往外淌了。鸡喝多少水,就流淌多少水,保持水平面稳定,直至水饮用完为止。其型号有两种:一种为 9SZ-2.5 型,适用于 0～4 周龄的雏鸡,盛水量 2.5 升,可同时供 15～20 只鸡饮水,其特点是雏鸡不易进入饮水盘内;另一种为 9SZ-4 型,适用于生长后期的肉用仔鸡和成年鸡,盛水量 4升,可同时供 12～15 只鸡饮水,其特点是可以平置和悬挂两用。随着鸡体的生长,可随时调整高度(图 3-2-13)。

(4)自动饮水器 自动饮水器主要用于平养鸡舍。可自动保持饮水盘中有一定的水量。总体结构见图 3-2-14。

饮水器通过吊襻用绳索吊在天花板上,顶端的进水孔用软管与主水管相连接,进来的水通过控制阀门流入饮水盘,供鸡饮用。为了防止鸡在活动中撞击饮水器而使水盘中的水外溢,给饮水器配备了防晃装置。在悬挂饮水器时,水盘环状槽的槽口平面应与鸡体的背部等高。

每个直径为 40 厘米的吊钟式饮水器,可以供 70～100 只肉鸡饮水。

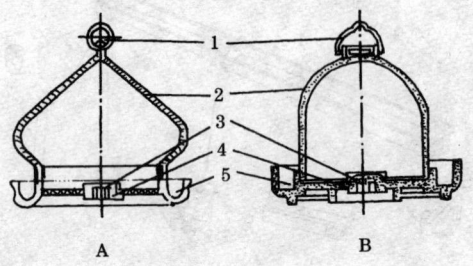

图 3-2-13 钟形真空饮水器

A. 9SZ-2.5 型 B. 9SZ-4 型

1. 吊环或提手 2. 饮水器 3. 闷盖 4. 密封圈 5. 饮水盘

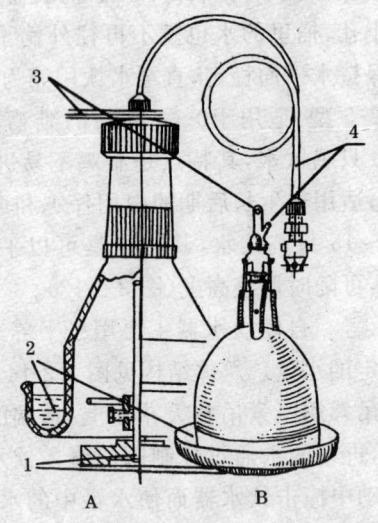

图 3-2-14 自动饮水器

A. 结构图 B. 实体

1. 防晃装置 2. 饮水盘 3. 吊襻 4. 进水管

其他还有乳头式饮水器等,1个乳头式饮水器可满足12～22只小鸡的饮水需要。

采用自动喂料、乳头式饮水器等设施,虽在费用上比其他设施要贵些,但它们能保证饮水与饲料的卫生,减少大肠杆菌病的发生。同时,由于采用乳头式饮水器供水,不仅可省水达60%以上,而且由于漏水较少,粪便干燥,鸡舍内部的氨气浓度亦有所降低。

(三)降温和通风换气设施 根据确定的通风降温方式,选择通风降温设备。目前在鸡舍应用比较广泛的是9FJ系列畜鸡舍专用风机。湿帘降温与纵向通风结合,基本可以确保高温季节鸡舍的正常生产。

(四)控制环境空气质量 许多传染性疾病是通过空气传播的,当空气粉尘中含有病原微生物时,在鸡群中极易传播,相邻的鸡舍和鸡场在空气流动速度较大时,会在很短的时间内被感染。因此,对进入鸡舍的空气必须进行净化和灭菌消毒。试验证明,正压过滤式通风系统在过滤粉尘和微生物方面效果显著。

(五)其他设备

1. 产蛋箱 饲养肉用种鸡采用二层式的产蛋箱,按每4只母鸡提供1个箱位配置,上层的踏板距离地面高度以不超过60厘米为宜,过高鸡不易跳上,容易造成排卵落入腹腔。每只产蛋箱大约30厘米宽、30厘米高、32～38厘米深(图3-2-15)。

在产蛋箱前面的下部有一高6～8厘米的边缘,用以防止产蛋箱内的垫料散落,产蛋箱的两侧及背面可采用栅条形式,以保持产蛋箱内空气流通,以利于散热。也有的产蛋箱为集

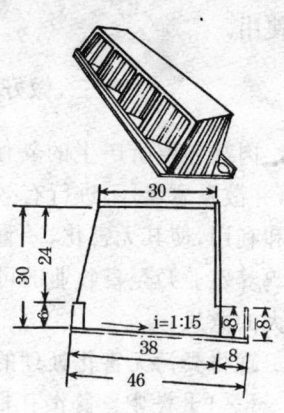

图 3-2-15 普通产蛋箱
(单位:厘米)

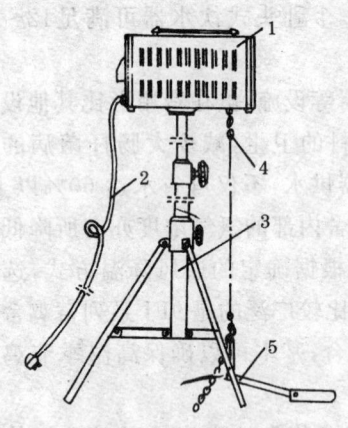

图 3-2-16 9QZ-820 型断喙器
1. 断喙机头 2. 电源线 3. 撑架部件
4. 链条 5. 踏脚板部件

蛋方便,采用倾斜底面,其滚蛋角度为 9°～10°,在底面的前端外缘设有约 8 厘米高的缓冲挡板,防止鸡蛋滚落地面。

2. 断喙器 已定型的断喙器有 9QZ-800 型和 9QZ-820 型等产品(图 2-16)。

操作时,机身的高低可因人进行调节。当电流通过断喙器的刀片时将其加热,刀片的最高温度可达 1 020℃。切喙时,将待切部分伸入切喙孔内,用脚踏板拉动刀片从上向下切,切后将喙轻轻在灼热的刀片上按一下,起消毒与止血的作用。一把刀片一般可切青年鸡 2 万只以上,不锋利时可修磨后继续使用。

三、做好粪污的无害化处理

肉鸡养殖所产生的粪便因含有大量的有害物质和病原微生物,并散发恶臭,不进行有效处理则污染严重。因此,进行粪便处理和利用,使其无害化、减量化、资源化,对减少环境的污染,促进肉鸡养殖业乃至畜牧业的可持续发展,建设社会主义新农村,具有重大的意义。

现将粪污无害化处理的相关内容介绍如下。

(一)干燥处理制作有机肥 鸡粪干燥处理是一种物理方法,有太阳能干燥处理和机械干燥处理方法两种。

1. 太阳能干燥处理 将鸡粪摊铺在水泥地坪上或搭建的简

易塑料大棚里,定期进行翻晒。利用太阳能和塑料大棚中形成的温室效应,对鸡粪进行自然干燥。平铺在水泥地坪上的鸡粪为防雨淋,可用塑料薄膜覆盖。直至晒干后用筛子去除杂物,放在干燥处贮存,作为有机肥待用。

2. 机械干燥处理　使用专门鸡粪干燥机械。将含水量60%的鲜鸡粪,通过去杂、净化、高温烘干、浓缩粉碎、消毒灭菌、分解去臭等工序,烘干而成为干鸡粪。此时鸡粪的含水率在13%以下,便于储藏待用。这种方法具有速度快,处理量大;消毒、灭菌、除臭效果好等优点,缺点是加工成本较高。

中国农业科学院气象研究所的鸡粪"发酵-烘干"处理综合配套设施(含尾气除臭净化装置)与干燥造粒一体化有机无机颗粒肥料生产工艺与设备相结合,集太阳能大棚和槽式发酵于一体,并与鸡粪高温快速烘干设备相集成;并以化学氧化为主、吸附为辅的综合除臭处理工艺,解决了尾气达标排放难题。利用造粒设备,将有机肥料的干燥和有机无机复混肥造粒及最终干燥一体完成。该设备节约能源,成球率高,成品肥料流动性好。

(二)微生态发酵制作高效生物有机肥　采用鸡粪为主要原料,将适用于原料降解腐熟除臭的菌类,如纤维分解菌、半纤维分解菌、木质素分解菌和高温发酵菌、固氮微生物、解磷微生物和芽孢杆菌等微生物复合活菌制剂添加到鸡粪中。添加量根据产品的活菌种类和数量而异,一般为0.2%~1%。然后,在搭建的简易发酵棚中,将拌好微生物复合活菌制剂的鸡粪,堆成2米宽、1.5高的长垄。每10天左右翻堆1次,45~60天即可腐熟。可作为高效生物有机肥。其生产工艺流程为配料接种、发酵、干燥粉碎、筛分、包装等。这种方法处理的鸡粪属于生物肥料,营养功能强,安全无害,具有较高的利用价值。

江苏京海集团在江苏省农业科学院的帮助下,运用特制的发酵和除臭剂,将鸡粪在封闭的条件下发酵,达到杀灭细菌、除臭、脱去水分的目的,然后制成颗粒状"海滕牌"有机肥,已经相关部门检测合格,2004 年已大批上市。

(三)用堆肥法将死亡鸡只制成有机肥 用石棉瓦或玻璃钢瓦做顶棚,内建有类似粮仓的圆形或方形筒仓。底层为秸秆,再铺上一层较厚的厩肥(亦可用鸡粪及垫草),其后一层死鸡,一层秸秆,一层厩肥,堆满为止,最后用一层锯末封顶。相对湿度保持55%～60%。一般堆 14～17 层,在大型养禽场可连续进仓 12～16 个月。应用该方法可获得满意的堆肥温度,一般要经过 1 个夏季让其充分发酵。出仓后作改良土地的优质肥料。

(四)利用鸡粪生产沼气 在厌氧环境中,鸡粪中的有机质水解和发酵生成混合气体——沼气,其主要成分是甲烷(占 60%～70%)。沼气可用于取暖、照明、做饭等。据测定,1 只鸡每天所产鸡粪经过发酵,可生产 6.48～12.96 升沼气。其方法是将新鲜鸡粪进行脱毛沉沙,初步处理后入沼气池(沼气池的大小根据鸡粪量的多少确定)发酵产气。这种方法生产费用低,节约能源,但发酵周期长。

(五)鸡场的污水处理 经机械分离、生物过滤、氧化分解、滤水沉淀等环节处理后,可循环使用。既减少了对鸡场的污染,节约了开支,又有利于疫病的防制。

第二节 落实生物安全的各项管理措施

如果说改善肉鸡的饲养环境,是生物安全体系的硬件,那么生物安全体系的管理,则是生物安全体系的软件。生物安全体系的硬件一经建立很难改变,它是整个生物安全体系的基础;而生物安全体系的软件则比软灵活,是整个生物安全体系的保障措施。生物安全体系的硬件是根本,是生物安全实施的物质保证;而生物安全体系的软件,则对生物安全体系的硬件有补充和维持作用。要发挥养鸡场生物安全体系的巨大作用,就必须通过加强管理来实现。其主要管理措施包括以下几个方面。

一、交通管制措施

交通管制措施是防止外部病原微生物侵入鸡场内的一项严格的隔离措施。

第一,鸡场周围应设隔离区,并设围墙、篱笆或防护隔栏等,设置大门与门卫。大门应上锁,防止其他人员进入和污染物的直接吹入。

第二,严格消毒。鸡场和鸡舍的进出口都要设消毒池,池内放置生石灰、烧碱、0.5%次氯酸钠液等消毒药物。鸡舍、场地、用具等,都要定期消毒。

生产区内消毒池的消毒液,一般1~2天更换1次。

第三,强化隔离措施。人员、车辆和物品是最具流动性的病原携带体,严禁来自疫区的人员、车辆及物品进入场内。鸡场应设立3道关卡:第一道关卡,对进入的车辆进行严格的消毒,严禁非本单位的车辆入内,进入场内的人员须经紫外线照射10分钟后才允许进入;第二道关卡,设立在生产区和生活区中间,进入第二道关卡的车辆和人员,必须经过烧碱消毒和踩消毒垫,与生产无关的内部车辆和外单位人员禁止进入;第三道关卡,设立在生产区,要求员工经洗澡、更衣、换鞋帽后方可进入,进入鸡舍后的人员禁止外出,实行半封闭式管理。

养鸡人员出入鸡舍要更换衣、鞋,绝不允许将工作服、鞋穿出舍外。场内饲养人员严禁在不同鸡舍之间互串,做到场内外、各生产区间、各鸡舍间、饲养人员之间的严格隔离。喂鸡前要洗手。养鸡人员不要在市场上买鸡吃,更不能吃病死鸡,以避免鸡的疫病通过养鸡人员带进鸡场。场内职工家属不准饲养家禽及观赏鸟。

第四,经批准入场的外来人员,在进入鸡场前都要进行淋浴,采取相关的消毒措施,并穿上规定的干净服装和雨靴,并且要限定人数。

一切与鸡场无关的人员,均不得进入养殖区。必须进入时,即使是应邀的鸡病专家，也要经消毒和更换工作服后才能进入场区。应按规定路线在舍外观看，绝不能任意闯入鸡舍。应先看健康鸡群，再看假定健康鸡群、病鸡群、诊疗室，消毒后才能进入办公区。

第五，控制运输车辆，保证车辆进入鸡场时没有装载家禽、鸡蛋及其制品，对必须进入的饲料车、运雏车、政府检查官员的车辆，在进入场区前要进行彻底的清洗和消毒。最好在鸡场入口处建一个独立的房间，进场前对所有人员和设备进行去污、净化消毒。对进入车辆要用去污剂进行高压冲洗，并用消毒药喷洒以减少和消灭绝大部分的病菌。

鸡场内应设置各类专用车，避免发生交叉感染，用具严禁串用。

第六，家禽产品应安全装运，一旦接触货车，就要防止其重新返回鸡场。而返回鸡场的运蛋箱、运鸡笼，也必须经过严格清洗消毒后才能进入场区，并应按规定的线路走出场区。

第七，封闭鸡舍，安装防雀网，防止野鸟进入鸡舍。定期灭鼠，以减少鼠类和苍蝇等昆虫的滋生繁衍。

第八，引进的种鸡、种蛋或商品鸡应来自于无疫病鸡场，并了解育成过程中的疫病和防治情况。引入的种鸡需隔离观察1个月，经确认无病后再放入鸡群。雏鸡的发送不能在两个以上的鸡场巡回运行，只能由孵化场直接送到养鸡场。

二、卫生管理措施——严格的消毒净化

消毒是在鸡体之外杀灭病原菌、病毒的唯一有效手段，所以说，改善环境卫生的根本办法是消毒。

(一)养鸡现场的消毒措施

1. **房舍消毒**

(1)清扫　凡使用过的鸡舍，其地面、墙壁、顶棚及附属设施，均被灰尘、粪便、垫料、饲料和羽毛等沾污，都需要一一清扫到鸡群接触不到的一定距离以外的处理场。为防止病原体扩散，应适当

喷洒消毒液。对不易清洗干净的裂缝、椽子背面、排气孔口等地方，都要一处不漏地彻底清扫干净。

（2）水洗　在清扫的基础上进行水洗。要使消毒药液发挥效力，彻底刷洗干净是有效消毒的前提。所以，地面上的污物经水浸泡软化后，应用硬刷刷洗，如能采用动力喷水泵以高压冲刷更好。墙壁、门窗及固定的设备用水洗与手刷，目的是将污物刷净。如果鸡舍外排水设施不完善，则应在一开始就用消毒液清洗消毒。同时，对被清洗的鸡舍周围，亦要喷洒消毒药。

（3）干燥　一般在水洗干净后搁置 1 天左右，使舍内干燥。如果水洗后立即喷洒消毒药液，其浓度即被消毒面的残留水滴所稀释，有碍于药液的渗透而降低消毒效果。

（4）消毒　消毒液的喷洒次序，应该由上而下，先房顶、天花板，后墙壁、固定设施，最后是地面，不能漏掉有遮挡物的部位。消毒药液的浓度是决定杀灭病毒、细菌能力的首要因素，因此必须按规定的浓度使用。药液喷洒量至少是每平方米 2～3 升。有关熏蒸消毒的方法，详见本编第五章"雏鸡的饲养与管理"。

2. 脚踏消毒池的设置　在鸡场门口和鸡舍门口设置消毒池，是防止病原微生物传播的重要措施之一。为发挥消毒池的效用，一是要用适当浓度的消毒药液，二是要间隔一定时间更新药液。

3. 鸡体喷雾消毒　这是最有效、省事又节约的防疫手段。虽然污染鸡场的病原体可由外部带入，但大部分病原来自鸡体本身。只要有鸡存在，鸡舍的污染程度会日益加重。所以，过去的消毒方法不消毒鸡体而仅仅消毒容器，是不能使养鸡场净化的，常见的传染病也不能消灭。

鸡体喷雾消毒，就是通过每天连续对鸡舍、鸡体喷洒消毒药液，杀死附着在鸡舍、鸡体上的病毒与细菌。它使鸡体体表（羽毛、皮肤）更加清洁，杀死和减少鸡舍内空中飘浮的病毒与细菌，沉降鸡舍内飘浮的尘埃，抑制氨气的发生和吸附氨气，使鸡舍内更加清洁。鸡体喷雾的作用除了预防马立克氏病外,还有利于预防呼吸器官的疾病和各种常见的传染病。

有的做法是,先把刚从孵化场进来的初生雏鸡,从进入育雏舍之前就从头到脚用消毒液(阳离子表面活性剂)喷雾,之后直至成鸡阶段前每天喷雾。进入成鸡以后每隔 1~2 天喷雾 1 次。其用药量如按鸡舍消毒地面为例,每平方米用 1.5~1.8 升喷洒到地面呈流淌程度,其使用浓度为 1 000 倍的稀释液;而鸡体喷雾时,充其量不过每平方米 60~240 毫升,其使用的浓度可为 500 倍的稀释液,也就是前者浓度的 2 倍。总之,喷雾量以鸡体完全湿润的程度为准。鸡体喷雾在把消毒液喷洒到鸡体上时,还必须注意:一是通风换气,使弄湿的鸡舍、鸡体尽快干燥;二是保持一定的温度,特别是入雏时的喷雾,要提前将育雏器温度比平时提高 3℃~4℃。

还有的则是在 50 日龄后才开始带鸡喷雾消毒。一般情况下每周消毒 1 次,当发现有疫情时则每天消毒 1 次。

若以鸡体喷雾、鸡舍消毒、洗涤及防暑为目的,鸡舍的通风换气条件又好,宜用 100 微米雾滴类型的喷雾装置。在使用免疫疫苗的前后各 2 天,共 5 天,应停止用消毒药。

4. 饮水消毒　鸡的喙和鼻孔经常触及饮水器,因此饮水对鸡的呼吸器官疾病来说是重要的一个传染途径。饮水消毒是彻底地杀死饮用水中的细菌和病毒,是预防由饮水传播传染病的手段。消毒药物在体外比抗生素和磺胺类药物有更强的杀菌力,且能更快地杀死细菌和病毒。但是,只要病原生物进入体内与肠道的内容物一混合,消毒药液就失去了作用,充其量在咽喉部还能发挥一些作用。而喉头部位正好是原发性呼吸器官疾病的病毒和细菌集聚的地方,因此如对这一部位进行消毒,当然是有价值的。

用漂白粉粉剂 6~10 克,加入到 1 立方米水中拌匀,30 分钟后即可给鸡饮用。

在使用免疫疫苗的当天及前后各 2 天,共 5 天,应停止饮水消毒。

5. 其他卫生管理　①保证饲料来源无致病菌污染,并确定进入鸡场的方法。要扫净散落在外面的饲料,以免招引鼠类和鸟雀。②保证饮水、垫料和其他补给品,均无病原体污染,对水源和垫料等喷洒消毒剂,进行消毒处理。③发现病鸡、死鸡应立即加以处理。病鸡隔离,死鸡和有典型症状的病鸡应送兽医检验,同时进行消毒,绝不可拖延。检验完毕和无须检验的病死鸡应进行无害化处理,可设置焚化炉对其进行焚化。④搞好鸡舍环境卫生,清洁鸡舍附近的垃圾和杂草堆,对粪便及其他污物的清除、贮存和处理,都要注意安全。对运输道路要进行消毒,防止粪便因风蚀作用和人为因素而扩散病原。

（二）改善鸡舍内部环境　鸡舍内饲养密度过大或通风不良,常可蓄积大量的二氧化碳;粪便及垫料腐败发酵也产生大量的有害气体。当鸡舍内氨气的含量超过 20 毫克/米^3,硫化氢气体的含量超过 6.6 毫克/米^3,二氧化碳气体的含量超过 0.15% 时,人进入鸡舍后便有烦闷感觉和刺激眼、鼻的感觉。鸡舍内有害气体含量过高,会刺激呼吸道黏膜,降低抵抗力,容易感染经呼吸道传播的疾病,如鸡马立克氏病、鸡新城疫、鸡传染性支气管炎、大肠杆菌病和鸡慢性呼吸道病等。

可以采取的措施,一方面是通过采取综合性的管理调控措施,如改变饲养方式,使温度、湿度和通风调节到与肉鸡日龄和环境相适应的程度,维持适宜的光照强度和持续时间,检查空气质量（氨气和灰尘）,避免拥挤或饲养过量,检查饮水质量,定期更换垫料,提供栖木等。另一方面是提高规模化肉鸡养殖场的设施装备水平,如舍内温湿度监测、空气质量监测系统。

近年来,正压管道送风技术已被成功地应用到鸡舍内,即采用暖风机和热风炉,将引进舍内的新鲜空气经加热后再送到鸡舍内。这样可以把供热和通风相结合,解决鸡舍冬季保温与通风的矛盾,从根本上改善寒冷季节鸡舍内的环境。

　　湿帘降温纵向通风技术经过多处种鸡场推广应用，均取得良好的效果。夏季舍内平均降温达 5℃～9℃，舍外气温越高，空气相对湿度越小，降温效果越好。密闭鸡舍通风量一般为每千克活重 7～9 米³/时，非密闭鸡舍通风量为每千克活重 15 米³/时。湿帘面积必须符合标准，它等于通风量与风速之比。

　　湿帘最佳安装设计应在夏季主风迎风面的墙上，排风扇在相对应的另一面墙上；在纵向通风鸡舍中，湿帘安在迎风端的墙上，或者两侧墙面上，风扇安在另一端。在舍内鸡背高度处的空气流速为 1.5～2.0 米/秒最好。如果鸡舍过长（在 100 米以上），湿帘应安装在两端，而将风扇放在鸡舍中部，会达到更好的降温效果。

　　正压过滤式通风系统在过滤粉尘微生物方面效果亦明显。各种设施的使用，可以更有效地控制和改善肉鸡的饲养环境，减少对肉鸡的应激和伤害，这样不仅能减少鸡群发病，而且可以提高产品质量和安全性，使生产出的鸡肉产品在激烈的国际市场中更具竞争力。

三、确立全进全出的饲养制度

　　全进全出的饲养制度要求一个鸡场或至少是一幢鸡舍，只养同一品种、同一年龄组的鸡，同时进舍，同时出舍；而且从出售后到下次再进雏鸡之前，鸡舍在清洗、消毒后一定要空置一定的时间，这是切断传染病传播途径的有效手段。正如饲养种鸡的某单位在一群种鸡生产周期结束后，从淘汰清理、冲洗消毒、封闭熏蒸完毕，到下一群种雏进舍，坚持留有 2 个月的空舍期，以切断病原微生物的传染链。要求只养同一品种、同一年龄组的鸡，不但是为了防止不同品种、不同年龄组鸡之间的相互传染，而且由于清群后的消毒，可以有效地切断病原微生物的增殖环节或继续感染。

　　要想彻底根除传染源，生产者应充分利用自然资源，如光照、烘干、雨水、空间和时间。肉鸡生产者通常认为，空舍会使他的经济收入受到影响。但从长期效果来讲，较高的死亡率和较低的生产性能会导致较高的成本浪费。最好将停舍的时间延长一点，绝不要冒险仓促饲养新一批肉鸡。

鸡舍腾空（空舍）的时间愈长，存活的致病因子就愈少。重要的是，在一批次或一幢鸡舍的肉鸡出售后，应立即对鸡舍、用具等进行彻底的清洗消毒，它是预防和扑灭鸡传染病的重要手段。

所以，采用"全进全出"的饲养制度是预防肉鸡的传染病、提高肉鸡的成活率和养肉鸡效益的最有效措施之一。

四、发生疫病时的扑灭措施

第一，及早发现疫情并尽快确诊。鸡群中出现精神沉郁、减食或不食、缩颈、尾下垂、眼半闭、喜卧不愿运动、腹泻、呼吸困难（伸颈、张口呼吸）等症状的病鸡，此时应迅速将疑似病鸡隔离观察，并设法迅速确诊。

第二，隔离病鸡并及时将病死鸡从鸡舍取出，对污染的场地、鸡笼进行紧急消毒。严禁饲养人员与工作人员串舍来往，以免扩大传播。

第三，停止向本场引进新鸡，并禁止向外界出售本场的活鸡，待疾病确诊后再根据病的性质决定处理办法。

第四，病死鸡要深埋或焚烧，粪便必须经过发酵处理，垫料可焚烧或做堆肥发酵。

第五，对全场的鸡进行相应疾病的紧急疫苗接种。对病鸡进行合理的治疗，对慢性传染病病鸡要及早淘汰。

第六，若属烈性传染病，必须立即向当地行政主管部门上报疫情。对发病的鸡群一般应全群扑杀，深埋后彻底消毒、隔离。

第三节 生物安全饲养的现实典范—— SPF 鸡群的成长

SPF 鸡是指生长在屏障系统或隔离器中,没有国内外流行的鸡主要传染性病原,具有良好的生长和繁殖性能的鸡群。

据悉,我国 SPF 鸡群的饲养,开始于 20 世纪 80 年代。1985 年,山东省家禽研究所利用国产设施和美国的 SPF 种蛋,成功地培育出我国第一个 SPF 鸡群。90 年代以后,中国兽药监察所、北京实验动物中心、乾元浩南京生物药厂、北京梅里亚维通实验动物技术有限公司、中国农业科学院哈尔滨兽医研究所等多家单位先后建立了一定规模的 SPF 鸡群。到 2006 年,我国 SPF 鸡群生产能力约为 1 245 万个。SPF 种蛋是用来制作生物制品、疫苗用的。为了保证疫苗生产原材料的质量,提高检验数据的准确性,2007 年 2 月,中国兽药监察所公示了《SPF 鸡场验收评定标准》,规范了 SPF 鸡的饲养管理。

SPF 鸡群的饲养,采用全进全出,全封闭人工环境下塑料网上平养方式。从种蛋进鸡场进行孵化、育雏、育成、产蛋直到全群淘汰,均在一个鸡舍中完成。为了有效地控制疾病的发生,使鸡群在整个饲养阶段处于相对隔离的洁净的生物安全环境下,保障鸡群的 SPF 状态,鸡舍通常采用正压高效过滤系统。

SPF 鸡场屏障系统,包括改善饲养环境、配备隔离消毒设施、制定并实施卫生防疫制度等 3 个方面。三者在屏障系统的维持方面认为:消毒是一项重要的日常工作。鸡场只有认真做好消毒工作,最大限度地发挥消毒剂在控制环境污染和疫病传播方面的作用,才能从根本上消灭病原,切断疫病传播的链条,将病原拒之门外。所以,鸡场的每个人都必须是卫生防疫制度的严格执行者,每个人的行为都直接影响到鸡群的安危,人人都必须有高度的责任感,做到执行卫生防疫制度就像一日三餐一样自然。如果认为卫生防疫制度是做给别人看的,那么鸡群发病就是给自己看了。

消毒是一项细致的工作。如对消毒池内的消毒液,应定期检查是否具有消毒效果并及时更换消毒液。其药液的更换是以其有否杀菌能力为准,一旦失去杀菌能力,病菌就在消毒池内孳生。因此,千万不能等到消毒液脏了才更换。

在我们的周围环境中,各种各样的微生物无处不在,只有牢固树立防疫意识,建立和健全一整套切实可行的管理制度和操作规程,结合实际情况认真做好各个环节的卫生消毒工作,才能保障鸡群的生物安全,这是 SPF 鸡群饲养成败的关键。否则,它就根本无法经营。

SPF 鸡场饲养成功的关键是能够控制疫病,普通鸡场无法达到也不必强求 SPF 鸡场的屏障条件,但 SPF 鸡场完善的综合饲养管理体系及生物安全措施是值得学习和借鉴的。SPF 鸡场饲养管理体系除了一些特殊技术要求以外,绝大部分饲养管理技术是普通养鸡业老生常谈的常规技术,只是其他鸡场没有高度重视,丢掉了"防"字,轻视了"防"字,没有做到"防重于治"。一般鸡场在"隔离"和"消毒"方面的漏洞主要有:防疫意识淡薄,制度形同虚设,防疫制度不健全,消毒、隔离设施不配套,鸡场(鸡舍)过于集中,没有纱窗,消毒池(盆)不充分利用;污染物品走净道,进入鸡舍不洗手,不更换衣服等。如果我们能参照 SPF 鸡场的 60 条防疫标准(表 3-2-2)多做一条,就可以减少一分发病的风险。

生物安全体系的建立是预防鸡病与其他人兽共患传染病的最重要举措。这意味着今后除了不断改善鸡场状况、管理水平,严格监控饲料及饮水品质外,更重要的是对整个肉鸡产业生产中观念上的转变。要达到完全控制整个饲养环节的唯一方法,就是运用生物安全的观念组织生产。只有彻底改变观念,从管理层开始,至产业链中的每一环节都应树立生物安全理念,才能实现肉鸡企业经济利益与社会效益的双赢。

表 3-2-2　SPF 鸡场与普通鸡场主要的隔离和消毒措施

类　别	序号	SPF 鸡场	普通鸡场
	1	周边 5 千米范围内无饲养场	距离村镇和其他鸡场 500 米以上
	2	供电正常,交通方便	供电正常,交通方便
	3	类似监狱,四周设围墙和防疫沟	类似监狱,四周设围墙和防疫沟
	4	生活区和饲养区严格分开	生活区和饲养区严格分开
	5	水源充足良好,排水畅通无交叉	水源充足良好,排水畅通无交叉
	6	在一个鸡舍内孵化、养鸡和产蛋	种鸡场、孵化室和蛋鸡场间隔 500 米以上
场舍隔离	7	鸡舍间距 30 米。出风口不相互影响	鸡舍间距 30 米
	8	没有解剖室	焚烧炉、解剖室和粪便处理场在下风处
	9	饲料闭封双层袋装,3 次消毒后进鸡舍	用槽罐车直接将饲料送入鸡舍饲料塔
	10	鸡舍大门和生产区入口有消毒池,鸡舍入口有消毒脚池	鸡舍大门和生产区入口有消毒池,鸡舍入口有消毒脚池
	11	鸡场入口、生产区入口和鸡舍入口有淋浴间和更衣消毒室	生产区入口和鸡舍入口有淋浴间和更衣消毒室
	12	清洁道与污染道不交叉混用	清洁道与污染道不交叉混用
	13	深井水经过滤和消毒后进入鸡舍。不用垫料	深井水用管道直接送到鸡舍。垫料库设在生产区和生活区交界处

续表 3-2-2

类　别	序号	SPF 鸡场	普通鸡场
场舍隔离	14	每个鸡舍都有卫生间。不对外卖雏鸡	每个鸡舍都有卫生间。通过孵化室的窗口对外发售雏鸡
	15	鸡舍全密闭	鸡舍密闭
人员隔离	16	饲养员食住鸡舍	饲养员食住鸡场
	17	饲养员不准在家养鸡和鸟	饲养员不准在家养鸡和鸟
	18	生产区谢绝参观	生产区谢绝参观
	19	经许可访问者在鸡场门口淋浴更衣	经许可访问者在鸡场门口换鞋
	20	非生产人员不准进入饲养区	非生产人员不准进入饲养区
	21	人员定点定舍工作,不越区串舍	人员定点定舍工作,不越区串舍
	22	换区工作前应淋浴消毒更衣	换区工作前应淋浴消毒更衣
设备隔离	23	各鸡舍配备专用的车辆和设备	各鸡舍配备专用的车辆和设备
	24	设备和用具转区使用前应消毒	设备和用具转区使用前应消毒
	25	非生产用物品不准拿入饲养区	非生产用物品不准拿入饲养区
	26	塑料蛋盘仅用于鸡舍和蛋库之间的周转	塑料蛋盘仅用于鸡舍和蛋库之间的周转
操作隔离	27	"全进全出"制度	"全进全出"制度
	28	任何人1天之内不准进2个鸡舍	任何人1天之内不准进2个鸡舍
	29	衣服、胶鞋分区穿,各区不准相串	衣服、胶鞋分区穿,各区不准相串
	30	运污染物和运清洁物的车辆分开	运污染物和运清洁物的车辆分开

续表 3-2-2

类 别	序号	SPF 鸡场	普通鸡场
人员消毒	31	大门口淋浴更衣,场内隔离5天,生产区和鸡舍淋浴更衣。不接鸡	大门口换鞋,生产区和鸡舍淋浴更衣。接鸡前淋浴更衣
	32	消毒双手的消毒液每天更换1次	
	33	所有衣服定区洗涤	防疫衣服消毒后洗涤
	34	进鸡舍前要更换工作服,脚踏消毒池	进鸡舍前更换工作服,脚踏消毒池
	35	进鸡舍前要消毒双手	进鸡舍前要消毒双手
	36	人员不准在净道和污道相串	人员不准在净道和污道相串
车辆消毒	37	车辆使用前应清洁消毒	车辆使用前应清洁消毒
	38	参观人员所乘的车辆不准入内	参观人员所乘的车辆不准入内
	39	外来车辆不准进场	外来车辆进场应冲洗消毒车体和底盘
	40	内部车辆不准外出	内部车辆出场运输,返回时应消毒
	41	饲养区的车辆不准出饲养区	饲养区的车辆不准出饲养区
环境消毒	42	消毒液定期更换	消毒液定期更换
	43	每日下班应消毒工作间、淋浴间和更衣室	
	44	沐浴间每周冲洗消毒1次	
	45	每次进出鸡舍都喷雾消毒更衣1次	每次进出鸡舍都喷雾消毒更衣1次
	46	场内道路每天消毒1次	场内道路每天消毒1次
	47	清粪完毕打扫污道,用漂白粉消毒	清粪完毕打扫污道,用漂白粉消毒

续表 3-2-2

类　别	序号	SPF 鸡场	普通鸡场
鸡舍消毒	48	清除杂物,拆洗器具	清除杂物,拆洗器具
	49	冲洗鸡舍,无污物、鸡粪和鸡毛。不刷漆	冲洗鸡舍,无污物、鸡粪和鸡毛。用油漆粉刷墙壁和门窗1次
	50	对整个鸡舍喷雾消毒	对整个鸡舍喷雾消毒
	51	连续用多聚甲醛消毒新鸡舍3次	用福尔马林消毒新鸡舍1次
	52	淘汰时鸡粪一次性作农家肥料处理	粪便在场外处理池厌氧发酵处理
物品消毒	53	一切物品先清洗后消毒2次后进鸡舍	蛋盘浸泡后进入生产区
	54	饲料不可存放过久,以防霉变。不洗刷	饲料不可存放过久,以防霉变。饲料槽每天洗刷消毒1次
饮水消毒	55	饮水经过0.2微米过滤	饮水卫生干净
	56	水中的含氯量为2~3毫克/千克。不洗刷	每升饮水中添加0.1克的百毒杀。饮水器和水槽每天洗刷消毒1次
带鸡消毒	57	每周带鸡消毒2次	每周带鸡消毒2~3次。
		一	疫情期间每天1次。
		一	出壳前消毒孵化室
		一	接雏箱要消毒
		不售雏	发售雏鸡的场所要干净
		不运雏	运雏车辆要消毒
空气消毒	58	空气经过三级过滤后进入鸡舍	不过滤
	59	鸡舍内能够保持一定的正压(60帕)	不要求正压
其他消毒	60	不转群　种蛋喷雾消毒	转群前后车体、笼具要冲洗消毒　种蛋喷雾消毒

第三章　正确利用杂种优势，
展现鸡种的内在潜力

　　鸡种是养鸡生产中饲养环境、鸡种、饲料3个基本要素中的主体对象，如果说作为主体对象不存在了，那么养鸡生产又从何说起呢？但就是这样，鸡种的重要性在人们的饲养活动中仍然没有给予足够的重视而出现了一系列的问题。

　　第一，在饲养的品种上没有做深入的市场调查和可行性论证，对不同鸡种的生产、销售、市场及效益等缺乏认真细致的考虑，片面追逐所谓的"名、特、新、奇"，轻信炒种者设置的圈套。

　　第二，目前饲养的良种肉用鸡大多是从国内外引进的父母代种鸡所繁殖、生产的雏鸡，由于引进渠道各异，鸡种来源繁杂，甚至有的在各鸡种间随意乱配，造成大量劣质雏鸡，杂鸡充斥市场。这是良种化管理不规范给养鸡户造成了雏鸡市场的雾里看花，越看越糊涂。

　　第三，不了解、也不清楚现代肉鸡鸡种的繁育体系及不同鸡场的制种任务。有的购买了祖代鸡场、父母代鸡场的雏鸡用于商品生产。甚至有的地方将商品肉鸡生产中长得快的上市销售，而将长得慢的鸡留下继续自繁，结果造成后代肉鸡生长速度等各项性能参差不齐，表现出性能的极度退化。

　　第四，种雏选择上一味追求价格便宜，忽视了生产性能等因素对效益的影响。雏鸡市场因许多小鸡场、小炕坊的纷纷参与，竞争日趋激烈，由于追求价格低廉，造成了种蛋、种雏的来源复杂，甚至有的将商品代蛋用鸡（经雌雄鉴别后）的公雏充当肉用雏鸡，鱼目混珠，充斥雏鸡市场。

　　第五，由于种蛋来源复杂，雏鸡的母源抗体水平差异很大，因而容易造成免疫失败。也有少数炕坊为节约成本，对种群、雏鸡不防疫。一些不了解实情而又贪便宜的养殖户购买了这些雏鸡后，常发生诸如鸡白痢等对鸡群危害极大的传染病。

　　鸡种的杂种优势利用是肉鸡业生产力发展水平的标志。初期，作为肉鸡饲养的是一些体型大的鸡种，如淡色婆罗门鸡、九斤黄鸡以及诸如芦花洛克、洛岛红、白色温多顿等兼用种。此外，还有白来航公鸡与婆罗门母鸡的杂交种。自20世纪30年代开始运用芦花洛克公鸡（♂）与洛岛红母鸡（♀）杂交一代生产肉鸡，犹如我国在20世纪60年代利用浦东鸡与新汉县鸡的杂交一代进行肉鸡生产一样，主要利用鸡品种间的杂交优势来进行肉用仔鸡的生产。运用体型大的标准品种或其杂交种进行肉鸡生产，是肉鸡生产发展初期的鸡种特点。

　　20世纪50年代后，一些发达国家开始将玉米双杂交原理应用于家禽的育种工作中，特别着眼于群体的生产性能提高。采用新的育种方法育成许多纯系，然后采用系间的多元杂交生产出商品型杂交鸡，其生产性能整齐划一，且比亲本高15%～20%。这是世界各国肉鸡业快速发展的种源基础。

　　玉米双杂交原理是遗传学中杂种优势理论的运用典范，而这种理论在动物育种工作中首先得到突破的就是家禽育种工作。肉鸡的品系间双杂交生产商品杂交鸡，也是充分利用了杂种优势现象。那么到底什么是杂交优势呢？人们又是怎样来利用杂种优势的呢？其答案如下所述。

第一节　正确运用杂种优势现象

一、什么是杂种优势

　　所谓杂种优势就是当两个有差异的品种（或种群）杂交时，其杂种群体生产性能表现出超过两个亲本的平均水平，甚至优于双亲中的任何一个亲本。

　　一般认为,产生杂种优势的遗传基础,是两个亲本群体中显性有利基因的互补和增加了基因共同作用的机会。

　　所谓显性有利基因的互补,人们可以作出相对形象的阐述。假如控制肉鸡生长速度的基因是这么一套基因:A,B,C,D,E 和 F(一般经济性状都是由许多基因共同控制的),相对应的是 a,b,c,d,e 和 f。在遗传学上的书写中,大写字母对小写字母呈显性,所谓显性就是当 A 和 a 在一起时,表现出 A 基因的性状。作为一个个体,其细胞中每条同源染色体是成对(双)的(即二倍体),而当个体在形成配子(精子、卵子)时,成对的染色体中只有一条存在,形成所谓的单倍体,当精子、卵子受精结合发育后形成的个体,此时又变成二倍体。

　　如果在一个品系里经过培育后,其基因纯合后是这么一个型式 $\frac{A b C D e f}{A b C D e f}$(式中横线代表染色体,其上方或下方的字母是基因所在的位点上基因,一般又可写作 AAbbCCDDeeff);而在另一个品系里却是 $\frac{a B c d E F}{a B c d E F}$(也可写作 aaBBccddEEFF)。那么,当这两个品系交配后,所产生的杂交一代的基因型如图 3-3-1 所示。

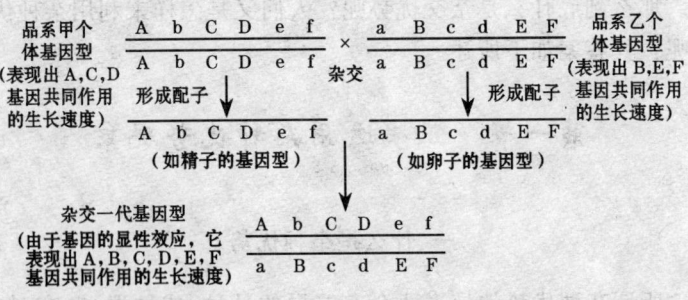

图 3-3-1　两个品系杂交一代基因型

　　假设 A,B,C,D,E,F 基因在生长速度上的贡献是等量的,由于大写字母的基因都对小写字母的基因表示显性,此时影响生长速度的 A,B,C,D,E,F 基因都集中于杂种一代,当然杂种一代的生长速度必然比其两个亲本要强得多。这就是杂种优势的理论——显性学说的简述。

　　那么,人们能不能将这些影响生产性能的有利基因(如 A,B, C,D,E,F 等)全部集中到一个品系内呢? 实际上很难,甚至是不可能的。因为:一是控制某个经济性状的基因不仅仅有这些(如假设的控制生长速度的基因是 A,B,C,D,E,F),它是由多基因控制的(比 A,B,C,D,E,F 6 个基因还要多);二是由于有些性状间在遗传上存在着负相关(如生长速度快的就不可能产蛋量高),因此不可能将它们选择在一个品系内。这正是为什么要通过配套杂交的全过程来完成的缘故。所谓配套,就是在一个系统之内各有分工不同,一般父系(在配套杂交中用作提供父本的品系)更注重生长速度的选择,而母系(在配套杂交中用作提供母本的品系)更注重产蛋性能的选择。这种在配套杂交中分工负责、各司其职的选择,使杂交后代既得到一个较快的生长速度,而且其母本保证了生产中有足够的繁殖系数。

　　同时,人们亦看到,如果基因的"巧遇"不当,其杂交后代经济性状就不一定会比亲本好,或者比亲本差得很多。也就是说,杂种还可能出现劣势。那么从群体水平而言,又怎么样取得较大程度的杂种优势呢? 人们所说的肉鸡生产,指的是群体水平的生产,而绝不是指某个个体的水平。在实际生产中,人们有时说某个品种"不纯",其实就是这个品种的个体之间差异太大,这种差异的存在必然会使整个群体的生产水平往下拉。所以,在品系杂交之前,首要的是提高各个品系(群体)的纯度,这就涉及品系培育的繁复过程,在此不作赘述。

　　杂种优势这个名词,把杂种和优势连在了一起,因而被一些人误解为凡是杂种就有优势,或者说,只要杂交就有优势现象出现。其实不然。它要能表现出优势,是要有一定条件的,而且有时杂交还会出现劣势。同时,即使有优势,也有大与小、强与弱之分。正因为如此,就要进行配合能力的测定来确定杂种优势的有无、大小和强弱。所谓配合力测定,就是在要进行测定的各个品系间组成N(N-1)个组合(N 是指参加测定的品系数目)进行配种杂交,并比较它们的生产性能,看那一个杂交组合的生产性能比杂交的亲本好,还要看比亲本好的杂交组合中,那个组合的优势现象最明显。这个过程很复杂,也很费时。

所以说,绝不是乱杂乱配都能应用到生产中去的。而由配合力测定确认为"杂种优势"的利用,才是现代肉鸡效益的潜力所在。

二、现代肉鸡生产如何体现杂种优势的利用

(一)现代专门化鸡种的繁育体系　20 世纪 50 年代开始的鸡的现代化育种工作,是以标准品种为基础,采用近交、闭锁等方法选育出基因型比较纯合的专门化品系,在配合力测定的基础上进行各品系间的(二元、三元或四元)杂交,并将商品杂交鸡用于生产。为了充分利用杂种优势,将商品杂交鸡的育种和制种工作正常地进行下去,由品种资源、纯系培育、配合力测定、祖代鸡场和父母代鸡场有机结合而成的良种繁育体系,是确保商品肉鸡生产性能高产稳产的根本。现将其中与肉鸡生产密切相关的制种阶段简介如下(图 3-3-2)。

这是经过许多品系间正反杂交、经配合力测定后确立的制种生产模式,是从配合力测定结果中选出的杂交优势最好的组合。A,B,C,D 是分别代表 4 个专门化品系。其中 A 系和 C 系在制种过程中只提供公雏,而它们的母雏都将被淘汰;B 系和 D 系在制种过程中只提供母雏,而它们的公雏也将被淘汰。各类鸡场的任务如下。

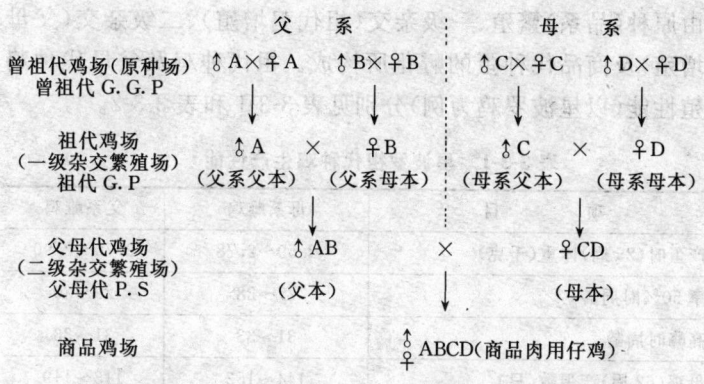

图 3-3-2 肉鸡良种繁育体系制种阶段示意图

(说明:父系为配套杂交提供父本的品系,母系为配套杂交提供母本的品系,供应精子的个体叫父本,用符号"♂"表示,供应卵子的个体叫母本,用符号"♀"表示,"×"是两个具有不同遗传性状的个体之间的雌雄结合,即"杂交"的符号)

1. 原种鸡场 是各专门化品系的纯繁场,同时向祖代鸡场提供♂A,♀B,♂C,♀D。

2. 祖代鸡场 则要严格按配合力测定的结果所确定的配套模式(即♂A×♀B与♂C×♀D)进行第一级杂交,并在所产生的后代中只留下♂AB与♀CD提供给父母代鸡场,其余的雏鸡即♀AB与♂CD均不得作为种鸡提供给父母代鸡场。

3. 父母代鸡场 要严格按祖代鸡场提供的♂AB与♀CD进行第二级杂交,所产生的 ABCD 四元杂交的雏鸡供肉用仔鸡生产场进行商品生产。商品代的肉用仔鸡均不能再自繁留作种用。否则,将因近亲繁殖而出现退化,导致后代鸡群生产性能的参差不齐和下降。

(二)现代专门化鸡种的制种繁殖技术 肉用种鸡是肉用仔鸡业发展的基础。目前,它的繁殖能力已提高到专门化品种父母代种鸡一个世代生产商品雏 140 只左右。肉用仔鸡专用种的繁殖,

第三章 正确利用杂种优势,展现鸡种的内在潜力

一般由原种(品系)繁殖、一级杂交(祖代鸡增殖)、二级杂交(父母代鸡增殖)及商品代种蛋的孵化所构成。祖代种鸡及父母代种鸡的繁殖性能(以星波罗鸡为例)分别见表 3-3-1 和表 3-3-2。

表 3-3-1　星波罗祖代种鸡生产性能

项　　　目	母系雌鸡	父系雌鸡
开始产蛋时(25 周)体重(千克)	2.59~2.78	2.70~2.90
产蛋率 50%时周龄	27~28	29~30
产蛋高峰时周龄	31~33	31~33
入舍母鸡(62 周)产蛋数(只)	144~152	113~119
入舍母鸡可孵种蛋数(蛋重>54 克)(只)	133~140	94~98
平均孵化率(%)	76~79	67~72
初生父母代种雌雏/入舍母鸡(只)	51~55	—
初生父母代种雄雏/入舍母鸡(只)	—	31~35
育成期(7~24 周)死亡率(%)	7~10	7~9
产蛋期(24~62 周)死亡率(%)	8~11	8~11

表 3-3-2　星波罗父母代种鸡生产性能

项　　　目	数　据
20 周龄体重(千克)	1.94~2.11
24 周龄体重(千克)	2.47~2.65
达 50%产蛋率周龄	27~28
产蛋高峰周龄	30~33
入舍母鸡(64 周)产蛋数(只)	168~178
入舍母鸡种蛋数(蛋重>52 克)(只)	158~166
平均孵化率(%)	84.0~86.5
每一入舍母鸡出雏数(只)	133~144
生长期(1~24 周)死亡率(%)	3~5
产蛋期(24~64 周)死亡率(%)	6.5~9.5

祖代父系和母系的繁殖性能比父母代差,而且父系的繁殖性能更低,为达到下一级繁殖时公、母为 15：100 的比例,祖代父系与母系的搭配比例应大致为 30：100。

从表 3-3-1 中可以看到,祖代的母系雌鸡(即 D 系母鸡)62 周内可以得到入孵种蛋 133～140 只,孵化率为 76%～79%,一般可以得到 101～110 只雏鸡。由于制种所需 D 系只要母鸡,而在 101～110 只雏鸡中只有大约一半为小母雏,加之在育成期的死亡数等,所以 D 系母鸡为繁殖父母代(CD)作种用时,它的增殖倍数只能为 50 倍左右(a_1)。

从表 3-3-1 中还可以看到,祖代的父系雌鸡(即 B 系母鸡)62 周内只能得到入孵种蛋 94～98 只,平均孵化率只有 67%～72%,一般只可能得到 62～70 只雏鸡,其中只有一半为小母雏,加之育成期间的死亡数,一般 B 系母鸡为繁殖父母代(AB)作种用时,它的增殖倍数为 30～32 倍(a_2)。

应保证在父母代配种期间公母比例(AB♂：CD♀)为 1：10 左右。而在选择优秀 AB 公鸡作种用时,考虑到 20 周龄前的死亡与淘汰率为 30%～40%,所以在其入雏时的公母比例一般按 18～15：100(b),这样祖代的父系与母系的搭配比率为 30：100(c)。上述数据的计算大致是:

	B系	D系
祖代各系的增殖倍数	30(a_2)	50(a_1)
祖代父系与母系的比率	30	100(c)
×		
父母代入雏时公母比例	900	5000
即为	18　：	100(b)

由于在制取父母代父本公鸡时淘汰率较高,所以上述的 18：100 的比例是适中的。

这种二级杂交的制种体系,使 1 只祖代母系母鸡经过二级杂交产生 7 000 倍的后代,可见其繁殖系数之大。

从表 3-3-2 中可见,1 只 CD 单交种母鸡 64 周可产 158～166 只种蛋,按 84%～86.5% 的孵化率算,可产生 133～144 只商品代苗雏[140 倍(d)]。

从表 3-3-1,表 3-3-2 中可见,1 只 D 系母鸡在制种形成单交种 CD 系母鸡时增殖为 50 倍(a_1),而 CD 系母鸡的 64 周繁殖系数为 140(d),两者相乘就是 1 只 D 系母鸡经二级杂交后的增殖倍数(7 000 倍)。

在各级杂交时,公、母鸡入雏比例一般都在 15～18:100,由于淘汰和死亡,到 20 周龄时约为 1:10,即第一级杂交时♂A:♀B(1:10),♂C:♀D(1:10);第二级杂交时♂AB:♀CD(1:10)。

按照上述各系的生产性能就可以安排全年的生产计划。

如果要达到年产 1 400 万只肉鸡,可以按上述各项比例作逆行推算如下。

1. 父母代　根据 1 只父母代母系母鸡的增殖率为 140(d),就可以计算出生产 1 400 万只肉鸡所需要的父母代母系的母鸡数为 1400 万÷140(d)=10 万只(e)。

由上述数据(e)按 18:100(b)的公母比例,可以计算出父母代父本的公鸡数为 10 万×18%=1.8 万只。

2. 祖代　按 D 系增殖倍数为 50(a_1)计算,若生产 10 万只(e)父母代母系母鸡,则需要祖代母系母本(D 系母鸡)数为 100 000÷50=2 000 只。

由祖代母系的需要量,根据 30:100(c)的比例,可以计算出祖代父系母本(B 系母鸡)的需要量为 2 000 只×30%=600 只。

而各系的父本公鸡数量均以按 15:100 的比例配置为好。

由计算得出各级杂交亲本的数量后,可参照各鸡场的种鸡舍实际情况,将 10 万只父母代种鸡按全年分成若干批次引进。如每月引进一批,则每批引进约 8 400 只种鸡,按种鸡舍周转的实际情况(每幢种鸡舍只能进同一批的种鸡),亦可每月初进 4 200 只,月中再进 4 200 只。总之,如果想每月或每周基本得到同样多的肉用仔鸡,就必须在同一间隔时间引进种鸡。

应当指出的是,在父母代阶段(第二级杂交配种时)一般无须进行选择,所以引入的父母代雏鸡,除去在饲养过程中的死亡、病态以及种公鸡进行少量淘汰外,母本应该均可作种用。而祖代鸡阶段(第一级杂交配种时),父系与母系实际引入的数量比所需的祖代鸡数量为多,其选择强度要根据各种鸡公司的引种说明要求而定。

(三)我国黄羽肉鸡的制种与育种 我国早期培育的两个黄羽肉鸡配套杂交体系,其商品肉鸡是由三元二级杂交而来的。其配套杂交体系见图 3-3-3,图 3-3-4。

苏禽 85 黄羽肉鸡配套杂交体系

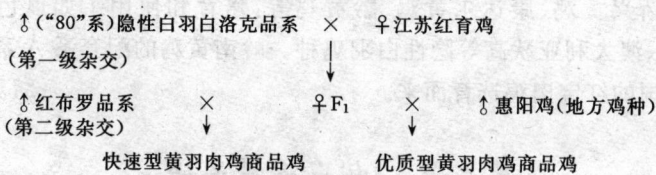

图 3-3-3 苏禽黄羽肉鸡配套杂交体系

海新黄羽肉鸡配套杂交体系

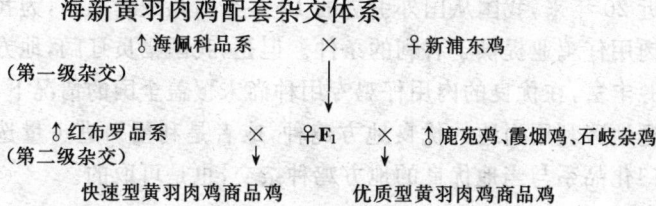

图 3-3-4 海新黄羽肉鸡配套杂交体系

在该制种模式中,母系先进行第一级杂交,如用 80 系公鸡与江苏红育鸡母鸡杂交(犹如四元杂交中的♂C×♀D)，其产生的后代(即 F_1 代)只留母鸡作种用，然后在第二级杂交时，直接用一个专门化品系的公鸡(犹如四元杂交中的 A 系公鸡)与 F_1 代母鸡杂交[惠阳鸡公鸡(♂A)×F_1 代母鸡(♀CD)]产生 ACD 三元杂交的后代，供生产商品肉鸡用。

上述配套的另一个特点是，F_1 代的母鸡在第二级杂交时，可根据市场的需求选配不同的第二父本公鸡。当市场需要快速型黄羽肉鸡商品鸡时，其第二父本可用红布罗等快速肉鸡型的品系公鸡与配；当市场需要优质型黄羽肉鸡商品鸡时，其第二父本可选用肉品质优秀的惠阳鸡等我国优良的地方鸡种的公鸡与配。这种灵活的转换形式是对市场的应变适应。

在当前黄羽肉鸡生产中所应用的一些黄羽鸡种，大部分是在利用我国的一些地方优良鸡种基础上，从改善其生产效率、提高生长速度出发，一般都引入了国外生长速度快的肉鸡种，如粤黄882、新兴黄鸡、康达尔黄鸡、黔黄鸡等，培育和使用了如以色列K277、澳大利亚狄高等隐性白羽鸡种。岭南黄鸡的配套系 A 系是由法国的红宝肉鸡选育而来。

第二节　肉用鸡种资源

近 20 年来，我国从国外引进的 10 多个肉鸡配套品系，为我国发展肉用仔鸡业提供了有利的条件。但是，我国幅员辽阔，地方鸡种资源丰富，在优良的肉用仔鸡专用种尚未覆盖全国的情况下，一些边远地区利用当地的优良地方鸡种，或者是利用引进少量选育的专门化品系与当地优良的地方鸡种杂交，也是可取的。

一、现代专门化品系肉用鸡种

(一)从国外引进的部分商品肉用仔鸡的生产性能　采用2～4

个专门化的肉用品种或品系间配套杂交进行肉用仔鸡的生产,是当前国际上肉用仔鸡生产的主流。表3-3-3列出了从国外引进的部分专门化肉用仔鸡鸡种及其商品代的生产性能,可供生产中参考。

表3-3-3　部分商品肉用仔鸡的生产性能　（单位:千克）

鸡种名称	项　目	42 天	49 天	56 天	63 天	特　色
爱拔益加 （A·A鸡）	体　重	♂2.0 ♀1.72	♂2.5 ♀2.11	♂2.99 ♀2.49	♂3.46 ♀2.85	
	耗料比	1.73~ 1.79	1.89~ 1.95	1.95~ 2.07	2.11~ 2.18	
哈巴德鸡	体　重	1.55	1.9	2.28	2.61	伴性遗传
	耗料比	1.87	2.04	2.22	2.40	快、慢羽
海布罗鸡	体　重	1.59	1.95	2.32	2.69	
	耗料比	1.84	1.96	2.08	2.20	
红布罗鸡	体　重	1.37	1.72	1.92	·	红　羽
	耗料比	1.87	2.02	2.35		
罗曼鸡	体　重	1.65	2.0	2.35	2.70	
	耗料比	1.90	2.05	2.20	2.36	
伊莎（明 星）鸡	体　重	1.56	1.95	2.34	2.73	种鸡伴性
	耗量比	1.80	1.95	2.10	2.28	矮　脚

注:体重未注明公（♂）母（♀）者,均为公母平均数据

（二）我国"六五"、"七五"期间培育的黄羽肉鸡配套杂交体系　引进鸡种的商品代生长速度快,饲料转化率高,但肉质欠佳。为此,由农业部主持,在"六五"、"七五"期间,由中国农业科学院畜牧研究所、江苏省家禽研究所等单位协作攻关,培育出苏禽85、海新等黄羽肉鸡配套杂交体系。其特点是:①大多采用三元（3个品

系)杂交生产商品肉鸡;②与F₁代母鸡进行第二级杂交时,可根据市场的需求,变更第二级杂交的父本,即可得到不同羽色(白羽或黄羽)、不同生长速度(快速型70日龄体重1.5千克,优质型90日龄体重1.5千克)的快速型白羽肉鸡(8周龄体重1.5千克以上)、黄羽肉鸡和优质型黄羽肉鸡;③配制生产优质型的黄羽肉鸡时,所选用的第二级杂交父本大多是我国优良的地方鸡种,所以其杂交后代具有三黄鸡特色——骨细、皮下脂肪适度并有土鸡风味。

由我国地方黄羽鸡种与引进肉鸡品种杂交选育而成的肉鸡配套系有石岐鸡新配套系、新兴黄鸡2号和岭南黄鸡。

1. 石岐鸡新配套系 产于广东省中山市。母鸡体羽麻黄,公鸡红黄羽,胫黄,皮肤橙黄色。30周龄公鸡体重3.15千克,母鸡体重2.65千克。商品鸡10周龄体重1.38千克,耗料3.96千克,肉料比为1:2.89;14周龄体重1.95千克,耗料6.37千克,肉料比为1:3.27。

2. 新兴黄鸡2号 由华南农业大学与温氏南方家禽育种有限公司合作培育。抗逆性强,能适应粗放管理,毛色、体型匀称。父母代24周龄开产,体重2.2千克,66周产蛋共计163个,可提供126只雏鸡。商品代鸡10周龄体重1.55千克,肉料比为1:2.7。

3. 岭南黄鸡 是广东省农业科学院畜牧研究所培育的黄羽肉鸡,具有生产性能高、抗逆性强、体型外观美观、肉质好和三黄特征。父母代500日龄产蛋量150~180个,可提供100~146只雏鸡。商品鸡分为70日龄、90日龄和105日龄体重达2千克重的3种类型,它们的肉料比分别是1:2.8,1:3和1:3.5。

二、我国优良肉鸡品种资源及其保存、开发与利用

(一)我国优良肉鸡品种资源 我国肉鸡品种资源丰富,以其

肉质鲜美而闻名于世。国际上育成的许多标准品种,如芦花鸡、奥品顿、澳洲黑等兼用种,大多有我国九斤黄、狼山鸡的血缘。近20年来风行于我国南北的石岐杂优质黄羽肉鸡,亦是以我国优良地方鸡种惠阳鸡为主要亲本,与外来品种红色科尼什、新汉县、白洛克等进行复杂杂交选育而成的商品肉用鸡种。现将我国部分优良肉用鸡种简介如下。

1. 惠阳鸡

(1)产地 主要产于广东省东江地区博罗县、惠阳市、惠东县、龙门县等。素以肉质鲜美、皮脆骨细、鸡味浓郁、肥育性能好而在港澳活鸡市场久负盛誉,售价很高。

(2)外貌特征 惠阳鸡胸深背短,后躯丰满,蹠短,黄喙,黄羽,黄蹠,其突出的特征是颌下有发达而张开的细羽毛,状似胡须,故又名三黄胡须鸡。头稍大,单冠直立,无肉髯或仅有很小的肉垂。主尾羽与主翼羽的背面常呈黑色,但也有全黄色的。皮肤淡黄色,毛孔浅而细,宰后去毛其皮质显得细而光滑。

(3)生产性能 在放牧饲养条件下,一般青年小母鸡需经6个月才能达到性成熟,体重约1.2千克。但此时经笼养12～15天,可净增重0.35～0.4千克,料肉比为3.65∶1。这种经前期放养、后期笼养肥育而成的肉鸡,品质最佳,鸡味最浓。

惠阳鸡的产蛋性能低,就巢性强,一般年产蛋70～80个,蛋重平均47克,蛋壳呈米黄色。

2. 石岐杂鸡

(1)产地 该鸡种于20世纪60年代中期由香港渔农处和香港的几家育种场,选用广东的惠阳鸡、清远麻鸡和石岐鸡改良而成。为保持其三黄外貌、骨细肉嫩、鸡味鲜浓等特点,改进其繁殖力低与生长慢等缺点,曾先后引进新汉县、白洛克、科尼什和哈巴德等外来鸡种的血缘,得到了较为理想的杂交后代——石岐杂。它的肉质与惠阳鸡相仿,而生长速度及产蛋性能均比上述3个地方鸡种好。到 20 世纪 70 年代末，已发展成为香港肉鸡的当家品种，且牢牢占领了港、澳特区的活鸡市场，年上市量达 2 000 万只以上。

（2）外貌特征 该鸡种保持着三黄鸡的黄毛、黄皮、黄脚、短脚、圆身、薄皮、细骨、肉厚、味浓的特点。

（3）生产性能 母鸡年产蛋 120～140 个，青年小母鸡饲养 110～120 天平均体重在 1.75 千克以上，公鸡在 2 千克以上，全期肉料比为 1：3.2～3.4。青年小母鸡半净膛屠宰率为 75%～82%，胸肌占活重的 11%～18%，腿肌占活重的 12%～14%。

3. 清远麻鸡

（1）产地 产于广东省清远市一带。它以体型小、骨细、皮脆、肉质嫩滑、鸡味浓而成为有名的地方肉用鸡种。

（2）外貌特征 该鸡种的母鸡全身羽毛为深黄麻色，脚短而细，头小，单冠，喙黄色，脚色有黄、黑两种。公鸡羽毛深红色，尾羽及主翼羽呈黑色。

（3）生产性能 年产蛋量 78～100 个。成年公鸡平均体重 1.25 千克，成年母鸡平均体重 1 千克左右。母鸡半净膛屠宰率平均为 85%，公鸡为 83.7%。

4. 桃源鸡

（1）产地 产于湖南省桃源县一带。它以体型大、耐粗放、肉质好而为民间所喜养。

（2）外貌特征 公鸡颈羽金黄色与黑色相间，体羽金黄色或红色，主尾羽呈黑色。母鸡羽色分黄羽型和麻羽型两种，其腹羽均为黄色，主尾羽、主翼羽均为黑色。喙、脚多为青灰色。

（3）生产性能 桃源鸡早期生长慢且性成熟晚。年平均产蛋 100～150 个，平均蛋重 53 克。成年公鸡体重为 4～4.5 千克，成年母鸡体重为 3～3.5 千克。

桃源鸡属于重型地方鸡种，因脚高、骨粗、生长慢，不适合港、澳特区市场的需求。

5. 萧山鸡

（1）产地　产于浙江省杭州市萧山区一带。是我国优良的肉蛋兼用型地方鸡种。

（2）外貌特征　萧山鸡体型较大，单冠，喙、蹠及皮肤均为黄色。羽毛颜色大部分为红、黄两种。公鸡偏红羽者多，主尾羽为黑色；母鸡黄色和淡黄色的占群体的 60％ 以上，其余为栗壳色或麻色。

（3）生产性能　早期生长较快。母鸡开产日龄为 180 天，年产蛋 130～150 个，蛋重 50～55 克。成年公鸡平均体重 3～3.5 千克，成年母鸡体重 2～2.5 千克。肥育性能好，肉质细嫩，鸡味浓。缺点是脚高、骨粗，胸肌不丰满。

6. 新浦东鸡

（1）产地　新浦东鸡是上海市于 1971 年采用浦东鸡与白洛克、红色科尼什进行杂交育种，经比较几种杂交组合之后选出的最优组合，现已形成 4 个原系。

（2）生产性能　新浦东鸡 70 日龄公母平均体重达 1.5 千克左右，保存了体型大、肉质鲜美等特点，提高了早期生长速度和产蛋性能，体型、毛色基本一致，是一个遗传性基本稳定的配套品系。

7. 鹿苑鸡

（1）产地　产于江苏省张家港市鹿苑镇一带。

（2）外貌特征　喙黄，脚黄，皮黄，羽色以浅黄色与黄麻色两种为主，躯干宽而长，胸深，背腰平直。公鸡的镰羽短，呈黑色，主翼羽也有黑斑。

（3）生产性能　母鸡平均年产蛋 126 个，性成熟早，开产日龄为 184 天（150～230 天），蛋重 50 克左右。据测定，公鸡体重平均为 2.6 千克，母鸡体重平均为 1.9 千克。属体型大、肉质鲜美的肉用型地方优良品种。

8. 北京油鸡

(1)产地 产于北京市的德胜门和安定门一带。相传是古代给皇帝的贡品。

(2)外貌特征 因其冠毛(在头的顶部)、髯毛和蹠毛甚为发达而俗称"三毛鸡"。油鸡的体躯小,羽毛丰满而头小,体羽分为金黄色与褐色两种。皮肤、蹠和喙均为黄色。成年公鸡体重约为2.5千克,成年母鸡体重为1.8千克。

(3)生产性能 初产日龄约270天,年产蛋120～125个,就巢性强,蛋重57～60克。皮下脂肪及体内脂肪丰满,肉质细嫩,鸡味香浓,是适于后期肥育的优质肉用鸡种。

我国地方良种鸡很多,除上述品种外,尚有河南省的固始鸡,山东省的寿光鸡,内蒙古自治区、山西省的边鸡,贵州省的贵农黄鸡,东北地区的大骨鸡,辽宁省的庄河鸡和江苏省的狼山鸡等。

(二)我国优良肉鸡品种的保存与开发利用 我国幅员辽阔,鸡种遍及各地。从南方的暖亚热带到北方的寒温带,从东海之滨到青藏高原,由于自然生态、经济条件各异,经过长期人工选择,鸡种繁多,特征多样,首批列入家禽品种志的优良地方鸡种有27个,其中23个品种是肉蛋兼用型。这是我国乃至全世界所瞩目的家禽育种的基因库,是一笔宝贵的财富。但大多数地方鸡种生产水平低下,一般年产蛋70～90个,4～5个月才能长到1.5千克左右,对饲养和保存这些地方鸡种的保种鸡场来说,经济效益差。如何既保住鸡种,不至于流失,又发挥其优质的肉用性能,达到增值的效果呢?江苏省家禽研究所在20世纪80年代,曾用经长期选育而成的隐性白羽白洛克品系(80系)做父本,分别与诸如浙江省的萧山鸡、江苏省的鹿苑鸡、太湖鸡、如皋鸡等地方优良鸡种进行杂交。这种经济杂交方法简单易行,杂交后代的毛色酷似地方鸡种,生长速度又普遍比地方鸡种快30%～50%,70～80日龄达

1.5 千克即可上市,肉质鲜嫩可口,经济效益明显。

　　这种做法,基本上不增加设备投资,但要安排好地方鸡种的保存(纯繁)和利用(杂交)的时间。例如,每年的新种鸡开产后,即2～5 月份先搞纯繁。然后更换公鸡(只需更换公鸡的费用,由于母鸡群没有变更,所以没有必要增添其他任何设施),从 6～12 月份都搞杂交利用。如果前期保种需要时间较短,也可提前搞杂交。这就有效地提高了地方鸡种蛋的利用效率和价值,即把 5～6 月份以后原本用作商品的蛋转变为种用蛋使用。这种方法简单易行,花销很少,又加快了黄羽肉鸡的繁殖。

　　这种经济杂交的生产组织形式,可以概括为如图 3-3-5 所示。

　　保种鸡场的任务是:①保存地方鸡种;②向养殖户提供杂交的黄羽肉鸡雏鸡;③在保种的前提下,可先用中型蛋用型(一般产褐壳蛋)公鸡做父本(仅引进种公鸡)与地方鸡种母鸡杂交,以提高其 F_1(蛋、地)代的产蛋性能,然后在进行第二级杂交时,向蛋、地(F_1)代养殖户提供二级杂交父本公鸡,促使肉用性能的增值。

　　而养殖户的主要任务是生产黄羽肉鸡。当然,如有条件的话,可以饲养蛋、地(F_1)代母鸡作第二级杂交用,并进行二级杂交提供黄羽肉鸡雏鸡。

　　这种做法的大前提是,首先要把地方鸡种保住,然后是既满足了市场上对优质型黄羽肉鸡的需求,又提高了优良地方鸡种及其保种鸡场的经济效益。千万切记:地方鸡种有其保存的价值,保存是第一位的,只有保存好了,才可能予以充分开发利用。开发利用的目的,是为了更好地对鸡种进行保存。如果一味地只讲什么"开发利用"或将自己的原种都卖出去了,或将原种乱杂乱配,其结果非但得不偿失,更严重的后果是将祖宗留下的宝贵财富在我们手上葬送了。所以,绝不能乱杂乱配。

　　正确地运用"杂种优势"这一规律,才能把鸡种潜在的效益能量充分地发挥出来。

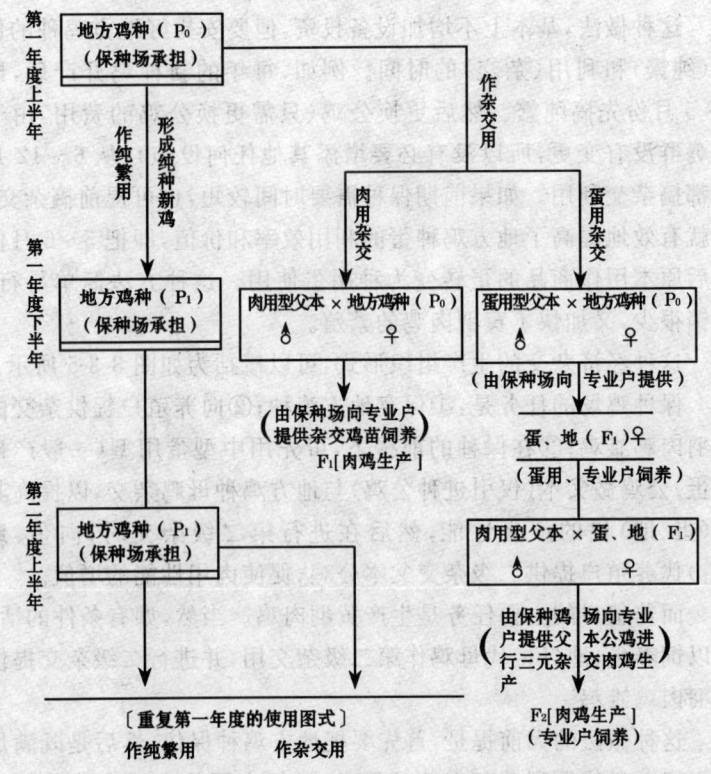

图 3-3-5　经济杂交生产流程

(P₀ 即 0 世代,P₁ 即一世代;F₁ 即杂交一代,F₂ 即杂交二代)

第四章 推行科学配合饲料,满足鸡体的营养需要

饲料是发展肉鸡生产的物质基础之一,如果日粮配合不当,养分不足或超标,影响经济效益。因此,在肉鸡饲养标准中,对不同类型与不同日龄肉鸡,一日内应获得的有效营养物质的种类和数量,都做了具体规定。用配合饲料喂肉鸡,既能降低消耗,又能增产、增收。所以,使用配合饲料是当前科学养肉鸡的一项主要内容。在肉鸡生产中,饲料成本要占总成本的60%~70%。而养肉鸡户(场)在使用饲料方面的盲目性和随意性举动随处可见。

第一,饲料配比不合理。有些养殖户全部采用单一饲料,有啥吃啥;有些养殖户使用小麦、稻谷代替玉米,或是用水分含量大、杂质多的玉米,致使总体能量低,蛋白质含量稍高,质量欠佳;有的为节约成本,自配饲料,但由于专业知识缺乏,配制的饲料质量难以保证,有的虽然采用了动、植物性饲料搭配,但矿物质饲料严重失衡,经常出现日粮中钙大大超量,磷严重不足;有的根本没有添加预混料的意识,只是象征性地加入一些多种维生素。

第二,饲料更换过分频繁。有的养殖户盲目地选择饲料,对一个厂家的饲料用一段时间后感觉不理想,马上就更换另一厂家的饲料,更换后还觉得不理想就再更换,反正有的是各式各样的"品牌"。饲料的频繁更换,会引起鸡只的应激反应,对鸡体不利。

第三,一些养殖户出于对饲料质量的疑虑,往往同时从两家以上的饲料厂购料,再混合饲喂。

第四,求高产心切,过分重视营养浓度。明明已购买的是全价饲料,但饲喂时仍要加喂一定量的鱼粉、鱼干、蚕蛹和鱼肝油等,造成各营养要素间的失衡。

第五，经营饲料的厂家、商家多如牛毛，饲料的档次参差不齐。有的厂家为利润驱动，生产一些低营养浓度的饲料，用低价来迷惑饲养户，而饲养户也往往为了降低成本而受骗上当，选用了这些不合格的产品。肉鸡因饲料营养浓度低而大量采食，既造成饲料浪费，又影响肉鸡生长速度。结果不但没有降低生产成本，而且还带来经济损失。对饲料的颜色、气味等外观性状有怀疑时，更要慎重选择。

其实，人们先从肉鸡本身的营养需要和各种饲料资源的营养成分，可以了解为什么要搞配合饲料，然后再深入了解如何来达到和满足鸡的各种营养的平衡的需要（平衡日粮）。什么是配合饲料，又为什么要配合饲料，饲料如何来配合，如何达到日粮的营养平衡？详见第二编第五章相关内容。

第五章 规范的饲养管理技术

"管理出效益",这是人们实践活动的常识。但是,这个管理是要按照自然界生物学的客观规律来管理,就是说按客观规律来进行管理。否则,将事倍功半,得不偿失。

第一节 肉鸡饲养存在的问题

一、饲养管理粗放

(一)饲养制度无定规 不能严格执行作业程序,虽有定时饲喂的制度,但随意推迟饲喂时间;组群和饲养密度不合理,鸡群群体过大,密度过密;不按公母正常比例组群,造成性比不当,公鸡过多,引发打斗应激;有的在育成期提供营养过高的饲料,甚至仍用雏鸡料,结果造成鸡体重过大、过肥;有的认为育成期无关紧要,只要鸡不死,就不怕到时候不生蛋,从而放松饲养管理,结果造成生长发育迟缓,鸡群不整齐。

(二)管理粗放马虎 经常发生缺食、断水现象;鸡舍温度过高、过低或大幅度地升降,育雏舍温度过低造成雏鸡卵黄吸收不良及感冒,夏季不采取有效降温措施引起中暑;冬季只顾保温却造成通风不良,使氨和硫化氢气体严重超标,粉尘过多,鸡舍郁闷,或通风换气时让冷空气直吹鸡身甚至形成贼风,都极易激发鸡呼吸道病的发生;光照制度的突然变化、光线过强、突然声响等都极易引发鸡群的挤、堆、压,造成鸡群损失。

(三)饲养是一个细致观察鸡群生长变化、疾病征兆的过程 不少养殖户不仅不认真观察鸡群的各种动态,做到强弱分群,而且每天对鸡喝多少水、吃多少料、用了什么药、用多少药等都不做记录,这就不可能从鸡群动态的分析中发现疾病的征候;对病鸡、残鸡不能及时淘汰,也不隔离,给鸡群留下了传播疾病的传染源。

二、免疫不合理

第一,肉鸡的免疫程序,要根据鸡的来源地、饲养地疫病流行情况以及鸡的亲代免疫程序和母源抗体的高低来制定。如在没有发生过鸡传染性喉炎的地区接种鸡传染性喉炎疫苗,这不仅浪费疫苗,而且还污染了这一地区。有的养殖户见别人接种啥疫苗自己也接种啥疫苗,或者把几个免疫程序组合在一起,认为这样可以互补所短,随意性很大,往往达不到应有的免疫效果。

第二,随意地改变免疫途径,致使免疫失败。如新城疫Ⅰ系苗是中等毒力的疫苗,大多采用肌内注射的方法免疫。有些养殖户只图方便省事,随意地用饮水的办法来免疫,结果引起鸡体不断向外排毒而污染鸡场。又如鸡痘疫苗应采用刺种办法实施免疫,有些养殖户却采用饮水的办法,实际上鸡痘疫苗饮水接种起不到免疫的作用,还造成鸡场污染。

第三,有些养殖户认为,只要使用疫苗就能控制传染病,因而过分依赖疫苗的作用。有的在暴发鸡新城疫后,应用Ⅳ系苗5倍量,不产生明显效果时就盲目地增加到十几倍量,似乎疫苗用量越大免疫效果就越理想。其实,过量的疫苗能引发强烈的应激反应,引起免疫麻痹,甚至引发该病。

第四,有些养殖户不根据鸡群健康和应激因素等状况决定是否实施免疫,在天气炎热、鸡体状况不佳、转群和断喙等应激或鸡群正在发病时接种疫苗,其结果可能引发大群发病。

第五,操作方法不当。在给鸡点眼、滴鼻时,不能确保适量的疫苗吸入鼻中或滴入眼内,因而造成免疫剂量不足;在饮水免疫时水量太少,致使部分鸡喝不到或喝不足,或饮水在短时间内不能喝完而造成疫苗的效价降低,导致免疫剂量不足。这些都使免疫达不到相应的效果。

第六,有的直接用加入漂白粉的自来水稀释疫苗,有的直接使用不经处理的硬度高的水稀释疫苗。由这些水稀释的疫苗其免疫效果下降。

第七,生产疫苗的厂家众多,有的质量好,有的质量劣,加之经销商在经营过程中,由于疫苗的运输、保存等问题可能造成疫苗失效或质量下降。而养殖户如果贪图便宜购买此等疫苗,其免疫必然失败无疑。

三、用药不当

(一)**滥用抗生素等药物** 有的养殖户将抗菌药物长期添加在饲料和饮水中,以为就可以防治疾病。其实,抗生素仅能预防细菌的继发感染,对病毒根本无效。有的养殖户"三天不用药,老是睡不着",对可用可不用的药,宁可用了似乎才放心;用一种药即可奏效的,却将几种药合用,自以为更加保险。

滥用药的结果是破坏了鸡体内菌群的平衡,使敏感病原产生耐药性,对鸡体产生不良反应甚至中毒。

(二)**不科学用药,随意加大用药量** 有些养鸡户,或是出于对当前兽药质量无法保证的顾虑,或是在疾病治疗和预防中操之过急,以为用药剂量越大治疗效果越好,盲目加大用药剂量。如在防治雏鸡白痢时,将禁用药氯霉素的拌料量加了 1 倍,达到 0.2%,其结果不仅增加了用药成本,造成浪费,而且还伤害了病鸡的脏器,甚至引起蓄积中毒现象,引发细菌产生抗药性,致使同样的药物在使用一段时间后没有当初那么灵了。对于诸如喹乙醇等安全范围很窄的药品,某些养殖户由于认识不够,在使用过程中,因与饲料拌和不匀造成局部饲料药物浓度过高而造成鸡中毒的现象时有发生。

（三）**不按规定用药**　任何药物都必须在鸡体内维持一定的时间。如抗菌药物一般疗程是 3～5 天，要连续给予足够的剂量，保证药物在鸡体内达到有效的血药浓度才能起到杀灭病菌的作用。如磺胺类药物，首次用量应加倍，且按 3～5 天 1 个疗程才有效。可是有的养殖户心急如焚，要求投药后立竿见影，一种药物用了才1～2 天，自认为效果不理想而立即更换另一种药物，甚至换了又换。这样做往往达不到应有的药物疗效，使疾病难以控制。还有的养殖户在使用某种药物 1～2 天后，病鸡刚有好转就停药，不能继续进行巩固性治疗，造成疾病复发。

药物剂量用得过大，严重的可引起药物中毒甚至死亡。相反，剂量不足，不仅难以控制病情，甚至多次使用后使细菌产生抗药性。

（四）**忽视了药物配伍禁忌**　合理的药物配伍可以起到药物间的协同作用。但如盲目配伍则会造成危害，轻则造成用药失效，重则使鸡体中毒死亡。如青霉素与磺胺类药物合用时，由于磺胺类药物大多碱性较强，而青霉素在碱性环境中极易被破坏而失去活性。

（五）**不注重药物质量，盲目迷信新药和洋药**　有些养殖户对洋药和刚上市的新药情有独钟，不看成分如何和价格高低，认的就是"新"和"洋"。其实，有一部分所谓新药，只是改变名称、换了包装的老药；而不少进口的"洋药"其成分与国产药完全一样，只是商品名称不同而已。有的养殖户只论药物的价格便宜，不顾其有效成分和内在质量以至于受骗上当，使用了假冒伪劣的药品，不仅没达到治疗效果，还损伤了鸡体，得不偿失。

又如，为什么雏鸡阶段"开水"要比"开食"早呢？在免疫接种中为什么必须先接种"马立克氏病"苗、"法氏囊病"疫苗呢？在饮水免疫时为什么要强调"呛水"这个关键呢？有些养殖户已经按照规定延长了光照时间，但又起不到补光的作用呢？诸如此类的问题，都需要人们去了解其中的规律。只有认识了规律，知道了规律，人们的管理也才有目的，才更加自觉。下面将分成3节在揭示规律的基础上来规范饲养技术，保障肉鸡个体的成长和群体的均衡发展。

第二节　落实以预防为主的综合性防疫卫生措施

只有根本转变观念，走出误区，才能做到防重于治。预防是主动的，治疗是被动的。要做到防重于治，就要从环境管理、消毒、卫生、免疫、检测等诸多方面对群发性疾病，尤其是各类传染性疾病为重点采取预防措施，才能降低疫病的发病率和死亡率，使一些普遍发生、危害性大的疫病得到有效控制。

养鸡场需要依靠生物安全体系、免疫接种和投药3种措施才能保证鸡群健康。在疾病防控中三者分别通过不同的作用点起作用。生物安全体系主要是通过隔离屏障系统，切断病原体的传播途径，清洗消毒减少和消灭病原体。生物安全体系是控制疾病的基础和根本。疫苗主要针对易感动物，免疫接种主要是通过针对性地免疫，增加机体对某个特定的传染病的抵抗力。药物主要针对病原微生物，投药可以减少病原微生物的数量或将其消灭之。三者相辅相成，以达到更好的预防疾病的目的。

一、免疫程序的制定

保护鸡体的健康和预防群发性疾病的发生，重点是对各类传染性疾病的预防，是制定免疫程序的着眼点。

免疫接种主要是有针对性地对某些特定的传染性疾病进行免疫接种，以使鸡体对某些特定传染性疾病的抗体得以提高，达到抵抗这种疾病的能力。

（一）制定免疫程序的前提

第一，要根据肉鸡的来源地和本地区的疫病流行情况、亲代鸡的免疫程序和母源抗体的高低来制定本场切实可行的免疫程序。

第二，马立克氏病和传染性法氏囊病对免疫中枢器官的损害是终身的。因此，首先要预防的是能引起免疫抑制的马立克氏病和传染性法氏囊病，这样才能保持鸡体免疫系统的功能，在此基础上预防其他疫病才能取得效果。

（二）免疫程序参考　通用于所有养鸡场的免疫程序是不现实的，因此，所列免疫程序仅作参考（表3-5-1）。养殖户应根据自己鸡场的实际情况进行修订。更可靠的办法，是通过监测母源抗体等手段来确定有关疫苗使用的确切日期。

表3-5-1　鸡免疫程序参考

年　龄	疫　苗	接种方法	年　龄	疫　苗	接种方法
1日龄	马立克氏苗	皮下注射	8周龄	鸡痘	刺种
7日龄	新城疫（B_1株）	饮水或滴鼻	10周龄	传支（H_{52}）	饮水
14日龄	法氏囊病	饮水	14周龄	新城疫（Lasota）	饮水
21日龄	新城疫（Lasota）	饮水	16周龄	传支（H_{52}）	饮水
28日龄	传支（H_{120}）	饮水	18周龄	法氏囊病油乳剂苗	皮下或肌内注射
5周龄	法氏囊病	饮水	19周龄	新城疫油乳剂苗	皮下或肌内注射
7周龄	新城疫（Lasota）	饮水			

（三）疫苗使用的注意事项

第一，在对鸡群对症接种了疫苗后，不能就高枕无忧了，还需要加强卫生管理措施。否则，在免疫鸡群中还可能有鸡发病。

第二，冻干苗在运输和保存期间，温度要保持在 2℃～8℃，最好是保持在 4℃，避免高温和阳光照射。鸡霍乱氢氧化铝菌苗保存的最适温度是 2℃～4℃，温度太高会缩短保存期，如果发生冻结，可破坏氢氧化铝的胶性，以致失去免疫特性。此外，所有的疫苗和菌苗都应在干燥条件下保存。

第三，不使用已超过保存期的疫苗和菌苗。瓶子破裂、长霉、无标签或无检验号码的疫苗和菌苗，均不能使用。

第四，使用液体菌苗时，要用力摇匀；使用冻干苗时，要按产品使用说明书指定使用的稀释液和稀释倍数，并充分摇匀。绝对不能用热水稀释。稀释的疫苗不能靠近热源或晒到太阳，应放置在阴凉处，并且在 2 小时内用完。马立克氏病疫苗必须在 1 小时内用完。否则，就可能导致免疫失败。

第五，接种弱毒活菌苗前后各 1 周，鸡群应停止使用对菌株敏感的抗菌药物。鸡群在接种病毒性疫苗时，在前 2 天和后 3 天的饲料中可添加抗菌药物，以防免疫接种应激可能引发其他细菌感染。各种疫（菌）苗接种前后，应加喂 1 倍量的多种维生素，以缓解应激反应。

第六，接种用具，包括疫苗稀释过程中要使用的非金属器皿，在使用前必须用清水洗刷干净经消毒后使用。当接种工作一结束，应及时把所用器皿及剩余的疫苗经煮沸消毒，然后清洗，以防散毒。

（四）饮水免疫的技巧

第一，适于饮水免疫的疫苗，一般是弱毒冻干疫苗。如新城疫 II 系和 IV 系苗、传染性支气管炎 H_{120} 和 H_{52} 苗、传染性法氏囊病弱毒冻干疫苗等。灭活疫苗不得用于饮水免疫。

第二，饮水免疫前，应详细检查鸡群健康状况，将病、弱鸡或疑似病鸡、弱鸡及时隔离出去，且不得给隔离鸡进行饮水免疫。

第三，饮水免疫的机制在于通过呼吸道。所以，饮水器中的水要有一定的深度,这样鸡饮用疫苗水时鼻腔可进入水中。同时配合停水措施(在饮疫苗水前应停水 2～4 小时,可视鸡舍温度和季节适当调整停水时间,夏季可在夜间停水)和给予 2/3 鸡群的饮水槽位,造成饮水时你争我夺的局面,必然会达到呛水的效果——使疫苗由鼻腔进入呼吸道。

第四,为了使每只鸡都能饮到足够量的疫苗,饮水时间应控制在 1～2 小时之内结束。在认真观察前 3 天鸡的饮水量后,取其平均值的 40%,就是疫苗的用水量。

第五,在饮水免疫前也必须控料,免疫前后 3 天不带鸡消毒和饮水消毒。饲料中加入较平时高出一倍量的维生素 A、维生素 E 和维生素 C。免疫结束后应停止供水半小时,之后才能供给含多种维生素的饮水,以缓解应激,1 小时后才能喂料。

二、开展对鸡白痢病的定期检疫

(一)净化鸡群 种鸡场从 2 月龄开始每月抽检,凡检出为阳性的鸡只都予以淘汰。在 120 日龄及种鸡群留种前,用全血玻板凝集反应法对全群逐只进行采血检查,淘汰阳性鸡。间隔 1～2 周后再重复检查 1 次,彻底淘汰带菌的种鸡。由于鸡白痢是垂直传染的疾病,因此只有切断病原的垂直传播来源,才能确保下一代雏鸡不受感染。

(二)严把进雏关 商品鸡场必须严格把好进雏关,购买无垂直传播疫病种鸡场的雏鸡。

(三)应用抗生素治疗的基本原则

第一,应选择对病原微生物高度敏感、抗菌作用最强或临床疗效较好、不良反应较小的抗菌药物(表 3-5-2),切忌滥用。

第二,一般在开始用药时剂量宜稍大,以便给病原菌以致命性打击,以后应根据病情适当减少剂量。疗程应充足,一般连续用药3～5天,直到症状消失后,再用药 1～2 天,以求彻底治愈,避免复发。

第二节　落实以预防为主的综合性防疫卫生措施

表3-5-2　若干家禽疾病对部分抗生素的选择

病　名	青霉素	红霉素	链霉素	庆大霉素	四环素	强力霉素	洁霉素	大观霉素
鸡白痢			＋	＋	＋	＋		＋
鸡霍乱			＋	＋	＋	＋		＋
鸡伤寒			＋	＋	＋	＋		＋
鸡慢性呼吸道病		＋	＋	＋	＋	＋	＋	＋
鸡传染性鼻炎		＋	＋	＋	＋	＋		＋
鸡链球菌病	＋						＋	
鸡葡萄球菌病	＋	＋			＋		＋	

注：＋表示对疾病具有作用

第三，要准确掌握用药量和时间,尽量避免大剂量和长期用药造成的严重不良反应。由于残留药物会对人体健康造成危害,因此一定要严格按照各类抗生素的停药期用药,避免产品对人体造成危害。由于抗生素对某些活菌苗的主动免疫过程有干扰作用,因此在给鸡只使用活菌苗的前后数天内,以不用抗生素为宜。

第四,为保证得到有效血药浓度来控制耐药菌的出现,治疗时剂量要充足,疗程、用法应适当,切忌滥用。为防止和延迟细菌耐药性的产生,可以用1种抗菌药物控制的感染就不要采用几种药物联合应用,可以用窄谱的就不用广谱抗生素;还可以有计划地分期、分批交替使用抗生素类药物。

第五,抗生素对病毒感染无效,有时为了防止细菌的继发感染也可慎重使用,但鸡群病情不太严重、病因不明的发热,不宜使用抗生素。在疾病确诊后,有条件的应做药敏试验,有的放矢地选择最敏感药物,避免盲目用药而贻误治疗。

三、对球虫病的预防措施

球虫病主要发生于3月龄内的鸡,15～50日龄最易感染。长年均可发生,但在适于卵囊成熟的 6～7 月份、气温在 22℃～30℃和雨水较多的季节有多发的倾向。发病率和病死率都很高。

由于球虫卵囊的生命力极强,常温下可生存 2 年多,一般的消毒药对它无效。据说有一种"邻二氯苯合剂"的消毒药虽说有效,但其效果也不像对细菌、病毒那么好。因此,要注意做好鸡群的日常管理工作和药物预防。

(一)日常管理工作　一是对鸡粪和垫草的处理。必须在鸡只全部出舍后进行彻底的清扫,不能将鸡粪和垫草散落在鸡舍内外和路上。采用火干烧能完全杀死鸡粪、垫草中的卵囊,发酵也是好办法。二是鸡舍内不能有经常积水的地方。三是由于鸡舍地面消毒时,不可能杀死地面上的卵囊,所以清扫一定要彻底,并将扫出的垃圾混在鸡粪中发酵处理。冲洗鸡舍后,在排水口和污水池中要用稀释 100 倍以上高浓度的消毒药来杀灭,作用时间要超过 6 小时。四是用煤气喷灯喷烧地面,即用火焰直接烧死卵囊是可行的。但由于效率低,适用于小面积的育雏舍,对大鸡场不太适用。因此,目前对球虫病更多的是药物预防。

(二)药物预防

第一,在使用抗球虫病药物的同时,要加强和改善饲养管理,以提高鸡体的抵抗能力。在管理上可根据球虫病多发生于 15～50 日龄的雏鸡,可将 12 日龄的雏鸡上架饲养。

第二,为防止球虫产生耐药性,可采用在短时间内有计划地交替使用抗球虫药的办法。如开始应用抑制第一代裂殖体生殖发育的抗球虫药,以后可换用抑制第二代裂殖体发育的抗球虫药。

第三,要掌握药物的作用峰期。作用峰期是指抗球虫药适用于球虫发育的主要阶段。对作用峰期在感染后第一、第二天的抗球虫药,其抑制作用是在球虫的第一代无性繁殖初期和第一代孢子体,抗球虫作用较弱,常用于预防,对产生免疫力不利。而作用峰期在感染后第四天的抗球虫药,即对第二代裂殖体有抑制作用,作用较强,常用于治疗,对机体的免疫性影响不大。在使用中对影响机体免疫力的药物,一般不宜使用过长时间。

第四,预防药残的重要性。由于抗球虫药一般用药时间相对较长,它必然会在肉、蛋中有残留,被人们食用后,会直接危害人体健康。所以,在上市前若干天必须停药(表 3-5-3)。

表 3-5-3　若干抗球虫药的用药量与上市前的休药期

药物品称	作用峰期 (感染后天数)	一般用药量(‰)	上市前休药期 (天)	限制应用
二硝托胺 (球痢灵)	2～4	0.25(连喂 3～5 天) 0.125(预防量)	5	
莫能菌素	2	0.125	3	产蛋鸡
氯苯胍	3	0.03	7	产蛋鸡
盐霉素	4	优素精 0.5 球虫粉-60	0.7	0
地克珠利 (速丹)	2	1.5～9 毫克/千克 (常用量为 5)	5	

根据欧盟 99/23(EEC)2377/90 指令和日本政府对输日肉鸡药物残留控制要求,下列药物为我国出口肉鸡禁用药(表 3-5-4)。

另外,有部分药品必须在宰前 15 天停用,如大环内酯类(红霉素、泰乐菌素、北里霉素等)、喹诺酮类。

(三)球虫疫苗的应用　由于在球虫药使用上的种种限制以及耐药性的产生,使人们开始转向其他有效的控制球虫病的手段,球虫疫苗以其无药物残留、一次免疫终身的优势逐步得到了养鸡业界的注意与认同。

1. 球虫疫苗的种类　目前进入我国市场的主要有 COCCI-VAC 系列,IMMUCOX 和 LIVACOX 等。

表3-5-4　我国出口肉鸡禁用药名录

序号	药名	序号	药名	序号	药名
1	氯霉素	5	氯丙嗪(冬眠灵)	9	甲硝咪唑
2	呋喃类(包括痢特灵、呋吗唑酮、呋喃西林等)	6	秋水仙碱	10	洛硝达唑
3	马兜铃属植物及其制剂	7	氨苯砜	11	克球粉
4	氯仿	8	二甲硝咪唑(达美素)	12	尼卡巴嗪(球虫净)
13	磺胺-5-甲氧嘧啶(球虫宁)	18	磺胺喹噁啉	23	磺胺嘧啶
14	氨丙啉(鸡宝-20,富力宝、安宝乐)	19	甲砜霉素	24	前列斯叮
15	磺胺间甲氧嘧啶(制菌磺、泰灭净)	20	灭霍灵	25	万能胆素
16	磺胺二甲嘧啶	21	螺旋霉素		
17	噁喹酸	22	喹乙醇(喹酰胺醇、快育诺、痢菌净)		

　　球虫疫苗可以分为2类:一类为强毒疫苗,包括COCCIVAC-B和COCCIVAC-D,IMMUCOX等;另一类为弱毒苗,如LIVACOX等。各疫苗的组成如表3-5-5所示。

　　2.球虫疫苗的使用　球虫疫苗的使用方面,无论强毒株还是弱毒株疫苗,免疫的时间都应尽早进行。由于球虫疫苗产生免疫力要在鸡的体内循环2~3次,需要14~21天才能产生足够的保护力。因此,免疫时间一般在1~5日龄,以便尽可能在野毒感染发病之前建立保护。

表 3-5-5　国内球虫疫苗的种类及组成

产品名称	毒　力	适用品种	组　成
COCCIVAC-B	强毒型	种鸡、肉鸡	柔嫩、巨型、堆型、变位
IMMUCOX	强毒型	肉　鸡	柔嫩、巨型、堆型、毒害
LIVACOX-T	弱毒型	肉　鸡	柔嫩、巨型、堆型
LIVACOX-Q	弱毒型	种　鸡	柔嫩、巨型、堆型、毒害

接种方法一般采用饮水、喷雾或拌料等。一些公司可以提供1日龄在孵化场使用的喷雾器,因此可以在孵化场对雏鸡进行球虫疫苗的喷雾免疫。在鸡场进行饮水免疫的时候,由于目前的球虫疫苗产品都在疫苗液中添加了稳定剂,因此可以采用常规的饮水免疫方法。

与其他疫苗免疫不同的是,球虫疫苗的免疫并不是免疫接种完成就万事大吉。免疫成功与否,还要受到如下几个重要因素的影响。

(1)垫料的管理　一方面,因为球虫卵囊只有在外界合适的条件下才可以完成孢子化生殖,成为有感染力的卵囊,如完成孢子化生殖要求的外界温度在 22℃～28℃,空气相对湿度为 70% 左右,以及充足的氧气等;另一方面,孢子化卵囊在被鸡重复吞食 2～3 次后,在鸡体内完成 2～3 次循环才能产生免疫力。因此,在接种完成后,必须对垫料的管理提出特别的要求,如垫料的相对湿度必须达到 50%～60%。另外,在 3～4 周龄内鸡群在扩栏时,必须考虑到已混有粪便的旧垫料与新垫料混合,以使鸡在仍然接触到混有孢子化卵囊的粪便,利于球虫在鸡体内完成多个生活循环,以建立坚强的免疫。

(2)饲料　如果饲料内含有抗球虫药,会对鸡体内球虫疫苗虫株的生活史产生阻碍作用,使产生免疫力所必需的生活史循环中断,从而导致免疫失败。这也是许多球虫疫苗免疫失败的因素。因此,在球虫免疫后,饲料内绝不能使用抗球虫药。如果使用的是强毒型疫苗,可以适当采取投药的方式控制免疫反应,但也不需要进行治疗。而弱毒型球虫疫苗免疫后无须进行投药控制。

第三节　肉用仔鸡的育雏和肥育技术

　　肉用仔鸡从雏鸡到出售,一般分为育雏期和肥育期2个阶段。育雏期一般是从1日龄至3~4周龄,这个时期是给温期,也就是借助于供暖维持体温的生长初期。肥育期是从3~4周龄至出售(8周龄左右),此期最重要的是以通风换气为主的饲养管理。

　　育雏和肥育一样,都是养鸡的关键时期。不管是肉用种鸡还是肉用仔鸡,其最佳生产力取决于幼雏生长初期的良好发育,只有满足了雏鸡舒适和健康的基本需要,才可能成功地培育出有高产潜力的后备种鸡或肉用商品仔鸡。

一、肉用仔鸡生产的特点

　　(一)早期生长速度快　在正常生长条件下,肉用仔鸡的早期生长速度十分迅速,一般肉用雏鸡出壳时重40克,饲养56天后体重可达2 000克左右,大约是出壳时体重的50倍。56天肉鸡体重的世界最高纪录是2 880克,大群测试的纪录为2 700克,目前6周龄已能达到1.82千克的水平。

　　(二)饲养周期短、周转快　在国内,肉用仔鸡从雏鸡出壳起一般饲养到8周龄可达到上市的标准体重,出售完毕后经两周空舍并打扫、清洗、消毒后再进鸡。这样基本上是10周就可饲养一批肉鸡,一栋鸡舍1年至少可周转5批次。我国及国外有些饲养单位,其饲养周期更短,有的在6周龄上市体重就可达到1.35千克,每年至少周转6批。这样短的饲养周期是其他畜牧业所没有的。

有关生长期、停养期的长短与周转批次的关系见表 3-5-6。由于肉用仔鸡生产设备利用率高,资金周转快,所以它被称为"速效畜牧业"和畜牧业中的"轻工业"。

表 3-5-6　生长期与停养期的长短对生产批数的影响

饲养期(天)	停　养　期　(天)							
	7	8	9	10	11	12	13	14
46	6.9	6.8	6.6	6.5	6.4	6.3	6.2	6.1
47	6.8	6.6	6.5	6.4	6.3	6.2	6.1	6.0
48	6.6	6.5	6.4	6.3	6.2	6.1	6.0	5.9
49	6.5	6.4	6.3	6.2	6.1	6.0	5.9	5.8
50	6.4	6.3	6.2	6.1	6.0	5.9	5.8	5.7
51	6.3	6.2	6.1	6.0	5.9	5.8	5.7	5.6
52	6.2	6.1	6.0	5.9	5.8	5.7	5.6	5.5
53	6.1	6.0	5.9	5.8	5.7	5.6	5.5	5.5
54	6.0	5.9	5.8	5.7	5.6	5.5	5.5	5.4
55	5.9	5.8	5.7	5.6	5.5	5.5	5.4	5.3
56	5.8	5.7	5.5	5.5	5.5	5.4	5.3	5.2

（三）饲料转化率高　饲养业发展的基本条件是饲料,而肉用仔鸡的生产具有省饲料的特点,这可从几种畜、鸡的料肉比(消耗多少千克饲料能生产 1 千克肉的比例叫料肉比)中看得很清楚。肉用仔鸡的料肉比为 1.8～2：1,蛋鸡的料蛋比为 2.6：1,而猪和兔的料肉比为 3.1：1,肉牛的料肉比为 5：1。随着肉用仔鸡早期生长速度的不断提高,因饲养周期缩短而带来的饲料转化率已突破 2：1 的大关,达到 1.72～1.95：1 的水平。因为饲料的支出占养鸡成本的 70% 左右,所以饲料转化率愈高,其每千克产品生产成本就愈低,由此带来的利润也愈大。难怪在国外的肉食品中肉鸡的价格最便宜。

（四）饲养密度大,单位设备的产出率高　与蛋鸡相比,肉用仔鸡喜安静,不好动,除了吃料饮水外,很少斗殴跳跃。特别是饲养后期,由于肉鸡体重迅速增加,活动量大减。虽然饲养密度随着鸡龄的增长而加大,但舍内的空气污浊程度较低,只要有适当的通风换气条件,还可以加大饲养的密度。一般在厚垫料平养的情况下,每平方米可养 12 只左右,出栏重量为 30~34 千克/米^2。这比在同等体重、同样饲养方式下蛋鸡的饲养密度增加了一倍。也就是说,用同一生产设施生产的肉鸡,由于其密度大(也不能无限增大),所生产的肉鸡总重量也大,单位活重所承担的间接费用(固定资产房舍与设备等)就少,有利于降低生产成本。

(五)劳动生产效率高　肉用仔鸡具有分散的本能,它不会密聚在一处,而是分散地生活,具有良好的群体适应能力,适宜于大群饲养。它可以笼养、网养和平面散养,在农村也可因地制宜,除房舍外,一般不需要特殊的设备。如平面散养,每个劳力可以管理 1 500~2 000 只肉用仔鸡,全年可以饲养 7 500~10 000 只。如果在舍内安装几条料槽,采用链板式送料,饮水采用自动饮水器或自流水,就可以大大提高劳动生产效率,每个劳力可饲养 1 万~2 万只。

二、雏鸡的选择与运输

(一)如何选择种鸡雏和商品鸡雏　了解市场行情,正确地选养适销对路的种雏鸡和商品雏鸡,既是养好肉用种鸡和肉用仔鸡的关键,也是高产高效的关键。主要应从以下几个方面考虑。

第一,为了选好鸡种,养种鸡的单位一定要到经过验收合格的祖代鸡场选购优良的单杂交的父母代鸡,然后按繁育体系的杂交方案进行第二级三元或四元杂交(即 A×CD 或 AB×CD),这样就能得到符合商品要求的雏鸡。

第二,专门养肉用仔鸡的专业鸡场及养殖户,在选养雏鸡前,应选择适销对路的肉用仔鸡雏鸡(白羽还是黄羽,快速型还是优质型)。除摸清楚商品鸡的准确来源、生产性能和疫源情况外,还要考虑饲料和饲养条件,制定有效的防疫程序,使品种的良好生产性能,在良好的饲养管理条件下得以充分发挥。

第三,一个鸡场应饲养一个品种的鸡,一个养殖地区(如村)以养殖一个品种为好。这是因为不同的品种各有不同的特定传染病,如果不同的品种饲养在一起,就可能发生疾病的交叉传染而难以控制。

第四,对雏鸡的外观选择。可以从诸多方面着手:出壳雏鸡应绒毛清洁、有光泽,眼大而有神,精神活泼、反应灵活;脚站立行走稳健,脚爪圆润,无干瘪脱水现象,无畸形;泄殖腔周围干爽;腹内卵黄吸收良好,腹部大小适中,脐环闭合良好;体态大小匀称;手握雏鸡有较强的挣脱力;雏鸡叫声清脆,不像体弱者鸣叫不止等。

(二)雏鸡的运输 应尽量避免长途运输雏鸡,万不得已运输时应注意以下几点。

第一,雏鸡出壳时间应未超过18小时。

第二,装箱要适量。运雏鸡最好用专门的运雏箱,雏鸡箱规格与装雏鸡数量见表3-5-7。

表3-5-7 运雏箱的一般规格

规格(长×宽×高,厘米)	容纳雏鸡数(只)
15×13×18	12
30×23×18	25
45×30×18	50
50×35×18	80
60×45×18	100(常用)
120×60×18	200

第三,出发时间要适宜。夏季要在早晨或傍晚运输,避开高温时间;冬季最好在中午运输。途中不宜停留。事前应加足车辆用油,带些方便食品随车就餐,尽量减少在途中的滞留时间,尽早按

时到达目的地。

第四，途中运行速度要适中，一般以控制在 40～50 千米/时为好。特别是在路面状况不好及转弯时，更要放慢车速，以免因外力使箱中雏鸡倒向一侧而发生挤堆现象。

第五，要保持车厢内温度适宜和通风透气。雏鸡箱应码放整齐，并适当挤紧，以防止中途倾斜压坏雏鸡。夏季应在车厢底板上放垫板并洒水，以有利于通风及蒸发散热。车厢内温度应保持在 30℃～34℃，空气要新鲜。如温度过高，在打开空调降温的同时，也要打开车窗，以防止雏鸡因缺氧呼吸困难而窒息死亡。

在运输途中，每隔 30 分钟要观察 1 次雏鸡的表现。如发现雏鸡张嘴，展翅，叫声刺耳，骚动不安，这是温度过高的表现；如发现雏鸡扎堆，并发出叽叽的鸣叫声，用手触摸鸡脚明显发凉，说明温度过低。当出现上述情况时，要及时将上下、左右、前后雏鸡箱对调更换位置，以利于通风散热或保温。当温度适宜时，雏鸡分布均匀，叫声清脆有力，活泼、好动、欢快，有时可见雏鸡啄垫纸，有觅食欲望，休息时呈舒适安逸状。

（三）雏鸡的安置　运雏车到达目的地后，应迅速将雏鸡箱搬进育雏舍。最好能按强弱分群，将弱雏放在舍内温度较高的地方饲养。经长途运输后的雏鸡，可及时滴灌药水（用 0.05 克土霉素 1 片加温水 10 毫升配成），每只鸡用眼药水瓶滴灌 2～3 滴，每灌 1 滴，都要等它咽下去后再灌。滴灌的好处在于：一是补充初生雏鸡体内的水分，防止失水；二是有助于初生雏鸡排出胎粪，增进食欲；三是有助于吸收体内剩余的卵黄，促进新陈代谢；四是预防疾病。

三、饲养雏鸡的基本设施与用具

（一）饲养的基本条件　见表 3-5-8。

第三节　肉用仔鸡的育雏和肥育技术

表 3-5-8　肉用仔鸡饲养的基本条件

基本条件	具 体 要 求
饲养密度	初孵雏 40～50 只/米^2,1 周龄 30 只/米^2,2 周龄 25 只/米^2,3 周龄 20 只/米^2,5 周龄 18 只/米^2,6 周龄 15 只/米^2,8 周龄 10～12 只/米^2,出售前 30～34 千克体重/米^2
饲　槽	第一周每 100 只雏鸡需要 1 个饲料盘,或每 100 只雏鸡需要 3 米长两边可用的饲料槽,每只鸡槽位约 6 厘米。每 100 只鸡 2 个圆形吊桶
饮水器	每 100 只雏鸡需 4 升容量的饮水器 1 个,如用水槽,则每只鸡占位 2 厘米
保姆伞	每个 2 米直径的保姆伞可容纳 500 只雏鸡
围　篱	高度 45～50 厘米,随鸡龄增大及季节变化,放置于保姆伞边缘 60～160 厘米处

（二）育雏的方式与选择　为满足雏鸡舒适和健康的基本需要,育雏期间的基本条件就是安装有温度调节设施的鸡舍。尽管育雏方式有多种多样,但就其饲养方式来说,不外乎平面饲养和立体饲养两种。就其给温方式来说,归纳起来有 3 种类型:一是将热源安装在雏鸡的上方(简称上方热源)一定的高度,通过辐射热使雏鸡取暖,如保姆伞的加温方式;二是将热源安装在雏鸡的下方或在地面以下(简称下方热源),热向上发散,通过传导和对流,使雏鸡的腹部乃至全身获得温暖,如地下烟道育雏等方式;三是将热源安装在舍内,通过加热舍内空气使全舍温度上升,如烧煤炉、鼓热风等。不同的饲养方式,各有利弊。常见的育雏和给温方式见表 3-5-9。

表 3-5-9　常见的育雏和给温方式

饲养方式		上方热源	下方热源	整舍加温
平面饲养	煤炉	地面平养	保姆伞、红外线、远红外	地下烟道、电热毯、地下暖管
	平面网上饲养		地下烟道	热水管、鼓热风、煤炉
立体饲养	笼养		地下烟道	热水管、鼓热风、煤炉

1. 平面饲养　地面平养由于设备投资少,简单易行,操作方便,便于观察,能较好地减少胸囊肿的发生,是目前国内外普遍采用的饲养方式。平面饲养的给温方式有如下几种。

(1)地下烟道　这种供热装置的热源来自雏鸡的下方,可使整个床面温暖,雏鸡在此平面上按照各自需要的温度自然而均匀地分布,在采食、饮水过程中互不干扰,雏鸡排在床面上的粪便中的水分可很快被蒸发而干燥,有利于降低球虫病的发生率。此外,这种地下供温装置散发的热首先到达雏鸡的腹部,有利于雏鸡体内剩余卵黄的吸收;而且这种热气在向上散发的同时,可将舍内的有害气体一起带向上方,即使为排除污浊气体打开育雏舍上方窗户,也不至于严重影响雏鸡的保温。这种热源装置大部分是采用砖瓦泥土结构,花钱少,在农村容易推广。人们在实践中对地下烟道地面育雏予以肯定。

第一,由于土层可起缓冲热的传导作用,当火烧旺时,热量不会立即传导到地面,炉火熄灭时,土层也不会立即冷却。所以,床面的热量散发均匀,地面和垫料暖和。由于温度由地面上升,雏鸡腹部受热较为舒适,有利于雏鸡的健康,对预防雏鸡白痢病也有较好的效果。

第二,由于地面水分不断蒸发而使垫料保持干燥,湿度小,有利于控制球虫病的发生。

第三,节省能源。烧煤的成本要比用电成本低。而地下烟道热源要比煤炉育雏的煤耗量至少可节省1/3。在开始升温时耗煤较多,一旦温度达到要求,其维持温度所需要的煤成本要少于其他供温方式。

第四,有利于保温和气体交换。由于没有煤炉加温时的煤烟味,大大提高了舍内空气的新鲜程度。

第五,由于是加温地面,因此育雏舍的实际利用面积扩大了,方便了饲养人员的饲养操作和对鸡群的观察。

第六,设备开支要比其他供温方式少。

由于有上述优点,这种地面育雏方式已被许多中、小型鸡场及较大规模的专业养鸡户所采用。在设计地下烟道时,烟道进口处的口径要大些,走向出烟口应逐渐变小,而且烟道进口处要置于较低位置,出口处的位置应随着烟道的延伸而逐渐升高,这样有利于暖气流通和排烟。

(2)地下暖管 是在育雏舍地坪下埋入循环管道,在管道上铺盖导热材料。管道的循环长度和管道的间隔应根据育雏舍大小的需要而设计。其热源可用暖气或工业废热水循环散热加温,后者可节省能源和降低育雏成本,较适于在工矿企业附近的鸡场采用。

采用地下暖管方式育雏的,大都在地面铺10~15厘米厚的垫料,多使用刨花、锯末、稻壳和切短的稻草,有的铺垫米糠(用后可连同鸡粪一起喂猪)。垫料一定要干燥、松软、无霉变,且长短适中。为防止垫料表面的粪便结块,可适当地用耙齿将垫料抖动,使鸡粪落入下层。一般在肉鸡出场后将粪便与垫料一次性清除干净。

(3)保姆伞 其热源来自雏鸡上方。它可用铁皮、铝板或木板、纤维板,也可用钢筋骨架和布料制成伞形,热源可用电热丝、电热板,也可用液化石油气燃烧供热,伞内应有控温系统。在使用过程中,可按不同日龄鸡对温度的不同要求来调整调节器的旋钮。伞的边缘离地高度相当于鸡背高的2倍,雏鸡能在保姆伞下自由活动。伞内装有功率不大的吸引灯日夜照明,以引诱幼雏集中靠近热源。一般经3～5天待雏鸡熟悉保姆伞后,即可撤去吸引灯。在伞的外围用苇席围成小圈,暂时隔成小群。随着日龄增长,围圈可由离保姆伞边缘60厘米逐渐扩大到160厘米,到1周左右可拆除。地面与上述两种育雏方式一样,也应铺垫料。保姆伞育雏的优点是,可以人工调节温度,升温较快而且平稳,舍内清洁,管理也较方便。但要求舍温在15℃以上时保姆伞工作才能有间歇,否则因持续保持运转状态会有损于它的使用寿命。保姆伞外围的温度,尤其在冬季和早春显然不利于雏鸡的采食、饮水等活动。因此,通常情况下需采用煤炉来维持舍温。这样以两种热源相配合来调节育雏舍内的温度,使保姆伞可以保持正常工作状态,而育雏舍内又有温差(保姆伞内外),但不会过高或过低,有利于雏鸡的健康成长。这种方式育雏的效果相当好,已为不少鸡场所采用。

(4)红外线灯　使用红外线灯,悬挂于离地面45厘米高处。若舍温低时,可降至离地面35厘米处。但要时常注意防止灯下局部温度过高而引燃垫料(如锯末等),并逐步提升挂灯的高度。据称,每盏250瓦的红外线灯保育的雏鸡数为:舍温6℃时70只,12℃时80只,18℃时90只,24℃时100只。采用此法育雏,在最初阶段最好也应用围篱将初生雏鸡限制在一定的范围之内。此法灯泡易损,而且耗电量也大,费用支出多。

来自小鸡上方的热源,不管用不用反射罩,小鸡总是靠辐射热来取暖的。由于这种装置除了保温区外,辐射热很难到达保温区以外的地面,尤其在寒冷的冬季,如不采用煤炉辅助加温,而单靠上方热源是很难提高舍温的。小鸡始终挤在辐射热的保温区内,容易引起挤压死亡。

(5)煤炉 不少养鸡户利用煤炉加热舍温的方式。煤炉可用铁皮制成,或用烤火炉改制。炉上应有铁板或铸铁制成的平面盖,炉身侧面上方留有出气孔,以便接通向舍外排出煤烟的通风管道。煤炉下部侧面(相对于出气孔的另一侧面)有一进气孔,应有用铁皮制成的调节板,由进气孔和出气管道构成吸风系统,由调节板调节进气量以控制炉温。出气管道(俗称炉筒)的散热过程就是对舍内空气的加热过程,所以在不妨碍饲养操作的情况下,炉筒在舍内应尽量长些。炉筒由炉子到舍外要逐步向上斜伸,到达舍外后应折向上方且超过屋檐口为好,以利于烟气的排出。否则,有可能造成烟气倒逸,致使舍内烟气浓度增大。煤炉升温较慢,降温也较慢,所以要及时根据舍温添加煤炭和调节进风量,尽量不使舍温忽高忽低。它适用于小范围的育雏。在较大范围的育雏舍内,常常与保姆伞配合使用。如果单靠煤炉加温,尤其在冬季和早春,要消耗大量的煤炭,还往往达不到育雏所需要的温度。

(6)平面网上饲养的供温 平面网养可使鸡与粪便隔离,有利于控制球虫病。网眼大小一般不超过 1.2 厘米×1.2 厘米,可用铁丝网或特制的塑料网板,也可用竹子制成网板。其加温方式可采用地下烟道式,也可采用煤炉、热气鼓风等方式整舍加温。

2. 立体饲养 立体饲养主要是笼养。育雏笼由笼架、笼体、食槽、水槽和承粪盘组成。笼的式样可按房舍的大小来设计,留出饲养人员操作的空间。一般笼架长 2 米,高 1.5 米,宽 0.5 米,离地面 30 厘米,共分 3 层,各层高 40 厘米,每层可安放 4 组笼具,上、下笼之间应留有 10 厘米的空隙放承粪盘。笼底可用铁丝制成,网眼不超过 1.2 厘米×1.2 厘米。笼养的育雏舍内,加温的办法较多,可用暖气管、热水管加热,也可用地下烟道或舍内煤炉加温。

笼养的好处在于:①能有效地提高鸡舍面积的利用率,增加饲养的密度;②节省垫料和热能,降低生产成本;③提高劳动生产率;④有利于控制球虫病的发生和蔓延。

但笼养(含网上平养)会使肉用仔鸡患腿病和胸囊肿病的比率增加。为减轻这些弊病,可运用具有弹性的塑料笼底。国外已有从初生雏直到出场都饲养在同一笼内的塑料鸡笼,出售时连笼带鸡一起装去屠宰场,宰杀后将鸡笼严格消毒后再运回,这样可大大节省劳力。

育雏的方式,在生产中多种多样,如"先地后笼"。即育雏时期在地面,肥育时期上笼,这样育雏舍面积可缩小,有利于保温。到肥育期,鸡体增大,饲养面积要扩大。此时也是球虫病易发时期。所以,这时上笼既可缩小占用房舍建筑面积,提高房舍的利用率,又可以节省垫料和减少球虫病的威胁。

也有的专业户利用夏天的温暖气候(尤其在南方)采用棚、舍结合的办法,在舍内育雏,中雏后移至大棚中饲养。由于大棚结构简单,房顶可用石棉波形瓦和油毡等铺盖,棚的四周可用铁丝网或竹篱笆围起,早春时可覆盖塑料薄膜保温。这样,可以就地取材,投资少,见效快。但这只是在原始资本积累初期的权宜之计。

在使用能源方面,群众中亦有不少创造。如江苏省有的农村利用锯末做燃料,用大型油桶制成似吸风装置的煤炉,在装填锯末时,在炉子中心先放一圆柱体,然后将锯末填实四周,压紧后将圆柱体拔出,使进风口至出气管道形成吸风回路,然后在进风口处引燃锯末,关小进风口让其自燃。这样发热均匀,可以解决能源比较紧张地区的燃料困难,也节省开支。使用这种锯末炉的关键是要将锯末填实,否则锯末塌陷易熄火。

不论何种饲养方式,肉用仔鸡都要采用"全进全出"的生产方式。同一批肉用仔鸡,同一天进雏,同一天出售,之后对全部养鸡设施彻底消毒处理,并使鸡舍有 14 天左右的空舍时间,完全中断了各种疫病的循环传播环节。由此而带来的是,每批雏鸡的育雏都可以有一个"清洁的开端"。

（三）进雏前的准备工作

1. 饲养计划的安排　应根据鸡舍面积，并考虑是同一鸡舍既作育雏又作肥育用，还是育雏与肥育分段养于不同鸡舍，然后按照饲养密度计算可能的饲养数量。根据饲养周期的长短，确定全年周转的批次。订购雏鸡时应选择鸡种来源及质量可靠的单位，在饲养前数月预订，以保证按商定的日期准时提货。

2. 饲料的准备　为了满足肉用仔鸡快速生长的需要，应按照有关饲料配方配制全价饲料。有关公司都有肉用仔鸡的饲粮营养标准，表 3-5-10 是星波罗肉用仔鸡的饲粮营养标准。

表 3-5-10　星波罗肉用仔鸡饲粮营养标准

营 养 指 标	1～4 周	5～8 周
代谢能（兆焦/千克）	12.93	13.39
粗蛋白质（%）	23	20
钙（%）	1.0	1.0
磷（可利用磷）（%）	0.4	0.4
粗脂肪（%）	3～5	3～5
粗纤维（%）	2～3	2～3
赖氨酸（%）	1.20	1.00
蛋氨酸（%）	0.47	0.40
胱氨酸（%）	0.37	0.32
蛋氨酸＋胱氨酸（%）	0.84	0.72
色氨酸（%）	0.23	0.20

　　我国有些地区限于饲料资源、饲粮中的能量、蛋白质水平达不到高标准，也可采用较低能量和蛋白质水平的饲粮，表 3-5-11 中所列的是各阶段不同原料组配的饲料配方。

　　一般专门化品系的肉用仔鸡，都有每周龄消耗饲料量的标准。表 3-5-12 是海布罗肉用仔鸡每周的饲料消耗量。

　　如果自行配制饲料，根据饲料配方、每周的饲料消耗量及饲养量，可以大致计算出每种饲料原料的需要量。如果购买市售配合饲料，必须了解配合饲料的能量与粗蛋白质的含量以及配合饲料的质量，谨防购进假冒鱼粉、伪劣饲料和发霉变质饲料。

表 3-5-11　肉用仔鸡饲料配方　（%）

饲料与指标		1～4 周龄			5 周龄至出栏		
		配方 1	配方 2	配方 3	配方 4	配方 5	配方 6
选用原料	玉　米	54.5	56.5	58.0	55.0	59.0	68.0
	麸　皮	8.2	7.2	6.7	5.5	—	3.5
	米　糠	—	—	—	4.7	—	—
	碎小麦	5.0	5.0	3.0	—	8.0	—
	油　脂	—	—	—	3.0	3.0	—
	大豆饼	25.0	16.0	15.0	18.5	20.7	18.2
	棉籽饼	—	5.0	—	3.5	—	—
	菜籽饼	—	—	5.0	—	—	—
	鱼　粉	5.0	8.0	10.0	7.5	7.0	8.0
	骨　粉	1.5	1.5	1.5	1.5	1.5	1.5
	添加剂 *	0.5	0.5	0.5	0.5	0.5	0.5
	食　盐	0.3	0.3	0.3	0.3	0.3	0.3
	合　计	100.0	100.0	100.0	100.0	100.0	100.0

续表 3-5-11

饲料与指标		1～4 周龄			5 周龄至出栏		
		配方 1	配方 2	配方 3	配方 4	配方 5	配方 6
营养指标	代谢能（兆焦/千克）	12.13	12.13	12.18	12.64	12.64	12.64
	粗蛋白质	20.20	19.90	20.60	19.60	19.20	19.00
	粗纤维	3.40	4.00	3.90	4.00	2.53	2.72
	钙	0.88	0.97	1.06	0.96	0.93	0.97
	磷	0.32	0.34	0.36	0.34	0.34	0.34
	赖氨酸	1.09	1.03	1.14	1.07	1.04	1.03
	蛋氨酸	0.79	0.86	0.79	0.65	0.61	0.65

＊添加剂由复合维生素、微量元素和蛋氨酸组成

表 3-5-12　海布罗肉用仔鸡饲料消耗量

周　龄	每 1000 只鸡的饲料量（千克）		
	天	周	累　计
1	13	91	91
2	41	287	378
3	68	476	854
4	89	623	1477
5	108	756	2233
6	118	826	3059
7	134	938	3997
8	150	1050	5047
9	164	1148	6195

　　(3)育雏舍及用具的准备　肉用仔鸡的饲养,为时极其短暂,不论采用何种饲养方式,都处于大群密集的状态。一旦病原体侵

入,其传播速度是极快的,往往会引起全群发病,一般至少会降低生长速度 15%～30%,严重的则造成死亡,导致经济亏损。所以,饲养肉用仔鸡必须严格隔离,而且在每批肉鸡出售后,要立即清除鸡粪、垫料等污物。由于残留污物会降低消毒药物的效力,所以消毒前要用水洗刷,特别是饲养舍地面、墙壁、门窗和用具上残存的粪迹,可用动力喷雾器来冲刷。舍内墙壁可用 10%的生石灰乳刷白,地面可用煤酚皂或其他消毒剂消毒。同时,将所有用具,如饮水器、食槽、开食盘、齿耙、锹、秤、水桶等用 3%来苏儿液浸泡消毒,再用清水冲洗干净,晒干备用。在此基础上,检查和维修好所有的设备,并将上述用具及备用物品、垫料、保姆伞、煤炉及其管道、围栏、灯泡、温度计、扫把、雏鸡箱等密封在育雏舍内(要用纸条封住缝隙)。按每立方米空间用 42 毫升福尔马林和 21 克高锰酸钾的比例计算好用量进行熏蒸消毒。密封后,在地面可适当洒水,提高空气湿度,增强福尔马林的消毒作用。然后在适当的容器内,先倒入少量水,接着将计算好的福尔马林倒入,再倒入高锰酸钾,随即关门。为节省开支,也可不加高锰酸钾而用火加热,使福尔马林在短时间内蒸发,但要防止失火。在密封 1 天后,打开门窗换气。熏蒸消毒时必须要有较高的温度和湿度,一般要求温度不低于 20℃,空气相对湿度为 60%～80%。

育雏舍门口要设置消毒池,饲养人员进出育雏舍和鸡舍要更换衣、帽、鞋,用 2%新洁尔灭溶液洗手消毒。

(4)试温　雏鸡进舍前 2～3 天,对育雏舍、保姆伞和其他保温装置要进行温度调试,检查一切设施运转是否正常,以免日后正式使用时经常出现故障而影响生产。由于墙壁、地面都要吸收热量,所以必须在雏鸡入舍前 36 小时将育雏舍升温(尤其在冬季更应如此),使整个房舍内的温度均衡。

(5)垫料等用具的安放　进雏前先铺 5 厘米厚的垫料,要求垫料干燥、清洁、柔软、吸水性强、无尖硬杂物,切忌使用霉烂、结块的垫料。全部用具应按图 3-5-1 所示各就其位。在保姆伞周围间隔放置饮水器与饲料盘。

四、雏鸡的饲养与管理

育雏期是肉用仔鸡整个饲养过程中的一个关键阶段。在了解肉用仔鸡的生理特点、生活习性和营养需求的基础上，就能自如地做好接雏前的准备工作，为雏鸡创造一个良好的环境，给予周到的护理，使肉用仔鸡能按预期的目标增重，以提高经济效益。

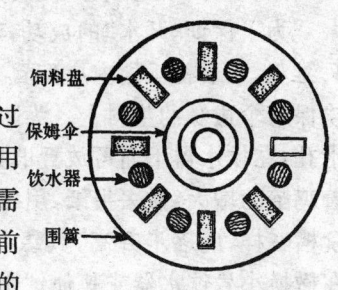

图 3-5-1　围篱内的器具放置

（一）雏鸡的饲养

1. 饮水　必须让雏鸡迅速学会饮水，最好在雏鸡出壳后 24 小时内就给予饮水。由于初生雏鸡从较高温度和湿度的孵化器中出来，又在出雏室内停留，加上途中运输，其体内丧失的水分较多，所以适时地饮水可补充雏鸡生理上所需要的水分，有助于促进雏鸡的食欲，软化饲料，帮助消化与吸收，促进胎粪的排出。鸡体内含有 75％左右的水分，在体温调节、呼吸、散热等代谢过程中起着重要作用，产生的废物如尿酸等也要由水携带排出。延迟给雏鸡饮水会使其脱水、虚弱，而虚弱的雏鸡就不可能很快学会饮水和吃食，最终生长发育受阻，增重缓慢，变为长不大的"僵鸡"。

初生雏第一次饮水称为"开水"，一般开水应在"开食"之前。雏鸡出壳后不久即可饮水，水温以 16℃以上为好。在雏鸡入舍安顿好后，稍事休息，在 3 小时内可让其饮 5％葡萄糖和 0.1％维生素 C 的溶液，也可饮用 ORS 补液盐（即 1 000 毫升水中溶有氯化钠 3.5 克、氯化钾 1.5 克、碳酸氢钠 2.5 克、葡萄糖 20 克），以增强鸡的体质，缓解运输途中引起的应激，促进体内有害物质的排泄。有材料表明，这种补液供足 15 小时，可降低第一周内雏鸡的死亡率。在第二周内宜饮温开水,可按规定浓度加入青霉素或高锰酸钾,有利于对一些疾病的控制。

为了保证"开水"的成功,若1个育雏器(如保姆伞)饲育500只雏鸡,在最初1周内应配置10只以上的小号饮水器,放置于紧挨保姆伞边缘的垫料上。为防止垫料进入饮水器的槽内而堵塞出水孔,在饮水器下面可放置旧报纸,让雏鸡站在旧报纸上饮水。随着鸡龄的增大,撤去报纸,用砖等垫在下方。饮水器放置的高度与食槽一样,应逐步升高,其缘口应比鸡背高出2厘米(图3-5-2)。在撤换小号饮水器或其他饮水器时,应先保留部分以前用过的小号饮水器,逐步撤换。另外,要注意饮水器的使用情况,避免发生故障而弄湿垫草,造成氨气浓度升高和诱发球虫病及其他细菌性疾病。为保证"开水"的成功,除应配置较多的饮水器外,还应增大在"开水"期间的光照度。

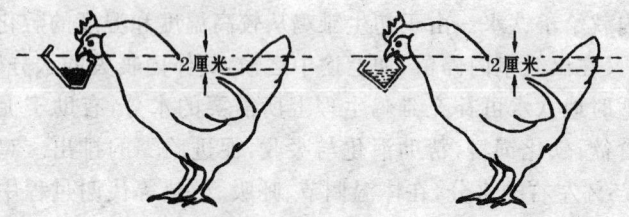

图3-5-2 饲料槽(左)及饮水器(右)的安放高度

在通常的情况下,肉鸡的饮水量是其采食量的1~2倍。表3-5-13是塔特姆肉鸡的饮水量及采食量。

表3-5-13 塔特姆肉鸡各周龄每天的饮水量及采食量

周　龄	1	2	3	4	5	6	7	8	9
水(升/1000只)	34	53	76	95	121	151	178	204	219
料(千克/1000只)	16	35	42	62	84	93	140	153	181

雏鸡生长愈快,需水量愈多。如果饮水量突然下降,往往是发生疾病的预兆。所以,如能每天记载肉鸡的饮水量,监测它的变化情况,有助于早期发现鸡群可能发生的病态变化。

雏鸡一旦饮水以后,不应再断水。要检查饮水器出水孔处有无垫料等异物堵塞,以免造成断水。如果断水时间较长,当雏鸡再看见水后,由于口渴狂饮,喝水过多会造成腹泻致死。也有的拼命争水喝而弄湿了绒羽,雏鸡觉得冷了又挤在一起,结果由于忽冷忽热和挤压,易造成死亡或引发疾病。

2. 开食 开食和开水一样,是雏鸡饲养中的一个关键环节。开食的早晚,直接影响初生雏鸡的食欲、消化和生长发育。雏鸡消化器官容积小,消化能力差,过早开食有害于消化器官。但由于雏鸡生长速度快,新陈代谢旺盛,过迟开食又会消耗尽雏鸡的体力,使之变得虚弱,影响生长和成活。所以,一般开食应在出壳后24~36 小时。实际饲养时,在雏鸡饮水 2~3 小时后,有 60%~70%的雏鸡可随意走动,并用喙啄食地面,有求食行为时,应及时开食。

开食最好能安排在白天。训练开食时,要增加光照的强度,使每只雏鸡都能见到饲料。饲养人员嘴里发出呼唤声,同时从手中将饲料慢慢地、均匀地撒向饲料盘内或旧报纸上,边撒边唤,诱鸡吃食,开始有几只雏鸡跑来抢吃,随后多数雏鸡跟着来吃食。此时,饲养人员要注意观察,将靠在边上不吃食的雏鸡捉到抢食吃的雏鸡中间去,这样不会吃食的鸡也慢慢地学会吃食了。每次饲喂时间为30 分钟左右,检查雏鸡的嗉囊约有八成饱后可停止撒料,减少光照强度使之变暗,或挡上窗帘,使雏鸡休息。以后每隔1~2 小时再喂 1 次。这样,在当天就可全部学会啄食。一般 3 日龄内,每隔 2 小时喂 1 次,夜间可停食 4~5 小时。3 日龄后可逐渐减少喂食次数,但每天不得少于 6 次。有条件的,可采用破碎的颗粒饲料,既可刺激鸡的食欲,又保证了全价营养,同时减少了饲料浪费。以后则开始正常的饲喂。第一天开食要尽量使雏鸡都能学会啄食,吃到半饱,否则将影响其生长发育及群体的整齐度。个别不吃食的鸡,还要进行调教,可增加 5% 葡萄糖水滴灌。

从第二、第三天开始,间断往饲料槽内加饲料,以吸引雏鸡逐渐适应在饲料槽采食,同时逐渐撤去饲料盘,1 周内至少还得保留 1～2 个饲料盘。以后所用食槽的数量可参照饲养基本条件的要求安排,以充分满足肉鸡采食的需要。

(二)雏鸡的管理

1. 保持合适的温度　雏鸡长到 15～20 日龄,其体内温度调节功能的发育渐趋完善,这时才能保持体温处在恒定的状态,如果在此之前保温设施达不到雏鸡对外界温度的要求,雏鸡不但不能正常生长,而且也难于存活。

刚出壳的雏鸡,腹部还残留着尚未被吸收的蛋黄,在出壳后 3～7 天内,其所需的营养主要来自于这些剩余蛋黄。如果雏鸡腹部得到适宜的温度,将有助于剩余蛋黄的吸收,从而增强雏鸡的体质,提高成活率,尤其在孵化不良而弱雏较多的情况下,提高育雏的温度更有好处。

鉴于以上原因,保持合适的温度乃是育雏的关键。育雏的温度包括育雏舍和育雏器的温度,而舍温比育雏器的温度要低,这样就形成一定的温差,使空气发生对流。比较理想的育雏环境温度应有高、中、低之别。如以保姆伞育雏而言,其舍温低于伞边缘处温度,而伞边缘处温度又低于伞内,这种"温差育雏"的方法具有育雏空间大,且由于温差的原因,促使空气对流,达到空气新鲜,也使雏鸡能自由选择适合自己需要的温度,如虚弱的雏鸡可以选择温度较高的地方。采用此法,可锻炼提高鸡群抗温度变化和抗应激的能力。

关于育雏的温度,大多认为在入雏第一周内的温度最重要,尤其是前 3 天的温度可稍稍定得高些。采用保姆伞育雏时,伞内的温度第一周为 35℃～32℃。舍内远离热源处应保持在 26℃～

21℃为宜。测温应在保姆伞的边缘距垫料 5 厘米高处,也就是相当于雏鸡背部水平的地方,用温度计测量。测量舍温的温度计应挂在距离保姆伞较远的墙上,高出垫料 1 米处。随着周龄的增长,育雏温度可按每周下降 3℃进行调整,直到伞温与舍温相同为止。在整个育雏期间,必须给雏鸡创造一个平稳、合适、逐渐过渡的环境温度,切忌温度忽高忽低。表 3-5-14 是育雏期内各周比较合适的温度。

表 3-5-14　育雏温度

周　龄	育雏器温度(℃)	舍内温度(℃)
0～1	35～32	24
1～2	32～29	24～21
2～3	29～27	21～18
3～4	27～24	18～16
4 周以后	21	16

育雏期间的温度控制,应随季节、气候、育雏器种类、雏鸡体质等情况灵活掌握。例如,夜间外界温度低,雏鸡休息睡眠时育雏器的温度应比白天提高 1℃;外界气温高时,育雏器温度可稍低些,天气冷时稍高些;弱雏多时应高些;有疾病时应高些;冬季宜高些,夏季宜低些;阴雨天宜高些,晴天宜低些。

从育雏的第一周龄起,应用竹篾或芦席等做成高 45～50 厘米的围篱,沿着保姆伞周围围起来,防止刚出壳的雏鸡远离热源不知返回而受凉,使之局限在保温区域,容易采食和饮水。围篱与保姆伞边缘之间的距离,一般夏季为 90 厘米,冬季为 70 厘米。待雏鸡习惯到热源处取暖后,就可以将围篱的范围逐渐向外扩展,使雏鸡有更大的活动场所。一般在 3 天后开始扩大,到 6～9 天就可以拆除围篱。使用其他热源的,也要以热源为中心,适当地将雏鸡围起来(如热源为煤炉,则应将煤炉周围用砖砌起来,防止雏鸡进入煤炉附近而烧焦),尤其是房屋的死角处,要用围篱靠墙壁边缘围起来,消灭死角,以免雏鸡在死角处拥挤堆压而死。

　　保姆伞一般都附有温度调节器。为保证其正常工作,在饲育雏鸡之前,先检查其性能。育雏期间,虽然各周龄要求的适宜温度范围都已明确如表 3-5-14 所示,舍内又有温度计指示,但是由于温度计有时会失灵,再加之鸡群本身情况及环境变化多端,因此完全依赖温度计来判断育雏的用温是否正确是不行的,还应该根据雏鸡的动态来判断用温是否合适,尤其是观察其睡眠状态。温度适宜时,雏鸡精神活泼,食欲良好,夜间均匀散布在育雏器(热源)的四周,舒展身体,头颈伸直,贴伏于地面熟睡,无特异状态和不安的叫声,鸡舍极其安静。温度低时,雏鸡聚集在一起或靠近热源,叫声尖而短,拥挤成堆,喂料时鸡群不敢走出来采食。温度高时,雏鸡远离热源,张口喘气,大量饮水,脚、嘴充血发红。育雏舍有贼风时,雏鸡挤在背风的热源一侧(图 3-5-3)。

有贼风　　　　　　　太冷

太热　　　　　　　最理想

图 3-5-3　依据雏鸡分布情况判断温度是否适当

　　当舍外温度很低,舍内热源散发的余热又不可能使育雏舍内维持足够高的温度,而使雏鸡感到不舒适时,可采用紧靠围篱外边缘,从近天花板处吊挂塑料薄膜帘子垂直接近地面的办法,将幼雏时期使用的房舍面积隔小;也可将热源置于鸡舍的中间,让两端空着。这样缩小了育雏的空间,既可提高局部空间的温度,又可减少燃料的消耗。

保证育雏所需的温度,还必须使温度恒定,不能忽高忽低。强调保温时,绝不能忽视空气的流通,还要注意保持舍内空气新鲜。饲养人员可凭感觉测定,当进入鸡舍闻到刺鼻的氨味或浓厚的碳酸气味时,应打开门窗更换空气,但不能使冷风直接吹到雏鸡身上,应使风通过各种屏障减慢流速,特别要注意那些雏鸡不经常活动的地方和门、窗下,检查有无漏风。检查时用手测定,若有漏风可感觉有冷风吹入。漏风的地方必须及时堵塞,以防雏鸡发生感冒等呼吸道疾患。

除做好雏鸡早期的保温外,幼雏转入中雏前,还要做好后期的脱温工作。所谓脱温,就是逐步停止加温。脱温的适当时期与季节有关:春季育雏,1个月左右脱温;夏季育雏,只要早、晚加温4～5天就可以脱温;秋季育雏,一般2周左右脱温;冬季育雏脱温较迟,至少要45天。特别是在严寒季节,鸡舍保温性能比较差的,要生炉子适当提高舍温,加厚垫草,但加温不必太高,只要鸡不因寒冷蜷缩就可以了。需要脱温时,要逐渐降低温度,最初白天不给温,夜间给温,经5～7天后雏鸡逐渐习惯于自然舍温,这时可完全不加温。千万不可把温度降得过快,温度的突然变化,容易诱发雏鸡的呼吸道疾病。

2. 通风换气　通风换气的作用是使育雏舍内的污浊空气排出,换入新鲜空气,并调节室内的温度和湿度。

幼雏虽小,但生长发育迅速,代谢旺盛,呼吸量大,加之密集饲养,群大,呼出的二氧化碳、粪便污染的垫料散发的氨气和其他有害气体,使空气变得污浊,对雏鸡生长发育极为不利。试验表明,育雏舍内二氧化碳超过3 000毫克/米^3,氨气超过20毫克/米^3,硫化氢气体超过10毫克/米^{3}时,都会刺激雏鸡的气管、支气管黏膜等敏感器官,削弱机体抵抗力,诱发呼吸道疾病。除此以外,大群雏鸡的生命活动中还需要不断地吸入新鲜的氧气。所以,在保持育雏舍温度的同时,千万不能忽视通风换气。有些鸡场为了保持舍内温度,采用煤炉或是木炭火加温,所有门窗都紧闭,门口还用棉帘挡住,由于夜间工作量少,工作人员通过门口次数减少,在这样一个封闭的舍内,煤或木炭燃烧时耗去了很多氧气,经过一夜,有不少雏鸡跌跌撞撞,东倒西歪,有的窒息而死。还有的为了提高舍内的温度而将炉盖打开,使炉筒失去作用,结果煤炭燃烧时产生的一氧化碳全部留在室内,以至造成煤气中毒事故。

　　在通风问题上,切忌贼风和穿堂风。要避免冷风直接吹到雏鸡身上,应使风通过各种屏障减慢流速。如果育雏舍有南、北气窗(即在窗户的上方有两扇可以自由开启的小窗户),则在开气窗时要注意风向。冬季西北风大,北面气窗应关闭。在开南面气窗时,将靠西边一侧的一扇窗打开,其窗面正好挡住西边的风,不至于让风直吹室内。在中午,外界气温上升、风小时,可打开北面气窗,以加快空气流通,但时间不能过长,风力不能太大。没有气窗的,可将窗户上部的玻璃取下一块,改造成一个活动的小窗户,用于通风换气。另外,也可在天花板上开几个排气孔,使混浊的空气从室顶排出。如果舍内是用塑料薄膜隔开的,最好在安装塑料薄膜时分成上、下两截,上方一块高度在 $80\sim100$ 厘米,它覆盖在下方一块塑料薄膜上,下方一块塑料薄膜的顶端离开天花板约 60 厘米,上、下两块塑料薄膜可重叠 $20\sim40$ 厘米,当要通风换气时,可以先提高室温,再移动上方一块塑料薄膜。这样换气,就是有风也不会直接吹到雏鸡身上。

　　保温要与换气协调好,提高鸡舍温度的现实方法是增加供暖能力,而不是减少通风,冬季通风换气的基础是温度,需要充足而高效的供暖设施和鸡舍良好的保温隔热设施。鸡舍空气污浊、缺氧时,应毫不迟疑加大换气。

　　3. 保持适宜的湿度　湿度大小对雏鸡的生长发育关系很大。雏鸡从空气相对湿度 70% 的出雏器中孵出,如果随即转入干燥的育雏舍内,由于雏鸡体内的水分散失过多,对吸收腹中剩余蛋黄不利,饮水过多又容易引起腹泻;湿度过低又招致雏鸡脱水,脚爪干瘪。所以,在育雏的前 10 天内,可用水盘(耐火)或水壶放在火炉上烧水让其蒸发,或在墙上喷水,以补充舍内水分,保持舍内空气相对湿度在 60%～65%。随着日龄的增长,雏鸡的呼吸量和排粪量也相应增加,育雏舍内容易潮湿。因此,要注意不让水溢出饮水器,加强通风换气,勤换或勤添加干垫料,使其充分吸收湿气。还可以在垫料中添加过磷酸钙,其用量为每平方米 0.1 千克。

此外,在建造鸡舍时,应选择高燥的地势,并适当填高舍内地坪。如果舍内湿度过大,就会为病菌和虫卵的繁殖创造了条件,容易发生曲霉菌病和球虫病。特别是在梅雨季节,更应注意保持舍内干燥。

4. **正确用光** 肉用仔鸡在育雏期间的光照来源于两个方面,一是阳光,二是灯光。阳光中的紫外线不仅能促进雏鸡的消化,增进健康,还可以帮助形成维生素 D_3,有利于钙、磷的吸收和骨骼的生长,防止佝偻病和软脚病的发生。此外,阳光还有杀菌、消毒以及保持舍内温暖干燥的作用。由于阳光中的紫外线大多被玻璃窗阻挡不易透入舍内,所以,一般在雏鸡出壳 4～5 天后,在无风、温暖的中午可适当开窗,使雏鸡晒晒太阳。到 7 日龄时,在天气晴朗无风时,可放到舍外运动场活动 15～30 分钟,以后逐渐延长活动时间。这样做更适宜于种用雏鸡。放雏鸡到舍外之前,一定要先将窗户打开,逐渐降低舍温,待舍内、外温度相差不大时才能放出,以防受凉感冒。

正确用光,还要有灯光的配合,包括光照时间和光照度两个方面。

现代养肉鸡通常每天光照 23 小时,有 1 小时黑暗是为了使雏鸡习惯于黑暗环境下生活,不至于因偶然停电灭灯而惊慌造成损失。一般户养肉用仔鸡的光照时间,每天也不应少于 20 小时。

关于光照,出壳后前 3 天的幼雏,视力弱,为保证其采食和饮水,光照以稍明亮些为好,每平方米 2.5～3 瓦。以后逐渐减弱,保持在每平方米 1～1.5 瓦就够了。光照过强会引起雏鸡烦躁不安,易惊慌,增重慢,耗料多。

关于肉用种鸡雏的用光,应按本章"肉用种鸡的光照控制技术"中叙述的用光办法去做。

5. 合理的密度 饲养雏鸡的数量应根据育雏舍的面积来确定。切忌密度过大,否则会影响鸡舍的卫生条件,造成湿度过大,空气污浊,雏鸡活动受到限制,容易发生啄癖,群体应激反应大,鸡只生长不良,增加死亡率。密度过小,则不能充分利用人力和设备条件,会降低鸡舍的周转率和劳动生产率。

密度是否合适,看能否始终维持鸡舍内适宜的活动环境。应根据鸡舍的结构和鸡舍调节环境能力,按季节和肉鸡最终体重来增减饲养密度。

表 3-5-15 所列的数据是一般的育雏密度。

表 3-5-15　肉用仔鸡的饲养密度 （单位:只/米²）

周　龄	育雏舍(平面)	肥育鸡舍(平面)	立体笼饲密度	技术措施
0～2	40～25	—	60～50	强弱分群
3～5	20～18	—	42～34	公母分群
6～8	15～10	12～10	30～24	大小分群

雏鸡的密度大小与鸡舍的构造、育雏的季节、通风条件、饲养管理的技术水平等,都有很大的关系。随着雏鸡日龄的增长,每只鸡所占的地面面积也应相应增加。

6. 垫料 铺放垫料除了可吸收水分,使鸡粪干燥外,还可防止鸡胸部与坚硬的地面接触而发生囊肿。所以,垫料必须具有干燥、松软和吸水性强的特点。常用的垫料有切短的稻草、锯末、稻壳、刨花和碾碎的玉米穗轴等。据有关材料统计,用刨花做垫料的肉用仔鸡胸囊肿发生率为 7.5％，用细锯末做垫料的胸囊肿发生率为 10％。所以，肉用仔鸡胸囊肿的发生率与垫料的质地关系密切。陈旧的锯末由于含水量高，真菌较多，不宜使用；新锯末的含水量往往也较高，所以一定要在太阳下翻晒干燥后再用。垫料铺放要有一定的厚度，一般应不少于 5 厘米。饲养期间，应定期抖松垫料，使鸡粪落入底层，防止在垫料面上结块。在逐步添加垫料时，同时将潮湿结块的垫料更换出去。在炎热的天气更要重视垫料问题。鸡群热天多饮的水，绝大部分通过粪便排出后存积在垫料中，此时必须加强通风换气。也可在垫料中按每平方米添加过磷酸钙 0.1 千克来吸湿。否则，由于高湿引起垫料发酵，产生高热及氨气等，将影响鸡群的正常生长。

有些农户在中雏后利用松软的沙地地面养育肉用仔鸡，每天用扫帚或细齿耙搂，扫除粪便，防止板结，但这只适用于温暖、干燥的季节。

7. 分群饲养　肉用仔鸡按强弱、公母、大小分群管理，这有利于所有的仔鸡吃饱、喝足，生长一致。检查弱雏，可在每天喂料时观察，凡被挤出吃食圈外的，或呆立在外不食的，均应捉出分在另外一个圈内，给予充足的饲槽和水盆，进行精心喂养。

公、母肉用仔鸡生长速度不一样，日龄越大，差别越明显，如能分群饲养，可以提高经济效益（详见本章"肉用仔鸡的公母分开饲养"部分）。

8. 减少胸囊肿的发生率　胸部囊肿是肉用仔鸡的常见疾病。它是由于鸡的龙骨承受全身的压力，表面受到刺激和摩擦，继而发生皮肤硬化，形成囊状组织，其里面逐渐积累一些黏稠的渗出液，呈水疱状，颜色由浅变深。其发生原因是由于肉用仔鸡早期生长快、体重大，在胸部羽毛未长出或正在生长的时候，鸡只较长时间卧伏在地，胸部与结块的或潮湿垫草接触摩擦而引起的。为防止和减少其发生率，可采取下述措施。

第一，尽可能保持垫料的干燥、松软，有足够的厚度，定期抖松垫料，使鸡粪下沉到垫料下部，防止垫料板结。如有潮湿结块的垫料应及时更换。

第二，设法减少肉用仔鸡的卧伏时间。由于卧伏时其体重全由胸部支撑，这样胸部受压的时间长，压力大，加之胸部羽毛长得又迟，很易形成胸囊肿。减少卧伏时间的办法是，减少每次的喂量，适当地增加饲喂的次数，促使鸡只增加活动量。

第三，采用笼养或网上饲养的，必须加一层弹性塑料网垫，以减少胸囊肿的发生。

育雏期间应该密切注意雏鸡的动态。清晨进鸡舍时要检查雏鸡的精神状态、粪便状态和饲料消耗情况，凭感官观察和了解舍内的温度及空气的污浊程度等，捡拾和登记死亡的雏鸡，检查雏鸡的采食和饮水状况，根据外界气候的变化情况来调节通风和舍内的温、湿度。夜间应有人值班和巡视，检查雏鸡动态、舍温与通风换气情况。

总之，雏鸡阶段的管理是一项十分细致的工作，需认真负责，严格执行各项操作规程，为雏鸡创造一个良好的环境，这样才能取得好的生产成绩。

五、雏鸡死亡原因分析及其预防措施

（一）原因分析　肉用仔鸡生长速度快，对营养要求高，幼雏期间体温调节功能不完善，对疾病的抵抗能力又弱，因此，要给予精心的照料，稍有疏忽，常常会发生各种疾病而死亡。表 3-5-16、表 3-5-17 是根据一些统计资料，对雏鸡死亡原因的分析。

第三节 肉用仔鸡的育雏和肥育技术

表 3-5-16 某乡肉鸡密集饲养期内的死因分类 （％）

月份	传染病									寄生虫病		普通病						
	新城疫	鸡霍乱	雏白痢	鸡伤寒	马立克氏病	传染性喉气管炎	链球菌病	大肠杆菌病	曲霉菌病	球虫病	盲肠肝炎	幼雏肺炎	缺乏维生素症	白肌病	药物中毒	食盐中毒	中暑	啄压伤
3	—	—	1.72	—	—	—	—	—	—	—	—	3.02	—	—	0.54	—	—	—
4	—	0.16	2.18	—	—	2.16	—	—	0.26	0.19	—	2.18	0.07	—	—	—	—	—
5	9.06	0.03	3.37	—	—	—	—	—	—	0.78	—	2.42	0.24	—	0.02	—	—	0.02
6	1.9	0.16	7.24	—	—	—	0.07	—	—	1.29	—	3.24	0.09	0.03	—	0.1	—	—
7	7.09	0.24	8.59	—	0.15	—	—	0.22	—	3.83	0.41	4.62	—	0.48	0.06	—	0.74	—
8	2.66	0.63	0.54	2.68	0.17	—	—	0.05	—	2.37	—	0.19	—	4.44	—	—	0.16	0.03
9	3.43	0.41	0.78	4.91	0.04	0.28	—	—	0.16	1.95	—	0.41	0.4	2.56	—	—	—	0.05
10	—	—	—	—	—	—	—	—	0.07	0.51	—	0.51	—	0.64	—	—	—	—
单病占总死亡率(%)	24.14	1.63	24.42	7.59	0.36	2.44	0.07	0.27	0.49	10.92	0.41	16.59	0.8	8.15	0.62	0.1	0.9	0.1

表 3-5-17 某鸡场雏鸡死亡原因分类

周龄	死亡原因							合计	
	鸡白痢	脐炎	脱水	感冒	维生素缺乏	鼠害	啄死	只数	%
1	1535	566	220	41	—	67	—	2429	71.13
2	156	213	119	—	13	43	13	557	16.31
3	45	21	—	22	93	32	47	260	7.61
4	10	—	—	—	55	4	63	132	3.87
5	—	—	—	—	—	—	37	37	1.08
合计 只数	1746	800	339	63	161	146	160	3415	
合计 %	51.13	23.43	9.93	1.84	4.71	4.28	4.68		100

（二）预防措施

1. **认真挑选，把好进雏关**　雏鸡质量的优劣，直接影响到肉鸡的生长和鸡场的效益。对雏鸡可按本编第三章中"如何选择种鸡雏"的内容认真挑选。

2. **严格消毒，防止脐部感染**　表3-5-17中，因脐炎死亡的雏鸡占23.43%，而且其中70.7%死于第一周龄。死鸡腹部胀大，脐部潮湿肿胀，有难闻的气味，剖检可见未吸收的卵黄及卵黄囊扩大，卵黄呈水样或呈棕色样，囊体易破裂。这是由于孵化器、育雏舍、种蛋及各种用具消毒不严，大肠杆菌、葡萄球菌等通过闭合不好的脐孔侵入卵黄囊感染发炎所致。其有效预防的方法是，用福尔马林对孵化器、育雏舍、种蛋和各种用具进行熏蒸消毒。另外，对"大肚脐"鸡要单独隔开，用高于正常鸡2℃～3℃的舍温精心护理，且在饲料中添加治疗量的抗生素药物，通过加强管理来降低此病的死亡率。

3. **适时"开水"，防止脱水**　从表3-5-17中看到，大群饲养的肉用仔鸡死于脱水的比率为9.93%。这或是由于运输时间过长，或是因接种疫苗等准备工作，使雏鸡的开水时间推迟太久，或是喂水时雏鸡不会饮水，或饮水器孔堵塞，或饮水器太少，致使饮水不及时，鸡体失水过度等引起。雏鸡脱水表现为体重减轻、脚爪干瘪、抽搐、眼睛下陷，最后衰竭、瘫软而倒毙。

有人说，给雏鸡饮水会使其腹泻而死亡。其实，喝水死去的雏鸡往往都是由于在孵化室经过相当长的时间没有水喝，一旦看见水就口渴狂饮，结果有些雏鸡因饮水过多造成腹泻而死。所以，对刚出壳的雏鸡，第一件事是在24小时以内开始饮水，使它在并不感觉太口渴的时候开始饮水，促进其新陈代谢，就不会发生狂饮泻死或脱水瘫软倒毙的现象。

4. **严格按免疫程序及时接种疫苗**　大群密集饲养的肉用仔鸡，稍不注意就容易得病，尤其是马立克氏病、新城疫、鸡传染性法氏囊病等烈性传染病。表 3-5-16 中因新城疫病死亡数占总死亡数的 24.14%。烈性传染病一旦传播开来,将会导致整个鸡群乃至鸡场的毁灭性损失。因此,应本着预防为主的原则,按免疫程序进行主动免疫。某鸡场于 2 周龄末用新城疫Ⅳ系苗饮水免疫,计划在 4 周龄末接种传染性法氏囊病。可是,传染性法氏囊病于 3 周龄时已在鸡群中发生,故应该将接种传染性法氏囊疫苗的时间提前到 2 周龄以内,才能起到预防的作用。养鸡场(户)为了制定确实可靠的免疫程序,在引进雏鸡时应向供种单位索要有效的免疫程序作参考。表 3-5-16 所列某乡的统计资料,其分析中没有传染性法氏囊病,因此在该乡就没有必要接种传染性法氏囊病疫苗,以免因接种疫苗而污染了这个地区。

5. 及早进行药物预防 表 3-5-17 中感染白痢病的死亡率达 51.13%,其中 87.9% 均死于第一周龄以内。表 3-5-16 中死于白痢病的亦占 24.42%,是各种死因的首位;死于球虫病的占 10.92%,居肉鸡死亡原因中的第四位。根据此两种病的流行病学,用 50 毫克/升恩诺沙星饮水 5～7 天,可有效地降低鸡白痢的死亡率。在 15 日龄后就应该预防球虫病,尤其在饲养密度大、温暖潮湿的环境中,必须用药物预防。可在饲料中添加 30～60 毫克/千克的氯苯胍等药物。所用药物一定要称量准确,搅拌均匀,以免发生药物中毒。

6. 防止温、湿度急剧变化和换气不良 表 3-5-16 中,因患幼雏肺炎死亡的占 16.59%,居死亡率的第三位。表 3-5-17 中,因患感冒死亡的亦占 1.84%。育雏时保温不好,温度偏低,雏鸡较长时间内难以维持体温平衡,一般因受凉而造成感冒等病,严重者可被冻死。还有的舍内温度过高,偶尔打开门窗通风换气,也容易发生感冒。舍内空气污浊,通风换气不够,温度忽高忽低、急剧变化,使用潮湿、污染的垫料和霉变的饲料,常常导致幼雏肺炎。有的只强调保温,空气不流通,导致闷死。有的用 60 瓦以上灯泡供热,因温度过高而热死。温度过高、湿度不够可导致雏鸡脱水,脚爪干瘪。这都是由于没有调节好育雏舍内的温、湿度和不通风换气的缘故,造成育雏环境恶劣,导致雏鸡生长迟滞、死亡率高的后果。

7. **预防单一饲料造成营养不全而带来的营养性疾病** 不少农户育雏还未摆脱"有啥吃啥"的旧习惯。由于饲料品种单一,营养成分缺乏或不足,容易引起各种营养缺乏症。如玉米含钙少,含磷也偏低,长期饲用这种钙、磷不足的饲料,幼雏会发生骨骼畸形、关节肿大、生长停滞。蛋白质或氨基酸缺乏时,常常表现为生长缓慢、体质衰弱。维生素 D_3 缺乏,则发育不良,喙和骨软弱并且容易弯曲,腿脚软弱无力或变形。硒与维生素 E 缺乏时,可引起白肌病。我国许多地区的土壤中缺硒,这些地区生产的饲料中也缺少硒。因此,必须注意在饲料中添加硒的化合物(亚硒酸钠)。

营养缺乏症的特点是,先在少数鸡中出现症状,而后逐渐增多,且发病率和死亡率都较高,如不及时采取治疗措施,会引起大批死亡。所以,提倡喂多种多样的饲料,这样可以达到营养成分的互补。当然,最好按饲料标准进行配合。

8. **防止中毒死亡** 用药物治疗和预防疾病时,计算用药量一定要准确无误。剂量过大会造成药物中毒。在饲料中添加药物时,必须搅拌均匀。应先用少量粉料拌匀,再按规定比例逐步扩大拌匀到要求的含量。不溶于水的药物,不能从饮水中给药,以免药物沉淀在饮水器的底部,造成一些雏鸡摄入量过大。

农户育雏切忌把饲料与农药放置在一起,以免造成农药中毒。不能在刚施过农药的田里采集青饲料喂鸡。

使用含咸鱼粉的配合饲料,在确定食盐补给量时,要把咸鱼粉的含盐量考虑进去。绝对不能使用发霉变质的饲料。

此外,还应搞好舍内通风换气,谨防煤气中毒。

9. **防止聚堆挤压而死** 因聚堆挤压而死的现象,在雏鸡阶段时有发生。主要原因:由于密度过大,而舍温突然降低;搬运时倾斜堆压,称重或接种疫苗时聚堆又没有及时疏散;断料、断水时间过长,特别是断水后再供水时发生的拥挤;突然发生停电熄灯或窜进野兽等,因各种惊吓、骚动引起的聚堆。所以,要按鸡舍的面积确定饲养量,而且要备足食槽和饮水器。在雏鸡阶段要进行 23 小时光照、1 小时黑暗的训练,使其能适应黑暗环境。

10. 加强管理,预防各种恶癖的发生 严重的啄癖多发生在 3 周龄后,最常见的有啄肛癖、啄趾癖和啄羽癖。据报道,啄肛、啄趾可能是由于饲料中缺少食盐和其他矿物质而发生的,应在饲料中添加微量元素和钙、磷等防治;啄羽可能是饲料中缺少含硫氨基酸,可适当添加蛋氨酸和胱氨酸,或 1%～2% 的石膏等防治。

最好的预防措施是在 5～9 日龄断喙。平时应加强管理,饲养密度不能过大;配合饲料营养素含量要合理,不能缺少矿物质和必需氨基酸;光照不能过强,光照时间不能太长。

11. 防止兽害 雏鸡最大的兽害是鼠害。应该在育雏前统一灭鼠。进出育雏舍应随手关好门窗。门窗最好能用尼龙网等拦好,堵塞舍内所有洞口。

综上所述,雏鸡死亡的原因是多方面的。但只要加强饲养管理人员的责任心,严格各项操作规程,搞好育雏的各种环境条件,提供营养全面而平衡的饲料,采取严格的防疫和疾病防治的措施,就可以提高育雏的成活率,降低死亡率,取得较高的经济效益。

六、肉用仔鸡的快速肥育

目前,市场上有两类商品肉鸡:一是处于 8 周龄甚至在 6 周龄之前的幼龄肉用仔鸡。是采用品系配套杂交方式,充分利用杂种优势与高效的饲料转化率来达到高速度生长,但在生理上还未达到性成熟的肉鸡。二是利用 8 周龄前生长缓慢,性成熟较早,用全价饲料饲养下 13～14 周龄母鸡性发育已成熟,且具有一定肥度、临近产蛋的青年小母鸡肥育而成的肉鸡,其典型的是广东所称谓的"项鸡"。为区分起见,一般前者简称为"快速型肉用仔鸡",后者简称为"优质型肉用仔鸡"。

(一)快速型肉用仔鸡的快速肥育 这类肉用仔鸡从脱温到出售仅需5～6周,有人称它为肥育。其实,仅是利用仔鸡在这个阶段生长发育特别快的特性,进行合理的饲养管理。这期间,其活重是以4～5倍的速度增长的。要实现这样迅速的生长,主要应适时提高饲料中的能量水平,降低蛋白质水平,并设法增加其采食量。

1. 适时更换饲料配方 根据肉用仔鸡不同生长发育阶段的营养需求更换饲料日粮,是快速肥育的重要手段。自4周龄至出售阶段为后期,又称肥育期。这一时期不仅长肉快,而且体内还将积蓄一部分脂肪,所以在后期的饲粮中代谢能要高于前期,而粗蛋白质又略低于前期。肉用仔鸡不同时期能量与蛋白质的需求量见表3-5-18。

表 3-5-18 肉用仔鸡对能量和蛋白质的需求量

营 养 成 分	1～4 周	5～9 周
代谢能(兆焦/千克)	12.13	12.55
粗蛋白质(%)	21.00	19.00
蛋白能量比(克/兆焦)	17.20	15.06

(1)0～4周龄肉用仔鸡饲料配方举例 见表3-5-19。其中配方3是玉米、豆饼、鱼粉的配方饲料,其营养符合肉用仔鸡前期要求。配方4使用碎米替代能量饲料中部分玉米,并加油脂,各营养成分均可满足饲养标准要求。配方2中以小麦替代部分玉米,而配方1是无鱼粉的肉用仔鸡前期饲料。如果在饲喂时再添加少量的维生素 B$_{12}$,可能会取得更好的饲养效果。

第三节 肉用仔鸡的育雏和肥育技术

表 3-5-19 0～4 周龄肉用仔鸡饲料配方

<table>
<tr><th colspan="2">配 方 编 号</th><th>1</th><th>2</th><th>3</th><th>4</th></tr>
<tr><td rowspan="18">饲料名称及配合比例（%）</td><td>玉 米</td><td>57.10</td><td>32.0</td><td>64.8</td><td>31.0</td></tr>
<tr><td>碎 米</td><td>—</td><td>—</td><td>—</td><td>30.0</td></tr>
<tr><td>麸 皮</td><td>2.00</td><td>—</td><td>—</td><td>—</td></tr>
<tr><td>豆 饼</td><td>36.00</td><td>18.0</td><td>16.8</td><td>25.0</td></tr>
<tr><td>小 麦</td><td>—</td><td>35.0</td><td>—</td><td>—</td></tr>
<tr><td>菜籽饼</td><td>—</td><td>—</td><td>5.0</td><td>—</td></tr>
<tr><td>槐叶粉</td><td>2.00</td><td>—</td><td>—</td><td>—</td></tr>
<tr><td>鱼 粉</td><td>—</td><td>12.0</td><td>10.0</td><td>10.0</td></tr>
<tr><td>骨 粉</td><td>—</td><td>1.5</td><td>0.6</td><td>1.5</td></tr>
<tr><td>贝壳粉</td><td>1.00</td><td>—</td><td>—</td><td>0.5</td></tr>
<tr><td>石 粉</td><td>—</td><td>—</td><td>1.0</td><td>—</td></tr>
<tr><td>生长素</td><td>—</td><td>1.3</td><td>—</td><td>—</td></tr>
<tr><td>油 脂</td><td>—</td><td>—</td><td>—</td><td>1.8</td></tr>
<tr><td>磷酸氢钙</td><td>1.35</td><td>—</td><td>—</td><td>—</td></tr>
<tr><td>DL-蛋氨酸</td><td>0.20</td><td>—</td><td>0.1</td><td>—</td></tr>
<tr><td>其他添加剂</td><td>—</td><td>—</td><td>1.4</td><td>—</td></tr>
<tr><td>食 盐</td><td>0.35</td><td>0.2</td><td>0.3</td><td>0.2</td></tr>
</table>

续表 3-5-19

配 方 编 号		1	2	3	4
饲料名称及配合比例(%)	代谢能(兆焦/千克)	11.84	12.26	12.59	12.84
	粗蛋白质(%)	19.50	21.10	20.80	21.30
	粗纤维(%)	—	—	2.80	2.40
	钙(%)	0.82	1.61	1.09	1.21
	磷(%)	0.61	0.88	0.66	0.71
	赖氨酸(%)	1.04	1.22	1.10	0.96
	蛋氨酸(%)	0.46	0.40	0.46	0.42
	胱氨酸(%)	—	—	0.30	0.32

(2)5～8周龄肉用仔鸡饲料配方举例 见表3-5-20。配方1虽然用大麦替代了部分玉米,但其营养成分符合标准。配方2是由计算机计算得的最佳配方,各种营养成分基本满足需要。配方4是用碎米、大麦替代部分玉米。配方3是肉用仔鸡后期无鱼粉饲料。

第三节　肉用仔鸡的育雏和肥育技术

表3-5-20　5～8周龄肉用仔鸡饲料配方

	配方编号	1	2	3	4
饲料名称及配合比例（%）	玉　米	49.80	68.6	60.10	45.0
	大　麦	18.00	—	—	15.0
	碎　米	—	—	—	14.0
	豆　饼	—	19.0	32.00	15.0
	豆　粕	23.00	—	—	—
	槐叶粉	—	—	2.00	—
	鱼　粉*	5.00	10.0*	—	9.0
	油　脂	2.00	—	3.00	—
	脱氟磷酸钙	—	—	—	0.7
	石　粉	—	—	1.00	—
	贝壳粉	0.50	1.0	—	—
	磷酸氢钙	1.00	1.0	1.35	—
	碳酸钙	—	—	—	1.0
	DL-蛋氨酸	—	—	0.20	—
	其他添加剂	0.45			
	食　盐	0.25	0.4	0.35	0.3
营养成分	代谢能（兆焦/千克）	12.05	12.89	12.76	12.59
	粗蛋白质（%）	20.30	20.20	17.9	19.0
	粗纤维（%）	3.10	2.40		
	钙（%）	0.71	1.05	0.73	1.15
	磷（%）	0.62	0.71	0.58	0.76
	赖氨酸（%）	0.88	1.08	0.93	1.12
	蛋氨酸（%）	0.36	0.34	0.44	0.38
	胱氨酸（%）	—	0.29	—	—

＊为进口鱼粉

2. 提高营养浓度,增大采食量　要想实现肉用仔鸡长得快,早出栏,除了肉用仔鸡本身的遗传因素外,主要的措施是提高饲粮的营养浓度和设法让鸡多吃。

(1)提高饲粮的营养浓度　对催肥起主要作用的是能量饲料,因此,在饲料配合中应增加能量饲料的比例,并添加油脂,同时减少粗纤维饲料的含量,不要喂过多的糠麸类饲料。另外,从料型而言,由于鸡喜欢啄食粒料,因此可采用颗粒状饲料,这既可保证营养全面,减少饲料浪费,又缩短了采食时间,有利于催肥。

(2)创造适宜的环境,促使增加采食量　生活环境的舒适与否,是影响肉用仔鸡采食量的一个重要因素。例如,夏季天热吃得少,冬季天冷吃得多。因此,在夏季适当减小鸡群密度,使用薄层垫料,加大通风换气量,采用屋顶遮阳降温措施,少喂勤添,提供足够的采食槽位,利用早、晚凉爽的时间尽量促使仔鸡多吃饲料。

有些用粉料饲喂的单位,可采用干、湿料相结合的方法,将粉料与小鱼、小虾、青饲料等拌和喂,以提高适口性,使之增加采食量。

(二)优质型肉鸡的肥育

1. 适合的鸡种和肥育时期　此类肉鸡前期生长速度缓慢,出售时体重为 1.1~1.3 千克,并接近或已达到性成熟。这种鸡适合于广东省及港、澳特区消费。

目前,比较适宜在后期肥育的鸡种有惠阳胡须鸡、清远麻鸡、杏花鸡、石岐杂鸡、霞烟鸡,以及我国自己培育成功的配套杂交黄羽肉鸡中的优质型肉鸡,一般在 13~14 周龄可开始肥育。

2. 肥育饲料　在肥育前期,可用全价配合饲料(表 3-5-21,表 3-5-22),加快其生长速度。在上市前 15 天改为以能量高的糖类和质量好的植物性蛋白质饲料为基础的饲料,以沉积脂肪。其典型的配方如下。

表 3-5-21　地方品种肉用黄鸡饲料配方

配方编号	1 (0~4 周龄)	2 (5~12 周龄)	3 (13~16 周龄)	4 (0~5 周龄)	5 (6~20 周龄)	6 (0~5 周龄)	7 (6~12 周龄)	8 (13周 龄以上)
玉　米	20.0	35.0	49.0	41.4	49.6	64.98	65.98	66.95
碎　米	—	—	—	12.0	13.0	—	—	—
稻　谷	40.0	28.5	16.0	—	—	—	—	—
小　麦	8.50	8.0	9.0	—	—	—	—	—
花生麸	—	—	—	15.0	9.0	4.0	4.0	2.0
玉米糠	—	—	—	5.0	5.0	—	—	—
麦　糠	—	—	—	10.0	8.0	—	—	—
黄豆麸	—	—	—	8.0	8.0	—	—	—
麦　麸	—	—	—	—	—	7.0	10.0	12.0
豆　饼	20.0	19.0	18.0	—	—	13.0	13.0	14.0
鱼　粉*	10.0	8.0	6.5	8.0*	7.0*	9.0	5.0	3.0
骨　粉	1.5	1.5	1.5	—	—	—	—	—
贝壳粉	—	—	—	0.6	0.4	—	—	—
矿物质添加剂	—	—	—	—	—	2.0	2.0	2.0
蛋氨酸	—	—	—	—	—	0.02	0.02	0.05
代谢能（兆焦/千克）	11.59	11.97	12.34	11.88	12.00	12.13	12.13	12.13
粗蛋白质（%）	19.70	18.40	17.30	20.40	18.00	18.50	17.00	15.00
钙（%）	1.03	0.94	0.87	0.91	0.90	1.24	1.06	0.97
磷（%）	0.81	0.76	0.72	0.55	0.56	0.65	0.54	0.50
赖氨酸（%）	1.19	1.06	0.95	0.85	0.77	0.70	0.76	0.63
蛋氨酸（%）	0.36	0.32	0.29	0.33	0.30	0.33	0.27	0.24
胱氨酸（%）	0.33	0.31	0.58	0.29	0.21	0.30	0.28	0.27

（左侧纵向标注：饲料名称及配合比例（%）；营养成分）

* 为进口鱼粉

表 3-5-22 石岐杂鸡不同阶段的日粮配方

配 方 类 型		幼雏(0～5周)	中雏(6～12周)	肥育期(13～14周)	上市前(15～16周)	产蛋率(50%以下)	产蛋率(50%以上)
饲料名称及配合比例(%)	黄玉米粉	46.0	45.5	53.0	56.0	56.0	56.0
	谷 粉	5.0	12.0	5.0	5.5	5.0	5.0
	玉米糠(米糠)	15.0	13.0	11.0	10.0	10.0	12.0
	麦 麸	6.0	6.0	5.5	6.0	4.0	0
	黄豆饼粉	8.0	6.0	6.0	4.0	4.0	8.0
	花生饼粉	8.0	6.0	10.0	12.0	11.0	8.0
	秘鲁或智利鱼粉	10.0	6.0	4.0	2.0	4.5	5.0
	松针粉	—	2.0	1.0	—	2.0	2.0
	植物油脂	—	—	1.0	1.0	—	—
	蚝壳粉	1.0	2.0	2.0	2.0	2.0	2.5
	骨 粉	0.5	1.0	1.0	1.0	1.0	1.0
	食 盐	0.5	0.5	0.5	0.5	0.5	0.5
营养成分	粗蛋白质(%)	20～21	15.52	16.21	16.03	16.91	17.02
	代谢能(兆焦/千克)	12.00	11.56	12.09	12.09	12.13	12.13
添加料	添加剂(克/100千克)	200	200	150	150	200	200
	多种维生素(克/100千克)	10	10	10	10	10	10
	硫酸锰(克/100千克)	2	2	2	2	5	5
	硫酸锌(克/100千克)	1	1	1	1	2.5	2.5
	蛋氨酸(%)	0.1～0.25	0.1～0.25	0.1～0.25	0.1～0.25	0.05～0.1	0.05～0.1
	维生素 B_{12}(微克/100千克)	—	—	—	360	—	360
	土霉素粉(毫克/100千克)	—	—	—	360	—	360
	杆菌肽(毫克/100千克)	—	—	—	100	100	100

(1)干粉混合料　碎米粉 65%，米糠 22%，花生饼 12%，骨粉 1%。另外，加入食盐 0.5%，多种维生素 1.5%。在喂食前，每千克饲料拌入精制土霉素粉 90 毫克，维生素 B_{12} 90 微克。该配方的粗蛋白质含量为 14%，粗脂肪含量为 3.92%。

(2)半生熟料

第一步，将大米与统糠按 3∶1 的比例称出，并按料与水 1∶2.2 的比例确定加水量。

第二步，水煮沸后，先倒米下锅，稍煮后再倒入统糠，同时进行搅拌，15 分钟后取出(此时米粒中心还未煮透)置于木桶中，加盖保温闷 4～12 小时后即可使用(每 100 千克饲料中加 600 克食盐)。

第三步，在喂食前，取 7 份这种半生熟料，加米糠 2 份和 1 份经水浸开的花生饼酱，拌匀。同时在每 500 克这种混合料中加入土霉素粉 15～18 毫克和维生素 B_{12} 15～18 微克。

运用这种配方饲料肥育的鸡，增重快，沉积脂肪好，食用时有明显的地方鸡风味。

3. 技术措施　为使此类肉鸡达到骨脆、皮细、肉厚、脂丰、味浓的优质风味，所采取的措施有以下 4 个方面。

第一，在上市前采用上述特殊饲料配方肥育期间，一般都实行笼养，限制肥育鸡的活动量，使其能量消耗明显降低，加之所用的饲料基本上是米饭和米糠，这些都有利于加快鸡体内脂肪的积蓄。

第二，由于配方饲料中的钙、磷不足，使鸡体钙的代谢处于负平衡状态，由此形成的骨质，具有广东三黄鸡所要求的"松"、"脆"特点。

第三，蛋白质饲料由大豆饼改为花生饼或椰子饼，使鸡肉更具浓郁的风味。

第四，采用民间的暗室肥育法，使鸡处在安静环境中，不仅有利于肥育，而且使鸡的表皮更加细嫩。

（三）生态型肉鸡的放牧　在舍外放养的肉鸡，其肉质比舍内圈养或笼养的肉鸡好，这已为人们所共识。在山地放养，鸡可自由采食植物种子、果实、昆虫，有良好的生长空间和阳光照射，空气清新。所以，肉鸡在育雏脱温后，在山地放牧可以作为一种饲养方式。

在肉鸡产业中，小体型肉鸡（土鸡）肉质鲜美，颇受消费者喜爱。但土鸡品系杂乱，体型小，饲料摄取量及生长速度均低于白羽肉鸡及仿仔鸡（表 3-5-23）。

表 3-5-23　不同鸡种采食量与生长速度比较

（以白羽肉鸡为 100％）

饲料水平	项　目	白羽肉鸡	土　鸡	仿仔鸡
能量 13.4 兆焦/千克，粗蛋白质 23％～20％	采食量（克）	4162(100％)	1883(45％)	2551(61％)
	增重（克）	2083(100％)	871(42％)	1285(62％)
	饲料/增重	2.00(100％)	2.16(108％)	1.99(100％)
能量 12.14 兆焦/千克,粗蛋白质 18％～15.5％	采食量（克）	4458(100％)	1997(45％)	2725(61％)
	增重（克）	1944(100％)	811(42％)	1193(61％)
	饲料/增重	2.29(100％)	2.46(107％)	2.23(97％)

从表 3-5-23 中可以看到，不管在哪种饲料水平下，土鸡的采食量只相当于白羽肉鸡的 45％，生长速度也仅为白羽肉鸡的 42％。土鸡上市一般在 13～16 周龄，而白羽肉鸡只需要 6～8 周龄。所以，土鸡饲粮的能量与蛋白质含量水平可较白羽肉鸡低。

放牧或散养，以放牧在林果地更佳。这样，鸡不仅可以捕食大量天然饵料，如白蚁等昆虫、草籽、青草等，一般要比庭院养鸡少耗料 8％～10％，而且增加阳光照射，促进维生素 D 的生成和钙的吸收，又可以为果园除草、除虫，增加土壤有机质肥料。一处林果地有计划地放养 1～2 批后就转到另一处，周而复始，轮流放牧，轮流生息。放牧期间的林果地应禁止喷洒农药，以免鸡中毒。

鲜活饲料可因地制宜，进行捕捉或养殖。简便易行的方法如下。

灯光诱捕法。根据昆虫具有趋光性的特点,夜间采用电灯引诱,围网捕捉。当农田喷洒农药时,不可采用此法,防止鸡采食后中毒。

自然生蛆法。用发酵后的畜鸡粪便、垫料、麦麸做基质,让苍蝇在上面产卵后 3～4 天,蛆就发育长大,用于喂鸡。10 千克粪便、3 千克麦麸,可生产 1 千克蛆。

蚯蚓沟槽养殖法。选择背风遮阳处,挖宽 1 米、深 60～80 厘米、长度不限的沟槽,在沟底先铺一层 5 厘米厚的发酵畜鸡粪便,然后铺上一层杂草、秸秆等,其上再覆一层 5 厘米厚的土壤。这样重复铺垫,直至填满,最后表面铺稻草、秸秆等遮盖物,每天喷适量水保持湿润。为了防止积水,可在沟槽两侧各挖一条排水沟。一般沟槽每平方米能投放上千条蚯蚓,放养 2 个月后可收集喂鸡。当外界温度低时,可在保温棚中养殖。

放牧都是在雏鸡脱温后进行的。放牧前要让鸡认窝,可将料槽、饮水器放在鸡舍门口附近。放牧时每天早晨放鸡出外自由活动,采食天然饲料,但要在遮阳棚下为鸡准备足量的饮水,让鸡自饮。中午视鸡采食情况确定是否补料。傍晚,在太阳下山鸡入舍前喂饱。为训练鸡定时回来吃料和回鸡舍,可在喂料时吹口哨等,使之对声音形成条件反射。出现不宜放牧的天气时,应及时将鸡收回舍内,防止鸡群损失。

放牧饲养不等于粗放,更不等于放任自流,以预防为主的综合性卫生防疫措施,也应在其中切实贯彻。

近些年来,优质肉鸡的发展引起了法国、荷兰等国的重视。法国培育了称为"拉贝"鸡的优质肉鸡,规定饲养期至少 81 天,最好散养。舍养时,每间鸡舍的面积不小于 100 平方米,每平方米鸡数不超过 11 只,且 6 周后每只鸡平均有 2 平方米的舍外运动场。4 周内日粮中不添加油脂,以后的日粮脂肪总量不超过 5%。4 周以后,日粮中谷物和谷物制品含量不低于75%。

七、肉用仔鸡的公母分开饲养与限制饲养

(一)肉用仔鸡公母分开饲养　公母分开饲养的技术,在仔鸡的增重、饲料的利用效率以及产品适于机械加工等方面都显现出其较好的效益。至1990年,采用这种饲养制度饲养的肉用仔鸡已占仔鸡总量的75%～80%。随着自别雌雄商品杂交鸡种的培育和初生雏雌雄鉴别技术的提高,近年来已为愈来愈多的国家所运用。这种基于公、母雏鸡之间的差别而发展起来的公母分开饲养的技术,其措施主要有如下几点。

1. 按经济效益分期出场　1日龄时,小公鸡日增重比小母鸡高1%,随着日龄的增长,日增重的差别越来越大,最大可达25%～31%。雌性个体在7周龄后增重速度相对下降,饲料消耗急剧上升,如果此时已达上市体重,应该尽早出售。而雄性个体,一般要到9周龄以后生长速度才下降,同时饲料转化率也降低,所以雄性个体可养到9周龄出售。因此,公母分群饲养将可以在各自饲料转化率最佳日龄末出场,以取得最佳的经济效益。

2. 按需要调整日粮的营养水平　在相同日粮的条件下,小母鸡每增重1千克体重所消耗的饲料,比小公鸡要高出2%～8%。在4～10周龄间,小母鸡的相对生长量又低于小公鸡15%～25%。

小公鸡能有效地利用高蛋白质日粮,并因此而加快生长速度;小母鸡对蛋白质饲料的利用效率低,而且还将多余的蛋白质转化为体内脂肪沉积起来。按照它们对蛋白质来源及添加剂等的不同反应,小公鸡的饲料配方,前期的粗蛋白质含量水平可提高到25%。采用以鱼粉为主的配合饲料,其中钙、磷和维生素A,维生素E,B族维生素的需要量比小母鸡要高,适当添加人工合成的赖氨酸,将明显地提高小公鸡的生长速度与饲料转化率。

为消除蛋白质过量会抑制小母鸡的生长和将多余蛋白质在体内转化为不经济的脂肪沉积起来的弊病,对小母鸡的饲料配方,粗蛋白质含量水平可调整为18%～19%,采用以豆饼为主的配合饲料。这样可以各得其所,蛋白质也可以得到充分利用。

3. 提供适宜的环境条件 由于小公鸡羽毛生长慢、体重大,必须为小公鸡提供更为松软、干燥的垫料,以减少胸囊肿病的发生。为取得更佳的饲养效果,小公鸡的饲养环境与小母鸡相比,舍内温度前期要高1℃～2℃,而后期则要低1℃～2℃。

（二）肉用仔鸡的限制饲养 在肉用仔鸡的生长发育过程中,肌肉的生长速率远大于内脏的生长发育,尤其是心、肺的发育更慢于肌肉,心、肺不能满足肌肉快速生长对血氧的需要。这种代谢的紊乱,导致肉鸡腹水症、心力衰竭综合征和突然死亡的发生率增高。所以,越来越多的肉鸡生产者,通过限制每天的饲料摄取量与间歇光照程序相结合的办法来控制肉鸡的生长速度,以提高饲料转化率,降低死亡率。

据报道,在第二周开始限饲对肉鸡腿畸形率的减少最为有利。此研究者采用的是每天4个周期的间歇光照程序（即2小时光照,4小时黑暗为1个周期）并限制饲料的添加量。

有人从4日龄开始采用1小时光照、3小时黑暗的每天6个周期的间歇红光照明程序,由于两次投料之间有3～4小时的间隙,这就给仔鸡在采食后有一个消化吸收的时段,有利于提高饲料转化率,同时这种间歇可以刺激仔鸡的采食欲望。表3-5-24显示了限制饲养的某些效果。

调整光照程序对肉用仔鸡有许多潜在的保健作用,如延长睡眠时间、降低生理应激、建立活动节律以及改善骨代谢、腿健康等。可是在光照程序中的明暗比例等方面,还有待进一步研究探索。

表3-5-24　8周龄肉用仔鸡体重、饲料报酬、腿病率及死亡率

项　　目	连续白光照	间歇白光照	连续红光照	间歇红光照
平均体重（克）	2272.80	2266.90	2317.10	2327.70
采食量（克/只）	5864.10	5327.20	5537.80	4981.30
饲料报酬	2.58	2.35	2.39	2.14
腿病发生率（%）	4.50	2.00	2.50	2.00
死亡率（%）	2.50	2.00	2.00	1.50

八、肉用仔鸡8周的生产安排

现代的肉用仔鸡生产,大多是全年进行的批量生产。因此,饲养者应根据拥有的鸡舍面积、设备和人员、饲料来源,并根据规定的饲养密度、预期上市日龄以及两批之间的消毒、空舍时间,初步安排好全年的饲养计划、批次,在落实好雏鸡计划的基础上,安排好每批肉鸡的饲养计划。现对其8周的生产主要安排简述如下。

（一）第　一　周

1. 综合性技术措施　提前3天鸡舍试温,全部用具到位。提前1天鸡舍开始升温。1日龄时开水、开食,确保全群鸡都能饮水、采食。3日龄喂全价饲料,增喂维生素。5日龄断喙。6日龄后逐步用饲槽、料桶喂食。

2. 管理条件　1日龄,在育雏器下温度为35℃,舍温为28℃,空气相对湿度为70%,密度为40只/米^2,每天光照时间23.5小时,每平方米2.5~3瓦。2~4日龄,育雏器下温度每天降低1℃,至32℃;光照时间2日龄为23小时,4日龄为22.5小时。7日龄时,舍温为24℃,空气相对湿度为65%,密度为30只/米^2,光照时间每天22小时,每1000只鸡1周耗水量为238升。

3. 生产指标　每1000只鸡1周耗料量为80千克;周末每只鸡体重80克,较好的可达90克。

4. 疫病防治　1 日龄接种马立克氏病疫苗,4 日龄接种新城疫Ⅳ系疫苗,7 日龄接种鸡痘疫苗。用恩诺沙星 50 毫克/升饮水5～7 天。

（二）第 二 周

1. 综合性技术措施　使用饲槽、料桶和饮水器,扩大围圈,增加通风量。2 周末撤掉围圈。

2. 管理条件　育雏器下温度 2 周末时降至 29℃,舍温降至 21℃,空气相对湿度降至 62%,密度为 25 只/米²。光照时间,11 日龄为 21 小时,14 日龄为 20 小时,每平方米 1～1.5 瓦。本周 1 000 只鸡耗水量为 371 升。

3. 生产指标　本周 1 000 只鸡累计耗料量一般为 160 千克,周末个体重 170 克;较好的本周 1 000 只鸡累计耗料量为 240 千克,个体重为 230 克。

4. 疫病防治　13 日龄时接种传染性法氏囊病疫苗。为预防球虫病,从第二周至第四周,按氯苯胍 30～60 毫克/千克体重的标准,拌料饲喂。

（三）第 三 周

1. 综合性技术措施　3 周末抽测体重。

2. 管理条件　17 日龄时,舍内空气相对湿度降至 60%,密度为 25 只/米²,光照时间为 20 小时。本周末育雏器下温度降至 27℃,舍温降至 18℃,密度降至 20 只/米²。本周 1 000 只鸡耗水量为 532 升。

3. 生产指标　本周 1 000 只鸡一般耗料量为 320 千克,周末个体重 330 克;较好的本周 1 000 只鸡耗料量为 370 千克,周末个体重 430 克。

（四）第 四 周

1. 综合性技术措施　视情况撤去育雏器,周末起逐步改用肥育料。

2. 管理条件　周末育雏器下温度降至 24℃,舍温降至 16℃,

密度仍为 20 只/米^2，每天光照 20 小时。本周 1 000 只鸡耗水量为
665 升。

3. 生产指标　本周 1 000 只鸡耗料量一般为 420 千克，周末
个体重 540 克；较好的本周 1 000 只鸡耗料量为 450 千克，周末个
体重 650 克。

(五) 第 五 周

1. 综合性技术措施　脱温，转群，防球虫病，升高饲槽和饮水
器的高度。本周起全部改用肥育料。周末测个体重和耗料量。

2. 管理条件　周末育雏器下温度降至 21℃，空气相对湿度仍
为 60%，密度为 18 只/米^2，每天光照 20 小时。本周 1 000 只鸡耗
水量为 847 升。

3. 生产指标　本周 1 000 只鸡耗料量一般为 560 千克，本周
末个体重 760 克；较好的本周 1 000 只鸡耗料量为 590 千克，周末
个体重 920 克。

(六) 第 六 周

1. 综合性技术措施　周末抽测个体重和耗料量。

2. 管理条件　鸡舍空气相对湿度保持在 60%，密度降为 15
只/米^2，每天光照仍是 20 小时。本周 1 000 只鸡耗水量为 1 057 升。

3. 生产指标　本周 1 000 只鸡耗料量一般为 690 千克，周末
个体重 990 克；较好的本周 1 000 只鸡耗料量为 740 千克，周末个
体重 1 200 克。

(七) 第 七 周

1. 综合性技术措施　周末抽测体重和耗料量。停止用药，防
止药物残留。

2. 管理条件　鸡舍空气相对湿度提高到 65%，每天光照仍为
20 小时。本周 1 000 只鸡耗水量为 1 246 升。

3. 生产指标　本周 1 000 只鸡耗料量一般为 800 千克，周末
个体重 1 240 克；较好的本周 1 000 只鸡耗料量为 930 千克，周末

个体重1500克。

（八）第 八 周

1. 综合性技术措施　周末开始出栏。应在夜间捉鸡。出栏前10小时撤饲料,抓鸡前撤饮水器。

2. 管理条件　鸡舍空气相对湿度为65%,密度为12只/米²,每天光照18小时。本周1000只鸡耗水量为1428升。

3. 生产指标　本周1000只鸡耗料量一般为910千克,周末个体重1500克;较好的本周1000只鸡耗料量1030千克,周末个体重1800克。

第四节　肉用种鸡的控制饲养技术

肉用鸡的最大特点是生长快速、沉积脂肪能力很强,无论在生长阶段还是产蛋阶段,如果不执行适当的限制饲养制度,种母鸡会因体重过大、脂肪沉积过多而导致产蛋率下降,种公鸡也会因过肥、过大而导致配种能力差,精液品质不良,致使受精率低下,甚至发生腿部疾病而丧失配种能力。产蛋率与受精率都直接影响肉用仔鸡雏鸡的来源。为了提高肉用种鸡的繁殖性能及种用价值,必须抓好以下关键技术:①限制性饲养制度;②肉用种鸡的体重和体况控制技术;③光照控制等。

一、肉用种鸡的限制饲养

（一）限制饲养的好处

1. 取得合理的养料,维持营养平衡　限制饲喂,是在饲喂量上使鸡群于第二天喂料前能将头天喂的料都吃得干干净净;在营养上,按要求设计的饲料营养能全部被鸡所摄取,从而确保鸡的营养需要与平衡。反之,过量地投喂饲料,让鸡群从容不迫地挑拣,养成挑食、偏食粒状谷类的习惯,使食入的能量过多,而蛋白质、维生素不足,营养不平衡,严重影响肉、蛋的产量。

不同时期肉用种鸡的饲料配方见表 3-5-25。

表 3-5-25 不同时期肉用种鸡的饲料配方

配方适用时期		1～5日龄	6～20日龄	21～30日龄	31～90日龄	91～150日龄	7～10月龄	11～14月龄	15月龄以上
饲料名称及配合比例(%)	玉 米	40.0	59.7	36.5	12.0	—	30.0	35.7	15.5
	小 麦	23.7	—	20.0	26.0	30.0	30.0	25.0	25.0
	麸 皮	7.5	20.0	—	—	—	—	—	—
	大 麦	—	—	12.0	37.9	52.0	9.5	11.0	38.5
	豆 饼	17.0	13.5						
	葵花籽粕	—	—	16.5	6.0	2.0	8.0	7.0	3.0
	水解酵母	—	—	3.0	4.3	2.5	5.0	4.0	3.0
	草 粉			3.0	5.0	7.0	5.0	5.0	4.0
	鱼 粉	10.0	4.0	4.0	4.0	1.3	5.5	5.0	3.5
	肉骨粉	1.0	1.5	4.0	3.1	1.5	—	—	—
	脱氟磷酸盐	—	—	—	0.7	1.7	0.5	1.0	1.2
	贝壳、白垩	0.5	1.0	—	0.8	1.0	6.2	6.0	5.8
	食 盐	0.3	0.3	—	0.2	0.5	0.3	0.3	0.5
营养成分(%)	代谢能(兆焦/千克)	11.80	11.51	12.26	11.30	10.75	11.34	11.38	10.88
	粗蛋白质	20.00	16.10	20.20	17.40	13.90	17.30	16.30	14.30
	粗纤维	3.00	3.80	6.90	6.40	5.40	4.70	4.60	4.80
	钙	1.03	1.10	1.09	1.17	1.32	2.81	2.81	2.65
	磷	0.48*	0.47*	0.82	0.88	0.77	0.81	0.83	0.76
	赖氨酸	1.10	0.78	0.89	0.85	0.62	0.84	0.78	0.67
	蛋氨酸	0.45	0.26	0.70	0.59	0.71	0.61	0.57	0.49
	胱氨酸	0.25	0.22						

* 为有效磷

第四节　肉用种鸡的控制饲养技术

2. 增加运动,有利于骨骼、脏器发育　由于限制饲喂,在早上投料前饲料槽内已干干净净,没有饲料了,鸡因空腹饥饿而在鸡舍内来回转窜,当投料时,整个鸡群都争先恐后跳跃争食,从而引发鸡群的运动。这种运动,不仅能增强鸡的消化功能,而且有助于扩张骨架,使内脏容积扩大,长成胸部宽阔、肩膀高耸、脚爪十分有力的强壮体型。

3. 减少饲料消耗,降低饲养成本　鸡的限制饲养,可以理解为减少饲料喂量的一种饲养方式。据统计,肉用种鸡在 10 周龄时自由采食的采食量是每 100 只鸡每天 10.4 千克,个体体重达 1.95 千克;而限饲的鸡群需到 20 周龄时体重才达到 1.85 千克,每 100 只鸡每天采食量只有 9.2 千克。累计 20 周的耗料量,自由采食的鸡每只为 18 千克,差不多是限制饲喂鸡群(耗料 9.5 千克左右)的 2 倍。所以,限制饲喂可以节省一半左右的饲料。

4. 减少腹脂沉积,降低产蛋期死亡率　限饲可以降低鸡体腹脂沉积量的 20%～30%。能防止因过肥而在开产时发生难产和脱肛,产蛋中、后期可以预防脂肪肝综合征的发生。过肥的鸡在夏季耐热力差,容易引起中暑与死亡。试验资料表明,限制饲养不仅能使鸡的产蛋潜力得到充分的发挥,而且鸡的死亡率也可以减少一半左右。

5. 使鸡群在适当时期性成熟,并与体成熟同步　限饲可以使幼、中雏期间骨骼和各种脏器得到充分发育。在整个育成期人为地控制鸡的生长发育,保持适当的体重,使之在适当的时期性成熟并与体成熟同步。肉用种鸡一般于 24 周龄左右见蛋,27～28 周龄达 50% 产蛋率,30～32 周龄进入产蛋高峰。见蛋不早于 20～22 周龄,不迟于 27 周龄。研究表明,限制饲养的母鸡,其活重和屠体脂肪重量要比自由采食的鸡低,但输卵管重量,不论绝对值还是占体重的百分比都有所增加,而且长度显著增加;同时,这种母鸡在发育期间滤泡数增多,发育速度较快。所以,其后的产蛋量和蛋重均有提高,种蛋的合格率比不限饲的提高 5%左右。

6. 提高鸡群的整齐度 有关资料表明,全群中个体的体重接近标准体重的越多,整群鸡的产蛋高峰就越高,高峰的持续时间就越长。限制饲养能通过控制鸡群的生长速度来控制体重,使绝大多数个体的体重控制在标准体重范围之内。一般要求鸡群的整齐度为:75%～80%的鸡的体重分布在全群平均数±10%的范围之内(全群平均数在各种鸡公司均有各自标准体重的介绍)。这样的鸡群其开产日龄比较一致,产蛋率和蛋的合格率均高。群体体重整齐度与产蛋量的变异关系见表 3-5-26。

表 3-5-26 体重整齐度与产蛋量的变异关系

符合全群标准体重平均数±10%的鸡数比率(%)	每只鸡每年产蛋量的差异(个)
79	+12
76	+8
73	+4
70	0(基础)
67	-4
64	-8
61	-12
58	-16
55	-20
52	-24

由表 3-5-26 可见,以 70%的鸡控制在标准体重范围之内为基础(0),整齐度每增减 3%,平均每只鸡每年产蛋量亦相应增减 4个。所以,整齐度的增加可以增加产蛋量,而降低整齐度将减少产蛋量。

(二)如何进行限制饲养 限制饲养是通过有计划地控制鸡的

日粮营养水平、采食量和采食时间,达到控制种鸡的生长发育,使之适时开产。具体办法如下。

1. 限时法　主要是通过控制鸡的采食时间来控制采食量,以此来达到控制体重、体型和性成熟的目标。

(1)每日限饲　每天喂给一定量的饲料和饮水,或规定饲喂次数和每次采食的时间。这种方法对鸡的应激较小。

(2)隔日限饲　即喂1天,停1天。把2天限喂的饲料量在1天中喂给。此法是较好的限喂方法,它可以降低竞争槽位的影响,从而得到符合目标体重、一致性较高的群体。如果每日喂给的饲料很快被吃完,仅仅是那些最霸道的鸡能吃饱,其余的鸡挨饿,结果整群鸡生长不一致。由于1次给予2天的限饲量,所以无论是霸道鸡还是胆小的鸡,都有机会吃到饲料。例如,每天限喂量为50克,2天的喂料量为100克,将此100克饲料在喂料日一次性投给,其余时间断料。

(3)每周停饲2天　即每周喂5天,停2天。一般是周日、周三停喂。喂料日的喂料量是将1周中限喂的饲料总量均衡地分作5天喂给(即将1天的限喂量乘7除以5即得)。

(4)"四三"限喂法和"六一"限喂法　前者是每周喂4天,停3天。这与"五二"限喂法一样,不能连续停喂2天以上,也就是说,1周的安排应该是1天喂料与1天停料间隔进行,其喂料日的喂料量是将1周中限喂的饲料总量均衡地分作4天喂给(即将1天的喂料量乘7再除以4即得)。而"六一"限喂法就是每周喂6天,停喂1天,其喂料日的喂料量是将1天的喂料量乘7再除以6即得。

这些限饲方式都将引起应激,但其激烈程度不同。一般认为,隔日限喂的应激程度最激烈,以其为100%计,其他限喂方式的应激程度相应为:"四三"限喂法为88%,"五二"限喂法为70%。"六一"限喂法为58.5%,而每日限喂法的应激程度仅为50%。

高强度的限饲方式只有在非常必要的阶段才采用。例如,肉用种鸡在7～12周龄期间是其整个育成期体重增加较快的时期，如果管理不当，就可能造成超重或大小不匀而影响群体的均匀度。因此，肉鸡公司一般都建议在7～12周龄期间采用隔日限喂方式或者是"四三"限喂法。这主要是依体重增长的控制强度而定。

2. 限质法　即限制饲料的营养水平。一般采用低能量、低蛋白质或同时降低能量、蛋白质含量以至赖氨酸的含量，达到限制鸡群生长发育的目的。在肉用种鸡的实际应用中，在限制日粮中的能量和蛋白质的供给量的同时，对其他的营养成分，如维生素、常量元素和微量元素，则应充分供给，以满足鸡体生长和各种器官发育的需要。

3. 限量法　规定鸡群每天、每周或某个阶段的饲料用量。肉用种鸡一般按自由采食量的60％～80％计算供给量。

大多数育种单位对肉用种鸡都实施综合限饲的程序，就是将各种限饲方法结合应用。表3-5-27、表3-5-28是Ａ·Ａ公司20世纪对其种公鸡和种母鸡的限饲量。

表 3-5-27　Ａ·Ａ种公鸡体重和饲喂量

周龄	日龄	体重（千克）最低～最高	100 只鸡的每天饲喂量		
			每日限饲的限喂量（千克）	综合限饲程序	
				喂量（千克）	程序编排
1	1～7		自由采食	自由采食	
2	8～14		自由采食	自由采食	
3	15～21		自由采食	自由采食	
4	22～28	0.544～0.599	5.8	5.8	每天限喂
5	29～35	0.681～0.749	6.9	6.9	每天限喂
6	36～42	0.817～0.898	7.5	7.5	每天限喂
7	43～49	0.944～1.039	7.7	15.4[①]	隔日限制饲喂

续表 3-5-27

周龄	日龄	体重（千克）最低～最高	100只鸡的每天饲喂量			
			每日限饲的限喂量（千克）	综合限饲程序		
				喂量（千克）	程序编排	
8	50～56	1.080～1.189	8.3	16.6	隔日限制饲喂	
9	57～63	1.207～1.329	8.7	17.4	隔日限制饲喂	
10	64～70	1.343～1.479	9.2	18.4	隔日限制饲喂	
11	71～77	1.470～1.615	9.4	18.8	隔日限制饲喂	
12	78～84	1.615～1.779	9.9	19.8	隔日限制饲喂	
13	85～91	1.742～1.915	10.2	15.3[2]	喂2天饲料,停喂1天	
14	92～98	1.887～2.078	10.6	15.9	喂2天饲料,停喂1天	
15	99～105	2.015～2.214	11.0	16.5	喂2天饲料,停喂1天	
16	106～112	2.151～2.364	11.3	16.9	喂2天饲料,停喂1天	
17	113～119	2.278～2.505	11.7	17.6	喂2天饲料,停喂1天	
18	120～126	2.423～2.663	12.0	18.0	喂2天饲料,停喂1天	
19	127～133	2.550～2.804	12.4	18.6	喂2天饲料,停喂1天	
20	134～140	2.677～2.945	12.6	17.6[3]	喂5天,禁食周日、周三	
21	141～147	2.813～3.094	13.0	18.2	喂5天,禁食周日、周三	
22	148～154	2.949～3.244	13.3	18.7	喂5天,禁食周日、周三	
23	155～161	3.085～3.394	13.6	19.0	喂5天,禁食周日、周三	
24	162～168	3.212～3.534	13.9	13.9	每天限喂	

注:①隔日限喂的喂料日饲料量＝每日限饲量×2,即7.7×2＝15.4

②喂2天停1天的喂料日饲料量＝每日限饲量×3÷2,即10.2×3÷2＝15.3

③喂5天禁2天的喂料日饲料量＝每日限饲量×7÷5,即12.6×7÷5＝17.6

表 3-5-28　A·A 种母鸡体重和饲喂量

周龄	日龄	体重（千克）	每日限饲的喂量（千克）	综合限饲程序	
				喂量（千克）	程序编排
1	1～7		自由采食	自由采食	
2	8～14		自由采食	自由采食	
3	15～21		自由采食	自由采食	
4	22～28	0.454～0.499	4.9	4.9	每天限喂
5	29～35	0.554～0.617	5.6	5.6	每天限喂
6	36～42	0.653～0.735	6.1	6.1	每天限喂
7	43～49	0.758～0.844	6.3	12.6①	隔日限制饲喂
8	50～56	0.858～0.953	6.6	13.2	隔日限制饲喂
9	57～63	0.957～1.062	6.9	13.8	隔日限制饲喂
10	64～70	1.062～1.171	7.2	14.4	隔日限制饲喂
11	71～77	1.162～1.279	7.4	14.8	隔日限制饲喂
12	78～84	1.261～1.388	7.7	11.6②	喂 2 天饲料,停喂 1 天
13	85～91	1.361～1.506	8.0	12.0	喂 2 天饲料,停喂 1 天
14	92～98	1.461～1.624	8.2	12.3	喂 2 天饲料,停喂 1 天
15	99～105	1.561～1.733	8.5	12.7	喂 2 天饲料,停喂 1 天
16	106～112	1.665～1.842	8.7	13.1	喂 2 天饲料,停喂 1 天
17	113～119	1.765～1.951	9.0	13.5	喂 2 天饲料,停喂 1 天
18	120～126	1.865～2.060	9.3	13.9	喂 2 天饲料,停喂 1 天
19	127～133	1.978～2.169	9.5	14.3	喂 2 天饲料,停喂 1 天
20	134～140	2.069～2.278	9.8	13.7③	喂 5 天,禁食周日、周三
21	141～147	2.169～2.396	10.0	14.0	喂 5 天,禁食周日、周三
22	148～154	2.269～2.505	10.3	14.4	喂 5 天,禁食周日、周三
23	155～161	2.368～2.613	11.0	15.4	喂 5 天,禁食周日、周三
24	162～168	2.473～2.722	12.0	12.0	每天限喂

注:①隔日限喂的喂料日饲料量=每日限饲量×2,即 6.3×2=12.6

②喂 2 天停 1 天的喂料日饲料量=每日限饲量×3÷2,即 7.7×3÷2=11.6

③喂 5 天禁 2 天的喂料日饲料量=每日限饲量×7÷5,即 9.8×7÷5=13.7

第四节　肉用种鸡的控制饲养技术

综合限饲，一般 3～6 周龄采用每日限喂法，7～12 周龄采用"四三"限喂法，13～18 周龄采用"五二"限喂法，19～22 周龄采用"六一"限喂法，23～24 周龄采用每日限喂法。在生产中，要根据鸡舍设备条件、育成的目标和各种限饲方法的优缺点来选择限制饲养制度，防止产生"在满足营养需要的限度内，体重限制越严，生产性能越好"的片面认识。

（三）限制饲养的相关技巧

第一，在应用限制饲喂程序时，应注意在任何一个喂料日，其喂料量均不可超过产蛋高峰期的料量。如 1994～1995 年版的 A·A 鸡父母代种鸡饲养指南中，其产蛋高峰期料量每只每天 160 克，那么，使用隔日饲喂法直至 16 周龄末时，其采食量约为每天每只 152 克。如果至 17 周龄还使用此法限饲，那么饲喂日的喂料量就要达到每天每只 164 克，超过了产蛋高峰期每天每只 160 克的料量。如自 17 周龄开始改用"五二"限喂法，直到 22 周龄末时其饲喂日的料量为每天每只 157 克，而 23 周龄饲喂日的料量达到每天每只 171 克。所以，如采用此法限喂，其最后的极限期只能到 22 周龄末，之后应改用其他强度较弱的限饲方式。

第二，限制饲养一定要有足够的饲槽、饮水器和合理的鸡舍面积，使每只鸡都能均等地采食、饮水和活动。

第三，限饲的主要目的是限制摄取能量饲料，而维生素、常量元素和微量元素要满足鸡的营养需要。如按照限量法进行饲养，饲喂量仅为自由采食鸡的 80％。也就是说将所有的营养成分都限制了 20％，如在此基础上再添加维生素，可以提高限制饲养的效果。因此，要根据实际情况，结合饲养标准确定限喂饲料量，否则，会造成不应有的损失。

第四，限制饲喂会引起过量饮水，容易弄湿垫料，可以采用限制供水的办法。在喂料日，从喂料前 30 分钟至 1 小时开始供水，直到饲料吃完后 1～2 小时持续供水；午前再供水 1 次，时间 20～

30 分钟。下午供水 2～3 次，每次持续时间为 20～30 分钟；最后 1 次可放在天黑前。停料日则在清晨和午前各供水 1 次，每次持续时间 20～30 分钟，下午供水与喂料日相同。在炎热季节或鸡群发生应激时应中止限水，而要加强鸡舍通风和松动、更换垫料。确定鸡群饮水量是否适宜，可触摸鸡的嗉囊，如嗉囊坚硬，是饮水不足的迹象。如限制饮水不当，往往会延迟性成熟而导致严重的后果。

第五，限制饲喂会引起饥饿应激，容易诱发恶癖，所以应在限饲前（在 7～10 日龄）对母鸡进行正确的断喙，公鸡还需断内趾及距。

第六，限制饲喂时，应密切注意鸡群健康状况。在患病、接种疫苗、转群等应激时，要酌量增加饲料或临时恢复自由采食，并要增喂维生素 C 和维生素 E 以抗应激。

第七，育成期公、母鸡最好分开饲养，有利于控制体重。

第八，停饲日不可喂沙砾。平养的育成鸡可按每周每 100 只鸡投放中等粒度的不溶性沙砾 300 克。

二、肉用种鸡的目标体况与控制措施

（一）现代肉用种鸡的体况概念　对肉用仔鸡只求生长快、体重大、耗料省的选择，在加快了肉用仔鸡生长速度的同时，也形成了其亲本的快速生长和沉积脂肪的能力。在自由采食的条件下，8～9 周龄的肉用种鸡即达成年体重的 80%，并由此会带来以下不良后果：性成熟早，种蛋合格率降低，产蛋率上升缓慢而下降快，达不到应有的产蛋高峰，利用时间缩短；种用期间死亡、淘汰率增高等。

试验表明，鸡体达到性成熟是一个很独特的过程。对优良种鸡的培育，要求在鸡只生长的前几周使骨骼组织和肌肉、内脏等软组织优先生长，而在 14 周龄后应逐步促进鸡只的睾丸、输卵管和卵泡的生长，以至达到性成熟。体况是体重与体架的综合，鸡的体架很大程度上决定于 6～7 周龄，此时骨架已达到最终骨架的

80％。所以，若要提高鸡群的均匀度，必须抓住育成早期有限的几周时间。在11～12周龄时体架已完全成熟，此时鸡群的体况均匀度已成定局。

要特别强调的是，种鸡从育雏至育成时期，是用它的骨骼发育程度和体重增长的幅度来衡量其发育程度的，而不是达到了一定体重就算性成熟了。

所以，为了获取高产的母鸡群，对母雏要控制其具有适当的骨架。若控制不当而形成了大骨架，种鸡群不仅开产期推迟，产蛋高峰低，而且消耗饲料也多。对于公雏，则要求它有较长的胫骨，至8周龄时至少要有100毫米的高度。成年公鸡的胫骨长度要达到140毫米以上。否则，即使体重已符合标准也不能入选。为此，在育雏的早期，均采用含18％蛋白质的饲料。母雏比公雏要控制得更严格些。为了使母雏达到4周龄时有一个较小的体重，限饲不得晚于2周龄末，当每只每天消耗料量达27克时即开始每日限饲，累计吃进75克蛋白质（相当于420克含18％蛋白质的饲料）后，就应将育雏料更换成含15％蛋白质的育成料，并限制饲喂。主要是控制其骨架生长，不至于形成大骨架。公雏则要求累计吃进180克蛋白质（相当于1 000克含18％蛋白质的饲料）后才改用育成料，因为太早更换育雏料会影响公雏胫骨生长。

在育成前期（7～12周龄）采用隔日限喂或"四三"法限饲，严格控制鸡在快速生长期的生长速度，使体重比标准要求的低些，但胫骨长度要达到或超过标准。到16～23周龄期间，又要保证鸡只每周得到130～160克增重的充分发育（满足该时期生殖系统的充分发育）。鸡只只有在此期间获得了充分发育，才可能对光刺激做出最佳反应。也就是说，在体成熟到来时也相应地达到了性成熟。

所以，既要抓体重的均匀度，又要抓体架的均匀度，目的是达到发育整齐、性成熟一致，促使产蛋高峰的突出。这种对不同时期生长发育加以控制所形成的"生长曲线"，才是符合培育优秀种鸡的现代的鸡种概念。

（二）理想的肉用种鸡群体重 一个体重不过重、体型不过大、产蛋较多的种鸡群，应具备以下 4 个的必要条件。

第一，群体的平均体重应与种鸡的标准体重（各种鸡供应单位都有资料介绍）相符，个体差异最多不超过标准体重上下 10％的范围。

第二，体重整齐度应在 75％以上，即全群有 75％以上的个体重量处在标准体重上下 10％的范围内。

第三，各周龄增重速度均衡适宜。

第四，无特定传染性疾病，鸡群发育良好。

为了达到上述要求，应在满足鸡对营养需要的情况下，人为地采用限制饲喂和光照技术等，有效地控制性成熟和体重，适当推迟开产日龄，这也是提高产蛋量和受精率的基本措施。

（三）控制体重与调整喂料量 从饲养效果来看，体重控制是整个生产期中的关键。育雏、育成期种母鸡体重控制得好坏、鸡群个体大小的均衡，直接关系到种鸡群能否准时开产，产蛋高峰是否突出，而产蛋期种母鸡体重控制得好坏，将直接关系到种母鸡产蛋是否持久突出。种公鸡良好的体重控制曲线是种蛋获得理想受精率的前提条件。

要使种鸡群取得良好的体重控制曲线、良好的鸡群均匀度，就必须精确控制鸡群的给料量。

1. 体重标准 好的肉用种鸡是在适当时期经过减缓生长速度而得到的。每个鸡种都有一个标准的生长曲线，而且同一鸡种随着选育世代的遗传进展，其生长曲线也在变化，但最终目的都是要使种母鸡在开产时具有坚实的骨骼、发达的肌肉、沉积很少的脂肪和充分发育的生殖系统。达到这个目的的最好办法是按生长曲线的要求控制体重。换句话说，就是控制生长速度，实质是在限制采食量的基础上调整喂料量。控制生长速度的唯一办法是在生长期有规律地取样和个体称重,并且将实际的平均体重与推荐的目标体重逐周龄相比较。这种对比是决定饲喂量的唯一的依据。为此,各育种单位都制定了各自鸡种在正常条件下各周龄的推荐料量和标准体重。表 3-5-29 是某公司有关罗斯种鸡的目标体重和饲料推荐量。

表 3-5-29　罗斯种鸡目标体重及饲料推荐量

周龄	公　　　鸡			母　　　鸡		
	体重(克)	日　龄	每只每日饲料量(克)	体重(克)	日　龄	每只每日饲料量(克)
1	108	1~11	任食至 24 克	108	1~7	任食至 22 克
2	195	12~13	25	195	8~9	23
					10~11	24
3	295	14~15	26	295	12~13	25
					14~15	26
4	410	16~17	27	405	16~17	28
5	545	18~19	28	505	18~19	30
					20~21	32
6	690	20~21	29	605	22~24	34
7	840	22~23	32	705	25~27	36
					28~30	38
8	990	24~26	35	805	31~33	40
9	1140	27~29	38	905	34~36	42
					37~39	44
10	1290	30~32	40	995	40~42	46
11	1445	33~35	42	1085	43~45	48
					46~49	50
12	1580	36~38	44	1175	50~56	52
13	1700	39~43	48	1255	57~63	54
					64~70	56
14	1820	44~49	53	1335	71~77	58
15	1930	50~56	58	1420	78~84	58
					85~91	58
16	2025	57~63	64	1525	92~98	58
17	2120	64~70	70	1640	99~105	58
					106~112	65
18	2205	71~77	76	1760	113~119	67
19	2285	78~84	80	1880	120~126	73
					127~133	80
20	2360	85~126	82	2005	134~140	85
21	2435	127~140	85	2130	141~147	94
22	2510	141~154	93	2260	148~154	105

注:表中饲料量是日粮能量为 11.51 兆焦/千克时的采食量

2. 称重与记录　饲料量的调整和体重控制的依据是称重。

称重的时间一般是从 4 周龄起直到产蛋高峰前,每周 1 次,在同一天的相同时间进行空腹称重。每日限喂的,在下午称重;隔日限喂的,在停喂日称重。称重的数量,一般随机取样检查鸡群鸡数的 5%,但不得少于 50 只。可用围栏在每圈鸡的中央随机圈鸡。被圈中的鸡,不论多少,均须逐只称重并记录。逐只称重的目的是在求得全群鸡的平均体重后,计算在此平均体重±10% 的范围内的鸡数。同一鸡群的体重分级,应采用同一标准,否则,得到的整齐度数据相差较大。例如,以每 5 克为一个等级的整齐度为 68% 时,当按 10 克为一个等级计算时,其整齐度为 70%,20 克时为 73%,45 克时已上升到 78%。所以,称重用的衡器最小感量要在 20 克以下。肉用种鸡育成后期,有 75% 以上的鸡处在此范围之内的,就可以认为该鸡群整齐度是好的。各种鸡公司的要求略有出入,表 3-5-30 是塔特姆种鸡各时期整齐度的标准。

表 3-5-30　塔特姆种鸡各时期整齐度标准

周　齢	体重在平均体重±10%范围内的鸡只百分数
4～6	80～85
7～11	75～80
12～15	75～80
20 以上	80～85

其计算的办法如下:

$$平均重(\overline{X}) = \frac{累加所称个体的体重(\Sigma X)}{称重的鸡数(n)}$$

$$范围(\overline{X}±\overline{X}10\%) = \overline{X}+\overline{X}10\% \sim \overline{X}-\overline{X}10\%(平均重+平均重×10/100\sim平均重-平均重×10/100)$$

$$鸡群整齐度 = \frac{处在平均体重±10\%范围内的鸡数}{样本称重的鸡数(n)}×100\%$$

体重的记录可参照表 3-5-31 式样。

表 3-5-31　体重记录表

鸡　场	品　种	鸡舍号	间　号	性　别	日　龄	日　　期

称重的鸡数	平均重	指标体重	整齐度（处在平均体重±10％范围内的鸡数占全群百分比）

重量（克）	鸡　数	重量（克）	鸡　数
00		80	
20		00	
40		20	
60		40	
80		60	
00		80	
20		00	
40		20	
60		40	
……			

＊以某日龄的标准体重为 00，按每 20 克为一个等级统计

3. 喂料量的调整　在实际饲养中，由于鸡舍、营养、管理、气候和鸡群状况的影响，各周的实际喂料量是根据当周的称重结果与该周龄鸡的标准体重对比，然后根据符合体重标准、超重或不足的程度，在下周推荐料量的基础上，进行增减或维持原定的饲料量，按此方法逐周确定下周的喂料量，使体重控制在标准范围之内。

当体重超过当周标准时，下周喂量只能继续维持上周的喂料量，而不能增加饲料量，或只减少下周所要增加的部分饲料量。例

如,原来鸡隔日饲喂 100 克饲料,现在体重超过标准 10%,则下周仍保持 100 克的喂料量;如果鸡超过标准体重 4%~5%,那么下周仅增加 2 克饲料量,直至鸡群体重控制到标准体重范围之内为止。千万不可用减少喂料量来减轻体重。对育成后期体重稍大的种鸡,切勿为了迎合标准体重而过多地限制增重,否则形成的"大瘦鸡"会使性成熟受阻。所以,正确的生长模式要比正确的开产体重更重要。

如果体重低于当周标准,在确定下周喂料量时,要在原有喂料量的标准基础上适当增加饲料量,以加快生长,使鸡群的平均体重渐渐上升到标准要求。通常情况下,平均体重比标准体重低 1% 时,喂料量在原有标准量的基础上增加 1%。由于饲料的增加不会在体重上有即刻的反应,但其延续效应是会反映出来的,因此 1 次不可增加太多,可按每 100 只鸡增加 0.5 千克的比率在 1 周内分 2~3 次进行调整。否则就有可能育成"小壮鸡"。

4. **提高鸡群的整齐度(均匀度)** 理论和实践都证明,个体重明显低于平均体重者,由于产蛋高峰前营养储备不足,所以到达高峰的时间延迟,将影响群体产蛋高峰的形成,并在高峰后产蛋率迅速下降,蛋重偏小,且合格率低,开产日龄比接近标准体重的鸡要推迟 1~4 周,饲料转化率低,易感染疾病,死亡率高。所以,为提高群体整齐度,必须减少群体中较轻体重的个体数,这可从以下几方面着手。

(1)封闭式育雏 采用封闭式育雏,细心管理,避免鸡群应激,使鸡群不发病或少发病。因为鸡群一旦感染疾病,轻则导致个体大小不一,重则死亡。因此,严格卫生防疫制度和实施科学的免疫程序,是提高鸡群整齐度的保证。

(2)保证良好的饲养环境 饲养环境要符合限饲要求,如光照强度和时间、温度及通风等,尤其是饲养密度、饮水器和饲槽长度都应满足鸡能同时采食或饮水的需要(表 3-5-32)。否则,强者霸道多吃,体重则越大,弱者越少吃,体重则越小,难以达到群体发育一致的要求。

表 3-5-32　限饲时的饲养密度与饲槽、水槽条件

类型		饲养密度		采食槽位		饮水槽位			
		垫料平养(只/米²)	1/3垫料2/3栅网(只/米²)	长饲槽单侧(厘米/只)	料桶(直径40厘米,个/100只)	长水槽(厘米/只)	乳头饮水器(个/100只)	饮水杯(个/100只)	圆饮水器(直径35厘米,个/100只)
种母鸡	矮小型	4.8~6.3	5.3~7.5	12.5	6	2.2	11	8	1.3
	普通型	3.6~5.4	4.7~6.1	15.0	8	2.5	12	9	1.6
种公鸡		2.7	3.0~5.4	21.0	16	3.2	13	10	2.0

(3)等量均匀布饲　按限饲程序要求提供的饲料量,要在最短的时间内,给所有的鸡提供等量、分布均匀的饲料。试验资料表明,最多应在 15 分钟内喂完饲料,这对鸡群整齐度和生长性能的影响不显著,在实际生产中也是可行的。

(4)分类饲养　尽可能在鸡群的生长早期着手均匀度的管理,在第一周龄开始分群,以最大限度地发挥雏鸡的生长潜能。通过眼观挑选较小鸡只,分群饲养,额外增加饲料,并可让其自由采食几天。

给鸡只足够时间(大约 3 周)来追赶标准体重曲线,不同体重组群的日耗料量有所不同,但差别不能多于体重中等群体的 10%。

在限饲前,对所有鸡逐只称重,按体重大、中、小分群饲养,并在育成期的 6 周龄、12 周龄、16 周龄时对种鸡进行全群称重,并按个体大小调整,将体弱和体重轻的鸡挑出单独饲喂,减轻限喂程度,或适当加强营养。对体重过轻的鸡,不能一次加料过多,以免在短时间内体重达标而形成"小壮鸡",影响生殖器官发育。

对转群前体重整齐度仍差的鸡群,应在转进产蛋鸡舍时按体重大、中、小分级饲养,对体重大的应适当控制喂量,对体重小的则适当增加喂量,这对提高性成熟的整齐度有一定的效果。

(5)公母分饲　由于公、母鸡采食速度、料量以及体型要求不同,公、母鸡应分开饲养,这无论对母鸡还是公鸡,都有利于整齐度的提高。

(四)体重控制的阶段目标与开产日龄的控制　现代培育优秀种鸡的观念,是建立在肉鸡个体生长发育规律的基础之上的。为了获取高产的母鸡群,应按照鸡体生长发育的不同时期分别采用不同的方式培育。在雏鸡阶段,要促使其骨骼、肌肉及消化器官的健全生长;在育成前期,要控制体重的快速增长和过多脂肪的蓄积;在16周龄时生殖系统已开始发育,要促进性腺的发育和鸡体体重的增长。为此,在各时期应分别采用含量不同的蛋白质和能量饲料(雏鸡料、生长期料和种鸡料)并限饲(每日限喂及隔日限喂)等综合措施,增加运动,扩张骨架和内脏容积,以促进鸡体的平衡发展。由此而形成的生长曲线,在不同的鸡种和不同的选育年代是不完全一样的(图3-5-4)。

从图5-4曲线的波形上可以看到,各鸡种的控制程度是不一样的。当然,对产蛋性能可能有些影响。但尽管如此,为使后备肉用种鸡达到体重的最终控制目标,在育成阶段都必须按照其生长发育的状况分阶段进行调控,控制增重速率与整齐度,以保证其身体生长与性成熟达到同步发展。

1.体重的阶段控制目标　从育雏开始,首先要根据雏鸡初生重和强弱情况将鸡群分群饲养,促使雏鸡在早期尽量消除因种蛋大小、初生重的差异等对雏鸡体重整齐度所造成的影响。正确的开食方法参见肉用仔鸡的有关章节。

(1)育雏期(0～3周)　根据雏鸡生理特点,做好早期管理,要求鸡体充分生长,确保骨骼、免疫系统、心血管功能、羽毛生长在早

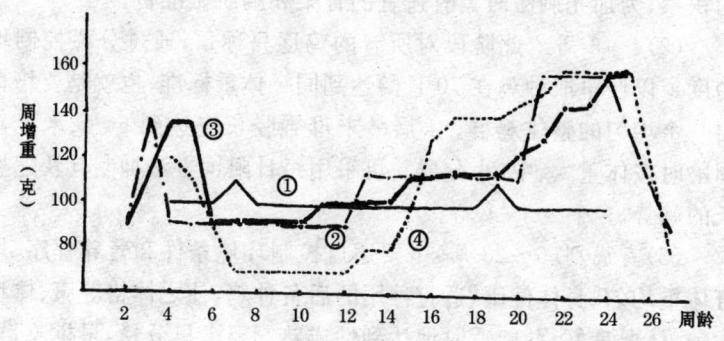

图 3-5-4　父母代母鸡各周龄增重控制曲线

①"A·A"20 世纪 80 年代饲喂指南　②"A·A"1994～1995 年版饲喂指南
③"艾维茵"饲喂标准,《中国家禽》1998 年第 4 期第 18 页
④引自《中国家禽》1997 年第 3 期第 34 页

期发育好,并达到刺激食欲的效果,最大限度地提高均匀度。因为控制体重的关键因素之一是使雏鸡有一个良好的开端,尤其鸡一生中最初的 72 小时很重要,不仅确定抵御疾病侵袭的能力,心血管系统的发育和全身羽毛的生长状况,而且更为重要的是,这最初的阶段决定着鸡只骨架的发育。只有育雏、育成期种鸡得到良好的骨架发育,才能有良好的生产性能的发挥。所以,尽可能达到早期体重标准,有助于种鸡育成期理想的生长发育。从 1 日龄起,要准确记录饲料采食量,从而保证自由采食向限制饲喂的平稳过渡,料量只能增加不能减少。7～14 日龄的体重应达到或超过体重标准,如果鸡群此阶段没有达到体重标准,可适当延迟恒定光照时数的日龄。此阶段的饲喂原则是:少喂勤添,刺激雏鸡采食。

所以,此阶段采用雏鸡料,在 1～2 周内自由采食,当母雏每日耗料达 27 克时开始每日限饲,累计耗料达 450 克(约 75 克蛋白质)左右时应改用育成料。只有将早期的骨架培育良好,才有助于防止产蛋高峰期鸡只产生过多的胸肉。同时,早期能量和蛋白质的积累,为加光刺激时具有适宜的骨架和胸肌做准备。

(2)4~6周 此阶段对所有的鸡逐只称重,通过分栏控制均匀度。以便争取种鸡在70日龄达到同一体重标准,也就是要培育出一个均匀的整体鸡群。4周龄末母雏胫长应达到64毫米上,6周龄时按体重大、中、小分群。可采用每日限饲方法抑制其快速生长的趋势。

(3)育成期(6~23周) 要通过控制环境条件和营养程序,培育体重均匀、身体健康、适宜种用的后备种鸡,使之体格健康、体型优美、体况良好,并能适时地达到性成熟。要求早分栏,早挑鸡,早限喂,提高整体骨架均匀度。

①7~12周。此时期鸡体消化功能健全,饲料利用率高,只要增加少量饲料也能获得较大的增重。为使其骨骼发育健全,减少脂肪沉积,采用隔日限喂或"四三"法限喂生长期料,严格控制生长速度,使其体重沿着标准生长曲线(各种鸡公司有资料介绍)的下限上升直到15周龄。12周龄时再次按体重大小调整鸡群,促进鸡群的整齐度。最近有研究证明,以7~15周龄的限饲程序能提高鸡群的繁殖性能。

②15~23周(预产期)。此时期是能量储备阶段,此期骨骼生长已基本完成,且具备了健壮的肌肉和内脏器官。15周龄时再次按体重大小调整鸡群,促进鸡群的整齐度。从15~22周的周增重是鸡只生殖系统适宜发展的重要基础,总体重增加超过1500克左右以满足生殖器官的发育。自15周龄起,鸡的性腺开始发育,18周龄以后卵泡大量、快速生长,输卵管迅速变粗、变长,重量迅速增加,限喂方法可改为"五二"法。自18周龄起,可将育成料改为含蛋白质达18%左右的预产料,以增加营养,满足该时期生长发育的需要。一般情况下,在22周龄或23周龄开始时更换成平衡的种鸡产蛋料。自19~22周龄可逐步用"六一"法限喂,自23周龄后过渡到每日限喂,以保证鸡只在此期间达到每周增重130~

160克,得以充分发育。只有获得充分发育的鸡只,才可能对光刺激做出最佳的反应。

③19周龄。即在开产前4周(23周龄时产蛋率为5%)第一次增加光照。在生产中,解决光照对种鸡性成熟影响最为有效的办法,是使用光控的密闭鸡舍或遮黑鸡舍。如在4~18周龄期间给予恒定光照8小时,光照强度采用15瓦灯泡。在19周龄后光照时间延长到14小时,灯泡换成60瓦。此时,光照强度的突然增加,光照时数也从8小时增至14小时。这种突然的光照刺激可促使种鸡产生积极的反应,使其生殖系统快速发育而达到成熟。此阶段要使开产母鸡在产蛋前具备良好的体质和生理状况,为适时开产和迅速达到产蛋高峰创造条件。所以,从18周龄起改生长期饲料为预产期饲料。如此时体重没有达标,则将于23周龄时才实施的每日限喂计划提前进行,并在维持原有目标体重的饲料配给量的基础上再作适度增加,并将光照刺激延迟到22~23周龄。

(4)使体成熟与性成熟同步　一般根据19周龄、20周龄的体重状况与推荐的标准生长曲线相对照,预测其产蛋达5%的周龄时体重能否达2 400克(罗斯种鸡)或2 470~2 650克(星波罗种鸡)。各公司均有达5%产蛋率周龄时的标准体重指标,根据其达标情况,分别按标准饲喂量或增加饲喂量,或修正开产日龄进行调整,使之体成熟与性成熟达到同步,种鸡体重增加刺激生理变化并达到性成熟。增重量逐渐增加,将确保种母鸡平稳地向性成熟完成生理转换(修正方法见本章"肉用种鸡饲养方法举例"有关内容)。种鸡体成熟的标志,一是体重已达标准,二是触摸其胸部已由原来的"V"形变为"U"形,性征的成熟表现为冠和肉垂变红,耻骨张开达3指宽。

(5)24~40周(5%产蛋至产蛋高峰期)　罗斯公司在此期间的加料方法是,依据20周龄体重的整齐度决定产蛋高峰前增加饲料的时期和数量(表3-5-33)。

表 3-5-33 罗斯公司 23～40 周龄鸡的加料方法

20 周龄时体重的变异系数	首次加料的时间及数量	达 35％产蛋率后 1 天起加料的数量	达 65％产蛋率后 1 天起加料的数量
<8％	达 5％产蛋率后 1 天增加饲料 15％～20％	10％	165 克（11.51 兆焦/千克）
9％～12％	达 10％产蛋率后 1 天增加饲料 15％～20％	10％	165 克
>12％	达 15％产蛋率后 1 天增加饲料 15％～20％	10％	165 克

　　也有些公司认为，由于在产蛋初期的 3～4 周内，产蛋量及蛋重均快速增长，所以饲喂量的增加幅度较大，一般在每只 10 克左右，当接近产蛋高峰（30～31 周）时，每只鸡增加饲料量在 5 克左右。

　　还有人认为，喂料量的增加应早于产蛋率的增长，当鸡群产蛋率达 30％～40％时，就应该喂给高峰期的料量。如"A·A"父母代种鸡 27 周龄产蛋率达 38％时，此时的饲料量已采用产蛋高峰期的 160 克料量。

　　为发挥种母鸡的产蛋潜力和减少鸡体内脂肪的沉积，如发现产蛋率的爬升不如所预期的百分率，或产蛋率已达高峰，为试探产蛋率有无潜力再爬升时，一般采用试探性地增加饲喂量，即按每只鸡增加 5 克左右的饲料进行试探，到第四至第六天观察产蛋率变化情况。若无增加，则将饲料量逐渐恢复到试探前的水平；若有上升趋势，则在此基础上再增加饲料进行试探。

　　或对产蛋上升阶段的鸡群可实行动态管理，需经常观察的内容是蛋重、控制喂料量。每天蛋重的变化趋势可作为鸡群采食的总营养成分是否恰当的敏感指标。蛋重抽测：取 120～150 个，在第二次集蛋时直接从产蛋箱内收集,剔除双黄蛋、小蛋和异常蛋,计算平均蛋重。如果鸡的喂料量不足,蛋重将在4~5天内不会增加,应提前加料或适当增加高峰料量。蛋重和控制喂料量最迟从10％产蛋率开始,每天抽样称蛋重并作记录。

(6)高峰后的体重控制(41~66周)　母鸡在产蛋率上高峰时所积蓄的能量储存,足以使其维持产蛋高峰,因此,无须高峰料量维持过长时间。一般鸡群在30周龄达到性成熟,高峰后期机体的生长率下降,营养需要也降低,产蛋量减少。如果种鸡采食量超过需要量,它可以通过脂肪沉积继续增重。脂肪沉积速度是影响高峰期后产蛋率和受精率的关键,应根据体重及产蛋率的变化调节喂料量,以调节脂肪的沉积速度。一般情况下,40周龄以后日产蛋率大约每周下降1％,这时母鸡所必需的体重增长已得到最大的满足,为此,日饲料量可逐渐削减。大致是在40周龄后,产蛋率每下降1％,每只鸡减少饲料量0.6克。千万不能过快地大幅度减料,每只鸡每次减料量不能多于2.3克。需要时,可从45~50周开始改用产蛋后期饲料。

合理地安排饲料量,是夺取鸡群高产的关键。因此,在产蛋高峰期及产蛋高峰后,要坚持每周称重。应参照种鸡手册要求的均衡增长,根据产蛋趋势和体重情况,酌情增减饲料,避免鸡群体重失衡。

以上时间区段的划分,在各育种公司限饲资料中并不完全一致,但相对时间范围内控制程度的规律基本相似。了解了这种基于肉鸡生长规律曲线而采用的控制手段,将使生产者在使用各育种公司提供的限喂顺序安排时,可运用自如。

2. 喂料控制开产日龄的方法　控制体重能明显地推迟性成熟,提高生产性能,而光照刺激却能提早开产。所以,两者都可以控制鸡群的开产日龄。一般认为,冬、春雏因育成后期光照渐增,体重要控制得严些,可以适当推迟开产日龄;夏、秋雏在育成后期光照渐减,体重控制得要宽些,这样可以提早开产。

对 20 周龄时体重尚未达到标准的鸡群,应适当多加一些饲料促进生长,并推迟增加光照的日期,使产蛋率达 5% 时,该周龄的体重达到 2 400 克以上(此体重应按各育种公司提供的 5% 产蛋率周龄时的体重要求)。如果到 23 周龄时,体重已达 2 400 克,但仍未见蛋,这时应增加喂料量 3%～5%,并结合光照刺激促其开产。如果在 24 周龄仍然未见蛋或达不到 5% 产蛋率,则再增加喂料量 3%～5%。

三、肉用种鸡的光照制度与控制技术

(一)种鸡的生长发育与光照 对肉用种鸡控制饲养的另一个重要手段是控制光照。利用光照可以调节种鸡性成熟的快慢。在产蛋期正确使用光照,可促进脑下垂体前叶的活动,加速卵泡生长和成熟,提高产蛋量。所以,采用人工控制光照或补充光照,严格执行各种光照制度是保证高产的重要技术措施。

光照从两个方面对鸡产生影响。

第一,是"质",也就是光照度。据观察,光照度过强不仅对鸡的生长有抑制作用,而且会引发诸如啄肛、啄羽、啄趾等恶癖的出现;而过低的光照度将影响饲养管理操作。一般来说,鸡能在不到 2.7 勒的光照度下找到饲槽并吃食,但要达到刺激垂体和增加产蛋量则需要 5～10 勒。这样的光照度是适宜的,可以防止生长期间恶癖的产生。在人工补光的情况下,补光的光照度不应小于自然光照度的 1%。这是因为,鸡对补充光照的光照度小于原有光照的 1% 时,仍会感觉处于黑暗状态。如果白天的光照度是 3 000 勒,则人工补光的光照度应为自然光照度的 1% 以上,即 30 勒以上。否则,鸡将不会感觉到光照而不能引发刺激作用。这也是不少开放式鸡舍因白天光照度过强,补充的光照度又没有超过白天光照度的 1%,因而造成肉用种鸡开产推迟。弄清楚了这个道理,

这类问题就可以迎刃而解了。一是可以在向阳面进行适当遮光，以减弱白天的光照度；二是补光的光照度一定要达到能引起刺激的程度。种鸡各阶段所需的光照度见表3-5-34。

表3-5-34 种鸡各阶段所需的光照度及相应的灯泡瓦数

周　龄	光照度（勒）	灯泡瓦数
1～3	20	40
4～19	5～8	15～25
20～66	30～50	60

第二，是"量"，也就是光照时间的长短及其变化。据研究，产蛋母鸡在一天中对光照刺激有一个"敏感时期"。该时期是在开始给光后（自然光照即为拂晓后）的11～16小时内出现（图3-5-5）。

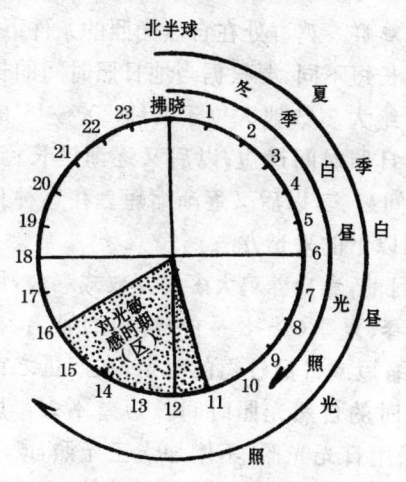

图 3-5-5　鸡的光照及其对光敏感时间区

所以，关键是每天光照的时间长度是否能延伸到所谓的"对光敏感的时间区"内。假如自然光照（白天）时间能伸展到这一"对光敏感的时间区"内，或能在这段时间内继续使用一段时间的人工补充光照，那么鸡的脑垂体分泌的激素就会被激活，性发育就会出现。在北半球，夏至的白天时间最长，平均为15小时；冬至的白天时间最短，平均为9小时。由此可知，由于冬至的白天时间短，如果不给予人工补充，它的自然光照时间不能进入"对光敏感的时间区"内。所以，冬至期间处在育成后期转向产蛋期的后备种鸡,其开产日龄(性成熟)必然推迟。激活鸡的脑垂体分泌激素的最佳光照时间长度要求是11~12小时。一般称11~12小时的光照时间长度是育成期的临界值。所以,在育成期的光照必须少于11~12小时。为充分发挥种鸡的产蛋性能,其连续照明时间以采用14~16小时为好。以人工补光的效果而论,早、晚两头补光效果较好。需要注意的是,产蛋期间的补光,不能若明若暗,忽补忽停,更不能减少,时间的变换也应每周逐步延长20~40分钟,不能一下子就改变。否则,会引发产蛋母鸡的脱肛疾患。所以,照明时间的变化(由长到短,由短到长)比照明时间(稳定)的长短更显得突出。

(二)种鸡的光照制度　种鸡的光照制度,是具体规定鸡群在其整个生命期间或在某一个时期,光照时间的长度及其变化。

1. 通常采用的光照方法

(1)饲养在开放式鸡舍的鸡群　鸡群处在自然光照的条件下,由于季节性的变化,日照时间长短不同,要根据当地日照时间的长短来掌握。我国处在北半球,绝大多数地区位于北纬20°~45°的范围,冬至(12月22日前后)日照时间最短,以后又逐渐延长;到夏至(6月22日前后)日照时间最长,以后又逐渐缩短。在这种日照状况下,开放式鸡舍可采用以下的采光方法。

①完全利用自然光照。目前,农户养鸡大多为开放式鸡舍,历来又有养春雏的习惯。一般春、夏季(4~8月份)孵出的雏鸡,在其生长后期正处在日照逐渐缩短或日照较短的时期,在产蛋之前所需要的光照时间长短与当时的自然光照时间长短差不多。所以,一般农户养鸡在此期间采用日光光照,不增加人工光照,既省事,又省电。但是,控制性成熟和开产期,除了光照管理外,还应配合限制饲喂。

②补充人工光照。秋冬雏(9月份至翌年3月份)生长后期正处在日照逐渐延长,或日照时间较长的时期。在此期间育雏,如

完全利用自然光照,通常会刺激母雏性器官加速发育,使之早熟、早衰。为防止这种情况发生,可采用以下两种办法补充人工光照。

第一,恒定光照法。将自然光照逐渐延长的状况转变为稳定的较长光照时间。从孵化出壳之日算起,根据当地日出、日落的时间,查出18周龄时的日照时数(如为11小时),除了1~3日龄为24小时光照外,从4日龄开始至18周龄均以此为标准,日照不足部分均用人工补充光照。补充光照应早、晚并用。恒定光照时间为11小时,即早上6时30分开灯,到日出为止;下午从日落开始,到下午5时30分关灯。采用此方法的,要注意在生长期中每日光照时数决不能减少,更不能增加。

第二,渐减光照法。首先算出鸡群在18周龄时最长的日照时间,再补充人工光照,使总的光照时间更长,再逐渐减少。如从孵化出壳之日算起,根据当地气象资料查出18周龄时的日照时数为15小时,再加上4.5个小时人工光照为其4日龄时总的光照时数(自然光照为15小时,再加4.5小时人工光照,总计光照时数为19.5个小时),除1~3日龄为24小时光照外,从第一周龄起,每周递减光照时间15分钟,直至18周龄时,正好减去4.5小时,为当时的自然光照时间——15小时。

(2)饲养在密闭式鸡舍的鸡群　由于密闭式鸡舍完全采用人工光照,光照时间和光照度可以人为控制,完全可按照规定的制度正确地执行。

第一,采用恒定的光照方法。即1~3日龄光照为24小时,4~7日龄为14小时,8~14日龄为10小时,自15日龄起至18周龄光照时间恒定为8小时。

第二,采用渐减的光照方法。即1~3日龄光照为24小时,4~7日龄为14小时,从2周龄开始每周递减20分钟,直到18周龄时光照时间为8小时20分钟。

(3)不同光照方法对性成熟的影响　试验表明,在生长期间,同一品种在相同的饲养管理条件下,仅由于光照方法的不同,就会影响其性成熟程度。

渐减法比恒定法更能延缓性成熟期,可推迟 10 天左右,其他各种经济指标都好于恒定法。渐减法的最少光照时间以不少于 6 小时为限。

恒定法的照明时间越长,性成熟越早,通常以 8 小时为宜。

对推迟性成熟的程度依次为:渐减法大于恒定法(光照时间短的大于光照时间长的),而恒定法大于自然光照。

2. 生长期的光照管理

(1)目的　该阶段光照管理的主要目的是,用自然光照与人工光照来控制新母鸡的生长发育,防止母雏过早性成熟。一般情况下,母雏长到 10 周龄后,如光照时间较长,会刺激性器官加速发育,使之早熟,开产时蛋重小,常因体成熟不够而产蛋持续性差,在开产后不久又停产,种蛋合格率低。此阶段调节性成熟的光照因素,主要是光照时间的长短及其变化。在生长期光照时间逐渐减少,或光照时间短于 11 小时,更有的恒定给予 8 小时光照,可使性成熟推迟。在此期间光照时间延长,或光照时间多于 11 小时,将刺激性成熟,使性成熟提早。

(2)光照的原则　在此期间光照时间宜短,中途不宜逐渐延长;光照度宜弱,不可逐渐增强。

3. 产蛋期的光照管理

(1)目的　此阶段光照管理的主要目的是给予适当的光照,使母鸡适时开产和充分发挥产蛋潜力。

(2)光照的原则　产蛋期间的光照时间宜长,可逐渐延长,一般以 14～16 小时为限,中途切不可缩短。光照度在一定时期内可渐强,但不可渐弱。

4. 生长—产蛋期的联合光照程序　实践证明,在生长期光照合理,产蛋期光照渐增或不变,光照时间不少于 14 小时的鸡群,其产蛋效果较好。从生长期的光照控制转向产蛋期的光照,应注意以下 2 个方面。

(1)改变光照方式的周龄 鸡到性成熟时,为适应产蛋的需要,光照时间的长度必须适当增加。有人认为,如估计母鸡在 23 周龄时产蛋率为 5%,那么应该在母鸡开产前 4 周(23 周减 4 周),即在 19 周龄时进行第一次较大幅度的增加光照。

(2)产蛋期光照方式的转变 必须从生长期的光照方式正确地转变成产蛋期的光照方式,这样才能达到稳产、高产的目的。产蛋期的光照时间必须在产蛋光照临界值(11~12 小时)以上,最低应达到 13 小时。其趋势是从增加光照时间以后,应逐渐达到正常产蛋的光照时间 14~16 小时后恒定。光照最长的时间(如 16 小时)以在产蛋高峰(一般在 30~32 周龄)前 1 周达到为好。

利用自然光照的鸡群,在产蛋期都需要人工光照来补充日照时间的不足。但从生长期光照时间向产蛋期光照时间转变时,要根据当地情况逐步过渡。春、夏雏的生长后期处于自然光照较短时期,可逐周递增,补加人工光照 0.5~1 小时,至产蛋高峰周龄前 1 周达 16 小时为好。对于生长期恒定光照在 14~15 小时的鸡群,到产蛋期时可恒定在此水平上不动,也可少量渐增到 16 小时光照为止。在生长期采用渐减光照法和恒定光照时间短(如 8 小时)的鸡群,在产蛋期应用渐增光照法,使母鸡对光照刺激有一个逐渐适应的过程,这对种鸡的健康和产蛋都是有利的。递增的光照时间可以这样计算:从渐增光照开始周龄起到产蛋高峰前 1 周为止的周龄数,除以递增到 14~16 小时的光照时间递增的总时数,其商数即为在此期间每周递增的光照时间数。

至于生长期饲养在密闭鸡舍的鸡群,可计算从生长后期改变光照时的周龄至产蛋高峰周龄前 1 周的周龄数,除以改变光照时的起始光照小时至 14~16 小时的增加光照时数,其商数即为此期间每周递增的光照时数。如到 18 周龄时光照时数为 8 小时,到达产蛋高峰前 1 周的周龄为 29 周,此时的光照时数要求达到 16 小时,其间的周龄数为 11 周,所增加的光照时数为 16－8＝8 小时,每周递增的光照时间应为(8 小时×60 分/小时÷11 周)44 分钟,可在 29 周龄时达到光照 16 小时的目标。

(三)肉用种鸡光照程序举例　在鸡的饲养管理上,光照管理已是一个不可缺少的重要组成部分。若程序和管理失误,对鸡产蛋期的生产性能和种用价值都有较大的不利影响,进而会导致经济亏损。在实际养鸡时,由于鸡的品种不同、育成期所处的季节不同以及饲养方式不同,在供种单位没有具体的光照程序时,应灵活运用各种人工光照方法来调节鸡的性成熟日龄。但不管采用哪种方式,都必须遵循以下光照原则:①育成期间或至少在其后期,每天总的光照长度决不可延长,如 3 月份出雏的鸡,在育成期前半期内每天日照时间为逐日增加,但在后半期则逐日减少,所以它也可以全靠自然光照育成;②在产蛋期,每天总的光照时间决不可缩短。

在制定光照程序时,必须通过当地的气象部门了解全年日出日落的时间。北纬 35°～60°区域全年日照的时数见表 3-5-35。

表 3-5-35　北纬 35°～60°区域日照时间长度

周数	日　　期	60°～55°	55°～50°	50°～45°	45°～40°	40°～35°
1	1 月 4 日	6 小时 40 分	8 小时 00 分	8 小时 30 分	9 小时 10 分	9 小时 40 分
2	1 月 11 日	6 小时 50 分	8 小时 10 分	8 小时 40 分	9 小时 20 分	9 小时 40 分
3	1 月 18 日	7 小时 20 分	8 小时 20 分	8 小时 50 分	9 小时 30 分	10 小时 00 分
4	1 月 25 日	7 小时 50 分	8 小时 40 分	9 小时 10 分	9 小时 40 分	10 小时 10 分
5	2 月 1 日	8 小时 20 分	9 小时 00 分	9 小时 30 分	10 小时 00 分	10 小时 20 分
6	2 月 8 日	9 小时 00 分	9 小时 30 分	10 小时 00 分	10 小时 10 分	10 小时 30 分

续表 3-5-35

周数	日 期	60°～55°	55°～50°	50°～45°	45°～40°	40°～35°
7	2月15日	9小时20分	10小时00分	10小时20分	10小时30分	10小时40分
8	2月22日	9小时50分	10小时20分	10小时40分	10小时50分	11小时00分
9	3月1日	10小时40分	10小时50分	11小时00分	11小时10分	11小时20分
10	3月8日	11小时20分	11小时20分	11小时30分	11小时30分	11小时40分
11	3月15日	12小时00分	11小时50分	11小时50分	11小时50分	12小时00分
12	3月22日	12小时20分	12小时20分	12小时10分	12小时10分	12小时10分
13	3月29日	13小时00分	12小时40分	12小时40分	12小时30分	12小时30分
14	4月5日	13小时50分	13小时10分	13小时00分	12小时50分	12小时50分
15	4月12日	14小时10分	13小时40分	13小时20分	13小时20分	13小时00分
16	4月19日	14小时50分	14小时20分	13小时40分	13小时30分	13小时20分
17	4月26日	15小时10分	14小时30分	14小时00分	13小时50分	13小时50分
18	5月3日	15小时40分	15小时00分	14小时30分	14小时20分	13小时50分
19	5月10日	16小时20分	15小时20分	14小时50分	14小时20分	14小时00分
20	5月17日	16小时30分	15小时20分	15小时10分	14小时40分	14小时00分
21	5月24日	17小时20分	16小时10分	15小时30分	15小时00分	14小时20分
22	5月31日	17小时40分	16小时20分	15小时30分	15小时10分	14小时30分
23	6月7日	18小时00分	16小时30分	15小时40分	15小时10分	14小时40分
24	6月14日	18小时10分	16小时40分	15小时40分	15小时20分	14小时40分
25	6月21日	18小时10分	16小时40分	15小时50分	15小时20分	14小时40分
26	6月28日	18小时10分	16小时40分	16小时00分	15小时20分	14小时40分
27	7月5日	18小时00分	16小时30分	15小时50分	15小时10分	14小时40分
28	7月12日	17小时40分	16小时20分	15小时50分	15小时10分	14小时40分
29	7月19日	16小时50分	16小时10分	15小时30分	15小时10分	14小时30分
30	7月26日	16小时20分	15小时50分	15小时20分	14小时40分	14小时20分
31	8月2日	16小时20分	15小时30分	14小时50分	14小时30分	14小时10分

续表 3-5-35

周数	日 期	60°~55°	55°~50°	50°~45°	45°~40°	40°~35°
32	8月9日	15 小时 50 分	15 小时 00 分	14 小时 50 分	14 小时 10 分	13 小时 50 分
33	8月16日	15 小时 20 分	14 小时 30 分	14 小时 10 分	13 小时 50 分	13 小时 40 分
34	8月23日	14 小时 50 分	14 小时 00 分	13 小时 50 分	13 小时 30 分	13 小时 20 分
35	8月30日	14 小时 40 分	13 小时 40 分	13 小时 30 分	13 小时 20 分	13 小时 10 分
36	9月6日	13 小时 40 分	13 小时 20 分	13 小时 10 分	13 小时 00 分	12 小时 30 分
37	9月13日	13 小时 00 分	12 小时 50 分	12 小时 40 分	12 小时 40 分	12 小时 30 分
38	9月20日	12 小时 20 分	12 小时 30 分	12 小时 20 分	12 小时 10 分	12 小时 10 分
39	9月27日	11 小时 30 分	12 小时 00 分	11 小时 50 分	11 小时 50 分	12 小时 00 分
40	10月4日	11 小时 10 分	11 小时 20 分	11 小时 30 分	11 小时 30 分	11 小时 40 分
41	10月11日	10 小时 40 分	10 小时 50 分	11 小时 00 分	11 小时 20 分	11 小时 20 分
42	10月18日	10 小时 10 分	10 小时 30 分	10 小时 40 分	11 小时 00 分	11 小时 10 分
43	10月25日	9 小时 30 分	10 小时 00 分	10 小时 20 分	10 小时 40 分	11 小时 00 分
44	11月1日	9 小时 00 分	9 小时 40 分	10 小时 00 分	10 小时 20 分	10 小时 40 分
45	11月8日	8 小时 20 分	9 小时 00 分	9 小时 40 分	10 小时 00 分	10 小时 20 分
46	11月15日	7 小时 50 分	8 小时 50 分	9 小时 20 分	9 小时 40 分	10 小时 10 分
47	11月22日	7 小时 30 分	8 小时 30 分	9 小时 00 分	9 小时 30 分	10 小时 00 分
48	11月29日	7 小时 00 分	8 小时 10 分	8 小时 40 分	9 小时 20 分	9 小时 50 分
49	12月6日	6 小时 50 分	8 小时 00 分	8 小时 30 分	9 小时 10 分	9 小时 40 分
50	12月13日	6 小时 30 分	7 小时 50 分	8 小时 20 分	9 小时 00 分	9 小时 40 分
51	12月20日	6 小时 30 分	7 小时 40 分	8 小时 20 分	9 小时 00 分	9 小时 40 分
52	12月27日	6 小时 30 分	7 小时 50 分	8 小时 20 分	9 小时 00 分	9 小时 40 分

　　在了解本地区全年光照变化的基础上，可在坐标纸上绘制出全年日照变化曲线（图 3-5-6）。

　　在图 3-5-6 中，育成后期的光照时数是取 7~18 周龄间最长的日照时数为依据，或以此时数为恒定光照（图 3-5-6 中 A），或从此时

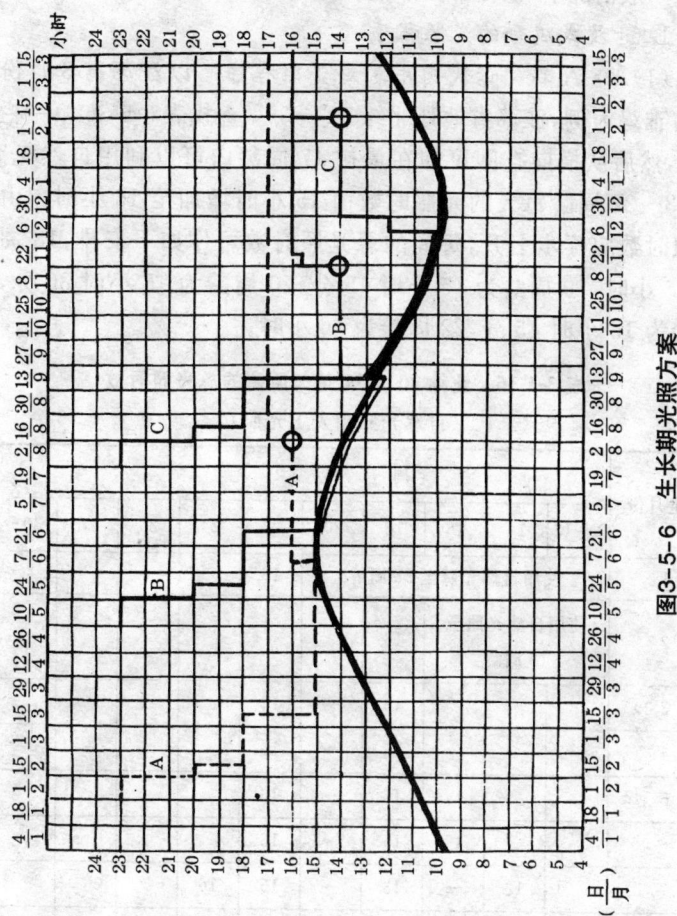

图3-5-6 生长期光照方案

数开始利用日照逐渐缩减的趋势到达 18 周龄(图 3-5-6 中 B,C),从 19 周龄开始转入光照时数增加阶段,启动性腺趋向成熟。在 28～29 周龄时又将光照时数推向其顶峰 16～17 小时。在其生长前期(1～7 周龄)光照时数从 1 日龄的 24～23 小时降至 7 周龄时所取的光照时数(图 3-5-6 中 A,B 为 15 小时,C 为 12 小时 30 分)。

一般情况下,供种单位都附有种鸡的光照程序。

1. 开放式鸡舍的光照程序

(1)A·A鸡父母代肉用种鸡光照程序 以江苏省3月份出生的雏鸡为例,江苏省地处北纬30°~35°,查找表3-5-36第一栏的3月,然后从横向查阅可知在最初17周龄内可以利用自然光照,从18~22周龄每天的光照时数由15小时增加至16小时。由于光照时数应逐步上升,每周的总光照时数可作如下安排:18周龄为15小时,19周龄为15小时15分,20周龄为15小时30分,21周龄为15小时45分,22周龄为16小时。

表3-5-36 北纬30°~39°每天所需的总光照时数
（自然光照和人工光照）

出生月份	周 龄									
	1~13	14	16	18	20	22	24	26	28	30~68
1	使用自然光照至22周龄					16				
2	使用自然光照至18周龄			16						
3				15	→	16				
4				15	→	16				
5			14	15	→	16				
6			14	15	→	16				
7		12	→	13		16				
8		12	→	13	15	16				
9		12	→	13	→	15	16			
10	使用自然光照至30周龄									16
11	使用自然光照至28周龄								16	
12	使用自然光照至26周龄							16	16	

如以总光照时数为 15 小时,则可以从早晨 4 时半开灯,到日出后关灯;下午日落时又开灯,直到晚上 7 时半关灯。从 22 周龄开始,总光照时数为 16 小时,即可以从早晨 4 时开灯到日出为止;从下午日落时开灯直到晚上 8 时关灯。此光照时数在产蛋期间一直保持到产蛋期结束。

(2)彼德逊父母代肉用种鸡光照程序　除 1～2 天是 24 小时光照外,其他时间按表 3-5-37 进行。

表 3-5-37　彼德逊父母代肉用种鸡推荐的光照制度　(单位:小时)

出雏月份	总的光照时数(人工光照＋自然光照)						
	1～14 周	15 周	18 周	20 周	22 周	24 周	26～64 周
1	自然光照	自然光照	自然光照	15	16	16	17
2	自然光照	自然光照	自然光照	15	16	16	17
3	自然光照	自然光照	15	15.5	16	16	17
4	自然光照	自然光照	15	15.5	16	16	17
5	自然光照	14	14.5	15	16	16	17
6	自然光照	14	14.5	15	16	16	17
7	自然光照	13	13.5	14	15	15	16
8	自然光照	13	13.5	14	15	15	16
9	自然光照	13	13.5	14	15	15	16
10	自然光照	自然光照	自然光照	自然光照	15	15	16
11	自然光照	自然光照	自然光照	自然光照	15	15	16
12	自然光照	自然光照	自然光照	自然光照	15	15	16

此光照制度适用于北半球。因为从 12 月 22 日至翌年 6 月 21 日自然光照长度稳定地增加,从 6 月 22 日至 12 月 21 日自然光照长度减少。以北半球 5 月份孵出的鸡为例,它可在自然光照下饲养至 14 周龄,从 15 周龄开始总的光照时间应为 14 小时,以后的光照时数按表中所列的时数逐步递增,分别在 18 周龄、20 周

龄、22 周龄、24 周龄及 26 周龄时光照时数相应达到 14 小时 30 分、15 小时、16 小时、16 小时及 17 小时。

(3)海布罗父母代肉鸡的光照程序 见表 3-5-38。此程序与以上 2 个不完全一样,它仅适用于北纬 34°～40°之间于 5 月 10 日出壳的雏鸡。

表 3-5-38 海布罗父母代肉鸡光照程序

鸡龄(周)	光照时数(程序)	自然光照	人工光照
1	23 小时	14 小时	9 小时
2	23 小时	14 小时 20 分	8 小时 40 分
3	20 小时	14 小时 30 分	5 小时 30 分
4～6	18 小时	14 小时 40 分	3 小时 20 分
7	18 小时	14 小时 40 分	3 小时 20 分
8～19	自然光照	14 小时 40 分至 12 小时 30 分	—
20	14 小时	12 小时 10 分	1 小时 50 分
21	14 小时	12 小时	2 小时
22	14 小时	11 小时 40 分	2 小时 20 分
23	14 小时	11 小时 20 分	2 小时 40 分
24	14 小时	11 小时 10 分	2 小时 50 分
25	14 小时	11 小时	3 小时
26	14 小时	10 小时 40 分	3 小时 20 分
27	14 小时	10 小时 20 分	3 小时 40 分
28	14 小时	10 小时 10 分	3 小时 50 分
29	15 小时 3 分	10 小时	5 小时 30 分
30	15 小时 3 分	9 小时 50 分	5 小时 40 分

第四节 肉用种鸡的控制饲养技术

续表 3-5-38

鸡龄(周)	光照时数(程序)	自然光照	人工光照
31	15 小时 3 分	9 小时 40 分	5 小时 50 分
32～36	16 小时	9 小时 40 分	6 小时 20 分
37	16 小时	10 小时	6 小时
38	16 小时	10 小时 10 分	5 小时 50 分
39	16 小时	10 小时 20 分	5 小时 40 分
40	16 小时	10 小时 30 分	5 小时 30 分
41	16 小时	10 小时 40 分	5 小时 20 分
42	16 小时	11 小时	5 小时

注:鸡群 5 月 10 日出壳。地区:北纬 35°～40°

2. **密闭式鸡舍的光照程序** 密闭式鸡舍内的唯一光源是人工光照,所以可以随意控制每天的光照时间长度。虽然在育成期的光照阈值是 11～12 小时,但从有效控制性成熟而言,实际控制光照时间以 6～8 小时为好。

遮黑育成技术就是在育成期有 10 周以上的时间每天仅给予 8 小时弱光照,它是调控鸡群生长、节约饲料、实现鸡群准时开产的主要手段。遮黑育成技术的关键:一是光照强度,遮黑期给予 8 小时的光照,强度以往要求是 5.4 勒,通过实践证明,2～3 勒更好。另外,拆除遮黑装置后给予鸡群的补光强度应是遮黑期的 10 倍以上;二是遮黑育成时间至少应在 10 周以上,时间越长,效果越好。鸡采用 4～22 周龄遮黑,遮黑期长达 19 周,效果很好;三是遮黑要严密,不能漏光。对于遮黑育成且光照控制良好的鸡群,在拆除遮黑并给予补充光照后,在补光后的 18～20 天,肯定会见蛋,并在见蛋后第七天达到 5% 的产蛋率。因此,最佳的拆除遮黑并补光的时间应在 22 周龄前后。

(1)罗斯-208 肉用种鸡的光照程序　见表 3-5-39。

表 3-5-39　罗斯-208 肉用种鸡在密闭鸡舍的光照程序

周　龄	日　龄	光照长度(小时)
0～1	1	23
0～1	3	19
0～1	4	16
0～1	5	14
0～1	6	12
0～1	7	11
2	8	10
2	9	9
2～18	10～132	8
19	133	11
20	140	11
21	147	12
22	154	12
23	161	13
24	68	13
25	175	14
26	182	14
27	189	15

　　此方案至 27 周龄时光照时间为 15 小时,若产蛋量令人满意,则光照刺激不必再延长;若产蛋量的增加尚不能满意,可在此基础上,以每次增加 30 分钟为限,增加 2 次就足够了,因光照超过 17 小时并无益处。

　　(2)艾维茵肉用种鸡光照方案　见表 3-5-40。

表 3-5-40　艾维茵肉用种鸡无窗鸡舍光照方案 （恒定—渐增法）

鸡　龄	光　照　强　度		光　照　时　间
	瓦/米²	勒[克斯]	（小时）
1～2 日龄	3	30	23
3～7 日龄	3	30	16
2～18 周龄	2	20	8
19～20 周龄	2	20	9
21 周龄	2	20	10
22～23 周龄	3	30	13
24 周龄	3	30	14
25～26 周龄	3	30	15
27～65 周龄	3	30	16

注：148 日龄这一天增加 3 小时的光照刺激

此方案采用的是短日照恒定—渐增法。在第一周龄采用23～16 小时光照，从 2 周龄开始至性成熟为止，恒定光照 8 小时，其后再逐渐增加光照时间，至 27 周龄时达 16 小时并保持到产蛋期末。

（3）罗曼父母代肉用种鸡的光照程序　见表 3-5-41。

表 3-5-41　罗曼父母代肉用种鸡在密闭鸡舍的光照程序

鸡　龄	光照时间（小时）	鸡　龄	光照时间（小时）
1～2 日龄	24	19 周龄	8
1 周龄	16	20～22 周龄	11
2 周龄	12	23～24 周龄	12
3 周龄	9	25 周龄	13
4 周龄	7	26 周龄	14
5～17 周龄	5	27～37 周龄	15
18 周龄	5	38 周龄起	保持 16 或最大 17

此方案采用的是渐减、渐增的光照程序。在最初两天内用 24 小时光照，自 3 日龄开始降为 16 小时光照，而且逐周递减光照时数，直至 18 周龄时每天光照时间为 5 小时。之后，自 19 周龄开始增加光照刺激至 8 小时后，逐周递增至 27 周龄时，保持光照时间 15 小时，直至 37 周龄，以后再根据情况适当增加 1～2 小时，直至产蛋期结束。

(四)光照管理的注意事项

第一，光照管理制度应从雏鸡开始，最迟也应在 7 周龄开始，且不得半途而废。否则，达不到预期的效果。

第二，产蛋期间增加光照时间应逐渐进行，在开始时每天增加最多不能超过 1 小时，以免突然增加长光照而导致脱肛。

第三，补充光照的电源要可靠，要有停电时的应急措施。否则，由于停电而造成光照时间忽长忽短，使鸡体生理机制受到干扰而最终导致减产。

第四，由于高压钠灯和日光灯的发光强度久用后会减弱，而且荧光灯只有在 21℃～27℃ 时正常发光，舍温下降时发光效率会降低。为保持鸡舍内光照度的稳定，最好使用白炽灯，灯泡的瓦数不宜大于 60 瓦。因为瓦数大了光照度不均匀，可多用几个瓦数小的灯泡来满足光照度的需要。每周都应揩净灯泡及灯罩上的灰尘，保持清洁明亮，还应随时更换坏灯泡。据测试，脏灯泡的光照度会降低 1/3～1/2。

第五，灯泡之间的距离应相当于灯泡与鸡水平面之间距离的 1.5 倍。如果鸡舍内有多排灯泡，灯泡位置应交错分布，使光照度均匀。

四、肉用种鸡的日常管理

(一)适宜的生活空间和饲具　提供适宜的生活空间和饲具、饮具，是满足鸡个体生长发育的最基本的和必需的条件。否则，将影响鸡体的生长发育和种鸡育成期间的整齐度以及鸡群生产性能的发挥。肉用种鸡多数以平面饲养为主,其适宜的生活空间和饲具见表 3-5-42。

表 3-5-42　肉用种鸡最适宜的生活空间和饲具

类　别	材料或器具	育　雏　期 (1～4 周)	育　成　期 (5～22 周)	产　蛋　期 (23～64 周)
地　面	全垫草	10～11 只/米²	3.6～5.4 只/米²	3.0～3.6 只/米²
	1/3 垫草 2/3 板条		4.8～6.1 只/米²	4.3～5.4 只/米²
饲　具	饲　槽	5 厘米/只	15 厘米/只	15 厘米/只
	饲料盘	1 个/100 只 (1～10 日龄)		
	直径 30～35 厘米吊桶	3 个/100 只	7 个/100 只	7 个/100 只
饮水器	水　槽	2.5 厘米/只	2.5 厘米/只	2.5 厘米/只
	圆水桶	2 个/100 只	2 个/100 只	2 个/100 只
产蛋箱				1 个/4 只母鸡

注:①通风不良鸡舍,每只鸡应有 50%多余的生活空间
　　②天气炎热时,应增加饮水器数量

(二)正确地断喙与断趾　为防止种公鸡在交配时第一足趾及距伤害母鸡的背部,应在雏鸡阶段将公雏的第一足趾和距的尖端烙掉。为了防止大群饲养的鸡群中发生啄癖,一般在 6～10 日龄断喙。对母雏,一般上喙断去 1/2,下喙断去 1/3,可采取从鼻孔下边缘到嘴尖的一半处(约 2 毫米)垂直断落(不能斜断),将上嘴的神经索切除,但断不到下嘴的神经索,所以下嘴部位日后还会长回一点。断喙长度一定要掌握好,过长止血困难,过短很快又长出来。断喙后应呈上短下长的状态。对公雏,只要切去喙尖足以防止其啄毛即可,不能切得太多,以免影响其配种能力。这里需要着

重指出的是,断喙的好坏直接影响雏鸡的前期生长乃至整个鸡群生长发育的整齐度。

专用的电动断喙器,有大、小两个孔,可以根据雏鸡的大小来掌握。一般用右手握住鸡雏,大拇指按住鸡头,使鸡颈伸长,将喙插入孔内踏动开关切烙(图 3-5-7A)。

没有断喙器时,可用 100～500 瓦的电烙铁或普通烙铁,将其头部磨成刀形,操作时可左手握鸡,右手持通电的电烙铁或烧红的烙铁,按要求长度进行切割。也可用剪刀按要求剪后再用烙铁烫平其喙部(图 3-5-7B)。烙烫可起到止血的作用。

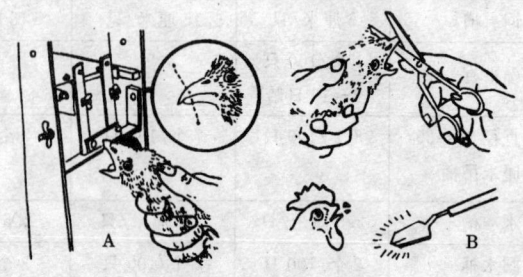

图 3-5-7 断喙操作图
A. 用断喙器切喙 B. 土法断喙

为防止断喙时误伤舌头,可将鸡脖子拉长,舌头就会往里缩。断喙后 2～3 天内,为防止啄食时喙与饲料槽底部碰撞而出血,一般要多加料和水,停止限饲和接种各种疫苗。为加速止血,可在饲料及水中添加维生素 K。

(三)管理措施的变换要平稳过渡 从育雏、育成至产蛋的整个过程中,由于生理变化和培育目标的不同,在饲养管理等技术措施上必然有许多变化。如育雏后期的降温,不同阶段所用饲料配方的变更,饲养方式的改变,抽样称重,整顿鸡群以及光照措施的变换,一般来说都要求有一个平稳而逐步变换的过程,避免因突然改变而引起新陈代谢紊乱或处于极度应激状态,造成有些鸡光吃不长、产蛋量下降等严重的经济损失。例如,在变更饲料配方时,不要一次全换,可以在 2～3 天内新旧料逐步替换。在调整鸡群时,宜在夜间光照强度较弱时进行,捕捉时要轻抱轻放,切勿只抓其单翅膀或单腿,否则有可能因鸡扑打而致残。公鸡放入母鸡群配种或更换新公鸡时,亦应在夜间放入鸡群的各个方位,避免公鸡斗殴。一般在鸡群有较大变动时,为避免骚动,减少应激因素的影响,可在实施方案前 2～3 天开始在饮水中添加维生素 C 等。

(四)认真记录与比较　为及时发现和解决问题,每天都应进行观察并做好记录。这是日常管理中非常重要的一项工作。

生长期需观察记录的项目有进雏日期、入舍鸡数、每天及每周每鸡累计的饲料消耗量等。例如,记录每天鸡群采食完饲料的时间(净槽时间),观察该时间的变化来验证供料量的多或少,并加以调整,应将净槽时间作为调整饲料需要时的一个指标。净槽时间的突然变化,往往发生在体重变化的 2～3 天之前以及产蛋率变化的 10～12 天之前。又如,鸡群死亡、淘汰只数及解剖结果,体重、整齐度及分群情况等。

产蛋期需观察记录的有转群、配种群鸡数,每天、每周的产蛋量、产蛋率,日、周的饲料消耗,每批蛋的孵化情况,死亡率及解剖结果等。

应认真对照该鸡种的各项性能指标进行比较,找出问题,并采取措施及时修正。

其他如注射疫苗的日期、剂量、批号,用药及其剂量情况也应记录,以利于对疾病的确诊与治疗。光照制度的执行情况等也应详细记录。

(五)注意观察鸡群动态　通过对鸡群动态的观察,可以了解鸡群的健康状况。平养和散养的鸡群,可以在早晨放鸡、饲喂以及傍晚收鸡时进行观察。如清晨放鸡以及饲喂时,健康鸡争先恐后争夺饲料,跳跃,打鸣,呼扇翅膀;而病、弱鸡耷拉脖子,步履蹒跚,呆立一旁,紧闭双眼,羽毛松乱,尾羽下垂,无食欲。病鸡经治疗虽可以恢复健康,但往往要停产很长一段时间,所以病鸡宜尽早淘汰。

检查粪便的形态是否正常。正常粪便呈灰绿色,表面覆有一层白霜状的尿酸盐沉淀物,且有一定硬度。粪便过稀,颜色异常,往往是发病的早期征候。例如,患球虫病时,粪便带有暗黑色或鲜红色;患白痢病时,排出白色糊状或石灰浆状稀便,且肛门附近污秽、沾有粪便;患新城疫时,排出黄白色或黄绿色的恶臭稀便。总之,发现异常粪便要及时查明原因,对症处理。

夜间关灯后,要仔细听鸡的呼吸声,如有打喷嚏声、打呼噜的喉音等响声,表明患有呼吸道疾病,应将病鸡隔离出来及时治疗,以免波及全群。

检查鸡舍内各种用具的完好程度与使用效果。如饮水器内有无水,其出口处有无杂物堵塞;对利用走道边建造的水泥饲槽,如其上方有调节吃料间隙大小横杆的,要随鸡体长大而扩大其间隔,检查此位置是否适当;灯泡上的灰尘擦掉了没有,以及通风换气状况如何等。

(六)严格执行防疫卫生制度　按免疫程序接种疫苗。严格入场、入舍及全进全出制度,定期消毒。经常洗刷水槽、饲槽,保持鸡舍内外的环境清洁卫生。加强对垫草的管理,防止因粪、尿污染与潮湿而致病菌大量繁殖,以及舍内有害气体骤增对鸡体造成危害。保证饲料不变质。

(七)根据季节的变换进行管理

1. 冬季　冬季气温低,日照时间短,应加强防寒保暖工作。如给鸡舍加门帘,将北面窗户用纸糊缝或临时用砖堵死封严,或外加一层塑料薄膜,或覆加厚草帘保温。定时进行通风换气,以减少舍内尘埃及氨气等有害气体的污染,减少呼吸道病的发生。

有运动场的鸡舍,冬季要推迟放鸡时间,在鸡群喂饱后再逐渐打开窗户,待舍内外温度接近时再放鸡。大风降温天气不要放鸡。

禁止饮用冰水或任鸡啄食冰雪。有条件的鸡场可用温水拌料,让鸡饮温水。

冬季鸡体散热量加大,在饲粮中可增加玉米的数量,使之从饲料中获得更多的能量来维持正常代谢的消耗。

冬季应按光照程序补足所需光照时数。

2. 春季　春季天气逐渐转暖,日照时间逐渐增长,是一年中产蛋率最高的季节。要加强饲养管理,保持产蛋箱中垫料的清洁,勤捡蛋,减少破蛋和脏蛋。

早春气候多变,应注意预防鸡感冒。春季气温渐高,各种病原微生物容易孳生繁殖,在天气转暖之前应进行 1 次彻底的清扫和消毒。要加强对鸡新城疫等传染病的监测,或接种预防。

3. 夏季　夏季日照时间增长,气温上升,管理的重点是防暑降温,减少热应激反应,促进食欲。可采用运动场搭凉棚、鸡舍周围种植草皮减少地面裸露等方法,减少鸡舍受到的辐射热和反射热。及时排出污水、积水,避免雨后高温加高湿状况的出现。

早放鸡,晚关鸡,加强舍内通风,供给清凉饮水。

夏季气温高,鸡的采食量减少,可将喂料时间改在早、晚较凉爽时,少喂勤添。同时,要调整日粮,增加蛋白质成分,减少能量饲料(如玉米等)。

4. 秋季　秋季日照时间逐渐缩短,需按光照程序补充光照。昼夜温差大,应注意调节,防止由此给鸡群带来不必要的损失。

在调整鸡群及新母鸡开产前,可实施免疫接种或驱虫等卫生防疫措施。做好入冬前鸡舍的防寒准备工作。

(八)关于种鸡产蛋时期喂料时间的探讨　有的专家在对种鸡采食行为的观察中发现:上午找巢穴产蛋的鸡数比例多,产蛋数量占全天产蛋数的 72%~75%,下午走动觅食的鸡增多。一般鸡群有两个采食高峰:一是黎明时,约摄取食量的 1/3;二是黄昏时,约摄取食量的 2/3。因而认为,若上午喂料,实质上是强令鸡群采食,而与产蛋行为相悖。

另外,从鸡的产蛋行为来看,产蛋最小间隔是 24～26 小时,在产蛋后 15～75 分钟再发生排卵,在输卵管中开始下一个蛋的形成过程,所以蛋的形成过程主要在下午和夜间。如果在下午 2～3 时后喂料,一般于采食后 2～6 小时进入消化、吸收的旺盛阶段,此时的营养吸收与蛋的形成在时间上也基本吻合。

不仅如此,下午喂料还可减少鸡体的应激损失。下午 2～3 时,大部分母鸡已产完蛋,耗去相当体力,此时喂料,鸡群的食欲旺盛,能均匀专注地觅食。寒冷季节,下午喂料后经过消化吸收,在晚间及凌晨所释放的代谢热能要比在上午喂料释放的代谢热能多,这有利于御寒。在炎热季节,下午喂料比上午喂料死淘率可下降 1%。相关资料认为,没有哪一种饲料的利用率可以达到100%,因此都会产生额外的代谢热。而鸡体增热通常是在采食后4～6 小时达到高峰,当体增热产生高峰和气温高峰发生重叠时,就出现了在炎热天气上午喂料的鸡死淘率上升的趋势。

据测试,总的效果是:下午喂料的高峰期产蛋率提高 3 个百分点,破蛋率下降 0.8 个百分点。这是一个有益的尝试。

五、种公鸡的控制饲养技术

孵化率的高低在很大程度上取决于种公鸡的授精能力。所以,种公鸡饲养管理的好坏,对种母鸡饲养效益的实现及对其后代生产性能的影响是极大的。

为了培育生长发育良好、胫长在 140 毫米以上、具有强壮的体格、适宜的体重、活泼的气质、性成熟适时、性行为强且精液质量好、授精能力强且利用期长的种公鸡,必须根据公鸡的生长、生理和行为特点,做好有关的管理和选择工作。

(一)育成的方式与条件 以改善种鸡授精率为目标的公鸡饲

养方法,大多以公母分开育雏、育成,混群后公母分开饲喂,并供给不同的专用饲料,尽量减少公鸡腿脚部疾患。这是必要的管理方法。一般认为,肉用种公鸡在育成期间,无论采用哪种育成方式,都必须保证有适当的运动空间,但大多推荐以全垫料地面平养或者是 1/3 垫料与 2/3 栅条结合饲养的方式为好。同时,它的饲养密度要比同龄母鸡少 30%～40%。

(二)种公鸡的体重控制与限饲　过肥、过大的公鸡会导致动作迟钝,不愿运动,追逐能力差;过肥的公鸡往往影响精子的生成和授精能力。由于腿脚部负担加重,容易发生腿脚部的疾患,尤其到 40 周龄后更趋严重,以至缩短了种用时间。所以普遍认为,种公鸡至少从 6 周龄左右开始直至淘汰都必须进行严格的限制饲养,应按各有关公司提供的标准体重要求,控制其生长发育。

1. **6 周龄以前**　此期应使其生长潜力得到充分发挥,以形成坚固的骨骼、修长的腿和胫、韧带、肌腱等运动器官,以支撑将来的体重,为种公鸡的发育打下坚实的基础。在此期间使用的饲料,应为含蛋白质 18% 以上的育雏饲料,至少应在前 4 周龄应用育雏料。当公雏累计每只吃进 1 000 克育雏料(约 180 克蛋白质)后可改用育成料,其中前 3 周龄应任其自由采食,不要限料或空槽。若 3 周龄末体重达标,可采用与母雏相同的限饲程序限喂,维持每周体重稳定持续增长;若跟不上体重标准则推迟限喂,延长光照时间等促使其尽量发展,使其胸肌丰满,龙骨与地面平行,长相与商品肉鸡无异,6 周龄末体重必须达 900 克以上,胫骨长度在 8 周龄时至少要在 100 毫米以上。断喙时间与母雏相同。6 周龄末可进行第一次选种,选择符合品种特征、体重大、腿脚强健、脚趾正常、结构匀称、关节正常、雄性特征明显、鸡背长而直的,淘汰那些鉴别上有误差、体重过轻、病残和畸形的。由于 8 周龄后公鸡的腿、胫骨生长趋缓,千万不可限制早期生长。

2. **7～13 周龄**　由于前期任其充分发展,一般公鸡饲养得肥胖、丰满。此阶段应使其生长减慢,饲料改为育成饲料,采用"四三"限喂或"五二"限喂,使其胸部和体内丰满的肌肉和脂肪转变成腿、胫的精瘦肌腱,使胸部肌肉逐渐减少,龙骨前端逐渐抬高。13周龄之前是骨架(体型)均匀度的控制期,至13周龄末理想的胫骨长度以120~130毫米为宜。该阶段的体重将逐渐回归到标准范围,或最多不超过标准的10%。每周应仔细称重,如均匀度在80%以下,应采用大、中、小分群饲养的办法进行调整。育成阶段的饲养密度以 4 只/米² 为宜。

3. 14~23 周龄　此阶段是性成熟均匀度的控制期,应尽可能促进性器官发育,可将限饲措施略作放松,即由"四三"限喂改为"五二"限喂,或由"五二"限喂改为每日限喂,尽量使其体重的增长与标准吻合,使群体的均匀度调整到80%以上。此期间可使用公鸡料桶吊高喂料,既有利于公鸡在采食时对腿部的锻炼,又有利于在 21 周龄混群后更习惯于用料桶采食。自 18 周龄开始,可由育成料改为预产料,一般每周增重在 150~160 克。此时需要增加光照刺激,使性成熟与体成熟同步。

在 18 周龄和 20 周龄时,可分别进行选种,淘汰体质瘦弱、体重轻、发育畸形、喙短、胫骨短(成年公鸡胫骨长度应在 140 毫米以上)、无雄性特征的公鸡。

公、母混群一般在 20~21 周龄进行。合群时,公鸡体重应高出母鸡体重的30%左右。如体重过小,应推迟混群,避免公鸡受欺而影响授精率。在合群前,公鸡应提早 1 周转入产蛋鸡舍,使公鸡先适应新环境,也使公鸡在整个鸡舍内分布均匀。公、母比例以1:9~10 为宜。过多时,往往造成强壮公鸡间争斗以及母鸡受欺导致伤残。

为解决混群后确实做到公、母分饲,通过控制采食量来达到控制体重的目的,防止因公鸡偷吃母鸡料致使供料量不精确造成正常发育受到影响。有关公司建议在母鸡饲槽上安装限制公鸡采食的隔鸡栅(其间隙为 43 毫米),也可采用一根长度为 63 毫米的塑料细棒,穿过并嵌在公鸡的鼻孔上(所谓"鼻签"工艺),配套使用隔鸡栅,可进一步限制公鸡偷吃母鸡饲料。此项工作切勿疏忽,否则,会造成整齐度的急骤下降。由于公鸡的睾丸等性器官要到 30 周龄时才充分发育成熟,所以在 21~30 周龄间,应抽样 10%称重,确保体重不减轻。

4. 24 周龄以后　种公鸡在 24 周龄以后,应饲喂单独配制的公鸡饲料。彼德逊肉用种鸡和 A·A 公司父母代种鸡的营养标准见表 3-5-43,表 3-5-44。

表 3-5-43　彼德逊肉用种鸡种用期营养标准

营养成分	种公鸡	种母鸡
代谢能(兆焦/千克)	11.74	12.22
粗蛋白质(%)	12.00	16.30
蛋白能量比(克/兆焦)	10.23	13.34
脂肪(%)	3.20	3.50
亚油酸(%)	0.75	1.50
粗纤维(%)	6.35	3.50
胆碱(毫克/千克)	550.00	1350.00
钙(%)	0.95	3.10
有效磷(%)	0.40	0.40
钠(%)	0.18	0.18
钾(%)	0.59	0.59
镁(%)	0.06	0.06
氯(%)	0.16	0.16

表 3-5-44 A·A公司推荐的父母代种鸡营养标准

项 目		公鸡和母鸡			母 鸡		公 鸡
		育雏料	育成料	预产料①	产蛋Ⅰ 期料②	产蛋Ⅱ 期料③	种鸡料④
营养含量	粗蛋白质(%)	17.0～ 18.0	15.0～ 15.5	15.5～ 16.5	15.5～ 16.5	14.5～ 15.5	12.0
	代谢能⑤ (兆焦/千克)	11.7～ 12.1	11.0～ 12.0	11.7～ 12.1	11.7～ 12.1	11.7～ 12.1	11.7
	(千卡/千克)	2800～ 2915	2640～ 2860	2800～ 2915	2800～ 2915	2800～ 2915	2800
	脂肪(最低%)	3.00	3.00	3.00	3.00	3.00	3.00
	粗纤维(低～高) (%)	3.00～ 5.00	3.00～ 5.00	3.00～ 5.00	3.00～ 5.00	3.00～ 5.00	3.00～ 5.00
	亚油酸(%)	1.00	1.00	1.00～ 1.75	1.25～ 1.75	1.00	1.00
	钙(低～高)(%)	0.90～ 1.00	0.85～ 0.90	1.50～ 1.75	3.15～ 3.30	3.30～ 3.50	0.85～ 0.90
	磷(低～高)(%) 有效磷	0.45～ 0.50	0.38～ 0.45	0.40～ 0.42	0.40～ 0.42	0.35～ 0.37	0.35～ 0.37
	总 磷	0.55～ 0.70	0.50～ 0.65	0.55～ 0.70	0.55～ 0.70	0.50～ 0.55	0.50～ 0.65
	钠(低～高)(%)	0.18～ 0.20	0.18～ 0.20	0.16～ 0.20	0.16～ 0.20	0.16～ 0.18	0.18～ 0.20
	盐(低～高)(%)	0.45～ 0.50	0.45～ 0.50	0.40～ 0.45	0.40～ 0.45	0.40～ 0.45	0.40～ 0.45
	氯(低～高)(%)	0.20～ 0.30	0.20～ 0.30	0.20～ 0.30	0.20～ 0.30	0.20～ 0.30	0.20～ 0.30

</br>第四节 肉用种鸡的控制饲养技术

续表 3-5-44

项　目		公鸡和母鸡			母　鸡		公　鸡
		育雏料	育成料	预产料①	产蛋Ⅰ期料②	产蛋Ⅱ期料③	种鸡料④
氨基酸最低含量（%）	精氨酸	0.90~1.00	0.75~0.90	0.90~1.00	0.90~1.00	0.88~0.94	0.66
	赖氨酸	0.92~0.98	0.60~0.70	0.80~0.85	0.80~0.85	0.78~0.81	0.54
	蛋氨酸	0.34~0.36	0.30~0.35	0.30~0.32	0.30~0.32	0.30~0.32	0.24
	蛋氨酸+胱氨酸	0.72~0.76	0.56~0.60	0.60~0.64	0.60~0.64	0.54~0.56	0.45
	色氨酸	0.17~0.19	0.17~0.19	0.16~0.17	0.16~0.17	0.16~0.17	0.12
	苏氨酸	0.52~0.54	0.48~0.52	0.50~0.53	0.50~0.53	0.50~0.53	0.40
	异亮氨酸	0.66~0.70	0.58~0.60	0.58~0.62	0.58~0.62	0.58~0.62	0.48
微量元素含量（毫克/千克）	锰	66	66	120	120	120	120
	锌	44	44	110	110	110	110
	铁	44	44	40	40	40	40
	碘	1.1	1.1	1.1	1.1	1.1	1.1
	铜	5.0	5.0	8.0	8.0	8.0	8.0
	硒	0.30	0.30	0.30	0.30	0.30	0.30
维生素含量⑥	维生素A（单位）	11000	11000	15400	15400	15400	15400
	维生素D_3（单位）	3300	3300	3300	3300	3300	3300
	维生素E（单位）	22	22	33	33	33	33
	维生素K_3（毫克）	2.2	2.2	2.2	2.2	2.2	2.2
	维生素B_1（毫克）	2.2	2.2	2.2	2.2	2.2	2.2
	维生素B_2（毫克）	5.5	5.5	9.9	9.9	9.9	9.9
	泛酸（毫克）	11.0	11.0	13.2	13.2	13.2	13.2
	烟酸（毫克）	33.0	33.0	44.0	44.0	44.0	44.0

续表 3-5-44

项　目		公鸡和母鸡			母　鸡		公　鸡
		育雏料	育成料	预产料①	产蛋Ⅰ期料②	产蛋Ⅱ期料③	种鸡料④
维生素含量⑥	维生素 B₆(毫克)	1.1	1.1	5.5	5.5	5.5	5.5
	生物素(毫克)	0.11	0.11	0.22	0.22	0.22	0.22
	胆　碱(毫克)	440	440	330	330	330	330
	维生素 B₁₂(毫克)	0.013	0.013	0.013	0.013	0.013	0.013
	叶　酸(毫克)	0.88	0.88	1.65	1.65	1.65	1.65
	抗氧化剂(毫克)	120	120	120	120	120	120

注：①预产料从 24 周开始饲喂，也可从 22 周开始饲喂
②18～23 周龄
③需要时从 45～50 周开始饲喂
④预产料从 24 周开始饲喂，亦可从 22 周开始饲喂
⑤假定能量水平为 11 715.2～12 196.36 千焦/千克。每种氨基酸的最低值与较低的蛋白质水平相关
⑥每千克饲料需要添加量

这样低蛋白质水平的饲料，对种公鸡的性成熟期及睾丸重、精液量、精子浓度、精子数等，均没有明显的不良影响。据报道，喂以 9%～10% 蛋白质水平的饲料，公鸡产生精液的百分数还是比较高的。而供给过高蛋白质水平的饲料，常会由于公鸡采食过量而得痛风症，引起腿部疾患。但在使用低蛋白质水平日粮时，必须注意日粮中的必需氨基酸的平衡，由于这些氨基酸大多直接参与精子的形成，对精液的品质有明显的影响。

公鸡的营养需求除了蛋白质水平可以降低外，能量需要亦可适当降低为 11.3～11.7 兆焦/千克日粮。同时，从表 3-5-36 中亦可以看到，钙与有效磷的含量分别为 0.95% 和 0.4%，在种用期间采用较低水准的钙用量，将有利于公鸡体内的代谢过程及精子的发育。但对微量元素则要求按一般推荐量的 125% 添加。

公鸡对维生素特别是对脂溶性维生素的需求量较高,它直接影响公鸡的性活力,如维生素 A 和维生素 E 可影响精子的产生,B族维生素影响性活动能力,维生素 B_{12} 影响精液的数量,烟酸和生物素可防止公鸡的腿病,维生素 C 对增加精子数、提高种蛋受精率均有显著作用。因此,在日粮中维生素更需加倍添加。

切实检查公、母分饲措施的完备状况,要尽可能做到喂料时快速、均匀。此时对公鸡可吊高料桶,一般离地面 46 厘米左右,应随公鸡的背高变化而调整。尤其在 1/3 垫料和 2/3 栅条结合的鸡舍内,可将公鸡料桶吊在垫料区,并控制每个料桶只供 6 只左右公鸡采食。可先黑舍给公鸡料,等亮灯后公鸡吃到料时再供给母鸡饲料,这样在采食均匀性以及对公鸡的腿部发育会有一些好处,亦可避免由于公鸡采食的不均匀而形成两极分化,导致公鸡过早瘦弱及病残。

在生产期间,公鸡的采食量应每 4 周增加 1 克料量。公鸡的维持能量会随着舍温的变化而改变。一般认为,在 18℃～27℃ 的区间温度以外,每增或降 1℃,每天可相应地减少或增加 2 克饲料。

为了控制种公鸡的性成熟,自 6 周龄后必须把光照时间控制在 11 小时以内,直到公、母混群进入配种阶段采用与母鸡相同的光照制度。因为推迟性成熟期将有利于在配种期内产生的精子质量。至于 6 周龄以前的光照时数,则可采用逐步下降的方法,如 1～5 日龄实际连续光照 24 小时,6 日龄至 6 周龄可连续光照或渐减到 13～11 小时。

5. 45～50 周龄以后　这段时期已逐渐进入产蛋后期。公鸡的睾丸开始衰退变小,产生精子的数量、质量均有所下降,部分公鸡的种用价值降低,种群的受精率开始下降,应及时淘汰腿脚伤残、行动迟缓、配种能力差的公鸡。可考虑在 45 周龄后补充后备青年公鸡,其数量不能少于原公鸡总数的 10%,以保证后期的种蛋受精水平。产蛋后期种公鸡控制周增重 15～20 克,至少每周称重 1 次,以了解种公鸡的平均体重和周增重,一定要确保种公鸡的增重标准。

(三)种公鸡的选择和配种管理 实践证明:种用公鸡选择的正确与否,将影响种用期间鸡群鸡蛋的受精率、孵化率、公鸡种用时间的长短以及后代的生产性能。

1. 选择的要求与方法

(1)严格参照各鸡种标准要求选择 种公鸡的体重应控制在标准要求的范围内,从鸡群整齐度来看,其变动系数不要超过 10%,在此基础上按照一定的比率选留。

(2)从外貌上选择 应选择胫长在 140 毫米以上、胸平肩宽、鸡冠挺拔、色泽鲜红、精力旺盛、行动敏捷、眼睛明亮有神、行动时龙骨与地面约呈 45°角的雄性强的公鸡,淘汰那些体型狭小、冠苍白、眼无神、羽毛蓬松、喙畸形、背短狭、驼背、龙骨短、腿关节变形、跛行或站立不稳等有腿脚部疾患的公鸡。

(3)按公鸡的性活动能力选择 可根据公鸡一天中与母鸡交配的次数,将其分强、中、弱 3 种类型:达 9 次以上者为强,6~9 次者为中,6 次以下者为弱。选留的公鸡应为中等以上的。亦可观察公鸡放入母鸡群后的反应,如在 3 分钟内就表现有交配欲的为性能力强,5 分钟内有表现者为中,其余则应淘汰。

(4)根据精液质量选择 可利用人工采精技术,对选留公鸡的精液质量进行检测。按人工采精的方法 2~3 次仍采不到精液或精液量在 0.3 毫升/次以下、精子活力低于 6.5 级、精子密度少于 20 亿个/毫升的,均属淘汰范围。

2. 配种管理 在大群配种时,通常以组成 200 只的小配种群为好。所选配的公鸡,在体重和性能力方面,在各配种群间应搭配均衡。公鸡应先于母鸡转入产蛋鸡舍,使其能均匀地分布到鸡舍的各个方位,以保证每只公鸡都能大致均衡地认识相同数量的母鸡。更换替补新公鸡应在天黑前后进行,避免因斗殴致残。在转群时,必须小心抓握鸡的双腿及翅膀,切勿只拎一条腿,否则可能因翅膀扑打等导致腿部或翅膀致残而失去种用价值。

六、肉用种鸡饲养方法举例

以某公司提供的父母代种鸡为例。

(一)索取和查阅鸡种有关资料

1. 父母代种鸡生产性能　参见本编第三章表3-3-2。

2. 某公司推荐的饲料配方　见表3-5-45,表3-5-46。

表 3-5-45　某公司推荐的肉用种鸡各时期饲料配方

营　养　素	配　方　号					
	A	B	C	D	E	F
粗蛋白质(%)	19～20	18	16	16.7	16	17.4
代谢能(兆焦/千克)	12.43	11.97	11.72	11.97	11.51	11.51
蛋白能量比(克/兆焦)	15.27	15.03	13.65	13.93	13.89	15.11
钙(%)	0.90	0.85	1.10	2.90	2.80	3.10
可利用磷(%)	0.45	0.43	0.55	0.47	0.45	0.49
粗脂肪(%)	3～4	3～4	3～4	3～4	3～4	3～4
粗纤维(%)	2.5～3	2.5～3	3～5	3～5	3～5	3～5
亚油酸(%)	1.40	1.40	1.30	1.30	1.30	1.40
赖氨酸(%)	1.00	0.90	0.72	0.70	0.68	0.73
蛋氨酸(%)	0.40	0.36	0.32	0.34	0.32	0.35
蛋氨酸+胱氨酸(%)	0.72	0.65	0.58	0.61	0.58	0.63
色氨酸(%)	0.20	0.18	0.16	0.17	0.16	0.18
精氨酸(%)	1.00	0.90	0.80	0.84	0.80	0.87
亮氨酸(%)	1.40	1.26	1.12	1.25	1.20	1.31
异亮氨酸(%)	0.80	0.72	0.64	0.84	0.80	0.99
苯丙氨酸+酪氨酸(%)	1.40	1.26	1.12	1.10	1.06	1.15

续表 3-5-45

营 养 素	配 方 号					
	A	B	C	D	E	F
苏氨酸(%)	0.70	0.63	0.56	0.62	0.59	0.64
缬氨酸(%)	0.86	0.77	0.69	0.72	0.69	0.75
组氨酸(%)	0.40	0.36	0.32	0.33	0.32	0.35
苯丙氨酸(%)	0.70	0.63	0.56	0.77	0.74	0.80
钠(%)	0.15	0.15	0.15	0.12	0.12	0.13
氯化物(%)	0.15	0.15	0.15	0.14	0.14	0.15
盐(%)	0.25	0.25	0.25	0.25	0.25	0.25
钾(%)	0.40	0.39	0.38	0.39	0.37	0.37

注:A,B为初期饲料;C为生长期饲料;D,E,F为种鸡饲料(22周龄以后);其中D,E在日平均气温27℃以下时用,F在日平均气温27℃以上时用

表 3-5-46 建议的维生素及微量元素含量

营 养 素	每吨全价饲料的总量			玉米—大豆基本配方预先混合料(吨)		
	初期饲料	生长期饲料(控制)	种鸡饲料	初期饲料	生长期饲料(控制)	种鸡饲料
维生素 A(万单位)	1200	1200	1500	1000	1000	1200
维生素 D₃(万单位)	150	150	300	150	150	300
维生素 E(万单位)	2.0	2.0	3.3	0.6	0.6	1.5
维生素 K₃(克)	1.0	1.0	1.0	1.0	1.0	1.0
硫胺素(克)	4.0	4.0	4.0	2.5	2.5	2.5
核黄素(克)	5.0	5.0	8.0	4.0	4.0	7.0
泛酸(克)	17.0	12.0	20.0	10.0	10.0	16.0
烟酸(克)	50.0	50.0	55.0	35.0	35.0	35.0
吡哆醇(克)	8.0	8.0	9.0	3.0	3.0	4.5

第四节　肉用种鸡的控制饲养技术

续表 3-5-46

营 养 素	每吨全价饲料的总量			玉米—大豆基本配方预先混合料（吨）		
	初期饲料	生长期饲料（控制）	种鸡饲料	初期饲料	生长期饲料（控制）	种鸡饲料
生物素（克）	0.25	0.25	0.3	0.2	0.15	0.2
胆　碱（克）	1500	1500	2200	500	500	1200
叶　酸（克）	2.3	2.3	2.3	1.3	1.3	1.3
抗氧化物（毫克）	12.0	12.0	12.0	12.0	12.0	12.0
铁（克）	80	80	60	60	60	40
铜（克）	20	20	15	15	15	10
碘（克）	0.45	0.45	0.40	0.40	0.40	0.35
硫（克）	80	80	80	60	60	60
锌（克）	60	60	80	50	50	70
硒（克）	0.2	0.2	0.2	0.15	0.15	0.15

注：1. 总量指饲料成分中的自然含量加上预先混合料中的含量

2. 在初期及生长期饲料里，应添加准许用的抗球虫药以控制球虫病

3. 星波罗父母代公鸡及母鸡育成期的目标体重及饲喂方案　见表 3-5-47，表 3-5-48。

表 3-5-47　星波罗父母代公鸡育成期目标体重及饲喂方案

周龄	日龄	目标体重（克）	每日每只鸡限饲饲料量（克）	饲　喂　程　序
1	7		自由采食	自由采食，在 21 日龄以前的雏鸡料最好为粗屑料
2	14			
3	21	530～610	53～59	开始控制采食量。鸡 21 日龄时测定自由采食所摄进的饲料量，以后维持此食量，直到能于 5 小时内吃完或至鸡达 35 日龄为止，依何者先达到而取舍
4	28	670～750	60～66	

续表 3-5-47

周龄	日龄	目标体重（克）	每日每只鸡限饲饲料量（克）	饲　喂　程　序
5	35	810～910	63～69	开始限制喂料。5 周龄时改为粉状育成期饲料，采用隔日喂料方法较好。抽样称重，比较鸡群的实际体重和目标体重的差异，调整饲料量，以达到建议的目标体重
6	42	950～1050	68～76	
7	49	1080～1220	70～79	
8	56	1210～1370	75～83	停喂料日饲喂谷粒类饲料 10 克/只
9	63	1350～1510	81～89	
10	70	1490～1670	83～91	
11	77	1630～1810	88～98	
12	84	1770～1970	90～100	
13	91	1910～2110	95～105	
14	98	2050～2260	99～109	
15	105	2200～2410	101～111	
16	112	2340～2550	102～112	
17	119	2470～2690	104～114	
18	126	2590～2810	107～119	将公鸡放入母鸡群，每 100 只母鸡放 10 只公鸡

表 3-5-48　星波罗父母代母鸡育成期目标体重及饲喂方案

周龄	日龄	目标体重（克）	每日每只鸡限饲饲料量（克）	饲　喂　程　序
1	7		饱　饲	饱饲，初生鸡日料最好用粗屑料
2	14			开始控制采食量，鸡龄 21 日时，测量鸡饱饲所进饲料量，以后每日即以此量喂给，直到能在 5 小时内完全吃完，或至鸡龄 35 日为止，依何者先达到而取舍。一般鸡群在鸡 3 周龄时，每日每只可消耗饲料 39～43 克
3	21	320～480	39～43	
4	28	410～570	43～47	

第四节　肉用种鸡的控制饲养技术

续表 3-5-48

周龄	日龄	目标体重（克）	每日每只鸡限饲饲料量（克）	饲　喂　程　序
5	35	500～660	47～51	开始全控程序,鸡 35 日龄时,改饲粉状成长饲料,采用隔日饲喂法控制其生长速度。称量有代表性的样鸡,比较该鸡龄时的实际体重与目标体重,调整饲料量,以求达到建议的生长速度
6	42	590～750	49～55	
7	49	680～840	52～58	
8	56	770～930	55～61	开始每只饲喂 9 克谷粒料(于停饲日撒喂)。每周称量有代表性的样本鸡体重。切勿于成长期减少饲料供应量。如果生长过重,在未达目标体重时可不增加饲料量
9	63	860～1020	58～64	
10	70	950～1110	61～67	
11	77	1040～1200	63～69	
12	84	1130～1290	66～72	
13	91	1220～1390	69～75	
14	98	1320～1490	71～79	
15	105	1420～1590	74～82	
16	112	1520～1690	78～86	
17	119	1620～1790	82～90	
18	126	1720～1890	85～95	
19	133	1830～2000	88～98	开始光照刺激计划。自 20 周后改为种鸡饲料
20	140	1940～2110	92～102	
21	147	2050～2230	96～106	当 22 鸡龄或产第一只蛋时(依何者先达到为取舍),鸡只必须每日供食
22	154	2170～2350	100～110	
23	161	2350～2530	104～114	

注:1. 表 3-5-47,表 3-5-48 所示日粮系代谢能为 11.72 兆焦/千克。鸡舍平均温度为 18℃

2. 隔日限喂时,将饲料量加倍于喂料日一次性加入

4. 星波罗父母代种鸡产蛋期间饲料消耗量　见表 3-5-49。该表显示了高、中、低水平的产蛋率和在不同鸡舍温度条件下相对应的饲料供给量。

表3-5-49 星波罗父母代种鸡饲料消耗量 (克/只·日)

周龄	产蛋率(高)					产蛋率(中)					产蛋率(低)				
	日产蛋率(%)	产蛋鸡舍温度(℃)				日产蛋率(%)	产蛋鸡舍温度(℃)				日产蛋率(%)	产蛋鸡舍温度(℃)			
		16	21	27	32		16	21	27	32		16	21	27	32
24	5	133	121	110	98	5	121	110	98	87	0	119	108	96	85
25	25	148	136	124	112	18	135	124	112	100	1	124	112	100	88
26	45	161	149	137	125	32	146	134	122	110	5	130	118	107	95
27	70	164	152	140	127	43	155	142	130	118	20	139	127	114	102
28	75	167	155	142	130	56	165	152	140	128	35	149	136	124	112
29	78	169	157	144	132	70	168	155	143	131	50	155	143	130	118
30	81	171	159	146	134	80	169	157	145	132	65	163	151	138	125
31	84	172	160	147	135	82	169	157	145	132	72	165	153	140	127
32	86	173	160	147	135	82	170	158	145	132	74	166	154	141	128
33	85	173	160	148	135	81	170	158	145	132	75	167	155	142	129
34	84	173	160	148	135	80	170	158	145	132	76	167	155	142	129
35	83	173	160	148	135	79	170	158	145	132	74	167	155	142	129
36	82	173	160	148	135	78	170	158	145	132	72	167	155	142	129
饲 料 削 减															
40	78	171	158	146	133	75	168	156	143	130	69	165	153	140	127
44	74	168	155	143	130	71	165	153	140	127	65	162	150	137	124
48	70	166	153	141	128	67	163	151	138	125	61	160	148	135	122
52	66	164	151	139	126	63	161	149	136	123	57	158	146	133	120
56	62	161	148	136	123	59	158	146	133	120	53	155	143	130	117
60	58	159	146	134	121	55	156	144	131	118	49	153	141	128	115
64	54	157	144	132	119	51	154	142	129	116	45	151	139	126	113

注:1. 饲料能量为11.55兆焦/千克

2. 鸡舍温度 = $\dfrac{最高温度 + 最低温度}{2}$

第四节 肉用种鸡的控制饲养技术

5.**开放式鸡舍的光照方案** 见表 3-5-50 至表 3-5-52。此 3 表分别是星波罗肉用种鸡在北纬 20°,30°,40°地区不同月份出壳雏鸡的光照方案。可以根据所处地区的纬度及雏鸡的出壳月份,在表中对号查找。

表 3-5-50 星波罗公司肉用种鸡开放式鸡舍的光照方案 （北纬 20°）

出壳日期(月-日)	19 周龄			总光照时数(人工光照＋自然光照)						
	到达日期(月-日)	自然光照时间(小时:分)	1～3 天	4～133 天	19 周龄	20 周龄	22 周龄	31 周龄	32 周龄	
1-15	5-28	13:11	23	13 小时连续光照	15	15	16	16:30	17	
2-15	6-28	13:20	23	13:30 小时连续光照	15	15	16	16:30	17	
3-15	7-26	13:04	23	4 天至 14 周龄采用 13:30 小时光照,14～19 周龄采用自然光照	15	15	16	16:30	17	
4-15	8-26	12:33	23	4 天至 10 周龄采用 13:30 小时光照,10～19 周龄采用自然光照	15	15	16	16:30	17	
5-15	9-25	12:02	23	自然光照	15	15	16	16:30	17	
6-15	10-26	11:28	23	自然光照	14	14	15	15:30	16	
7-15	11-25	11:04	23	自然光照	14	14	15	15:30	16	
8-15	12-26	10:52	23	自然光照	13	14	15	15:30	16	
9-15	1-26	11:08	23	自然光照	14	14	15	15:30	16	
10-15	2-25	11:44	23	11:30 小时连续光照	14	14	15	15:30	16	
11-15	3-28	12:10	23	12 小时连续光照	15	15	16	16:30	17	
12-15	4-27	12:45	23	12:30 小时连续光照	15	15	16	16:30	17	

表 3-5-51　星波罗肉用种鸡开放式鸡舍的光照方案　（北纬 30°）

出壳日期（月-日）	19 周龄		总光照时数（人工光照＋自然光照）						
	到达日期（月-日）	自然光照时间（小时:分）	1～3 天	4～133 天	19周龄	20周龄	22周龄	31周龄	32周龄
1-15	5-28	13:55	23	14 小时连续光照	*	16	16	16:30	17
2-15	6-28	14:05	23	14 小时连续光照	*	16	16	16:30	17
3-15	7-26	13:44	23	4 天至 14 周龄采用 14 小时光照，14～19 周龄采用自然光照	*	16	16	16:30	17
4-15	8-26	13:00	23	4 天至 10 周龄采用 14 小时光照，10～19 周龄采用自然光照	15	15	16	16:30	17
5-15	9-25	12:06	23	自然光照	15	15	16	16:30	17
6-15	10-26	11:10	23	自然光照	14	14	15	15:30	16
7-15	11-25	10:30	23	自然光照	13	14	15	15:30	16
8-15	12-26	10:32	23	自然光照	13	14	15	15:30	16
9-15	1-26	10:39	23	自然光照	13	14	15	15:30	16
10-15	2-25	11:23	23	11 小时连续光照	14	14	15	15:30	16
11-15	3-28	12:17	23	12 小时连续光照	15	15	16	16:30	17
12-15	4-27	13:10	23	13 小时连续光照	16	16	16	16:30	17

* 此纬度地区 1 月份、2 月份、3 月份出壳的雏鸡，由于生长期的自然光照时间较长，到 19 周龄时仅能施行微弱光照的刺激，故建议将这些鸡饲养于密闭鸡舍内

第四节 肉用种鸡的控制饲养技术

表 3-5-52 星波罗肉用种鸡开放式鸡舍的光照方案 （北纬 40°）

出壳日期（月-日）	19 周龄		总光照时数（人工光照＋自然光照）							
	到达日期（月-日）	自然光照时间（小时:分）	1～3天	4～133天	19周龄	20周龄	21周龄	22周龄	31周龄	32周龄
1/15	5-28	14:44	23	14 小时连续光照	*	16	16	16	16:30	17
2-15	6-28	15:05	23	15 小时连续光照	*	16	16	16:30	17	17
3-15	7-26	14:38	23	4 天至 14 周龄采用 15 小时光照，14～19 周龄采用自然光照	*	16	16	16	16:30	17
4-15	8-26	13:19	23	4 天至 10 周龄采用 15 小时光照，10～19 周龄采用自然光照	16	16	16	16	16:30	17
5-15	9-25	12:03	23	自然光照	15	15	15	16	16:30	17
6-15	10-26	10:44	23	自然光照	13	14	14	15	15:30	16
7-15	11-25	9:41	23	自然光照	12	13	13	15	15:30	16
8-15	12-26	9:19	23	自然光照	12	13	13	15	15:30	16
9-15	1-26	9:57	23	自然光照	13	14	14	15	15:30	16
10-15	2-25	11:04	23	11 小时连续光照	14	14	14	15	15:30	16
11-15	3-28	12:21	23	12:30 小时连续光照	15	15	15	16	16:30	17
12-15	4-27	13:42	23	13 小时 45 分钟连续光照	*	16	16	16	16:30	17

　*此纬度地区，该月份出壳的雏鸡，由于生长期的自然光照时间较长，到 19 周龄时仅能施行微弱光照的刺激，故建议将这些鸡饲养在密闭鸡舍内

6. 向供种单位了解该鸡种使用疫苗及药物情况　了解其免疫程序，为制定该鸡种一生的免疫程序提供依据。切记凡该鸡种没有的和本地区没有发生过的疫病，此类疫苗不宜接种。国内有些单位使用的免疫程序见表 3-5-53。

表 3-5-53　种鸡免疫程序

鸡　龄	疫苗种类	接种方法
1 日龄	马立克氏病疫苗	颈部皮下
10～14 日龄	传染性法氏囊病疫苗	饮　水
3～4 周龄	鸡新城疫Ⅳ系苗	饮　水
10～11 周龄	鸡新城疫Ⅳ系苗	饮　水
18～19 周龄	鸡新城疫Ⅰ系苗	肌内注射

该程序中没有接种诸如传染性支气管炎等疫苗，是因为该地区不流行这些病。如果本地区有此类疫病，则应按其发生时期的规律，参照各种疫苗的免疫期限，适时接种。

（二）编制管理计划　根据索取和查阅到的有关鸡种的资料，按照本地区及本场的实际情况编制管理计划。

第一，按照当地日出日落时间及出雏日期，参照表 3-5-50，表 3-5-51，表 3-5-52 等，按图 3-5-53 的式样绘制生长期光照方案图。

第二，按照各有关饲养要求，编制全期生产管理的总流程表，格式见表 3-5-54。

表 3-5-54　肉用种鸡全期生产管理总流程

密度	饮水器	料桶或饲槽	饲料种类	给饲方式	鸡　龄		公		母		
					周龄	日龄	体重（克）	饲料量（克/只）	体重（克）	饲料量（克/只）	产蛋率（%）

　　第三,可参照图 3-5-8 海布罗父母代鸡的管理方案样式,绘制本鸡种的管理方案图式。

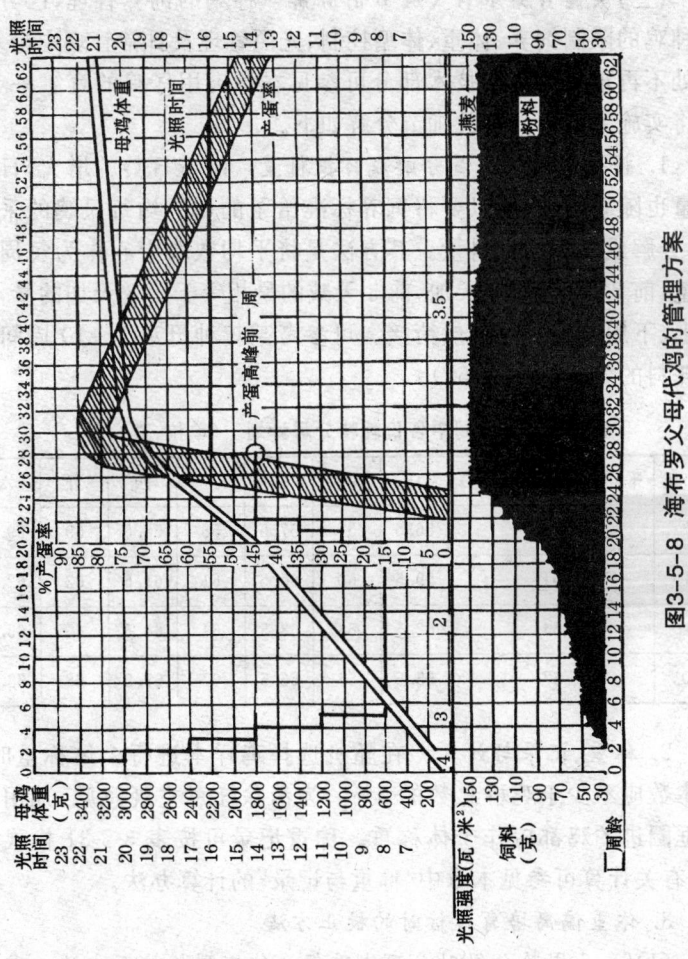

图3-5-8　海布罗父母代鸡的管理方案

　　第四,编制鸡舍、用具、饲料、药品、疫苗、垫料等供应计划。根据鸡舍面积及饲养密度和生产周转计划,可以确定每批及全年的饲养鸡数。在此基础上,按各有关要求分别确定用具、各种饲料、药品、疫苗和垫料等的使用计划。

(三)实施方案中有关细节的分解 种鸡的饲养管理,已分别在种鸡的限制饲养、体重、体型控制、光照管理及日常管理中论及,此处不再重复。育雏技术部分可参见本章肉用仔鸡的育雏一节。现将实施方案中的有关细节分解如下。

1. 将每周的饲料量分解成日投料量 随着日龄的增大,日耗料量也随着增加,所以要将饲养标准给予的周平均每只鸡的采食量,分解成每日的投料量。其方法是将平均数取中心作为每周三的量,前3天减,后3天加,前3天减的量相等于后3天加的量,而在上、下周之间取得自然衔接。可参考某鸡种母鸡7~10周间每周耗料的分解(表3-5-55)。

表 3-5-55 每周中各日耗料分解计划 (单位:克/只)

周 龄	平均日耗料标准(克)	日	一	二	三	四	五	六
7	58	56.5	57	57.5	58	58.5	59	59.5
8	61	59.5	60	60.5	61	61.5	62	62.5
9	64	62.5	63	63.5	64	64.5	65	65.5
10	67	65.5	66	66.5	67	67.5	68	68.5

2. 称重、记录与计算 在随机选择鸡样本进行个体称重时,样本数应不少于鸡群总数的5%。为消除任意主观意愿,凡用抓鸡框圈进的鸡都应作个体称重。称重记录可按表3-5-31格式进行,有关计算可参见本章中"称重与记录"的计算办法。

3. 体重偏离培育目标时的校正方法

(1)5~6周龄分级时分离出较轻个体鸡群的校正方法 参见图3-5-9。

分级后,从体重轻的群内取得平均体重,在坐标纸上画出15

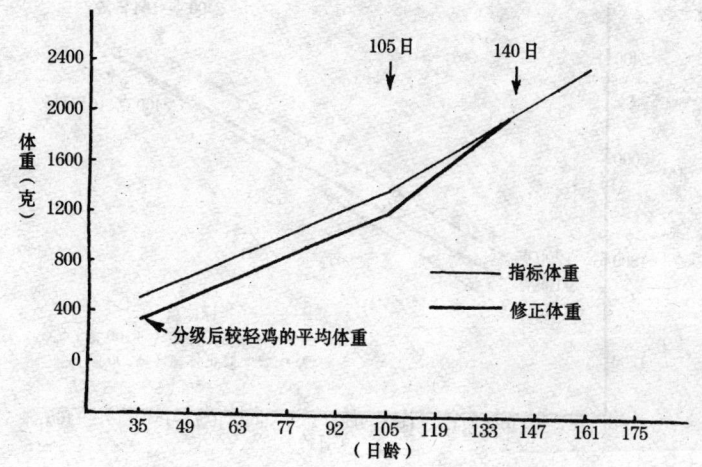

图 3-5-9 5～6 周龄分级时分离出较轻个体鸡群的校正方法

周龄（105 日龄）前与指标体重曲线平行的修正体重曲线（图 3-5-9中粗线）。105 日龄后逐渐回向 20 周龄（140 日龄）的指标体重，之后按标准体重指标进行饲喂。

无论如何，不要在 15 周龄（105 天）前将鸡群提高到指标体重。

在 15 周龄时提高饲料量 12%，这是使之达到向上改变生长方向的需要。

（2）鸡群 15 周龄时超过体重而 10～12 周龄时符合体重指标的校正方法 参见图 3-5-10。

①超重 100 克的鸡群（图 3-5-10 中粗实线）。在坐标纸上从15 周龄超重 100 克体重至 23 周龄达标准体重 2 400 克，重画一修正曲线，此线在各周龄交点处的体重，即为校正后的各周龄应达到的体重（表 3-5-56）。

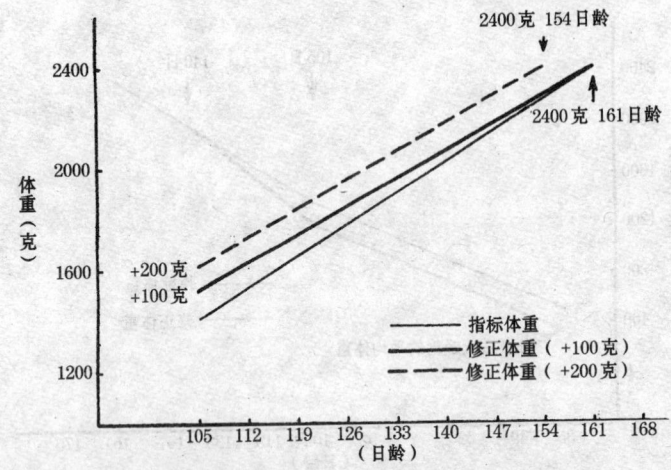

图 3-5-10　鸡群 15 周龄时超重而 10～12 周龄时符合
体重指标的校正方法

表 3-5-56　鸡群 15 周龄超重 100 克校正后的体重　（单位：克）

日　龄	105	112	119	126	133	140	147	154	161
指标体重	1420	1525	1640	1760	1880	2005	2130	2260	2400
修正体重	1520	1620	1740	1850	1960	2070	2180	2290	2400

　　②超重 200 克的鸡群（图 3-5-10 中虚线）。在坐标纸上从 15
周龄超重 200 克的体重至比标准日龄提前 1 周达 2 400 克，重画一
修正曲线，此线在各周龄交点处的体重，即为校正后的各周龄应达
到的体重（表 3-5-57）。

表 3-5-57　鸡群 15 周龄超重 200 克校正后的体重　（单位：克）

日　龄	105	112	119	126	133	140	147	154
指标体重	1420	1525	1640	1760	1880	2005	2130	2260
修正体重	1620	1730	1840	1960	2070	2180	2290	2400

(3)鸡群 15 周龄时体重轻于指标而 10～12 周龄时符合体重指标的校正方法　见图 3-5-11。

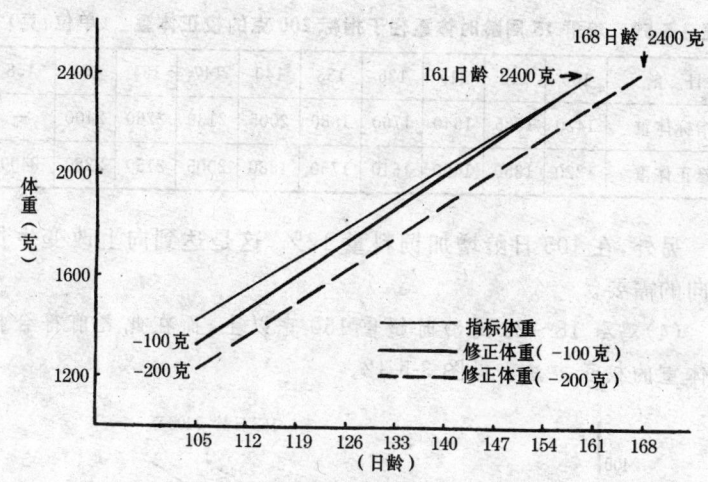

图 3-5-11　鸡群 15 周龄时体重轻于指标而 10～12 周龄
符合体重指标的校正方法

①鸡群体重比指标体重轻 100 克的校正方法(图 3-5-11 中的粗实线)。在坐标纸上以比标准体重轻 100 克为起点至 161 日龄达 2 400 克体重重画一修正曲线,此线在各周龄交点处的体重,即为校正后的各周龄应达到的体重(表 3-5-58)。

表 3-5-58　鸡群 15 周龄时体重轻于指标 100 克校正后的体重　(单位:克)

日　龄	105	112	119	126	133	140	147	154	161
指标体重	1420	1525	1640	1760	1880	2005	2130	2260	2400
修正体重	1320	1450	1595	1730	1860	2000	2120	2255	2400

②鸡群体重比指标体重轻 200 克的校正方法(图 3-5-11 中的虚线)。在坐标纸上以比标准体重轻 200 克为起点至标准日龄推

迟1周(即24周)达2400克体重,重画一修正曲线,此线在各周龄交点处的体重,即为校正后的各周龄应达到的体重(表3-5-59)。

表 3-5-59　鸡群 15 周龄时体重轻于指标 200 克的校正体重　(单位:克)

日　龄	105	112	119	126	133	140	147	154	161	168
指标体重	1420	1525	1640	1760	1880	2005	2130	2260	2400	—
修正体重	1220	1350	1490	1610	1750	1880	2005	2150	2280	2400

另外,在105日龄增加饲料量12%,这是达到向上改变生长方向的需要。

(4)鸡群18~22周龄时超重150克以上,而在此之前符合指标体重的校正方法　见图3-5-12。

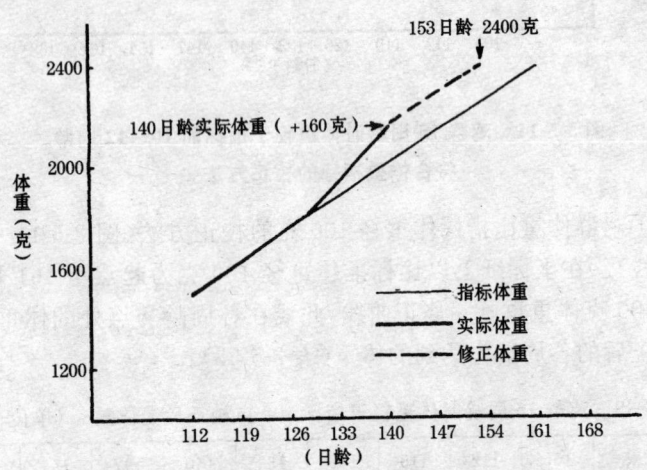

图 3-5-12　鸡群 18~22 周龄时超重 150 克以上而在此之前符合指标体重的校正方法

第一,计算实际超重时的日龄与指标体重应达到的日龄,其间相差多少天。如图3-5-12中粗实线至140日龄时的实际体重是

2 165克,而此体重恰好是 148 日龄时的指标体重(图 3-5-12 中的细实线),其间的差数(即 148－140＝8)为 8 天。已提前 8 天时间达到了指标体重的要求。

第二,从原定 161 日龄达到 2 400 克体重的日龄中减去上述提前的天数,就是修正以后达到 2 400 克体重的新的日龄,即 161－8＝153 日龄。

第三,从 140 日龄的实际体重至达到 2 400 克的修正日龄间形成一条新的修正曲线(图 3-5-12 中的虚线),其与各周龄的交点处,为重新校正后的体重要求。

(5)鸡群 18～22 周龄体重轻 150 克以上,而在此前符合体重指标的校正方法 见图 3-5-13。

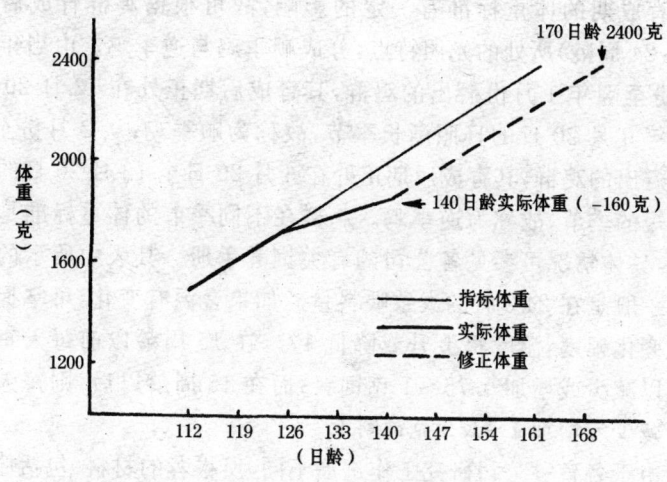

图 3-5-13 鸡群 18～22 周龄时过轻而此前符合
体重指标的校正方法

第一,依据形成过轻体重的日龄与该实际体重相当的指标体重的日龄,计算其间落后了多少天。如图 3-5-13 中粗实线至 140

日龄时的实际体重是 1 845 克,而此体重恰好是 131 日龄时的指
标体重(图 3-5-13 中的细实线),140 日龄与 131 日龄之间的差数
(140—131＝9)为 9 天,就是实际体重在落后 9 天时间才达到指标
体重。

第二,从原定达到 2 400 克体重的 161 日龄,加上上述落后的
天数,就是修正以后达到 2 400 克体重新的日龄,即 161＋9＝170
(日龄)。

第三,从 140 日龄的实际体重至达到 2 400 克的修正日龄间
形成一条新的修正曲线(图 3-5-13 中的虚线),其与各周龄的交点
处,就是重新校正后的体重要求。

4. 按具体情况进行体重与料量的调整 由于季节的变化对
鸡群育成期的体重标准有一定的影响,故可根据鸡群育成后期
(19~24 周龄)所处的光照特点,分成顺季鸡与逆季鸡。由当年的
8 月份至翌年 1 月份孵出的鸡群,其育成后期正处在 12 月 20 日
至翌年 6 月 20 日的日照渐长季节,故称为顺季鸡;从 2 月份至 7
月份孵出的鸡群,其育成后期正处在 6 月 20 日至 12 月 20 日的日
照渐短的季节,故称为逆季鸡。鸡群在不同季节的体重标准是不
同的,具体情况可参见各公司的有关饲养手册。其表中所示的喂
料量一般是在 24℃时的大致喂料量。如果舍温有变化,可掌握如
下的变化幅度:温度每上升或降低 1℃,在 15 周龄以前每天每只
鸡可以减少或增加 0.75~1 克饲料;而在 15 周龄以后,则每天每
只可减少或增加 1~1.5 克饲料。

由于各育种公司研究工作进展不同,所推荐的材料(包括体重
及料量)有一定的滞后性,不可能包含了所有有关技术的最新进
展。因此,在具体给料时,除参照资料给定的标准外,还必须根据
该鸡群上一周龄的增重情况、近两周龄的增重趋势和增料幅度以
及有无疾病、应激强度等因素适当调整给料量。切忌死搬硬套。

第六章 肉鸡产业化经营

现代肉鸡业是集种鸡饲养、孵化、饲料、商品代肉鸡饲养、疫病防治、成鸡回收、屠宰加工、出口内销等诸多环节于一体,既有工业生产的特点,又有农业生产特点的一个新兴产业。至今,世界肉鸡产业已发展到了相当的规模。2005 年,世界鸡肉的产量已达到 786.7 万吨,占世界全部肉类产量 27 285.3 万吨的 28.8%。饲养规模在不断提升,如韩国自 1991~2003 年间,肉鸡的饲养量增长了近 28%,而饲养场却减少了 37%。一般肉鸡企业的饲养规模都保持在万只以上。作为世界第一生产国的美国肉鸡企业,有 56 家企业的规模从周产量 17 万~600 万只不等,每个企业所拥有的农场数目平均为 177.7 个,肉鸡舍平均数为 1 663.8 个,鸡舍面积平均为 300 米^2/栋。据统计称,其中 42 家肉鸡企业生产了全球 17.1% 的肉鸡产品,而前 10 强的肉鸡企业的产量占美国总产量的 72.3%。

这不难看出一个道理,就是规模出效益。据称国外先进的肉鸡企业,一个劳动力饲养的肉用仔鸡量可以达到 10 万只。肉鸡产业就是通过每只鸡的微利,而由生产的规模化来提升效益,使之效益倍增。

产业化经营则是将有关的行业,整合成产业链的联动。可以节省不必要的开支,降低生产成本,延伸产业链的终端,不断开拓新产品、新市场,促进产业可持续发展,赢得产业共同体的最大利润。

第一节 积极推进我国肉鸡
生产的产业化经营

一、肉鸡生产的行业特征——规模化、集约化和工厂化生产

从 20 世纪 50 年代开始,一些发达国家的家禽育种工作采用玉米双杂交原理,开展了现代化的品系育种。即在过去标准品种的基础上,采用新的育种方法,培育出一些比较纯合的专门化品系,然后进行品系间的杂交和测定。充分利用杂种优势这一自然规律,所生产的商品型杂交鸡不仅比亲本生产性能高 15% ～20%,而且表现得整齐一致。应该说,鸡种的改良,奠定了肉鸡工业化大生产的基础。

(一)繁殖率高 肉用仔鸡的种鸡(父母代)一个世代生产的商品雏鸡 140 只左右,这不是原来就有的,它是育种改良的结果。试设想,如按以前标准品种每个世代仅生产 70 只左右的商品雏鸡,要想达到目前肉用仔鸡的生产规模,其种鸡的投入成本就要翻一番。正是这种高的繁殖率,使得分摊到每只商品肉鸡上的种鸡成本大大降低,加上集中孵化等技术的运用,使之每批生产的雏鸡数量可以达到所需要的数量。所以,这种批量生产的方式可以使肉鸡生产步入工业化的规模生产成为可能。

(二)体质强健,适于大群饲养 由于肉用仔鸡具有分散生活的本能,不会出现密聚,甚至数千只乃至数万只肉仔鸡为单元同时在一幢鸡舍内饲养,成活率达 98% 以上。这种良好的群体适应能力,加之杂种后代所赋予的强健体质,成就了其集约化密集饲养的方式。

(三)均匀性好 这指的是肉用仔鸡的整齐度。由于肉用仔鸡

育种的成功,杂种优势使商品肉鸡的遗传一致性保证了在群体水平上产品的一致性。这是"全进全出"防疫制度的要求,也便于进行工业化的机械屠宰,符合产品加工和消费者的要求。

二、认真对待我国肉鸡业发展中的问题

我国农村历来以家庭副业的方式饲养家禽,淘汰的老母鸡和小公鸡作为肉用,出售时鸡龄大小不一,肉质良莠不齐。20世纪60年代初,为同美国、丹麦等国争夺香港肉用仔鸡市场,在上海市采用地方良种浦东鸡与新汉县鸡的杂交后代用于生产商品肉鸡,饲养90天平均体重达1.5千克以上,料肉比为3.8∶1左右。以后,为满足销往香港肉用仔鸡对快速生长、胸肌发达的要求,于1962年和1976年,从日本、荷兰、加拿大、英国和美国等国,引进了福田、伊藤白羽肉鸡,海布罗祖代鸡,星波罗曾祖代鸡,A·A及罗斯祖代鸡,红布罗及狄高等有色羽父母代鸡及祖代鸡。与此同时,在我国东北地区和北京、上海等地建立了育种场,逐步建立起良种繁育体系,不少省、市、县建立了父母代鸡的繁殖场,为养鸡专业户、商品鸡养殖场提供商品雏鸡。

白羽肉鸡虽然生长速度快,饲料转化率高,但我国人民还有喜食肉质鲜美的黄羽肉鸡的传统习惯和爱好。为此,"六五"、"七五"期间,在农业部主持下,由中国农业科学院畜牧研究所、江苏省家禽研究所、上海市农业科学院畜牧研究所等5个科研单位协同攻关,利用红布罗、海佩科等外来鸡种选育后作为亲本,与我国优良地方鸡种进行配套杂交,获得了诸如苏禽85、海新等系列配套杂交体系的优质型和快速型黄羽肉鸡。之后的发展,其配套形式虽不同,但其实质并无突破。

鸡肉生产相对集中在华东、华中、华北的东南部和西南地区的东北部。目前,我国规模养鸡场的平均出栏数仅相当于美国20世纪60年代的水平。按平均年出栏肉鸡2.5万只的规模计算,我国

目前平均规模化程度还不足 40%。除了如上海大江、山东省诸城、北京华都等现代化肉鸡联合体大企业外,在鸡肉生产的组织形式上,更多的倚重于以下两种方式:一是由一个企业为龙头,带动周围具有一定饲养规模的农户进行生产,但各生产环节各自独立,在生产过程中结合的紧密程度较低;二是千家万户的分散饲养。

我国商品肉鸡的生产,存在于广大农村分散饲养的千家万户和一定规模的家庭饲养场的主体,大都是受益于党的十一届三中全会后,农村经济政策的落实和生产责任制的推广,这种生产力的释放在很大程度上激活了农村的经济。由于在当时饲养肉鸡是刚刚开始的崭新的养殖业,或是出于谨慎小心、精心饲养,或是因为全新的房舍还未受到污染,或是全新的养殖业,起始的养殖户较少,加之我国正处于计划经济向市场经济的过渡之中,短缺经济也表现为鸡肉是我国肉食市场上价格最高的产品,所以在当时几乎是不管你的饲养水平如何,只要养鸡一般都能赚钱,因而使不少养鸡专业户盈利发财。然而,这却给肉鸡业的发展在观念、生产方式上带来了一些阻碍。

第一,以为一家一户分散经营的家庭养殖就是肉鸡饲养业的唯一最佳经营方式。许多人不懂得也不想知道什么是规模化、集约化的肉鸡养殖业,因此不少地区、村落的农户,在先富起来的农户带动下,个体分散的经营逐步发展到无序生产,以至于使得不少村庄在很小的范围内形成了"近距离、小规模、大群体、高密度、多品种、多日龄"的鸡群林立的格局。这种典型的小农经济的做法,使"全进全出"的防疫措施无法实施,以至饲养环境日益恶化,鸡粪到处堆积,污水随便排放,死鸡乱扔、乱卖,导致疫病复杂、严重。

第二,在我国某一个特定的时间段内,即便是饲养水平不高,鸡种来源不纯,饲喂的饲料几乎处于"有啥喂啥"的水平也能盈利。殊不知,在这种低、差的饲养层次上的盈利,本该说是由于短缺经济抬高了鸡肉的价格,使不少养鸡户尝到了甜头。但也成了不少养殖户的错觉,以为养鸡也不过如此,没什么大不了的。设施可以因陋就简,饲养可以随意无定规。遇到鸡病,抗生素似乎成了包治百病的"灵丹妙药"。因此,就认为无须去了解什么是现代肉鸡种、什么是配合饲料、什么是预防为主的防治原则,不去掌握现代技术与管理知识。慢慢地由追求价格"便宜"的雏鸡和"廉价"的饲料,到盲目地依赖疫苗和过滥地用药,加之粗放式的饲养而造成许多饲养上的失误。

第三,计划经济时期的物资短缺和养鸡户自给自足的小农经营方式,造就了不少养鸡户始终抱着"皇帝的女儿不愁嫁"的心态经营自己的家庭养殖。而对于我国经济由计划经济向市场经济的转轨认识不清。随着全国市场经济的日趋成熟,特别是对肉鸡市场已由原来的卖方市场转入买方市场认识不足,似乎一夜醒来,不知怎的,"皇帝的女儿"嫁不掉了!对于市场的变化信息闭塞,缺乏分析能力,也只能盲目地跟着别人操作,掉进了"市场好时就一哄而上,市场差时就一哄而下"的漩涡之中。迷茫于无形的市场之手的摆弄,造成养殖生产上带有很大的盲目性和滞后性。这种滞后的经济运行方式,给养殖户带来的是经济利益的损失。

总体来说,我国肉鸡业的现状是鸡舍环境条件差,鸡只生长慢,饲料转化率低,用工多、疫病多、用药多,导致产品成本高、质量差、出口竞争力低。1997年,美国肉鸡平均42日龄活重达2.1千克,死淘率为4%,料肉比为1.9:1;而我国肉鸡平均体重达到2.1千克需饲养52天,死淘率达14%,料肉比为2.2:1。美国肉鸡生产水平之高,得益于养鸡高度专业化的企业组织系统。因此,提高我国农民的文化技术素质,转变观念,加强学习,变传统的落后饲养为先进的科学饲养,由分散零星的粗放式饲养转变为规模化、集约化饲养,由小农经济式的经营过渡到现代的商品化生产,从而不仅致富一方农民,而且使我国的肉鸡业生产提高到一个新的水平。

面对我国 10 多亿只鸡中的 80％是地方鸡种,存在生长速度慢、生产效益低的问题,江苏省家禽研究所进行了多年的选育研究。采用本所选育出的隐性白羽白洛克肉鸡品系(80 系)作为杂交用的父本,与许多优良地方鸡种进行单杂交,其后代生长速度都有不同程度的提高,70～80 天体重达 1.5 千克以上。不但饲养周期缩短了,而且肉质鲜嫩可口,市场畅销不衰,经济效益明显。我国幅员辽阔,各地区经济发展速度快慢不一,快速型肉用仔鸡鸡种远未覆盖全国各地。因此,在发展肉鸡生产过程中,应充分利用现有鸡种资源优势,以走出自己发展肉用仔鸡业种源的道路。

三、鼓励发展集中连片的专业户群体养殖小区

国外的商品肉鸡生产,是高度集约化的工厂化生产。在我国,由于肉鸡业投入相对较少,而见效又快,是农民致富的首选项目。因此,目前在肉鸡生产的组织形式上,更多地依靠于千家万户的饲养和龙头企业与一定规模的农户生产的松散联合。

农村专业户在发展过程中形成"小规模,大群体"的模式,它曾经对我国经济,特别是农村经济的发展起过一定的作用。大群体的养殖,使我国迅速成为世界上仅次于美国的第二大肉鸡生产国。满足了我国 13 亿人口目前对于鸡肉消费的需求(消费水平在国际上是低的),而更重要的是转移了一部分农村剩余劳动力,在一定程度上增加了农民的收入。据有关专家测算,整个肉鸡产业链可为 7 000 万农民提供生计,相当于农民总数的 9％,为农民创造纯收入 800 多亿元。所以说发展好肉鸡产业,稳妥地转变好农户分散的经营方式,是解决"三农"问题,建设新农村,构建和谐社会的有效途径之一。

农户分散的经营方式,那种近距离、小规模、大群体、高密度、多品种、多日龄的鸡群格局,增加了疫病防治的难度。它不利于资源优化配置和环境保护,新技术推广阻力较大,成效难以很快显

现。所以,必须积极引导广大养殖户组织起来,实施连片的全进全出制,逐步形成"肉鸡生产合作社"的现代化生产组织形式,发展集中连片的专业户群体。养殖小区可作为整合散养农户进入规模化饲养行业的新模式,浓缩饲料和订单生产作为载体,推动传统散养农户开始接受不同程度的现代化改造的第一步。使区域内养殖户的资金、原料、生产销售有机地联合,形成风险分担、利益均沾的市场经济竞争主体。

四、产业化经营是发展我国肉鸡业的基本途径

国内外的研究都证实,没有一体化生产体系的发展,就不可能有高效率的肉鸡产业。也就是说,高效率的肉鸡业与产业化是紧密相连的。

依靠广大农户发展肉鸡养殖,关键是要加快肉鸡业的产业化进程,有必要尽快使我国肉鸡业的经营体制向以龙头企业为核心的贸、工、农一体化的经营模式转变。对龙头企业来说,与农户的联合,可大大节约公司的资金,缓解公司资金不足的矛盾,降低经营成本,增强企业发展的后劲,保证稳定的优质肉鸡的供应渠道;同时,公司通过产前提供饲料、种苗,产中提供疫病防治、技术指导等服务,降低了农户饲养技术改进的成本。指导农户根据市场需求的变化来组织生产,既规避了农户盲目生产的风险,又保障了公司可以获得相应品质的原料鸡,减少了加工和销售环节的风险。

在具体运作上,可采用"公司＋农户"或"公司＋中介组织＋农户"等形式。而此时农户,已非过去的那种"小规模,大群体"的农户,经营也不是传统意义上的分散经营小农养鸡模式。确切地说,是公司＋基地,而"基地"都是在公司按现代化养鸡标准指导下,由有养殖经验的农民进入基地。或者说就是让原来的兼业的农户把养鸡当成主要职业,办成"农场式"、"车间式"的鸡场,而技术、资金、管理跟不上的农户可能转变成养鸡工人。由公司与养殖户和

饲料生产商签订合同,为农户提供雏鸡、饲料、技术指导、防疫和收购运输等方面的服务,公司与农户结成实实在在的利益共同体。其中的关键是要处理好农户与龙头企业以及技术服务部门之间的利益分配关系。要建立起合理的风险分摊机制。只有这样,既稳定了农户的生产和收入,又保证了公司的经营效益。

发展农业产业化经营,龙头企业是关键。因此,肉鸡龙头企业工作事关肉鸡业和整个农村经济发展的大局,应实行谁有能力、谁有实力谁当龙头,凡建立现代企业制度的大中型产加销企业都可当龙头。培育龙头,延伸产业链,以实现上、中、下游产业共同发展的新局面。

据有关媒体报道:江苏京海集团紧紧围绕发展现代肉鸡业不断创新扶农、惠农机制,通过组建肉鸡专业生产合作社和农民经纪人协会等产业化经营组织,创建肉鸡科学研究中心服务平台,完善技术服务和订单服务等惠农措施,带动8.3万农户走上了养鸡致富道路。并拉动了饲料加工、肉鸡屠宰、餐饮服务等农村多种产业的发展,年创造10多亿元的社会效益。在发展生产、富裕农民的同时,主动配合有关乡镇,搞好规划设计,改善生态环境,完善水、电、路配套设施,建设畜鸡养殖小区等,开展废弃物污染治理,有力地支持当地农村的现代化建设。

(一)公司与农户实现双赢的利益联结机制　社会主义新农村建设,农民是主体。而当前,农民最迫切需要解决的问题就是如何实现稳定增收。这几年京海集团在带动农民发展肉鸡生产上,始终将"公司能创多少效益与农民能得到多少实惠"放在同等位置上通盘考虑。1999年10月,公司从提高农民组织化程度入手,通过公司牵头,将全市107家肉鸡规模养殖户组织起来,成立了"京海肉鸡专业生产合作社"。合作社由农民自愿参股入社,社员民主制定章程,民主选举社长,民主决定重大事项,使合作社逐步走上了自主经营、自负盈亏、自我管理、自我发展的道路。为了增强龙头企业与合作社和社员的联结,公司在尊重合作社社员民主意愿的基础上,订立了双层产销合同,即京海集团与合作社订立生产、收购合同,合作社与社员订立产销合同。在合作社内部实行"四统二分"双层经营体制。所谓"四统":就是社员的养鸡计划在自己申报的基础上由合作社统一协调落实,社员所需的雏鸡、饲料、药物、设备等由合作社统一采购供应,养鸡技术由合作社统一指导,社员养成的商品鸡由合作社统一收购、销售。所谓"二分":即肉鸡社员分户经营、分户核算,自负盈亏。合作社集体经营部分产生的利润,在提取 10%公积金、25%风险基金和 15%奖励基金后,根据社员当年购销实绩按比例分配。为了减少社员养鸡的市场风险,在合作社与社员签订的产销合同中明确了"两相保证、双向保护"的信守条款。"两相保证"是指社员在养鸡和产中必须保证购买合作社提供的优质雏鸡和合格饲料,合作社按合同规定的数量收购社员交售的肉鸡。"双向保证",是指社员向合作社购买雏鸡和饲料可享受低于市场价格的优惠价;合作社收购社员交售的成品鸡,按双方事先议定的价格进行结算,从而实现了真正意义上的价格保护。

通过这几年的运行,京海肉鸡专业生产合作社的生产不断发展,经营水平也有了很大提高。2005 年全社养鸡总数达到 183 万只,实现销售收入 2 015 万元,获利润 165 万元,社员户均增收1.54 万元。同时,合作社的影响力和辐射力也在不断加强。如海门市相继涌现了饲养 2 万～5 万套种鸡的民营种鸡场 7 个,饲养20 万～50 万只肉鸡的养鸡专业村 33 个,10 万～25 万只肉鸡的养鸡专业户有 55 户。

(二)龙头企业参与新农村建设,改善环境机制　公司积极配合有关乡镇搞好产业发展规划,帮助他们重点建好"省级海门无公害肉鸡产业科技示范园区"和"国家农业综合开发现代化示范园区"。在规划建设中,公司以当地政府为主,积极配合,精心编制了产业规划和具体布局。为了协调解决发展养殖业与改善人居环境的矛盾,公司从改变一家一户庭院式养鸡方式入手,将肉鸡养殖场规划建设在远离农民居住的地方,实现小区化生产,这样既有利于减少人员、车辆往来给鸡场带来疾病传染的可能,又有利于农民居住区的空气清新。同时,公司还结合规划建设养鸡小区,帮助村内实现"村庄绿化,沟河净化,路面硬质化,垃圾袋装化"。通过"四化"来改变农村的脏、乱、差的面貌,并结合"四化"实施"七个一"工程建设。所谓"七个一",就是建好一个养殖小区,挖好一条沟,修好一条路,栽好一行树,让村民喝上一口干净水,建好一座鸡粪处理厂,建立一套长效管理机制。截止2005年12月底,由京海集团帮助建设的工程总投资量达到481万元,其中投资225万元建成了鸡粪处理厂1座,投资85万元修建了镇村道路6.5千米,投资31万元帮助镇村疏浚了7条河道,投资80万元打了4口深水井,为4个村4100口农民解决了饮用水问题,投资60万元对规模养殖场和村养殖小区进行了高标准绿化,从而有力地推动了这些村镇的现代化建设。

(三)现代肉鸡业清洁化生产发展新形势　提高肉鸡健康水平,必须从改革养殖方式入手,用清洁化生产来取代落后的饲养方法和粗放的经营管理。然而,当前我国农村畜鸡业普遍存在设备简陋、技术落后、放松防疫、滥用药物等现象,导致疾病多发和产品安全质量不高等问题。为了扭转这种局面,京海集团首先从自身做起,积极推行肉鸡健康养殖技术。为此,公司制定了两步走计划。

第一步,先搞好公司所属各种鸡场的饲养管理技术革新,为清洁生产探索经验。经过两年多的努力,公司已总结了一整套肉鸡健康养殖技术,其中包括对外开放场生物安全工程技术、鸡舍环境质量管理技术、肉鸡程序化管理技术、鸡病防控和药物规范化使用技术、鸡粪无害化和资源化处理技术。运用这些技术,大大提高了肉种鸡的健康水平。全公司11个种鸡场30多万套种鸡在禽流感疫情步步紧逼的情况下，仍然做到无疫情，确保了种鸡96％以上的成活率。同时，还取得了肉种鸡的连续高产，多次打破了全国和东南亚地区同行的最高纪录。企业还利用公司自养的商品肉鸡开发出了国家认定的无公害鸡肉产品和绿色食品A级产品，并且先后通过了ISO 9000，ISO 14000和HACCP的三大认证。

第二步，从2005年开始，公司将总结的肉鸡健康技术向农村进行推广。先后在2个示范区内选择了80家规模养殖户，通过系统培训，在掌握了关键技术后，组织他们开展肉鸡健康养殖，并由此组成了无公害肉鸡的专业化生产基地。在基地内实行五个统一。即：统一供应由京海集团提供的雏鸡、饲料，统一执行由京海集团编写、市技监局审核发布的"肉鸡健康养殖系列技术规程"，统一按照京海集团制定的肉鸡免疫程序开展免疫接种，生产中产生的鸡粪等废弃物统一集中到鸡粪无害化处理中心进行无害化处理，基地农民养成的商品肉鸡统一由京海集团收购与加工。实践证明，这种由龙头企业牵头，农户积极参与而组成的公司＋基地＋农户的三元模式和健康养殖体系，是提高农村肉鸡健康养殖水平、组织农民开展无公害和绿色食品生产的主要手段，是治理畜鸡养殖业污染、净化农村生产生活环境的根本途径。

（四）做好粪污治理，实现资源综合利用机制 当前，养殖业畜鸡粪便和死尸污染，已成为我国新农村建设中的一大难点。破解这个难题，关键在于走资源综合利用的路子。2002年，京海集团在江苏省农业科学院的帮助下，对公司每年产生的5万多吨鸡粪进行了无害化处理，成功地总结出了一套低成本、低能耗、高效益、无害化处理鸡粪的经验。方法是：运用特制的发酵和除臭剂，将鸡粪在封闭的条件下发酵，达到杀灭细菌、去除臭味、脱去水分的目的，然后将其制成颗粒状有机肥料。2004年，海腾牌有机肥已经农业主管部门检测合格，已大批上市供应，被广泛应用于果树、蔬菜、桑树和其他作物，受到了广大农民的欢迎。目前，该产品已通过国家有机产品认证,被用作开发有机食品的重要生产资料。
2006年,公司又投入100多万元,对原有设备进行了技术改造,使
处理数量和处理效果又有大幅度提高。在此基础上,公司计划把
处理面进一步扩大到农村,用密闭的车辆将分散在农村各养殖区
的鸡粪和病死畜鸡收集起来集中处理,使更多的废弃物转化为宝
贵的农业生产资料。这实质上是产业链延伸的一个典型。

京海公司的这种服务,看来似乎是公司对农户、农村投入了比
较多的资金,其实质是公司放眼长远,夯实了自己的肉鸡业发展的
基础。既延伸了产业链,又为无公害鸡肉产品和绿色食品的产品
升级提供了支撑,从而增强了企业的核心竞争力。

实施产业化经营后,就像一条完整的生产链,各个环节既有高
度专业化分工,又有紧密的联系与协作。专业分工必然带来技术
和管理水平的提高,同时扩大生产规模,又势必会提高单位投入产
出比和劳动生产率。这将会加强我国肉鸡产品在国际市场上的竞
争力,促进我国肉鸡业的健康持续发展。

第二节　科学管理,着力培植核心竞争力

核心竞争力是企业的生存之本,是企业长期保持战略优势的
关键。企业核心竞争力的培育和提升,必须调动企业全部人力、物
力,从制定战略规划入手,通过企业管理创新,企业文化建设,核心
技术的掌握,直至实施品牌战略,创建企业名牌,稳扎稳打,步步为
营,才能最终拥有核心竞争力,使企业在未来的市场竞争中,立于
不败之地。

在各种类型的商品肉鸡场中,生产中的管理作用十分突出,它
直接影响到经济效益的好坏。它是对物化劳动、活劳动的运用和
消耗过程的管理。应该说,管理可以使生产上水平,管理可以出效
益。

一、加强以市场和效益为中心的经营管理

(一)以市场为导向,形成自身的核心技术,占领和创新市场

1. 认清由卖方市场向买方市场的转变　在传统的计划经济体制下,企业经营的模式是"企业—产品—市场",企业的一切经营活动都以计划为依据,以生产为中心。也就是计划安排什么,企业就生产什么;企业生产什么,市场就卖什么;市场卖什么,消费者就买什么。这是典型的短缺经济所形成的卖方市场。物资短缺不能满足消费者的需求,充分暴露了计划经济体制及其经营模式的弊端。而在市场经济条件下,以市场为取向的改革,将上述的企业经营模式改变为"市场—企业—产品",这反映了一种全新的以市场导向为原则的企业经营模式。它要求企业围绕市场转,产品围绕市场变;市场需要什么,企业就生产什么,以满足消费者的需求来实现商品价值。

以市场为导向的企业经营模式,体现了以市场导向为原则和以消费者为中心的企业经营理念。在供大于求的买方市场条件下,只有在消费者得到称心如意的商品的同时,企业才能实现其产品的价值。

所以,过去那种单凭廉价劳力和鸡肉的高价格所进行的肉鸡生产,在目前是赢得不了市场份额的。要变靠廉价劳力为靠运用先进技术和管理知识进行科学决策和管理,靠集约化大生产降低生产成本来赚钱,来赢得市场。

2. 发展优质肉鸡生产　随着人民生活水平的提高和保健意识的增强,高蛋白质、低脂肪、低胆固醇含量的鸡肉,特别是黄羽肉鸡,将越来越受到广大消费者的青睐。从对我国南、北方肉鸡市场的调查资料表明,鸡肉消费的地域差异显著。在南方地区,尤其是广东、广西、福建、浙江、江苏、上海等省、自治区、直辖市,对优质黄羽肉鸡十分偏爱,其中浙江省、江苏省和上海市消费黄羽肉鸡有一

定的季节性,广东、广西和福建等地则是长年消费,而且还排斥快速型肉用仔鸡;在北方地区则以消费白羽肉用仔鸡为主。

据调查,国内鸡肉消费量的50%来自优质黄羽肉鸡和肉质独特的土种鸡。这说明了充分利用我国地方鸡种是具有很大发展潜力的。将地方鸡种资源优势转变为商品优势,是具有中国特色肉鸡业的发展道路。

广东省农业科学院畜牧研究所正是看准了这一市场需求,组织科技人员攻关,突破和掌握了核心技术,培育成功了岭南黄鸡Ⅰ系、Ⅱ系[2003年通过了由国家畜鸡品种审定委员会的审定,并获得农业部颁发的畜鸡新品种(配套系)证书]。并在此基础上,不断创新,积极探索产业化的开发模式,如"北繁南养"、"研究所+公司+农户"、"研究所+产业化孵化基地+公司+农户",建立起与农户密切合作,良性互动,利益共享,风险共担的长期友好合作。该研究所每年向社会直接推广岭南黄鸡父母代种鸡350万套,商品雏鸡超过6 000万只。岭南黄鸡优质雏鸡在全国市场占有率达到10%,年产值为3 500万元,直接经济效益800万元以上,社会效益达4.5亿元。

3. 关注药物残留问题的严重性　从传统散养向规模化生产的转变,饲养密度提高了1倍,发病率则增加了4倍以上。面对这种肉鸡饲养方式的转变,有的养殖户为了提高成活率,违规、无序地在饲料中使用激素、抗生素和其他药物添加剂,并大量使用疫苗和药物进行疾病防治,又不按规定在上市前若干天停药,造成鸡肉中药物大量残留。这样的养鸡户虽是少数,却严重地危害人们的身体健康。

随着人类文明的进步和经济的发展,人们越来越重视食品安全,鸡肉的质量特别是其安全性,已成为决定竞争能力和产品价格的主要因素。产品质量优良,价格高也能畅销;产品质量低劣,价格再低也无人问津。在国际市场上,顾客对产品的质量要求十分严格,重点是药物残留量和是否有细菌污染。这已成为难以逾越的技术性贸易壁垒。2001 年 6 月,日本、韩国对从我国进口的鸡肉全面封杀;我国政府对食品开始使用 QS 放心食品标志,上海市也对无药物残留的畜鸡产品实行"准入制度"。面对这种严峻的挑战,发展绿色食品已势在必行。1994 年,国务院在《中国 21 世纪议程——中国 21 世纪人口、环境与发展白皮书》中,将"加强食物安全监测,发展无污染的绿色食品",列入行动方案中。2001 年 8 月 26 日,经农业部审定颁布的我国 A 级绿色食品的 3 个行业标准开始实施。

一系列相关技术的发展,为绿色食品的生产提供了条件。如各种无毒、无害生物农药的开发使用,配方施肥技术的开发,生物肥料、有机肥料的应用,为养鸡业提供了更多的符合生产绿色食品的饲料原料。近年来,添加剂、兽药工业的发展,开发了多种无毒、无害的生物添加剂、仿天然添加剂和药物,各种有益于环保的技术和产品,将替代传统的养殖技术和产品。各种微生态制剂将参与家禽胃肠道微生物群落的生态平衡,并维护胃肠道的正常功能,抗生素将逐步退出历史舞台。有一种酵母细胞壁提取物——甘露寡聚糖,能在动物消化道内与沙门氏菌、大肠杆菌等有害细菌结合,并将病原菌排出动物体外。以其作为添加剂,有抗生素的作用,但无抗生素引起的抗药性和在畜产品中的残留问题。

当前,养殖业产生的废物对环境的污染(包括磷、氮的污染)已经引起人们的焦虑。此问题不解决,人们将很难喝上合格的饮用水。可喜的是,这方面的研究取得了长足的进展。如高效廉价的植酸酶、除臭灵和蛋白酶等产品,将会在未来的饲料中得到普遍应用,它将大大降低动物排泄物中的有害、有毒物质(磷、氮和粪臭素等),消除鸡舍内的臭气和苍蝇。

我国肉鸡业正逐步走向专业化、集约化和产业化生产,这就有可能在饲料原料、添加剂、药物以及饲养方法、加工方法上,按绿色食品的要求,使肉鸡产品成为绿色食品,把肉鸡养殖业逐步发展成为一种生态养殖。江苏省海门市京海集团推出的绿色肉鸡产业化科技园区发展规划,对龙头企业牵头组成的"公司＋基地＋农户"的模式做出了完善的演绎。同时,在基地建设中,以循环经济思想作指导,注重配套体系的建设,形成了相互支持、相互依托、相互协调、相得益彰的作用,延伸了产业链,从而增强了企业的核心竞争力。它符合 21 世纪肉鸡业的发展趋势,将会加强我国肉鸡产品在国际市场上的竞争力,促进我国肉鸡业的健康、持续发展。

(二)强化资本运作,整合优质资源,培植企业核心竞争力 对养鸡场经营的方向和方式、饲养的规模和方式等重大举措做出选择,是资本投入的具体运作,整合资源,延伸产业链等,都对养鸡场的经济效益有着决定性的意义。

1. 经营方向

(1)专业化养鸡场

①肉用种鸡场。它主要是培育优良鸡种,提供种蛋,孵化出售良种雏鸡。国内此类种鸡场已有不少,有的是父母代种鸡场,有的是祖代种鸡兼父母代种鸡场,还有一些是拥有优良地方鸡种的种鸡场。此类鸡场大多因投资多,各项育种、选种管理的技术要求相对比较高,目前还以国有企业为主。有些单位不顾及自己的技术力量、资金等条件的限制搞小而全,反而造成种鸡生产水平提不高,管理跟不上,结果导致亏本。

②肉用仔鸡场。是专门生产肉用仔鸡的鸡场。此类鸡场除了大中型的机械化、半机械化鸡场外,还有众多的集体所有制的鸡场及专业户养鸡场。从目前我国实际情况出发,大力发展农村专业户的规模生产,既可节省国家大笔投资,又可有效地开发利用农村丰富的劳动力资源和饲料资源。它是促进农民致富的有效途径。

③孵化场。收购外来种蛋后,孵化出雏鸡卖给肉用仔鸡的饲养单位。这些孵化场目前主要以各地食品公司兴办的为多。孵化

场一定要有稳定和可靠的种蛋来源,如果以"百家蛋"为来源,总有一天会因"种"的质量不良而最终影响到雏鸡的销路。

(2)综合性养鸡场

①种鸡场兼营孵化场。一般种鸡场从经济效益考虑,在人力、财力可能的条件下都附设孵化场。因为,将种蛋出售与将种蛋孵化成雏鸡后出售的收益相比较,后者更佳。

②种鸡场兼营孵化场和肉用仔鸡场。在前者的基础上,加上生产肉用仔鸡。肉用仔鸡生产周期短,经济效益较好。不少种鸡饲养单位在条件许可的范围内,进行肉用仔鸡生产,同时对外供应部分雏鸡。

有一些鸡场不顾防疫条件,只考虑创收,在鸡场附近开办屠宰加工厂或扒鸡厂,收购"百家禽",最终因疾病流行而导致鸡场倒闭。这种教训,应在确定养鸡场的经营方向时加以认真考虑。

2. 经营方式

(1)专营　大部分国有资产投资的肉鸡祖代鸡场、父母代种鸡场及地方优良鸡种资源场,都负有培育繁殖任务,并向社会提供优良种蛋和雏鸡。它们都有较强的技术力量,专业化分工也比较细,多为专业化鸡场。除此以外,也有部分单位从事种鸡-孵化-肉用仔鸡生产,形成小而全的一条龙生产线。还有比较专业化的从事肉用仔鸡生产的肉用仔鸡生产场,以及生产规模不等的农村专业养鸡户。但从防疫角度看,专业化的生产更有利于疫病的防控。

(2)联营　随着市场经济的发展,作为商品的肉用仔鸡生产亦处在激烈的市场竞争之中。种鸡场、孵化场、肉用仔鸡场、专业养鸡户等,在产、供、销等各个环节上都要求能有一种保障。另外,从肉用仔鸡生产的经营方式调查来看,无论是国内还是国外,由于饲养肉鸡是一种随意的自由劳动,饲养人员的责任心是第一位的,一天24小时都需管理,是属于那种劳动强度不大、但要精细地观察和管理且花费时间较多的劳动形式。因此,仅雇用每天工作8小时的劳动力饲养,比不上以家庭劳动力为中心的个体经营得好。所以,肉用仔鸡的生产在广阔的农村是一个巨大的场所。近年来,由此而发展起来的"公司＋农户"的联营式企业,其发展后劲很足。

3. 若干关键投资的决策

(1)技术改造项目的决策 在进行技术改造时必须充分考虑以下因素:①技术改造的目的是降低成本,提高经济效益,不能得不偿失。因此,要慎重考虑更新设备的投资和带来效益的比较。②投资的设备,既不能墨守成规不敢创新,也不能一味脱离实际贪大求洋而造成运行困难。要考虑它的先进程度,而不至于更新不久又淘汰,使企业陷入被动。

(2)种鸡引进的决策 要通过市场调查与考察本地区市场认可的品种,考察品种生产性能的遗传潜力以及对本地区的适应能力,不能盲目而频繁地更换品种。

4. 饲养规模与方式 肉用仔鸡业又称为"速效畜牧业"。在国外,鸡肉的价格是肉食品中最便宜的。因此,每只鸡的盈利是很少的,它靠的是规模效益。但这种规模效益是建立在充分发挥每只鸡的生产潜力的基础之上取得的。如果肉鸡本身的生产性能没有充分发挥,生长速度慢,饲料消耗多,那么,其规模愈大,效益就愈差。

近年来,我国的肉鸡繁育体系正形成一定的生产规模,基本可满足当前肉用仔鸡生产稳定发展的要求和市场的需要。所以,目前应该更多地发展各种联营形式,以联营为中心,推广新的饲养管理技术,研制质优价廉的科学饲料配方,把我国农村的肉用仔鸡养殖户组织好、发展好。其发展方针应当是:实事求是地确定发展规模,以质量为前提,以效益为根本,实行大、中、小并举。随着科学技术的进步、饲养方式的改变、劳动者技术水平和经营管理水平的提高、资金与市场状况及社会化服务体系的完善,而由小到大逐步发展。

肉用仔鸡的饲养方式也应从我国国情出发,根据基建投资规模以及对电的依赖程度来衡量。就鸡舍内部的设施而言,在当前劳动力比较富裕的情况下,还是以半机械化为宜,即采用机器设备与人工操作相结合,在选择大型机具时更应持慎重态度。

5. **产业重组** 整合优质资源是资本运作的重要形式,它对培植企业核心竞争力起着很大的作用。前面曾经描述的京海集团的做法,是通过企业的投资和技术支撑,对其周边的广大农户的饲养方式与技术进行改造,以至推进了该企业无公害鸡肉产品和绿色食品的开拓。

在深圳市优质肉鸡产业的发展过程中,实行异地双赢的外向型发展模式,亦是一种优质资源整合的模式。

随着深圳城市化的发展,农业地域逐渐缩小,农村劳动力实现了非农化转变,再加上近几年深圳国际化的发展,深圳地价一路攀升,在深圳发展优质黄鸡养殖业的优势丧失殆尽。深圳可以没有农民,但不可以没有农业产业;深圳可以没有养鸡基地,但深圳不可以没有健康安全的鸡肉产品供应。因此,深圳养鸡业面临着结构性调整的问题,必须实施"走出去"的战略。根据规划的要求,将研发基地保留在深圳本地,将商品鸡生产基地稳步转移,转移至本省的河源、惠州、清远和内陆省。把养鸡基地向周边和外地延伸,建立深圳的鸡肉供应后方生产基地。深圳养鸡业向异地转移时,注重整合当地相连产业,建立"牧—沼—果—林"生态模式,构建优质肉鸡生态化产业体系,发展优质肉鸡循环经济。这样既保证优质肉鸡排泄物的资源利用,又保证深圳市面上鸡肉食品的安全供应与该产业的可持续发展。通过与外地市场的资源共享,优势互补,扩大了深圳养鸡业与外地资源的有效配置,进一步增强了企业发展后劲,拓展了深圳养鸡业的发展空间。

(三)健全生产活动中的服务体系,开拓和引领市场 要根据市场上饲料资源价格的波动情况调整饲料结构,根据市场上肉鸡价格和销售趋势调整饲养品种、饲养周期，适时出栏。总之，要通过市场这个调控系统使生产结构优化，产品适销对路，价格低廉，以取得较高的养殖利润。

在包括了产品的质量检查、疫病防治、生产计划安排、种雏、饲料等物资供应、技术规范的实施、产品的收购与销售、生产部门之间的协调、各个环节之间的衔接等的商品生产的整个活动中，为了使人、财、物等各类资源得以合理配置，组织有序地开展生产活动，不少企业建立了"服务中心"之类的组织管理网络。这类服务机构的系统化运作构成了一体化的生产服务体系，由它来协调各环节之间的物资流转，做到保质、保量地供给，并进行科学指导和监督。一般对生产计划、种雏、饲料、卫生防疫、技术规范、产品购销等都由中心统管，做到种雏、饲料送上门，技术指导送上门，防疫灭病送上门，活鸡收购等上门服务。做好各种经济合同、合约的签订，如与客户签订雏鸡购销合同，与饲料公司签订供货合同，与消费单位、屠宰厂签订肉鸡销售合同等。这些合约、合同的签订，都将保证鸡场生产和经济活动有计划地正常进行。

在市场竞争中，除了保证产品的质量和良好的企业信誉外，还要建立一支富有开拓和奉献精神的销售队伍，并制定科学的促销策略。销售是竞争，它是质量的竞争和价格的竞争。所以，首先要努力使鸡场的肉鸡产品达到质优价廉，其次要设法打通各种渠道（如内销、外贸），巩固老客户，发展新客户。产品应尽量适应各个层次的不同需求（活鸡、冻鸡、分割鸡、小包装、优质鸡、快速鸡），开展强有力的市场营销活动，提高产品在市场上的占有份额。此外，还必须强化售后服务，变被动式服务为主动式服务，变跟着用户走为引导用户走，变售后服务为全程服务，以诚信服务来赢得市场，不断地巩固市场和培育、开拓、引领市场。

二、加强以产品质量和成本核算为核心的生产管理

产品质量是企业的生命线，市场的竞争首先是产品质量的竞争。企业要在瞬息万变的市场竞争中生存，必须抓住产品质量这个关键。而产品质量管理的关键，归根结底是要提高管理者和劳动者的科技素质，制定各类技术管理措施，并在每道工序、每个岗位及技术控制点上实施。使鸡场的管理人员充分认识抓好产品质量的重要性，并自觉地把好产品质量管理关。鸡场的生产人员也要提高产品质量意识。要把产品质量管理与经济效益和劳动报酬挂钩，通过利益来密切员工与产品的成本和质量的关系，确保产品质量管理落到实处。

（一）实施品牌战略，加强产品质量管理 提高产品质量是实施品牌战略的关键环节。要在发展中创品牌，在创品牌中求发展，坚持高标准，坚持自主创新，加强管理和成本核算，做到精益求精，生产出高人一等的产品。

1. 科学化、精细化的管理在于计划管理 要抛弃那些经验式、粗放式、家长垄断式的随意管理，建立健全企业内部的科学管理制度。在对生产中各个环节的技术保障和对设备、劳动力进行合理配置的前提下，制定各项计划。

（1）单产计划 每批肉用仔鸡的饲养量、饲养周期、出栏体重及饲料量，每批种鸡的饲养量、饲养周期、平均产蛋率及饲料量等，都应周密安排。

单产指标的确定，可参考鸡种本身的生产成绩，结合本场的实际情况，依据上一年的生产实绩以及本年度的有效措施，提出既有先进性又是经过努力可以实现的计划指标。

（2）鸡群周转计划 在明确单产计划指标的前提下，按照鸡场鸡舍的实际情况，安排鸡群周转计划。如种鸡场附设孵化及肉用仔鸡生产的，就要安排好种蛋孵化与育雏鸡、肥育鸡的生产周期的

衔接,一环紧扣一环。专一的肉用仔鸡场,也必须安排好本场的生产周期以及本场与孵化场雏鸡生产周期的衔接。一旦周转失灵,就会造成生产上的混乱和经济上的损失。

例如,某养鸡场年产 15 万只肉用仔鸡的鸡舍周转安排如下。

第一,基本条件。

A. 育雏鸡舍。4 个单元,每个单元面积为 90 平方米。

B. 肥育鸡舍。10 幢,每幢面积 180 平方米。

第二,要求年饲养肉用仔鸡 15 万只。

第三,计算。

A. 按肥育鸡舍面积计算饲养量。因为后期饲养密度为 12 只/米^2,则一幢肥育鸡舍饲养量为 180 米^2×12 只/米^2=2 160 只,一批饲养两幢的饲养量为 2 160 只×2=4 320 只。

B. 计算全年的饲养批数。150 000 只÷4 320 只/批=34~36 批。

C. 计算每批间隔时间。12 个月÷36 批=1 个月÷3 批≈10 天/批。

也就是说,每月进雏 3 批,可以安排为每月逢 4 或逢 5 进雏,即每月 4 日、14 日、24 日或 5 日、15 日、25 日进雏。

D. 饲养周转规划。考虑到饲料条件较差等情况,拟按 70 天(10 周)为肉用仔鸡的 1 个饲养周期。现规划如下。

a. 育雏鸡舍。共 4 个单元。经过轮转 1 次,育雏鸡舍第二次再使用时要间隔的时间为:4×10 天=40 天。用它减去 1 周的空舍、消毒、清洗时间,还剩 40-7=33 天,大大超过了育雏的 1 个周期(28 天)。

b. 肥育鸡舍。共 5 个单元(10 幢鸡舍)。经过 1 次轮转,当第二次再使用时要间隔的时间为:5×10 天+28 天(育雏 1 个周期)=78 天。用它减去 1 周空舍、清洗、消毒的时间,还剩 78-7=71 天,也超过了肉用仔鸡的 1 个饲养周期的时间。

第四,鸡舍周转规划(图 3-6-1)。

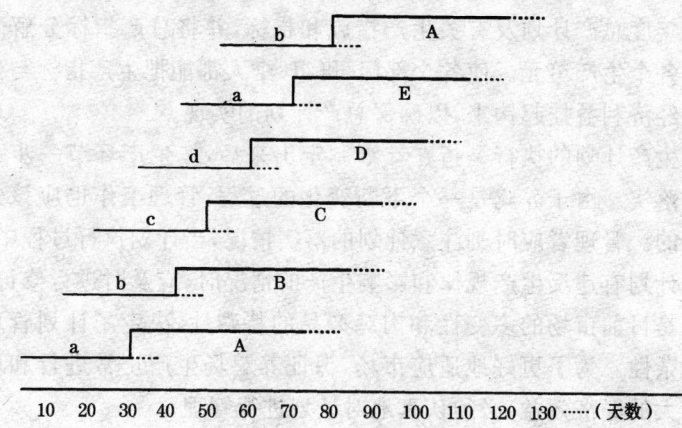

10 20 30 40 50 60 70 80 90 100 110 120 130 ……(天数)

图 3-6-1 鸡舍周转规划

1. a,b,c,d 为育雏鸡舍的 4 个单元代号

2. A,B,C,D,E 为肥育鸡舍的 5 个单元代号

3. 细直线为育雏的时间,粗直线为肥育的时间,

虚线为空舍、清洗消毒的时间

4. 折线为转群

最后,将鸡舍周转规划图中的横坐标所表示的天数变换为该生产年度的日期,就成为一张全年肉用仔鸡生产鸡舍周转的流程图。

(3)饲料计划 饲料是肉鸡生产的基础,必须按照各项单产计划以及经营的规模计算各种类型饲料的耗用总量;而且应按照不同时期(育雏鸡、肥育鸡、后备鸡、种鸡)计算各个月份各种类型饲料的用量。如自配饲料,则需按饲料配方计算各种饲料原料的总量,并尽早联系购置。

(4)垫料开支及其他各种开支的计划 采用地面平养的鸡场,其垫料用量较大,必须早作打算,并切实落实货源。其他如疫苗、药品、燃料、设备更新、水电费开支等都要列入计划。

(5)全场总产计划　在上述各分项计划制定的基础上,明确全场的年度总产计划及有关生产措施和指标,并将总产指标分解下达到各个生产单元。使各个部门、班组、个人都能把生产指标与他们的经济利益挂起钩来,以确保总产计划的实现。

生产计划的执行是指在计划制定出来后,按生产环节一步一步地落实。由于养鸡是一个不断变化的过程,管理工作也应该是动态的。管理者应时刻注意计划的落实情况,当计划执行过程中,发现计划有违反生产规律和影响生产的情况时,应及时进行修订。特别是目前市场的多变性和肉鸡产品的特殊性,决定了计划管理的复杂性。为了更好地适应市场,保证养鸡场生产正常进行和取得较大的经济效益,必须认真地对计划进行管理。

为了很好地执行生产计划和检验生产计划的科学性和实用性,根据市场变化情况,及时对养鸡场进行科学的经济效益分析,是计划管理的一项必要措施。

2. 保证生产和计划实现的技术措施是标准化管理　要保证整个鸡场生产计划的实现,增加产出,降低投入,还要靠技术来保障。要采取一系列的技术措施,如选养优良种雏,采用全价配合饲料和科学的饲养技术,切实执行有效的免疫程序和防疫措施等,从而保证种蛋的受精率、孵化率,种鸡的产蛋率,雏鸡的成活率,饲料转化率等,都能达到比较高的水平。这是实现生产计划、取得较好经济效益的根本所在,其对策就是标准化管理。

标准化管理的要求是:产品质量的标准化,生物安全的系统化,工作安排的程序化,生产管理的数字化,现场操作的精细化,岗位职责的明晰化。

它所涉及的有关方面大致叙述如下。

(1)有关生物安全　包括3个方面。

①设施性的。选址,布局,对鸡舍建筑,隔离消毒设施等。

②制度性的。计划,规章制度,管理办法等。

③技术性的。技术规程,技术标准,操作方法等。

具体包括:场址与布局,鸡舍建筑,卫生防疫设施,小环境控制,隔离消毒制度,全进全出制度,饲料卫生,垫料卫生,饮水卫生,计划免疫,观察报告与逐级负责制度,清扫与冲洗及日常消毒等。

如消毒与冲洗,可以细化如下。

清扫要彻底。清扫不要使污染扩散,自上而下、由里到外、完全彻底。洒水清扫或喷洒消毒液清扫,污染物就地初步消毒。冲洗要求:扫后洗、冲、刷,喷洒消毒液,高压水冲洗。自上而下、由里到外、完全彻底地冲洗,不使污染物扩散,污染物就地初步消毒。冲洗程序:喷洒消毒液→清水冲洗→洗涤剂刷洗→清水冲洗→消毒剂冲洗→清水冲洗。人员要求:作业中不擅自离岗,不与他人接触,工作服就地初步消毒,走污道、径回指定消毒场所,淋浴洗澡消毒,更衣后再回净区或生活区。

(2)有关种鸡场的主要技术标准 涉及生产区环境卫生标准、备用鸡舍卫生标准、鸡舍使用卫生标准、孵化室卫生标准、孵化器与出雏器卫生标准、种蛋质量标准、雏鸡质量标准等。

(3)有关防疫卫生的技术规程 种鸡场卫生防疫规程有36个重点环节和项目。它们是:场内外隔离和卫生管理制度,饲养生产区隔离和卫生管理制度,鸡舍间隔离制度,全进全出实施办法,进入场区消毒规程(车辆、人员、物品),进入生产区消毒规程(车辆、人员、物品)淋浴消毒规程,进入鸡舍消毒规程,隔离服使用管理办法,饲料卫生和消毒管理办法,垫料卫生和消毒管理办法,饮水卫生和消毒办法,生物制品管理办法,免疫程序,免疫接种技术规程,投药技术要求,鸡舍及设施设备清理消毒规程,鸡舍环境监测制度,鸡舍及设备日常卫生管理办法,带鸡消毒办法,鸡群观察报告和逐级负责制度,鸡群检疫制度,重点疾病净化制度,病弱死淘鸡处理制度,场区净污区和净污道管理办法,种蛋消毒规程,孵化生产区隔离和卫生管理制度,进入孵化厅消毒办法,孵化厅室卫生管理办法,孵化器,出雏器消毒规程,蛋盘消毒规程和管理办法,出雏盘消毒规程和管理办法,雏鸡消毒办法,雏鸡盒消毒管理办法,运输车辆消毒管理办法,消毒剂使用管理办法。

(4)有关鸡场的主要生产操作技术规程 种鸡饲养管理技术规程的主要工序及操作为:饲养管理人员上岗要求,鸡舍准备技术规程,饲料管理办法,入雏技术规程,雏鸡管理日常工作程序,雏鸡喂料技术要求,雏鸡饮水技术要求,光照程序,称重操作规程,雏鸡舍温控制及温控设备管理办法,育成鸡管理日常工作程序,限饲限水技术规程,料线管理办法,水线管理办法,分群标准和管理办法,公母分饲管理办法,转群操作规程,产蛋鸡管理日常工作程序,产蛋鸡舍温度控制及温控设备管理办法,垫料管理办法,捡蛋技术规程,种蛋管理办法,孵化生产流程及管理规程,孵化条件及控制程序,码盘操作规程,落盘操作规程,入孵操作规程,照蛋操作规程,出雏操作规程,雏鸡分级及装箱技术要求,雏鸡发放及技术交代管理办法,雏鸡运输技术要求等。

(5)有关种鸡场标准化技术规程的实施 实施标准化管理的主要步骤包括:制定、完善各项标准、规程、制度(执行者参与制定,提高标准化意识),调整、完善各种设施、设备(不该省的不能省),组织培训(自上而下,各层次,各种形式),全面实施(与岗位职责和考核相结合),有效督导(建立督导机制)。

(二)加强成本核算,提高产出效益 各类鸡场要正常地生产创造更大的效益,必须要有科学的生产流程,配套的人、财、物管理制度,以及严格的产品质量和成本管理,目的是保质、保量地完成生产任务。生产管理的目的是加强企业内部的建设,在一切生产活动中始终强调产品质量和成本。要对市场进行调查,研究品种、销售、价格等一系列外部环境和内部因素与成本的关系,做好成本的预测。

产品成本是生产过程中投入的资源,如饲料、种鸡、鸡舍、兽药、人力等,在一定的劳动组合管理下,使用一定的生产技术所体现的经济消耗指标,它反映出企业的技术力量和整个的经营状况。鸡场所采用的品种是否优良,饲料质量的好坏,饲养员技术水平的高低,固定资产的利用效果,人工耗费的多少等都可以通过产品成本分析反映出来。所以,产品成本是一项综合性很强的经济指标,是衡量生产活动最重要的经济尺度。目前,市场竞争在相当程度上也就是成本的竞争。同样的产品,其成本低则竞争力就强。面对激烈的市场竞争和市场变化,企业必须注重成本核算和分析。

1. 生产成本的基本构成

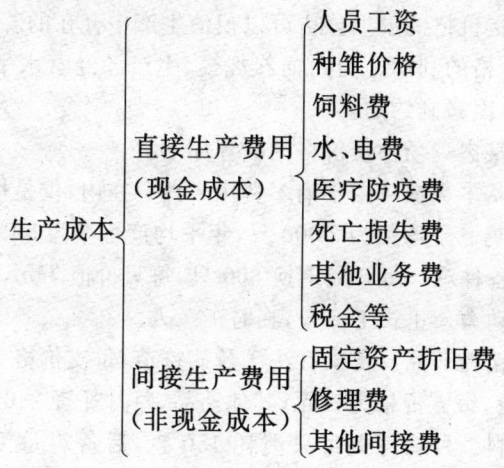

由于不同的生产成本分析方法,有将人员工资、饲料费以及生产所需的固定资产投入等,归并为饲养成本来分析,也有将运杂费、业务费和财务费用归纳为三项费用等。这些无非都是为了从分析和控制成本增长的角度来找出存在问题的症结。

2. 生产成本的核算分析与控制

(1)生产成本的核算与分析　在完成总产计划和各项指标的前提下,加强成本核算,努力降低成本,是经济管理的一个重要方面。通过成本核算,可以及时发现一些问题。例如,通过对肉鸡耗料量与增长速度及饲料价格、肉鸡销售价格的比较,衡量适时出栏的时间。又如,饲料费用的上升和种蛋产量的下降都会导致种蛋成本的上升。而饲料费用的上升,一种可能是饲料价格上涨,另一种可能是浪费饲料引起的;而种蛋产量的下降,是产蛋率下降,还是破蛋率增加,还是种鸡应及时淘汰? 这样分析可以寻根究底,并及时分别情况采取措施予以解决。

为此,首先要搞好各个生产单元的生产情况统计,这是了解生产、指导生产的重要依据,并可以从中及时发现问题,迅速加以解决;这也是进行经济核算和评价劳动效率、实行奖罚的依据。其次,通过种蛋价格的模拟分析可以摸清生产中存在的若干问题。

种蛋价格的利润是受到饲养规模、生产和经营水平以及各项费用开支等因素制约的。

例如,某肉鸡场种蛋价格的核算如下。

第一,基本数据。由于诸多费用未计算在内,仅是模拟演算。

A. 种鸡。平均数为 3 000 只,年平均产蛋率为 50%。

B. 后备种鸡。每 6 周更换 800 只,每只价值 7 元。

C. 劳动力。正式工 6 人,临时工 7 人。

D. 疫苗与药品。传染性法氏囊病疫苗,每支价格为 1.45 元;新城疫疫苗,每支价格为 2 元;其他药品,每月耗资 250 元。

E. 饲料。种鸡每天每只消耗 150 克,后备鸡每天每只消耗 80 克,雏鸡每天每只消耗 20 克。

F. 折旧。房屋 20 年更新费每幢 3 万元。

第二,计算。

A. 现金成本(每月)。29 989.33 元。

a. 饲料成本(每月)。18 648 元。

种鸡部分:3 000 只×0.15 千克/(只·天)×30 天×1.2 元/千克=16 200 元。

后备鸡部分:800 只×0.08 千克/(只·天)×30 天×0.90 元/千克＝1 728 元。

雏鸡部分:800 只×0.02 千克/(只·天)×30 天×1.50 元/千克＝720 元。

b. 劳务开支(每月)。5 100 元。

正式工:6 人×500 元＝3 000 元。

临时工:7 人×300 元＝2 100 元。

c. 医药开支。2 228 元。

疫苗费用:800 只×8.6(批/年)×1/12×(1.45＋2)元＝1 978 元。

其他药费:250 元。

d. 种鸡成本:800 只×8.6(批/年)×1/12×7 元/只＝4 013.33 元。

B. 生产要素(非现金)成本(每月)。745.14 元。

a. 房屋折旧费。5 幢种鸡舍×30 000 元/幢÷(20 年×12 月/年)＝625 元。

b. 水槽、料桶折旧费。88.89 元。

水槽折旧费:80 只×30 元/只÷(3 年×12 月/年)＝66.67 元。

料桶折旧费:40 只×20 元/只÷(3 年×12 月/年)＝22.22 元。

c. 房屋维修(5%的折旧费)。31.25 元。

C. 种蛋销售价格核算

a. 总成本(每月)。29 989.33 元(现金成本)＋745.14 元(非现金成本)＝30 734.47 元。

b. 产出。每月产蛋量:3 000 个/天×50%×30 天/月＝45 000 个。

其中种蛋数(按产蛋量 85%计):45 000 个/月×85%＝38 250 个。

c. 种蛋成本。总成本÷种蛋数＝30 734.47 元÷38 250 个＝0.803 5 元/个。

d. 销售价(利润按成本的 30％计)。0.804 元＋(0.804 元×30％)＝1.5 元/个。

从计算的分析中,可以看出饲料占总成本的 60.7％,而饲料加种鸡的成本约占总成本的 73.7％。因此,设法降低这两项的开支,同时提高种鸡的生产水平,就有可能降低每一个种蛋的成本,在确定本场的成本价基础上,参照当时同类型产品的市场价格,就可以确定销售价格。市场价格愈高,本场成本价愈低,其中可盈利的范围愈大,在市场上也愈有竞争能力。

从这份分析材料中可以看到,该鸡场的饲料及劳动力的价格比较低廉,这是该场生产的优势所在。但也可以看到生产水平不高,因为年平均产蛋率只有 50％,而且其劳动力配置也不合理,按计算全年种鸡数为 3 000 只,加上 8.6 批的后备种鸡是 8.6 批×800 只/批＝6 880 只,总计为 9 880 只。即每个劳动力承担的饲养量平均为 760 只,此数量是太低了。因此,从利润分析中可以发现不少问题。反过来应该通过严格的经济责任分解成本指标和费用指标,实行全过程的目标成本管理,这样所取得的效益将更可观。

(2)生产成本的控制　企业要发展,就要获利,要获利就要内部挖潜。

在以提高企业经济效益为中心的基础上,考虑企业内部条件与外部经营环境的协调发展,实事求是地制定降低成本的具体措施。通过有效的成本控制,及时发现和改进生产过程中效率低、消耗高的不合理现象,使之增加产出,降低投入,以提高成本管理水平。

①合理配置设备和劳动力。例如,某鸡场有 600 平方米的房舍饲养肉用仔鸡,如采用二段法分养,即前期 4 周为育雏,后期 4

周为肥育。则此 600 平方米分割为两个部分:200 平方米为育雏鸡舍,400 平方米为肥育鸡舍。按后期饲养密度 10 只/米²计算,400 平方米肥育鸡舍的饲养量为 4 000 只,而前期育雏鸡舍的 200 平方米也正好可以饲养 4 000 只小雏鸡。两批之间空舍 1 周时间清洗消毒,其周转期为 5 周,即全年(52 周)可饲养 52÷5=10.4 批,其全年饲养量为 10.4×4 000=41 600 只。如果采用全程固定鸡舍一贯制的饲养法,虽然饲养时间也同样是 8 周,再加两批之间空舍 1 周时间清洗消毒,其周转期为 9 周,全年只能饲养 52÷9=5.7 批,全年饲养量为 5.7×6 000 只(600 平方米的饲养量)=34 200只。从中可以看出,虽然房舍面积同样大,但由于采用不同的饲养方案,前者(二段法)比后者全年饲养量增加了 21%。这是房舍周转期缩短的结果,也就是提高了房舍和设备利用效率所产生的效益。

诸如此类的情况很多。如孵化场的设备、孵化机与出雏机的配比,由于每批种蛋使用孵化机的时间为 18 天,而使用出雏机的时间只有 4 天,如果它们之间按 1∶1 配置的话,必然造成出雏机利用效率不高。又如种鸡场兼办孵化场和肉用仔鸡场的,从全年均衡生产出发,要使设备、房舍充分利用,就必然要考虑三者之间的科学配合。在考虑以上生产计划周转安排的同时,也要将劳动力做适当合理的安排。若稍有超过,可通过增加机械设备来解决。如将水槽改为乳头饮水器等自动饮水装置,既投入资金不大,而且又节省了水费开支,同时又可以减轻劳动强度。也可通过联产承包的基数超额奖励的办法来解决。总之,要充分发挥设备和劳动力的潜在能量。所以说,固定成本是可以通过优化利用设备,整合管理、市场和供应服务的资源来减少损耗。

②降低饲养成本。加强技术服务,提高饲养水平,是降低饲养成本的最好办法。种鸡场可以采用绩效挂钩的承包办法,而肉用仔鸡则经常采用合同养鸡的办法,可以充分调动养殖户的积极性

和能动性。

在肉用仔鸡生长的后期,其料肉比也随着日龄的增长而增长。往往由后期所增长体重的价值还抵消不了该期间所消耗饲料的价值。因此,抓好肉用仔鸡的适时出栏,是降低饲养成本的关键。

③降低饲料费用。养鸡成本中,饲料费用要占到60%以上,有的饲养户可占到80%,因此,它是降低成本的关键。

第一,选择质优价廉的饲料。购买全价饲料和各种饲料原料时要货比三家,选择质量好、价格低的饲料。自配饲料一般可降低日粮成本,饲料原料特别是蛋白质饲料廉价时,可购买预混料自配全价料;蛋白质饲料价高的,购买浓缩料自配全价料成本低。充分利用当地自产或价格低的原料,严把质量关,控制原料价格,并选择好可靠有效的饲料添加剂,以实现同等营养条件下的饲料价格最低。玉米是鸡场主要能量饲料,可能占饲粮比例的50%以上,直接影响饲料的价格。在玉米价格较低时,可储存一些以备价格高时使用。

第二,减少饲料消耗。利用科学饲养技术,根据不同饲养阶段进行分段饲养,育成期和产蛋后期适当限制饲养,不同季节和出现应激时调整饲养等技术,在保证正常生长和生产的前提下,尽量减少饲料消耗。饲槽结构合理,放置高度适宜,不同饲养阶段选用不同的饲喂用具,避免鸡采食过程中抓、刨、弹、甩等浪费饲料。一次投料不宜过多,饲喂人员投料要准、稳,减少饲料撒落。断喙要标准。鸡舍保持适宜温度,一般应为15℃～28℃。舍内温度过低,鸡采食量增多。周密制定饲料计划,妥善保存好饲料,减少饲料积压、霉变和污染。定期驱虫灭鼠,及时淘汰低产鸡和停产鸡,节省饲料。

④提高资金利用率,减少固定资产折旧和利息。加强采购计划制定,合理储备饲料和其他生产物资,防止长期积压。及时清理回收债务,减少流动资金占用量。合理购置和建设固定资产,把资

金用在生产最需要且能产生最大经济效果的项目上,减少生产性固定资产开支。加强固定资产的维修、保养,延长使用年限,设法使固定资产配套完备,充分发挥固定资产的作用,降低固定资产折旧和维修费用。各类鸡舍合理配套,并制定周详的周转计划,充分利用鸡舍,避免鸡舍闲置或长期空舍。

三、倡导人性化管理,凝聚企业合力的组织管理

(一)以人为本,最大限度地调动全体员工的积极性 在任何企业的生产活动中,人是第一要素。管理过程的起点是人,必须将满足人的物质需求和精神需求,人的才能的全面发挥,充分调动人们的主观能动性,作为管理活动的终极目标。要通过"面对面、心碰心"的沟通交流,对每个员工最能做什么,在哪些方面最有发展潜力,有一个清楚的认识。员工之所以会努力工作是因为他们有生活需求(衣、食、住、行),安全的需求(身体和感情免受伤害),社会交往的需求(友谊、家庭、归属等)和自我价值实现的需求(成长需求,取得成就和实现抱负等)。而最吸引员工努力工作的是,工作表现的机会和工作带来的愉悦,工作上的成就感和对未来发展的期望等。对全体员工不能有任何歧视,而且要给予充分的信任,用人所长,给予学习、锻炼和发展的机会。让员工在一定范围内自己决定工作方法,给他们合理使用物资设备和支配时间等方面的自主权,让员工参与管理,出主意,想办法等。尊重员工的人格、自尊心、进取心、好胜心和创造性,帮助他们挖掘在缺点和不足之中所埋藏的长处与闪光点,使他们在精神上感到巨大的鼓舞,感受到企业"大家庭"的温暖,而产生向心力和归属感,使企业与员工保持和谐一致的行动。

(二)建立企业文化,以企业核心价值观来凝聚合力 要注重员工的学习与培训。一方面,要对员工坚持进行企业核心价值观和品质、道德教育,让员工树立正确的人生观和世界观,对是非、善

恶有一个正确的判断标准。通过树立典型,给予启示,榜样代表了前进的方向,形象地说明了应该做什么和提倡什么。通过宣传,提高认识,形成一种共同的境界,知道什么事该做,什么事不该做,以制度规范自身的行为。使大家站得高,看得远,有目标,遵纪守法,爱场如家,团结一致,充满凝聚力和活力,使企业长盛不衰。另一方面,要组织员工进行业务学习,让全体员工熟悉本场所有生产环节的相关知识,不仅明白该项工作应该怎么做,更重要的是明白为什么要这样做,不这样做会有什么样的后果,知道每项操作的科学依据,违反此规程会造成的后果等。

企业发展的深层原因和最后决定力来源于全体员工,员工能力的提高,可以帮助企业对市场的变化及时做出反应,并调整自己的行动。

(三)实行适度的激励机制,整体推进企业生产经营　要综合考虑体力、业务能力、责任心等因素,合理搭配人员,使责任心强、工作能力强的带动、约束和督促工作能力差的和弱的,从而在整体上推进企业的生产与经营。

可以采取一些有效的激励办法,把员工潜在的能力充分发挥出来,激发和鼓励员工朝着企业所期望的目标,表现出积极、主动和符合要求的工作行为。

要帮助员工确定适当的目标,培养他们个人的能力和引导其行为。采用精神奖励和物质奖励相结合的奖励办法,奖罚适当,实事求是。公开合理,平等对待。切记"赏不可不平,罚不可不均","赏不可重设,罚不可妄加"。要使奖励者受到认可,公认其努力工作和成效显著,这样才能调动大家积极向上的进取精神。

在推进全员素质提高的过程中,管理者自身的模范行为是对员工的无声命令,要求下级员工遵守的,做到的,自己必须首先遵守和做到。

与此同时,可以加上一些有效的措施,如岗位责任制,可以最大限度地调动各类人员的积极性。推行竞争上岗制，工资与劳动效率业绩挂钩等，不但符合效率优先的原则，而且使企业内的职工之间既协作又竞争，上下一起形成一股合力，使企业长盛不衰。这些组织管理措施，必将使肉鸡规模化生产和产业化经营产生强大的生命力和市场竞争力。

第四编　鸡病防治

第一章　鸡传染病

第一节　鸡传染病概述

一、传染与传染病

由病原微生物(包括病毒、细菌、真菌、支原体、衣原体、螺旋体等)通过某种途径侵入鸡体并在一定的部位定居和繁殖,引起鸡体产生一系列病理反应的过程叫做传染。由病原微生物引起,有一定的潜伏期和临床表现,并有传染性的疾病叫做传染病。

鸡传染病的表现多种多样,但也有以下共同的特点。

第一,传染病都是由特定的病原微生物引起的,如新城疫是由新城疫病毒引起的,不是新城疫病毒侵入鸡体,就不会发生新城疫。

第二,传染病都具有传染性或流行性,这是区别于非传染病的一个重要特征。

第三,被传染的鸡在病原微生物的作用下,能产生特异性的免疫反应,如产生抗体,这种反应能通过血清学检验手段检查出来。

第四,耐过的病鸡能获得免疫,并在一定的时期内或终生不再患该种疾病。

第五,传染病具有特征性的临床表现和病理过程,可以根据其临床表现与病理变化特征进行临床诊断。

二、传染病的流行过程

传染病的流行过程,就是从个体感染发病发展到群体发病的过程。这个过程的形成,必须具备传染源、传播途径和易感动物3个基本环节,缺少其中任何一个环节,传染就不可能发生,也不可能形成传染病的流行。当流行已经形成时,只要切断任一环节,流行即告终止。因此,了解传染病流行的特点,并从中找出规律性的东西,以便采取相应的措施来中断流行过程,是预防和控制传染病的关键所在。

传染病流行过程中的3个基本环节如下。

(一)传 染 源　即传染病的来源,能散播病原体的动物,包括患传染病和带菌(病毒等)的动物。它是传染病发生与流行的最主要条件,但在不同情况下,其在传染病的传播过程中所起的作用亦不相同。

1. 患传染病的动物　是主要的危险传染源。不同病期,其传染性大小也不同。潜伏期,大多数传染病的病原体数量还很少,没有从体内排出的条件,尚不能起到传染源的作用;临床症状明显期,病原体迅速繁殖,患病动物可排出大量强毒力的病原体,故在传染病的传播过程中最为危险;恢复期,动物机体的各种功能障碍逐渐恢复,临床症状基本消失,但身体的某些部位仍然带有病原体,并能排出到周围环境中,威胁其他易感动物。

2. 带菌(病毒)的动物　即外表无临床症状,但体内有病原体存在,并能繁殖和排出体外的隐性感染动物。如被鸡白痢沙门氏菌感染的成年鸡等,虽没有明显可见的临床症状,但排出的病原菌可能引起敏感日龄的雏鸡发病,或所产的带菌种蛋能孵出带菌的雏鸡,并可造成疾病的传播。

(二)传 播 途 径　病原体从传染源排出后,经一定传播方式侵入其他易感动物所经过的路程即为传播途径。切断病原体的传播途径,可防止易感动物遭受感染。

传播方式可分为直接接触传播与间接接触传播2种。前者是在没有任何外界因素的参与下,病原体通过传染源与易感动物直接接触引起传染的传播方式,以此种方式传播的传染病为数不多,也不易造成广泛流行。后者是指病原体通过传播媒介使易感动物发生传染的方式,大多数传染病以这种方式传播。传播媒介可能是生物,如蚊、蠓、蝇、鼠、猫、狗、鸟类等;也可能是无生命的物体(叫媒介物),如空气、饮水、饲料、土壤、飞沫、尘埃等,使易感动物吸入或食入而感染或传播;还可通过人为传播,特别是饲养人员、兽医、参观者,车辆和饲养管理用具等亦是病原体的携带者和传播者,可通过污染环境而使易感动物感染或使疾病散播。

(三)易感动物　指对某种传染病病原体具有敏感或易感性的动物。其易感性的大小与有无,直接影响到传染病的流行以及流行的严重程度。易感性是由机体的特异性免疫与抵抗力决定的。前者可由主动免疫(如接种疫苗或菌苗)而获得,后者由被动免疫(如注射高免血清、高免蛋黄)或直接由母体获得(如初孵雏鸡由母体获得母源抗体变为不易感动物),这是预防传染病的重要措施。

三、传染病的综合防制措施

鸡传染病的发生与流行是一个复杂的矛盾过程,但是只要消除或切断传染源、传播途径和易感鸡群3个基本环节之一或相互联系,就能阻断传染病的发生与传播。综合性的防制措施包括平时的预防措施和发病时的扑灭措施。

(一)平时的预防措施

1.加强饲养管理,增强鸡体抗病能力

(1)执行"全进全出"的饲养制度　即一栋鸡舍只养同一日龄、同一来源的鸡,而且同时进舍和同时出舍(全进全出),其后彻底地清舍消毒,准备下一批鸡入舍。因为不同日龄的鸡易感或易发的疾病不同,如果一栋鸡舍同时饲养几种不同日龄的鸡,则日龄较大的患病鸡或是已病愈的鸡可能带菌或带病毒,并通过不同途径排菌或排毒而传染易感的雏鸡,如此反复,一批一批地感染下去,使疾病在舍内长期存在。如果采用"全进全出"制度,同批鸡同时间转出或上市,经彻底消毒后再进下一批鸡,就消灭了传染源和切断了传播途径。

(2)鸡舍及时通风换气　鸡舍饲养密度过大或通风不良常蓄积大量二氧化碳、粪便和垫料发酵腐败而产生的大量有害气体,都对饲养人员与鸡有不良的影响。因为,有害气体含量过高,会刺激鸡呼吸道黏膜,降低抵抗力,易感染经呼吸道传播的疾病。一般以人进入鸡舍后无烦闷感觉和眼、鼻无刺激感为度。

(3)鸡舍及环境清洁消毒　鸡舍进口处设消毒池,池内放入2%火碱水,对入舍的人员和物体消毒。鸡舍空舍消毒或带鸡消毒,人员、衣物、用具、墙壁、地面、网具、笼具等消毒,可使用百毒杀、爱迪伏或畜鸡安等消毒液喷洒消毒。

2.防止引入病鸡和带菌(病毒)鸡　从外地或外场引进种鸡时,务必经兽医人员检疫,切忌从发病鸡场或刚解除疫情鸡场购鸡。

3.定期进行疫病监测和预防接种　疫病监测是利用实验方法检测鸡群的免疫或感染状态,为制定免疫程序提供科学依据。如对新城疫和传染性法氏囊病的抗体监测,可根据其抗体水平确定免疫时间。可以根据感染状态进行鸡群的净化,如在鸡白痢的监测中,淘汰阳性鸡,逐渐使之净化。

预防接种是防治传染病最重要的措施之一。通过接种疫苗或菌苗,使鸡体获得特异性免疫力,而成为不易感体,从而切断传染病流行的环节。该免疫工作的质量与多方面因素直接相关。首先,要了解本地区疫病流行情况及发生的特点,根据本场饲养数量、饲养方式来选择合适的疫苗及适宜的免疫方法,制定本地区合理的免疫程序。免疫程序就是指免疫的计划和方案。一个合理的免疫程序就是按免疫程序实施后可使鸡群对某种疫病具有高度、持久、一致的免疫力,可有效地防止该病的发生。但是,免疫程序的制定是根据本地区的情况及防治效果逐步建立和完善的。对同一种疫病来说,不同地区可采用不同的免疫程序。因此,免疫程序的制定不可能千篇一律,也不能一成不变,更不能盲目照搬。免疫效果是衡量一个免疫程序好差的客观标准。

4. 加强灭鼠,进行粪便与垫料无害化处理 鼠类是众多病菌(病毒等)的宿主和传播者。饲料房、开放式鸡舍、废物堆积的地方,都是鼠类藏身和繁殖的场所。粪便与垫料一般的处理方法是将清除的垫料与粪便运到远离鸡舍或建筑物的地方,进行堆积发酵。

5. 及时处理病鸡和死鸡 病鸡和死鸡是主要的传染源。当鸡群中出现病鸡时,应及时取出,并由兽医诊断与处理。凡确诊为传染病的患鸡和死鸡应掩埋或焚烧,不得在舍内隔离、堆积,以防扩大传播。

6. 防止蛋传疾病 所谓蛋传疾病就是从感染母鸡传给新孵出后代的疾病。通常有以下 2 种情况:一是病原体在蛋壳和壳膜形成前感染卵巢滤泡,在蛋形成过程中进入蛋内,如沙门氏菌等。二是鸡蛋在产出时或产下后因环境卫生差,病原体污染蛋壳,如一般肠道菌,特别是沙门氏菌、大肠杆菌,或被绿脓杆菌、葡萄球菌以及真菌污染蛋壳,并通过蛋壳的气孔进入蛋内。被污染的种蛋在孵化过程中可能造成死胚,孵出的雏鸡多数为弱雏或带菌雏,在不良环境等应激因素的影响下极易发病或死亡。因此,平时应注意种鸡舍的卫生环境,勤打扫,勤更换垫料,并保持干燥,以减少粪污蛋。

(二)发病时的扑灭措施

第一,及早发现疫情并尽快确诊。鸡群中出现传染病病鸡的早期症状多为精神沉郁,减食或不食,缩颈,尾下垂,眼半闭,喜卧,不愿行动,腹泻,呼吸困难(伸颈、张口呼吸),产蛋量急剧下降等。此时应迅速将可疑病鸡隔离观察,并尽快确诊,以便采取相应措施。

第二，及时将病、死鸡从鸡舍取出，对被污染的场地、鸡笼进行紧急消毒。严禁饲养人员与工作人员串舍，以防扩大传播。

第三，停止引进新鸡，并禁止出售本场的活鸡，待疾病确诊后再根据具体情况决定处理办法。

第四，死鸡要深埋或焚烧，粪便必须经发酵处理，垫料可焚烧或作为堆肥。

第五，对场内其他鸡进行相应疫病的疫苗紧急接种。对患某些疾病的病鸡进行合理的治疗，对有些疾病的病鸡（如慢性传染病病鸡）宜及早淘汰。

对于有些疾病（如传染性法氏囊病）用被动免疫的办法进行治疗可收到较好的效果。近些年来应用最多的是高免卵黄抗体（蛋黄匀浆）。卵黄抗体的质量好差，一是看产蛋鸡经高免后的血清抗体水平，抗体水平高则治疗效果好。二是看卵黄液灭活的程度，灭活彻底，卵黄液内无有害细菌、病毒，常使用安全可靠，灭活不彻底，尽管抗体水平高，经注射后反而产生不良后果，特别是经卵传播的一些病原体可通过注射而接种到鸡体内，扩大了某些疫病的感染范围，严重污染的蛋黄液还可致使鸡死亡。卵黄抗体的使用应在鸡群发病的初期，对发病群的鸡逐只注射，可收到很好的效果。

第二节　鸡传染病各论

一、新城疫

新城疫（俗称鸡瘟）是由病毒引起的一种急性、高度接触性、败血性传染病。

【流行特点】　本病不分鸡的品种、日龄和性别，均可发生。本病经消化道、呼吸道感染，低抵抗力鸡群中会有 80％ 以上的鸡感染,90％以上的病鸡死亡和淘汰。本病一年四季均可发生,尤以寒冷和气候多变季节多发。随着我国养鸡业的集约化发展,尽管加强了对本病的预防,鸡群在整个饲养周期内虽经多次免疫,但仍有发病可能,而且在发生特点上有了新的变化。各日龄段的鸡都可发生,尤以15～30日龄的雏鸡和产蛋鸡群多发。发生特点主要表现为发病率不高,临床表现不明显,病理变化不典型,死亡率低,随着鸡日龄的增加,以上特点更为突出,呈非典型性新城疫。自20世纪90年代以来,非典型性新城疫流行十分普遍。多数学者认为,其流行的病毒株属基因Ⅶ亚型,其在我国流行的强毒中占有绝对优势。

【临床表现】　免疫力较低的鸡群,发病的临床表现比较典型,发病率高,死亡增多。多数鸡精神沉郁,食欲减退或废绝。呼吸困难,张口呼吸。口中黏液增多,呈灰白色,鸡甩头时常见黏液流出。嗉囊空虚,内含液体,有波动感。常见下痢,有的排绿色粪便。发病2～3天后死亡增多,呈直线上升,有明显的死亡高峰,10天左右死亡数缓慢下降。此时可见头颈部呈各种扭曲姿势的鸡出现。表现运动障碍的也增多,如转圈、前冲或后退。鸡群饮食欲好转后,具有这种神经症状的鸡仍不断出现。成年鸡发生本病时,除上述主要症状外,还表现在发病初期,产蛋量明显下降(可下降40％～60％不等),软壳蛋和退色蛋的数量较发病前明显增多。当鸡群精神、食欲均好转后,产蛋量开始回升,但只能接近或低于原有产蛋水平。

由于多种因素造成免疫鸡群因群体免疫力不均衡而发生非典型性新城疫时,其临床表现随日龄变化在程度上有所差别。在育雏和育成阶段发病,首先表现的是呼吸道症状,夜间可听见鸡群有明显的呼吸音。有的鸡呼吸困难,伸颈张口喘气。有时在呼吸道症状出现不久即有以神经症状为主的病鸡出现,食欲减退或不吃食的鸡逐渐增多。病鸡腹泻。发病后2～3天死亡增加,并与日俱增,大约1周后死鸡数量开始下降。当鸡群病情好转后神经症状的鸡仍有出现,并可延续1~2周。死亡率达15%~25%,有时更高。成年产蛋鸡群发病时,症状较轻,主要表现为呼吸道症状和少数神经症状,产蛋量明显下降,软壳蛋增多,有少量鸡死亡。有的成年鸡群发病没有明显的临床表现,鸡死亡数也在正常范围内,唯一的表现就是产蛋量突然下降,软壳蛋增多,经2周左右,产蛋量开始回升,并接近原来的水平。

【病理剖检】　本病发生的条件不同,病理剖检变化也有较大差别。典型的新城疫病鸡死后,病理变化明显。口腔中多积有灰白色黏液,嗉囊空虚,囊内有较多黏液或酸臭液体。食管与腺胃的交界处以及腺胃与肌胃的交界处有出血条带或斑点,有的在肌胃角质层下可见出血,腺胃乳头肿胀,出血多少不一,在肠道表面可见多处呈枣核状的紫红色变化,肠黏膜表面可见到呈枣核状、略突出于肠黏膜表面、紫红色的出血、坏死,盲肠扁桃体肿大、出血、坏死、溃疡(见彩页1),直肠和泄殖腔黏膜出血较明显。成年母鸡除上述变化外,可见卵巢充血、出血。

非典型性新城疫病、死鸡的病理剖检变化不典型,表现轻微。腺胃与食管、腺胃与肌胃交界处多不见变化,腺胃乳头出血也很少见到,即便有,数量也很少,必须多剖检几只才能看到。肠道与盲肠扁桃体的变化不及典型性新城疫明显,但一经发现则具有较高的诊断价值。直肠与泄殖腔黏膜的出血经常可以见到。成年鸡发生非典型性新城疫时,病、死鸡的病理变化更不明显,有的鸡还表现出其他疾病(如鸡白痢、鸡大肠杆菌病等)的特征,这是继发性感染所致。

【防　治】　对此病须严格执行鸡场平时的预防措施,尤其是做好免疫接种工作。

1. 常用疫苗　分2大类:一类是活疫苗,如Ⅰ系苗、Ⅱ系苗、Ⅲ系苗、Ⅳ系苗和克隆-30等。另一类是死疫苗,如油佐剂灭活苗。Ⅰ系苗是中等毒力苗,多采用注射的方法。该苗具有产生免疫力快,免疫力强和免疫期长的特点,多用在农村养鸡场,特别是饲养量较少的鸡场,还适用于该病严重流行区和受威胁区的鸡群。当鸡群发病时常用Ⅰ系苗紧急接种。当鸡群60日龄后,使用Ⅰ系苗。其余的活疫苗均属弱毒苗,多用于鸡群基础免疫或气雾免疫。弱毒苗适于采用各种免疫方法,可用于各日龄段的鸡群,具有产生免疫力快(但免疫力不及Ⅰ系苗坚强),免疫期短等特点。油佐剂灭活苗产生免疫的时间,但所产生的免疫力和免疫期均超过其他种类的新城疫疫苗,而且使用起来比较安全,只能采用注射的方法。

2. 免疫程序　这里主要介绍应用活疫苗和活疫苗与死疫苗联合使用的2种免疫程序,供大家参考。

(1)活疫苗免疫程序　鸡群7～10日龄时进行首免,可选用Ⅱ、Ⅲ、Ⅳ系疫苗和克隆-30苗中的任一种,一般采用滴鼻和点眼方法。二免应在首免后15天,即鸡群22～25日龄时进行,方法同首免。疫苗可与首免不同(如首免用克隆-30,二免可用Ⅳ系)。二免后20～25天,即鸡群42～50日龄时进行三免,可用Ⅳ系苗。在本病安全地区可使用饮水免疫方法,在不安全地区或本病高发季节仍采用滴鼻和点眼方法,有的还可选用气雾免疫方法(为防止气雾免疫激发鸡群慢性呼吸道疾病,可在疫苗中按预防剂量添加链霉素、土霉素或红霉素)。鸡群超过60日龄至淘汰时,应根据疫病监测结果选择各次适宜的免疫时间,用气雾法进行免疫。但在鸡群开产前,应确实做好免疫,防止鸡群正处在产蛋高峰时,因抗体水平偏低而被迫进行免疫,影响产蛋。在农村的养鸡场,鸡群60日龄以后用Ⅰ系苗注射免疫1次,开产前再注射免疫1次,产蛋高峰过后仍用Ⅰ系苗注射免疫,直至鸡群淘汰。该程序使用时应该注意:3次免疫最好在鸡群60日龄以前完成,首免与二免之间间隔不超过15天,二免最好不使用饮水的方法。有疫病监测条件的地方,应根据鸡群免疫情况选择适宜的免疫时机,并检查免疫效果。

(2)活疫苗与死疫苗联用免疫程序 该法是目前有效控制本病的主要方法。鸡群7～10日龄时进行首免,可选用弱毒活疫苗中的任一种进行滴鼻、点眼,同时每只鸡注射油佐剂灭活苗0.25毫升。二免在鸡群开产前,即鸡群在120日龄左右进行免疫。每只鸡注射油佐剂苗0.5毫升。整个饲养周期(500天)内只免疫2次。

另一程序是首免只用弱毒苗滴鼻、点眼,15天后进行二免,每只鸡注射1份Ⅳ系苗,同时在另一部位注射油佐剂灭活苗0.25毫升。三免在鸡群120日龄左右时进行,每只鸡注射油佐剂灭活苗0.5毫升。整个饲养周期内免疫3次。

应定期进行鸡群免疫监测,特别是在鸡群80日龄和产蛋高峰过后这2个时期,如果发现鸡群抗体水平偏低或参差不齐,应立即通过气雾免疫方法进行辅助免疫,使鸡群保持高度、一致的免疫力。为提高成年产蛋鸡群抵抗力,可于鸡群120日龄左右的免疫中,在注射油佐剂灭活苗的同时用Ⅳ系苗进行气雾免疫,可有效地防止经呼吸道感染本病。

对于新城疫多发地区,且呈非典型性新城疫流行特点,其免疫程序应在常规疫苗免疫基础上,用变异株(基因Ⅶ型)制备的灭活苗,于10日龄左右和产蛋前,代替常规灭活苗各进行1次免疫,此法效果较好。当鸡群,特别是育雏和育成阶段的鸡群突发新城疫,在早期诊断的基础上立即采取紧急预防注射,是有效地防止该病扩大和减少损失的好方法。鸡群越大、紧急预防注射的效果就越明显。

新城疫的免疫程序一经确定,在一段时间内要保持相对稳定,不得随意更改。

二、鸡马立克氏病

鸡马立克氏病是由病毒引起的以淋巴细胞增生为特征的肿瘤性疾病。

【流行特点】　鸡的易感性最强,特别是 1 日龄雏鸡的易感性比其他日龄的鸡都高。随着鸡群日龄的增长其易感性逐渐减弱。雏鸡感染本病后几个月才表现出临床症状,引起死亡。因此,该病发生的时间在鸡群 3～5 月龄之间,有的鸡群在 100 日龄后才见发病,甚至造成鸡群开产时间向后拖延。鸡群发病后每日都有死亡,但数量不一,不见死亡高峰。本病死亡率的变动幅度较大,有的仅为百分之几,有的达 10％左右,较严重的可达 30％以上。本病一年四季均可发生。主要是经呼吸道感染。病鸡可长时间向外界排毒,病毒可在羽毛毛囊上皮细胞内形成具有很强感染性的完全病毒,随羽毛毛囊上皮细胞的脱落排到自然环境中。这种完全病毒对外界理化因素有较强的抵抗力,污染环境并在外界环境中生存数月,甚至数年。因此,环境的污染与本病的发生有着极为密切的关系。

【临床表现】　本病通常分为神经型、内脏型、皮肤型和眼型 4 种类型。

神经型或称古典型、慢性型马立克氏病。由于病毒侵害的神经部位不同,造成该神经所支配部位的不全麻痹或完全麻痹而表现出各种不同的临床症状。常见的是由于侵害腰荐神经丛或坐骨神经,造成一侧腿的不全或完全麻痹而形成一腿在前另一腿在后的劈叉姿势,病鸡无法站立而侧卧等姿势。当侵害臂神经时,病鸡翅膀下垂。迷走神经受损则病鸡嗉囊膨大,食物不能下行。支配颈部肌肉的神经受损可见病鸡低头或斜颈。尽管有各种不同表现,病鸡精神尚好,有饮食欲,但往往由于饮不到水而脱水,吃不到饲料而衰竭,或被其他鸡踩踏死亡,通常淘汰病鸡。

内脏型或称急性型马立克氏病。病鸡表现颜面苍白，鸡冠发育不良。有的极度消瘦，一般情况下营养状况中等，可见排稀便。有的鸡冠呈紫黑色，尚有一定的食欲。有的不愿行走，喜卧，精神沉郁。

皮肤型马立克氏病比较少见，一般在鸡类加工厂鸡屠宰煺毛后才能见到。

眼型马立克氏病在病鸡群中很少见到。病鸡视力减退或失明。

以上4种临床类型以神经型和内脏型马立克氏病多见。有的鸡群发病以神经型为主，内脏型较少，这种情况对鸡群造成的损失不大，死亡率均在5％以下，而且鸡群开产前本病流行基本平息。有的鸡群发病以内脏型为主，兼有神经型的病鸡出现。此种情况较多，危害大，损失严重，死亡率较高，而且流行时间长。其他两型马立克氏病在实践中较少见到。

【病理剖检】　神经型马立克氏病、死鸡经剖检可见被侵神经（多见于腰荐神经丛、坐骨神经）增粗、水肿，正常的神经纹理不清或消失。多侵害一侧神经，双侧神经同时受侵也可见到。

内脏型马立克氏病、死鸡主要病理变化是在多种内脏器官出现肿瘤，肿瘤多呈结节状，为圆形或近似圆形，数量不一，大小不等，略突出于脏器表面，灰白色，切面呈脂肪样。常侵害的脏器有肝脏、脾脏、心脏、腺胃、肾脏、卵巢、肺脏、肌肉等。有的病例肝脏上不见结节性肿瘤，肝脏异常肿大，比正常大5～6倍，正常肝小叶结构消失，表面呈粗糙或颗粒性外观。性腺肿瘤比较常见，甚至整个卵巢被肿瘤组织代替。腺胃外观有的变长，有的变圆，胃壁明显增厚或厚薄不均，切开后腺乳头消失，黏膜出血、坏死。一般情况下法氏囊不见明显肉眼可见的变化。

皮肤型马立克氏病病、死鸡病理变化主要表现毛囊肿大或皮肤出现结节。

眼型马立克氏病病、死鸡病理变化为虹膜退色,瞳孔边缘不整齐。

【防 治】 目前鸡马立克氏病疫苗使用最普遍的是火鸡疱疹病毒(HVT)苗,在鸡群1日龄时进行免疫接种。使用 HVT 苗应注意以下几方面的问题。

第一,疫苗的质量必须合格。出厂的产品标签或说明书中明确标出每头份疫苗所含的蚀斑单位。当大批量购买时,应抽样送兽药监察部门进行检查,测定疫苗的蚀斑单位和疫苗的稳定性,不合格者严禁使用。疫苗经销单位进货时也应抽样送检,对用户负责。现在有的进口苗每头份含1 000蚀斑单位。国产苗和有的进口苗为适应我国养鸡现状,提高蚀斑量,每头份含2 000蚀斑单位以上或更高。因为疫苗蚀斑量直接关系到免疫的质量。

第二,HVT 苗是冻干苗,出售疫苗时还配有专门的稀释液,稀释液应清亮透明,质量不合格的不能使用。冻干苗稀释后应在1小时内用完,否则疫苗的蚀斑量将明显下降,降低了疫苗的保护作用,是造成免疫失败的原因之一。另外,在疫苗稀释好以后,应将其放在冰浴的条件下(即疫苗瓶放在装有冰块的容器里),以避免由于温度高影响疫苗质量。

第三,鸡群接种疫苗后需经15天以上才能起到保护作用。同时应该明确指出,HVT 苗并不能阻止马立克氏病强毒株的感染。因此,接种疫苗的房间、运送雏鸡的容器以及育雏舍必须彻底消毒,最大限度地减少环境中的马立克氏病病毒,这样才能充分发挥疫苗的保护作用。因此,环境中由于马立克氏病病毒的存在而发生雏鸡的早期感染同样是造成免疫失败的原因之一。

此外,还有 CVI 988 疫苗,其保护作用高于 HVT 苗,而且可以保护鸡群免受马立克氏病超强毒株的感染,防治效果很好。但这类疫苗属于细胞结合性苗,必须在液氮罐中保存和运输,给现场应用带来较大困难,是目前应用不普遍的主要原因。

为提高马立克氏病的免疫效果,在加强鸡场平时的预防措施的同时,还需重视对其他疫病的防治工作,以减少对该病免疫的干扰。如传染性法氏囊病、鸡传染性贫血、鸡白痢沙门氏菌病等,特别是在马立克氏病疫苗免疫保护作用尚未建立前,上述疫病的感染、发生同样可导致本病的免疫失败。

三、鸡白血病

鸡白血病也叫做鸡淋巴细胞性白血病,俗称大肝病。是白血病、肉瘤群类多种疾病在自然条件下最常表现的肿瘤性疾病。

【流行特点】　本病在任何鸡群都有不同程度的存在。自然条件下,除个别鸡群发病率较高外,一般发病、死亡率均较低。近年来原种鸡场开始进行鸡白血病的净化工作,取得了显著的成绩,本病在其后代鸡群中发生较以往有明显的减少。本病以经卵传播为主,又可水平传播,鸡群在开产以后发病死亡。

【病理剖检】　病、死鸡经剖检后,多种器官可见肿瘤(见彩页2),在肉眼观察中与鸡马立克氏病的内脏型几乎完全一样,不能区分。只是鸡白血病病死鸡的法氏囊多见肿瘤发生。经病理组织学检查,可区分鸡马立克氏病和鸡白血病。

【防　治】　目前对鸡白血病尚无有效的疫苗可供免疫使用,更无有效的治疗方法。最理想的措施是培育无白血病鸡群,净化鸡群重点是在原种鸡场和种鸡场。对每批即将产蛋的鸡群,用血清学方法(琼脂扩散试验)进行检疫,发现阳性鸡一次性淘汰。每批鸡经3～4代淘汰后,鸡群的白血病将会显著下降,并逐步消灭。

四、J 亚群鸡白血病

20 世纪 80 年代末,英国学者首次从肉用种鸡群中分离出一种新型的鸡白血病病毒,定名为 J 亚群鸡白血病病毒,能引起鸡骨髓细胞瘤病,主要发生于肉鸡群,蛋鸡群也有发生。

【流行特点】 任何肉用型鸡对该病均易感。商品来航鸡对该病病毒有易感性，但一般不发生肿瘤。成年肉鸡的骨髓细胞瘤病引起很高的死亡率。公、母鸡均可发生，能使鸡群繁殖力下降。本病可经垂直和水平传播，易在鸡群中广泛散播，造成高的感染率。目前，英、美等肉鸡业发达国家，该病感染率约为50%，成为引起世界五大肉鸡育种公司高度重视的新病种。

【临床表现】 潜伏期一般为10～30天。全身症状表现为嗜睡，鸡冠苍白，厌食，消瘦和腹泻，显著脱水，头部、胸骨和跖骨异常隆起。

【病理剖检】 病、死鸡肝、脾、肾和其他器官均有肿瘤发生，且常在肋骨和肋软骨结合处、胸骨内侧有奶油状肿瘤形成，下颌骨、鼻腔软骨、头盖骨也常发生异常的隆起，即骨髓细胞瘤。

【防　治】 本病无有效疫苗，只有通过对曾祖代鸡群进行净化，建立无白血病鸡群，并逐渐扩群才能从根本上控制。我国肉用种鸡群普遍存在本病，应加强预防。本病的发生与鸡场中存在着某些疾病和饲养管理条件以及应激因素有关，故在采取预防措施时应特别注意以下几点。

第一，骨髓细胞瘤病常见于防治鸡马立克氏病失败的鸡群，由于马立克氏病毒（强毒或超强毒株）的早期感染，造成鸡群免疫抑制，从而诱发本病。因此，建议使用有效的马立克氏病疫苗或疫苗组合，同时对场区进行卫生和消毒措施。

第二，使用无网状内皮组织增殖病病毒（REV）污染的活毒疫苗，避免因REV感染而发生免疫抑制。

第三，预防其他免疫抑制因素，如呼肠孤病毒、传染性法氏囊病病毒、鸡传染性贫血病毒和真菌毒素等的感染或中毒。

第四，在饲养管理过程中应减少应激；种鸡群公、母鸡分开育雏直到转群至产蛋鸡舍，以减少不同性别之间竞争的应激（公、母比例过大会产生严重的应激）。

第五，鸡群的密度和饲养空间要适宜。

第六，保证鸡群的均匀生长，根据体重标准曲线和营养水平进行饲养，保证免疫系统的适当发育，增强抗感染能力。

五、鸡网状内皮组织增殖病

鸡网状内皮组织增殖病是由病毒感染引起的一种慢性肿瘤性疾病，并引起发育不良和贫血等多种症状。

【流行特点】　本病对鸡尚未发现自然感染病例，多因雏鸡免疫注射了混有网状内皮组织增殖病病毒的弱毒疫苗，如鸡马立克氏病疫苗等所致。近年来我国有 90％以上鸡群都不同程度地感染了该病毒（在某肉仔鸡群曾检测到 58％的抗体阳性率），通过何种途径感染尚不明确。本病通过人工感染实验，可引起垂直或水平感染。

【临床表现】　急性病例可于数日内死亡，病程稍长者，见精神沉郁，垂头，闭目，翅下垂。耐过病鸡则出现生长发育不良，与同日龄雏鸡体重相差甚大。有的鸡发生羽毛异常，即羽翼的中间部分羽毛脱落，空隙变大（见彩页 3），此种羽毛异常为本病的特征。

【病理剖检】　常见法氏囊与胸腺不同程度萎缩或其他淋巴器官萎缩。肝脏和脾肿大且有大小不等的肿瘤结节（见彩页 3），偶见坐骨神经异常肿大病例，肿瘤结节可发生于不同器官组织。本病肿瘤很难与鸡马立克氏病或鸡白血病相区别。

【防　治】　目前尚无有效的防治方法。给雏鸡免疫接种时，采用无特殊病原鸡胚制备的弱毒疫苗较为安全可靠。

六、传染性法氏囊病

传染性法氏囊病是由病毒引起的，主要危害雏鸡的一种急性、高度接触性传染病。

【流行特点】　　鸡最易感，在育雏阶段（主要于 20～40 日龄）

发病率最高,随着日龄增长易感性降低。接近性成熟和开始产蛋鸡群发病的较少见。在一个育雏批次多的大型鸡场里,此病一旦发生,很难在短时间内得到有效控制,导致批批雏鸡均有发生,造成的损失越来越严重。引起该病的病毒对热和一般消毒药有很强的抵抗力,尤其是对酸的环境抵抗力很强。病毒可在发过病的鸡舍环境中存活很长时间(甚至可达数十天之久),造成对下批雏鸡的威胁。免疫程序不合理也会导致免疫失败而造成多批次的雏鸡发病。鸡群感染率可达100%。此病一年四季均可发生。

【临床表现】 此病常突然发生,潜伏期短,在鸡群中迅速蔓延。病鸡精神不振,食欲下降或不食,羽毛蓬松,喜卧或卧地不起,可见病鸡身体震颤,明显的症状是下痢,粪便呈白色水样。发病后1~2天病鸡死亡明显增多且呈直线上升,4~5天达死亡高峰,其后迅速下降。具有尖峰式的死亡曲线和迅速平息的特点。病程约1周。当鸡群死亡数量再次增多,往往预示着继发感染的出现。此病发生过程中或其后常有新城疫伴随而来,病情加重,死亡增加,病程可达15天之久。常造成鸡群20%~30%的死亡,若有继发感染,死亡率可达40%以上。

鸡群在育雏早期感染此病,多为没有明显临床表现的隐性感染。鸡群虽然死亡不多,但法氏囊受到严重损害,形成免疫抑制,以后对任何免疫接种效果甚微或根本无效,致使鸡群对多种疫病易感。

【病理剖检】 病、死鸡脱水明显,两腿干枯,皮下干燥。胸腹部肌肉有不同程度的出血,出血严重的在胸腹肌肉表面见有大小不一的出血斑点或条带,胸肌也可见到出血,大腿外侧肌肉也常见严重的出血。经1~2次免疫后仍发病的鸡群,胸腹肌的出血多不明显或轻微。腺胃和肌胃交界处经常可见出血带或出血斑点,肾脏呈现肿胀,颜色较浅、苍白,有尿酸盐沉积使肾脏呈现花斑状。本病典型的变化特点是法氏囊肿大,浆膜下水肿明显,呈胶冻样,外观黄色,黏膜皱褶水肿、增厚,黏膜可见出血(见彩页 4),囊腔内有紫红色分泌物,有的呈果酱样。病程稍长者可见有黄色纤维素性渗出物。在发病急、死亡较高的鸡群中,病、死鸡法氏囊的变化更为严重。有的法氏囊除肿大、水肿外,整个囊呈紫红色(如紫葡萄珠一样),囊壁较厚,囊内皱褶均为紫红色,腔内有紫红色分泌物,整个法氏囊出血(见彩页 5)。病后鸡群中有因其他原因致死的鸡,可见法氏囊萎缩、变小。有的法氏囊肿大,触之坚实,囊内充满黄色干酪样物,囊壁变薄,皱褶消失。在开产前后鸡群发生本病,其病理剖检变化基本相同。

注意本病与磺胺类药物中毒引起的出血综合征的区别。药物中毒可见肌肉的出血,但无法氏囊等变化,鸡群有饲喂磺胺类药物史,不难鉴别。

【防　治】　本病目前还没有特效治疗药物,市场已推出几种治疗用药,可缓解病情和减少死亡。主要是根据本病的病理过程,针对出血和肾功能减退进行对症治疗,达到缩短病程和减少死亡的目的。

预防本病首先须严格执行鸡场平时的预防措施,一旦发病,及时采取被动免疫措施,可收到较好的效果。鉴于该病病原体对外界理化因素抵抗力很强,消毒液以碘制剂、福尔马林和强碱效果较好。

种鸡应在开产前用油佐剂灭活苗进行预防接种。为使种鸡在整个产蛋周期内所产的蛋中母源抗体水平保持稳定并持久、一致,种鸡在 40~42 周龄时再用油佐剂灭活苗免疫 1 次,能保证种鸡场的种蛋和雏鸡保持有一定水平的母源抗体,且水平较均匀,可强化雏鸡阶段的免疫效果,并能有效地预防其早期的隐性感染。

雏鸡多采用弱毒苗进行免疫。首免较适宜的时机在 15 日龄左右。经 10~14 天进行二免,二免后 15~20 天可测出抗体水平。实践中有的三免后才能测到抗体。有的鸡群免疫 2 次还被感染发病,有的在一免后尚未进行二免时鸡群就发病了。如果种雏来源较复杂,或对种鸡免疫情况不了解,这样的雏鸡母源抗体一般偏低或不整齐,加上雏鸡免疫采取饮水方法,很容易造成雏鸡群抗体水平不一,抗感染能力不强。对来源复杂或情况不清的雏鸡免疫可适当提前。在市场上能买到的供雏鸡群使用的疫苗多数是活疫苗,有的毒力较弱,有的属中等毒力。有母源抗体的鸡群可选用中等毒力苗。没有母源抗体或抗体水平偏低的鸡群可选用弱毒疫苗,二免时用中等毒力苗。在严重污染区、本病高发区的雏鸡以直接选用中等毒力疫苗为宜。国内有的单位自行用强毒株培育了致弱的鸡胚化传染性法氏囊苗。该苗使用上可进行滴鼻、点眼。此苗在 15 日龄和 35 日龄进行 2 次免疫就可有效预防本病。在本病发生较少的地区,在 15～20 日龄之间进行 1 次免疫即可收到满意效果。此苗的另一个优点是经 1 次免疫后 15 天即可测到抗体,样品阳性率达 80％左右,免疫后 20 天,样品阳性率可达 100％。因此,应用此苗只需 1 次免疫就可达到有效防治本病的目的。

七、禽 流 感

禽流感是由 A 型流感病毒引起的一种鸡类的严重传染病,具有传播迅速和高致病性的特点,对养鸡业危害甚大。我国农业部将高致病性禽流感列为一类传染病。

【流行特点】　A 型流感病毒在鸡类的上呼吸道和肠道中增殖,并从呼吸道分泌物和粪便中排出,污染周围环境,通过多种途径传染鸡类。例如,某些野鸟可因感染而在不同饲养场之间传播病毒,或因被含有流感病毒的分泌物和粪便污染的养鸡设备、车辆、人员的衣物或鞋等带入养鸡场,污染饲料、饮水或空气而使鸡感染发病。本病传播迅速,短期内即可在全群和全场内散播,并迅速波及其他鸡场,从一个地区传播到另一个地区,呈流行形势。本病多发生于 18～25 日龄雏鸡和产蛋高峰期蛋鸡。

根据致病性不同,禽流感可分为高致病性、低致病性和无致病性禽流感。以往曾称高致病性禽流感为欧洲鸡瘟或真性鸡瘟。近年来,国内外暴发的 H_5N_1 型禽流感即为高致病性禽流感,发病率和死亡率均很高,危害严重。低致病性禽流感死亡率较低,通常不超过5%。如1983年(4～10月份)美国宾州等地暴发的 H_5N_2 和亚洲及中东发生的 H_9N_2 型等。

【临床表现】 鸡感染高致病性禽流感后,除表现精神沉郁,不愿活动外,少见其他临床症状即出现死亡。存活的鸡出现歪颈、麻痹和瘫痪等症状。感染低致病性禽流感时,症状较温和,在肉仔鸡常见咳嗽,喷嚏和呼吸啰音,偶见气喘,常见眼、鼻排出分泌物,类似气管炎或肺炎的症状。在种鸡和产蛋鸡,产蛋量下降,若无继发细菌感染,则很少死亡。

【病理剖检】 高致病性禽流感常见的病变包括头部和冠部及肉髯水肿、紫绀,小腿和脚出血以及头部出血,冠和肉髯坏死,心冠脂肪有点状出血,以及腺胃和肌胃出血。

本病易与强毒型新城疫混淆,必须进行病毒的分离和鉴定方可确诊。

【防 治】

1. 发病扑杀 一旦发生可疑疫情,应迅速上报畜牧兽医主管部门,确诊后应立即采取严格隔离、封锁、扑杀和消毒等措施。

2. 免疫接种 对受威胁的易感鸡群,可使用特定血清亚型的禽流感疫苗接种。现使用的疫苗种类有:①H_5N_1 亚型基因工程灭活疫苗(Re-4,Re-5);②H_5 亚型鸡痘病毒活载体基因工程疫苗;③新城疫病毒(NDV)活载体基因工程疫苗;④H_9N_2 亚型灭活疫苗;⑤多价、多联疫苗(H_5＋H_9,H_9＋ND,H_9＋ND＋IB)。以上疫苗可结合当地疫病种类和流行病毒株具体情况使用。

建设免疫程序:对蛋鸡或种鸡,可用 Re-4＋Re-5 或 H_9＋ND疫苗。于10～15日龄首免,8～10周龄二免,产蛋前1个月三免。

对肉用仔鸡,于 5～8 日龄免疫即可。最好是根据免疫抗体的监测情况来确定接种日程。

禽流感病毒易发生变异。国内学者研究证明,我国流行的禽流感病毒 H_5N_1 和 H_9N_2 亚型均有不同程度的遗传变异现象;而且各地流行的毒株,也存在一定的差异。这会对当前使用的疫苗免疫效果,产生一定的影响。

具体防疫措施应在当地政府及业务主管部门领导下严格执行。

八、产蛋下降综合征

产蛋下降综合征是由病毒引起鸡的一种以群体性产蛋下降为特征的传染性疾病。

【流行特点】　鸡对本病最易感,24～36 周龄的鸡易发生。任何品种的鸡均能感染发病,以产褐壳蛋的鸡种多发。该病以垂直感染为主,水平感染较缓慢且不连续。雏鸡感染不表现临床症状,体内也查不到抗体。性成熟鸡体内病毒开始活化,能测到抗体。成年鸡发病,仅表现群体性产蛋下降,病鸡无明显临床症状。本病一年四季均可发生。

【临床表现】　感染鸡群以突然发生群体性产蛋下降为特征。病鸡群的精神、采食和饮水无明显变化,有的发病鸡群可见排稀便。在发病过程中死亡不见增多。鸡群产蛋量可下降 20％～30％,有时可达 40％～50％。所产鸡蛋的变化是多种多样的,有无壳蛋、软壳蛋、薄壳蛋,鸡蛋表面如石灰样,各种形状的畸形蛋,鸡蛋颜色由褐色变浅呈白色或粉色(见彩页 6)。鸡蛋质量下降,蛋白稀薄如水样,卵黄与蛋清分离,有的蛋白中混有血液。同期所产的种蛋孵化率降低。其中以软壳蛋数量比例最大。产蛋下降可持续 4～8 周,10 周后开始好转,鸡群产蛋率可接近原有水平,鸡蛋颜色、形状、质量均恢复正常。

【病理剖检】 鸡群发病过程中很少因此病死亡。无特异性病理变化。本病须同新城疫进行区别。有条件的地方,在发病前后相隔 15～20 天分 2 次采集血液分离血清,分别监测新城疫和本病的抗体效价,发病后 20 天采集的血清效价明显高于发病初期血清效价。

【防　治】 本病无论对种鸡群、蛋鸡群均造成严重损失。控制本病主要靠疫苗预防接种。产蛋下降综合征油佐剂苗在国内已广泛使用,效果满意。凡是患过本病的鸡场或地区以及受威胁区,在鸡群开产前每只鸡皮下注射疫苗 0.5 毫升,在整个产蛋周期内可得到较好的保护。鸡场一旦发病立即用该苗进行紧急预防接种,可起到缩短病程、促进鸡群早日康复的作用。

九、鸡　痘

鸡痘是由痘病毒引起的一种急性传染病。

【流行特点】 本病易感动物以鸡为主。病鸡是主要的传染源,任何日龄段的鸡均可感染。可经皮肤、黏膜、呼吸道感染,蚊虫叮咬可传播本病。本病一年四季均可发生,以夏、秋蚊虫多的季节多发。饲养管理粗放、鸡群密度大、环境卫生条件不良、营养状况差和体外寄生虫等因素可加重病情,造成较大损失。

【临床表现】 本病以雏鸡、育成鸡多发且较严重,可使鸡生长发育迟缓。成年鸡发生可影响产蛋。本病临床上分为以下 3 种类型。

1. 皮肤型　在鸡冠、肉髯、眼睑和身体无毛的部位发生结节状病灶。该型鸡痘一般呈良性经过,对鸡的精神、食欲及成年鸡产蛋无大的影响,无继发感染时死亡率低。

2. 黏膜型　在口腔、咽喉处出现溃疡或黄白色伪膜,又称白喉型。将伪膜强行撕下可见出血性溃疡。另在气管前部可见隆起的灰白色痘疹,散在或融合在一起,气管局部见有干酪样渗出物。

由于呼吸道被阻塞,病鸡常因窒息而死。此型鸡痘死亡率达20%～40%。

3. 混合型 鸡群发病兼有皮肤型和黏膜型的临床表现。

本病若有继发感染,损失较大。尤其是鸡只在40～80日龄时发病,常可诱发产白壳蛋、白羽轻型鸡种和肉鸡的葡萄球菌病等。

【病理剖检】 单纯鸡痘,内脏无特征性病变;若发生继发感染致死的鸡,可见继发症的特征性病理变化,如鸡葡萄球菌病等。

【防 治】 发病后一般无特殊治疗方法。诱发鸡葡萄球菌病时,应选择有效药物针对继发症采取相应治疗措施,可明显减少损失(请参阅鸡葡萄球菌病)。疫苗接种方法以刺种为宜。鸡只20日龄左右时刺种1次,二免应在鸡群开产前进行。经2次接种,鸡群可得到较好的保护。必须纠正"冬季不发生鸡痘,可少免疫1次或不免疫"的错误做法。

十、鸡传染性脑脊髓炎

鸡传染性脑脊髓炎俗称流行性震颤,是主要危害雏鸡的一种病毒性疾病。

【流行特点】 本病的传播方式以卵传为主。成年种鸡群感染,在3～4周内所产种蛋中带有病毒,这样的种蛋除在孵化过程中出现死胚外,孵出的雏鸡在1～20日龄内发病死亡。本病也可经水平感染,鸡只感染后可自粪便向外排毒。雏鸡感染后排毒时间长,3～4周龄以上鸡感染排毒时间短。病毒对外界理化因素有较强的抵抗力,可长时间保持感染性。自然条件下本病以消化道感染为主,平养鸡较笼养鸡传播速度快。本病一年四季均可发生。

【临床表现】 种蛋感染引起发病的鸡群潜伏期1～7天;自然发病集中在1～2周龄的鸡群,雏鸡出壳后不久就可发现病雏。早期病雏精神稍差,眼神稍见迟钝,不愿走动。继而由于肌肉不协调引起渐进性共济失调,特别是在驱赶鸡群时明显可见。病鸡常用跗关节着地或蹲卧,受到惊扰时,病雏步态不稳,不时侧卧或跌倒。对刺激反应明显迟钝,头颈部震颤,用手触摸可明显感到。震颤的强度、频率以及持续时间有所差别。有的病鸡仅表现共济失调,有的仅有震颤,有的二者兼有,少部分鸡不见明显临床表现。病雏最后倒卧,呈各种姿势(见彩页6),衰竭而死。部分病鸡可耐过而继续生长发育,有些鸡症状可完全消失。雏鸡发病率40%～60%不等,死亡率20%～30%或更高些。

水平感染发病的鸡群潜伏期为10～30天。日龄超过1个月的鸡群感染无明显临床症状。成年鸡感染出现短时(约2周)的产蛋下降,产蛋下降幅度5%～15%,过后产蛋量还可恢复。

【病理剖检】 病鸡唯一可见的变化是腺胃的肌层有细小的灰白区,个别雏鸡可发现脑膜下有透明的液体,脑水肿。

【防　治】 对发病鸡群无特效治疗药物。由于本病主要危害3周龄的雏鸡,所以给产蛋前的母鸡免疫,用母源抗体来保护雏鸡。具体方法是在10～12周龄经饮水或滴眼接种1次弱毒疫苗,在开产前1个月接种油乳剂灭活苗1次。

十一、鸡传染性喉气管炎

鸡传染性喉气管炎是由病毒引起鸡的一种急性呼吸道疾病。

【流行特点】 鸡对本病最易感,各种年龄的鸡均可感染发病,以育成鸡和成年产蛋鸡多发,褐羽产褐壳蛋的鸡种发病较为严重。主要通过呼吸道感染。本病突然发病,迅速传播,短期内可波及全群。本病死亡率一般在10%～20%。实际中死亡率与鸡群健康状况、鸡舍环境条件、有无继发感染以及继发感染控制的程度、病毒毒力强弱有一定关系。鸡群发病后可获得较强的保护力。康复鸡在一定时间内带毒并向外界排毒,可成为易感鸡群发生本病的主要传染来源,应引起重视。本病一年四季均可发生,尤以秋、冬、春季多发。

【临床表现】　病鸡突出的临床表现是呼吸困难,程度比鸡的其他呼吸道传染病明显严重。病鸡可见伸颈张口吸气(见彩页6),低头缩颈呼气,闭眼呈痛苦状。多数病鸡表现精神不好,食欲下降或不食,群体中不断发出咳嗽声。病鸡有的甩头,有的伴随着剧烈咳嗽,咯出带血的黏液或血凝块挂在丝网或咯到其他鸡身上。当鸡群受到惊扰时,咳嗽更为明显,喉部有灰黄色或带血的黏液或干酪样渗出物。本病发生后很快在鸡群中出现死鸡。产蛋鸡发病可致产蛋量下降。产蛋下降的程度,一般较慢性呼吸道疾病高,但明显低于鸡传染性鼻炎。本病病程15天左右。发病后10天左右鸡只死亡开始减少,鸡群状况开始好转。

【病理剖检】　本病主要病理变化在喉头和气管的前半部,这些部位的黏膜肿胀、充血、出血,甚至坏死。发病初期喉头、气管可见带血的黏性分泌物或条状血凝块。中后期死亡鸡的喉头、气管黏膜附有黄白色黏液或黄色干酪样物,并在该处形成栓塞。鸡多窒息而死亡。内脏器官无特征性病变。后期死亡鸡常见继发感染的相应病理变化,如慢性呼吸道疾病、鸡大肠杆菌病或鸡白痢等。

注意区分本病与黏膜型鸡痘。黏膜型鸡痘在喉头气管处的黏膜上可见隆起的单个或融合在一起的灰白色痘斑。一般不见气管的急性出血性炎症。在鸡群中还可看到皮肤型鸡痘。与其他呼吸道疾病也应注意鉴别,依据各种呼吸道疾病的发生特点和主要病理变化来区分,是不难的。

【防　治】　一般情况下,从未发生本病的鸡场不接种疫苗。鸡群一旦发病,没有特效药物治疗。根据鸡群健康状况给予抗生素,防止细菌性疾病的继发感染是必要的。为防止鸡慢性呼吸道疾病,可在饮水中添加泰乐菌素或链霉素等药物。饲料中加氟哌酸(0.04%拌料)连喂4～5天可有效地防止鸡白痢、大肠杆菌病的继发感染。国内有单位研制的中药制剂在病初给药可明显减缓呼吸道的炎症,达到缩短病程、减少死亡的目的。各地区可根据条件选用。

鸡场发病后可考虑将本病的疫苗接种纳入免疫程序。用鸡传染性喉气管炎弱毒苗给鸡群免疫,首免在 50 日龄左右,二免在首免后 6 周进行。免疫可用滴鼻、点眼或饮水方法。本病弱毒苗接种后,鸡群有一定的反应,轻者出现结膜炎和鼻炎,重者可引起呼吸困难,甚至部分鸡死亡,与自然病例相似,故用时应严格按说明书规定执行。国内生产的另一种疫苗是传染性喉气管炎-鸡痘二联苗,防治效果较好。

十二、鸡传染性支气管炎

鸡传染性支气管炎是由病毒引起的一种急性高度接触性传染病。

【流行特点】　自然条件下鸡最易感。雏鸡易感性强,发病严重,临床症状明显;成年鸡也可感染。本病通过呼吸道感染。病鸡是主要传染源,通过呼吸道排毒。以呼吸道症状为主的传染性支气管炎,雏鸡多发,发病率高,死亡率 25% 以上;日龄稍大的鸡或成年鸡死亡率低。以肾病变为主的传染性支气管炎,多见于雏鸡发病,死亡率 10%～40%。本病一年四季均可发生。

【临床表现】　有以呼吸道症状为主和以肾病变为主的 2 种类型。

以呼吸道症状为主的传染性支气管炎,雏鸡发病多在 5 周龄以内。病雏精神沉郁,不食,呼吸困难,张口喘息,将雏鸡放在耳边可听到明显啰音,多因呼吸极度困难,窒息而死。本病在鸡群中传播迅速,病程可达 10～15 天。稍大日龄的鸡患病,呼吸道症状不十分明显,啰音和喘息症状较轻。成年鸡发病,主要表现为产蛋下降,见有软壳蛋、畸形蛋、蛋皮粗糙等,鸡蛋质量下降,蛋清稀薄如水样,蛋黄与蛋清分离。

以肾病变为主的传染性支气管炎是目前发生多、流行范围较广的疾病,20～30 日龄是本病的高发阶段。在同一鸡场,本病可在多批次雏鸡中连续发生,在一定时间内发病日龄相对稳定。鸡群发病以死亡数量突然增多为特点,有较稳定的死亡曲线。病鸡下痢,呼吸道症状不明显,或呈一过性症状。40 日龄以后的鸡群发病比较少,成年鸡少见发病。该病发生在雏鸡可延续 15 天之久,病后一段时间内仍有零星死亡。

【病理剖检】　以呼吸道症状为主的病、死雏鸡,呼吸道呈卡他性炎症,有浆液性分泌物,在气管下部常见到黏性或干酪样分泌物并形成气管栓塞,有的可见肺炎灶。气囊混浊,腔内见有黄色干酪样渗出物。成年鸡可见卵黄性腹膜炎,卵泡充血、出血或变形。有的产蛋鸡群精神、食欲、产蛋均正常。有部分鸡外观发育很好,但不产蛋,宰杀后可见卵巢发育较正常,输卵管短缩,管壁变薄。有的鸡输卵管积液,病鸡呈企鹅状,卵泡发育不正常或卵巢不发育,可能是由于雏鸡阶段感染传染性支气管炎病毒造成输卵管的永久性损害所致。

以肾病变为主的病、死鸡,呼吸道多无明显可见变化,部分鸡仅有少量分泌物。特征性变化是肾脏明显肿大、色淡,肾小管和输尿管充盈尿酸盐而扩张,肾脏外观呈花斑状。

将病鸡的气管或肾脏病料接种鸡胚,可出现鸡胚体蜷伏、变小。

【防　治】　本病发生后无特效治疗药物。发病后可适当投喂抗菌药物防止继发感染。近年来,有的单位试制了能够减轻肾脏负担、提高肾功能的药物(如肾肿灵),在发病时全群投喂,可缩短病程,减少死亡,起到辅助治疗的作用。预防接种本病疫苗,雏鸡阶段可选用新城疫-传染性支气管炎二联苗或 H_{120} 弱毒苗,育成鸡接近开产时可选用 H_{52} 弱毒苗;目前肾病变型传染性支气管炎发生较多,H_{120},H_{52} 疫苗免疫效果甚微。因为本病病毒的血清型多,一种血清型毒株制成的苗不能保护其他血清型毒株引起的疾病。

因此,防治肾病变为主的传染性支气管炎,一般从本地发病群中分离毒株制苗,或用两种以上毒株制成多价苗,才有较好的防治效果。这类疫苗均属死疫苗,有油佐剂灭活苗和组织灭活苗2种。应用油佐剂灭活苗预防接种,其免疫时间根据鸡群发病时间来决定。因为油佐剂苗产生免疫力慢,免疫时间应在鸡群发病前15天。如果本场雏鸡发病日龄早,可考虑用组织灭活苗,在鸡群常发日龄前10天注苗为宜。或对种鸡开产前注射灭活苗,通过母源抗体的传递,保护雏鸡避免早期感染,争取时间对雏鸡进行免疫。经免疫的鸡群多数能取得满意效果。一旦出现问题,调整免疫程序,或更换制苗毒株,或添加新分离的毒株。

十三、鸡传染性矮小综合征

鸡传染性矮小综合征又名吸收不良综合征。本病的病因尚未取得一致看法,多数学者认为病原是鸡呼肠孤病毒,有些学者还观察到其他病毒,也有人认为是一种代谢病。

【流行特点】 本病主要发生于肉用仔鸡,1周龄雏鸡即可出现症状,3～4周龄更为显著。病鸡或带毒鸡是传染源,雏鸡可因误食病鸡的粪便及污染的饲料和饮水,经消化道感染而发病。垂直传播的可能性亦存在。本病在一个地区或鸡场一旦发生则很难彻底清除,水平传播迅速,发病率为5％～20％,6～14日龄死亡率最高。

【临床表现】 本病以鸡体矮小,精神倦怠,羽毛蓬乱或偶见羽毛异常如直升机机翼或羽毛竖立,腿部疾患为特征。急性病例啄食粪便,腹泻。有的病鸡呈现角弓反张而死,多数转为慢性,羽毛蓬乱,腹部胀满,生长发育不良,个体矮小(约为正常雏的1/3大小),雏鸡外形似球状。3周龄以上的病鸡骨骼变化较明显,站立无力或瘸腿,嘴、脚苍白,色素消失。

【病理剖检】 本病的病理变化多种多样。病鸡矮小,消瘦,腹部胀满下垂。腺胃增大,肌胃增大或缩小并有糜烂和溃疡。肠管肿胀,肠壁变薄,肠内有未消化的饲料。胰腺萎缩,质地坚硬苍白。大腿骨骨质疏松,股骨头坏死或断裂,大腿部皮肤色素消失。多数病鸡还见有法氏囊、胸腺萎缩。

【防　治】　鸡场的卫生条件差,饲养密度过高,饲养管理不善是本病发生的主要诱因。因此,严格落实平时的预防措施有利于清除本病。有人曾用传染性法氏囊病、病毒性关节炎等疫苗给鸡接种,可使其后代生产性能提高,发病率下降。也有人给病鸡用杆菌肽、新霉素、维生素 E 和硒制剂,或于饲料中添加硫酸铜、维生素 A、维生素 D 等,可减轻症状,降低死亡率。

十四、鸡传染性贫血

鸡传染性贫血是由鸡圆环病毒引起的雏鸡再生障碍性贫血和全身性淋巴组织萎缩性疾病。

【流行特点】　本病仅发生于肉鸡和蛋鸡的雏鸡,1～7 日龄最易感染,随日龄增大发病率显著下降,大于 3～4 周龄的鸡虽可感染并排毒,一般不发病。传染性贫血抗体在鸡群广泛存在,无论是健康鸡群还是患传染性贫血、马立克氏病、传染性法氏囊病的鸡群都很容易查到。本病常与鸡马立克氏病、传染性法氏囊病、传染性关节炎、网状内皮组织增殖病混合感染,彼此互相影响。鸡群一旦感染本病毒,就会造成免疫失败。马立克氏病免疫失败或效果不佳,常与本病有密切的关系。

【临床表现】　本病呈亚急性经过,雏鸡表现贫血,冠、肉髯和可视黏膜苍白,消瘦,精神不振,2 天后开始死亡,死前有暂时性腹泻。

【病理剖检】　肌肉、内脏器官苍白,血液稀薄呈水样,骨髓呈黄色,背部、腿部、胸部肌肉出血,法氏囊、脾脏、胸腺萎缩,有时可见肝脏肿大,腺胃黏膜出血。

【防　治】

第一，对本病无特异治疗方法，通常应用广谱抗生素控制继发感染。

第二，为了防止子代暴发传染性贫血，必须在开产前数周（不得迟于第一次收集种蛋前的4～5周），对种鸡进行饮水免疫，可防制此病。

第三，鸡圆环病毒不能够引起16～18周龄或以上鸡的免疫抑制，但鸡如果感染了鸡传染性法氏囊病等免疫抑制性疾病，则可使成年鸡群暴发传染性贫血。同样，鸡圆环病毒会造成马立克氏病疫苗失效，鸡圆环病毒和腺病毒会共同造成包涵体肝炎。

第四，如果饲养期间发生自然感染而可测出鸡圆环病毒抗体，就可不必进行免疫接种。

第五，对种鸡群还应使用灭活苗进行传染性法氏囊病的免疫接种，以对子代最初几周龄内提供保护。这样可以防止鸡因感染传染性法氏囊病而提高对鸡圆环病毒的敏感性。

十五、鸡慢性呼吸道病

鸡慢性呼吸道病是由支原体引起的一种呼吸道疾病。

【流行特点】　本病属卵传性疾病。本病普遍出现在各种类型的鸡场和绝大多数鸡群中，是养鸡业中常见的多发病。该病的发生具有明显诱因，如气候骤变，昼夜温差大，鸡群密度大，舍内通风不良，舍内有害气体浓度过高，水槽或乳头饮水器漏水，粪便潮湿产生大量氨气，人进入舍内感到刺鼻、刺眼，这些情况下鸡群易发病。鸡龄小时使用气雾免疫方法接种新城疫疫苗而激发本病的情况屡有发生。此外，多种呼吸道疾病如传染性鼻炎、传染性喉气管炎、传染性支气管炎在鸡群发生时常引起本病的继发感染。总之，凡是能使鸡体抵抗力降低的各种因素均可成为本病发生的诱因。

本病侵害各种年龄的鸡群。一般情况下发病率不高，单纯的慢性呼吸道病鸡群死亡不严重。本病发生的过程中很容易与大肠杆菌混合感染，使病情复杂化，鸡群的死亡明显增加。这种情况在肉用仔鸡的饲养过程中可经常见到。

本病一年四季均可发生，以气候多变和寒冷季节发生较多。饲养管理较好的鸡群发生较少，环境条件差、饲养管理粗放的鸡群发生较多。各种病毒性疾病防治效果较好的鸡群发生少；防病灭病工作抓得不紧，鸡场内各种疾病此起彼伏，本病发生频繁，损失严重。

【临床表现】 本病具有发病急、传播慢、病程长的特点。不同鸡群、不同季节、不同饲养管理条件下发病率相差较大。一般发病率仅百分之几，多的可达 10%，严重的为 20%～30%。单纯感染时，鸡群首先出现呼吸道症状，在夜间可明显听到鸡群中有喘鸣音。病鸡以上呼吸道及其邻近黏膜的炎症为主。眼睛流泪，眼睑肿胀，严重的双眼封闭，病鸡无精神，低头缩颈，病程长的眼内见有大小不一的干酪样物，严重时压迫眼球可导致失明。眶下窦肿胀，一侧或双侧肿大致使颜面肿胀。眶下窦的肿胀一般是可逆的，病愈后肿胀消退。有的病程长，窦内渗出物呈干酪样，导致骨质疏松而呈永久性肿胀。鼻孔常见浆液、黏液性分泌物。病鸡精神、食欲差，但很少发生死亡。有的鸡病程过长，得不到有效治疗，最后衰竭而死。育雏、育成阶段发病，雏鸡生长发育受阻，成年鸡发病影响产蛋。

如果在发病过程中与大肠杆菌混合感染，则病情加重。病鸡精神差，不食，腹泻，鸡群死亡明显增加，无明显高峰期。

若本病继发于其他疾病发生过程中，病鸡主要表现原发病的主要症状。本病的继发加重了原发感染的病情，造成更大损失。

本病发生特点与传染性支气管炎、传染性喉气管炎、传染性鼻炎有明显区别，在传播速度、鸡的死亡以及成年鸡发病对产蛋的影响方面均不及上述 3 种呼吸道病。

【病理剖检】　病鸡消瘦、发育不良。喉头、气管可见黏膜肿胀，黏膜表面有灰白色黏液，喉头部尤为明显。分泌物多，常见到黄色纤维素性渗出物，严重的呈干酪样物堵塞在喉裂处致使病鸡窒息而死。内脏各器官不见特征性病变，气囊多有变化，囊壁增厚、混浊、不透明，囊内有数量不等的纤维素性渗出物。心包增厚，肝表面有黄白色纤维素伪膜。

死于与大肠杆菌混合感染的鸡，除上述病理变化外，常见心包炎，心包增厚、不透明，心包积有多量淡黄色液体；肝包膜炎或称肝周炎，肝脏肿大，肝被膜局部或全部增厚，呈灰白色或黄白色，此膜易撕脱；气囊炎，多见胸腹气囊增厚，囊内有多量黄色渗出物或呈干酪样，严重的干酪样物几乎充满气囊；有的可见输卵管炎、卵黄性腹膜炎。

若属继发感染，在病理剖检中见有原发疾病的病理变化。

【防　治】　治疗本病的药物品种较多，在治疗中要注意以下几种不同情况。

第一，鸡群中仅有少数鸡发病，并没有传播流行趋势的，应对病鸡单独治疗。可选用链霉素，成年鸡每日用量 20 万单位，或用兽用卡那霉素，成年鸡每日用量 2 万单位，早晚各注射 1 次，连用3 天，可明显消除临床症状。

第二，鸡群发病后，引起发病的诱因不能在短时间内消除或改善，又有继续蔓延趋势，此时应采取病鸡单独治疗与大群防治相结合的防治原则。单独治疗方法同上。同群鸡饮水投喂泰乐加或链霉素等药物，药物剂量按治疗量计算。也可选用红霉素、支原净、北里霉素等。

第三，与大肠杆菌混合感染时，治疗应以控制大肠杆菌感染为主，且采取全群给药的方法。选用本鸡场过去少用的抗生素可获得满意效果。氟哌酸（按 0.03％～0.04％拌料），连续投服 4～5天，或用可溶性新霉素饮水，连用 4～5 天。新兽药普杀平治疗本病有较好效果,口服给药可用 2.5% 的药液 100 毫升加入 50 升水中,供鸡饮用;注射给药可用 2.5% 注射液,每千克体重 0.2~0.4 毫升,肌内注射。

第四,若本病继发于其他原发性疾病,采取的措施应以针对原发病防治为主。

第五,对 60 日龄以内的鸡群,尤其是肉用仔鸡群进行新城疫气雾免疫时,在疫苗中可适量添加药物以防止由于气雾免疫而激发本病。可添加的药物有链霉素、土霉素盐酸盐等。链霉素可按每只鸡 500 单位添加。

除药物防治外,种鸡场可考虑用疫苗接种来防治本病。国内外均有疫苗生产,经一些种鸡场应用,已取得较满意的效果。

十六、鸡传染性鼻炎

鸡传染性鼻炎是由副鸡嗜血杆菌引起的鸡的一种急性呼吸道疾病。

【流行特点】 自然条件下鸡对本病最易感,各种年龄的鸡均可感染,随着日龄的增长易感性增强。育成鸡、产蛋鸡最易感,本病多发生在成年鸡。寒冷季节多发,一般秋末和冬季是本病多发期。病鸡、慢性病鸡、康复鸡甚至健康鸡都是本病病原体的携带者,在流行病学上均属主要传染源。本病主要通过污染的饮水与饲料经消化道感染。鸡舍通风不良、环境卫生差,营养不良,可增加本病的严重程度并延长病程。如有鸡传染性支气管炎、鸡传染性喉气管炎、鸡慢性呼吸道病、鸡霍乱等继发感染,可使病情加重,死亡增多,病程延长。在同一个鸡场不同日龄的鸡混养在一起,或新购入的大日龄鸡与老鸡饲养在一起,易造成本病暴发。本病的发生以低死亡率、高发病率为特征。

【临床表现】 本病潜伏期短,在鸡群中传播快,几天之内可席卷全群。病鸡明显的变化是颜面肿胀,鼻腔有浆性液、黏液性分泌物。其次可见结膜炎和窦炎。成年鸡可见肉髯水肿,常见一侧水肿,间或有两侧同时发生的。初期病鸡有一定食欲,随鸡群中发病数量的增多,食欲明显下降。产蛋鸡发病后5～6天产蛋量明显下降,处在产蛋高峰期的鸡群产蛋下降更加明显。肉用种鸡群产蛋几乎达到绝产的地步。治疗及时可较快控制病情,缩短病程。本病发病率虽高,但死亡率较低,在流行的早、中期,鸡群很少死鸡。在鸡群恢复阶段,死亡增加,但不见死亡高峰,这部分死亡鸡多属继发感染。康复后鸡群产蛋量低于或接近原有水平。育成鸡发病经及时治疗可迅速恢复。

【病理剖检】　病理剖检变化复杂多样,有的死鸡具有1种疾病的主要病理变化,有的鸡则兼有2～3种疾病的病理变化特征。由于致死鸡继发鸡慢性呼吸道病、鸡大肠杆菌病、鸡白痢等,故尸体多瘦弱。育成鸡发病死亡较少。本病仅引起鼻腔和眶下窦黏膜的急性卡他性炎症以及面部皮下和肉髯的水肿。早期死亡病例可见肺炎、气囊炎。

【防　　治】　鸡场发病后在做好综合防治措施的基础上应积极进行治疗。副鸡嗜血杆菌对磺胺类药物非常敏感,是治疗本病的首选药物。磺胺类药物影响鸡群产蛋,又有引起磺胺药物中毒的危险,但本病的发生就可能造成产蛋量大幅度地下降。而应用磺胺类药物可迅速消除病因,改善鸡群精神、食欲状况,还可减少继发感染。当然在选用磺胺类药物时,选择毒性小,尤其是对肾脏毒性低的和口服易吸收的较好。注意投服磺胺类药物时间不宜过长,一般以不超过5天为宜。用复方新诺明或磺胺增效剂与其他磺胺类药物合用,或用2～3种磺胺类药物组成的联磺制剂均能取得较明显的效果。具体使用时应参照药物说明书。发病初期投喂磺胺类药物效果比较明显,此时鸡群食欲尚未明显降低,正是给药的好时机。如鸡群食欲下降,采用混饲给药治疗效果差,此时用注射抗生素的办法可取得满意效果。一般选用链霉素或青、链霉素合用。红霉素、土霉素也是常用治疗药物。磺胺类药物和抗生素用于治疗,关键是给药方法能否保证每日摄入足够的药物剂量,但磺胺类药物不得用于产蛋鸡与肉用鸡。

另外,患本病后康复的鸡群仍可带菌,是传染源,对其他新鸡群造成威胁。因此,鸡场对患过本病后康复的鸡群应及时淘汰,严禁在鸡群中挑选尚能下蛋的鸡并入其他鸡群。本病病原菌对外界理化因素抵抗力较弱,一般鸡舍内经清扫、水冲,有条件的用火焰喷灯消毒,再经消毒药喷洒或福尔马林熏蒸消毒,空舍一定时间再进入新鸡群是安全的。

我国已研制出鸡传染性鼻炎油佐剂灭活苗和进口疫苗,经实验和现场应用,对本病流行严重地区的鸡群有较好的保护作用。根据本地区情况可自行选用。

十七、鸡 白 痢

鸡白痢是由鸡白痢沙门氏菌引起的各种年龄鸡均可发生的一种传染病。有的表现为急性败血症经过,有的则以慢性或隐性感染为主。

【流行特点】 本病属卵传性疾病,带菌蛋在孵化过程中可造成胚胎死亡,孵出的雏鸡有弱雏、病雏。该病在同群鸡中可互相感染传播。病鸡和带菌鸡是本病的主要传染源,通过消化道感染。各种年龄、不同品种的鸡都可感染,以褐羽产褐壳蛋的鸡种易感性最高,白羽产白壳蛋的鸡种抵抗力稍强。目前多数鸡群均有不同程度发生,特别是种鸡场本病得不到有效控制,对广大商品蛋鸡场的威胁将越来越严重。

雏鸡白痢是造成雏鸡死亡、育雏存活率低的主要疾病之一,成年鸡白痢是造成产蛋率不高和成年鸡死亡增多的主要原因之一。近年来,青年鸡也可以发生白痢,所造成的损失比雏鸡白痢和成年鸡白痢还大。本病造成的危害贯穿于整个养鸡周期。本病一年四季均可发生。

【临床表现】 不同日龄鸡鸡白痢的发生与临床表现有较大差异,现将雏鸡、育成鸡、成年鸡鸡白痢发生情况分述如下。

1. 雏鸡白痢 雏鸡在 5~6 日龄时开始发病,2~3 周龄是雏鸡白痢发病和死亡高峰,可造成雏鸡 20%~30% 的死亡,甚至更高。病鸡精神沉郁,低头缩颈,羽毛蓬松,食欲下降(少食或不吃)。病雏常扎堆挤在一起,闭眼嗜睡。突出的表现是下痢,排出灰白色稀便,泄殖腔周围羽毛被粪便所污染。泄殖腔口被干燥粪便糊住,病雏排便困难,可见努责,呻吟。有的急性病雏生前不见下痢症状,有的病雏喘气,呼吸困难,有的可见关节肿大,行走不便,跛行。如防治不当,病雏死亡呈直线上升,有较稳定的死亡曲线。防治好的鸡场病雏逐渐减少,还能达到较满意的育雏存活率。

2. 育成鸡(中鸡)白痢 多发生于 40~80 日龄的鸡,地面平养鸡群发生此病较网上和育雏笼育成雏发生的要多。褐羽产褐壳蛋的鸡种及其杂交品种发生此病较白羽产白壳蛋的鸡种高。育成鸡发病多有应激因素(如鸡群密度过大,环境卫生条件恶劣,饲养管理粗放,气候突变,饲料突然改变或品质低下等)的影响。本病发生突然,全群鸡只食欲精神尚可,总见鸡群中不断出现精神、食欲差和下痢的病鸡,常突然死亡。死亡不见高峰,每日都有鸡只死亡,数量不一。病程较长,可拖延 20~30 天,死亡率达 10%~20%。

3. 成年鸡白痢 呈慢性经过或隐性感染。一般不见明显的临床症状,当鸡群感染比例较大时,可明显影响产蛋量,无产蛋高峰,死亡增高。有的鸡表现鸡冠萎缩,有的鸡开产时鸡冠发育尚好,以后逐渐变小、紫绀。病鸡时有下痢。仔细观察鸡群可发现有的鸡寡产或根本不产蛋。

【病理剖检】 雏鸡、育成鸡、成年鸡病理剖检变化也不尽相同,现分述如下。

1. **雏鸡**　病鸡瘦小，羽毛污秽，泄殖腔周围被粪便污染，有的形成粪球悬吊在泄殖腔周围羽毛上。病死鸡脱水，眼睛下陷，脚趾干枯。肝脏肿大，有大小不等、数量不一的坏死点；脾脏肿大；卵黄吸收不良，外观呈黄绿色，内容物稀薄；病程稍长者可见肺有坏死或灰白色结节；心包增厚，心脏上可见坏死灶或结节，略突出于脏器表面；肠道呈卡他性炎症，盲肠膨大。

2. **育成鸡**　病、死鸡一般营养中等或偏下。突出的变化是肝肿大，有的较正常肝脏大数倍，整个腹腔被肝脏所覆盖，肝的质地极脆，一触即破，被膜下可看到散在或较密集的大小不等的坏死灶。有的血块覆盖在肝脏被膜下，有的则见整个腹腔充盈血水。脾脏肿大。心包增厚、扩张，心包膜呈黄色不透明。心肌见有数量不一的黄色坏死灶，严重的心脏变形呈圆形，整个心脏几乎被坏死组织替代。相同的变化还常在肌胃上见到。肠道呈卡他性炎症。

3. **成年鸡**　主要变化是在卵巢。有的卵巢尚未发育或略有发育，输卵管细小。多数卵巢仅有少量接近成熟或成熟的卵泡，已发育或正在发育的卵泡变色，有灰色、黄灰色、黄绿色、灰黑色等；卵泡变形，呈梨形、三角形、不规则形等形状，卵泡变性，卵泡内容物稀薄如水样，有的呈米汤样，有的较黏稠，个别小的卵泡壁增厚，内容物如同油脂状。有的卵泡落入腹腔形成包囊，有的卵泡破裂造成卵黄性腹膜炎。肠道呈卡他性炎症。

【防　治】　雏鸡白痢的防治通常从雏鸡开食之日起，在饲料或饮水中添加抗菌药物，可取得较为满意的结果。如庆大霉素（2 000～3 000 单位/只，饮水）、氟哌酸（0.01％～0.02％，拌料）。此外，还有兽用新霉素、百病消、氧氟沙星或环丙沙星等。青霉素、链霉素、土霉素对鸡白痢沙门氏菌几乎无效。药物预防应防止长时间使用同一种药物，更不要一味加大药物剂量。有效药物可以在一定时间内交替、轮换使用，药物剂量要合理，防治要有一定的疗程。上述药物给药时，只需投药 4～5 天即可达到预防目的。

近些年来微生物制剂开始在畜牧生产中应用,这种生物制剂在防治畜鸡下痢方面有较好的效果,该制剂具有安全、无毒、不产生副作用,细菌不产生抗药性,价廉等特点。常用的有促菌生、调痢生、乳酸菌等。使用这类制剂的同时以及前后4～5天应禁用抗生素。生物制剂防治鸡白痢的效果多数情况下相当或优于药物预防的水平。这类制剂的使用必须保证正常的育雏条件,较好的兽医卫生管理措施。与鸡群的健康状况也有一定关系。在使用时应从小群试验开始,按照规定的剂量、方法投喂,取得经验后再运用到大群生产中去。

育成鸡的鸡白痢治疗要突出一个"早"字,一旦发现鸡群中病、死鸡增多,确诊后立即全群给药。可投喂氟哌酸等药物,先投5天,间隔2～3天后再投喂5天。目的是使新发病例得到有效控制,防止疫情蔓延扩大。

近些年来有不少种鸡场在净化工作方面取得了明显成绩。种鸡场通过3～5年的净化工作就可以使种鸡群鸡白痢沙门氏菌的感染降到较低水平。净化工作主要是采用全血平板凝集反应检出、淘汰阳性鸡与贯彻兽医卫生综防措施相结合的办法,坚持数年,定见成效。全国的种鸡场如果都能这样做,控制和清除鸡白痢将是大有希望的。

十八、鸡霍乱

鸡霍乱又称鸡巴氏杆菌病、鸡出血性败血症,简称鸡出败。本病是由多杀性巴氏杆菌引起的一种传染病。

【流行特点】　育成鸡和成年产蛋鸡多发,鸡群营养状况良好、高产鸡易发。病鸡、康复鸡和健康带菌鸡是本病主要传染源。慢性病鸡留在鸡群中往往是本病复发或新鸡群暴发本病的直接原因。该病主要通过被污染的饮水、饲料经消化道感染发病。在实践中曾遇到鸡群由于食入了未经无害化处理的兔屠宰加工厂的下脚料而发病。病鸡的排泄物、分泌物带有大量病菌,随意宰杀病鸡,乱扔乱抛废弃物可造成本病的蔓延。目前集约化养鸡场中本病发生较少,但条件差、设备简陋、环境污染严重的小型养鸡场和地面平养的鸡群仍时有发生。该病一旦发生,在鸡场内很难清除,致使多批次鸡甚至全年均可发病。特别是在潮湿、多雨、气温高的季节多发。鸡群发病有较高的致死率。常发地区该病流行缓慢。

【临床表现】　鸡群发病依病程长短可分为最急性、急性和慢性型3种类型。

1. 最急性型　常发生于该病的流行初期,成年产蛋鸡易发。该型不见任何临床症状,突然死亡。

2. 急性型　在流行过程中占较大比例。病鸡表现精神沉郁,不食,呆立,羽毛蓬松,自口中流出浆液性或黏液性液体。鸡冠及肉髯发绀,病鸡腹泻。病程短,约2天死亡。

3. 慢性型　在流行后期或本病常发地区可以见到。有的则是由急性病例转成慢性。病鸡精神、食欲时好时差,时有下痢。常见鸡体某一部位出现异常,如一侧或两侧肉髯肿大、腿部关节或趾关节肿胀,病鸡跛行。有的有结膜炎或鼻窦肿胀,有的呼吸困难,鼻腔有分泌物。病鸡拖延1~2周死亡。

【病理剖检】　最急性型病例剖检后常不见明显的变化,或仅在个别脏器有病变,但不典型。急性型病例变化较为明显,需多剖检几只鸡对诊断有重要意义。常见脾肿大,散在大量坏死点。心冠状沟脂肪有针尖大小的出血点,有的心外膜也可看到出血斑点。肝脏略肿,质地稍硬,被膜下和肝实质中见有数量较多而密集的针尖大小坏死灶。小肠前段尤以十二指肠呈急性卡他性炎症或急性出血性卡他性炎症,后段肠道变化不明显。有时病死鸡皮下、腹部脂肪、胸腹膜有小出血点。慢性病例肿胀的肉髯及关节处,切开可见干酪样渗出物。有的见有肺炎、鼻炎、腹膜炎等变化。

【防　治】　一般从未发生过本病的鸡场不进行疫苗接种。鸡群发病应立即采取相应措施,有条件的地方通过药敏试验选择有效药物全群给药。磺胺类药物、青霉素、链霉素、红霉素、庆大霉素、氟哌酸均有较好的疗效。在治疗过程中,剂量要足,疗程合理,鸡群鸡的死亡明显减少后,再继续投药2~3天,以巩固疗效,防止复发。

对常发地区或鸡场,药物治疗效果日渐降低,很难得到有效的控制,可考虑应用疫苗进行预防。由于疫苗免疫期短,防治效果不十分理想,有条件的地方可在本场分离病菌,经鉴定合格后制作自家灭活苗,定期对鸡群进行注射。实践证明,通过1~2年的免疫,本病可得到有效控制。另外,山东省滨州地区畜牧兽医研究所经多年研究,用具有广谱生物学活性的天然药物——蜂胶为免疫增强剂,研制成功新型疫苗,即鸡霍乱蜂胶灭活疫苗。该苗具有安全可靠、不影响产蛋、无毒副作用等特点。注苗后5天可产生坚强免疫力,免疫期达6个月,保护率90%~96.5%。1月龄后每只肌内注射1毫升,每年免疫1~2次。

十九、鸡大肠杆菌病

鸡大肠杆菌病是由大肠杆菌引起的一类常见多发病,其中包括大肠杆菌性腹膜炎、输卵管炎、脐炎、滑膜炎、气囊炎、肉芽肿、眼炎等,对养鸡业危害较大。

【流行特点】　各年龄段的鸡均可感染,因饲养管理水平、环境卫生条件、防治措施、有无继发病等因素的影响,本病的发病率和死亡率有较大差异。集约化养鸡场在主要疫病得到基本控制后,大肠杆菌病有明显上升趋势,成为危害鸡群的主要细菌性疾病之一。

大肠杆菌在饲料、饮水、鸡体表、孵化场、孵化器等各处普遍存在。该菌在种蛋表面、种蛋内、孵化过程中的死胚及毛蛋中分离率较高,构成了对养鸡全过程的威胁。

　　本病在雏鸡、育成鸡和产蛋鸡均可发生,雏鸡呈急性败血症经过,大鸡则以亚急性或慢性感染为主。受各种应激因素和其他疾病的影响,本病感染更为严重。产蛋鸡往往在开产阶段发病,死亡增加,影响产蛋。种鸡场发生本病直接影响到种蛋的孵化率、出雏率,造成孵化过程中死胚增多,健雏率低。本病一年四季均可发生,在多雨、闷热、潮湿季节多发。大肠杆菌病在肉用仔鸡生产过程中更是常见多发病之一。由本病造成鸡群的死亡没有明显的高峰,病程较长。

　　【临床表现】　鸡大肠杆菌病没有特征性的临床表现,但与鸡的发病日龄、病程长短、受侵害的组织器官及部位、有无继发感染或混合感染有很大关系。

　　1. 初生雏鸡　脐炎(俗称“大肚脐”)病鸡中有较大部分与大肠杆菌有关。病雏精神沉郁,少食或不食,腹部大,脐孔及其周围皮肤发红、水肿,病雏多在 1 周内死亡或淘汰。另一种表现为下痢,除精神、食欲差以外,可见排出泥土样粪便,病雏1～2 天内死亡。死亡不见明显高峰。

　　2. 育雏期雏鸡　大肠杆菌病原发生感染比较少见,多为继发感染和混合感染。尤其是当雏鸡阶段发生传染性法氏囊病的过程中,或因饲养管理不当引起鸡慢性呼吸道疾病时常有本病发生。病鸡食欲下降,精神沉郁,羽毛松乱,排稀便,同时兼有其他疾病的症状。

　　育成鸡发病情况大体相似。

　　3. 产蛋鸡　发病多由饲养管理粗放、环境污染严重或潮湿多雨闷热季节所致,一般以原发感染为主,也可继发于其他疾病,如鸡白痢、新城疫、传染性支气管炎、传染性喉气管炎和慢性呼吸道疾病。主要表现为产蛋量不高,产蛋高峰上不去或维持时间短,鸡群死亡、淘汰率增加,病鸡有鸡冠萎缩,下痢,食欲下降等表现。

　　【病理剖检】　初生雏鸡患脐炎死后可见脐孔周围皮肤水肿,

皮下淤血、出血、水肿，水肿液呈淡黄色或黄红色。脐孔开张。新生雏以下痢为主的病死鸡以及脐炎致死鸡均可见到卵黄没有吸收或吸收不良，卵囊充血、出血，囊内卵黄液黏稠或稀薄、多呈黄绿色，肠道呈卡他性炎症。肝脏肿大，有时见到散在的浅黄色坏死灶，肝包膜略有增厚。

　　本病与支原体混合感染的病死鸡，多见肝、脾肿大，肝包膜增厚，不透明，呈黄白色，易剥脱。在肝表面形成的这种纤维素性膜有的呈局部发生，严重的整个肝脏表面被此膜包裹，此膜剥脱后肝呈紫褐色。心包炎，心包增厚不透明，心包积有浅黄色液体（见彩页12）。气囊炎也是常见的变化，胸、腹等气囊囊壁增厚呈灰黄色，囊腔内有数量不等的纤维素性渗出物或干酪样物如同蛋黄。

　　病死鸡可见输卵管黏膜充血、发炎，管腔内有干酪样物，严重时管内积有较大的呈黄白色、切面轮层状、较干燥的块状物，管壁变薄。

　　较多的成年鸡还见有卵黄性腹膜炎，腹腔中见有蛋黄液广泛地分布于肠道表面。稍慢死亡的鸡腹腔内有多量纤维素样物粘在肠道和肠系膜上，腹膜发炎、粗糙，有的可见肠粘连。

　　大肠杆菌性肉芽肿较少见到。小肠、盲肠浆膜面和肠系膜可见到肉芽肿结节，肠粘连不易分离。肝脏表面有大小不一、数量不等的坏死灶。其他如眼炎、滑膜炎、肺炎等在本病发生过程中有时也可以见到。

　　【防　治】　鸡群发病后可用药物进行治疗。大肠杆菌对药物极易产生抗药性，如青霉素、链霉素、土霉素、四环素等抗生素几乎没有疗效。庆大霉素、氟哌酸、新霉素有较好的治疗效果，但对这些药物产生抗药性的菌株已经出现且有增多趋势。因此，有条件的地方应进行药敏试验，以选择敏感药物，或选用本场过去少用的药物进行全群给药，可收到满意效果。早期投药可控制早期感染的病鸡，促使痊愈，同时可防止新发病例的出现。近年来喹诺酮类药物在兽医领域的应用研究较多,一些产品相继问世,主要有诺氟沙星、环丙沙星、单诺沙星、恩诺沙星、甲磺酸培氟沙星、氧氟沙星等。此类药物对革兰氏阳性、阴性菌以及支原体感染有较高的疗效,是目前在养鸡生产中控制细菌感染较好的药物。可根据情况用于预防和治疗。

近年来国内试制的鸡大肠杆菌多价氢氧化铝苗和多价油佐剂苗,经现场应用取得了较好的防治效果。由于大肠杆菌血清型较多,制苗菌株应采自本地区发病鸡群的多个菌株,或本场分离菌株制成自家苗使用效果较好。种鸡在开产前接种疫苗后,在整个产蛋周期内大肠杆菌病明显减少,种蛋受精率、孵化率、健雏率都有提高,减少了雏鸡阶段本病的发生。

在给成年鸡注射大肠杆菌油佐剂苗后,鸡群有程度不同的注苗反应,主要表现精神不好,喜卧,吃食减少等。一般1~2天后逐渐消失,无须进行任何处理。因此,开产前注苗较为合适,开产后注苗往往会影响产蛋。

二十、鸡葡萄球菌病

鸡葡萄球菌病是由金黄色葡萄球菌引起的一种传染病,该病有多种类型。

【流行特点】 葡萄球菌在健康鸡的羽毛、皮肤、眼睑、结膜、肠道中均有存在,也是养鸡饲养环境、孵化车间和鸡类加工车间的常有微生物。该病发生的特点与鸡的品种有明显关系。白羽产白壳蛋的轻型鸡种易发、高发,如京白鸡、巴布考克、940等品种,而褐羽产褐壳蛋的中型鸡种则很少发生。肉用仔鸡对本病也较易感。本病多发生在40~80日龄之间,成年鸡发生较少。地面平养、网上平养较笼养鸡发生的多。

本病发生与外伤有关,能够造成鸡的皮肤、黏膜完整性遭到破坏的因素均可成为发病的诱因。往往由于笼具、网具质量不好或年久失修造成鸡的皮肤、趾部机械性外伤而感染。另一种外伤是因传染性因素造成的,常见由于鸡痘的发生而引起鸡葡萄球菌病的暴发。因此,在鸡痘高发期的夏、秋时节本病发生较多,其他季节发生较少。也可通过呼吸道感染。

本病在鸡群中发生,其发病率与死亡率依鸡群饲养管理状况、环境卫生条件以及治疗措施是否得当有较大差异。该病造成鸡死亡与日俱增,有明显的死亡高峰,死亡率5%~50%不等。

【临床表现】　该病具有多种类型,如雏鸡脐炎型、急性败血型、关节炎型鸡葡萄球菌病等。

1. 雏鸡脐炎型　可由多种细菌感染所致,其中有部分鸡感染金黄色葡萄球菌,可在1~2日内死亡。临床表现与大肠杆菌所致脐炎相似。

2. 败血型　生前没有特征性临床表现,一般可见病鸡精神、食欲不好,低头缩颈呆立,病后1~2天死亡。当病鸡在濒死期或死后,在胸腹部、大腿和翅膀内侧、头部、下颌部和趾部可见皮肤湿润、肿胀,相应部位羽毛潮湿易掉,皮肤呈青紫色或深紫红色,皮下疏松组织较多的部位触之有波动感,皮下潴留数量不等的渗出液,自然破溃的较少见。有时仅见翅膀内侧、翅尖或尾部皮肤形成大小不等的出血、糜烂和炎性坏死灶,局部干燥,呈红色或暗紫红色,无毛。肉用仔鸡发病表现与之相似。该型最严重,造成的损失最大。

3. 关节炎型　成年鸡和育成阶段的肉用种鸡常患。多发生于趾关节,关节肿胀,有热痛感,病鸡行走不便,跛行,喜卧。

若本病由鸡痘诱发,当鸡群出现死鸡的同时,可见鸡群发生皮肤型鸡痘。

【病理剖检】　败血型病死鸡局部皮肤增厚、水肿,皮下有数量不等的紫红色液体。胸腹肌出血、溶血,形同红布。有的病死鸡皮肤无明显变化,胸、腹或大腿内侧见有灰黄色胶冻样水肿液。实际中曾见经呼吸道感染发病的死鸡,一侧或两侧肺脏呈黑紫色,质地软如稀泥。关节炎型见关节肿胀处皮下水肿,关节液增多。内脏其他器官一般无明显变化。

【防　治】　发病后及时采取药物治疗,同时要加强兽医卫生防疫措施。金黄色葡萄球菌对药物极易产生抗药性,在治疗前应做药物敏感试验,选择有效药物全群给药。庆大霉素、卡那霉素、氟哌酸、新霉素等均有不同的治疗效果。没有条件的单位可选用该场不常用的抗菌药物。

治疗中首先选择口服易吸收的药物,发病后立即全群投药,控制本病流行。选用新生霉素按 0.0386％,或氟哌酸按 0.04％拌料,连喂 5～7 天,可收到明显效果。若鸡群发病鸡较多,采食量明显减少,通过混饲给药不能达到治疗需要,可肌内注射给药。用庆大霉素每只鸡 3 000 单位或卡那霉素每只鸡 10 000 单位,每日 1 次,连用 3 天。当鸡群死亡明显减少,采食量增加时,可改用口服给药 3 天,以巩固疗效。

认真检修笼具,切实做好鸡痘的预防接种是减少本病发生的重要手段。

在常发地区可考虑应用疫苗接种来控制本病。国内研制的鸡葡萄球菌病多价氢氧化铝灭活苗,可有效地预防本病发生。

二十一、鸡坏死性肠炎

鸡坏死性肠炎是由魏氏梭菌引起的一种传染病。

【流行特点】　鸡对本病易感,尤以 1～4 月龄的蛋雏鸡、育成鸡和 3～6 周龄的肉用仔鸡多发。本病病原菌广泛存在于自然环境中,主要在粪便、土壤、灰尘、污染的饲料和垫料以及肠道内容物中。该病的感染途径以消化道为主。有多种因素可诱发本病:饲料突然改变或饲料质量低下;饲喂变质的动物性饲料(如鱼粉、肉粉、骨粉、肉骨粉、血粉和蚕蛹粉等);肠道损伤或患球虫病(盲肠球虫、小肠球虫病);鸡舍潮湿、拥挤,环境卫生差;长时间在饲料中添加抗生素(如土霉素等);家禽肠道中缺乏葡萄糖酶,当饲料中有多量葡萄糖进入鸡体内产生发酵,使该病原菌大量繁殖等。

鸡坏死性肠炎多为散发。发病后死亡率与诱发因素的强弱和治疗是否及时有效有直接关系,一般死亡率在5%以下,严重的可达30%。

【临床表现】　本病常突然发生,发病急,病鸡精神委顿,羽毛蓬松,食欲减退或废绝。粪便稀,呈暗黑色,间或混有血液。病程短,病鸡1～2天内死亡。

【病理剖检】　病死鸡营养中上等,皮下湿润,有的较干燥。嗉囊中仅有少量食物,但有较多液体。打开新病死鸡的腹腔后即可闻到一股疾病少有的腐尸臭味。主要变化在肠道,尤以中后段肠道明显。肠道表面呈污灰黑色或污黑绿色。肠腔扩张、充气,肠壁增厚。肠内容物呈液状,有泡沫,黏膜充血。空肠段有时可见少量出血点。病程稍长者,肠内容物呈浅黄色或污红色,肠壁散在有土黄色、大小不一、数量不等的坏死灶。有时肠内容物呈絮状团块。严重病例可见肠壁增厚,内容物水样,有泡沫。黏膜呈弥漫性土黄色,干燥无光泽,表现为深层坏死的炎症变化。

当有球虫混合感染时,可见球虫病的病理变化。本病常在球虫病发生过程中或发生后出现,应与单纯的球虫病相区别。

【防　治】　平时注意不喂发霉变质饲料,对地面平养鸡群搞好球虫病的预防。本病一旦发生,尽早给全群鸡投药进行防治。庆大霉素混水,每升水中加20 000单位,每天2次,连用5天。用杆菌肽拌料,雏鸡100单位/只,青年鸡200单位/只,每天用药1次,连用5天。用环丙沙星混料或饮水,每千克饲料或每升饮水中添加25～50毫克,连用5天。常用的抗生素还有青霉素、氨苄青霉素、泰乐菌素等。治疗中应搞好环境卫生,地面散养的肉用仔鸡舍应勤换新鲜垫料。若与球虫病同时发生,可考虑在饲料中同时添加适量抗球虫药。

二十二、鸡曲霉菌病

鸡曲霉菌病主要是由烟曲霉菌引起鸡类的真菌性疾病。

【流行特点】　引起鸡曲霉菌病的曲霉以烟曲霉和黄曲霉为主。曲霉菌在自然界分布广泛,常见于腐烂植物、土壤以及谷物饲料中,曲霉菌的分生孢子还存在于环境的空气中。该菌可在室温条件下和动物机体内生长繁殖。曲霉菌的孢子抵抗力很强,当垫草(料)、饲料严重污染时,鸡吸入一定量的孢子便可引起发病。雏鸡对本病易感且常表现群发和急性经过,成年鸡有一定的抵抗力,呈散发和慢性感染。雏鸡以4～12日龄最为易感。本病以呼吸道感染为主,有的因种蛋污染可导致出壳不久的鸡群发病,有的因孵化器、出雏器和孵化室被曲霉菌严重污染而引起1日龄雏鸡感染发病,多数情况下典型的病例见于5日龄以后。1月龄时本病基本平息。

【临床表现】　幼雏发病多呈急性经过,可见呼吸困难,喘气,呼吸促迫。病雏羽毛逆立,对外界刺激反应淡漠,嗜睡,食欲明显减少或不食,饮欲增加。常伴有腹泻症状,病鸡明显消瘦。当侵害眼睛时,可出现一侧或两侧眼球发生灰白色混浊,或引起眼部肿胀,眼睑下有干酪样分泌物。病鸡发病后2～7天死亡,慢性者可达2周以上。死亡率高达50％以上。种蛋被污染可降低孵化率。成年鸡感染发病,病程长,多为慢性经过,有类似喉气管炎的症状,产蛋量下降,死亡率低。

【病理剖检】　本病以侵害肺脏为主,典型病例在肺部可见小米粒大至绿豆大小的黄白色或灰白色结节,质地较硬。同时,常伴有气囊壁增厚,壁上见有相同大小的干酪样斑块。随病程发展,气囊壁明显增厚,干酪样斑块增多、增大,有的融合在一起。后期病例可见在干酪样斑块上以及气囊壁上形成灰绿色霉菌斑。严重病例在腹腔、浆膜、肝、肾等表面有灰白色结节或灰绿色斑块。

综上所述,饲料、垫草等的严重污染、发霉,雏鸡多发且呈急性经过,病雏以呼吸困难为主要特征,死后剖检在肺部、气囊等部位可见灰白色结节或霉菌斑块。

【防　治】　加强平时的预防措施是防治本病的关键。另外,地面平养鸡舍内的饲槽、饮水器周围极易孳生霉菌,可经常改变饲槽、饮水器的放置地点。在潮湿、闷热、多雨季节要采取有力措施,防止饲料、垫草发霉。饲槽、饮水器要经常刷洗、消毒。同时,加强鸡舍通风,最大限度地减少舍内空气中霉菌孢子的数量。

本病发生后应迅速查清原因并立即排除,让鸡群脱离被曲霉菌严重污染的环境,是减少新发病例、有效控制本病继续蔓延的关键。在此基础上自鸡群中挑出病鸡,严重病例可扑杀、淘汰。症状轻的以及同群鸡可用 1∶20 000 的硫酸铜溶液代替全部饮水,供鸡只自由饮用,有一定效果。种鸡可考虑应用制霉菌素或两性霉素 B 进行治疗。为防止继发感染,在饮水中可适量添加抗生素。

第二章 鸡寄生虫病

第一节 鸡寄生虫病概述

一、寄生与寄生虫

在自然界中,2种生物共同生活的现象很普遍,这种现象是生物长期进化过程中逐渐形成的,称之为共生。由于共生双方的关系不同,一般可分为片利共生、互利共生和寄生3种情况。片利共生是指共生过程中的2种生物,一方受益,另一方不受益也不受损害;互利共生是指共生过程中的2种生物,互相依赖,彼此受益;寄生是指共同生活在一起的2种生物,一方受益,另一方遭受到不同程度的损害,甚至导致死亡。寄生中的2种生物,受益的一方叫寄生物,受损害的一方叫宿主。寄生物有动物和植物之分,动物性寄生物就叫寄生虫,如寄生于鸡小肠中的蛔虫、寄生于鸡气管中的比翼线虫等。

二、寄生虫的类别

寄生虫可分为吸虫、绦虫、线虫、棘头虫、蜘蛛昆虫和原虫6大类,其中的前4大类寄生虫又合称为蠕虫。吸虫和绦虫在分类学上属于扁平动物门,线虫属线形动物门,棘头虫属棘头动物门,蜘蛛昆虫属节肢动物门,原虫属于原生动物门。

(一)吸虫 绝大多数吸虫背腹面扁平如叶片状,也有一些吸虫的体型近似圆柱状,少数种类呈长线状。虫体的大小,因种类不同差异很大。小的仅0.3毫米,如异形吸虫,大的长达75毫米以上，如姜片吸虫。

吸虫一般呈灰白色，前部具有由特殊肌肉组成的、有收缩功能的口吸盘，用以固着在宿主的组织上。口吸盘的底部有口孔，通消化道。很多种吸虫除口吸盘外，还有一个位于虫体前部腹面的腹吸盘；有些吸虫的腹吸盘位于虫体的后端，称后吸盘。腹吸盘或后吸盘都是局限于虫体表面浅层的特殊肌肉组织，只起固着作用，与内部器官无关（图 4-2-1）。

吸虫的体表被有皮肤肌肉囊，由角质层、角质下层和肌肉层所组成，皮肤肌肉囊包裹着内部的柔软组织。各种内部器官皆埋置在柔软组织中。

吸虫的内部器官有消化系统、排泄系统、生殖系统、神经系统。吸虫无体腔，大多数是雌雄同体，发育史复杂，需要 2 个或 2 个以上的不同宿主。

（二）绦虫　虫体外观呈背腹面扁平的带状，乳白色，分节，由数个至上千个节片组成。虫体最前端是头节，紧接头节是 1 个较狭细的颈节，再后即为节片（图 4-2-2）。头节上有 4 个吸盘或 2 条吸沟，具有吸附功能。有些绦虫头节顶端生有顶突，顶突上长有小钩；有些种类的吸盘口还长有小钩。节片因内部生殖器官发育程度的不同可分为 3 种：靠近颈节部分的节片，其生殖器官尚未发育，称为未成熟节片；从此往后的生殖器官已发育的节片，称成熟节片；再往后的节片，其内部的一部分或全部已被蓄满虫卵的子宫所填充，生殖器官的其他部分已部分或全部萎缩，称为孕卵节片。孕卵节片可以脱离虫体，随宿主粪便排到外界。孕卵节片陆续脱落，由颈节所生的节片依次向后推移。

不同种类的绦虫长度差异甚大，最长的可达 12 米，最短的只有 0.5 毫米。绦虫没有体腔，也没有消化系统，靠体表吸收营养物质。雌雄同体。其每个成熟节片内有雌雄生殖器官，有的种类有 1 组，有的种类有 2 组。生殖孔开口于节片的边缘上。雌雄生殖

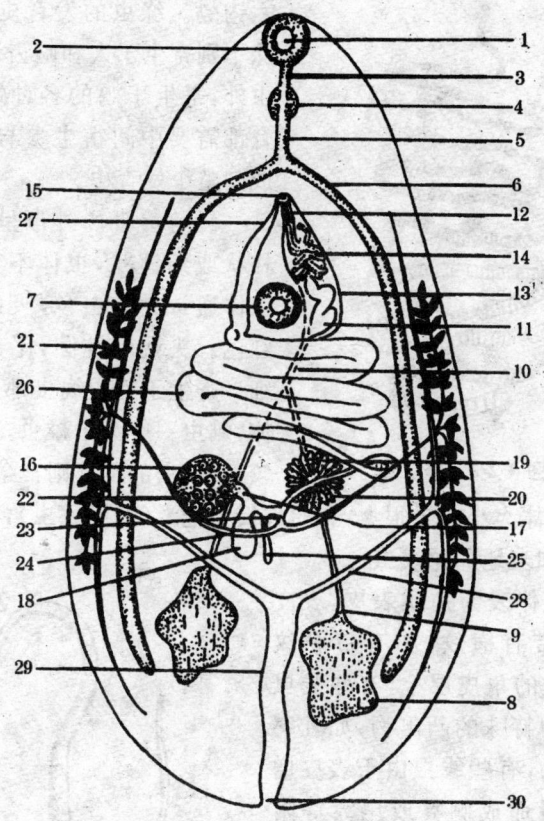

图 4-2-1　吸虫成虫(模式图)

1. 口　2. 口吸盘　3. 前咽　4. 咽　5. 食管　6. 盲肠

7. 腹吸盘　8. 睾丸　9. 输出管　10. 输精管　11. 贮精囊

12. 雄茎　13. 雄茎囊　14. 前列腺　15. 生殖孔　16. 卵巢

17. 输卵管　18. 受精囊　19. 梅氏腺　20. 卵膜　21. 卵黄腺

22. 卵黄管　23. 卵黄囊　24. 卵黄总管　25. 劳氏管

26. 子宫　27. 子宫颈　28. 排泄管　29. 排泄囊　30. 排泄孔

器官的构造与吸虫的大致相同。成熟的虫卵内含有 1 个幼虫,叫

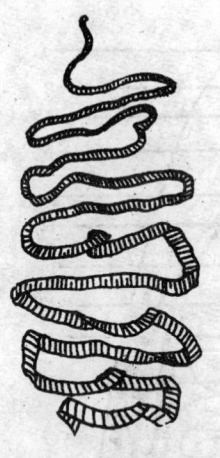

图 4-2-2　绦　虫

六钩蚴。绦虫的发育史较复杂，除个别寄生于人和啮齿动物的绦虫外，寄生于鸡的各种绦虫的发育都需要中间宿主参与，才能完成其整个发育史。

（三）线虫　外形呈线状、圆柱状或纺锤状，虫体不分节。活虫体通常为乳白色，吸血的常带红色。头端较钝圆，尾部通常尖细。寄生于鸡的线虫都是雌雄异体，雌虫一般大于雄虫，尾部大多较直，雄虫的尾部则常蜷曲（图 4-2-3）。虫体大小差异很大，有的长仅 1 毫米（如旋毛虫），有的长达 1 米多（如麦地那龙线虫）。

线虫体表为角质表皮，表皮光滑或带有横纹，亦有带纵纹者。体表的角皮层上，有些线虫具有各种特殊的凸出物，如乳突状凸出物，有些线虫由于表皮增厚或延展而成侧翼或尾翼等附属物。

线虫有假体腔（无上皮细胞腔膜），内部器官如消化、生殖等系统均包在此腔内。雌雄生殖器官均为简单弯曲的管状构造，其各个器官均彼此连通，仅在形态上略有区别。线虫大多是卵生的，有的是卵胎生或胎生的。

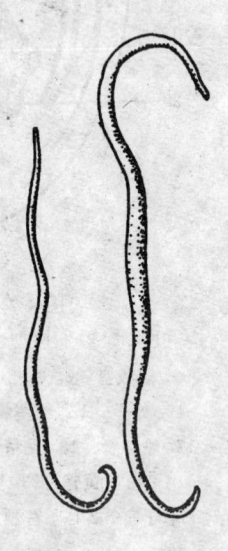

图 4-2-3　线　虫

幼虫一般经 1 次或 2 次蜕化后才能对终末宿主有感染性(侵袭性),这种幼虫称之为感染性幼虫(侵袭性幼虫)。如果有感染性幼虫仍留在卵壳内不孵化的,称这种虫卵为感染性虫卵。线虫在发育过程中有的需要中间宿主参与,有的则不需要。前者的发育形式称为间接型发育,后者称之为直接型发育。

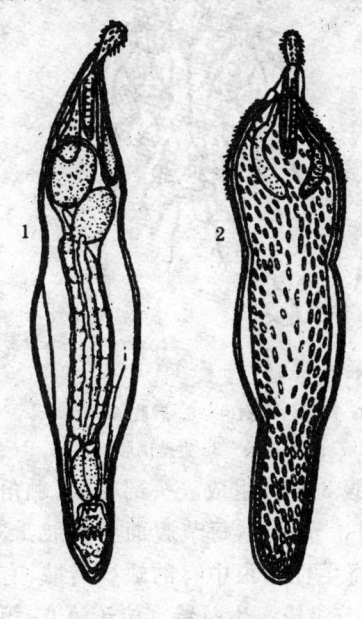

图 4-2-4　大多形棘头虫

1. 雄虫　2. 雌虫

(四)棘头虫　寄生于鸡肠道的棘头虫有大多形棘头虫、小多形棘头虫、鸭细颈棘头虫等。大多形棘头虫体呈橘红色、纺锤形、虫体长 7.2～14.7 毫米,虫体宽 1.3～2.3 毫米(图 4-2-4);小弓形棘头虫虫体较小,也呈纺锤形;鸭细颈棘头虫虫体呈白色,纺锤形虫体亦较小。棘头虫生活史必须在中间宿主参与下才能完成。棘头虫以吻突钩牢固定附着在肠黏膜上,引起卡他性炎症,有时吻突穿达肠壁肠浆膜层,在固着部位出现溢血和溃疡,容易造成其他病原菌的继发感染。

(五)蜘蛛昆虫　虫体两侧对称,被有外骨骼,体分节,有分节的附肢。虫体分头、胸、腹 3 部分,有的可能完全融合(如蜱、螨),体腔内充满血液,故称血腔。体内有消化、排泄、循环和生殖系统。雌雄异体。

1. **蛛形纲**　虫体没有触角和翅,有眼或无眼。体融合为一体

（蜱、螨）或分胸部和腹部（蜘蛛）。成虫有 4 对肢，幼虫只有 3 对肢。与鸡有关的是蜱和螨。蜱、螨的身体区分为假头（即口器）和躯体，假头凸生于躯体前端（图 4-2-5）。发育多为不完全变态，经卵、幼虫、若虫和成虫 4 个阶段。

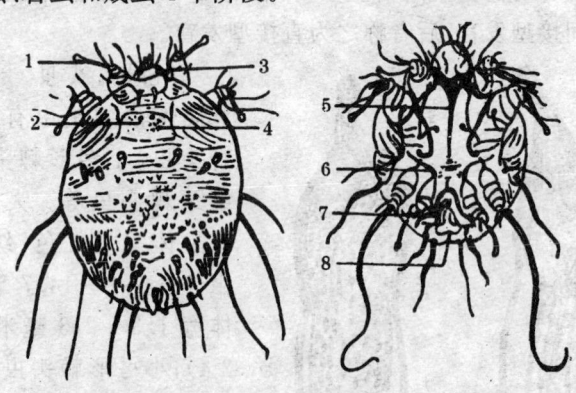

图 4-2-5　疥　螨
1. 吸垫　2. 气孔原基　3. 假头　4. 胸甲　5. 后肢条
6. 第三及第四脚的后条　7. 生殖围条　8. 生殖围膜

2. **昆虫纲**　虫体由头、胸、腹 3 部分组成。头部有眼、触角和口器。胸部由前胸、中胸和后胸 3 节组成，每节腹面各有肢 1 对。中、后胸的背侧各有 1 对翅，在寄生性昆虫中有的缺少后肢，有的完全没有翅。腹部一般由 10 个节组成。生殖器官位于第八、第九节处。与鸡有关的主要是羽虱。常见的种类有：鸡长羽虱、异形圆腹虱、鸡圆羽虱（图 4-2-6）、鸡角羽虱、鸡羽干虱、草黄鸡体虱。羽虱以羽毛、绒毛及麦皮鳞屑为食。使鸡发生奇痒和不安，因啄痒而伤及皮肉，羽毛脱落，常引起食欲不佳，消瘦和生产力降低。鸡头虱对雏鸡危害最重。

（六）原虫　为一种单细胞动物。虫体微小，有的只有1～2微米，有的达 100～200 微米，要借助显微镜方能看见。原虫的形态因种类不同而各不相同，即使同一个种有时也表现多样形态。寄生性

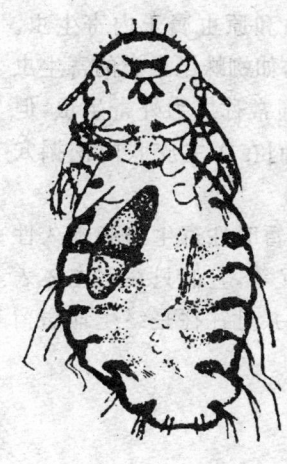

图 4-2-6　鸡圆羽虱

原虫都是专性寄生虫,对宿主有一定的选择性,或者说有一定的宿主范围。寄生于鸡的原虫主要有组织滴虫、鸡球虫(图 4-2-7)、鸡住白细胞虫。每个原虫由细胞膜、细胞质和细胞核构成,具有与多细胞动物相似的各种生理活动。细胞质分内质和外质,内质具有营养和生殖的功能,外质有运动、摄食、排泄、呼吸和保护等功能。细胞核由核膜、核质、核仁和染色粒等构成,具有生命活动的特殊功能。

寄生性原虫的繁殖方式有无性和有性 2 种,它们的发育史各不相同。有的不需要中间宿主或传播者参与就能完成整个发育史,如球虫;另外一些种类,需要 2 个宿主,其中一个既是它发育中的固需宿主,又是它的传播媒介——传播者。有一类传播者称为生物性传播者,原虫需在其体内发育;另一类传播者为机械性传播者,原虫并不在其体内发育,只起到机械的传播作用。

根据在宿主体上寄生的部位,寄生虫可分为内寄生虫和外寄生虫。内寄生虫寄生于宿主的内部器官,其中以寄生于消化系统为最多,呼吸、泌尿、神经、循环系统及肌肉组织、

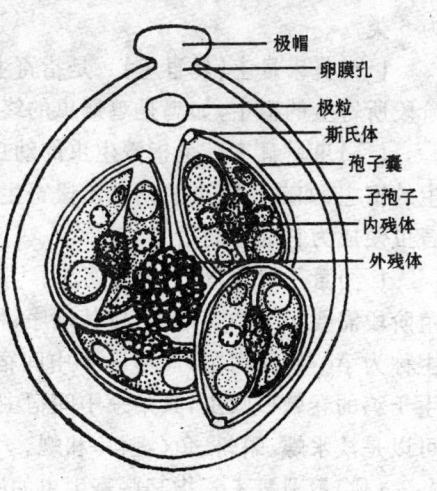

　　　　　　　　　　　　极帽
　　　　　　　　　　　　卵膜孔
　　　　　　　　　　　　极粒
　　　　　　　　　　　　斯氏体
　　　　　　　　　　　　孢子囊
　　　　　　　　　　　　子孢子
　　　　　　　　　　　　内残体
　　　　　　　　　　　　外残体

图 4-2-7　艾美耳属球虫孢子化卵囊

淋巴系统和体腔等处也都有寄生,如蠕虫和原虫属于内寄生虫。外寄生虫寄生于宿主的皮肤、毛发等体表,如蜘蛛昆虫类的寄生虫属于外寄生虫。有个别的寄生虫我们虽通常称之为外寄生虫,但实际上它们寄生于宿主体内,如疥螨,它们在宿主皮肤内挖掘穴道,在穴道中生活。

从寄生虫之寄生时间的长短来说,有暂时性寄生虫和永久性寄生虫之别。属于前者的如蚊子、臭虫、虻等,它们只在宿主体表短暂地吸血。永久性寄生虫是指长期地、并且往往是终生地居留在宿主体内,如许多的蠕虫和原虫。

三、宿主的类型

人、动物和植物都可作为寄生虫的宿主。不同种的寄生虫已形成在1种或多种宿主寄生的宿主特异性。已完成寄生生活适应过程的寄生虫,其宿主较为专一;而还在适应寄生生活过程中的寄生虫,其宿主则较多。因此,按寄生虫发育的特性,宿主类型可分为6类。

(一)终末宿主(终宿主)　是指寄生虫的成虫期或其有性生殖阶段所寄生的宿主,如鸡是鸡蛔虫的终末宿主。

(二)中间宿主　是指寄生虫的幼虫期或营无性生殖阶段所寄生的宿主,如前殖吸虫的幼虫阶段寄生在蜻蜓若虫体内发育,蜻蜓若虫便成为它的中间宿主。

(三)第二中间宿主(补充宿主)　某些寄生虫在幼虫或无性生殖阶段需要2个中间宿主,按其顺序,将幼虫寄生的前一个中间宿主称为第一中间宿主,而后一个中间宿主为第二中间宿主。如寄生于鸡的卷棘口吸虫,其第一中间宿主是淡水螺,而第二中间宿主可以是淡水螺、蝌蚪、鱼(鲤科)和蚬。

(四)贮藏宿主　指某些寄生虫的感染性幼虫转入一个并非它们进行发育所需要的动物体内,但保持着对终末宿主的感染力,成为寄生虫病的感染源。如寄生于鸡盲肠中的异刺线虫,产出的虫卵随粪便排出体外,在外界发育成为感染性虫卵。鸡食入此类虫卵即遭感染。蚯蚓摄入此类虫卵、幼虫在其体内不发育,但可长期生存。鸡啄食此类蚯蚓可感染异刺线虫,所以蚯蚓成为鸡异刺线虫的贮藏(传递)宿主。

(五)保虫宿主 某些主要寄生于某种宿主的寄生虫有时也可寄生于其他一些宿主,但不是那么普遍。从流行病学的角度看,通常把这些不常被寄生的宿主称为保虫宿主。

(六)带虫宿主 某种寄生虫在感染宿主机体之后,随着机体抵抗力增强或通过药物驱虫,宿主处于隐性感染阶段,对寄生虫保持一定的免疫力,临床上不显症状,但体内保留有一定数量的寄生虫,这样的宿主称为带虫宿主。将宿主的这种状况称为带虫现象。带虫宿主不断地向环境中散布病原,成为某些寄生虫病的重要感染来源。

四、寄生虫病的感染来源和途径

(一)感染来源 通常是指寄生有某种寄生虫的带虫宿主、保虫宿主以及某些贮藏宿主,其体内的病原(虫体、虫卵、幼虫)通过粪、尿、痰、血液和其他排泄物、分泌物不断排到体外,污染外界环境,然后经过一定的途径转移给易感动物或中间宿主。

(二)感染途径 指病原从感染来源感染给易感动物所必须经过的途径。寄生虫的感染途径有如下 4 种。

1. 经口感染 蠕虫大多数寄生于鸡的消化道或其附属脏器内,其次是呼吸和泌尿系统,还有寄生于消化道的原虫。它们的虫卵、幼虫和虫体或虫体断片通常和粪便一起排出,污染牧场、饲料和饮水,鸡采食或饮水时经口感染某些寄生虫。它是寄生虫感染中最为常见的途径。

2. 经皮肤感染 寄生虫的感染性幼虫钻进宿主皮肤,侵入宿主体内而感染。

3. 节肢动物传播感染 某些寄生虫需要节肢动物为中间宿主,或是经节肢动物传播。如赖利绦虫需蚁类作为中间宿主,裸头科绦虫需土壤螨作为中间宿主。

4. 接触感染 大部分寄生在鸡体表的蜘蛛昆虫(螨、虱等)是靠宿主互相直接接触,或通过用具等的间接接触,将病原由病鸡感染给健康鸡的,如鸡羽虱等。

上述感染途径,有的寄生虫只固定1种,有的则有2种。

五、寄生虫对宿主的损害

寄生虫对宿主的损害是多方面的,通常表现在以下几个方面。

(一)掠夺宿主的营养 寄生虫在宿主体内寄生时,其全部营养需求均取自宿主,结果使宿主营养缺乏、消瘦和贫血等。这种损害,在寄生虫寄生数量多、宿主营养状况较差的情况下,就更为明显。

(二)机械性损害 寄生虫对宿主的机械性损害,可归纳为损伤、阻塞和压迫3种情况。

1. 损伤 有许多寄生虫在宿主体内寄生时,以其口囊、切板、牙齿、钩、棘等器官损伤宿主的黏膜组织,以吸食血液和吞食细胞组织。如蛔虫、圆形线虫等的幼虫在宿主体内移行,从而引起组织器官的严重损伤,造成炎症和溃烂。

2. 阻塞 寄生虫大量寄生时,常在寄生部位结成团而造成阻塞。如鸡蛔虫造成小肠阻塞,气管比翼线虫阻塞气管等。

3. 压迫 有一些寄生虫在宿主体内寄生时,不断生长发育,体积不断增大,因而压迫相邻的组织器官,导致这些组织器官功能障碍或萎缩。

(三)毒素作用 有些寄生虫能分泌一些特有的毒素,另一些寄生虫则是以其本身新陈代谢产物对宿主起毒害作用。宿主中毒后,引起生理功能的紊乱而呈现各种临床症状。

（四）引入其他病原微生物 许多寄生虫在宿主皮肤或黏膜等处造成损伤，给其他病原微生物的侵入创造了条件。

六、寄生虫病防治

寄生虫病防治首要的是贯彻"预防为主"，"防重于治"的方针，抓住造成寄生虫病流行的 3 个基本环节。

（一）控制和消灭传染来源 一方面要及时治疗病鸡，驱除杀灭其体内或体表的寄生虫，同时防止治疗过程中扩散病原。另一方面要根据各种寄生虫的生长发育变化的规律，有计划地进行药物驱虫。根据目的的不同，可分为治疗性驱虫和预防性驱虫 2 种。治疗性驱虫主要是作为恢复鸡健康的紧急措施，只在治疗寄生虫病时进行。因此，可在任何季节进行。预防性驱虫是依据地区性寄生虫病的流行规律，按预先制定的驱虫计划而进行，多在每年中一定时间内进行 1～2 次驱虫工作，目的在于避免某种寄生虫病的发生。驱虫药物剂量与治疗性驱虫相同。对大多数蠕虫病来说，秋末冬初驱虫是最为重要的，因为此时一般是鸡体质由强转弱的时节，这时驱虫有利于保护鸡的健康；另外，此期不适宜虫卵和幼虫的发育。所以，秋末冬初驱虫可以大幅度地减少鸡舍的污染。

几乎所有的驱虫药都不能杀死蠕虫子宫中或已排入消化道或呼吸道中的虫卵。所以，驱虫后含有崩解虫体的粪便排到外界环境中就可造成严重的污染。因此，要使驱虫成为消除寄生虫对宿主的危害又能保护环境不受污染，则必须尽力做到以下几点。

第一，驱虫应在有隔离条件的场所进行。如对于某些原虫病应当查明带虫动物，采取治疗、隔离检疫等措施，防止病原的散布。

第二，动物驱虫后应有一定的隔离时间，直到被驱出的寄生虫排完为止，一般应有 2～3 天。

第三，驱虫后排出的粪便应堆积发酵，利用生物热（粪便中温度可达 55℃～70℃）杀死虫卵和幼虫，这既可以使粪便达到无害化，又不降低粪便作为肥料的质量。

（二）切断传播途径　鸡通常是由于采食、互相接触或经吸血昆虫媒介的叮咬而感染各种寄生虫病。为了减少或消除感染机会，要经常搞好舍内及环境卫生。搞好环境卫生是减少感染和预防感染的措施。在一般概念中，"减少"和"预防"是使宿主尽可能地避开感染源或与感染源相隔离。前面已提到，对大多数蠕虫和寄生于消化道的原虫来说，粪便是虫卵或幼虫排出的途径，即是宿主感染的来源。所以，加强鸡舍的清洁卫生，粪便堆积发酵进行无害化处理，是搞好环境卫生的关键措施。

（三）保护易感动物　搞好日常的饲养管理，提高鸡群的抗病能力，是预防工作的重点。

第二节　鸡寄生虫病各论

一、前殖吸虫病

本病是由前殖属的多种吸虫寄生于鸡的输卵管和法氏囊中而引起。该虫还可见于直肠和泄殖腔中。常呈地方性流行。全国各地均有发生，以华东、华南地区较为多见。各种年龄的鸡均可感染，多发生于春、夏两季。

【临床表现】　病初期，蛋鸡产蛋正常，但蛋壳软而薄，易破，进而产蛋量下降，逐渐产出畸形蛋，有时仅排出卵黄或少量蛋白。随着病情发展，患鸡食欲减退，渐进性消瘦，羽毛粗乱、脱落，产蛋停止。患鸡常留在鸡窝内，有时从泄殖腔排出卵壳的碎片或流出类似石灰水样液体。重症鸡可死亡。发生腹膜炎时，体温升高。

【病原检查】　常用水洗沉淀法检查粪便。虫卵比较小，椭圆形，棕褐色，前端有一卵盖，后端有一小突起。大小为26～32微米×10～15微米。内含一毛蚴。

水洗沉淀法：取粪便 10～20 克，放入烧杯或其他容器内，加清水少量，捣成泥状，再加清水 200～300 毫升充分搅拌，通过 2 层纱布过滤到另一烧杯内，静置 15～20 分钟后倾出上清液，留下沉渣，再加清水 200～300 毫升充分搅拌，静置后再倒去上清液。如此反复数次，直到上清液无色透明为止。最后倾去上清液，用吸管吸取沉渣，滴 1 滴在载玻片上，加上盖玻片，置显微镜下（100 倍）检查。

【病理剖检】 主要病变为输卵管发炎，输卵管黏膜充血、增厚，黏液增多，在管壁上可找到虫体。发生腹膜炎时，在腹腔内有大量黄色浑浊的渗出液，有时出现干性腹膜炎。

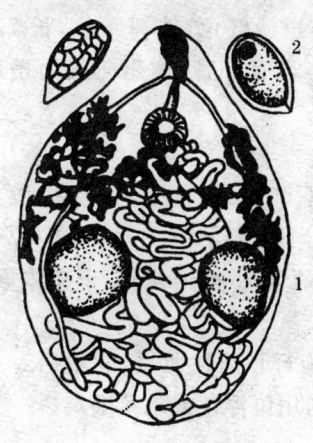

图 4-2-8 前殖吸虫及虫卵
1. 虫体 2. 虫卵

虫体扁平，外观呈梨形，新鲜虫体呈鲜红色。长约 5 毫米，宽 2 毫米，较透明，内部器官清晰可见（图 4-2-8）。

【防 治】

1. 早期治疗 可用下列方法：①四氯化碳 2～3 毫升/只，用细胶管插入食管一次灌服，或用注射器做嗉囊一次注射。②六氯乙烷 0.2～0.5 克/只，混入饲料中喂给，每日 1 次，连用 3 天。③丙硫苯咪唑 100 毫克/千克体重，混入饲料中一次喂给。④吡喹酮 50 毫克/千克体重，混入饲料中一次喂给。

2. 定期普查 本病一般流行于 5～7 月份，故宜在春末夏初普查鸡群，发现病鸡及时隔离并给予治疗。

二、棘口吸虫病

本病是由棘口科的棘口属、棘缘属、低颈属和棘隙属的各种吸虫寄生于鸡直肠、盲肠和小肠中而引起。我国江苏、浙江、福建、广东、广西、云南、四川和天津等地普遍存在。本病对雏鸡危害较大。棘口吸虫病病原种类多，以棘口属的卷棘口吸虫为多见。

【临床表现】　患鸡消化功能障碍，食欲减退或废绝，腹泻，贫血，消瘦，生长发育受阻或停滞，常因极度衰弱而死亡。

【病原检查】　可用直接涂片法或水洗沉淀法进行粪便虫卵检查。虫卵呈椭圆形，金黄色，大小为114～126微米×64～72微米，前端有卵盖，内含一卵细胞。

【病理剖检】　虫体寄生部位的肠道黏膜上附着许多虫体，引起黏膜损伤、发炎和出血。新鲜虫体呈淡红色，桉树叶状，长7.6～12.6毫米，宽1.26～1.6毫米。体表有小棘，体躯向腹面稍弯曲，头冠发达（图4-2-9）。

【防　治】

（1）治疗　可用下列方法：①硫双二氯酚（别丁）100毫克/千克体重，拌入饲料中一次喂给。②氯硝柳胺（灭绦灵）100毫克/千克体重，拌入饲料中一次喂给。③丙硫苯咪唑20毫克/千克体重，拌入饲料中一次喂给。

（2）预防　在流行地区，对雏鸡施行预防性驱虫，驱虫后2～3日内排出的粪便应堆积发酵处理。勿用鲜浮萍或水草喂鸡。

三、背孔吸虫病

本病是由背孔科的背孔属和下殖属的多种吸虫寄生于鸡的盲肠和直肠内而引起。背孔吸虫种类很多，常见的为细背孔吸虫。此虫分布于全国各地，南方的鸡群很常见。

【临床表现】　病鸡腹泻，稀便中常带粉红色黏液，渐进性消瘦和贫血，食欲不振，营养不良，生长发育迟缓，严重者可发生死亡。

【病原检查】　可用水洗沉淀法或饱和食盐水漂浮法进行粪便虫卵检查。虫卵椭圆形，很小，大小为15～21微米，两端各有1条

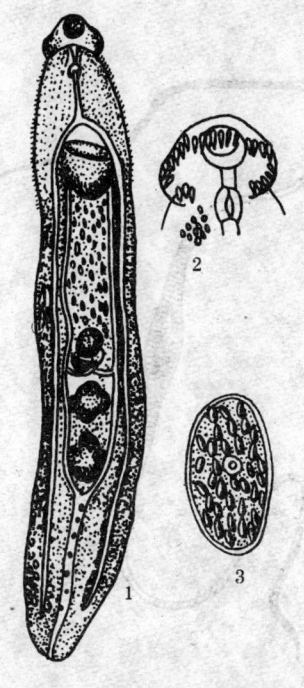

图 4-2-9 卷棘口吸虫及虫卵
1. 成虫 2. 成虫头冠 3. 虫卵

卵丝,其长度约为 0.26 毫米。

饱和食盐水漂浮法:取供检粪便 5～10 克,放入烧杯中,加入少量饱和食盐水(38%食盐水溶液),用玻璃棒搅拌成泥状,再添加饱和食盐水 100～150 毫升,充分搅匀后通过 2 层纱布过滤到另一烧杯中。滤液静置 20～30 分钟,待虫卵上浮,然后用一直径为 5～10 毫米的铁丝圈在滤液表面蘸取表面液膜,将液膜抖落于载玻片上,加盖玻片,置显微镜下检查。

【病理剖检】 可见盲肠黏膜损伤、发炎,黏液增多,黏膜面可发现虫体。

虫体呈淡红色,两端钝圆,大小为 2～5 毫米×0.65～1.4 毫米,只有口吸盘,无腹吸盘。腹面有 3 行腹腺,每行有十几个腹腺,呈椭圆形或长椭圆形(图 4-2-10)。

【防　治】 参照棘口吸虫病。

四、后睾吸虫病

本病是由后睾科,次睾属的黄体次睾吸虫寄生于鸡的胆管和胆囊中而引起。我国广东、云南、江西、江苏、北京等地均有发现。

【临床表现】 严重感染的鸡,精神委顿,渐进性消瘦,贫血,消

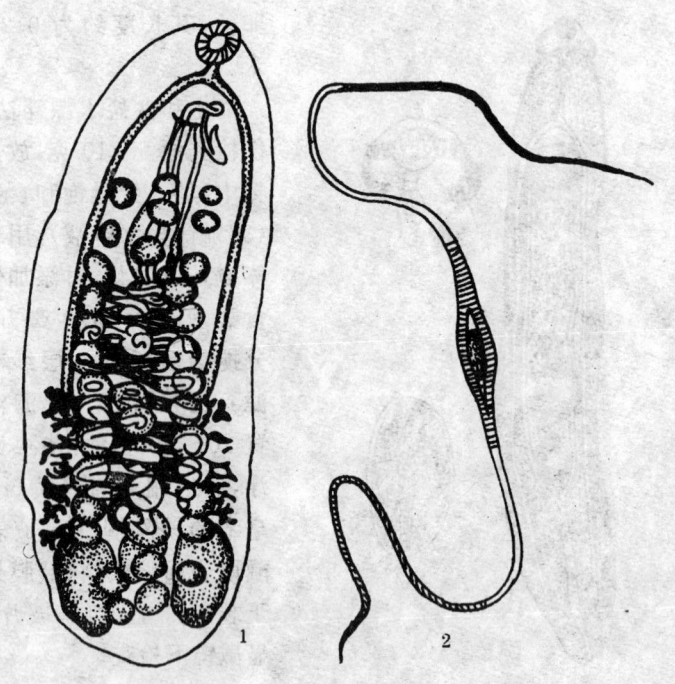

图 4-2-10 细背孔吸虫
1. 成虫 2. 虫卵

化障碍,排稀便,鸡冠发绀。

【病原检查】 可用水洗沉淀法或饱和食盐水漂浮法进行粪检,查找虫卵。虫卵呈椭圆形,卵膜光滑,一端有卵盖,卵的一侧有小棘。卵内含一毛蚴。虫卵大小为 24 微米×13 微米。

【病理剖检】 肝脏肿大,质地坚实,表面有白色小斑点。胆管增粗,胆囊肿大,囊壁增厚,胆汁变质或消失。胆管和胆囊内可发现虫体。虫体小,扁平,叶状,短宽,前端稍尖,后端钝圆,体表具有小棘。虫体大小为 2.3～2.74 毫米×0.6～0.89 毫米(图 4-2-11)。

【防 治】

1. 治疗 可用下列方法:①吡喹酮 20 毫克/千克体重,拌入

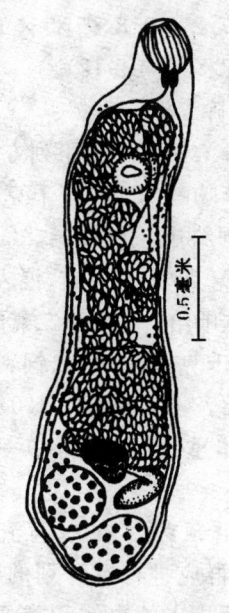

0.5毫米

图4-2-11 黄体次睾吸虫

饲料中一次喂给。②丙硫苯咪唑10毫克/千克体重,拌入饲料中一次喂给。

2.预防 在流行地区,应对鸡群进行定期驱虫;鸡粪应进行发酵处理,以生物热杀灭虫卵;勿在水塘、小河边放牧,以免鸡吃到中间宿主。

五、后口吸虫病

本病是由后口属的鸡后口吸虫寄生于鸡的盲肠中而引起。我国河北、湖北、江苏、广东、福建、台湾等地均有发现。本病多发生在夏季潮湿的地方,雏鸡发病率高,受害较严重。

【临床表现】 病鸡精神沉郁,食欲不振,消瘦,腹泻,稀便中常混有血液,生长受阻,体重减轻,严重感染的可引起死亡。

【病原检查】 可用水洗沉淀法或饱和硫酸镁溶液漂浮法检查虫卵。虫卵小,呈卵圆形,窄端有卵盖。卵内含毛蚴。大小为29～32微米×18微米。

饱和硫酸镁溶液漂浮法:饱和硫酸镁溶液的配制为100毫升清水中加入92克硫酸镁,加温溶解,冷却后备用。此溶液的相对密度为1.26,比饱和食盐水(1.18)大。做虫卵检查时,其具体操作方法与饱和食盐水漂浮法相同。

【病理剖检】 盲肠发红、肿胀,黏膜增厚,有散在的出血点,内容物含有血丝。可发现虫体,虫体附着部位的黏膜有损伤。

虫体呈长舌状,粉红色,体表光滑,腹吸盘和咽发达。虫体大

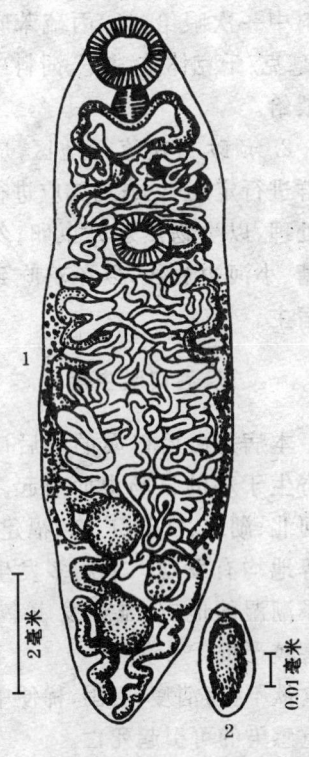

图 4-2-12　鸡后口吸虫及虫卵
1. 虫体　2. 虫卵

小为 7.2～9.8 毫米×1.8～ 2.9 毫米(图 4-2-12)。

【防　治】

1. 治疗　可用下列方法：①丙硫苯咪唑 25 毫克/千克体重，混入饲料中一次喂给。②吡喹酮 15 毫克/千克体重，混入饲料中一次喂给。③硫双二氯酚 100 毫克/千克体重，混入饲料中一次喂给。④氯硝柳胺 100 毫克/千克体重，混入饲料中一次喂给。

2. 预防　在本病流行地区，鸡群应进行有计划的驱虫，驱虫后排出的虫体和粪便应堆积发酵处理。平时的鸡粪应坚持发酵处理，以杀灭虫卵。不到池塘、小溪边放养鸡。

六、楔形变带绦虫病

本病是由变带属的楔形变带绦虫、福氏变带绦虫和少睾变带绦虫寄生于鸡小肠中而引起，其中常见的为楔形变带绦虫。在我国分布于北京、陕西、四川、湖南、福建和云南等地。虫体发育史中以蚯蚓为中间宿主，故放养的鸡易被感染。

【临床表现】　严重感染时，病鸡呈现精神委靡，消化功能紊乱，食欲减少，排稀便，营养不良，生长发育受阻。

【病原检查】　可用饱和食盐水漂浮法检查。虫卵包在卵囊内,每个卵囊含1个虫卵。虫卵近圆形,卵内有六钩蚴,外围有明显的颗粒层。

【病理剖检】 小肠黏膜发炎、有出血点,肠腔内有多量黏液。可发现虫体,虫体固着处黏膜有损伤。

虫体短小,长1～4毫米,由13～21个节片组成,乳白色,节片宽度大于长度,有一尖形的头节,整个虫体呈楔形(图4-2-13)。

【防 治】

1. 治疗 可用下列方法:①吡喹酮10毫克/千克体重,拌入饲料中一次喂给。②氯硝柳胺60毫克/千克体重,拌入饲料中一次喂给。

2. 预防 流行地区,鸡群可采取定期驱虫。鸡粪要进行发酵处理。

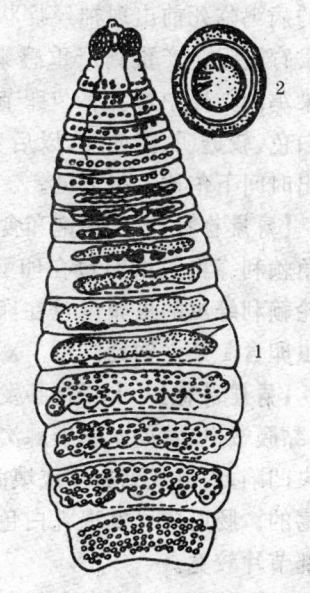

图 4-2-13　楔形变带绦虫及虫卵
1. 虫体　2. 虫卵

七、赖利绦虫病

本病是由赖利属的多种绦虫寄生于鸡的十二指肠中而引起。我国常见的有棘沟赖利绦虫、四角赖利绦虫和有轮赖利绦虫3种。几乎所有养鸡的地方都有这几种绦虫存在。各日龄段的鸡均能感染,17～40日龄的雏鸡易感性最强,死亡率也高。

【临床表现】 严重感染时,病鸡发生消化障碍,下痢,食欲降低,饮欲增加,精神沉郁,不爱活动,两翅下垂,被毛逆立,消瘦,贫血,有时可见黏膜黄染。病雏鸡常因瘦弱或继发其他疾病而死亡,有的病鸡临死前出现神经症状。感染强度较轻的雏鸡，可引起生长发育受阻。产蛋鸡严重感染时可引起产蛋量减少，甚至停产。感染鸡的粪便中常含有孕卵节片。刚排出的孕卵节片呈四边形、乳白色、较透明、能伸缩，以后变成小米粒大的圆球。孕卵节片的排出时间下午比上午多见。

【病原检查】　可用饱和食盐水漂浮法检查。棘沟赖利绦虫和四角赖利绦虫的虫卵包在卵囊中，每个卵囊内含 6～12 个虫卵。有轮赖利绦虫的虫卵也包在卵囊中，每个卵囊内含 1 个虫卵。每个虫卵含 1 个六钩蚴。

【病理剖检】　十二指肠发炎，黏膜肥厚，肠腔内有多量恶臭黏液，黏膜贫血、黄染。感染棘沟赖利绦虫时，肠壁上见有结节，结节中央凹陷，内可找到虫体或填满黄褐色干酪样物，也有变化为疣状溃疡的。肠腔中可发现乳白色、分节的虫体，虫体前部节片细小，后部节片较宽。

棘沟赖利绦虫和四角赖利绦虫是大型绦虫，二者外形和大小很相似，长 25 厘米，宽 1～4 毫米。这 2 种绦虫用肉眼不易区别，鉴别需要在显微镜下观察它们头节的构造。棘沟赖利绦虫头节上的吸盘呈圆形，上有 8～10 列小钩，顶突较大，上有钩 2 列。四角赖利绦虫，头节上的吸盘呈圆形，上有 8～10 列小钩。顶突比较小，上有 1～3 列钩。有轮赖利绦虫较短小，一般不超过 4 厘米长，偶有长达 13 厘米的。头节上的吸盘呈圆形，无钩。顶突宽大肥厚，形似轮状，突出于虫体前端（图 4-2-14）。

【防　治】

1. 治疗　可用下列方法：①硫双二氯酚 150 毫克/千克体重，拌入饲料中一次喂给。②氯硝柳胺 100～150 毫克/千克体重，拌入饲料中一次喂给。③丙硫苯咪唑 20 毫克/千克体重，拌入饲料中一次喂给。④甲苯咪唑 30 毫克/千克体重，拌入饲料中一次喂给。⑤吡喹酮 20 毫克/千克体重，拌入饲料中一次喂给。

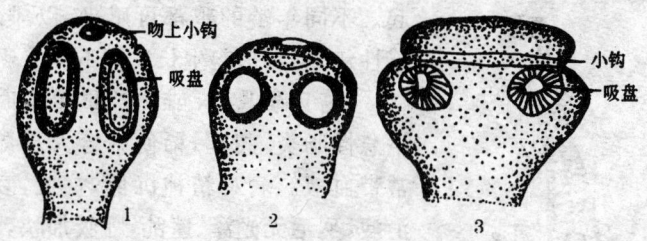

图 4-2-14　赖利绦虫头节

1. 四角赖利绦虫　2. 棘沟赖利绦虫　3. 有轮赖利绦虫

2. 预防性驱虫　在流行地区应进行预防性驱虫,特别是雏鸡,每年进行 2～3 次。

3. 坚持卫生制度　搞好鸡舍环境卫生,粪便进行生物热处理。

八、膜壳绦虫病

本病是由膜壳属的线样膜壳绦虫和分枝膜壳绦虫寄生于鸡小肠中而引起。该虫的中间宿主甲虫和白蚁普遍存在,所以分布广泛。在温暖季节鸡感染率很高,有寄生强度达数千条的记载。

【临床表现】　严重感染时可引起雏鸡生长发育受阻或停滞。

【病原检查】　用饱和食盐水漂浮法进行粪检,查找虫卵。其虫卵内的六钩蚴被橄榄球状的内膜包围着,其两端有颗粒状堆积物。

【病理剖检】　小肠黏膜发炎,肠腔内黏液增多,可发现乳白色虫体。虫体外观像 1 根细线,长 30～60 毫米,由数百个不明显的节片组成(图 4-2-15)。

【防　　治】　同赖利绦虫病。

九、节片戴文绦虫病

本病是由戴文属的节片戴文绦虫寄生于鸡的十二指肠中而引

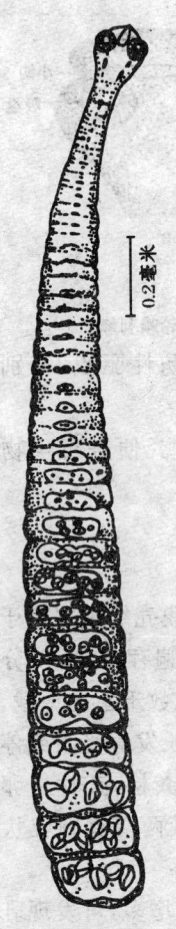

0.2毫米

**图 4-2-15　分枝
膜壳绦虫**

起。不同年龄的鸡都可感染，以雏鸡易感性最强，常引起生长发育不良或死亡。

【临床表现】　雏鸡严重感染时，发生急性肠炎，腹泻，稀便中含大量黏液，常带血液。病鸡精神沉郁，贫血，衰弱，消瘦，羽毛无光泽、蓬乱，呼吸加快，有的两腿麻痹而后波及全身。

【病原检查】　对可疑病鸡群，可用氯硝柳胺驱虫，然后收集粪便，检查有无虫体。

【病理剖检】　可见十二指肠黏膜潮红、增厚，有散在出血点，肠腔中有多量浅红色黏液，可发现大量虫体固着于黏膜上。虫体乳白色，外形似舌状，很小，长仅 0.5～3 毫米，由 3～5 个节片组成，最多不超过 9 个节片，节片由前往后逐个增大(图 4-2-16)。

【防　治】

1. 治疗　可用下列方法：①溴氢酸槟榔素 3 毫克/千克体重，配成 0.1％水溶液饮服。②硫双二氯酚 150 毫克/千克体重，拌入饲料中一次喂给。③丙硫苯咪唑 20 毫克/千克体重，拌入饲料中一次喂给。④吡喹酮 20 毫克/千克体重，拌入饲料中一次喂给。⑤甲苯咪唑 30 毫克/千克体重，拌入饲料中一次喂给。

2. 预防　鸡舍和运动场要保持干燥，及时清除粪便。粪便进行发酵处理。有本病流行的鸡场，每年进行 2～3 次定期驱虫，驱虫后的粪便应进行发酵处理。

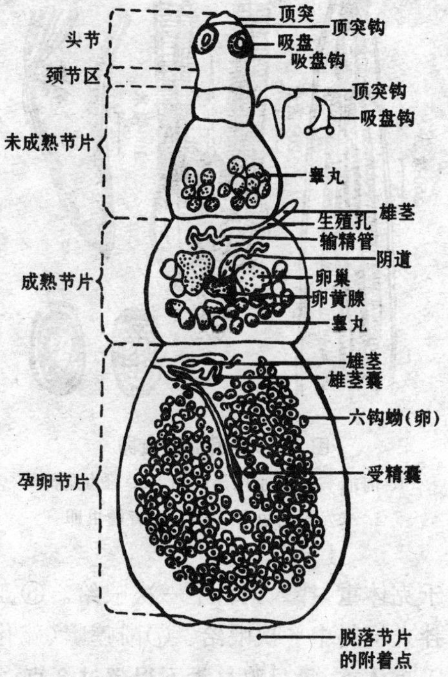

十、鸡蛔虫病

本病是由鸡蛔虫属的鸡蛔虫寄生于鸡小肠中而引起。鸡蛔虫偶见于食管、嗉囊、肌胃、输卵管和体腔中。本病遍布全国各地,是鸡极为常见的寄生虫病,主要危害 2～4 月龄的鸡,引起生长发育迟缓或停滞,甚至发生死亡,造成经济损失。

【临床表现】 病鸡常表现为精神委靡,营养不良,羽毛松乱,鸡冠苍白,行动迟缓,常呆立不动。

图 4-2-16 节片戴文绦虫的成虫

消化功能紊乱,食欲减退,腹泻和便秘交替,稀便中常混有带血黏液。雏鸡生长发育不良,以后逐渐衰弱死亡。严重感染的成年鸡亦表现为腹泻、贫血和生产性能降低等症状。

【病原检查】 常用饱和食盐水漂浮法浮集粪便中的虫卵。虫卵呈扁椭圆形,灰褐色,卵壳 2 层,平滑,大小为 70～90 微米×47～51 微米,新排出时内含单个胚细胞。

【病理剖检】 小肠中除有大量黏液外尚可发现虫体。鸡蛔虫是鸡体内最大的一种线虫,呈黄白色,体表有细横纹。雌虫大于雄虫。雌虫长 65～110 毫米,尾部稍尖。雄虫长 26～70 毫米,尾部有尾翼,尾端尖(图 4-2-17)。

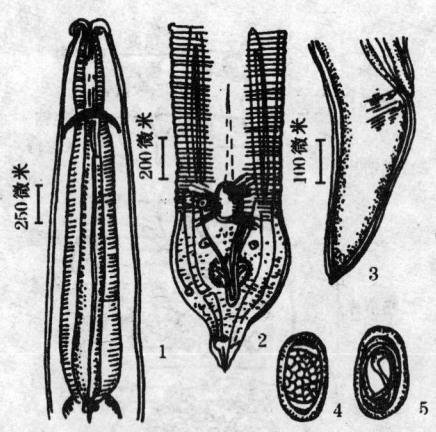

图 17 鸡蛔虫及虫卵
1. 前端 2. 雄虫尾部腹面 3. 雌虫尾部
4. 未发育的虫卵 5. 已发育的虫卵

【防 治】

1. 治疗 可用下列方法：①枸橼酸哌嗪（驱蛔灵）200毫克/千克体重，拌入饲料中一次喂给，或配成0.1％～0.2％水溶液饮服。②磷酸左旋咪唑20毫克/千克体重，拌入饲料中一次喂给。③丙硫苯咪唑5毫克/千克体重，拌入饲料中一次喂给。④噻嘧啶（抗虫灵）60毫克/千克体重，拌入饲料中一次喂给。⑤甲噻嘧啶（保康宁）10～15毫克/千克体重，拌入饲料中一次喂给。⑥亚砜咪唑5毫克/千克体重，拌入饲料中一次喂给。⑦酚噻嗪（硫化二苯胺）500～1 000毫克/千克体重，每只鸡总量不得超过2克，拌入饲料中一次喂给。

2. 驱虫 蛔虫病流行的鸡场，雏鸡于2～3月龄时驱虫1次，当年秋末进行第二次驱虫；成年鸡第一次驱虫在10～11月份，第二次驱虫在翌年春季产蛋季节前1个月进行。病鸡驱虫后2天内排出的粪便应做发酵处理。在每千克饲料中加入25克酚噻嗪，每周1次，有预防效果。

十一、鸡异刺线虫病

本病又称盲肠虫病，是由异刺属的鸡异刺线虫寄生于鸡盲肠中而引起。我国各地均有发现。

【临床表现】 病鸡表现食欲不振或废绝，腹泻，精神沉郁，消瘦，贫血，生长发育受阻，逐渐衰弱而死亡。成年母鸡产蛋量下降或停止。

【病原检查】　可用饱和食盐水漂浮法检查。虫卵呈长椭圆形，灰褐色，2层卵壳，壳厚、光滑，内含单个胚细胞，大小为 50～70 微米×30～39 微米。

【病理剖检】　可见盲肠发炎，黏膜肥厚，上有溃疡灶；在盲肠尖部可发现虫体。鸡异刺线虫细线状，白色，雄虫长 7～13 毫米，尾端尖细（图 4-2-18）；雌虫长10～15 毫米，尾部细长。

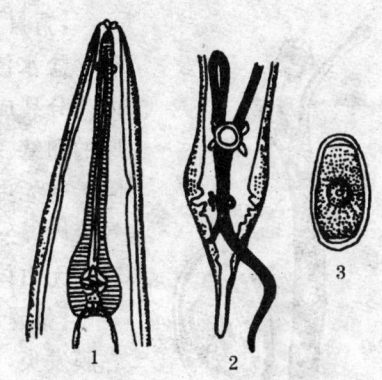

图 4-2-18　鸡异刺线虫
1. 虫体前端　2. 雄虫尾部腹面　3. 虫卵

【防　治】

1. 治疗　可用下列方法：①噻苯唑 500 毫克/千克体重，混入饲料中一次喂给。②硫化二苯胺中雏 0.3～0.5 克/只，成年鸡0.5～1 克/只，拌入饲料中一次喂给。③丙硫苯咪唑 40 毫克/千克体重，拌入饲料中一次喂给。④甲苯咪唑 30 毫克/千克体重，拌入饲料中一次喂给。

2. 预防　应着重抓好计划性驱虫和粪便的无害化处理。

十二、比翼线虫病

本病是由比翼属的气管比翼线虫和斯克里亚宾比翼线虫寄生于鸡气管中而引起。本病常呈地方性流行，主要侵害幼雏，死亡率很高。

【临床表现】　病鸡伸颈，张口呼吸，常左右摇头，甩出黏液（有时可甩出虫体）。精神沉郁，食欲减退或废绝，消瘦，口内充满泡沫性唾液,因呼吸困难,常引起窒息死亡。

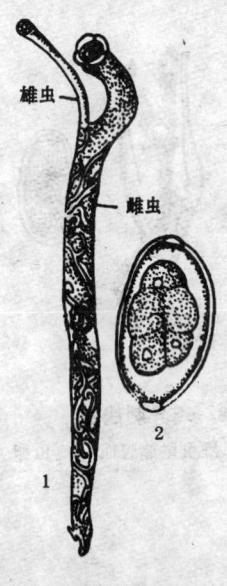

**图4-2-19　气管比翼
线虫及虫卵**

1. 虫体　2. 虫卵

【病原检查】　可用直接涂片法或饱和食盐水漂浮法检查。虫卵呈椭圆形,内含分裂成16~32个的卵细胞,两端有厚的卵塞。张开病鸡口腔,观察其喉头附近有无虫体。或用小棉球杆插入病鸡气管内,轻轻转动几次,从裹出的黏液中看有无虫体。

【病理剖检】　剖检病鸡,可见气管黏膜发炎,管腔内充满红色黏液,黏膜上有被红色黏液包围着的虫体附着。虫体鲜红色,头端大,呈现半球形。雄虫比雌虫细小,并常以其交合伞附着在雌虫阴门部,故永成交配(交合)状态,构成"Y"形(图4-2-19)。

【防　治】

1. 治疗　可用下列方法:①噻苯唑300~500毫克/千克体重,拌入饲料中一次喂给,或按0.05%的比例加入饲料中一次喂给。②丙硫苯咪唑50~100毫克/千克体重,拌入饲料中喂给。③碘片1克,碘化钾1.5克,加1500毫升蒸馏水配制成溶液,雏鸡1~1.5毫升/只,一次气管注射或用细胶管自气管滴入。

2. 预防　保持鸡舍和运动场的干燥、清洁。鸡粪进行发酵处理。流行本病的鸡场,可经常用药物预防。

十三、毛细线虫病

本病是由毛细线虫属的多种线虫寄生于鸡的食管、嗉囊和小肠而引起。我国各地都有发现,严重感染可引起死亡。

【**临床表现**】 严重感染的患鸡,精神委靡,食欲不振,消瘦,头下垂,肠炎,常做吞咽动作。雏鸡和成年鸡均可发生死亡。

【**病原检查**】 可用饱和食盐水漂浮法进行检查。虫卵呈椭圆形,浅黄绿色,两端有卵塞。新排出的卵内含单个卵细胞。

【**病理剖检**】 轻度感染,可见嗉囊和食管壁或小肠有轻微炎症;严重感染时,炎症显著,黏膜增厚,并有黏液脓性分泌物和黏膜脱落或坏死等病变,黏膜上覆盖着气味难闻的纤维蛋白性坏死物。在食管、嗉囊或小肠内出血的黏膜中有大量虫体,在虫体寄生部位的组织中有不太明显的虫道。

虫体细小,呈毛发状,虫体前部比后部细。环形毛细线虫(有轮毛细线虫),前端有一球状的角皮膨大(图 4-2-20),寄生于鸡的嗉囊和食管黏膜上。鸽毛细线虫(封闭毛细线虫)雄虫尾部两侧有铲

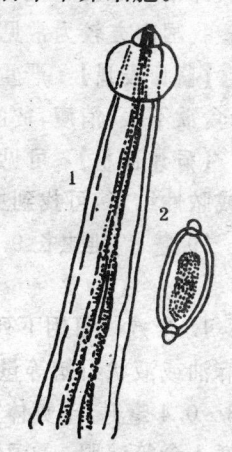

图 4-2-20 环形毛细线虫
1. 头端 2. 虫卵

状的交合伞,寄生于鸡小肠黏膜上。膨尾毛细线虫雄虫尾部侧面各有一大而明晰的伞膜,寄生于鸡小肠黏膜上。

【**防 治**】

1. 治疗 可用下列方法:①磷酸左旋咪唑 20~25 毫克/千克体重,拌入饲料中一次喂给,或用 0.05% 的比例拌入日粮中让鸡自由采食。②甲苯咪唑 50 毫克/千克体重,拌入饲料中一次喂给。③甲氯啶(美沙利啶)25 毫克/千克体重,用蒸馏水稀释成 10% 溶液皮下注射。④哈乐松 50 毫克/千克体重,拌入饲料中一次喂给。

2. 预防 在本病流行的鸡场,可实施预防性驱虫措施,同时做好鸡粪的无害化处理。

十四、钩唇头饰带线虫病

本病又称斧钩华首线虫病、钩状唇旋线虫病、扭状胃虫病,是由头饰带属的钩唇头饰带线虫寄生于鸡的肌胃角质层下方而引起。我国南方较为常见,北方也有发现。

【临床表现】 严重感染的病鸡精神沉郁,缩颈垂翅,羽毛蓬乱,食欲不振,消瘦,贫血,腹泻。有时引起雏鸡急性死亡。

【病理剖检】 可见肌胃黏膜呈现出血性炎症,肌层形成干酪性或脓性结节,可找到虫体。虫体细线状,白色,两端尖细,雌虫长16~19毫米,雄虫长9~14毫米。

【防 治】

1. 治疗 可用下列方法:①四氯化碳 0.5 毫升/千克体重,用蓖麻油或液状石蜡等量稀释后,小胶管插入食管灌服。②松节油0.3~0.4 毫升/千克体重,用等量液状石蜡或蓖麻油稀释后,细胶管插入食管灌服。③丙硫苯咪唑 5~10 毫克/千克体重,拌入饲料中喂给,1 日 1 次,连用 2~3 次。④噻苯唑 500 毫克/千克体重,拌入饲料中一次喂给。⑤甲氧嘧啶 25 毫克/千克体重,以蒸馏水配成 10% 的溶液一次皮下注射。

2. 预防 在本病流行的鸡场,对雏鸡可做预防性驱虫。粪便进行发酵处理。

十五、长鼻分咽线虫病

本病又称螺旋咽饰带线虫病、旋形华首线虫病,是由分咽属的长鼻分咽线虫寄生于鸡的食管和腺胃中引起,偶见于小肠。为我国南方地区鸡常见的寄生虫病之一。放牧的雏鸡发病严重,死亡率也高,成年鸡受害较轻。

【临床表现】 病雏鸡呈现精神沉郁,食欲消失,迅速消瘦,缩头垂翅,羽毛无光泽、蓬乱,贫血,腹泻,稀粪呈黄白色等症状。病鸡常在出现症状后数日内死亡。

【病理剖检】　可见腺胃黏膜上常有溃疡灶，黏膜显著增厚并软化。虫体前端深藏在溃疡灶中。虫体细线状，白色，常蜷曲成螺旋状，雄虫长7～8.3毫米，雌虫长9～10.2毫米（图4-2-21）。

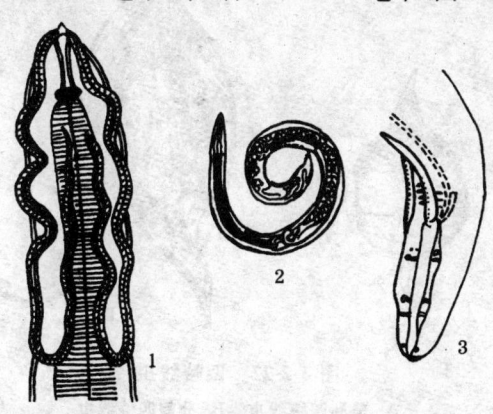

图4-2-21　长鼻分咽线虫
1. 头端　2. 雌虫　3. 雄虫尾部

【防　　治】　参阅钩唇头饰带线虫病。

十六、四棱线虫病

本病是由四棱属的美洲四棱线虫和分棘四棱线虫寄生于鸡的腺胃黏膜而引起。

【临床表现】　病鸡精神委靡，食欲不振，消瘦，贫血，腹泻，可引起死亡。

【病原检查】　用饱和食盐水漂浮法进行粪检，查找虫卵。虫卵呈椭圆形，卵壳薄而光滑，两端有帽状的卵盖，内含盘曲的幼虫。

【病理剖检】　透过腺胃浆膜面可看到鲜红色虫体。腺胃黏膜增厚，管腔可能闭塞。胃壁可找到雌虫，胃腔中可发现雄虫。雌、雄虫明显异形，雄虫很小，细线状；雌虫血红色，具有显著的横纹和凹陷的中线和侧线，使虫体呈四棱形（图4-2-22）。

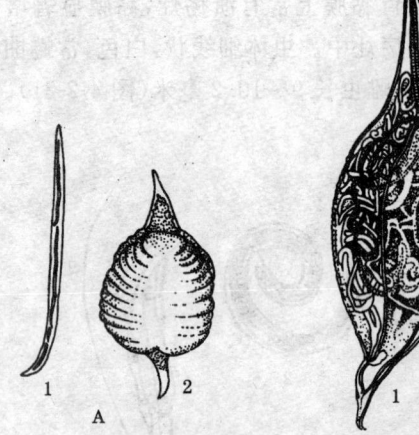

图 4-2-22　四棱线虫

A. 美洲四棱线虫　B. 分棘四棱线虫

1. 雌虫　2. 雄虫

【防　治】

1. 治疗　可试用丙硫苯咪唑、甲苯咪唑。

2. 预防　在本病流行的鸡场，应注意及时清除鸡粪，进行发酵处理。

十七、鸡类圆线虫病

本病是由类圆属的鸡类圆线虫寄生于鸡的盲肠（有时小肠）黏膜内而引起。对雏鸡危害较大，成年鸡即使有临床症状也很轻。

【临床表现】　病雏鸡精神不振，食欲减退，腹泻，稀便常呈粉红色，生长发育不良。

【病原检查】　可用饱和食盐水漂浮法检查虫卵。虫卵小，灰色，卵壳薄、透明，新排出时卵内已含一折刀样幼虫，大小为 52～56 微米×36～40 微米。

【病理剖检】　可见盲肠发炎、黏膜增厚,盲肠内典型的灰色糊状的内容物几乎消失,而代之以稀薄的粉红色的内容物。刮取黏膜,用水洗沉淀法将盲肠黏膜刮取物洗涤干净,最后检查沉渣中有无虫体。虫体只有行孤雌生殖的雌虫,呈细线状,白色,长 2.2 毫米,宽 40～50 微米(图 4-2-23)。

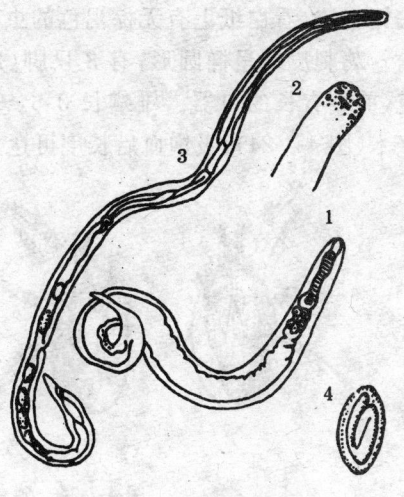

图 4-2-23　鸡类圆线虫

1. 自由生活的雌虫　2. 寄生生活雌虫的头部
3. 寄生生活(孤雌生殖)的雌虫　4. 虫卵

【防　治】

1. 治疗　可试用磷酸左旋咪唑和丙硫苯咪唑。

2. 预防　保持鸡舍通风干燥。鸡粪应发酵处理。及时隔离病鸡,并给予治疗。

十八、鸡刺皮螨侵袭

鸡刺皮螨也叫红螨、栖架螨和鸡螨,呈世界性分布,我国各地均有发现。在现代化大型商业性的多层笼养鸡中也普遍存在。它栖息在鸡舍的墙缝、鸡窝缝隙、鸡笼的焊接处、饲料渣及粪块下面等处。一般昼伏夜出吸血,吸饱血后离开鸡体返回栖息地。

【临床表现】　鸡发痒,常啄咬痒处,影响休息和采食,致使日渐消瘦,贫血。雏鸡生长发育不良,严重失血可引起死亡。成年母鸡产蛋量下降。

【病原检查】　可在鸡舍的墙缝等处查找虫体,或在鸡笼下铺张白纸,然后用棍子敲打鸡笼,饲料渣可掉于白纸上,把纸提起倒去饲料渣,看白纸上有无棕褐色的虫体。

鸡刺皮螨呈椭圆形,有8只脚(幼虫6只脚),棕褐色或棕红色,前端有长的口器。雄螨长0.6毫米左右,雌螨长0.72~0.75毫米(图4-2-24),吸饱血后长度可达1.5毫米。

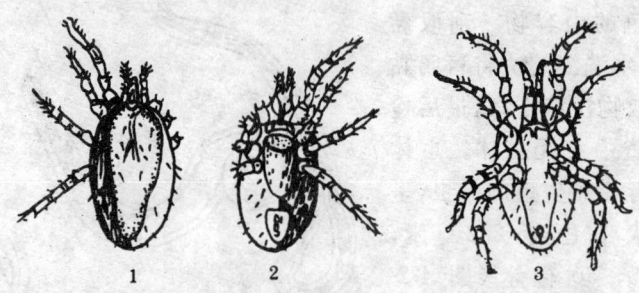

图 4-2-24 鸡刺皮螨

1. 雌虫背面 2. 雌虫腹面 3. 雄虫腹面

【防 治】 可用以下方法:①用0.2%敌百虫水溶液直接喷洒于鸡刺皮螨栖息处。②2.5%溴氰菊酯以1∶2000稀释后喷洒于鸡螨栖息处。用上述药液杀灭鸡螨,应于第一次使用后隔7~10天再处理1次。

十九、林鸡刺螨侵袭

林鸡刺螨也叫北方羽螨,是一种永久性寄生虫,白天及夜间都容易在鸡身上发现,常寄生于鸡肛门周围羽毛上。

【临床表现】 患鸡奇痒,常啄咬痒处,影响鸡的健康,导致消瘦,贫血。严重侵袭时,鸡肛门周围羽毛变黑,皮肤发生结痂龟裂。

【病原检查】 在患鸡肛门周围,用手分开羽毛,可发现林鸡刺螨。林鸡刺螨常与鸡刺皮螨混淆,但可以具有容易见到的螯肢与不同形状的背板和肛板区别开来(图4-2-25)。

【防 治】 可用2.5%溴氰菊酯以1∶4000稀释后喷雾或药浴。

二十、羽虱侵袭

羽虱是鸡的一种永久性寄生虫,分布广泛,严重侵袭,对鸡危害很大。

【临床表现】 患鸡奇痒,不安,影响休息和采食。因啄痒而伤及皮肤,羽毛脱落。常引起食欲不佳、消瘦和生产性能降低。鸡头虱

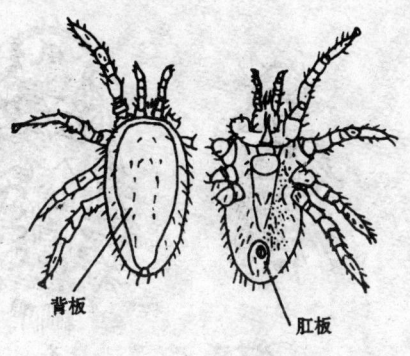

图 4-2-25 林鸡刺螨

对雏鸡危害相当严重,可使雏鸡生长发育停滞,甚至引起死亡。

【病原检查】 每一种羽虱均有其一定的宿主与一定的寄生部位,但一只鸡常被数种羽虱寄生。用手翻开鸡体各部分羽毛,以发现羽虱。羽虱为浅黄色,长 1～4 毫米,虫体分头、胸、腹 3 部分,胸部有 6 只脚,头扁圆形(图 4-2-26)。

鸡长羽虱(鸡翅虱),寄生于鸡翅羽毛下面,体细长;异形圆羽虱(鸡头虱),寄生于雏鸡的头颈部;鸡圆羽虱(鸡绒虱),寄生于鸡背部、臀部羽毛上,体型较小;鸡角羽虱(大鸡虱),寄生于鸡体和羽毛部,体型较大;鸡羽干虱(鸡羽虱),寄生于羽干上;草黄鸡体虱(鸡体虱),寄生于鸡羽毛较稀的皮肤上。

【防 治】 可用以下方法:①2.5%溴氰菊酯以 1∶4 000 稀释,喷雾鸡体或药浴,隔 7～10 天再施用 1 次。②马拉硫磷配成0.5%水溶液,喷雾鸡体或药浴。在鸡的运动场中建一方形浅池,在每 100 千克细沙中加入 4～5 千克马拉硫磷粉或 10 千克硫黄粉,充分混匀,铺成 10～20 厘米厚度,让鸡自行沙浴。

二十一、鸡球虫病

本病是由艾美耳属的多种鸡球虫寄生于鸡肠道黏膜上皮细胞

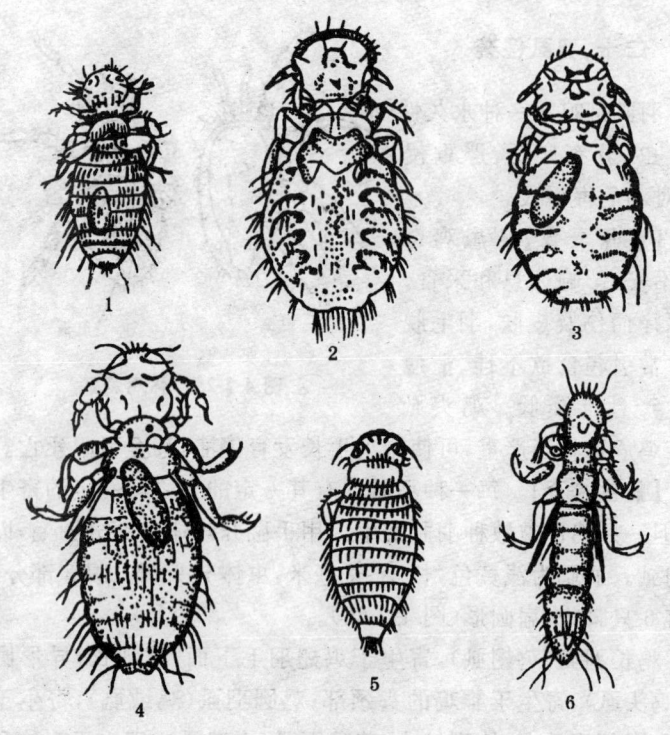

图 4-2-26 鸡虱

1. 草黄鸡体虱 2. 鸡角羽虱 3. 鸡圆羽虱
4. 异形圆羽虱 5. 鸡羽干虱 6. 鸡长羽虱

内而引起，对鸡危害十分严重。鸡球虫的种类，大多数学者公认有9种。其中致病力最强的有2种：一种是寄生于盲肠的柔嫩艾美耳球虫（俗称盲肠球虫）；另一种是寄生于小肠中段的毒害艾美耳球虫（俗称小肠型球虫），这种球虫的裂殖生殖在鸡小肠中段黏膜上皮细胞内进行，而其配子生殖则发生在盲肠黏膜上皮细胞内。具有中等致病力的有寄生于小肠前段的堆型艾美耳球虫和寄生于小肠中段的巨型艾美耳球虫，其余的5种致病力不强或无致病力。鸡球虫是细胞内寄生性原虫，它在整个发育过程中存在5种不同的形态,即卵囊、裂殖体、裂殖子、大配子体和小配子体。

【临床表现】 患盲肠球虫病病鸡初期精神不振,常缩颈闭目呆立,羽毛松乱。食欲减退或废绝,渴欲增加,嗉囊内充满液体,排稀便。稀便中带有血液,有的全为血液。可视黏膜、冠和髯苍白。病鸡消瘦,畏冷。病末期常发生神经症状,如昏迷,翅轻瘫,运动失调。发病后1~2天常发生死亡。

小肠型球虫病,其临床症状与盲肠球虫病相似,但粪便中不见红色血液,粪便呈乌黑颜色,腥臭,且本病多发生于40日龄以上的鸡。

堆型艾美耳球虫病多发生于日龄较大的鸡。病鸡增重降低,胡萝卜素吸收障碍,皮肤退色,母鸡产蛋量下降。

巨型艾美耳球虫病,也多见于日龄较大的鸡。严重感染的病鸡消瘦,黏膜苍白,羽毛粗乱无光泽和厌食。轻度感染时,可引起胡萝卜素吸收不良,皮肤退色。

【病原检查】 在鸡的整个发育过程中,如果发现鸡球虫5种形态(即卵囊、裂殖体、裂殖子、小配子和大配子)中的任何1种虫体,都可说明鸡感染了球虫。但是不是球虫病则需要结合临床症状和病理变化综合判断。

急性球虫病,病鸡出现临床症状和死亡往往是在球虫的裂殖生殖阶段发生的。这时病鸡粪便中找不到卵囊,所以必须刮取少量盲肠黏膜,涂在载玻片上,加入50%的甘油水溶液1~2滴,调和均匀,加上盖玻片,置显微镜下观察,看是否有裂殖体和裂殖子等。也可以将盲肠黏膜涂布于载玻片上,加入甲醇溶液数滴,待干燥后,用姬姆萨氏或瑞氏染液染色1~2小时,然后显微镜检查。裂殖体呈球形,内含许多香蕉形或月牙形的裂殖子。染色后裂殖体被染成浅紫色,其中间有一形状不规则的近圆形的残体。裂殖子呈香蕉形,染成深紫色。小配子体多呈圆形,染成浅紫色,内含许多眉毛状的小配子,围绕在1个浅紫色的残体表面。大配子体为圆形或椭圆形,浅蓝色,中间有1个深紫色的核,四周有浓染颗粒。柔嫩艾美耳球虫的发育史见图4-2-27。

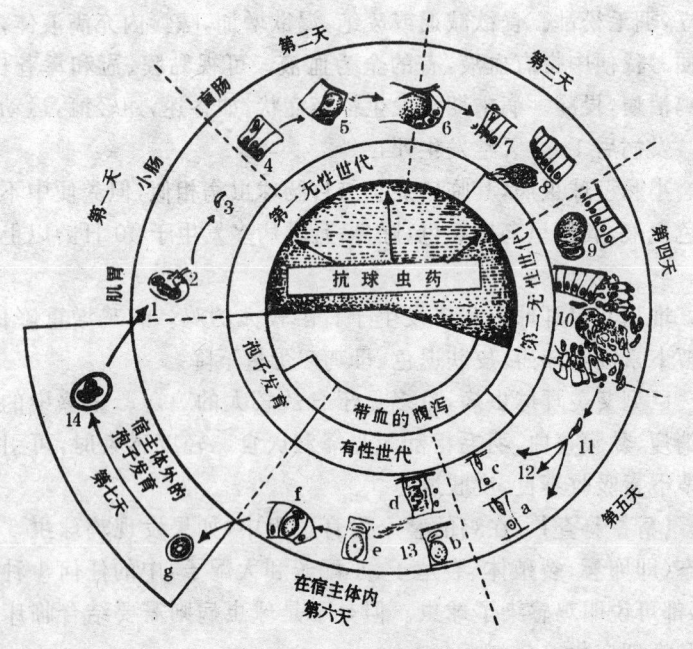

图 4-2-27　柔嫩艾美耳球虫发育史

1. 孢子发育的卵囊　2. 从卵囊和孢子囊中释放出来的子孢子　3. 子孢子

4. 寄生于上皮细胞中的滋养体　5. 早期的裂殖体　6. 第一世代成熟的裂殖体

7. 第一世代的裂殖子寄生于另一个上皮细胞　8,9. 第二世代的裂殖体

10. 第二世代的裂殖体破裂　11. 第二世代的裂殖子又寄生于另一个上

皮细胞　12. 进入第三无性发育周期,或寄生于上皮细胞(a)而形成

雌性配子体(b),或寄生于上皮细胞(c)变成雄性配子体(d)

13. 释放出的小配子与大配子(e)结合,发育形成卵囊(f)随宿主粪

便排出体外(g)　14. 卵囊在外界环境中进行孢子发育

【**病理剖检**】　盲肠球虫病,可见两侧盲肠显著肿胀,外观呈暗红色。浆膜面有针尖大到小米粒大的白色斑点和散在的小红点。盲肠黏膜增厚,上有小出血点和白色斑点。盲肠腔内充满新鲜或

凝固的暗红色血液或黄白色干酪样坏死物。

小肠型球虫病,卵黄蒂前后的肠道高度肿胀或气胀,肠壁增厚,上有许多白色斑点和出血斑。肠腔内充满橙黄色黏液和纤维素块。

堆型艾美耳球虫病,十二指肠轻度肿胀,黏膜上有分散的直径1～2毫米的白色病灶,横向排列成"阶梯"状。肠道苍白,肠腔内含水样液体。严重感染时,病变部的肠黏膜增厚,出现鲜明的红色充血。

巨型艾美耳球虫病,严重感染时,小肠中段肿胀,浆膜面可见到针尖大小的出血点。肠黏膜常显著增厚,肠腔内含粉红色黏液。

【防 治】

1. 治疗 由于患球虫病的鸡采食减少或不食,但饮欲尚存,故治疗时应选用水溶性抗球虫药物处理的方法:①每升饮水中加入市售百球清药液1毫升,连续饮用2天。②每升饮水中加入磺胺氯吡嗪钠(三字球虫粉)1.5克,充分溶解后连续饮用3天。③青霉素2000单位/只,溶于水中饮服,每日上下午各1次,连用2～3天。

2. 预 防

(1)卫生管理与环境消毒 对鸡球虫病要重视卫生预防。雏鸡最好在网上饲养,使其少与粪便接触。地面平养时,根据鸡球虫病传播的性质,认真做好饲料及饮水卫生管理,防止粪便污染。天天清除粪便,清洗笼具、饲槽、水具,是预防鸡球虫病的关键措施。由于球虫卵囊孢子化需要至少1天的时间,所以要天天做好粪便清除工作,可大大减少球虫感染的机会。

球虫卵的抵抗力很强,常用的消毒剂杀灭卵囊的效果极弱。因此,鸡粪堆放要远离鸡舍,采用聚乙烯薄膜覆盖鸡粪,这样可利用堆肥发酵产生的热和氨气,杀死鸡粪中的卵囊。对于地面养鸡的鸡场,应定期铲除表土(3～4厘米),换以干净的掺有熟石灰的黏土,对预防球虫病非常有效。

(2)药物预防　①25%盐酸氯苯胍预混剂每吨饲料中加入132克,混饲雏鸡从15日龄始,连续喂至上市前5天(休药期5天)。②每吨饲料中加入25%氯羟吡啶预混剂(克球粉)500克,雏鸡从15日龄开始,连续喂至上市。但本品不得用于产蛋、产肉鸡群。③盐霉素(优素精,10%预混剂)每吨饲料中加入600克,用法同上。④马杜拉霉素(加福、抗球王,1%预混剂)每吨饲料中加入500克,雏鸡从15日龄起,连续喂至上市前5天。

后备种鸡球虫病的预防,既要防止球虫病发生,又要防止球虫产生抗药性以及停药后还能使鸡群产生对抗球虫侵袭的免疫力。长期(1~2年)连续使用1种化学合成的抗球虫药物,易引起球虫产生抗药性,使药效降低。抗生素类的抗球虫药引起球虫抗药性的时间比化学合成的抗球虫药要长得多。为了防止抗药性的产生,应根据鸡场的具体情况及时更换药物。

(3)疫苗预防　目前,国内外已有人使用球虫活苗来预防鸡球虫病,取得令人感兴趣的结果。球虫活苗是用活卵囊制成的。雏鸡通过饮水或混饲一次吃进少量含多种鸡球虫的混合卵囊,感染后体内产生了对抗多种鸡球虫侵袭的免疫力。这种免疫力的维持和增强全赖于此后的连续再感染。因此,使用球虫活苗必须注意鸡舍环境中有适宜的温度(20℃~28℃)和相对湿度(55%以上),使卵囊能充分发育,使鸡有再感染条件。同时还要注意检测鸡舍中卵囊的数量,卵囊数量太多,可能引起球虫病暴发。

二十二、组织滴虫病

本病又称盲肠肝炎、黑头病,是由组织滴虫属的火鸡组织滴虫寄生于鸡的盲肠和肝脏中而引起。2~4月龄的鸡多发,成年鸡也能感染,但病情轻微,有时不显症状。本病多发生于夏季,卫生条件差的鸡场常发生流行。

【临床表现】 病鸡表现倦怠,翅下垂,步态僵硬,羽毛粗乱、无光泽,闭目缩颈。食欲不振或厌食,腹泻,稀便呈浅黄绿色,有泡沫,有臭味。病鸡消瘦,体重下降,衰竭而死。

【病原检查】 可在病鸡盲肠肠芯与肠壁之间刮取少量样品置载玻片上,再加入少量加温($37℃\sim40℃$)的生理盐水混匀,加盖片后立即在 400 倍显微镜下检查。盲肠中的组织滴虫呈变形虫样,直径为 $5\sim30$ 微米。虫体细胞外质透明,内质呈颗粒状,有许多空泡。细胞核呈泡状,邻近有 1 个小的生毛体,由此长出 1 根很细的鞭毛。虫体能做钟摆状运动。从肝病灶中找到的虫体呈圆形、卵圆形或变形虫样,大小为 $4\sim21$ 微米,无鞭毛(图 4-2-28)。

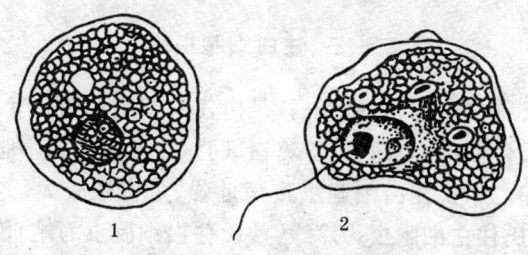

图 4-2-28　火鸡组织滴虫

1. 组织型 2. 肠腔型

检查时能否检出虫体,关键是掌握好适宜的温度和光线。温度低了组织滴虫就会聚集在一起,并静止不动,很难与其他组织细胞和碎屑相区别;光线不宜太强,否则不易观察到虫体。

【病理剖检】 病变主要局限于盲肠和肝脏。一般仅一侧盲肠发生病变,也有两侧盲肠同时受侵袭的。最急性的病例,仅见盲肠发生严重的出血性炎症,肠腔中含有血液。在典型的病例中,可见盲肠肿大,肠壁肥厚坚实。剖开肠腔,见内容物干燥、坚实,变成一段干酪样的凝固肠芯。肠芯横切面呈同心层状,中心是黑色的凝固血块,外面包裹着灰白色或淡黄色的渗出物和坏死物质。盲肠黏膜发炎、出血并形成溃疡,其表面附着干酪样坏死物质。溃疡有时深达肠壁,可导致穿孔,引起腹膜炎。

肝脏肿大,表面出现淡黄色或浅绿色、圆形或不规则形、中央稍凹陷、边缘稍隆起的坏死病灶。病灶有针尖大,也有黄豆大,甚至小指头大,散在或密布于整个肝脏表面。

【防　治】

1. 治疗　可用甲硝哒唑按 0.06%～0.08% 的比例混入饲料中,连喂 5～7 天。

2. 预防　加强鸡舍清洁卫生,及时清理鸡粪进行发酵处理。由于鸡异刺线虫卵能携带组织滴虫,故定期给鸡群驱除鸡异刺线虫,对预防本病有重要意义。

二十三、住白细胞虫病

本病又称白冠病、出血性病,是由住白细胞虫属的卡氏住白细胞虫或沙氏住白细胞虫寄生于鸡白细胞(主要是单核细胞)和红细胞中而引起。卡氏住白细胞虫致病性强,危害性较大。本病靠吸血昆虫(卡氏住白细胞虫为库蠓,沙氏住白细胞虫为蚋)传播,故有明显的季节性。

【临床表现】　3～6 周龄的雏鸡常为急性型。病雏伏地不起,咯血,呼吸困难,突然死亡,死前口流鲜血。亚急性型,表现精神沉郁,厌食,羽毛松乱,伏地不动,流涎,贫血,鸡冠和肉髯发白。腹泻粪便呈绿色,呼吸困难,常于 1～2 天发生死亡。大雏和成年鸡多为慢性型,临床上呈现精神不振,鸡冠苍白,腹泻,粪呈白色或绿色,含多量黏液,体重下降,发育迟缓。产蛋量下降或停止产蛋,维持 1 个月左右,死亡率不高。

【病原检查】　可取病鸡末梢血液 1 滴,涂成薄片,或以肺、肾、肝、脾、骨髓等脏器做成抹片,瑞氏或姬姆萨氏染液染色,显微镜检查,可发现配子体。也可取肌肉中的白色小结节,压片检查,发现裂殖体。

卡氏住白细胞虫成熟的配子体近于圆形。大配子的直径为12～15微米,有1个核,核的直径为3～4微米;小配子的直径为10～12微米,核的直径亦为10～12微米,即整个细胞几乎全为核所占有。宿主细胞为圆形,直径13～20微米,细胞核形成一深色的狭带,围绕虫体1/3。

沙氏住白细胞虫的成熟配子体为长方形。大配子的大小为22微米×6.5微米,小配子为20微米×6微米,宿主细胞呈纺锤形,大小为67微米×6微米,细胞核呈狭长的带状,位于虫体的一侧(图4-2-29)。

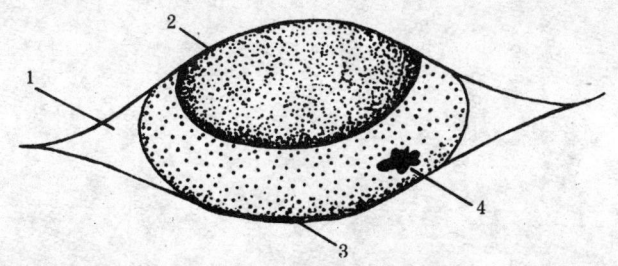

图4-2-29　沙氏住白细胞虫模式图
1. 白细胞原生质　2. 白细胞核　3. 配子体　4. 配子体的核

【病理剖检】　口腔内有鲜血,冠发白,全身皮下出血,肌肉尤其是胸肌及腿肌有出血点或出血斑。各内脏器官广泛出血,多见于肺、肾和肝脏。严重的可见两侧肺充满血液,肾包膜下有血块。其他器官如心、脾、胰及胸腺等也见有点状出血,腭裂常被血样黏液充塞,有时气管、胸腔、嗉囊、腺胃及肠道内见有大量积血。

肌肉(最常见于胸肌、腿肌及心肌)和肝、脾等器官常见到白色小结节,大小如针尖至粟粒,同周围组织有明显界限。

【防　治】

1. 治疗　可用克球粉按0.4%浓度混入饲料中,连喂5～7天,但本品不得用于产蛋、产肉鸡群。

2. 预防　在疾病即将流行或流行初期,进行药物预防,可用下列方法:①乙胺嘧啶按 0.0001％的浓度混入饲料中,连喂 3～5 天。②克球粉按 0.05％浓度混入饲料中,连喂 3～5 天。

控制媒介昆虫是预防本病的重要环节。在本病流行季节,可用 6％～7.7％马拉硫磷溶液,喷洒于鸡舍的纱窗上,以防止库蠓、蚋进入鸡舍内,以此法处理过的纱窗能连续杀死库蠓达 3 周以上。

第三章　鸡营养代谢病

第一节　鸡营养代谢病概述

一、营养代谢病的概念及其种类

鸡在生长发育过程中,不同时期和不同情况下,需要从饲料中摄取适当数量和质量的营养。任何营养物质的缺乏或过量和代谢失常,均可造成鸡体内某些营养物质代谢过程的障碍,由此而引起的疾病,称为营养代谢病。

鸡营养代谢病主要包括以下 3 大类。

(一)维生素缺乏及其代谢障碍疾病　脂溶性维生素 A、维生素 D、维生素 E、维生素 K 缺乏或代谢障碍病;水溶性维生素 B_1、维生素 B_2、泛酸、烟酸、维生素 B_6、生物素、胆碱、叶酸、维生素 B_{12} 以及维生素 C 的缺乏或代谢障碍病。

(二)矿物质缺乏及其代谢障碍疾病　钙、磷、钾、钠、氯、锰、碘、铁、铜、锌、硒等元素缺乏或代谢障碍病。

(三)蛋白质、糖、脂肪代谢障碍疾病　鸡蛋白质缺乏症、鸡痛风、小雏脂肪酸缺乏症。

二、鸡营养代谢病的病因

(一)营养物质摄入不足　日粮供给不足;日粮中缺乏某些维生素、微量元素、蛋白质等营养物质;鸡群因食欲不振而引起的营养物质摄入不足。

(二)营养物质的需要量增多　如由于特殊生理阶段(产蛋高

峰期等),或品种、生产性能的需要,使其所需的营养物质大量增加。在应激状态,胃肠道疾病影响消化吸收,或寄生虫病和慢性传染病等情况下,都可引起营养代谢病。

(三)营养物质的平衡失调　鸡体内营养物质间的关系是复杂的,除各营养物质的特殊作用外,还可通过转化、协同和拮抗等作用以维持其平衡。如钙、磷、镁的吸收,需要维生素 D;磷过少,则钙难以沉积;日粮中钙多,影响铜、锰、锌、镁的吸收和利用。因而,它们之间的平衡失调,日粮配方不当易发生代谢病。

(四)饲料、饲养方式和环境改变　随着新的饲养方式和饲养技术的应用,在生产实践中不断地出现新的情况。如笼养鸡不能从粪便中获得维生素 K。为了控制雏鸡球虫病或某些传染病,日粮中长期添加抗生素或其他药物,影响肠道微生物合成某些维生素、氨基酸等。又如饲料霉变、贮存时间过长或存在一些抗营养物质,至少可造成 3 种有害作用:一是产生有毒的代谢产物;二是改变饲料的原有营养成分;三是改变鸡对养分的利用。因此,在查找营养缺乏症时,不仅要注意原发性或绝对的缺乏症,还要注意条件性或相对缺乏症。

三、鸡营养代谢病的特点

此类疾病种类繁多,发病机制复杂,与其他疾病相比较,在临床诊治方面有以下几个特点。

(一)发病慢,病程较长　从病因作用到鸡群表现临床症状,一般皆需要数周或数月。病鸡体温一般偏低或在正常范围内,大多有生长发育停止、贫血、消化和生殖功能紊乱等临床症状。有的可能长期不出现明显的临床症状而成为隐性型。

(二)多为群发性,不发生接触性传染　此类疾病的发生,多由于鸡群长期或严重缺乏某些营养物质,故发病率高,群发特点明显。这种病在鸡群之间不发生接触性传染,与传染病有明显的区别。

（三）早期诊断困难,治疗时间长 此类疾病虽有特征性血液或尿液生化指标的改变,或者有关联器官组织的病理变化,而临床症状表现往往不明显,增加了早期诊断的难度。当发现鸡群得病之后,已造成生产性能降低或免疫功能下降,容易继发或并发某些传染病、慢性病,所需治疗时间也相应延长。

此类疾病可以通过饲料、土壤、水质检验和分析查明病因。只要去除致病因素,加强治疗,就可以预防。

四、鸡营养代谢病的诊断程序

由于此类疾病多呈慢性,大多数病例较长时期呈隐蔽型经过,无明显症状,临床上常见到的又多是复合性的多种物质代谢障碍。因此,不能仅以某一项实验室指标的变化或临床症状为依据而确诊,必须采用综合诊断方法。

（一）病因调查 对饲养管理条件,原料采购地点和饲料加工技术,饲喂饲料数量和时期,日粮配方平衡状况和其实际营养价值以及鸡群种类、品种、生长发育阶段和生产性能等进行调查了解。

（二）临床特征性症状识别 例如维生素 B_2 缺乏症的鸡趾爪蜷缩及腿麻痹。锰缺乏症的鸡膝关节肿大,腿骨增粗、弯曲或扭曲等。

（三）病理剖检 抽选有代表性病鸡剖检,有时能提供依据。如白肌病雏鸡的肌肉变性,外观灰黄,骨骼肌有灰白色条纹,横断面有灰白色斑点等。内脏型痛风其内脏器官表面有白色尿酸盐沉着。患脂肪肝病的鸡肝肿大、色黄、质脆,腹腔和肠壁的表面有大量脂肪沉着。

（四）实验室诊断 有目的地选择血液、排泄物、饲料和水、土质等材料进行某些相关项目的检验。如血液中尿酸含量剧增,往往是痛风客观诊断的重要依据。

（五）治疗性诊断 通过补给病鸡群可能缺乏的营养物质,观察效果,也是重要的诊断方法之一。如有些地区或鸡群发生腹泻,用多种抗生素治疗无效,而用亚硒酸钠和维生素 E 能迅速治愈,则可判为维生素 E-硒缺乏症。

五、鸡营养代谢病的防治原则

（一）应给予合理的日粮　根据鸡的品种、生长发育不同阶段和生产性能等要求,科学搭配营养物质。按"饲料法规"实验室监察配合饲料的全价性。

（二）贯彻防重于治的原则　对日粮中维生素、微量元素、蛋白质等营养物质的含量以及是否霉败变质进行监测。

（三）施行营养代谢状态监测　每年对选定代表性鸡群进行2～4 次实验室检验,这样有助于成群地诊断代谢病的早期类型,可以达到营养代谢病的预测预报。如血液中尿素氮、白蛋白和血红蛋白水平低是反映鸡群长期低蛋白状态的指标。

（四）防治疾病　对影响营养物质消化吸收的疾病和消耗性的疾病要及时进行防治。

第二节　鸡营养代谢病各论

一、维生素 A 缺乏症

本病是由于日粮中维生素 A 供给不足或消化吸收障碍,引起的以黏膜、皮肤上皮角化变质,生长停滞,干眼病和夜盲症为主要特征的营养代谢性疾病。

【病因调查】　日粮中维生素 A 或胡萝卜素（维生素 A 原）缺乏的原因是供给不足或是需要量增加。鸡的体内没有合成维生素 A 的能力,体内所有的天然维生素 A 都来源于动物性饲料中的维生素 A 和植物性饲料中所含的维生素 A 原。但在干谷、米糠、麸皮、棉籽等饲料中,几乎不含维生素 A 原。另外,有些学者认为,鸡对维生素 A 的实际需要量应高于美国 NRC 饲养标准。饲料经过长期贮存、烈日暴晒、高温处理等皆可使其中脂肪酸败变质,加速饲料中维生素 A 类物质的氧化分解过程,导致维生素 A 缺乏。日粮中蛋白质和脂肪不足,不能合成足够的视黄醛结合蛋白质而运送维生素 A,脂肪不足会影响维生素 A 类物质在肠中的溶解和吸收。胃肠吸收障碍,发生腹泻或肝病而使肝脏不能利用及贮藏维生素 A。

【临床表现】　雏鸡和初开产的母鸡,常易发生维生素 A 缺乏症。鸡一般发生在 1~7 周龄。若 1 周龄的鸡发病,则与母鸡缺乏维生素 A 有关。病雏消瘦,喙和小腿部皮肤的黄色消退。流泪,眼睑内有干酪样物质积聚,常将上下眼睑粘在一起,角膜混浊不透明。严重的角膜软化或穿孔失明。口黏膜有白色小结节或覆盖一层白色的豆腐渣样的薄膜,剥离后黏膜完整并无出血溃疡现象。食管黏膜上皮增生和角化。有些病鸡受到外界刺激即可引起阵发性的神经症状。成年鸡发病通常在 2~5 个月内出现症状,呈慢性经过,冠色浅白、有皱褶,爪、喙色淡。母鸡产蛋量和孵化率降低。公鸡性功能降低,精液品质退化。鸡群的呼吸道和消化道黏膜抵抗力降低,易诱发传染病。继发或并发鸡痛风或骨骼发育障碍所致的运动无力、两脚瘫痪。

【防　治】

第一,根据生长与产卵不同阶段的营养要求特点,调节饲料的维生素、蛋白质和能量水平,保证其生理活动和生产需要。按照我国农业部 2004 年发布的《鸡饲养标准》,配合饲料中维生素 A 的含量为雏鸡和肉鸡每千克饲料 4 000~8 000 单位,产蛋鸡、种鸡为每千克饲料 8 000~10 000 单位。

第二,防止饲料放置时间过久,也不要预先将脂溶性维生素 A 掺入到饲料中或存放于油脂中,以免维生素 A 和胡萝卜素遭受破坏或被氧化。

第三,治疗时要先消除致病的病因。必须立即对病鸡用维生素 A 治疗,剂量为日维持需要量的 2～4 倍。可投服鱼肝油,每只每日喂 1～2 毫升,雏鸡则酌情减少。由于维生素 A 吸收较快,在鸡群出现维生素 A 缺乏症状时及时补充可迅速见效,病鸡恢复也较快。

二、维生素 D 缺乏症

维生素 D 是鸡正常骨骼、喙和蛋壳形成中所必需的物质。当日粮中维生素 D 供应不足、光照不足或消化吸收障碍等皆可引起发病,使鸡的钙、磷吸收和代谢障碍,发生以骨骼、喙和蛋壳形成受阻为特征的维生素 D 缺乏症。

【病因调查】　常见的是日粮中维生素 D 缺乏或消化吸收功能障碍,患有肾、肝疾病,日光照射不足。维生素 D_3 在鸡体内的效能要比维生素 D_2 大 50～100 倍。对鸡群补充维生素 D_3,主要来源靠日光照射使脂肪中的 7-脱氢胆固醇转变而成。

【临床表现】　雏鸡呈现以骨骼极度软弱为特征的佝偻病,其喙与爪变柔软,行走极其吃力,以跗关节伏地移步。产蛋母鸡则出现产薄壳蛋和软壳蛋的数量显著增多,随后产蛋量明显减少,孵化率也明显下降。病重母鸡表现出像“企鹅形”蹲着的特别姿势,以后发生胸骨弯曲、肋骨向内凹陷的特征性病变。

【病理剖检】　见到肋骨与脊椎连接处出现珠球状变化,胫骨或股骨的骨骺部可见钙化不良,骨骼软,易折断。

【防　治】

第一,按照我国农业部 2004 年发布的《鸡饲养标准》,每千克日粮需维生素 D_3 量为肉鸡 750～1 000 单位、蛋鸡 1 600 单位、种用蛋鸡 2 000 单位。1 单位相当于 0.025 微克结晶维生素 D_3 或 10 微克结晶维生素 D_3 相当于 400 单位维生素 D。以上需维生素

D$_3$ 量应根据日粮中磷、钙总量与比例,以及直接照射日光时间的长短来确定,否则也易造成缺乏症或过多症。

　　第二,对病鸡治疗时,可单独一次加大喂给量至 1500 单位维生素 D$_3$,比应用大剂量维生素 D 加入饲料中饲喂能更快地收到疗效。

三、维生素 E 缺乏症

　　维生素 E 缺乏能引起雏鸡脑软化症、渗出性素质和肌肉萎缩症等多种疾病。它的缺乏往往和硒缺乏症有着密切的联系,本节仅以维生素 E 缺乏为主进行介绍。

　　【病因调查】　日粮供给量不足或饲料贮存时间过长是其主要原因。各种植物种子的胚乳中含有比较丰富的维生素 E,但子实饲料在一般条件下保存 6 个月维生素 E 损失 30%～50%。另外,受到饲料中矿物质和不饱和脂肪酸所氧化,或被其拮抗物质(饲料酵母曲、硫酸铵制剂等)刺激脂肪过氧化,均使饲料中维生素 E 损失。

　　【临床表现】　雏鸡的脑软化症通常在 15～30 日龄之间发病,呈现共济失调,头向后或向下挛缩,有时伴有侧方扭转,向前冲,两腿急收缩与急放松等神经扰乱特征症状。雏鸡的渗出性素质是雏鸡或育成鸡因维生素 E 和硒同时缺乏而引起的一种伴有毛细血管壁通透性异常的皮下组织水肿。由于病鸡腹部皮下水肿积液使两腿向外叉开。水肿处呈蓝绿色,若穿刺或剪开此水肿处可流出较黏稠的蓝绿色液体。

　　【病理剖检】　脑软化症死后主要病变为脑膜、小脑与大脑的血管明显充血、水肿,以及不同程度的出血、血栓坏死。渗出性素质雏鸡剖检可见心包积液,心脏扩张等变化。肌营养不良病鸡胸肌、骨骼肌和心肌等肌肉苍白贫血,并有灰白色条纹。患营养性胚胎病的成年鸡在生长时期饲喂低水平的维生素 E 饲料并不出现外表的症状,只是母鸡生下的蛋孵化率显著降低,往往于孵化的第七天以前胚胎的死亡率最高。蛋黄的中胚层肿大,胎盘内的血管受到压缩,出现血液淤滞和出血。胚胎的眼睛晶状体混浊和角膜出现斑点。

【防　治】

第一,防止饲料贮存时间过长,或受到矿物质和不饱和脂肪酸所氧化以及拮抗物质的破坏。保证供给鸡群足量的维生素 E。

第二,在临床实践中,由于脑软化、渗出性素质和肌营养不良常交织在一起,若不及时治疗则可造成急性死亡,所以常用维生素 E 和硒制剂进行防治。每千克饲料中加维生素 E 20 单位或 0.5% 植物油,连用 14 天,或每只雏鸡单独一次口服维生素 E 300 单位,同时在每千克饲料内加入亚硒酸钠 0.2 毫克、蛋氨酸 2～3 克,可收到良好疗效。

四、维生素 K 缺乏症

本病是由于维生素 K 缺乏使血液中凝血酶原和凝血因子减少而造成鸡的血液凝固过程发生障碍,血凝时间延长或出血等病症为特征的营养代谢病。

【病因调查】　引起该病发生的原因有饲料中供给维生素 K 的量不足,饲料中含有拮抗物质,如草木樨中毒。某些霉变饲料中的真菌毒素都能抑制维生素 K 的功能,饲料中添加了抗生素、磺胺类抗球虫药,抑制了肠道微生物合成维生素 K,鸡患有球虫病、腹泻、肝病等,使肠壁吸收障碍,或胆汁缺乏致使脂类营养物质消化吸收发生障碍,均可降低鸡群对维生素 K 的摄入量。

【临床表现】　病鸡体躯不同部位如胸部、翅膀、腹膜以及皮下和胃肠道都能看到出血的紫色斑点;病鸡冠、肉髯、皮肤干燥苍白,腹泻;病种鸡的种蛋孵化率降低,在孵化过程中胚胎死亡率提高。

【防　治】

第一,针对病因采取相应措施,往往可收到防治效果。给雏鸡

日粮添加维生素 K_3 1～2 毫克/千克饲料,并配合适量青绿饲料、鱼粉、肝脏等富含维生素 K 及其他维生素和矿物质等饲料,有预防作用。

第二,对病鸡在饲料中添加维生素 K_3 3～8 毫克/千克饲料,或肌内注射维生素 K_3 注射液,每只鸡 0.5～3 毫克(给予维生素 K_3 过量时也能引起中毒)。一般在用维生素 K_3 后 4～6 小时,可使血液凝固过程恢复正常,若要完全制止出血,需要数天才可见效。同时,给予钙剂治疗,可能疗效更好些。

五、维生素 B_1 缺乏症

维生素 B_1 是由 1 个嘧啶环和 1 个噻唑环结合而成的化合物,因分子中含有硫和氨基,故又称硫胺素。硫胺素是糖类代谢所必需的物质。由于维生素 B_1 缺乏而引起鸡糖类代谢障碍及以神经系统病变为主要临床特征的疾病称维生素 B_1 缺乏症。

【病因调查】　鸡群主要由于饲料中硫胺素遭受破坏时才导致其缺乏症。饲料被碱化、蒸煮等加工处理能破坏硫胺素;再如饲料中含有蕨类植物、球虫抑制剂氨丙啉或某些植物、真菌、细菌产生的拮抗物质,均可能使硫胺素缺乏而致病。新鲜鱼、虾和软体动物内脏中含有硫胺酶,大量吃进也能破坏硫胺素而造成硫胺素缺乏症。

【临床表现】　雏鸡缺乏硫胺素约 10 天即可出现多发性神经炎症状。突然发病,呈现观星姿势,头向背后极度弯曲呈角弓反张状,由于腿麻痹不能站立和走路,病鸡的跗关节和尾部着地,坐在地面或倒地侧卧,严重的衰竭死亡。成年鸡硫胺素缺乏约 3 周后才出现临床症状。病初食欲减退,生长缓慢,羽毛松乱无光泽,腿软无力和步态不稳,鸡冠常呈蓝色。以后神经症状逐渐明显,开始是脚趾的屈肌麻痹,接着向上发展,腿、翅膀和颈部的伸肌明显地出现麻痹。有些病鸡出现贫血和排稀便。

【防　治】　给予足够量的维生素 B_1 后可见到明显的疗效。

六、维生素 B_2 缺乏症

维生素 B_2 是由核醇与二甲基异咯嗪结合构成的,由于异咯嗪是一种黄色色素,故又称之为核黄素。核黄素缺乏症是以雏鸡的趾爪向内蜷曲,两腿发生瘫痪为主要特征的营养缺乏病。

【病因调查】　常用的禾谷类饲料中核黄素特别贫乏(每千克不足 2 毫克),又易被紫外线、碱及重金属破坏;饲喂高脂肪、低蛋白质饲料时核黄素需要量增加;种鸡比非种用蛋鸡的需要量提高1 倍;低温时核黄素供给量应增加;患有胃肠病时影响核黄素转化和吸收。不注意以上因素,皆可能引起核黄素缺乏症。

【临床表现】　1～2 周龄雏鸡发生腹泻之后,足趾向内蜷曲(见彩页 14),两腿发生瘫痪。育成鸡病后期,腿劈开而卧,瘫痪。母鸡的产蛋量下降,蛋白稀薄,蛋的孵化率降低,死胚皮肤出现结节状绒毛,颈部弯曲,躯体短小,关节变形、水肿,贫血和肾脏变性等病理变化。有时也能孵出雏鸡,但多数带有先天性麻痹症状,体小、水肿。

【病理剖检】　病、死雏鸡肠壁薄,肠内充满泡沫状内容物。病、死成年鸡的坐骨神经和臂神经显著肿大和变软,尤其是坐骨神经的变化更为显著,其直径比正常大 4～5 倍。

【防　治】

第一,对足爪已经蜷缩、坐骨神经损伤的病鸡,即使用核黄素治疗也无效。对雏鸡一开食时就喂标准配合日粮,或在每吨饲料中添加 2～3 克核黄素,即可预防本病发生。

第二,治疗病鸡,可在每千克饲料中加入核黄素 20 毫克饲喂,治疗 1～2 周,有一定疗效。

七、泛酸缺乏症

泛酸又称遍多酸、维生素 B_3。泛酸在植物性饲料中含量丰富,一般日粮中不易缺乏。但饲料经热、酸、碱加工处理,其中的泛酸很容易被破坏,若长期饲喂经上述方法处理的饲料和玉米,可引起泛酸缺乏症。

【临床表现】 泛酸缺乏症表现为特征性皮炎和种蛋的营养性胚胎病。

1. 特征性皮炎 病鸡头部羽毛脱落,头部、趾间和脚底皮肤发炎,外层皮肤有脱落现象,并产生裂隙,以致行走困难,有时可见脚部皮肤增生、角化,有的形成疣状隆凸物。幼雏羽毛松乱,眼睑常被黏液性渗出物黏着,口角、肛门周围有痂皮,口内有脓样物。

2. 种蛋的营养性胚胎病 有人证明,母鸡饲喂泛酸含量低的饲料时,所产的蛋在孵化期的最后2～3天大多数胚胎死亡,鸡胚短小,皮下出血和严重水肿,肝脏有脂肪变性。也有学者指出,种鸡的日粮缺乏泛酸时,产蛋量和受精蛋的孵化率都是属于正常范围,但孵出的雏鸡体重不足和衰弱,并且在孵出后的最初24小时,死亡率可达50%。

【防 治】

第一,缺乏泛酸的母鸡所产的卵孵出的雏鸡虽然极度衰弱,若立即腹腔注射200微克泛酸可见明显疗效,否则不易存活。

第二,饲料中添加酵母粉,或按每千克饲料补充10～20毫克泛酸钙,都有防治泛酸缺乏症的效果。啤酒酵母中含泛酸最多(泛酸极不稳定,易受潮分解,因而在与饲料混合时,都用其钙盐)。饲喂新鲜青绿饲料、苜蓿粉等也可预防本病发生。

八、烟酸缺乏症

鸡体内色氨酸可以转变为烟酸,但合成量不能满足体内的需要。患病鸡出现口炎、腹泻、跗关节肿大等症状,是该症的主要特征。

【病因调查】 鸡群饲喂以玉米为主的日粮后,其体内缺乏色氨酸(玉米含色氨酸量很低),或日粮中维生素 B_2 和吡哆醇缺乏时,也影响烟酸的合成,易引起缺乏症。长期使用抗生素,或由于鸡的生产性能高,对烟酸的需要量增加,或由于鸡群患有热性病、寄生虫病、腹泻,肝脏、胰脏和消化道等功能障碍,皆可能引发本症。

【临床表现】　多见于幼雏发病,均以生长停滞,羽毛稀少和皮肤角化过度、增厚等为特有症状。皮肤发炎,有化脓性结节。腿部关节肿大,骨短粗,腿骨弯曲,与滑腱症有些相似,但是其跟腱极少滑脱。产蛋鸡引起脱毛,有时能看到足和皮肤有鳞状皮炎。雏鸡口黏膜发炎,消化不良,腹泻。

【病理剖检】　严重病例的骨骼、肌肉及内分泌腺发生不同程度的病变,许多器官发生明显的萎缩。盲肠和结肠黏膜上时有豆腐渣样覆盖物,肠壁厚而易碎。

【防　治】

第一,调整日粮中玉米比例,或添加色氨酸、啤酒酵母、米糠、麸皮、豆类、鱼粉等富含烟酸的饲料。

第二,对病雏鸡可在每吨饲料中添加 15～20 克烟酸。如有肝病存在,可配合应用胆碱和蛋氨酸进行防治。

九、吡哆醇缺乏症

雏鸡患此病以出现食欲下降、生长不良、骨短粗和神经症状为特征。

【临床表现】　具有生长不良、贫血及特征性的神经症状。病雏双脚颤动,多以强烈痉挛抽搐而死亡。另有些病鸡则呈现骨短粗症。成年病鸡的产蛋量和蛋孵化率明显下降,贫血,逐渐衰竭死亡。

【病理剖检】　死鸡皮下水肿,内脏器官肿大,脊髓和外周神经变性。有的呈现肝变性。

【防　治】

第一,按照我国农业部 2004 年发布的《鸡饲养标准》供给吡哆醇需要量。雏鸡、肉仔鸡、产蛋鸡皆为 3 毫克/千克饲料,种母鸡 4.5 毫克/千克饲料。曾发现饲喂肉用仔鸡每千克含吡哆醇低于 3 毫克的饲料,引起大群发生中枢神经系统紊乱症状。

第二,有些品种的鸡需要量大,应加大供给量。有人发现洛岛红与芦花杂交种雏鸡的需要量比白来航雏鸡需要量高得多。

十、生物素缺乏症

生物素又叫维生素 H,它是鸡必不可少的营养物质,以多种酶的形式参加脂肪、蛋白质和糖的代谢。当缺乏时,脂肪代谢障碍,以鸡的喙底、皮肤、趾爪发生炎症,骨发育受阻呈现短骨为特征。

【临床表现】　雏鸡表现为食欲不振,羽毛干燥变脆,趾爪、喙底和眼周围皮肤发炎,骨短粗等变化。成年鸡表现为蛋的孵化率降低,胚胎发生先天性骨短粗症。胚胎死亡率在孵化第一周最高,最后 3 天其次。大多数死亡的鸡胚呈现软骨营养障碍,体型变小,鹦鹉嘴,胫骨严重弯曲,跗、跖骨短而扭曲,有些鸡胚出现并趾症。

【防　治】

第一,供给标准量的生物素,按照我国农业部 2004 年发布的《鸡饲养标准》,雏鸡、种鸡均为 0.15 毫克/千克饲料。

第二,日粮中陈旧玉米、麦类不要过多,不要长时间喂磺胺类、抗生素类添加剂等。

十一、叶酸缺乏症

叶酸因其存在于植物绿叶中而得名。鸡叶酸缺乏症是以生长不良,贫血,羽毛色素缺乏和伸颈、麻痹等为特征症状的营养代谢病。

【临床表现】　雏鸡生长停滞,贫血,羽毛生长不良和色素缺乏。部分病鸡表现特征性的伸颈、麻痹。若不及时投喂叶酸,往往于症状出现后 2 天内便死亡。种用成年鸡产蛋量出现下降，蛋的孵化率也降低。死亡鸡胚的喙变形和胫、跗骨弯曲。

【防　治】

第一，鸡群的饲料里应搭配一定量的黄豆饼、啤酒酵母、亚麻籽饼或肝粉，防止单一用玉米作饲料，以保证叶酸的供给，可达到预防的目的。

第二，治疗病鸡，肌内注射叶酸制剂 50～100 微克/只，在 1 周内血红蛋白值和生长率即恢复正常。若用口服叶酸法，则需在每 100 克饲料中加入 500 微克叶酸，才能达到如注射时那样的效果。若配合应用维生素 B_{12}、维生素 C 进行治疗，效果更好。

十二、维生素 B_{12} 缺乏症

维生素 B_{12} 是唯一含有金属元素钴的维生素，所以又称为钴胺素。它是动物体内代谢的必需物质，缺乏则引起营养代谢紊乱、贫血等病症。

【临床表现】　病雏生长缓慢，食欲降低，贫血。病母鸡的蛋孵化到 16～18 天时就出现胚胎死亡率高峰。

【病理剖检】　特征性的病变是鸡胚生长缓慢，鸡胚体型缩小，皮肤呈弥漫性水肿，肌肉萎缩，心脏扩张并形态异常，甲状腺肿大，肝脏脂肪变性，卵黄囊、心脏和肺脏等内脏均有广泛出血。有的还呈现骨短粗症等病理变化。

【防　治】

第一，对雏鸡、生长鸡群，在饲料中增补鱼粉、肉屑、肝粉和酵母等。如每千克鱼粉含 100～200 微克维生素 B_{12}，鸡舍的垫草也含有较多量的维生素 B_{12}。若同时喂给氯化钴，可增加合成维生素 B_{12} 的原料。

第二，在种鸡日粮中每吨加入 4 毫克维生素 B_{12}，可使其种蛋保持最高的孵化率，并使孵出的雏鸡体内储备足够的维生素 B_{12}，

出壳后数周内有预防 B_{12} 缺乏的能力。有的学者已证明,给每只母鸡肌注 2 微克维生素 B_{12},可使 B_{12} 缺乏母鸡 1 周之内所产蛋的孵化率在从 15％提高到 80％。有人曾试验,将结晶维生素 B_{12} 注入缺乏维生素 B_{12} 母鸡的鸡蛋内,孵化率及初生雏鸡的生长率均有所提高。

十三、胆碱缺乏症

本病是由于胆碱缺乏而引起脂肪代谢障碍,使大量的脂肪在鸡肝内沉积所致的脂肪肝或称脂肪肝综合征。

【病因调查】　日粮中胆碱供给不足(按照我国农业部 2004 年发布的《鸡饲养标准》雏鸡和肉仔鸡的最小需要量为 1 300 毫克/千克饲料,其他阶段均为 500 毫克/千克饲料)。由于维生素 B_{12}、叶酸、维生素 C 和蛋氨酸都可参与胆碱的合成,这些维生素和氨基酸缺乏也易影响胆碱的合成。日粮中维生素 B_1 和胱氨酸增多时,能促进胆碱缺乏症的发生。日粮中长期应用抗生素和磺胺类药物能抑制胆碱在体内的合成,可引起本病的发生。

【临床表现】　雏鸡临床表现生长停滞,腿关节肿大。病理变化为胫骨和跗骨变形,跟腱滑脱。成年鸡肝脏中脂肪酸增高,母鸡明显高于公鸡。母鸡产蛋量下降,蛋的孵化率降低。有的因肝破裂而发生急性内出血突然死亡。有些生长期的鸡也易出现脂肪肝。

【病理剖检】　剖检可见肝肿大,色泽变黄,表面有出血点,质地很脆弱。肾脏及其他器官也有脂肪浸润和变性。

【防　治】

第一,预防上只要针对调查出的病因采取有力措施是可以防止发病的。

第二,治疗上可在每千克日粮中加氯化胆碱 1 克、维生素 E 10 单位、肌醇 1 克,连续饲喂;或给每只鸡每日喂氯化胆碱 0.1～

0.2克,连用10天,疗效尚好。若已发生跟腱滑脱时,则治疗效果差。

十四、钙、磷缺乏症

鸡饲料中钙、磷缺乏,以及钙、磷比例失调是骨营养不良的主要病因。不仅影响生长发育中鸡骨骼的形成、成年母鸡蛋壳的形成,而且影响鸡的血液凝固、酸碱平衡、神经和肌肉正常功能发挥。

【病因调查】　日粮中钙或磷缺乏,或者由于钙、磷比例失调。维生素D不足(由于维生素D_2对鸡的效力仅为维生素D_3的1/50~100,所以日粮中补充维生素D以维生素D_3为标准较好)。日粮中蛋白质含量过高,或脂肪、植酸盐过多,以及环境温度过高、运动少、日照不足等,都可能成为致病因素。

【临床表现】　早期即可见病鸡喜欢蹲伏,不愿走动,食欲不振,异嗜,生长发育迟滞等症状。雏鸡的喙与爪变得较易弯曲,肋骨末端出现念珠状小结节,跗关节肿大,蹲卧或跛行,有的发生腹泻。成年鸡发病主要是在高产鸡的产蛋高峰期,初期产薄壳蛋、软皮蛋,产蛋量急剧下降,蛋的孵化率也显著降低。后期病鸡胸骨呈"S"状弯曲变形。

【病理剖检】　主要病变在骨骼、关节。全身各部骨骼都有不同程度的肿胀,骨体容易折断,骨密质变低,骨髓腔变大。肋骨变形,胸骨呈"S"状弯曲,骨质软。关节面软骨肿胀,有的有较大的软骨缺损或纤维样物附着。

【防　治】

第一,以预防为主。首先要保证鸡群日粮中钙、磷的供给量;其次要调整好钙、磷的比例。对舍饲笼养鸡群,使之得到足够的日光照射。

第二,以早期诊断或监测预报为目标。鸡群日粮中缺磷,其最初的明显反应是血清无机磷浓度降低,可下降到2~3毫克/100

毫升,并且血清碱性磷酸酶活性明显升高,血清钙浓度的轻度上升。喂给产蛋鸡低钙日粮,在 48 小时内即可出现血钙浓度降低,若超过一定时间以后血钙会出现更大幅度的下降。通过血磷、血钙浓度测定并配合骨骼 X 线检查,可为早期诊断或监测预报本病提供依据,尽早采取防治措施,避免巨大的经济损失。

第三,一般在日粮中以补充骨粉或鱼粉防治本病,效果较好。若日粮中钙多磷少,则在补钙的同时要重点用磷酸氢钙、过磷酸钙等补磷。若日粮中磷多钙少,则主要是补钙。另外,可以对病鸡加喂鱼肝油或补充维生素 D_3。

十五、锰缺乏症

锰是动物体必需的微量元素。鸡对锰缺乏极为敏感,易发生锰缺乏症,表现为以骨短粗和滑腱为其主要病征。

【病因调查】　日粮内缺乏锰(玉米和大麦含锰量低,在低锰土壤生长的植物含锰量也低),饲料中钙、磷、铁以及植酸盐含量过多,鸡患球虫病等胃肠道疾病时皆可影响机体对锰的吸收、利用。重型品种比轻型品种鸡需锰量要多,舍饲密集饲养条件等也可影响发病。

【临床表现】　雏鸡表现为生长停滞、骨短粗症。胫、跗关节增大,胫骨下端和跖骨上端弯曲扭转,使腓肠肌腱从跗关节的骨槽中滑出而呈现脱腱症状,病鸡腿部变弯曲或扭曲,不能行动,直至饿死。其骨骼短粗,管骨变形,骨骺肥厚。骨骼的硬度良好,相对重量未减少或有所增多。

鸡胚呈现短肢性营养不良症,病母鸡所产的蛋孵化率显著下降,鸡胚大多数在快要出壳时死亡。胚胎躯体短小,骨骼发育不良,翅短,腿短而粗,头呈圆球样,喙短弯,呈特征性的"鹦鹉嘴"。

【防　治】

第一,可在100千克饲料中添加 12～24 克硫酸锰。或用 1 :

3 000 高锰酸钾溶液作为饮水,每日更换 2～3 次,连用 2 日,以后再用 2 日。糠麸为含锰丰富的饲料(每千克中约含锰 300 毫克),用它调整日粮也有良好的预防作用。鸡日粮含锰 40～60 毫克/千克饲料即够了。

第二,检测羽毛中的锰含量,可以达到监测预报和早期预防本病的目标。羽毛中锰水平随日粮含量不同而有差异。饲喂低锰日粮雏鸡的皮肤和羽毛含锰量平均值为 1.2 毫克/千克;而饲喂高锰日粮的雏鸡可达 11.4 毫克/千克。据以上资料,可研究出适宜的监测预报和早期防治本病的方法。

十六、锌缺乏症

锌是动物生命中必需的微量元素,参与动物体合成蛋白质及其他物质的代谢。鸡锌缺乏,致使生长迟缓,跗关节增大,骨骼与胚胎发生一系列病理变化。

【病因调查】　多因饲料内含植酸盐过多,或雏鸡料含钙量高,致使锌的吸收和代谢受干扰。如黄豆粉中含有相当多的植酸,它与锌结合形成不溶性物质。

【临床表现】　病鸡呈现生长迟缓,羽毛生长不良,跗关节增大,长骨短而粗,脚上发生皮炎,腿无力。病母鸡所产的蛋孵化的鸡胚畸形,主要是骨骼发育不良。

【防　治】　鸡对锌的需要量,按每千克饲料含锌 60～100 毫克即可满足。可应用含锌丰富的肉粉和鱼粉作为补充饲料,也可在饲料中补充氧化锌、硫酸锌或碳酸锌。

十七、硒缺乏症

硒是鸡必需的微量元素,它是体内某些酶、维生素以及某些组织成分不可缺少的元素。缺乏时可引起鸡营养性肌营养不良、渗出性素质、胰腺变性。硒和维生素 E 对预防雏鸡脑软化有相互补充的作用。

【病因调查】 有一定的地区性,发病地区一般属于低硒地区,土壤含硒量低于 0.5 毫克/千克,或是饲料含硒低于 0.05 毫克/千克的鸡场。呈一定的季节性,多集中于每年的冬、春两季。寒冷多雨等因素也是肌营养不良发病的诱因。以群发为特征,无传染性。以雏鸡较易发病。

【临床表现】 渗出性素质。以 2～3 周龄的雏鸡发病为多,到 3～6 周龄时发病率高达 80%～90%。多呈急性经过。病雏躯体低垂的胸、腹部皮下出现淡蓝绿色水肿样变化,可扩展至全身。排稀便或水样便,衰竭死亡。肌营养不良。以 4 周龄幼雏易发,其特征为全身软弱无力,贫血,腿麻痹而卧地不起,羽毛松乱,翅下垂。衰竭死亡。有些病雏主要表现平衡失调、运动障碍和神经紊乱症状,这是由于维生素 E 缺乏为主所导致的小脑软化结果。

【病理剖检】 渗出性素质死鸡剖检可见到水肿部有浅黄绿色的胶冻样渗出物或浅黄绿色纤维蛋白凝结物。主要病变在骨骼肌、心肌、肝脏和胰脏,其次为肾和脑。病变部肌肉变性、色浅、似煮肉样,有灰黄色、黄白色的点状、条状、片状病变。肌扩张变薄,多在乳头肌内膜有出血点,胰脏变性,体积缩小有坚实感。其次病雏也可发生肌胃变性,质地软,颜色浅。

【防 治】

第一,预防本病,一般在雏鸡日粮中添加 0.1～0.2 毫克/千克饲料的亚硒酸钠和每千克饲料中加入 20 毫克维生素 E(把添加量称准,搅拌均匀,防止中毒)。

第二,根据本病初期即有特异的血液学变化指标,进行早期诊断、预测预报,是集约化养鸡业防治营养代谢病的研究目标,可以达到早期防治和减少经济损失的目的。

第三,治疗时,用 0.005% 亚硒酸钠溶液皮下或肌内注射,雏鸡 0.1～0.3 毫升/只,成年鸡 1 毫升/只;或配制成 0.1～1 毫克/

千克的亚硒酸钠溶液,给病鸡饮用,5～7天为1疗程。对雏鸡脑软化的病例必须以维生素E为主进行防治。

十八、鸡 痛 风

鸡痛风是一种蛋白质代谢障碍引起的高尿酸血症。其病理特征为血液中尿酸水平增高,尿酸即以钠盐形式在关节囊、关节软骨、内脏、肾小管及输尿管中沉积。临床表现为运动迟缓,腿、翅关节肿胀,厌食,衰弱和腹泻。

【病因调查】 用大量的动物内脏、肉屑、鱼粉、豌豆等富含蛋白质和核蛋白的饲料长期饲喂而引起。饲料含钙或镁过高。如有的养殖专业户用蛋鸡料喂肉鸡,有的补充矿物质用石灰石粉,皆可引起痛风。日粮中长期缺乏维生素A,可发生痛风性肾炎而呈现痛风症状。若用病种鸡蛋孵化出的雏鸡往往易患痛风,在20日龄(一般为110～120日龄)时即提前出现病征。肾功能不全。引起肾功能不全的因素有:磺胺类药中毒、霉玉米中毒;鸡肾病变型传染性支气管炎、传染性法氏囊病、产蛋下降综合征和鸡白痢等传染病;球虫病、盲肠肝炎,以及患淋巴性白血病、单核细胞增多症和长期消化紊乱等疾病过程,都可能继发或并发痛风。潮湿和阴暗、密集、日粮不足或缺乏维生素等因素,皆可能成为促进本病发生的诱因。另外,新汉夏鸡有关节痛风的遗传因子,也是致病原因之一。

【临床表现】 病鸡食欲减退,冠苍白,腹泻,排出白色半黏液状稀便。呈蹲坐、独肢站立姿势。

【病理剖检】 在胸腹膜、肺、心包、肝、脾、肾、肠及肠系膜的表面散布许多石灰样的白色尘屑状或絮状物质,此为内脏型痛风。若关节肿胀,形成结节,切开或破裂排出灰黄色干酪样尿酸盐结晶,则为关节型痛风。

【防　治】
第一,针对调查出的具体病因采取切实可行的措施,往往可收到良好的效果。

第二，饲料中的钙、磷比例要适当，切勿造成高钙条件。

第三，可试用阿托方(苯基喹啉羟酸)0.2～0.5克/只，每日2次，口服。此药是为了增强尿酸的排泄及减少体内尿酸的蓄积和关节疼痛，但可能导致肝、肾功能不全。因此，重症病例或长期应用皆有副作用。

第四，试用别嘌呤醇(7-碳-8-氯次黄嘌呤)10～30毫克/只，每日2次，口服。此药化学结构与次黄嘌呤相似，是黄嘌呤氧化酶的竞争抑制剂，可抑制黄嘌呤氧化，减少尿酸形成。用药期间可导致急性痛风发作，给予秋水仙碱50～100毫克/只，每日3次，能使症状缓解。

十九、鸡蛋白质缺乏症

鸡群新陈代谢旺盛。蛋白质是鸡体器官的主要成分(按干物质计算，鸡体中含有蛋白质60%，鸡蛋中含蛋白质38%)，并参与酶、激素和抗体的组成，它对于鸡的生长发育、维持健康和繁殖等十分重要。一旦缺乏而又不能由其他物质所代替，易发生蛋白质缺乏症。

【病因调查】 根据日粮中缺乏蛋白质，特别是动物性蛋白质，或者是蛋白质中10种必需氨基酸种类不齐、比例不合适，尤其是赖氨酸、蛋氨酸与色氨酸此3种限制性氨基酸缺乏，使该种饲料蛋白质中其他氨基酸的利用效率大受限制，营养价值降低而致病。

【临床表现】 雏鸡生长发育受阻，畏寒挤堆，体温下降，大批死亡。成年鸡体重减轻，贫血，产蛋量急剧下降或停止产蛋，易继发一系列疾病。

【病理剖检】 可见血液稀薄且凝固缓慢，鸡体消瘦。全身几乎无脂肪组织，原来的脂肪组织变为胶样浸润。心包囊、胸腔和腹腔内积液。

【防　治】

第一，给予全价日粮。对不同鸡种、品种、年龄和生产特点的鸡对蛋白质的量与质的需要应给予满足，保证必需氨基酸、维生素和微量元素供给。

第二，对已发病鸡群，应立即补其所需。当前配制的饲料多缺乏赖氨酸和蛋氨酸，补喂此限制性氨基酸，可提高日粮蛋白质的营养价值，节约蛋白质饲料用量，通常能收到良好的效果。国内已生产有大量合成的饲料级蛋氨酸与赖氨酸，即可按它所含的纯度计算添加量。

二十、鸡脂肪肝综合征

本病见于产蛋母鸡，为笼养鸡多见的一种营养代谢病。发病的特点是多出现在产蛋量高的鸡群或产蛋高峰期，产蛋量明显下降，鸡体况良好，有的突然死亡，多见肝破裂，肝脏脂肪变性。

【病因调查】　主要是由于摄入能量过多，长期饲喂高能量饲料导致脂肪量增加。其次是高产品系鸡、笼养和环境高温等因素可促使本病发生。

【临床表现】　发病和死亡的鸡都是母鸡，大多过度肥胖。产蛋量明显下降，产蛋率由 75％～85％ 突然下降到 45％～55％。病鸡喜卧，腹大而软绵下垂，冠、髯苍白贫血。严重的嗜睡、瘫痪。一般从出现明显症状到死亡为 1～2 天，有的在数小时内即死亡。

【病理剖检】　病死鸡的皮下、腹腔及肠系膜均有多量的脂肪沉积。肝脏肿大、边缘钝圆，呈黄色油腻状，表面有出血点和白色坏死灶，质地极脆，易破碎呈泥样，用刀切时，在刀的表面上有脂肪滴附着。

【防　治】

第一，已发病鸡群，在每千克日粮中添加胆碱 22～110 毫克，治疗 1 周有一定疗效。严重病鸡无治疗价值，应淘汰。美国曾介绍,在每吨日粮中加氯化胆碱1 000克、维生素E 10 000单位、维生素 B_{12} 12毫克和肌醇900克,连续饲喂。或每只鸡喂服氯化胆碱 $0.1\sim0.2$ 克,连服10天。

第二,调整日粮配方,或实行限饲或降低饲料代谢能摄入量,以适应环境变化情况下鸡群的需要。如在饲料中增加一些富含亚油酸的脂肪而减少碳水化合物则可降低发病率。

第三,调整饲养管理,适当限制饲料的喂量,使体重适当。鸡群产蛋高峰前限量要小,高峰后限量应大。小型鸡种可在120日龄后开始限喂,一般限喂 $8\%\sim12\%$ 。

二十一、鸡脂肪肝和肾综合征

本病是青年鸡的一种营养代谢病,由肝脏、肾脏和其他组织中存在大量脂类物质而得病。主要发生于肉用仔鸡,也可发生于后备肉用种鸡,但11日龄以前和32日龄以后的仔鸡不常暴发,以 $3\sim4$ 周龄仔鸡发病率最高。肝脏和肾脏均呈现肿胀,肝苍白,肾出现各种变色,多死于突然嗜睡和麻痹。

【临床表现】 病鸡突然嗜睡和麻痹,麻痹常由胸部向颈部蔓延。几小时内死亡,死亡率可达6%。有些病鸡出现与生物素缺乏相似的病征:生长缓慢,羽毛发育不良,喙周围发生皮炎,足趾干裂等。

【病理剖检】 死亡病鸡以肝脏、肾脏病理变化最为明显。肝脏苍白、肿胀,在肝小叶外面有出血点。肾脏肿胀,呈现多样颜色。

【防　治】 按每千克体重在基础日粮中补充生物素 $0.05\sim$ 0.1毫克,可有效地防治本病。如果日粮中适量增加蛋白质或脂肪含量,可使死亡率降低。

第四章　鸡中毒病及其杂症

第一节　鸡中毒性疾病概述

一、毒物与中毒

某一种物质在一定数量和条件下,通过消化道、呼吸道或皮肤进入动物体而引发生理功能障碍、生物化学过程和免疫功能改变等一系列病理变化,甚至造成死亡,人们把这种物质称为毒物。由此种毒物引起的病理状态称为中毒。

毒物是相对的,有时很难严格区分无毒物质和有毒物质。例如,食盐、铁盐、钾盐、盐酸等原是动物体的组成成分,是生理所必需的,但若吃食过量或浓度过大,也会引起中毒。棉籽饼、菜籽饼和亚麻籽饼等饲料,若不经过去毒处理,不控制喂量,也会引起中毒。因此,在诊断动物中毒性疾病时,必须掌握毒物的来源、性质、数量,动物种类和发病规律等方面的情况,综合分析方能正确诊断。

二、鸡中毒病常见的病因

第一,饲料品质不良。饲料霉败变质,含有毒素等有毒物质,如黄曲霉毒素、麦角毒素中毒;使用过量菜籽饼或棉籽饼所致毒素中毒;饲料加工或调制不当,含有有害物质,如鱼粉中含有肌胃糜烂素,大豆中含有抗胰蛋白酶、皂角素、红细胞凝集素和产生甲状腺肿的物质等。

第二,伪劣饲料添加剂,或添加剂使用不合理所致的中毒。如喹乙醇中毒、食盐中毒等。

第三,药物添加剂的选择、应用剂量和时间不科学所致的中毒。如磺胺类药物中毒、高锰酸钾中毒等。

第四,饲养管理不当和环境污染引起的中毒。如一氧化碳中毒、氨气中毒等。

三、鸡中毒病的诊断

(一)现场调查研究　　调查发病时间,发病和死亡数量,免疫记录,既往病史,现病史及其诊疗经过等情况;实地检查饲料的种类、品质、来源,加工、调制方法,配合比例和饲养管理程序等;了解发病与未发病鸡在环境、饲料和饲养管理等方面有什么不同之处。

(二)临床症状检查　　根据不同毒物、不同中毒程度和病程其临床症状各有不同的特点,应仔细检查,注意从一般性症状中检查出特征性症状。

(三)病理剖检　　对死亡病鸡必须迅速进行尸体剖检,常能为中毒病提供有价值的诊断依据。

(四)采取病料、毒物检验　　送检病料的选取及注意事项。

第一,取样要有代表性,多点取样,采取所喂的可疑饲料1～2千克送检。

第二,将整个胃及其内容物,或是有明显病变的小肠一段及其内容物结扎起来后送检。

第三,把部分病变的心、肺、肾、肝放在清洁干燥的瓶或缸中,防止样品被化学物质污染,样品不能用水冲洗,不加防腐药。若加入纯酒精防腐,必须把酒精样品也要送去,尽快地送到专门的检验室检验。天热时组织样品应冰冻在低温条件下,血液样品不要冰冻,可低温保存。同时,要附上发病情况及尸体剖检记录。

(五)动物试验　　即给敏感动物饲喂可疑物质和观察其作用。通常用原已患病的同种动物饲喂可疑物质,效果最好。阳性结果对于确诊是非常有价值的。

通过以上现场调查研究、临床症状检查、病理剖检、病理材料和毒物检验以及动物试验，进行综合分析，可做出确切诊断。

四、鸡中毒病的危害性

（一）造成经济损失　鸡群中毒后，常常发生大批死亡，会造成一定的经济损失。

（二）降低鸡群的生产性能　慢性中毒可使鸡的生长迟缓，产蛋量下降，甚至不能产蛋。此种危害所带来的经济损失从局部看不是很大，但从大群鸡看损失却是巨大的。

（三）降低鸡群的免疫力　鸡群中毒后可使某些疫苗的免疫能力下降，因而容易诱发传染病和其他慢性病，损害鸡群健康。

（四）影响鸡肉、蛋产品质量　鸡中毒后其肉、蛋等产品由于残毒超标，影响其商品价值。

第二节　鸡中毒病各论

一、鸡肌胃糜烂病

鸡肌胃糜烂病是鸡的一种与哺乳动物和人的胃肠溃疡、出血相类似的非传染性疾病。主要发生于肉鸡，其次是蛋鸡。多在2～2.5月龄发病，呈散发性，成年鸡往往零散单个发生。临床特征为病鸡呕吐黑色物，肌胃角质膜糜烂、溃疡。

【病因调查】　日粮中鱼粉含量多在12％以上时发病，尚未见到在8％以下发病的。发病特点是鸡群饲喂一批新鱼粉后5～10天发病，而在更换此批饲料后2～5天发病率就停止增长。

【临床表现】　病鸡厌食，闭眼缩颈，喜蹲伏，触诊嗉囊或倒提病鸡即从口内流出黑褐色黏液，所以，有人称此病为"黑吐病"。

【病理剖检】 肌胃体积增大,胃壁变薄、松软,内容物稀薄,呈黑褐色,沙砾极少或无。胃角质膜变色,皱襞增厚,外观呈疣状或树皮样。病的后期,在皱襞深部出现小点出血,逐渐扩大糜烂而形成溃疡,溃疡向肌层深部发展,常在接近十二指肠的肌胃壁处穿孔。

【防　治】

第一,日粮中鱼粉的含量降至 8% 以下。

第二,更换鱼粉,用含肌胃糜烂素低的鱼粉配料。对进口鱼粉也应严加监测使用。严禁使用腐烂变质的鱼生产鱼粉。研究证实,若原料呈微酸性则容易生成肌胃糜烂素。干燥鱼粉贮存时温度愈高则愈容易产生肌胃糜烂素。在干燥鱼粉贮存时,若预先在鱼粉内加赖氨酸或抗坏血酸,则能显著抑制肌胃糜烂素的合成。

第三,防止鸡群密度过大、空气污染、热应激、饥饿和摄入发霉的饲料及垫料等,若在每千克日粮中补充维生素 K_3 2~8 毫克,吡哆醇 3~7 毫克,维生素 C 30~50 毫克,维生素 E 5~20 毫克,有排除应激因素的效果。

第四,发病初期,在饮水和饲料中投入 0.2%~0.4% 的碳酸氢钠,早晚各 1 次,连用 2 天。给每只病鸡肌内注射维生素 K_3 0.5~1 毫克,或服止血散 50~100 毫克,按每千克体重注射青霉素 5 万单位,都有良好的治疗效果。若在每千克饲料中添加 0.5 克的西米替丁,可以有效地防止肌胃糜烂病的发生。

二、喹乙醇中毒

喹乙醇又名喹酰胺醇、快育诺、倍育诺等。由于喹乙醇具有提高鸡群生长率、改善饲料转化率和抗菌作用,并有用量少、价格便宜、使用方便、不易产生耐药性及防治鸡霍乱效果显著等优点,因此在养鸡业中得到广泛应用,促进了生产的发展。但由于药物残留等原因,喹乙醇已被列为肉鸡整个饲养期禁止使用的添加剂。

喹乙醇若使用不当往往引起中毒。

【病因调查】 对喹乙醇添加剂的性质了解不够,使用过量引起中毒;混合不均匀,使部分鸡摄食量过大而中毒;重复添加导致中毒;计算或换算添加量单位错误,用量超过而造成中毒。

【临床表现】 病鸡采食减少或停止,缩头,鸡冠呈紫黑色,排黄白色稀便。死前痉挛,角弓反张。

【病理剖检】 与新城疫或最急性鸡霍乱相似,即表现为败血症变化,肝、肾肿大2~5倍。

【防　治】 防治某些细菌性疾病,应严格控制喹乙醇用量和用药时间。预防量为每吨饲料中添加80~100克,连用1周后,应停药3~5天;治疗量按病鸡每千克体重用2~30毫克,混匀于饲料中喂服,每日1次,连用2~3天,必要时隔几天重复1个疗程。

三、磺胺类药物中毒

磺胺类药物,特别是在肠道内容易被吸收的磺胺嘧啶、磺胺二甲嘧啶、磺胺间甲氧嘧啶、磺胺喹噁啉和磺胺甲氧哒嗪等种类,其治疗量与中毒量接近。在防治鸡寄生虫病中,必须使用足够的剂量和连续用药,才能收效,否则容易产生抗药性。因此,用药量大或持续时间长、添进饲料时混合不均匀等因素都可能引起中毒。这5种磺胺类药物已被列为肉鸡整个饲养期禁止使用的添加剂,肉鸡生产中不应作为饲料添加使用。

【病因调查】 调查应用磺胺类药物的种类、剂量、添加方式、用药天数,供水情况等。

【临床表现】 病鸡具有全身出血性变化。病仔鸡表现抑郁,厌食,渴欲增加,腹泻,鸡冠苍白。有时头部肿大呈蓝紫色,这是由于局部出血造成。凝血时间延长,血检颗粒性白细胞减少,溶血性贫血。有的发生痉挛、麻痹等症状。成年病母鸡产蛋量明显下降,蛋壳变薄且粗糙,棕色蛋壳退色,或产软壳蛋。有的出现多发性神经炎。

【病理剖检】　剖检死鸡,肾、肝和脾皆肿大。肌肉、肾和肝中磺胺类药物含量超过 20 毫克/千克时,就可诊断为磺胺类药物中毒。

【防　治】　应以预防为主。治疗中选用毒性小的磺胺类药,控制好剂量、给药途径和疗程,注意增加并保证供应足够饮水量。若发生中毒,应立即停药,给饮 5％葡萄糖水或0.5％～1％碳酸氢钠水,并在每千克饲料中添加维生素 K 0.53 毫克,或在日粮中提高 1 倍维生素含量;中毒严重的鸡可每只肌内注射维生素 B_{12} 1～2 微克或叶酸 50～100 微克。

四、高锰酸钾中毒

养鸡场在用高锰酸钾溶液作为消毒饮水或微量元素补充剂时,浓度过高除对消化道有刺激和腐蚀作用外,还能被吸收进入血液,从而损害肾脏和脑;钾离子对心脏有抑制作用,可导致死亡。

【病因调查】　有饮用高浓度高锰酸钾溶液的病史。

【临床表现】　病鸡呼吸困难,腹泻,甚至突然死亡。

【病理剖检】　见口、舌和咽部黏膜变红紫色和水肿,嗉囊、胃肠有腐蚀和出血现象。

【防　治】

第一,高锰酸钾溶液宜现用现配,饮水浓度应控制在0.01％～0.05％之间,可连续饮用 2～3 天。

第二,对病鸡可用清水冲洗嗉囊,或灌服牛奶、蛋清和油类。

五、食盐中毒

食盐是鸡日粮中的必需营养物质。若吃入大量食盐,可引起腹泻等消化道炎症。有时吃入食盐量并不多,但是饮水不足,仍可引起脑水肿及脑功能紊乱。

【病因调查】　饲料中食盐含量过高，如喂咸鱼粉等含盐加工副产品，饥饿雏鸡大量吃入食槽底部饲料中沉积的盐类，暂时限制饮水等，皆可能引起中毒。

【临床表现】　病鸡无食欲，饮欲增强，口、鼻流出大量的分泌物，嗉囊扩张，腹泻，神经过敏，卧地挣扎站立不起来，衰竭而死亡。

【病理剖检】　死后腺胃和小肠有卡他性或出血性炎症，脑膜血管显著充血扩张，并有针尖大小出血点和脑炎变化。可检查嗉囊或肌胃内容物，或检测血清氯化物含量。

【防　治】

第一，严格控制鸡的食盐摄入量，在饲料中添加食盐时必须搅拌均匀。盐粒应碾细，要不间断地供应充足的饮水。

第二，发现可疑食盐中毒时，首先要立即停用可疑的饲料和饮水，并送有关部门检验，改换新鲜的饮用水和饲料。

第三，应给病鸡间断地逐渐增加饮用水。如果一次饮入大量水可促进食盐吸收扩散，反而使病情加剧或导致组织严重水肿，尤其脑水肿往往预后不良。只要及时采取上述措施，大多数病鸡都会得到痊愈。

六、小苏打中毒

小苏打（碳酸氢钠）由于其价廉、有防治酸中毒和热应激作用，因而被广泛地用于养鸡业。但对鸡有较大毒性，较易引起中毒。

【病因调查】　有添加小苏打或饮服小苏打水的病史，或有使用浓度、剂量不当的情况。

【临床表现】　病鸡表现眼紧闭，昏迷，翅下垂，对针刺无反应等碱中毒症状。

【病理剖检】　肝变性，心扩张，肾肿大呈灰白色并有尿酸盐沉积。

【防　治】　对雏鸡禁止饮用小苏打水和禁止在日粮中添加小

苏打。中毒病鸡可饮服葡萄糖水或新鲜水,有助于病情缓解。

七、棉籽饼中毒

棉籽饼含有丰富的蛋白质,又含有有毒的棉酚色素等有毒物质,若饲喂不适当,可引起中毒。

【病因调查】 饲喂未经去毒处理棉籽饼的情况,日粮中缺乏蛋白质、钙、铁和维生素 A 的情况。

【临床表现】 中毒病鸡采食量减少,体重下降,衰弱甚至抽搐,呼吸和血液循环衰竭。伴有贫血、维生素 A 及钙缺乏的症状。母鸡产蛋率和种蛋孵化率降低,蛋清呈红色,蛋黄颜色变淡,呈茶青色。

【病理剖检】 死鸡可见有胃肠炎,肝、肾肿大,肺水肿,胸腔和腹腔积液。母鸡的卵巢和输卵管高度萎缩。检测饲料、血清和肝脏中棉酚含量,有助于本病早期诊断和确诊。

【防 治】

1. 合理饲喂棉籽饼

第一,减毒处理后再搭配喂。煮沸法:把棉籽饼打碎加水煮沸 1～2 小时,再加入 10％谷物粉同煮,可使毒性减弱。干热法:将棉籽饼以 80℃～85℃干热 2 小时,或以 100℃加热 30 分钟,也可使其毒性降低。碱处理:可用 2％石灰水,或 2.5％草木灰水,或 1％苛性钠液浸泡 24 小时,再经清水洗净后方可使用。铁剂处理:用 0.1％～0.2％硫酸亚铁溶液浸泡 4 小时后即可使用。

第二,对未经去毒处理的棉籽饼或棉仁饼皆要限制喂量,间歇饲喂,不宜长期连续饲喂。并且在饲料搭配上,要供足钙、铁、蛋白质和维生素 A。

2. 无毒棉籽蛋白的应用 自 20 世纪 70 年代以来,美国开发用液体旋风分离器将棉酚腺(即有毒棉酚存在的棉籽色素腺体)与棉籽蛋白分开的新工艺,制得优质棉籽蛋白。我国也研制成功,可试用。

3. 无毒棉籽饼的推广应用　即培育棉籽无色素腺体的棉花品种,其棉籽饼也就不含有毒的棉酚了。此方法最早是美国加利福尼亚州沙福特棉花试验站培育出的。我国农业科技人员也培育出一批无毒棉新品系,值得推广应用。

4. 治疗　主要采用减轻病鸡胃肠炎的对症疗法,可饮用补液盐水。

八、黄曲霉毒素中毒

黄曲霉毒素中毒是人、兽共患疾病之一。鸡对黄曲霉毒素比较敏感,中毒后以肝脏受损、全身性出血、腹水、消化功能障碍和神经症状等为特征。

【病因调查】　检查饲料品质有无霉变情况。据国内外普查,以花生、玉米、黄豆、棉花等作物及其副产品最易感染黄曲霉,含黄曲霉毒素较多。并调查出饲喂可疑饲料与鸡发病率呈正相关,不饲喂该批可疑饲料的鸡不发病,发病的鸡也无传染性。

【临床表现】　病雏腹泻,粪便多混有血液,共济失调,以呈现角弓反张症状而死亡。成年鸡多为慢性中毒,使母鸡发生脂肪肝综合征,产蛋率和种蛋孵化率降低。

【病理剖检】　病死鸡的肝脏肿大,弥漫性出血和坏死;慢性型病例肝体积缩小、硬变,有的出现肝细胞癌或胆管癌;近期尚有引起腺胃肿大的报道。

【防　治】　根本措施是不喂发霉饲料,对饲料定期做黄曲霉毒素测定,淘汰超标饲料。搞好预防的关键是做好防霉与去毒工作,而且应以防霉为主。

1. 防霉　根本的办法是控制饲料发生霉败的条件,主要是水分和温度。饲料作物收割后要防雨淋,要及时晾晒,使之尽快干燥,使其水分含量迅速下降,达到谷粒13%、玉米12.5%、花生仁

8％以下的要求,防止粮食和饲料在贮存过程中霉变。也可试用化学熏蒸法,如选用氯化苦、溴甲烷、二氯乙烷、环氧乙烷等熏蒸剂防止饲料霉变;也可选用制霉菌素、马达菌素等防霉抗生素。

2.去毒　拣出霉粒和霉团去毒;碾轧加水搓洗或冲洗去毒,即碾去含毒素较集中的谷皮和胚部,碾后加3～4倍清水漂洗,使较轻的霉坏谷皮和胚部上浮随水倾出;用石灰水浸泡或碱煮、漂白粉、氯气和过氧乙酸处理等方法去毒;利用微生物(如无根根霉、米根霉、橙色黄杆菌等)的生物转化作用,可使黄曲霉毒素转变成毒性低的物质;辐射处理;白陶土吸附;氨气处理,即通入氨气,在275.8千帕(40磅)气压、72℃～82℃条件下处理,饲料中黄曲霉毒素98％～100％被除去,并且使其含氮量增高,也不破坏赖氨酸,鸡采食后,其组织中也未测出残留有害物质。

九、麦角中毒

鸡吃食了被麦角菌寄生的麦类或混有麦角菌的谷物糠麸而引起的真菌毒素中毒。临床上以中枢神经功能紊乱和组织坏死为特征。

【病因调查】　往往是在新换一批饲料后7～10天发病,若停喂该批饲料7天后,发病率就减少或停止。还可通过饲料检验寻找病因,具体方法如下。麦角的形态鉴定:若为整粒麦类原饲料,用肉眼可找到黑紫色、长2～4厘米、呈稍微弯曲状的角形物或瘤状物,此即为麦角菌产生的菌核,即为麦角。如果为粉料,可用显微镜观察到麦角最外层为紫红色的色素层。麦角的化学鉴定:取检样10克,加乙醚20毫升,加稀硫酸(1：5稀释)10滴混合。将瓶口塞好,振摇,放置5～6小时,过滤,在滤液中加碳酸氢钠饱和溶液0.5～1毫升,振荡,静置,观察水层,其滤液应呈现紫色、紫蓝色或红色。

【临床表现】　鸡群中有些鸡发生跛行,鸡冠、肉髯及爪距发绀,变冷直至干性坏死。有的鸡吃食减少,排稀便。

【防　治】　对谷粒饲料定期检验,发现被麦角菌污染的,严禁饲喂。若鸡已发病应立即停喂可疑饲料,更换新饲料,并给病鸡大量饮服 0.01%～0.05%高锰酸钾溶液或清水,促使毒物氧化解毒并迅速排出。

十、一氧化碳中毒

一氧化碳中毒是由于鸡吸入一氧化碳气体所引起的以血液中形成多量碳氧血红蛋白所造成的全身组织缺氧为主要特征的中毒疾病。

【病因调查】　有鸡舍烧煤保温的病史。由于暖炕裂缝,或烟囱堵塞、倒烟,门窗紧闭、通风不良等原因,都能导致一氧化碳不能及时排出。舍内含有 0.1%～0.2%一氧化碳时,就会引起中毒;超过 3%时,可使鸡窒息死亡。对长期饲养在低浓度一氧化碳环境中的鸡,可造成生长迟缓,免疫功能下降等慢性中毒,也应重视。

【临床表现】　鸡群中普遍出现呼吸困难,不安,不久即转入呆立或瘫痪,昏睡,死前发生痉挛或惊厥。

【病理剖检】　剖检可见血管和各脏器内的血液呈樱桃红色。

【防　治】　鸡舍和育雏舍采用煤火取暖装置应注意通风条件,以保持通风良好,温度适宜。一旦出现中毒现象,应迅速开窗通风。

第三节　杂　症

近 50 年来,世界畜牧业发生了巨大变化。概括地说,已转移到以生产动物性蛋白质为主的大型专业化轨道上来。养鸡业由小型家庭饲养向大型集约化饲养转化,特点是环境更远离自然,使鸡群经常处于逆境。通过使用疫苗预防已控制了一些毁灭性疫病,但如今出现的某些问题似乎超过了我们控制和消除的能力。有些疾病至今还不知道其确切的病因,没有一个确切的病名,或只是作为一种临床上的概念。我们暂时把它列入杂症中,供共同学习研究。

一、异 食 癖

异食癖是由于营养代谢功能紊乱、味觉异常和饲养管理不当等引起的一种非常复杂的多种疾病的综合征。鸡群中有异食癖的不一定都是与营养物质缺乏、代谢紊乱有关,有的属恶癖。因而,从广义上讲异食癖也包含恶癖。

【临床表现】 异食癖鸡有着明显的症状,较易诊断。临床上常见的有以下 4 种类型。啄羽癖:雏鸡在开始生长新羽毛或换小毛时易出现,产蛋鸡在盛产期和换羽期也可发生。啄肛癖:多发生在产蛋母鸡,由于腹部韧带和肛门括约肌松弛,产蛋后泄殖腔不能及时收缩回去而暴露在外,造成互相啄肛。啄蛋癖:多见于鸡产蛋旺盛的春季,由于饲料中缺钙和蛋白质不足所致。啄趾癖:有些雏鸡喜欢互啄食脚趾,引起出血或跛行症状。

【防 治】

第一,应用电动断喙器等器械切掉雏鸡的喙尖。

第二,有啄癖和被啄伤的病鸡,要及时尽快地挑出,隔离饲养与治疗。

第三,检查日粮配方是否达到了全价营养。找出缺乏的营养成分,及时补给。若蛋白质和某些控制性氨基酸不足,则需添加豆饼、鱼粉、血粉等;若是因缺乏维生素 B_2 和铁引起的啄羽癖,则每只成年鸡每日给维生素 B_2 5～10 毫克,并以硫酸亚铁 130～200 毫克/千克饲料混饲,连用 3～5 天;若暂时弄不清楚啄羽病因,可在饲料中加入 2% 石膏粉,或是每只病鸡每日给予 0.5～3 克石膏粉;若是缺盐引起的恶癖,在日粮中暂时添加 2%～4% 食盐,保证供足饮水,恶癖很快消失,随之停喂增加的食盐,维持在 0.5％～1％,以防发生食盐中毒;若缺硫引起啄肛癖,在饲料中加入 1％硫酸钠,3 天之后即可见效,啄肛停止后,暂改为 0.1％的硫酸钠加入饲料内,作为预防。总之,只要及时补给所缺的营养成分,皆可收到良好疗效。

第四,改善饲养管理条件,消除各种不良因素或应激原的刺激。如疏散密度,防止拥挤;通风,使舍温适度;调整光照,防止强光长时间照射,产蛋箱避开强光处;饮水槽和料槽放置要合适;饲喂时间应合理安排。肉鸡和种鸡在饲喂时要防止过饱,限饲时也要少量给饲,防止过饥;防止笼具等设备引起的外伤。有报道,对雏鸡用 25 瓦红色灯光照明,可防啄趾癖。

二、肉鸡腹水症

本病是以幼雏肉鸡腹中积聚多量的浆液性液体为特征的一种综合征,而不是一种特异性的疾病,它由许多因素引起。主要侵害 4 周龄以上的肉鸡,公鸡比母鸡严重。本病在高海拔(1500 米以上)地区发生较多,故曾称高海拔病。近几年有报道,在低海拔和集约化饲养的肉鸡中也有发生。

【临床表现】　病鸡精神委顿,羽毛蓬乱,排稀便,腹部膨胀,不愿活动,嗜睡和躺卧(见彩页 16)。严重病例可视黏膜发绀,呼吸困难,在捉鸡时易抽搐死亡。

【病理剖检】　可见鸡全身组织器官淤血、水肿。腹部膨大,内有积液,触之有波动感。腹中积液量可达 100～500 毫升,液体清亮、麦秸色或带血色,腹内可能有纤维蛋白凝块。全身骨骼肌淤血、深红色;肺水肿、淤血;肾淤血、肿胀、质地变脆;心包积液,心脏增大,右心明显扩张。肝硬化,缩小。

【防　治】　根据发病原因采取相应措施,往往可收到明显疗效。在高海拔地区,国外有的学者主张培育对缺氧或腹水症具有

耐受力的肉鸡品种。我国青海省畜牧兽医研究所经过研究,给 5
周龄肉鸡补硒(日粮含硒量达 0.5 毫克/千克饲料),使该病的死亡
率下降了 40%。有的试验研究认为,将患腹水症的鸡从高海拔地
区移至低海拔地区,从恶劣环境移至优良环境,临床症状便会减
轻,并迅速康复。为了提高高海拔地区鸡种蛋的孵化率和降低肉
鸡腹水症的易发性,有的单位采取在孵化期间向孵化机里补充氧
气的办法,以防止鸡胚在低氧下发生生理和形态异常。在低海拔
地区,集约化封闭式的鸡舍,冬季设法在不降低舍温的情况下,采
用风扇通风等措施,增加鸡舍的氧气,可以降低腹水症死亡率。在
鸡的日常管理中,要合理搭配饲料,减少粗蛋白质含量,防止高脂
肪饲料过多,维持电解质平衡,减少钠潴留,并且要限制饮水量,改
喂粉料。南美洲地区常用添加维生素 C(每吨饲料添加 500 克)的
方法控制腹水症,取得了较好的效果。

三、出血性综合征

这是鸡的一种以肌肉、内脏器官和发育不全的骨髓等出血为
特征的恶病质性疾病。见于 3~15 周龄的鸡,发病率不一致,从几
只到整个鸡群都可发生。病死率由 1%~40% 不等,平均为 5%~
10%。以贫血和出血为特征。曾怀疑过本病的病因有三氯乙烯
(鸡吃了三氯乙烯浸油后的黄豆粉)中毒、磺胺类药物中毒、霉菌毒
素中毒、维生素 K 缺乏或是腺病毒引起的一种传染性贫血。但它
们与本病关系如何,还不十分明确。至今我们所掌握的出血性综
合征的病例都不是由单独一种病原引起的疾病,很可能由许多不
同原因单独或同时起作用而产生的临床和病理综合征。

【临床表现】 病鸡采食减少,消瘦。可视黏膜苍白或黄染,眼
前房可见到出血。贫血。

【病理剖检】 皮肤、肌肉和内脏器官均有出血。若看不到广
泛性出血,也应见到苍白的脂肪性骨髓。脂肪性骨髓则由脂肪组

织代替了骨髓的造血成分。除肝、脾和肾可呈现出血外,胫部和趾部的出血常形成溃疡。颈、胸和大腿皮下组织可见到黄色胶冻样渗出物。有人曾见到肺中有出血和霉菌性肉芽肿等继发性损害。应注意排除和考虑具有相似病征和损害的其他疾病。

【防　治】　出血性综合征的病原尚不能完全肯定,提不出一种病因疗法。只好采取改善饲养管理的防治办法,以减少出血性综合征的发病率。如防止饲料、垫草发霉;选用适宜的防球虫剂;尽量避免因疫苗接种、鸡舍温度过高等应激因子的刺激。

四、笼养蛋鸡瘫痪

本病又称笼养蛋鸡疲劳征或软腿病,是笼养蛋鸡的一种抗骨折强度降低的疾病,多发生于产蛋末期。特征为骨骼易断,尤其从笼子里捉鸡时易发生骨折。生前病鸡主要呈现腿软弱和麻痹状态,所以又叫笼养鸡麻痹。

【临床表现】　笼养鸡在长期产蛋后出现腿无力,站立困难,经常蹲伏不起或躺下,呈瘫痪状态。病鸡外表健康,其产蛋量、蛋壳和蛋的质量并不明显降低,也看不出其他明显的病状,死亡率很低。

【病理剖检】　常见第四、第五胸椎易折断,在椎段肋骨与胸段肋骨结合部可呈串珠状,沿此线凹陷。

【防　治】　将这种瘫痪的鸡移换到地面饲养,于4~7天后腿麻痹状态即可消失。有人发现,宰前日粮含钙6%,可增加骨骼的强度。

五、鸡猝死综合征

鸡猝死综合征又称急性死亡综合征。以生长快速的肉鸡多发,肉种鸡、产蛋鸡也有发生。其病因至今不清楚。初步排除了细菌和病毒感染、化学物质中毒以及硒和维生素 E 缺乏。

【临床表现】　公鸡较母鸡、生长快速的鸡较生长慢的鸡发病率高。一年四季均可发生,无挤压致死和传染流行规律。死亡前无明显症状,突然发病,失去平衡,仰卧或俯卧,翅膀扑动,肌肉痉挛,发出嘎嘎声而死亡。死后出现明显的仰卧姿势,两爪朝天,少数侧卧或伏卧,腿、颈伸展。

【病理剖检】　死鸡体壮,嗉囊和肌胃内充满刚采食的饲料。心房扩张淤血,内有血凝块;心室紧缩呈长条状,质地硬实,内无血液。肺淤血、水肿。肠系膜血管充血,静脉怒张。肝脏稍肿、色浅。

【防　治】

第一,提高日粮中肉粉的比例,降低豆饼比例,添加葵花籽油代替动物脂肪,添加牛磺酸、维生素 A、维生素 D、维生素 E、维生素 B_1 和吡哆醇等,可使猝死综合征发生率降低。

第二,不用颗粒料或破碎料,而改用粉料饲喂,对 3~20 日龄肉用仔鸡进行限制饲养,避开其最快生长时期,降低生长速度,可减少发病。

第三,加强科学饲养管理,减少应激因素。改连续光照为间歇光照;防止饲养密度过大;避免转群或受惊吓时的互相挤压等刺激。

第四,对血钾低的病鸡群于每吨饲料中添加碳酸氢钾 3.6 千克,能显著降低死亡率。

第五章　鸡病临床诊断大纲

本大纲在鸡病的临床表现和病理剖检基础上进行疾病的初步诊断。通过查阅有关鸡病的资料和实验室检验结果,进行综合分析,做出最后诊断,以便采取防治措施,控制疾病的发展。

第一节　引起体表外观异常的疾病

一、冠症状和病变

(一)紫　绀

1.**新城疫**　冠和肉髯常见充血和淤血斑,呈暗红色或暗紫色。

2.**鸡霍乱**　冠和肉髯紫绀,呈黑紫色。

3.**禽流感**　冠和肉髯紫绀。

(二)苍　白

1.**鸡传染性贫血**　全身性贫血,冠、肉髯苍白。

2.**蛔虫病**　冠苍白,雏鸡生长发育不良,成年鸡生产性能降低。

3.**绦虫病**　贫血,有时可见黏膜黄染。

4.**营养不良**　贫血,生长发育停止,发病慢,病程长,多为群发。

5.**磺胺类药物中毒**　冠苍白,有时头部肿大呈蓝紫色。

(三)苍白萎缩　患淋巴白血病鸡群病鸡消瘦苍白,成年大冠鸡则可见冠萎缩。

(四)出血坏死　禽流感(高致病性),冠可能出现出血、坏死或肿胀。

（五）小结节　患鸡痘的病鸡,冠见大小不等的结节,皮肤无毛处亦可见。

二、肉髯症状和病变

（一）水　肿

1. 鸡传染性鼻炎　颜面水肿,肉髯水肿。

2. 鸡霍乱　一侧或两侧肉髯肿胀,见于慢性型病例。

（二）肿胀、出血、坏死　患禽流感的病鸡,肉髯可能有肿胀、出血或坏死变化。

（三）白色痂皮　患癣病的鸡,肉髯有白色痂皮,雏鸡贫血。

（四）紫　绀　患禽流感的病鸡,肉髯紫绀。

三、颜面肿胀

（一）禽流感　窦炎,面部水肿,打喷嚏,咳嗽,流泪,皮肤、冠发绀。

（二）慢性呼吸道病　流鼻液,眶下窦肿胀。

（三）传染性鼻炎　颜面水肿,流鼻液,甩头,产蛋明显下降。

（四）肿头综合征　鸡头部皮下组织及眶发生急性或亚急性蜂窝织炎。

四、口腔症状和病变

（一）鸡痘　口内有白喉样伪膜。

（二）泛酸缺乏症　口角溃疡,有小结节。

五、皮肤症状和病变

（一）葡萄球菌病　胸腹部、翅内侧或翅尖出血、水肿、糜烂。

（二）坏疽性皮炎　皮肤组织水肿、坏死。

（三）皮肤小结节　鸡痘,多在皮肤无毛处。

（四）马立克氏病　皮肤型,肿瘤结节。

（五）磺胺类药物中毒　皮下、肌肉出血。

（六）禽流感　腿部皮下出血和肿胀。

（七）鸡传染性贫血　皮下和肌肉出血。

六、眼球、眼睑症状和病变

（一）马立克氏病　眼型侵害虹膜,可导致失明(虹膜退色、呈灰色浑浊,瞳孔缩小、边缘不整齐)。

（二）沙门氏菌感染　混浊失明。

（三）鸡痘　眼睑发生结节状病变。

（四）传染性脑脊髓炎　白内障,一侧或两侧失明,晶体混浊,呈灰白色。

（五）维生素 A 缺乏症　流泪,有浆液、黏液或脓性分泌物甚至眼睑粘连。

（六）泛酸缺乏症　眼睑常被黏液黏着。

（七）角膜结膜炎　氨刺激引起流泪,眼红肿。

（八）鸡慢性呼吸道病　流泪,常混有泡沫。

（九）消毒剂浓度过高　带鸡气雾消毒时,发生流泪或结膜炎。

（十）葡萄球菌病　眼流出大量黏液。

（十一）眼外伤　多有流泪,眼红肿或失明。

（十二）大肠杆菌病　常为一侧性失明,即发生大肠杆菌性全眼球炎;眼睑肿胀,流泪畏光,瞳孔逐渐出现白色浑浊,角膜混浊,失明。

七、腿部症状和病变

（一）腿麻痹

1. 神经型马立克氏病　鸡腿单侧性不全麻痹或完全瘫痪。

2. **新城疫** 腿麻痹,多出现在临死前,还可能有颈、翅麻痹。

3. **螺旋体病** 病后期一侧或两侧翅或腿麻痹,贫血。

4. **亚利桑那菌感染** 腿麻痹,常以跗关节着地,行动不便。

5. **笼养蛋鸡瘫痪** 肌肉松弛,腿麻痹,站立困难。

6. **肉毒中毒** 腿、翅、颈麻痹最为明显。

7. **维生素 B_1 缺乏** 两腿麻痹或瘫痪。

8. **维生素 B_2 缺乏** 趾爪向内蜷曲、麻痹,常卧地,不能行动。

9. **鸡传染性脑脊髓炎** 两腿麻痹、瘫痪。

(二)腿软弱或变形

1. **骨软症** 因钙、磷或维生素 D_3 缺乏或钙、磷的比例失调而造成腿骨扭曲、软弱,喙和爪软弱,常蹲伏或行走困难。

2. **骨短粗与变形或滑腱症** 可能因日粮中缺乏胆碱、烟酸、生物素、叶酸或维生素 B_6 等发生骨短粗变形。缺乏锰和胆碱易致滑腱症。

3. **维生素 A 缺乏症** 骨骼发育不良,可出现运动失调。

4. **烟酸缺乏症** 跗关节增大,腿呈弓形,与胫骨短粗症相似。

5. **锌缺乏症** 跗关节增大,长骨短粗,腿无力。

(三)肌肉营养不良或肌肉变性 日粮中缺硒或维生素 E,鸡患肌肉营养不良或肌肉变性。病鸡两腿发生节律性痉挛抽搐,不全麻痹,行走困难,常卧地不起,最后衰竭而死。

(四)关节炎、滑膜炎和腱鞘炎

1. **病毒性关节炎** 步态不稳,跛行,肌腱肿胀,患鸡常不能站立,行走困难。

2. **支原体滑膜炎** 足关节及趾跖部肿胀,肿胀部有热、痛和波动感,跛行。

3. **葡萄球菌病** 慢性关节炎,多个关节肿胀,多见于趾跖关节,跛行。此外尚有趾瘤型,多见于成年鸡,趾底部肿大,初期有热、痛感,跛行或不能站立。

4. 大肠杆菌病　幼雏、中雏时有发生滑膜炎、关节炎或腱鞘炎,跛行,步态不稳。

5. 雏鸡白痢　多见一侧跗关节肿胀,行走不便,跛行。

6. 链球菌病　腿部关节、腱鞘炎,表现肿胀、热、痛,不能站立。

八、呼吸症状和病变

(一)传染性支气管炎　呼吸困难,张口喘息。

(二)新城疫　呼吸困难,张口呼吸,口中黏液增多,甩头促黏液排出。

(三)慢性呼吸道病(支原体病)　气管、鼻腔、喉头黏液增多,颜面肿胀,流泪。

(四)传染性喉气管炎　呼吸困难,伸颈张口吸气,缩颈呼气,咳嗽,咯血。

(五)传染性鼻炎　颜面肿胀,流鼻液,偶见气囊变化。

(六)鸡痘　喉头与气管上部见伪膜,伪膜不易剥离。

(七)鸡腺病毒感染　卡他性气管炎。

(八)禽流感　呼吸困难,张口呼吸,流泪,或有神经症状与腹泻。

(九)衣原体病　呼吸困难,发出咯咯声。

(十)曲霉菌病　张口呼吸,肺中或胸壁有灰白色结节。

(十一)慢性鸡霍乱　呼吸困难,鼻腔有分泌物。

(十二)鸡白痢　张口呼吸,肺有散在灰白色结节。

(十三)马立克氏病　肺中出现大小不等的透明结节。

(十四)温度过高　张口呼吸。

九、贫血症状和病变

(一)鸡传染性贫血　精神沉郁,皮肤略显苍白,法氏囊、胸腺萎缩、骨髓萎缩呈脂肪样。

（二）住白细胞虫病　冠、肉髯发白，粪便绿色，呼吸困难，死前口流鲜血。

（三）成红细胞性白血病　慢性消瘦，冠和肉髯苍白（贫血型）。

（四）螺旋体病　非血管内溶血性贫血，肉髯发绀或苍白。

（五）球虫病　可视黏膜、冠、肉髯苍白，腹泻，粪中带血，排绿色稀便。

（六）肝破裂　冠、颜面苍白，腹腔或肝脏被膜下有血凝块。

（七）鸡螨　鸡发痒，消瘦，贫血，严重失血可引起死亡。

第二节　引起产蛋量急剧下降、卵黄性腹膜炎和卵巢、输卵管病变的疾病

一、引起产蛋量急剧下降的疾病

（一）传染性支气管炎　蛋清呈水样，蛋黄与蛋清分离。

（二）传染性喉气管炎　产蛋下降幅度较慢性呼吸道疾病为高。

（三）新城疫　软壳蛋增多，经 2 周左右，产蛋量开始回升至接近原来水平。

（四）禽流感　产蛋下降幅度较大，可由 80％ 以上下降至 10％～20％，甚至不产蛋。

（五）传染性鼻炎　产蛋量明显下降，产蛋高峰期尤为明显。

（六）传染性脑脊髓炎　短时产蛋下降，下降幅度 5％～15％，过后可恢复产蛋量。

（七）产蛋下降综合征　产蛋下降 20％～50％，产畸形蛋、变色蛋，孵化率降低。

（八）慢性呼吸道病　产蛋逐渐减少，若有大肠杆菌继发感染

则见输卵管炎、卵黄性腹膜炎。

（九）鸡白痢　成年鸡产蛋减少，无产蛋高峰，死亡率、淘汰率高，鸡冠萎缩。

（十）气温突变应激　产蛋急剧下降，很快恢复。

二、引起卵黄性腹膜炎的疾病

（一）鸡白痢　有的卵泡落入腹腔形成包囊，有的卵泡破裂形成卵黄性腹膜炎。

（二）鸡霍乱　慢性病例可见腹膜炎，卵泡充血，以致破裂掉入腹腔，形成卵黄性腹膜炎。

（三）新城疫　产蛋鸡的卵泡出血，甚至破裂而引起卵黄性腹膜炎。

（四）禽流感　卵泡出血，如破裂则出现卵黄性腹膜炎。

（五）大肠杆菌病　较多见，腹腔中见卵黄液布满肠道表面，或有纤维素样物粘在肠管和肠系膜上，有的可见肠粘连。

（六）链球菌病　有些病例出现纤维素性腹膜炎。

三、引起卵巢病变的疾病

（一）马立克氏病　卵巢肿瘤呈菜花样。

（二）淋巴白血病　卵巢肿瘤。

（三）沙门氏菌病　卵泡变形、变色和变性。

（四）新城疫　卵泡软化。

（五）传染性支气管炎　卵泡软化。

（六）鸡霍乱　卵泡软化。

（七）链球菌病　卵巢炎。

四、引起输卵管病变的疾病

（一）大肠杆菌病　输卵管内充满腐败性渗出物。

（二）输卵管腺癌 输卵管肥厚，有结节样肿瘤（常见于肠系膜）。

（三）禽流感 输卵管内有分泌物、黏液或干酪样物，输卵管退化。

（四）传染性支气管炎 输卵管发育不全，输卵管囊肿。

（五）衣原体病 输卵管囊肿。

（六）链球菌病 输卵管炎。

（七）变形杆菌感染 输卵管炎。

（八）脆弱拟杆菌感染 输卵管炎。

（九）痛风 输卵管增粗，内有尿酸盐沉积。

第三节 引起中枢神经系统和骨骼系统病变的疾病

一、引起中枢神经系统病变的疾病

（一）新城疫 头颈部扭曲，运动障碍，前冲后退。

（二）传染性脑脊髓炎 头颈部震颤，共济失调，最后病雏倒卧，衰竭而死。

（三）马立克氏病 侵及腰荐神经丛或坐骨神经后，出现一侧腿的不全或完全麻痹，而形成一腿在前、一腿在后的劈叉姿势。侵及臂神经时，则翅下垂，颈部迷走神经受侵则病鸡嗉囊膨大。

（四）肉毒中毒 腿、颈、翅受侵时可呈现麻痹症状。

（五）鸡霍乱 由于脑膜感染，出现斜颈。

（六）禽流感 感染高致病性禽流感时，出现歪颈、全身麻痹或瘫痪等症状。

（七）维生素 E 缺乏症 雏鸡脑软化症，呈共济失调，头向后或向下弯缩，或向侧方扭转。

（八）维生素 B_1 缺乏症　呆立，下蹲呈观星姿势，头向后仰。

（九）维生素 B_6 缺乏症　足趾向内蜷曲。

二、引起骨骼系统病变的疾病

（一）发育异常　畸胎、歪颈症（颈椎骨营养不良，歪头，脊柱侧凸，脊柱后凸，驼背）、软骨营养不良等，均有骨骼发育不良的变化。

（二）后天缺陷　脊椎前移[肉用仔鸡第六胸椎变形（曲背病）蹲坐于跗关节上]、滑腱症、腿骨内翻或外翻、腿扭伤、长骨畸形、髁骨偏位（不对称）、胫骨旋转、弯趾（钩形趾，可能与遗传有关）等，均有骨骼系统的病变。

（三）代谢和营养性疾病

1. 佝偻病　骨软化症（消化不良、脆骨病）。

2. 骨质疏松症　骨基质稀少，笼养蛋鸡瘫痪，骨质疏松脆弱。

3. 其他营养性疾病

(1)锰缺乏症　骨短粗症或跟腱滑脱。

(2)锌缺乏症　生长迟缓，跗关节增大。

(3)胆碱缺乏症　雏鸡生长不良，腿关节肿大，胫骨和跗骨变形，跟腱滑脱。

(4)B族维生素中的生物素、烟酸、核黄素、叶酸等缺乏症　多为群发性，发病慢，病程较长，多表现腿骨变形、短。

(5)吸收不良综合征　体矮小，精神倦怠，羽毛蓬乱，站立无力或瘸腿，腺胃增大。

4. 软骨发育不良　骨软骨症，跛行。

5. 骨软骨症　股骨头坏死，跛行。

6. 痛风　腿或足关节肿大，内充尿酸盐。

7. 足畸形　外翻或内翻，"八"字腿。

8. 弓形腿　肉用仔鸡生长过快，缺乏运动，体重过大。

（四）炎症　病毒性关节炎（腱鞘炎）、传染性滑液囊炎（滑液囊支原体)、骨髓炎(葡萄球菌、大肠杆菌、结核分支杆菌、化脓性棒状杆菌、绿脓杆菌)以及其他关节炎(葡萄球菌、大肠杆菌、沙门氏菌)等,均能引起骨骼系统病变。

(五)**肿瘤**　骨化石症、骨瘤、骨肉瘤等,均能引起骨骼系统病变。

(六)**物理和机械性因素**　外伤(颅骨、腿和翅骨折、撕脱、髌的滑脱等)、腿颤动、胸囊肿等,均能引起骨骼系统病变。

第四节　引起气囊和肺脏病变的疾病

一、引起气囊病变的疾病

(一)**传染性支气管炎**　气囊混浊,腔内见有黄色干酪样分泌物。

(二)**新城疫**　常见气囊混浊。

(三)**传染性喉气管炎**　气囊混浊、增厚、有分泌物。

(四)**禽流感**　气囊混浊、增厚,或有黄色干酪样分泌物。

(五)**衣原体病**　气囊、腹腔、心包浆膜增厚,有纤维蛋白附着。

(六)**曲霉菌病**　气囊增厚,见有大小相同的干酪样斑块。

(七)**鸡霍乱**　气囊尤其胸气囊明显增厚、混浊,多有黄色干酪样分泌物。

(八)**大肠杆菌病**　胸气囊增厚,呈灰黄色,囊腔内有纤维素性分泌物或干酪样物。

(九)**慢性呼吸道病**　气囊多有变化,囊壁增厚,混浊,囊内有数量不等的纤维素性分泌物。

二、引起肺脏病变的疾病

(一)**曲霉菌病**　肺有灰白色小结节。

（二）鸡白痢　肺有灰白色小结节。

（三）鸡霍乱　慢性病例有肺炎变化。

（四）马立克氏病　肺等内脏器官组织出现肿瘤。

（五）传染性支气管炎　在气管下部常见有黏液或干酪样分泌物或栓子，可能有肺炎病灶。

（六）结核病　肺可见中心有黄褐色干酪样物质的结节病灶。

（七）衣原体病　肺弥漫性充血，肺坏死，可导致死亡。

（八）丹毒　出现肺水肿。

第五节　引起心脏病变和脾脏、肾脏肿大的疾病

一、引起心脏病变的疾病

（一）鸡白痢　心脏有坏死性病灶及结节。

（二）鸡伤寒　心脏表面有粟粒样坏死灶，心包炎（雏鸡）。

（三）李氏杆菌病　心包炎和坏死性心肌炎。

（四）弧菌性肝炎　心肌坏死。

（五）鸡霍乱　心包积水、呈黄色混浊，心外膜和心冠脂肪有出血点。

（六）丹毒　心包炎，心肌有纤维斑，赘生性心内膜炎，心血管扩张。

（七）链球菌病　慢性病例见心肌变性、坏死性心肌炎、心包炎、心瓣膜炎。

（八）大肠杆菌病　纤维素性心包炎。

（九）衣原体病　出现纤维素性心包炎。

（十）慢性呼吸道病　纤维素性心包炎。

（十一）淋巴白血病　心脏表面有白色隆起结节。

（十二）马立克氏病　心脏弥散性浸润而苍白，心肌有结节状

肿瘤。

（十三）磺胺类药物中毒　心脏有灰白色小结节。

（十四）痛风　心外膜或心包膜有尿酸盐沉积。

二、引起脾脏肿大的疾病

（一）传染性法氏囊病　脾脏可能轻度肿大，表面有弥散性灰色小病灶。

（二）鸡伤寒　雏鸡急性病例可见脾肿大、充血。

（三）鸡白痢　雏鸡脾肿大，可能有大小不等的坏死病灶。

（四）副伤寒　雏鸡脾和肝肿胀，有明显的出血条纹和坏死灶。

（五）李氏杆菌病　脾肿大、充血，有坏死病灶。

（六）淋巴白血病　脾肿大，有白色结节状肿瘤，几乎存在于所有病例。

（七）马立克氏病　脾肿大，多不具结节性肿瘤。

（八）住白细胞虫病　脾肿大，有出血点或白色小结节。

（九）衣原体病　脾肿大、变软，有灰白色小点。

（十）大肠杆菌病　脾明显肿大，见于急性败血症。

（十一）鸡螺旋体病　特征性变化是脾明显肿大和颜色斑驳。

（十二）网状内皮组织增殖病　脾急剧增大。

三、引起肾脏肿大的疾病

（一）淋巴白血病　肾脏可见多发性肿瘤。

（二）马立克氏病　肾脏出现肿瘤，多呈结节状。

（三）网状内皮组织增殖病　有时可出现肾肿瘤。

（四）传染性支气管炎　肾明显肿大，肾、输尿管充盈尿酸盐，扩张，呈花斑状。

（五）传染性法氏囊病　肾肿大，有尿酸盐沉积。

（六）包涵体肝炎　肾脏色浅、肿大、出血。

（七）痛风　输尿管增粗,其内充满白色尿酸盐。

第六节　引起肝脏和消化道病变的疾病

一、引起肝脏病变的疾病

（一）鸡霍乱　肝脏肿大、质脆,有密集的灰白色针尖大小的坏死灶。

（二）鸡白痢　肝脏充血肿大,有条状出血。常见有大小不等的坏死灶。

（三）鸡伤寒　肝肿大呈青铜色或绿色。

（四）弧菌性肝炎　肝肿大、出血,并可见星状黄色小坏死灶。

（五）丹毒　肝肿大,有坏死灶。

（六）结核　肝脏可见中心有黄褐色干酪样物质的结节。

（七）黄曲霉毒素中毒　是肝癌最常见的原因。

（八）葡萄球菌病　肝炎型,多发于成年鸡。肝肿大,呈紫红色或花纹样,有出血点或坏死灶。

（九）黑头病(组织滴虫病)　肝脏肿大,表面出现浅黄色或浅绿色圆形、边缘稍隆起的坏死病灶。

（十）淋巴白血病　肝脏肿瘤呈局灶性或弥漫性分布。

（十一）马立克氏病　肝脏表面有较为突出、大小不等的病灶。

（十二）大肠杆菌病　急性败血症肝脏呈绿色。

（十三）网状内皮组织增殖病　可见肝肿大和肿瘤。

（十四）李氏杆菌病　肝肿大,呈土黄色或绿色,并有坏死灶。

（十五）鸡伪结核病　亚急性和慢性病例在肝脏发生粟粒大、黄白色结节。

（十六）菜籽饼饲喂过量　肝破裂,贫血。

（十七）脂肪肝综合征　肝肿大、色发黄,可能有出血斑。

二、引起肠壁结节的疾病

（一）结核病　肠壁见灰黄色结节。

（二）大肠杆菌病　肠肉芽肿。

（三）网状内皮组织增殖病　有时可见肠道肿瘤。

（四）淋巴白血病　小肠癌，肿瘤向肠腔内突出生长，呈结节状或团块状。

（五）马立克氏病　有结节状肿瘤。

（六）雏鸡白痢　肠道后段有坏死病灶或结节。

三、引起消化道病变的疾病

（一）食管和嗉囊

1. 维生素 A 缺乏症　食管和嗉囊上皮增生和角化，有结节状小脓疱。

2. 嗉囊梗塞　因青草或干草以及难以消化的食物或异物（如塑料条）等堵塞所致。

3. 念珠菌病　嗉囊、食管壁增厚，黏膜坏死，有白色、黄色或褐色的伪膜。嗉囊积食，腺胃肿大。

4. 马立克氏病　由于颈部迷走神经被侵，嗉囊膨大，食物难以下行。

（二）腺　胃

1. 新城疫　腺胃黏膜出血、坏死。

2. 禽流感　腺胃乳头出血、坏死。

3. 马立克氏病　腺胃增厚，或有出血点。

4. 病毒性腺胃炎　腺胃增厚。

5. 传染性支气管炎　腺胃增厚（胃肠型）。

6. 吸收不良综合征　腺胃肿大和坏死。

7. 传染性法氏囊病　腺胃肿大、出血，法氏囊肿大出血，肌肉出血。

（三）肌　胃

1. 创伤性腺胃炎或肌胃炎　食入钉子或金属丝划伤。

2. 维生素E-硒缺乏症　雏鸡白肌病，肌胃平滑肌发生变性和坏死。

3. 肌胃梗塞　食入垫料或坚硬的草，肌胃被阻塞。

4. 传染性脑脊髓炎　肌胃的肌层中有细小的灰白区，头颈震颤。

5. 雏鸡白痢　出血或有坏死性病灶及结节。

（四）十二指肠、小肠

1. 球虫病　肠壁增厚，浆膜面有白色斑点，内容物有带血的黏液。

2. 新城疫　黏膜充血、出血。

3. 鸡霍乱　黏膜增厚、充血、出血。

4. 溃疡性肠炎　出血性肠炎或发生溃疡。

5. 坏死性肠炎　小肠黏膜坏死，似麸皮状。

（五）盲　肠

1. 球虫病　盲肠内有白色或棕色固形物，或带有血液。

2. 组织滴虫病　盲肠溃疡，有黄白色固形物，或带血液。

第七节　引起内脏痛风
（尿酸盐沉积）和能传染人的疾病

一、引起内脏痛风（尿酸盐沉积）的疾病

（一）维生素A缺乏症　肾、输尿管、心、肝、脾、胸腹膜可出现尿酸盐沉积。

（二）高蛋白日粮　关节面等处有尿酸盐沉积。

（三）碳酸氢钠中毒　肾肿大,有灰白色尿酸盐沉积。

（四）传染性法氏囊炎　肾肿胀、颜色较淡,有尿酸盐沉积。

（五）传染性支气管炎(某些毒株如肾型传支)　肾肿大,输尿管增粗,有尿酸盐沉积。

（六）钙(磷酸氢钙)过量　肾病变和内脏痛风。

二、能传染人的鸡病

（一）丹毒　经人手感染,患类丹毒。

（二）衣原体病　呼吸道感染引发肺炎,发热,全身无力。

（三）新城疫　结膜炎。

（四）副伤寒　鼠伤寒沙门氏菌或肠炎沙门氏菌引起食物中毒,腹泻。

（五）禽流感　咳嗽,喷嚏,发热,头痛,全身不适,恶心,腹泻等。

（六）结核病　人结核病,特别是患艾滋病的人更易感。

（七）李氏杆菌病　呈脑膜脑炎症状,小叶性肺炎,肝坏死等。

三、通过鸡蛋传播的疾病(垂直传播)

另外,还有通过鸡蛋传播的疾病(垂直传播)。垂直传播的常见鸡病有以下11种:鸡白痢、鸡副伤寒、传染性脑脊髓炎、淋巴白血病、慢性呼吸道病、产蛋下降综合征(鸡腺病毒)、病毒性关节炎(呼肠孤病毒)、传染性贫血(圆环病毒)、链球菌病、禽流感、网状内皮组织增殖病。

附　录

附录一 鸡饲养标准
（NY/T 33-2004）

1 范围

本标准适用于专业化养鸡场和配合饲料厂。蛋用鸡营养需要适用于轻型和中型蛋鸡,肉用鸡营养需要适用于专门化培育的品系,黄羽肉鸡营养需要适用于地方品种和地方品种的杂杂种。

2 规范性引用文件

下列文件中的条款通过本标准的引用而成为本标准的条款。凡是注日期的引用文件,其随后所有的修改单(不包括勘误的内容)或修订版均不适用于本标准,然而,鼓励根据本标准达成协议的各方研究是否可使用这些文件的最新版本。凡是不注日期的引用文件,其最新版本适用于本标准。

GB/T 6432 饲料中粗蛋白质含量的测定

GB/T 6433 饲料中粗脂肪含量的测定

GB/T 6435 饲料中水分及干物质含量的测定

GB/T 6436 饲料中钙含量的测定

GB/T 6437 饲料中总磷含量的测定

GB/T 10647 饲料工业通用术语

GB/T 15400 饲料中氨基酸含量的测定

3 术语和定义

下列术语和定义适用于本标准。

3.1 蛋用鸡 layer

人工饲养的、用于生产供人类食用蛋的鸡种。

3.2 肉用鸡 meat-type chicken

人工饲养的、用于供人类食肉的鸡种。这里指专门化培育品系肉鸡。

3.3 黄羽肉鸡 Chinese color—feathered chicken

指《中国家禽品种志》及省、市、自治区地方《畜鸡品种志》所列的地方品种鸡,同时还含有这些地方品种鸡血缘的培育品系、配套系鸡种,包括黄羽、红羽、褐羽、黑羽、白羽等羽色。

3.4 代谢能 metabolizable energy

食入饲料的总能减去粪、尿排泄物中的总能即为代谢能,也称表观代谢能,英文简写为 AME。以兆焦或兆卡表示。

蛋白能量比 CP/ME:每兆焦或每千卡饲粮代谢能所含粗蛋白的克数。赖氨酸能量比 Lys/ME:每兆焦或每千卡饲粮代谢能所含赖氨酸的克数。

3.5 粗蛋白质 crude protein

粗蛋白质包括真蛋白质和非蛋白质含氮化合物,英文简写为 CP。无论饲养标准还是饲料成分表中的蛋白质含量,都由含氮量乘以 6.25 而来。

3.6 表观可利用氨基酸 apparent available amino acids

食入饲料的氨基酸减去粪尿中排泄的氨基酸即为表观可利用氨基酸。氨基酸表观利用率(AAAA%)的计算公式为:

$$AAAA\% = \frac{饲料中氨基酸-粪尿中氨基酸}{饲料中氨基酸} \times 100\%$$

3.7 非植酸磷 nonphytate P

饲料中不与植酸成结合态的磷,即总磷减去植酸磷。

3.8 必需矿物质元素 mineral

饲料或动物组织中的无机元素为矿物质元素,以百分数(%)表示者为常量元素,用毫克/千克(mg/kg)表示者为微量元素。

3.9 维生素 vitamin

维生素是一族化学结构不同、营养作用和生理功能各异的有机化合物。维生素既非供能物质,也非动物的结构成分。主要用于控制和调节物质代谢。以单位(U)或毫克(mg)表示。

4 鸡的营养需要

4.1 蛋用鸡的营养需要

生长蛋鸡、产蛋鸡的营养需要见附表 1-1 和附表 1-2。生长蛋鸡体重与耗料量见附表 1-3。

附表 1-1 生长蛋鸡营养需要

营养指标	单 位	0～8 周龄	9～18 周龄	19 周龄至开产
代谢能 ME	MJ/kg (Mcal/kg)	11.91(2.85)	11.70(2.80)	11.50(2.75)
粗蛋白质 CP	%	19.0	15.5	17.0
蛋白能量比 CP/ME	g/MJ(g/Mcal)	15.95(66.67)	13.25(55.30)	14.78(61.82)
赖氨酸能量比 Lys/ME	g/MJ(g/Mcal)	0.84(3.51)	0.58(2.43)	0.61(2.55)
赖氨酸	%	1.00	0.68	0.70
蛋氨酸	%	0.37	0.27	0.34
蛋氨酸＋胱氨酸	%	0.74	0.55	0.64
苏氨酸	%	0.66	0.55	0.62
色氨酸	%	0.20	0.18	0.19
精氨酸	%	1.18	0.98	1.02
亮氨酸	%	1.27	1.01	1.07
异亮氨酸	%	0.71	0.59	0.60
苯丙氨酸	%	0.64	0.53	0.54
苯丙氨酸＋酪氨酸	%	1.18	0.98	1.00
组氨酸	%	0.31	0.26	0.27
脯氨酸	%	0.50	0.34	0.44
缬氨酸	%	0.73	0.60	0.62
甘氨酸＋丝氨酸	%	0.82	0.68	0.71
钙	%	0.90	0.80	2.00

续附表 1-1

营养指标	单 位	0～8 周龄	9～18 周龄	19 周龄至开产
总 磷	%	0.70	0.60	0.55
非植酸磷	%	0.40	0.35	0.32
钠	%	0.15	0.15	0.15
氯	%	0.15	0.15	0.15
铁	mg/kg	80	60	60
铜	mg/kg	8	6	8
锌	mg/kg	60	40	80
锰	mg/kg	60	40	60
碘	mg/kg	0.35	0.35	0.35
硒	mg/kg	0.30	0.30	0.30
亚油酸	%	1	1	1
维生素 A	U/kg	4 000	4 000	4 000
维生素 D	U/kg	800	800	800
维生素 E	U/kg	10	8	8
维生素 K	mg/kg	0.5	0.5	0.5
硫胺素	mg/kg	1.8	1.3	1.3
核黄素	mg/kg	3.6	1.8	2.2
泛 酸	mg/kg	10	10	10
烟 酸	mg/kg	30	11	11
吡哆醇	mg/kg	3	3	3
生物素	mg/kg	0.15	0.10	0.10
叶 酸	mg/kg	0.55	0.25	0.25
维生素 B_{12}	mg/kg	0.010	0.003	0.004
胆 碱	mg/kg	1 300	900	500

注:根据中型体重鸡制定,轻型鸡可酌减 10%;开产日龄按 5% 产蛋率计算

附录一　鸡饲养标准　（NY/T 33-2004）

附表 1-2　产蛋鸡营养需要

营养指标	单位	开产至高峰期 （＞85％）	高峰后 （＜85％）	种　鸡
代谢能 ME	MJ/kg(Mcal/kg)	11.29(2.70)	11.09(2.65)	11.29(2.70)
粗蛋白质 CP	%	16.5	15.5	18.0
蛋白能量比 CP/ME	g/MJ(g/Mcal)	14.61(61.11)	14.26(58.49)	15.94(66.67)
赖氨酸能量比 Lys/ME	g/MJ(g/Mcal)	0.64(2.67)	0.61(2.54)	0.63(2.63)
赖氨酸	%	0.75	0.70	0.75
蛋氨酸	%	0.34	0.32	0.34
蛋氨酸＋胱氨酸	%	0.65	0.56	0.65
苏氨酸	%	0.55	0.50	0.55
色氨酸	%	0.16	0.15	0.16
精氨酸	%	0.76	0.69	0.76
亮氨酸	%	1.02	0.98	1.02
异亮氨酸	%	0.72	0.66	0.72
苯丙氨酸	%	0.58	0.52	0.58
苯丙氨酸＋酪氨酸	%	1.08	1.06	1.08
组氨酸	%	0.25	0.23	0.25
缬氨酸	%	0.59	0.54	0.59
甘氨酸＋丝氨酸	%	0.57	0.48	0.57
可利用赖氨酸	%	0.66	0.60	—
可利用蛋氨酸	%	0.32	0.30	—
钙	%	3.5	3.5	3.5
总　磷	%	0.60	0.60	0.60
非植酸磷	%	0.32	0.32	0.32

续附表 1-2

营养指标	单 位	开产至高峰期 （>85%）	高峰后 （<85%）	种 鸡
钠	%	0.15	0.15	0.15
氯	%	0.15	0.15	0.15
铁	mg/kg	60	60	60
铜	mg/kg	8	8	6
锰	mg/kg	60	60	60
锌	mg/kg	80	80	60
碘	mg/kg	0.35	0.35	0.35
硒	mg/kg	0.30	0.30	0.30
亚油酸	%	1	1	1
维生素 A	U/kg	8000	8000	10000
维生素 D	U/kg	1600	1600	2000
维生素 E	U/kg	5	5	10
维生素 K	mg/kg	0.5	0.5	1.0
硫胺素	mg/kg	0.8	0.8	0.8
核黄素	mg/kg	2.5	2.5	3.8
泛酸	mg/kg	2.2	2.2	10
烟酸	mg/kg	20	20	30
吡哆醇	mg/kg	3.0	3.0	4.5
生物素	mg/kg	0.10	0.10	0.15
叶酸	mg/kg	0.25	0.25	0.35
维生素 B_{12}	mg/kg	0.004	0.004	0.004
胆碱	mg/kg	500	500	500

附表 1-3　生长蛋鸡体重与耗料量

周　龄	周末体重（克/只）	耗料量（克/只）	累计耗料量（克/只）
1	70	84	84
2	130	119	203
3	200	154	357
4	275	189	546
5	360	224	770
6	445	259	1029
7	530	294	1323
8	615	329	1652
9	700	357	2009
10	785	385	2394
11	875	413	2807
12	965	441	3248
13	1055	469	3717
14	1145	497	4214
15	1235	525	4739
16	1325	546	5285
17	1415	567	5852
18	1505	588	6440
19	1595	609	7049
20	1670	630	7679

注：0～8 周龄为自由采食，9 周龄开始结合光照进行限饲

4.2　肉用鸡营养需要

肉用仔鸡营养需要量见附表 1-4、附表 1-5，体重与耗料量见附表 1-6。肉用种鸡营养需要见附表 1-7，体重与耗料量见附表 1-8。

附表 1-4　肉用仔鸡营养需要之一

营养指标	单　位	0～3 周龄	4～6 周龄	7 周龄至上市
代谢能 ME	MJ/kg(Mcal/kg)	12.54(3.00)	12.96(3.10)	13.17(3.15)
粗蛋白质 CP	%	21.5	20.0	18.0
蛋白能量比 CP/ME	g/MJ(g/Mcal)	17.14(71.67)	15.43(64.52)	13.67(57.14)
赖氨酸能量比 Lys/ME	g/MJ(g/Mcal)	0.92(3.83)	0.77(3.23)	0.67(2.81)
赖氨酸	%	1.15	1.00	0.87
蛋氨酸	%	0.50	0.40	0.34
蛋氨酸＋胱氨酸	%	0.91	0.76	0.65
苏氨酸	%	0.81	0.72	0.68
色氨酸	%	0.21	0.18	0.17
精氨酸	%	1.20	1.12	1.01
亮氨酸	%	1.26	1.05	0.94
异亮氨酸	%	0.81	0.75	0.63
苯丙氨酸	%	0.71	0.66	0.58
苯丙氨酸＋酪氨酸	%	1.27	1.15	1.00
组氨酸	%	0.35	0.32	0.27
脯氨酸	%	0.58	0.54	0.47
缬氨酸	%	0.85	0.74	0.64
甘氨酸＋丝氨酸	%	1.24	1.10	0.96
钙	%	1.0	0.9	0.8
总　磷	%	0.68	0.65	0.60
非植酸磷	%	0.45	0.40	0.35
氯	%	0.20	0.15	0.15
钠	%	0.20	0.15	0.15

续附表 1-4

营养指标	单 位	0～3 周龄	4～6 周龄	7 周龄至上市
铁	mg/kg	100	80	80
铜	mg/kg	8	8	8
锰	mg/kg	120	100	80
锌	mg/kg	100	80	80
碘	mg/kg	0.70	0.70	0.70
硒	mg/kg	0.30	0.30	0.30
亚油酸	%	1	1	1
维生素 A	U/kg	8000	6000	2700
维生素 D	U/kg	1000	750	400
维生素 E	U/kg	20	10	10
维生素 K	mg/kg	0.5	0.5	0.5
硫胺素	mg/kg	2.0	2.0	2.0
核黄素	mg/kg	8	5	5
泛 酸	mg/kg	10	10	10
烟 酸	mg/kg	35	30	30
吡哆醇	mg/kg	3.5	3.0	3.0
生物素	mg/kg	0.18	0.15	0.10
叶 酸	mg/kg	0.55	0.55	0.50
维生素 B_{12}	mg/kg	0.010	0.010	0.007
胆 碱	mg/kg	1300	1000	750

附表 1-5　肉用仔鸡营养需要之二

营养指标	单　位	0～2周龄	3～6周龄	7周龄至上市
代谢能 ME	MJ/kg(Mcal/kg)	12.75(3.05)	12.96(3.10)	13.17(3.15)
粗蛋白质 CP	%	22.0	20.0	17.0
蛋白能量比 CP/ME	g/MJ(g/Mcal)	17.25(72.13)	15.43(64.52)	12.91(53.97)
赖氨酸能量比 Lys/ME	g/MJ(g/Mcal)	0.88(3.67)	0.77(3.23)	0.62(2.60)
赖氨酸	%	1.20	1.00	0.82
蛋氨酸	%	0.52	0.40	0.32
蛋氨酸＋胱氨酸	%	0.92	0.76	0.63
苏氨酸	%	0.84	0.72	0.64
色氨酸	%	0.21	0.18	0.16
精氨酸	%	1.25	1.12	0.95
亮氨酸	%	1.32	1.05	0.89
异亮氨酸	%	0.84	0.75	0.59
苯丙氨酸	%	0.74	0.66	0.55
苯丙氨酸＋酪氨酸	%	1.32	1.15	0.98
组氨酸	%	0.36	0.32	0.25
脯氨酸	%	0.60	0.54	0.44
缬氨酸	%	0.90	0.74	0.72
甘氨酸＋丝氨酸	%	1.30	1.10	0.93
钙	%	1.05	0.95	0.80
总　磷	%	0.68	0.65	0.60
非植酸磷	%	0.50	0.40	0.35
钠	%	0.20	0.15	0.15
氯	%	0.20	0.15	0.15
铁	mg/kg	120	80	80
铜	mg/kg	10	8	8

续附表 1-5

营养指标	单　位	0～2 周龄	3～6 周龄	7 周龄至上市
锰	mg/kg	120	100	80
锌	mg/kg	120	80	80
碘	mg/kg	0.70	0.70	0.70
硒	mg/kg	0.30	0.30	0.30
亚油酸	%	1	1	1
维生素 A	U/kg	10000	6000	2700
维生素 D	U/kg	2000	1000	400
维生素 E	U/kg	30	10	10
维生素 K	mg/kg	1.0	0.5	0.5
硫胺素	mg/kg	2	2	2
核黄素	mg/kg	10	5	5
泛酸	mg/kg	10	10	10
烟酸	mg/kg	45	30	30
吡哆醇	mg/kg	4.0	3.0	3.0
生物素	mg/kg	0.20	0.15	0.10
叶酸	mg/kg	1.00	0.55	0.50
维生素 B_{12}	mg/kg	0.010	0.010	0.007
胆碱	mg/kg	1500	1200	750

附表 1-6　肉用仔鸡体重与耗料量

周　龄	周末体重（克/只）	耗料量（克/只）	累计耗料量（克/只）
1	126	113	113
2	317	273	386
3	558	473	859
4	900	643	1502

续附表 1-6

周　龄	周末体重（克/只）	耗料量（克/只）	累计耗料量（克/只）
5	1309	867	2369
6	1696	954	3323
7	2117	1164	4487
8	2457	1079	5566

附表 1-7　肉用种鸡营养需要

营养指标	单　位	0～6周龄	7～18周龄	19周龄至开产	开产至高峰期（产蛋＞65%）	高峰期后（产蛋＜65%）
代谢能 ME	MJ/kg	12.12	11.91	11.70	11.70	11.70
	(Mcal/kg)	(2.90)	(2.85)	(2.80)	(2.80)	(2.80)
粗蛋白质 CP	%	18.0	15.0	16.0	17.0	16.0
蛋白能量比	g/MJ	14.85	12.59	13.68	14.53	13.68
CP/ME	(g/Mcal)	(62.07)	(52.63)	(57.14)	(60.71)	(57.14)
赖氨酸	g/MJ	0.76	0.55	0.64	0.68	0.64
能量比	(g/Mcal)	(3.17)	(2.28)	(2.68)	(2.86)	(2.68)
Lys/ME						
赖氨酸	%	0.92	0.65	0.75	0.80	0.75
蛋氨酸	%	0.34	0.30	0.32	0.34	0.30
蛋氨酸＋胱氨酸	%	0.72	0.56	0.62	0.64	0.60
苏氨酸	%	0.52	0.48	0.50	0.55	0.50
色氨酸	%	0.20	0.17	0.16	0.17	0.16
精氨酸	%	0.90	0.75	0.90	0.90	0.88
亮氨酸	%	1.05	0.81	0.86	0.86	0.81
异亮氨酸	%	0.66	0.58	0.58	0.58	0.58

续附表 1-7

营养指标	单 位	0～6 周龄	7～18 周龄	19周龄 至开产	开产至高峰期(产蛋>65%)	高峰期后(产蛋<65%)
苯丙氨酸	%	0.52	0.39	0.42	0.51	0.48
苯丙氨酸＋酪氨酸	%	1.00	0.77	0.82	0.85	0.80
组氨酸	%	0.26	0.21	0.22	0.24	0.21
脯氨酸	%	0.50	0.41	0.44	0.45	0.42
缬氨酸	%	0.62	0.47	0.50	0.66	0.51
甘氨酸＋丝氨酸	%	0.70	0.53	0.56	0.57	0.54
钙	%	1.00	0.90	2.0	3.30	3.50
总 磷	%	0.68	0.65	0.65	0.68	0.65
非植酸磷	%	0.45	0.40	0.42	0.45	0.42
钠	%	0.18	0.18	0.18	018	0.18
氯	%	0.18	0.18	0.18	0.18	0.18
铁	mg/kg	60	60	80	80	80
铜	mg/kg	6	6	8	8	8
锰	mg/kg	80	80	100	100	100
锌	mg/kg	60	60	80	80	80
碘	mg/kg	0.70	0.70	1.00	1.00	1.00
硒	mg/kg	0.30	0.30	0.30	0.30	0.30
亚油酸	%	1	1	1	1	1
维生素 A	U/kg	8000	6000	9000	12000	12000
维生素 D	U/kg	1600	1200	1800	2400	2400
维生素 E	U/kg	20	10	10	30	30

续附表 1-7

营养指标	单 位	0~6 周龄	7~18 周龄	19 周龄 至开产	开产至高峰期(产蛋>65%)	高峰期后(产蛋<65%)
维生素 K	mg/kg	1.5	1.5	1.5	1.5	1.5
硫胺素	mg/kg	1.8	1.5	1.5	2.0	2.0
核黄素	mg/kg	8	6	6	9	9
泛 酸	mg/kg	12	10	10	12	12
烟 酸	mg/kg	30	20	20	35	35
吡哆醇	mg/kg	3.0	3.0	.3.0	4.5	4.5
生物素	mg/kg	0.15	0.10	0.10	0.20	0.20
叶 酸	mg/kg	1.0	0.5	0.5	1.2	1.2
维生素 B_{12}	mg/kg	0.010	0.006	0.008	0.012	0.012
胆 碱	mg/kg	1300	900	500	500	500

附表 1-8　肉用种鸡体重与耗料量

周　龄	体　重(克/只)	耗料量(克/只)	累计耗料量(克/只)
1	90	100	100
2	185	168	268
3	340	231	499
4	430	266	765
5	520	287	1052
6	610	301	1353
7	700	322	1675
8	795	336	2011
9	890	357	2368
10	985	378	2746

续附表 1-8

周　龄	体　重（克/只）	耗料量（克/只）	累计耗料量（克/只）
11	1080	406	3152
12	1180	434	3586
13	1280	462	4048
14	1380	497	4545
15	1480	518	5063
16	1595	553	5616
17	1710	588	6204
18	1840	630	6834
19	1970	658	7492
20	2100	707	8199
21	2250	749	8948
22	2400	798	9746
23	2550	847	10593
24	2710	896	11489
25	2870	952	12441
29	3477	1190	13631
33	3603	1169	14800
43	3608	1141	15941
58	3782	1064	17005

引注：本表25周龄后的周耗料量表述不是连续的，因此25周龄后的累计耗料量疑有误

4.3　黄羽肉鸡营养需要

黄羽肉鸡仔鸡营养需要见附表 1-9，体重及耗料量见附表 1-10。黄羽肉鸡种鸡营养需要见附表 1-11，生长期体重与耗料量见附表 1-12。黄羽肉鸡种鸡产蛋期体重与耗料量见附表 1-13。

附表 1-9 黄羽肉鸡仔鸡营养需要

营养指标	单 位	♀0～4 周龄 ♂0～3 周龄	♀5～8 周龄 ♂4～5 周龄	♀＞8 周龄 ♂＞5 周龄
代谢能 ME	MJ/kg(Mcal/kg)	12.12 (2.90)	12.54(3.00)	12.96(3.10)
粗蛋白质 CP	%	21.0	19.0	16.0
蛋白能量比 CP/ME	g/MJ(g/Mcal)	17.33(72.41)	15.15(63.33)	12.34(51.61)
赖氨酸能量比 Lys/ME	g/MJ(g/Mcal)	0.87(3.62)	0.78(3.27)	0.66(2.74)
赖氨酸	%	1.05	0.98	0.85
蛋氨酸	%	0.46	0.40	0.34
蛋氨酸＋胱氨酸	%	0.85	0.72	0.65
苏氨酸	%	0.76	0.74	0.68
色氨酸	%	0.19	0.18	0.16
精氨酸	%	1.19	1.10	1.00
亮氨酸	%	1.15	1.09	0.93
异亮氨酸	%	0.76	0.73	0.62
苯丙氨酸	%	0.69	0.65	0.56
苯丙氨酸＋酪氨酸	%	1.28	1.22	1.00
组氨酸	%	0.33	0.32	0.27
脯氨酸	%	0.57	0.55	0.46
缬氨酸	%	0.86	0.82	0.70
甘氨酸＋丝氨酸	%	1.19	1.14	0.97
钙	%	1.00	0.90	0.80
总 磷	%	0.68	0.65	0.60
非植酸磷	%	0.45	0.40	0.35
钠	%	0.15	0.15	0.15

续附表 1-9

营养指标	单位	♀0～4 周龄 ♂0～3 周龄	♀5～8 周龄 ♂4～5 周龄	♀＞8 周龄 ♂＞5 周龄
氯	%	0.15	0.15	0.15
铁	mg/kg	80	80	80
铜	mg/kg	8	8	8
锰	mg/kg	80	80	80
锌	mg/kg	60	60	60
碘	mg/kg	0.35	0.35	0.35
硒	mg/kg	0.15	0.15	0.15
亚油酸	%	1	1	1
维生素 A	U/kg	5000	5000	5000
维生素 D	U/kg	1000	1000	1000
维生素 E	U/kg	10	10	10
维生素 K	mg/kg	0.50	0.50	0.50
硫胺素	mg/kg	1.80	1.80	1.80
核黄素	mg/kg	3.60	3.60	3.00
泛酸	mg/kg	10	10	10
烟酸	mg/kg	35	30	25
吡哆醇	mg/kg	3.5	3.5	3.0
生物素	mg/kg	0.15	0.15	0.15
叶酸	mg/kg	0.55	0.55	0.55
维生素 B_{12}	mg/kg	0.010	0.010	0.010
胆碱	mg/kg	1000	750	500

附表 1-10　黄羽肉鸡仔鸡体重与耗料量

周　龄	周末体重（克/只）		耗料量（克/只）		累计耗料量（克/只）	
	公　鸡	母　鸡	公　鸡	母　鸡	公　鸡	母　鸡
1	88	89	76	70	76	70
2	199	175	201	130	277	200
3	320	253	269	142	546	342
4	492	378	371	266	917	608
5	631	493	516	295	1433	907
6	870	622	632	358	2065	1261
7	1274	751	751	359	2816	1620
8	1560	949	719	479	3535	2099
9	1814	1137	836	534	4371	2633
10	—	1254	—	540	—	3028
11	—	1380	—	549	—	3577
12	—	1548	—	514	—	4091

附表 1-11　黄羽肉鸡种鸡营养需要

营养指标	单　位	0～6周龄	7～18周龄	19周龄至开产	产蛋期
代谢能 ME	MJ/kg	12.12	11.70	11.50	11.50
	(Mcal/kg)	(2.90)	(2.70)	(2.75)	(2.75)
粗蛋白质 CP	%	20.0	15.0	16.0	16.0
蛋白能量比	g/MJ	64.50	12.82	13.91	13.91
CP/ME	(g/Mcal)	(68.96)	(55.56)	(58.18)	(58.18)
赖氨酸能量比	g/MJ	0.74	0.56	0.70	0.70
Lys/ME	(g/Mcal)	(3.10)	(2.32)	(2.91)	(2.91)
赖氨酸	%	0.90	0.75	0.80	0.80

续附表 1-11

营养指标	单位	0～6 周龄	7～18 周龄	19 周龄至开产	产蛋期
蛋氨酸	%	0.38	0.29	0.37	0.40
蛋氨酸＋胱氨酸	%	0.69	0.61	0.69	0.80
苏氨酸	%	0.58	0.52	0.55	0.56
色氨酸	%	0.18	0.16	0.17	0.17
精氨酸	%	0.99	0.87	0.90	0.95
亮氨酸	%	0.94	0.74	0.83	0.86
异亮氨酸	%	0.60	0.55	0.56	0.60
苯丙氨酸	%	0.51	0.48	0.50	0.51
苯丙氨酸＋酪氨酸	%	0.86	0.81	0.82	0.84
组氨酸	%	0.28	0.24	0.25	0.26
脯氨酸	%	0.43	0.39	0.40	0.42
缬氨酸	%	0.60	0.52	0.57	0.70
甘氨酸＋丝氨酸	%	0.77	0.69	0.75	0.78
钙	%	0.90	0.90	2.0	3.00
总磷	%	0.65	0.61	0.63	0.65
非植酸磷	%	0.40	0.36	0.38	0.41
钠	%	0.16	0.16	0.16	016
氯	%	0.16	0.16	0.16	0.16
铁	mg/kg	54	54	72	72
铜	mg/kg	5.4	5.4	7.0	7.0
锰	mg/kg	72	72	90	90
锌	mg/kg	54	54	72	72
碘	mg/kg	0.60	0.60	0.90	0.90
硒	mg/kg	0.27	0.27	0.27	0.27

续附表 1-11

营养指标	单 位	0～6 周龄	7～18 周龄	19周龄 至开产	产蛋期
亚油酸	%	1	1	1	1
维生素 A	U/kg	7200	5400	7200	10800
维生素 D	U/kg	1440	1080	1620	2160
维生素 E	U/kg	18	9	9	27
维生素 K	mg/kg	1.4	1.4	1.4	1.8
硫胺素	mg/kg	1.6	1.4	1.4	1.8
核黄素	mg/kg	7	5	5	8
泛酸	mg/kg	11	9	9	11
烟酸	mg/kg	27	18	18	32
吡哆醇	mg/kg	2.7	2.7	2.7	4.1
生物素	mg/kg	0.14	0.09	0.09	0.18
叶酸	mg/kg	0.9	0.45	0.45	1.08
维生素 B12	mg/kg	0.009	0.005	0.007	0.010
胆碱	mg/kg	1 170	810	450	450

附表 1-12　黄羽肉鸡种鸡生长期体重与耗料量

周龄	体重(克/只)	耗料量(克/只)	累计耗料量(克/只)
1	110	90	90
2	180	196	286
3	250	252	538
4	330	266	804
5	410	280	1084
6	500	294	1378

续附表 1-12

周 龄	体 重（克/只）	耗料量（克/只）	累计耗料量（克/只）
7	600	322	1700
8	690	343	2043
9	780	364	2407
10	870	385	2792
11	950	406	3198
12	1030	427	3625
13	1110	448	4073
14	1190	469	4542
15	1270	490	5032
16	1350	511	5543
17	1430	532	6075
18	1510	553	6628
19	1600	574	7202
20	1700	595	7797

附表 1-13 黄羽肉鸡种鸡产蛋期体重与耗料量

周 龄	体 重（克/只）	耗料量（克/只）	累计耗料量（克/只）
21	1780	616	616
22	1860	644	1260
24	2030	700	1960
26	2200	840	2800
28	2280	910	3710
30	2310	910	4620

续附表 1-13

周　龄	体　重（克/只）	耗料量（克/只）	累计耗料量（克/只）
32	2330	889	5509
34	2360	889	6398
36	2390	875	7273
38	2410	875	8148
40	2440	854	9002
42	2460	854	9856
44	2480	840	10696
46	2500	840	11536
48	2520	826	12362
50	2540	826	13188
52	2560	826	14014
54	2580	805	14819
56	2600	805	15624
58	2620	805	16429
60	2630	805	17234
62	2640	805	18039
64	2650	805	18844
66	2660	805	19649

引注：本表22周龄后周耗料量表述不是连续的，因此22周龄后的累计耗料量疑有误

5　鸡的常用饲料成分及营养价值表

饲料描述及常规成分见附表 1-14。

饲料中氨基酸含量见附表 1-15。

饲料中矿物质及维生素含量见附表1-16。

鸡用饲料氨基酸表现利用率见附表1-17。

6 常用矿物质饲料中矿物质元素

常用矿物质饲料中矿物质元素的含量见附表1-18。

7 维生素化合物的维生素含量

常用维生素类饲料添加剂产品有效成分含量见附表1-19。

附表1-14 饲料描述及常规成分

序号	中国饲料号	饲料名称	饲料描述	干物质(%)	粗蛋白质(%)	粗脂肪(%)	粗纤维(%)	无氮浸出物(%)	粗灰分(%)	中洗纤维(%)	酸洗纤维(%)	钙(%)	总磷(%)	非植酸磷(%)	鸡代谢能 兆卡/千克	鸡代谢能 兆焦/千克
1	4-07-0278	玉米	成熟,高蛋白优质	86.0	9.4	3.1	1.2	71.1	1.2	—	—	0.02	0.27	0.12	3.18	13.31
2	4-07-0288	玉米	成熟,高赖氨酸,优质	86.0	8.5	5.3	2.6	67.3	1.3	—	—	0.16	0.25	0.09	3.25	13.60
3	4-07-0279	玉米	成熟,GB/T 17890-1999,1级	86.0	8.7	3.6	1.6	70.7	1.4	9.3	2.7	0.02	0.27	0.12	3.24	13.56
4	4-07-0280	玉米	成熟,GB/T 17890-1999,2级	86.0	7.8	3.5	1.6	71.8	1.3	—	—	0.02	0.27	0.12	3.22	13.47
5	4-07-0272	高粱	成熟,NY/TV1级	86.0	9.0	3.4	1.4	70.4	1.8	17.4	8.0	0.13	0.36	0.17	2.94	12.30
6	4-07-0270	小麦	混合小麦,成熟,NY/T,2级	87.0	13.9	1.7	1.9	67.6	1.9	13.3	3.9	0.17	0.41	0.13	3.04	12.72
7	4-07-0274	大麦(裸)	裸大麦,成熟,NY/T 2级	87.0	13.0	2.1	2.0	67.7	2.2	10.0	2.2	0.04	0.39	0.21	2.68	11.21
8	4-07-0277	大麦(皮)	皮大麦,成熟,NY/T 1级	87.0	11.0	1.7	4.8	67.1	2.4	18.4	6.8	0.09	0.33	0.17	2.70	11.30
9	4-07-0281	黑麦	籽粒,进口	88.0	11.0	1.5	2.2	71.5	1.8	12.3	4.6	0.05	0.30	0.11	2.69	11.25

续附表 1-14

序号	中国饲料号	饲料名称	饲料描述	干物质 (%)	粗蛋白质 (%)	粗脂肪 (%)	粗纤维 (%)	无氮浸出物 (%)	粗灰分 (%)	中洗纤维 (%)	酸洗纤维 (%)	钙 (%)	总磷 (%)	非植酸磷 (%)	鸡代谢能 兆卡/千克	鸡代谢能 兆焦/千克
10	4-07-0273	稻谷	成熟，晒干，NY/T 2 级	86.0	7.8	1.6	8.2	63.8	4.6	27.4	28.7	0.03	0.36	0.20	2.63	11.00
11	4-07-0276	糙米	良，成熟，未去米糠	87.0	8.8	2.0	0.7	74.2	1.3	—	—	0.03	0.35	0.15	3.36	14.06
12	4-07-0275	碎米	良，加工精米后的副产品	88.0	10.4	2.2	1.1	72.7	1.6	—	—	0.06	0.35	0.15	3.40	14.23
13	4-07-0479	粟（谷子）	合格，带壳，成熟	86.5	9.7	2.3	6.8	65.0	2.7	15.2	13.3	0.12	0.30	0.11	2.84	11.88
14	4-04-0067	木薯干	木薯干片，晒干，NY/T 合格	87.0	2.5	0.7	2.5	79.4	1.9	8.4	6.4	0.27	0.09	—	2.96	12.38
15	4-04-0068	甘薯干	甘薯干片，晒干，NY/T 合格	87.0	4.0	0.8	2.8	76.4	3.0	—	—	0.19	0.02	—	2.34	9.79
16	4-08-0104	次粉	黑面，黄粉，下面，NY/T 1 级	88.0	15.4	2.2	1.5	67.1	1.5	18.7	4.3	0.08	0.48	0.14	3.05	12.76

续附表 1-14

序号	中国饲料号	饲料名称	饲料描述	干物质(%)	粗蛋白质(%)	粗脂肪(%)	粗纤维(%)	无氮浸出物(%)	粗灰分(%)	中洗纤维(%)	酸洗纤维(%)	钙(%)	总磷(%)	非植酸磷(%)	鸡代谢能 兆卡/千克	鸡代谢能 兆焦/千克
17	4-08-0105	次粉	黑面、黄粉、下面,NY/T 2级	87.0	13.6	2.1	2.8	66.7	1.8	—	—	0.08	0.48	0.14	2.99	12.51
18	4-08-0069	小麦麸	传统制粉工艺 NY/T 1级	87.0	15.7	3.9	8.9	53.6	4.9	42.1	13.0	0.11	0.92	0.24	1.63	6.82
19	4-08-0070	小麦麸	传统制粉工艺 NY/T 2级	87.0	14.3	4.0	6.8	57.1	4.8	—	—	0.10	0.93	0.24	1.62	6.78
20	4-10-0041	米糠	新鲜、不脱脂 NY/T 2级	87.0	12.8	16.5	5.7	44.5	7.5	22.9	13.4	0.07	1.43	0.10	2.68	11.21
21	4-10-0025	米糠饼	未脱脂、机榨 NY/T 1级	88.0	14.7	9.0	7.4	48.2	8.7	27.7	11.6	0.14	1.69	0.22	2.43	10.17
22	4-10-0018	米糠粕	浸提或预压浸提,NY/T 1级	87.0	15.1	2.0	7.5	53.6	8.8	—	—	0.15	1.82	0.24	1.98	8.28
23	5-09-0127	大豆	黄大豆,成熟 NY/T 2级	87.0	35.5	17.3	4.3	25.7	4.2	7.9	7.3	0.27	0.48	0.30	3.24	13.56

续附表 1-14

序号	中国饲料号	饲料名称	饲料描述	干物质(%)	粗蛋白质(%)	粗脂肪(%)	粗纤维(%)	无氮浸出物(%)	粗灰分(%)	中洗纤维(%)	酸洗纤维(%)	钙(%)	总磷(%)	非植酸磷(%)	鸡代谢能 兆卡/千克	鸡代谢能 兆焦/千克
24	5-09-0128	全脂大豆	湿化膨化,NY/T 2级	88.0	35.5	18.7	4.6	25.2	4.0	—	—	0.32	0.40	0.25	3.75	15.69
25	5-10-0241	大豆饼	机榨,NY/T 2级	89.0	41.8	5.8	4.8	30.7	5.9	18.1	15.5	0.31	0.50	0.25	2.52	10.54
26	5-10-0103	大豆粕	去皮,浸提或预压浸提,NY/T 1级	89.0	47.9	1.0	4.0	31.2	4.9	8.8	5.3	0.34	0.65	0.19	2.4	10.04
27	5-10-0102	大豆粕	浸提或预压浸提,NY/T 2级	89.0	44.0	1.9	5.2	31.8	6.1	13.6	9.6	0.33	0.62	0.18	2.35	9.83
28	5-10-0118	棉籽饼	机榨,NY/T 2级	88.0	36.3	7.4	12.5	26.1	5.7	32.1	22.9	0.21	0.83	0.28	2.16	9.04
29	5-10-0119	棉籽粕	浸提或预压浸提,NY/T 1级	90.0	47.0	0.5	10.2	26.3	6.0	—	—	0.25	1.10	0.38	1.86	7.78
30	5-10-0117	棉籽粕	浸提或预压浸提,NY/T 1级	90.0	43.5	0.5	10.5	28.9	6.6	28.4	19.4	0.28	1.04	0.36	2.03	8.49
31	5-10-0183	菜籽饼	机榨,NY/T 2级	88.0	35.7	7.4	11.4	26.3	7.2	33.3	26.0	0.59	0.96	0.33	1.95	8.16

续附表 1-14

序号	中国饲料号	饲料名称	饲料描述	干物质（%）	粗蛋白质（%）	粗脂肪（%）	粗纤维（%）	无氮浸出物（%）	粗灰分（%）	中洗纤维（%）	酸洗纤维（%）	钙（%）	总磷（%）	非植酸磷（%）	鸡代谢能 兆卡/千克	鸡代谢能 兆焦/千克
32	5-10-0121	莱籽粕	浸提或预压浸提,NY/T 2 级	88.0	38.6	1.4	11.8	28.9	7.3	20.7	16.8	0.65	1.02	0.35	1.77	7.41
33	5-10-0116	花生仁饼	机榨, NY/T 2 级	88.0	44.7	7.2	5.9	25.1	5.1	14.0	8.7	0.25	0.53	0.31	2.78	11.63
34	5-10-0115	花生仁粕	浸提或预压浸提,NY/T 2 级	88.0	47.8	1.4	6.2	27.2	5.4	15.5	11.7	0.27	0.56	0.33	2.60	10.88
35	5-10-0031	向日葵仁粕	壳仁比 35 : 65 NY/T 3 级	88.0	29.0	2.9	20.4	31.0	4.7	41.4	29.6	0.24	0.87	0.13	1.59	6.65
36	5-10-0242	向日葵仁粕	壳仁比 16 : 84 NY/T 2 级	88.0	36.5	1.0	10.5	34.4	5.6	14.9	13.6	0.27	1.13	0.17	2.32	9.71
37	5-10-0243	向日葵仁粕	壳仁比 24 : 76 NY/T 2 级	88.0	33.6	1.0	14.8	38.8	5.3	32.8	23.5	0.26	1.03	0.16	2.03	8.49
38	5-10-0119	亚麻仁饼	机榨 NY/T 2 级	88.0	32.2	7.8	7.8	34.0	6.2	29.7	27.1	0.39	0.88	0.38	2.34	9.79

续附表 1-14

序号	中国饲料号	饲料名称	饲料描述	干物质 (%)	粗蛋白质 (%)	粗脂肪 (%)	粗纤维 (%)	无氮浸出物 (%)	粗灰分 (%)	中洗纤维 (%)	酸洗纤维 (%)	钙 (%)	总磷 (%)	非植酸磷 (%)	鸡代谢能 兆卡/千克	鸡代谢能 兆焦/千克
39	5-10-0120	亚麻仁粕	浸提或预压浸提.NY/T 2级	88.0	34.8	1.8	8.2	36.6	6.6	21.6	14.4	0.42	0.95	0.42	1.90	7.95
40	5-10-0246	芝麻饼	机榨.CP40%	92.0	39.2	10.3	7.2	24.9	10.4	18.0	13.2	2.24	1.19	0.00	2.14	8.95
41	5-11-0001	玉米蛋白粉	玉米去胚芽、淀粉后的面筋部分 CP60%	90.1	63.5	5.4	1.0	19.2	1.0	8.7	4.6	0.07	0.44	0.17	3.88	16.23
42	5-11-0002	玉米蛋白粉	玉米去胚芽、淀粉后的面筋部分 CP50%	91.2	51.3	7.8	2.1	28.0	2.0	—	—	0.06	0.42	0.16	3.41	14.27
43	5-11-0008	玉米蛋白粉	玉米去胚芽、淀粉后的面筋部分 CP40%	89.9	44.3	6.0	1.6	37.1	0.9	—	—	—	—	—	3.18	13.31
44	5-11-0003	玉米蛋白饲料	玉米去胚芽去淀粉后含皮残渣	88.0	19.3	7.5	7.8	48.0	5.4	33.6	10.5	0.15	0.70	—	2.02	8.45

续附表 1-14

序号	中国饲料号	饲料名称	饲料描述	干物质 (%)	粗蛋白质 (%)	粗脂肪 (%)	粗纤维 (%)	无氮浸出物 (%)	粗灰分 (%)	中洗纤维 (%)	酸洗纤维 (%)	钙 (%)	总磷 (%)	非植酸磷 (%)	鸡代谢能 兆卡/千克	鸡代谢能 兆焦/千克
45	5-11-0026	玉米胚芽饼	玉米湿磨后的胚芽,机榨	90.0	16.7	9.6	6.3	50.8	6.6	—	—	0.04	1.45	—	2.24	9.37
46	5-11-0244	玉米胚芽饼	玉米湿磨后的胚芽,浸提	90.0	20.8	2.0	6.5	54.8	5.9	—	—	0.06	1.23	—	2.07	8.66
47	5-11-0007	DDGS	玉米啤酒糟及可溶物,脱水	90.0	28.3	13.7	7.1	36.8	4.1	—	—	0.20	0.74	0.42	2.20	9.20
48	5-11-0009	蚕豆粉浆蛋白粉	蚕豆去皮制粉丝后的浆液,脱水	88.0	66.3	4.7	4.1	10.3	2.6	—	—	—	0.59	—	3.47	14.52
49	5-11-0004	麦芽根	大麦芽副产品,干燥	89.7	28.3	1.4	12.5	41.4	6.1	—	—	0.22	0.73	—	1.41	5.90
50	5-11-0044	鱼粉	7样平均值	90.0	64.5	5.6	0.5	8.0	11.4	—	—	3.81	2.83	2.83	2.96	12.38
51	5-11-0045	鱼粉	8样平均值	90.0	62.5	4.0	0.5	10.0	12.3	—	—	3.96	3.05	3.05	2.91	12.18

续附表 1-14

序号	中国饲料号	饲料名称	饲料描述	干物质(%)	粗蛋白质(%)	粗脂肪(%)	粗纤维(%)	无氮浸出物(%)	粗灰分(%)	中洗纤维(%)	酸洗纤维(%)	钙(%)	总磷(%)	非植酸磷(%)	鸡代谢能 兆卡/千克	鸡代谢能 兆焦/千克
52	5-13-0046	鱼粉	沿海产的海鱼粉,脱脂,12样平均值	90.0	60.2	4.9	0.5	11.6	12.8	—	—	4.04	2.90	2.90	2.82	11.80
53	5-13-0077	鱼粉	沿海产的海鱼粉,脱脂,11样平均值	90.0	53.5	10.0	0.8	4.9	20.8	—	—	5.88	3.2	3.2	2.9	12.13
54	5-13-0036	血粉	鲜猪血,喷雾干燥	88.0	82.8	0.4	0.0	1.6	3.2	—	—	0.29	0.31	0.31	2.46	10.29
55	5-13-0037	羽毛粉	纯净羽毛水解	88.0	77.9	2.2	0.7	1.4	5.8	—	—	0.20	0.68	0.68	2.73	11.42
56	5-13-0038	皮革粉	废牛皮,水解	88.0	74.7	0.8	1.6	—	10.9	—	—	4.40	0.15	0.15	—	—
57	5-13-0047	肉骨粉	屠宰下脚、带骨干燥粉碎	93.0	50.0	8.5	2.8	—	31.7	32.5	5.6	9.20	4.70	4.70	2.38	9.96
58	5-13-0048	肉粉	脱脂	94.0	54.0	12.0	1.4	—	—	31.6	8.3	7.69	3.88	—	2.20	9.20
59	1-05-0074	苜蓿草粉	一茬盛花期烘干 NY/T 1级	87.0	19.1	2.3	22.7	35.3	7.6	36.7	25.0	1.40	0.51	0.51	0.97	4.06
60	1-05-0075	苜蓿草粉	一茬盛花期烘干 NY/T 2级	87.0	17.2	2.6	25.6	33.3	8.3	39.0	28.6	1.52	0.22	0.22	0.87	3.64

续附表 1-14

序号	中国饲料号	饲料名称	饲料描述	干物质(%)	粗蛋白质(%)	粗脂肪(%)	粗纤维(%)	无氮浸出物(%)	粗灰分(%)	中洗纤维(%)	酸洗纤维(%)	钙(%)	总磷(%)	非植酸磷(%)	鸡代谢能 兆卡/千克	鸡代谢能 兆焦/千克
61	1-05-0076	苜蓿草粉	NY/T 3级	87.0	14.3	2.1	29.8	33.8	10.1	36.8	2.9	1.34	0.19	0.19	0.84	3.51
62	5-11-0005	啤酒糟	大麦酿造副产品	88.0	24.3	5.3	13.4	40.8	4.2	39.4	24.6	0.32	0.42	0.14	2.37	9.92
63	7-15-0001	啤酒酵母	啤酒酵母菌粉 QB/T 1940-94	91.7	52.4	0.4	0.6	33.6	4.7	—	—	0.16	1.02	—	2.52	10.54
64	4-13-0075	乳清粉	乳清,脱水,低乳糖含量	94.0	12.0	0.7	0.0	71.6	9.7	—	—	0.87	0.79	0.79	2.73	11.42
65	5-01-0162	酪蛋白	脱水	91.0	88.7	0.8	—	—	—	—	—	0.63	1.01	0.82	4.13	17.28
66	5-14-0503	明胶		90.0	88.6	0.5	—	—	—	—	—	0.49	—	—	2.36	9.87
67	4-06-0076	牛奶乳糖	进口,含乳糖 80%以上	96.0	4.0	0.5	0.0	83.5	8.0	—	—	0.52	0.62	0.62	2.69	11.25
68	4-11-0077	乳糖		96.0	0.3	—	—	95.7	—	—	—	—	—	—	—	—
69	4-06-0078	葡萄糖		90.0	0.3	—	—	89.7	—	—	—	—	—	—	3.08	12.89

续附表 1-14

序号	中国饲料号	饲料名称	饲料描述	干物质 (%)	粗蛋白质 (%)	粗脂肪 (%)	粗纤维 (%)	无氮浸出物 (%)	粗灰分 (%)	中洗纤维 (%)	酸洗纤维 (%)	钙 (%)	总磷 (%)	非植酸磷 (%)	鸡代谢能 兆卡/千克	鸡代谢能 兆焦/千克
70	4-06-0079	蔗糖		99.0	0.0	0.0	—	—	—	—	—	0.04	0.01	0.01	3.90	16.32
71	4-02-0889	玉米淀粉		99.0	0.3	0.2	—	—	—	—	—	0.00	0.03	0.01	3.16	13.22
72	4-07-0001	牛脂		99.0	0.3	≥98	0.0	—	—	—	—	0.00	0.00	0.00	7.78	32.55
73	4-07-0002	猪油		99.0	0.0	≥98	0.0	—	—	—	—	0.00	0.00	0.00	9.11	38.11
74	4-07-0003	家禽脂肪		99.0	0.0	≥98	0.0	—	—	—	—	0.00	0.00	0.00	9.36	39.16
75	4-07-0004	鱼油		99.0	0.0	≥98	0.0	—	—	—	—	0.00	0.00	0.00	8.45	35.35
76	4-07-0005	菜籽油		99.0	0.0	≥98	0.0	—	—	—	—	0.00	0.00	0.00	9.21	38.53
77	4-07-0006	椰子油		99.0	0.0	≥98	0.0	—	—	—	—	0.00	0.00	0.00	8.81	36.76
78	4-07-0007	玉米油		100.0	0.0	≥99	0.0	—	—	—	—	0.00	0.00	0.00	9.66	40.42
79	4-17-0008	棉籽油		100.0	0.0	≥99	0.0	—	—	—	—	0.00	0.00	0.00	—	—

续附表 1-14

序号	中国饲料号	饲料名称	饲料描述	干物质 (%)	粗蛋白质 (%)	粗脂肪 (%)	粗纤维 (%)	无氮浸出物 (%)	粗灰分 (%)	中洗纤维 (%)	酸洗纤维 (%)	钙 (%)	总磷 (%)	非植酸磷 (%)	鸡代谢能 兆卡/千克	鸡代谢能 兆焦/千克
80	4-17-0009	棕榈油		100.0	0.0	≥99	0.0	—	—	—	—	0.00	0.00	0.00	5.80	24.27
81	4-17-0010	花生油		100.0	0.0	≥99	0.0	—	—	—	—	0.00	0.00	0.00	9.36	39.16
82	4-17-0011	芝麻油		100.0	0.0	≥99	0.0	—	—	—	—	0.00	0.00	0.00	—	—
83	4-17-0012	大豆油	粗制	100.0	0.0	≥99	0.0	—	—	—	—	0.00	0.00	0.00	8.37	35.02
84	4-17-0013	葵花油		100.0	0.0	≥99	0.0	—	—	—	—	0.00	0.00	0.00	9.66	40.42

附表1-15 饲料中的氨基酸含量

序号	中国饲料号	饲料名称	干物质(%)	粗蛋白质(%)	精氨酸(%)	组氨酸(%)	异亮氨酸(%)	亮氨酸(%)	赖氨酸(%)	蛋氨酸(%)	胱氨酸(%)	苯丙氨酸(%)	酪氨酸(%)	苏氨酸(%)	色氨酸(%)	缬氨酸(%)
1	4-07-0278	玉米	86.0	9.4	0.38	0.23	0.26	1.03	0.26	0.19	0.22	0.43	0.34	0.31	0.08	0.40
2	4-07-0288	玉米	86.0	8.5	0.50	0.29	0.27	0.74	0.36	0.15	0.18	0.37	0.28	0.30	0.08	0.46
3	4-07-0279	玉米	86.0	8.7	0.39	0.21	0.25	0.93	0.24	0.18	0.20	0.41	0.33	0.30	0.07	0.38
4	4-07-0280	玉米	86.0	7.8	0.37	0.20	0.24	0.93	0.23	0.15	0.15	0.38	0.31	0.29	0.06	0.33
5	4-07-0272	高粱	86.0	9.0	0.33	0.18	0.35	1.08	0.18	0.17	0.12	0.45	0.32	0.26	0.08	0.44
6	4-07-0270	小麦	87.0	13.9	0.58	0.27	0.44	0.80	0.30	0.25	0.24	0.58	0.37	0.33	0.15	0.56
7	4-07-0274	大麦(裸)	87.0	13.0	0.64	0.16	0.43	0.87	0.44	0.14	0.25	0.68	0.40	0.43	0.16	0.63
8	4-07-0277	大麦(皮)	87.0	11.0	0.65	0.24	0.52	0.91	0.42	0.18	0.18	0.59	0.35	0.41	0.12	0.64
9	4-07-0281	黑麦	88.0	11.0	0.50	0.25	0.40	0.64	0.37	0.16	0.25	0.49	0.26	0.34	0.12	0.52
10	4-07-0273	稻谷	86.0	7.8	0.57	0.15	0.32	0.58	0.29	0.19	0.16	0.40	0.37	0.25	0.10	0.47
11	4-07-0276	糙米	87.0	8.8	0.65	0.17	0.30	0.61	0.32	0.20	0.14	0.35	0.31	0.28	0.12	0.49
12	4-07-0275	碎米	88.0	10.4	0.78	0.27	0.39	0.74	0.42	0.22	0.17	0.49	0.39	0.38	0.12	0.57
13	4-07-0479	粟(谷子)	86.5	9.7	0.30	0.20	0.36	1.15	0.15	0.25	0.20	0.49	0.26	0.35	0.17	0.42
14	4-04-0067	木薯干	87.0	2.5	0.40	0.05	0.11	0.15	0.13	0.05	0.04	0.10	0.04	0.10	0.03	0.13
15	4-04-0068	甘薯干	87.0	4.0	0.16	0.08	0.17	0.26	0.16	0.06	0.08	0.19	0.13	0.18	0.05	0.27

续附表 1-15

序号	中国饲料号	饲料名称	干物质(%)	粗蛋白质(%)	精氨酸(%)	组氨酸(%)	异亮氨酸(%)	亮氨酸(%)	赖氨酸(%)	蛋氨酸(%)	胱氨酸(%)	苯丙氨酸(%)	酪氨酸(%)	苏氨酸(%)	色氨酸(%)	缬氨酸(%)
16	4-08-0104	炊粉	88.0	15.4	0.86	0.41	0.55	1.06	0.59	0.23	0.37	0.66	0.46	0.50	0.21	0.72
17	4-08-0105	炊粉	87.0	13.6	0.85	0.33	0.48	0.98	0.52	0.16	0.33	0.63	0.45	0.50	0.18	0.68
18	4-08-0069	小麦麸	87.0	15.7	0.97	0.39	0.46	0.81	0.58	0.13	0.26	0.58	0.28	0.43	0.20	0.63
19	4-08-0070	小麦麸	87.0	14.3	0.88	0.35	0.42	0.74	0.53	0.12	0.24	0.53	0.25	0.39	0.18	0.57
20	4-10-0041	米糠	87.0	12.8	1.06	0.39	0.63	1.00	0.74	0.25	0.19	0.63	0.50	0.48	0.14	0.81
21	4-10-0025	米糠饼	88.0	14.7	1.19	0.43	0.72	1.06	0.66	0.26	0.30	0.76	0.51	0.53	0.15	0.99
22	4-10-0018	米糠粕	87.0	15.1	1.28	0.46	0.78	1.30	0.72	0.28	0.32	0.82	0.55	0.57	0.17	1.07
23	5-09-0127	大豆	87.0	35.5	2.57	0.59	1.28	2.72	2.20	0.56	0.70	1.42	0.64	1.41	0.45	1.50
24	5-09-0128	全脂大豆	88.0	35.5	2.63	0.63	1.32	2.68	2.37	0.55	0.76	1.39	0.67	1.42	0.49	1.53
25	5-10-0241	大豆饼	89.0	41.8	2.53	1.10	1.57	2.75	2.43	0.60	0.62	1.79	1.53	1.44	0.64	1.70
26	5-10-0103	大豆粕	89.0	47.9	3.67	1.36	2.05	3.74	2.87	0.67	0.73	2.52	1.69	1.93	0.69	2.15
27	5-10-0102	大豆粕	89.0	44.0	3.19	1.09	1.80	3.26	2.66	0.62	0.68	2.23	1.57	1.92	0.64	1.99
28	5-10-0118	棉籽饼	88.0	36.3	3.94	0.90	1.16	2.07	1.40	0.41	0.70	1.88	0.95	1.14	0.39	1.51
29	5-10-0119	棉籽粕	88.0	47.0	4.98	1.26	1.40	2.67	2.13	0.56	0.66	2.43	1.11	1.35	0.54	2.05
30	5-10-0117	棉籽粕	90.0	43.5	4.65	1.19	1.29	2.47	1.97	0.58	0.68	2.28	1.05	1.25	0.51	1.91

续附表 1-15

序号	中国饲料号	饲料名称	干物质(%)	粗蛋白质(%)	精氨酸(%)	组氨酸(%)	异亮氨酸(%)	亮氨酸(%)	赖氨酸(%)	蛋氨酸(%)	胱氨酸(%)	苯丙氨酸(%)	酪氨酸(%)	苏氨酸(%)	色氨酸(%)	缬氨酸(%)
31	5-10-0183	菜籽饼	88.0	35.7	1.82	0.83	1.24	2.26	1.33	0.60	0.82	1.35	0.92	1.40	0.42	1.62
32	5-10-0121	菜籽粕	88.0	38.6	1.83	0.86	1.29	2.34	1.30	0.63	0.87	1.45	0.97	1.49	0.43	1.74
33	5-10-0116	花生仁饼	88.0	44.7	4.60	0.83	1.18	2.36	1.32	0.39	0.38	1.81	1.31	1.05	0.42	1.28
34	5-10-0115	花生仁粕	88.0	47.8	4.88	0.88	1.25	2.50	1.40	0.41	0.40	1.92	1.39	1.11	0.45	1.36
35	5-10-0031	向日葵仁饼	88.0	29.0	2.44	0.62	1.19	1.76	0.96	0.59	0.43	1.21	0.77	0.98	0.28	1.35
36	5-10-0242	向日葵仁粕	88.0	36.5	3.17	0.81	1.51	2.25	1.22	0.72	0.62	1.56	0.99	1.25	0.47	1.72
37	5-10-0243	向日葵仁粕	88.0	33.6	2.89	0.74	1.39	2.07	1.13	0.69	0.50	1.43	0.91	1.14	0.37	1.58
38	5-10-0119	亚麻仁饼	88.0	32.2	2.35	0.51	1.15	1.62	0.73	0.46	0.48	1.32	0.50	1.00	0.48	1.44
39	5-10-0120	亚麻仁粕	88.0	34.8	3.59	0.64	1.33	1.85	1.16	0.55	0.55	1.51	0.93	1.10	0.70	1.51
40	5-10-0246	芝麻饼	92.0	39.2	2.38	0.81	1.42	2.52	0.82	0.82	0.75	1.68	1.02	1.29	0.49	1.84
41	5-11-0001	玉米蛋白粉	90.1	63.5	1.90	1.18	2.85	11.59	0.97	1.42	0.96	4.10	3.19	2.08	0.36	2.98

续附表 1-15

序号	中国饲料号	饲料名称	干物质(%)	粗蛋白质(%)	精氨酸(%)	组氨酸(%)	异亮氨酸(%)	亮氨酸(%)	赖氨酸(%)	蛋氨酸(%)	胱氨酸(%)	苯丙氨酸(%)	酪氨酸(%)	苏氨酸(%)	色氨酸(%)	缬氨酸(%)
42	5-11-0002	玉米蛋白粉	91.2	51.3	1.48	0.89	1.75	7.87	0.92	1.14	0.76	2.83	2.25	1.59	0.31	2.05
43	5-11-0008	玉米蛋白粉	89.9	44.3	1.31	0.78	1.63	7.08	0.71	1.04	0.65	2.61	2.03	1.38	—	1.84
44	5-11-0003	玉米蛋白饲料	88.0	19.3	0.77	0.56	0.62	1.82	0.63	0.29	0.33	0.70	0.50	0.68	0.14	0.93
45	5-11-0026	玉米胚芽饼	90.0	16.7	1.16	0.45	0.53	1.25	0.70	0.31	0.47	0.64	0.54	0.64	0.16	0.91
46	5-11-0244	玉米胚芽粕	90.0	20.8	1.51	0.62	0.77	1.54	0.75	0.21	0.28	0.93	0.66	0.68	0.18	1.66
47	5-11-0007	DDGS	90.0	28.3	0.98	0.59	0.98	2.63	0.59	0.59	0.39	1.93	1.37	0.92	0.19	1.30
48	5-11-0009	蚕豆粉浆蛋白粉	88.0	66.3	5.96	1.66	2.90	5.88	4.44	0.60	0.57	3.34	2.21	2.31	—	3.20
49	5-11-0004	麦芽根	89.7	28.3	1.22	0.54	1.08	1.58	1.30	0.37	0.26	0.85	0.67	0.96	0.42	1.44
50	5-13-0044	鱼粉	90.0	64.5	3.91	1.75	2.68	4.99	5.22	1.71	0.58	2.71	2.13	2.87	0.78	3.25

附录一 鸡饲养标准 (NY/T 33-2004)

续附表 1-15

序号	中国饲料号	饲料名称	干物质(%)	粗蛋白质(%)	精氨酸(%)	组氨酸(%)	异亮氨酸(%)	亮氨酸(%)	赖氨酸(%)	蛋氨酸(%)	胱氨酸(%)	苯丙氨酸(%)	酪氨酸(%)	苏氨酸(%)	色氨酸(%)	缬氨酸(%)
51	5-13-0045	鱼粉	90.0	62.5	3.86	1.83	2.79	5.06	5.12	1.66	0.55	2.67	2.01	2.78	0.75	3.14
52	5-13-0046	鱼粉	90.0	60.2	3.57	1.71	2.68	4.80	4.72	1.64	0.52	2.35	1.96	2.57	0.70	3.17
53	5-13-0077	鱼粉	90.0	53.5	3.24	1.29	2.30	4.30	3.87	1.39	0.49	2.22	1.70	2.50	0.60	2.77
54	5-13-0036	血粉	88.0	82.8	2.99	4.40	0.75	8.38	6.67	0.74	0.98	5.23	2.55	2.86	1.11	6.08
55	5-13-0037	羽毛粉	88.0	77.9	5.30	0.58	4.21	6.78	1.65	0.59	2.93	3.57	1.79	3.51	0.40	6.05
56	5-130038	皮革粉	88.0	74.7	4.45	0.40	1.06	2.53	2.18	0.80	0.16	1.56	0.63	0.71	0.50	1.91
57	5-13-0047	肉骨粉	93.0	50.0	3.35	0.96	1.70	3.20	2.60	0.67	0.33	1.70	—	1.63	0.26	2.25
58	5-13-0048	肉粉	94.0	54.0	3.60	1.14	1.60	3.84	3.07	0.80	0.60	2.17	1.40	1.97	0.35	2.66
59	1-05-0074	苜蓿草粉(CP19%)	87.0	19.1	0.78	0.39	0.68	1.20	0.82	0.21	0.22	0.82	0.58	0.74	0.43	0.91
60	1-05-0075	苜蓿草粉(CP17%)	87.0	17.2	0.74	0.32	0.66	1.10	0.81	0.20	0.16	0.81	0.54	0.69	0.37	0.85
61	1-05-0076	苜蓿草粉(CP14%)	87.0	14.3	0.61	0.19	0.58	1.00	0.60	0.18	0.15	0.59	0.38	0.45	0.24	0.58
62	5-11-0005	啤酒糟	88.0	24.3	0.98	0.51	1.18	1.08	0.72	0.52	0.35	2.35	1.17	0.81	—	1.66

续附表 1-15

序号	中国饲料号	饲料名称	干物质(%)	粗蛋白质(%)	精氨酸(%)	组氨酸(%)	异亮氨酸(%)	亮氨酸(%)	赖氨酸(%)	蛋氨酸(%)	胱氨酸(%)	苯丙氨酸(%)	酪氨酸(%)	苏氨酸(%)	色氨酸(%)	缬氨酸(%)
63	7-15-0001	啤酒酵母	91.7	52.4	2.67	1.11	2.85	4.76	3.38	0.83	0.50	4.07	0.12	2.33	2.08	3.40
64	4-13-0075	乳清粉	94.0	12.0	0.40	0.20	0.90	1.20	1.10	0.20	0.30	0.40	—	0.80	0.20	0.70
65	5-01-0162	酪蛋白	91.0	88.7	3.26	2.82	4.66	8.79	7.35	2.70	0.41	4.79	4.77	3.98	1.14	6.10
66	5-14-0503	明 胶	90.0	88.6	6.60	0.66	1.42	2.91	3.62	0.76	0.12	1.74	0.43	1.82	0.05	2.26
67	4-06-0076	牛奶乳糖	96.0	4.0	0.29	0.10	0.10	0.18	0.16	0.03	0.04	0.10	0.02	0.10	0.10	0.10

"—" 表示未检测

附表 1-16 饲料中矿物质及维生素含量

序号	中国饲料号	饲料名称	钠 (%)	氯 (%)	镁 (%)	钾 (%)	铁 (毫克/千克)	铜 (毫克/千克)	锰 (毫克/千克)	锌 (毫克/千克)	硒 (毫克/千克)	胡萝卜素 (毫克/千克)	维生素E (毫克/千克)	维生素B1 (毫克/千克)	维生素B2 (毫克/千克)	泛酸 (毫克/千克)	烟酸 (毫克/千克)	生物素 (毫克/千克)	叶酸 (毫克/千克)	胆碱 (毫克/千克)	维生素B6 (毫克/千克)	维生素B12 (毫克/千克)	亚油酸 (毫克/千克)
1	4-07-0278	玉米	0.01	0.04	0.11	0.29	36	3.4	5.8	21.1	0.04	—	22.0	3.5	1.1	5.0	24.0	0.06	0.15	620	10.0	—	2.20
2	4-07-0288	玉米	0.01	0.04	0.11	0.29	36	3.4	5.8	21.1	0.04	—	22.0	3.5	1.1	5.0	24.0	0.06	0.15	620	10.0	—	2.20
3	4-07-0279	玉米	0.02	0.04	0.12	0.30	3.7	3.3	6.1	19.2	0.03	0.8	22.0	2.6	1.1	3.9	21.0	0.08	0.12	620	10.0	—	2.20
4	4-07-0280	玉米	0.02	0.04	0.12	0.30	3.7	3.3	6.1	19.2	0.03	—	22.0	2.6	1.1	3.9	21.0	0.08	0.12	620	10.0	—	2.20
5	4-07-0272	高粱	0.03	0.09	0.15	0.34	87	7.6	17.1	20.1	0.05	—	7.0	3.0	1.3	12.4	41.0	0.26	0.20	668	5.2	0.0	1.13
6	4-07-0270	小麦	0.06	0.07	0.11	0.50	88	7.9	45.9	29.7	0.05	0.4	13.0	4.6	1.3	11.9	51.0	0.11	0.36	1040	3.7	0.0	0.59
7	4-07-0274	大麦(裸)	0.04	—	0.11	0.60	100	7.0	18.0	—	0.16	—	48.0	4.1	1.4	—	87.0	0.11	—	—	19.30	0.0	—
8	4-07-0277	大麦(皮)	0.02	0.15	0.14	0.56	87	5.6	17.5	23.6	0.06	4.1	20.0	4.5	1.8	8.0	55.0	0.15	0.07	990	4.0	0.0	0.83
9	4-07-0281	黑麦	0.02	0.02	0.12	0.42	117	7.0	53.0	35.0	0.40	—	15.0	3.6	1.5	8.0	16.0	0.06	0.60	440	2.6	—	0.76
10	4-07-0273	稻谷	0.04	0.07	0.07	0.34	40	3.5	20.0	8.0	0.04	—	16.0	3.1	1.2	3.7	34.0	0.08	0.45	900	28.0	—	0.28
11	4-07-0276	糙米	0.04	0.06	0.14	0.34	78	3.3	21.0	10.0	0.07	—	13.5	2.8	1.1	11.0	30.0	0.08	0.40	1014	—	—	—
12	4-07-0275	碎米	0.07	0.08	0.11	0.13	62	8.8	47.5	36.4	0.06	—	14.0	1.4	0.7	8.0	30.0	0.08	0.20	800	28.0	—	—
13	4-07-0479	粟(谷子)	0.04	0.14	0.16	0.43	270	24.5	22.5	15.9	0.08	1.2	36.3	6.6	1.6	7.4	53.0	—	0.20	790	—	—	0.84
14	4-04-0067	木薯干	—	—	—	—	150	4.2	6.0	14.0	0.04	—	—	—	—	—	—	—	15.00	—	—	—	—
15	4-04-0068	甘薯干	0.08	—	0.08	—	107	6.1	10.0	9.0	0.07	—	—	—	—	—	—	—	—	—	—	—	—

续附表 1-16

序号	中国饲料号	饲料名称	钠 (%)	氯 (%)	镁 (%)	钾 (%)	铁 (毫克/千克)	铜 (毫克/千克)	锰 (毫克/千克)	锌 (毫克/千克)	硒 (毫克/千克)	胡萝卜素 (毫克/千克)	维生素E (毫克/千克)	维生素B1 (毫克/千克)	维生素B2 (毫克/千克)	泛酸 (毫克/千克)	烟酸 (毫克/千克)	生物素 (毫克/千克)	叶酸 (毫克/千克)	胆碱 (毫克/千克)	维生素B6 (毫克/千克)	维生素B12 (毫克/千克)	亚油酸 (毫克/千克)
16	4-08-0104	炊粉	0.60	0.04	0.41	0.60	140	11.6	94.2	73.0	0.07	3.0	20.0	16.5	1.8	15.6	72.0	0.33	0.76	1187	9.0	—	1.74
17	4-08-0105	炊粉	0.60	0.04	0.41	0.60	140	11.6	94.2	73.0	0.07	3.0	20.0	16.5	1.8	15.6	72.0	0.33	0.76	1187	9.0	—	1.74
18	4-08-0069	小麦麸	0.07	0.07	0.52	1.19	170	13.8	104.3	96.5	0.07	1.0	14.0	8.0	4.6	31.0	186.0	0.36	0.63	980	7.0	0.0	1.70
19	4-08-0070	小麦麸	0.07	0.05	0.47	1.19	157	16.5	80.6	104.7	0.05	1.0	14.0	8.0	4.6	31.0	186.0	0.36	0.63	980	7.0	0.0	1.70
20	4-10-0041	米糠	0.07	0.09	0.90	1.73	304	7.1	175.9	50.3	0.09	—	60.0	22.5	2.5	23.0	293.0	0.42	2.20	1135	14.0	0.0	3.57
21	4-10-0025	米糠饼	0.08	—	1.26	1.80	400	8.7	211.6	56.4	0.09	—	11.0	24.0	2.9	94.9	689.0	0.70	0.88	1700	54.0	40.0	—
22	4-10-0018	米糠粕	0.09	—	—	1.80	432	9.4	228.4	60.9	0.10	—	—	—	—	—	—	—	—	—	—	—	—
23	5-09-0127	大豆	0.02	0.03	0.28	1.70	111	18.1	21.5	40.7	0.06	—	40.0	12.3	2.9	17.4	24.0	0.42	—	3200	12.0	—	8.00
24	5-09-0128	全脂大豆	0.02	0.03	0.28	1.70	111	18.1	21.5	40.7	0.06	—	40.0	12.3	2.9	17.4	24.0	0.42	—	3200	12.0	—	8.00
25	5-10-0241	大豆饼	0.02	0.02	0.25	1.77	187	19.8	32.0	43.4	0.04	—	6.6	1.7	4.4	13.8	37.0	0.32	0.45	2673	—	—	—
26	5-10-0103	大豆粕	0.03	0.05	0.28	2.05	185	24.0	38.2	46.4	0.10	0.2	3.1	4.6	3.0	16.4	30.7	0.33	0.81	2858	6.10	0.0	0.51
27	5-10-0102	大豆粕	0.03	0.05	0.28	1.72	185	24.0	28.0	46.4	0.06	0.2	3.1	4.6	3.0	16.4	30.7	0.33	0.81	2858	6.10	0.0	0.51
28	5-10-0118	棉籽饼	0.04	0.14	0.52	1.20	266	11.6	17.8	44.9	0.11	0.2	16.0	6.4	5.1	10.0	38.0	0.53	1.65	2753	5.30	0.0	2.47
29	5-10-0119	棉籽粕	0.04	0.04	0.40	1.16	263	14.0	18.7	55.5	0.15	0.2	15.0	7.0	5.5	12.0	40.0	0.30	2.51	2933	5.10	0.0	1.51
30	5-10-0117	棉籽粕	0.04	0.04	0.40	1.16	263	14.0	18.7	55.5	0.15	0.2	15.0	7.0	5.5	12.0	40.0	0.30	2.51	2933	5.10	0.0	1.51

续附表 1-16

序号	中国饲料号	饲料名称	钠(%)	氯(%)	镁(%)	钾(%)	铁(毫克/千克)	铜(毫克/千克)	锰(毫克/千克)	锌(毫克/千克)	硒(毫克/千克)	胡萝卜素(毫克/千克)	维生素E(毫克/千克)	维生素B1(毫克/千克)	维生素B2(毫克/千克)	泛酸(毫克/千克)	烟酸(毫克/千克)	生物素(毫克/千克)	叶酸(毫克/千克)	胆碱(毫克/千克)	维生素B6(毫克/千克)	维生素B12(毫克/千克)	亚油酸(毫克/千克)
31	5-10-0183	菜籽饼	0.02	—	—	1.34	687	7.2	78.1	59.2	0.29	—	—	—	—	—	—	—	—	—	—	—	—
32	5-10-0121	菜籽粕	0.09	0.11	0.51	1.40	653	7.1	82.2	67.5	0.16	—	54.0	5.2	3.7	9.5	160.0	0.98	0.95	6700	7.20	0.0	0.42
33	5-10-0116	花生仁饼	0.04	0.03	0.33	1.14	347	23.7	36.7	52.5	0.06	—	3.0	7.1	5.2	47.0	166.0	0.33	0.40	1655	10.00	0.0	1.43
34	5-10-0115	花生仁粕	0.07	0.03	0.31	1.23	368	25.1	38.9	55.7	0.06	—	3.0	5.7	11.0	53.0	173.0	0.39	0.39	1854	10.00	0.0	0.24
35	5-10-0031	向日葵仁饼	0.02	0.01	0.75	1.17	424	45.6	41.5	62.1	0.09	—	0.9	—	18.0	4.0	86.0	1.40	0.40	800	—	—	—
36	5-10-0242	向日葵仁粕	0.20	0.01	0.75	1.00	226	32.8	34.5	82.7	0.06	—	0.7	4.6	2.3	39.0	22.0	1.70	1.60	3260	17.20	—	—
37	5-10-0243	向日葵仁粕	0.20	0.10	0.68	1.23	310	35.0	35.0	80.0	0.08	—	—	3.0	3.0	29.9	14.0	1.40	1.14	3100	11.10	0.0	0.98
38	5-10-0119	亚麻仁饼	0.09	0.04	0.58	1.25	204	27.0	40.3	36.0	0.18	0.2	7.7	2.6	4.1	16.5	37.4	0.36	2.90	1672	6.10	—	—
39	5-10-0120	亚麻仁粕	0.14	0.05	0.56	1.38	219	25.5	43.3	38.7	0.18	0.2	5.8	7.5	3.2	14.7	33.0	0.41	0.34	1512	—	200.0	0.36
40	5-10-0246	芝麻饼	0.04	0.05	0.50	1.39	—	50.4	32.0	2.4	0.02	—	—	2.8	3.6	6.0	30.0	2.4	—	1536	—	—	1.90
41	5-11-0001	玉米蛋白粉	0.01	0.05	0.08	0.30	230	1.9	5.9	19.2	0.02	44.0	25.5	0.3	2.2	3.0	55.0	0.15	0.20	330	12.50	200.0	1.17
42	5-11-0002	玉米蛋白粉	0.02	0.08	—	0.35	332	10.0	78.0	49.0	—	—	19.9	0.2	0.3	—	—	—	—	—	6.90	50.0	—
43	5-11-0008	玉米蛋白粉	0.02	0.08	0.05	0.40	400	28.0	7.0	—	1.00	16.0	—	0.2	1.5	9.6	54.5	0.15	0.22	330	—	—	—
44	5-11-0003	玉米蛋白饲料	0.12	0.22	0.42	1.30	282	10.7	77.1	59.2	0.23	8.0	14.8	2.0	2.4	17.8	75.5	0.22	0.28	1700	13.0	250.0	1.43

续附表 1-16

序号	中国饲料号	饲料名称	钙(%)	氯(%)	镁(%)	钾(%)	铁(毫克/千克)	铜(毫克/千克)	锰(毫克/千克)	锌(毫克/千克)	硒(毫克/千克)	胡萝卜素(毫克/千克)	维生素E(毫克/千克)	维生素B1(毫克/千克)	维生素B2(毫克/千克)	泛酸(毫克/千克)	烟酸(毫克/千克)	生物素(毫克/千克)	叶酸(毫克/千克)	胆碱(毫克/千克)	维生素B6(毫克/千克)	维生素B12(毫克/千克)	亚油酸(%)
45	5-11-0026	玉米胚芽饼	0.01	—	0.10	0.30	99	12.8	19.0	108.1	—	2.0	87.0	—	3.7	3.3	42.0	—	—	1936	—	—	1.47
46	4-10-0244	玉米胚芽粕	0.01	—	0.16	0.69	214	7.7	23.3	126.6	0.33	2.0	80.8	1.1	4.0	4.4	37.7	0.22	0.20	2000	—	—	1.47
47	5-11-0007	DDGS	0.88	0.17	0.35	0.98	197	43.9	29.5	83.5	0.37	3.5	40.0	3.5	8.6	11.0	75.0	0.30	0.88	2637	2.28	10.0	2.150
48	5-11-0009	蚕豆粉浆蛋白粉	0.01	—	—	0.06	—	22.0	16.0	—	—	—	—	—	—	—	—	—	—	—	—	—	—
49	5-11-0004	麦芽根	0.06	0.59	0.16	2.18	198	5.3	67.8	42.4	—	—	4.2	0.7	1.5	8.6	43.3	—	0.20	1548	—	—	—
50	5-13-0044	鱼粉	0.88	0.60	0.24	0.90	226	9.1	9.2	98.9	2.7	—	5.0	0.3	7.1	15.0	100.0	0.23	0.37	4408	4.00	352.0	0.20
51	5-13-0045	鱼粉	0.73	0.61	0.16	0.83	181	6.0	12.0	90.0	1.62	—	5.7	0.2	4.9	9.0	55.0	0.15	0.30	3099	4.00	150.0	0.12
52	5-13-0046	鱼粉	0.97	0.61	0.16	1.10	80	8.0	10.0	80.0	1.5	—	7.0	0.5	4.9	9.0	55.0	0.20	0.30	3056	4.00	104.0	0.12
53	5-13-0077	鱼粉	1.15	0.61	0.16	0.94	292	8.0	9.7	88.0	1.94	—	5.6	0.4	8.8	8.8	6.50	0.09	—	3000	—	143.0	—
54	5-13-0036	血粉	0.3	0.27	0.16	0.90	2100	8.0	2.3	14.0	0.7	—	1.0	0.4	1.6	1.2	23.0	0.04	0.11	800	4.40	50.0	0.10
55	5-13-0037	羽毛粉	0.31	0.26	0.20	0.18	73	6.8	8.8	53.8	0.8	—	7.3	0.1	2.0	10.0	27.0	0.04	0.20	880	3.00	71.0	0.83
56	5-13-0038	皮革粉	—	—	1.13	—	131	11.1	25.2	89.8	—	—	—	—	—	—	—	—	—	—	—	—	—
57	5-13-0047	肉骨粉	0.73	0.75	0.75	1.40	500	1.5	12.3	90.0	0.25	—	0.8	0.2	5.2	4.4	59.4	0.14	0.60	2000	4.60	100.0	0.72
58	5-13-0048	肉粉	0.80	0.97	0.35	0.57	440	10.0	10.0	94.0	0.37	—	1.2	0.6	4.7	5.0	57.0	0.08	0.50	2077	2.40	80.0	0.80

续附表 1-16

序号	中国饲料号	饲料名称	钠(%)	氯(%)	镁(%)	钾(%)	铁(毫克/千克)	铜(毫克/千克)	锰(毫克/千克)	锌(毫克/千克)	硒(毫克/千克)	胡萝卜素(毫克/千克)	维生素E(毫克/千克)	维生素B1(毫克/千克)	维生素B2(毫克/千克)	泛酸(毫克/千克)	烟酸(毫克/千克)	生物素(毫克/千克)	叶酸(毫克/千克)	胆碱(毫克/千克)	维生素B6(毫克/千克)	维生素B12(毫克/千克)	亚油酸(毫克/千克)
59	1-05-0074	苜蓿草粉	0.09	0.38	0.30	2.08	372	9.1	30.7	17.1	0.46	94.6	144.6	5.8	15.5	34.0	40.0	0.35	4.36	1419	8.00	0.0	0.44
60	1-05-0075	苜蓿草粉	0.17	0.46	0.36	2.40	361	9.7	30.7	21.0	0.46	94.6	125.0	3.4	13.6	29.0	38.0	0.30	4.20	1401	6.50	0.0	0.35
61	1-05-0076	苜蓿草粉	0.11	0.46	0.36	2.22	437	9.1	33.2	22.6	0.48	63.0	98.0	3.0	10.6	20.8	41.8	0.25	1.54	1548	—	—	—
62	5-11-0005	啤酒糟	0.25	0.12	0.19	0.08	274	20.1	35.6	104.0	0.41	0.20	27.0	0.6	1.5	8.6	43.0	0.24	0.24	1723	70.0	0.0	2.94
63	7-15-0001	啤酒酵母	0.10	0.12	0.23	1.70	248	61.0	22.3	86.7	1.00	—	2.2	91.8	37.0	109.0	448	0.63	9.90	3984	42.8	999.0	0.04
64	4-13-0075	乳清粉	2.11	0.14	0.13	1.81	160	43.1	4.6	3.0	0.06	—	0.3	3.9	29.9	47.0	—	0.34	0.66	1500	4.00	20.0	0.01
65	5-01-0162	酪蛋白	0.01	0.04	0.01	0.01	14	4.0	4.0	30.0	0.16	—	—	0.4	1.5	2.7	1.0	0.04	0.51	205	0.40	—	—
66	5-14-0503	明　胶	—	—	0.05	—	—	—	—	—	—	—	—	—	—	—	—	—	—	—	—	—	—
67	4-06-0076	牛奶乳糖	—	—	0.15	2.40	—	—	—	—	—	—	—	—	—	—	—	—	—	—	—	—	—

说明："—"表示未检测

附表 1-17　鸡用饲料氨基酸表观利用率

序号	中国饲料号(CFN)	饲料名称	干物质(%)	粗蛋白质(%)	精氨酸(%)	组氨酸(%)	异亮氨酸(%)	亮氨酸(%)	赖氨酸(%)	蛋氨酸(%)	胱氨酸(%)	苯丙氨酸(%)	酪氨酸(%)	苏氨酸(%)	色氨酸(%)	缬氨酸(%)
1	4-07-0279	玉米	86.0	8.7	93	92	91	95	82	93	82	94	93	85	90	89
2	0-07-0272	高粱,单宁<0.5	86.0	9.0	93	87	95	95	92	92	80	95	94	92	95	93
3	4-07-0270	小麦	87.0	13.9	—	—	—	—	76	87	78	—	—	74	84	—
4	4-07-0274	大麦(裸)	87.0	13.0	—	—	—	—	70	71	75	—	—	67	75	—
5	4-07-0277	大麦(皮)	87.0	11.0	—	—	—	—	71	76	78	—	—	70	80	—
6	4-07-0281	黑麦	88.0	11.0	90	90	88	88	84	89	82	90	90	85	—	90
7	4-07-0276	糙米	87.0	8.8	—	—	—	—	83	86	82	—	—	81	86	—
8	4-08-0104	次粉	88.0	15.4	—	—	—	—	90	93	88	—	—	89	92	—
9	4-08-0069	小麦麸	87.0	15.7	—	—	—	—	73	64	71	—	—	70	77	—
10	4-08-0041	米糠	87.0	12.8	—	—	—	—	75	78	74	—	—	68	72	—
11	5-10-0241	大豆饼	87.0	40.9	—	—	—	—	77	72	60	—	—	74	—	—
12	5-10-0103	大豆粕	89.0	47.9	—	—	—	—	90	93	88	—	—	89	92	—
13	5-10-0102	大豆粕	87.0	44.0	—	—	—	—	87	87	83	—	—	86	—	—

附表 1-17

序号	中国饲料号 (CFN)	饲料名称	干物质 (%)	粗蛋白质 (%)	精氨酸 (%)	组氨酸 (%)	异亮氨酸 (%)	亮氨酸 (%)	赖氨酸 (%)	蛋氨酸 (%)	胱氨酸 (%)	苯丙氨酸 (%)	酪氨酸 (%)	苏氨酸 (%)	色氨酸 (%)	缬氨酸 (%)
14	5-10-0118	棉籽饼	88.0	36.3	90	—	61	77	82	75	57	77	86	71	—	74
15	5-10-0119	棉籽粕	88.0	47.0	—	—	—	—	61	71	63	—	—	71	75	—
16	5-10-0183	菜籽饼	88.0	35.7	91	91	83	87	77	88	70	87	86	81	—	72
17	5-10-0121	菜籽粕	88.0	38.6	89	92	85	88	79	87	75	88	86	82	57	83
18	5-10-0115	花生仁粕	88.0	47.8	—	—	—	—	78	84	75	—	—	83	85	—
19	5-10-0242	向日葵仁粕	88.0	36.5	92	87	84	83	76	90	65	86	80	74	—	79
20	5-10-0243	向日葵仁粕	88.0	33.6	92	87	84	83	76	90	65	86	80	74	—	79
21	5-10-0246	芝麻饼	92.0	39.2	—	—	—	—	25	80	65	—	—	54	65	—
22	5-11-0003	玉米蛋白饲料	88.0	19.3	—	—	—	—	79	90	74	—	—	80	72	—
23	5-13-0044	鱼粉(CP 64.5%)	90.0	64.5	88	94	86	89	86	88	62	85	84	87	81	86
24	5-13-0037	羽毛粉	88.0	77.9	—	—	—	—	63	71	55	—	—	69	72	—
25	1-05-0074	苜蓿草粉(CP19%)	87.0	19.1	—	—	—	—	59	65	58	—	—	65	72	—

注："—"表示未测值

附表1-18　常用饲料中矿物质元素含量

名　　称	化　学　式	元素含量(%)	
石　粉		Ca=38	
煮骨粉		P=11～12	Ca=24～25
蒸骨粉		P=13～15	Ca=31～32
磷酸氢二钠	$Na_2HPO_4 \cdot 12H_2O$	P=8.7	Na=12.8
亚磷酸氢二钠	$Na_2HPO_3 \cdot 5H_2O$	P=14.3	Na=21.3
磷酸钠	$Na_3PO_4 \cdot 12H_2O$	P=8.2	Na=12.1
磷酸氢钙	$CaHPO_4 \cdot 2H_2O$	P=18.0	Ca=23.2
磷酸钙	$Ca_3(PO_4)_2$	P=20.0	Ca=38.7
过磷酸钙	$Ca(H_2PO_4)_2 \cdot H_2O$	P=24.6	Ca=15.9
磷灰石		P=18.0	Ca=33.1
轻质碳酸钙	$CaCO_3$	Ca=39～41	
蛋壳粉		Ca=24～26	
贝壳粉		Ca=38.5	
氯化钠	NaCl	Na=39.7	Cl=60.3
七水硫酸亚铁	$FeSO_4 \cdot 7H_2O$	Fe=20.1	
一水硫酸亚铁	$FeSO_4 \cdot H_2O$	Fe=32.9	
三氯化铁	$FeCl_3 \cdot 6H_2O$	Fe=20.7	
一水碳酸亚铁	$FeCO_3 \cdot H_2O$	Fe=41.7	
四水氯化亚铁	$FeCl_2 \cdot 4H_2O$	Fe=28.1	
一氧化铁	FeO	Fe=77.8	
延胡索酸亚铁	$FeC_4 \cdot H_2O$	Fe=32.9	
碱式碳酸铜(孔雀石)	$Cu_2(CO_3)(OH)_2$	Cu=57.5	
氯化铜(绿色)	$CuCl_2 \cdot 2H_2O$	Cu=37.3	
氯化铜(白色)	$CuCl_2$	Cu=64.2	

续附表 1-18

名　　称	化　学　式	元素含量(%)	
硫酸铜	$CuSO_4 \cdot 5H_2O$	Cu＝25.4	
氧化铜	CuO	Cu＝79.9	
氢氧化铜	$Cu(OH)_2$	Cu＝65.1	
碳酸锌	$ZnCO_3$	Zn＝52.1	
氯化锌	$ZnCl_2$	Zn＝48.0	
氧化锌	ZnO	Zn＝80.3	
七水硫酸锌	$ZnSO_4 \cdot 7H_2O$	Zn＝22.7	
一水硫酸锌	$ZnSO_4 \cdot H_2O$	Zn＝36.4	
碳酸锰	$MnCO_3$	Mn＝47.8	
氯化锰	$MnCl_2 \cdot 4H_2O$	Mn＝27.8	
氧化锰	MnO	Mn＝77.4	
五水硫酸锰	$MnSO_4 \cdot 5H_2O$	Mn＝22.7	
一水硫酸锰	$MnSO_4 \cdot H_2O$	Mn＝32.5	
碘化钾	KI	I＝76.4	K＝23.6
碘化亚铜	CuI	I＝66.6	Cu＝33.4
氯化钴	$CoCl_2$	Co＝45.3	
碳酸钴	$CoCO_3$	Co＝47~52	
硫酸钴(干燥)	$CoSO_4$	Co＝33.1	
硫酸钴	$CoSO_4 \cdot 7H_2O$	Co＝21	
五水亚硒酸钠	$Na_2SeO_3 \cdot 5H_2O$	Se＝30.03	
亚硒酸钠	Na_2SeO_3	Se＝45.6	Na＝26.6
七水硒酸钠	$Na_2SeO_4 \cdot 10H_2O$	Se＝21.4	
硒酸钠	Na_2SeO_4	Se＝41.8	Na＝24.3

附表 1-19 常用维生素类饲料添加剂产品有效成分含量

有效成分	产品名称	有效成分含量
维生素 A	维生素 A 醋酸酯	30 万 U/g，或 50 万 U/g
	维生素 AD₃ 粉	50 万 U/g
	维生素 A 醋酸酯原料（油）	210 万 U/g
维生素 D₃	维生素 D₃	30 万 U/g，40 万 U/g 或 50 万 U/g
	维生素 AD₃ 粉	10 万 U/g
	维生素 D₃ 原料（锭剂）	2 000 万 U/g
dl-α-生育酚	维生素 E 醋酸酯粉剂	50%
	维生素 E 醋酸酯油剂	97%
维生素 K₃（甲萘醌）	亚硫酸氢钠甲萘醌（MSB）微囊	含甲萘醌 25%
	亚硫酸氢钠甲萘醌（MSB）	含亚硫酸氢钠甲萘醌 94%，约含甲萘醌 50%
	亚硫酸烟酰胺甲萘醌（MNB）	含甲萘醌不低于 43.7%
	亚硫酸氢钠甲萘醌复合物（MSBC）	约含甲萘醌 33%
	亚硫酸二甲嘧啶甲萘醌（MPB）	含亚硫酸二甲嘧啶甲萘醌 50%，约含甲萘醌 22.5%
硫胺素	硝酸硫胺	含硝酸硫胺 98.0%，约含硫胺素 80.0%
	盐酸硫胺	含盐酸硫胺 98.5%，约含硫胺素 88.0%
核黄素	维生素 B₂	80% 或 96%

续附表 1-19

有效成分	产品名称	有效成分含量
d-泛酸	D-泛酸钙 DL-泛酸钙	含 D-泛酸钙 98.0%，约含 d-泛酸 90.0% 相当于 D-泛酸钙生物活性的 50%
烟酸	烟酸 烟酰胺	99.0% 98.5%
维生素 B$_6$	盐酸吡哆醇	含盐酸吡哆醇 98%，约含吡哆醇 80%
d-生物素	生物素	2%或 98%
叶酸	叶酸	80%或 95%
维生素 B$_{12}$	维生素 B$_{12}$	1%，5%或 10%
胆碱	氯化胆碱粉剂 氯化胆碱液剂	含氯化胆碱 50%或 60%，约含胆碱 37.3%或 44.8% 含氯化胆碱 70%或 75%，约含胆碱 52.2%或 56.0%

附录二　蛋鸡肉鸡良种
供种单位索引

见附表 2-1 至附表 2-4。

附表 2-1　我国地方蛋鸡品种供种单位

品种名称	供种单位名称	邮政编码	供种单位地址	电话或手机号码
仙居鸡	1. 仙居县仙居鸡开发公司	317300	浙江省仙居县城关镇穿城中路 13 号	0576—7773679
	2. 仙居县仙居鸡种鸡场	317313	浙江省仙居县埠头镇	0576—7099387 0576—7099783
	3. 余姚市神农畜鸡有限公司	315460	浙江省余姚市临山镇车站西路	0574—2055490 0574—2036732
	4. 中国农业科学院家禽研究所	225261	江苏省江都市邵伯镇	0514—6587077 0514—6584267
白耳黄鸡	1. 广丰县白耳黄鸡原种场	334600	江西省广丰县西门外	
	2. 中国农业科学院家禽研究所	225261	江苏省江都市邵伯镇	0514—6584267 0514—6587077
	3. 江西省农业科学院畜牧兽医研究所	330200	江西省南昌县莲塘	0791—5715433

续附表 2-1

品种名称	供种单位名称	邮政编码	供种单位地址	电话或手机号码
狼山鸡	1. 如东县狼山鸡种鸡场	226400	江苏省如东县掘港镇北郊鸡场桥南首	0513—4100028 0513—4513283 —315
	2. 中国农业科学院家禽研究所	225261	江苏省江都市邵伯镇	0514—6584267 0514—6587077
寿光鸡	寿光市慈伦种鸡场	262735	山东省寿光市稻田镇	0536—5868530 0536—5868726
萧山鸡	中国农业科学院家禽研究所	225261	江苏省江都市邵伯镇	0514—6584267 0514—6587077
固始鸡	1. 固始县三高集团	465200	河南省固始县三高大道一号	0397—4997791 0397—4997792
	2. 商城县富达种鸡场	465324	河南省商城县伏山乡开发区	0397—7920604 13803766434
	3. 合肥兴杨养殖有限公司	230031	安徽省合肥市长丰县曹庵西	0551—6911189 13805603026
	4. 中国农业科学院家禽研究所	225261	江苏省江都市邵伯镇	0514—6584267 0514—6587077
茶花鸡	西双版纳州畜牧兽医站	666100	云南省西双版纳州	0691—2750584

续附表 2-1

品种名称	供种单位名称	邮政编码	供种单位地址	电话或手机号码
藏 鸡	1. 拉萨市种鸡场	850000	西藏拉萨市蔡公堂路 9 号	0891—6351224 13908909117
	2. 中国农业科学院家禽研究所	225261	江苏省江都县邵伯镇	0514—6584267 0514—6587077
	3. 北京市南口农场五分场	102202	北京市昌平区南口镇	010—69777434 010—69781446
静原鸡	甘肃省静宁县畜牧中心	743400	甘肃省静宁县东关	0933—2521172
边 鸡	山西右玉边鸡种鸡场	037200	山西省右玉县新城镇	0349—8022413
彭县黄鸡	成都市彭州市畜牧局	611930	四川省成都市彭州市	028—83871448
峨眉黑鸡	龙池畜牧兽医站	614208	四川省峨眉市	0833—5522782
林甸鸡	林甸镇保种区	166300	黑龙江省林甸县林甸镇	0459—3323624 13349493678

引自金光钧等《蛋鸡和肉鸡良种引种指导》，2003.

附表 2-2　国内培育蛋鸡品种供种单位

品种名称	供种单位名称	邮政编码	供种单位地址	电话或手机号码
京白及华都系列	1. 北京华都集团良种基地	102601	北京市大兴区庞各庄	010—89287681 13501086981
	2. 大午农牧集团种鸡有限公司	072550	河北省徐水	0312—8554082 0312—8554002
	3. 北京昌平种鸡场	102200	北京市昌平区南郜镇张各庄西	010—69742851 13501027927
农大3号	1. 中国农业大学种鸡有限责任公司	100094	北京市海淀区圆明园西路 2 号西校区 81 号信箱	010—62893660 010—62891099
	2. 华裕家禽育种有限公司	057151	河北省邯郸市永年县南沿村镇	0310—6998888 0310—8028700
	3. 山东日照时代种鸡公司	276500	山东省莒县浮来路东首	0633—6223513 0633—6226968
	4. 江苏南通腾达园艺种鸡公司	226600	江苏省海安市	
新杨系列	上海新杨家禽育种中心	200331	上海市真南路 2949 号	021—66956516 021—66958385

续附表 2-2

品种名称	供种单位名称	邮政编码	供种单位地址	电话或手机号码
绿壳蛋鸡	1. 东乡绿壳蛋鸡原种场	331800	江西省东乡县	13807941709 13607941209
	2. 中国农业科学院家禽研究所	225261	江苏省江都市邵伯镇	0514—6584267 0514—6587077
	3. 徐州绿壳蛋鸡原种场	221131	江苏省徐州市东郊大黄山乡中学西	0516—6730262 13003527836
	4. 北京绿丹特种养殖中心	100053	北京市宣武区牛街东里一区 5 号楼 1702 室	010—83516912 010—83516913
	5. 武汉三益家禽育种有限公司	430040	武汉市东西湖区吴家山二支沟	027—83219152 13907162037
	6. 上海市家禽育种中心	200331	上海市真南路 2949 号	021—66956516 021—66958385

附表 2-3 引进蛋鸡品种供种单位

品种名称	供种单位名称	邮政编码	供种单位地址	电话或手机号码
宝万斯 高兰	1. 荷兰汉德克家禽育种公司北京办事处	100027	北京市幸福大厦 B 座 909 室	010—64620158 13901185640
	2. 北京华都集团良种基地	102601	北京市大兴区庞各庄北	010—89287681 13501086981
	3. 北京汤氏种鸡场	101119	北京市通州区徐辛庄镇寨里	010—89550188 010—89550588

续附表 2-3

品种名称	供种单位名称	邮政编码	供种单位地址	电话或手机号码
海兰褐	1. 美国海兰国际公司中国市场代表	101100	北京市通州区运通花园 501—2 号	010—89590640 010—89590641
	2. 北京华都集团峪口鸡业有限公司	101206	北京市平谷区峪口兴隆庄北街 3 号	010—61903816 010—61903706
	3. 河北省石家庄华牧集团公司种鸡场	050061	石家庄市赵陵铺大街 68 号	0311—7773346 0311—7799028
	4. 中美合作济空肥城种鸡场	271600	山东省肥城市曹庄煤矿西北	0538—3511446 0538—3512027
	5. 太原神州实业有限公司	030024	山西省太原市晋祠路	0351—6330050 0351—6331619
	6. 福州市农工商种鸡公司	350012	福建省福州市马鞍大夫岭下	0591—7271000 0591—7275914
	7. 辽宁大连市种鸡场	116100	大连市金州区三里村	0411—7800177 0411—7805104
	8. 沈阳华美畜鸡有限公司辉山祖代鸡场	110164	辽宁省沈阳市农业高新区越家沟	024—88041214 024—88041196

续附表 2-3

品种名称	供种单位名称	邮政编码	供种单位地址	电话或手机号码
海赛克斯褐	1. 荷兰汉德克公司北京办事处	100027	北京市幸福大厦 B 座 909 室	010—64620158 13901185640
	2. 北京京垦祖代鸡场	102202	北京市昌平区南口镇	010—69771965 010—69771964
	3. 辽宁大连市种鸡场	116100	大连市金州区三里村	0411—7800177 0411—7800769
	4. 山东聊城金鸡种鸡有限公司	252100	山东省聊城市茌平工交路	0635—4289289 0635—4281555
	5. 北京芦城种鸡场	102600	北京市大兴区芦城乡南	010—69243313
伊莎褐	1. 法国哈伯德—伊莎家禽育种集团公司北京办事处	100027	北京市东城区新中街 68 号聚龙花园 7 号楼 8C 室	010—65532159 13910394533
	2. 无锡市养鸡场集团有限公司	214092	江苏省无锡市马山区六号桥逸	0510—5996580 13906198064
	3. 天心实业集团公司长沙种鸡场	410004	湖南省长沙市南郊石碑岭	0731—5581207 0731—5583722

续附表 2-3

品种名称	供种单位名称	邮政编码	供种单位地址	电话或手机号码
罗曼褐	1. 德国罗曼北京办事处	100022	北京市朝阳区广渠门外大街 15-2-19	010—67784940 13911603992
	2. 山东烟台益生种畜鸡有限公司	265508	山东省烟台市福山区东陌堂村东	0535—6489110 0535—6489174
	3. 哈尔滨市青年农场	150050	哈尔滨市太平区哈东路 76 号	0451—7680088 0451—7683300
	4. 中德合资河南省华罗家禽育种有限公司	450102	河南省开洛高速荥阳站北三公里北邙镇	0371—4908386 0371—4908595
	5. 北京市农业职业学院	102442	北京市房山区长阳镇稻田南里 5 号	010—80350741 13601133520
	6. 大连市种鸡场	116100	大连市金州区三里村	0411—7800177 0411—7800769
迪卡褐	1. 荷兰汉德克公司北京办事处	100027	北京市幸福大厦 B 座 909 室	010—64620158 13901185640
	2. 河南丰羽祖代鸡场	451150	河南省新郑市新村镇吴庄	0371—2621018 0371—2622158
迪卡红宝石	1. 上海申宝大型鸡场	201101	上海市漕宝路 3457 号	021—64781237 021—64780910
	2. 上海太平洋家禽育种有限公司	201600	上海市闵行区七宝镇吴宝路 7 号二楼	021—37830243 13801750918

续附表 2-3

品种名称	供种单位名称	邮政编码	供种单位地址	电话或手机号码
巴布考克 B380	1. 法国哈伯德—伊莎家禽育种集团公司北京办事处	100027	北京市东城区新中街 68 号聚龙花园 7 号楼 8C 室	010—65532159 13910394533
	2. 河南家禽育种中心祖代种鸡场	450002	河南省郑州市经五路 23 号河南省畜牧局	0371—2170600 13700886809
伊莎新红	1. 法国哈伯德—伊莎家禽育种集团公司北京办事处	100027	北京市东城区新中街 68 号聚龙花园 7 号楼 8C 室	010—65532159 13910394533
	2. 河南长垣祖代种鸡场	453400	河南省长垣县城北聂店	0373—8958203 13937336977
巴波娜-黑康	1. 上海太平洋家禽育种有限公司	201600	上海市松江区中山东路 22 号	021—37830243 13801750918
	2. 江苏涟水县鸡业协会种鸡场	223400	江苏省涟水县	0517—2426042
澳洲黑	上海太平洋家禽育种有限公司	201600	上海市松江区中山东路 22 号	021—37830243 13801750918
尼克红	1. 山东佳牧畜鸡实业有限公司	252400	山东省莘县通运路南端	0635—7380278 0635—7381565
	2. 华裕家禽育种有限公司	057151	河北省邯郸市永年县南沿村镇	0310—6998888 0310—8028700

续附表 2-3

品种名称	供种单位名称	邮政编码	供种单位地址	电话或手机号码
宝万斯白	1. 荷兰汉德克家禽育种公司北京办事处	100027	北京市幸福大厦 B 座 909 室	010—64620158 13901185640
	2. 北京华都集团良种基地	102601	北京市大兴区庞各庄北	010—89287681 13501086981
海兰白	1. 美国海兰国际公司中国市场代表	101100	北京市通州区运通花园 501-2 号	010—89590640 010—89590641
	2. 中美合作济空肥城祖代场	271600	山东省肥城市曹庄煤矿西北五公里	0538—3512027 0538—3511446
海赛克斯白	1. 荷兰汉德克家禽育种公司北京办事处	100027	北京市幸福大厦 B 座 909 室	010—64620158 13901185640
	2. 聊城金鸡种鸡有限公司	252100	山东省聊城市茌平工交路	0635—4289289 0635—4281555
罗曼白	1. 德国罗曼北京办事处	100022	北京市朝阳区广渠门外大街 15-2-19	010—67784940 13911603992
	2. 中德合资河南省华罗家禽育种有限公司	450102	河南省开洛高速荥阳站北三公里北邙镇	0371—4908386 0371—4908595
尼克白	1. 山东佳牧畜鸡实业有限公司	252400	山东省莘县通运路南端	0635—7380278 0635—7381565

续附表 2-3

品种名称	供种单位名称	邮政编码	供种单位地址	电话或手机号码
宝万斯尼拉	1. 荷兰汉德克家禽育种公司北京办事处	100027	北京市幸福大厦 B 座 909 室	010—64620158 010—64620157
	2. 北京华都集团良种基地	102601	北京市大兴区庞各庄北	010—89287681 13501086981
	3. 河南金科鸡业有限责任公司	476443	河南省夏邑县李集镇开发区东	0370—6312288 0370—6302188
	4. 四川省原种鸡场	610212	四川省双流县中和镇	028—84672497 13808095578
海赛克斯粉	1. 荷兰汉德克家禽育种公司北京办事处	100027	北京市幸福大厦 B 座 909 室	010—64620158 010—64620157
	2. 聊城金鸡种鸡公司	252100	山东省聊城市茌平工交路	0635—4289289 0635—4281555

续附表 2-3

品种名称	供种单位名称	邮政编码	供种单位地址	电话或手机号码
海兰灰	1. 美国海兰国际公司中国市场代表	101100	北京市通州区运通花园 501-2 号	010—89590640 010—89590641
	2. 北京华都集团峪口鸡业有限公司	101206	北京市平谷区峪口兴隆庄北街 3 号	010—61903816 010—61903706
	3. 中美合作济空肥城种鸡场	271600	山东省肥城市曹庄煤矿西北	0538—3511446 0538—3512027
	4. 石家庄华牧集团	050061	河北省石家庄市赵陵铺大街 68 号	0311—7773346 0311—7799028
	5. 河北华裕家禽育种有限公司	057151	河北省邯郸市永年县南沿村镇	0310—8028700 0310—6998888
罗曼粉	1. 德国罗曼北京办事处	100022	北京市朝阳区广渠门外大街 15-2-19	010—67784940 13911603992
	2. 中德合资河南省华罗家禽育种有限公司	450102	河南省开洛高速荥阳站北北邙镇	0371—4908386 0371—4908595
	3. 北京市农业职业学院	102442	北京市房山区长阳镇稻田南里 5 号	010—80350741 13601133520
尼克珊瑚粉	山东佳牧公司	252400	山东省莘县通运路南端	0635—7380278 0635—7381565

附表 2-4　肉鸡品种供种单位

品种名称	供种单位	邮政编码	电 话
大骨鸡	大连市庄河市种畜场大骨鸡繁育中心	116400	0411－8700831
北京油鸡	北京市海淀区西郊板井北京市农林科学院畜牧兽医研究所	100089	010－51503472
	北京市海淀区圆明园西路 2 号中国农科院畜牧研究所北京华谷生物营养科技发展有限公司	100094	010－62816007
溧阳鸡	江苏省溧阳市种畜场	213300	0519－7680084
鹿苑鸡	江苏省江苏省江都市邵伯镇省家禽科学研究所	225261	0514－6587763
武定鸡	云南省武定县近城镇种鸡场	651600	0878－8712150
浦东鸡	上海市南汇周浦川州路 4148 号浦东鸡良种场	201300	021－5811572
桃源鸡	湖南省桃源县青林乡古堤村桃源鸡种鸡场	415700	0736－6600317
惠阳胡须鸡	广东省惠州市农业局惠阳种鸡场	516200	0752－2810363
清远麻鸡	广东省清远市附城镇市畜牧水产示范场	511500	0763－3925979
杏花鸡	广东省封开县江口镇曙光路 6 号	526500	0758－6663009
霞烟鸡	广西容县黎村家禽协会	537506	0775－5698875
	广西容县石寨霞烟鸡种鸡场	537506	0775－5698875
河田鸡	福建省长汀县汀州镇北环路 188 号远山农业发展公司	366300	0597－6831406
瓦灰鸡	江西省安义县农业局	225003	0791－3428670
固原鸡	甘肃省静宁县东馆静宁县畜牧中心	743400	0933－2521172
崇仁麻鸡	江西省崇仁县麻鸡原种场	344200	0791－3428670
陕北鸡	陕西省靖边县畜牧兽医站	718500	0912－4621491

续附表 2-4

品种名称	供种单位	邮政编码	电话
太白鸡	陕西省太白县畜牧兽医站	721600	0917—4951094
康乐鸡	江西省万载县康乐原种场	336100	0759—8322005
黄郎鸡	湖南省衡阳县畜牧水产局	421200	0734—8333143
阳山鸡	广东省阳山县新圩镇连陂村国道旁阳山鸡黄氏发展有限公司	513100	0763—7290484
怀乡鸡	广东省信宜市畜牧水产局种鸡场	525300	0668—8875385
灵昆鸡	浙江省温州市畜牧兽医站	325000	0577—88224203
南丹瑶鸡	广西南丹县小场种鸡场	547200	0776—6212361
宁都黄鸡	江西省宁都县梅江镇背村	342800	0797—6828397
文昌鸡	海南省文昌市潭丰镇榕籽文昌鸡养殖有限公司	571300	0898—65774575
	海南罗牛山文昌鸡育种场	571300	0898—65774575
丝羽乌骨鸡	江西省泰和县泰和鸡原种场	343700	0796—5380518
四川山地乌骨鸡	四川省兴文县万寿镇建设村四川山地乌骨鸡原种场	644400	0831—8860023
金湖乌骨鸡	福建省泰宁县	354400	0598—783693
余干乌黑鸡	江西省余干县畜鸡良种场	335100	0793—3220738
江山白羽乌	浙江省江山市江山白羽乌鸡种鸡场	324100	
盐津乌骨鸡	云南省盐津县盐津乌骨鸡良种选育场	657500	
略阳鸡	陕西省略阳县畜牧兽医站种鸡场	724300	0916—4822353
乌蒙乌骨鸡	贵州省毕节市毕节地区畜牧科研所	551700	13098579548
竹乡鸡	贵州省赤水市畜牧局	564700	0852—2821046
矮脚鸡	贵州大学动物科学系科研种鸡场	550000	0851—3851579
	贵州省兴义市畜牧局品种改良站	562400	0859—3228491

续附表 2-4

品种名称	供种单位	邮政编码	电话
黔东南小香鸡	贵州省畜牧兽医研究所	550003	0851－5401426
	贵州省榕江县种鸡场	557200	13508558494
威宁鸡	贵州省毕节地区畜鸡品种改良站	551700	0857－8243737
艾维茵	北京市朝阳区华严北里甲1号健翔山庄D7楼北京家禽育种公司	100029	010－62051469
	吉林省德惠市吉林德大有限公司	130300	13904392452
新兴黄鸡配套系	广东省新兴县筋竹镇榄根广东温氏南方家禽育种公司	527439	0766－2291496
	江苏省溧水县南京温氏家禽育种公司	211200	025－7431188
康达尔黄鸡配套系	广东省深圳市龙岗区坑梓康达尔养鸡公司	518122	0755－84128132
京星优质肉鸡配套系	北京市圆明园西路2号北京华谷生物营养科技发展公司	100094	010－62816007
江村黄鸡系列	广东省广州市白云区江高镇松岗街128号广州江丰实业公司	510450	020－86206568
岭南黄鸡配套系	广东省广州市天河区五山广东省农科院畜牧研究所	510640	020－38765359
粤鸡黄鸡	广州市石井广东省家禽科学研究所	510430	020－86023430
新广黄鸡	广东省佛山市杨梅镇新广畜牧公司	528515	0757－8856956
苏禽黄鸡	江苏省江都市邵伯镇省家禽科学研究所	225261	0514－6587077
新扬州鸡	江苏省扬州市扬州大学畜牧兽医学院	225002	0514－7979045
新狼山鸡	江苏省江都市邵伯镇省家禽科学研究所	225261	0514－6587763
海红黄鸡	广东省广州市石井广东省家禽科学研究所	510430	020－86023430
广西三黄鸡	广西容县十里乡甘旺村养鸡场	537500	0775－5112981
景黄鸡	江西省景德镇市德宇集团	333001	0798－8381239

续附表 2-4

品种名称	供种单位	邮政编码	电 话
皖南黄鸡	安徽省宣城市向阳镇华大集团家禽育种公司	242052	0563—3138129
贵州黄鸡,贵农金黄鸡	贵州大学动物科学系科研种鸡场	500025	0851—3851579
墟岗黄鸡	广东省佛山市张槎镇墟岗黄鸡畜牧公司	528000	0757—2206381
闽中麻鸡	福建省永安市昌民鸡业公司	366000	0598—3655123
河横青脚鸡	江苏省姜堰市河横家禽育种公司	225538	0523—8659899
梅岭土鸡系列	浙江省杭州市近江种鸡场	310016	0571—86044723
萧山草三黄鸡系列	浙江省萧山市新塘乡萧山玉泉家禽公司	311201	0571—8279123
神农优质肉鸡	浙江省余姚市临山镇神农畜鸡公司	315460	0574—2055490
新秀黄系列肉鸡	浙江省嘉兴市风桥秀渊珍畜鸡育种公司	315460	057462055490
雪山草鸡	江苏省武进市湖塘镇立华畜鸡公司	213161	0519—6708357
皖江系列肉鸡	安徽省宣城市向阳镇华卫鸡业育种公司	242052	0563—3138668
江淮优质鸡	安徽省合肥市长江西路 130 号江淮家禽育种公司	230036	0551—2834515
皖鸡肉鸡	安徽省芜湖市二环北路华源鸡业集团	241000	0553—2876007
三青黄鸡	安徽省宣城市杨柳镇三青鸡业公司	242064	0563—3775877
贡鸡	福建省永安市南山家禽育种公司	366000	0598—3851300
闽燕系列肉鸡	福建省永安市茅坪农场	366000	0598—3831513
河南黄鸡系列	河南省原阳县桥北乡黄河珍鸡公司	453513	0373—7594916
金种黄鸡系列	广东省惠阳市秋长镇金种家禽公司	516221	0752—3556895

续附表 2-4

品种名称	供种单位	邮政编码	电 话
鲁鸡系列	山东省淄博市沂源县鲁村镇明发种鸡公司	256104	0533—3640200
爱拔益加	北京市保利大厦美国安伟捷公司北京代表处	100027	010—64157670
	山东省烟台市福山区东陌堂村益生种畜鸡公司	265508	0535—6480108
	吉林省德惠市德大公司	130300	13904392452
罗斯-308	美国安伟捷公司北京代表处北京保利大厦	100027	010—64157670
	北京市朝阳区安华西里二区 10 号楼北京大风家禽育种公司	100011	010—84242063
哈伯德宽胸	北京市哈伯德伊莎公司驻京办事处	100027	010—65532159
海波罗-PN	北京市朝阳区幸福大厦荷兰海波罗公司北京办事处	100027	010—64620158
	江苏省江都市邵伯镇省家禽科学研究所祖代鸡场	225261	0514—6587763
隐性白	山西省畜鸡繁育工作站	030001	0351—4043594
	南京温氏家禽育种公司	211200	025—7420665
伊莎红羽肉	北京市哈伯德伊莎公司驻京办事处	100027	010—65532159
安卡红鸡	上海市真南路 2949 号上海新杨家禽育种公司	200331	021—06695651
科宝 500	广东省丛化市棋杆镇钻石大道 18 号广州穗屏企业公司种鸡场	510935	020—87861838

附录三　部分孵化器生产厂家及产品介绍

（一）青岛兴仪电子设备有限责任公司、青岛保税区依爱电子有限责任公司　邮政编码：266555，通讯地址：山东省青岛市经济技术开发区香江路98号。青岛生产线电话：（0532）86894022，E-mail：ei@163169. net；蚌埠生产线邮政编码：233006；通讯地址：安徽省蚌埠市长征路726号；电话：（0552）4910760，E-mail：ei@mail. ahbbptt. net. cn。Http：WWW. ei-electro. corn。该公司生产的"依爱"牌孵化器有下列各种型号：①巷道式孵化器：EIFXDZ-90720（或77760，102060）型入孵器及其配套的 EICXDZ-15120 型出雏器；②箱体式孵化器（鸡）：EIFDM（DZ）-57600（或8400，33600）型；EIFDM（DZ、DMS）-19200（或16800，9600，8400，4200）型和 EIF（C）DZ-900 型入孵器及其配套的 EICDM（DZ、DMS）-19220（或16800，9600，8400，4200）型出雏器；③箱体式孵化器（鸭）：EIFDM（DZ、DMS）-（Y）12096（或10080，6048，5040）型入孵器及其配套的出雏器；④箱体式孵化器（山鸡、土鸡、三黄鸡、鹧鸪）：EIFDM（DZ、DMS）-（S）22528（或19712，11264，9856，4928，1056）型入孵器及其配套的出雏器；⑤箱体式孵化器（鹅）：EIFDM（DZ、DMS）-（E）8640（或6656，4480，7488，5632，3584，4320，3328，2240，3744，2816，1792）型入孵器及其配套的出雏器；⑥箱体式孵化器（鹌鹑）：EIFDM（DZ、DMS）-（A）63648（或56576，31824，28288，14144，3536）型入孵器及其配套的出雏器；⑦箱体式孵化器（鸵鸟）. EIFDM（DZ、DMS）-（T）480（或400，240，200，100）型入孵器及其配套的 EIFDM（DZ、DMS）-（T）288（或240，144，120，60）型出雏器；⑧另外，该公司还生产了一系列孵化配套设备，例如：巷道水处理加湿系统、水加热二次控温系统、立式自动洗蛋机、EI-

150 型固定式真空吸蛋器、EI-30/42 型移动式真空吸蛋器、蛋雏盘自动清洗机、MX-J25 型灭菌消毒系统(以上配套设备请见相关的插页彩图)以及孵化器群控系统、臭氧消毒器、巷道式照蛋车、照蛋器等。

(二)北京市海江孵化设备制造有限公司 邮政编码:100095,通讯地址:北京市海淀区苏家坨镇西小营村东,电话:(010)62464606;13901109149(手机),Http://WWW. fuhuashebei. net,E-mail:wangmin@fuhuashebei. net,该公司生产的"海孵"牌系列孵化设备有:①巷道式孵化器:9TQDF-90720(或 75600)型入孵器和配套的 9TQDC-15120 出雏器;②箱体式孵化器:9TQDF-19200(或 16800,9600,8400,4800,4200)型(推车式)和 9TQDF-12600(或 9600,8400,6000,1950)型(翘板式)入孵器及其配套的出雏器以及容蛋量 42～2000 枚的孵化出雏一体机(下出雏孵化器),以上孵化器可供鸡、鸭、鹅、火鸡、特鸡和龟等孵化之用;③鸵鸟孵化器有:9TQDF-600(或 480,360,300,240)型(推车式)和 9TQDF-120(或 96,72,60,40)型(翘板式)入孵器及其配套的出雏器。

(三)北京云峰(北京天利海化工有限公、司电子机械厂) 邮政编码:101200,通讯地址:北京市平谷区新平南路 126 号,电话:010-69961387, Http.//WWW. bjyunfeng.com, E-mail: Yf @ bjyunfeng. com。该厂主要生产大型的"云峰"牌孵化设备,其型号主要有:①巷道式孵化器:YFXF-90720(或 75600,60480,45360)型入孵器及其配套的 YFXC-15120 型出雏器;②箱体式孵化器(鸡):YFDF-19200(或 16800,9600,8400)型入孵器及其配套的出雏器。另有 YFDFC-3000(或 900,420)型孵化出雏一体机;③箱体式孵化器(鸭). YFDF-12096(或 10080)型入孵器及其配套的出雏器;④箱体式孵化器(鹅):YFDF-8640(或 6656)型入孵器及其配套的出雏器;⑤箱体式孵化器(黄鸡、山鸡、土鸡、鹧鸪):YFDF-22528 型入孵器及其配套的出雏器;⑥另有 YFDFC-420 型孵化出雏一体机(下出雏孵化器),以及各种孵化场配套设备、自动化设备等。

(四)蚌埠市三诚电子有限责任公司　邮政编码:233000。通讯地址:安徽省蚌埠市淮上区果园西路二号。电话:(0552)2828928。Http://WWW.bbscgs.corn,E-mail:scgs@bbscgs.com。该厂主要生产的"三诚"牌孵化器有下列产品:大液晶巷道式孵化器、汉显智能孵化器、模糊控制孵化器、水电自动补偿孵化器、孵化器群控系统及配套设备。

(五)北京西山腾云孵化设备厂　邮政编码:100095。通讯地址:北京市海淀区苏家坨镇西埠头村。电话:(010)62456338。该厂生产的"丑小鸭"牌孵化器有下列产品:94FD-16800,94FD-12600,94FD-8400,94FD-4200,94FD-2100,94FD-1050,94FD-600,94FD-96。

(六)南京宏焜实验仪器制造厂　邮政编码:210011。通讯地址:江苏省南京市雨花区板桥大方工业园1号。电话:(025)52806482。Http://WWW.hongkun.com。该厂生产的"吉母"牌孵化器有下列各种号:9JF(P)-21600,9J F(P)43200,9JF(P)10800,9JF(P)12600,9JF(P)16800,9JF(P)19200,9J F(P)-58320,9JC(P)-9720入孵器、出雏器;9JF-1200,9JF-1800。9JF-4032孵化出雏两用机。

(七)安徽省蚌埠市依爱联农孵化机配件服务部　邮政编码:233000。电话:(0552)5528978～013909629499。提供下列服务:①各种型号孵化器(双屏或汉显模糊电脑)、电器控制柜改造(新一代双屏模糊电脑)、电器控制系统改造(新一代双屏模糊电脑)、水暖控制系统改造(采用专用水暖控制仪)、温度探头(美国AD590)、湿度探头(湿敏电容)、各种温控仪、电脑板、电器配件和机械配件(均通用);②孵化与维修技术书籍;③转让与购旧孵化器信息(免费登记)。

（八）蚌埠青禾电子有限责任公司　青禾孵化设备技术和产品维修服务中心邮政编码：233000。电话：（0552）3015851；13335522822。Http：//WWW.bbqh.com.cn。提供下列服务：①改模糊电脑控制柜（双屏幕模糊电脑）、改模糊电脑控制系统（双屏幕模糊电脑）、改电脑控制水暖系统（水电控制电脑板）；②各种型号孵化器（双屏幕模糊电脑）、温度探头（日本 AD590）、湿度探头（法国军品耐腐蚀湿敏电容）、各厂家电脑主板、电器控制柜配件、机械箱体配件；③二手孵化器转让；④孵化器维修搬迁服务。

金盾版图书,科学实用,
通俗易懂,物美价廉,欢迎选购